Einführung in die
Höhere Mathematik

unter besonderer Berücksichtigung
der Bedürfnisse des Ingenieurs

Von

Dr. phil. Fritz Wicke

Professor an der Staatlichen Gewerbe-Akademie
in Chemnitz

Erster Band

Mit den Abbildungen 1 bis 231
und einer Tafel

Springer-Verlag Berlin Heidelberg GmbH

1927

ISBN 978-3-662-35974-7   ISBN 978-3-662-36804-6 (eBook)
DOI 10.1007/978-3-662-36804-6

Vorwort.

Das vorliegende Buch verdankt sein Entstehen den Lehrerfahrungen an einer höheren technischen Lehranstalt (Staatl. Gewerbe-Akademie zu Chemnitz) und soll der theoretischen Ausbildung des Praktikers (Ingenieur, Naturwissenschaftler usw.) dienen. Daraus erklärt sich die Stoffwahl und die Behandlungsweise des Gegenstandes: Anknüpfung der theoretischen Erörterungen an praktische Aufgaben und umgekehrt unmittelbare Anwendung der entwickelten allgemeinen Theorie auf spezielle physikalische, chemische und besonders technische Probleme, die zum Teil ausführlich behandelt werden; möglichste Heranziehung der Anschauung auch bei der Ableitung abstrakter mathematischer Ergebnisse. Mit Rücksicht darauf, daß das Buch außer Differentialrechnung, Integralrechnung, Differentialgleichungen und der Lehre von den Reihen die Grundlagen der analytischen Geometrie und der Nomographie sowie viele ausführlich durchgearbeitete Beispiele und Anwendungen enthält, dürfte der Umfang des Buches nicht als zu groß erscheinen, zumal an die Vorkenntnisse nur sehr geringe Anforderungen gestellt werden.

Im einzelnen sei zur Erläuterung des Voranstehenden noch das Folgende hinzugefügt: Der Abschnitt Differentialrechnung beginnt aus dem oben erwähnten Grunde nicht mit dem Begriffe ,,Funktion", sondern mit einem Beispiele; der Differentialquotient wird nicht abstrakt formell eingeführt, sondern an Hand des Steigungsbegriffes (Leibniz: Tangentenkonstruktion) sowie des Begriffes der Geschwindigkeit (Newton: Fluxion). Im zweiten Abschnitte, Integration, ist ebenso eine praktische Aufgabe vorangestellt, die auf die Notwendigkeit des Integrierens hinführt, wobei das Verfahren selbst (Umkehrung der Differentiation) sich aus dem Sachverhalte ergibt. — Besonders ist der Abschnitt der Analytischen Geometrie der Ebene von dem angeführten allgemeinen Gesichtspunkte beeinflußt: Nur die notwendigen Grundlagen der reinen analytischen Geometrie sind entwickelt (ausführliche Behandlung von Gerade und Kreis). Hieran schließt sich sofort die Verwendung des Gewonnenen für die Kurvenuntersuchung mit Mitteln der Differentialrechnung: Tangente, Normale, Differentialquotienten höherer Ordnung und Krümmung, Evolute. Unmittelbar angeschlossen finden sich dann im gleichen Abschnitte die Parameterdarstellung und die Polarkoordinatenform der Kurve mit ihren Folgerungen aus der Anwendung der Differential- und Integralrechnung. —

In ähnlichem Gedankengang finden sich in dem Abschnitte Analytische Geometrie des Raumes nur die notwendigen Grundlagen dieser selbst, um sofort für die Flächentheorie, die Lehre von den Funktionen mit mehreren Veränderlichen, die Integration, die Theorie der impliziten Funktionen ausgewertet zu werden. Überdies sind die drei räumlichen Koordinatensysteme vorangestellt, um je nach dem größeren Vorteile verwendet zu werden, den jedes gegebenenfalls bieten kann. — Die Tangentialebenen und Normalen wiederum erscheinen erst im Abschnitte Unendliche Reihen mit mehreren Veränderlichen, wo ihre Gleichungen sich besonders bequem entwickeln lassen, zusammen mit den Extremwerten von Funktionen mehrerer Veränderlichen, deren Theorie sich durch Betrachtung der Entwicklung in unendliche Reihen ohne Schwierigkeiten ergibt. Endlich ist die Nomographie unmittelbar aus der Entwicklung von Beispielen aufgebaut unter Beiseitelassung aller allgemeinen Theorien (Abbildungstheorie usw.).

Die sich hieraus ergebende Stoffolge, mag sie vielleicht auch hier und da von dem sonst üblichen Schema abweichen, dürfte mithin das volle Verständnis aller derjenigen finden, welche in der mathematischen Lehrpraxis stehen; überdies wird das am Ende des zweiten Bandes befindliche ausführliche Sachverzeichnis ein rasches Auffinden eines gewünschten Gegenstandes ermöglichen. —

So geht das Buch nirgends auf Betonung systematischer Reinheit und Ausschließlichkeit aus, sondern auf vielseitige Ausnutzung aller mathematischen Mittel zur Bewältigung praktischer Aufgaben. Vielleicht kann das Buch aber gerade aus diesem Grunde auch dem Mathematikstudierenden manche Anregung bieten, zumal durch die zahlreich gestellten und gelösten Aufgaben; sie können ihn durch ihre Verschiedenartigkeit zu einer gewissen Beweglichkeit und Schlagfertigkeit in der Handhabung der Theorie erziehen helfen. —

Schließlich drängt es mich, allen meinen verehrten Amtsgenossen, die mir ihre höchst wertvolle Unterstützung zuteil werden ließen, unter ihnen ganz besonders Herrn Prof. Dr. phil. Erich Müller, der mir in allen Stadien der Entstehung des Buches mit Rat und Tat zur Seite stand, zu danken.

Chemnitz, im August 1927.

Fritz Wicke.

Inhaltsverzeichnis
für den ersten und zweiten Band.

Erster Band.

Zweiter Band.

Vierter Abschnitt: Analytische Geometrie des Raumes.

Fünfter Abschnitt: Von den Reihen.

Sechster Abschnitt: Die Differentialgleichungen.

Erster Abschnitt.

Das Differenzieren.

§ 1. Ein Beispiel.

(1) Es möge die Aufgabe gestellt sein, aus einer Temperaturangabe nach der Celsius-Skala die Angabe der gleichen Temperatur in der Fahrenheit-Skala zu berechnen. Die gegebene Celsius-Temperaturangabe sei C, die dieser entsprechende Fahrenheit-Angabe F. Nun ist bekannt, daß Celsius das Temperaturintervall zwischen dem Gefrierpunkt des Wassers und dessen Siedepunkt in 100 gleiche Teile, Fahrenheit das nämliche Intervall in 180 gleiche Teile teilt, so daß also je 5 Celsiusgraden 9 Fahrenheitgrade entsprechen; ferner daß Celsius den Gefrierpunkt des Wassers mit $0°$ bezeichnet, Fahrenheit dagegen dieser Temperatur die Zahl $32°$ zuteilt. Um also zu einer Celsius-Temperatur C die zugehörige Fahrenheit-Temperatur F zu berechnen, muß man zu $32°$ noch die C entsprechenden Fahrenheit-Einheiten, d. h. $\frac{9}{5} C$ hinzufügen. Es ist also

$$F = 32 + \tfrac{9}{5} C. \qquad\qquad 1)$$

Mit dieser Formel ist die anfangs gestellte Aufgabe gelöst; denn mit ihrer Hilfe kann man nun zu jeder beliebigen Celsius-Temperatur die zugehörige Fahrenheit-Temperatur berechnen. So entspricht beispielsweise einer Celsius-Temperatur von $15°$ eine Fahrenheit-Temperatur $F = 32 + \frac{9}{5} \cdot 15 = 59°$. Man berechne ebenso F für $C = -15°$, $50°$, $100°$ (Siedepunkt des Wassers), $-273°$ (absoluter Nullpunkt); für welche Temperaturen zeigen beide Skalen a) gleiche, b) entgegengesetzt gleiche Angaben?

[a) $C = F = -40°$; b) $F = -C = 11\tfrac{3}{7}$.]

Die Formel 1) teilt den beiden Größen C und F verschiedene Rollen zu. Gemeinsam ist ihnen, daß sie — im Gegensatz zu den in Formel 1) auftretenden Zahlengrößen 32 und $\frac{9}{5}$ — verschiedene Werte annehmen können, daß sie veränderlich sind. Man bezeichnet sie daher als Veränderliche (Variable) und nennt im Gegensatz zu ihnen die unveränderlichen Größen (32; $\frac{9}{5}$) Konstante. Formel 1) lehrt nun, zu jedem C das zugehörige F zu finden. Während man also C willkürlich wählen kann, ist F durch dieses willkürlich gewählte C bestimmt; F ist von C abhängig. F heißt daher die abhängige Veränderliche, C die unabhängige Veränderliche. Man nennt F auch eine Funktion von C. Ganz allgemein kann man eine Funktion definieren als den Ausdruck für das Gesetz der Abhängigkeit einer Größe von einer oder mehreren unabhängigen Größen. Die Mathematik hat es ausschließlich mit solchen Funktionen zu tun, deren Gesetz sich durch eine mathematische Formel darstellen läßt. Dies ist durchaus nicht immer möglich, so ist beispielsweise die Tagestemperatur wohl abhängig von der Tagesstunde, indessen dürfte sich diese Abhängigkeit kaum durch eine mathematische Formel ausdrücken lassen.

In unserem Beispiele ist nun F eine ganz besonders einfache Funktion von C; der Ausdruck der rechten Seite von 1) ist nämlich in C vom 1. Grade; sie heißt daher auch eine Funktion ersten Grades von C oder auch eine lineare Funktion von C, ein Ausdruck, der schon in den nächsten Zeilen (S. 9) seine Begründung finden wird.

Im Anschluß an das Obige sei schon hier bemerkt, daß die Verteilung der Rollen der unabhängigen und der abhängigen Veränderlichen im allgemeinen nur bedingten Wert hat und durch den jeweiligen praktischen Fall bestimmt wird. Löst man nämlich Gleichung 1) nach C auf, so erhält man einen neuen Funktionsausdruck

$$C = \tfrac{5}{9} F - 17 \tfrac{7}{9},$$

in welchem F die Rolle der unabhängigen und C diejenige der abhängigen Veränderlichen übernommen hat; diese Funktion würde praktische Bedeutung haben, wenn die Aufgabe gestellt wäre, aus der Fahrenheit-Angabe die Celsius-Angabe zu errechnen. Auf die gegenseitigen Beziehungen zweier derartig miteinander verbundenen Funktionen wird später näher einzugehen sein (S. 80).

(2) Wir wollen uns nun nach Verfahren umsehen, die es uns ermöglichen, den durch Gleichung 1) ausgedrückten mathematischen Zusammenhang zwischen Celsius- und Fahrenheit-Temperatur anschaulich und praktisch verwertbar darzustellen. Das, wenn auch nicht gerade schwierige, auf die Dauer aber doch ermüdende Ausrechnen des F aus dem C mit Hilfe von Formel 1) erübrigt sich, wenn man eine Tabelle benutzt, die sofort das zu C gehörige F aufzuschlagen gestattet, ähnlich den Tafeln für die Logarithmen der Zahlen, oder für die Funktionen der Winkel. Der Vorteil einer solchen Tafel besteht einmal, wie schon erwähnt, darin, daß man jeglicher Rechenmühe enthoben ist, zum anderen darin, daß man die Genauigkeit der Ablesung bis zu jedem gewünschten Grade treiben kann, wenn

man nur eine Tafel mit der dazu nötigen Genauigkeit verwendet (man denke nur an die drei-, vier-, fünf-, siebenstelligen Logarithmentafeln!). Indessen liegt hierin zugleich ein großer Nachteil derartiger Tafeln; je genauer sie sind, um so unhandlicher und unübersichtlicher sind sie auch, und der Forderung der **Anschaulichkeit** wird eine Tafel überhaupt nicht gerecht.

Da verrichtet nun die **Zeichnung** die besten Dienste. Allerdings sind die zeichnerischen (graphischen) Methoden so mannigfaltig, daß es unmöglich ist, sie hier auch nur zu einem geringen Teile zu behandeln. Für unser Beispiel dürfte sich u. a. diejenige empfehlen, die wir an den Thermometern selbst angewendet finden. Ein Thermometer, das sowohl **Fahrenheit**- als auch **Celsius**-Temperaturen abzulesen gestattet, enthält zwei Leitern (Skalen), die mit ihrer Achse zusammengefügt sind, vielleicht so, daß auf der linken Seite sich die **Celsius**-, auf der rechten die **Fahrenheit**-Einteilung befindet (Abb. 1). An die Stelle der C-Skala, auf welche das Ende des Quecksilberfadens bei der Schmelztemperatur des Eises weist, wird die Zahl 0°, gegenüber auf der F-Skala dagegen die Zahl 32° geschrieben; an die Stelle, auf welche das Ende des Quecksilberfadens bei der Siedetemperatur des Wassers zeigt, links 100°, rechts 212°. Das Intervall der C-Skala wird daraufhin zwischen diesen beiden Punkten in 100, das der F-Skala in 180 gleiche Teile geteilt und fortlaufend beziffert, links von 0 bis 100, rechts von 32 bis 212. Doch nicht genug! Durch die Fortsetzung dieser Einteilung (fortgesetztes Antragen der **Celsius**- bzw. **Fahrenheit**-Einheiten) nach oben und unten ist man in der Lage, auch solche C- und F-Ablesungen miteinander zu vergleichen, die außerhalb dieses Intervalls liegen. Das nötigt allerdings dazu, die unter dem Nullpunkt beider Skalen gelegenen Teilpunkte von den darübergelegenen zu unterscheiden; man tut dies, indem man vor diese ein Minuszeichen setzt. — Das Verfahren der Aneinanderfügung und Zuordnung solcher Leitern ist in der **Nomographie** ausgebaut worden, auf die an späterer Stelle (s. S. 584—613) näher eingegangen werden soll.

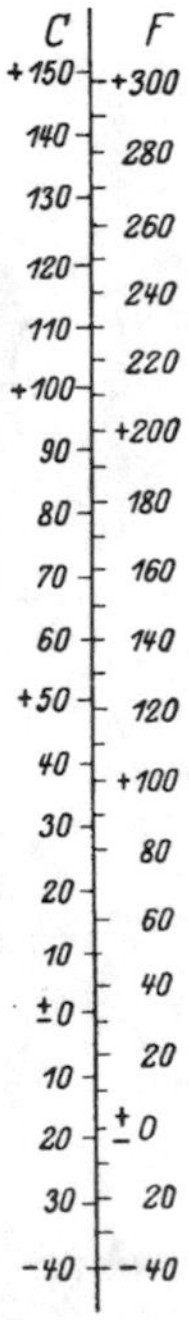

Abb. 1.

(3) Zu einer mathematisch und technisch fruchtbareren Darstellung der Abhängigkeit des F von dem C gelangt man auf folgendem Wege: Man wählt in der Ebene einen beliebigen Punkt, der mit O bezeichnet werde (Abb. 2); er möge der **Koordinatenanfangspunkt, Anfangspunkt, Nullpunkt** genannt werden. Durch ihn zieht man zwei beliebige, aufeinander senkrecht stehende Geraden; meist liegt die eine wagerecht, die andere also lotrecht. Erstere heißt die **Abszissenachse**, letztere die **Ordinatenachse**. Jene wird zum Träger der unabhängigen Veränderlichen, diese zum Träger der abhängigen Veränderlichen gewählt. Weil nun in unserem Beispiele die unabhängige Veränderliche C, die abhängige F ist, wollen wir an die Abszissenachse den Buchstaben C, an die Ordinatenachse F schreiben und erstere auch die C-Achse, letztere die F-Achse nennen. — Die beiden Achsen, Abszissenachse und Ordinatenachse, haben auch den gemeinsamen Namen **Koordinatenachsen,** und das ganze Gebilde wird als ein **Koordinatensystem,** und zwar, weil die

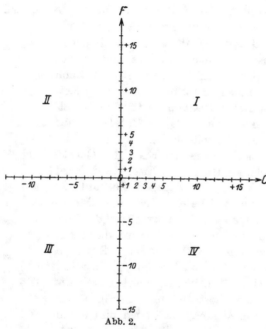

Abb. 2.

beiden Achsen aufeinander senkrecht stehen, als ein **rechtwinkliges Koordinatensystem** bezeichnet.

Nun wählen wir auf der C-Achse eine Strecke, die der Einheit des C-Maßes, also $1°\,C$, entsprechen soll: dadurch erhalten wir auf der C-Achse eine Celsius-Leiter, und wenn wir uns dafür entscheiden, daß der Punkt O zugleich der Nullpunkt derselben sein, und von diesem nach rechts die Leiter mit positiver Temperaturangabe, nach links die mit negativer gerichtet sein soll, eine Skala, die alle Temperaturangaben von $-\infty$ bis $+\infty$ umfaßt. Dasselbe wollen wir mit der F-Achse vornehmen; auch hier wählen wir eine Strecke, die $1°\,F$ entspricht, eine sog. „Einheitsstrecke"; diese kann an sich beliebig lang sein, sie soll aber in unserem Falle dieselbe Länge haben wie diejenige, welche $1°\,C$ entsprechen soll. Wählen wir hier die nach oben gerichtete als die „positive", die nach unten gerichtete als die „negative" F-Achse, so können wir auch auf der F-Achse, wenn wir von unten nach oben gehen, alle Temperaturen $-\infty < F° < +\infty$ unterbringen. Die beiden Koordinatenachsen teilen die Ebene in vier Quadranten, von denen man den von der positiven C- und der positiven F-Achse begrenzten als ersten und die übrigen, im Gegenzeigersinne umlaufend, als zweiten, dritten, vierten bezeichnet (s. Abb. 2: I, II, III, IV).

Nun wissen wir, daß nach dem durch die Formel 1) ausgedrückten Gesetze beispielsweise einer Temperatur von $15°\,C$ eine solche von

59° F entspricht; jetzt führen wir folgendes aus: In Abb. 3, die im Maßstab 1:10 gegenüber Abb. 2 verkürzt ist, suchen wir auf der C-Achse denjenigen Punkt C, der 15° C entspricht, und auf der F-Achse den 59° F entsprechenden Punkt F. Ferner ziehen wir durch C zur F-Achse und durch F zur C-Achse die beiden Parallelen, die sich in A schneiden mögen. Dieser Punkt A soll nun derjenige Punkt sein, der dem Wertepaare 15° C | 59° F ent-

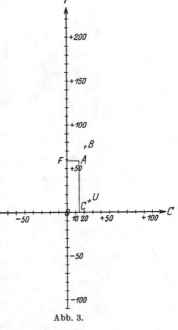

Abb. 3.

spricht. Da $FA = OC$ und $CA = OF$ ist, hätte man zu A auch gelangen können, wenn man durch C die Parallele zur F-Achse gezogen und auf ihr $CA = OF$ abgetragen hätte. Man nennt $OC = 15$ °C die **Abszisse** und $CA = 59$° F die **Ordinate** und beide zusammen die **Koordinaten** des Punktes A. Zugleich erkennt man, daß jeder Punkt in der Ebene eine und n u r eine Abszisse und ebenso eine und n u r eine Ordinate hat, und daß zu jedem Wertepaare C und F ein und n u r ein einziger Punkt gehört, für den C die Abszisse und F die Ordinate ist. Der Punkt A ist also dadurch gefunden worden, daß man zu den Koordinatenachsen Parallele gezogen hat; das Koordinatensystem trägt aus diesem Grunde auch den Namen **Parallelkoordinatensystem.**

Es ist ohne weiteres klar, daß nicht jeder Punkt der Ebene die Eigenschaft hat, daß seine Koordinaten die Gleichung

$$F = \tfrac{9}{5} C + 32 \qquad\qquad 1)$$

erfüllen; sie kommt nur gewissen Punkten zu, wenn deren Anzahl auch an sich unendlich groß ist. Einer dieser Punkte ist, wie wir gefunden haben, A, ein anderer, wie man sich leicht überzeugt, B (25° C | 77° F), während beispielsweise der Punkt U (25° C | 12° F) diese Eigenschaft nicht aufweist. Es empfiehlt sich, zur Förderung des Verständnisses eine größere Anzahl solcher Punkte zu bestimmen, indem man in Gleichung 1) für C eine Reihe von Werten einsetzt und das zugehörige F berechnet. So gehören zu den Werten

$C =$	-80	-60	-40	-20	± 0	$+20$	$+40$	$+60$	$+80$
die Werte $F =$	-112	-76	-40	-4	$+32$	$+68$	$+104$	$+140$	$+176$

(In Abb. 4 sind die zugehörigen Punkte eingetragen.) In dieser Tabelle wachsen die Werte von C um je 20°; man kann selbstverständlich die Intervalle noch dichter wählen, 1° oder 0,1° oder 0,01° ...; das würde, wie man sich leicht überzeugt, zur Folge haben, daß zwischen je zwei der obigen Tabelle entsprechende aufeinanderfolgende Punkte noch 19 oder 199 oder 1999... weitere Punkte einzuschalten wären. Die Punkte folgen dichter und dichter aufeinander; sie erfüllen schließlich eine Linie, die man als das **Schaubild** oder **Diagramm** der Gleichung 1) bezeichnet.

Schon Abb. 4 läßt vermuten, daß diese Linie eine Gerade ist;

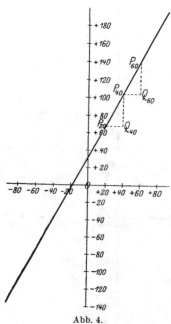

Abb. 4.

denn die Tabelle lehrt, daß der Unterschied je zweier aufeinanderfolgenden Werte von F beständig derselbe, nämlich 36 ist, daß also zu einer konstanten Differenz von C, nämlich der Differenz 20, die konstante Differenz 36 von F gehört. Was bedeutet dies aber geometrisch? Zieht man in Abb. 4 beispielsweise durch P_{20} die Parallele zur C-Achse und durch P_{40} die Parallele zur F-Achse, die sich in Q_{40} schneiden mögen, so bildet sich ein rechtwinkliges Dreieck $P_{20} Q_{40} P_{40}$, indem die Kathete $P_{20} Q_{40} = 20$, der Differenz der C, und die Kathete $Q_{40} P_{40} = 36$, der Differenz der F, ist. Dann ist aber das Dreieck $P_{40} Q_{60} P_{60}$ in Abb. 4 deckungsgleich mit diesem, folglich ist auch

$$\sphericalangle P_{40} P_{20} Q_{40} = \sphericalangle P_{60} P_{40} Q_{60} = \alpha;$$

und zwar ist $\operatorname{tg} \alpha = \frac{36}{20} = \frac{9}{5}$. Da nun die beiden Schenkel $P_{20} Q_{40}$ bzw. $P_{40} Q_{60}$ parallel der C-Achse, also auch untereinander parallel sind, müssen auch die beiden Schenkel $P_{20} P_{40}$ und $P_{40} P_{60}$ untereinander parallel sein; weil sie fernerhin den Punkt P_{40} gemeinsam haben, müssen sie sogar auf die nämliche Gerade fallen. Das heißt aber nichts anderes, als daß P_{60} auf der Geraden $P_{20} P_{40}$ liegen muß. Damit ist bewiesen, daß die Punkte der Abb. 4 auf einer Geraden liegen, und zwar bildet diese Gerade mit der C-Achse einen Winkel α, für welchen $\operatorname{tg} \alpha = \frac{9}{5}$ ist, der also $\alpha \approx 61°$ ist. Man bezeichnet $\operatorname{tg} \alpha = \mathsf{A}$ als den **Richtungsfaktor** der Geraden.

So bleibt nur noch der Nachweis übrig, daß jeder der Punkte, deren Koordinaten die Gleichung 1) erfüllen, sich dieser Geraden einfügt. Wir wollen uns zu diesem Zwecke unter C einen ganz beliebigen, aber bestimmten Wert vorstellen; zu ihm gehört vermöge Gleichung 1) ein bestimmter Wert $F = \frac{9}{5} C + 32$; beiden Koordinaten entspricht (Abb. 5) ein bestimmter Punkt P. Diesen wollen wir durch eine Gerade mit P_{20} verbinden. Ferner wollen wir durch P_{20} die Parallele zur C-Achse und durch P die Parallele zur F-Achse ziehen; beider Schnittpunkt sei Q. Dann ist $P_{20}Q$ gleich der Differenz der zu P_{20} und zu P gehörigen Abszissen, also gleich $C - 20$, ebenso ist QP gleich der Differenz der Ordinaten dieser Punkte, also gleich

$$\tfrac{9}{5} C + 32 - 68 = \tfrac{9}{5} C - 36 \,;$$

folglich ist

$$\operatorname{tg} PP_{20}Q = \frac{\tfrac{9}{5} C - 36}{C - 20} = \tfrac{9}{5} = \operatorname{tg} \alpha \,.$$

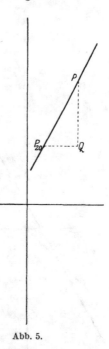

Abb. 5.

Die Gerade $P_{20}P$ hat demnach dieselbe Richtung wie die Gerade $P_{20}P_{40}$ der Abb. 4; demnach fallen beide aufeinander, d. h. der Punkt P ist ein Punkt dieser Geraden. Damit ist der Beweis erbracht.

(4) Wir sind am Ende unserer Betrachtungen über das eingangs dieses Paragraphen eingeführte Beispiel; fassen wir daher das Wesentlichste unserer Erörterungen nochmals zusammen:

Die Gleichung 1) $F = \tfrac{9}{5} C + 32$ lehrt, zu einer beliebigen Celsius-Temperatur C die zugehörige Fahrenheit-Temperatur F zu finden. Die abhängige Veränderliche F ist eine lineare Funktion von C, deshalb linear genannt, weil ihr Schaubild im rechtwinkligen Parallelkoordinatensystem eine gerade Linie ist. Bildet man die Differenz irgend zweier Werte von C, ebenso die Differenz der zu ihnen gehörigen beiden Werte von F und dividiert letztere Differenz durch erstere, d. h. bildet man den Quotienten aus der Differenz irgend zweier Werte der abhängigen Veränderlichen und der Differenz der zugehörigen unabhängigen Veränderlichen, den sog. **Differenzenquotient**, so ist dieser für unsere lineare Funktion konstant, d. h. gänzlich unabhängig von den zufällig gewählten Werten von C. Er hat in unserem Falle den Wert $\tfrac{9}{5}$, ist also identisch mit dem Richtungsfaktor der Geraden. Man sieht fernerhin, daß der Differenzenquotient identisch mit dem Faktor von C in Gleichung 1) ist. Damit hat dieser einen geometrischen Sinn erhalten. Aber auch die andere konstante Größe in Gleichung 1), das Absolutglied 32, läßt eine geometrische Deutung zu; es ist nämlich gleich dem Stücke, das die Bildgerade auf der F-Achse, der Ordinatenachse, abschneidet, wie man sich leicht überzeugt, und wie schon aus der Tabelle (S. 5) ersichtlich ist.

Was hat uns dieses Schaubild praktisch zu sagen? In Abb. 6 ist es noch einmal wiedergegeben unter Fortlassung aller konstruktiven

und für die Beweise notwendigen Einzelheiten der vorangehenden
Abbildungen. Wir können mit Hilfe des Schaubildes zu einer beliebigen
Celsius-Temperatur C die Fahrenheit-Temperatur F finden und
umgekehrt, und zwar auf folgendem Wege: Wir lesen auf der C-Achse
das gegebene C ab, gehen von diesem Punkte auf der Parallelen zur
F-Achse bis zum Punkte P der Geraden und von diesem auf der Par-

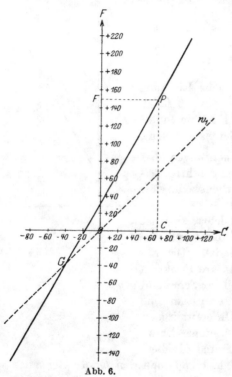

Abb. 6.

allelen zur C-Achse bis zum Schnittpunkte F der F-Achse; dieser liefert
die gesuchte Fahrenheit-Temperatur. — Es lassen sich zeichnerisch noch eine große Fülle anderer Aufgaben lösen. So macht
beispielsweise die Beantwortung
der in (1) S. 1, gestellten Frage
nach der Temperatur, für welche
F und C gleiche Angaben haben,
keine Mühe; man braucht bloß zu
bedenken, daß die Halbierende w_1
des Winkels zwischen der positiven C- und der positiven F-Achse
und seines Scheitelwinkels der Ort
für jeden Punkt ist, dessen Abszisse
gleich der Ordinate ist, um im
Schnittpunkte G mit der Geraden
von der Gleichung 1) den Punkt
zu finden, für welchen $F = C$ ist;
das Bild läßt deutlich erkennen,
daß für ihn $F = C = -40°$ ist.
(Wie findet man zeichnerisch die
Temperaturen, für welche F und C
entgegengesetzt gleiche Angaben liefern? Für welche ist die F-Angabe
um $100°$ höher als die C-Angabe? usw.)

Es empfiehlt sich, einer ganz entsprechenden Betrachtung auch
die Beziehung zwischen Celsius und Réaumur und zwischen
Fahrenheit und Réaumur zu unterziehen und diese Untersuchungen in allen den Richtungen zu vertiefen, wie es in diesem
Paragraphen für Fahrenheit-Celsius geschehen ist. Doch sei dies
dem Leser überlassen.

Haben wir uns mit den Ausführungen dieses Paragraphen voll
vertraut gemacht, so dürfte die Behandlung der allgemeinen linearen
Funktion, mit der wir uns im folgenden Paragraphen befassen wollen,
keine Schwierigkeit bereiten.

§ 2. Die lineare Funktion.

(5) Man ist übereingekommen, solange keine anderweitigen Gründe, wie praktische Erwägungen usw., es erfordern, die Veränderlichen mit den letzten Buchstaben des (lateinischen, griechischen, deutschen) Alphabets, die Unveränderlichen dagegen mit den ersten Buchstaben zu bezeichnen. Handelt es sich also um eine Funktionsbeziehung zwischen nur zwei Veränderlichen, so wählt man die Buchstaben x und y, ersteren für die unabhängige, letzteren für die abhängige Veränderliche. Die allgemeinste Form der linearen Funktion wird demnach durch die Gleichung

$$y = \mathsf{A} x + b \qquad\qquad 2)$$

wiedergegeben. Die Konstante A heiße der **Beiwert (Koeffizient)** der unabhängigen Veränderlichen, die Konstante b das **Absolutglied**; im Gegensatz hierzu heiße das Glied $\mathsf{A}x$ das **lineare Glied** der Funktion.

Setzt man in 2) $x = 0$, so ergibt sich $y = b$; das Absolutglied ist also derjenige Wert, den die abhängige Veränderliche annimmt, wenn man der unabhängigen Veränderlichen den Wert Null erteilt. Auch der Größe A kann man eine funktionale Bedeutung beimessen; wir kommen zu ihr durch folgende Überlegungen:

Wir nehmen einen beliebigen, aber bestimmten Wert für x an; zu ihm gehört vermöge 2) ein bestimmter Wert $y = \mathsf{A} x + b$. Nun erteilen wir der unabhängigen Veränderlichen einen zweiten beliebigen, aber bestimmten Wert, er möge x_1 sein; ihm entspricht ein anderer Wert y_1 der abhängigen Veränderlichen, so daß $y_1 = \mathsf{A} x_1 + b$ ist. Jetzt bilden wir die Differenz der beiden Werte der unabhängigen Veränderlichen, sie ist $x_1 - x$; ebenso die Differenz der beiden Werte der abhängigen Veränderlichen, diese ist $y_1 - y = \mathsf{A}(x_1 - x)$. Schließlich dividieren wir diese Differenz durch die erste; wir bilden den **Differenzenquotienten**:

$$\frac{y_1 - y}{x_1 - x} = \mathsf{A}. \qquad\qquad 3)$$

Formel 3) sagt uns zweierlei: Erstens: Für jede lineare Funktion ist der Differenzenquotient konstant, welche beiden Werte man auch für die unabhängige Veränderliche wählen möge. Und zweitens: Der Beiwert der unabhängigen Veränderlichen ist für jede lineare Funktion gleich ihrem Differenzenquotienten.

Eine im Grunde völlig gleiche, nur in der äußeren Form und der Ausdrucksweise etwas abweichende Ableitung derselben Ergebnisse ist die folgende: Man gibt der Unabhängigen einen bestimmten Wert x; der zugehörige Wert der Abhängigen ist

$$y = \mathsf{A}\,x + b\,.\qquad\qquad 2)$$

Nun erteilt man dem gewählten x einen **Zuwachs**, der mit $\varDelta x$ bezeichnet wird, so daß der neue Wert der unabhängigen Veränderlichen $x + \varDelta x$ lautet; zu ihm gehört auch ein anderer Wert der abhängigen Veränderlichen, der sich von dem vorherigen um den Zuwachs $\varDelta y$ unterscheiden möge, so daß also die Gleichung besteht:

$$y + \varDelta y = \mathsf{A}\,(x + \varDelta x) + b\,.\qquad\qquad 2')$$

(Es sei, um Mißverständnissen vorzubeugen, ausdrücklich betont, daß die Bezeichnungen $\varDelta x$ bzw. $\varDelta y$ nicht etwa Produkte aus $\varDelta$ und x bzw. y sind, sondern Abkürzungen für „Differenz der x bzw. y", ähnlich wie $\sin x$ nicht das Produkt aus den beiden Faktoren $\sin$ und x darstellt, sondern „Sinus des Winkels x" zu lesen ist; $\varDelta x$ und $\varDelta y$ sind also gleichbedeutend mit den Ausdrücken, die oben als $x_1 - x$ bzw. $y_1 - y$ bezeichnet worden sind.) Subtrahiert man die Gleichungen 2) und 2') voneinander, so erhält man die Größe des Zuwachses $\varDelta y = \mathsf{A} \cdot \varDelta x$ und hieraus den Quotienten der beiden Zuwüchse bzw. Differenzen, also den **Differenzenquotienten** in Übereinstimmung mit oben:

$$\frac{\varDelta y}{\varDelta x} = \mathsf{A}\,.\qquad\qquad 3')$$

Es ist also gleichgültig, welche der beiden Betrachtungsweisen man zugrunde legt; wir werden im folgenden bald diese, bald jene wählen, je nachdem ob wir mehr den Begriff der Differenz oder den des Zuwachses betonen wollen. Im übrigen ist es nicht nötig, daß $\varDelta x$ und $\varDelta y$ stets einen Zuwachs im eigentlichen Sinne bedeuten; $\varDelta x$ kann auch negativ gewählt werden, also nach dem gewöhnlichen Sprachgebrauch eigentlich eine Abnahme darstellen; ebenso gibt es, wie die folgenden Beispiele zeigen, Fälle, in denen $\varDelta y$ negativ wird.

(6) Wir kommen nun zum **Schaubild** der allgemeinen linearen Funktion im rechtwinkligen Parallelkoordinatensystem. Da wir die unabhängige Veränderliche mit x bezeichnet haben, so heißt ihr Träger, die Abszissenachse, auch die X-Achse, und entsprechend die Ordinatenachse die Y-Achse. Wir wählen auf beiden Achsen eine Maßeinheit, die, soweit keine Zweckmäßigkeitsgründe dagegen sprechen, für beide Achsen dieselbe sein möge. Der Punkt P (Abb. 7) habe die Eigenschaft, daß seine Koordinaten $OX = x$ und $XP = y$ die Gleichung 2) erfüllen

$$y = \mathsf{A}\,x + b;$$

dasselbe möge von den Koordinaten $OX_1 = x_1$ und $X_1P_1 = y_1$ des Punktes P_1 gelten: $y_1 = \mathsf{A}\,x_1 + b$. Jetzt ziehen wir durch P die Parallele zur x-Achse, die $X_1 P_1$ in Q_1 schneiden möge. Nun ist aber

$$PQ_1 = XX_1 = OX_1 - OX = x_1 - x = \varDelta x,$$

also gleich der Differenz bzw. Zunahme der unabhängigen Veränderlichen, und

$$Q_1 P_1 = X_1 P_1 - X_1 Q_1 = X_1 P_1 - XP = y_1 - y = \varDelta y,$$

d. h. gleich der Differenz bzw. Zunahme der abhängigen Veränderlichen. Folglich ist

$$\operatorname{tg} P_1 P Q_1 = \operatorname{tg} \alpha = \frac{y_1 - y}{x_1 - x} = \frac{\varDelta y}{\varDelta x} = \mathsf{A} \qquad [\text{s.} \, 3) \, \text{bzw.} \, 3')].$$

Wenn man also irgend zwei Punkte, deren Koordinaten Gleichung 2) erfüllen, miteinander durch eine Gerade verbindet, so schließt diese mit der X-Achse einen Winkel α ein, dessen Tangensfunktion gleich dem Beiwert A des linearen Gliedes, also konstant ist. Das ist aber nur dann möglich, wenn alle diese Punkte auf einer Geraden g liegen, deren Richtungsfaktor gleich dem Beiwert A ist. Das Schaubild der linearen Funktion ist also eine Gerade. Es genügt, von dieser Geraden irgendeinen Punkt zu be-

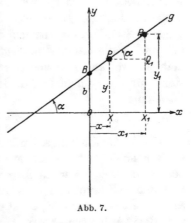

Abb. 7.

stimmen und durch diesen die Gerade mit dem Richtungsfaktor A zu legen. Da $\operatorname{tg} \alpha = \mathsf{A}$ ist, so ist man imstande, den Winkel α selbst zu berechnen; Voraussetzung hierzu ist allerdings, daß man für beide Koordinatenachsen die gleiche Strecke als Maßeinheit gewählt hat: im Falle des § 1 ist also $\alpha = 60 \degree 56' 44''$. Aus 3) bzw. 3') ergibt sich ferner: Ist A positiv, so steigt die Gerade bei wachsender Abszisse, ist A negativ, so fällt sie.

Einen besonderen Punkt B erhält man, wenn man $x = 0$ setzt; für ihn ergibt sich $y = b$; es ist der Schnittpunkt der Geraden g mit der y-Achse. Damit hat auch das Absolutglied von Gleichung 2) seine geometrische Deutung erhalten; es liefert den Abschnitt, den die Bildgerade der linearen Funktion auf der Ordinatenachse bildet: $b = OB$. Ist also b positiv, so schneidet die Gerade die y-Achse in ihrem positiven Teil, im anderen Falle in ihrer negativen Hälfte.

Das Ergebnis unserer Untersuchungen ist also das folgende:

Das Schaubild der linearen Funktion ist im rechtwinkligen Parallelkoordinatensystem stets eine Gerade; der Beiwert des linearen Gliedes bestimmt die Richtung dieser Geraden, derart, daß bei für beide Achsen gleicher Maßeinheit dieser Beiwert gleich dem Tangens desjenigen

Winkels ist, den die Gerade mit der positiven Abszissenachse einschließt;
das Absolutglied bestimmt nach Größe und Vorzeichen den Abschnitt,
den die Gerade auf der Ordinatenachse bildet.

(7) Wir wollen diesen Paragraphen nicht schließen, ohne noch einiger
Anwendungen der linearen Funktion, denen technische Bedeutung zu-
kommt, zu gedenken. An erster Stelle sollen zwei Beispiele aus der
Bewegungslehre stehen, in denen, in Vorbereitung später folgender
Paragraphen, der Differenzenquotient eine wichtige Deutung erfährt.
Das eine ist die **gleichförmige Bewegung**; man versteht unter ihr eine
solche, bei welcher der bewegte Massenpunkt in gleichen Zeiten gleiche
Wege zurücklegt. Bedeutet t die Zeit in einer Maßeinheit (Sekunde,
Minute, Stunde, ...), die seit dem Beginn der Zeitmessung verflossen
ist, und s die Länge des Weges in der zugrunde gelegten Längenein-
heit (cm, m, km, ...) von seinem Anfangspunkte aus gemessen, so be-
steht für die gleichförmige Bewegung zwischen Weg und Zeit die
Gleichung

$$s = s_0 + c \cdot t, \qquad \qquad 4)$$

wobei t die unabhängige, s die abhängige Veränderliche, s_0 und c Konstanten sind. Daß Gleichung 4) wirklich die gleichförmige Bewegung
beschreibt, sehen wir an folgendem: Gibt man der Veränderlichen t
irgendeinen Zuwachs $\varDelta t$, so daß seit Beginn der Zeitmessung die Gesamtzeit $t + \varDelta t$ verflossen ist, so ist der Massenpunkt um eine Länge $s + \varDelta s$
von dem Anfangspunkte seiner Bewegung entfernt, wobei

$$s + \varDelta s = s_0 + c(t + \varDelta t) \qquad \qquad 4')$$

sein muß. Hieraus berechnet sich durch Subtraktion von 4) und
4') $\varDelta s = c \cdot \varDelta t$. Das heißt aber nichts anderes, als daß in gleichen
Zeiträumen $\varDelta t$ auch die gleichen Wegstrecken $\varDelta s = c \cdot \varDelta t$ durchlaufen
werden, worin eben das Wesen der gleichförmigen Bewegung beruht.
Der Differenzenquotient dieser linearen Funktion ist $\frac{\varDelta s}{\varDelta t} = c$; c ist also
der Quotient aus der durchlaufenen Strecke und der hierzu be-
nötigten Zeit, der als **Geschwindigkeit** bezeichnet wird. Wir haben
also gefunden, daß bei der gleichförmigen Bewegung die Geschwindigkeit während der ganzen Bewegung konstant ist; sie ist der Beiwert
des linearen Gliedes. — Setzt man in 4) $t = 0$, so ergibt sich $s = s_0$.
Hiermit ist auch die andere Konstante der Gleichung 4) gedeutet;
sie gibt an, welche Entfernung vom Anfangspunkte seiner Bahn der
bewegte Punkt im Augenblicke des Beginns der Zeitmessung hat.

Das Schaubild der Gleichung 4) liefert natürlich wieder eine
Gerade. In Abb. 8 ist die gleichförmige Bewegung

$$s = 5m - \tfrac{1}{12} m s^{-1} \cdot t$$

dargestellt; hierbei sind für die Zeiteinheit und die Längeneinheit verschieden lange Strecken gewählt worden, da sonst das Bild, wie man sich leicht überzeugt, zu wenig ausdrucksvoll geworden wäre. Selbstverständlich sagt die Gerade — dessen muß sich besonders der Anfänger bewußt sein — nichts über die Gestalt der Bahn des Massenpunktes aus. Die Bahn braucht durchaus keine Gerade zu sein; ein an einem Faden befestigter Stein, der im Kreise geschleudert wird, kann sehr wohl eine gleichförmige Bewegung beschreiben, der das obige Diagramm zukommt; das Schaubild gibt einzig den gesetzmäßigen Zusammenhang zwischen Weg und Zeit.

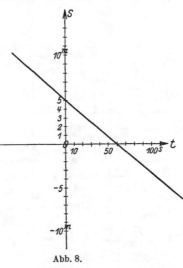

Abb. 8.

Noch klarer werden diese Verhältnisse durch Abb. 9 werden, die einen Teil des graphischen Eisenbahnfahrplanes der Strecke Freiberg—Chemnitz gibt. Sie zeigt, daß die Geradenzüge, von denen ein jeder das Schaubild eines auf dieser Strecke verkehrenden Eisenbahnzuges ist, verschiedene Richtung haben. Im übrigen dürfte das Bild so klar verständlich sein, daß sich ein weiteres Wort der Erklärung erübrigt.

(8) Auch die **gleichmäßig - veränderte Bewegung** bietet eine Anwendung der linearen Funktion, da bei ihr die Geschwindigkeit v sich in gleichen Zeiten um gleiche Beträge ändert. Die Geschwindigkeits-Zeit-Beziehung ist also hier gegeben durch eine Gleichung von der Form

$$v = v_0 + b \cdot t, \qquad\qquad 5)$$

wobei v_0 die Geschwindigkeit des bewegten Massenpunkts im Zeit-Nullpunkt ist und $b = \dfrac{\Delta v}{\Delta t}$ die Beschleunigung heißt, die also bei der gleichförmig-veränderlichen Bewegung konstant ist; ist sie negativ, so heißt sie auch Verzögerung. Ein Beispiel hierfür ist der senkrecht nach oben gerichtete Wurf im luftleeren Raume; für ihn ist, falls die Bewegungsrichtung nach aufwärts als die positive angesehen wird, $b = -g = -9{,}81\, m \cdot s^{-2}$. Es sei $v_0 = 40\, ms^{-1}$; dann lautet die Gleichung

$$v = 40\, ms^{-1} - 9{,}81\, ms^{-2} \cdot t. \qquad\qquad 5')$$

Abb. 10 gibt die Kurve wieder. Bis $t = 4{,}08^s$ ist v positiv,. wird aber mit wachsendem t immer kleiner. Für $t = 4{,}08^s$ ist $v = 0$; der bewegte Massenpunkt hat seine höchste Stelle erreicht; er kehrt um

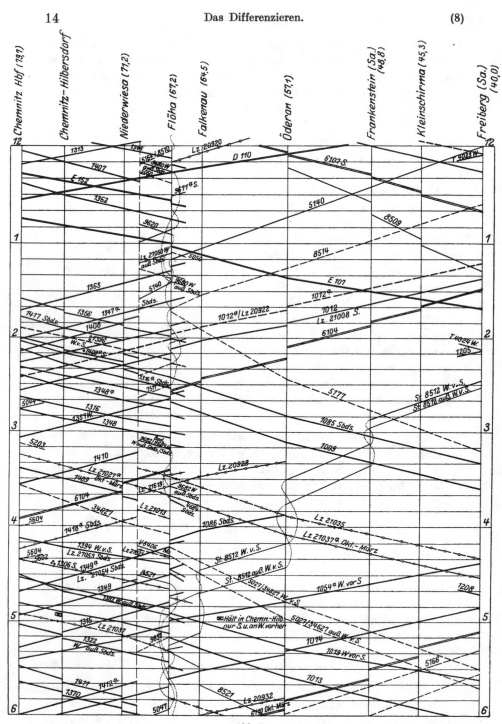

Abb. 9.

und bewegt sich in umgekehrter Richtung; v wird negativ. — Die Geschwindigkeits-Zeit-Gleichung für den **freien Fall** lautet, falls die Bewegungsrichtung nach unten als positiv gelten soll, $v = g \cdot t$, wenn der Fall gerade zum Zeit-Nullpunkt beginnt. Der Entwurf des Schaubildes sei dem Leser überlassen.

(9) Der **Hydrostatik** entnommen ist das folgende Beispiel: In einem Gefäße befinde sich eine Flüssigkeit vom spezifischen Gewichte γ; der Oberflächenspiegel habe den Abstand h vom Boden des Gefäßes.

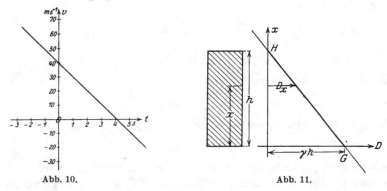

Abb. 10.   Abb. 11.

Die Flüssigkeit übt auf die Wandung einen Druck aus, der in verschiedenen Höhen verschieden ist, da die darüberlagernde Flüssigkeitssäule um so mehr wiegt, je höher sie ist, und zwar ist der Druck proportional der Höhe der darüberlagernden Flüssigkeitsschicht. In der Höhe h über dem Boden ist der Druck Null; der Boden trägt das Flüssigkeitsgewicht $f \cdot h \cdot \gamma$, wenn f die Fläche des Bodens ist; folglich ist der Druck am Boden gleich

$$\frac{\text{Gewicht der Flüssigkeit}}{\text{Grundfläche}} = h \cdot \gamma.$$

Um den Druck D in der Höhe x über dem Boden zu finden, verwende man die Proportion

$$D : (h \cdot \gamma) = (h - x) : h;$$

hieraus folgt:

$$D = \gamma (h - x). \qquad\qquad 6)$$

D ist also eine lineare Funktion von x; der Differenzenquotient ist $-\gamma$. Da die unabhängige Veränderliche x in diesem Beispiele eine Höhe ist, also lotrechte Richtung hat, empfiehlt es sich, für das Schaubild, abweichend von der sonstigen Gepflogenheit, die x-Achse auch lotrecht, die D-Achse dagegen wagerecht zu wählen; das Schaubild gestattet dann, sofort für jede beliebige Höhe den Druck abzulesen. Erwähnt sei ferner noch, daß Gleichung 6) zwar von den Koordinaten aller Punkte der unendlich langen Geraden GH erfüllt wird, daß aber für das gestellte Problem nur die S t r e c k e GH Wert hat, da x praktisch ja nur zwischen den endlichen Werten 0 und h variieren kann.

(10) Ein elektrischer Stromerzeuger habe eine elektromotorische Kraft e und einen inneren Widerstand w_i; wie ändert sich die Klemmenspannung e_a mit der Verbraucherstromstärke i? Ist w_a der Widerstand des Verbraucherstromkreises, der äußere Widerstand, und e_i das Spannungsgefälle im Innern der Stromquelle, so ist nach dem O h m schen Gesetze

$$\text{a)} \quad i = \frac{e}{w_i + w_a},$$

ferner

$$\text{b)} \quad e = e_i + e_a$$

und nach dem K i r c h h o f f schen Gesetze

$$\text{c)} \quad e_i : e_a = w_i : w_a .$$

Eliminiert man aus diesen Gleichungen e_i und w_a, so ergibt sich:

$$e_a = e - w_i i . \qquad\qquad 7)$$

Die Klemmenspannung ist also eine lineare Funktion der Verbraucherstromstärke. Da e_a praktisch nur zwischen den Grenzen 0 und e variieren kann, gelten für das Schaubild dieselben Bemerkungen wie in (9).

Außerdem erkennt man, daß der Höchstwert, der für i aus unserer Stromquelle herausgeholt werden kann, für $e_a = 0$ eintritt; er beträgt

$$i_{\max} = \frac{e}{w_i} .$$

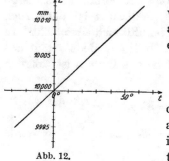

Abb. 12.

Schließlich sei noch an das Gesetz aus der Wärmelehre erinnert, nach dem im allgemeinen die Ausdehnung eines Körpers innerhalb gewisser Grenzen der Temperaturerhöhung proportional ist:

$$L_t = L_0 (1 + \alpha t) .$$

(L_0 die Länge bei $0°$ C, L_t die Länge bei $t°$ C, α der Ausdehnungskoeffizient.) Da α im allgemeinen sehr klein ist, empfiehlt es sich, um überhaupt ein handliches Schaubild zu erhalten, die Bezifferung der L-Achse nicht mit 0, sondern mit einem höheren Werte, etwa L_0 zu beginnen. So gibt Abb. 12 das Schaubild für die lineare Ausdehnung des Messings ($\alpha = 0{,}000\,019$).

Wir sind am Ziele unserer Betrachtungen über die lineare Funktion und haben zuletzt an Beispielen ihr mannigfaches Auftreten kennengelernt; wir haben die praktische Bedeutung der auftretenden Größen,

insbesondere des Differenzenquotienten, erkannt und gesehen, wie
man beim Entwurf des Schaubildes bisweilen zweckmäßigerweise von
der üblichen Form in der einen oder anderen Richtung abweicht,
und so gelernt, das Wesentliche der Darstellung vom Unwesentlichen
zu unterscheiden. Wir sind damit reif geworden zur Behandlung von
weniger einfachen Problemen; wir gehen einen Schritt weiter und
wollen uns im folgenden Paragraphen in das Wesen der q u a d r a -
t i s c h e n Funktion vertiefen.

§ 3. Die quadratische Funktion.

(11)   Die allgemeinste Form der quadratischen Funktion ist

$$y = a\,x^2 + b\,x + c, \qquad\qquad 8)$$

d. h. also, daß — zum Unterschied von der linearen Funktion — y auch
noch von der zweiten Potenz (dem Q u a d r a t) von x abhängig ist.
Ehe wir jedoch zu ihrer Untersuchung übergehen, wollen wir vorerst
den einfachsten Sonderfall betrachten; wir erhalten ihn, indem wir der
Konstanten a den Wert 1, den Konstanten b und c den Wert 0 erteilen.
Es ergibt sich die **rein quadratische Funktion** von der Form

$$y = x^2; \qquad\qquad 9)$$

sie liefert also zu jeder Zahl x die zugehörige Quadratzahl, und jede
Tabelle der Quadratzahlen ist eine tabellarische Darstellung dieser
Funktion. Wenden wir uns ihrem
Schaubilde zu! Es ist nach obigem
eine Linie, die alle Punkte umfaßt,
für welche der Zahlenwert der Ordinate das Quadrat des Zahlenwertes
der Abszisse ist; auf ihr liegen also
beispielsweise die Punkte $(0\,|\,0)$, $(1\,|\,1)$,
$(2\,|\,4)$, $(3\,|\,9)\ldots$; diese Bezeichnungsweise wird gern verwendet, die erste
Zahl in der Klammer gibt die Abszisse, die zweite die Ordinate des
Punktes. Schon hieraus erkennt man,
daß die Linie keine Gerade sein kann.
Durch Einschalten weiterer Punkte
tritt die Art der Kurve noch deut-

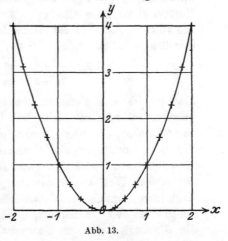

Abb. 13.

licher hervor, um so deutlicher, je dichter die Punkte gewählt werden;
in Abb. 13 sind noch die Punkte $(\tfrac{1}{4}\,|\,\tfrac{1}{16})$, $(\tfrac{1}{2}\,|\,\tfrac{1}{4})$, $(\tfrac{3}{4}\,|\,\tfrac{9}{16})\ldots$ ein-
gezeichnet. Das Schaubild der rein quadratischen Funktion ist die
Parabel, nach der Geraden wohl die wichtigste Kurve der Technik.
Die Gleichung $y = x^2$ möge für uns die Definitionsgleichung der Parabel

sein. Aus ihr lassen sich sofort einige wichtige Eigenschaften dieser Kurve finden. Ziehen wir, was bisher nicht geschehen ist, auch negative Abszissen in den Bereich unserer Betrachtungen ein, und berücksichtigen wir, daß die Quadrate entgegengesetzt gleicher Zahlen einander gleich sind, so finden wir, daß zu entgegengesetzt gleichen Abszissen Punkte von gleicher Ordinate gehören [z. B. $P(\frac{5}{4}\,|\,\frac{25}{16})$ und $P'(-\frac{5}{4}\,|\,\frac{25}{16})$]. Da diese Punktepaare spiegelbildlich (symmetrisch) zur Ordinatenachse liegen, so muß die Kurve selbst aus zwei Teilen bestehen, von denen der eine das Spiegelbild des anderen bezüglich der Ordinatenachse ist. Diese hat daher eine ganz besondere Bedeutung für die Parabel; sie heißt die A c h s e der Parabel. Der Punkt, in welchem beide Teile zusammenstoßen — in unserem Falle der Koordinatenanfangspunkt —, hat ebenfalls eine besondere Bedeutung; er heißt der S c h e i t e l der Parabel. Unter dem Scheitel der Parabel versteht man also ihren Schnittpunkt mit ihrer Achse. — Da das Quadrat einer reellen Größe stets positiv ist, so folgt weiter, daß die Ordinate eines jeden Punktes unserer Parabel positiv sein muß, daß also die Parabel in ihrem ganzen Verlaufe oberhalb der x-Achse, d. h. in demjenigen Teile der Ebene läuft, welcher durch die p o s i t i v e Hälfte der y-Achse bestimmt ist.

(12)   Wir wählen jetzt für die unabhängige Veränderliche einen neuen Wert x_1; zu ihm gehört auch ein neuer Wert der abhängigen Veränderlichen $y_1 = x_1^2$. Die Differenz beider Werte der abhängigen Veränderlichen ist also $y_1 - y = x_1^2 - x^2$; dividiert man diese durch die Differenz der beiden Werte der unabhängigen Veränderlichen, also durch $x_1 - x$, so ergibt sich der Differenzenquotient:

$$\frac{y_1 - y}{x_1 - x} = \frac{x_1^2 - x^2}{x_1 - x} = x_1 + x\,. \qquad\qquad 10)$$

Hier ist nun eine Tatsache besonders bemerkenswert; der Differenzenquotient ist nämlich nicht, wie bei der linearen Funktion, eine konstante Größe; er ist im Gegenteile, da er gleich der Summe der beiden Werte der unabhängigen Veränderlichen ist, abhängig sowohl von x als auch von x_1, also von z w e i Bestimmungsstücken. Dies lehrt auch der andere Weg zur Bestimmung des Differenzenquotienten [s. (5)]. Gibt man nämlich der Veränderlichen x den Zuwachs $\varDelta x$, so daß der neue Wert der unabhängigen Veränderlichen $x + \varDelta x$ ist, so erhält die Abhängige y einen Zuwachs $\varDelta y$, und der zu $x + \varDelta x$ gehörige Wert derselben, $y + \varDelta y$, ist durch die Gleichung

$$y + \varDelta y = (x + \varDelta x)^2 \qquad\qquad 11)$$

bestimmt. Durch Subtraktion der beiden Gleichungen 9) und 11) folgt für $\varDelta y$

$$\varDelta y = 2x \cdot \varDelta x + (\varDelta x)^2,$$

und hieraus für den Differenzenquotienten

$$\frac{\Delta y}{\Delta x} = 2x + \Delta x\,;\qquad\qquad 12)$$

auch in dieser Form erkennt man seine Abhängigkeit von der Wahl zweier Größen, von x und Δx. Der Zusammenhang zwischen den Formeln 10) und 12) wird durch die Gleichungen

$$\Delta x = x_1 - x\,,\quad \Delta y = y_1 - \dot y \quad \text{bzw.} \quad x_1 = x + \Delta x\,,\quad y_1 = y + \Delta y$$

hergestellt.

Zwecks geometrisch anschaulicher Darstellung des Differenzenquotienten sei P (Abb. 14) der Punkt mit den Koordinaten $OX = x$, $XP = y$, wobei $y = x^2$ ist; P_1 habe die Koordinaten $OX_1 = x_1$, $X_1 P_1 = y_1$, so daß also

$$XX_1 = \Delta x\,,\quad QP_1 = X_1 P_1 - XP = \Delta y$$

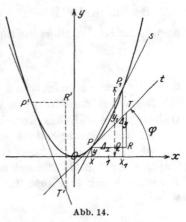

ist. PP_1 ist also eine durch den Punkt P gehende Sekante s der Parabel, deren Richtung gegen die x-Achse gerade durch den Differenzenquotienten $\frac{y_1 - y}{x_1 - x} = \frac{\Delta y}{\Delta x}$ wiedergegeben wird [s. (6)]. Nun erkennt man weiter, daß sich durch P unendlich viele Parabelsekanten legen lassen, da man noch den Punkt P_1 willkürlich wählen kann;

Abb. 14.

dieser Umstand ist das geometrische Gegenstück zu der oben abgeleiteten Eigenschaft, daß der Differenzenquotient von der Wahl von x_1 bzw. Δx abhängig ist.

(13) Die bemerkenswerteste der unendlich vielen durch P gehenden Parabelsekanten ist nun die in P an die Parabel gelegte **Tangente**; sie ergibt sich, wenn der Punkt P_1 auf der Parabel wandert, bis er in unmittelbare Nachbarschaft von P gelangt, bis er zum Nachbarpunkt von P auf der Parabel wird. Da entsteht sofort die Frage: Wie drückt sich dieser **Grenzübergang**, wie wir den soeben beschriebenen geometrischen Vorgang nennen wollen, analytisch, d. h. rechnerisch, aus? Da brauchen wir nur im Auge zu behalten, daß dem Umstande, daß P_1 sich P nähert, rechnerisch die Tatsache entspricht, daß die Differenz ihrer Abszissen, also $x_1 - x = \Delta x$, immer kleiner wird oder, wie man sich ausdrückt, „sich der Grenze Null nähert", „unter jeden noch so kleinen Wert fällt", oder „gegen Null konvergiert". Man schreibt dies in folgender Form:

$$\lim_{x_1 \to x}(x_1 - x) = \lim_{\Delta x \to 0}\Delta x$$

(sprich limes $\varDelta x$; limes $=$ Grenzwert). Nun ergibt sich aber für diesen Grenzwert des Differenzenquotienten der rein quadratischen Funktion

$$\lim_{x_1 \to x} \frac{y_1 - y}{x_1 - x} = \lim_{\varDelta x \to 0} \frac{\varDelta y}{\varDelta x} = 2x,$$ 13)

wie aus Formel 10) und 12) übereinstimmend folgt.

Für

$$\lim_{x_1 \to x} \frac{y_1 - y}{x_1 - x} = \lim_{\varDelta x \to 0} \frac{\varDelta y}{\varDelta x}$$

hat man einen besonderen Ausdruck geprägt; man bezeichnet den Grenzwert des Differenzenquotienten als **Differentialquotient** und schreibt ihn in der Form $\frac{dy}{dx}$ und liest ihn mit den Worten „dy nach dx". Also ist der Differentialquotient der rein quadratischen Funktion

$$\frac{dy}{dx} = 2x,$$ 14)

d. h. der Differentialquotient der rein quadratischen Funktion ist für einen bestimmten Wert der unabhängigen Veränderlichen gleich ihrem doppelten Betrage.

Der Differenzenquotient lieferte uns die Richtung der Sekante; folglich gibt der Differentialquotient uns die Richtung der Tangente; d. h. bezeichnet man in Abb. 14 den Winkel, den die in P an die Parabel gelegte Tangente mit der x-Achse bildet, mit φ, so ist

$$\frac{dy}{dx} = \operatorname{tg} \varphi = 2x.$$ 15)

Voraussetzung ist allerdings, daß Abszisse und Ordinate mit derselben Einheit gemessen sind. Dieses Ergebnis bietet uns also ein Mittel, um in einem bestimmten Punkte P an die Parabel die Tangente zu legen. Man braucht zu diesem Zwecke nur von P in Richtung der positiven x-Achse um die Längeneinheit bis zum Punkte R und von diesem in Richtung der y-Achse um die Länge $RT = 2x$ zu gehen; der Endpunkt T ist ein Punkt der in P an die Parabel gelegten Tangente; denn es ist

$$\operatorname{tg} \varphi = \frac{RT}{PR} = \frac{2x}{1} = 2x.$$

Ist x negativ, d. h. liegt der Parabelpunkt links der Achse, so muß selbstverständlich die Strecke $2x$ im Sinne der negativen Achse gezogen werden (s. Abb. 14, Punkt P'). Wir sind also imstande, von der Parabel nicht nur Punkte in beliebiger Zahl anzugeben, sondern vermittelst des Differentialquotienten in diesen Punkten auch die Tangenten zu zeichnen, die Parabel also mit einem ziemlich hohen Grade der Genauigkeit zu entwerfen. Es sei nun dem Leser als lehrreiche Übung anheimgestellt, diese Konstruktion auch wirklich durchzuführen.

(14) Erteilt man in Gleichung 8) der Größe a einen beliebigen, vorläufig positiven Wert, während die Größen b und c auch noch weiterhin gleich Null sein mögen, so kommt man zu der allgemeineren quadratischen Funktion

$$y = a x^2. \qquad\qquad 16)$$

Da $a > 0$ sein soll, so ist auch $y > 0$; also läuft die zugehörige Kurve ebenfalls ganz auf der positiven Seite der y-Achse. Sie unterscheidet

sich von der bisherigen Parabel $y = x^2$ einfach nur dadurch, daß die Ordinaten ihrer Punkte das $a$fache der zu derselben Abszisse gehörigen Punkte der früheren sind. In Abb. 15 sind die Kurven für verschiedene Werte von a eingezeichnet; man erhält, wie man aus ihr erkennt, beispielsweise die Kurve für $a = 4$ aus derjenigen für $a = 1$ einfach dadurch, daß man die Ordinaten der letzteren vervierfacht. Ist $a > 1$, so ergibt sich die entsprechende Kurve gewissermaßen dadurch aus der ursprünglichen Parabel, daß man diese in Richtung der y-Achse dehnt, für $a < 1$ umgekehrt dadurch, daß man sie zusammen-

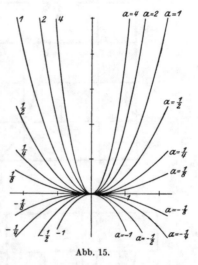

Abb. 15.

drückt. Für $a < 0$ ist y stets negativ; die zugehörige Kurve verläuft also ganz auf der zur negativen Hälfte der y-Achse gehörigen Halbebene; es bedarf wohl keines Beweises dafür, daß man sie aus der zu dem entgegengesetzt gleichen Werte von a gehörigen Kurve dadurch erhält, daß man diese an der x-Achse spiegelt (s. Abb. 15).

Die durch die Gleichung $y = a x^2$ definierte Kurve ist eine Parabel. Beweis: Nach 8) verstehen wir unter einer Parabel eine Kurve, deren Gleichung im rechtwinkligen Koordinatensystem $y = x^2$ lautet. Nun ist aber die Gestalt der Parabel wesentlich abhängig von der Wahl der Längeneinheit des Koordinatensystems. So ist beispielsweise in Abb. 16a als Längeneinheit 1 cm, in Abb. 16b 2 cm gewählt, in letzterer zum Vergleiche nochmals die Parabel von 16a, und zwar gestrichelt, eingezeichnet. Abb. 17 sei das Bild der Funktion $y = a x^2$, wobei eine bestimmte Längeneinheit e zugrunde gelegt sei, so daß also die Strecken OX x und XP $y = a x^2$ dieser Längeneinheiten umfassen. Messen wir nun aber die Strecken mit einer anderen Längeneinheit e' von der Art, daß $e' = e/a$ bzw. $e = a e'$ ist, so enthält OX $\xi = a x$ und XP $\eta = a \cdot a x^2 = a^2 x^2$ solcher Längeneinheiten; es ist also $\eta = \xi^2$ die Gleichung der nämlichen Kurve unter Zugrundelegung

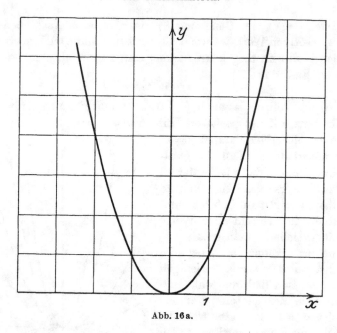

Abb. 16a.

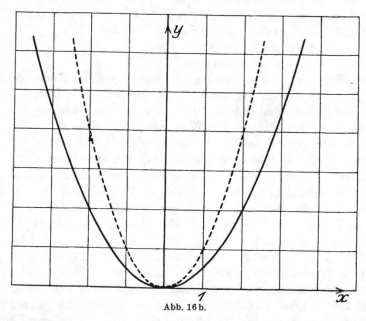

Abb. 16b.

der Längeneinheit e', womit der Beweis erbracht ist. (In Abb. 17 ist $a = \frac{3}{2}$, also die neue Einheit das $\frac{2}{3}$fache der ursprünglichen; man prüfe an einzelnen Punkten der Kurve die Zusammenhänge der Koordinatenpaare nach; ist für P beispielsweise $x = \tfrac{5}{6}e$, $y = \tfrac{25}{24}e$, so ist $\xi = \tfrac{5}{4}e'$, $\eta = \tfrac{25}{16}e'$, und in der Tat $\eta = \xi^2$.) Man erhält also: **Jede Gleichung von der Form $y = ax^2$ ist die Gleichung einer Parabel, deren Achse die y-Achse, deren Scheitel der Koordinatenanfangspunkt und deren Scheiteltangente die x-Achse ist.** Sie ist für positive Werte von a im Sinne der positiven y-Achse, für negative Werte von a im Sinne der negativen y-Achse geöffnet.

Da, wie schon gezeigt, die Parabel $y = ax^2$ aus der Parabel $y = x^2$ dadurch hervorgeht, daß man die Ordinaten mit a multipliziert, so verzerrt sich auch die Tangentenrichtung in dem Maße, daß der Richtungsfaktor irgend-einer Tangente der Parabel $y = ax^2$ das $a$fache

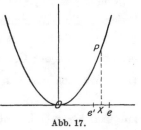

Abb. 17.

des Richtungsfaktors der entsprechenden Tangente an die Parabel $y = x^2$ ist; es ist also nach Formel 15) $\operatorname{tg}\varphi = 2ax$. — Zu diesem Ergebnis gelangen wir aber auch auf Grund ähnlicher Betrachtungen, wie sie oben [s. **(13)**] durchgeführt worden sind. Auch hier ist, wie dort und wie überhaupt ganz allgemein, die Tangente an die Parabel $y = ax^2$ im Punkte P die Gerade, in welche irgendeine durch P gehende Sekante übergeht, wenn ihr zweiter Schnittpunkt P_1 mit der Parabel sich dem Punkte P unbegrenzt nähert. Rechnerisch läßt sich dies ganz wie oben durchführen: P habe die Abszisse x, also die Ordinate $y = ax^2$; P_1 habe die Abszisse $x + \varDelta x$, also die Ordinate $y + \varDelta y = a(x + \varDelta x)^2$, wobei $\varDelta x$ und $\varDelta y$ wieder die Zuwüchse sind, die man den Koordinaten von P erteilen muß, um diejenigen von P_1 zu erhalten. Es ist daher, wie man durch einfache Subtraktion findet,

$$\varDelta y = a(x + \varDelta x)^2 - ax^2 \qquad \text{oder} \qquad \varDelta y = 2ax \cdot \varDelta x + (\varDelta x)^2,$$

daher der Differenzenquotient

$$\frac{\varDelta y}{\varDelta x} = 2ax + \varDelta x;$$

geometrisch ist dieser Ausdruck (s. Abb. 14) nichts weiter als der Richtungsfaktor der Sekante PP_1. Nähert sich nun P_1 auf der Parabel dem Punkte P, so heißt dies analytisch, daß $\varDelta x$ dem Grenzwert Null zustrebt und $\frac{\varDelta y}{\varDelta x}$ in den Differentialquotienten übergeht; man erhält also für diesen

$$\frac{dy}{dx} = 2ax = \operatorname{tg}\varphi, \qquad\qquad 17)$$

wie oben.

Der Leser tut gut, auf Grund dieser Formel 17), etwa in Anlehnung an Abb. 15, an verschiedene Parabeln in mehreren Punkten die Tangenten tatsächlich zu zeichnen; empfehlenswert ist es ferner, wie auch sonst im folgenden, das Problem umzukehren und nach demjenigen Punkte einer bestimmten Parabel zu fragen, in welchem die Tangente eine verlangte Richtung hat. (So muß beispielsweise derjenige Punkt der Parabel $y = \frac{1}{5}x^2$, dessen Tangente mit der x-Achse den Winkel $60°$ einschließt, eine Abszisse haben, welche sich aus der Gleichung bestimmt $\frac{2}{5}x = \sqrt{3}$, also $x = \frac{5}{2}\sqrt{3}$; hieraus folgt weiter $y = \frac{15}{4}$.) In welchem Punkte schließt insbesondere die Tangente an die Parabel $y = ax^2$ mit der x-Achse den Winkel $45°$ ein? Welches ist bei veränderlichem a der Ort aller dieser Punkte? $\left(\text{Die Gerade } y = \frac{x}{2}.\right)$

(15) Wenden wir uns nun der allgemeinen quadratischen Funktion

$$y = ax^2 + bx + c \qquad\qquad 8)$$

zu. Auf Grund der bisher erworbenen Kenntnisse sind wir in der Lage, uns die zugehörige Kurve zu entwerfen; wir brauchen ja bloß zu einem gegebenen x mit Hilfe der Gleichung 8) das zugehörige y zu berechnen und den Punkt in der Ebene zu suchen, der die soeben ermittelten Koordinaten x und y hat; er ist ein Punkt der Kurve. Durch Wahl weiterer Werte von x gelangen wir zu anderen Punkten des Schaubildes von Gleichung 8). So gehören zur Funktion $y = \dfrac{x^2}{5} - \dfrac{4}{3}x + \dfrac{17}{15}$ die Wertepaare:

$x=$	-4	-3	-2	-1	0	$+1$	$+2$	$+3$	$+4$	$+5$	$+6$	$+7$	$+8$	$+9$	$+10$	$+11$
$y=$	$+2\frac{9}{3}$	$+1\frac{04}{15}$	$+2\frac{3}{5}$	$+\frac{8}{3}$	$+\frac{17}{15}$	0	$-1\frac{1}{15}$	$-1\frac{6}{15}$	-1	$-\frac{8}{15}$	$+\frac{1}{3}$	$+\frac{8}{5}$	$+4\frac{9}{15}$	$+1\frac{6}{3}$	$+3\frac{9}{5}$	$+3\frac{2}{3}$

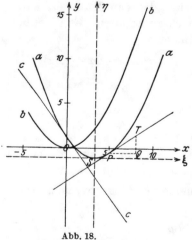

Abb. 18.

Abb. 18 gibt die zu dieser Funktion gehörige Schaukurve aa.

Setzt man $y_1 = ax^2$ und $y_2 = bx + c$, so ist $y = y_1 + y_2$. Nun hat nach **(14)** $y_1 = ax^2$ zum Schaubild eine Parabel bb, deren Scheitel in O und deren Achse die y-Achse ist, während das Schaubild von $y_2 = bx + c$ nach **(6)** eine Gerade cc von der Richtung b und dem Abschnitt c auf der y-Achse ist. Wir können unsere Kurve aa also auch erhalten, indem wir (s. Abb. 18) die Parabel bb und die Gerade cc zeichnen und die zu einer beliebigen Abszisse x gehörigen Ordinaten beider Kurven addieren; ihre Summe gibt uns die zu diesem x gehörige Ordinate der Kurve aa. Hiermit ist die der Gleichung 8) entsprechende Kurve in einfacher Weise auf bekannte Kurven zurückgeführt. Ja, wir können noch einen Schritt weiter gehen; es kann nämlich bewiesen werden, daß diese Kurve nichts anderes ist als die uns aus (14) bekannte Parabel, und daß in Abb. 18 die Kurve aa kongruent ist der Kurve bb. Doch zuvor soll der Differentialquotient der quadratischen Funktion 8) gebildet werden.

Wir wissen nun schon, wie wir zu diesem Zwecke zu verfahren haben: Wir erteilen der unabhängigen Veränderlichen x einen Zuwachs $\varDelta x$; dadurch erhält auch y von selbst einen Zuwachs $\varDelta y$, der sich durch die Gleichung bestimmt:

$$y + \varDelta y = a(x + \varDelta x)^2 + b(x + \varDelta x) + c. \tag{18}$$

Durch Subtraktion von Gleichung 8) folgt

$$\varDelta y = a(2x \cdot \varDelta x + (\varDelta x)^2) + b \cdot \varDelta x = \varDelta x[a(2x + \varDelta x) + b], \tag{18'}$$

und hieraus durch Division mit $\varDelta x$ für den Differenzenquotienten

$$\frac{\varDelta y}{\varDelta x} = a(2x + \varDelta x) + b \tag{19}$$

und hieraus wiederum durch den Grenzübergang $\lim \varDelta x \to 0$ für den Differentialquotienten:

$$\frac{dy}{dx} = 2ax + b. \tag{20}$$

Auch hier gelten für die geometrische Deutung des Differentialquotienten die gleichen Schlüsse wie in (13) und (14). Sind nämlich $x \,|\, y$ die Koordinaten des Punktes P der Kurve, so sind $x + \varDelta x \,|\, y + \varDelta y$ nach 18) die Koordinaten eines anderen Punktes P_1 dieser Kurve, und $\frac{\varDelta y}{\varDelta x}$ ist der Richtungsfaktor der durch P und P_1 bestimmten Sekante; er errechnet sich aus 19). Wird $\lim \varDelta x \to 0$, so heißt das geometrisch, daß P_1 auf der Kurve bis in unmittelbare Nähe von P wandert; die Sekante wird also zur Tangente, deren Richtung demnach durch den Differentialquotienten ermittelt wird. Für das Beispiel in Abb. 18 ergeben sich in Ergänzung der Tabelle auf S. 24 aus 20) die Richtungsfaktoren der Tangenten für

$x =$	-4	-3	-2	-1	0	$+1$	$+2$	$+3$	$+4$	$+5$	$+6$	$+7$	$+8$	$+9$	$+10$	$+11$	zu
$\frac{dy}{dx} =$	$-\frac{44}{15}$	$-\frac{38}{15}$	$-\frac{32}{15}$	$-\frac{26}{15}$	$-\frac{4}{3}$	$-\frac{14}{15}$	$-\frac{8}{15}$	$-\frac{2}{15}$	$+\frac{4}{15}$	$+\frac{2}{3}$	$+\frac{16}{15}$	$+\frac{22}{15}$	$+\frac{28}{15}$	$+\frac{34}{15}$	$+\frac{8}{3}$	$+\frac{46}{15}$	

In Abb. 18 ist für den Punkt $P\,(5 \,|\, -\frac{8}{15})$ die Konstruktion der Tangentenrichtung angedeutet ($PQ = 3$, $QT = 2$, PT Tangente). Der Leser möge zur Übung die Tangenten für weitere Kurvenpunkte und ebenso für andere Kurven von der Gleichung $y = ax^2 + bx + c$ konstruieren.

Damit ist eigentlich auch die umgekehrte Aufgabe schon gelöst, nämlich die Frage nach demjenigen Punkte der Kurve, in welchem diese eine vorgeschriebene Richtung A hat; da $2ax + b = A$ sein

muß, so folgt für die Abszisse des betreffenden Punktes $x = \dfrac{A - b}{2a}$.
Um beispielsweise für den Fall der Abb. 18 denjenigen Punkt zu finden,
in dem die Tangente unter 45° gegen die x-Achse geneigt ist, setzen
wir $\dfrac{2x}{5} - \dfrac{4}{3} = 1$, woraus folgt $x = \dfrac{35}{6}$ und daher $y = -\dfrac{253}{240}$. In
der Folge wird uns nun bei einer Kurve besonders derjenige Punkt
beschäftigen, in welchem die Tangente parallel der x-Achse, der zugehörige Richtungswinkel $\varphi = 0$ und daher auch der Richtungsfaktor
$\dfrac{dy}{dx} = \operatorname{tg} \varphi = 0$ ist. Wollen wir also den Punkt von dieser Eigenschaft
auf der Kurve von unserer Gleichung 8) suchen, so müssen wir setzen
[s. Formel 20)]:

$$2\,a\,x + b = 0.$$

Die Abszisse dieses Punktes S ist demnach

$$x_s = -\frac{b}{2a}, \qquad\qquad 21\text{a)}$$

und also nach Formel 8) die Ordinate

$$y_s = -\frac{b^2}{4a} + c. \qquad\qquad 21\text{b)}$$

(Im Falle der Abb. 18 ist, wie man sich leicht überzeugt, $x_s = \tfrac{10}{3}$,
$y_s = -\tfrac{49}{45}$.)

Nun wollen wir einmal diesen Punkt S als Nullpunkt eines Koordinatensystems wählen, dessen Achsen parallel zu den Achsen des ursprünglichen Systems liegen sollen; die Abszissenachse möge ξ-Achse,
die Ordinatenachse η-Achse, und also die Abszisse eines beliebigen
Punktes dieses neuen Systems ξ, die Ordinate η heißen. Wir fragen:
Wie heißt die Gleichung der Kurve im $\xi\eta$-System, deren Gleichung
im alten xy-System $y = a\,x^2 + b\,x + c$ lautet? Man bezeichnet einen

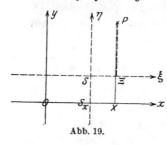

Abb. 19.

solchen Übergang aus einem Koordinatensystem in ein anderes als eine Umformung (Transformation) des Koordinatensystems, und in unserem Sonderfall, wo die Koordinatenachsen des neuen
Systems parallel zu den entsprechenden
des alten Systems sind, als eine Parallelverschiebung des Koordinatensystems [s. (110)]. Damit wir diese vor-
nehmen können, müssen wir natürlich den Zusammenhang beider
Systeme kennen; er ist (Abb. 19) im Falle der Parallelverschiebung
völlig bestimmt, wenn wir die Koordinaten $OS_x = x_s$ und $S_xS = y_s$
des neuen Anfangspunktes im alten System kennen. P sei nun ein
beliebiger Punkt der Ebene; seine Koordinaten im alten Systeme seien

$OX = x$ und $XP = y$, die im neuen $S\mathit{\Xi} = \xi$ und $\mathit{\Xi}P = \eta$, und es ist aus Abb. 19 ohne weiteres ersichtlich, daß $OX = OS_x + S_xX = OS_x + S\mathit{\Xi}$, also

$$x = x_s + \xi \qquad\qquad\qquad 22\,\mathrm{a})$$

und $XP = X\mathit{\Xi} + \mathit{\Xi}P = S_xS + \mathit{\Xi}P$, also

$$y = y_s + \eta \qquad\qquad\qquad 22\,\mathrm{b})$$

ist. Setzt man also für x und y die in 22) gefundenen Werte in Gleichung 8) ein, wobei sich x_s und y_s aus Gleichung 21) bestimmen, so erhält man die Gleichung derselben Kurve, jetzt aber im $\xi\eta$-System; sie lautet

$$y_s + \eta = a(x_s + \xi)^2 + b(x_s + \xi) + c$$

oder

$$\eta - \frac{b^2}{4a} + c = a\left(\xi - \frac{b}{2a}\right)^2 + b\left(\xi - \frac{b}{2a}\right) + c$$

oder

$$\eta - \frac{b^2}{4a} + c = a\,\xi^2 - b\,\xi + \frac{b^2}{4a} + b\,\xi - \frac{b^2}{2a} + c$$

oder nach Zusammenfassung der Glieder:

$$\eta = a\,\xi^2 . \qquad\qquad\qquad 23)$$

Es ist also in der Tat die Gleichung einer Parabel. Damit ist der Beweis erbracht dafür, daß das Bild der allgemeinsten quadratischen Funktion im rechtwinkligen Koordinatensystem die in **(13)** definierte Parabel ist. Wir fassen das Ergebnis in dem Satze zusammen:

     Das Bild der allgemeinsten quadratischen Funktion $y = ax^2 + bx + c$ ist im rechtwinkligen Koordinatensystem eine Parabel, deren Achse parallel der y-Achse ist; sie ist in Richtung der positiven y-Achse geöffnet, wenn $a > 0$ ist, und in Richtung der negativen y-Achse geöffnet, wenn $a < 0$ ist. —

(16) Derjenige Wert der unabhängigen Veränderlichen x, für welchen der Differentialquotient gleich Null ist, gibt uns, wie wir gesehen haben, die Abszisse, der zugehörige Wert der abhängigen Veränderlichen die Ordinate des Parabelscheitels. Wir sehen weiter, daß der Scheitel zugleich derjenige Punkt ist, für welchen die Ordinate unter allen zur Parabel gehörigen die kleinste ist für $a > 0$ und die größte für $a < 0$; denn im ersten Falle geht die Kurve in diesem Punkte aus dem Fallen ins Steigen, im anderen aus dem Steigen ins Fallen über. Abstrahieren wir vom Bilde, so können wir also sagen: Für denjenigen Wert der unabhängigen Veränderlichen, für welchen der Differentialquotient verschwindet, besitzt die quadratische Funktion einen Kleinstwert (Minimum) (für $a > 0$) oder einen Größtwert (Maximum) (für $a < 0$).

Der Satz wird nun besonders wertvoll durch seine Umkehrung, die sich in der Aufgabe ausdrückt, den Kleinst- bzw. Größtwert einer gegebenen quadratischen Funktion zu ermitteln. Man braucht, um sie zu lösen, nur den Differentialquotienten der Funktion gleich Null zu setzen; dadurch erhält man eine Bestimmungsgleichung für die unabhängige Veränderliche, die für die quadratische Funktion, wie wir gesehen haben, stets linear sein muß. Man löst sie auf, setzt den gefundenen Wert in die Funktionsgleichung ein und erhält schließlich den gesuchten Funktionswert, der ein Minimum ist, wenn der Beiwert des quadratischen Gliedes positiv ist, und ein Maximum, wenn er negativ ist. Ein einfaches Beispiel möge dies erläutern.

Sind die beiden Seiten eines Rechtecks a und b, so beträgt sein Umfang $u = 2(a + b)$. Ist nun umgekehrt eine Strecke u gegeben, so lassen sich unendlich viele Rechtecke finden, für welche der Umfang gleich u ist. Eine Seite a eines solchen Rechtecks kann man beliebig wählen,

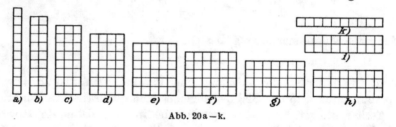

Abb. 20a—k.

wenn sie nur, um negative Strecken zu vermeiden, die Bedingung erfüllt: $0 \leqq a \leqq \frac{1}{2} u$. Durch Wahl dieser Seite ist aber das Rechteck auch völlig bestimmt; denn die andere Seite b findet sich aus der obigen Gleichung zu $b = \frac{1}{2} u - a$.

Abb. 20a—k zeigen eine Anzahl von Rechtecken, die in ihrem Umfange u übereinstimmen, und zwar ist $u = 22$ Längeneinheiten gewählt. Kennt man die Seiten eines Rechtecks, so findet man den Inhalt aus ihrem Produkte

$$F = a \cdot b = a \cdot \left(\frac{u}{2} - a\right) \qquad \text{oder} \qquad F = -a^2 + \frac{u}{2} a.$$

Der Inhalt ist also eine quadratische Funktion der Seite a. (Im obigen Beispiele sind die Inhalte der Reihe nach 10, 18, 24, 28, 30, 30, 28, 24, 18, 10 Flächeneinheiten.)

Abb. 21 gibt die zu dieser Funktion gehörige Parabel für obiges Beispiel. Praktischen Wert hat allerdings von der Parabel nur der dick ausgezogene, oberhalb der a-Achse verlaufende Bogen, da für den anderen Teil die Ordinaten, das heißt die Inhalte der entsprechenden Rechtecke, negativ sind. Schon aus der Zahlenreihe der für die Rechtecke der Abb. 20 angeführten Inhalte sieht man, daß diese anfangs zunehmen und später wieder abnehmen. Es gibt also unter allen diesen Rechtecken eines, das den größten Inhalt hat. Dies wird bestätigt durch die Parabel der Abb. 21; denn sie hat in der Tat einen Punkt, der eine größte Ordinate hat. Wir wissen nach dem Obigen nun auch, wie wir diesen Punkt und damit auch das Rechteck vom größten Inhalte finden. Wir bilden nämlich den Differentialquotienten von F nach a, setzen ihn gleich Null und lösen die so gefundene Bestimmungsgleichung nach a auf. Dieser Wert liefert uns die eine Seite des Rechtecks, aus der wir dann mit Hilfe des gegebenen Umfanges die andere Seite und

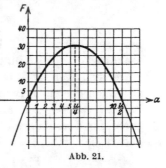

Abb. 21.

den Inhalt berechnen können. Nun ist, wie man entweder unmittelbar aus 20) oder durch Bilden des Grenzüberganges findet,

$$\frac{dF}{da} = -2a + \frac{u}{2};$$

die Gleichung $-2a + \frac{u}{2} = 0$ liefert den gewünschten Wert $a = \frac{u}{4}$; folglich ist auch $b = \frac{u}{4}$. Unter allen Rechtecken, die den gegebenen Umfang u haben, hat daher das Quadrat den größten Flächeninhalt, und dieser ist $F_{\max} = \frac{u^2}{16}$. (Ist, wie im obigen Beispiele, $u = 22$ Längeneinheiten, so ist also $F_{\max} = 1\frac{21}{4}$ Flächeneinheiten.)

Zur Einübung des Vorstehenden möge der Leser die verwandte Aufgabe behandeln: In Anlehnung an eine Mauer MM (Abb. 22) soll ein rechteckiges Flächenstück $ABCD$ so eingezäunt werden, daß der Zaun $AB + BC + CD$ eine gegebene Länge l hat. Wie muß man das Rechteck wählen, damit sein Inhalt möglichst groß wird? $\left(AB = CD = \frac{l}{4};\ BC = \frac{l}{2}.\right)$

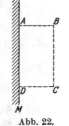

(17) Wir wenden uns jetzt einigen mechanischen Anwendungen zu, und beginnen mit dem **freien Fall** im **luftleeren Raume**; er wird durch die Formel

$$s = \tfrac{1}{2} g t^2 \qquad\qquad 24)$$

Abb. 22.

beschrieben. Hierbei ist $g = 9,81\ ms^{-2}$ die Erdbeschleunigung, t die Zeit in Sekunden, gerechnet von dem Augenblick an, wo der Körper zu fallen beginnt, und s der von ihm in dieser Zeit durchfallene Weg. s ist nach 24) eine quadratische Funktion von t, das Weg-Zeit-Diagramm demnach eine Parabel, deren Scheitel im Schnittpunkte der Weg- und der Zeitachse liegt. Zu einem Zeitpunkte t ist die durchfallene Wegstrecke $s = \tfrac{1}{2}gt^2$, zu einem anderen Zeitpunkte $t_1 > t$ aber $s_1 = \tfrac{1}{2}gt_1^2$; folglich hat der Körper in der Zwischenzeit $t_1 - t$ die Strecke

$s_1 - s = \frac{1}{2} g(t_1^2 - t^2)$ zurückgelegt. Würde sich der Körper in dieser Zeit gleichförmig bewegt haben, so würde seine Geschwindigkeit

$$v_m = \frac{s_1 - s}{t_1 - t} = \frac{1}{2} g(t_1 + t) \qquad 25)$$

betragen haben; v_m heißt die **durchschnittliche oder mittlere Geschwindigkeit** innerhalb des Zeitraumes $t_1 - t$. In Wirklichkeit hat er sich aber am Anfange des betrachteten Zeitintervalles langsamer, am Ende desselben schneller bewegt. Läßt man nun das betrachtete Zeitintervall $t_1 - t$ immer kleiner werden (1^s, $0{,}1^s$, $0{,}01^s$ ...), so wird auch die durchfallene Wegstrecke immer kleiner, der Quotient v_m nähert sich dabei nach 25) mehr und mehr dem Werte

$$\tfrac{1}{2} g \cdot (t + t) = \tfrac{1}{2} g \cdot 2t = g t ,$$

ein Wert, der wirklich erreicht wird, wenn $\lim t_1 \to t$, was zur Folge hat, daß auch $\lim s_1 \to s$ ist. Dann ist aber nach den Betrachtungen von (13) $\lim\limits_{t_1 \to t} \dfrac{s_1 - s}{t_1 - t} = \dfrac{ds}{dt}$, und aus der mittleren Geschwindigkeit wird nun die **augenblickliche Geschwindigkeit** v. Es ist also für den freien Fall:

$$v = \frac{ds}{dt} = g t . \qquad 26)$$

Die Geschwindigkeit des freien Falles ist also der Differentialquotient des Weges nach der Zeit. Daß dieser Satz für jede

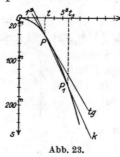

Abb. 23.

beliebige Bewegung gilt, wird im nächsten Paragraphen dargetan werden. Daß hier bei der Ableitung des Differentialquotienten das Verfahren $\lim t_1 \to t$ und nicht das Verfahren $\lim \Delta t \to 0$ verwendet worden ist [s. (13)], geschah nur, um dem Leser auch dieses wieder vor Augen zu führen; er möge die gleichen Betrachtungen für das letzte selbst durchdenken. — Der Unterschied zwischen mittlerer und augenblicklicher Geschwindigkeit zeigt sich recht klar im Weg-Zeit-Diagramm (Abb. 23), in welchem die s-Achse nicht, wie gewöhnlich die positive Ordinatenachse, nach oben, sondern — ein übliches Zugeständnis an die Fallrichtung — nach unten gezeichnet ist. Solange $t_1 - t$ endlich ist, gehören zu den beiden Zeitpunkten t und t_1 zwei getrennte Punkte P und P_1, deren Verbindungsgerade, eine Sekante k der Parabel, einen Richtungsfaktor hat, welcher gleich der diesem Zeitintervalle zukommenden **mittleren Geschwindigkeit** ist; ist aber $\lim t_1 \to t$, so wird P_1 unmittelbarer Nachbarpunkt von P, und die Sekante wird zur Tangente t in P, deren Richtungsfaktor entsprechend die **augenblickliche Geschwindigkeit** zur Zeit t liefert.

Eine weitere Anwendung ist der **senkrecht aufwärtsgerichtete Wurf im luftleeren Raume.** Ein Körper möge zur Zeit $t = 0$ mit einer Anfangsgeschwindigkeit v_0 senkrecht nach oben geworfen werden; dann hat er (vom Anfangspunkt der Bewegung aus gerechnet) zur Zeit t eine Höhe erreicht, die sich aus der Formel errechnet:

$$s = v_0 t - \tfrac{1}{2} g t^2 . \qquad\qquad 27)$$

Auch hier ist s eine quadratische Funktion von t, das Schaubild also ebenfalls eine Parabel; sie geht zwar, da für $t = 0$ auch $s = 0$ ist, ebenfalls durch O; dieser Punkt ist aber hier nicht der Scheitel der Parabel (Abb. 24). Außerdem soll an dieser Stelle nochmals vor einem Irrtum gewarnt werden, der hier für den Anfänger naheliegt, daß nämlich diese Parabel die Bahn darstelle, die der Körper wirklich beschreibt (denn diese ist eine vertikale Gerade), sondern einzig den Zusammenhang verbildlichen soll, der zwischen der Wurfzeit und der Wurfhöhe besteht. — Zu einer bestimmten Zeit t hat der Körper also eine Höhe $s = v_0 t - \tfrac{1}{2} g t^2$ erreicht, nach einem weiteren Zeitintervalle $\varDelta t$, nachdem also vom Anfang der Bewegung die Gesamtzeit $t + \varDelta t$ verstrichen ist, dagegen die Höhe

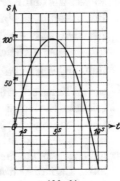

Abb. 24.

$$s + \varDelta s = v_0 (t + \varDelta t) - \tfrac{1}{2} g (t + \varDelta t)^2 ;$$

demnach ist er in diesem Zeitintervalle $\varDelta t$ um

$$\varDelta s = v_0 \varDelta t - g t \cdot \varDelta t - \tfrac{1}{2} g \cdot (\varDelta t)^2$$

gestiegen. (Ergibt sich $\varDelta s < 0$, so bedeutet dies, wie ohne weiteres einleuchtet, ein Fallen.) Folglich ist die mittlere Geschwindigkeit während dieser Zeit

$$v_m = \frac{\varDelta s}{\varDelta t} = v_0 - g \cdot t - \frac{1}{2} g \cdot \varDelta t .$$

Durch den Grenzübergang $\lim \varDelta t \to 0$ errechnet sich, wie im vorigen Beispiele, die augenblickliche Geschwindigkeit zur Zeit t für den Fall vertikal aufwärts zu

$$v = \lim_{\varDelta t \to 0} v_m = \frac{ds}{dt} = v_0 - g t ; \qquad\qquad 28)$$

sie ist auch hier der Differentialquotient des Weges nach der Zeit. Die Geschwindigkeit ändert sich demnach von Zeitpunkt zu Zeitpunkt, und zwar gibt es einmal einen Augenblick, in dem sie gleich Null ist in dem also der Körper frei im Raume schwebt; für ihn ist

$$v = \frac{ds}{dt} = v_0 - g t = 0 ,$$

d. h. er tritt ein zur Zeit $t = \dfrac{v_0}{g}$. Der Körper erreicht dort seine größte Höhe; sie errechnet sich aus 27) zu

$$s_{max} = \frac{v_0^2}{g} - \frac{1}{2}\frac{v_0^2}{g} = \frac{1}{2}\frac{v_0^2}{g}.$$

Für die Zeit $t > \dfrac{v_0}{g}$ ist die Geschwindigkeit negativ, d. h. nach unten gerichtet: der Körper fällt. Diese Betrachtungen stehen völlig im Einklange mit den Ergebnissen von **(16)**, nach denen eine Funktion ihr Maximum erreicht, wenn der Differentialquotient verschwindet. Verfolgen wir den Körper weiter in seiner Bahn! Es wird einmal ein Augenblick kommen, in welchem er wieder an der Ausgangsstelle anlangt, für den also $s = 0$ ist. Dann muß aber $v_0 t - \frac{1}{2}g t^2 = 0$ sein; diese quadratische Gleichung hat außer der Wurzel $t = 0$, die selbstverständlich ist, noch die Wurzel $t = 2 \cdot \dfrac{v_0}{g}$; also braucht der Körper doppelt soviel Zeit, um wieder an der Ausgangsstelle anzukommen, wie um die höchste Stelle zu erreichen; die Fallzeit ist gleich der Steigzeit. Die Geschwindigkeit, mit der er unten wieder anlangt, ergibt sich aus 28) zu $v = -v_0$; d. h. er trifft auf dem Boden mit der gleichen, aber entgegengesetzten Geschwindigkeit wieder auf, mit der er ihn verlassen hat. Daß dies übrigens allgemein gilt, d. h. daß der Körper ein und dieselbe Stelle sowohl beim Steigen als auch beim Fallen mit gleicher, wenn auch entgegengesetzt gerichteter Geschwindigkeit durchläuft, daß er auch die gleiche Zeit braucht, um von ihr aus die höchste Stelle seiner Bahn zu erreichen, wie um von dieser wieder bis zu ihr zu fallen, dies nachzuweisen, sei dem Leser überlassen. — Ist der Körper in der Lage, noch über die Ausgangsstelle hinaus zu fallen (etwa wenn der Versuch in einem Schachte stattfindet), so ergibt sich die Steighöhe für $t > 2\dfrac{v_0}{g}$ als negativ; denn nach 27) ist $s = \dfrac{gt}{2}\left(2\dfrac{v_0}{g} - t\right)$. Dies steht völlig im Einklange mit unseren Betrachtungen; denn da wir die Richtung nach oben positiv eingeführt haben, ist die nach unten negativ zu rechnen. — Den **geometrischen** Ausdruck findet die jeweilige Geschwindigkeit ebenso wie im vorangehenden Beispiele in der Richtung, die die Parabeltangente im entsprechenden Parabelpunkte hat.

Mit den folgenden beiden Beispielen möge sich der Leser selbst befassen.

1. Zwischen der Umlaufzahl n und der Leistung N einer Turbine besteht die Beziehung $N = -0{,}0010344\, n^2 + 0{,}45543\, n$; hierbei ist n die Zahl der minutlichen Umdrehungen, und N in Pferdestärken gemessen. Es ist das Schaubild zu zeichnen und anzugeben, bei welcher Umdrehungszahl die Höchstleistung erzielt wird, und wie groß diese ist. $(n = 220,\ N_{max} = 50{,}13\,.)$

2. Zwischen der Temperatur t und der spezifischen Wärme c des Wassers ist die folgende Gleichung aufgestellt worden [s. (216) S. 731]:

$$c = 0,0000105884\,t^2 - 0,000599201\,t + 1,00660562\,.$$

Wie sieht das Schaubild aus? Bei welcher Temperatur hat sie den kleinsten Wert, und wie groß ist dieser?

Überschauen wir nochmals den Inhalt dieses Paragraphen, so hat uns die Betrachtung der quadratischen Funktion in folgerichtiger Weiterspinnung der linearen Funktion eine Reihe neuer Vorstellungen und Begriffe gebracht. Der Differenzenquotient des § 2 führte uns hier zum Differentialquotienten; während jener bei der linearen Funktion konstant war, hängt der Differentialquotient der quadratischen Funktion von der Veränderlichen ab; er ist selbst eine Funktion von ihr. Das Bild der allgemeinsten quadratischen Funktion ist eine krumme Linie, Parabel genannt; ihre Achse ist parallel der Ordinatenachse; alle diese Parabeln sind untereinander ähnlich und ähnlich gelegen. Wir haben gelernt, an eine Parabel die Tangenten in beliebigen Punkten zu legen, da ihr Richtungsfaktor gleich dem Differentialquotienten für denjenigen Wert der unabhängigen Veränderlichen ist, der gleich der Abszisse des Berührungspunktes ist. Auch eine physikalische Deutung haben wir für den Differentialquotienten gefunden: Ist nämlich bei der Bewegung eines Punktes die zurückgelegte Bahn eine quadratische Funktion der Zeit, so liefert ihr Differentialquotient nach dieser die augenblickliche Geschwindigkeit. Weiterhin konnten wir dadurch, daß wir den Differentialquotienten gleich Null setzten, den Höchst- oder Tiefstwert der quadratischen Funktion bestimmen. Alle diese Ergebnisse haben wir gewonnen durch eine Reihe von Schlußfolgerungen, die der niederen Mathematik durchaus fremd sind, die im Gegenteil der sog. höheren Mathematik das Gepräge geben, durch den Grenzübergang: wir ließen eine Größe sich einer gegebenen Größe unbegrenzt nähern und studierten die Veränderung, welche der Differenzenquotient bei diesem Vorgange erfuhr, insbesondere den Wert, den dieser annahm, wenn die betreffende Größe der gegebenen, wie wir sagten, unendlich nahegekommen war, und dies führte uns zum Differentialquotienten. Es sei noch besonders hervorgehoben, daß wir absichtlich die Worte gebrauchten „sich unendlich nähern"; der Anfänger könnte vermuten, daß wir statt der anscheinend geschraubten Ausdrucksweise kurz hätten sagen können: die betreffende Größe nimmt den Wert der gegebenen Größe an. Doch zwischen beiden Ausdrucksweisen besteht ein wesentlicher Unterschied, den wir uns am besten geometrisch klarmachen: Wenn sich ein Punkt auf einer Kurve bewegt und sich dabei einem anderen fest zu denkenden Kurvenpunkte unbegrenzt nähert, so nimmt die Verbindungssekante beider Punkte bei dieser Bewegung eine ganz bestimmte Grenzlage an, die wir als Tangente bezeichnen. Wenn dagegen der bewegliche Punkt mit dem festen zusammenfällt, so sind in Wirklichkeit nicht mehr zwei getrennte Punkte, sondern es ist nur noch ein einziger Punkt vorhanden, und durch diesen lassen sich unendlich viele Geraden legen; das ganze Problem ist damit völlig unbestimmt geworden. Erklärlicherweise bieten derartige Grenzübergänge, besonders dem Anfänger, mannigfaltige Schwierigkeiten; man muß daher ganz besondere Sorgfalt auf sie verwenden. — Wir haben es also in der höheren Mathematik zum Unterschiede von der niederen mit „unendlich kleinen Größen", die indessen noch verschieden von Null zu denken sind, zu tun; aus dieser Tatsache leitet sich der andere Name dieser mathematischen Disziplin, der Name Infinitesimalrechnung, ab.

Ehe wir nun nach der Betrachtung der Funktionen ersten und zweiten Grades zu denen höheren Grades übergehen, ist es nötig, den durch Behandlung der quadratischen Funktion gewonnenen Begriff des Differentialquotienten zu vertiefen und seine Anwendbarkeit auf jede beliebige Funktion zu zeigen. Dieser Untersuchung ist der nächste Paragraph gewidmet.

§ 4. Der Differentialquotient.
Die einfachsten Differentiationsregeln.

(18) Die bisher behandelten Funktionen, die lineare und die quadratische, sind die einfachsten Formen der Abhängigkeit einer Größe von einer anderen. Es ist ohne weiteres verständlich, daß die Abhängigkeit unendlich mannigfaltig sein kann. Wenn wir alle nur erdenklichen Abhängigkeiten ins Auge fassen wollen, so ist es in erster Linie nötig, ein mathematisches Symbol zu schaffen, unter dem wir uns irgendeine dieser Abhängigkeiten vorstellen können. Ist x die unabhängige, y die abhängige Veränderliche, so drückt man dies dadurch aus, daß man sagt, „y ist eine Funktion von x"; man schreibt hierfür die Gleichung

$$y = f(x), \qquad\qquad 29)$$

die man liest: „y ist gleich f von x." Statt des Buchstabens f, der an das Wort „Funktion" erinnern soll, kann man aus gleichem Grunde auch F oder φ, Φ oder auch jeden beliebigen Buchstaben wählen.

Die quadratische Funktion hat uns gelehrt, wie der Differentialquotient zu bilden ist; wir haben dort zwei Wege kennengelernt, die sich wohl äußerlich unterscheiden, in Wirklichkeit jedoch den gleichen Gedankengang wiedergeben. Wir wollen beide Wege auch für die allgemeine Funktion $y = f(x)$ einschlagen.

Beim ersten Wege geben wir der unabhängigen Veränderlichen x den Zuwachs $\varDelta x$, so daß der neue Wert der unabhängigen Veränderlichen $x + \varDelta x$ ist; zu diesem gehört nach 29) auch ein anderer Wert der abhängigen Veränderlichen, der sich von dem ursprünglichen um den Zuwachs $\varDelta y$ unterscheiden möge; er ist also $y + \varDelta y$ und ergibt sich zu

$$y + \varDelta y = f(x + \varDelta x)\,, \qquad\qquad 30)$$

hieraus berechnet sich durch Subtrahieren von 29) und 30) der Zuwachs $\varDelta y$ zu

$$\varDelta y = f(x + \varDelta x) - f(x)\,. \qquad\qquad 31)$$

Ehe wir den Weg zum Differentialquotienten fortsetzen, wollen wir an Gleichung 31) noch eine kurze, für die Folge aber sehr wichtige Betrachtung anknüpfen.

Nähert sich $\varDelta x$ dem Grenzwerte Null, $\lim \varDelta x \to 0$, so haben wir bei der quadratischen Funktion gesehen, daß auch $\varDelta y$ sich dem Grenzwerte Null nähert, also auch $\lim \varDelta y \to 0$ ist. Eine Funktion von der Eigenschaft, daß für ein bestimmtes x zugleich mit $\lim \varDelta x \to 0$ auch $\lim \varDelta y \to 0$ wird, heißt für diesen Wert von x **stetig**, im anderen Falle heißt sie **unstetig** für den betreffenden Wert von x. Die quadratische Funktion ist nun für alle möglichen Werte von x stetig, sie ist eine **überall stetige Funktion**, sie hat für endliche Werte von x **nirgends eine Unstetigkeitsstelle**. Daß es aber wirklich Funktionen mit Unstetigkeitsstellen gibt, werden wir bald erkennen. — Wir nehmen nun die unterbrochene Entwicklung wieder auf!

Wir wollen voraussetzen, daß für den betrachteten Wert von x $y = f(x)$ stetig ist, d. h. daß $\lim \varDelta y \to 0$ ist. Dividiert man beide Seiten der Gleichung 31) durch $\varDelta x$, so ergibt sich der **Differenzenquotient**

$$\frac{\varDelta y}{\varDelta x} = \frac{f(x + \varDelta x) - f(x)}{\varDelta x}\,. \qquad\qquad 32)$$

Lassen wir nun $\varDelta x$ dem Grenzwerte Null zustreben, so nähert sich der Differenzenquotient einem bestimmten endlichen Werte, dem **Differentialquotienten**

$$\frac{dy}{dx} = \lim_{\varDelta x \to 0} \frac{\varDelta y}{\varDelta x} = \lim_{\varDelta x \to 0} \frac{f(x + \varDelta x) - f(x)}{\varDelta x} = \frac{d\,(f(x))}{dx}\,. \qquad 33)$$

In der Formel **33)** ist der ganze Gang der Bildung des Differentialquotienten in eine knappe mathematische Form gebracht; sie sagt aus: Gib dem x den Zuwachs $\varDelta x$, bilde den zu $x + \varDelta x$ gehörigen Funktionswert; ziehe von ihm den zu x gehörigen Funktionswert ab; dividiere die Differenz durch $\varDelta x$, erteile dem Zuwachs $\varDelta x$ den Wert 0; das Ergebnis ist der Differentialquotient.

Der zweite Weg sagt aus: Erteile der unabhängigen Veränderlichen einen zweiten Wert x_1; der zugehörige Funktionswert ist $y_1 = f(x_1)$. Bilde die Differenz beider Funktionswerte $y_1 - y = f(x_1) - f(x)$. Dividiere diese durch die Differenz der beiden Werte, die die unabhängige Veränderliche erhielt; das Ergebnis ist der Differenzenquotient

$$\frac{y_1 - y}{x_1 - x} = \frac{f(x_1) - f(x)}{x_1 - x}.$$

Lasse nun x_1 sich unbegrenzt dem Werte x nähern; der Grenzwert ist der Differentialquotient

$$\frac{dy}{dx} = \lim_{x_1 \to x} \frac{y_1 - y}{x_1 - x} = \lim_{x_1 \to x} \frac{f(x_1) - f(x)}{x_1 - x} = \frac{d(f(x))}{dx}. \qquad 34)$$

Bei diesem Wege drückt sich die Stetigkeit dadurch aus, daß $\lim_{x_1 \to x} (y_1 - y) = 0$ oder $\lim_{x_1 \to x} y_1 = y$ ist. Da im allgemeinen der Differential-quotient $\frac{d(f(x))}{dx} = \frac{dy}{dx}$ wiederum eine Funktion von x ist, so schreibt man zur Abkürzung für ihn auch $f'(x)$ oder y' und liest dies „f-Strich von x" bzw. „y-Strich".

Welche der beiden Vorschriften, ob Formel 33) oder 34), man verwendet, ist für das Endergebnis ohne Belang. Wir wollen jetzt ein Beispiel behandeln, dessen Ergebnis uns bald die besten Dienste leisten wird; wir werden Formel 34) verwenden, weil durch sie der Differentialquotient sich in einfacher, leicht verständlicher Weise errechnet. Es betrifft die Funktion $y = x^n$, wobei n eine natürliche (d. h. ganze positive) Zahl sein soll. Wir geben der unabhängigen Veränderlichen den Wert x_1; dann ist die zugehörige abhängige Veränderliche $y_1 = x_1^n$; die Differenz der beiden Funktionswerte ist also $y_1 - y = x_1^n - x^n$; es wird also $\lim_{x_1 \to x} (y_1 - y) = 0$, d. h. $y = x^n$ ist eine für alle endlichen Werte von x stetige Funktion.

Für den Differenzenquotienten ergibt sich weiter $\frac{y_1 - y}{x_1 - x} = \frac{x_1^n - x^n}{x_1 - x}$; dieser Quotient läßt sich aber, da n eine natürliche Zahl ist, nach einer bekannten Regel der Arithmetik restlos ausdividieren; man erhält

$$\frac{y_1 - y}{x_1 - x} = x_1^{n-1} + x_1^{n-2} x + x_1^{n-3} x^2 + x_1^{n-4} x^3 + \cdots + x_1 x^{n-2} + x^{n-1}.$$

Setzt man hier $x_1 = x$, so nimmt jedes der n Glieder der rechten Seite den Wert x^{n-1} an, und sie ergibt einfach $n \cdot x^{n-1}$; es ist also der Differentialquotient von $y = x^n$

$$\frac{dy}{dx} = \frac{d(x^n)}{dx} = n \, x^{n-1}. \qquad 35)$$

Sonderfälle:

$$n = 1: \quad \frac{d(x^1)}{dx} = 1 \, ;$$

$$n = 2: \quad \frac{d(x^2)}{dx} = 2x \quad [\text{in Übereinstimmung mit 14})];$$

$$n = 3: \quad \frac{d(x^3)}{dx} = 3x^2 \, ; \qquad n = 4: \quad \frac{d(x^4)}{dx} = 4x^3 \, \ldots$$

(19) Wir kommen nun zur **geometrischen Deutung** der durch Gleichung 29) gegebenen Beziehung. Fassen wir die unabhängige Veränderliche als Abszisse, die abhängige als Ordinate eines Punktes im rechtwinkligen Koordinatensystem auf, so gibt uns ein durch 29) vermitteltes Wertepaar $x|y$ einen bestimmten Punkt der Ebene. Läßt man x beliebig viele Werte annehmen, so häufen sich die Punkte. Ist die Funktion stetig, d. h. ist für ein beliebiges x $\lim\limits_{\Delta x \to 0} \Delta y = 0$, so liegt dem zu x gehörigen Punkte der nächste Punkt unendlich nahe; die Punkte schließen sich also zu einer Kurve zusammen. Ist dagegen für ein bestimmtes x $\lim\limits_{\Delta x \to 0} \Delta y \neq 0$, so erleidet der Kurvenzug an dieser Stelle eine Unterbrechung. Wir werden für dieses Verhalten späterhin eine Reihe von Belegen finden.

Abb. 25 stelle ein Stück der durch die Gleichung 29) definierten Kurve dar; P sei der zu einem gegebenen x gehörige Kurvenpunkt, der Endpunkt der zugehörigen Abszisse sei X; die Funktion sei für dieses x stetig, die Kurve also in P zusammenhängend. x erfahre einen

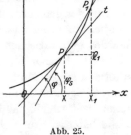

Abb. 25.

Zuwachs Δx; die diesem entsprechende Abszisse ende in X_1, so daß $X X_1 = \Delta x$ ist. Zum Werte $x_1 = x + \Delta x$ der unabhängigen Veränderlichen gehört nach 29) der Funktionswert $y_1 = y + \Delta y = f(x + \Delta x)$; diesem Wertepaare $x_1|y_1$, bzw. $x + \Delta x | y + \Delta y$ sei der Punkt P_1 der Kurve zugeordnet. Die Parallele zur x-Achse schneide $X_1 P_1$ in Q_1, und es ist

$$P Q_1 = X X_1 = \Delta x = x_1 - x$$

und

$$Q_1 P_1 = X_1 P_1 - X_1 Q_1 = X_1 P_1 - X P = y_1 - y = \Delta y \, .$$

Zeichnen wir nun die durch die beiden Kurvenpunkte P und P_1 bestimmte Sekante s, so schließt diese mit der x-Achse einen Winkel φ_s ein, der (s. Dreieck $P Q_1 P_1$) durch die Gleichung bestimmt ist:

$$\operatorname{tg} \varphi_s = \frac{Q_1 P_1}{P Q_1} = \frac{y_1 - y}{x_1 - x} = \frac{\Delta y}{\Delta x} \, ;$$

d. h. der Differenzenquotient liefert die Richtung der Sekante. Dies alles bleibt erhalten, wie groß, oder vielmehr wie klein auch $\varDelta x$ gewählt wird, wie nahe also auch P_1 auf der Kurve an P heranrückt; es gilt also auch noch, wenn $\varDelta x$ sich der Grenze Null oder x_1 sich dem Werte x nähert. In diesem Falle nimmt aber die Sekante — Stetigkeit vorausgesetzt — eine ganz bestimmte Grenzlage an; sie ist die Verbindungsgerade zweier unendlich benachbarter Punkte der Kurve, die man als Tangente t bezeichnet. Schließt sie mit der x-Achse den Winkel φ ein, so muß sein:

$$\operatorname{tg}\varphi = \lim_{x_1 \to x} \frac{y_1 - y}{x_1 - x} = \lim_{\varDelta x \to 0} \frac{\varDelta y}{\varDelta x} = \frac{dy}{dx} = \frac{df(x)}{dx}. \qquad 36)$$

Wir kommen also zu dem folgenden Ergebnis:

Die Tangente an eine Kurve, deren Gleichung im rechtwinkligen Koordinatensystem lautet $y = f(x)$, schließt mit der x-Achse einen Winkel ein, dessen Tangenswert gleich dem Differentialquotienten dieser Funktion ist.

Diesen Satz haben wir schon bei der quadratischen Funktion und der zu ihr gehörigen Parabel bestätigt gefunden; jetzt haben wir bewiesen, daß er ganz allgemeine Gültigkeit hat.

Aus der geometrischen Deutung der Funktion und ihres Differentialquotienten folgt zwanglos ein weiterer Vorteil, den wir auch schon bei der quadratischen Funktion kennengelernt haben. Ist nämlich die Tangente horizontal, d. h. parallel der x-Achse, also der Differentialquotient gleich Null, so wird im allgemeinen die Kurve entweder aus dem Steigen ins Fallen oder aus dem Fallen ins Steigen übergehen (eine weitere Möglichkeit soll jetzt übergangen werden); im ersten Falle hat die Kurve ihren höchsten Punkt erreicht, die Funktion also ihren größten Wert, im letzten hat die Kurve ihren tiefsten Punkt erreicht, die Funktion also ihren kleinsten Wert. Wenn man umgekehrt den Höchst- oder Tiefstwert einer Funktion ermitteln will, so muß man ihren Differentialquotienten bilden und diesen gleich Null setzen; man erhält dadurch eine Bestimmungsgleichung für diejenigen Werte der unabhängigen Veränderlichen, für welche allein die Funktion einen Höchst- oder Tiefstwert annehmen kann; löst man die Gleichung auf und setzt man den gefundenen Wert in die Funktion ein, so bekommt man den Höchst- oder Tiefstwert selbst. Ob dieser Funktionswert ein Höchstwert oder ein Tiefstwert (oder keines von beiden) ist, können wir allerdings mit unseren bisherigen Mitteln im allgemeinen nicht entscheiden; dazu gehören Untersuchungen, die erst später angestellt werden können; doch läßt sich in den Anwendungen häufig ohne weiteres erkennen, welcher Fall in Frage kommt.

(20) Im Anschlusse an die geometrische Deutung wollen wir auf die wesentlichsten Verwendungen des Differentialquotienten in der Mechanik zukommen. Drückt die Gleichung

$$s = f(t) \qquad\qquad 37)$$

die Abhängigkeit des Weges s eines materiellen Punktes von der dazu benötigten Zeit t aus [s. auch **(17)**!], so ist der Punkt nach einem weiteren Zeitverlauf Δt um ein Wegstück Δs vorwärts gekommen, wobei nach 37) $s + \Delta s = f(t + \Delta t)$ sein muß. Die Wegzunahme Δs berechnet sich also zu $\Delta s = f(t + \Delta t) - f(t)$. Würde der Punkt sich in dem Zeitraume Δt gleichmäßig bewegt haben, so würde der Quotient $\frac{\Delta s}{\Delta t}$ nach **(7)** die Geschwindigkeit dieser Bewegung sein. Da aber im allgemeinen die Bewegung ungleichmäßig sein wird, so bezeichnet man $\frac{\Delta s}{\Delta t}$ als die mittlere oder durchschnittliche Geschwindigkeit während des Zeitintervalles Δt; $\frac{\Delta s}{\Delta t}$ ist nämlich die konstante Geschwindigkeit, mit der sich der Punkt vom Augenblicke t bis zum Augenblicke $t + \Delta t$ bewegen müßte, um die Strecke Δs zurückzulegen. Wählt man den Zeitraum Δt immer kleiner und kleiner, so wird bei stetigem Zusammenhange zwischen s und t auch Δs sich dem Werte 0 nähern, während $\frac{\Delta s}{\Delta t}$ einem bestimmten Grenzwerte zustreben wird:

$$\lim_{\Delta t \to 0} \frac{\Delta s}{\Delta t} = \lim_{\Delta t \to 0} \frac{f(t + \Delta t) - f(t)}{\Delta t} = \frac{ds}{dt}.$$

Man nennt diesen Grenzwert der mittleren Geschwindigkeit die augenblickliche Geschwindigkeit des Massenpunktes oder auch kurzweg seine Geschwindigkeit im Zeitpunkte t; und wir erkennen, daß diese einfach der Differentialquotient des Weges nach der Zeit ist

$$v = \frac{ds}{dt} = \frac{df(t)}{dt} = f'(t). \qquad\qquad 38)$$

In Verbindung mit der geometrischen Darstellung der Weg - Zeit - Beziehung als Kurve (Weg-Zeit-Diagramm) finden wir weiter, daß die Geschwindigkeit hier als die Richtung der Tangente an die Weg-Zeit-Kurve zu deuten ist.

Weiter sei die Beziehung zwischen Geschwindigkeit und Zeit behandelt: Ein Massenpunkt bewege sich so, daß zwischen seiner Geschwindigkeit v und dem zugehörigen Zeitpunkte t die Gleichung besteht

$$v = f(t). \qquad\qquad 39)$$

In einem anderen Augenblicke t_1 hat der Körper im allgemeinen eine andere Geschwindigkeit v_1, die sich aus der Gleichung $v_1 = f(t_1)$ ergibt.

Im Zeitraume $t_1 - t$ hat also die Geschwindigkeit um den Wert $v_1 - v = f(t_1) - f(t)$ zugenommen. Das Verhältnis der Geschwindigkeitszunahme zur Zeitzunahme ist demnach

$$\frac{v_1 - v}{t_1 - t} = \frac{f(t_1) - f(t)}{t_1 - t}.$$

Wäre dieser Quotient unabhängig von der Wahl von t_1, also konstant, so hätten wir nach (8) die gleichmäßig beschleunigte Bewegung vor uns, und der Quotient würde die — konstante — Beschleunigung sein. Im allgemeinen trifft dies aber nicht zu, und man bezeichnet $\frac{v_1 - v}{t_1 - t}$ als die durchschnittliche oder mittlere Beschleunigung des Massenpunktes während der Frist $t_1 - t$; es ist die Beschleunigung, die dem Punkte erteilt werden müßte, wenn er, sich gleichförmig bewegend, seine Geschwindigkeit vom Werte v zur Zeit t bis zum Werte v_1 zur Zeit t_1 steigern wollte. Wählt man das Zeitintervall $t_1 - t$ kleiner und kleiner, d. h. läßt man t_1 nach t konvergieren, so konvergiert — wiederum stetige Beziehungen zwischen v und t vorausgesetzt — auch v_1 gegen v, die mittlere Beschleunigung aber gegen einen Grenzwert, den man als die augenblickliche Beschleunigung oder auch kurzweg als die Beschleunigung b des Massenpunktes im Augenblicke t bezeichnet. Es ist also

$$b = \lim_{t_1 \to t} \frac{v_1 - v}{t_1 - t} = \lim_{t_1 \to t} \frac{f(t_1) - f(t)}{t_1 - t} = \lim_{\Delta t \to 0} \frac{\Delta v}{\Delta t} = \frac{dv}{dt} = f'(t) = b. \qquad 40)$$

Die Beschleunigung einer Bewegung ist der Differentialquotient der Geschwindigkeit nach der Zeit. — In der Geschwindigkeits-Zeit-Kurve gibt demnach die Richtung der Tangente ein Maß für die jeweilige Beschleunigung.

(21) Wir haben nun nach verschiedenen Richtungen hin Wert und Bedeutung des Differentialquotienten einer Funktion erkannt. Um zu ihm zu gelangen, ist, wie wir gesehen haben, stets ein Grenzübergang nötig. Es ist nun das Verdienst des großen deutschen Gelehrten Leibniz, dem wir auch die Bezeichnungsweise des Differentialquotienten verdanken, durch Aufstellung einiger weniger Sätze die Differentiation zusammengesetzter Funktionen auf die von wenigen einfachen Funktionen zurückgeführt zu haben, so daß wir nur an diesen die Grenzübergänge wirklich vorzunehmen brauchen. Drei von diesen Sätzen sollen jetzt abgeleitet werden.

I. Es sei $f(x)$ eine für den zu betrachtenden Wert von x stetige Funktion, also

$$\lim_{\Delta x \to 0} (f(x + \Delta x) - f(x)) = 0; \qquad 41)$$

dabei kann es sehr wohl eine endliche Anzahl von Werten x geben, für die $f(x)$ unstetig ist, also Formel 41) nicht erfüllt ist; diese sollen von den folgenden Betrachtungen ausgeschlossen werden. Wir wollen jetzt diese Funktion mit einem endlichen konstanten Faktor $a \neq 0$ multiplizieren; dadurch entsteht eine neue Funktion

$$y = a \cdot f(x); \qquad\qquad 42)$$

von dieser soll nun der Differentialquotient gebildet werden. Es ist

$$y + \varDelta y = a \cdot f(x + \varDelta x),$$

also

$$\varDelta y = a \cdot f(x + \varDelta x) - a \cdot f(x) = a\,(f(x + \varDelta x) - f(x))\,.$$

Da nach 41) beim Grenzübergange $\lim \varDelta x = 0$ der zweite Faktor der rechten Seite verschwindet, wird die ganze rechte Seite gleich Null, also auch $\varDelta y$; es ist $\lim_{\varDelta x \to 0} \varDelta y = 0$, und wir erhalten als erstes Ergebnis den Satz:

Das Produkt aus einer Konstanten und einer stetigen Funktion ist wieder eine stetige Funktion.

Wir bilden weiterhin

$$\frac{\varDelta y}{\varDelta x} = a \cdot \frac{f(x + \varDelta x) - f(x)}{\varDelta x}\,.$$

Es ist also der Differenzenquotient von y stets das $a$fache des Differenzenquotienten von $f(x)$, wie groß oder wie klein auch $\varDelta x$ gewählt werden möge. Diese Eigenschaft gilt daher auch dann noch, wenn sich $\varDelta x$ dem Grenzwerte Null nähert; dann geht aber die obige Gleichung über in

$$\frac{dy}{dx} = \lim_{\varDelta x \to 0} \frac{\varDelta y}{\varDelta x} = a \cdot \lim_{\varDelta x \to 0} \frac{f(x + \varDelta x) - f(x)}{\varDelta x} = a \cdot f'(x)\,,$$

oder

$$\frac{d\,[a \cdot f(x)]}{dx} = a \cdot \frac{d\,f(x)}{dx}\,. \qquad\qquad 43)$$

Wir erhalten sonach die erste wichtige Differentiationsregel, die wir kurz als die **Konstantenregel** bezeichnen wollen:

Ein Produkt aus einer Konstanten und einer Funktion wird differenziert, indem man die Konstante mit dem Differentialquotienten der Funktion multipliziert.

Einen Beleg für die Richtigkeit dieses Satzes haben wir übrigens schon in (14) Formel 17) gefunden, wo wir gezeigt haben, daß

$$\frac{d(a\,x^2)}{dx} = a \cdot \frac{d\,x^2}{dx} = 2\,a\,x$$

ist. Eine weitere Bestätigung ergibt sich aus den geometrischen Betrachtungen: Zeichnen wir in ein rechtwinkliges Koordinatensystem einmal die Kurve von der Gleichung $y = f(x)$ und dann die Kurve von der Gleichung $y = a \cdot f(x)$, so sehen wir, daß die Ordinaten der letzteren das $a$fache der Ordinaten jener Kurve sind. Also gehört auch für ein bestimmtes x zu dem gleichen $\varDelta x$ für die zweite Kurve ein $\varDelta y$, das a mal so groß wie bei der ersten Kurve ist, wie man durch elementare geometrische Betrachtungen zeigen kann. Dann ist aber der Richtungsfaktor der zugehörigen Sekante der zweiten Kurve auch das a fache desjenigen der Sekante der ersten. Folglich ist auch im Grenzfalle $\varDelta x \to 0$ der Richtungsfaktor der zugehörigen Tangente der zweiten Kurve das a fache desjenigen der Tangente der ersten.

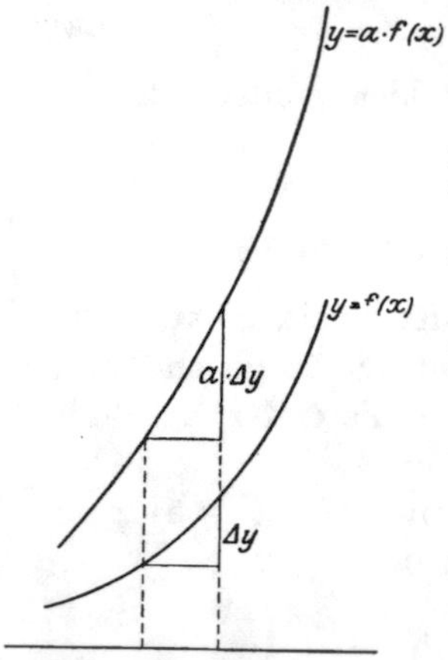

Anwendung: a) Nach Formel 35) ist für jedes positive ganzzahlige n

$$\frac{d(a x^n)}{d x} = a n x^{n-1}. \qquad 44)$$

b) Ist $y = a$, also die Funktion eine von x unabhängige Konstante, so ist auch $y_1 = a$, also $y_1 - y = 0$ und mithin

$$\frac{y_1 - y}{x_1 - x} = \frac{\varDelta y}{\varDelta x} = 0,$$

Abb. 26.

daher auch

$$\frac{d y}{d x} = \lim_{x_1 \to x} \frac{y_1 - y}{x_1 - x} = 0 \qquad \text{oder} \qquad \frac{d a}{d x} = 0.$$

Der Differentialquotient einer Konstanten ist Null. (Geometrischer Beweis!)

II. Es sei $y = u + v$; $u = \varphi(x)$ und $v = \psi(x)$ seien zwei Funktionen von x, die beide für die Werte von x, die wir der folgenden Betrachtung zugrunde legen wollen, stetig sind. [Da wir jetzt mehrere Funktionen benötigen, so reicht die bisherige alleinige Verwendung der Bezeichnung f für die Funktion nicht mehr aus; daher haben wir oben die griechischen Buchstaben φ und ψ, und ebenso u und v an Stelle von y herangezogen; s. a. (18).] Dann ist

$$y = u + v = \varphi(x) + \psi(x) = f(x)$$

als die Summe beider Funktionen wieder eine Funktion von x. Erteilen wir x den Zuwachs $\varDelta x$, so erhält u einen Zuwachs $\varDelta u$ und v einen Zuwachs $\varDelta v$, und zwar ist

$$u + \varDelta u = \varphi(x + \varDelta x) \quad \text{und} \quad v + \varDelta v = \psi(x + \varDelta x).$$

Zugleich erhält aber auch die Summe y beider Funktionen einen Zuwachs $\varDelta y$, und es muß sein

$$y + \varDelta y = u + \varDelta u + v + \varDelta v = \varphi(x + \varDelta x) + \psi(x + \varDelta x) = f(x + \varDelta x);$$
demnach ist

$$\varDelta y = \varDelta u + \varDelta v = \varphi(x + \varDelta x) - \varphi(x) + \psi(x + \varDelta x) - \psi(x)$$
$$= f(x + \varDelta x) - f(x).$$

Da für das betrachtete x $\lim\limits_{\Delta x \to 0} \Delta u = 0$ und $\lim\limits_{\Delta x \to 0} \Delta v = 0$ sein soll, so ist auch $\lim\limits_{\Delta x \to 0} \Delta y = 0$; das heißt aber:

Die Summe zweier stetigen Funktionen ist wieder eine stetige Funktion.

Dividieren wir nun Δy durch Δx, so erhalten wir weiter

$$\frac{\Delta y}{\Delta x} = \frac{f(x + \Delta x) - f(x)}{\Delta x} = \frac{\Delta u}{\Delta x} + \frac{\Delta v}{\Delta x} = \frac{\varphi(x + \Delta x) - \varphi(x)}{\Delta x} + \frac{\psi(x + \Delta x) - \psi(x)}{\Delta x};$$

und da

$$\lim\limits_{\Delta x \to 0} \frac{\Delta y}{\Delta x} = \frac{dy}{dx}, \qquad \lim\limits_{\Delta x \to 0} \frac{\Delta u}{\Delta x} = \frac{du}{dx}, \qquad \lim\limits_{\Delta x \to 0} \frac{\Delta v}{\Delta x} = \frac{dv}{dx}$$

ist, so wird für den Grenzfall $\Delta x \to 0$

$$\frac{dy}{dx} = \frac{du}{dx} + \frac{dv}{dx} \qquad \text{oder} \qquad f'(x) = \varphi'(x) + \psi'(x),$$

oder auch

$$\frac{d(u + v)}{dx} = \frac{du}{dx} + \frac{dv}{dx} \qquad \text{oder} \qquad \frac{d[\varphi(x) + \psi(x)]}{dx} = \frac{d\varphi(x)}{dx} + \frac{d\psi(x)}{dx}. \quad 45)$$

In Worten:

Die Summe zweier stetigen Funktionen wird differenziert, indem man die Differentialquotienten der Summanden addiert (Summenregel, Regel von der gliedweisen Differentiation).

Diese Regel ist übrigens, wie leicht zu erweisen ist, nicht auf zwei Summanden beschränkt, sondern gilt für jede Summe mit einer endlichen Anzahl von Gliedern.

Wenden wir diesen Satz auf die quadratische Funktion

$$y = a x^2 + b x + c$$

an, so erhalten wir

$$\frac{d(a x^2 + b x + c)}{dx} = \frac{d(a x^2)}{dx} + \frac{d(b x)}{dx} + \frac{dc}{dx} = 2 a x + b + 0,$$

in Übereinstimmung mit Formel 20) in (15). Auch eine geometrische Bestätigung wollen wir uns suchen: Wir zeichnen die beiden Kurven $u = \varphi(x)$ und $v = \psi(x)$ (Abb. 27), und finden durch Addition der zu einem bestimmten Werte von x gehörigen Ordinaten $u = XU$ und $v = XV$ die zu diesem x gehörige Ordinate $y = XY$. Erhält x den Zuwachs $XX_1 = \Delta x$, so erhält u den Zuwachs $\mathfrak{U}U_1 = \Delta u$, v den Zuwachs

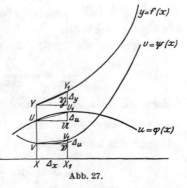

Abb. 27.

$\mathfrak{B} V_1 = \varDelta v$ und y den Zuwachs $\mathfrak{Y} Y_1 = \varDelta y$, wobei die Punkte U_1, V_1, Y_1 selbstverständlich auf den zugehörigen Kurven liegen müssen. Da nun die Summe der Ordinaten der beiden Kurven u und v für jedes x, also auch für $x + \varDelta x$ gleich der entsprechenden Ordinate von y sein muß, so ist $y + \varDelta y = u + \varDelta u + v + \varDelta v$, also $\varDelta y = \varDelta u + \varDelta v$, d. h. $\mathfrak{Y} Y_1 = \mathfrak{U} U_1 + \mathfrak{B} V_1$. Dann ist aber auch

$$\frac{\varDelta y}{\varDelta x} = \frac{\varDelta u}{\varDelta x} + \frac{\varDelta v}{\varDelta x},$$

d. h. der Richtungsfaktor der Sekante an die Kurve y ist gleich der Summe der Richtungsfaktoren der Sekanten an die Kurven u und v, wie klein auch $\varDelta x$ gewählt werden möge; folglich auch noch in dem Falle $\lim \varDelta x = 0$. Dies ergibt aber, daß für ein bestimmtes x der Richtungsfaktor der Tangente an die Kurve y gleich der Summe der Richtungsfaktoren der Tangenten an die Kurven u und v sein muß:

$$\frac{dy}{dx} = \frac{du}{dx} + \frac{dv}{dx}.$$

III. Es seien wiederum $u = \varphi(x)$ und $v = \psi(x)$ zwei Funktionen, die für die zu betrachtenden Werte von x stetig sind und endliche Werte haben. Dann ist auch ihr Produkt $y = u \cdot v = \varphi(x) \cdot \psi(x) = f(x)$ eine Funktion von x, deren Eigenschaften wir nun untersuchen wollen. Erteilt man dem x den Zuwachs $\varDelta x$, so vermehrt sich u um $\varDelta u$, v um $\varDelta v$ und y um $\varDelta y$, und es ist

$$y + \varDelta y = (u + \varDelta u) \cdot (v + \varDelta v),$$
$$y + \varDelta y = uv + u \cdot \varDelta v + v \cdot \varDelta u + \varDelta u \cdot \varDelta v;$$

also

$$\varDelta y = u \cdot \varDelta v + v \cdot \varDelta u + \varDelta u \cdot \varDelta v.$$

Da nun $\lim_{\varDelta x \to 0} \varDelta u = 0$ und $\lim_{\varDelta x \to 0} \varDelta v = 0$ sein soll, so ist auch $\lim_{\varDelta x \to 0} \varDelta y = 0$, d. h.:

Das Produkt zweier stetigen Funktionen ist wieder eine stetige Funktion.

Dividieren wir durch $\varDelta x$, so ergibt sich

$$\frac{\varDelta y}{\varDelta x} = u \cdot \frac{\varDelta v}{\varDelta x} + v \cdot \frac{\varDelta u}{\varDelta x} + \varDelta u \cdot \frac{\varDelta v}{\varDelta x}.$$

Gehen wir hier zur Grenze $\lim \varDelta x = 0$ über, so nehmen die beiden ersten Glieder der rechten Seite die Werte $u \cdot \dfrac{dv}{dx}$ bzw. $v \cdot \dfrac{dy}{dx}$ an, während das letzte Glied

$$\lim \left(\varDelta u \cdot \frac{\varDelta v}{\varDelta x} \right) = 0 \cdot \frac{dv}{dx} = 0$$

wird. Wir erhalten die Gleichung

$$\frac{dy}{dx} = u \cdot \frac{dv}{dx} + v \cdot \frac{du}{dx}$$

oder

$$\left.\begin{array}{c} \dfrac{d\,(u\,v)}{dx} = u \cdot \dfrac{dv}{dx} + v \cdot \dfrac{du}{dx}, \\[2mm] \dfrac{d\,[\varphi\,(x) \cdot \psi\,(x)]}{dx} = \varphi\,(x) \cdot \psi'(x) + \psi\,(x) \cdot \varphi'(x). \end{array}\right\} \qquad 46)$$

**Das Produkt zweier stetigen Funktionen wird diffe-
renziert, indem man zum Produkte aus dem ersten Faktor
und dem Differentialquotienten des
zweiten Faktors das Produkt aus
dem zweiten Faktor und dem Differentialquotienten des ersten Faktors addiert (Produktregel).**

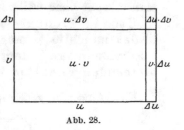

Abb. 28.

Eine geometrische Deutung dieses Satzes
auf Grund der zu den Funktionen $u = \varphi\,(x)$,
$v = \psi\,(x)$ und $y = f(x)$ gehörigen Kurven
ist nicht recht angängig. Wenn wir indessen
u und v als Strecken deuten, dann entspricht dem Ausdruck $y = u \cdot v$
der Inhalt des Rechtecks mit den Seiten u und v (Abb. 28). Erhält u
den Zuwachs $\varDelta u$ und v den Zuwachs $\varDelta v$, so hat das neue Rechteck
den Inhalt

$$y + \varDelta y = (u + \varDelta u) \cdot (v + \varDelta v) = uv + u \cdot \varDelta v + v \cdot \varDelta u + \varDelta u \cdot \varDelta v;$$

die Inhaltszunahme ist also

$$\varDelta y = u \cdot \varDelta v + v \cdot \varDelta u + \varDelta u \cdot \varDelta v.$$

Sie ist gleich der Summe dreier Rechtecke mit den Seiten u und $\varDelta v$ bzw.
v und $\varDelta u$ bzw. $\varDelta u$ und $\varDelta v$. Nähert sich nun $\varDelta x$, und damit auch $\varDelta u$
und $\varDelta v$, dem Grenzwert Null, so werden auch die Inhalte dieser drei
Rechtecke unendlich klein; doch nimmt der Inhalt des letzten unendlich viel schneller ab als derjenige der beiden ersten, weil bei ihm beide
Seiten sich dem Grenzwerte Null nähern. (Beispiel: $u = 10$ cm,
$v = 8$ cm; $\varDelta u = 0,1$ mm, $\varDelta v = 0,2$ mm; $u\varDelta v = 20$ mm², $v\varDelta u = 8$ mm²,
dagegen $\varDelta u\varDelta v = 0,02$ mm²; wählt man $\varDelta u = 0,001$ mm, $\varDelta v = 0,002$ mm,
so wird $u\varDelta v = 0,2$ mm², $v\varDelta u = 0,08$ mm², dagegen $\varDelta u\varDelta v$
$= 0,000002$ mm².) Daher fällt der Inhalt $\varDelta u \cdot \varDelta v$ um so weniger dem
Inhalte der beiden anderen Rechtecke gegenüber ins Gewicht, je
mehr sich $\varDelta u$ und $\varDelta v$ der Null nähern.

Die Produktregel gestattet auch eine Erweiterung auf ein Produkt
aus mehr als zwei Faktoren. Ist nämlich $y = u \cdot v \cdot w$, so wollen wir
vorerst $v \cdot w = z$ setzen; dann ist $y = u \cdot z$, also nach der Produktregel

$$\frac{dy}{dx} = u \cdot \frac{dz}{dx} + z \cdot \frac{du}{dx}.$$

Da nun aber $z = v \cdot w$, folglich (ebenfalls nach der Produktregel)

$$\frac{dz}{dx} = v \cdot \frac{dw}{dx} + w \cdot \frac{dv}{dx}$$

ist, so erhalten wir

$$\frac{dy}{dx} = \frac{d(uvw)}{dx} = uv\frac{dw}{dx} + uw\frac{dv}{dx} + vw\frac{du}{dx}.$$

So kann man fortfahren; man würde beispielsweise erhalten:

$$\frac{d(uvwt)}{dx} = uvw\frac{dt}{dx} + uvt\frac{dw}{dx} + uwt\frac{dv}{dx} + vwt\frac{du}{dx}.$$

Man erkennt ohne weiteres die Richtigkeit des Satzes:

Um ein Produkt von n Funktionen zu differenzieren, bildet man die n möglichen Produkte aus $(n-1)$ dieser Funktionen und dem Differentialquotienten der übrigbleibenden Funktion und addiert alle diese Produkte.

Eine Anwendung: Es sei $y = x^n = \overset{1}{x} \cdot \overset{2}{x} \cdot \overset{3}{x} \dots \overset{n}{x}$; also

$$u = v = w = \cdots = x.$$

Daher ist

$$\frac{du}{dx} = \frac{dv}{dx} = \frac{dw}{dx} = \cdots = 1,$$

und jedes Glied der Summe ist $x^{n-1} \cdot 1 = x^{n-1}$; da die Summe aus n derartigen Gliedern besteht, so wird $\frac{d(x^n)}{dx} = n \cdot x^{n-1}$ in Übereinstimmung mit (18) Formel 35).

(22) Vor einer irrtümlichen Auffassung sei noch gewarnt! Es könnte scheinen, als ob der Differentialquotient $\frac{dy}{dx}$ ein wirklicher Quotient oder Bruch im Sinne der Arithmetik sei, daß sich also auf ihn unbeschränkt die Regeln der Bruchrechnung anwenden ließen. Die Konstantenregel und die Summenregel scheinen diese Auffassung zu bestätigen. Doch schon die Produktregel steht mit dieser Auffassung in Widerspruch. Um die irrtümliche Auffassung zu widerlegen, müssen wir uns den ganzen Gedankengang, der uns zum Differentialquotienten geführt hat, nochmals vergegenwärtigen. Wir haben erst die Differenz der abhängigen Veränderlichen, also Δy, gebildet und sie dann durch die Differenz der unabhängigen Veränderlichen Δx dividiert. Diese Division läßt sich wirklich ausführen, wie die bisher angeführten Beispiele bestätigen, so daß, wenn auch die linke Seite noch in Form eines Quotienten geschrieben wird, die rechte Seite in Wirklichkeit überhaupt kein Quotient mehr ist. Daher kann auch dem Grenzwert der linken Seite, dem Differentialquotienten, nicht die Bedeutung eines Quotienten zukommen; und es ist sehr wohl möglich, wie ja die Produktregel bestätigt, daß die Regeln der Bruchrechnung keine

Anwendung beim Rechnen mit Differentialquotienten mehr finden. Die Schreibweise $\frac{dy}{dx}$ und die Ausdrucksweise Differentialquotient haben also rein symbolischen Wert; sie erklären sich einfach aus der Entstehungsweise. Trotzdem macht man von dieser Schreibweise ab und zu Gebrauch und operiert mit dem Symbole $\frac{dy}{dx}$ wie mit einem Quotienten, selbstverständlich nur solange, als man nicht in Widerspruch mit den Gesetzen der Differentialrechnung gerät. Aus der Gleichung $\frac{dy}{dx} = f'(x)$, wenn $y = f(x)$ ist, erhält man durch formales Multiplizieren mit dx die Gleichung

$$dy = f'(x) \cdot dx. \qquad\qquad 47)$$

Man bezeichnet hierin dx, das den Grenzwert der Differenz $\varDelta x$ darstellt, $\lim\limits_{\varDelta x \to 0} \varDelta x = dx$, als das **Differential** der unabhängigen Veränderlichen, und ebenso $dy = \lim\limits_{\varDelta x \to 0} \varDelta y$ als das **Differential** der abhängigen Veränderlichen, und die Gleichung 47) sagt uns, in welchem Größenverhältnis beide Differentiale stehen. Und der Quotient der beiden Differentiale $\frac{dy}{dx}$ heißt unter Weiterführung der symbolischen Ausdrucksweise der Differentialquotient, eine uns schon seit § 2 vertraute Bezeichnung, die, wie auch die Schreibweise $\frac{dy}{dx}$, durch die obigen Ausführungen ihre formale Begründung und Berechtigung erhält. Wenn wir auf die bisher gewonnenen Differentiationsregeln die Schreibweise der Differentiale anwenden, so nehmen die zugehörigen Formeln die folgenden Gestalten an:

   Konstantenregel:

$$y = a \cdot f(x), \quad dy = a \cdot f'(x) \cdot dx \quad \text{oder} \quad d[a \cdot f(x)] = a \cdot f'(x) \cdot dx. \qquad 43')$$

   Summenregel:

$$y = \varphi(x) + \psi(x), \quad dy = [\varphi'(x) + \psi'(x)] \, dx$$
$$\text{oder} \qquad d[\varphi(x) + \psi(x)] = [\varphi'(x) + \psi'(x)] \, dx \qquad\qquad 45')$$
$$\text{bzw.} \quad y = u + v, \quad dy = du + dv \quad \text{oder} \quad d(u+v) = du + dv.$$

   Produktregel:

$$y = \varphi(x) \cdot \psi(x), \quad dy = [\varphi(x) \cdot \psi'(x) + \varphi'(x) \cdot \psi(x)] \, dx$$
$$\text{oder} \qquad d[\varphi(x) \cdot \psi(x)] = [\varphi(x) \cdot \psi'(x) + \varphi'(x) \cdot \psi(x)] \, dx \qquad\qquad 46')$$
$$\text{bzw.}$$
$$y = u \cdot v, \quad dy = u \cdot dv + v \cdot du \quad \text{oder} \quad d(u \cdot v) = u \cdot dv + v \cdot du.$$

Dividiert man die vorletzte Formel durch $y = u \cdot v$, so nimmt die Produktregel die besonders einfache Gestalt an:

$$\frac{dy}{y} = \frac{du}{u} + \frac{dv}{v}$$

oder, wenn y das Produkt von n Funktionen $y = y_1, y_2 \ldots y_n$ ist:

$$\frac{dy}{y} = \frac{dy_1}{y_1} + \frac{dy_2}{y_2} + \cdots + \frac{dy_n}{y_n}.$$

Eine praktische Anwendung findet diese als rein formale Ausdrucksweise berechtigte Einführung der Differentiale bei den sog. **Fehlerabschätzungen:** Folgt aus einer durch Beobachtung oder Messung zu findenden Größe x eine andere Größe y durch die Beziehung

$$y = f(x), \qquad\qquad 29)$$

und ist x mit einem Beobachtungsfehler $\varDelta x$ behaftet, so also, daß man an Stelle des wirklichen Wertes x eine Größe $x + \varDelta x$ an dem Meßinstrument abgelesen hat, so wird natürlich auch die Formel 29) nicht den bei einwandfreier Messung zu erwartenden Wert y ergeben, sondern einen Wert, der mit dem Fehler $\varDelta y$ behaftet ist, so daß $y + \varDelta y = f(x + \varDelta x)$ ist. Der Fehler $\varDelta y$ errechnet sich zu

$$\varDelta y = f(x + \varDelta x) - f(x) = \frac{f(x + \varDelta x) - f(x)}{\varDelta x} \cdot \varDelta x.$$

Nimmt man nun an, daß $\varDelta x$ sehr klein ist, so wird — bei Stetigkeit der Funktion — auch $\varDelta y$ sehr klein sein, und man erhält für die **Fehlerfortpflanzung** die Gleichung

$$dy = f'(x) \cdot dx. \qquad\qquad 48)$$

Beispiel: Über einem Kreise vom Halbmesser a ist ein Kegelstumpf von der Höhe h errichtet; der obere Grundkreis hat den Halbmessers b. Welchen Einfluß hat eine fehlerhafte Messung von b auf den Inhalt des Kegelstumpfes?

Für den Inhalt des Kegelstumpfes gilt die Formel

$$V = \frac{\pi}{3} h (a^2 + a b + b^2).$$

Hat man beim Messen des Halbmessers b den Fehler db begangen, so haftet dem daraus errechneten Rauminhalt V ein Fehler dV an, der sich nach 48) ergibt zu

$$dV = \frac{\pi}{3} h (a + 2b) db.$$

Sind beispielsweise $a = 10$ cm, $h = 15$ cm gegeben und $b = 7$ cm gemessen, wobei der verwendete Maßstab auf höchstens 1 mm genau abzulesen gestattet, so ist $V = 3440$ cm³. Nun ist der beim Messen mögliche Fehler höchstens $^1/_2$ mm, eine Größe, die gegenüber den in diesem Beispiele sonst in Betracht kommenden sehr klein ist, die wir also praktisch gleich dem Differential db setzen können; $db = 0{,}05$ cm. Dann ergibt sich $dV = \frac{\pi}{3} \cdot 15 \cdot (10 + 14) \cdot 0{,}05$ cm³ $= 18{,}8$ cm³. Um diesen Betrag ist also infolge der Unzuverlässigkeit der Messung das berechnete Volumen unsicher. Der sog. relative Fehler, d. h. der Quotient $\frac{dV}{V}$ beträgt in diesem Falle $\frac{dV}{V} = 0{,}0055 = 5{,}5\ ^0/_{00}$.

(23) Es erübrigt noch, die in **(21)** gewonnenen Differentiationsregeln an einigen einfachen Beispielen zu erläutern; ihre Handhabung, ebenso die der folgenden Regeln, muß durch Übungen an zahlreichen Beispielen so geläufig werden, daß sie dem Rechnenden überhaupt keine Schwierigkeiten mehr bieten, sie sind das Einmaleins der Differentialrechnung. Es gibt zahlreiche Aufgabensammlungen, auf die hinzuweisen hier genügt.

Die einzige Elementarfunktion, deren Differentialquotienten wir bisher haben ableiten können, ist die Funktion $y = x^n$, wobei n eine positive ganze Zahl ist; wir haben gefunden, daß

$$\frac{d(x^n)}{dx} = n\,x^{n-1} \qquad\qquad 35)$$

ist. Nun sind wir aber durch unsere Differentiationsregeln imstande, jede Funktion zu differenzieren, die sich aus dieser durch Addieren und Multiplizieren bilden läßt.

a) Es ist der Differentialquotient der Funktion

$$y = \tfrac{1}{2}\,x^7 - 0{,}6\,x^3 + a\,x + \pi$$

zu bilden. Nach der Summenregel ist

$$\frac{dy}{dx} = \frac{d(\tfrac{1}{2}x^7)}{dx} - \frac{d(0{,}6x^3)}{dx} + \frac{d(ax)}{dx} + \frac{d\pi}{dx}\,;$$

wenden wir jetzt die Konstantenregel an, so erhalten wir

$$\frac{dy}{dx} = \frac{1}{2}\,\frac{dx^7}{dx} - 0{,}6\,\frac{dx^3}{dx} + a\,\frac{dx}{dx} + 0\,,$$

also auf Grund von Formel (35)

$$\frac{dy}{dx} = \frac{7}{2}\,x^6 - 1{,}8\,x^2 + a\,.$$

b) $y = x^2(5x^3 - 7x + 1)(x - 3)$ ist von der Form $y = u \cdot v \cdot w$, wobei $u = x^2$, $v = 5x^3 - 7x + 1$, $w = x - 3$ ist. Nach der Produktregel ist

$$\frac{dy}{dx} = u \cdot v \cdot \frac{dw}{dx} + v \cdot w \cdot \frac{du}{dx} + w \cdot u \cdot \frac{dv}{dx}\,,$$

also in unserem Falle

$$\frac{dy}{dx} = x^2(5x^3 - 7x + 1) \cdot 1 + (5x^3 - 7x + 1)(x - 3) \cdot 2x$$
$$+ x^2(x - 3)(15x^2 - 7)\,;$$

die Ausrechnung ergibt

$$\frac{dy}{dx} = 30\,x^5 - 75\,x^4 - 28\,x^3 + 66\,x^2 - 6\,x\,.$$

Zu demselben Ergebnis gelangen wir, wenn wir die Funktion von vornherein ausmultiplizieren:

$$y = 5\,x^6 - 15\,x^5 - 7\,x^4 + 22\,x^3 - 3\,x^2\,;$$

nach der Summenregel ist dann wie oben

$$y' = 30\,x^5 - 75\,x^4 - 28\,x^3 + 66\,x^2 - 6\,x\,.$$

Überschauen wir zusammenfassend diesen Paragraphen, so erscheinen die Ergebnisse der vorigen Paragraphen jetzt als Sonderfälle einer viel umfassenderen Lehre. Er bringt uns den allgemeinen Begriff der Funktion und die allgemeine Definition des Differentialquotienten. Diese neu gewonnenen Vorstellungen sollen nun der Reihe nach auf die uns bekannten Funktionen angewendet werden. Wir gelangen dadurch zugleich zu einer Einteilung der Funktionen und bringen in ihre Fülle eine gewisse Ordnung. Wir beginnen mit der ganzen rationalen Funktion.

§ 5. Die ganze rationale Funktion.

(24) Wir wollen uns eine Veränderliche x, außerdem eine Anzahl konstanter Größen denken. Diese wollen wir untereinander einzig durch die beiden Rechnungsarten der Addition (einschließlich Subtraktion) und Multiplikation verbinden. Wir erhalten dadurch einen Ausdruck, der von x abhängig, also eine Funktion von x ist. Eine solche Funktion soll eine **ganze rationale Funktion** heißen. Sind beispielsweise die zu verwendenden Konstanten 2, $\frac{3}{4}$, π, $+\sqrt{3}$, a, so ließe sich u. a. durch Anwendung der Addition und Multiplikation die Funktion bilden:

$$y = \pi\left[(x-2)(x-2) + \tfrac{3}{4}x - (a\cdot x\cdot x\cdot x + \pi x)\left(x\sqrt{3} - \tfrac{3}{4}\right)\right] + 2xx - \tfrac{3}{4}\pi\,.$$

Führt man die Multiplikationen aus, faßt die Glieder mit gleicher Potenz von x zusammen und ordnet diese nach fallenden Potenzen von x, so muß sich ein Ausdruck ergeben von der Form

$$y = a_n x^n + a_{n-1} x^{n-1} + a_{n-2} x^{n-2} + \cdots + a_2 x^2 + a_1 x + a_0\,, \qquad 49)$$

wobei n eine natürliche Zahl ist und die Beiwerte a_n, a_{n-1}, $\ldots a_1$, a_0 sich durch Addition und Multiplikation aus den gegebenen Konstanten zusammensetzen. Im Falle des obigen Beispiels ist:

$$y = -\pi a\sqrt{3}\cdot x^4 - \tfrac{3}{4}\pi a x^3 + \left(\pi - \pi^2\sqrt{3} + 2\right)x^2 - \left(\tfrac{1}{4}\tfrac{3}{4}\pi + \tfrac{3}{4}\pi^2\right)x + \tfrac{1}{4}\tfrac{3}{4}\pi\,,$$

also
$$n = 4, \quad a_4 = -\pi a \sqrt{3}, \quad a_3 = -\tfrac{3}{4}\pi a, \quad a_2 = \pi - \pi^2 \sqrt{3} + 2,$$
$$a_1 = -\left(1\tfrac{3}{4}\pi + \tfrac{3}{4}\pi^2\right), \qquad a_0 = 1\tfrac{3}{4}\pi.$$

Gleichung 49) stellt die allgemeinste ganze rationale Funktion in geordneter Form dar. Die Zahl n, den höchsten Exponenten, den x hat, nennt man den Grad der Funktion. Unser Beispiel ergibt also eine ganze rationale Funktion vierten Grades.

Sonderfälle:

$n = 0$, $y = a_0$; die ganze rationale Funktion nullten Grades ist eine Konstante;

$n = 1$, $y = a_1 x + a_0$; die ganze rationale Funktion ersten Grades ist die lineare Funktion;

$n = 2$, $y = a_2 x^2 + a_1 x + a_0$; die ganze rationale Funktion zweiten Grades ist die quadratische Funktion.

Da nun [s. (18)] x^n für endliche Werte von x eine stetige Funktion von x ist, nach der Konstantenregel und der Summenregel also auch 49) eine stetige Funktion von x ergibt, so erhält man den

Lehrsatz: Jede ganze rationale Funktion von x ist für jeden endlichen Wert von x eine stetige Funktion.

Das Bild der ganzen rationalen Funktion $n$ten Grades im rechtwinkligen Koordinatensystem ist eine Kurve; man nennt sie eine Parabel $n$ter Ordnung. Das Bild der linearen Funktion, die Gerade, würde also eine Parabel erster Ordnung sein, und das Bild der quadratischen Funktion, das wir oben als Parabel schlechthin bezeichnet haben, müßten wir nun genauer Parabel zweiter Ordnung benennen; sie ist gemeint, wenn man von Parabel (ohne Beisatz) spricht. Man nennt sie auch Apollonische Parabel. Aus der Tatsache, daß die ganze rationale Funktion stetig ist, folgt sofort, daß die Parabel $n$ter Ordnung eine überall stetige Kurve, also nirgends unterbrochen ist, ferner daß sie für endliche Werte der Abszisse im Endlichen verläuft.

Da
$$\frac{d x^k}{d x} = k \cdot x^{k-1} \qquad\qquad 35)$$

ist, so ist der Differentialquotient der ganzen rationalen Funktion $n$ten Grades
$$y' = n a_n x^{n-1} + (n-1) a_{n-1} x^{n-2} + \cdots + 2 a_2 x + a_1,$$
und es ergibt sich der

Lehrsatz: Der Differentialquotient einer ganzen rationalen Funktion $n$ten Grades ist eine ganze rationale Funktion $(n-1)$ten Grades.

4*

Aus der Gleichung der Parabel $n$ter Ordnung lassen sich für ihren Verlauf einige allgemeine Schlüsse ziehen; wir schreiben zu diesem Zwecke Gleichung 49) in der Form

$$y = x^n\left(a_n + \frac{a_{n-1}}{x} + \frac{a_{n-2}}{x^2} + \cdots + \frac{a_2}{x^{n-2}} + \frac{a_1}{x^{n-1}} + \frac{a_0}{x^n}\right). \qquad 50)$$

Wählen wir für x einen positiven Wert, so wird der erste Faktor der rechten Seite von 50) x^n ebenfalls positiv; der zweite Faktor wird um so weniger vom ersten Gliede a_n abweichen, je größer wir x wählen, da die übrigen Glieder bei Wachsen des x immer kleiner werden. Also muß es einen endlichen genügend großen Wert x_0 geben, für welchen das zweite und erst recht die weiteren Glieder und ebenso auch ihre Summe ohne Einfluß sind auf das Vorzeichen der Klammer; dies gilt dann für jedes $x > x_0$ natürlich um so mehr. Dadurch wird ihr Vorzeichen und damit auch das von y identisch mit demjenigen von a_n. Wir erhalten also für die ganze rationale Funktion die Eigenschaft, daß von einem bestimmten Werte $x_0 > 0$ an für jedes $x \geqq x_0$ das Vorzeichen des Funktionswertes mit demjenigen des Beiwertes des höchsten Gliedes übereinstimmt, und zwar so, daß der Funktionswert mit x über alle Grenzen hinauswächst. — Wählen wir dagegen $x < 0$, so wird der erste Faktor von 50), der Faktor x^n, positiv, wenn n eine gerade Zahl, dagegen negativ, wenn n eine ungerade Zahl ist; für den zweiten Faktor gelten dieselben Betrachtungen wie oben (für positives x). Von einem bestimmten Werte $x_0 < 0$ an hat also der Wert einer ganzen rationalen Funktion für jedes $x < x_0$ das gleiche Vorzeichen wie der Beiwert des höchsten Gliedes von x, wenn n gerade ist, für ungerades n aber das entgegengesetzte. Auch für $x < 0$ wächst y mit x über alle Grenzen hinaus.

Ist also $a_n > 0$, so muß die Parabel für gerades n aus dem zweiten Quadranten kommen und im ersten Quadranten die Bildebene wieder verlassen. Für ungerades n aber tritt die Parabel im dritten Quadranten in die Bildebene ein und verläßt sie im ersten Quadranten. Für negatives a_n bekommt man den Verlauf der Parabel durch Spiegelung der obigen Ergebnisse an der x-Achse: also bei geradem n kommt die Parabel aus dem dritten Quadranten, bei ungeradem n aus dem zweiten Quadranten, um beide Male im vierten Quadranten zu verschwinden. Abb. 29 gibt den typischen Verlauf der betreffenden Parabeln an. Für $n = 1$ und $n = 2$ haben wir in den §§ 1—3 die Bestätigungen schon gefunden.

Da die Parabeln $n$ter Ordnung einen stetigen, d. h. ununterbrochenen Linienzug darstellen, so folgt hieraus weiter, daß die x-Achse von jeder Parabel gerader Ordnung in einer geraden Anzahl von Punkten, von jeder Parabel ungerader Ordnung dagegen in einer ungeraden Anzahl von Punkten geschnitten wird. Im ersten Falle ist unter Umständen kein reeller Schnittpunkt vorhanden; dagegen muß jede Parabel ungerader Ordnung die x-Achse sicherlich wenigstens einmal schneiden. Diese Tatsachen werden wichtig, wenn es sich darum handelt, eine allgemeine Gleichung $n$ten Grades zu lösen.

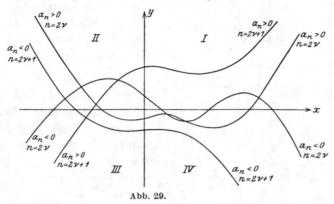

Abb. 29.

(25) Wir wollen alle diese Fragen an der allgemeinen Funktion dritten Grades, **der kubischen Funktion,** und der allgemeinen Parabel dritter Ordnung, **der kubischen Parabel,** näher erörtern: Ihre Gleichung lautet:

$$y = a_3 x^3 + a_2 x^2 + a_1 x + a_0. \tag{51}$$

Wir untersuchen die Funktion auf Maxima und bilden zu diesem Zwecke den Differentialquotienten:

$$\frac{dy}{dx} = 3 a_3 x^2 + 2 a_2 x + a_1.$$

Setzen wir ihn gleich Null und lösen wir die quadratische Gleichung nach x auf, so erhalten wir

$$x = -\frac{1}{3} \frac{a_2}{a_3} \pm \frac{\sqrt{a_2^2 - 3 a_1 a_3}}{3 a_3}.$$

Je nachdem $a_2^2 - 3 a_1 a_3 \gtrless 0$ ist, sind die beiden Wurzeln reell oder imaginär; d. h. die Parabel dritter Ordnung hat entweder zwei Punkte, in denen die Tangenten parallel zur x-Achse sind, oder keinen solchen Punkt. Sind es zwei, so muß infolge des zusammenhängenden Verlaufes der eine Punkt ein Höchst-, der andere ein Tiefstpunkt sein. Ehe wir diese indessen bestimmen, wollen wir denjenigen Punkt P_0 der Parabel betrachten, dessen Abszisse das arithmetische Mittel aus den Abszissen dieser beiden Punkte ist, für den also $x_0 = -\frac{1}{3} \frac{a_2}{a_3}$, demnach stets reell ist; die zugehörige Ordinate ergibt sich zu

$$y_0 = \frac{2}{27} \frac{a_2^3}{a_3^2} - \frac{1}{3} \frac{a_1 a_2}{a_3} + a_0.$$

Diesen Punkt wollen wir als neuen Koordinatenanfangspunkt wählen; d. h. wir wollen das Achsenkreuz so verschieben, daß P_0 der neue

Anfangspunkt Ω ist und die neuen Achsen ξ und η parallel zu den alten x und y sind; s. a. **(110)** S. 296 f. Ein beliebiger Punkt P

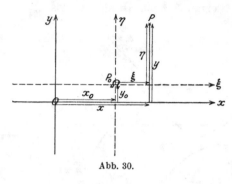

der Ebene habe im alten System die Koordinaten x und y, im neuen die Koordinaten ξ und η, und zwischen diesen muß (Abb. 30) die Beziehung bestehen:

$$x = \xi + x_0, \qquad y = \eta + y_0.$$

Führt man dies in Gleichung 51) unter gleichzeitiger Einsetzung der für x_0 und y_0 gefundenen Werte ein, so erhält man die Gleichung

Abb. 30.

$$\eta = a_3\,\xi^3 + \left(a_1 - \frac{a_2^2}{3\,a_3}\right)\xi. \qquad\qquad 52)$$

Aus der bemerkenswerten Tatsache, daß die Parabel dritter Ordnung im ξ-η-System eine Gleichung hat, in der nur noch Glieder mit ungeraden Potenzen von ξ auftreten, folgt

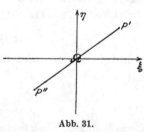

ohne weiteres, daß zu entgegengesetzt gleichen Werten von ξ auch entgegengesetzt gleiche Werte von η gehören; zwei Punkte P' und P'', deren Koordinaten diese Eigenschaft haben (s. Abb. 31), müssen aber **symmetrisch zum Koordinatenanfangspunkt** liegen, d. h. ihre Verbindungs-

Abb. 31.

strecke muß durch diesen Punkt hindurchgehen und von ihm halbiert werden. Das sagt also aus: Alle durch diesen Punkt Ω gehenden Sehnen (Verbindungsstrecken zweier Kurvenpunkte) der kubischen Parabel werden von Ω halbiert. Einen Punkt aber, der alle durch ihn gehenden Sehnen einer Kurve halbiert, bezeichnet man als einen Mittelpunkt der Kurve.

Die kubische Parabel ist also eine Mittelpunktskurve; sie besteht aus zwei in ihrem Mittelpunkte zusammenstoßenden kongruenten Hälften, die man dadurch zur Deckung bringen kann, daß man die eine in der Ebene um den Mittelpunkt um einen Winkel von 180° dreht.

Nehmen wir jetzt an, daß in Gleichung 52) $a_3 > 0$ ist, und setzen wir zur Abkürzung unter Einführung einer neuen Konstanten b_1

$$a_1 - \frac{a_2^2}{3\,a_3} = -3\,a_3\,b_1,$$

so geht 52) über in die einfachere Form

$$\eta = a_3(\xi^3 - 3\,b_1\,\xi). \qquad\qquad 53)$$

Bilden wir den Differentialquotienten, so erhalten wir

$$\frac{d\eta}{d\xi} = 3a_3(\xi^2 - b_1);$$

also ergeben sich ausgezeichnete Werte für $\xi_{1,2} = \pm\sqrt{b_1}$. Reelle Werte für ξ_1 ergeben sich aber nur, wenn $b_1 > 0$ ist; nur in diesem Falle hat die kubische Parabel also **Höchst- und Tiefstpunkte**, und zwar im ganzen zwei, nämlich $\eta_1 = +2b_1 a_3\sqrt{b_1}$ für $\xi_1 = -\sqrt{b_1}$ und $\eta_2 = -2b_1 a_3\sqrt{b_1}$ für $\xi_2 = +\sqrt{b_1}$. Dabei ist $\eta_1 > 0$, also ein Höchstwert, $\eta_2 < 0$, also ein Tiefstwert; der Höchstpunkt liegt im zweiten, der Tiefstpunkt im vierten Quadranten des $\xi\,\eta$-Achsenkreuzes. Da nun die Parabel im dritten Quadranten in die Zeichenebene eintritt [s. (24)], durch den zweiten Quadranten, den Nullpunkt, den vierten Quadranten in den ersten geht, um in diesem die Bildebene wieder zu verlassen, so muß sie die Abszissenachse noch in zwei weiteren Punkten schneiden. Dies ergibt sich auch aus Gleichung 53); denn η nimmt den Wert Null an, außer für $\xi = 0$, auch für die beiden Abszissen $\xi = -\sqrt{3b_1}$ und $\xi = +\sqrt{3b_1}$, die ebenfalls reell sind, solange $b_1 > 0$ ist. — Ist $b_1 = 0$, so fallen der Tiefst- und der Höchstpunkt und ebenso die beiden Schnittpunkte mit der Abszissenachse alle mit dem Koordinatenanfangspunkt zusammen; dieser, in welchem die

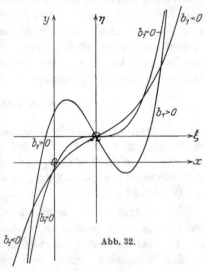

Abb. 32.

Kurve horizontal verläuft, da seine Tangente mit der Abszissenachse zusammenfällt, ist ein sog. **Terrassenpunkt**. Für $b_1 < 0$ hat die kubische Parabel weder einen Höchst- noch einen Tiefstpunkt, auch keinen weiteren Schnittpunkt mit der Abszissenachse, außer dem Nullpunkt; sie steigt beständig (s. hierüber Abb. 32). Die Gleichung 53) geht für den Fall $b_1 = 0$ über in die Gleichung $\eta = a_3\xi^3$; diese Funktion heißt die **rein kubische Funktion**; ihre Kurve die **rein kubische Parabel**.

Ist schließlich $a_3 < 0$, so erhält man Kurven, die sich aus denjenigen der Abb. 32 durch Spiegelung an der Abszissenachse ergeben.

(26) Im Anschluß hieran soll jetzt die **reduzierte kubische Gleichung** untersucht werden. Sie möge in der Form geschrieben werden:

$$x^3 - 3a\,x - 2b = 0, \qquad\qquad 54)$$

wobei a und b irgendwelche positiven oder negativen Zahlen sein können. Wir setzen

$$x^3 - 3\,a\,x - 2b = y\,,\qquad\qquad 54')$$

erhalten damit eine kubische Funktion, in der das quadratische Glied fehlt, eine sog. reduzierte kubische Funktion; ihr Bild ist eine kubische Parabel. Von dieser kommen jetzt in erster Linie die Schnittpunkte mit der x-Achse in Frage; denn für diese ist $y = 0$, demnach die Gleichung 54) erfüllt. Die Abszissen der Schnittpunkte der Parabel mit der x-Achse sind also die reellen Wurzeln der Gleichung 54). Es handelt sich nun für uns darum, zu untersuchen, wie oft die Parabel die x-Achse schneidet, da die Zahl der Schnittpunkte mit der Zahl der reellen Wurzeln von 54) übereinstimmen muß. Aus den in (24) angestellten Erörterungen folgt, daß Gleichung 54) eine ungerade Anzahl von reellen Wurzeln haben muß, also entweder eine oder drei. Welcher von beiden Fällen eintritt, hängt — wie das Schaubild lehrt — von der Lage der beiden ausgezeichneten Werte ab. Um sie zu bestimmen, setzen wir den Differentialquotient gleich Null und erhalten

$$\frac{dy}{dx} = 3\,x^2 - 3a = 0\,,\quad\text{also}\quad x = \pm\sqrt{a}\,.$$

Ist a negativ, so werden die Abszissen der Höchst- und Tiefststelle imaginär; die Parabel hat keine solchen Punkte; folglich hat sie die in Abb. 32 für $b_1 < 0$ skizzierte Gestalt, d. h. nur einen Schnittpunkt mit der x-Achse, und wir bekommen als erstes Ergebnis:

Die Gleichung 54) hat für $a < 0$ eine und nur eine reelle Wurzel.

Ist dagegen $a > 0$, so sind beide Werte $x = \pm\sqrt{a}$ reell; die Parabel hat demnach ein Maximum und ein Minimum (Abb. 32, $b_1 > 0$). Da die Parabel nach den Erörterungen von (24) im dritten Quadranten in die Bildebene eintritt und diese im ersten Quadranten wieder verläßt, so folgt, daß sie erst ansteigen, dann wieder fallen muß, um schließlich wieder zu steigen; das heißt aber, daß für $x = -\sqrt{a}$ das Maximum, für $x = +\sqrt{a}$ das Minimum erreicht wird. Aus Gleichung 54') ergibt sich für das erstere

$$y_{\max} = +2a\sqrt{a} - 2b\quad\text{und für das letztere}\quad y_{\min} = -2a\sqrt{a} - 2b\,.\quad 55)$$

Damit nun die Parabel drei Schnittpunkte mit der x-Achse hat, muß der Höchstpunkt über der x-Achse, der Tiefstpunkt unter der x-Achse liegen, d. h. $y_{\max} > 0$, $y_{\min} < 0$ sein. Haben beide gleiches Vorzeichen, so kann die Parabel nur einen Schnittpunkt mit der x-Achse, Gleichung 54) also nur eine reelle Wurzel haben. Damit nun $y_{\max} > 0$, $y_{\min} < 0$ wird, muß $a\sqrt{a}$ größer sein als der absolute Betrag von b, $a\sqrt{a} > |b|$, wie sich aus den Gleichungen 55) durch einfache Überlegung ergibt, oder $a^3 > b^2$. Ist dagegen $a^3 < b^2$, also $a\sqrt{a} < |b|$, so sind bei $b > 0$ im ersten Falle y_{max} und y_{min} beide negativ, bei $b < 0$ positiv, im zweiten beide positiv; die Parabel hat nur einen Schnittpunkt mit der x-Achse, Gleichung 54) nur eine reelle Wurzel.

Wir haben also gefunden: Ist $b^2 - a^3 > 0$, so hat die Gleichung stets nur eine reelle Wurzel; hierin ist auch der Fall eingeschlossen, daß $a < 0$ ist, da dann diese Bedingung stets erfüllt ist (Abb. 33, Kurve 1, 2 und 3). Ist dagegen $b^2 - a^3 < 0$, so hat die Gleichung stets drei reelle Wurzeln (Abb. 33, Kurve 4). Diese Ergebnisse stimmen völlig mit den in der Algebra gewonnenen Lösungen der Gleichung 54) überein. Denn ist $b^2 - a^3 > 0$, so ist die Cardanische Lösung anzuwenden, die die drei Wurzeln liefert

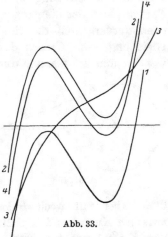

Abb. 33.

$$x = \varepsilon \sqrt[3]{b + \sqrt{b^2 - a^3}} + \frac{1}{\varepsilon} \sqrt[3]{b - \sqrt{b^2 - a^3}},$$

wobei $\varepsilon^3 = 1$ ist. Ist dagegen $b^2 - a^3 < 0$, so verwendet man am besten die goniometrische Lösung, die die drei reellen Wurzeln liefert

$$x = 2\sqrt{a} \cos(\varphi + k \cdot 120°), \quad k = 0, 1, 2,$$

wobei $\cos 3\varphi = \dfrac{b}{a\sqrt{a}}$ ist.

(27) Wir haben in den vorangehenden Abschnitten mehrere Male erwähnt, daß ein Schnittpunkt einer stetigen Kurve mit der Abszissenachse dadurch gekennzeichnet ist, daß für ihn die Ordinate den Wert Null hat. Die Ordinaten der linken Nachbarpunkte haben also ein anderes Vorzeichen als die der rechten Nachbarpunkte. Durchläuft mithin ein Punkt die Kurve, so tritt im allgemeinen beim Durchgang durch eine solche Nullstelle für seine Ordinate ein Vorzeichenwechsel ein. Übertragen wir diese Ergebnisse auf die stetige Funktion $y = f(x)$, deren Bild diese Kurve ist, so finden wir die folgende Eigenschaft: Suchen wir einen Wert von x, für welchen y gleich Null ist, so heißt dies nichts anderes, als daß wir eine Lösung (Wurzel) der Gleichung $f(x) = 0$ suchen. Wir können als erstes Ergebnis buchen, daß **eine solche Gleichung ebenso viele Wurzeln hat, als ihre Kurve Schnittpunkte mit der Abszissenachse besitzt.** Weiterhin wird der Funktionswert für Nachbarwerte einer solchen Wurzel, die kleiner sind als diese, ein anderes Vorzeichen haben als derjenige für Nachbarwerte, die größer als diese sind. Tritt also, wenn x eine Reihe von Werten durchläuft, für $f(x)$ ein Zeichenwechsel ein, so heißt dies, daß in dem von x durchlaufenen Intervall eine Wurzel der Gleichung $f(x) = 0$ liegt. Diese Tatsache läßt sich ausnutzen zur **nähe-**

rungsweisen Auflösung einer Gleichung $f(x) = 0$. Man wird nämlich
zwei Werte x (durch Probieren) suchen, für welche $f(x)$ entgegengesetzte
Vorzeichen hat; zwischen diesen Werten muß eine Wurzel der Gleichung
liegen. Durch systematisches Einengen dieser Grenzen kann man dann
die Wurzel bis zu jedem beliebigen Grade der Genauigkeit berechnen.
Dieses hier nur in groben Strichen angedeutete Verfahren läßt sich
stets anwenden, welcher Art auch die Gleichung $f(x) = 0$ sei, was
für eine Funktion also $y = f(x)$ auch sein möge. Das Näherungsverfahren der Lösung von Gleichungen soll aber schon in diesem
Paragraphen, der die ganzen rationalen Funktionen behandelt, besprochen werden, weil die mit ihr aufs engste verwandte algebraische
Gleichung n ten Grades das Näherungsverfahren am einfachsten anwenden und am klarsten durchschauen läßt. In späteren Abschnitten

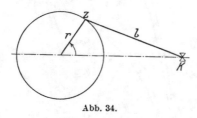

werden sich gelegentlich auch Nähe-
rungslösungen für andere Gleichungen
finden. Wir erläutern das Näherungsverfahren am besten an einem

Abb. 34.

Beispiel: Im Schubkurbel-
getriebe (Abb. 34) bewegt sich bei
gleichförmigem Umlaufe des Kurbel-
zapfens Z der Kreuzkopf K gerad-
linig, aber mit wechselnder Geschwindigkeit. Derjenige Winkel ϑ
zwischen Kurbel und Kreuzkopfbahn, für welchen die Geschwindigkeit
von K ihren größten Wert erreicht, bestimmt sich aus der Gleichung

$$\sin^6\vartheta - \lambda^2\sin^4\vartheta - \lambda^4\sin^2\vartheta + \lambda^4 = 0. \qquad\qquad \text{a)}$$

wobei $\lambda = \dfrac{l}{r}$ das Verhältnis der Pleuelstangenlänge zur Kurbellänge
angibt. Für den sehr gebräuchlichen Fall, daß $\lambda = 5$ ist, erhält man
hieraus durch die Substitution

$$\sin^2\vartheta = \lambda^2 x \qquad\qquad \text{b)}$$

die kubische Gleichung

$$f(x) = x^3 - x^2 - x + 0{,}04 = 0. \qquad\qquad \text{c)}$$

Da $f(0) = +0{,}04$ und $f(1) = -0{,}96$ ist, also zwischen 0 und $+1$ ein
Zeichenwechsel stattfindet, muß eine Wurzel dieser Gleichung zwischen
$x = 0$ und $x = 1$ liegen, und zwar besonders nahe an $x = 0$, da $+0{,}04$
wesentlich näher an Null liegt als $-0{,}96$. Wir probieren deshalb weiter
mit $x = 0{,}1$; es ist $f(0{,}1) = -0{,}069$. Der Zeichenwechsel liegt zwischen
$x = 0$ und $x = 0{,}1$, folglich ist auch die Wurzel unserer Gleichung
zwischen diesen beiden Grenzen gelegen. Nun könnten wir der Reihe
nach für die Werte $x = 0{,}01,\ 0{,}02,\ \dots\ 0{,}09$ die zugehörigen Funktionswerte berechnen, den Ort des Zeichenwechsels bestimmen und hätten so
die Wurzel auf zwei Dezimalen gefunden. Dann könnten wir durch weiteres
Teilen des Intervalls, in dem der Zeichenwechsel stattfindet, eine dritte

Dezimale bestimmen usw. Doch läßt sich dieses immerhin mühsame Verfahren wesentlich vereinfachen. Wie das geschehen kann, soll an den zwei gebräuchlichsten Methoden, der **Regula falsi** und der **Newtonschen Methode** auseinandergesetzt werden.

Die **Regula falsi** beruht auf folgenden Erwägungen: Wir zeichnen (Abb. 35a) in einem zweckmäßigen Maßstabe diejenigen Punkte $P_1(x_1|y_1)$ und $P_2(x_2|y_2)$ der Kurve $y = f(x) = x^3 - x^2 - x + 0{,}04$, zwischen denen der Schnittpunkt mit der x-Achse liegt. Wir wissen zwar nichts über den Verlauf der Kurve zwischen diesen Punkten, können aber in erster Annäherung annehmen, daß sie sich nicht allzu weit vom geradlinigen Verlaufe $P_1 P_2$ entfernen wird. Der Schnittpunkt X dieser Strecke mit der x-Achse wird also in unmittelbarer Nachbarschaft des Schnittpunktes der Kurve mit der x-Achse liegen. Da die beiden Dreiecke $P_1 P' P_2$ ($P_1 P' \parallel y$-Achse, $P' P_2 \parallel x$-Achse) und $P_1 X_1 X$ ähnlich sind, so ergibt sich für die Abszisse x von X die Proportion

$$(x - x_1) : (x_2 - x_1) = y_1 : (y_1 - y_2),$$

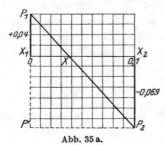

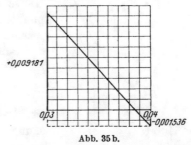

Abb. 35a.   Abb. 35b.

in unserem Beispiele also, da $x_1 = 0$, $x_2 = 0{,}1$, $y_1 = 0{,}04$, $y_2 = -0{,}069$ ist,

$$(x - 0) : (0{,}1 - 0) = 0{,}04 : (0{,}04 + 0{,}069)$$

oder $x - 0 = 0{,}004 : 0{,}109 \approx 0{,}04$.

Wir bekommen demnach als neuen Näherungswert $x = 0{,}04$; hierzu gehört $f(0{,}04) = -0{,}001\,536$. Da $f(0{,}04)$ negativ ist, so ist nach Abb. 35a $x = 0{,}04$ zu groß; wir probieren daher mit $x = 0{,}03$ und erhalten $f(0{,}03) = +0{,}009\,181$. Also findet zwischen $x = 0{,}03$ und $x = 0{,}04$ Zeichenwechsel statt. Wir erhalten aus Abb. 35b, die entsprechend der Abb. 35a entworfen ist, durch eine erneute Proportion einen besseren Näherungswert. Es ist nämlich

$$(x - 0{,}03) : 0{,}01 = 0{,}009\,181 : (0{,}009\,181 + 0{,}001\,536) = 0{,}857 ;$$

$$x = 0{,}0386 .$$

Da $f(0{,}0386) = -0{,}000\,032\,447 ,$ $f(0{,}0385) = +0{,}000\,074\,817$

ist, so erhält man für einen weiteren Näherungswert die Proportion

$$(x - 0{,}0385) : 0{,}0001 = 0{,}000\,074\,82 : 0{,}000\,107\,26 = 0{,}6976$$

und daraus $x = 0{,}038\,569\,76$.

So kommt man schrittweise zu immer besseren Näherungswerten. Die aufgestellte Proportion wird einen um so genaueren Wert liefern, je weniger die Sehne von dem Kurvenbogen abweicht, und das trifft um so mehr zu, je kleiner das Intervall ist. Das hat aber zur Folge, daß wir durch die Proportion um so mehr neue Dezimalstellen gewinnen können, je genauer der zugrunde gelegte Näherungswert schon ist. Aus diesem Grunde haben wir auch oben durch die erste Proportion nur eine Dezimale, durch die zweite aber schon zwei und durch die dritte sogar vier neue Dezimalen gewonnen. — Der Umstand, daß wir in diesem Verfahren die Kurve durch die Sehne ersetzen, also die aufgestellte Proportion eigentlich nicht richtig ist, hat diesem Verfahren seinen Namen: **Regula falsi** (die Regel vom falschen Ansatz) erteilt. —

Die **Newtonsche Methode** verfährt folgendermaßen: Man legt an die durch die Funktion $y = f(x)$ bestimmte Kurve in einem Punkte $P_0(x_0/y_0)$ die Tangente; diese weicht verhältnismäßig wenig von der

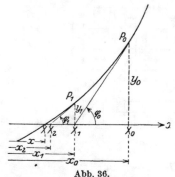

Abb. 36.

Kurve ab. Daher wird auch ihr Schnittpunkt X_1 mit der x-Achse in der Nähe des gesuchten Schnittpunktes X der Kurve mit der x-Achse liegen (Abb. 36), und zwar berechnet sich, da

$$\operatorname{tg} P_0 X_1 X_0 = \operatorname{tg} \varphi_0 = \left(\frac{dy}{dx}\right)_{x=x_0}$$

ist, die Strecke $X_1 X_0 = h_1$ durch die Gleichung

$$h_1 = \frac{y_0}{\operatorname{tg} \varphi_0} \quad \text{oder} \quad h_1 = \frac{y_0}{\left(\dfrac{dy}{dx}\right)_{x=x_0}}.$$

Um diesen Betrag vermindere man x_0, um die Abszisse von X_1 zu erhalten. Für unser Beispiel ist $y = x^3 - x^2 - x + 0{,}04$, also

$$\frac{dy}{dx} = 3x^2 - 2x - 1.$$

Der erste Näherungswert sei $x_0 = 0{,}1$; dann ist

$$h_1 = \frac{-0{,}069}{-1{,}17} = 0{,}06, \quad \text{also} \quad x_1 = 0{,}04.$$

Nun bestimme man zu dieser Abszisse den zur Kurve $y = f(x)$ gehörigen Punkt P_1, der im allgemeinen wesentlich näher am gesuchten Schnittpunkte X liegen wird als P_0; in unserem Falle ist $y_1 = -0{,}001536$. Jetzt legt man in P_1 an die Kurve die Tangente und sucht ihren Schnittpunkt X_2 mit der x-Achse, dessen Abszisse einen weiteren besseren Näherungswert für die Wurzel der gegebenen Gleichung liefert usf. Unser Beispiel wird sich also folgendermaßen fortsetzen:

$$h_2 = \frac{-0{,}001\,536}{-1{,}0752} = 0{,}0014\,, \qquad\qquad x_2 = 0{,}0386\,;$$

$$h_3 = \frac{-0{,}000\,032\,447}{-1{,}072\,73} = 0{,}000\,030\,25\,, \quad x_3 = 0{,}038\,569\,75\,.$$

Damit sind wir zu derselben Genauigkeit gelangt wie nach der **Regula falsi**. Der Leser möge sich selbst ein Urteil über die Vorzüge und Nachteile der beiden Verfahren bilden.

Aus Gleichung b) erhält man für $x = 0{,}038\,569\,75$

$$\sin^2\vartheta = 0{,}964\,244\,,$$

also $$\vartheta = 79°\,6'\,0''.$$

Da $y = x^3 - x^2 - x + 0{,}4$ für $x = -1$ den Wert $-0{,}6$ hat, liegt eine zweite Wurzel der Gleichung $x^3 - x^2 - x + 0{,}4 = 0$ zwischen 0 und -1, und da y für $x = +2$ den Wert $+2{,}4$ hat, eine dritte zwischen 1 und 2. Doch kommen diese für unsere ursprüngliche Aufgabe deshalb nicht in Betracht, weil beide für $\sin\vartheta$ unmögliche Werte ergeben.

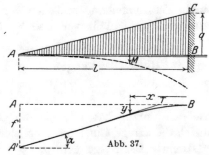

(28) Von den technischen Anwendungen der ganzen rationalen Funktion und damit der Parabel $n$ter Ordnung seien besonders die Gebiete der **Momentenlinie** und der **elastischen Linie** erwähnt. Hier möge der Fall herausgegriffen und eingehender behandelt werden[1]): Ein an einem Ende B wagerecht eingeklemmter Stab von der Länge l trägt eine stetig verteilte Last (Sand u. ä.) derart, daß deren auf die Längeneinheit bezogenes Gewicht von dem Werte q in B gleichmäßig bis zum Werte Null im freien Ende A abnimmt; die Strecke AC in Abb. 37 soll die Belastung veranschaulichen. Der Stab hat eine Momentenlinie, deren Gleichung

Abb. 37.

$$M = \frac{Pl}{3}\left(1 - \frac{x}{l}\right)^3$$

lautet; und er biegt sich durch nach einer Linie von der Gleichung

$$y = \frac{Pl^3}{6EJ}\left[\left(\frac{x}{l}\right)^2 - \left(\frac{x}{l}\right)^3 + \frac{1}{2}\left(\frac{x}{l}\right)^4 - \frac{1}{10}\left(\frac{x}{l}\right)^5\right].$$

Hierbei ist als Koordinatenanfangspunkt der Punkt B gewählt, in welchem der Stab aus dem Mauerwerk heraustritt; ferner ist die Abszissenachse für beide Kurven in Abb. 37 nach links und die Ordinatenachse nach unten gerichtet gewählt. Sodann ist $P = \frac{lq}{2}$ das Eigen-

---

[1]) Siehe **Freytags** Hilfsbuch, 7. Aufl., S. 232ff. Berlin: Julius Springer 1924.

gewicht des Stabes, E das Elastizitätsmaß des Stabes und J das auf die Schwerachse bezogene axiale Trägheitsmoment seines Querschnittes. Die Momentenlinie ist also eine rein kubische Parabel, deren Mittelpunkt in A liegt, und die vom Stabe in diesem Punkte berührt wird; praktische Bedeutung hat naturgemäß nur das zur Länge l gehörige Stück AD der Parabel, und zwar ist das zu dem Endpunkte B gehörige Moment $BD = M_B = \dfrac{Pl}{3}$. Die elastische Linie dagegen, nach der sich der Stab durchbiegt, ist eine Parabel fünfter Ordnung; sie geht durch den Endpunkt B und verläuft hier wagerecht, da

$$\frac{dy}{dx} = \frac{Pl^2}{6EJ}\left[2\left(\frac{x}{l}\right)^2 - 3\left(\frac{x}{l}\right)^2 + 2\left(\frac{x}{l}\right)^3 - \frac{1}{2}\left(\frac{x}{l}\right)^4\right]$$

für $x = 0$ ebenfalls gleich Null wird. Ihre Durchbiegung $AA' = f$ am Ende A $(x = l)$ beträgt $f = \dfrac{Pl^3}{15EJ}$. Diese Gleichung gibt u. a. einen Zusammenhang zwischen der meßbaren Größe f und der Elastizitätszahl E; es läßt sich also E aus dieser Durchbiegung berechnen: $E = \dfrac{Pl^3}{15fJ}$. Führt man f in die Gleichung der elastischen Linie ein, so wird diese Gleichung:

$$y = \frac{5}{2} f\left[\left(\frac{x}{l}\right)^2 - \left(\frac{x}{l}\right)^3 + \frac{1}{2}\left(\frac{x}{l}\right)^4 - \frac{1}{10}\left(\frac{x}{l}\right)^5\right],$$

die den Vorzug hat, daß sie die Gestalt der elastischen Linie einzig durch die Länge l und die Durchbiegung f am freien Ende des Stabes bestimmt. Der Neigungswinkel α am freien Ende läßt sich zeichnerisch dadurch finden, daß

$$\operatorname{tg}\alpha = \left(\frac{dy}{dx}\right)_{x=l} = \left\{\frac{5}{2}\frac{f}{l}\left[2\frac{x}{l} - 3\left(\frac{x}{l}\right)^2 + 2\left(\frac{x}{l}\right)^3 - \frac{1}{2}\left(\frac{x}{l}\right)^4\right]\right\}_{x=l} = \frac{5}{4}\frac{f}{l}$$

sein muß. Man erhält also die Gestalt der elastischen Linie des Stabes mit sehr großer Genauigkeit, indem man AB in fünf gleiche Teile teilt und den dem Punkte B zunächstliegenden Teilpunkt T mit A' verbindet; diese Gerade ist die Tangente an die elastische Linie in A'. Berücksichtigt man weiter, daß die Tangente in B in die Gerade AB fällt, so läßt sich die Durchbiegung des Stabes bequem einzeichnen (Abb. 37). Für das Problem der elastischen Durchbiegung des Stabes kommt praktisch nur der Bogen AB in Frage. Will man sich ein Bild vom ganzen Verlaufe der Parabel machen, so kann man dies auf Grund der folgenden leicht nachzuweisenden Tabelle tun. Es ist für

$x =$	$-3l$	$-2l$	$-l$	0	$+l$	$+2l$	$+3l$	$+4l$	$+5l$
$y =$	$+252f$	$+58f$	$+6{,}5f$	0	f	$+2f$	$-4{,}5f$	$-56f$	$-250f$
$\dfrac{dy}{dx} =$	$-318{,}75\dfrac{f}{l}$	$-100\dfrac{f}{l}$	$-18{,}75\dfrac{f}{l}$	0	$1{,}25\dfrac{f}{l}$	0	$-18{,}75\dfrac{f}{l}$	$-100\dfrac{f}{l}$	$-318{,}75\dfrac{f}{l}$

In Abb. 38 ist die Parabel gezeichnet; das der Abb. 37 entsprechende
Stück $A'B$ ist durch stärkeren Strich hervorgehoben.

Aufgabe: Die Tragfähigkeit T eines Balkens von recht-
eckigem Querschnitt mit der Breite b und der Höhe h ist durch die
Formel gegeben $T = cbh^2$, wobei c ein durch den Werkstoff des Balkens usw. bedingter Beiwert ist. Welche Breite und Höhe hat der
Balken von größter Tragfähigkeit, den man aus einem Stamme von
kreisförmigem Querschnitte heraus-
schneiden kann?

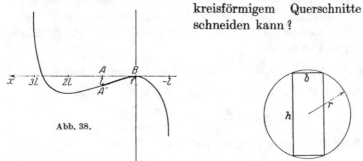

Abb. 38.

Abb. 39.

Ist (Abb. 39) r der Radius des Kreises, so besteht zwischen b und h
die Gleichung $h^2 = 4r^2 - b^2$; setzt man dies in die Formel für T ein,
so erhält man $T = cb(4r^2 - b^2)$. T ist also eine ganze rationale Funktion
dritten Grades von b. Damit T ein Maximum werde, muß $\dfrac{dT}{db} = 0$
sein; wir erhalten demnach zur Bestimmung des zugehörigen b die
Gleichung $c(4r^2 - 3b^2) = 0$. Hieraus folgt $b = \frac{2}{3}r\sqrt{3}$; also $h = \frac{2}{3}r\sqrt{6}$
und $T_{\max} = \frac{16}{9}cr^3\sqrt{3}$.

Aufgabe: Der Rauminhalt v einer Wassermenge, die bei
der Temperatur $0°$ C den Rauminhalt 1 hat, ist für die Temperatur
$t°$ C angenähert durch die Gleichung gegeben:

$$v = 1 - 0{,}000061045\,t + 0{,}0000077183\,t^2 - 0{,}00000003734\,t^3.$$

Bei welcher Temperatur ist der Rauminhalt am kleinsten, und wie
groß ist er dann? ($t = 4{,}08°$ C, $v_{\min} = 0{,}9998769$).

Wir sind damit am Ende dieser Betrachtungen über die ganze
rationale Funktion angelangt. Ehe wir nun zu der nächsten Funk-
tionengruppe übergehen können, zu den gebrochenen rationalen
Funktionen, müssen wir erst unsere Differentiationsregeln um eine
neue, die Quotienten- oder Bruchregel, vermehren; ihre Ableitung und die Behandlung der gebrochenen rationalen Funktion sollen den Inhalt des nächsten Paragraphen bilden.

§ 6. Die Quotientenregel.
Die gebrochene rationale Funktion.

(29) Es seien $u = f(x)$ und $v = \varphi(x)$ zwei stetige Funktionen von x; dann ist auch ihr Quotient

$$y = \frac{u}{v} \qquad\qquad 56)$$

eine Funktion von x; über ihre Stetigkeit sind allerdings erst Untersuchungen anzustellen. Geben wir zu diesem Zwecke der unabhängigen Veränderlichen x einen Zuwachs Δx, so erhalten u und v die Zunahmen Δu und Δv; und zwar ist

$$u + \Delta u = f(x + \Delta x) \quad\text{und}\quad v + \Delta v = \varphi(x + \Delta x).$$

Zugleich ändert sich auch y um einen Wert Δy, wobei

$$y + \Delta y = \frac{u + \Delta u}{v + \Delta v} = \frac{f(x + \Delta x)}{\varphi(x + \Delta x)}$$

ist. Der Zuwachs, den y erfährt, ist also

$$\Delta y = \frac{u + \Delta u}{v + \Delta v} - \frac{u}{v} = \frac{v(u + \Delta u) - u \cdot (v + \Delta v)}{v(v + \Delta v)} = \frac{v\,\Delta u - u\,\Delta v}{v(v + \Delta v)}. \qquad 57)$$

Da u und v stetige Funktionen von x sind, d. h. $\lim_{\Delta x \to 0} \Delta u = 0$ und $\lim_{\Delta x \to 0} \Delta v = 0$ ist, so nähert sich der Zähler von 57) für $\lim \Delta x = 0$ auch dem Werte Null; der Nenner nähert sich dagegen dem Werte v^2. Es ist also $\lim_{\Delta x \to 0} \Delta y = \frac{0}{v^2}$. Solange demnach x nur Werte hat, für welche $v \neq 0$ ist, ist auch $\lim_{\Delta x \to 0} \Delta y = 0$; dies gilt jedoch nicht mehr ohne weiteres für solche Werte von x, für welche $v = 0$ ist. Wir kommen demnach zu dem überaus bemerkenswerten

Lehrsatz: Der Quotient zweier stetiger Funktionen ist wieder eine stetige Funktion für solche Werte der unabhängigen Veränderlichen, für welche die Divisorfunktion von Null verschieden ist.

Wir gehen nun über zur Ableitung des Differentialquotienten. Wir bilden

$$\frac{\Delta y}{\Delta x} = \frac{v \cdot \dfrac{\Delta u}{\Delta x} - u \cdot \dfrac{\Delta v}{\Delta x}}{v(v + \Delta v)}$$

und erkennen, daß

$$\frac{dy}{dx} = \lim_{\Delta x \to 0} \frac{v \dfrac{\Delta u}{\Delta x} - u \dfrac{\Delta v}{\Delta x}}{v(v + \Delta v)} = \frac{v \cdot \dfrac{du}{dx} - u \cdot \dfrac{dv}{dx}}{v^2} \quad\text{oder}\quad \frac{d\left(\dfrac{u}{v}\right)}{dx} = \frac{v \dfrac{du}{dx} - u \dfrac{dv}{dx}}{v^2}.$$

$$y = \frac{u}{v}, \qquad y' = \frac{v\,u' - u\,v'}{v^2}. \qquad\qquad 58)$$

Lehrsatz: Der Differentialquotient eines Bruches ist wieder ein Bruch; sein Nenner ist das Quadrat des ursprünglichen Nenners; den Zähler erhält man, indem man vom Produkt aus dem ursprünglichen Nenner und dem Differentialquotienten des ursprünglichen Zählers das Produkt aus dem ursprünglichen Zähler und dem Differentialquotienten des ursprünglichen Nenners abzieht (**Quotientenregel, Bruchregel**).

Diese anscheinend ziemlich verwickelte Regel läßt sich auch aus der Produktregel ableiten: Bedienen wir uns nämlich der Schreibweise in Differentialen, so läßt sich die Bruchregel auch in folgender Gestalt wiedergeben:

$$d\left(\frac{u}{v}\right) = \frac{v\,du - u\,dv}{v^2}.$$

Ist $y = \frac{u}{v}$, so ist $u = vy$, also nach (**22**) S. 48

$$\frac{du}{u} = \frac{dv}{v} + \frac{dy}{y} \quad \text{oder} \quad \frac{dy}{y} = \frac{du}{u} - \frac{dv}{v}.$$

Multiplizieren wir beide Seiten dieser Gleichung mit $y = \frac{u}{v}$, so wird

$$dy = \frac{du}{v} - \frac{u\,dv}{v^2} = \frac{v\,du - u\,dv}{v^2}, \quad \text{also} \quad \frac{dy}{dx} = \frac{v\dfrac{du}{dx} - u\dfrac{dv}{dx}}{v^2}, \quad \text{wie oben.}$$

Beispiele: a) $y = \frac{1 - 2x^2}{2 - x^2}$; $u = 1 - 2x^2$, $v = 2 - x^2$, also

$$\frac{du}{dx} = -4x, \quad \frac{dv}{dx} = -2x,$$

$$\frac{du}{dx} = \frac{(2 - x^2)(-4x) - (1 - 2x^2)(-2x)}{(2 - x^2)^2} = \frac{-6x}{(2 - x^2)^2}.$$

b) Die Funktion $y = \frac{ax + b}{\alpha x + \beta}$ wird gebrochene lineare Funktion genannt; ihr Differentialquotient ist

$$\frac{dy}{dx} = \frac{(\alpha x + \beta) \cdot a - (ax + b)\alpha}{(\alpha x + \beta)^2} = \frac{a\beta - \alpha b}{(\alpha x + \beta)^2};$$

der Zähler ist also eine Konstante.

Man übe die Quotientenregel an einer großen Anzahl weiterer Beispiele, da ihre gründliche Beherrschung ein unbedingtes Erfordernis ist.

Setzen wir $u = 1$, $v = x^n$, so wird

$$\frac{du}{dx} = 0, \quad \frac{dv}{dx} = n\,x^{n-1}, \quad \text{also} \quad \frac{d\left(\dfrac{1}{x^n}\right)}{dx} = \frac{x^n \cdot 0 - n \cdot x^{n-1} \cdot 1}{x^{2n}} = \frac{-n}{x^{n+1}}.$$

Differenzieren wir andererseits $y = x^{-n}$ nach Formel 35), so erhalten wir

$$\frac{d(x^{-n})}{dx} = (-n)\,x^{-n-1} = \frac{-n}{x^{n+1}},$$

also das gleiche Ergebnis wie oben; damit ist gezeigt, daß Formel 35), die wir früher nur für natürliche Exponenten abgeleitet hatten, auch für solche Exponenten richtig ist, die **negative ganze Zahlen** sind:

Lehrsatz: Die Formel

$$\frac{dx^n}{dx} = n \cdot x^{n-1}$$

gilt für jeden ganzzahligen Exponenten.

Beispiel: a) $y = \dfrac{1}{x^3}$, $\dfrac{dy}{dx} = -\dfrac{3}{x^4}$;

b) $y = \left(x - \dfrac{3}{x^2}\right)^3 = x^3 - 9 + \dfrac{27}{x^3} - \dfrac{27}{x^6}$,

$$\frac{dy}{dx} = 3x^2 - \frac{81}{x^4} + \frac{162}{x^7} = 3\left(x - \frac{3}{x^2}\right)^2\left(1 + \frac{6}{x^3}\right).$$

(30) Wir gehen nun zur Behandlung der **gebrochenen rationalen Funktion** über: Wenden wir in beliebiger Folge auf die Veränderliche x und eine Anzahl von Konstanten außer der Addition, der Subtraktion und der Multiplikation [s. (24)] auch noch die Division an, so erhalten wir eine Funktion von x, die als **gebrochene rationale Funktion** bezeichnet wird. Sind beispielsweise die Konstanten 2, $\frac{3}{4}$, $\sqrt{3}$, π, a, so läßt sich auf die angegebene Weise u. a. die Funktion bilden:

$$y = \frac{2x - a}{xx + \dfrac{\pi}{\dfrac{\sqrt{3}}{x} - \dfrac{3}{4}}} - \frac{a\pi - \dfrac{2}{x}}{x + \dfrac{\pi}{\sqrt{3}}\,xx} - 2xxx .$$

Eine auf diese Weise gewonnene Funktion läßt selbstverständlich noch wesentliche Vereinfachungen zu; so kann man zuerst einmal alle Doppelbrüche beseitigen, so daß y sich als eine Summe von Brüchen darstellt; im obigen Beispiele:

$$y = \frac{-6x^2 + 3ax + 8x\sqrt{3} - 4a\sqrt{3}}{-3x^3 + 4x^2\sqrt{3} + 4\pi x} - \frac{-8x^5\sqrt{3} - 6x^4\sqrt{3} + 40\pi x\sqrt{3} - 8\sqrt{3}}{4\pi x^4 + 4x^3\sqrt{3} + 3\pi x^3 + 3x^2\sqrt{3}} .$$

Schließlich lassen sich die einzelnen Brüche noch auf einen Hauptnenner bringen; Zähler und Nenner können ausmultipliziert und nach fallenden Potenzen von x geordnet werden. Man erkennt dadurch, daß sich eine gebrochene rationale Funktion stets als **Quotient zweier ganzen rationalen Funktionen** schreiben läßt; ja man kann sogar die gebrochenen rationalen Funktionen als Quotienten zweier ganzen rationalen Funktionen definieren. So würde unser oben ganz willkürlich gewähltes Beispiel einer gebrochenen rationalen Funktion der Quotient zweier ganzen rationalen Funktionen

werden, von denen der Dividend eine ganze rationale Funktion siebenten Grades, der Divisor eine solche sechsten Grades ist, es würde
sich also die Form ergeben:

$$y = \frac{a_7 x^7 + a_6 x^6 + a_5 x^5 + a_4 x^4 + a_3 x^3 + a_2 x^2 + a_1 x + a_0}{b_6 x^6 + b_5 x^5 + b_4 x^4 + b_3 x^3 + b_2 x^2 + b_1 x + b_0},$$

wobei sich die Beiwerte $a_7, \ldots, a_0$ und $b_6, \ldots, b_0$ durch die vier Grundrechnungsarten aus den Konstanten $2, \frac{3}{4}, \sqrt{3}, \pi, a$ zusammensetzen;
ihre Berechnung sei dem Leser überlassen.

Die allgemeinste Form der gebrochenen rationalen Funktion ist also

$$y = \frac{a_r x^r + a_{r-1} x^{r-1} + a_{r-2} x^{r-2} + \cdots + a_2 x^2 + a_1 x + a_0}{b_s x^s + b_{s-1} x^{s-1} + b_{s-2} x^{s-2} + \cdots + b_2 x^2 + b_1 x + b_0}, \qquad 59)$$

wobei Zähler und Nenner zueinander relativ prim sein, d. h. keinen
gemeinsamen Faktor haben sollen. Ist der Grad des Zählers kleiner
als derjenige des Nenners, also $r < s$, so nennt man die Funktion eine
echt gebrochene Funktion, für $r \gtreqless s$ dagegen eine unecht
gebrochene rationale Funktion. Unser obiges Beispiel stellt
demnach eine unecht gebrochene rationale Funktion dar.

Dividiert man in einer unecht gebrochenen rationalen Funktion
den Zähler durch den Nenner, so wird im allgemeinen die Division
nicht aufgehen, sondern es wird ein Rest bleiben, den man nur noch
formell durch den Nenner dividieren kann. Da für diesen Bruch der
Grad des Zählers notwendig niedriger ist als der des Nenners (sonst
ließe sich ja die Division noch weiter durchführen), stellt er eine
echt gebrochene rationale Funktion dar, während der erste Teil eine
ganze rationale Funktion ist.

Beispiel:

$$\frac{7x^5 - 2x^2 + 9x - 5}{x^3 + 2x^2 - 2x - 1} = \frac{(7x^5 - 2x^2 + 9x - 5):(x^3 + 2x^2 - 2x - 1) = 7x^2 - 14x + 42}{\begin{array}{r} -14x^4 + 14x^3 + 5x^2 + 9x - 5 \\ +42x^3 - 23x^2 - 5x - 5 \\ \hline -107x^2 + 79x + 37 \end{array}}$$

Also ist

$$\frac{7x^5 - 2x^2 + 9x - 5}{x^3 + 2x^2 - 2x - 1} = 7x^2 - 14x + 42 - \frac{107x^2 - 79x - 37}{x^3 + 2x^2 - 2x - 1}.$$

Hier ist $7x^2 - 14x + 42$ eine ganze rationale Funktion und

$$\frac{107x^2 - 79x - 37}{x^3 + 2x^2 - 2x - 1}$$

eine echt gebrochene rationale Funktion. Wir erhalten demnach den

Lehrsatz: Jede unecht gebrochene rationale Funktion
läßt sich in eine Summe aus einer ganzen rationalen Funktion
und einer echt gebrochenen rationalen Funktion zerlegen.

Solange die unabhängige Veränderliche x solche endliche Werte
annimmt, für welche der Nenner $b_s x^s + b_{s-1} x^{s-1} + \cdots + b_0$ von Null

verschieden ist, muß die Funktion 59) einen endlichen Wert haben.
Das wird aber anders, wenn x eine Wurzel der Gleichung

$$b_s x^s + b_{s-1} x^{s-1} + \cdots + b_0 = 0$$

ist; denn dann wird der Nenner gleich Null, der Zähler dagegen nicht,
da nach Voraussetzung Zähler und Nenner zueinander relativ prim
sein sollen. Der Zähler wird also endlich und von Null verschieden sein,
demnach y selbst unendlich groß werden. Wir treffen damit
zum ersten Male auf den Fall, daß der Funktionswert für einen endlichen Wert der unabhängigen Veränderlichen unendlich groß wird.
Die Funktion selbst muß an einer solchen Stelle nach den Ableitungen
von (29) unstetig werden. Was dies bedeutet, wird uns erst völlig
klar werden, wenn wir die zu einer solchen gebrochenen rationalen
Funktion gehörige Kurve untersuchen. Doch wollen wir vorher ein
Beispiel durchführen.

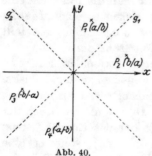

Abb. 40.

(31) Die einfachste gebrochene rationale
Funktion ist

$$y = \frac{1}{x} . \qquad 60)$$

Man kann Gleichung 60) auch in der Form
schreiben:

$$x y = 1 . \qquad 60a)$$

Aus 60) und 60a) kann man über den Verlauf der zugehörigen Kurve einige Schlüsse
ziehen: 60a) ist in x und y symmetrisch
gebaut; d. h. eine Vertauschung von x und y führt 60a) in sich selbst
über. Kennen wir also ein Wertepaar $x = a$ und $y = b$, das Gleichung 60a)
befriedigt, so muß auch das Wertepaar $x = b$ und $y = a$ Gleichung 60a)
befriedigen. Die zugehörigen Punkte P_1 und P_2 (Abb. 40) liegen aber
symmetrisch zueinander bezüglich derjenigen durch O gehenden
Geraden g_1, welche beide Achsen unter 45° schneidet, also den Winkel
zwischen der positiven x- und der positiven y-Achse und ebenso den
Winkel zwischen der negativen x- und der negativen y-Achse halbiert;
wir wollen diese Gerade künftig kurz als die 45°-Linie bezeichnen.
Unsere Kurve ist also symmetrisch bezüglich der 45°-Linie.
Diese Eigenschaft kommt übrigens nach der obigen Ableitung allen
Kurven zu, deren Gleichung symmetrisch in x und y gebaut ist. —
Weiterhin folgt aus 60a), daß auch das Wertepaar $x = -b$ und $y = -a$
die Gleichung 60a) erfüllen muß; der Punkt P_3 muß also auch auf der
Kurve liegen. P_1 $(a \mid b)$ und P_3 $(-b \mid -a)$ liegen aber zueinander symmetrisch bezüglich einer Geraden g_2, die gegen die positive x-Achse
unter 135° geneigt ist, die sog. 135°-Linie; also ist auch die 135°-Linie
eine Symmetrieachse der Kurve. — Schließlich erfüllt auch das

Wertepaar $x = -a$ und $y = -b$ die Gleichung; die beiden Punkte
$P_1\,(a\,|\,b)$ und $P_4\,(-a\,|\,-b)$ liegen [(25) Abb. 31] symmetrisch zu O. Die
Kurve hat demnach den Punkt O zum Mittelpunkt, eine notwendige
Folge der beiden ersten Eigenschaften. Da x und y stets dasselbe
Vorzeichen haben, verläuft die Kurve nur im ersten und dritten
Quadranten. Abb. 41 zeigt ihren Verlauf. Die Kurve ist die **gleichseitige Hyperbel**. Da auf Grund von Gleichung 60) für wachsendes x
der Wert von y immer kleiner wird,
und $\lim\limits_{x\,\to\,\infty} y = 0$ ist, so schmiegt sich

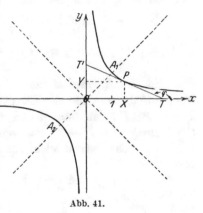

die Hyperbel mit wachsender Abszisse immer näher an die x-Achse
an, ohne sie jedoch im Endlichen
zu erreichen; gleiches gilt, wenn x
die negativen Werte durchläuft.
Eine Gerade, der sich eine Kurve
beständig nähert, die von ihr aber
erst im Unendlichen erreicht wird,
heißt eine **Asymptote** der Kurve. Die
x-Achse ist demnach eine Asymptote
der gleichseitigen Hyperbel von der

Abb. 41.

Gleichung $y = \dfrac{1}{x}$. Nach den Auseinandersetzungen von **(30)** ist, da
der Nenner der gebrochenen Funktion für $x = 0$ verschwindet, die
Funktion für diesen Wert von x **unstetig**. Wir finden dies bestätigt;
denn für $x = 0$ ist $y = \infty$. Je näher also $x > 0$ dem Werte Null kommt,
um so größere Werte nimmt y an, und je mehr sich $x < 0$ der Null
nähert, um so mehr nähert sich y dem Werte $-\infty$. Auf Grund unserer
obigen Betrachtungen ist daher die y-Achse eine Asymptote der
gleichseitigen Hyperbel $y = \dfrac{1}{x}$. Der Nullstelle des Nenners einer gebrochenen rationalen Funktion entspricht also bei der Kurve eine
parallel zur y-Achse verlaufende Asymptote. Weil die beiden
Asymptoten der gleichseitigen Hyperbel mit den Koordinatenachsen
zusammenfallen, nennt man die Gleichung $y = \dfrac{1}{x}$ die Asymptotengleichung der gleichseitigen Hyperbel. Da für $x = 1$
auch $y = 1$ und für $x = -1$ auch $y = -1$ ist, sind die beiden
Punkte $A_1\,(1\,|\,1)$ und $A_2\,(-1\,|\,-1)$ der Hyperbel deren Schnittpunkte mit
der 45°-Linie, also der einen Symmetrieachse. A_1 und A_2 heißen
die Scheitel der Hyperbel, die Gerade $A_1 A_2$ die reelle Achse,
die Strecke $A_1 A_2 = 2 \cdot \sqrt{2}$ die Länge der reellen Achse und die
Strecke $O A_1 = \sqrt{2}$ die Länge der reellen Halbachse der Hyperbel.
Die 135°-Linie hat dagegen keinen Punkt mit der gleichseitigen
Hyperbel gemeinsam; sie ist die **imaginäre Achse** der Hyperbel.

Um Tangenten an die gleichseitige Hyperbel zu konstruieren, müssen wir den Differentialquotienten der Funktion $y = \frac{1}{x}$ bilden; es ist

$$\frac{d\left(\frac{1}{x}\right)}{dx} = -\frac{1}{x^2} = \operatorname{tg}\varphi \, .$$

Der Richtungsfaktor ist daher stets negativ; d. h. die gleichseitige Hyperbel $y = \frac{1}{x}$ fällt beständig. Man kann schreiben:

$$\operatorname{tg}\varphi = -\frac{1}{x} : x = -\frac{y}{x} \, ;$$

dies gibt eine überaus einfache Tangentenkonstruktion (Abb. 41): Man trage auf der x-Achse der Strecke $OT = 2OX = 2x$ ab und verbinde T mit P; PT ist dann die in P an die Hyperbel gelegte Tangente. (Daß übrigens $OT' = 2y$ ist, wenn T' der Schnittpunkt der Tangente mit der y-Achse ist, ist leicht einzusehen; der Leser mag sich dies selbst beweisen.)

Für den allgemeineren Fall der gleichseitigen Hyperbel lautet die Gleichung

$$y = \frac{c}{x} \, ; \tag{61}$$

ist $c > 0$, so verläuft die Hyperbel im ersten und dritten, ist $c < 0$, im zweiten und vierten Quadranten, da im ersten Falle x und y stets gleiche, im letzten stets verschiedene Vorzeichen haben. Als Bild kann wieder Abb. 41 gelten, wenn man nur die Koordinaten des Scheitels A_1 $OX_1 = +\sqrt{c}$ und $X_1 A_1 = +\sqrt{c}$ (oder für $c < 0$ $+\sqrt{-c}$ bzw. $-\sqrt{-c}$) wählt. — Da das Rechteck $OXPY$ die Seiten x und y und folglich den von der Wahl des Punktes P unabhängigen Inhalt $x \cdot y = c$ hat, ist die gleichseitige Hyperbel der geometrische Ort der vierten Eckpunkte aller Rechtecke von gleichem Inhalte c, von denen ein Eckpunkt in einem festen Punkte O liegt, während die beiden diesem benachbarten Eckpunkte sich auf zwei durch O gehenden und aufeinander rechtwinkligen Geraden bewegen.

Die gleichseitige Hyperbel wird in der Technik vielfach verwendet. Als Beispiel diene das Boyle-Mariottesche Gesetz, nach dem das Produkt aus Volumen v und Druck p eines vollkommenen Gases bei gleichbleibender Temperatur konstant ist: $v \cdot p = C$. Je nachdem man p oder v als die unabhängige Veränderliche betrachtet, erhält man die beiden Gleichungen

$$v = \frac{C}{p} \quad \text{oder} \quad p = \frac{C}{v} \, .$$

Der Leser zeichne sich unter Zugrundelegung einer der Volumeneinheit und der Druckeinheit entsprechenden Längeneinheit die zu verschiedenen Werten von C gehörigen gleichseitigen Hyperbeln [s. (184) S. 584].

(32) Kehren wir nun zur allgemeinsten gebrochenen rationalen Funktion zurück! Wir wollen sie in der Form schreiben

$$y = \frac{f(x)}{\varphi(x)}\,, \qquad\qquad 62)$$

wobei $f(x)$ und $\varphi(x)$ zwei ganze rationale Funktionen sein mögen, die zueinander relativ prim sind, also etwa [s. 59)]

$$f(x) = a_r x^r + \cdots + a_0\,, \qquad \varphi(x) = b_s x^s + \cdots + b_0\,.$$

Für alle reellen Werte von x, welche Wurzeln der Gleichung $\varphi(x) = 0$ sind, wird $y = \infty$; sie sind also Unstetigkeitsstellen der Funktion. Daß nicht jede gebrochene rationale Funktion solche Unstetigkeitsstellen zu haben braucht, leuchtet ohne weiteres ein, wenn man bedenkt, daß nicht jede Gleichung $\varphi(x) = 0$ reelle Wurzeln hat. Beispielsweise hat die Funktion $y = \frac{f(x)}{x^2 + 1}$ keine solchen Unstetigkeitsstellen. Die der Funktion 62) entsprechende Kurve hat an diesen Unstetigkeitsstellen Asymptoten, welche der y-Achse parallel sind. — Um weiterhin den Verlauf der Kurve für wachsendes x zu untersuchen, wollen wir uns die gebrochene rationale Funktion als Summe einer ganzen rationalen und einer echt gebrochenen rationalen Funktion geschrieben denken: Ist also $r < s$, so wollen wir die rechte Seite von Gleichung 59) mit x^s kürzen; wir erhalten dann:

$$y = \frac{\dfrac{a_r}{x^{s-r}} + \dfrac{a_{r-1}}{x^{s-r+1}} + \cdots + \dfrac{a_1}{x^{s-1}} + \dfrac{a_0}{x^s}}{b_s + \dfrac{b_{s-1}}{x} + \dfrac{b_{s-2}}{x^2} + \cdots + \dfrac{b_1}{x^{s-1}} + \dfrac{b_0}{x^s}}\,. \qquad\qquad 63)$$

Wird nun x sehr groß, so wird $\frac{1}{x}$ sich immer mehr der Null nähern, in noch viel höherem Maße aber die Potenzen von $\frac{1}{x}$; der Zähler der rechten Seite von 63) nähert sich immer mehr dem Werte Null, während der Nenner sich unbegrenzt dem Werte b_s nähert; also wird y sich der Null nähern. Wächst schließlich x über alle Grenzen hinaus, so erhält y den Wert Null: $\lim\limits_{x\,\to\,\infty} y = 0$. Die Kurve schmiegt sich demnach immer enger an die x-Achse an, erreicht sie aber erst für eine unendlich große Abszisse. Die x-Achse ist also Asymptote der Kurve. [Vgl. (31), gleichseitige Hyperbel.] Im Falle der unecht gebrochenen rationalen Funktion kommt zu dem Ausdrucke in 63) noch eine ganze rationale Funktion hinzu; von ihr wissen wir aber aus (24), daß sie mit wachsendem x über alle Grenzen hinauswächst.

Folglich verhält sich eine unecht gebrochene rationale Funktion für ein unbegrenzt wachsendes x wie die zu ihr gehörige ganze rationale Funktion. Insbesondere hat die der Funktion

$$y = \frac{a_s x^s + \cdots + a_0}{b_s x^s + \cdots + b_0} \quad (r = s)$$

entsprechende Kurve die Gerade $y = \frac{a_s}{b_s}$, also eine Parallele zur x-Achse zur Asymptote, ebenso ist für die der Funktion

$$y = \frac{a_{s+1} x^{s+1} + \cdots + a_0}{b_s x^s + \cdots + b_0} \quad (r = s + 1)$$

entsprechende Kurve eine Gerade vom Richtungsfaktor $\frac{a_{s+1}}{b_s}$ Asymptote. (Ausdividieren!)

(33) Einige Anwendungen aus der Technik mögen das Verständnis für die gebrochene rationale Funktion vertiefen. Wir beginnen mit dem folgenden Problem:

A. In einem Punkte A einer Geraden befinde sich die **Elektrizitätsmenge** $+\varepsilon$, in einem um die Strecke e von A entfernten Punkte B die Elektrizitätsmenge -2ε. Eine punktförmige Elektrizitätsmenge $+\varepsilon'$ werde auf der Strecke AB bewegt. Wie groß ist die jeweilige Kraft, die in irgendeinem Punkte X durch die beiden Elektrizitätsmengen $+\varepsilon$ und -2ε auf die Elektrizitätsmenge $+\varepsilon'$ ausgeübt wird?

Wir wählen A als Anfangspunkt eines rechtwinkligen Achsenkreuzes und AB als x-Achse. Der Punkt X, in dem sich die Elektrizitätsmenge $+\varepsilon'$ augenblicklich befinden möge, habe die Abszisse x, von A also den Abstand x und von B den Abstand $e - x$. Auf $+\varepsilon'$ wird demnach ausgeübt von A die Abstoßung $\frac{+\varepsilon\varepsilon'}{x^2}$ und von B die Anziehung $\frac{-2\varepsilon\varepsilon'}{(e-x)^2}$. Solange sich, wie angenommen, X zwischen A und B befindet, wirken beide Kräfte in gleichem Sinne, nämlich in Richtung der positiven x-Achse; sie summieren sich also, und die auf X ausgeübte Gesamtkraft ist

$$K = \varepsilon\varepsilon'\left(\frac{1}{x^2} + \frac{2}{(e-x)^2}\right).$$

K ist eine echt gebrochene rationale Funktion des Ortes X. Für $x = 0$ und $x = e$ wird $K = \infty$; für Zwischenwerte von x nimmt K endliche Werte an; so ist für $x = \frac{e}{4}, \frac{e}{2}, \frac{3}{4}e$ entsprechend

$$K = 19{,}56\,\frac{\varepsilon\varepsilon'}{e^2}, \quad 12\,\frac{\varepsilon\varepsilon'}{e^2}, \quad 33{,}78\,\frac{\varepsilon\varepsilon'}{e^2},$$

wie man durch einfache Rechnung findet. Man kann sich den Verlauf der Kraft anschaulich machen, wenn man K als Ordinate in dem jeweiligen Punkte X aufträgt; es ergibt sich eine Kurve, die in A und B ins Unendliche geht und dort Asymptoten parallel der K-Achse hat. Ferner erkennt man mühelos, daß es einen Punkt X_0 gibt, in welchem auf die Elektrizitätsmenge $+\varepsilon'$ die geringste Kraft ausgeübt wird; ihn wollen wir jetzt ermitteln. Für ihn muß $\dfrac{dK}{dx} = 0$ sein, also erhalten wir zur Bestimmung seiner Abszisse die Gleichung

$$-\frac{2}{x^3} + \frac{4}{(e-x)^3} = 0$$

oder

$$\left(\frac{x}{e-x}\right)^3 = \frac{1}{2}, \quad \frac{x}{e-x} = \frac{1}{\sqrt[3]{2}},$$

$$x = \frac{e}{1 + \sqrt[3]{2}} \approx 0{,}4425\,e$$

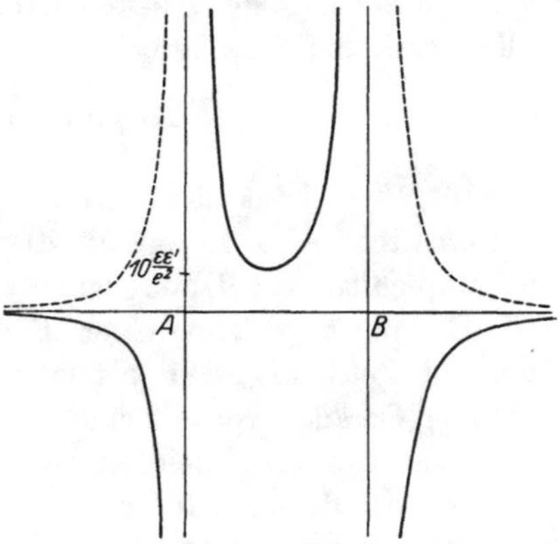

und daraus

Abb. 42.

$$K_{\min} = \left(1 + \sqrt[3]{2}\right)^3 \frac{\varepsilon\,\varepsilon'}{e^2} \approx 11{,}5420\,\frac{\varepsilon\,\varepsilon'}{e^2}\,.$$

Verfolgen wir die Kurve von der Gleichung

$$K = \varepsilon\,\varepsilon'\left(\frac{1}{x^2} + \frac{2}{(e-x)^2}\right)$$

weiter, also für $x > e$ und $x < 0$, so ergibt sich der in Abb. 42 gestrichelt angegebene Verlauf

$$\left(\text{z. B.:} \quad x = -e, \quad K = \frac{3}{2}\frac{\varepsilon\,\varepsilon'}{e^2}; \quad x = 2e, \quad K = \frac{9}{4}\frac{\varepsilon\,\varepsilon'}{e^2}\right).$$

Doch gibt die Funktion

$$K = \varepsilon\,\varepsilon'\left(\frac{1}{x^2} + \frac{2}{(e-x)^2}\right)$$

für die Werte von x, die außerhalb des Bereiches $0 < x < e$ liegen, die wirklichen Kraftverhältnisse unseres Beispiels gar nicht wieder. Ist nämlich $x < 0$, befindet sich also die Elektrizitätsmenge ε' außerhalb AB auf der zu A gehörigen Seite, so wirkt die durch A hervorgerufene Abstoßung im Sinne der negativen x-Achse, schwächt also die durch B hervorgerufene Anziehung, und der Kraftverlauf wird durch die Gleichung

$$K = \varepsilon\,\varepsilon'\left(-\frac{1}{x^2} + \frac{2}{(e-x)^2}\right)$$

beschrieben. Die Kraft K ist anfangs negativ; in der Entfernung

$$x = +\frac{e}{-\sqrt{2}+1} \sim -2{,}414\,e$$

heben Anziehung und Abstoßung einander auf, da hier $K = 0$ wird, und für noch weitere Entfernung von A überwiegt die Anziehung die Abstoßung. Ist dagegen $x > e$, befindet sich die Elektrizitätsmenge jenseits des Punktes B, so wirkt die von B ausgeübte Anziehung im Sinne der negativen x-Achse, und der Kraftverlauf wird in diesem Falle durch die Gleichung

$$K = \varepsilon\, \varepsilon' \left(\frac{1}{x^2} - \frac{2}{(e-x)^2} \right)$$

wiedergegeben; jetzt ist die Kraft für jeden Wert $x > e$ nach A bzw. B hin gerichtet. Abb. 42 enthält die zugehörigen Kurven. — Es dürfte sich empfehlen, zur Übung auch den Fall zu behandeln, bei dem A und B Träger gleichnamiger Elektrizitätsmengen sind, sowie den Fall, bei welchem mehr als zwei punktförmige Elektrizitätsmengen auf einer Geraden verteilt sind.

B. Ein weiteres Beispiel ist folgendes: Gegeben seien n E l e - m e n t e v o n d e r g l e i c h e n e l e k t r o m o t o r i s c h e n K r a f t e u n d d e m g l e i c h e n i n n e r e n W i d e r s t a n d e w_i; sie mögen zu je x in Reihen, und diese Reihen parallel geschaltet sein. Der Stromkreis sei geschlossen, der äußere Widerstand sei w_a; wie groß ist die Stromstärke? — Die Gesamtspannung einer Reihe beträgt ex, ihr innerer Widerstand $w_i x$; solche Reihen lassen sich insgesamt $\frac{n}{x}$ bilden. Da sie parallel geschaltet sind, ist der innere Gesamtwiderstand des Systems $w_i x : \frac{n}{x} = \frac{w_i}{n} x^2$, während die Gesamtspannung ex bleibt. Zum inneren Widerstande $\frac{w_i}{n} \cdot x^2$ kommt noch der äußere Widerstand w_a des Stromkreises hinzu, so daß der vom Strome zu überwindende Gesamtwiderstand $w = \frac{w_i}{n} x^2 + w_a$ ist. Dann berechnet sich die Stromstärke i zu

$$i = \frac{ex}{\dfrac{w_i}{n} x^2 + w_a}\,.$$

Zwar kann praktisch x als Anzahl der in Reihen geschalteten Elemente nur eine in n als Faktor enthaltene natürliche Zahl sein; doch wollen wir einmal von dieser Beschränkung absehen und die Funktion

$$i = \frac{ex}{\dfrac{w_i}{n} x^2 + w_a}$$

rein mathematisch behandeln, also annehmen, daß x irgendeine, also auch eine gebrochene oder irrationale positive oder negative Zahl sein kann. Daß diese Annahme keine abstrakt mathematische Betrachtung ist, sondern sehr wohl praktischen Nutzen zeitigt, wird die folgende Höchstwertuntersuchung lehren. Wir erkennen, daß unsere

Funktion eine echt gebrochene rationale Funktion ist; da unter der praktisch einzig möglichen Annahme, daß die Konstanten e, w_i, w_a, n absolute Größen sind, die Gleichung $\frac{w_i}{n} x^2 + w_a = 0$ keine reellen Wurzeln hat, wird i auch für keinen reellen Wert von x unendlich groß. Außerdem ist für $x > 0$ auch $i > 0$. Die zugehörige Kurve hat also die x-Achse zur Asymptote, sonst aber keine weiteren Asymptoten. Ferner geht sie, wie man sich leicht überzeugt, durch den Nullpunkt; schließlich hat sie den Nullpunkt zum Mittelpunkt, da zu entgegengesetzt gleichen Werten von x auch entgegengesetzt gleiche Werte von i gehören [s. (25) S. 54]. Sie hat demnach den in Abb. 43 angedeuteten Verlauf. Aus ihm erkennt man, daß für kleine positive x auch i klein ist, daß mit wachsendem x auch i anfangs wächst, bis es einen Höchstwert erreicht hat, um von da an all-

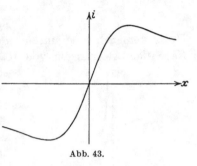

Abb. 43.

mählich bis zum Betrage Null abzunehmen. Derjenige Wert von x, für den i am größten ist, hat nun besondere Bedeutung; denn er gibt uns jene Schaltweise, durch welche wir mit den vorhandenen Mitteln die größtmögliche Stromstärke erzielen. Zur rechnerischen Ermittlung bilden wir den Differentialquotienten

$$\frac{di}{dx} = \frac{\left(\frac{w_i}{n} x^2 + w_a\right) e - ex \cdot 2 \frac{w_i}{n} x}{\left(\frac{w_i}{n} x^2 + w_a\right)^2} = \frac{e\left(w_a - \frac{w_i}{n} x^2\right)}{\left(\frac{w_i}{n} x^2 + w_a\right)^2}.$$

Damit $\frac{di}{dx}$ gleich Null wird, muß der Zähler verschwinden; es ist also

$$w_a - \frac{w_i}{n} x^2 = 0 \quad \text{oder} \quad x = +\sqrt{n \cdot \frac{w_a}{w_i}}.$$

(Warum nur $+\sqrt{\ }$?) Die höchste zu erzielende Stromstärke ist

$$i_{max} = \frac{e}{2} \sqrt{\frac{n}{w_i w_a}}.$$

Ist beispielsweise $n = 12$, $w_a = 3 w_i$, so schaltet man am zweckmäßigsten die Elemente zu je sechs in zwei Reihen, um als größtmöglichen Wert der Stromstärke $\frac{e}{w_i}$ zu erhalten.

C. Die Unkosten, die die Anlage einer elektrischen Leitung verursacht, setzen sich im wesentlichen aus zwei Teilen zusammen, den Anlagekosten und den durch Energieverlust hervorgerufenen Kosten. Beide sind vorwiegend bestimmt durch den Querschnitt q des Leitungsdrahtes. Der Preis für 1 m Draht ist im allgemeinen proportional dem Querschnitt, also $K \cdot q$. Der Energieverlust auf 1 m Draht ist um so größer, je kleiner der Querschnitt ist; er möge umgekehrt proportional zu diesem angenommen werden, also gleich $\dfrac{E}{q}$. Dabei sind K und E Konstanten, die von wirtschaftlichen und sonstigen Verhältnissen bestimmt sind. Die Gesamtkosten für 1 m sind also

$$U = K \cdot q + \frac{E}{q}\,.$$

U ist demnach eine unecht gebrochene rationale Funktion von q. Nach den Ableitungen von (32) muß die zugehörige Kurve die Gestalt der Abb. 44 haben, wobei $K = \mathrm{tg}\,\alpha$ ist. Es sei dem Leser überlassen, das Beispiel weiter durchzuführen, insbesondere festzustellen, mit .welchem Querschnitte man am wirtschaftlichsten ar-beitet.

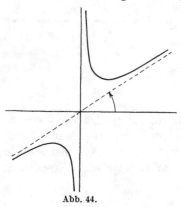

Abb. 44.

$$\left(q = \sqrt{\frac{E}{K}}, \quad U_{\min} = 2\sqrt{EK}\right).$$

Die gebrochene rationale Funktion unterscheidet sich wesentlich von den bisher betrachteten Funktionen dadurch, daß sie uns zwingt, auch den Begriff der Unstetigkeit, allerdings noch verbunden mit dem Begriffe des Unendlichen, in unsere Betrachtungen hereinzuziehen. Im nächsten Paragraphen werden uns wieder neue Begriffe entgegentreten, wenn wir uns mit den inversen Funktionen befassen. Da zu ihrem Verständnis die sogenannte Kettenregel erforderlich ist, soll sie am Anfange der folgenden Betrachtungen stehen.

§ 7. Die Kettenregel. Die inversen Funktionen.

(34) Wenn wir den Differentialquotienten einer ganzen rationalen Funktion, etwa von der Gestalt $y = (a x^2 + b x + c)^4$, bilden wollen, so haben wir nach unseren bisher erworbenen Kenntnissen zuerst die Potenz auszumultiplizieren — wir bekommen in unserem Beispiele eine Funktion achten Grades — und dann gliedweise zu differenzieren. Einen einfacheren Weg eröffnet uns die **Kettenregel,** zu deren Ableitung wir nunmehr schreiten wollen.

    Wir führen statt $a x^2 + b x + c$ eine neue Größe z ein; dann ist $y = z^4$, wobei $z = a x^2 + b x + c$ ist. Ganz allgemein möge sein

$y = f(z)$, wobei $z = \varphi(x)$ ist; y ist gewissermaßen nicht direkt, sondern durch Vermittlung einer Zwischenveränderlichen z von x abhängig. Man sagt, „y ist eine Funktion von einer Funktion von x“ oder „y ist eine mittelbare Funktion von x“. Die vermittelnde Größe z spielt eine doppelte Rolle; bezüglich x ist es die abhängige, bezüglich y die unabhängige Veränderliche.

Erteilt man der Größe x einen Zuwachs $\varDelta x$, so erhält auch wegen der Beziehung $z = \varphi(x)$ die Größe z einen Zuwachs $\varDelta z$ und daher infolge der Beziehung $y = f(z)$ auch y einen Zuwachs $\varDelta y$; mit anderen Worten: der Zuwachs $\varDelta x$ hat einen Zuwachs $\varDelta y$ zur Folge. Für den der Betrachtung zugrunde gelegten Wert von x möge $z = \varphi(x)$ stetig sein, also $\lim_{\varDelta x \to 0} \varDelta z = 0$, und für den sich aus x ergebenden Wert von z möge auch $y = f(z)$ stetig, also $\lim_{\varDelta z \to 0} \varDelta y = 0$ sein. Das heißt aber, daß auch $\lim_{\varDelta x \to 0} \varDelta y = 0$ ist, und man erhält den Satz: **Die stetige Funktion einer stetigen Funktion einer Veränderlichen ist ebenfalls eine stetige Funktion dieser Veränderlichen.** In unserem obigen Beispiel ist $y = z^4$ eine stetige Funktion von z (als ganze rationale Funktion von z) und $z = ax^2 + bx + c$ eine solche von x (aus demselben Grunde); daher ist auch $y = (ax^2 + bx + c)^4$ eine stetige Funktion von x.

Wir bilden nun den Differentialquotienten $\dfrac{dy}{dx}$. Wir gehen vom Differenzenquotienten $\dfrac{\varDelta y}{\varDelta x}$ aus; diesen können wir schreiben:

$$\frac{\varDelta y}{\varDelta x} = \frac{\varDelta y}{\varDelta z} \cdot \frac{\varDelta z}{\varDelta x}.$$

Wird nun $\varDelta x$ unendlich klein, so nähert sich $\dfrac{\varDelta z}{\varDelta x}$ dem Differentialquotienten $\dfrac{dz}{dx}$ und $\dfrac{\varDelta y}{\varDelta x}$ dem Differentialquotienten $\dfrac{dy}{dx}$; zugleich wird aber auch $\varDelta z$ unendlich klein, und $\dfrac{\varDelta y}{\varDelta z}$ nähert sich dem Differentialquotienten $\dfrac{dy}{dz}$. Wir erhalten demnach die Gleichung

$$\frac{dy}{dx} = \frac{dy}{dz} \cdot \frac{dz}{dx}. \qquad 64)$$

Lehrsatz: Ist $y = f(z)$ eine stetige Funktion von z, wobei $z = \varphi(x)$ eine stetige Funktion von x ist, so ist auch $y = f(\varphi(x))$ eine stetige Funktion von x; ihren Differentialquotienten nach x erhält man, indem man den Differentialquotienten von $f(z)$ nach z mit dem Differentialquotienten von $\varphi(x)$ nach x multipliziert.

Im obigen Beispiele ist

$$\frac{dy}{dz} = 4z^3 = 4(ax^2 + bx + c)^3 \quad \text{und} \quad \frac{dz}{dx} = 2ax + b;$$

also ist

$$\frac{d(ax^2 + bx + c)^4}{dx} = 4(ax^2 + bx + c)^3 \cdot (2ax + b).$$

Diese Differentiationsregel gestattet noch eine Erweiterung: Ist nämlich z nicht direkt eine Funktion von x, sondern eine Funktion einer anderen Veränderlichen u: $z = \varphi(u)$, und u eine Funktion von x: $u = \psi(x)$, so ist nach der eben abgeleiteten Regel

$$\frac{dz}{dx} = \frac{dz}{du} \cdot \frac{du}{dx},$$

demnach

$$\frac{dy}{dx} = \frac{dy}{dz} \cdot \frac{dz}{du} \cdot \frac{du}{dx}.$$

Die drei Faktoren der rechten Seite folgen derart aufeinander, daß der formale Nenner des ersten Faktors zugleich der formale Zähler des zweiten Faktors ist usw.; es wird eine Art von **Kette** gebildet, die das Anfangsglied dy derselben durch Zwischenglieder mit dem Endgliede dx verknüpft. Aus diesem rein äußerlichen Grunde nennt man die obige Regel auch die **Kettenregel.** Einige Beispiele folgen. Auch diese Regel ist gut einzuüben.

1. $y = \left(\dfrac{ax+b}{cx+g}\right)^3 = z^3$, wobei $z = \dfrac{ax+b}{cx+g}$ ist. Nun ist nach der Grundformel 35)

$$\frac{dy}{dz} = 3z^2 = 3\left(\frac{ax+b}{cx+g}\right)^2$$

und nach der Quotientenregel

$$\frac{dz}{dx} = \frac{ag-bc}{(cx+g)^2},$$

also ist

$$\frac{d\left(\dfrac{ax+b}{cx+g}\right)^3}{dx} = 3\left(\frac{ax+b}{cx+g}\right)^2 \cdot \frac{ag-bc}{(cx+g)^2} = \frac{3(ag-bc)(ax+b)^2}{(cx+g)^4}.$$

2. $y = (3x^2 - 7x + 6)^3 \cdot (x+5)^2 = u \cdot v$, wobei $u = (3x^2 - 7x + 6)^3$ und $v = (x+5)^2$ ist. Nach der Produktregel ist

$$\frac{dy}{dx} = u \cdot \frac{dv}{dx} + v \cdot \frac{du}{dx}.$$

Wir müssen demnach zuerst $\dfrac{dv}{dx}$ bilden; es ist $v = z^2$, wobei $z = x + 5$ ist, also ist nach der Kettenregel

$$\frac{dv}{dx} = \frac{dv}{dz} \cdot \frac{dz}{dx} = 2z \cdot 1 = 2(x+5).$$

Ferner ist $\dfrac{du}{dx}$ zu ermitteln; es ist $u = w^3$, wobei $w = 3x^2 - 7x + 6$ ist; also ist

$$\frac{du}{dx} = \frac{du}{dw} \cdot \frac{dw}{dx} = 3w^2 \cdot (6x - 7) = 3(3x^2 - 7x + 6)^2 \cdot (6x - 7).$$

Setzen wir dies oben ein, so erhalten wir

$$\frac{dy}{dx} = (3x^2 - 7x + 6)^3 \cdot 2(x+5) + (x+5)^2 \cdot 3 \cdot (3x^2 - 7x + 6)^2(6x - 7).$$

Dieser Ausdruck läßt sich noch zusammenfassen in

$$\frac{dy}{dx} = (3x^2 - 7x + 6)^2(x + 5)\,[2(3x^2 - 7x + 6) + 3(x + 5)(6x + 7)]$$
$$= (3x^2 - 7x + 6)^2(x + 5)(24x^2 + 55x - 93).$$

3. $y = \dfrac{(x - 1)^3}{(x^2 + 1)^2} = \dfrac{u}{v}$, wobei $u = (x-1)^3$ und $v = (x^2+1)^2$ ist. Nach der Bruchregel ist

$$\frac{dy}{dx} = \frac{v\dfrac{du}{dx} - u \cdot \dfrac{dv}{dx}}{v^2}.$$

Hierbei sind $\dfrac{du}{dx}$ und $\dfrac{dv}{dx}$ wieder nach der Kettenregel zu berechnen: $u = z^3$, wobei $z = x - 1$ ist; also $\dfrac{du}{dx} = 3z^2 \cdot 1 = 3(x - 1)^2$. $v = w^2$, wobei $w = x^2 + 1$ ist; also $\dfrac{dv}{dx} = 2w \cdot 2x = 4x(x^2 + 1)$. Demnach erhalten wir:

$$\frac{dy}{dx} = \frac{(x^2 + 1)^2 \cdot 3 \cdot (x - 1)^2 - (x - 1)^3 \cdot 4x(x^2 + 1)}{(x^2 + 1)^4}$$
$$= \frac{(x - 1)^2[3(x^2 + 1) - 4x(x - 1)]}{(x^2 + 1)^3} = \frac{(x - 1)^2(3 + 4x - x^2)}{(x^2 + 1)^3}.$$

Ein anderer häufig zu empfehlender Weg für die Differentiation eines Bruches ist der, den Bruch in Produktform zu schreiben und damit dieses Beispiel auf die **Form des Beispieles 2** zurückzuführen: $y = (x - 1)^3 \cdot (x^2 + 1)^{-2} = u \cdot v$, wobei $u = (x - 1)^3$ und $v = (x^2 + 1)^{-2}$ ist. Jetzt ist

$$\frac{dv}{dx} = -2(x^2 + 1)^{-3} \cdot 2x = -4x(x^2 + 1)^{-3},$$

während wie oben $\dfrac{du}{dx} = 3(x - 1)^2$ ist. Dann ist aber nach der Produktregel

$$\frac{dy}{dx} = (x - 1)^3 \cdot [-4x(x^2 + 1)^{-3}] + (x^2 + 1)^{-2} \cdot 3(x - 1)^2$$
$$= \frac{(x - 1)^2[3(x^2 + 1) - 4x(x - 1)]}{(x^2 + 1)^3} = \frac{(x - 1)^2(3 + 4x - x^2)}{(x^2 + 1)^3}.$$

Man vermeidet auf diesem Wege eine überflüssig hohe Potenz des ursprünglichen Nenners im Differentialquotienten.

4. $y = \left[\left(\left(x^2 + \dfrac{1}{x}\right)^2 + b\right)^3 + a\right]^2$; $y = z^2$,   wobei $z = u^3 + a$, $u = v^2 + b$ und $v = x^2 + \dfrac{1}{x}$ ist. Es ist

$$\frac{dy}{dz} = 2z\ = 2\left[\left(\left(x^2 + \frac{1}{x}\right)^2 + b\right)^3 + a\right],$$
$$\frac{dz}{du} = 3u^2 = 3\left(\left(x^2 + \frac{1}{x}\right)^2 + b\right)^2,$$
$$\frac{du}{dv} = 2v\ = 2\left(x^2 + \frac{1}{x}\right),$$
$$\frac{dv}{dx} = 2x - \frac{1}{x^2}.$$

Demnach ist

$$\frac{dy}{dx} = 2\left[\left(\left(x^2 + \frac{1}{x}\right)^2 + b\right)^3 + a\right] \cdot 3\left(\left(x^2 + \frac{1}{x}\right)^2 + b\right)^2 \cdot 2\left(x^2 + \frac{1}{x}\right) \cdot \left(2x - \frac{1}{x^2}\right)$$

$$= 12\left[\left(\left(x^2 + \frac{1}{x}\right)^2 + b\right)^3 + a\right] \cdot \left(\left(x^2 + \frac{1}{x}\right)^2 + b\right)^2\left(x^2 + \frac{1}{x}\right)\left(2x - \frac{1}{x}\right).$$

Diese Beispiele mögen genügen; aus ihnen kann man — und zwar, wie sich im Laufe der weiteren Entwicklung herausstellen wird, mit Recht — vermuten, daß man mit Hilfe der Kettenregel stets imstande ist, die Differentiation einer auch noch so verwickelten Funktion auf die Differentiation von Elementarfunktionen — in unseren Beispielen der Elementarfunktion $y = x^n$, der einzigen, die wir bis jetzt differenzieren können — zurückzuführen.

(35) Überaus wertvoll erweist sich die Kettenregel in ihrer Anwendung auf die **inversen Funktionen**, denen wir uns jetzt zuwenden wollen. Es ist, wie schon in **(1)** angedeutet worden ist, häufig nicht von vornherein zu entscheiden, welche der beiden Veränderlichen man als die unabhängige, welche man als die abhängige anzusehen hat; zuweilen wird man die eine, dann wieder die andere Anschauung vorziehen. So wird im Beispiele **(1)** die Beziehung $F = \frac{9}{5}C + 32$ zu wählen sein, wenn man aus gegebener Celsiusangabe die Fahrenheitangabe errechnen will; umgekehrt wird man zur Formel $C = \frac{5}{9}F - 17\frac{7}{9}$ greifen, wenn man die entgegengesetzte Aufgabe lösen muß. Die beiden Funktionen $F = \frac{9}{5}C + 32$ und $C = \frac{5}{9}F - 17\frac{7}{9}$ gehören eng zusammen; man nennt die eine die **Umkehrfunktion** oder die **inverse Funktion** zur anderen; dabei ist es gleichgültig, welche von beiden man als die ursprüngliche und welche man als die abgeleitete Funktion ansehen will.

Wie erhält man nun die inverse Funktion zu einer gegebenen Funktion? Ist $y = f(x)$ die gegebene Funktion, so löse man diese Gleichung nach der Größe x auf. Man erhält dadurch einen Ausdruck von der Form $x = \varphi(y)$. Da wir aber gewöhnt sind, die unabhängige Veränderliche mit x, die abhängige dagegen mit y zu bezeichnen, so ist $y = \varphi(x)$ die zu $y = f(x)$ inverse Funktion. Ist also $y = \frac{9}{5}x + 32$ die ursprüngliche Funktion, so erhalten wir durch Auflösung nach x die Gleichung $x = \frac{5}{9}y - \frac{160}{9}$ und durch Vertauschen von x und y $y = \frac{5}{9}x - \frac{160}{9}$. Also sind die beiden Funktionen $y = \frac{9}{5}x + 32$ und $y = \frac{5}{9}x - \frac{160}{9}$ zueinander invers. Noch einfacher wird die Überleitung aus einer Funktion in die andere, wenn man in der ursprünglichen Funktionsgleichung x und y miteinander vertauscht; so ist zu $y = f(x)$ die inverse Funktion $x = f(y)$. Allerdings verzichtet man hierbei darauf, die letzte Gleichung nach der abhängigen Veränderlichen aufzulösen.

Beispiel: $y = \frac{9}{5}x + 32$ und $x = \frac{9}{5}y + 32$.

Desgleichen ist die zur quadratischen Funktion $y = ax^2 + bx + c$ inverse Funktion $x = ay^2 + by + c$ oder nach der abhängigen Veränderlichen aufgelöst:

$$y = -\frac{b}{2a} + \frac{1}{2a}\sqrt{b^2 - 4a(c - x)}\,.$$

Woran erkennt man nun, daß zwei gegebene Funktionen $y = f(x)$ und $y = \varphi(x)$ zueinander invers sind? Diese Frage ist nach den obigen Ausführungen nicht mehr so schwer zu entscheiden. In einer der beiden Gleichungen, beispielsweise in der letzteren, vertausche man x und y, so daß sich ergibt $x = \varphi(y)$; diesen Wert setze man in die erste Gleichung für x ein. Der Ausdruck $y \equiv f(\varphi(y))$ muß eine identische Gleichung ergeben; d. h. die rechte Seite muß sich dann so umformen lassen, daß nur noch y stehenbleibt. Beispiel: Es seien wiederum $y = \frac{9}{5}x + 32$ und $y = \frac{5}{9}x - \frac{160}{9}$ gegeben; in der letzteren vertauschen wir x und y, um zu erhalten $x = \frac{5}{9}y - \frac{160}{9}$; diesen Wert setzen wir in die rechte Seite der ersten Gleichung ein:

$$\tfrac{9}{5}x + 32 = \tfrac{9}{5}(\tfrac{5}{9}y - \tfrac{160}{9}) + 32 = y - 32 + 32 = y\,.$$

Damit ist gezeigt, daß die beiden Funktionen zueinander invers sind. Zeige, daß dies auch für die beiden Funktionen

$$y = ax^2 + bx + c \quad \text{und} \quad y = \frac{1}{2a}\left(-b + \sqrt{b^2 - 4a(c - x)}\right)$$

gilt!

Schließlich soll noch die Frage beantwortet werden: Welche Beziehung besteht zwischen den beiden Schaubildern, die zu zwei inversen Funktionen gehören? Erfüllt das Wertepaar $x = a$, $y = b$ die Gleichung $y = f(x)$, so liegt der Punkt $P_1(a|b)$ auf der zu dieser Gleichung gehörigen Kurve. Dann muß aber das Wertepaar $x = b$, $y = a$ die zur vorigen inverse Gleichung $x = f(y)$ erfüllen, d. h. der Punkt $P_2(b|a)$ auf der zu dieser gehörigen Kurve liegen. Nun sind aber die beiden Punkte P_1 und P_2 zueinander spiegelbildlich bezüglich der 45°-Linie [s. a. (31)]. Demnach müssen die beiden Kurven selbst zueinander bezüglich dieser Linie symmetrisch liegen. Man zeige dies an den zu den Funktionen

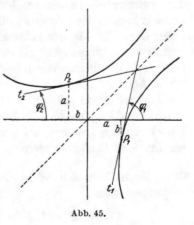

Abb. 45.

$$y = \tfrac{9}{5}x + 32 \qquad \text{und} \quad y = \tfrac{5}{9}x - \tfrac{160}{9}$$

bzw. $y = ax^2 + bx + c$ und $y = \dfrac{1}{2a}\left(-b + \sqrt{b^2 - 4a(c - x)}\right)$

gehörigen Bildern.

Zwischen zwei inversen Funktionen bestehen also die denkbar innigsten Beziehungen; diese müssen sich auch auf deren Differential-quotienten erstrecken, die wir nun bilden wollen. Den Schlüssel hierzu liefert uns die Kettenregel: Es sei $y = f(x)$ die gegebene Funktion, die nach x aufgelöst, die Form haben möge $x = \varphi(y)$ so daß $f(\varphi(y)) \equiv y$ ist und demnach $f(x)$ und $\varphi(y)$ zueinander invers sind. Da nun $\frac{dy}{dy} = 1$ [s. (18)] ist, so muß auch $\frac{df(\varphi(y))}{dy} = 1$ sein. Nun ist aber nach der Kettenregel:

$$\frac{df(x)}{dy} = \frac{df(x)}{dx} \cdot \frac{dx}{dy} = \frac{df(x)}{dx} \cdot \frac{d\varphi(y)}{dy} = f'(x) \cdot \varphi'(y).$$

Folglich ist

$$f'(x) \cdot \varphi'(y) = 1. \qquad\qquad 65)$$

Die Differentialquotienten zweier zueinander inversen Funktionen sind zueinander reziprok. Dieses überaus wichtige Ergebnis können wir auch aus Abb. 45 ablesen: Sind t_1 die in P_1 und t_2 die in P_2 an die inversen Kurven gelegten Tangenten und φ_1 bzw. φ_2 ihre Richtungswinkel, so muß infolge der Symmetrie bezüglich der 45°-Linie $\varphi_1 + \varphi_2 = 90°$, also $\operatorname{tg}\varphi_1 \cdot \operatorname{tg}\varphi_2 = 1$, oder da $\operatorname{tg}\varphi_1 = f'(x)_{x=a}$ und $\operatorname{tg}\varphi_2 = \varphi'(x)_{x=b}$ ist, $f'(x)_{x=a} \cdot \varphi'(x)_{x=b} = 1$ sein — in Überein-stimmung mit dem obigen Ergebnis.

Die in den vorangehenden Zeilen entwickelte Lehre von den Umkehr-funktionen gibt uns in Verbindung mit der Kettenregel den Schlüssel, eine neue Gruppe von Funktionen, die bei weitem umfangreicher als die bisherige ist, zu untersuchen. Die Funktionen, die wir bisher be-handelt haben: die ganze und die gebrochene rationale Funktion, werden unter dem Begriffe der **rationalen Funktionen** zusammengefaßt. Wir erinnern uns daran, daß sie entstehen, wenn man auf die Veränder-liche und eine Anzahl von Konstanten die vier elementaren Rechnungs-arten Addition, Subtraktion, Multiplikation und Division anwendet. Die Multiplikation schließt dabei von selbst auch das Potenzieren mit natürlichem Exponenten ein. Ehe wir uns jedoch mit den i r r a t i o n a l e n F u n k t i o n e n befassen, sei noch der **binomische Satz** abgeleitet, da wir ihn bald benötigen werden.

(36) Es ist, wie sich leicht durch fortschreitendes Ausmultiplizieren bestätigen läßt:

$$\left.\begin{aligned}
(1 + x)^2 &= 1 + 2x + x^2, \\
(1 + x)^3 &= 1 + 3x + 3x^2 + x^3, \\
(1 + x)^4 &= 1 + 4x + 6x^2 + 4x^3 + x^4, \\
(1 + x)^5 &= 1 + 5x + 10x^2 + 10x^3 + 5x^4 + x^5.
\end{aligned}\right\} \qquad 66)$$

Der binomische Satz befaßt sich nun mit der Entwicklung des Ausdruckes $(1 + x)^n$ nach steigenden Potenzen von x für beliebige Werte von n. Wir beschränken uns hier auf den Fall, daß n eine natürliche Zahl ist. Es ist ohne weiteres ersichtlich, daß wir in diesem Falle beim Ausmultiplizieren von $(1 + x)^n$ eine Summe von $n + 1$ Gliedern erhalten. Das erste Glied heißt 1, die übrigen sind nach steigenden Potenzen von x geordnet, das letzte Glied ist x^n; die übrigen Potenzen von x sind mit je einem Faktor multipliziert; diese Faktoren heißen die Binomialkoeffizienten. Um sie zu ermitteln, setzen wir an:

$$\left.\begin{aligned} (1 + x)^n = \binom{n}{0} + \binom{n}{1} x + \binom{n}{2} x^2 + \binom{n}{3} x^3 + \cdots + \binom{n}{k} x^k + \cdots \\ + \binom{n}{n-1} x^{n-1} + \binom{n}{n} x^n ; \end{aligned}\right\} \quad 67)$$

die Binomialkoeffizienten sind also der Reihe nach mit

$$\binom{n}{1}, \quad \binom{n}{2}, \quad \binom{n}{3}, \; \cdots \binom{n}{k}, \; \cdots \binom{n}{n-1}, \quad \binom{n}{n}$$

bezeichnet worden; man liest $\binom{n}{k}$ als „n über k" und nennt $\binom{n}{k}$ den $k$ten Binomialkoeffizienten der $n$ten Reihe. $\binom{n}{k}$ ist nur von n und k abhängig, muß sich also durch diese beiden Zahlen ausdrücken lassen. Für besondere Werte von n und k können wir $\binom{n}{k}$ schon angeben: man erkennt aus 67) sofort, daß $\binom{n}{0} = \binom{n}{n} = 1$ ist. 66) lehrt ferner, daß

$$\binom{2}{1} = 2, \quad \binom{3}{1} = 3, \quad \binom{3}{2} = 3, \quad \binom{4}{1} = 4, \quad \binom{4}{2} = 6, \quad \binom{4}{3} = 4,$$

$$\binom{5}{1} = 5, \quad \binom{5}{2} = 10, \quad \binom{5}{3} = 10, \quad \binom{5}{4} = 5 \ldots \text{ ist.}$$

Kennt man alle Binomialkoeffizienten der $(n - 1)$ten Reihe, so kann man leicht diejenigen der $n$ten Reihe bilden, da man $(1 + x)^n$ aus $(1 + x)^{n-1}$ dadurch erhält, daß man $(1 + x)^{n-1}$ mit $(1 + x)$ multipliziert. In der Reihe $(1 + x)^{n-1}$ kommt nun ein Glied vor mit der Potenz x^k und eines mit der Potenz x^{k-1}; ersteres hat den Binomialkoeffizienten $\binom{n-1}{k}$, letzteres den Binomialkoeffizienten $\binom{n-1}{k-1}$. Multipliziert man $(1 + x)^{n-1}$ mit $1 + x$, so muß auch u. a. das Glied $\binom{n-1}{k} x^k$ mit 1 und das Glied $\binom{n-1}{k-1} x^{k-1}$ mit x multipliziert werden; beide Multiplikationen ergeben die $k$te Potenz von x. Es sind dies aber auch die einzigen Glieder von $(1 + x)^{n-1}$, die bei der Multiplikation mit $1 + x$ Glieder von $(1 + x)^n$ mit der Potenz x^k liefern;

also lautet dieses Glied $\left[\binom{n-1}{k-1} + \binom{n-1}{k}\right] x^k$. Da dieses aber den Binomialkoeffizienten $\binom{n}{k}$ hat, so muß

$$\binom{n}{k} = \binom{n-1}{k-1} + \binom{n-1}{k} \tag{68}$$

sein. Wir sehen diese Formel in den Gleichungen 66) bestätigt. Mit Hilfe von Formel 68) können wir also aus den Binomialkoeffizienten der $(n-1)$ten Reihe die der $n$ten Reihe ableiten. Um dieses recht übersichtlich zu gestalten, machen wir von den beiden selbstverständlichen Gleichungen Gebrauch $(1+x)^0 = 1$ und $(1+x)^1 = 1+x$, aus denen folgt $\binom{0}{0} = 1$, $\binom{1}{0} = 1$, $\binom{1}{1} = 1$. Wir schreiben die Binomialkoeffizienten einer bestimmten Reihe in eine Zeile, und zwar so, wie das folgende Schema es zeigt:

$$\left.\begin{matrix}
1 \\
1 \quad 1 \\
1 \quad 2 \quad 1 \\
1 \quad 3 \quad 3 \quad 1 \\
1 \quad 4 \quad 6 \quad 4 \quad 1 \\
1 \quad 5 \quad 10 \quad 10 \quad 5 \quad 1
\end{matrix}\right\} \tag{69}$$

Man nennt es das **Pascalsche Dreieck.** Nach Formel 68) muß nun jedes Glied gleich der Summe derjenigen beiden Glieder der vorangehenden Zeile sein, unter deren Lücke es steht; wir überzeugen uns, daß dies der Fall ist. Wir können auf Grund dieser Eigenschaft mit Leichtigkeit, ohne weiteres Ausmultiplizieren, die Binomialkoeffizienten der sechsten Reihe aufstellen; sie müssen lauten:

$$1 \quad 6 \quad 15 \quad 20 \quad 15 \quad 6 \quad 1$$

und ebenso die der folgenden Reihen

$$\begin{matrix}
1 \quad 7 \quad 21 \quad 35 \quad 35 \quad 21 \quad 7 \quad 1 \\
1 \quad 8 \quad 28 \quad 56 \quad 70 \quad 56 \quad 28 \quad 8 \quad 1 \\
1 \quad 9 \quad 36 \quad 84 \quad 126 \quad 126 \quad 84 \quad 36 \quad 9 \quad 1 \\
1 \quad 10 \quad 45 \quad 120 \quad 210 \quad 252 \quad 210 \quad 120 \quad 45 \quad 10 \quad 1
\end{matrix}$$

. . . .

Dieses Verfahren, die Binomialkoeffizienten zu ermitteln, hat den Nachteil, daß man zwei Binomialkoeffizienten der vorangehenden $(n-1)$ten Reihe schon kennen oder selbst erst ableiten muß, um einen der $n$ten Reihe zu berechnen. Befriedigend ist die Aufgabe erst dann gelöst, wenn wir eine Formel gefunden haben, die $\binom{n}{k}$ unmittelbar durch n und k ausdrückt. Zu ihrer Ableitung gehen wir von der Gleichung 67) aus; sie stellt eine Identität dar; d. h. sie soll für jeden

beliebigen Wert von x erfüllt sein. Dann muß auch der Differentialquotient der linken Seite identisch gleich dem Differentialquotienten
der rechten Seite sein. Den Differentialquotienten der linken Seite
bilden wir unter Zuhilfenahme der Kettenregel: Wir setzen $y = z^n$,
$z = 1 + x$; es ist

$$\frac{dy}{dz} = n\,z^{n-1} = n\,(1 + x)^{n-1}, \quad \frac{dz}{dx} = 1.$$

Also ist

$$\frac{d(1 + x)^n}{dx} = n\,(1 + x)^{n-1}.$$

Die rechte Seite differenzieren wir gliedweise unter wiederholter Benutzung der Formel 35). Setzen wir beide Differentialquotienten einander gleich, so erhalten wir:

$$\left.\begin{aligned}
n(1 + x)^{n-1} &= 1 \cdot \binom{n}{1} + 2 \cdot \binom{n}{2} x + 3 \cdot \binom{n}{3} x^2 + \cdots + k \cdot \binom{n}{k} x^{k-1} + \cdots \\
&\quad + (n-1) \cdot \binom{n}{n-1} x^{n-2} + n \cdot \binom{n}{n} x^{n-1}.
\end{aligned}\right\} \quad \text{67 a)}$$

Dieses Verfahren setzen wir fort; d. h. wir bilden fortgesetzt die Differentialquotienten beider Seiten und setzen diese einander gleich; wir
erhalten so die weiteren identischen Gleichungen:

$$\left.\begin{aligned}
&n(n-1)(1 + x)^{n-2} \\
&\quad = 1 \cdot 2 \cdot \binom{n}{2} + 2 \cdot 3 \cdot \binom{n}{3} x + 3 \cdot 4 \cdot \binom{n}{4} x^2 + \cdots + (k-1) \cdot k \binom{n}{k} x^{k-2} + \cdots \\
&\quad\quad + (n-2)(n-1)\binom{n}{n-1} x^{n-3} + (n-1)n\binom{n}{n} x^{n-2}, \\[4pt]
&n(n-1)(n-2)(1 + x)^{n-3} \\
&\quad = 1 \cdot 2 \cdot 3 \cdot \binom{n}{3} + 2 \cdot 3 \cdot 4 \binom{n}{4} x + \cdots + (k-2)(k-1)k\binom{n}{k} x^{k-3} + \cdots \\
&\quad\quad + (n-3)(n-2)(n-1)\binom{n}{n-1} x^{n-4} + (n-2)(n-1)n\binom{n}{n} x^{n-3}, \\[4pt]
&n(n-1)(n-2) \cdots (n-k+1)(1 + x)^{n-k} \\
&\quad = 1 \cdot 2 \cdots k \binom{n}{k} + \cdots + (n-k) \cdots (n-2)(n-1)\binom{n}{n-1} x^{n-1-k} \\
&\quad\quad + (n+1-k) \cdots (n-1) n \binom{n}{n} x^{n-k}, \\[4pt]
&\cdot\ \cdot\ \cdot\ \cdot\ \cdot\ \cdot\ \cdot\ \cdot\ \cdot\ \cdot\ \cdot\ \cdot\ \cdot\ \cdot\ \cdot\ \cdot\ \cdot\ \cdot \\[4pt]
&n(n-1)(n-2) \cdots 2(1 + x) = 1 \cdot 2 \cdots (n-3)(n-2)(n-1)\binom{n}{n-1} \\
&\quad\quad\quad\quad\quad\quad\quad\quad + 2 \cdot 3 \cdots (n-2)(n-1) n \binom{n}{n} x, \\[4pt]
&n(n-1)(n-2) \cdots 2 \cdot 1 = 1 \cdot 2 \cdot 3 \cdots (n-2)(n-1) n \cdot \binom{n}{n}.
\end{aligned}\right\} \quad \text{67 b)}$$

Nun setzen wir in den Gleichungen 67), 67 a), 67 b) für x den Wert Null ein; wir bekommen dadurch der Reihe nach die Gleichungen:

$$1 = \binom{n}{0}, \quad n = 1 \cdot \binom{n}{1}, \quad n(n-1) = 1 \cdot 2 \cdot \binom{n}{2},$$

$$n(n-1)(n-2) = 1 \cdot 2 \cdot 3 \cdot \binom{n}{3}, \ldots,$$

$$n(n-1) \cdots (n-k+1) = 1 \cdot 2 \cdots k \binom{n}{k}, \ldots,$$

$$n(n-1)(n-2) \cdots 2 = 1 \cdot 2 \cdots (n-3)(n-2)(n-1) \cdot \binom{n}{n-1},$$

$$n(n-1)(n-2) \cdots 2 \cdot 1 = 1 \cdot 2 \cdot 3 \cdots (n-2)(n-1) n \cdot \binom{n}{n}.$$

Diese können wir nach den Binomialkoeffizienten auflösen, für die sich die Werte ergeben:

$$\left.\begin{array}{l} \binom{n}{0} = 1, \quad \binom{n}{1} = \dfrac{n}{1}, \quad \binom{n}{2} = \dfrac{n(n-1)}{1 \cdot 2}, \quad \binom{n}{3} = \dfrac{n(n-1)(n-2)}{1 \cdot 2 \cdot 3}, \ldots, \\[2mm] \binom{n}{k} = \dfrac{n(n-1)(n-2) \cdots (n-k+1)}{1 \cdot 2 \cdot 3 \cdots k}, \ldots, \\[2mm] \binom{n}{n-1} = \dfrac{n(n-1)(n-2) \cdots 2}{1 \cdot 2 \cdot 3 \cdots (n-1)}, \\[2mm] \binom{n}{n} = \dfrac{n(n-1)(n-2) \cdots 2 \cdot 1}{1 \cdot 2 \cdot 3 \cdots (n-1) n} = 1. \end{array}\right\} \quad 70)$$

Damit ist unsere Aufgabe in der gewünschten Form gelöst. Wir können den Ausdruck für $\binom{n}{k}$ noch etwas einfacher gestalten, indem wir das Produkt aller ganzen Zahlen von 1 bis k, also den Ausdruck $1 \cdot 2 \cdot 3 \cdots (k-2)(k-1)k$ kurz in der Form $k!$ schreiben und $k!$ als „k ausgerufen" lesen. Macht man hiervon Gebrauch, so kann man schreiben:

$$\binom{n}{k} = \frac{n(n-1) \cdots (n-k+1)}{k!}.$$

Erweitern wir mit $(n-k)!$, so wird

$$\binom{n}{k} = \frac{n(n-1)(n-2) \cdots (n-k+1) \cdot (n-k)(n-k-1) \cdots 3 \cdot 2 \cdot 1}{1 \cdot 2 \cdot 3 \cdots k \cdot 1 \cdot 2 \cdot 3 \cdots (n-k)}$$

oder, da der Zähler gleich $n!$ ist,

$$\binom{n}{k} = \frac{n!}{k! \, (n-k)!}. \qquad\qquad 70\,a)$$

Zwischen den Binomialkoeffizienten besteht nun eine Fülle von Beziehungen, auf die einzugehen hier nicht der Ort ist. Erwähnt seien nur die folgenden: Gleichung 68) stellt eine solche dar; und aus Gleichung 70 a) folgt sofort eine andere: Nach ihr ist nämlich, wenn wir statt k den Wert $n - k$ setzen:

$$\binom{n}{n-k} = \frac{n!}{(n-k)!\,(n-(n-k))!} = \frac{n!}{(n-k)!\,k!}, \quad \text{also} \quad \binom{n}{k} = \binom{n}{n-k}.$$

Nun steht aber in der Entwicklung $(1 + x)^n$ das Glied mit dem Koeffizienten $\binom{n}{n-k}$ ebenso weit vom Ende entfernt wie das Glied mit dem Koeffizienten $\binom{n}{k}$ vom Anfange; also sind die Binomialkoeffizienten jeder Reihe symmetrisch angeordnet, eine Eigenschaft, die man schon aus den Formeln 69) vermuten konnte, die hiermit für jedes n streng bewiesen ist.

Wir wollen schließlich die gewonnenen Ergebnisse auf ein Beispiel anwenden; wir wählen hierzu den Ausdruck $(a + b)^9$. Wir können schreiben:

$$(a + b)^9 = a^9\left(1 + \frac{b}{a}\right)^9 = a^9(1 + x)^9,$$

wenn $\dfrac{b}{a} = x$ gesetzt wird. Es ist

$$(1 + x)^9 = 1 + \binom{9}{1}x + \binom{9}{2}x^2 + \binom{9}{3}x^3 + \binom{9}{4}x^4 + \binom{9}{5}x^5 + \binom{9}{6}x^6$$
$$+ \binom{9}{7}x^7 + \binom{9}{8}x^8 + \binom{9}{9}x^9,$$

und wir finden nach 70)

$$\binom{9}{1} = \frac{9}{1} = 9, \binom{9}{2} = \frac{9\cdot 8}{1\cdot 2} = 36, \binom{9}{3} = \frac{9\cdot 8\cdot 7}{1\cdot 2\cdot 3} = 84, \binom{9}{4} = \frac{9\cdot 8\cdot 7\cdot 6}{1\cdot 2\cdot 3\cdot 4} = 126$$

usf. Demnach ist

$$(a + b)^9 = a^9\left(1 + 9\frac{b}{a} + 36\left(\frac{b}{a}\right)^2 + 84\left(\frac{b}{a}\right)^3 + 126\left(\frac{b}{a}\right)^4 + 126\left(\frac{b}{a}\right)^5\right.$$
$$\left. + 84\left(\frac{b}{a}\right)^6 + 36\left(\frac{b}{a}\right)^7 + 9\left(\frac{b}{a}\right)^8 + \left(\frac{b}{a}\right)^9\right)$$

oder

$$(a + b)^9 = a^9 + 9a^8b + 36a^7b^2 + 84a^6b^3 + 126a^5b^4 + 126a^4b^5$$
$$+ 84a^3b^6 + 36a^2b^7 + 9ab^8 + b^9.$$

§ 8. Die irrationalen Funktionen.

(37) Wendet man auf eine Veränderliche x und eine Anzahl von Konstanten außer den Grundrechnungsarten auch noch das Wurzelziehen an, so erhält man die **irrationalen Funktionen**; sie unterscheiden sich rein äußerlich von der bisher betrachteten **rationalen Funktion** durch das Auftreten des Wurzelzeichens.

Der einfachste Fall der irrationalen Funktion ist natürlich die Funktion

$$y = \sqrt{x}. \hspace{4cm} 71)$$

Sie ist nach **(35)** die zu $y = x^2$ inverse Funktion. Doch hier begegnen wir einer neuen Sachlage: Die Quadratwurzel aus einer Zahl ist nur dann reell, wenn der Radikand x positiv ist. Wir lernen demnach in **71)** eine Funktion kennen, die nicht für jeden Wert von x einen — für uns allein in Betracht kommenden — reellen Wert hat, sondern nur für $x \geqq 0$, ein Verhalten, das bei den rationalen Funktionen völlig ausgeschlossen war. Ferner wissen wir aus der Algebra, daß die Quadratwurzel aus einer positiven Zahl stets zwei entgegengesetzt gleiche Werte hat. Die Funktion $y = \sqrt{x}$ ist eine **zweideutige Funktion.** Um den Differentialquotienten von $y = \sqrt{x}$ zu bilden, benutzen wir den in **(35)** gewonnenen Satz: Wir lösen nach x auf und erhalten $x = y^2$. Daher ist $\frac{dx}{dy} = 2y$, also $\frac{dy}{dx} = \frac{1}{2y}$, oder $\frac{dy}{dx} = \frac{1}{2\sqrt{x}}$; demnach ist $\frac{d\sqrt{x}}{dx} = \frac{1}{2\sqrt{x}}$. Wir sehen, daß auch der Differentialquotient nur für $x \geqq 0$ reell ist und ebenfalls zwei entgegengesetzt gleiche Werte hat. Besonders hervorzuheben ist aber der Wert $x = 0$; für ihn hat y den Wert 0, ist also — im Gegensatz zu allen anderen Werten von $\sqrt{x}$ — eindeutig. Dagegen ist der Differentialquotient an dieser Stelle gleich ∞; es kann also für $\frac{dy}{dx}$ der Wert ∞ auch an Stellen eintreten, an denen der Funktionswert y selbst endlich ist.

Das **Schaubild** der Funktion $y = \sqrt{x}$ bestätigt die Ergebnisse der Rechnung. Es hat folgende Eigenschaften: Da sich nur für positive x reelle y ergeben, verläuft die Kurve nur auf derjenigen Halbebene, welche die positive x-Achse enthält, und da zu jedem positiven x zwei entgegengesetzt gleiche y gehören, ist die x-Achse Symmetrieachse der Kurve. Ferner geht die Kurve durch den Anfangspunkt und berührt in diesem die y-Achse (s. Abb. 46); man findet am bequemsten und raschesten die Punkte

$$0|0, \ +1|\pm 1, \ +4|\pm 2, \ +9|\pm 3, \ +\tfrac{1}{4}|\pm\tfrac{1}{2},$$
$$+\tfrac{9}{4}|\pm\tfrac{3}{2}, \ +\tfrac{25}{4}|\pm\tfrac{5}{2} \cdots).$$

Da uns auch der Differentialquotient $\dfrac{d\sqrt{x}}{dx} = \dfrac{1}{2\sqrt{x}}$ bekannt ist, sind wir in der Lage, in den einzelnen Punkten an die Kurve die Tangenten zu legen, wobei nur zu beachten ist, daß das Vorzeichen der Wurzel mit dem jeweiligen Vorzeichen von y übereinzustimmen hat. So hat die Tangente im Punkte P $(+\tfrac{9}{4}|+\tfrac{3}{2})$ die Richtung $+\tfrac{1}{3}$, dagegen im Kurvenpunkte P' $(+\tfrac{9}{4}|-\tfrac{3}{2})$ die Richtung $-\tfrac{1}{3}$. Auch das Verhalten

der Funktion $y = \sqrt{x}$ für $x = 0$ erhellt aus der Kurve; denn da diese
in O die y-Achse zur Tangente hat, so nähert sich $\varDelta y$ wesentlich
langsamer dem Werte Null als $\varDelta x$; und das Verhältnis $\frac{\varDelta y}{\varDelta x}$ wächst
mit abnehmendem $\varDelta x$ über alle Grenzen hinaus. In Abb. 46 a ist der
Kurventeil in der Scheitelnähe vergrößert gezeichnet; es ist für

$$\varDelta x = \tfrac{1}{4} \quad \tfrac{1}{16} \quad \tfrac{1}{64} \quad \tfrac{1}{256} \quad \cdots \quad 0,$$
$$\varDelta y = \tfrac{1}{2} \quad \tfrac{1}{4} \quad \tfrac{1}{8} \quad \tfrac{1}{16} \quad \cdots \quad 0,$$
$$\frac{\varDelta y}{\varDelta x} = 2 \quad\; 4 \quad\; 8 \quad\; 16 \quad \cdots \quad \infty.$$

Da nach (35) die Bilder zweier zueinander inversen Funktionen
zueinander bezüglich der 45°-Linie symmetrisch sind, so muß dies auch

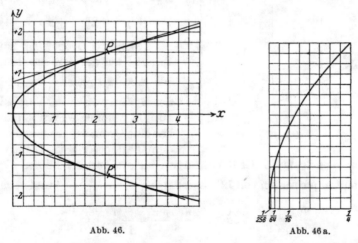

Abb. 46.   Abb. 46 a.

für die Bilder der Funktionen $y = \sqrt{x}$ und $y = x^2$ gelten. Hiernach
ist das Bild der Funktion $y = \sqrt{x}$ eine Parabel, deren Scheitel in O
liegt, deren Achse die positive x-Achse und deren Scheiteltangente die
y-Achse ist.

(38) Am häufigsten tritt die einfachste irrationale Funktion in der
etwas allgemeineren Form auf

$$y = \sqrt{2\,p\,x} \quad \text{oder} \quad y^2 = 2\,p\,x; \qquad\qquad 72)$$

aus ihr ergibt sich Gleichung 71), wenn man $2p = 1$ setzt. Die inverse
Funktion ist $y = \frac{x^2}{2p}$; die zu ihr gehörige Kurve ist nach (16) eine
Parabel, deren Scheitel in O liegt, deren Achse die y-Achse und deren
Scheiteltangente die x-Achse ist. Daher ist die zu 72) gehörige Kurve
ebenfalls eine Parabel, deren Scheitel in O liegt, deren Achse aber die
x-Achse und deren Scheiteltangente die y-Achse ist. Die hier auftretende

Konstante p, welche die Gestalt der Parabel bestimmt, heißt der **Para-meter der Parabel**, die Gleichung $y = \sqrt{2px}$ bzw. $y^2 = 2px$ heißt die **Scheitelgleichung der Parabel**; diese Form wird den Parabel-untersuchungen zumeist zugrunde gelegt. Wir wollen aus ihr einige weitere Eigenschaften der Parabel ableiten:

Für $p > 0$ ist die positive x-Achse, für $p < 0$ die negative x-Achse die Parabelachse (warum?).

Zur **Konstruktion der Parabel** verfährt man zweckmäßig derart, daß man die Abszissen der Punkte als Vielfache von p darstellt; dann ergeben sich auch die Ordinaten nach 72) als Vielfache von p:

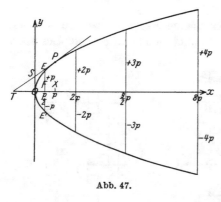

$$x = \quad \frac{p}{2} \quad\quad 2p \quad\quad \frac{9}{2}p \quad\quad 8p \cdots$$

$$y = \pm p \quad \pm 2p \quad \pm 3p \quad \pm 4p \cdots$$

Besondere Bedeutung hat der Punkt F auf der Parabelachse, des-sen Abszisse gleich $\frac{p}{2}$ ist, er heißt der **Brennpunkt der Parabel**; der zu ihm gehörende Parabelpunkt E hat eine Ordinate, die gerade gleich dem Parameter p ist (Abb. 47).

Abb. 47.

Zur **Konstruktion der Tangenten** an die Parabel bilden wir den Differentialquotienten von 72). Es ist $x = \frac{y^2}{2p}$, also $\frac{dx}{dy} = \frac{y}{p}$ und nach **(35)**

$$\frac{dy}{dx} = \frac{p}{y} \quad\quad \text{oder} \quad\quad \frac{d\sqrt{2px}}{dx} = \frac{p}{\sqrt{2px}} = \sqrt{\frac{p}{2x}}.$$

Demnach sind die Tangentenrichtungen in den Punkten

$$\frac{p}{2}\Big|\pm p, \quad 2p\,|\pm 2p, \quad \frac{9}{2}p\,\Big|\pm 3p, \quad 8p\,|\pm 4p, \ldots$$

$$\pm 1, \quad\quad \pm\tfrac{1}{2}, \quad\quad \pm\tfrac{1}{3}, \quad\quad \pm\tfrac{1}{4}, \ldots$$

Wir merken uns hiervon, daß in dem zum Brennpunkte F ge-hörigen Parabelpunkte E die **Tangente gerade unter 45°** geneigt ist. Ferner folgt aus dem Dreieck TXP (Abb. 47)

$$TX : XP = \frac{1}{\operatorname{tg}\varphi} \quad \text{oder} \quad TX : y = \frac{y}{p}, \quad TX = \frac{y^2}{p} = \frac{2px}{p} = 2x.$$

Da $OX = x$ ist, muß also auch $TO = x$ sein. Dann muß aber infolge der Ähnlichkeit der beiden Dreiecke $TOS \backsim TXP$ die Proportion gelten: $OS : XP = TO : TX$ oder $OS : y = x : 2x$, woraus $OS = \frac{y}{2}$ folgt. Das heißt aber:

Jede Parabeltangente schneidet auf der Parabelachse
ein Stück TO ab, das gleich des Abszisse des Berührungspunktes, und auf der Scheiteltangente ein Stück OS ab, das
gleich der halben Ordinate des Berührungspunktes ist.
Um also die zu P gehörige Parabeltangente zu konstruieren, brauchen
wir nur auf der Achse einen Punkt T derart zu suchen, daß O der
Mittelpunkt von TX ist, oder auf der Scheiteltangente vom Scheitel O
aus die Strecke OS gleich der halben Ordinate von P aufzutragen
und T bzw. S mit P zu verbinden [s. a. (114) S. 311].

(39) Wir gehen nach diesen Sonderbetrachtungen jetzt zur allgemeinen irrationalen Funktion über; vorher aber wollen wir
die Funktion $y = \sqrt[n]{x}$ differenzieren, wobei n eine ganze Zahl sein soll.
Ihren Differentialquotienten gewinnen wir auf folgende Weise: Es ist
$x = y^n$, also $\dfrac{dx}{dy} = n \cdot y^{n-1}$, demnach $\dfrac{dy}{dx} = \dfrac{1}{n\,y^{n-1}}$; und da $y = \sqrt[n]{x}$
ist, so wird

$$\frac{d\sqrt[n]{x}}{dx} = \frac{1}{n \cdot \sqrt[n]{x^{n-1}}}. \qquad\qquad 73)$$

Mittels der Kettenregel läßt sich nun auch der Differentialquotient der
Funktion $y = \sqrt[r]{x^s}$ bilden, wobei r und s ganze Zahlen sein sollen.
Wir setzen $y = \sqrt[r]{z}$, $z = x^s$; es ist nach 73)

$$\frac{dy}{dz} = \frac{1}{r \cdot \sqrt[r]{z^{r-1}}} \quad \text{und} \quad \frac{dz}{dx} = s\,x^{s-1}.$$

Also wird

$$\frac{dy}{dx} = \frac{s}{r} \cdot \frac{x^{s-1}}{\sqrt[r]{z^{r-1}}} = \frac{s}{r} \cdot \frac{x^{s-1}}{\sqrt[r]{x^{s(r-1)}}}.$$

Bei Einführung der Bruchexponenten $\left(\sqrt[k]{x} = x^{\frac{1}{k}}\right)$ geht der Differentialquotient über in

$$\frac{dy}{dx} = \frac{s}{r} \cdot \frac{x^{s-1}}{x^{\frac{s}{r}(r-1)}} = \frac{s}{r} \frac{x^{s-1}}{x^{s-\frac{s}{r}}} = \frac{s}{r} x^{\frac{s}{r}-1}.$$

Da wir aber auch y in der Form $y = x^{\frac{s}{r}}$ schreiben können, so erhalten
wir schließlich die Formel

$$\frac{dx^{\frac{s}{r}}}{dx} = \frac{s}{r} x^{\frac{s}{r}-1}. \qquad\qquad 74)$$

Setzen wir in ihr $\dfrac{s}{r} = n$, so kommen wir auf die Grundformel

$$\frac{dx^n}{dx} = n \cdot x^{n-1}. \qquad\qquad 35)$$

Die Formel $\dfrac{d\,x^n}{d\,x} = n\,x^{n-1}$ gilt daher für jeden beliebigen rationalen Exponenten n.

Es wird sich später zeigen, daß die Formel 35) auch für Werte von n gilt, die nicht rational sind.

Nun sind wir in der Lage, jede beliebige irrationale Funktion zu differenzieren; an einer Reihe von Beispielen soll das Verfahren erläutert werden (Übungen!). Wir beginnen mit der Einübung der Formel 35) für gebrochene Werte von n:

1. $y = \sqrt{x}$; $\quad n = \dfrac{1}{2}$, $\quad$ also $\quad \dfrac{d\,\sqrt{x}}{d\,x} = \dfrac{1}{2}\,x^{\frac{1}{2}-1} = \dfrac{1}{2\,x^{\frac{1}{2}}} = \dfrac{1}{2\,\sqrt{x}}$;

2. $y = \sqrt[5]{x^9}$; $\quad n = \dfrac{9}{5}$, $\quad$ also $\quad \dfrac{d\,\sqrt[5]{x^9}}{d\,x} = \dfrac{9}{5}\,x^{\frac{9}{5}-1} = \dfrac{9}{5}\,x^{\frac{4}{5}} = \dfrac{9}{5}\,\sqrt[5]{x^4}$;

3. $y = \sqrt[5]{x^3}$; $\quad n = \dfrac{3}{5}$, $\quad$ also $\quad \dfrac{d\,\sqrt[5]{x^3}}{d\,x} = \dfrac{3}{5}\,x^{\frac{3}{5}-1} = \dfrac{3}{5}\,x^{-\frac{2}{5}} = \dfrac{3}{5\cdot\sqrt[5]{x^2}}$;

4. $y = \dfrac{1}{\sqrt[4]{x^3}} = x^{-\frac{3}{4}}$; $\quad n = -\dfrac{3}{4}$,

also

$$\dfrac{d\,\dfrac{1}{\sqrt[4]{x^3}}}{d\,x} = -\dfrac{3}{4}\,x^{-\frac{3}{4}-1} = -\dfrac{3}{4}\,x^{-\frac{7}{4}} = -\dfrac{3}{4\cdot\sqrt[4]{x^7}}.$$

Durch Anwendung der Fundamentalformel 35) auf gebrochene Exponenten gestaltet sich demnach die Differentiation dieser Funktionen sehr einfach. Auch für die Funktion $y = \sqrt{2\,p\,x}$ ergibt sich leicht, wenn wir $2\,p\,x = z$ und daher $y = \sqrt{z} = z^{\frac{1}{2}}$ setzen,

$$\dfrac{d\,y}{d\,x} = \dfrac{d\,y}{d\,z}\cdot\dfrac{d\,z}{d\,x} = \dfrac{1}{2}\,z^{-\frac{1}{2}}\cdot 2\,p = \dfrac{p}{\sqrt{2\,p\,x}} = \sqrt{\dfrac{p}{2\,x}} \quad \text{wie oben.}$$

Weitere Beispiele:

5. $y = a\,\sqrt[r]{x^s}$; nach der Konstantenregel ist:

$$\dfrac{d\,y}{d\,x} = a\cdot\dfrac{s}{r}\cdot x^{\frac{s}{r}-1} = a\cdot\dfrac{s}{r}\,\sqrt[r]{x^{s-r}}.$$

6. $y = x^2\cdot\sqrt[3]{x} = \sqrt[3]{x^7}$, $\dfrac{d\,y}{d\,x} = \dfrac{7}{3}\cdot\sqrt[3]{x^4} = \dfrac{7}{3}\,x\,\sqrt[3]{x}$.

Man differenziere unter Zuhilfenahme der Summenregel die Funktion

$$y = 2\,x^2 - 2\tfrac{4}{7}\,x\,\sqrt[6]{x} + 3\,\sqrt[3]{x} - 5$$

und überzeuge sich, daß der Differentialquotient lautet:

$$\dfrac{d\,y}{d\,x} = \left(2\,\sqrt{x} - \dfrac{1}{\sqrt[3]{x}}\right)^2.$$

7. $y = \sqrt[3]{3 - 2x}$. Man setze $y = z^{\frac{1}{3}}$, $z = 3 - 2x$; dann ist

$$\frac{dy}{dz} = \frac{1}{3} z^{-\frac{2}{3}} = \frac{1}{3 \cdot \sqrt[3]{(3 - 2x)^2}},$$

$$\frac{dz}{dx} = -2, \quad \text{also} \quad \frac{dy}{dx} = -\frac{2}{3 \cdot \sqrt[3]{(3 - 2x)^2}}.$$

8. $y = \frac{1}{\sqrt{2ax - x^2}}$; $y = z^{-\frac{1}{2}}$, $z = 2ax - x^2$;

$$\frac{dy}{dz} = -\frac{1}{2} z^{-\frac{3}{2}} = -\frac{1}{2\sqrt{(2ax - x^2)^3}}, \quad \frac{dz}{dx} = 2a - 2x;$$

$$\frac{dy}{dx} = -\frac{1 \cdot 2(a - x)}{2\sqrt{(2ax - x^2)^3}} = \frac{x - a}{\sqrt{(2ax - x^2)^3}}.$$

9. $y = x\sqrt{a^2 - x^2}$. Verwendung der Produktregel: $y = u \cdot v$, wobei $u = x$ und $v = \sqrt{a^2 - x^2}$ ist. Es ist $\frac{du}{dx} = 1$ und $\frac{dv}{dx} = -\frac{x}{\sqrt{a^2 - x^2}}$ ($v = z^{\frac{1}{2}}$ und $z = a^2 - x^2$). Also ist

$$\frac{dy}{dx} = x \frac{-x}{\sqrt{a^2 - x^2}} + \sqrt{a^2 - x^2} \cdot 1 = \frac{-x^2 + a^2 - x^2}{\sqrt{a^2 - x^2}} = \frac{a^2 - 2x^2}{\sqrt{a^2 - x^2}}.$$

Beweise unter Verwendung der Produktregel, daß der Differential-quotient von $y = (5 + 3x)\sqrt{6x - 5}$ lautet: $\frac{dy}{dx} = \frac{27x}{\sqrt{6x - 5}}$; ebenso daß der von

$$y = \left(\frac{10}{3} - 2x + x^2\right)\sqrt{(5 + 2x)^3} \quad \text{lautet} \quad \frac{dy}{dx} = 7x^2 \cdot \sqrt{5 + 2x}.$$

10. $y = \sqrt{\dfrac{a^2 + x^2}{a^2 - x^2}}$; Kettenregel:

$$y = z^{\frac{1}{2}}, \quad z = \frac{a^2 + x^2}{a^2 - x^2}; \quad \frac{dy}{dz} = \frac{1}{2} z^{-\frac{1}{2}} = \frac{1}{2}\sqrt{\frac{a^2 - x^2}{a^2 + x^2}}.$$

Nach der Quotientenregel ist weiter

$$\frac{dz}{dx} = \frac{(a^2 - x^2) \cdot 2x - (a^2 + x^2) \cdot (-2x)}{(a^2 - x^2)^2} = \frac{4a^2 x}{(a^2 - x^2)^2};$$

also ist

$$\frac{dy}{dx} = \frac{1}{2} \frac{\sqrt{a^2 - x^2} \cdot 4a^2 x}{\sqrt{a^2 + x^2} (a^2 - x^2)^2} = \frac{2a^2 x}{(a^2 - x^2)\sqrt{a^4 - x^4}}.$$

11. $y = \dfrac{a + \sqrt{x}}{b + \sqrt[3]{x}} = \dfrac{u}{v}$, wobei $u = a + \sqrt{x}$, $v = b + \sqrt[3]{x}$; Quo-tientenregel:

$$\frac{du}{dx} = \frac{1}{2\sqrt{x}}, \quad \frac{dv}{dx} = \frac{1}{3\sqrt[3]{x^2}};$$

also

$$\frac{dy}{dx} = \frac{(b + \sqrt[3]{x}) \cdot \dfrac{1}{2\sqrt{x}} - (a + \sqrt{x}) \cdot \dfrac{1}{3\sqrt[3]{x^2}}}{(b + \sqrt[3]{x})^2} = \frac{\dfrac{b}{2\sqrt{x}} + \dfrac{1}{2\sqrt[6]{x}} - \dfrac{a}{3\sqrt[3]{x^2}} - \dfrac{1}{3\sqrt[6]{x}}}{(b + \sqrt[3]{x})^2}$$

$$= \frac{3\,b \cdot \sqrt[6]{x} - 2\,a + \sqrt{x}}{6 \cdot \sqrt[3]{x^2}\,(b + \sqrt[3]{x})^2}\,.$$

12. $y = \sqrt[3]{x + \sqrt{x^2 + a^2}}$; Kettenregel: $y = z^{\frac{1}{3}}$, $z = x + v$, $v = u^{\frac{1}{2}}$, $u = x^2 + a^2$,

$$\frac{dy}{dz} = \frac{1}{3} z^{-\frac{2}{3}} = \frac{1}{3\sqrt[3]{(x + \sqrt{x^2 + a^2})^2}}, \qquad \frac{dz}{dx} = 1 + \frac{dv}{dx},$$

$$\frac{dv}{du} = \frac{1}{2} u^{-\frac{1}{2}} = \frac{1}{2\sqrt{x^2 + a^2}}, \qquad \frac{du}{dx} = 2\,x,$$

$$\frac{dv}{dx} = \frac{x}{\sqrt{x^2 + a^2}}, \quad \frac{dz}{dx} = 1 + \frac{x}{\sqrt{x^2 + a^2}} = \frac{x + \sqrt{x^2 + a^2}}{\sqrt{x^2 + a^2}};$$

also ist

$$\frac{dy}{dx} = \frac{x + \sqrt{x^2 + a^2}}{3\sqrt[3]{(x + \sqrt{x^2 + a^2})^2} \cdot \sqrt{x^2 + a^2}} = \frac{\sqrt[3]{x + \sqrt{x^2 + a^2}}}{3\sqrt{x^2 + a^2}}\,.$$

(40) Anwendung der irrationalen Funktion: Das **Ponceletsche Theorem**, das dem rechnenden Techniker ein praktisches Mittel in die

Abb. 48.

Hand gibt, um annäherungsweise Quadratwurzeln zu ziehen. Sind z. B. P und Q (Abb. 48) zwei aufeinander senkrecht stehende auf denselben Massenpunkt wirkende Kräfte, so ist ihre Mittelkraft $R = \sqrt{P^2 + Q^2}$. Wir wollen R möglichst bequem — unter Umgehung des Wurzelzeichens — berechnen. Es sei Q die kleinere der beiden gegebenen Kräfte, wir wollen den echten Bruch $\frac{Q}{P}$ gleich x setzen. Dann ist $R = P \cdot \sqrt{1 + x^2}$. Am bequemsten wäre R zu ermitteln, wenn es sich als lineare Funktion von x ausdrücken ließe, etwa in der Form $R = P \cdot (\mu + \nu x)$. Gegenüber dem richtigen Werte $P \cdot \sqrt{1 + x^2}$ ist der absolute Fehler, den wir begehen, wenn wir $R = P(\mu + \nu x)$ setzen, $F = P \cdot \sqrt{1 + x^2} - P \cdot (\mu + \nu x)$, und demnach der relative Fehler (Quotient aus dem absoluten Fehler und dem wahren Werte)

$$y = \frac{F}{R} = \frac{\sqrt{1 + x^2} - \mu - \nu x}{\sqrt{1 + x^2}} \quad \text{oder} \quad y = 1 - \frac{\mu + \nu x}{\sqrt{1 + x^2}}\,.$$

Die Frage ist nun: Welche Werte haben wir den Größen μ und ν zu geben, damit der relative Fehler y möglichst klein wird, und wie groß kann y im ungünstigsten Falle werden?

Wir untersuchen zur Beantwortung der Frage die Funktion $y = 1 - \dfrac{\mu + \nu x}{\sqrt{1 + x^2}}$ in dem uns allein angehenden Bereiche $0 \leq x \leq 1$. Für $x = 0$ wird $y_0 = 1 - \mu$; für $x = 1$ wird $y_1 = 1 - \dfrac{\mu + \nu}{\sqrt{2}}$. Damit $y = 0$ wird, muß $1 - \dfrac{\mu + \nu x}{\sqrt{1 + x^2}} = 0$ sein oder $1 = \dfrac{(\mu + \nu x)^2}{1 + x^2}$ oder

$$(1 - \nu^2) x^2 - 2\mu\nu x + (1 - \mu^2) = 0.$$

Die Lösungen dieser quadratischen Gleichung sind

$$x_1 = \frac{\mu\nu - \sqrt{\mu^2 + \nu^2 - 1}}{1 - \nu^2}, \qquad x_2 = \frac{\mu\nu + \sqrt{\mu^2 + \nu^2 - 1}}{1 - \nu^2}.$$

Also, wenn nur $\mu^2 + \nu^2 > 1$ ist, gibt es stets zwei Schnittpunkte mit der x-Achse. Da ferner die Funktion y und also auch die Kurve stetig ist, so muß zwischen diesen beiden Punkten ein Maximum bzw. Minimum der Funktion liegen. Wenn wir weiter voraussetzen, daß die Ungleichungen

$$1 - \mu > 0,$$

$$1 - \frac{\mu + \nu}{\sqrt{2}} > 0$$

und

$$0 < x_1 < x_2 < 1$$

erfüllt sind — Voraussetzungen, die durch die späteren Werte von μ und ν in der Tat erfüllt werden —, so hat die Kurve den in Abb. 49 angegebenen Verlauf, wobei

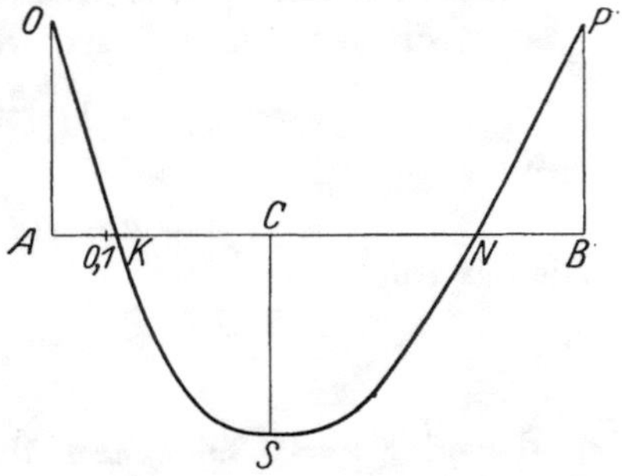

Abb. 49.

$$AO = 1 - \mu = y_0, \quad AB = 1, \quad BP = 1 - \frac{\mu + \nu}{\sqrt{2}} = y_1,$$

$$AK = x_1, \quad AN = x_2$$

ist. In diesem Falle besitzt die Kurve zwischen K und N ein Minimum, das durch die Strecke CS dargestellt wird. Um CS zu ermitteln, bilden wir

$$\frac{dy}{dx} = -\frac{(1 + x^2)\nu - (\mu + \nu x)x}{\sqrt{(1 + x^2)^3}}.$$

Soll der Differentialquotient gleich Null werden, so muß

$$(1 + x^2)\nu - (\mu + \nu x)x = 0, \quad \text{d.h.} \quad x = AC = \frac{\nu}{\mu}$$

sein; hierzu gehört

$$y_{\min} = CS = 1 - \frac{\mu + \dfrac{\nu^2}{\mu}}{\sqrt{1 + \dfrac{\nu^2}{\mu^2}}} = 1 - \sqrt{\mu^2 + \nu^2} < 0$$

nach obigen Voraussetzungen. Folglich ist der absolute Betrag

$$|CS| = \sqrt{\mu^2 + \nu^2} - 1 .$$

Poncelet legt nun seiner Fehlerfunktion

$$y = 1 - \frac{\mu + \nu x}{\sqrt{1 + x^2}}$$

die Bedingung auf, daß die absoluten Beträge von AO, BP und CS einander gleich sein, d. h. also, daß die beiden größten positiven Fehler und ebenso der größte negative Fehler denselben Betrag haben sollen. Er setzt demnach

$$1 - \mu = 1 - \frac{\mu + \nu}{\sqrt{2}} = \sqrt{\mu^2 + \nu^2} - 1 .$$

Hierdurch erhält er zwei Gleichungen mit den beiden Unbekannten μ und ν, die wir nun auflösen wollen: Wir bekommen

$$\nu = \mu(\sqrt{2} - 1) \quad \text{und} \quad 2 - \mu = \sqrt{\mu^2 + \nu^2} ,$$

also

$$2 - \mu = \mu\sqrt{1 + 2 - 2\sqrt{2} + 1} ;$$

hieraus folgt

$$\mu = \frac{2}{1 + \sqrt{4 - 2\sqrt{2}}} = 0{,}960$$

und weiter $\nu = 0{,}398$. Man überzeuge sich, daß in der Tat

$$1 - \mu = 0{,}040 > 0 , \quad 1 - \frac{\mu + \nu}{\sqrt{2}} = 0{,}040 > 0 , \quad \mu^2 + \nu^2 = 1{,}080 > 1 ,$$

$$x_1 = 0{,}12 < 1 , \qquad x_2 = 0{,}79 < 1 \quad \text{ist}.$$

Hiernach ist der relative Fehler, den wir begehen, wenn wir statt des Ausdruckes $\sqrt{P^2 + Q^2}$ den Ausdruck

$$P(0{,}960 + 0{,}398 x) = 0{,}960 P + 0{,}398 Q$$

setzen,

$$y = 1 - \frac{0{,}960 + 0{,}398 x}{\sqrt{1 + x^2}} .$$

Dieser ist höchstens 0,04. D. h. die Poncelet sche Formel

$$\sqrt{P^2 + Q^2} = 0{,}960 P + 0{,}398 Q$$

liefert uns einen Wert, der vom wirklichen Werte um höchstens 4% abweicht.

Falls man nicht von vornherein weiß, welche von beiden Kräften die kleinere ist, so setze man $\sqrt{1 + x^2} = \mu(1 + x)$; legt man der Fehlerfunktion $y = 1 - \frac{\mu(1 + x)}{\sqrt{1 + x^2}}$ wiederum die Bedingung auf, daß der größte positive Fehler gleich dem größten negativen Fehler sein soll, so ergibt sich $\mu = 0{,}828$, also $\sqrt{P^2 + Q^2} = 0{,}828\,(P + Q)$, der größte Fehler beträgt hier 17%. Die Durchrechnung nehme der Leser selbst vor.

Ebenso sei ihm überlassen, nachzuweisen, daß der Fehler nur ungefähr 2% beträgt, wenn man für $x > 0{,}2$

$$\sqrt{P^2 + Q^2} \approx 0{,}888\,P + 0{,}490\,Q$$

setzt, und wenn man für $x \leqq 0{,}2$ einfach

$$\sqrt{P^2 + Q^2} \approx P$$

setzt (Polytechnische Mitteilungen Bd. 1).

(41) Wir fassen in einem Überblick die bisher behandelten Gruppen von Funktionen kurz zusammen: Wir haben begonnen mit der linearen Funktion, daran anschließend die quadratische Funktion untersucht; beide sind Sonderfälle der allgemeinen ganzen rationalen Funktion, die wir dann behandelt haben. In gewissem Gegensatze hierzu stehen die gebrochenen rationalen Funktionen, die wir in die echt gebrochenen und die unecht gebrochenen rationalen Funktionen eingeteilt haben. Beide, die ganzen und die gebrochenen rationalen Funktionen, bilden die zwei großen Gruppen der rationalen Funktionen. Ihnen stehen gegenüber die irrationalen Funktionen. Alle bisher behandelten Funktionen lassen sich auf algebraischem Wege aus einer Veränderlichen und einer Anzahl von Konstanten bilden; man bezeichnet sie daher als algebraische Funktionen.

Hiermit ist jedoch das große Gebiet der Funktionen bei weitem noch nicht erschöpft; wir können uns Funktionen denken, die eine Abhängigkeit ausdrücken, welche nicht durch algebraische Operationen aus einer Veränderlichen und aus Konstanten entsteht; man denke an die Sinus-, die Logarithmenfunktion usw. Alle diese Funktionen, die nicht algebraisch sind, werden als transzendente Funktionen bezeichnet. Von diesen sind uns aus der niederen Mathematik als elementare Funktionen bekannt die goniometrischen Funktionen (Sinus, Kosinus, Tangens, Kotangens, Sekans, Kosekans) und die logarithmische Funktion; wenn wir die zu diesen gehörigen

Funktionen
- algebraische F.
  - rationale F.
    - ganze rationale F.
      - lineare F.
      - quadratische F. ... F. n ten Grades
    - gebrochene rationale F.
      - echt gebrochene rationale F.
      - unecht gebrochene rationale F.
  - irrationale F.
- transzendente F.
  - goniometrische F.
    - Sin-F., Cosin-F., Tang-F., Cotgs-F.
  - logarithmische F.

Umkehrfunktionen noch dazunehmen, so haben wir alle in der niederen Mathematik wichtigen transzendenten Funktionen aufgezählt. Wir können durch Verbindung dieser Funktionen untereinander und mit algebraischen Funktionen eine unendliche Fülle zusammengesetzter Funktionen schaffen. Und da auch hiermit die gesamte Menge der transzendenten Funktionen noch nicht erschöpft ist, lassen sich weitere Funktionen in beliebiger Zahl mathematisch definieren. Doch davon später!

In den nächsten Paragraphen wollen wir die aus der elementaren Mathematik bekannten transzendenten Funktionen im Sinne der Infinitesimalrechnung behandeln und damit vorläufig die Lehre von den Funktionen und die Differentialrechnung abschließen. Die umstehende Übersicht (s. S. 97) stellt die Funktionen schematisch zusammen.

§ 9. Die goniometrischen Funktionen.

(42) Anschließend an die elementare Mathematik definieren wir die goniometrischen Funktionen $\sin x$, $\cos x$, $\operatorname{tg} x$, $\operatorname{ctg} x$ als Funktionen eines Winkels x, wobei wir allerdings jetzt den Grundbegriffen der Goniometrie hier und da eine andere Fassung zu geben haben. So haben wir in der Elementarmathematik den rechten Winkel in 90 gleiche Teile geteilt, einen solchen Teil als 1 Grad (1°) bezeichnet, weiter 1 Grad in 60 Minuten (1° = 60′) und 1 Minute in 60 Sekunden (1′ = 60″)

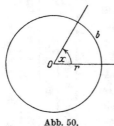

Abb. 50.

geteilt. In der Wahl dieser Winkeleinheiten liegt nun aber eine im Wesen des Winkels durchaus nicht begründete, wenn auch für die Elementarmathematik praktisch recht wertvolle Willkür. Andererseits würde die Übernahme dieser Art von Winkelmessung in die Infinitesimalrechnung die Behandlung der Winkelfunktionen überaus schwerfällig gestalten. Nun läßt sich aber leicht ein Winkelmaß finden, das die Größe des Winkels einzig aus seiner Eigenschaft heraus definiert, das also ein natürliches Winkelmaß darstellt; es ist dies das Bogenmaß des Winkels.

Schlagen wir nämlich (Abb. 50) um den Scheitel O eines Winkels x einen Kreis mit beliebigem Radius r, dessen zwischen den Schenkeln von x liegender Bogen die Länge b habe, so hat das Verhältnis $\frac{b}{r}$ einen nur von der Größe des Winkels x abhängigen Wert. Man nennt $\frac{b}{r}$ das Bogenmaß von x, und wir werden späterhin einfach schreiben $x = \frac{b}{r}$. In diesem Abschnitte **(42)** indessen, der die Beziehungen zwischen dem neu zu wählenden und dem bisherigen Winkelmaß auseinandersetzen soll, wollen wir hierfür schreiben arc x (sprich Arcus von x). Wählt man $r = 1$, so ist $x (= \operatorname{arc} x) = b$; man nennt den Kreis vom Radius $r = 1$ den Einheitskreis; mit seiner Hilfe kann man das Bogenmaß etwas anschaulicher auch dadurch definieren, daß man sagt:

Das Bogenmaß eines Winkels ist der zu ihm als Mittelpunktswinkel gehörige Bogen im Einheitskreise.

Welche Beziehung besteht zwischen der Maßzahl eines Winkels im Gradmaß und derjenigen im Bogenmaß? Wir stellen die Proportion auf: $b : 2\pi r = x° : 360°$, um zu erhalten:

$$\operatorname{arc} x = \frac{b}{r} = 2\pi \frac{x°}{360°} = \frac{\pi}{180°} \cdot x°.$$

$$\operatorname{arc} x = \frac{\pi}{180°} \cdot x°, \quad x° = \frac{180°}{\pi} \cdot \operatorname{arc} x. \tag{75}$$

Gleichung 75) sagt aus, daß wir die Gradangabe eines Winkels mit $\frac{\pi}{180°}$ zu multiplizieren haben, um das Bogenmaß zu erhalten, und daß wir umgekehrt aus diesem das Gradmaß durch Multiplikation mit $\frac{180°}{\pi}$ bekommen.

So ist beispielsweise das Bogenmaß zu $x = 112° 32' 54'' = 112°,548$

$$\operatorname{arc} x = 112,548 \cdot \frac{\pi}{180} = 112,548 \cdot 0,0174533 = 1,96433;$$

und das Gradmaß zu $\operatorname{arc} x = 2,34567$,

$$x = 2°,34567 : \frac{\pi}{180} = 2°,34567 : 0,0174533 = 134°,397$$
$$= 134° 23' 49''.$$

In der Praxis bedarf es dieser Rechnung nicht, da jedes Ingenieurtaschenbuch[1]) diesbezügliche Umrechnungstabellen enthält. Im folgenden ist eine Zusammenstellung der wichtigsten Winkel in Gradmaß und Bogenmaß gegeben:

$x°$	$\operatorname{arc} x$	$x°$	$\operatorname{arc} x$
30°	$\frac{\pi}{6} = 0{,}52360$	150°	$\frac{5}{6}\pi = 2{,}61799$
45°	$\frac{\pi}{4} = 0{,}78540$	180°	$\pi = 3{,}14159$
60°	$\frac{\pi}{3} = 1{,}04720$	225°	$\frac{5}{4}\pi = 3{,}92699$
90°	$\frac{\pi}{2} = 1{,}57080$	240°	$\frac{4}{3}\pi = 4{,}18879$
120°	$\frac{2}{3}\pi = 2{,}09440$	270°	$\frac{3}{2}\pi = 4{,}71239$
135°	$\frac{3}{4}\pi = 2{,}35620$	360°	$2\pi = 6{,}28319$
		57° 17' 44'',8	1

---

[1]) Freytags Hilfsbuch für den Maschinenbau, 7. Aufl. Berlin: Julius Springer 1924.

(43)　Um die Funktionen eines Winkels x zu definieren, wählen wir, wie aus der elementaren Mathematik bekannt ist, seinen Scheitel O

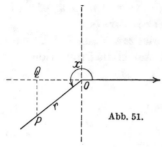

Abb. 51.

als Anfangspunkt eines rechtwinkligen Koordinatensystems und legen die x-Achse in die Richtung seines Anfangsschenkels. Wir wählen ferner auf dem freien Schenkel einen beliebigen Punkt P; $OP = r$ heiße der Leitstrahl des Punktes P [s. a. (105)], und bestimmen die Abszisse und die Ordinate von P, man definiert

$$\sin x = \frac{\text{Ordinate}}{\text{Leitstrahl}} = \frac{QP}{OP}, \qquad \cos x = \frac{\text{Abszisse}}{\text{Leitstrahl}} = \frac{OQ}{OP},$$

$$\operatorname{tg} x = \frac{\text{Ordinate}}{\text{Abszisse}} = \frac{QP}{OQ}, \qquad \operatorname{ctg} x = \frac{\text{Abszisse}}{\text{Ordinate}} = \frac{OQ}{QP},$$

$$\left(\sec x = \frac{\text{Leitstrahl}}{\text{Abszisse}} = \frac{OP}{OQ}, \quad \operatorname{cosec} x = \frac{\text{Leitstrahl}}{\text{Ordinate}} = \frac{OP}{QP}\right).$$

Unter Benutzung des Bogenmaßes ist also beispielsweise:

$$\sin\frac{\pi}{6} = \frac{1}{2} = 0{,}50000, \qquad\qquad \cos\frac{\pi}{6} = \frac{1}{2}\sqrt{3} = 0{,}86603,$$

$$\operatorname{tg}\frac{\pi}{6} = \frac{1}{3}\sqrt{3} = 0{,}57735, \qquad\qquad \operatorname{ctg}\frac{\pi}{6} = \sqrt{3} = 1{,}7321;$$

$$\sin\frac{3}{4}\pi = \frac{1}{2}\sqrt{2} = 0{,}70711, \qquad \cos\frac{3}{4}\pi = -\frac{1}{2}\sqrt{2} = -0{,}70711,\ \cdot$$

$$\operatorname{tg}\frac{3}{4}\pi = -1, \qquad\qquad \operatorname{ctg}\frac{3}{4}\pi = -1;$$

$$\sin\frac{4}{3}\pi = -\frac{1}{2}\sqrt{3} = -0{,}86603, \quad \cos\frac{4}{3}\pi = -\frac{1}{2} = -0{,}50000,$$

$$\operatorname{tg}\frac{4}{3}\pi = +\sqrt{3} = +1{,}7321, \qquad \operatorname{ctg}\frac{4}{3}\pi = +\frac{1}{3}\sqrt{3} = +0{,}57735,$$

$$\sin 2\pi = 0, \quad \cos 2\pi = +1, \quad \operatorname{tg} 2\pi = 0, \quad \operatorname{ctg} 2\pi = \infty.$$

Die Periodizität der Winkelfunktionen spricht sich in den Formeln aus:

$$\sin(x + 2k\pi) = \sin x, \qquad \cos(x + 2k\pi) = \cos x,$$

$$\operatorname{tg}(x + k\pi) = \operatorname{tg} x, \qquad \operatorname{ctg}(x + k\pi) = \operatorname{ctg} x,$$

wobei k eine ganze Zahl ist.

Unter Benutzung des Bogenmaßes gelten ferner u. a. die Formeln:

$$\sin x = +\cos\left(\frac{\pi}{2} - x\right) = -\cos\left(\frac{\pi}{2} + x\right) = +\cos\left(x - \frac{\pi}{2}\right)$$

$$= +\sin(\pi - x) = -\sin(\pi + x) = -\sin(x - \pi)$$

$$= -\cos\left(\frac{3}{2}\pi - x\right) = +\cos\left(\frac{3}{2}\pi + x\right) = -\cos\left(x - \frac{3}{2}\pi\right)$$

$$= -\sin(2\pi - x) = +\sin(2\pi + x) = +\sin(x - 2\pi);$$

$$\cos x = +\sin\left(\frac{\pi}{2} - x\right) = +\sin\left(\frac{\pi}{2} + x\right) = -\sin\left(x - \frac{\pi}{2}\right)$$

$$= -\cos(\pi - x) = -\cos(\pi + x) = -\cos(x - \pi)$$

$$= -\sin\left(\frac{3}{2}\pi - x\right) = -\sin\left(\frac{3}{2}\pi + x\right) = +\sin\left(x - \frac{3}{2}\pi\right)$$

$$= +\cos(2\pi - x) = +\cos(2\pi + x) = +\cos(x - 2\pi);$$

$$\operatorname{tg} x = +\operatorname{ctg}\left(\frac{\pi}{2} - x\right) = -\operatorname{ctg}\left(\frac{\pi}{2} + x\right) = -\operatorname{ctg}\left(x - \frac{\pi}{2}\right)$$

$$= -\operatorname{tg}(\pi - x) = +\operatorname{tg}(\pi + x) = +\operatorname{tg}(x - \pi)$$

$$= +\operatorname{ctg}\left(\frac{3}{2}\pi - x\right) = -\operatorname{ctg}\left(\frac{3}{2}\pi + x\right) = -\operatorname{ctg}\left(x - \frac{3}{2}\pi\right)$$

$$= -\operatorname{tg}(2\pi - x) = +\operatorname{tg}(2\pi + x) = +\operatorname{tg}(x - 2\pi);$$

$$\operatorname{ctg} x = +\operatorname{tg}\left(\frac{\pi}{2} - x\right) = -\operatorname{tg}\left(\frac{\pi}{2} + x\right) = -\operatorname{tg}\left(x - \frac{\pi}{2}\right)$$

$$= -\operatorname{ctg}(\pi - x) = +\operatorname{ctg}(\pi + x) = +\operatorname{ctg}(x - \pi)$$

$$= +\operatorname{tg}\left(\frac{3}{2}\pi - x\right) = -\operatorname{tg}\left(\frac{3}{2}\pi + x\right) = -\operatorname{tg}\left(x - \frac{3}{2}\pi\right)$$

$$= -\operatorname{ctg}(2\pi - x) = +\operatorname{ctg}(2\pi + x) = +\operatorname{ctg}(x - 2\pi).$$

(44) Wir wenden uns nun zunächst der Sinusfunktion zu. Wenn wir uns ein möglichst anschauliches Bild von ihrem Verlaufe bei veränderlichem Winkel x verschaffen wollen, so tun wir gut, auf dem freien Schenkel von x den Punkt P (Abb. 52) so zu wählen, daß sein Leitstrahl gleich der Längeneinheit wird: $r = OP = 1$; dann ist nach der obigen Definition in (43) einfach $\sin x = QP$, d. h. die Ordinate. Ändert sich der Winkel x, so beschreibt P den um O geschlagenen Einheitskreis, und die Ordinaten seiner Punkte liefern die Sinuswerte der zugeordneten Winkel. Wir lesen so aus Abb. 52 ohne weiteres die folgenden

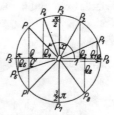

Abb. 52.

Eigenschaften der Sinusfunktion ab: Wächst der Winkel von 0 bis $\frac{1}{2}\pi$, so wächst sein Sinus von 0 bis 1; wächst der Winkel von $\frac{1}{2}\pi$ bis π, so fällt sein Sinus von 1 bis 0; wächst der Winkel von π bis $\frac{3}{2}\pi$, so fällt sein Sinus von 0 bis -1; wächst der Winkel von $\frac{3}{2}\pi$ bis 2π, so wächst sein Sinus von -1 bis 0. Nun wiederholen sich die Werte für jeden Umlauf. Hierbei ist der freie Schenkel so zu bewegen, wie es die Pfeilrichtung in Abb. 52 andeutet, also in dem dem Uhrzeiger entgegengesetzten Drehsinn, im Gegenzeigersinne, den man den positiven Drehsinn nennt. Die Drehung im Uhrzeigersinne heißt dann entsprechend negativer Drehsinn; die in diesem Sinne beschriebenen Winkel sind negative Winkel. Für zwei entgegengesetzt gleiche

Winkel liegen die zugehörigen Punkte P und P' des Einheitskreises symmetrisch zur Abszissenachse; ihre Ordinaten und damit ihre Sinuswerte sind folglich entgegengesetzt gleich; d. h. es ist

$$\sin x = -\sin(-x).$$

Um das Schaubild der Funktion $y = \sin x$ zu erhalten, tragen wir auf der Abszissenachse die Winkel x im Bogenmaß ab. Da $r = 1$ ist, ist der zu einem Winkel x gehörige Bogen des Einheitskreises bereits die Abszisse x. Im Endpunkte Q der Abszisse tragen wir sodann als Ordinate QP den Sinuswert von x ab, den wir wiederum aus Abb. 52 entnehmen können. In Abb. 53 ist die Konstruktion durch-

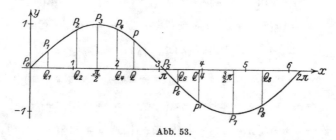

Abb. 53.

geführt; sie stellt den Bereich des ersten Umlaufes dar. Will man das Schaubild für noch größere Winkel und für negative Winkel herstellen, so braucht man nur den in Abb. 53 gefundenen Linienzug wiederholt nach rechts und nach links anzusetzen; Abb. 54 gibt das

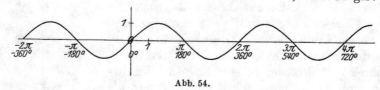

Abb. 54.

entsprechende Bild in verkleinertem Maßstabe; zugleich sind die Winkel auch im Gradmaß angegeben. Das Bild der Sinusfunktion ist also eine Wellenlinie; sie heißt die Sinuslinie.

Wenn wir den Differentialquotienten der Sinusfunktion $y = \sin x$ bilden wollen, so benutzen wir die in § 4 gegebene Vorschrift: Wir erteilen der unabhängigen Veränderlichen x einen Zuwachs Δx, so daß der neue Wert der unabhängigen Veränderlichen $x + \Delta x$ ist; der zugehörige Funktionswert ist dann von dem ursprünglichen um die Größe Δy verschieden, so daß die Gleichung besteht:

$$y + \Delta y = \sin(x + \Delta x).$$

Hieraus ergibt sich für den Zuwachs der abhängigen Veränderlichen:

$$\Delta y = \sin(x + \Delta x) - \sin x.$$

Da

$$\sin\alpha - \sin\beta = 2\cos\frac{\alpha+\beta}{2}\sin\frac{\alpha-\beta}{2}$$

ist, so erhalten wir für Δy den Ausdruck

$$\Delta y = 2\cos\left(x + \frac{\Delta x}{2}\right)\sin\frac{\Delta x}{2}.$$

Daraus ergibt sich der Differenzenquotient

$$\frac{\Delta y}{\Delta x} = \frac{2\cos\left(x + \dfrac{\Delta x}{2}\right)\sin\dfrac{\Delta x}{2}}{\Delta x}.$$

Der Differenzenquotient geht in den Differentialquotient über, wenn Δx sich dem Werte Null unbegrenzt nähert. Um den Grenzübergang vorzunehmen, schreiben wir:

$$\frac{\Delta y}{\Delta x} = \cos\left(x + \frac{\Delta x}{2}\right)\cdot\frac{\sin\dfrac{\Delta x}{2}}{\dfrac{\Delta x}{2}}. \qquad 76)$$

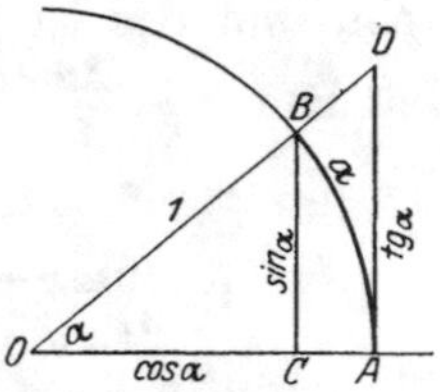

Abb. 55.

Lassen wir nun Δx beliebig klein werden, so nähert sich der erste Faktor dem Werte $\cos x$, d. h.

$$\lim_{\Delta x \to 0}\cos(x + \Delta x) = \cos x.$$ Der zweite Faktor dagegen strebt mit abnehmendem Δx einem Grenzwerte zu, den wir folgendermaßen bestimmen können.

Ist (Abb. 55) α irgendein spitzer Winkel, so wollen wir um seinen Scheitel O den Einheitskreis schlagen; der zu α gehörige Bogen AB hat dann die Länge $AB = \alpha$ und der Kreisausschnitt AOB den Inhalt $J_1 = \frac{1}{2}\alpha$. Fällen wir von B auf OA das Lot BC, so ist $BC = \sin\alpha$ und $OC = \cos\alpha$, also der Inhalt des rechtwinkligen Dreiecks OCB $J_2 = \frac{1}{2}\sin\alpha\cos\alpha$. Errichten wir schließlich in A auf OA das Lot, das OB in D schneiden möge, so ist OAD ein rechtwinkliges Dreieck, dessen Kathete $OA = 1$ und dessen Kathete $AD = \operatorname{tg}\alpha$, dessen Inhalt also $J_3 = \frac{1}{2}\operatorname{tg}\alpha$ ist. Da nun für jeden beliebigen spitzen Winkel stets $J_2 < J_1 < J_3$ sein muß, so besteht die Ungleichung

$$\tfrac{1}{2}\sin\alpha\,\cos\alpha < \tfrac{1}{2}\alpha < \tfrac{1}{2}\operatorname{tg}\alpha;$$

sie bleibt bestehen, wenn jeder der drei Ausdrücke mit demselben Faktor $\dfrac{2}{\sin\alpha}$ multipliziert wird; es ist also

$$\cos\alpha < \frac{\alpha}{\sin\alpha} < \frac{1}{\cos\alpha}.$$

D. h. der Quotient $\dfrac{\alpha}{\sin\alpha}$ ist für spitze Winkel α stets in die Grenzen $\cos\alpha$ und $\dfrac{1}{\cos\alpha}$ eingeschlossen, so klein auch α sein möge. Nun nähert sich aber, wenn α sich dem Werte Null nähert, sowohl $\cos\alpha$ als auch $\dfrac{1}{\cos\alpha}$ dem Werte 1; die Grenzen, zwischen denen $\dfrac{\alpha}{\sin\alpha}$ liegt, werden demnach immer enger und fallen schließlich für $\lim\alpha = 0$ zusammen in den Wert 1. Folglich muß dann auch $\dfrac{\alpha}{\sin\alpha}$ diesen Wert annehmen. Wir haben damit die wichtige Formel gewonnen:

$$\lim_{\alpha \to 0} \frac{\alpha}{\sin\alpha} = 1 \, . \qquad\qquad 77)$$

Da nun $\dfrac{\alpha}{\sin\alpha}$ und $\dfrac{\sin\alpha}{\alpha}$ zueinander reziprok sind, muß auch

$$\lim_{\alpha \to 0} \frac{\sin\alpha}{\alpha} = 1 \qquad\qquad 77')$$

sein, und das ist gerade der Grenzwert, den wir suchten. Setzen wir nämlich $\alpha = \dfrac{\Delta x}{2}$, so erhalten wir

$$\lim_{\frac{\Delta x}{2} \to 0} \frac{\sin\frac{\Delta x}{2}}{\frac{\Delta x}{2}} = 1 \quad \text{oder auch} \quad \lim_{\Delta x \to 0} \frac{\sin\frac{\Delta x}{2}}{\frac{\Delta x}{2}} = 1 \, .$$

Aus 76) folgt dann:

$$\frac{dy}{dx} = \lim_{\Delta x \to 0} \frac{\Delta y}{\Delta x} = \lim_{\Delta x \to 0} \cos\left(x + \frac{\Delta x}{2}\right) \cdot \lim_{\Delta x \to 0} \frac{\sin\frac{\Delta x}{2}}{\frac{\Delta x}{2}} = \cos x \cdot 1 = \cos x$$

oder

$$\frac{d\sin x}{dx} = \cos x \, . \qquad\qquad 78)$$

Da der Differentialquotient gleich der Richtung der an das Schaubild gelegten Tangente ist, sind wir in der Lage, an die Sinuslinie Tangenten zu konstatieren. Für $x = 0$ ist

$$\sin x = 0 \quad \text{und} \quad \frac{d\sin x}{dx} = \cos x = 1 \, ;$$

folglich schneidet die Sinuslinie die Abszissenachse im Nullpunkte wie überhaupt in den Punkten $x = 2\,k\pi$ unter $45°$. Für $x = \pi$ ist

$$\sin x = 0 \quad \text{und} \quad \frac{d\sin x}{dx} = \cos x = -1 \, ;$$

die Sinuslinie schneidet die Abszissenachse in den Punkten $x = (2\,k + 1)\,\pi$ unter $135°$. Man bestimme die Tangentenrichtungen für

$$x = \frac{\pi}{6}, \, \frac{\pi}{3}, \, \frac{2}{3}\,\pi, \, \cdots$$

Da $\cos x = 0$ ist für $x = \frac{1}{2}\pi + k\pi$, so hat die Sinuslinie und die Sinusfunktion für diese Werte Höchst- und Tiefstwerte, und zwar entsprechen den Stellen $x = \frac{1}{2}\pi + 2k\pi$ Höchstpunkte $(y = 1)$ und den Stellen $x = \frac{3}{2}\pi + 2k\pi$ Tiefstpunkte $(y = -1)$. Will man mit wenigen Punkten eine Sinuslinie möglichst genau zeichnen, so genügt es, die Punkte

$$0\,|\,0\,, \quad \frac{\pi}{3}\,\Big|\,\frac{1}{2}\sqrt{3} \approx 0{,}866\,, \quad \frac{\pi}{2}\,\Big|\,1$$

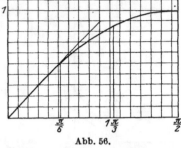

Abb. 56.

und im ersten Punkte die Tangente unter 45° und im letzten die Tangente horizontal zu zeichnen; aus diesen Angaben läßt sich das erste Viertel der Sinuslinie mit einer Genauigkeit zeichnen, die in den meisten Fällen ausreicht (Abb. 56).

(45) Bei den übrigen Funktionen können wir uns wesentlich kürzer fassen. Da der Kosinus das Verhältnis der Abszisse zum Leitstrahl ist, so ist (s. Abb. 52) der Kosinus gleich der Abszisse des zugeordneten Punktes auf dem Einheitskreise. Für den Verlauf der Kosinusfunktion ergibt sich hieraus folgendes Gesetz:

Wächst der Winkel von 0 bis $\frac{1}{2}\pi$, so fällt sein Kosinus von $+1$ bis 0;

,,   ,,   ,,   ,,$\frac{1}{2}\pi$,, π, ,,   ,,   ,,   ,,   ,, 0 ,, -1;

,,   ,,   ,,   ,, π ,, $\frac{3}{2}\pi$, ,, wächst ,,   ,,   ,, -1 ,, 0;

,,   ,,   ,,   ,,$\frac{3}{2}\pi$,, 2π, ,,   ,,   ,,   ,, 0 ,, $+1$.

Darüber hinaus wiederholt sich der Verlauf. Abb. 57 zeigt die Kosinuslinie; sie ist kongruent der Sinuslinie und um die Strecke $\frac{1}{2}\pi$ nach links verschoben. Man sagt: Die Kosinusfunktion eilt der Sinusfunktion um $\frac{1}{2}\pi$ voraus.

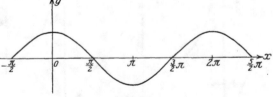

Abb. 57.

Da die Tangensfunktion das Verhältnis von Ordinate zu Abszisse ist, erhalten wir am schnellsten einen Einblick in ihren Verlauf, wenn wir die Abszisse des auf dem freien Schenkel von x liegenden Punktes P gleich der Längeneinheit wählen; dann ist die Ordinate gleich dem Tangenswert von x. Abb. 58 erläutert die Verhältnisse. Für Winkel, deren freie Schenkel die Senkrechte im Punkte E_1 nicht schneiden, muß man den Schenkel rückwärts verlängern (s. x_4 und x_5 in Abb. 58). Über den Verlauf der Tangensfunktion ergibt sich hieraus folgendes:

Wächst x von 0 bis $\frac{1}{2}\pi$, so wächst sein Tangens von   0 bis $+\infty$,

,, x ,,$\frac{1}{2}\pi$,, π, ,,   ,,   ,,   ,,   ,, $-\infty$,,   0,

worauf sich der Vorgang wiederholt. Das Bild der Tangensfunktion
zeigt Abb. 59. Die Tangenslinie hat unendlich viele Asymptoten; es
sind die in den Punkten $x = \frac{1}{2}\pi + k\pi$ auf der
Abszissenachse errichteten Lote.

Um zur Darstellung der Kotangensfunk-
tion zu gelangen, wähle man den Punkt P auf

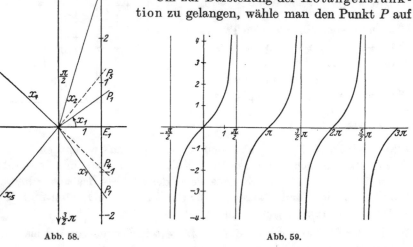

Abb. 58.   Abb. 59.

dem freien Schenkel oder seiner Verlängerung so, daß seine Ordinate
gleich 1 ist; die Abszisse gibt dann den Kotangens des betreffenden
Winkels. Es gilt für den
Verlauf der Kotangens-
funktion:

Wächst der Winkel von
0 bis $\frac{1}{2}\pi$, so fällt sein Kotangens von $+\infty$ bis 0,
wächst der Winkel von $\frac{1}{2}\pi$
bis π, so fällt sein Kotangens von 0 bis $-\infty$ usw.

Abb. 60 zeigt die Ko-
tangenslinie.

Zur Bildung des Dif-
ferentialquotienten
der Funktion $y = \cos x$
können wir verschiedene
Wege einschlagen.

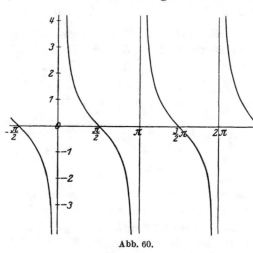

Abb. 60.

Erstens können wir ähnlich verfahren wie bei der Funktion $y = \sin x$.
Wir geben x einen Zuwachs $\varDelta x$; dann erhält y einen Zuwachs $\varDelta y$,
so daß $y + \varDelta y = \cos(x + \varDelta x)$, also

$$\varDelta y = \cos(x + \varDelta x) - \cos x = -2\sin\left(x + \frac{\varDelta x}{2}\right)\sin\frac{\varDelta x}{2}$$

ist. Dann ist

$$\frac{\Delta y}{\Delta x} = -\frac{2 \sin\left(x + \frac{\Delta x}{2}\right) \sin \frac{\Delta x}{2}}{\Delta x} = -\sin\left(x + \frac{\Delta x}{2}\right) \cdot \frac{\sin \frac{\Delta x}{2}}{\frac{\Delta x}{2}}$$

und

$$\frac{dy}{dx} = -\lim_{\Delta x \to 0} \sin\left(x + \frac{\Delta x}{2}\right) \cdot \lim_{\Delta x \to 0} \frac{\sin \frac{\Delta x}{2}}{\frac{\Delta x}{2}} = -\sin x \cdot 1 = -\sin x.$$

$$\frac{d\cos x}{dx} = -\sin x. \qquad\qquad 79)$$

Zweitens können wir schreiben:

$$y = \cos x = \sin\left(\frac{\pi}{2} - x\right) = \sin z, \qquad \text{wobei} \qquad z = \frac{\pi}{2} - x \quad \text{ist.}$$

Es ist $\qquad \dfrac{dy}{dz} = \cos z = \cos\left(\dfrac{\pi}{2} - x\right) = \sin x, \qquad \dfrac{dz}{dx} = -1,$

also

$$\frac{dz}{dx} = \frac{d\cos x}{dx} = -\sin x \quad \text{wie oben.}$$

Drittens können wir schreiben:

$$y = \cos x = \sqrt{1 - \sin^2 x} = z^{\frac{1}{2}}, \quad \text{wobei} \quad z = 1 - u^2 \quad \text{und} \quad u = \sin x \quad \text{ist.}$$

Es ist
$$\frac{dy}{dz} = \frac{1}{2} z^{-\frac{1}{2}} = \frac{1}{2\sqrt{1 - \sin^2 x}} = \frac{1}{2\cos x}, \qquad \frac{dz}{du} = -2u = -2\sin x$$

und
$$\frac{du}{dx} = \cos x.$$

Also ist

$$\frac{dy}{dx} = \frac{d\cos x}{dx} = \frac{1}{2\cos x} \cdot (-2\sin x) \cdot \cos x = -\sin x, \quad \text{w. o.}$$

Aus dem Differentialquotienten der Kosinusfunktion Tangentenkonstruktionen für die Kosinuslinie abzuleiten, sei dem Leser überlassen.

Um die Funktion $y = \operatorname{tg} x$ zu differenzieren, verfahren wir wie oben. Es ist

$$y + \Delta y = \operatorname{tg}(x + \Delta x),$$

$$\Delta y = \operatorname{tg}(x + \Delta x) - \operatorname{tg} x = \frac{\sin(x + \Delta x)\cos x - \cos(x + \Delta x)\sin x}{\cos(x + \Delta x) \cdot \cos x} = \frac{\sin \Delta x}{\cos(x + \Delta x)\cos x},$$

$$\frac{\Delta y}{\Delta x} = \frac{1}{\cos(x + \Delta x) \cdot \cos x} \cdot \frac{\sin \Delta x}{\Delta x};$$

für $\lim \Delta x = 0$ wird $\cos(x + \Delta x) = \cos x$ und nach 77')

$$\frac{\sin \Delta x}{\Delta x} = 1, \qquad \text{also} \qquad \frac{dy}{dx} = \frac{1}{\cos^2 x}$$

oder

$$\frac{d\,\mathrm{tg}\,x}{dx} = \frac{1}{\cos^2 x}\,. \qquad\qquad 80)$$

Ein anderer Weg ist der folgende: Es ist $\mathrm{tg}\,x = \frac{\sin x}{\cos x}$; nach der Quotientenregel ist:

$$\frac{d\,\mathrm{tg}\,x}{dx} = \frac{\cos x \cdot \cos x - \sin x \cdot (-\sin x)}{\cos^2 x} = \frac{\cos^2 x + \sin^2 x}{\cos^2 x} = \frac{1}{\cos^2 x}\,, \quad \text{w. o.}$$

Man überzeuge sich, daß auch die Tangenslinie die x-Achse unter $45°$ schneidet; ferner bestimme man für

$$x = \frac{\pi}{6},\ \ \frac{\pi}{4},\ \ \frac{\pi}{3},\ \ \frac{\pi}{2}$$

die Richtung der Tangente. Warum muß die Tangenslinie beständig steigen? $\left(\dfrac{d\,\mathrm{tg}\,x}{dx} = \dfrac{1}{\cos^2 x} > 0!\right)$

Zum Differentialquotienten der Funktion $y = \mathrm{ctg}\,x$ wollen wir durch die Beziehung $\mathrm{ctg}\,x = \frac{\cos x}{\sin x}$ gelangen: Es ist

$$\frac{d\,\mathrm{ctg}\,x}{dx} = \frac{\sin x \cdot (-\sin x) - \cos x \cdot \cos x}{\sin^2 x} = \frac{-\sin^2 x - \cos^2 x}{\sin^2 x} = -\frac{1}{\sin^2 x}\,.$$

$$\frac{d\,\mathrm{ctg}\,x}{dx} = -\frac{1}{\sin^2 x}\,. \qquad\qquad 81)$$

Der Leser suche andere Wege, um $\frac{d\,\mathrm{ctg}\,x}{dx}$ zu bilden $\left(\mathrm{ctg}\,x = \frac{1}{\mathrm{tg}\,x}\right)$, und führe für die Kotangenslinie die gleichen Betrachtungen durch wie oben.

Es blieben noch die weniger wichtigen goniometrischen Funktionen $y = \sec x$ und $y = \mathrm{cosec}\,x$ zu behandeln; der Leser versuche sich selbständig an ihnen, stelle ihren Verlauf fest, zeichne ihre Kurven und beweise mit Hilfe der Formeln

$$\sec x = \frac{1}{\cos x} \qquad \text{und} \qquad \mathrm{cosec}\,x = \frac{1}{\sin x}\,,$$

daß

$$\frac{d\sec x}{dx} = \frac{\sin x}{\cos^2 x} \qquad \text{und} \qquad \frac{d\,\mathrm{cosec}\,x}{dx} = -\frac{\cos x}{\sin^2 x} \quad \text{ist.}$$

Für die Differentiation zusammengesetzter Funktionen sollen nun einige Musterbeispiele folgen:

a) $y = \cos(px + q)$;   Kettenregel: $y = \cos z$, $z = px + q$;

$\frac{dy}{dz} = -\sin z = -\sin(px + q)$, $\frac{dz}{dx} = p$;   also $\frac{dy}{dx} = -p\sin(px + q)$.

b) $y = x^3 \sin x$;   Produktregel: $\frac{dy}{dx} = x^3 \cos x + 3\,x^2 \sin x$.

c) $y = \operatorname{ctg}^n x$; $y = z^n$, $z = \operatorname{ctg} x$; $\dfrac{dy}{dz} = n z^{n-1} = n \cdot \operatorname{ctg} x^{n-1} x$;

$$\frac{dz}{dx} = -\frac{1}{\sin^2 x}; \qquad \frac{dy}{dx} = -\frac{n \operatorname{ctg}^{n-1} x}{\sin^2 x} = -n \operatorname{ctg}^{n-1} x (1 + \operatorname{ctg}^2 x).$$

d) $y = \operatorname{tg} x + \dfrac{1}{3} \operatorname{tg}^3 x$; Summenregel: $\dfrac{dy}{dx} = \dfrac{1}{\cos^2 x}$

$$+ \frac{1}{3} \cdot 3 \operatorname{tg}^2 x \cdot \frac{1}{\cos^2 x} = \frac{1}{\cos^2 x} (1 + \operatorname{tg}^2 x) = \frac{1}{\cos^4 x}.$$

e) $y = \sin x \cdot \cos(\alpha - x)$;

$$\frac{dy}{dx} = \cos x \cdot \cos(\alpha - x) + \sin x \cdot \sin(\alpha - x) = \cos(\alpha - 2x)$$

oder
$$y = \tfrac{1}{2}[\sin \alpha + \sin(2x - \alpha)];$$

$$\frac{dy}{dx} = \frac{1}{2} \cdot \cos(2x - \alpha) \cdot 2 = \cos(2x - \alpha) = \cos(\alpha - 2x) \text{ w. o.}$$

(46) Anwendungen der goniometrischen Funktionen: a) Ein Massenpunkt Q bewege sich mit gleichförmiger Geschwindigkeit auf einem Kreise vom Halbmesser a und Mittelpunkt O; er brauche zu einem Umlaufe, d. h. zum Wege $2 \pi a$, die Zeit T^{sec}. Dann ist seine Geschwindigkeit $c = \dfrac{2 \pi a}{T}$ und die Winkelgeschwindigkeit $\omega = \dfrac{c}{a} = \dfrac{2 \pi}{T}$. Da er in T^{sec} einen Umlauf macht, legt er in 1^{sec} $n = \dfrac{1}{T}$ Umläufe zurück; n ist die Umlaufszahl oder Frequenz. Da $T = \dfrac{2 \pi}{\omega}$ ist, so ist $n = \dfrac{\omega}{2 \pi}$. Der Massenpunkt Q beginne seine Bewegung an der Stelle A (Abb. 61); nach Verlauf von t^{sec} hat er einen Bogen AQ beschrieben, der sich aus der Proportion ergibt:

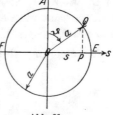

$$AQ : 2 \pi a = t : T, \quad \text{so daß} \quad AQ = \frac{2 \pi a}{T} \cdot t$$

ist. Der zugehörige Mittelpunktswinkel ϑ ergibt sich zu

$$\vartheta = \frac{AQ}{a} = \frac{2 \pi}{T} \cdot t = \omega t. \qquad \text{Abb. 61.}$$

Wir wollen uns nun mit Q durch irgendeine mechanische Vorrichtung einen Punkt P auf folgende Weise verbunden denken: P bewege sich auf dem zu OA senkrechten Durchmesser EF, und PQ sei parallel zu OA, also senkrecht zu diesem Durchmesser. Dann beschreibt P, während Q gleichförmig auf dem Kreise läuft, eine hin- und hergehende Bewegung, die man als **harmonische Bewegung** bezeichnet, und zwar ist $OP = s = a \sin \vartheta$.

$$s = a \sin \frac{2 \pi}{T} t = a \sin \omega t$$

ist die **Gleichung der harmonischen Bewegung**; sie gibt uns

an, welchen Abstand s der Punkt P zur Zeit t vom Mittelpunkte O
hat. Nach T Sekunden kehrt der Bewegungszustand wieder; T heißt
die Periode der harmonischen Bewegung. Die harmonische Bewegung
wird also mathematisch durch eine Sinusfunktion beschrieben: Für
$t = 0$ geht P durch den Mittelpunkt O; für $t = \frac{1}{4} T$ ist $s = a$, P hat
seine äußerste rechte Lage E erreicht und kehrt um; für $t = \frac{1}{2} T$
ist $s = 0$, P geht wieder durch O, aber in der entgegengesetzten
Richtung wie zur Zeit $t = 0$; für $t = \frac{3}{4} T$ ist $s = -a$, P hat seine
äußerste linke Lage F erreicht und kehrt nun um; für $t = T$ ist wiederum $s = a$, P befindet sich wieder in O, worauf sich der Vorgang wiederholt. — Wir wollen nun die Weg-Zeit-Kurve entwerfen (Abb. 62).

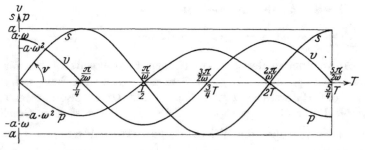

Abb. 62.

Sie ist eine Sinuslinie, allerdings nicht in dem strengen in (44) entwickelten Sinne; denn die reine Sinuslinie muß ja die Abszissenachse
in O unter $45°$ schneiden. Das wird jetzt im allgemeinen nicht der
Fall sein, da wir den Maßstab für T willkürlich wählen können, und
infolgedessen die Kurve in O steil oder flach verlaufen kann. Um in
O den Neigungswinkel ν zu berechnen, müssen wir $\frac{ds}{dt}$ bilden; es ist

$$\frac{ds}{dt} = \frac{2\pi}{T} a \cos \frac{2\pi}{T} t,$$

also, da in O $t = 0$ ist, $\operatorname{tg} \nu = \frac{2\pi}{T} a$. Nun ist in Abb. 62 $a = 5$ Längeneinheiten und $T = 24$ Längeneinheiten gewählt; also ist für diesen Fall

$$\operatorname{tg} \nu = \frac{2\pi \cdot 5}{24} \approx 1,31,$$

woraus folgt $\nu \approx 53°$.

Der Punkt P bewegt sich mit wechselnder Geschwindigkeit v;
um ihre Abhängigkeit von der Zeit zu erhalten, müssen wir uns erinnern,
daß $v = \frac{ds}{dt}$ ist. Es ergibt sich

$$v = \frac{2\pi a}{T} \cos \frac{2\pi}{T} t = a \omega \cdot \cos \omega t.$$

Zur Zeit $t = 0$, zu der sich P in O befindet, ist $v = a\,\omega$ am größten; dann nimmt v ab, bis es zur Zeit $t = \frac{1}{4}\,T$ (P an der Stelle E) den Wert Null erreicht; nun wird v negativ, d. h. die Bewegung erfolgt in entgegengesetzter Richtung, und für $t = \frac{1}{2}\,T$ (P wieder in O) wird $v = -a\,\omega$; weiterhin verlangsamt sich die Bewegung wieder, und für $t = \frac{3}{4}\,T$ (P in F) wird wiederum $v = 0$, die Bewegung kehrt in die ursprüngliche Richtung um, und für $t = T$ (P in O) erreicht v wieder den Wert $a\,\omega$. In Abb. 62 ist zugleich das Geschwindigkeit-Zeit-Diagramm eingezeichnet.

Zur Beschleunigung-Zeit-Beziehung gelangen wir dadurch, daß wir die Geschwindigkeit nach der Zeit differenzieren; es ist $p = \dfrac{dv}{dt}$, also in unserem Falle

$$p = -a \cdot \left(\frac{2\pi}{T}\right)^2 \sin\frac{2\pi}{T}\,t = -a\,\omega^2 \sin\omega t = -\omega^2 s\,.$$

Für die harmonische Bewegung ist also die Beschleunigung und damit auch die sie verursachende Kraft, in jedem Augenblick proportional dem Ausschlage s aus der Ruhelage O, und zwar ist p stets nach O hin gerichtet (Beschleunigung-Zeit-Kurve s. Abb. 62).

Da $p = -\omega^2 s$ ist, ist die Beschleunigung-Weg-Kurve eine durch O (Abb. 63) und durch den zweiten und vierten Quadranten gehende Gerade, von der hier allerdings nur das zwischen $s = -a$ und $s = +a$ liegende Streckenstück praktische Bedeutung hat. Den größten Betrag hat

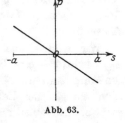

Abb. 63.

die Beschleunigung für $s = \pm a$, wenn also P den größten Ausschlag hat; es ist dann

$$p_{\substack{\min \\ \max}} = \mp a\,\omega^2\,.$$

Wir können auch die Beziehungen zwischen Geschwindigkeit und Weg und zwischen Beschleunigung und Geschwindigkeit aufstellen. Da nämlich $s = a\sin\omega t$, $v = a\,\omega\cos\omega t$ und $p = a\,\omega^2\sin\omega t$ ist, so folgt unter Benutzung der Formel

$$\sin^2\alpha + \cos^2\alpha = 1\,, \qquad \frac{s^2}{a^2} + \frac{v^2}{(a\,\omega)^2} = 1\,.$$

für die Geschwindigkeit-Weg-Beziehung und

$$\frac{v^2}{(a\,\omega)^2} + \frac{p^2}{(a\,\omega^2)^2} = 1$$

für die Beschleunigung-Geschwindigkeits-Beziehung. Die zugehörigen Diagramme sind in beiden Fällen Ellipsen [s. (136) S. 374]. Im übrigen vgl. (235) S. 835 f.

b) Die vorangehenden Abschnitte, insbesondere **(44)** und S. 109, zeigen: Wir können die Funktion $y = a \sin x$ auf doppelte Art zeichnerisch darstellen: Entweder im rechtwinkligen Koordinatensystem; dann ist das Bild eine Sinuslinie mit dem größten Ausschlage a (für $x = \dfrac{\pi}{2}$

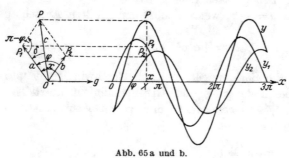

$+ 2\,k\,\pi$) bzw. $-a$ (für $x = \frac{3}{2}\,\pi + 2\,k\,\pi$); man nennt a die **Amplitude** der Sinuslinie oder in Anlehnung an die Entwicklungen v. S. 109 die **Schwingungsweite**; die **Periode** ist $2\,\pi$. Oder man zeichnet (Abb. 64) einfach einen Pfeil $OP = a$, der mit einem durch O gehenden festen Strahle g den Winkel x einschließt; das von P auf g gefällte Lot QP gibt dann die

Abb. 64. Größe $y = a \sin x$. Denkt man sich den Pfeil OP umlaufend, so erhält man zu jedem Winkel x das zugehörige y. OP ist eine gerichtete Größe; d. h. zu ihrer völligen Bestimmung muß man außer ihrer **Länge** $OP = a$ auch ihre **Richtung**, die durch den Winkel x festgelegt ist, kennen; eine solche Größe heißt ein **Vektor**. Man kann sich in diesem Sinne also die Funktion $y = a \sin x$ durch Umlauf des Vektors a veranschaulichen; der jeweilige Winkel x, den a mit dem **Anfangsstrahle** g einschließt, wird die **Phase** genannt. Diese überaus einfache Darstellung findet in der Elektrotechnik weitgehende Anwendung.

Wir wollen uns zwei Sinusfunktionen denken $y_1 = a \sin x$ und $y_2 = b \sin(x - \varphi)$. Beide haben die gleiche Periode $2\,\pi$; dagegen hat y_1 die Amplitude a, während y_2 die Amplitude b hat. Auch haben beide nicht zu gleicher Zeit dieselbe Phase; die Phase von y_2 ist nämlich stets um die konstanten Winkel φ kleiner als die von y_1. Der Vektor OP_1 eilt dem Vektor OP_2 um diesen Winkel φ voraus (Abb. 65 a); φ heißt die **Phasendifferenz** der beiden Sinusfunktionen. Abb. 65 b zeigt die zugehörigen beiden Sinuslinien, die in einfachem Zusammenhang mit Abb. 65 a

Abb. 65 a und b.

stehen. Denkt man sich nämlich die beiden Vektoren so umlaufend, daß sie stets den Winkel φ miteinander einschließen, so geben sie bei einer bestimmten, durch den Winkel x zwischen OP_1 und g gekennzeichneten Stellung ein y_1 und ein y_2, die wir nur in Abb. 65 b über der zugehörigen Abszisse x abzutragen haben, um je einen Punkt der beiden Sinuslinien zu erhalten.

Nun bilden wir durch Summieren beider Sinusfunktionen eine neue Funktion:

$$y = y_1 + y_2 = a \sin x + b \sin (x - \varphi).$$

Von der Funktion y können wir jetzt schon aussagen, daß sie ebenfalls periodisch ist und die Periode 2π haben muß, da dies von den Summanden gilt. Wir gewinnen in Abb. 65 b Punkte dieser Kurve, indem wir die zu einem bestimmten x gehörigen Werte von y_1 und y_2 addieren;

$$XP = XP_1 + XP_2.$$

Um uns über die Art der Kurve $y = a \sin x + b \sin (x - \varphi)$ klarzuwerden, nehmen wir einige Umformungen vor. Es ist nämlich aus der Periodizität und ihrem Bilde in Abb. 65 b zu vermuten, daß die Summenkurve wieder eine Sinuslinie ist; als solche müßte sie eine Gleichung von der Form haben

$$y = c \sin (x - \delta),$$

wobei die Amplitude c und die Phasendifferenz δ sich durch die Größen a, b, φ ausdrücken lassen müssen. Unter Anwendung der Formel

$$\sin (\alpha - \beta) = \sin \alpha \cos \beta - \cos \alpha \sin \beta$$

können wir für y schreiben

$$a \sin x + b \sin x \cos \varphi - b \cos x \sin \varphi = (a + b \cos \varphi) \cdot \sin x - b \sin \varphi \cos x \,;$$

andererseits ist:

$$y = c \sin (x - \delta) = c \cos \delta \cdot \sin x - c \sin \delta \cdot \cos x.$$

Sollen beide Ausdrücke für jedes beliebige x denselben Wert ergeben, also identisch gleich sein, so müssen die Beiwerte von $\sin x$ und ebenso die von $\cos x$ übereinstimmen; d. h. es müssen die beiden Gleichungen bestehen:

$$c \cos \delta = a + b \cos \varphi \quad \text{und} \quad c \sin \delta = b \sin \varphi.$$

Damit haben wir aber zwei Gleichungen mit den beiden Unbekannten c und δ erhalten, die wir noch aufzulösen haben: Wir quadrieren und addieren sie und bekommen unter Verwendung der Formel

$$\sin^2 \alpha + \cos^2 \alpha = 1$$

das Ergebnis

$$c^2 (\sin^2 \delta + \cos^2 \delta) = (a + b \cos \varphi)^2 + (b \sin \varphi)^2 = a^2 + 2ab \cos \varphi$$
$$+ b^2 (\cos^2 \varphi + \sin^2 \varphi);$$

a) $c^2 = a^2 + 2ab \cos \varphi + b^2$;

andererseits ist

b) $\dfrac{\sin \delta}{\sin \varphi} = \dfrac{b}{c}$.

Die beiden Formeln a) und b) lassen nun eine sehr einfache geometrische Deutung zu (Abb. 65a). c ist nämlich (Kosinussatz) gleich der Mittelkraft OP aus den Vektoren a und b, die den Winkel φ miteinander bilden; δ ist (Sinussatz) der Winkel POP_1 zwischen c und a.

Durch Übereinanderlagerung zweier Sinuslinien (Summierung zweier Sinusfunktionen) von gleicher Periode erhält man also wieder eine Sinuslinie (Sinusfunktion), von derselben Periode. Ferner bekommt man die Schwingungsweite c der Summenlinie, wenn man die Schwingungsweiten a und b der Elementarfunktionen geometrisch addiert, d. h. nach Größe und Richtung aneinandersetzt, und der Phasenunterschied δ der Summenschwingung gegen die erste Schwingung ist der Winkel, den der Vektor c mit dem Vektor a einschließt. Mit anderen Worten: **Sinusschwingungen von gleicher Periode lassen sich geometrisch addieren.**

c) Die Theorie des **elektrischen Wechselstromes** lehrt, daß die Stromstärke i und die elektromotorische Kraft p Funktionen von gleicher Periode sind. Befolgen beide das reine Sinusgesetz, so ist

$$i = \mathfrak{J} \cdot \sin x \quad \text{und} \quad p = \mathfrak{P}\sin(x + \varphi),$$

wobei φ den **Voreilungswinkel** (Phasenunterschied) der elektromotorischen Kraft gegen die Stromstärke bedeutet. Abb. 66 zeigt die

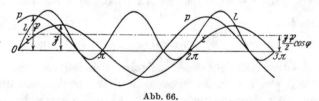

Abb. 66.

entsprechenden Kurven. Ferner lehrt die Theorie, daß die **Augenblicksleistung** des Wechselstromes sich durch die Gleichung $l = i \cdot p$ berechnet. Wir wollen die Abhängigkeit der Leistung l von der Größe x und das Schaubild dieser Beziehung ermitteln. Zu diesem Zwecke schreiben wir unter Verwendung der Formel

$$\sin\alpha \sin\beta = \tfrac{1}{2}[\cos(\alpha - \beta) - \cos(\alpha + \beta)],$$

$$l = \mathfrak{J} \cdot \mathfrak{P} \cdot \sin x \cdot \sin(x + \varphi) = \frac{\mathfrak{J}\mathfrak{P}}{2}[\cos\varphi - \cos(2x + \varphi)]$$

$$= \frac{\mathfrak{J}\mathfrak{P}}{2}\cos\varphi - \frac{\mathfrak{J}\mathfrak{P}}{2} \cdot \cos(2x + \varphi).$$

Das erste Glied $\dfrac{\mathfrak{J}\mathfrak{P}}{2}\cos\varphi$ ist eine Konstante, das zweite Glied $\dfrac{\mathfrak{J}\mathfrak{P}}{2} \cdot \cos(2x + \varphi)$ ist das Produkt aus der Konstanten $\dfrac{\mathfrak{J}\mathfrak{P}}{2}$ und der Kosinusfunktion $\cos(2x + \varphi)$. Man erhält also die Leistung, indem man von dem konstanten Werte $\frac{\Im\mathfrak{P}}{2}\cos\varphi$ jedesmal den Wert der Sinusfunktion $\frac{\Im\mathfrak{P}}{2}\cos(2x+\varphi)$ subtrahiert. Die Leistungskurve selbst ergibt sich dadurch, daß man die Sinuslinie $y=\frac{1}{2}\Im\mathfrak{P}\cos(2x+\varphi)$ um die x-Achse umlegt und die so erhaltene Kurve um das Stück $\frac{\Im\mathfrak{P}}{2}\cos\varphi$ im Sinne der positiven y-Achse verschiebt. Hervorzuheben ist, daß die Periode der Leistungsfunktion nicht dieselbe ist wie die von Stromstärke und elektromotorischer Kraft, sondern nur halb so groß, bei uns also $=\pi$, da infolge des Faktors 2 vor x sich der Vorgang schon nach einer Vermehrung von x um π wiederholt. Die Frequenz der Leistungskurve ist also das Doppelte der Strom- bzw. Spannungsfrequenz. — Für die Konstruktion der Kurve sei noch bemerkt, daß sie durch die Schnittpunkte sowohl der i- als auch der p-Kurve mit der x-Achse gehen muß, da je ein Produkt verschwindet, wenn wenigstens ein Faktor gleich Null wird.

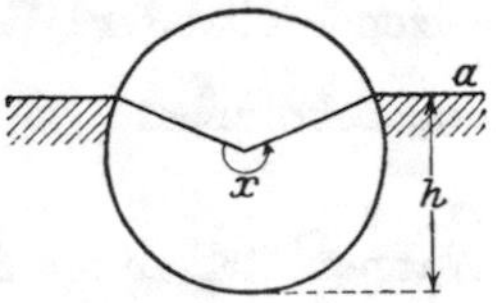

(47) d) Eine Walze von 0,5 m Halbmesser, 2 m Länge und 1 t Gewicht schwimmt so auf Wasser, daß ihre Achse wagerecht liegt; wie tief taucht sie ein? Abb. 67 stelle den Querschnitt der Walze dar, a möge die Wasseroberfläche andeuten. Die Eintauchtiefe h ist durch

Abb. 67.

den Mittelpunktswinkel x des eintauchenden Kreisabschnittes bestimmt; denn es ist $h=0,5\left(1-\cos\frac{x}{2}\right)$. Wir werden daher erst x bestimmen. Nach dem Archimedischen Prinzip ist das Gewicht des schwimmenden Körpers gleich dem Gewichte der verdrängten Wassermenge; letztere ist aber ein zylindrischer Körper, dessen Höhe 2 m und dessen Grundfläche ein Kreisabschnitt vom Halbmesser 0,5 m und dem Mittelpunktswinkel x ist. Die Grundfläche hat also unter Benutzung des Bogenmaßes für x den Inhalt $\frac{(0,5)^2}{2}(x-\sin x)\,m^2$, demnach ist das Volumen des verdrängten Wassers

$$2\cdot\frac{(0,5)^2}{2}(x-\sin x)\,m^3=0,25\,(x-\sin x)\,m^3,$$

und folglich das Gewicht $0,25\,(x-\sin x)\,t$. Zur Bestimmung von x erhalten wir nun die Gleichung

$$0,25\,(x-\sin x)=1\quad\text{oder}\quad x-\sin x=4.$$

Das ist eine transzendente Gleichung, die keine exakte Auflösung zuläßt; wir müssen ein Annäherungsverfahren einschlagen. Zuvor wollen wir uns indes einen Überschlagswert der Lösung x verschaffen; wir schreiben zu diesem Zwecke die obige Gleichung in der Form $\sin x=x-4$. Wir setzen $y_1=\sin x$ und $y_2=x-4$ und suchen

8*

denjenigen Wert von x, für den $y_1 = y_2$ ist; das Bild der ersten Funktion ist die Sinuslinie, das der zweiten eine unter 45° geneigte Gerade, die auf der y-Achse das Stück -4 abschneidet (Abb. 67a).

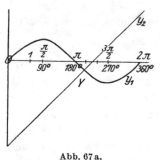

Beide Kurven schneiden sich im Punkte Y; also ist seine Abszisse ungefähr 3,5, oder im Gradmaß 200°. Zur Durchführung der Regula falsi (27), die wir zuerst verwenden wollen, formen wir die Gleichung um in

$$f(x) = x - \sin x - 4 = 0.$$

Abb. 67a.

Setzen wir

$$x_1 = 200° = 3,491,$$

so ergibt sich

$$f(x_1) = 3,491 + 0,342 - 4 = -0,167.$$

Da $f(x)$ an dieser Stelle mit wachsendem x wachsen muß (weshalb?), setzen wir weiter

$$x_2 = 210° = 3,665$$

und bekommen

$$f(x_2) = 3,665 + 0,500 - 4 = 0,165.$$

Während x_2 zu groß ist, ist x_1 zu klein, und zwar sind in unserem Falle die Abweichungen der Werte $f(x)$ von 0 ihrem absoluten Betrage nach fast gleich. Wir wählen daher als neues x $x_3 = 205° = 3,57793$; hieraus folgt:

$$f(x_3) = 3,57793 + 0,42262 - 4 = +0,00055.$$

Zwar ist x_3 zu groß; aber die Abweichung ist überaus gering. Für

$$x_4 = 204° = 3,56047$$

ergibt sich

$$f(x_4) = 3,56047 + 0,40674 - 4 = -0,03279.$$

Nach der Regula falsi bekommen wir die Verbesserung durch Ansetzen der Proportion

$$\delta : 1° = 0,03279 : 0,03334 = 0,975,$$

also

$$\delta = 0,975° = 59'.$$

Versuchen wir jetzt mit

$$x_5 = 204° 59' = 3,57764,$$

so bekommen wir

$$f(x_5) = 3,57764 + 0,42236 - 4 = 0,00000.$$

Demnach ist der mit fünfstelligen Tafeln zu erreichende genaueste Wert

$$x = 204° 59'$$

und die zugehörige Eintauchtiefe

$$h = 0,769 \, \text{m}.$$

Nach der Newtonschen Methode (27) gestaltet sich die Lösung folgendermaßen: Wir gehen von dem Werte $x_1 = 200° = 3{,}491$ aus; die abzuziehende Korrektur ist:

$$h_1 = \frac{f(x_1)}{f'(x_1)} = \frac{x_1 - \sin x_1 - 4}{1 - \cos x_1} = \frac{3{,}491 + 0{,}342 - 4}{1 + 0{,}940} = -\frac{0{,}167}{0{,}940} = -0{,}081 \, .$$

Wir wählen demnach

$$x_2 = 3{,}572\,00 = 204°\,40';$$

hierzu gehört

$$h_2 = \frac{3{,}572\,00 + 0{,}417\,34 - 4}{1 + 0{,}908\,75} = -\frac{0{,}010\,66}{1{,}908\,75} = -0{,}005\,61$$

und hieraus $x_3 = 3{,}577\,61 = 204°\,59'$ wie oben.

e) Als weiteres Beispiel wollen wir die Bewegung des Kreuzkopfes beim zentrischen Schubkurbelgetriebe behandeln (Abb. 68). O sei die linke Totlage, so daß also $OM = l + r$ ist, wobei r der Kurbelradius und l die Länge der Schubstange ist. Der Kurbelradius bewegt sich mit konstanter Winkelgeschwindigkeit ω, so daß der Kurbelwinkel $\vartheta = \omega \cdot t$ ist, wobei die Zeit t vom Augenblicke der linken Totlage an gemessen ist. Zur Zeit t beträgt die Entfernung des Kreuzkopfes K von O:

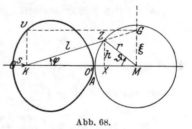

Abb. 68.

$$s = OA + AM - KX - XM = l + r - l\cos\varphi - r\cos\vartheta,$$

wobei φ der Winkel ist, den in diesem Augenblicke die Pleuelstange KZ mit OM bildet. Er ist von ϑ abhängig, und zwar ist, da

$$h = XZ = l\sin\varphi = r\sin\vartheta \text{ ist,} \quad \sin\varphi = \frac{r}{l}\sin\vartheta.$$

Der Weg, den der Kreuzkopf in der Zeit t zurückgelegt hat, ist also

$$s = r(1 - \cos\vartheta) + l\left(1 - \sqrt{1 - \left(\frac{r}{l}\right)^2 \sin^2\vartheta}\right)$$
$$= l\left[q(1 - \cos\vartheta) + 1 - \sqrt{1 - q^2\sin^2\vartheta}\right],$$

worin $\frac{r}{l} = q$ und $\vartheta = \omega t$ ist. Die Bewegung des Kreuzkopfes ist naturgemäß eine ungleichförmige; sie ist wie die harmonische Bewegung [Beispiel a)] eine hin und her gehende Bewegung; der Kreuzkopf bewegt sich zwischen den beiden Totlagen O $(s = 0)$ und O' $(s = 2r)$. Auch die Geschwindigkeit des Kreuzkopfes ist dauernd veränderlich; wir finden sie, indem wir $v = \frac{ds}{dt}$ bilden,

$$v = \frac{ds}{d\vartheta} \cdot \frac{d\vartheta}{dt}, \qquad \frac{d\vartheta}{dt} = \omega, \qquad \frac{ds}{d\vartheta} = l\left[q\sin\vartheta - \frac{-2q^2\sin\vartheta\cos\vartheta}{2\sqrt{1 - q^2\sin^2\vartheta}}\right];$$

also

$$v = \omega \cdot \left[r \sin\vartheta + \frac{r \cdot r \sin\vartheta \cos\vartheta}{\sqrt{l^2 - r^2 \sin^2\vartheta}} \right] = \omega \left[h + \frac{h \cdot (l + r - s')}{s' - s} \right],$$

wenn zur Abkürzung $OX = s'$ gesetzt wird. Da der Klammerausdruck $= \frac{h(l + r - s)}{s' - s}$ ist, wird schließlich

$$\frac{ds}{d\vartheta} = \omega h \frac{l + r - s}{s' - s} = \omega \xi,$$

wobei $\xi = MG$ (Abb. 68) ist; letzteres folgt aus der Proportion

$$\xi : h = KM : KX = (l + r - s) : (s' - s).$$

Wir können somit auf sehr einfache Weise uns ein Geschwindigkeit-Weg-Diagramm entwerfen: Wir brauchen nur in K auf OO' das Lot $KV = MG = \xi$ abzutragen; dann ist V ein Punkt dieser Kurve. Die Geschwindigkeit erreicht nach ihr einmal ein Maximum; es tritt ein, wenn die Beschleunigung $p = \frac{dv}{dt} = 0$ wird. Aus

$$v = \omega l q \left[\sin\vartheta + \frac{q \sin\vartheta \cos\vartheta}{\sqrt{1 - q^2 \sin^2\vartheta}} \right]$$

folgt durch Differenzieren

$$p = \omega^2 l q \left[\cos\vartheta - q \frac{\sin\vartheta \cos\vartheta (-2 q^2 \sin\vartheta \cos\vartheta)}{2 \sqrt{1 - q^2 \sin^2\vartheta}^3} + \frac{q(\cos^2\vartheta - \sin^2\vartheta)}{\sqrt{1 - q^2 \sin^2\vartheta}} \right]$$

$$= \omega^2 l q \left[\cos\vartheta + q \frac{q^2 \sin^2\vartheta \cos^2\vartheta + (1 - q^2 \sin^2\vartheta)(\cos^2\vartheta - \sin^2\vartheta)}{\sqrt{1 - q^2 \sin^2\vartheta}^3} \right].$$

$$= \omega^2 l q \left[\cos\vartheta + q \frac{q^2 \sin^4\vartheta + \cos^2\vartheta - \sin^2\vartheta}{\sqrt{1 - q^2 \sin^2\vartheta}^3} \right].$$

Die Beschleunigung p wird gleich Null, wenn [ ] verschwindet; das ergibt:

$$\cos\vartheta = - \frac{q^3 \sin^4\vartheta - 2 q \sin^2\vartheta + q}{\sqrt{1 - q^2 \sin^2\vartheta}^3}.$$

Durch Quadrieren erhält man

$$(1 - \sin^2\vartheta)(1 - q^2 \sin^2\vartheta)^3 = (q^3 \sin^4\vartheta - 2 q \sin^2\vartheta + q)^2,$$

$$1 - 3 q^2 \sin^2\vartheta + 3 q^4 \sin^4\vartheta - q^6 \sin^6\vartheta - \sin^2\vartheta + 3 q^2 \sin^4\vartheta - 3 q^4 \sin^6\vartheta + q^6 \sin^8\vartheta$$

$$= q^6 \sin^8\vartheta - 4 q^4 \sin^6\vartheta + 2 q^4 \sin^4\vartheta + 4 q^2 \sin^4\vartheta - 4 q^2 \sin^2\vartheta + q^2$$

und durch Zusammenfassen

$$q^4 (1 - q^2) \sin^6\vartheta - q^2 (1 - q^2) \sin^4\vartheta - (1 - q^2) \sin^2\vartheta + (1 - q^2) = 0$$

oder

$$q^4 \sin^6\vartheta - q^2 \sin^4\vartheta - \sin^2\vartheta + 1 = 0.$$

$$\left[\text{s. a. S. 58, Gleichung a)}; \ \lambda = \frac{1}{q} \right].$$

f) Auf einer schiefen Ebene E vom Neigungswinkel α liegt eine Last Q; sie soll durch eine Kraft K aufwärts bewegt werden, welche mit der Normalen zu E einen Winkel β einschließt. Wie groß muß K mindestens sein, damit eine Bewegung stattfindet, wenn der Reibungsfaktor längs der schiefen Ebene $= \mu$ ist?

Wie muß man β wählen, damit K möglichst klein wird? (Abb. 69.)

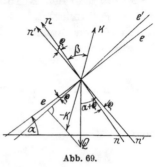

Abb. 69.

Wäre keine Reibung vorhanden, so müßte K so beschaffen sein, daß seine Komponente in der schiefen Ebene entgegengesetzt gerichtet und mindestens gleich ist der Komponente von Q in der schiefen Ebene, also $K \sin \beta = Q \sin \alpha$. Infolge der Reibung muß aber K noch einen Widerstand überwinden, der proportional ist dem Normaldruck, den das Kräftesystem (QK) auf die Ebene ausübt. Der Normaldruck von Q auf die Ebene ist $Q \cdot \cos \alpha$; er muß indessen vermindert werden um einen Betrag, der gleich der Normalkomponente von K zur Ebene ist, also um $K \cos \beta$, so daß der wirkliche Normaldruck des Kräftesystems auf die Ebene $Q \cos \alpha - K \cos \beta$ beträgt. Diese Größe ergibt, mit dem Reibungsfaktor μ multipliziert, die Reibungskraft

$$R = \mu (Q \cos \alpha - K \cos \beta).$$

Damit eine Aufwärtsbewegung stattfindet, muß demnach K mindestens gleich dem Werte sein, der sich aus der Gleichung ergibt:

$$K \cdot \sin \beta = Q \cdot \sin \alpha + \mu (Q \cos \alpha - K \cos \beta)$$

oder

$$K = Q \cdot \frac{\sin \alpha + \mu \cos \alpha}{\sin \beta + \mu \cos \beta}. \qquad \text{a)}$$

Damit ist der erste Teil der Aufgabe gelöst. Um die Frage nach dem günstigsten Winkel β zu beantworten, wollen wir bedenken, daß K am kleinsten wird, wenn der Nenner in (a) möglichst groß wird [β kommt nur im Nenner vor]. Damit nun aber der Ausdruck $\sin \beta + \mu \cos \beta$ ein Maximum wird, muß sein Differentialquotient nach β verschwinden; zur Bestimmung des günstigsten Winkels β erhalten wir demnach die Gleichung

$$\cos \beta - \mu \sin \beta = 0;$$

aus ihr folgt

$$\operatorname{ctg} \beta = \mu. \qquad \text{b)}$$

Aus (b) ergibt sich

$$\sin \beta = \frac{1}{\sqrt{1 + \mu^2}}, \qquad \cos \beta = \frac{\mu}{\sqrt{1 + \mu^2}},$$

und demnach durch Einsetzen in (a):

$$K_{\min} = Q \cdot \frac{\sin\alpha + \mu\cos\alpha}{\sqrt{1 + \mu^2}} \,.$$

Führt man den **Reibungswinkel** ϱ ein, der durch die Gleichung $\mu = \operatorname{tg}\varrho$ definiert ist, so gestaltet sich die Entwicklung wesentlich durchsichtiger; außerdem liefert sie eine einfache Konstruktion für K. Es wird dann

$$K = Q \cdot \frac{\sin\alpha + \operatorname{tg}\varrho\cos\alpha}{\sin\beta + \operatorname{tg}\varrho\cos\beta} \,,$$

woraus man durch Erweitern mit $\cos\varrho$ erhält:

$$K = Q \cdot \frac{\sin\alpha\cos\varrho + \cos\alpha\sin\varrho}{\sin\beta\cos\varrho + \cos\beta\sin\varrho}$$

oder

$$\boldsymbol{K = Q\,\frac{\sin(\alpha + \varrho)}{\sin(\beta + \varrho)}\,.} \qquad\qquad \text{a}'$$

Nun läßt sich K sehr bequem zeichnerisch ermitteln. Dreht man nämlich das rechtwinklige Kreuz en in Abb. 69 um den Winkel ϱ in die Lage $e'n'$ und fällt vom Endpunkt von Q das Lot auf e', so schneidet es die Verlängerung des freien Schenkels von β in einem Punkte, dessen Abstand von O die Kraft K liefert, denn Q schließt mit n' den Winkel $\alpha + \varrho$ und K mit n' den Winkel $\beta + \varrho$ ein, woraus sich mit Leichtigkeit die Beziehung (a') ergibt. Ohne daß wir zu differenzieren brauchten, läßt dieser Ausdruck erkennen, daß sein Kleinstwert eintritt, wenn $\beta + \varrho = \dfrac{\pi}{2}$ ist. Also wird K am kleinsten, wenn $\beta = \dfrac{\pi}{2} - \varrho$ ist, wenn also K in die Richtung e' fällt, und zwar ist der Minimalwert

$$\boldsymbol{K_{\min} = Q \cdot \sin(\alpha + \varrho)\,.} \qquad\qquad \text{b}'$$

Die Anordnung ist also am günstigsten, wenn die bewegende Kraft mit der schiefen Ebene den Reibungswinkel einschließt.

Die Reibung hat auf die Aufwärtsbewegung denselben Einfluß, als ob die Ebene um den Reibungswinkel stärker geneigt wäre.

Zur selbständigen Behandlung seien die folgenden Fragen vorgeschlagen: Wie groß muß K mindestens sein, damit Q unter Überwindung der Reibung sich auf der schiefen Ebene abwärts bewegt? Welches ist hier der günstigste Winkel β?

Wie sind die entsprechenden Verhältnisse auf der horizontalen Ebene? Zahlenbeispiel: Beim langsamen Schleifen von Gußeisen auf nasser Eichenholzunterlage ist $\mu = 0{,}65$. Für Fuhrwerke auf schlechten Straßen sei $\mu = 0{,}07$; unter welchem Winkel ist die Wagendeichsel zu neigen?

g) Eine flachgängige Schraube habe den Neigungswinkel α; auf ihr möge eine Last Q befördert werden; wie groß muß die in Q

angreifende, die Schraube drehende Kraft K mindestens sein, wenn eine Aufwärtsbewegung von Q stattfinden soll? Der Reibungsfaktor sei μ.

Der Normaldruck des Systems ist $Q \cos\alpha + K \sin\alpha$, folglich ist die Reibung $\mu(Q \cos\alpha + K \sin\alpha)$, und es ist bei der Aufwärtsbewegung eine

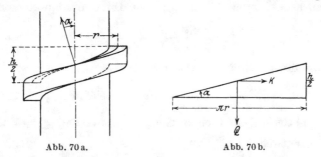

Abb. 70a.   Abb. 70b.

Gesamtkraft $Q \sin\alpha + \mu(Q \cos\alpha + K \sin\alpha)$ zu überwinden. Andererseits beträgt die in die Schraubenfläche fallende Komponente von K $K \cos\alpha$; diese muß bei Gleichgewicht gleich der obigen Gesamtkraft sein. Wir erhalten also die Gleichung

$$K \cos\alpha = Q \sin\alpha + \mu(Q \cos\alpha + K \sin\alpha),$$

aus welcher sich ergibt

$$K = Q\, \frac{\sin\alpha + \mu \cos\alpha}{\cos\alpha - \mu \sin\alpha}.$$

Führen wir wieder den Reibungswinkel ϱ durch die Gleichung $\operatorname{tg}\varrho = \mu$ ein, so erhalten wir

$$K = Q \cdot \frac{\sin\alpha + \operatorname{tg}\varrho \cos\alpha}{\cos\alpha - \operatorname{tg}\varrho \sin\alpha} = Q\, \frac{\sin\alpha \cos\varrho + \cos\alpha \sin\varrho}{\cos\alpha \cos\varrho - \sin\alpha \sin\varrho} = Q\, \frac{\sin(\alpha + \varrho)}{\cos(\alpha + \varrho)}$$

$$= Q \operatorname{tg}(\alpha + \varrho).$$

Also auch bei der Schraube hat die Reibung die Wirkung, als ob der Neigungswinkel der Schraube um den Reibungswinkel vergrößert worden wäre.

Bei einer vollen Umdrehung hat die Kraft K den Weg $2\pi r$ zurückgelegt, wobei r der mittlere Schraubenradius ist, es ist also die Arbeit $2\pi r K$ aufgewendet worden. Dabei ist Q um die Ganghöhe $h = 2\pi r \operatorname{tg}\alpha$ gehoben, also die Arbeit $Q \cdot h = 2\pi r Q \operatorname{tg}\alpha$ verbraucht worden. Folglich ist der Wirkungsgrad

$$\eta = \frac{\text{gewonnene Arbeit}}{\text{aufgewendete Arbeit}} = \frac{h \cdot Q}{2\pi r K} = \frac{2\pi r \operatorname{tg}\alpha \cdot Q}{2\pi r \cdot Q \operatorname{tg}(\alpha + \varrho)}$$

oder

$$\eta = \operatorname{tg}\alpha \cdot \operatorname{ctg}(\alpha + \varrho).$$

Der Wirkungsgrad wird um so günstiger, je größer η ist. Ist $\varrho = 0$, ist also keine Reibung vorhanden, so ist $\eta = 1$, d. h. es wird ebensoviel

Arbeit gewonnen, als aufgewendet worden ist. Bei Vorhandensein der Reibung ist die Frage von Bedeutung: Wie hat man den Neigungswinkel α der Schraube zu wählen, damit der Wirkungsgrad η möglichst groß wird, und wie groß ist η im günstigsten Falle? Um diese Fragen zu beantworten, bilden wir den Differentialquotienten

$$\frac{d\eta}{d\alpha} = \frac{\operatorname{ctg}(\alpha + \varrho)}{\cos^2 \alpha} - \frac{\operatorname{tg}\alpha}{\sin^2(\alpha + \varrho)}$$

und setzen ihn gleich Null. Wir erhalten

$$\frac{\operatorname{ctg}(\alpha + \varrho)}{\cos^2 \alpha} - \frac{\operatorname{tg}\alpha}{\sin^2(\alpha + \varrho)} = 0, \qquad \operatorname{ctg}(\alpha + \varrho)\sin^2(\alpha + \varrho) = \operatorname{tg}\alpha \cos^2\alpha,$$

$$\sin(\alpha + \varrho)\cos(\alpha + \varrho) = \sin\alpha\cos\alpha, \qquad \sin 2(\alpha + \varrho) = \sin 2\alpha.$$

Es ist also entweder

$$2(\alpha + \varrho) = 2\alpha \qquad \text{oder} \qquad 2(\alpha + \varrho) = \pi - 2\alpha.$$

Der erste Fall widerspricht der Voraussetzung, da er $\varrho = 0$ zur Folge hat. Im zweiten Falle ergibt sich die Lösung

$$\alpha = \frac{\pi}{4} - \frac{\varrho}{2}.$$

Für diesen Neigungswinkel α ist also der Wirkungsgrad am größten; er berechnet sich zu

$$\eta_{\max} = \operatorname{tg}\left(\frac{\pi}{4} - \frac{\varrho}{2}\right) \cdot \operatorname{ctg}\left(\frac{\pi}{4} + \frac{\varrho}{2}\right) = \operatorname{tg}^2\left(\frac{\pi}{4} - \frac{\varrho}{2}\right).$$

(48) h) In einem künstlichen Wasserlaufe (Graben) fließe das Wasser allenthalben mit konstanter Geschwindigkeit c; der Wasserquerschnitt $F = \dfrac{Q}{c}$ ist dann ebenfalls konstant; Q ist hierbei die in der Zeiteinheit durch den Querschnitt fließende Wassermenge; der Wasserspiegel ist der Grabensohle parallel.

Das Wasserspiegel- (Sohlen-) Gefälle ist abhängig von dem Bewegungs- (Reibungs-) Widerstand w, der berechnet wird mittels der Beziehung

$$w = \varrho\,\frac{U}{F}\,L\,\frac{c^2}{2g};$$

hierin bedeuten:

U den benetzten Querschnittsumfang,

F den Wasserquerschnitt,

L die Länge der Wasserführung,

c die mittlere Wassergeschwindigkeit,

ϱ eine von den Abmessungen, der Geschwindigkeit und insbesondere von der Rauhigkeit der umfassenden Wandungen abhängige Erfahrungsgröße.

Falls Q und c gegeben sind, folgen für $F = \dfrac{Q}{c}$ unzählig viele Lösungen; bei Wasserzuführungen für Kraftanlagen sind jene Querschnittsabmessungen die günstigsten, für die das Transportgefälle w (das Gefälle, das einzig dazu aufgebracht wird, um den Widerstand zu überwinden) ein Minimum wird. Wird die an sich geringe Abhängigkeit der Reibungszahl ϱ von den Querschnittsabmessungen vernachlässigt, so tritt der Kleinstwert von w ein, wenn U ein Kleinstwert ist.

Wir wollen unter diesem Gesichtspunkte einige Querschnittsformen näher untersuchen:

a) **Rechteckquerschnitt:** Es ist $U = b + 2t$, wenn b die Breite und t die Tiefe bedeuten, wobei $b \cdot t = F$ ist. Damit wird $U = b + \dfrac{2F}{b}$ ein Minimum, wenn

$$\frac{dU}{db} = 1 - \frac{2F}{b^2} = 0\,, \quad \text{also} \quad b = \sqrt{2F} \quad \text{und} \quad t = \sqrt{\frac{F}{2}}$$

ist. Also

$$b = 2t\,; \qquad U_{\min} = 2\sqrt{2F}\,.$$

b) **Trapezquerschnitt** (im Abtrag oder Auftrag liegend):

$$U = b + \frac{2t}{\sin\alpha}\,, \qquad F = (b + t\,\mathrm{ctg}\,\alpha)\,t\,.$$

Daher

$$U = \frac{F}{t} - t\,\mathrm{ctg}\,\alpha + \frac{2t}{\sin\alpha}\,.$$

$$\frac{dU}{dt} = -\frac{F}{t^2} - \mathrm{ctg}\,\alpha + \frac{2}{\sin\alpha} = 0\,, \quad t = \sqrt{\frac{F\sin\alpha}{2 - \cos\alpha}}\,,$$

also

$$b = 2\sqrt{\frac{F}{\sin\alpha\,(2 - \cos\alpha)}}\,(1 - \cos\alpha)\,.$$

$$U_{\min} = 2\sqrt{F \cdot \frac{2 - \cos\alpha}{\sin\alpha}}\,.$$

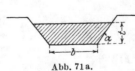

Abb. 71a.

Abb. 71b.

c) **Teilweise gefüllter Kreisquerschnitt** vom Halbmesser r:

$$U = r \cdot \varphi\,, \qquad F = \frac{r^2}{2}\,(\varphi - \sin\varphi)\,,$$

also

$$r = \sqrt{\frac{2F}{\varphi - \sin\varphi}}\,, \qquad U = \sqrt{2F \cdot \frac{\varphi^2}{\varphi - \sin\varphi}}\,.$$

U wird ein Minimum, wenn $\dfrac{\varphi^2}{\varphi - \sin\varphi}$ ein Minimum wird; wir kommen durch Differenzieren zu der Gleichung

$$(\varphi - \sin\varphi) \cdot 2\varphi - \varphi^2 (1 - \cos\varphi) = 0 \, .$$

$\varphi = 0$ scheidet aus; also muß sein $\varphi(1 + \cos\varphi) = 2\sin\varphi$. Setzt man $\varphi = 2\psi$, so geht die Gleichung über in die folgende

$$\cos\psi\,(\psi - \sin\psi) = 0 \, ,$$

aus der sich als einzig brauchbare Lösung $\cos\psi = 0$, $\psi = \dfrac{\pi}{2}$, $\varphi = \pi$ ergibt. Der Halbkreis ist demnach der günstigste Kreisquerschnitt; für ihn ist

$$r = \sqrt{\frac{2F}{\pi}}\,, \qquad U_{\min} = \sqrt{2\pi F}\,.$$

Wir gehen über zur Bestimmung des Transportgefälles w, und zwar möge sein $Q = 4\ \mathrm{m}^3\,\mathrm{s}^{-1}$, $L = 500\ \mathrm{m}$, $c = 1{,}25\ \mathrm{m\,s}^{-1}$.

Der Kanal habe Rechtecksquerschnitt und sei in Backsteinmauerwerk ausgeführt; in diesem Falle gilt nach der älteren Bazinschen Formel:

$$\frac{\varrho}{2g} = 0{,}00024 + 0{,}0006\,\frac{U}{F}\,.$$

In unserem Zahlenbeispiele ist

$$F = \frac{Q}{c} = 3{,}2\ \mathrm{m}^2 = 2t^2\,, \qquad \text{demnach} \qquad t = \sqrt{1{,}6}\ \mathrm{m} = 1{,}2659\ \mathrm{m},$$

$$b = 2{,}530\ \mathrm{m} \quad \text{und} \quad \frac{\varrho}{2g} = 0{,}00024 + 0{,}00006 \cdot \frac{5{,}060}{3{,}2} = 0{,}000335\,.$$

Damit wird

$$w = 0{,}000335 \cdot \frac{5{,}060}{3{,}2} \cdot 500 \cdot 1{,}25^2 \approx 0{,}414\ \mathrm{m}.$$

Bei einem Gesamtgefälle von $4\ \mathrm{m}$ würde also das Transportgefälle $10{,}4\%$ ausmachen; das ist verhältnismäßig viel. Werden höchstens 5% zugelassen, so folgt aus

$$0{,}05 \cdot 4 = \frac{\varrho}{2g} \cdot \frac{b + 2t}{bt} \cdot 500 \cdot \left(\frac{4}{bt}\right)^2 = \frac{\varrho}{2g} \cdot \frac{4t}{2t^2} \cdot 500 \cdot \frac{16}{4t^4}$$

mit dem Schätzungswerte $\dfrac{\varrho}{2g} = 0{,}000335$,

$$t^5 = \frac{0{,}000335 \cdot 2 \cdot 500 \cdot 4}{0{,}05 \cdot 4} = 6{,}7\,, \quad t = 1{,}46\ \mathrm{m}, \quad b = 2{,}93\ \mathrm{m}. \quad F = 4{,}28\ \mathrm{m}^2.$$

Die Kontrolle liefert $\dfrac{U}{F} = \dfrac{5{,}85}{4{,}28} = 1{,}37$, gegenüber $\dfrac{5{,}06}{3{,}2} = 1{,}58$ vorher und

$$\frac{\varrho}{2g} = 0{,}00024 + 0{,}00006 \cdot 1{,}37 = 0{,}000322\,,$$

also $\dfrac{0{,}000\,335 - 0{,}000\,322}{0{,}000\,335} = 0{,}039$ oder $3{,}9\%$ weniger, so daß genauer folgt

$$t^5 = 0{,}961 \cdot 6{,}7 = 6{,}44 \quad \text{und} \quad t = 1{,}45\,\text{m}, \quad b = 2{,}90\,\text{m}.$$

Ist die mittlere Geschwindigkeit nicht gegeben, so ist auch F unbekannt; die Auflösung nach c liefert

$$c = \sqrt{\frac{2\,g}{\varrho}} \cdot \sqrt{\frac{w}{L} \cdot \frac{F}{U}} = \sqrt{\frac{2\,g}{\varrho}} \cdot \sqrt{i\,R}\,,$$

wobei $\qquad i = \dfrac{w}{L}$ das relative Transportgefälle, und

$$R = \frac{F}{U} \text{ den hydraulischen Radius}$$

bezeichnet. Hieran anschließend wollen wir nun die

Aufgabe lösen: Für welchen Mittelpunktswinkel φ wird bei bekanntem $i = \dfrac{w}{L}$ die Geschwindigkeit c am größten?

Der Größtwert von c tritt ein, wenn $R = \dfrac{F}{U}$ ein Maximum ist. Nun ist $R = \dfrac{r^2\,(\varphi - \sin\varphi)}{2 \cdot r\varphi}$ am größten, wenn $1 - \dfrac{\sin\varphi}{\varphi}$ Maximum ist; wir kommen damit zu der Gleichung

$$\varphi \cos\varphi - \sin\varphi = 0 \quad \text{oder} \quad tg\,\varphi = \varphi, \quad f\,(\varphi) \equiv tg\,\varphi - \varphi = 0,$$

einer transzendenten Gleichung, die sich nur durch Annäherung lösen läßt. Wir wollen die Regula falsi (27) anwenden. Da $\varphi = 0$ und $\varphi > 360$ praktisch nicht in Betracht kommen können, liegt die Lösung zwischen $180°$ und $270°$ (s. Abb. 71c). Als ersten Annäherungswert wählen wir $\varphi_1 = 260°$, arc $\varphi_1 = 4{,}5379$, tg $\varphi_1 = 5{,}6713$; also ist $f(\varphi_1) = +1{,}1334$; φ_1 ist zu groß;

$$\varphi_2 = 257°; \quad f(\varphi_2) = -0{,}1539;$$
$$\varphi_3 = 258°; \quad f(\varphi_3) = +0{,}2017;$$
$$u° : 1° = 0{,}1539 : 0{,}3556 = 0{,}433, \quad u = 27',$$
$$\varphi_4 = 257°27'; \; f(\varphi_4) = -0{,}0012;$$
$$\varphi_5 = 257°28'; \; f(\varphi_5) = +0{,}0043, \quad \boldsymbol{\varphi = 257°\,27'\,13''}.$$

$$c_{\max} = \sqrt{\frac{2\,g}{\varrho}} \cdot \sqrt{i} \cdot 0{,}781\,.$$

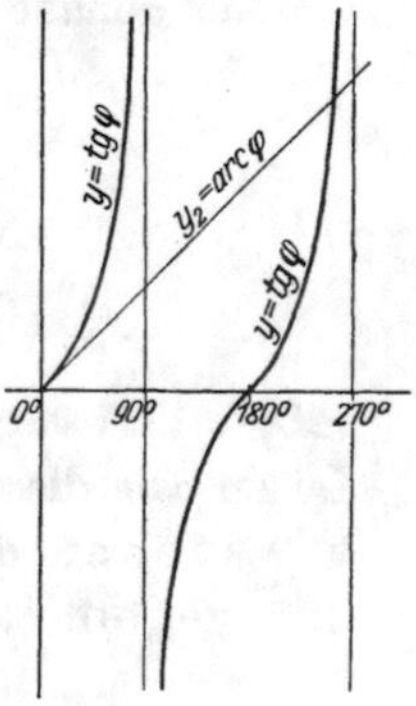

Abb. 71 c.

Dagegen wird die Durchflußmenge ein Maximum, wenn

$$Q = F \cdot c = \sqrt{\frac{2\,g}{\varrho}} \cdot \sqrt{i}\,\frac{r^2}{2}\,(\varphi - \sin\varphi) \cdot \sqrt{\frac{r}{2}\left(1 - \frac{\sin\varphi}{\varphi}\right)}\,,$$

d. h. also, wenn $\dfrac{(\varphi - \sin\varphi)^3}{\varphi}$ ein Maximum wird. Durch Differenzieren erhält man für den zugehörigen Winkel φ die Gleichung

$$\varphi \cdot 3\,(\varphi - \sin\varphi)^2 \cdot (1 - \cos\varphi) - (\varphi - \sin\varphi)^3 = 0\,.$$

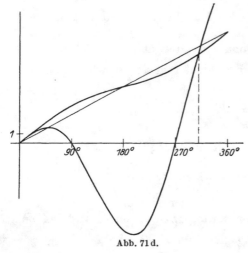

Abb. 71 d.

Die Lösung $\varphi = 0$ scheidet aus praktischen Gründen wiederum aus; es muß sein

$$3\varphi(1 - \cos\varphi) - (\varphi - \sin\varphi) = 0$$

oder

$$2\varphi - 3\varphi\cos\varphi + \sin\varphi = 0 .$$

Wir setzen zur Auflösung

$$f(\varphi) \equiv 2\varphi - 3\varphi\cos\varphi + \sin\varphi = 0$$

und

$$y_1 = 2\varphi + \sin\varphi,$$

$$y_2 = 3\varphi\cos\varphi.$$

Abb. 71 d zeigt beide Kurven und läßt erkennen, daß sie sich

ungefähr bei $\varphi = 310°$ überschneiden; diesen Wert benützen wir als ersten Näherungswert. Es ist

$\varphi°$	arc φ	log arc φ	log cos φ	log $(3\,\text{arc}\,\varphi\cos\varphi)$	$2\,\text{arc}\,\varphi$	$\sin\varphi$	$3\,\text{arc}\,\varphi\cos\varphi$	$f(\varphi)$	
310°	5,410 52	0,733 24	9,808 07	1,018 43	10,821 04	−0,766 04	10,433 5	−0,378 5	
309°	5,393 07	0,731 84	9,798 87	1,007 83	10,786 14	−0,777 15	10,181 9	−0,172 9	$u':60'$
308°	5,375 62	0,730 43	9,789 34	0,996 89	10,751 24	−0,788 01	9,928 6	+0,034 6	$=346:2075$
308°10′	5,378 53	0,730 66	9,790 95	0,998 73	10,757 06	−0,786 22	9,970 8	±0,000 0	$u = 10'$

Der genaue Wert von φ ist demnach $308°10'0''$; also

$$Q_{\max} = 2{,}333\, r^2 \sqrt{\frac{2g}{\varrho}\, i\, r} .$$

§ 10. Die zyklometrischen Funktionen.

(49)   Vertauschen wir in $y = \sin x$ x und y, so erhalten wir $x = \sin y$; Lösen wir diese Gleichung nach der Abhängigen y auf, so heißt dies **wir suchen denjenigen Winkel** y **(in Bogenmaß) dessen Sinus den gegebenen Wert** x **hat.** Wir schreiben dies folgendermaßen:

$$y = \arcsin x \qquad\qquad 82)$$

und sprechen „y ist gleich Arkussinus von x", d. h. y ist derjenige Winkel im Bogenmaß, dessen Sinus gleich x ist. Einige Beispiele mögen dies erläutern:

1. Wir wollen $\arcsin \frac{1}{2}$ berechnen. Nach dem Obigen suchen wir das Bogenmaß desjenigen Winkels, dessen Sinus gleich $\frac{1}{2}$ ist; es ist der Winkel arc $30° = \frac{\pi}{6}$. Folglich ist $\arcsin \frac{1}{2} = \frac{\pi}{6}$. Nun gibt es aber

noch mehr Winkel, deren Sinus gleich $\frac{1}{2}$ ist; nämlich ein jeder, der sich von $\frac{\pi}{6}$ ($\equiv$ arc 30°) um ganze Vielfache von 2π ($\equiv$ arc 360°) unterscheidet. Folglich ist ganz allgemein arcsin $\frac{1}{2} = \frac{\pi}{6} + 2k\pi$, wobei k irgendeine ganze Zahl bedeutet. Aber auch damit ist die Menge der Winkel arcsin $\frac{1}{2}$ nicht erschöpft; denn da auch sin $\frac{5}{6}\pi$ ($\equiv$ sin 150°) $= \frac{1}{2}$ ist, so bekommen wir unter Berücksichtigung der Periodizität als eine zweite Winkelgruppe arcsin $\frac{1}{2} = \frac{5}{6}\pi + 2k\pi$.

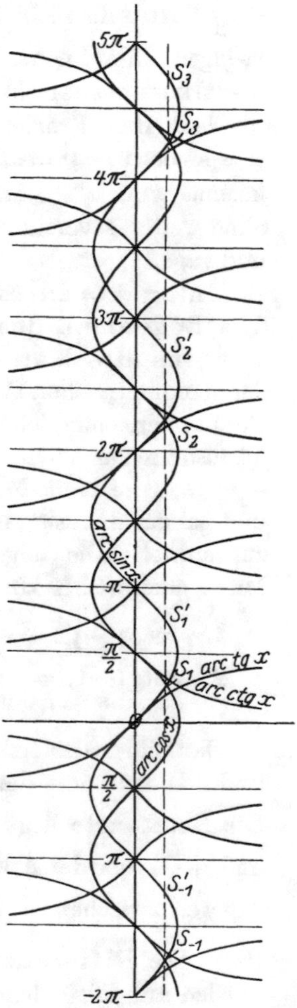

2. Es ist zu zeigen, daß

$$\text{arcsin}\left(-\tfrac{1}{2}\sqrt{2}\right) = \tfrac{5}{4}\pi + 2k\pi$$

bzw.

$$= \tfrac{7}{4}\pi + 2k\pi \text{ ist.}$$

3. Wie groß sind

$$\text{arcsin}\left(-\tfrac{1}{2}\right), \quad \text{arcsin}\left(+\tfrac{1}{2}\sqrt{2}\right), \quad \text{arcsin}\,\tfrac{1}{2}\sqrt{3},$$
$$\text{arcsin}\left(-\tfrac{1}{2}\sqrt{3}\right), \quad \text{arcsin}\,0, \quad \text{arcsin}\,1\,?$$

4. Wir wollen noch arcsin 0,7 berechnen. Zu diesem Zwecke suchen wir erst einmal den spitzen Winkel in Gradmaß auf, dessen Sinus gleich 0,7 ist. Wir finden in der Tabelle 44° 25′ 37″; sein Bogenmaß ist 0,77539. Folglich ist einerseits arcsin $0,7 = 0,77539 + 2k\pi$. Da aber $\sin(\pi - 0,77539) = \sin 2,36620$ ebenfalls gleich 0,7 ist, so ist vollständig arcsin $0,7 = 0,77539 + 2k\pi$ bzw. $= 2,36620 + 2k\pi$.

Wir erkennen also: Die Arkussinusfunktion ist eine unendlich vieldeutige Funktion, da sie, wenn ihr überhaupt ein Wert zukommt, unendlich viele Werte annehmen kann. Damit sie reelle Werte hat, muß die unabhängige Veränderliche x zwischen den Grenzen $-1 \leqq x \leqq +1$ liegen. [Vgl. hierzu die Verhältnisse bei der Funktion $y = \sqrt{x}$ (37) S. 87 ff.]

Um zur Arkussinuskurve zu gelangen, machen wir von dem Satze Gebrauch, daß die Bilder inverser Funktionen zueinander bezüglich der 45°-Linie symmetrisch sind, wonach die Kurve $y = \text{arcsin}\,x$ also das Spiegelbild zur Kurve $y = \sin x$ bezüglich dieser Linie ist. Abb. 72 zeigt die Arkussinuslinie. Wir sehen, daß zu einem bestimmten x von der Eigenschaft $-1 < x < +1$ unendlich viele Kurvenpunkte gehören;

Abb. 72.

die Ordinaten der Punkte ... S_{-1}, S_1, S_2, ... und ebenso die Ordinaten der Punkte ... S'_{-1}, S'_1, S'_2 ... unterscheiden sich um je 2π. Zu Werten von x, deren absoluter Betrag >1 ist, gehören keine Kurvenpunkte. Die Vieldeutigkeit der Arkussinusfunktion kann zu Unklarheiten führen. Man hat sich daher, um Eindeutigkeit zu erzielen, geeinigt, denjenigen Funktionswert als Hauptwert zu wählen, der zwischen $-\dfrac{\pi}{2}$ und $+\dfrac{\pi}{2}$ liegt, falls nicht besondere Umstände zu einer anderen Festsetzung zwingen. Man nennt diesen Bereich den Bereich der Hauptwerte der Arkussinusfunktion.

Nach den Erörterungen über $y = \arcsin x$ dürften die Ausdrücke $y = \arccos x$, $y = \operatorname{arctg} x$ und $y = \operatorname{arcctg} x$ (gesprochen „Arkuskosinus von x“, „Arkustangens von x“, „Arkuskotangens von x“) ohne weiteres verständlich sein. Wir können uns daher kurz fassen und sagen:

Unter $y = \arccos x$, $y = \operatorname{arctg} x$, $y = \operatorname{arcctg} x$ versteht man das Bogenmaß desjenigen Winkels y, dessen Kosinus bzw. Tangens bzw. Kotangens den Wert x hat. Wegen der Periodizität der goniometrischen Funktionen $y = \cos x$, $y = \operatorname{tg} x$, $y = \operatorname{ctg} x$ sind diese Funktionen unendlich vieldeutig. Während aber zur Arkuskosinusfunktion (ebenso wie zur Arkussinusfunktion) nur für Werte x von der Eigenschaft $-1 \leq x \leq +1$ reelle Funktionswerte gehören, sind bei der Arkustangens- und bei der Arkuskotangensfunktion jedem beliebigen x Funktionswerte zugeordnet. Die folgenden Beispiele wird der Leser hiernach ohne Mühe nachprüfen können:

1. $\arccos \dfrac{1}{2}\sqrt{2} = \dfrac{\pi}{4} + 2k\pi$ bzw. $= \dfrac{7}{4}\pi + 2k\pi$,

2. $\operatorname{arctg}(-1) = \tfrac{3}{4}\pi + k\pi$,

3. $\operatorname{arcctg} 2 = 0{,}46365 + k\pi$.

Die Bilder der Arkuskosinus-, Arkustangens- und Arkuskotangensfunktion sind mit dem der Arkussinusfunktion in Abb. 72 vereinigt. Die Hauptwerte liegen bei der Arkustangensfunktion zwischen $-\dfrac{\pi}{2}$ und $+\dfrac{\pi}{2}$, bei der Arkuskosinus- und bei der Arkuskotangensfunktion dagegen zwischen 0 und π.

(50) Die Differentialquotienten der zyklometrischen Funktionen werden auf folgendem Wege gefunden:

Wenn $y = \arcsin x$, so ist $x = \sin y$, also

$$\frac{dx}{dy} = \cos y = \sqrt{1 - \sin^2 y} = \sqrt{1 - x^2}\,,$$

demnach ist

$$\frac{dy}{dx} = \frac{1}{\sqrt{1 - x^2}}\,,$$

oder

$$\frac{d\,\arcsin x}{dx} = \frac{1}{\sqrt{1-x^2}}\,.$$ 83)

Wenn $y = \arccos x$, so ist $x = \cos y$, also

$$\frac{dx}{dy} = -\sin y = -\sqrt{1-\cos^2 y} = -\sqrt{1-x^2}\,;$$

demnach

$$\frac{d\,\arccos x}{dx} = -\frac{1}{\sqrt{1-x^2}}\,.$$ 84)

Wenn $y = \operatorname{arctg} x$, so ist $x = \operatorname{tg} y$, also

$$\frac{dx}{dy} = \frac{1}{\cos^2 y} = 1 + \operatorname{tg}^2 y = 1 + x^2\,;$$

demnach

$$\frac{d\,\operatorname{arctg} x}{dx} = \frac{1}{1+x^2}\,.$$ 85)

Wenn $y = \operatorname{arcctg} x$, so ist $x = \operatorname{ctg} y$, also

$$\frac{dx}{dy} = -\frac{1}{\sin^2 y} = -(1 + \operatorname{ctg}^2 y) = -(1 + x^2)\,;$$

demnach

$$\frac{d\,\operatorname{arcctg} x}{dx} = -\frac{1}{1+x^2}\,.$$ 86)

Die Formeln 83) bis 86) sind in mehrfacher Hinsicht eigentümlich; auffällig ist zunächst, daß zwar die Funktionen transzendent, ihre Differentialquotienten aber algebraische Funktionen von x sind, und zwar die Differentialquotienten von $\arcsin x$ und $\arccos x$ irrationale, die Differentialquotienten von $\operatorname{arctg} x$ und $\operatorname{arcctg} x$ sogar rationale Funktionen. Bisher mußten wir den Eindruck gewinnen, als ob die algebraischen und die transzendenten Funktionen zwei große Gruppen bildeten, zwischen denen keine Verbindung und kein Übergang bestünde; und das ist auch so, solange wir uns auf das Gebiet der elementaren Mathematik beschränken. Die Infinitesimalrechnung dagegen reißt in gewissem Sinne diese Schranke nieder und gliedert die zyklometrischen und dadurch mittelbar auch die goniometrischen Funktionen an die algebraischen Funktionen an; wir werden bald sehen, daß Ähnliches auch für die logarithmische Funktion zutrifft.

Eine zweite Eigentümlichkeit besteht darin, daß die Arkussinus- und die Arkuskosinusfunktion zwei Differentialquotienten haben, die einander entgegengesetzt gleich sind, d. h. daß

$$\frac{d\,\arcsin x}{dx} + \frac{d\,\arccos x}{dx} = 0\,.$$

ist, und daß das Gleiche für die Arkustangens- und die Arkuskotangensfunktion gilt:

$$\frac{d\,\operatorname{arctg} x}{dx} + \frac{d\,\operatorname{arcctg} x}{dx} = 0\,.$$

Diese Merkwürdigkeit erklärt sich aber sofort, wenn wir bedenken, daß — bei Beschränkung auf die Hauptwerte — für ein bestimmtes x die Beziehungen bestehen:

$$\arcsin x + \arccos x = \frac{\pi}{2} \quad \text{bzw.} \quad \operatorname{arctg} x + \operatorname{arcctg} x = \frac{\pi}{2}. \qquad 87)$$

Sie folgen aus Abb. 72; man kann sie aber auch aus den goniometrischen Formeln

$$\sin\alpha = \cos\left(\frac{\pi}{2} - \alpha\right) \quad \text{und} \quad \operatorname{tg}\alpha = \operatorname{ctg}\left(\frac{\pi}{2} - \alpha\right)$$

ableiten.

Differenziert man die Gleichungen 87) nach x, so erhält man unter Beachtung des Umstandes, daß die rechten Seiten Konstanten sind, die obigen Gleichungen

$$\frac{d\arcsin x}{dx} + \frac{d\arccos x}{dx} = 0, \quad \text{bzw.} \quad \frac{d\operatorname{arctg}x}{dx} + \frac{d\operatorname{arcctg}x}{dx} = 0,$$

siehe oben.

Einige Beispiele als Anleitung für Differentiation verwickelterer Funktionen:

1. $y = \arcsin\dfrac{x}{a}$; Kettenregel: $y = \arcsin z$, $z = \dfrac{x}{a}$;

$$\frac{dy}{dz} = \frac{1}{\sqrt{1-z^2}} = \frac{1}{\sqrt{1-\left(\dfrac{x}{a}\right)^2}}, \quad \frac{dz}{dx} = \frac{1}{a};$$

also

$$\frac{dy}{dx} = \frac{1}{a\sqrt{1-\left(\dfrac{x}{a}\right)^2}} = \frac{1}{\sqrt{a^2-x^2}}.$$

2. $y = \operatorname{arctg}\dfrac{x}{a}$; auf gleichem Wege erhält man $\dfrac{dy}{dx} = \dfrac{a}{x^2+a^2}$.

3. $y = \arcsin\dfrac{5x-2}{3} = \arcsin z$, $\quad z = \dfrac{5x-2}{3}$;

$$\frac{dy}{dz} = \frac{1}{\sqrt{1-z^2}} = \frac{1}{\sqrt{1-\dfrac{(5x-2)^2}{9}}} = \frac{3}{\sqrt{5+20x-25x^2}}, \quad \frac{dz}{dx} = \frac{5}{3};$$

also

$$\frac{dy}{dx} = \sqrt{\frac{5}{1+4x-5x^2}}.$$

4. $y = \arccos\dfrac{1}{x} = \arccos z$, $\quad z = \dfrac{1}{x}$;

$$\frac{dy}{dz} = \frac{-1}{\sqrt{1-z^2}} = -\frac{1}{\sqrt{1-\dfrac{1}{x^2}}} = -\frac{x}{\sqrt{x^2-1}}, \quad \frac{dz}{dx} = -\frac{1}{x^2},$$

also

$$\frac{dy}{dx} = \frac{1}{x\sqrt{x^2-1}}.$$

5. $y = x \cdot \arcsin x + \sqrt{1 - x^2}$; durch Verwendung der Summen-, Produkt- und Kettenregel erhält man:

$$\frac{dy}{dx} = \arcsin x + \frac{x}{\sqrt{1 - x^2}} - \frac{x}{\sqrt{1 - x^2}} = \arcsin x .$$

6. $y = \operatorname{arctg} \dfrac{x + 2}{3} = \operatorname{arctg} z$, $z = \dfrac{x + 2}{3}$;

$$\frac{dy}{dz} = \frac{1}{1 + \left(\dfrac{x + 2}{3}\right)^2} = \frac{9}{x^2 + 4x + 13} , \qquad \frac{dz}{dx} = \frac{1}{3} ,$$

also

$$\frac{dy}{dx} = \frac{3}{x^2 + 4x + 13} .$$

Die technische Bedeutung der zyklometrischen Funktionen tritt besonders in der Integralrechnung zutage; wir werden uns daher dort noch mit ihnen zu beschäftigen haben.

Erwähnt sei noch, daß man die goniometrischen und die zyklometrischen Funktionen unter dem gemeinsamen Namen Kreisfunktionen zusammenfaßt.

§ 11. Die logarithmische Funktion.

(51) Aus der elementaren Mathematik wissen wir, daß man unter dem a-Logarithmus von x diejenige Zahl y versteht, mit der man a potenzieren muß, um x zu erhalten, in Formeln

$$^a\!\log x = y , \qquad \text{wenn} \qquad a^y = x \qquad\qquad 88)$$

ist. a heißt hierbei die Grundzahl (Basis), und alle Logarithmen, die auf dieselbe Grundzahl bezogen sind, bilden ein Logarithmensystem; ferner ist x der Logarithmand oder Numerus und y der Logarithmus. Bei gegebener Grundzahl ist also der Logarithmus y eine Funktion des Numerus x.

Beispiele:

$$
\begin{aligned}
&{}^2\!\log 128 &&= 7 ; &&\text{denn} &&2^7 &&= 128 , \\
&{}^4\!\log 128 &&= \tfrac{7}{2} ; &&\text{,,} &&4^{\frac{7}{2}} &&= \left(\sqrt{4}\right)^7 = 128 , \\
&{}^2\!\log 2 &&= 1 ; &&\text{,,} &&2^1 &&= 2 , \\
&{}^2\!\log 1 &&= 0 ; &&\text{,,} &&2^0 &&= 1 , \\
&{}^2\!\log \tfrac{1}{64} &&= -6 ; &&\text{,,} &&2^{-6} &&= \tfrac{1}{2^6} = \tfrac{1}{64} , \\
&{}^2\!\log \sqrt[3]{16} &&= \tfrac{4}{3} ; &&\text{,,} &&2^{\frac{4}{3}} &&= \sqrt[3]{2^4} = \sqrt[3]{16} , \\
&{}^{10}\!\log 1000 &&= 3 ; &&\text{,,} &&10^3 &&= 1000 , \\
&{}^{100}\!\log 1000 &&= \tfrac{3}{2} ; &&\text{,,} &&100^{\frac{3}{2}} &&= 1000 , \\
&{}^{10}\!\log \tfrac{1}{10000} &&= -4 ; &&\text{,,} &&10^{-4} &&= \tfrac{1}{10000} , \\
&{}^{10}\!\log 10 &&= 1 ; &&\text{,,} &&10^1 &&= 10 , \\
&{}^{10}\!\log 1 &&= 0 ; &&\text{,,} &&10^0 &&= 1 , \\
&{}^{10}\!\log \sqrt[3]{10000} &&= \tfrac{4}{3} ; &&\text{,,} &&10^{\frac{4}{3}} &&= \sqrt[3]{10000} .
\end{aligned}
$$

Die Logarithmen mit der Grundzahl 10 heißen die gemeinen oder Briggsschen Logarithmen; sie finden im praktischen Rechnen wegen ihrer hierfür besonders günstigen Eigenschaften ausschließlich Verwendung. Man schreibt sie unter Weglassung der Grundzahl 10 kurzweg $\log x$ statt $^{10}\log x$.

Um die Beziehungen zwischen den Logarithmen zweier Systeme aufzudecken, wollen wir folgenden Weg einschlagen: Es sei a die Grundzahl des einen, b die des anderen Systems, so daß $y_a = {}^a\log x$ und $y_b = {}^b\log x$ die Logarithmen desselben Numerus x in diesen beiden Systemen sind. Nach Definition ist dann

$$a^{y_a} = x \quad \text{und} \quad b^{y_b} = x, \quad \text{also} \quad a^{y_a} = b^{y_b}.$$

Nehmen wir erst von beiden Seiten den a-Logarithmus, so erhalten wir als neue Gleichung (unter Verwendung der Regel vom Logarithmus einer Potenz $^c\log u^n = n \cdot {}^c\log u$)

$$y_a = y_b \cdot {}^a\log b \quad \text{oder} \quad {}^a\log x = {}^b\log x \cdot {}^a\log b ; \qquad 89\,\text{a})$$

nehmen wir ferner von beiden Seiten den b-Logarithmus, so erhalten wir

$$y_a \cdot {}^b\log a = y_b \quad \text{oder} \quad {}^a\log x \cdot {}^b\log a = {}^b\log x . \qquad 89\,\text{b})$$

Durch Verbindung dieser beiden Gleichungen bekommen wir

$$y_a = y_b \cdot {}^a\log b = \frac{y_b}{{}^b\log a} ,$$

also die neue Beziehung $\quad {}^a\log b \cdot {}^b\log a = 1$. Wir können unsere Ergebnisse in den Satz zusammenfassen:

Um aus dem a-Logarithmus einer Zahl ihren b-Logarithmus zu berechnen, muß man den a-Logarithmus dieser Zahl entweder mit dem b-Logarithmus von a multiplizieren oder durch den a-Logarithmus von b dividieren; der a-Logarithmus von b und der b-Logarithmus von a sind zueinander reziprok. Die Logarithmen zweier Systeme sind zueinander proportional.

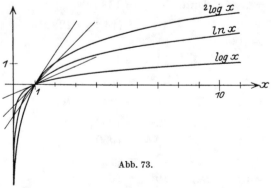

Abb. 73.

Beispiel: Es ist $^{10}\log 100 = 2$; folglich ist
$$^2\log 100 = 2 \cdot {}^2\log 10$$
$$= 2 : {}^{10}\log 2 = 2 : 0{,}30103$$
$$= 2 \cdot 3{,}32193 = 6{,}64386 .$$

Abb. 73 zeigt die zu $y = {}^{10}\log x$ und $y = {}^2\log x$ gehörigen Kurven; sie haben beide die negative y-Achse zu Asymptoten (warum?) und verlaufen gänzlich rechts von der y-Achse (warum?).

(52) Zur Bildung des Differentialquotienten der Funktion $y = {}^a\!\log x$ geben wir x einen Zuwachs $\varDelta x$, so daß y einen Zuwachs $\varDelta y$ erhält, und zwar besteht die Gleichung $y + \varDelta y = {}^a\!\log(x + \varDelta x)$. Demnach ist $\varDelta y = {}^a\!\log(x + \varDelta x) - {}^a\!\log x$, und mit Hilfe der Formel

$${}^a\!\log u - {}^a\!\log v = {}^a\!\log \frac{u}{v}$$

können wir schreiben:

$$\varDelta y = {}^a\!\log \frac{x + \varDelta x}{x} = {}^a\!\log\left(1 + \frac{\varDelta x}{x}\right).$$

Ist $x \neq 0$, so nähert sich mit unbegrenzt abnehmendem $\varDelta x$ die Klammer dem Werte 1, also die rechte Seite und damit auch $\varDelta y$ dem Werte Null. Wir bekommen demnach den Satz:

Die Logarithmenfunktion ist für jeden Wert der unabhängigen Veränderlichen mit Ausnahme von $x = 0$ eine stetige Funktion.

Durch Dividieren mit $\varDelta x$ bekommen wir den Differenzenquotienten

$$\frac{\varDelta y}{\varDelta x} = \frac{1}{\varDelta x} \cdot {}^a\!\log\left(1 + \frac{\varDelta x}{x}\right).$$

Die rechte Seite formen wir in folgender Weise um:

$$\frac{\varDelta y}{\varDelta x} = \frac{1}{x} \cdot \frac{x}{\varDelta x} \cdot {}^a\!\log\left(1 + \frac{\varDelta x}{x}\right) = \frac{1}{x} \cdot {}^a\!\log\left[\left(1 + \frac{\varDelta x}{x}\right)^{\frac{x}{\varDelta x}}\right];$$

die Richtigkeit dieses Schrittes folgt aus der Formel $n \cdot {}^a\!\log x = {}^a\!\log(x^n.)$. Nehmen wir den Grenzübergang für $\varDelta x \to 0$ vor, so bleibt der erste Faktor $\frac{1}{x}$ davon unberührt. Was wird aber aus dem Faktor

$${}^a\!\log\left[\left(1 + \frac{\varDelta x}{x}\right)^{\frac{x}{\varDelta x}}\right]?$$

Diese Frage wird sich beantworten lassen, wenn wir den Grenzwert

$$\lim_{\varDelta x \to 0} \left(1 + \frac{\varDelta x}{x}\right)^{\frac{x}{\varDelta x}}$$

bestimmt haben

Wenn wir setzen $\frac{x}{\varDelta x} = n$, so wird $\lim\limits_{\varDelta x \to 0} n = \infty$, und die Betrachtung läuft hinaus auf die Untersuchung des Ausdruckes $\lim\limits_{n \to \infty}\left(1 + \frac{1}{n}\right)^n$. Für bestimmte endliche Werte von n nimmt $\left(1 + \frac{1}{n}\right)^n$ bestimmte endliche Werte an, wie die folgende Tabelle zeigt.

n	$= 1$	2	3	4	5
$\left(1 + \dfrac{1}{n}\right)^n =$	2	$\left(\dfrac{3}{2}\right)^2 = 2{,}25$	$\left(\dfrac{4}{3}\right)^3 = 2{,}370\,37$	$\left(\dfrac{5}{4}\right)^4 = 2{,}441\,41$	$\left(\dfrac{6}{5}\right)^5 = 2{,}488\,32$

n	$= 10$	100	1000
$\left(1 + \dfrac{1}{n}\right)^n =$	$2{,}594$	$2{,}705$	$2{,}72$

Die letzten drei Werte sind mit Hilfe fünfstelliger Logarithmen berechnet worden, so genau, als es auf diesem Wege möglich ist. Die für $\left(1+\frac{1}{n}\right)^n$ gefundenen Zahlen zeigen das Bestreben, sich einer Zahl zu nähern, die ungefähr bei 2,7 liegt. Während nämlich die ersten Zahlen verhältnismäßig rasch zunehmen, findet von $n = 5$ bis $n = 10$ nur eine Zunahme von 0,106, für das große Intervall von $n = 10$ bis $n = 100$ nur eine Zunahme von 0,101, und für das noch wesentlich größere Intervall von $n = 100$ bis $n = 1000$ sogar nur eine Zunahme von höchstens 0,02 statt. Eine mathematisch gegründete Untersuchung von $\lim\limits_{n \to \infty} \left(1+\frac{1}{n}\right)^n$ wollen wir nun vornehmen.

Wir entwickeln — unter der Annahme, daß n eine natürliche Zahl sei — $\left(1+\frac{1}{n}\right)^n$ nach dem binomischen Satze (36):

$$\left(1+\frac{1}{n}\right)^n = 1 + \frac{n}{1}\cdot\frac{1}{n} + \frac{n(n-1)}{1\cdot 2}\cdot\left(\frac{1}{n}\right)^2 + \frac{n(n-1)(n-2)}{1\cdot 2\cdot 3}\cdot\left(\frac{1}{n}\right)^3$$
$$+ \cdots + \frac{n(n-1)\cdots(n-(n-2))(n-(n-1))}{1\cdot 2\cdots(n-1)\cdot n}\cdot\left(\frac{1}{n}\right)^n.$$

Das allgemeine Glied der rechten Seite ist

$$\frac{n(n-1)\cdots(n-k+1)}{1\cdot 2\cdots k}\cdot\left(\frac{1}{n}\right)^k;$$

der Zähler enthält k Faktoren, $\left(\frac{1}{n}\right)^k$ desgleichen; wir können demnach, ohne den Wert des Gliedes zu ändern, jeden Faktor des Zählers durch n dividieren, und kommen für das $k$te Glied somit auf die Form

$$\frac{1}{k!}\cdot 1\left(1-\frac{1}{n}\right)\left(1-\frac{2}{n}\right)\cdots\left(1-\frac{k-1}{n}\right).$$

Also ist

$$\left(1+\frac{1}{n}\right)^n = 1 + \frac{1}{1!}\cdot 1 + \frac{1}{2!}\cdot 1\left(1-\frac{1}{n}\right) + \frac{1}{3!}\cdot 1\left(1-\frac{1}{n}\right)\left(1-\frac{2}{n}\right) + \cdots$$
$$+ \frac{1}{n!}\cdot 1\left(1-\frac{1}{n}\right)\left(1-\frac{2}{n}\right)\cdots\left(1-\frac{n-2}{n}\right)\left(1-\frac{n-1}{n}\right).$$

Wenn jetzt n über alle Grenzen hinauswächst, so nähert sich $\frac{r}{n}$, wobei $r < n$ irgendeine feste endliche Zahl ist, immer mehr dem Werte Null, also der Ausdruck $1 - \frac{r}{n}$ immer mehr dem Werte 1, und es wird

$$\lim_{n \to \infty}\left(1+\frac{1}{n}\right)^n = 1 + \frac{1}{1!} + \frac{1}{2!} + \frac{1}{3!} + \cdots \qquad\qquad 90)$$

Um die unendliche Summe

$$1 + \frac{1}{1!} + \frac{1}{2!} + \frac{1}{3!} + \cdots$$

wirklich zu berechnen, bilden wir

$$1 = 1,000\,000\,0\,, \qquad \frac{1}{4!} = 0,041\,666\,7\,, \qquad \frac{1}{8!} = 0,000\,024\,8\,,$$

$$\frac{1}{1!} = 1,000\,000\,0\,, \qquad \frac{1}{5!} = 0,008\,333\,3\,, \qquad \frac{1}{9!} = 0,000\,002\,8\,,$$

$$\frac{1}{2!} = 0,500\,000\,0\,, \qquad \frac{1}{6!} = 0,001\,388\,9\,, \qquad \frac{1}{10!} = 0,000\,000\,3\,,$$

$$\frac{1}{3!} = 0,166\,666\,7\,, \qquad \frac{1}{7!} = 0,000\,198\,4\,,$$

also ist

$$1 + \frac{1}{1!} + \cdots + \frac{1}{10!} = 2,718\,282\,;$$

ein genauerer Wert ist

$$e = 2,718\,281\,828\,459\,.$$

Man bezeichnet diese Zahl, die in der höheren Mathematik eine hervorragende Rolle spielt, mit dem Buchstaben e; e ist eine transzendente Zahl, d. h. es gibt keine algebraische Gleichung mit rationalen Koeffizienten, welche e als Lösung hat; in dieser Beziehung gleicht sie der uns aus der Elementarmathematik bekannten Ludolphschen Zahl $\pi = 3,141\,59$.

Jetzt kehren wir zur Ableitung des Differentialquotienten der Funktion $y = {}^a\!\log x$ zurück. Wir hatten (S. 133) gefunden, daß

$$\frac{\Delta y}{\Delta x} = \frac{1}{x} \cdot {}^a\!\log\left[\left(1 + \frac{1}{n}\right)^{\!n}\right] \quad \text{ist; folglich ist} \quad \frac{dy}{dx} = \frac{1}{x} \cdot {}^a\!\log e\,,$$

oder

$$\frac{d\,{}^a\!\log x}{dx} = \frac{1}{x} \cdot {}^a\!\log e. \qquad\qquad 91)$$

Es ist also beispielsweise für den gemeinen Logarithmus, da

$$\log e = \log 2,718\,28 = 0,434\,294 \quad \text{ist,}$$

$$\frac{d\log x}{dx} = \frac{1}{x} \cdot \log e = 0,434\,294 \cdot \frac{1}{x}$$

und entsprechend

$$\frac{d^2\log x}{dx} = \frac{1}{x} \cdot {}^2\!\log e = \frac{1}{x} \cdot \frac{\log e}{\log 2} = \frac{1}{x} \cdot \frac{0,434\,294}{0,301\,030} = 1,442\,69 \cdot \frac{1}{x}\,.$$

Diese beiden Formeln können wir benutzen, um an die Kurven in Abb. 73 die Tangenten zu legen; so hat z. B. im Punkte 1/0 die Kurve $y = \log x$ die Neigung 0,434\,294, die Kurve $y = {}^2\!\log x$ dagegen die Neigung 1,442\,69.

(53) Wählt man die obige Zahl e als Grundzahl eines Logarithmensystems, so wird, da ${}^e\!\log e = 1$ (weil $e^1 = e$ ist), $\dfrac{d\,{}^e\!\log x}{dx} = \dfrac{1}{x}$, wodurch sich die

Gleichung 91) wesentlich vereinfacht. Aus diesem Grunde bezeichnet man das Logarithmensystem mit der Grundzahl $e = 2{,}7182818\ldots$ als das natürlichen Logarithmensystem und nennt $^e\!\log x$ den natürlichen Logarithmus von x, kurz geschrieben $\lg x$ oder $\ln x$ (**logarithmus naturalis**); es ist also

$$\ln x = \lg x = {}^e\!\log x \qquad\qquad 92)$$

und ferner

$$\frac{d\ln x}{dx} = \frac{1}{x}, \qquad\qquad 93)$$

in Worten: Der Differentialquotient der Funktion $y = \ln x$ ist einfach der reziproke Wert der unabhängigen Veränderlichen.

Will man zu einer gegebenen Zahl den natürlichen Logarithmus bestimmen, so kann man etwa von den gemeinen Logarithmen ausgehen, von denen uns ja Tafeln zur Verfügung stehen, und nach 89) setzen:

$$\text{oder}\quad \begin{aligned} &\ln x = \log x : \log e \quad\text{oder}\quad \ln x = \log x : 0{,}434294 \\ &\ln x = 2{,}30259 \cdot \log x \end{aligned} \left.\right\} \quad 94\,\text{a})$$

Andererseits ist für den Übergang von den natürlichen zu den gemeinen Logarithmen

$$\log x = \ln x \cdot \log e = \ln x : \ln 10 \quad\text{oder}\quad \log x = 0{,}434294 \cdot \ln x. \quad 94\,\text{b})$$

Beispiele: 1. Es soll der natürliche Logarithmus von 7 berechnet werden:

$$\ln 7 = 2{,}30259 \cdot \log 7 = 2{,}30259 \cdot 0{,}84510 = 1{,}94591,$$

2. $\ln\pi = 2{,}30259 \cdot \log\pi = 2{,}30259 \cdot 0{,}49715 = 1{,}14473,$

3. $\ln x = 3{,}45926,\ \log x = 3{,}45926 \cdot 0{,}434294 = 1{,}50234,\ x = 31{,}794.$

Überdies enthalten die Ingenieurhilfsbücher und -taschenbücher zumeist auch Tafeln der natürlichen Logarithmen (s. u. a. F r e y t a g, Hilfsbuch für den Maschinenbau, 7. Aufl.).

Abb. 73 enthält auch die Kurve der Funktion $y = \ln x$; bemerkenswert ist an ihr, daß die Tangentenrichtung in jedem Punkte reziprok zum Zahlenwert seiner Abszisse ist, daß also insbesondere im Punkte (1/0) die Tangente genau unter $45°$ geneigt ist.

(54) Zur Einführung in das Differenzieren mit Logarithmenfunktionen mögen die folgenden Beispiele dienen:

1. $y = \ln(x^3 + ax^2 + b)$: $y = \ln z,\quad z = x^3 + ax^2 + b;$

$$\frac{dy}{dz} = \frac{1}{z} = \frac{1}{x^3 + ax^2 + b}, \qquad \frac{dz}{dx} = 3x^2 + 2ax;$$

also $\dfrac{dy}{dx} = \dfrac{3x^2 + 2ax}{x^3 + ax^2 + b}.$

2. $y = \ln\left(x + \sqrt{a^2 + x^2}\right)$, $y = \ln z$, $z = x + \sqrt{a^2 + x^2}$;

$$\frac{dy}{dz} = \frac{1}{z} = \frac{1}{x + \sqrt{a^2 + x^2}}, \quad \frac{dz}{dx} = 1 + \frac{x}{\sqrt{a^2 + x^2}} = \frac{x + \sqrt{a^2 + x^2}}{\sqrt{a^2 + x^2}};$$

also $\dfrac{dy}{dx} = \dfrac{x + \sqrt{a^2 + x^2}}{(x + \sqrt{a^2 + x^2})\sqrt{a^2 + x^2}} = \dfrac{1}{\sqrt{a^2 + x^2}}.$

3. $y = \ln\dfrac{a^2 + x^2}{a^2 - x^2}$; man forme erst um: $y = \ln(a^2 + x^2) - \ln(a^2 - x^2)$,

$$\frac{dy}{dx} = \frac{2x}{a^2 + x^2} + \frac{2x}{a^2 - x^2} = \frac{4a^2 x}{a^4 - x^4}.$$

4. $y = \ln\sqrt[3]{a^2 + bx + x^2}^{\,4} = \dfrac{4}{3}\ln(a^2 + bx + x^2)$;

$$\frac{dy}{dx} = \frac{4}{3}\frac{b + 2x}{a^2 + bx + x^2}.$$

5. $y = x\ln x - x$; $\dfrac{dy}{dx} = \ln x + x \cdot \dfrac{1}{x} - 1 = \ln x$.

6. $y = x \cdot \operatorname{arcctg} x + \ln\sqrt{1 + x^2}$;

$$\frac{dy}{dx} = \operatorname{arcctg} x - \frac{x}{1 + x^2} + \frac{1}{2}\cdot\frac{2x}{1 + x^2} = \operatorname{arcctg} x.$$

7. $y = \ln(x^2 + 4x + 5) - 8\operatorname{arctg}(x + 2)$;

$$\frac{dy}{dx} = \frac{2x + 4}{x^2 + 4x + 5} - 8\cdot\frac{1}{(x + 2)^2 + 1} = \frac{2x - 4}{x^2 + 4x + 5}$$

Hier ist die Gelegenheit, um auch die letzte Differentiationsregel, die Regel des logarithmischen Differenzierens, zu behandeln. Man benutzt sie, um Funktionen von der Form $y = u^v$, wobei u und v ihrerseits Funktionen von x sind, nach x zu differenzieren. Um den Differentialquotienten $\dfrac{dy}{dx}$ zu bilden, helfen wir uns folgendermaßen: Wir logarithmieren beiderseits und erhalten $\ln y = v \cdot \ln u$, wodurch auch $\ln y$ als Funktion von x eingeführt ist. Wir differenzieren beide Ausdrücke nach x. Der erste ergibt (Kettenregel)

$$\frac{d\ln y}{dx} = \frac{d\ln y}{dy}\cdot\frac{dy}{dx} = \frac{1}{y}\cdot\frac{dy}{dx};$$

der zweite (Produktregel)

$$\frac{d(v\cdot\ln u)}{dx} = v\cdot\frac{d\ln u}{dx} + \ln u\cdot\frac{dv}{dx} = v\cdot\frac{d\ln u}{du}\cdot\frac{du}{dx} + \ln u\cdot\frac{dv}{dx}$$

$$= v\cdot\frac{1}{u}\cdot\frac{du}{dx} + \ln u\cdot\frac{dv}{dx}.$$

Setzen wir die beiden Differentialquotienten einander gleich, so bekommen wir

$$\frac{1}{y}\cdot\frac{dy}{dx} = \frac{v}{u}\cdot\frac{du}{dx} + \ln u\cdot\frac{dv}{dx},$$

also
$$\frac{dy}{dx} = y \cdot \left[\frac{v}{u} \cdot \frac{du}{dx} + \ln u \cdot \frac{dv}{dx} \right],$$
oder
$$\frac{d(u^v)}{dx} = u^v \left[\frac{v}{u} \cdot \frac{du}{dx} + \ln u \cdot \frac{dv}{dx} \right]; \qquad 95)$$

Regel von der logarithmischen Differentiation.
Beispiel:
$$y = x^x, \quad u = x, \quad v = x, \quad \frac{du}{dx} = 1, \quad \frac{dv}{dx} = 1,$$
also
$$\frac{d(x^x)}{dx} = x^x [1 + \ln x].$$

$y = (\sin x)^{\mathrm{arctg}\, x}, \quad u = \sin x, \quad v = \mathrm{arctg}\, x, \quad \frac{du}{dx} = \cos x, \quad \frac{dv}{dx} = \frac{1}{x^2 + 1}.$

also
$$\frac{d(\sin x)^{\mathrm{arctg}\, x}}{dx} = (\sin x)^{\mathrm{arctg}\, x} \left[\frac{\mathrm{arctg}\, x}{\sin x} \cos x + \ln \sin x \cdot \frac{1}{x^2 + 1} \right]$$
$$= (\sin x)^{\mathrm{arctg}\, x} \left[\frac{\mathrm{arctg}\, x}{\mathrm{tg}\, x} + \frac{\ln \sin x}{x^2 + 1} \right],$$

Aus der Regel von der logarithmischen Differentiation wollen wir noch einen Satz ableiten. Setzen wir nämlich in Formel 95)
$$u = x \quad \text{und} \quad v = n,$$
wobei n irgendeine ganz beliebige Zahl ist, so ist
$$\frac{du}{dx} = 1 \quad \text{und} \quad \frac{dv}{dx} = 0 \quad \text{und} \quad \frac{dx^n}{dx} = x^n \left[\frac{n}{x} \cdot 1 + \ln x \cdot 0 \right]$$
oder
$$\frac{dx^n}{dx} = n \cdot x^{n-1}.$$

Lehrsatz: Die Formel
$$\frac{dx^n}{dx} = n \cdot x^{n-1}$$

gilt für jeden beliebigen konstanten Exponenten n. [Vgl. (18), S. 36, u. (39), S. 92!]

In Ergänzung zu dem am Ende des vorigen Paragraphen Gesagten sei noch hervorgehoben, daß die transzendente Funktion $y = {}^a\log x$ und ihr Sonderfall $y = \ln x$ durch ihre Differentialquotienten
$$\frac{d\, {}^a\log}{dx} = \frac{1}{x \ln a} = \frac{1}{x} \cdot {}^a\log e \quad \text{bzw.} \quad \frac{d \ln x}{dx} = \frac{1}{x},$$

— die einfachste echt gebrochene rationale Funktion von x (s. § 7) — aufs engste mit den algebraischen Funktionen verknüpft sind. Mittelbar gilt dies dann auch für ihre inverse Funktion, die Exponentialfunktion, zu deren Behandlung wir nunmehr übergehen wollen.

§ 12. Die Exponentialfunktion.

(55) Aus der zu Beginn von § 11 gegebenen Definition von $y = {}^a\!\log x$ folgt ohne weiteres, daß die Funktion $y = a^x$ die zur logarithmischen Funktion inverse ist. Die unabhängige Veränderliche tritt hier also im **Exponenten** auf; daher nennt man die Funktion $y = a^x$ die **Exponentialfunktion**. Je nach der Wahl der Grundzahl a variiert die Exponentialfunktion. Ihr Bild erhält man aus dem der Logarithmenfunktion durch Spiegelung an der 45°-Linie; man erhält also Kurven wie die in Abb. 74 dargestellten; sie heißen Exponentialkurven. Alle haben die x-Achse zur Asymptote und schneiden von der y-Achse die Längeneinheit ab.

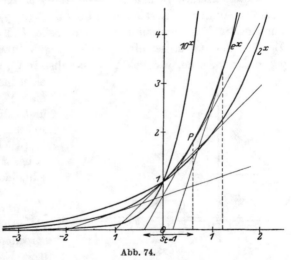

Abb. 74.

Die für die höhere Mathematik wichtigste Exponentialfunktion ist — wie nach den Ausführungen des vorigen Paragraphen verständlich ist — die Funktion $y = e^x$. Auf sie lassen sich alle übrigen Exponentialfunktionen leicht zurückführen. Es ist nämlich

$$a^x = (e^{\ln a})^x = e^{x\ln a};$$

d. h. die Funktion a^x hat für x den gleichen Wert wie e^x für $x \cdot \ln a$. Die erste Kurve hat also für die Abszisse dieselbe Ordinate wie die letztere für die Abszisse $x \cdot \ln a$. Wenn man demnach die Abszissen der Kurve von der Gleichung e^x im Verhältnis $1 : \ln a$ verkürzt, unter Beibehaltung der Ordinaten, so stellt die neue Kurve das Bild der Gleichung $y = a^x$ dar.

Eine weitere geometrische Eigenschaft der Exponentialkurve ist die folgende: Wir legen der Betrachtung die allgemeinere Gleichung $y = c \cdot a^{bx}$ zugrunde, wobei b und c irgendwelche Konstanten sind; ist dabei $b < 0$, so fällt die Kurve beständig und hat die positive x-Achse zur Asymptote. Es sei $y_1 = c a^{b x_1}$ der zu x_1 gehörige Funktionswert; vermehrt man x_1 um die Größe d, so ergibt sich als zu $x_1 + d$ gehöriger Funktionswert:

$$y_2 = c\, a^{b(x_1 + d)} = c\, a^{bd} \cdot a^{b x_1} \quad \text{oder} \quad y_2 = y_1 \cdot a^{bd}.$$

Das heißt aber: Eine fortgesetzte Vermehrung der unabhängigen Veränderlichen um einen konstanten Summanden d hat eine fortgesetzte Multiplikation der abhängigen Veränderlichen mit einem konstanten Faktor a^{bd} zur Folge. Anders ausgedrückt:

Durchläuft die unabhängige Veränderliche eine arithmetische Reihe, so durchläuft die Exponentialfunktion eine geometrische Reihe.

Mit Hilfe dieses Satzes lassen sich aus zwei gegebenen Punkten der Exponentialkurve beliebig viele durch einfache geometrische Konstruktion finden. Es seien in Abb. 75 $P_1(x_1|y_1)$ und $P_2(x_2|y_2)$ zwei Punkte der Exponentialkurve; man ziehe $P_1 Y_1 \parallel x$-Achse und durch Y_1 eine Gerade unter einem beliebigen Winkel α (in Abb. $\alpha = 45°$) gegen die y-Achse, welche $P_2 Y_2 \parallel x$-Achse in Q_2 schneiden möge. Nun

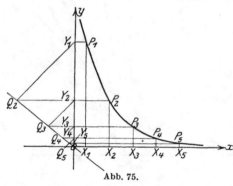

Abb. 75.

ziehe man $O Q_2$. Durch Y_2 ziehe man $Y_2 Q_3 \parallel Y_1 Q_2$ (Q_3 auf $O Q_2$) und die Gerade $Q_3 Y_3 \parallel x$-Achse, welche die durch X_3 ($X_2 X_3 = X_1 X_2$) zur y-Achse gezogene Parallele in P_3 schneiden möge. Dann ist P_3 ein weiterer Punkt der Exponentialkurve. Aus P_2 und P_3 erhält man durch entsprechende Konstruktion P_4 usw. Es ist zu beachten, daß

$X_1 X_2 = X_2 X_3 = X_3 X_4 = \cdots$ ist und daß die Dreiecke $Y_1 Q_2 Y_2$, $Y_2 Q_3 Y_3$, $Y_3 Q_4 Y_4 \cdots$ ähnlich sind. Da nämlich

$$OY_1 : OY_2 = OQ_2 : OQ_3 = OY_2 : OY_3 = OQ_3 : OQ_4 = OY_3 : OY_4 \ldots,$$

also $OY_1 : OY_2 = OY_2 : OY_3 = OY_3 : OY_4 = \cdots$ ist, bilden die Ordinaten

$$y_1 = OY_1, \quad y_2 = OY_2, \quad y_3 = OY_3, \quad y_4 = OY_4, \ldots$$

eine geometrische Reihe, während nach Konstruktion die Abszissen $x_1 = OX_1$, $x_2 = OX_2$, $x_3 = OX_3$, $x_4 = OX_4$, ... eine arithmetische Reihe bilden, womit der Beweis erbracht ist, daß die Punkte P_1, P_2, P_3, P_4, ... auf der nämlichen Exponentialkurve liegen.

Diese technisch häufig verwendete Punktkonstruktion hat den Vorzug, daß sie die Exponentialkurve über die gegebenen Punkte hinaus zu verlängern gestattet; damit ist aber der Nachteil verknüpft, daß eine Ungenauigkeit in der Bestimmung eines Punktes notwendig auch Ungenauigkeiten in der Konstruktion der folgenden Punkte nach sich zieht, so daß infolge dieser Fehler die konstruierte Kurve immer stärker von der idealen abweicht. Dazu kommt, daß durch die angeführte

Methode keine Zwischenpunkte gefunden werden können. Aus diesen beiden Gründen empfiehlt sich die folgende Konstruktion: Sind $P_1(x_1|y_1)$ und $P_2(x_2|y_2)$ (Abb. 76) zwei Punkte, und sollen Zwischenpunkte gezeichnet werden, so ermittelt

man zuerst den Punkt P_3, dessen Abszisse $x_3 = \dfrac{x_1 + x_2}{2}$, für den also $X_1X_3 = X_3X_2$ ist, und zwar in folgender Weise: Es muß $y_1 : y_3 = y_3 : y_2$, also y_3 die mittlere Proportionale zu y_1 und y_2 sein: Man schlage über OY_1 den Halbkreis, der von P_2Y_2 in Z_2 geschnitten werden möge; dann ist $y_3 = OY_3 = OZ_2$. Verfährt

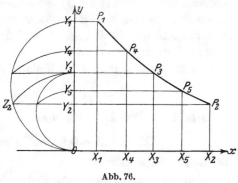

Abb. 76.

man mit den beiden Punkten P_1 und P_3 ebenso wie mit P_1 und P_2, so erhält man einen weiteren Punkt P_4, und durch Verwendung von P_3 und P_2 einen Punkt P_5 usf.

(56) Wir kommen nun zur Bildung des Differentialquotienten der Exponentialfunktion: Wenn $y = a^x$ ist, so ist $x = {}^a\!\log y$ und folglich

$$\frac{dx}{dy} = \frac{1}{y \ln a} = \frac{{}^a\!\log e}{y};$$

daher ist

$$\frac{dy}{dx} = y \cdot \ln a = \frac{y}{{}^a\!\log e}.$$

Wir erhalten als Ergebnis

$$\frac{da^x}{dx} = a^x \cdot \ln a = \frac{a^x}{{}^a\!\log e} \qquad\qquad 96)$$

und als Sonderfall

$$\frac{de^x}{dx} = e^x. \qquad\qquad 96')$$

Die Exponentialfunktion hat demnach die Eigentümlichkeit, daß sie mit ihrem Differentialquotienten identisch ist.

Beispiele: 1. $y = a^{\sin x}$; $y = a^z$, $z = \sin x$; $\dfrac{dy}{dz} = a^z \ln a = a^{\sin x} \ln a$,

$$\frac{dz}{dx} = \cos x; \text{ also } \frac{dy}{dx} = a^{\sin x} \cos x \ln a,$$

2. $y = e^{2x} \cdot \left(x^2 - x + \dfrac{1}{2}\right)$;

Produktregel: $\dfrac{dy}{dx} = e^{2x}(2x - 1) + 2e^{2x}\left(x^2 - x + \dfrac{1}{2}\right) = 2x^2 e^{2x}.$

(57) Anwendungen.

a) Die Strahlungsenergie J einer radioaktiven Substanz klingt nach einem Gesetze ab, das durch die Formel $J = J_0 e^{-\lambda t}$ beschrieben wird; hierbei ist J_0 die Energie zur Zeit $t = 0$ und λ eine Konstante, die der Substanz eigentümlich ist. Man mißt sie durch die Zeit T, in der die Energie J_0 auf den halben Wert sinkt; T heißt die Halbierungskonstante oder die Halbwertszeit. Um die Beziehung zwischen λ und T zu finden, gehen wir von der Formel aus:

$$\frac{J_0}{2} = J_0 e^{-\lambda T} \qquad \text{oder} \qquad e^{\lambda T} = 2 \,.$$

Durch beiderseitiges Logarithmieren folgt hieraus:

$$\lambda T = \ln 2 = 0{,}6931 \,, \quad \text{also} \quad \lambda = \frac{0{,}6931}{T} \,.$$

Für Radiumemanation ist

$$T = 4 \, \text{Tage} = 4 \, D, \quad \text{also} \quad \lambda = \frac{0{,}6931}{4} \, D^{-1} = 0{,}1733 \, D^{-1},$$

so daß die Abklingungsformel für Radiumemanation lautet

$$J = J_0 e^{-0{,}173 t} \,,$$

wobei t in Tagen anzugeben ist. Das Schaubild ist zu entwerfen.

b) Wird ein Gleichstrom führender Kreis von der elektromotorischen Kraft E und dem Widerstande R plötzlich geschlossen, so steigt die Stromstärke infolge der Selbstinduktion des Kreises nicht sofort auf die nach dem Ohmschen Gesetze zu erwartende Stromstärke $i = \frac{E}{R}$, sondern schwillt an nach der Formel $i = \frac{E}{R}\left(1 - e^{-\frac{R}{L}t}\right)$, wobei t die Zeit und L der Selbstinduktionskoeffizient (Induktivität) ist. Ist beispielsweise $E = 100 \, \text{V}$, $R = 1 \, \Omega$ und $L = 0{,}1$ Henry, so ist

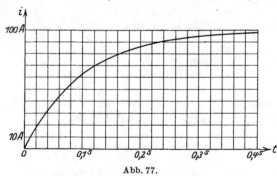

Abb. 77.

$i = 100(1 - e^{-10t})$ Ampere (Abb. 77). Die folgende Tabelle gibt die Werte für die Stromstärke zu verschiedenen Zeiten:

$t =$	0,01	0,02	0,05	0,069	0,1	0,15	0,2	0,3	0,4^s
$i =$	9,52	18,1	39,3	50,0	63,2	77,7	86,5	95,0	98,1 Amp.

Wird der Stromkreis, der einen Gleichstrom führt, plötzlich unterbrochen, so sinkt die Stromstärke nach dem Gesetze

$$i = \frac{E}{R}\, e^{-\frac{R}{L}t};$$

dieser Fall ist entsprechend zu untersuchen [vgl. (225) S. 776].

c) Schließt man plötzlich einen Stromkreis, dessen elektromotorische
Kraft sich nach dem Sinusgesetz

$$E = E_0 \sin \frac{2\pi}{T}\, t$$

ändert, so fließt in ihm nicht sofort ein reiner Wechselstrom, sondern
ein Strom, dessen Stärke sich nach dem Gesetze ändert:

$$i = A\, e^{-\frac{R}{L}t} + B \sin\left(\frac{2\pi}{T}\, t - \varphi\right),$$

wobei

$$A = \frac{2\pi E_0 L}{T\left(R^2 + \dfrac{4\pi^2 L^2}{T^2}\right)},$$

$$B = \frac{E_0}{\sqrt{R^2 + \dfrac{4\pi^2 L^2}{T^2}}}$$

und

$$\operatorname{tg}\varphi = \frac{2\pi L}{R\,T}$$

ist, und L, R dieselben Bedeutungen wie in b) haben (s. a. S. 776f.). Die
Stromstärke i ist also die Summe aus einer Exponentialfunktion $A\,e^{-\frac{R}{L}t}$
und einer Sinusfunktion $B \sin\left(\frac{2\pi}{T}\, t - \varphi\right)$.

d) Ein Massenpunkt, der in einem widerstandsfreien Mittel eine
harmonische Bewegung [s. (46), S. 109] beschreiben würde, führt in einem
Mittel, das ihm einen genügend großen Widerstand bietet, eine Bewegung
aus, deren Gesetz durch die Formel wiedergegeben wird: $s = v_0\, t\, e^{-\lambda t}$;
hierbei bedeutet s die Entfernung aus der Gleichgewichtslage zur Zeit t,
v_0 die Geschwindigkeit zur Zeit $t = 0$ und λ eine durch die physikalische
Beschaffenheit des Mittels bestimmte Konstante. (Beispiel: Gewicht
an einer Spiralfeder befestigt, sich in einer Flüssigkeit von bestimmtem
Widerstand bewegend. Aperiodische gedämpfte Schwingung.)
Abb. 78 zeigt die Weg-Zeit-Kurve für die Werte

$$\lambda = 0{,}2 \; \text{sec}^{-1}, \quad v_0 = 5 \; \text{m sec}^{-1}.$$

Da für positive Werte von t $s = v_0\, t\, e^{-\lambda t}$ stets positiv ist, kann der

Massenpunkt für endliche Werte von t niemals wieder in die Ruhelage zurückkehren. Er wird sich bei Beginn der Bewegung von ihr entfernen, einen größten Ausschlag s_{max} erreichen und dann wieder nach der Ruhelage zurückstreben, der er sich asymptotisch nähert. Um den

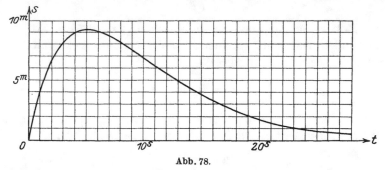

Abb. 78.

größten Ausschlag s_{max} zu bestimmen, bedenken wir, daß für ihn die Geschwindigkeit $v = \dfrac{ds}{dt}$ gleich Null sein muß. Nun ist

$$v = v_0\, e^{-\lambda t}(1 - \lambda t).$$

Der zugehörige Zeitpunkt ist also $t = \dfrac{1}{\lambda}$, und demnach

$$s_{max} = \frac{v_0}{\lambda}\, e^{-1} = \frac{v_0}{e\,\lambda}.$$

(Für unser Zahlenbeispiel ist $t = 5$ sec, $s_{max} = 9{,}197$ m.)

e) Ist der Widerstand des Mittels weniger groß, so führt der Massenpunkt (an der Spiralfeder) eine schwingende Bewegung aus, deren Ausschläge aber allmählich abnehmen; diese Bewegung wird als gedämpfte Schwingung bezeichnet. Sie geht vor sich nach der Formel

$$s = a\, e^{-\lambda t} \sin \frac{2\,\pi}{T}\, t; \qquad\qquad \text{a)}$$

hierbei bedeutet s die Entfernung, die der Massenpunkt von der Ruhelage zur Zeit t hat, während λ und die Periode T durch die physikalische Beschaffenheit des Systems (Spiralfeder, Massenpunkt) und den Widerstand des Mittels bestimmt sind. a ist eine Konstante, die sich, wie wir sehen werden, aus der Anfangsgeschwindigkeit v_0 ergibt, welche man dem Massenpunkte bei der Bewegung aus der Ruhelage erteilt. Wir wollen die gedämpfte Schwingung näher untersuchen.

s wird gleich Null, wenn $\sin \dfrac{2\,\pi}{T}\, t = 0$, also $t = k \cdot \dfrac{T}{2}$ ist; der Punkt geht unendlich oft durch die Ruhelage, und zwar nach gleichen Zeiträumen, die gleich der halben Periode sind. Ist zur Zeit t_1 $s_1 = a\, e^{-\lambda t_1} \sin \dfrac{2\,\pi}{T} t$, so ist nach einem weiteren Verlaufe der Periode T, also zur Zeit $t_1 + T$

$$s_2 = a e^{-\lambda(t_1 + T)} \sin \frac{2\pi}{T}(t_1 + T) = a e^{-\lambda t_1} e^{-\lambda T} \sin \frac{2\pi}{T} t_1,$$

oder

$$s_2 = s_1 e^{-\lambda T}.$$

Das heißt aber: wenn man den Ausschlag zu einer bestimmten Zeit kennt, so erhält man denjenigen nach Verlauf einer Periode T durch Multiplikation mit dem konstanten Faktor $h = e^{-\lambda T}$; man nennt h das Dämpfungsverhältnis. Die Ausschläge, deren Zeiten sich um eine Periode unterscheiden, bilden demnach eine geometrische Reihe. $\ln h = -\lambda T$ ist das logarithmische Dekrement der gedämpften Schwingung. Sind s_1, s_2 und s_3 drei Ausschläge, die zu den Zeiten t, $t + T$, $t + 2T$ gehören, so daß also

$$s_2 = s_1 e^{-\lambda T} = h s_1 \quad \text{und} \quad s_3 = s_2 e^{-\lambda T} = h s_2 = h^2 s_1$$

ist, so ist

$$s_3 - s_2 = h s_1 (h - 1) \quad \text{und} \quad s_2 - s_1 = s_1 (h - 1),$$

also

$$h = \frac{s_3 - s_2}{s_2 - s_1}.$$

Wenn sich also die drei Ausschläge s_1, s_2, s_3 bequem und mit genügender Genauigkeit beobachten lassen, so kann man mit Hilfe der Formel

$$h = \frac{s_3 - s_2}{s_2 - s_1}$$

durch einfache Rechnung das Dämpfungsverhältnis ermitteln. Am besten sind der Beobachtung zugänglich drei aufeinanderfolgende größte Ausschläge. Um die größten Ausschläge der Hin- und Herbewegung des Massenpunktes rechnerisch zu erhalten, muß man bedenken, daß für sie die Bewegung umkehrt, d. h. die Geschwindigkeit $v = \frac{ds}{dt}$ gleich Null sein muß. Wir haben also die Funktion $s = a e^{-\lambda t} \sin \frac{2\pi}{T} t$ zu differenzieren und erhalten:

$$v = \frac{ds}{dt} = a e^{-\lambda t} \cdot \frac{2\pi}{T} \cos \frac{2\pi}{T} t - a \lambda e^{-\lambda t} \sin \frac{2\pi}{T} t. \qquad \text{b)}$$

Soll $v = 0$ sein, so muß

$$\frac{2\pi}{T} \cos \frac{2\pi}{T} t - \lambda \sin \frac{2\pi}{T} t = 0 \quad \text{oder} \quad \operatorname{tg} \frac{2\pi}{T} t = \frac{2\pi}{\lambda T}$$

oder

$$t = \frac{T}{2\pi} \operatorname{arctg} \frac{2\pi}{\lambda T}$$

sein. Dann erhalten wir als den größten Ausschlag mittels der

Formel

$$\sin \alpha = \frac{\operatorname{tg}\alpha}{\sqrt{1 + \operatorname{tg}^2\alpha}}, \qquad \sin\frac{2\pi}{T}t = \frac{2\pi}{\sqrt{\lambda^2 T^2 + 4\pi^2}},$$

$$s_{\max} = a\, e^{-\frac{\lambda T}{2\pi}\operatorname{arctg}\frac{2\pi}{\lambda T}} \cdot \frac{2\pi}{\sqrt{\lambda^2 T^2 + 4\pi^2}}.$$

Weil $\operatorname{arctg}\frac{2\pi}{\lambda T}$ unendlich vieldeutig ist [s. **(49)** S. 128], so erhält man unendlich viele Werte für $s_{\max}$, deren Zeiten sich je um $\frac{T}{2}$ unterscheiden.

Wir wollen die Formel b) für die **Geschwindigkeit** benutzen, um das Gesetz von v zu untersuchen. Da die Anfangsgeschwindigkeit v_0 sein soll, so erhalten wir, wenn wir $t = 0$ setzen

$$v_0 = \frac{2\pi}{T}a \qquad \text{oder} \qquad a = \frac{T}{2\pi}v_0,$$

und damit ist der oben schon angedeutete Zusammenhang der Konstanten a mit v_0 gefunden. Gleichung a) geht nun über in:

$$s = \frac{T}{2\pi}v_0\, e^{-\lambda t}\sin\frac{2\pi}{T}t. \qquad\qquad \text{a')}$$

Die Gleichung b) gestattet noch eine Vereinfachung. Setzen wir

$$-a\lambda = v_1\cos\frac{2\pi}{T}t_1 \qquad \text{und} \qquad a\cdot\frac{2\pi}{T} = v_1\sin\frac{2\pi}{T}t_1,$$

so bestimmen sich die beiden neuen **konstanten** Größen v_1 und t_1 aus diesen Gleichungen zu

$$v_1 = a\sqrt{\lambda^2 + \frac{4\pi^2}{T^2}} = \frac{a}{T}\sqrt{\lambda^2 T^2 + 4\pi^2} \quad \text{und} \quad \operatorname{tg}\frac{2\pi}{T}t_1 = \frac{2\pi}{-\lambda T}. \quad \text{c)}$$

Durch Einführen von v_1 und t_1 geht b) über in

$$v = v_1 e^{-\lambda t}\left[\sin\frac{2\pi}{T}t\cos\frac{2\pi}{T}t_1 + \cos\frac{2\pi}{T}t\sin\frac{2\pi}{T}t_1\right]$$

oder

$$v = v_1 e^{-\lambda t}\sin\frac{2\pi}{T}(t + t_1). \qquad\qquad \text{b')}$$

Der Winkel $\frac{2\pi}{T}t_1$ muß, da sein Sinus positiv und sein Kosinus negativ ist, im zweiten Quadranten, t_1 also zwischen $\frac{T}{4}$ und $\frac{T}{2}$ liegen. Der Vergleich von b') mit a) bzw. a') zeigt, daß v das gleiche Gesetz befolgt, wie s; insbesondere ist v ebenso wie s eine periodische Funktion von der Periode T, v hat ferner das gleiche Dämpfungsverhältnis $h = e^{-\lambda T}$, wie man sich leicht überzeugt. Nur erreicht v stets um die Zeitspanne t_1 früher den entsprechenden Zustand; die Geschwindigkeit v **eilt also um diese Zeitspanne dem Ausschlage voraus.** So hat beispielsweise v zur Zeit $t = -t_1 + k\frac{T}{2}$ den Wert Null, während s ihn erst zur Zeit $t = k\cdot\frac{T}{2}$ erreicht; gleiches gilt natürlich auch von den Höchstwerten von v, die zu bestimmen dem Leser überlassen sei.

Wir gehen noch einen Schritt weiter und suchen das Gesetz der Beschleunigung p. Es ist $p = \dfrac{dv}{dt}$. Das Differenzieren von v nach t und das weitere Umformen lassen sich genau so ausführen wie oben; daher gelten auch hier die dort gezogenen Schlüsse. Insbesondere ist auch p eine periodische Funktion von t von der Periode T und dem

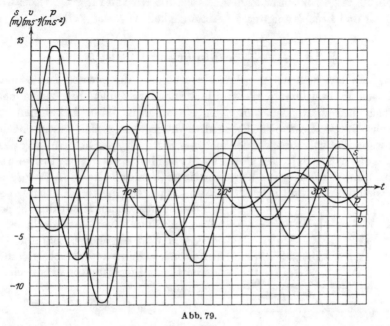

Abb. 79.

Dämpfungsverhältnis $h = e^{-\lambda T}$; ferner eilt die Beschleunigung der Geschwindigkeit um die Zeit t_1, dem Wege also um die Zeit $2t_1$ voraus. In Formeln

$$p = p_1 e^{-\lambda t} \sin \frac{2\pi}{T}(t + 2t_1),$$ d)

wobei sich p bestimmt zu:

$$p_1 = \frac{v_0}{2\pi T}(\lambda^2 T^2 + 4\pi^2).$$

Zahlenbeispiel: Es sei $T = 10 \sec$, $\lambda = 0,04 \sec^{-1}$, $v_0 = 10 \,\mathrm{m\,sec^{-1}}$; dann ist das logarithmische Dekrement $-0,4$, das Dämpfungsverhältnis $h = 0,670$,

$$t_1 = \frac{10}{2\pi} \cdot \mathrm{arctg} \frac{2\pi}{-0,4} \sec = 1,591 \cdot 1,635 \sec = 2,60 \sec,$$

$$v_1 = 10,02 \,\mathrm{m\,sec^{-1}}, \qquad p_1 = 6,308 \,\mathrm{m\,sec^{-2}}, \qquad a = 15,915 \,\mathrm{m},$$

$$s_{\max_1} = 14,43 \,\mathrm{m} \text{ zur Zeit } 2,40 \sec, \quad s_{\min_1} = -11,81 \,\mathrm{m} \text{ zur Zeit } 7,40 \sec,$$

$$s_{\max_2} = 9,67 \,\mathrm{m} \text{ zur Zeit } 12,40 \,\mathrm{m\,sec} \ldots;$$

10*

die Gleichungen lauten:

$$s = 15{,}92 \cdot e^{-0{,}04\,t} \cdot \sin 0{,}6283\,t \ \mathrm{m};$$

$$v = 10{,}02 \cdot e^{-0{,}04\,t} \cdot \sin 0{,}6283\,(t + 2{,}60) \ \mathrm{m\,sec^{-1}},$$

$$p = 6{,}308 \cdot e^{-0{,}04\,t} \cdot \sin 0{,}6283\,(t + 5{,}20) \ \mathrm{m\,sec^{-2}}.$$

Abb. 79 zeigt für unser Zahlenbeispiel die Kurven für Weg, Geschwindigkeit und Beschleunigung in Abhängigkeit von der Zeit.

§ 13. Die hyperbolischen Funktionen.

(58) Es hat sich als zweckmäßig erwiesen, für gewisse Funktionen, die sich in bestimmter Weise aus Exponentialfunktionen zusammensetzen, besondere Bezeichnungen einzuführen. Man hat ihnen die Namen **hyperbolische Funktionen** gegeben. Man unterscheidet im wesentlichen vier verschiedene: den **Sinus hyperbolicus** (**hyperbolischen Sinus**), den **Cosinus hyperbolicus** (**hyperbolischen Kosinus**), den **Tangens hyperbolicus** (**hyperbolischen Tangens**) und den **Kotangens hyperbolicus** (**hyperbolischen Kotangens**).

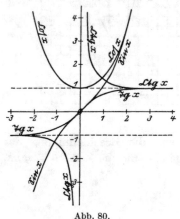

Abb. 80.

Wir wollen uns zunächst mit dem hyperbolischen Sinus einer Veränderlichen x oder, wie man abgekürzt schreibt, der Funktion $y = \mathfrak{Sin}\,x$ (oder auch $y = \mathrm{sh}\,x$) beschäftigen; $\mathfrak{Sin}\,x$ ist definiert durch die Gleichung

$$\mathfrak{Sin}\,x = \frac{e^x - e^{-x}}{2};\qquad 97)$$

es ist also beispielsweise

$$\mathfrak{Sin}\,3 = \frac{e^3 - e^{-3}}{2} = \frac{20{,}085 - 0{,}050}{2}$$
$$= 10{,}018;$$

insbesondere ist

$$\mathfrak{Sin}\,0 = 0.\qquad 98)$$

Ferner gilt die Formel

$$\mathfrak{Sin}\,(-x) = -\mathfrak{Sin}\,x,\qquad 99)$$

wie leicht aus Gleichung 97) folgt. Das Bild der Funktion erhält man am bequemsten, indem man die beiden Kurven $y_1 = e^x$ und $y_2 = e^{-x}$ zeichnet und die Differenz der zu einer bestimmten Abszisse x gehörigen beiden Ordinaten halbiert; $y = \dfrac{y_1 - y_2}{2}$ ist dann die Ordinate des für dieses x zur Kurve $y = \mathfrak{Sin}\,x$ gehörigen Punktes (Abb. 80).

Die drei anderen Funktionen werden durch die Gleichungen definiert:

$$\mathfrak{Cof}\,x = \frac{e^x + e^{-x}}{2}, \qquad \mathfrak{Tg}\,x = \frac{e^x - e^{-x}}{e^x + e^{-x}}, \qquad \mathfrak{Ctg}\,x = \frac{e^x + e^{-x}}{e^x - e^{-x}};\qquad 97')$$

statt $\mathfrak{Cof}\,x$, $\mathfrak{Tg}\,x$, $\mathfrak{Ctg}\,x$ werden auch die Bezeichnungen $\operatorname{ch}x$, $\operatorname{tgh}x$, $\operatorname{ctgh}x$ benutzt. Man erkennt sofort, daß die Gleichungen gelten:

$$\mathfrak{Cof}\,0 = 1\,, \qquad\qquad \mathfrak{Tg}\,0 = 0\,, \qquad\qquad \mathfrak{Ctg}\,0 = \infty\,, \qquad 98')$$

ferner

$$\mathfrak{Cof}(-x) = \mathfrak{Cof}\,x\,, \qquad \mathfrak{Tg}(-x) = -\mathfrak{Tg}\,x\,, \qquad \mathfrak{Ctg}(-x) = -\mathfrak{Ctg}\,x\,. \qquad 99')$$

Die $\mathfrak{Cof}$-Kurve ergibt sich durch Halbieren der Summe der entsprechenden Ordinaten der beiden Kurven $y = e^x$ und $y = e^{-x}$; diese und die $\mathfrak{Tg}$- und die $\mathfrak{Ctg}$-Kurve sind ebenfalls in Abb. 80 eingezeichnet. Wir sehen aus ihr, wie sich auch durch Rechnung bestätigen läßt, daß die $\mathfrak{Cof}$-Kurve zur Ordinatenachse symmetrisch verläuft und mit wachsendem $|x|$ vom Werte 1 ($x = 0$) über alle Grenzen hinaus wächst; ferner wächst die $\mathfrak{Sin}$-Funktion für positive x von Null ($x = 0$) mit wachsendem x ebenfalls über alle Grenzen hinaus. Die $\mathfrak{Tg}$-Funktion nähert sich von Null ($x = 0$) für wachsende x asymptotisch dem Werte 1 wachsend, die $\mathfrak{Ctg}$-Funktion dagegen von ∞ (für $x = 0$) fallend dem Werte 1 asymptotisch. Wir sehen ferner, daß für sehr große positive Werte von x, da e^{-x} dann sehr klein wird, $\mathfrak{Cof}\,x \approx \mathfrak{Sin}\,x \approx \dfrac{e^x}{2}$ wird. So ist beispielsweise

$$\mathfrak{Cof}\,6 \approx \mathfrak{Sin}\,6 \approx \frac{e^6}{2} = 201{,}71\,.$$

Die Ingenieur-Hilfs- und -Taschenbücher (siehe u. a. F r e y t a g , Hilfsbuch für den Maschinenbau, Berlin: Julius Springer) enthalten zumeist Tafeln der hyperbolischen Funktionen und ihrer Logarithmen. Aus diesen Tabellen kann man leicht die Werte der Exponentialfunktion finden; denn es ist nach den Formeln 97) und 97'):

$$e^x = \mathfrak{Cof}\,x + \mathfrak{Sin}\,x\,, \qquad e^{-x} = \mathfrak{Cof}\,x - \mathfrak{Sin}\,x\,.$$

Da beispielsweise

$$\mathfrak{Cof}\,1{,}64 = 2{,}6746\,, \qquad \mathfrak{Sin}\,1{,}64 = 2{,}4806\,,$$

so ist

$$e^{1{,}64} = 5{,}1552\,, \qquad e^{-1{,}64} = 0{,}1940\,.$$

Die Benennung der hyperbolischen Funktionen läßt schon auf eine innere Verwandtschaft mit den goniometrischen schließen. Nun fehlt allerdings den hyperbolischen Funktionen das hervorstechendste Merkmal der goniometrischen, die Periodizität, wenigstens für reelle Werte der unabhängigen Veränderlichen. Indessen erinnern schon die Formeln 98), 98'), 99), 99') an die gleichlautenden Beziehungen zwischen den goniometrischen Funktionen; weitere sollen jetzt abgeleitet werden.

Da die hyperbolischen Funktionen in gesetzmäßiger Weise von der Exponentialfunktion abhängen, müssen zwischen ihnen selbst be stimmte Zusammenhänge bestehen. Zunächst erkennen wir ohne weiteres aus den Formeln 97) und 97'), daß

$$\operatorname{Tg} x = \frac{\operatorname{Sin} x}{\operatorname{Cos} x} \quad \text{und} \quad \operatorname{Tg} x \cdot \operatorname{Ctg} x = 1 \qquad 100)$$

ist. Da ferner

$$\operatorname{Cos}^2 x = \frac{e^{2x} + 2 + e^{-2x}}{4} \quad \text{und} \quad \operatorname{Sin}^2 x = \frac{e^{2x} - 2 + e^{-2x}}{4}$$

ist, so folgt weiter:

$$\operatorname{Cos}^2 x - \operatorname{Sin}^2 x = 1. \qquad 100')$$

Die Formeln 100) entsprechen genau den bekannten goniometrischen, nur steht in 100') statt der Summe die Differenz.

Auch die hyperbolischen Funktionen haben Additionstheoreme. Es ist

$$\frac{e^{x+y} - e^{-(x+y)}}{2} = \frac{e^x - e^{-x}}{2} \cdot \frac{e^y + e^{-y}}{2} + \frac{e^x + e^{-x}}{2} \cdot \frac{e^y - e^{-y}}{2},$$

wovon man sich durch Ausrechnen leicht überzeugen kann; folglich ist

$$\operatorname{Sin}(x + y) = \operatorname{Sin} x \operatorname{Cos} y + \operatorname{Cos} x \operatorname{Sin} y. \qquad 101)$$

Ferner ist

$$\frac{e^{x+y} + e^{-(x+y)}}{2} = \frac{e^x + e^{-x}}{2} \cdot \frac{e^y + e^{-y}}{2} + \frac{e^x - e^{-x}}{2} \cdot \frac{e^y - e^{-y}}{2};$$

also

$$\operatorname{Cos}(x + y) = \operatorname{Cos} x \operatorname{Cos} y + \operatorname{Sin} x \operatorname{Sin} y. \qquad 101')$$

Setzt man $y = x$, so folgen die weiteren Formeln:

$$\left.\begin{array}{l} \operatorname{Sin} 2x = 2 \operatorname{Sin} x \operatorname{Cos} x, \qquad \operatorname{Cos} 2x = \operatorname{Cos}^2 x + \operatorname{Sin}^2 x \\ \qquad (\text{vgl. } \cos 2x = \cos^2 x - \sin^2 x). \end{array}\right\} \qquad 102)$$

Aus letzterer ergibt sich in Verbindung mit Formel 100'):

$$\operatorname{Cos} 2x = 1 + 2 \operatorname{Sin}^2 x \quad \text{und} \quad \operatorname{Cos} 2x = 2 \operatorname{Cos}^2 x - 1,$$

also für $x = \dfrac{u}{2}$,

$$\operatorname{Sin} \frac{u}{2} = \sqrt{\frac{\operatorname{Cos} u - 1}{2}} \quad \text{und} \quad \operatorname{Cos} \frac{u}{2} = \sqrt{\frac{\operatorname{Cos} u + 1}{2}} \quad \text{usw.} \qquad 103)$$

Man beachte bei allen diesen Formeln die Ähnlichkeit mit den entsprechenden der goniometrischen Funktionen, aber auch den Vorzeichenunterschied in gewissen Formeln; beides setzt sich auch in die Differentialrechnung hinein fort, wie nun gezeigt werden soll. Es ist

$$\operatorname{Sin} x = \frac{e^x - e^{-x}}{2}, \quad \text{also} \quad \frac{d \operatorname{Sin} x}{dx} = \frac{e^x + e^{-x}}{2} = \operatorname{Cos} x,$$

ferner

$$\frac{d \operatorname{Cos} x}{dx} = \frac{e^x - e^{-x}}{2} = \operatorname{Sin} x.$$

Weiter ist nach der Quotientenregel

$$\frac{d\,\mathfrak{Tg}\,x}{dx} = \frac{d\,\dfrac{\mathfrak{Sin}\,x}{\mathfrak{Cos}\,x}}{dx} = \frac{\mathfrak{Cos}^2 x - \mathfrak{Sin}^2 x}{\mathfrak{Cos}^2 x} = \frac{1}{\mathfrak{Cos}^2 x} \quad\text{und ebenso}\quad \frac{d\,\mathfrak{Ctg}\,x}{dx} = -\frac{1}{\mathfrak{Sin}^2 x}.$$

Wir stellen diese Formeln nochmals zusammen:

$$\left.\begin{aligned}
\frac{d\,\mathfrak{Sin}\,x}{dx} &= \mathfrak{Cos}\,x, & \frac{d\,\mathfrak{Cos}\,x}{dx} &= \mathfrak{Sin}\,x, \\
\frac{d\,\mathfrak{Tg}\,x}{dx} &= \frac{1}{\mathfrak{Cos}^2 x}, & \frac{d\,\mathfrak{Ctg}\,x}{dx} &= -\frac{1}{\mathfrak{Sin}^2 x}.
\end{aligned}\right\} \qquad 104)$$

(59) Die inversen Funktionen zu den hyperbolischen Funktionen sind die sog. Area-Funktionen. Man versteht unter Area-Sinus von x eine Zahl y, deren hyperbolischer Sinus den Wert x hat, in Formeln

$$y = \mathfrak{Ar}\,\mathfrak{Sin}\,x, \quad\text{wenn}\quad \mathfrak{Sin}\,y = x \qquad 105)$$

ist; ebenso ist

$$\left.\begin{aligned}
y &= \mathfrak{Ar}\,\mathfrak{Cos}\,x, & \text{wenn} \quad & \mathfrak{Cos}\,y = x \quad \text{ist;} \\
y &= \mathfrak{Ar}\,\mathfrak{Tg}\,x, & \text{wenn} \quad & \mathfrak{Tg}\,y = x \quad \text{ist;} \\
y &= \mathfrak{Ar}\,\mathfrak{Ctg}\,x, & \text{wenn} \quad & \mathfrak{Ctg}\,y = x \quad \text{ist.}
\end{aligned}\right\} \qquad 105')$$

Zum Aufschlagen der Werte der Areafunktionen für ein bestimmtes x dienen dieselben Tabellen wie zum Aufschlagen der hyperbolischen Funktionen; nur sind jetzt abhängige und unabhängige Veränderliche zu vertauschen (vgl. trigonometrische Funktionen und Winkel; Numerus und Logarithmus).

Theoretisch sind weder die hyperbolischen Funktionen noch ihre Umkehrfunktionen nötig; wie jene sich durch die Exponentialfunktion ausdrücken lassen, so diese durch die natürlichen Logarithmen. Da nämlich nach Definition $y = \mathfrak{Ar}\,\mathfrak{Sin}\,x$ ist, wenn $x = \mathfrak{Sin}\,y = \dfrac{e^y - e^{-y}}{2}$ ist, so muß die Gleichung bestehen

$$e^y - e^{-y} = 2x$$

oder nach Multiplizieren mit e^y

$$(e^y)^2 - 2x\,e^y - 1 = 0.$$

Die Lösung dieser in e^y quadratischen Gleichung ist

$$e^y = x \pm \sqrt{x^2 + 1};$$

da $e^y > 0$ sein muß, gilt nur das obere Vorzeichen. Es ist also

$$e^y = x + \sqrt{x^2 + 1}, \quad\text{hieraus}\quad y = \ln\!\big(x + \sqrt{x^2 + 1}\big),$$

also läßt sich $\mathfrak{Ar}\,\mathfrak{Sin}\,x$ ersetzen durch

$$\mathfrak{Ar}\,\mathfrak{Sin}\,x = \ln\!\big(x + \sqrt{x^2 + 1}\big). \qquad 106)$$

Ebenso läßt sich zeigen, daß

$$\mathrm{Ar\,Cof}\,x = \ln\left(x + \sqrt{x^2 - 1}\right)$$ 106')

ist. Da weiter $y = \mathrm{Ar\,Tg}\,x$ ist, wenn

$$x = \mathrm{Tg}\,y = \frac{e^y - e^{-y}}{e^y + e^{-y}}$$

ist, so ist nach Erweitern mit e^y

$$\frac{e^{2y} - 1}{e^{2y} + 1} = x, \qquad e^{2y}(1 - x) = 1 + x, \qquad e^{2y} = \frac{1 + x}{1 - x},$$

$$2y = \ln\frac{1 + x}{1 - x}, \qquad y = \frac{1}{2}\ln\frac{1 + x}{1 - x};$$

$$\mathrm{Ar\,Tg}\,x = \frac{1}{2}\ln\frac{1 + x}{1 - x}.$$ 106")

Ebenso ergibt sich

$$\mathrm{Ar\,Ctg}\,x = \frac{1}{2}\ln\frac{x + 1}{x - 1}.$$ 106"')

Ist $y = \mathrm{Ar\,Sin}\,x$, also $x = \mathrm{Sin}\,y$, so folgt

$$\frac{dx}{dy} = \mathrm{Cof}\,y = \sqrt{\mathrm{Sin}^2 y + 1} = \sqrt{x^2 + 1}.$$

Daher ist

$$\frac{dy}{dx} = \frac{1}{\sqrt{x^2 + 1}} \quad \text{oder} \quad \frac{d\,\mathrm{Ar\,Sin}\,x}{dx} = \frac{1}{\sqrt{x^2 + 1}}.$$

Ebenso findet man, daß für $y = \mathrm{Ar\,Cof}\,x$ $\dfrac{dx}{dy} = \dfrac{1}{\sqrt{x^2 - 1}}$ ist.

$$y = \mathrm{Ar\,Tg}\,x, \qquad x = \mathrm{Tg}\,y, \qquad \frac{dx}{dy} = \frac{1}{\mathrm{Cof}^2 y} = 1 - \mathrm{Tg}^2 y = 1 - x^2,$$

also

$$\frac{dy}{dx} = \frac{1}{1 - x^2}, \qquad \frac{d\,\mathrm{Ar\,Tg}\,x}{dx} = \frac{1}{1 - x^2}.$$

Das gleiche Ergebnis erhält man auch für $y = \mathrm{Ar\,Ctg}\,x$.

Wir haben sonach die Formeln gefunden:

$$\left.\begin{array}{l} \dfrac{d\,\mathrm{Ar\,Sin}\,x}{dx} = \dfrac{1}{\sqrt{x^2 + 1}}, \qquad \dfrac{d\,\mathrm{Ar\,Cof}\,x}{dx} = \dfrac{1}{\sqrt{x^2 - 1}}, \\[3mm] \dfrac{d\,\mathrm{Ar\,Tg}\,x}{dx} = \dfrac{d\,\mathrm{Ar\,Ctg}\,x}{dx} = \dfrac{1}{1 - x^2}. \end{array}\right\}$$ 107)

Daß die unmittelbare Differentiation der Formeln 106) zum gleichen Ziele führt, davon möge sich der Leser selbst überzeugen. Vergleiche hierzu auch **(54)**, Differentiationsbeispiel 2). Man beachte auch hier die enge Verwandtschaft der Formeln 107) mit den Formeln für die Differentialquotienten der zyklometrischen Funktionen [Formeln 83) bis 86)].

(60) Ein Beispiel aus der Bewegungslehre möge dazu beitragen, das Verständnis für die hyperbolischen Funktionen zu vertiefen: **der Fall im lufterfüllten Raume.** Wird der Luftwiderstand proportional dem Quadrate der Geschwindigkeit angenommen, so wird die Abhängigkeit des durchfallenen Weges s von der dazu benötigten Zeit t durch die Formel wiedergegeben:

$$s = \frac{v_1^2}{g} \cdot \ln \mathfrak{Cof} \, \frac{gt}{v_1} ; \qquad \qquad \text{a)}$$

hierbei ist v_1 die sog. stationäre Geschwindigkeit und $g = 9{,}81 \, \mathrm{ms}^{-2}$ die Schwerebeschleunigung. Beispielsweise ist für eine gußeiserne Kugel vom Halbmesser 10 cm $v_1 = 171{,}3 \, \mathrm{ms}^{-1}$ und demnach

$$s = 2990^{\,\mathrm{m}} \cdot \ln \mathfrak{Cof} \, 0{,}0572 \, t = 6894^{\,\mathrm{m}} \cdot \log \mathfrak{Cof} \, 0{,}0572 \, t \,.$$

(Übergang von den natürlichen Logarithmen zu den gemeinen Logarithmen.) Benutzt man die Tafeln der gemeinen Logarithmen des hyperbolischen Kosinus, so erhält man

für $t = 0$	1	2	3	4	5 sec
die Werte $s = 0$	4,83	19,31	43,44	77,90	120,7 m

für $t = 10$	20	30	40	50	100 sec
die Werte $s = 465{,}2$	1639	3158	4806	6498	15049 m.

Für höhere Werte von t können wir von der S. 149 abgeleiteten Formel

$$\mathfrak{Cof} \, x \approx \frac{e^x}{2}$$

Gebrauch machen; Gleichung a) geht dann über in

$$s = \frac{v_1^2}{g} \cdot \ln \frac{e^{\frac{gt}{v_1}}}{2} = \frac{v_1^2}{g} \cdot \left(\frac{gt}{v_1} - \ln 2 \right). \qquad \text{a')}$$

Also wird für unser Zahlenbeispiel

$$s = 2990^{\mathrm{m}} \cdot (0{,}0572 \, t - 0{,}6931) \quad \text{oder} \quad s = 171{,}3 \, t - 2072 \,,$$

demnach für

$t =$	100	200	300	400	500	600 sec
$s =$	15060	32190	49320	66450	83580	100710 m.

Um andererseits die Zeit zu ermitteln, die der Körper braucht, um eine bestimmte Höhe s zu durchfallen, muß man Gleichung a) nach t auflösen. Man erhält nacheinander:

$$\ln \mathfrak{Cof} \, \frac{gt}{v_1} = \frac{g}{v_1^2} s \,, \qquad \mathfrak{Cof} \, \frac{gt}{v_1} = e^{\frac{g}{v_1^2} s} \,, \qquad \frac{gt}{v_1} = \mathfrak{Ar} \, \mathfrak{Cof} \, e^{\frac{g}{v_1^2} s} \,,$$

also

$$t = \frac{v_1}{g} \cdot \mathfrak{Ar} \, \mathfrak{Cof} \, e^{\frac{g}{v_1^2} s} \,. \qquad \qquad \text{b)}$$

Für unser Zahlenbeispiel wird also $t = 17{,}46 \cdot \mathfrak{Ar}\mathfrak{Cof}\, e^{0{,}000\,334\,s}$ sec und bei sehr großen Werten von s $t \approx 17{,}46 \cdot (0{,}000\,334\,s + \ln 2)$ oder $t \approx (0{,}005\,84\,s + 12{,}09)$ sec. Eine Höhe, wie sie die Zugspitze hat, würde — gleichen Luftwiderstand in allen Schichten vorausgesetzt — von unserer Kugel in der Zeit

$$t = 17{,}46 \cdot \mathfrak{Ar}\mathfrak{Cof}\, e^{0{,}000\,334 \cdot 2960} \approx 17{,}46 \cdot \mathfrak{Ar}\mathfrak{Cof}\, e^{0{,}989} \approx 17{,}46 \cdot \mathfrak{Ar}\mathfrak{Cof}\, 2{,}69$$
$$\approx 17{,}46 \cdot 1{,}65 \approx 29 \text{ sec}$$

durchfallen, eine Höhe von 20 km in

$$t \approx 0{,}005\,84 \cdot 20\,000 + 12{,}09 \approx 116{,}8 + 12{,}1 \approx 129 \text{ sec.}$$

Abb. 81 zeigt die Zeit-Weg-Kurve unseres Zahlenbeispiels nach Formel a) (Kurve s) und Formel a') (Kurve s_0); s_0 ist eine Gerade, an die sich s

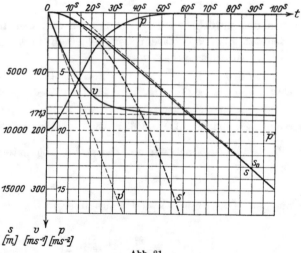

Abb. 81.

asymptotisch anschmiegt. Zugleich ist die Weg-Zeit-Kurve s' eingezeichnet für den Fall im luftleeren Raume; die Differenz der Ordinaten von s und s_0 gibt die Strecke, um welche die Kugel infolge des Luftwiderstandes zurückbleibt.

Um den gesetzmäßigen Zusammenhang zwischen der Geschwindigkeit v und der Zeit t beim Falle im lufterfüllten Raume zu finden, müssen wir $s = \dfrac{v_1^2}{g} \cdot \ln \mathfrak{Cof}\, \dfrac{gt}{v_1}$ nach t differenzieren. Wir setzen:

$$s = \frac{v_1^2}{g} \cdot \ln u\,, \qquad u = \mathfrak{Cof}\, z\,, \qquad z = \frac{g}{v_1}\, t\,;$$

es ist

$$\frac{ds}{du} = \frac{v_1^2}{g} \cdot \frac{1}{u} = \frac{v_1^2}{g\,\mathfrak{Cof}\,\dfrac{g}{v_1}\,t}\,,$$

$$\frac{du}{dz} = \mathfrak{Sin}\, z = \mathfrak{Sin}\, \frac{g}{v_1}\, t\,, \qquad \frac{dz}{dt} = \frac{g}{v_1}\,,$$

also

$$\frac{ds}{dt} = \frac{v_1^2}{g \cdot \mathfrak{Cof}\,\dfrac{g}{v_1}\,t} \cdot \mathfrak{Sin}\,\frac{g}{v_1}\,t \cdot \frac{g}{v_1} = v_1 \cdot \mathfrak{Tg}\,\frac{g}{v_1}\,t\,;$$

$$v = v_1 \cdot \mathfrak{Tg}\,\frac{g}{v_1}\,t \qquad \text{und} \qquad t = \frac{v_1}{g} \cdot \mathfrak{Ar\,Tg}\,\frac{v}{v_1}\,. \hspace{2cm} \text{c)}$$

Jetzt können wir auch die Größe v_1 deuten; wächst nämlich t über alle Grenzen hinaus, so wird auch $\dfrac{g}{v_1}\,t$ unendlich groß, und damit nähert sich $\mathfrak{Tg}\,\dfrac{g}{v_1}\,t$ dem Grenzwerte 1, v also der Grenze v_1:

$$\lim_{t\,\to\,\infty} v = v_1\,.$$

Die Geschwindigkeit nähert sich also einem bestimmten Grenzwerte, eben der **stationären Geschwindigkeit**, und zwar kommt sie schon in verhältnismäßig kurzer Zeit dieser sehr nahe, wie der Verlauf der $\mathfrak{Tg}$-Funktion lehrt. Praktisch geht demnach der Fall im lufterfüllten Raume sehr bald in die gleichförmige Bewegung über. In unserem Zahlenbeispiele ist

$$v = 171{,}3 \cdot \mathfrak{Tg}\,0{,}0572\,t \;\; \text{m sec}^{-1}\,;$$

und hieraus ergeben sich mit Hilfe einer Tabelle der $\mathfrak{Tg}$-Funktion

für $t =$	0	5	10	20	30	40	50	60 sec
die Werte $v =$	0	47,7	88,5	139,8	160,6	167,8	170,2	170,9 m sec^{-1}.

(Abb. 81: v-Kurve, im Vergleich dazu v'-Kurve für den Fall im luftleeren Raume.)

Die **Beschleunigung-Zeit-Beziehung** stellt sich folgendermaßen dar: Es ist die Beschleunigung $p = \dfrac{dv}{dt}$; also nach der Kettenregel

$$p = v_1 \cdot \frac{1}{\mathfrak{Cof}^2\,\dfrac{g}{v_1}\,t} \cdot \frac{g}{v_1}$$

oder

$$p = \frac{g}{\mathfrak{Cof}^2\,\dfrac{g}{v_1}\,t} \qquad \text{und} \qquad t = \frac{v_1}{g}\,\mathfrak{Ar\,Cof}\,\sqrt{\frac{g}{p}}\,. \hspace{1.5cm} \text{d)}$$

Die Beschleunigung nähert sich demnach sehr rasch dem Werte Null. In unserem Zahlenbeispiele ist

$$p = \frac{9{,}81}{\mathfrak{Cof}^2\,0{,}0572\,t} \;\; \text{m sec}^{-2}\,;$$

für $t =$	0	5	10	20	30	40	50	60	70	80 sec
wird $p =$	9,81	9,05	7,19	3,28	1,19	0,396	0,128	0,041	0,013	0,004 m sec^{-2}.

(Abb. 81: p-Kurve, im Vergleich dazu p'-Kurve im luftleeren Raume.)

Zur Abrundung des Beispieles wollen wir noch kurz auf die Weg-Geschwindigkeits-, Weg-Beschleunigungs- und Geschwindigkeits-Beschleunigungs-Beziehungen und ihre Schaubilder eingehen. Aus a) folgt

$$\mathfrak{Coj}\,\frac{g\,t}{v_1} = e^{\frac{g}{v_1^2}\,s};$$

da nun

$$\mathfrak{Tg}\,x = \frac{\mathfrak{Sin}\,x}{\mathfrak{Coj}\,x} = \frac{\sqrt{\mathfrak{Coj}^2\,x - 1}}{\mathfrak{Coj}\,x} = \sqrt{1 - \mathfrak{Coj}^{-2}\,x}$$

ist, so ist

$$\mathfrak{Tg}\,\frac{g}{v_1}\,t = \sqrt{1 - \mathfrak{Coj}^{-2}\,\frac{g}{v_1}\,t} = \sqrt{1 - e^{-2\frac{g}{v_1^2}\,s}}$$

also mit Hilfe von c)

$$v = v_1 \cdot \sqrt{1 - e^{-2\frac{g}{v_1^2}\,s}} \quad \text{oder} \quad s = \frac{v_1^2}{2g} \cdot \ln\frac{v_1^2}{v_1^2 - v^2} \qquad \text{e)}$$

und mit Hilfe von d)

$$p = g \cdot e^{-2\frac{v}{g_1^2}\,s} \quad \text{oder} \quad s = \frac{v_1^2}{2g} \cdot \ln\frac{g}{p}. \qquad \text{f)}$$

Schließlich folgt durch Verbindung der beiden Formeln c) und d) die Geschwindigkeit-Beschleunigungs-Beziehung

$$p = g\left(1 - \mathfrak{Tg}^2\,\frac{g}{v_1}\,t\right),$$

also

$$p = g\left(1 - \frac{v^2}{v_1^2}\right) \quad \text{oder} \quad v = v_1\sqrt{1 - \frac{p}{g}}. \qquad \text{g)}$$

Formel g) bestätigt die anfangs über den Fall im lufterfüllten Raume gemachte Annahme, daß der Luftwiderstand proportional dem Quadrate der Geschwindigkeit sein soll; denn es ist $p = g - \frac{g}{v_1^2}\,v^2$, d. h. die Schwerebeschleunigung g wird in jedem Augenblicke vermindert um eine Größe $\frac{g}{v_1^2}\,v^2$; diese Verzögerung ist in der Tat dem Quadrate der augenblicklichen Geschwindigkeit proportional. Für unser Zahlenbeispiel gestalten sich die Formeln folgendermaßen:

$$v = 171{,}3 \cdot \sqrt{1 - e^{-0{,}000\,668\,s}}\ \mathrm{m\,sec}^{-1}$$

oder

$$s = 1495 \cdot \ln\frac{29340}{29340 - v^2}\ \mathrm{m} = 3442 \cdot \log\frac{29340}{29340 - v^2}\ \mathrm{m} \quad \text{(s. Abb. 82)},$$

$$p = 9{,}81 \cdot e^{-0{,}000\,668\,s}\ \mathrm{m\,sec}^{-2}$$

oder

$$s = 1495 \cdot \ln\frac{9{,}81}{p}\ \mathrm{m} = 3442 \cdot \log\frac{9{,}81}{p}\ \mathrm{m} \quad \text{(s. Abb. 82)},$$

$$p = 9{,}81 \cdot \left(\frac{v^2}{29340}\right)\ \mathrm{m\,sec}^{-2}$$

oder

$$v = 171{,}3 \cdot \sqrt{1 - \frac{p}{9{,}81}} \; \text{m sec}^{-2} \quad \text{(s. Abb. 83)}.$$

Folgende Fragen mögen zur rechnerischen Einübung im Gebrauche der hyperbolischen Funktionen beantwortet werden:

a) Wie groß sind nach 8, 35, 100 Sekunden die Beschleunigung, die Geschwindigkeit und die Fallhöhe? ($p = 8{,}011$; $0{,}6930$; $0{,}0004 \, \text{m sec}^{-2}$. $v = 75{,}84$; $165{,}2$; $141{,}3 \, \text{m sec}^{-1}$. $s = 303{,}4$; 3967; $1{,}5049 \, \text{m}$.)

b) Wann hat der Körper eine Strecke von 10, 100, 1000, 10000 m durchfallen und wie groß sind die zu diesen Strecken gehörigen Geschwindigkeiten und Beschleunigungen? ($t = 1{,}414$; $4{,}532$; $15{,}07$; $70{,}41 \, \text{sec}$. $v = 13{,}97$; $43{,}54$; $119{,}6$; $171{,}2 \, \text{m sec}^{-1}$. $p = 9{,}745$; $9{,}176$; $5{,}030$; $0{,}012 \, \text{m sec}^{-2}$.)

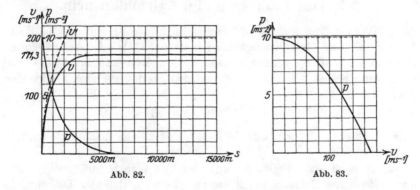

Abb. 82.   Abb. 83.

Wir sind hiermit ans Ende des ersten Abschnittes gelangt. Die bisherigen Erörterungen galten der Klarlegung des Begriffes der Funktion, ihrer rechnerischen Untersuchung und zeichnerischen Darstellung, insbesondere der Entwicklung ihres (ersten) Differentialquotienten und der mit ihm zusammenhängenden Eigenschaften (Kurventangente, Höchst- und Tiefstwerte usw.) der Funktion bzw. Kurve. Theorie und Praxis führen aber auf zahlreiche Aufgaben, die nicht durch die Differentiation, sondern nur durch die Umkehroperation — die sog. Integration — gelöst werden können. Begriff, Verfahren und Anwendung dieser neuen Rechenoperation sind der wesentliche Inhalt des folgenden Abschnittes.

Das Integrieren.

§ 1. Das Problem und die Grundformeln.

(61) Wir beginnen mit einem Beispiele: Ein in voller Fahrt befindlicher Wagen habe eine Geschwindigkeit c ($= 20 \, \mathrm{m\,sec^{-1}}$); infolge der Reibung und anderer Einflüsse vermindere sich diese von einem Augenblicke $t = 0$ an in jeder Sekunde um p ($= 0{,}2 \, \mathrm{m\,sec^{-2}}$), so daß sie nach t Sekunden noch

$$v = c - pt \qquad (v = (20 - 0{,}2t) \, \mathrm{m\,sec^{-1}}) \qquad\qquad 1)$$

beträgt. Welchen Weg hat der Wagen bis zu diesem Zeitpunkte zurückgelegt?

Es ist nach dem Wege s gefragt, den der Wagen zurückgelegt hat; unsere früheren Betrachtungen lehren uns nun, daß der Differentialquotient des Weges nach der Zeit die Geschwindigkeit ergibt; folglich besteht die Gleichung $\frac{ds}{dt} = c - pt$. Es ist selbstverständlich, daß s ebenfalls eine Funktion von t sein muß. Allerdings kennen wir sie noch nicht, wohl aber ihren Differentialquotienten; die Aufgabe läuft also darauf hinaus, s so als Funktion von t zu bestimmen, daß $\frac{ds}{dt} = c - pt$ wird. Wenn wir auf Grund der in der Differentialrechnung gewonnenen Ergebnisse diese Funktion aufstellen wollen, so können wir so vorgehen: $c - pt$ ist eine algebraische Summe; demnach muß die gesuchte Funktion, deren Differentialquotient ja diese Summe sein soll, ebenfalls eine Summe sein (Summenregel!). Das erste Glied der gesuchten Summe muß $c \cdot t$ heißen; denn nur dann ergibt sich als Differentialquotient nach t die Konstante c. Ebenso sieht man leicht, besonders wenn man pt in der Form $\frac{p}{2} \cdot 2t$ schreibt, daß das zweite Glied der gesuchten Summe nur $\frac{p}{2} \cdot t^2$ heißen kann; denn $\frac{p}{2} \cdot t^2$ gibt nach t differenziert $\frac{p}{2} \cdot 2t = p \cdot t$. Die gesuchte Funktion muß also sicher die beiden Glieder $ct - \frac{p}{2} t^2$ enthalten. Es fragt sich nun weiter, ob sie vielleicht

noch andere Glieder enthalten kann. Daß sie keine weiteren Glieder
zu enthalten braucht, sehen wir daran, daß

$$\frac{d\left(ct - \frac{p}{2}\, t^2\right)}{dt} = c - pt,$$

also gleich der gegebenen Funktion ist. Hieraus ergibt sich aber sofort,
daß die Funktion höchstens noch Glieder enthalten kann, die, nach t
differenziert, verschwinden. Solche Glieder sind aber nur Konstante,
die man natürlich in eine zusammenzieht. Fügen wir demnach zu
dem obigen Ausdrucke noch irgendein von t unabhängiges Glied C
hinzu, so erhalten wir die allgemeinste Funktion, deren Differentialquotient gleich $c - pt$ ist; sie heißt $s = C + ct - \frac{1}{2}pt^2$. Man nennt
s das Integral der Funktion $c - pt$ und schreibt

$$s = \int (c - pt) \cdot dt = C + ct - \tfrac{1}{2}pt^2.$$

Die Konstante C heißt Integrationskonstante; über sie ist dabei
nichts Näheres ausgesagt; sie kann beliebige Werte haben. Insofern
liegt in dem Integrale noch eine Unbestimmtheit, und man nennt
daher ein solches Integral ein unbestimmtes Integral. Die Auf-
gabe, s aus $\frac{ds}{dt}$ zu finden, hat hiernach zunächst unendlich viele Lösungen. Es ist also festzustellen, welche von ihnen die tatsächliche Bewegung des Wagens darstellt.

Wir haben gefunden, daß der Wagen bis zum Zeitpunkte t den Weg

$$s = C + ct - \tfrac{1}{2}pt^2 \qquad\qquad 2)$$

zurückgelegt hat. Die Frage nach dem Weg des Wagens hat aber
nur dann einen bestimmten Sinn, wenn der Anfangspunkt des Weges
gegeben ist. Da die Bremswirkung im Augenblicke $t = 0$ einsetzt, der
Wagen sich aber schon vorher mit der Geschwindigkeit c bewegte,
so hat er bereits einen bekannten Weg zurückgelegt, für den aus der
Formel 2) der Betrag $(t = 0)$ $s = C$ folgt. Damit hat die Integrationskonstante in unserem Beispiele eine bestimmte Bedeutung gewonnen:
sie ist gleichbedeutend mit dem Wege, den der Wagen vor Beginn der
Verzögerung schon zurückgelegt hatte, oder auch die Entfernung des
Ausgangspunktes seiner Bahn von dem Punkte, wo die Bremswirkung
anhebt. Man sieht auch leicht ein, daß die Kenntnis der Geschwindigkeit allein nicht ausreichen kann, um die Bewegung vollständig zu beschreiben. Will man insbesondere durch die Formeln nur den Weg
darstellen, auf dem die Bremsung wirkt, so hat man $C = 0$ zu setzen,
und die Formel lautet dann $s = ct - \tfrac{1}{2}pt^2$, in unserem Zahlenbeispiele
$s = (20\,t - 0{,}1\,t^2)$ m. Nach ihr ist

nach $t =$	0	1	2	3	4	5	6	7 sec
$s =$	0	19,9	39,6	59,1	78,4	97,5	116,4	135,1 m.

Da die Geschwindigkeit immer kleiner wird, muß sie schließlich $= 0$ werden. Nach 1) tritt dies ein zur Zeit $t = 10$ sec. Also beträgt der Weg, den der Wagen zurücklegt, um von der Geschwindigkeit $a = 20$ m sec^{-1} bis zum Stillstand zu kommen, der Bremsweg

$$s = (20 \cdot 100 - 0{,}1 \cdot 100^2) \text{ m} = (2000 - 1000) \text{ m} = 1 \text{ km}.$$

Wäre uns bekannt, daß der Wagen bis zum Beginne des Bremsens schon 17 km gefahren ist, so könnten wir jetzt die ganze Wegstrecke des Wagens bis zum Stillstande angeben: sie betrüge 18 km.

(62) Wir wollen nun verallgemeinern: Ist uns irgendeine Funktion von x $f(x)$ gegeben, so nennen wir diejenige Funktion $F(x)$, von welcher $f(x)$ der Differentialquotient nach der Veränderlichen x ist, das **In-tegral von** $f(x)$ **über die Veränderliche** x und schreiben

$$F(x) = \int f(x) \cdot dx \qquad\qquad 3)$$

(gesprochen: „Groß F von x ist gleich Integral über klein f von x mal dx"). Der Sinn dieser Ausdrucksweise und der Grund für diese Schreibweise wird uns im weiteren Verlaufe klar werden; jetzt sei nur gesagt, daß das Zeichen $\int$, das **Integralzeichen**, aus einem gestreckten großen lateinischen S entstanden ist. Die Veränderliche x heißt **Integrations-veränderliche (Integrationsvariable)**, die Funktion $f(x)$ der **Integrand**, die Funktion $F(x)$ das **Integral**. Die Probe darauf, ob $F(x)$ wirklich das Integral von $f(x)$ ist, besteht naturgemäß darin, daß

$$\frac{dF(x)}{dx} \equiv f(x) \qquad\qquad 4)$$

ist; durch Einsetzen von 3) in 4) folgt die identische Gleichung:

$$\frac{d[\int f(x)\,dx]}{dx} \equiv f(x). \qquad\qquad 5)$$

Es ist leicht einzusehen, daß auch jetzt, wenn $F(x)$ ein Integral von $f(x)$ ist, jede Funktion $F(x) + C$, wobei C irgendeine von der Integrations-veränderlichen x unabhängige Größe, eine **Integrationskonstante** ist, ebenfalls ein Integral von $f(x)$ ist. Folglich hat $f(x)$ unendlich viele Integrale. Daß sie außer den in dem Ausdrucke $F(x) + C$ ent-haltenen keine weiteren Integrale haben kann, wollen wir nun be-weisen.

Sind nämlich zwei Funktionen $F(x)$ und $G(x)$ Integrale von $f(x)$, so daß also $\dfrac{dF(x)}{dx} = f(x)$ und $\dfrac{dG(x)}{dx} = f(x)$ ist, so muß die Glei-chung gelten

$$\frac{dG(x)}{dx} - \frac{dF(x)}{dx} = 0;$$

nach der Summenregel ist aber

$$\frac{d\,G(x)}{d\,x} - \frac{d\,F(x)}{d\,x} \equiv \frac{d\,[G(x) - F(x)]}{d\,x}.$$

Also muß auch

$$\frac{d\,[G(x) - F(x)]}{d\,x} = 0$$

sein, d. h. der Differentialquotient der neuen Funktion $G(x) - F(x)$ muß den Wert Null haben. Nun gibt es aber keine Funktion von x, deren Differentialquotient für jeden Wert von x gleich Null ist; dies trifft nur für eine von x unabhängige, für eine konstante Größe zu. Also muß $G(x) - F(x) = C$ sein oder $G(x) = F(x) + C$; d. h. alle **Integrale desselben Integranten unterscheiden sich nur um eine Integrationskonstante.** Damit ist der Beweis erbracht.

Wir können uns diesen Satz auch geometrisch veranschaulichen: Sind nämlich $F(x)$
und $G(x)$ zwei Funktionen, die für jedes beliebige x denselben Differentialquotienten
haben, so müssen ihre Kurven für gleiche
Abszissen x auch stets die gleiche Tangentenrichtung besitzen.

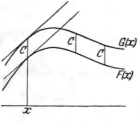

Abb. 84.

Das ist, wie die Anschauung lehrt, nur
dann möglich, wenn die Differenz C der zu
einer und derselben Abszisse gehörigen Ordi-
naten stets die gleiche, d. h. $G(x) - F(x) = C$ oder $G(x) = F(x) + C$
ist. Die Kurve $y = G(x)$ geht aus der Kurve $y = F(x)$ dadurch hervor, daß man diese um das Stück C im Sinne der y-Achse verschiebt.

(63) Kennt man demnach ein Integral einer Funktion, so kann man
aus ihm beliebig viele neue zu der gleichen Funktion gehörige Integrale
bilden, indem man beliebige Konstanten hinzufügt.

Die Kernfrage der Integration lautet daher: Wie findet man irgendein Integral der gegebenen Funktion? Offenbar ist diese Aufgabe für
alle die Funktionen bereits gelöst, die als Differentialquotienten beim
Differenzieren entstanden sind. Wie die anderen Umkehroperationen
(Dividieren, Radizieren usw.) setzt also das Integrieren eine völlige
Sicherheit und Gewandtheit in der Ausgangsoperation, hier also im Diffe-
renzieren, voraus, insbesondere ist unbedingt eine sichere Kenntnis der
Differentialquotienten der einfachen Funktionen notwendig. Ferner
liegt es nahe zu versuchen, Integrationsregeln durch Umkehrung der
Differentiationsregeln abzuleiten.

Aber die so gefundenen Verfahren genügen nicht, um jede beliebige
Funktion zu integrieren, sondern es bleiben noch unzählig viele Funktionen übrig, die wir nicht integrieren können. Dabei ist mit dem

Ausdrucke „eine Funktion nicht integrieren können" gemeint, daß sich keine der uns bisher geläufigen, im 1. Abschnitt behandelten Funktionen und keine Verknüpfung aus ihnen finden läßt, deren Differentialquotient die gegebene Funktion ist. Da der einfachste Weg zur Gewinnung von Integralen der ist, Gleichungen, die durch Differenzieren entstanden sind, umzukehren, so beginnen wir mit einer **Zusammenstellung der Grundformeln der Differentiation.**

Die Differentiation der algebraischen Funktion ließ sich stets auf die Grundformel

$$\frac{dx^n}{dx} = n \cdot x^{n-1}$$

zurückführen, wobei n eine beliebige Zahl sein kann. Die Differentiation der goniometrischen Funktionen lieferte die Grundformeln

$$\frac{d\sin x}{dx} = \cos x, \qquad \frac{d\cos x}{dx} = -\sin x,$$

$$\frac{d\operatorname{tg} x}{dx} = \frac{1}{\cos^2 x}, \qquad \frac{d\operatorname{ctg} x}{dx} = -\frac{1}{\sin^2 x}$$

und die der zyklometrischen Funktionen die Grundformeln

$$\frac{d\arcsin x}{dx} = \frac{1}{\sqrt{1-x^2}}, \qquad \frac{d\arccos x}{dx} = -\frac{1}{\sqrt{1-x^2}},$$

$$\frac{d\operatorname{arctg} x}{dx} = \frac{1}{1+x^2}, \qquad \frac{d\operatorname{arcctg} x}{dx} = -\frac{1}{1+x^2}.$$

Die logarithmische Funktion führte zu der Formel

$$\frac{d\,{}^a\!\log x}{dx} = \frac{1}{x}\,{}^a\!\log e = \frac{1}{x \cdot \ln a}, \qquad \text{insbes.} \qquad \frac{d\ln x}{dx} = \frac{1}{x},$$

und die **Exponentialfunktion** zu der Formel

$$\frac{da^x}{dx} = a^x \cdot \ln a \qquad \text{bzw.} \qquad \frac{de^x}{dx} = e^x.$$

Schließlich erhielten wir aus den hyperbolischen und den dazu inversen Funktionen die Formeln:

$$\frac{d\operatorname{\mathfrak{Sin}} x}{dx} = \operatorname{\mathfrak{Cof}} x, \qquad \frac{d\operatorname{\mathfrak{Cof}} x}{dx} = \operatorname{\mathfrak{Sin}} x,$$

$$\frac{d\operatorname{\mathfrak{Tg}} x}{dx} = \frac{1}{\operatorname{\mathfrak{Cof}}^2 x}, \qquad \frac{d\operatorname{\mathfrak{Ctg}} x}{dx} = -\frac{1}{\operatorname{\mathfrak{Sin}}^2 x};$$

$$\frac{d\operatorname{\mathfrak{Ar}}\operatorname{\mathfrak{Sin}} x}{dx} = \frac{1}{\sqrt{x^2+1}}, \qquad \frac{d\operatorname{\mathfrak{Ar}}\operatorname{\mathfrak{Cof}} x}{dx} = \frac{1}{\sqrt{x^2-1}},$$

$$\frac{d\operatorname{\mathfrak{Ar}}\operatorname{\mathfrak{Tg}} x}{dx} = \frac{1}{1-x^2}, \qquad \frac{d\operatorname{\mathfrak{Ar}}\operatorname{\mathfrak{Ctg}} x}{dx} = \frac{1}{1-x^2}.$$

Durch Umkehrung dieser Formeln erhalten wir die **grundlegenden Integralformeln**. Da $\frac{d\,x^n}{dx} = n \cdot x^{n-1}$ ist, so ist nach Definition $\int n \cdot x^{n-1} dx = x^n$. Der Integrand ist $n \cdot x^{n-1}$. Wir können ihn einfacher gestalten; es ist nämlich

$$\frac{d\left(\frac{1}{n}\,x^n\right)}{dx} = x^{n-1}, \quad \text{also} \quad \int x^{n-1}\,dx = \frac{1}{n}\,x^n.$$

Setzen wir hierin $n+1$ statt n, so folgt als erste Grundformel

$$\int x^n \cdot dx = \frac{x^{n+1}}{n+1} + C, \qquad\qquad 6)$$

wobei C die stets hinzuzufügende bzw. zu ergänzende Integrationskonstante ist. Formel 6) gilt für jedes beliebige n, ob es nun positiv, negativ, rational oder irrational ist, mit der einzigen Ausnahme $n = -1$! Denn für diesen Fall würde sich aus Formel 6) der unsinnige Ausdruck ergeben:

$$\int \frac{dx}{x} = \frac{x^0}{0} + C = \frac{1}{0} + C = \infty + C.$$

Die Frage nach $\int x^{-1} dx$ wird durch Formel 93) S. 136 beantwortet, nach welcher $\frac{1}{x} = \frac{d\ln x}{dx}$ ist, und aus der sich ergibt:

$$\int \frac{dx}{x} = \ln x + C. \qquad\qquad 6\,\text{a})$$

Man versäume nicht, zur Einübung von Formel 6) genügend Übungsbeispiele zu bilden. So ist

$$\int x^3 dx = \frac{x^4}{4} + C, \quad \int \frac{dx}{x^2} = \frac{x^{-1}}{-1} + C = -\frac{1}{x} + C, \quad \int \frac{dx}{x^n} = -\frac{1}{(n-1)\,x^{n-1}} + C$$

[man setze in 6) $-n$ statt n!],

$$\int \sqrt[3]{x^4}\,dx = \frac{3}{7} \cdot \sqrt[3]{x^7} + C, \quad \int \frac{dx}{\sqrt[3]{x^2}} = 3 \cdot \sqrt[3]{x} + C, \quad \int \frac{dx}{\sqrt[3]{x^5}} = -\frac{3}{2 \cdot \sqrt[3]{x^2}} + C.$$

Auch die übrigen Formeln lassen sich leicht umkehren. Aus den Formeln 78) bis 81) S. 104 ff. erhalten wir

$$\int \cos x\,dx = \sin x + C, \qquad \int \sin x\,dx = -\cos x + C,$$

$$\int \frac{dx}{\cos^2 x} = \operatorname{tg} x + C, \qquad \int \frac{dx}{\sin^2 x} = -\operatorname{ctg} x + C.$$

Aus den Formeln 83) bis 86) S. 129

$$\int \frac{dx}{\sqrt{1-x^2}} = \arcsin x + C = -\arccos x + C',$$

$$\int \frac{dx}{x^2+1} = \operatorname{arctg} x + C = -\operatorname{arcctg} x + C'.$$

[Warum widersprechen die beiden letzten Gleichungen nicht dem oben bewiesenen Satze, daß alle Integrale derselben Funktion sich nur um eine Konstante unterscheiden? Vgl. **(50)** S. 129.]

Weiter folgen aus den Formeln 96) S. 141 die Formeln

$$\int a^x dx = \frac{a^x}{\ln a} + C, \qquad \int e^x d x = e^x + C$$

und aus den Formeln 104) S. 151 und 107) S. 152 die folgenden:

$$\int \mathfrak{Coj}\, x\, dx = \mathfrak{Sin}\, x + C, \qquad \int \mathfrak{Sin}\, x\, dx = \mathfrak{Coj}\, x + C,$$

$$\int \frac{dx}{\mathfrak{Coj}^2 x} = \mathfrak{Tg}\, x + C, \qquad \int \frac{dx}{\mathfrak{Sin}^2 x} = -\mathfrak{Ctg}\, x + C.$$

$$\int \frac{dx}{\sqrt{x^2+1}} = \mathfrak{Ar Sin}\, x + C = \ln\left(x + \sqrt{x^2+1}\right) + C,$$

$$\int \frac{dx}{\sqrt{x^2-1}} = \mathfrak{Ar Coj}\, x + C = \ln\left(x + \sqrt{x^2-1}\right) + C,$$

$$\int \frac{dx}{1-x^2} = \mathfrak{Ar Tg}\, x + C = \frac{1}{2}\ln\frac{1+x}{1-x} + C \quad \text{für } |x| < 1.$$

$$\int \frac{dx}{x^2-1} = -\mathfrak{Ar Ctg}\, x + C = \frac{1}{2}\ln\frac{x-1}{x+1} + C \quad \text{für } |x| > 1.$$

In den letzten vier Formeln sind zugleich die Logarithmenfunktionen mit angegeben, durch welche sich nach **(59)** S. 151 f. die Areafunktionen ersetzen lassen.

Zur besseren Übersicht wollen wir die jetzt aufgestellten Grundformeln und die späteren Formeln in gewisse Gruppen einteilen. Maßgebend für diese Einteilung kann nur der Integrand sein; denn dieser ist das Gegebene. Es ergeben sich ungezwungen drei große Gruppen, je nachdem der Integrand I) eine **rationale**, II) eine **irrationale** oder III) eine **transzendente** Funktion ist. So wissen wir jederzeit, in welcher Gruppe wir ein Integral zu suchen haben. Unter diesem Gesichtspunkte wollen wir die Grundintegrale (unter Weglassung der jedesmal zu ergänzenden Integrationskonstanten) nochmals zusammenstellen:

I. a) $\int x^n\,dx = \dfrac{x^{n+1}}{n+1}$, $n \neq -1$;

b) $\int \dfrac{dx}{x} = \ln x$;

c) $\int \dfrac{dx}{x^2 + 1} = \operatorname{arctg} x = -\operatorname{arcctg} x$;

d) $\int \dfrac{dx}{1 - x^2} = \operatorname{Ar} \mathfrak{Tg}\, x = \dfrac{1}{2}\ln\dfrac{1+x}{1-x}$;

e) $\int \dfrac{dx}{x^2 - 1} = -\operatorname{Ar}\mathfrak{Ctg}\, x = \dfrac{1}{2}\ln\dfrac{x-1}{x+1}$;

II. f) $\int \dfrac{dx}{\sqrt{1 - x^2}} = \arcsin x = -\arccos x$;

g) $\int \dfrac{dx}{\sqrt{x^2 + 1}} = \operatorname{Ar}\mathfrak{Sin}\, x = \ln\!\left(x + \sqrt{x^2 + 1}\right)$;

h) $\int \dfrac{dx}{\sqrt{x^2 - 1}} = \operatorname{Ar}\mathfrak{Cos}\, x = \ln\!\left(x + \sqrt{x^2 - 1}\right)$;

7)

III. i) $\int \sin x\,dx = -\cos x$;   k) $\int \cos x\,dx = +\sin x$;

l) $\int \dfrac{dx}{\sin^2 x} = -\operatorname{ctg} x$;   m) $\int \dfrac{dx}{\cos^2 x} = \operatorname{tg} x$;

n) $\int \mathfrak{Sin}\, x\,dx = \mathfrak{Cos}\, x$;   o) $\int \mathfrak{Cos}\, x\,dx = \mathfrak{Sin}\, x$;

p) $\int \dfrac{dx}{\mathfrak{Sin}^2 x} = -\mathfrak{Ctg} x$;   q) $\int \dfrac{dx}{\mathfrak{Cos}^2 x} = \mathfrak{Tg} x$;

r) $\int a^x\,dx = \dfrac{a^x}{\ln a}$;   s) $\int e^x\,dx = e^x$.

Man gewöhne sich von Anfang an daran, die Differential- und die Integralformeln scharf auseinanderzuhalten! So beachte man, daß zwar $\dfrac{d\sin x}{dx} = +\cos x$, aber $\int \sin x\,dx = -\cos x$ ist usw., und daß wir zwar $\operatorname{tg} x$ differenzieren können, daß aber $\int \operatorname{tg} x\,dx$ unter den Grundformeln nicht zu finden ist. [Über dieses s. (66) S. 170.]

Die Formelgruppe 7) bildet den Ausgang für alle Integrationen; die Kunst des Integrierens besteht einzig darin, den Integranden nach Möglichkeit so umzuformen, daß man nur noch die Formeln 7) anzuwenden braucht. Ist eine solche Umformung nicht möglich, so ist dies ein Zeichen dafür, daß das Integral eine bisher unbekannte Funktion ist.

Im nächsten Paragraphen wollen wir die wichtigsten Integrationsregeln aufstellen, die in erster Linie geeignet sind, ein Integral auf ein Grundintegral zurückzuführen.

§ 2. Die wichtigsten Integrationsregeln.

(64) Wir gehen von den Differentiationsregeln aus. Die erste war die Konstantenregel (s. S. 41); nach ihr ist

$$\frac{d\,[a\,F(x)]}{dx} = a \cdot \frac{d\,F(x)}{dx}\,.$$

Die entsprechende Formel der Integralrechnung lautet

$$\int a \cdot f(x) \cdot dx = a \cdot \int f(x)\,dx\,; \qquad\qquad 8)$$

in Worten: **Ein konstanter Faktor des Integranden kann vor das Integralzeichen gesetzt werden (Konstantenregel).** Beweis: Differenziert man die linke Seite von 8) nach x, so erhält man den Integranden $a \cdot f(x)$; die rechte Seite ergibt, nach x differenziert, nach der Konstantenregel der Differentialrechnung $a \cdot \dfrac{d\int f(x)\,dx}{dx}$, also ebenfalls $a \cdot f(x)$.

Beispiel:

$$\int 2\pi x \cdot dx = 2\pi \int x\,dx = 2\pi \cdot \frac{x^2}{2} = \pi x^2\,.$$

Eine weitere Differentiationsregel ist die Summenregel [s. **(21)** S. 43], nach der

$$\frac{d\,(F_1(x) + F_2(x))}{dx} = \frac{d\,F_1(x)}{dx} + \frac{d\,F_2(x)}{dx}$$

ist. Die entsprechende Integrationsformel lautet:

$$\int [f_1(x) + f_2(x)] \cdot dx = \int f_1(x) \cdot dx + \int f_2(x) \cdot dx\,. \qquad 9)$$

Eine Summe aus einer endlichen Anzahl von Funktionen wird gliedweise integriert (Summenregel).

Beweis: Differenzieren wir die linke Seite von 9), so erhalten wir $f_1(x) + f_2(x)$; wenden wir auf die rechte Seite die Summenregel der Differentiation an, so erhalten wir ebenfalls $f_1(x) + f_2(x)$.

Beispiel:

$$\int (a\sin x + b\cos x)\,dx = -a\cos x + b\sin x + C\,.$$

$$\int \frac{(x^2 + 1)^2}{x^3}\,dx = \int \frac{x^4 + 2x^2 + 1}{x^3}\,dx = \int \left[x + \frac{2}{x} + \frac{1}{x^3}\right] dx$$

$$= \frac{x^3}{2} + 2\ln x - \frac{1}{2x^2} + C\,.$$

(65) Zum leichteren Verständnis der nächsten Regel wollen wir zuvor ein Beispiel behandeln. Es soll das Integral $\int (a + bx)^n\,dx$ ausgewertet werden. Ist n eine natürliche Zahl, so könnte man sich dadurch helfen, daß man $(a + bx)^n$ nach dem binomischen Satze [s. **(36)** S. 82 ff.)] nach steigenden Potenzen von x entwickelt und dann gliedweise integriert. Doch führt dieses Verfahren bei nur einigermaßen größeren Werten von n praktisch zu Schwierigkeiten und ist für Werte von n, die keine natürlichen Zahlen sind, überhaupt undurchführbar. Wir greifen hier auf die Kettenregel der Differentialrechnung zurück. Setzen wir nämlich $a + bx = z$, indem wir also statt x die neue Veränderliche z einführen, so können wir schreiben

$$\int (a + bx)^n\, dx = \int z^n\, dx.$$

Nun darf aber, damit wir die Grundformel 7) Ia anwenden können, nur ei n e Veränderliche unter dem Integrale auftreten. Aus $z = ax + b$ folgt aber

$$x = \frac{z - a}{b}, \quad \text{daher} \quad \frac{dx}{dz} = \frac{1}{b}, \quad dx = \frac{dz}{b}.$$

Setzen wir dies oben ein, so erhalten wir:

$$\int (a + bx)^n\, dx = \int z^n \cdot \frac{dz}{b} = \frac{1}{b} \int z^n\, dz$$

$$= \int (a + bx)^n\, dx = \frac{1}{b} \cdot \frac{z^{n+1}}{n+1} + C = \frac{(a + bx)^{n+1}}{b\,(n + 1)} + C.$$

Durch Differenzieren können wir uns leicht von der Richtigkeit der Integration überzeugen. Der Weg der Integration ist genau entgegengesetzt zu dem bei der Differentiation eingeschlagenen. Wir haben — und das ist der Kern der Methode — durch Einführung (Substitution) einer neuen Integrationsveränderlichen das ursprüngliche Integral auf ein Grundintegral zurückgeführt. Das Verfahren, von dem wir hier ein Beispiel durchgeführt haben, heißt daher die Substitutions-methode; sie soll jetzt allgemein entwickelt werden.

Ist ein Integral $\int f(x)\,dx$ gegeben und wollen wir durch die Gleichung $x = \varphi(z)$ eine neue Integrationsveränderliche z einführen, so müssen wir bedenken, daß $\frac{dx}{dz} = \varphi'(z)$, also $dx = \varphi'(z) \cdot dz$ ist. Wir erhalten also:

$$\int f(x)\,dx = \int f(\varphi(z)) \cdot \varphi'(z) \cdot dz, \quad \text{Substitutionsregel.} \quad 10)$$

Beweis: Differenziert man die linke Seite nach x, so erhält man $f(x)$. Die rechte Seite ist eine Funktion von z; um sie nach x zu differenzieren, verwenden wir die Kettenregel. Die Differentiation nach z ergibt $f(\varphi(z)) \cdot \varphi'(z)$. Da $x = \varphi(z)$ ist, so ist

$$\frac{dx}{dz} = \varphi'(z), \quad \text{also} \quad \frac{dz}{dx} = \frac{1}{\varphi'(z)}$$

[s. (35)]; mit diesem Ausdrucke muß man $f(\varphi(z)) \cdot \varphi'(z)$ nach der Kettenregel noch multiplizieren, um die rechte Seite auch nach x zu differenzieren. Der Differentialquotient der rechten Seite nach x ist demnach

$$f(\varphi(z)) \cdot \varphi'(z) \cdot \frac{1}{\varphi'(z)} = f(\varphi(z)) = f(x),$$

also gleich dem oben für die linke Seite erhaltenen.

Man lasse sich durch die dem Anscheine nach verwickelte Gestalt der Formel 10) nicht täuschen. Man wendet dieses Verfahren eben nur dort an, wo die Einführung einer neuen Integrationsveränderlichen auf ein Grundintegral führt. Allerdings lassen sich allgemeingültige Vorschriften über die Wahl der Funktion $x = \varphi(z)$, durch welche das gegebene Integral eine möglichst günstige Form annimmt, nicht geben. Oft werden mehrere Wege gangbar sein. Erfahrung und Übung müssen hier viel tun. Die folgenden Erörterungen sollen zeigen, wie man die bekanntesten Fälle behandelt. Dabei werden wir einige wichtige neue Integrationsformeln gewinnen. Am Ende des Buches sind die häufig vorkommenden Integralformen zusammengestellt, und zwar eingeteilt nach der Art des Integranden in die drei oben (S. 164) angegebenen Gruppen I, II, III. Auf diese Tafel werden wir uns künftig häufig beziehen müssen; das wird abkürzend geschehen durch einen Hinweis, z. B. T II 3, der ohne weiteres verständlich sein dürfte.

a) $J = \int (3x + 7)^2\, dx$; wir setzen $3x + 7 = z$ oder $x = \dfrac{z}{3} - \dfrac{7}{3}$, also $dx = \tfrac{1}{3} dz$ und erhalten

$$J = \int z^2 \cdot \tfrac{1}{3}\, dz = \tfrac{1}{3} \int z^2\, dz = \tfrac{1}{9} z^3 = \tfrac{1}{9} (3x + 7)^3.$$

Es ist demnach

$$\int (3x + 7)^3\, dx = \tfrac{1}{9}(3x + 7)^3.$$

Ein anderer Weg, um dieses Integral auszuwerten, ist folgender:

$$\int (3x + 7)^2\, dx = \int (9x^2 + 42x + 49)\, dx = 3x^3 + 21x^2 + 49x.$$

(Zeige, daß beide Ergebnisse sich nur um die konstante Größe $\tfrac{343}{9}$ unterscheiden!)

b) $J = \int \dfrac{dx}{ax + b}$; $ax + b = z$, $x = \dfrac{z}{a} - \dfrac{b}{a}$, $dx = \dfrac{1}{a} dz$;

$$J = \int \frac{1}{z} \cdot \frac{1}{a}\, dz = \frac{1}{a} \int \frac{dz}{z} = \frac{1}{a} \ln z = \frac{1}{a} \ln (ax + b);$$

also $\int \dfrac{dx}{ax + b} = \dfrac{1}{a} \ln (ax + b).$ [T I 6]

c) $J = \int \dfrac{\arcsin x}{\sqrt{1 + x^2}}\, dx$, $\arcsin x = z$, $dz = \dfrac{dx}{\sqrt{1 - x^2}}$, $dx = \sqrt{1 - x^2} \cdot dz$;

$$J = \int \frac{z}{\sqrt{1 - x^2}} \cdot \sqrt{1 - x^2}\, dz = \int z\, dz = \frac{z^2}{2} = \frac{1}{2} (\arcsin x)^2,$$

also $\int \dfrac{\arcsin x}{\sqrt{1 - x^2}}\, dx = \dfrac{1}{2} (\arcsin x)^2.$

d) $J = \int \sin (ax + b)\, dx$, $ax + b = z$, $x = \dfrac{z}{a} - \dfrac{b}{a}$, $dx = \dfrac{1}{a} dz$;

$$J = \int \sin z \cdot \frac{1}{a}\, dz = \frac{1}{a} \int \sin z\, dz = -\frac{1}{a} \cos z = -\frac{1}{a} \cos (ax + b);$$

also $$\int \sin(ax+b)\,dx = -\frac{1}{a}\cos(ax+b).$$

e) $J = \int \dfrac{dx}{x^2+a^2}$;   wir setzen hier $x = az$, $dx = a\cdot dz$;

$$J = \int \frac{a\,dz}{a^2 z^2 + a^2} = \frac{1}{a}\int \frac{dz}{z^2+1} = \frac{1}{a}\operatorname{arctg} z = \frac{1}{a}\operatorname{arctg}\frac{x}{a},$$

also $$\int \frac{dx}{x^2+a^2} = \frac{1}{a}\operatorname{arctg}\frac{x}{a}. \qquad\qquad [\text{T I } 7]$$

f) $J = \int \dfrac{dx}{x^2-a^2}$;   die gleiche Substitution wie e) führt zu

$$J = \frac{1}{a}\int \frac{dz}{z^2-1} = \frac{1}{2a}\ln\frac{z-1}{z+1} = \frac{1}{2a}\ln\frac{\dfrac{x}{a}-1}{\dfrac{x}{a}+1} = \frac{1}{2a}\ln\frac{x-a}{x+a}$$

oder $\quad J = -\dfrac{1}{a}\operatorname{Ar\,Ctg} z = -\dfrac{1}{a}\operatorname{Ar\,Ctg}\dfrac{x}{a};$

also ist $$\int \frac{dx}{x^2-a^2} = \frac{1}{2a}\ln\frac{x-a}{x+a} = -\frac{1}{a}\operatorname{Ar\,Ctg}\frac{x}{a}. \qquad [\text{T I } 8]$$

g) $J = \int \dfrac{dx}{\sqrt{a^2-x^2}}$;   wir setzen wieder $x = az$, $dx = a\cdot dz$ und erhalten

$$J = \int \frac{a\,dz}{\sqrt{a^2-a^2 z^2}} = \int \frac{dz}{\sqrt{1-z^2}} = \arcsin z = \arcsin\frac{x}{a};$$

also $$\int \frac{dx}{\sqrt{a^2-x^2}} = \arcsin\frac{x}{a}. \qquad\qquad [\text{T II } 4]$$

h) $J = \int \dfrac{dx}{\sqrt{x^2-a^2}}$;   mit der gleichen Substitution wie in g) ergibt sich

$$J = \int \frac{a\,dz}{\sqrt{a^2 z^2 - a^2}} = \int \frac{dz}{\sqrt{z^2-1}} = \operatorname{Ar\,Cof} z = \operatorname{Ar\,Cof}\frac{x}{a}$$

$$= \ln\left(\frac{x}{a} + \sqrt{\left(\frac{x}{a}\right)^2 - 1}\right) = \ln\left(x + \sqrt{x^2-a^2}\right); \qquad [\text{T II } 5]$$

letztere Formel, wenn man zur Integrationskonstanten $\ln a$ addiert. Probe durch Differenzieren. Leite auf gleichem Wege ab:

$$\int \frac{dx}{\sqrt{x^2+a^2}} = \operatorname{Ar\,Sin}\frac{x}{a} = \ln\left(x + \sqrt{x^2+a^2}\right). \qquad [\text{T II } 6]$$

Beide Formeln lassen sich auch vereinigen in der Formel

$$\int \frac{dx}{\sqrt{x^2+a}} = \ln\left(x + \sqrt{x^2+a}\right); \qquad\qquad [\text{T II } 7]$$

aus ihr ergibt sich [T II 5] für $a > 0$ und [T II 6] für $a < 0$.

(66) Eine besonders wertvolle Formel entsteht, wenn der Integrand ein Bruch ist, dessen Zähler der Differentialquotient des Nenners ist,

wenn also der Nenner $f(x)$ und der Zähler $f'(x) = \dfrac{df(x)}{dx}$ ist. Das Integral lautet dann $\int \dfrac{f'(x)}{f(x)} \cdot dx$. Setzen wir hier $f(x) = z$, dann ist $f'(x) = \dfrac{dz}{dx}$, also $f'(x) \cdot dx = dz$, und das ursprüngliche Integral geht über in

$$\int \frac{f'(x)}{f(x)} \cdot dx = \int \frac{dz}{z} = \ln z = \ln f(x) \, ;$$

also ist

$$\int \frac{f'(x)}{f(x)} \, dx = \ln f(x) \, . \qquad\qquad 11)$$

Ist der Integrand ein Bruch, dessen Zähler der Differential-quotient des Nenners ist, so ist das Integral der natürliche Logarithmus des Nenners.

Von diesem Satze sollen ebenfalls einige Anwendungen folgen, die sich später als wertvoll erweisen werden.

a) $\int \dfrac{dx}{ax+b}$ kann geschrieben werden $= \dfrac{1}{a} \int \dfrac{a}{ax+b} \, dx$; in dieser Form ist der Zähler a der Differentialquotient des Nenners $ax + b$. Folglich ist

$$\int \frac{dx}{ax+b} = \frac{1}{a} \ln (ax + b) \qquad\qquad [\text{T I 6}]$$

in Übereinstimmung mit Beispiel **(65)** b).

b) $J = \int \operatorname{tg} x \, dx = \int \dfrac{\sin x}{\cos x} \, dx = - \int \dfrac{-\sin x}{\cos x} \, dx$; da $-\sin x$ der Differentialquotient von $\cos x$ ist, folgt $J = - \ln \cos x$, also

$$\int \operatorname{tg} x \, dx = - \ln \cos x . \qquad\qquad [\text{T III 11}]$$

Leite ab:

$$\int \operatorname{ctg} x \, dx = \ln \sin x ! \qquad\qquad [\text{T III 12}]$$

Dieses Integral bildet den Ausgangspunkt einer Reihe anderer Integrale, von denen anschließend die wesentlichsten abgeleitet werden mögen. Es ist unter Verwendung der geometrischen Formeln:

$$\sin^2 \alpha + \cos^2 \alpha = 1, \quad \operatorname{tg} \alpha = \frac{\sin \alpha}{\cos \alpha}, \quad \operatorname{ctg} \alpha = \frac{\cos \alpha}{\sin \alpha},$$

$$\sin 2x = 2 \sin x \cos x, \quad \cos x = \sin \left(\frac{\pi}{2} + x \right).$$

$$\int \frac{dx}{\sin x \cos x} = \int \frac{\sin^2 x + \cos^2 x}{\sin x \cos x} \, dx = \int [\operatorname{tg} x + \operatorname{ctg} x] \, dx$$

$$= \int \operatorname{tg} x \, dx + \int \operatorname{ctg} x \, dx = - \ln \cos x + \ln \sin x = \ln \operatorname{tg} x,$$

also

$$\int \frac{dx}{\sin x \cos x} = \ln \operatorname{tg} x . \qquad\qquad [\text{T III 13}]$$

Folglich ist

$$\int \frac{dx}{\sin 2x} = \int \frac{dx}{2 \sin x \cos x} = \frac{1}{2} \int \frac{dx}{\sin x \cos x} = \frac{1}{2} \ln \operatorname{tg} x.$$

Hieraus berechnet sich $J = \int \dfrac{dx}{\sin x}$ mit Hilfe der Substitutin $x = 2z$, $dx = 2\,dz$:

also
$$J = \int \frac{2\,dz}{\sin 2z} = 2 \int \frac{dz}{\sin 2z} = 2 \cdot \frac{1}{2} \ln \operatorname{tg} z = \ln \operatorname{tg} \frac{x}{2},$$

$$\int \frac{dx}{\sin x} = \ln \operatorname{tg} \frac{x}{2}. \qquad \text{[T III 14]}$$

Aus diesem folgt weiter

$$J = \int \frac{dx}{\cos x} = \int \frac{dx}{\sin\left(\dfrac{\pi}{2} + x\right)},$$

wenn wir setzen $\dfrac{\pi}{2} + x = z$, $dx = dz$:

also
$$J = \int \frac{dz}{\sin z} = \ln \operatorname{tg} \frac{z}{2} = \ln \operatorname{tg}\left(\frac{\pi}{4} + \frac{x}{2}\right),$$

$$\int \frac{dx}{\cos x} = \ln \operatorname{tg}\left(\frac{\pi}{4} + \frac{x}{2}\right). \qquad \text{[T III 15]}$$

c) $\qquad J = \int \dfrac{x + a}{x^2 + 2ax + b}\, dx = \dfrac{1}{2} \int \dfrac{2x + 2a}{x^2 + 2ax + b}\, dx$

$$= \tfrac{1}{2} \ln (x^2 + 2ax + b). \qquad \text{[T I 9]}$$

Dieses Integral wird uns unten **(67)** gute Dienste leisten.

(67) Nachdem wir bisher nur Einzelfälle behandelt haben, wollen wir jetzt das Integrationsverfahren für zwei große Gruppen von Funktionen herleiten: für die rationalen gebrochenen Funktionen mit linerem bzw. mit quadratischem Nenner. Wir befassen uns zunächst mit der Integration einer beliebigen gebrochenen rationalen Funktion, deren Nenner vom ersten Grade ist. Der Integrand möge die Gestalt haben:

$$F = \frac{a_n x^n + a_{n-1} x^{n-1} + \cdots + a_2 x^2 + a_1 x + a_0}{b_1 x + b_0}.$$

Nun wissen wir aus **(30)**, daß sich jede unecht gebrochene rationale Funktion als Summe einer ganzen rationalen Funktion und einer echt gebrochenen rationalen Funktion schreiben läßt, indem man den Zähler durch den Nenner dividiert. Der Integrand läßt sich also in der Form schreiben:

$$F = c_{n-1} x^{n-1} + c_{n-2} x^{n-2} + \cdots + c_2 x^2 + c_1 x + c_0 + \frac{k}{b_1 x + b_0}.$$

Unter Verwendung der Summen- und der Konstantenregel werden die einzelnen Glieder nach [TI1] integriert, während das letzte Glied nach Formel [T I 6] ergibt:

$$\int \frac{k}{b_1 x + b_0} \, dx = \frac{k}{b_1} \ln (b_1 x + b_0) \, .$$

Wir erhalten also den Satz: **Jede gebrochene rationale Funktion, deren Nenner vom ersten Grade ist, läßt sich integrieren,** d. h. ihr Integral läßt sich aus uns bekannten Funktionen, nämlich einer ganzen rationalen Funktion und einer logarithmischen Funktion, zusammensetzen.

Ein Beispiel möge das Verfahren erläutern: Es sei $\int \frac{x^2 + x - 3}{2x - 5} dx$ auszuwerten. Wir schreiben

$$(x^2 + x - 3) : (2x - 5) = \frac{x}{2} + \frac{7}{4} + \frac{23}{4} \cdot \frac{1}{2x - 5} \, ,$$

so daß das Integral die Form annimmt:

$$\int \left(\frac{x}{2} + \frac{7}{4} + \frac{23}{4} \cdot \frac{1}{2x - 5} \right) dx \, .$$

Durch gliedweise Integration ergibt sich

$$\frac{x^2}{4} + \frac{7}{4} x + \frac{23}{8} \ln (2x - 5) \, ;$$

es ist also

$$\int \frac{x^2 + x - 3}{2x - 5} \, dx = \frac{x^2}{4} + \frac{7}{4} x + \frac{23}{8} \cdot \ln (2x - 5) \, .$$

Wir gehen nun zu dem Falle über, daß der **Integrand eine beliebige gebrochene rationale Funktion ist, deren Nenner vom zweiten Grade ist;** er hat also die Gestalt

$$F = \frac{a_n x^n + a_{n-1} x^{n-1} + \cdots + a_2 x^2 + a_1 x + a_0}{b_2 x^2 + b_1 x + b_0} \, .$$

Man kann ihn — wiederum durch Division — verwandeln in eine Summe aus einer ganzen rationalen Funktion und einer echt gebrochenen rationalen Funktion, deren Nenner vom zweiten Grade ist. Die erstere läßt sich wieder gliedweise unter Verwendung der Konstantenregel **(64)** in Verbindung mit Formel [TI1] integrieren; wir brauchen uns also nur mit der echt gebrochenen Funktion zu befassen, die die allgemeine Form hat: $\frac{c_1 x + c_0}{b_2 x^2 + b_1 x + b_0} \cdot$ Wir kürzen den Bruch mit b_2, damit das höchste Glied des Nenners den Beiwert $+1$ erhält; dann nimmt der Bruch die Gestalt an:

$$\frac{\alpha_1 x + \alpha_0}{x^2 + 2 \beta_1 x + \beta_0} \, ,$$

wenn man

$$\frac{c_1}{b_2} = \alpha_1, \qquad \frac{c_0}{b_2} = \alpha_0, \qquad \frac{b_1}{b_2} = 2\beta_1, \qquad \frac{b_0}{b_2} = \beta_0$$

setzt. Zum besseren Verständnisse möge ein Zahlenbeispiel die allgemeine Entwicklung begleiten. Der Integrand sei $\dfrac{x^3}{2x^2 + 5x - 3}$, durch Ausdividieren geht er über in $\dfrac{x}{2} - \dfrac{5}{4} + \dfrac{31x - 15}{8x^2 + 20x - 12}$. Den letzten Bruch schreiben wir: $\dfrac{\frac{31}{8}x - \frac{15}{8}}{x^2 + \frac{5}{2}x - \frac{3}{2}}$. Der Zähler enthält zwei Glieder, ein lineares Glied $\alpha_1 x$ und ein Absolutglied α_0. Wir formen nun den Integranden so um, daß wir einen Teil von ihm nach Formel 11) behandeln können. Der Differentialquotient des Nenners ist nämlich $2x + 2\beta_1$; schreiben wir also den Zähler

$$\alpha_1 x + \alpha_0 = \frac{\alpha_1}{2}(2x + 2\beta_1) + (\alpha_0 - \alpha_1\beta_1),$$

so können wir den Integranden spalten in zwei Brüche:

$$\frac{\alpha_1 x + \alpha_0}{x^2 + 2\beta_1 x + \beta_0} = \frac{\alpha_1}{2} \cdot \frac{2x + 2\beta_1}{x^2 + 2\beta_1 x + \beta_0} + \frac{\alpha_0 - \alpha_1\beta_1}{x^2 + 2\beta_1 x + \beta_0}.$$

Das Integral über den ersten Bruch ist nach 11)

$$\frac{\alpha_1}{2}\ln(x^2 + 2\beta_1 x + \beta_0);$$

es bleibt demnach nur noch das Integral auszuwerten

$$\int \frac{\alpha_0 - \alpha_1\beta_1}{x^2 + 2\beta_1 x + \beta_0}\,dx = (\alpha_0 - \alpha_1\beta_1)\int \frac{dx}{x^2 + 2\beta_1 x + \beta_0},$$

also ein Integral, dessen Zähler eine Konstante, die Zahl 1 ist. In unserem Zahlenbeispiele würde sich die Umformung so gestalten: Es ist

$$\frac{\frac{31}{8}x - \frac{15}{8}}{x^2 + \frac{5}{2}x - \frac{3}{2}} = \frac{\frac{31}{16}(2x + \frac{5}{2}) + (-\frac{15}{8} - \frac{155}{32})}{x^2 + \frac{5}{2}x - \frac{3}{2}}$$

$$= \frac{31}{16} \cdot \frac{2x + \frac{5}{2}}{x^2 + \frac{5}{2}x - \frac{3}{2}} - \frac{215}{32} \cdot \frac{1}{x^2 + \frac{5}{2}x - \frac{3}{2}},$$

also

$$\int \frac{\frac{31}{8}x - \frac{15}{8}}{x^2 + \frac{5}{2}x - \frac{3}{2}}\,dx = \frac{31}{16} \cdot \ln\left(x^2 + \frac{5}{2}x - \frac{3}{2}\right) - \frac{215}{32}\int \frac{dx}{x^2 + \frac{5}{2}x - \frac{3}{2}}.$$

Um nun noch das Integral

$$J = \int \frac{dx}{x^2 + 2\beta_1 x + \beta_0}$$

auszuwerten, ergänzen wir die ersten beiden Glieder des Nenners des Integranden zu einem vollständigen Quadrat, formen also den Nenner um in

$$x^2 + 2\beta_1 x + \beta_0 = (x + \beta_1)^2 - \beta_1^2 + \beta_0.$$

Nun müssen wir die beiden Fälle $\beta_1 > \beta_0$ und $\beta_1^2 < \beta_0$ getrennt behandeln.

a) Ist $\beta_1^2 > \beta_0$, so ist $\beta_1^2 - \beta_0$ positiv; man kann also setzen $\beta_1^2 - \beta_0 = \gamma^2$, wobei γ eine reelle Größe ist; das Integral geht dann über in

$$J = \int \frac{dx}{x^2 + 2\beta_1 x + \beta_0} = \int \frac{dx}{(x + \beta_1)^2 - \gamma^2}.$$

Setzen wir jetzt $x + \beta_1 = z$, $dx = dz$, so ergibt sich weiter:

$$J = \int \frac{dz}{z^2 - \gamma^2} = \frac{1}{2\gamma} \ln \frac{z - \gamma}{z + \gamma} = \frac{1}{2\gamma} \ln \frac{x + \beta_1 - \gamma}{x + \beta_1 + \gamma},$$

also

$$\int \frac{dx}{(x + \beta_1)^2 - \gamma^2} = \frac{1}{2\gamma} \ln \frac{x + \beta_1 - \gamma}{x + \beta_1 + \gamma} \quad \text{[s. Formel T I 8].} \qquad 12)$$

Unser Zahlenbeispiel ist von dieser Art; denn es ist

$$\int \frac{dx}{x^2 + \frac{5}{2} x - \frac{3}{2}} = \int \frac{dx}{(x + \frac{5}{4})^2 - \frac{49}{16}} = \int \frac{dz}{z^2 - (\frac{7}{4})^2} = \frac{1}{2 \cdot \frac{7}{4}} \ln \frac{z - \frac{7}{4}}{z + \frac{7}{4}} = \frac{2}{7} \ln \frac{x + \frac{5}{4} - \frac{7}{4}}{x + \frac{5}{4} + \frac{7}{4}}$$

$$= \frac{2}{7} \ln \frac{2x - 1}{2x + 6}.$$

Das betrachtete Zahlenbeispiel ergibt also vollständig ausgewertet

$$J = \int \frac{x^3}{2x^2 + 5x - 3} dx = \frac{x^2}{4} - \frac{5}{4} x + \frac{31}{16} \ln \left(x^2 + \frac{5}{2} x - \frac{3}{2} \right)$$

$$- \frac{215}{112} \ln \frac{2x - 1}{2x + 6}.$$

b) Ist $\beta_1^2 < \beta_0$, so ist $\beta_0 - \beta_1^2 = \gamma^2$ positiv (γ eine reelle Größe), und das Integral geht über in

$$J = \int \frac{dx}{x^2 + 2\beta_1 x + \beta_0} = \int \frac{dx}{(x + \beta_1)^2 + \gamma^2};$$

die Substitution $x + \beta_1 = z$, $dx = dz$ leitet über zu

$$J = \int \frac{dz}{z^2 + \gamma^2} = \frac{1}{\gamma} \operatorname{arctg} \frac{z}{\gamma} = \frac{1}{\gamma} \operatorname{arctg} \frac{x + \beta_1}{\gamma},$$

also

$$\int \frac{dx}{(x + \beta_1)^2 + \gamma^2} = \frac{1}{\gamma} \operatorname{arctg} \frac{x + \beta_1}{\gamma} \quad \text{[s. Formel T I 7].} \qquad 13)$$

Zahlenbeispiel:

$$\int \frac{dx}{x^2 + x + \frac{1}{2}} = \int \frac{dx}{(x + \frac{1}{2})^2 + (\frac{1}{2})^2} = \int \frac{dz}{z^2 + (\frac{1}{2})^2} = \frac{1}{\frac{1}{2}} \operatorname{arctg} \frac{z}{\frac{1}{2}}$$

$$= 2 \operatorname{arctg} 2z = 2 \operatorname{arctg} (2x + 1).$$

c) Den Übergang zwischen den beiden Fällen a) und b) bildet der Fall, daß $\beta_1^2 = \beta_0$ ist; dann gestaltet sich die Integration sehr einfach. Es wird nämlich $J = \int \frac{dx}{(x + \beta_1)^2}$, und die Substitution $x + \beta_1 = z$,

$dx = dz$ führt zu

$$J = \int \frac{dz}{z^2} = -\frac{1}{z} = -\frac{1}{x + \beta_1},$$

also

$$\int \frac{dx}{(x + \beta_1)^2} = -\frac{1}{x + \beta_1}. \qquad 14)$$

Zusammenfassend können wir sagen: Jede gebrochene rationale Funktion, deren Nenner vom zweiten Grade ist, läßt sich integrieren, d. h. ihr Integral läßt sich aus uns bekannten Funktionen, und zwar rationalen Funktionen, der logarithmischen und der Arkustangensfunktion, zusammensetzen. Die dabei einzuschlagenden Schritte sind:

Erstens verwandelt man die Funktion, falls sie unecht gebrochen ist, in die Summe aus einer ganzen rationalen Funktion und einer echt gebrochenen rationalen Funktion.

Zweitens zerlegt man das Integral über die echt gebrochene rationale Funktion, deren Zähler linear ist, in die Summe zweier Integrale, von denen der Zähler des ersten Integranden — von einem konstanten Faktor abgesehen — der Differentialquotient des Nenners ist, während der Zähler des zweiten Integranden eine Konstante ist. Das erste Integral läßt sich leicht auswerten.

Drittens bringt man das zweite Integral durch quadratische Ergänzung im Nenner des Integranden und durch geeignete Substitutionen auf eine der drei Formen

$$\int \frac{dz}{z^2 - \gamma^2}, \qquad \int \frac{dz}{z^2 + \gamma^2}, \qquad \int \frac{dz}{z^2},$$

die nach den Formeln [TI 8], [TI 7], [TI 1] auszuwerten sind.

Zur Erläuterung des Verfahrens möge noch das Beispiel durchgeführt werden:

$$J = \int \frac{2x - 1}{3x^2 + x + 2} dx.$$

Der Integrand ist hier schon echt gebrochen; wir schreiben also sofort:

$$J = \int \frac{\frac{2}{3}x - \frac{1}{3}}{x^2 + \frac{x}{3} + \frac{2}{3}} dx = \int \frac{\frac{1}{3}\left(2x + \frac{1}{3}\right) - \frac{4}{9}}{x^2 + \frac{x}{3} + \frac{2}{3}} dx$$

$$= \frac{1}{3} \int \frac{2x + \frac{1}{3}}{x^2 + \frac{x}{3} + \frac{2}{3}} dx - \frac{4}{9} \int \frac{dx}{x^2 + \frac{x}{3} + \frac{2}{3}}$$

$$= \frac{1}{3} \ln \left(x^2 + \frac{x}{3} + \frac{2}{3}\right) - \frac{4}{9} \int \frac{dx}{x^2 + \frac{x}{3} + \frac{2}{3}}.$$

Weiter wird das Integral

$$\int \frac{dx}{x^2 + \frac{x}{3} + \frac{2}{3}} = \int \frac{dx}{\left(x + \frac{1}{6}\right)^2 + \frac{23}{36}} = \int \frac{dx}{\left(x + \frac{1}{6}\right)^2 + \left(\frac{\sqrt{23}}{6}\right)^2}$$

$$= \frac{6}{\sqrt{23}} \operatorname{arctg} \frac{x + \frac{1}{6}}{\frac{\sqrt{23}}{6}} = \frac{6}{\sqrt{23}} \operatorname{arctg} \frac{6x + 1}{\sqrt{23}} \,.$$

Wir erhalten also schließlich

$$\int \frac{2x - 1}{3x^2 + x + 2} \, dx = \frac{1}{3} \ln\left(x^2 + \frac{x}{3} + \frac{2}{3}\right) - \frac{8}{3\sqrt{23}} \operatorname{arctg} \frac{6x + 1}{\sqrt{23}} \,;$$

fügen wir noch die konstante Größe $\frac{1}{3}\ln 3$ hinzu, so kommen wir zu dem etwas einfacheren Ergebnis

$$\int \frac{2x - 1}{3x^2 + x + 2} \, dx = \frac{1}{3} \ln(3x^2 + x + 2) - \frac{8}{3\sqrt{23}} \operatorname{arctg} \frac{6x + 1}{\sqrt{23}} \,,$$

von dessen Richtigkeit man sich durch nachträgliches Differenzieren überzeuge.

     Übungen!

(68) Wir wollen die Anwendung der Substitutionsregel nicht abschließen, ohne auch die wichtigsten und einfachsten Integrale mit **irrationalem** Integranden für spätere Verwendung abgeleitet zu haben. Es soll jetzt gezeigt werden, daß wir mit unseren bisherigen Mitteln jedes Integral von der Form

$$J = \int \frac{a_1 x + a_0}{\sqrt{b_2 x^2 + b_1 x + b_0}} \, dx$$

auswerten können. Wir führen zuerst die Substitution

$$z = b_2 x^2 + b_1 x + b_0 \,, \qquad dz = (2b_2 x + b_1) \, dz$$

aus, indem wir schreiben:

$$J = \frac{a_1}{2b_2} \int \frac{2b_2 x + b_1}{\sqrt{b_2 x^2 + b_1 x + b_0}} \, dx + \left(a_0 - \frac{a_1 b_1}{2b_2}\right) \int \frac{dx}{\sqrt{b_2 x^2 + b_1 x + b_0}}$$

$$= \frac{a_1}{2b_2} \int \frac{dz}{\sqrt{z}} + \left(a_0 - \frac{a_1 b_1}{2b_2}\right) \int \frac{dx}{\sqrt{b_2 x^2 + b_1 x + b_0}} \,.$$

Das erste Integral ist nach [T I 1]

$$\frac{a_1}{2b_2} \cdot 2\sqrt{z} = \frac{a_1}{b_2} \sqrt{b_2 x^2 + b_1 x + b_0} \,.$$

Das zweite Integral unterscheidet sich von J dadurch, daß der Zähler des Integranden nicht wie dort eine lineare Funktion, sondern eine Konstante ist. Es handelt sich also jetzt darum, ein Integral von der Form

$$J_1 = \int \frac{dx}{\sqrt{b_2 x^2 + b_1 x + b_0}}$$

auszuwerten. Hier sind wieder zwei Fälle zu unterscheiden: a) $b_2 > 0$ und b) $b_2 < 0$.

a) Ist $b_2 > 0$, so schreiben wir

$$J_1 = \frac{1}{\sqrt{b_2}} \int \frac{dx}{\sqrt{x^2 + 2\beta_1 x + \beta_0}},$$

wobei $\sqrt{b_2}$ reell ist und zur Abkürzung $2\beta_1 = \frac{b_1}{b_2}$ und $\beta_0 = \frac{b_0}{b_2}$ gesetzt sind. Nun erfolgt wiederum die quadratische Ergänzung:

$$J_1 = \frac{1}{\sqrt{b_2}} \int \frac{dx}{\sqrt{(x + \beta_1)^2 + \beta_0 - \beta_1^2}} = \frac{1}{\sqrt{b_2}} \int \frac{dx}{\sqrt{(x + \beta_1)^2 + c}},$$

wobei zur Abkürzung $c = \beta_0 - \beta_1^2$ gesetzt ist. Die Substitution $x + \beta_1 = z$, $dx = dz$ führt dieses Integral weiterhin über in

$$J_1 = \frac{1}{\sqrt{b_2}} \int \frac{dz}{\sqrt{z^2 + c}} = \frac{1}{\sqrt{b_2}} \ln\left(z + \sqrt{z^2 + c}\right) \qquad \text{[T II 7]}$$

oder

$$\int \frac{dx}{\sqrt{x^2 + 2\beta_1 x + \beta_0}} = \ln\left(x + \beta_1 + \sqrt{x^2 + 2\beta_1 x + \beta_0}\right). \qquad 15)$$

Ist die Größe $c = \beta_0 - \beta_1^2 > 0$, so läßt sich nach Formel [T II 6] statt der Logarithmenfunktion auch die Areasinusfunktion, für $c < 0$ nach Formel [T II 5] die Areakosinusfunktion verwenden.

b) Ist $b_2 < 0$, so schreiben wir

$$J_1 = \frac{1}{\sqrt{-b_2}} \int \frac{dx}{\sqrt{\beta_0 + 2\beta_1 x - x^2}},$$

wobei $\sqrt{-b_2}$ reell ist und zur Abkürzung $2\beta_1 = -\frac{b_1}{b_2}$ und $\beta_0 = -\frac{b_0}{b_2}$ gesetzt sind. Die quadratische Ergänzung ergibt mit der Abkürzung

$$c^2 = \beta_1^2 + \beta_0,$$

$$J_1 = \frac{1}{\sqrt{-b_2}} \int \frac{dx}{\sqrt{c^2 - (x - \beta_1)^2}},$$

woraus mit Hilfe der Substitution $x - \beta_1 = z$, $dx = dz$ weiter folgt:

$$J_1 = \frac{1}{\sqrt{-b_2}} \int \frac{dz}{\sqrt{c^2 - z^2}} = \frac{1}{\sqrt{-b_2}} \arcsin \frac{z}{c} \qquad \text{[T II 1]}$$

oder

$$\int \frac{dx}{\sqrt{\beta_0 + 2\beta_1 x - x^2}} = \arcsin \frac{x - \beta_1}{\sqrt{\beta_1^2 + \beta_0}}. \qquad 16)$$

c) Im Falle $b_2 = 0$ ist der Radikand nur eine lineare Funktion, und das Integral

$$J_1 = \int \frac{dx}{\sqrt{b_1 x + b_0}}$$

wird durch die Substitution $b_1 x + b_0 = z$ übergeführt in das Integral

$$J_1 = \frac{1}{b_1} \int \frac{dz}{\sqrt{z}} = \frac{2}{b_1} \sqrt{z}$$

oder

$$\int \frac{dx}{\sqrt{b_1 x + b_0}} = \frac{2}{b_1} \sqrt{b_1 x + b_0}\,.$$ 17)

Hiermit ist gezeigt, daß wir in der Tat jedes Integral von der Form

$$\int \frac{a_1 x + a_0}{\sqrt{b_2 x^2 + b_1 x + b_0}}\, dx$$

auswerten können. Eine Anzahl von Beispielen soll das Verfahren erläutern.

a) $J = \int \dfrac{x\,dx}{\sqrt{x^2 + a}}$; Substitution $x^2 + a = z$, $2x\,dx = dz$, also

$$J = \frac{1}{2} \int \frac{dz}{\sqrt{z}} = \sqrt{z} = \sqrt{x^2 + a}\,, \quad \int \frac{x\,dx}{\sqrt{x^2 + a}} = \sqrt{x^2 + a}\,. \quad \text{[T II 8]}$$

Zeige auf gleichem Wege, daß

$$\int \frac{x\,dx}{\sqrt{a - x^2}} = -\sqrt{a - x^2} \quad \text{ist.} \quad\quad\quad \text{[T II 9]}$$

b) $J = \int \dfrac{dx}{\sqrt{2rx - x^2}} = \int \dfrac{dx}{\sqrt{r^2 - (x - r)^2}}$;

Substitution $x - r = z$, $dx = dz$:

$$J = \int \frac{dz}{\sqrt{r^2 - z^2}} = \arcsin \frac{z}{r} \quad \text{[T II 4]} \quad = \arcsin \frac{x - r}{r}\,,$$

also

$$\int \frac{dx}{\sqrt{2rx - x^2}} = \arcsin \frac{x - r}{r}\,. \quad\quad \text{[T II 10]}$$

Leite ebenso ab:

$$\int \frac{dx}{\sqrt{x^2 \pm 2rx}} = \mathfrak{Ar}\,\mathfrak{Cof}\,\frac{x \pm r}{r} = \ln\!\left(x \pm r + \sqrt{x^2 \pm 2rx}\right). \quad \text{[T II 11]}$$

c) $J = \int \dfrac{2x - 3}{\sqrt{3 - 2x - x^2}}\, dx = -\int \dfrac{-2 - 2x}{\sqrt{3 - 2x - x^2}}\, dx^{1)} - 5 \int \dfrac{dx}{\sqrt{4 - (x + 1)^2}}$;

im ersten Integrale setzen wir $3 - 2x - x^2 = z$, also $(-2 - 2x)\,dx = dz$, und erhalten

$$\int \frac{-2 - 2x}{\sqrt{3 - 2x - x^2}}\, dx = \int \frac{dz}{\sqrt{z}} = 2\sqrt{z} = 2\sqrt{3 - 2x - x^2}\,;$$

im zweiten Integrale setzen wir $x + 1 = z$, also $dx = dz$, und erhalten:

$$\int \frac{dx}{\sqrt{4 - (x + 1)^2}} = \int \frac{dz}{\sqrt{2^2 - z^2}} = \arcsin \frac{z}{2} = \arcsin \frac{x + 1}{2}\,.$$

Daher ist

$$\int \frac{2x - 3}{\sqrt{3 - 2x - x^2}}\, dx = -2\sqrt{3 - 2x - x^2} - 5 \arcsin \frac{x + 1}{2}\,.$$

---

[1]) Der Zähler ist der Differentialquotient des Radikanden.

d) $J = \int \dfrac{5x-4}{\sqrt{3x^2-2x+1}}\,dx = \dfrac{5}{6}\int \dfrac{6x-2}{\sqrt{3x^2-2x+1}}\,dx - \dfrac{7}{3}\int \dfrac{dx}{\sqrt{3x^2-2x+1}}\,;$

das erste Integral ergibt vermittelst der Substitution $3x^2 - 2x + 1 = z$, $(6x - 2)\,dx = dz$:

$$\int \dfrac{dz}{\sqrt{z}} = 2\sqrt{z} = 2\sqrt{3x^2 - 2x + 1}\,;$$

im zweiten Integrale heben wir im Nenner den Faktor 3 aus, den wir als $\dfrac{1}{\sqrt{3}}$ vor das Integral setzen, und bekommen

$$\int \dfrac{dx}{\sqrt{3x^2-2x+1}} = \dfrac{1}{\sqrt{3}}\int \dfrac{dx}{\sqrt{x^2 - \frac{2}{3}x + \frac{1}{3}}} = \dfrac{1}{\sqrt{3}}\int \dfrac{dx}{\sqrt{(x-\frac{1}{3})^2 + \frac{2}{9}}}\,.$$

Wir setzen $x - \frac{1}{3} = z$, $dx = dz$, dann wird

$$\int \dfrac{dx}{\sqrt{3x^2-2x+1}} = \dfrac{1}{\sqrt{3}}\int \dfrac{dz}{\sqrt{z^2 + \left(\frac{\sqrt{2}}{3}\right)^2}} = \dfrac{1}{\sqrt{3}}\,\mathfrak{Ar}\,\mathfrak{Sin}\,\dfrac{3z}{\sqrt{2}} = \dfrac{1}{\sqrt{3}}\mathfrak{Ar}\,\mathfrak{Sin}\,\dfrac{3x-1}{\sqrt{2}}\,.$$

Demnach ist

$$\int \dfrac{5x-4}{\sqrt{3x^2-2x+1}}\,dx = \dfrac{5}{3}\sqrt{3x^2 - 2x + 1} - \dfrac{7}{3\sqrt{3}}\mathfrak{Ar}\,\mathfrak{Sin}\,\dfrac{3x-1}{\sqrt{2}}\,.$$

(69) Die letzte der wichtigen Integrationsregeln ist die Regel von der teilweisen (partiellen) Integration. Wir knüpfen zu ihrer Ableitung an den Produktsatz der Differentialrechnung [s. (21)] an, nach ihm ist

$$\dfrac{d(uv)}{dx} = u \cdot \dfrac{dv}{dx} + v \cdot \dfrac{du}{dx}$$

oder kürzer

$$\dfrac{d(uv)}{dx} = u \cdot v' + v \cdot u'\,.$$

Integriert man beide Seiten der Gleichung nach x, so erhält man unter Verwendung der Summenregel

$$uv = \int uv' \cdot dx + \int v \cdot u'\,dx$$

oder

$$\int u \cdot v' \cdot dx = u \cdot v - \int v \cdot u'\,dx, \qquad\qquad 18)$$

Formel der teilweisen (partiellen) Integration.

Scheinbar ist mit Formel 18) nichts gebessert, da ein Integralzeichen durch ein anderes ersetzt wird, während wir doch bestrebt sein müssen, das Integralzeichen ganz zu beseitigen. In der Tat hat die Umformung auch nur dann Wert, wenn das neue Integral einfacher ist bzw. bereits bekannt ist. Dies aber hängt von der Art ab, wie man den ursprünglichen Integranden in Faktoren zerlegt. Auch hierfür lassen sich keine allgemeine Vorschriften geben; Beispiele mögen das Verfahren erläutern.

a) $J = \int \ln x\, dx$;　wir setzen $\ln x = \ln x \cdot 1$,　und zwar $u = \ln x$, $v' = 1$; dann ist $u' = \dfrac{1}{x}$,　$v = \int 1 \cdot dx = x$;　führen wir dies in Formel 18) ein, so erhalten wir

$$J = \int \ln x \cdot 1 \cdot dx = \ln x \cdot x - \int x \cdot \frac{1}{x}\, dx = x \ln x - \int dx = x \ln x - x,$$

also
$$\int \ln x\, dx = x \ln x - x. \quad \text{(Probe!)} \qquad [\text{T III } 16]$$

b) $J = \int x^m \cdot \ln x \cdot dx$;　$u = \ln x$,　$v' = x^m$,

demnach $u' = \dfrac{1}{x}$,　　$v = \dfrac{x^{m+1}}{m+1}$.

$$J = \frac{x^{m+1}}{m+1} \cdot \ln x - \int \frac{x^{m+1}}{m+1} \cdot \frac{1}{x}\, dx$$

$$= \frac{x^{m+1}}{m+1} \ln x - \frac{1}{m+1} \int x^m\, dx = \frac{x^{m+1}}{m+1} \ln x - \frac{x^{m+1}}{(m+1)^2}.$$

Also
$$\int x^m \ln x\, dx = \frac{x^{m+1}}{(m+1)^2}\left[(m+1)\ln x - 1\right]. \qquad [\text{T III } 17]$$

c) $J = \int \arcsin x\, dx$;　$u = \arcsin x$,　$v' = 1$,　demnach

$$u' = \frac{1}{\sqrt{1 - x^2}},\qquad v = x.$$

$$J = x \cdot \arcsin x - \int \frac{x}{\sqrt{1 - x^2}}\, dx;$$

unter Benutzung der Formel [T II 9] ergibt sich

$$\int \arcsin x\, dx = x \arcsin x + \sqrt{1 - x^2}. \qquad [\text{T III } 18]$$

Beweise:
$$\int \arccos x\, dx = x \arccos x - \sqrt{1 - x^2}. \qquad [\text{T III } 19]$$

d) $J = \int \operatorname{arctg} x\, dx$;　$u = \operatorname{arctg} x$,　$v' = 1$,　$u' = \dfrac{1}{1 + x^2}$,　$v = x$.

$$J = x \operatorname{arctg} x - \int \frac{x}{1 + x^2}\, dx = x \operatorname{arctg} x - \frac{1}{2} \ln(1 + x^2),\quad [\text{s. T I 9}]$$

$$\int \operatorname{arctg} x\, dx = x \operatorname{arctg} x - \tfrac{1}{2} \ln(1 + x^2). \qquad [\text{T III } 20]$$

Beweise:
$$\int \operatorname{arcctg} x\, dx = x \operatorname{arcctg} x + \tfrac{1}{2} \ln(1 + x^2). \qquad [\text{T III } 21]$$

e) $J = \int \ln(1 + x^2)\, dx$;　$u = \ln(1 + x^2)$,　$v' = 1$,　$u' = \dfrac{2x}{1 + x^2}$,　$v = x$.

$$J = x \ln(1 + x^2) - \int \frac{2x^2}{1 + x^2}\, dx = x \ln(1 + x^2) - 2 \int \left(1 - \frac{1}{1 + x^2}\right) dx$$

$$= x \ln(1 + x^2) - 2 \int dx + 2 \int \frac{dx}{1 + x^2},$$

also
$$\int \ln(1 + x^2)\, dx = x \ln(1 + x^2) - 2\,x + 2 \operatorname{arctg} x.$$

f) $S = \int \sin^2 x\, dx$. Wir setzen $\sin x = u$, $v' = \sin x$; dann ist $u' = \cos x$ und $v = -\cos x$, und wir erhalten

$$S = -\sin x \cos x + \int \cos^2 x\, dx$$

oder

$$S = -\sin x \cos x + \int (1 - \sin^2 x)\, dx = -\sin x \cos x + x - \int \sin^2 x\, dx.$$

Hier tritt rechts das gesuchte Integral mit auf; es ist

$$S = -\sin x \cos x + x - S;$$

diese Gleichung für S können wir auflösen:

$$2\,S = x - \sin x \cos x, \qquad S = \frac{x}{2} - \frac{1}{2} \sin x \cos x.$$

Daher

$$\int \sin^2 x\, dx = \frac{x}{2} - \frac{1}{2} \sin x \cos x. \qquad\qquad \text{[T III 22]}$$

(Probe!) Beweise die Formel

$$\int \cos^2 x\, dx = \frac{x}{2} + \frac{1}{2} \sin x \cos x. \qquad\qquad \text{[T III 23]}$$

[T III 22] läßt sich auch ohne teilweise Integration auf folgendem Wege finden. Es ist $\sin^2 x = \frac{1}{2}(1 - \cos 2x)$, also

$$S = \frac{1}{2} \int (1 - \cos 2x)\, dx = \frac{x}{2} - \frac{1}{2} \int \cos 2x\, dx;$$

in diesem Integral setzen wir $2x = z$, $dx = \frac{1}{2} dz$ und erhalten

$$\int \cos 2x\, dx = \tfrac{1}{2} \int \cos z\, dz = \tfrac{1}{2} \sin z = \tfrac{1}{2} \sin 2x = \sin x \cos x,$$

und es ergibt sich wie oben

$$\int \sin^2 x\, dx = \frac{x}{2} - \frac{1}{2} \sin x \cos x.$$

g) Setzen wir zur Abkürzung

$$S = \int e^{ax} \sin b x\, dx, \qquad C = \int e^{ax} \cos b x\, dx,$$

so erhalten wir, wenn wir im ersten Integrale einführen

$$u = e^{ax}, \qquad v' = \sin b x, \qquad \text{also} \qquad u' = a\,e^{ax}, \qquad v = -\frac{1}{b} \cos b x;$$

$$S = -\frac{1}{b}\, e^{ax} \cos b x + \frac{a}{b} \int e^{ax} \cos b x\, dx$$

oder als erste Gleichung

$$b\,S - a\,C = -e^{ax} \cos b x. \qquad\qquad\qquad \text{a)}$$

Führen wir im zweiten Integrale ein

$$u = e^{ax}, \quad v' = \cos b x, \quad \text{also} \quad u' = a e^{ax}, \quad v = \frac{1}{b} \sin b x,$$

so erhalten wir

$$C = \frac{1}{b} e^{ax} \sin b x - \frac{a}{b} \int e^{ax} \sin b x$$

oder als zweite Gleichung

$$a S + b C = e^{ax} \sin b x. \qquad \qquad \text{b)}$$

Aus den beiden linearen Gleichungen a) und b) lassen sich die beiden Unbekannten S und C berechnen.

Es ergibt sich schließlich

$$S = \int e^{ax} \sin b x \, d x = \frac{e^{ax} (a \sin b x - b \cos b x)}{a^2 + b^2}, \qquad \text{[T III 24]}$$

$$C = \int e^{ax} \cos b x \, d x = \frac{e^{ax} (a \cos b x + b \sin b x)}{a^2 + b^2}. \qquad \text{(Probe!)} \qquad \text{[T III 25]}$$

h) Es sei

$$J_1 = \int \frac{x^2}{\sqrt{a^2 - x^2}} \, d x \quad \text{und} \quad J_2 = \int \sqrt{a^2 - x^2} \, d x.$$

Wir schreiben

$$J_1 = \int x \cdot \frac{x}{\sqrt{a^2 - x^2}} \, d x$$

und setzen

$$u = x, \quad v' = \frac{x}{\sqrt{a^2 - x^2}};$$

dann ist $u' = 1$ und nach Formel [T II 9] $v = -\sqrt{a^2 - x^2}$. Wir erhalten demnach

$$J_1 = -x \sqrt{a^2 - x^2} + \int \sqrt{a^2 - x^2} \, d x$$

oder als erste Gleichung

$$J_1 - J_2 = -x \sqrt{a^2 - x^2}. \qquad \qquad \text{a)}$$

Wir schreiben weiter

$$J_2 = \int \frac{a^2 - x^2}{\sqrt{a^2 - x^2}} \, d x = \int \frac{a^2}{\sqrt{a^2 - x^2}} \, d x - \int \frac{x^2}{\sqrt{a^2 - x^2}} \, d x$$

und mit Verwendung von Formel [T II 4] $J_2 = a^2 \arcsin \frac{x}{a} - J_1$; daraus folgt die zweite Gleichung

$$J_1 + J_2 = a^2 \arcsin \frac{x}{a}. \qquad \qquad \text{b)}$$

Aus a) und b) folgt:

$$J_1 = \int \frac{x^2}{\sqrt{a^2 - x^2}} \, d x = \frac{a^2}{2} \arcsin \frac{x}{a} - \frac{x}{2} \sqrt{a^2 - x^2} \qquad \text{[T II 12]}$$

und

$$J_2 = \int \sqrt{a^2 - x^2} \, d x = \frac{a^2}{2} \arcsin \frac{x}{a} + \frac{x}{2} \sqrt{a^2 - x^2}. \qquad \text{[T II 13]}$$

Probe!

i) Es sei

$$J_1 = \int \frac{x^2}{\sqrt{x^2 + a}}\, dx\,, \qquad J_2 = \int \sqrt{x^2 + a}\; dx\,.$$

Wir verfahren entsprechend Beispiel h) und setzen

$$u = x, \qquad v' = \frac{x}{\sqrt{x^2 + a}}\,,$$

also $u' = 1$ und nach [TII8] $v = \sqrt{x^2 + a}$. Wir erhalten demnach:

$$J_1 = x\sqrt{x^2 + a} - \int \sqrt{x^2 + a}\; dx$$

oder

$$J_1 + J_2 = x\sqrt{x^2 + a}\,. \tag{a)}$$

Ferner ist

$$J_2 = \int \frac{x^2 + a}{\sqrt{x^2 + a}}\, dx = \int \frac{x^2}{\sqrt{x^2 + a}}\, dx + a \int \frac{dx}{\sqrt{x^2 + a}}$$

$$= J_1 + a \ln\!\left(x + \sqrt{x^2 + a}\right), \quad \text{nach [T II 7]},$$

also

$$J_2 - J_1 = a \ln\!\left(x + \sqrt{x^2 + a}\right). \tag{b)}$$

Durch Addition und Subtraktion von a) und b) bekommen wir schließlich

$$2J_1 = x\sqrt{x^2 + a} - a \ln\!\left(x + \sqrt{x^2 + a}\right)$$

und

$$2J_2 = x\sqrt{x^2 + a} + a \ln\!\left(x + \sqrt{x^2 + a}\right)$$

oder

$$\left. \begin{aligned} \int \frac{x^2}{\sqrt{x^2 + a}}\, dx &= \frac{x}{2}\sqrt{x^2 + a} - \frac{a}{2} \ln\!\left(x + \sqrt{x^2 + a}\right), \\[2mm] \int \sqrt{x^2 + a}\; dz &= \frac{x}{2}\sqrt{x^2 + a} + \frac{a}{2} \ln\!\left(x + \sqrt{x^2 + a}\right). \end{aligned} \right\} \qquad \begin{aligned} &\text{[TII 14]}\\[1mm] &\text{(Probe!)}\\[1mm] &\text{[TII 15]} \end{aligned}$$

Ist a eine positive Größe, $a = b^2$, so kann man auch schreiben:

$$\int \frac{x^2}{\sqrt{x^2 + b^2}} = \frac{x}{2}\sqrt{x^2 + b^2} - \frac{b^2}{2} \operatorname{Ar \mathfrak{Sin}} \frac{x}{b}\,, \tag{[TII 14$'$]}$$

$$\int \sqrt{x^2 + b^2} = \frac{x}{2}\sqrt{x^2 + b^2} + \frac{b^2}{2} \operatorname{Ar \mathfrak{Sin}} \frac{x}{b}\,. \tag{[TII 15$'$]}$$

Ist a negativ, $a = -b^2$, so erhält man:

$$\int \frac{x^2}{\sqrt{x^2 - b^2}} = \frac{x}{2}\sqrt{x^2 - b^2} + \frac{b^2}{2} \operatorname{Ar \mathfrak{Cof}} \frac{x}{b}\,, \tag{[TII 14$''$]}$$

$$\int \sqrt{x^2 - b^2} = \frac{x}{2}\sqrt{x^2 - b^2} - \frac{b^2}{2} \operatorname{Ar \mathfrak{Cof}} \frac{x}{b}\,. \tag{[TII 15$''$]}$$

In diesem Paragraphen haben wir die Hauptregeln für die Integration behandelt: die Konstantenregel, die Summenregel, die Substitutionsregel und die Regel der teilweisen Integration. Gleichzeitig haben wir uns die für den Ingenieur wichtigsten Integralformeln abgeleitet und zusammengestellt. Ehe wir uns mit den Anwendungen und den damit zusammenhängenden bestimmten Integralen befassen, sollen noch einige schwierigere Integrationsverfahren behandelt werden, die der Anfänger zunächst ruhig überschlagen darf.

§ 3. Integration der gebrochenen rationalen Funktion.

(70)   Die Aufgabe lautet, das Integral

$$J = \int \frac{a_r x^r + a_{r-1} x^{r-1} + \cdots + a_2 x^2 + a_1 x + a_0}{b_n x^n + b_{n-1} x^{n-1} + \cdots + b_2 x^2 + b_1 x + b_0} dx \qquad 19)$$

auszuwerten, d. h. eine Funktion von x zu finden, die sich aus den uns geläufigen Funktionen zusammensetzt, und deren Differentialquotient die allgemeine gebrochene rationale Funktion

$$f(x) \equiv \frac{a_r x^r + a_{r-1} x^{r-1} + \cdots + a_2 x^2 + a_1 x + a_0}{b_n x^n + b_{n-1} x^{n-1} + \cdots + b_2 x^2 + b_1 x + b_0} \quad \text{ist.}$$

Ohne die Allgemeinheit des Problems einzuschränken, können wir stets annehmen, daß $r < n$ ist, d. h. daß der Integrand eine **echt gebrochene** rationale Funktion ist; im anderen Falle läßt er sich [s. (30) S. 67] darstellen als die Summe einer ganzen rationalen und einer echt gebrochenen rationalen Funktion, die nach der Summenregel einzeln integriert werden können. Ferner bedeutet es keine Einschränkung der Allgemeinheit, wenn wir von vornherein $b_n = 1$ setzten; durch Kürzen von $f(x)$ mit b_n läßt sich das stets erreichen. Unser Integral lautet demnach:

$$\int \frac{a_{n-1} x^{n-1} + a_{n-2} x^{n-2} + \cdots + a_2 x^2 + a_1 x + a_0}{x^n + b_{n-1} x^{n-1} + \cdots + b_2 x^2 + b_1 x + b_0} dx. \qquad 19')$$

Der Zähler des Integranden kann höchstens vom Grade $(n-1)$ sein.

Die Auswertung soll aufgebaut werden auf dem Verfahren der **Teilbruchzerlegung (Partialbruchzerlegung)**. Ein einfaches Beispiel möge den allgemeinen Fall vorbereiten. Wir wollen

$$\int \frac{2x^2 - 1}{x^3 + x^2 - 6x} dx$$

auswerten. Der Integrand ist $\frac{2x^2 - 1}{x^3 + x^2 - 6x}$; der Nenner $x^3 + x^2 - 6x$ läßt sich in unserem Beispiele leicht in Faktoren zerlegen: $x^3 + x^2 - 6x \equiv x(x+3)(x-2)$; also kann der Integrand geschrieben werden: $\frac{2x^2 - 1}{x(x+3)(x-2)}$. Wir fragen: Läßt sich dieser Bruch so als Summe dreier Brüche schreiben, daß ihre Nenner der Reihe nach x, $x+3$, $x-2$, und daß ihre Zähler Konstante A, B, C sind, und wie bestimmt man diese Konstanten? Gelingt diese Zerlegung, dann besteht für jeden beliebigen Wert von x die Gleichung:

$$\frac{2x^2 - 1}{x(x+3)(x-2)} \equiv \frac{A}{x} + \frac{B}{x+3} + \frac{C}{x-2}.$$

Das Integral kann dann als Summe dreier Integrale von der Form $\int \frac{dx}{x - x_0}$ leicht berechnet werden. Eine solche Zerlegung des Integranden nennt man Teilbruchzerlegung und die einzelnen Brüche die Teilbrüche. Wir führen diese Teilbruchzerlegung für unser Beispiel durch. Es handelt sich dabei nur um Anwendung bekannter Regeln der Arithmetik. Es ist

$$\frac{A}{x} + \frac{B}{x+3} + \frac{C}{x-2} = \frac{A(x+3)(x-2) + Bx(x-2) + Cx(x+3)}{x(x+3)(x-2)}$$

$$= \frac{(A+B+C)x^2 + (A-2B+3C)x - 6A}{x(x+3)(x-2)}.$$

Der letzte Bruch muß nun identisch gleich dem Integranden sein; da die Nenner übereinstimmen, gilt das auch für die Zähler. Die Zähler können aber nur dann identisch gleich sein, wenn die Beiwerte gleich hoher Potenzen von x einander gleich sind. Durch die Gleichsetzung dieser Beiwerte [Beiwerte- (Koeffizienten-) Vergleichung] gelangen wir in unserem Beispiele zu den drei Gleichungen

$$A + B + C = 2, \qquad A - 2B + 3C = 0, \qquad -6A = -1.$$

Wir stellen zunächst fest, daß wir eben soviele Gleichungen erhalten, als unbekannte Beiwerte A, B, C zu berechnen sind; die Unbekannten können demnach wirklich berechnet werden. Zweitens zeigt sich, daß die drei Gleichungen linear sind; die Lösungen sind also eindeutig. In unserem Beispiele läßt sich demnach die Teilbruchentwicklung wirklich durchführen, und zwar nur auf eine einzige Weise; die Teilbruchentwicklung ist eindeutig. Wir erhalten

$$A = \tfrac{1}{6}, \qquad B = \tfrac{17}{15}, \qquad C = \tfrac{7}{10}.$$

Es ist also

$$\frac{2x^2 - 1}{x^3 + x^2 - 6x} = \frac{1}{6} \cdot \frac{1}{x} + \frac{17}{15} \cdot \frac{1}{x+3} + \frac{7}{10} \cdot \frac{1}{x-2}$$

und folglich

$$\int \frac{2x^2 - 1}{x^3 + x^2 - 6x} \, dx = \frac{1}{6} \ln x + \frac{17}{15} \ln(x+3) + \frac{7}{10} \ln(x-2).$$

Wir erkennen an diesem Beispiele, daß für das Integrieren selbst keinerlei Schwierigkeiten bestehen, wenn uns die Verwandlung des Integranden in Teilbrüche gelingt. Zu diesem Zwecke müssen wir aber den Nenner des Integranden in Faktoren zerlegt haben. Die Kernfrage lautet also: Ist es stets möglich, eine ganze rationale Funktion

$n$ten Grades in Faktoren zu zerlegen, und wie wird die Zerlegung ausgeführt? Die Antwort auf diese rein algebraische Frage ist: Die ganze rationale Funktion n^{ten} Grades

$$x^n + b_{n-1} x^{n-1} + \cdots + b_2 x^2 + b_1 x + b_0$$

läßt sich stets in n lineare Faktoren $(x - x_1)(x - x_2) \ldots (x - x_n)$ zerlegen; hierbei sind die Konstanten x_1, x_2, $\ldots$ x_n die Lösungen der Gleichung $n$ten Grades

$$x^n + b_{n-1} x^{n-1} + \cdots + b_2 x^2 + b_1 x + b_0 = 0.$$

Wie wir nun die algebraische Schwierigkeit überwinden, eine Gleichung $n$ten Grades aufzulösen, ist nicht Sache der Infinitesimalrechnung. Hier seien nur noch einige für unsere Zwecke wichtige Eigenschaften der Lösungen einer Gleichung $n$ten Grades hervorgehoben. Wir setzen selbstverständlich voraus, daß die Beiwerte b_{n-1}, b_{n-2}, $\ldots$, b_2, b_1, b_0 sämtlich **reelle** Zahlen sind; die Gleichung $n$ten Grades hat dann stets n Lösungen x_1, x_2, $\ldots$, x_n (Grundsatz der Algebra). Es kann aber der Fall eintreten, daß einige von den n Lösungen x_1, x_2, $\ldots$, x_n einander gleich sind; man spricht dann von einer·**mehrfachen** (zweifachen, dreifachen, $\ldots$) Lösung der Gleichung. Es kann ferner vorkommen, daß eine dieser Lösungen eine **komplexe** Zahl ist; nun können aber komplexe Zahlen, also Zahlen von der Form $p + iq$, ($i^2 = -1$), wie die Algebra weiter lehrt, als Lösungen immer nur paarweise auftreten, und zwar als konjugiert komplexe Zahlen $p + iq$ und $p - iq$. Durch Multiplizieren der beiden zugehörigen Faktoren $x - p - iq$ und $x - p + iq$ läßt sich die imaginäre Einheit leicht beseitigen. Dadurch entsteht der **quadratische Faktor** $(x - p)^2 + q^2$, der ein Ersatz für zwei lineare Faktoren ist. Auch solche Paare von komplexen Lösungen können mehrfach auftreten. Es ergeben sich demnach vier verschiedene Gruppen, die getrennt voneinander behandelt werden sollen.

I. Die Gleichung $n$ten Grades, die man durch Nullsetzen des Nenners des Integranden erhält, hat **nur reelle Lösungen;**

    a) diese Lösungen sind alle **voneinander verschieden,**

    b) einige dieser Lösungen sind **einander gleich.**

II. Die Gleichung hat **konjugiert komplexe Lösungen;**

    a) diese sind alle **voneinander verschieden,**

    b) einige von ihnen sind **einander gleich.**

Unser oben durchgeführtes Beispiel gehört der Gruppe I a) an, deren allgemeinen Fall wir nun betrachten.

(71)   **I a)** Die Gleichung

$$x^n + b_{n-1} x^{n-1} + \cdots + b_2 x^2 + b_1 x + b_0 = 0$$

hat n **voneinander verschiedene reelle** Lösungen x_1, x_2, $\ldots$, x_n;

es ist also

$$x^n + b_{n-1}x^{n-1} + \cdots + b_2 x^2 + b_1 x + b_0 \equiv (x - x_1)(x - x_2) \cdots (x - x_n),$$

wobei jeder Faktor nur einmal auftritt. Wir setzen für den Integranden die Teilbruchentwicklung an:

$$\left.\frac{a_{n-1}x^{n-1} + \cdots + a_2 x^2 + a_1 x + a_0}{(x - x_1)(x - x_2) \cdots (x - x_n)} \equiv \frac{A}{x - x_1} + \frac{B}{x - x_2}\right\}$$
$$\left. + \frac{C}{x - x_3} + \cdots + \frac{N}{x - x_n}.\right\} \quad 20)$$

Schließlich bringen wir die Teilbrüche wieder auf einen Nenner und ordnen den Zähler nach fallenden Potenzen von x; die höchste Potenz ist x^{n-1}. Der so gewonnene Bruch muß mit dem Integranden identisch sein; da die Nenner gleich sind, muß dies auch für die Zähler gelten; d. h. die Beiwerte gleich hoher Potenzen von x müssen einander gleich sein. Durch die Beiwerte-Vergleichung erhalten wir nunmehr n lineare Gleichungen mit den n Unbekannten $A_1, A_2, \ldots, A_n$. Es sind in der Tat n Gleichungen, da jeder der beiden Zähler n Glieder mit den Potenzen $x^{n-1}, x^{n-2}, \ldots, x^2, x^1, x^0$ hat. Damit ist gezeigt, daß die nötige Anzahl von Gleichungen zur Bestimmung der n Größen $A, B, \ldots, N$ wirklich vorhanden ist. Da diese Gleichungen linear sind (warum?), ergibt sich für jede Größe stets ein und nur ein Wert, d. h. die Teilbruchzerlegung ist eindeutig. Es sind demnach nur Integrale von der Form $\int \dfrac{dx}{x - x_k} = \ln(x - x_k)$ auszuwerten; der Fall I a) führt also einzig auf logarithmische Funktionen.

Beispiel: $J = \int \dfrac{x^6}{x^4 - 5x^2 + 4}\, dx$. Der Integrand ist eine unecht gebrochene rationale Funktion; wir dividieren aus und erhalten:

$$\frac{x^6}{x^4 - 5x^2 + 4} = x^2 + 5 + \frac{21 x^2 - 20}{x^4 - 5x^2 + 4}.$$

Der Nenner läßt sich in das Produkt verwandeln

$$x^4 - 5x^2 + 4 = (x + 1)(x - 1)(x + 2)(x - 2);$$

wir haben demnach den Bruch

$$\frac{21 x^2 - 20}{(x + 1)(x - 1)(x + 2)(x - 2)}$$

in Teilbrüche zu zerlegen. Wir setzen an

$$\frac{21 x^2 - 20}{(x + 1)(x - 1)(x + 2)(x - 2)} = \frac{A}{x + 1} + \frac{B}{x - 1} + \frac{C}{x + 2} + \frac{D}{x - 2}$$
$$= \frac{(A+B+C+D)x^3 + (-A+B-2C+2D)x^2 + (-4A-4B-C-D)x + (4A-4B+2C-2D)}{(x + 1)(x - 1)(x + 2)(x - 2)}.$$

Die Vergleichung der Beiwerte ergibt die vier Gleichungen

$$A + B + C + D = 0, \qquad -A + B - 2C + 2D = 21,$$
$$-4A - 4B - C - D = 0, \qquad 4A - 4B + 2C - 2D = -20,$$

woraus die Lösungen folgen:

$$A = +\tfrac{41}{6}, \qquad B = -\tfrac{41}{6}, \qquad C = -\tfrac{26}{3}, \qquad D = +\tfrac{26}{3},$$

Hiernach ist

$$\int \frac{x^6}{x^4 - 5x^2 + 4}\, dx = \frac{x^3}{3} + 5x + \frac{41}{6}\ln(x+1) - \frac{41}{6}\ln(x-1)$$
$$- \frac{26}{3}\ln(x+2) + \frac{26}{3}\ln(x-2)$$
$$= \frac{x^3}{3} + 5x + \ln\sqrt[6]{\left(\frac{x+1}{x-1}\right)^{41} \cdot \left(\frac{x-2}{x+2}\right)^{52}}.$$

Hierher gehören übrigens die als Sonderfall in § 2, Formel 12) betrachteten Beispiele, in denen der Nenner des Integranden eine Funktion zweiten Grades ist, die sich in zwei reelle lineare Faktoren zerlegen läßt. Das dort angeführte Zahlenbeispiel lautete, von dem unwesentlichen Faktor $\tfrac{1}{8}$ abgesehen (s. S. 173): $\int \dfrac{31x - 15}{x^2 + \tfrac{5}{2}x - \tfrac{3}{2}}\, dx$; wir wollen es jetzt durch Teilbruchzerlegung behandeln. Wir setzen

$$\frac{31x - 15}{x^2 + \tfrac{5}{2}x - \tfrac{3}{2}} = \frac{31x - 15}{(x - \tfrac{1}{2})(x + 3)} = \frac{A}{x - \tfrac{1}{2}} + \frac{B}{x + 3} = \frac{(A + B)x + (3A - \tfrac{1}{2}B)}{(x - \tfrac{1}{2})(x + 3)},$$

$$A + B = 31, \qquad 3A - \tfrac{1}{2}B = -15; \qquad A = \tfrac{1}{7}, \qquad B = \tfrac{216}{7}.$$

Demnach ist

$$\frac{1}{8}\int \frac{31x - 15}{x^2 + \tfrac{5}{2}x - \tfrac{3}{2}}\, dx = \frac{1}{56}\left[\ln\left(x - \frac{1}{2}\right) + 216\ln(x + 3)\right].$$

Daß dieses Ergebnis dem auf S. 174 angeführten

$$\frac{31}{16}\ln\left(x^2 + \frac{5}{2}x - \frac{3}{2}\right) - \frac{215}{112}\ln\frac{x - \tfrac{1}{2}}{x + 3}$$

nicht widerspricht, ist leicht zu zeigen. Da nämlich

$$x^2 + \tfrac{5}{2}x - \tfrac{3}{2} = (x - \tfrac{1}{2}) \cdot (x + 3)$$

ist, so ist

$$\frac{31}{16}\ln\left(x^2 + \frac{5}{2}x - \frac{3}{2}\right) - \frac{215}{112}\ln\frac{x - \tfrac{1}{2}}{x + 3} = \frac{31}{16}\ln\left(x - \frac{1}{2}\right)$$
$$+ \frac{31}{16}\ln(x + 3) - \frac{215}{112}\ln\left(x - \frac{1}{2}\right) + \frac{215}{112}\ln(x + 3)$$
$$= \frac{1}{112}\left[(217 - 215)\ln\left(x - \frac{1}{2}\right) + (217 + 215)\ln(x + 3)\right]$$
$$= \frac{1}{112}\left[2 \cdot \ln\left(x - \frac{1}{2}\right) + 432 \cdot \ln(x + 3)\right]$$
$$= \frac{1}{56}\left[\ln\left(x - \frac{1}{2}\right) + 216\ln(x + 3)\right]$$

in Übereinstimmung mit oben.

(72) I b) Die Gleichung

$$x^n + b_{n-1} x^{n-1} + \cdots + b_2 x^2 + b_1 x + b_0 = 0$$

habe wieder nur reelle Lösungen, aber einige von ihnen mögen untereinander gleich sein; so möge beispielsweise die Lösung $x = x_k$ $\varkappa$ mal auftreten. Wir setzen in diesem Falle die folgende Teilbruchentwicklung an:

$$\left.\begin{array}{l} \dfrac{a_{n-1} x^{n-1} + \cdots + a_1 x + a_0}{x^n + b_{n-1} x^{n-1} + \cdots + b_1 x + b_0} = \\[2mm] \cdots + \dfrac{K_{\varkappa-1} x^{\varkappa-1} + K_{\varkappa-2} x^{\varkappa-2} + \cdots + K_1 x + K_0}{(x - x_k)^\varkappa} + \cdots \end{array}\right\} \quad 21)$$

Es sind $\varkappa$ Teilbrüche von der Form $\dfrac{L}{x - x_l}$ in Fortfall gekommen, und an ihre Stelle ist in 21) eine echt gebrochene rationale Funktion, deren Nenner vom Grade $\varkappa$ ist, getreten. Dadurch sind zwar auch $\varkappa$ Zähler L verlorengegangen; diese haben aber Ersatz gefunden durch die $\varkappa$ zu bestimmenden Beiwerte $K_{\varkappa-1}$, $K_{\varkappa-2}$, ..., K_1, K_0, so daß auch jetzt durch Beiwerte-Vergleichung n lineare Gleichungen mit n Unbekannten erhalten werden, aus denen sich diese stets eindeutig bestimmen lassen. [Die Punkte vor und hinter dem Bruche in Gleichung 21) sollen andeuten, daß außerdem noch andere Teilbrüche auftreten können, die von der früheren Form $\dfrac{L}{x - x_l}$ sind oder von der Form des obenstehenden, je nach der Art des ursprünglichen Nenners.] Zusammengefaßt läßt sich sagen, daß sich der Integrand, dessen Nenner nur lineare Faktoren in irgendwelcher Potenz enthält, stets in Teilbrüche zerlegen läßt, deren Nenner betr. Potenz des entsprechenden linearen Faktors ist.

Wir haben es also mit Integralen von der Form

$$\int \frac{K_{\varkappa-1} x^{\varkappa-1} + \cdots + K_1 x + K_0}{(x - x_k)^\varkappa} \, dx$$

zu tun. Die Integration geschieht nach der Methode der Integration durch Differentiation, indem man ansetzt:

$$\left.\begin{array}{l} \displaystyle\int \dfrac{K_{\varkappa-1} x^{\varkappa-1} + \cdots + K_1 x + K_0}{(x - x_k)^\varkappa} \, dx \\[3mm] = \dfrac{\mathsf{K}_{\varkappa-2} x^{\varkappa-2} + \mathsf{K}_{\varkappa-3} x^{\varkappa-3} + \cdots + \mathsf{K}_1 x + \mathsf{K}_0}{(x - x_k)^{\varkappa-1}} + \Re \displaystyle\int \dfrac{dx}{x - x_k} . \end{array}\right\} \quad 22)$$

Differenziert man beide Seiten und bringt danach die rechte Seite auf den Hauptnenner $(x - x_k)^\varkappa$, so erhält man beiderseits eine echt gebrochene rationale Funktion, deren Nenner $(x - x_k)^\varkappa$ ist. Da beide Funktionen einander identisch gleich sein sollen, so gilt dies für ihre Zähler; d. h. die Beiwerte gleich hoher Potenzen von x müssen einander gleich sein. Wir wenden demnach nochmals die Beiwerte-Vergleichung an und erhalten dadurch $\varkappa$ lineare Gleichungen zur Bestimmung der $\varkappa$ Größen $K_{\varkappa-2}$, $K_{\varkappa-3}$, $\ldots$, K_1, K_0, $\Re$.

Beispiele:

a) $J = \int \dfrac{x^4 + 1}{(x + 2)^2 (x - 1)^3}\, dx$.

Teilbruchentwicklung nach 21)

$$\frac{x^4 + 1}{(x + 2)^2 (x - 1)^3} = \frac{A_1 x + A_0}{(x + 2)^2} + \frac{B_2 x^2 + B_1 x + B_0}{(x - 1)^3} =$$

$$\frac{(A_1 + B_2)x^4 + (A_0 - 3A_1 + B_1 + 4B_2)x^3 + (-3A_0 + 3A_1 + B_0 + 4B_1 + 4B_2)x^2 + (3A_0 - A_1 + 4B_0 + 4B_1)x + (-A_0 + 4B_0)}{(x + 2)^2 (x - 1)^3}$$

Vergleichung der Beiwerte: Fünf lineare Gleichungen für A_1, A_0, B_2, B_1, B_0:

$$A_1 + B_2 = 1, \qquad A_0 - 3A_1 + B_1 + 4B_2 = 0,$$

$$-3A_0 + 3A_1 + B_0 + 4B_1 + 4B_2 = 0, \qquad 3A_0 - A_1 + 4B_0 + 4B_1 = 0,$$

$$-A_0 + 4B_0 = 1.$$

Hieraus

$$A_1 = \tfrac{5}{9}, \qquad A_0 = \tfrac{13}{27}, \qquad B_2 = \tfrac{4}{9}, \qquad B_1 = -\tfrac{16}{27}, \qquad B_0 = \tfrac{10}{27}.$$

Es ist demnach

$$\frac{x^4 + 1}{(x + 2)^2 (x - 1)^3} = \frac{1}{27}\left[\frac{15x + 13}{(x + 2)^2} + \frac{12x^2 - 16x + 10}{(x - 1)^3}\right].$$

Es sind also zwei Integrale auszuwerten. Das erste ist $\int \dfrac{15x + 13}{(x + 2)^2}\, dx$; wir setzen an:

$$\int \frac{15x + 13}{(x + 2)^2}\, dx = \frac{A_0}{x + 2} + \mathfrak{A} \int \frac{dx}{x + 2};$$

wir differenzieren beide Seiten und erhalten

$$\frac{15x + 13}{(x + 2)^2} = -\frac{A_0}{(x + 2)^2} + \frac{\mathfrak{A}}{x + 2} = \frac{\mathfrak{A}x + (2\mathfrak{A} - A_0)}{(x + 2)^2};$$

durch Vergleichung der Beiwerte folgt:

$$\mathfrak{A} = 15, \quad 2\mathfrak{A} - A_0 = 13; \quad \text{hieraus} \quad \mathfrak{A} = 15, \quad A_0 = 17.$$

Also ist

$$\int \frac{15x + 13}{(x + 2)^2}\, dx = \frac{17}{x + 2} + 15 \int \frac{dz}{x + 2} = \frac{17}{x + 2} + 15 \ln(x + 2).$$

Das zweite Integral ist

$$\int \frac{12x^2 - 16x + 10}{(x - 1)^3}\, dx = \frac{B_1 x + B_0}{(x - 1)^2} + \mathfrak{B} \int \frac{dx}{x - 1};$$

differenzieren:

$$\frac{12x^2 - 16x + 10}{(x - 1)^3} = \frac{B_1}{(x - 1)^2} - \frac{2(B_1 x + B_0)}{(x - 1)^3} + \frac{\mathfrak{B}}{x - 1}$$

$$= \frac{B_1(x - 1) - 2(B_1 x + B_0) + \mathfrak{B}(x - 1)^2}{(x - 1)^3};$$

Vergleichung der Beiwerte:

$$\mathfrak{B} = 12, \qquad -B_1 - 2\mathfrak{B} = -16, \qquad -B_1 - 2B_0 + \mathfrak{B} = 10;$$

hieraus $\qquad \mathfrak{B} = 12, \qquad B_1 = -8, \qquad B_0 = 5.$

$$\int \frac{12x^2 - 16x + 10}{(x-1)^3}\, dx = \frac{-8x + 5}{(x-1)^2} + 12\ln(x-1).$$

Wir erhalten demnach:

$$\int \frac{x^4 + 1}{(x+2)^2(x-1)^3}\, dx = \frac{1}{27}\left[\frac{17}{x+2} + 15\ln(x+2) - \frac{8x-5}{(x-1)^2} + 12\ln(x-1)\right]$$

$$= \frac{1}{3}\frac{x^2 - 5x + 3}{(x+2)(x-1)^2} + \frac{1}{9}\ln\left[(x+2)^5(x-1)^4\right].$$

b) $\quad J = \displaystyle\int \frac{dx}{x(x+1)(x-2)^2}$;

Teilbruchentwicklung:

$$\frac{1}{x(x+1)(x-2)^2} = \frac{A}{x} + \frac{B}{x+1} + \frac{C_1 x + C_0}{(x-2)^2}$$

$$= \frac{A(x+1)(x-2)^2 + Bx(x-2)^2 + (C_1 x + C_0)x(x+1)}{x(x+1)(x-2)^2}.$$

Vergleichung der Beiwerte gleich hoher Potenzen des Zählers:

$$A + B + C_1 = 0, \quad -3A - 4B + C_1 + C_0 = 0, \quad 4B + C_0 = 0, \quad 4A = 1:$$

hieraus

$$A = \tfrac{1}{4}, \qquad B = -\tfrac{1}{9}, \qquad C_1 = -\tfrac{5}{36}, \qquad C_0 = \tfrac{4}{9}.$$

Demnach ist

$$\frac{1}{x(x+1)(x-2)^2} = \frac{1}{36}\left[\frac{9}{x} - \frac{4}{x+1} - \frac{5x - 16}{(x-2)^2}\right].$$

Nun kann man mittels der Summenregel integrieren; unser Augenmerk richtet sich auf das Integral

$$\int \frac{5x - 16}{(x-2)^2}\, dx = \frac{\Gamma_0}{x-2} + \mathfrak{G}\int \frac{dx}{x-2};$$

Integration durch Differentiation:

$$\frac{5x - 16}{(x-2)^2} = -\frac{\Gamma_0}{(x-2)^2} + \frac{\mathfrak{G}}{x-2} = \frac{\mathfrak{G}(x-2) - \Gamma_0}{(x-2)^2};$$

Vergleichung der Beiwerte:

$$\mathfrak{G} = 5, \qquad -2\mathfrak{G} - \Gamma_0 = -16; \qquad \text{hieraus} \qquad \mathfrak{G} = 5, \qquad \Gamma_0 = 6.$$

Folglich

$$\int \frac{5x - 16}{(x-2)^2}\, dx = \frac{6}{x-2} + 5\ln(x-2).$$

Wir erhalten also:

$$\int \frac{dx}{x(x+1)(x-2)^2} = \frac{1}{6(x-2)} + \frac{1}{36}\left[9\ln x - 4\ln(x+1) - 5\ln(x-2)\right].$$

§ 5. Die geometrische Deutung des Integrals.

Das bestimmte Integral.

(80) Das geometrische Bild der Funktion $y = f(x)$ ist, wie wir im Abschnitt I erfahren haben, in einem rechtwinkligen Koordinatensystem eine Kurve; wir nennen $y = f(x)$ die Gleichung dieser Kurve. Es ist zu erwarten, daß das Bild der Funktion $F(x) = \int f(x) dx$ einen ähnlich engen Zusammenhang mit dem Bilde von $f(x)$ haben wird, wie ihn die beiden Funktionen selbst aufweisen.

Wir wollen nun zeigen, daß $F(x) = \int f(x) dx$ als eine Fläche gedeutet werden kann (s. Abb. 85), und zwar stellt es die Fläche dar, die begrenzt wird von der x-Achse, der Kurve $y = f(x)$ und zwei Ordinaten, der zu einer beliebigen, aber konstanten Abszisse c gehörigen und der zur veränderlichen Abszisse x gehörigen.

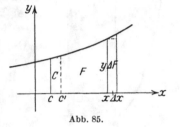

Abb. 85.

Mit der Änderung von x ändert sich auch der Inhalt F des betrachteten Flächenstückes, d. h. der Flächeninhalt ist eine Funktion der Endabszïsse x. Es bleibt nun noch nachzuweisen, daß der Differentialquotient dieser Funktion für jedes beliebige x gleich $f(x)$ ist. Zu diesem Zwecke erinnern wir uns der Definition des Differentialquotienten [vgl. Abschnitt I **(18)** S. 35]. Wir erteilen x einen Zuwachs $\varDelta x$; dadurch nimmt F (Abb. 85) um einen Flächenstreifen $\varDelta F$ zu, der sich zusammensetzt aus einem Rechteck mit den Seiten $\varDelta x$ und $y = f(x)$ und einem rechtwinkligen Dreieck mit den beiden Katheten $\varDelta x$ und $\varDelta y$, dessen Hypotenuse allerdings nicht geradlinig, sondern ein Stück der Kurve $y = f(x)$ ist. Wir können aber $\varDelta F$ um so besser durch das Rechteck ersetzen, je kleiner wir $\varDelta x$ wählen; denn dann wird zwar der Inhalt des Rechtecks sich der Null nähern, da eine seiner Seiten es tut, in höherem Grade aber der des rechtwinkligen Dreiecks, da dessen beide Katheten gegen Null konvergieren, so daß wir seinen Inhalt gegen denjenigen des Rechtecks vernachlässigen können. Wählen wir also $\varDelta x$ klein genug, so können wir setzen $\varDelta F \approx f(x) \cdot \varDelta x$, und zwar um so unbedenklicher, je kleiner wir $\varDelta x$ nehmen. Der Differenzenquotient ist also $\dfrac{\varDelta F}{\varDelta x} \approx f(x)$, und kommt dem Werte $f(x)$ um so näher, je mehr sich $\varDelta x$ dem Werte Null nähert; das Zeichen $\approx$ läßt sich durch das Zeichen $=$ ersetzen für $\lim \varDelta x = 0$. Dann wird aber aus $\dfrac{\varDelta F}{\varDelta x}$ der Differentialquotient $\dfrac{dF}{dx}$, und wir haben damit gezeigt, daß $\dfrac{dF}{dx} = f(x)$ ist.

Wählen wir statt der Anfangsabszisse c irgendeine andere c', so ist der bis zu der veränderlichen Endordinate y reichende Flächeninhalt G wieder eine Funktion von x, deren Differentialquotient ebenfalls $f(x)$ ist, da für sie der obige Beweis genau ebenso gilt. Die beiden Flächen F und G sind aber nicht dieselben, sie unterscheiden sich vielmehr um ein Flächenstück C, das von der Abszissenachse, der Kurve $y = f(x)$ und den zu den Abszissen c und c' gehörigen Ordinaten begrenzt wird, so daß also $F(x) = G(x) + C$ ist. Da C von der Veränderlichen x unabhängig ist, so finden wir in C die geometrische Deutung der Integrationskonstanten wieder.

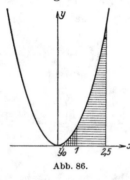

Abb. 86.

Wie man die Eigenschaft, daß $\int f(x)\,dx$ einen Flächeninhalt darstellt, zur Ermittlung des Inhaltes einer Fläche benutzen kann, sei an einem einfachen Beispiele gezeigt. In Abb. 86 ist die Parabel von der Gleichung $y = x^2$ dargestellt, und es sei die Aufgabe gestellt, den Inhalt der Fläche zu ermitteln, die von der x-Achse, der Parabel und den zu $x = 1$ und $x = 2{,}5$ gehörigen Ordinaten begrenzt wird. Nach obigen Erörterungen stellt $\int x^2\,dx = \frac{x^3}{3} + C$ die Fläche dar, die bis zu der einem veränderlichen x zugehörigen Endordinate reicht. C ergibt sich aus der willkürlich gewählten Anfangsordinate y_0. Nimmt man als Endordinate die zu $x = 2{,}5$ gehörige, so wird die Fläche

$$F^{2,5} = \frac{2{,}5^3}{3} + C = 5{,}208 + C\,,$$

dagegen diejenige, die bis zu der zu $x = 1$ gehörigen Ordinate reicht:

$$F^1 = \frac{1^3}{3} + C = 0{,}333 + C\,.$$

(In Abb. 86 ist die wagerecht schraffierte Fläche gleich $F^{2,5}$, die senkrecht schraffierte dagegen F^1.) Da als Anfangsordinate in beiden Fällen dieselbe Ordinate y_0 gewählt worden ist, hat auch C in beiden Fällen den gleichen Wert. Andererseits stellt dann die Differenz $F^{2,5} - F^1$ den Inhalt des gesuchten Flächenstückes dar; sie beträgt

$$F_1^{2,5} = F^{2,5} - F^1 = (5{,}208 + C) - (0{,}333 + C) = 4{,}875\,.$$

Das Bemerkenswerte an dem Ergebnisse ist, daß durch die Differenzbildung die Integrationskonstante weggefallen ist; das Integral hat jetzt seine Unbestimmtheit verloren, es ist ein bestimmtes Integral geworden.

Ganz allgemein versteht man unter dem bestimmten Integrale $\int_a^b f(x)\,dx$ einen Ausdruck, zu dem man auf folgendem Wege gelangt: Man ermittelt zunächst das unbestimmte Integral

$$\int f(x)\,dx = F(x)\,,$$

bildet dann durch Einsetzen der bestimmten Werte a und b für die Veränderliche x die beiden Werte $F(a)$ und $F(b)$ und subtrahiert schließlich $F(a)$ von $F(b)$. Der Ausdruck $F(b) - F(a)$ ist das gesuchte bestimmte Integral $\int_a^b f(x)\,dx$. a heißt die untere, b die obere Grenze des bestimmten Integrals. Aus dieser Definition folgt sofort die Gleichung

$$\int_a^b f(x)\,dx + \int_b^a f(x)\,dx = 0\,, \qquad \int_a^b f(x)\,dx = -\int_b^a f(x)\,dx\,, \qquad 40)$$

d. h. eine Vertauschung der Grenzen führt ein Integral in den entgegengesetzten Wert über.

Ferner ist

$$F(b) - F(a) = F(b) - F(c) + F(c) - F(a),$$

also

$$\int_a^b f(x)\,dx = \int_a^c f(x)\,dx + \int_c^b f(x)\,dx\,. \qquad 40')$$

Einige bestimmte Integrale sollen ermittelt werden:

a) $\displaystyle \int_1^4 x^2\,dx = \left[\frac{x^3}{3}\right]_1^4 = \frac{4^3}{3} - \frac{1^3}{3} = 21\,,$

b) $\displaystyle \int_a^b \frac{dx}{x} = \left[\ln x\right]_a^b = \ln b - \ln a = \ln\frac{b}{a}\,,$

c) $\displaystyle \int_0^a \frac{dx}{\sqrt{a^2 - x^2}} = \left[\arcsin\frac{x}{a}\right]_0^a = \arcsin 1 - \arcsin 0 = \frac{\pi}{2} - 0 = \frac{\pi}{2}\,,$

d) $\displaystyle \int_0^a \frac{dx}{a^2 + x^2} = \left[\frac{1}{a}\operatorname{arctg}\frac{x}{a}\right]_0^a = \frac{1}{a}\operatorname{arctg} 1 - \frac{1}{a}\operatorname{arctg} 0$

$$= \frac{1}{a}\cdot\frac{\pi}{4} - 0 = \frac{\pi}{4a}\,.$$

(73) IIa) Die Gleichung

$$x_n + b_{n-1} x^{n-1} + \cdots + b_2 x^2 + b_1 x + b_0 = 0$$

habe konjugiert komplexe Lösungen; diese mögen aber alle voneinander verschieden sein. Sind x_k' und x_k'' zwei zueinander konjugiert komplexe Lösungen, so ist das Produkt

$$(x - x_k')(x - x_k'') = x^2 + px + q,$$

eine rationale Funktion, in der p und q reelle Größen sind, und der Integrand läßt sich in Teilbrüche zerlegen nach der Form:

$$\frac{a_{n-1} x^{n-1} + \cdots + a_1 x + a_0}{x^n + b_{n-1} x^{n-1} + \cdots + b_1 x + b_0} = \cdots + \frac{Px + Q}{x^2 + px + q} + \cdots. \qquad 23)$$

Die Punkte in 23) sollen wiederum andeuten, daß außerdem noch andere Teilbrüche vorhanden sind, deren Nenner entweder Potenzen linearer Funktionen von x oder, beim Auftreten weiterer konjugiert komplexer Lösungen, ebenfalls quadratisch sind. Da der Bruch $\dfrac{Px + Q}{x^2 + px + q}$ für zwei Teilbrüche mit linearem Nenner steht, so treten für deren Zähler die beiden neuen Konstanten P und Q auf, und daher ist die Anzahl der zu bestimmenden Konstant wie vorher gleich n. Für ihre Ermittlung stehen auch wieder n lineare Gleichungen zur Verfügung. Die Größen P und Q lassen sich also stets, und zwar eindeutig berechnen. Das in dieser Entwicklung neu auftretende Integral

$$\int \frac{Px + Q}{x^2 + px + q}\, dx$$

ist aber schon in **(67)** behandelt worden.

Beispiele:

a) $J = \displaystyle\int \frac{x^2 + 1}{x^3 - 1}\, dx$.

Teilbruchzerlegung des Integranden:

$$\frac{x^2 + 1}{x^3 - 1} = \frac{x^2 + 1}{(x - 1)(x^2 + x + 1)} = \frac{A}{x - 1} + \frac{Px + Q}{x^2 + x + 1}$$

$$= \frac{A(x^2 + x + 1) + (Px + Q)(x - 1)}{(x - 1)(x^2 + x + 1)}.$$

Beiwerte-Vergleichung: $A + P = 1$, $A - P + Q = 0$, $A - Q = 1$, hieraus

$$A = \tfrac{2}{3}, \qquad P = \tfrac{1}{3}, \qquad Q = -\tfrac{1}{3},$$

also

$$\frac{x^2 + 1}{x^3 - 1} = \frac{1}{3}\left[\frac{2}{x - 1} + \frac{x - 1}{x^2 + x + 1}\right].$$

Da

$$\int \frac{dx}{x - 1} = \ln(x - 1)$$

und

$$\int \frac{x-1}{x^2+x+1}\,dx = \frac{1}{2}\int \frac{2x+1}{x^2+x+1}\,dx - \frac{3}{2}\int \frac{dx}{\left(x+\frac{1}{2}\right)^2+\left(\frac{\sqrt{3}}{2}\right)^2}$$

$$= \frac{1}{2}\ln(x^2+x+1) - \sqrt{3}\,\text{arctg}\,\frac{2x+1}{\sqrt{3}}$$

ist, so ist schließlich

$$\int \frac{x^2+1}{x^3-1}\,dx = \frac{2}{3}\ln(x-1) + \frac{1}{6}\ln(x^2+x+1) - \frac{\sqrt{3}}{3}\,\text{arctg}\,\frac{2x+1}{\sqrt{3}}\,.$$

b) $J = \displaystyle\int \frac{x^3-2x}{(x^2+4)(x^2-4x+5)}\,dx\,.$

$$\frac{x^3-2x}{(x^2+4)(x^2-4x+5)} = \frac{P_1 x + Q_1}{x^2+4} + \frac{P_2 x + Q_2}{x^2-4x+5}$$

$$= \frac{(P_1 x + Q_1)(x^2-4x+5) + (P_2 x + Q_2)(x^2+4)}{(x^2+4)(x^2-4x+5)}\,.$$

$$P_1 + P_2 = 1\,,\quad -4P_1 + Q_1 + Q_2 = 0\,,\quad 5P_1 - 4Q_1 + 4P_2 = -2\,,$$

$$5Q_1 + 4Q_2 = 0\,;$$

hieraus

$$P_1 = -\tfrac{6}{65}\,,\qquad P_2 = \tfrac{71}{65}\,,\qquad Q_1 = \tfrac{96}{65}\,,\qquad Q_2 = -\tfrac{24}{13}\,,$$

also ist

$$\frac{x^3-2x}{(x^2+4)(x^2-4x+5)} = \frac{1}{65}\left[\frac{-6x+96}{x^2+4} + \frac{71x-120}{x^2-4x+5}\right].$$

Da

$$\int \frac{-6x+96}{x^2+4}\,dx = -3\int \frac{2x}{x^2+4}\,dx + 96\int \frac{dx}{x^2+4}$$

$$= -3\ln(x^2+4) + 48\,\text{arctg}\,\frac{x}{2}$$

und

$$\int \frac{71x-120}{x^2-4x+5}\,dx = \frac{71}{2}\int \frac{2x-4}{x^2-4x+5}\,dx + 22\int \frac{dx}{(x-2)^2+1^2}$$

$$= \frac{71}{2}\ln(x^2-4x+5) + 22\,\text{arctg}\,(x-2)$$

ist, so wird

$$\int \frac{x^3-2x}{(x^2+4)(x^2-4x+5)}\,dx = \frac{1}{130}\Big[71\ln(x^2-4x+5) - 6\ln(x^2+4)$$

$$+ 44\,\text{arctg}\,(x-2) + 96\,\text{arctg}\,\frac{x}{2}\Big].$$

(74) IIb) Ein Paar konjugiert komplexer Lösungen der Gleichung

$$x^n + b_{n-1}x^{n-1} + \cdots + b_1 x + b_0 = 0\,,$$

trete **mehrmals auf;** dann muß der Nenner des Integranden den zu diesem Paare konjugiert komplexer Lösungen gehörigen quadratischen Faktor $x^2 + px + q$ auch mehrmals haben. Wir zerlegen den Integranden in eine Summe von Teilbrüchen:

$$\left. \begin{aligned} &\frac{a_{n-1}x^{n-1} + \cdots + a_1 x + a_0}{x^n + b_{n-1}x^{n-1} + \cdots + b_1 x + b_0} \\ &= \cdots + \frac{R_{2r-1}x^{2r-1} + R_{2r-2}x^{2r-2} + \cdots + R_2 x^2 + R_1 x + R_0}{(x^2 + px + q)^r} + \cdots \end{aligned} \right\} \quad 24)$$

Der auf der rechten Seite von 24) angeführte Teilbruch steht für $2r$ Teilbrüche in 20), deren Nenner linear sind; die $2r$ Beiwerte $R_{2r-1}, \ldots, R_0$ treten demnach für die zu diesen gehörigen konstanten $2r$ Zähler ein, so daß sich durch Beiwerte-Vergleichung auch hier n lineare Gleichungen für die n unbekannten Beiwerte ergeben, und Eindeutigkeit gesichert ist. Als neu treten dann nur noch Integrale auf von der Form

$$\int \frac{R_{2r-1}x^{2r-1} + \cdots + R_2 x^2 + R_1 x + R_0}{(x^2 + px + q)^r}\, dx,$$

für die wir den Ansatz machen

$$\left. \begin{aligned} &\int \frac{R_{2r-1}x^{2r-1} + \cdots + R_2 x^2 + R_1 x + R_0}{(x^2 + px + q)^r}\, dx \\ &= \frac{\mathsf{P}_{2r-3}x^{2r-3} + \mathsf{P}_{2r-4}x^{2r-4} + \cdots + \mathsf{P}_2 x^2 + \mathsf{P}_1 x + \mathsf{P}_0}{(x^2 + px + q)^{r-1}} + \int \frac{\mathfrak{P} x + \mathfrak{Q}}{x^2 + px + q}\, dx. \end{aligned} \right\} \quad 25)$$

Die $2r$ Beiwerte $\mathsf{P}_{2r-3}, \mathsf{P}_{2r-4}, \ldots, \mathsf{P}_2, \mathsf{P}_1, \mathsf{P}_0, \mathfrak{P}, \mathfrak{Q}$ werden wie in Ib mittelst der Methode der Integration durch Differentiation bestimmt; differenziert man nämlich beide Seiten von 25) nach x, und bringt man die rechte Seite auf einen Hauptnenner, der sich wie links zu $(x^2 + px + q)^r$ ergibt, so erhält man beiderseits einen Zähler vom $(2r-1)$ten Grade in x. Hierdurch werden $2r$ Beiwerte-Vergleichungen für die $2r$ gesuchten Beiwerte ermöglicht; wir erhalten demnach $2r$ lineare Gleichungen und aus ihnen wiederum für jeden gesuchten Beiwert $\mathsf{P}_{2r-3}, \ldots, \mathsf{P}_1, \mathsf{P}_0, \mathfrak{P}, \mathfrak{Q}$ stets einen, aber auch nur einen Wert. Das dann auftretende Integral ist das gleiche wie in IIa.

Beispiele: a) $J = \displaystyle\int \frac{x+1}{(x^2+1)^3(x^2+4)}\, dx$;

$$\frac{x+1}{(x^2+1)^3(x^2+4)} = \frac{A_5 x^5 + A_4 x^4 + A_3 x^3 + A_2 x^2 + A_1 x + A_0}{(x^2+1)^3} + \frac{B_1 x + B_0}{x^2+4}$$

$$= \frac{(A_5 x^5 + A_4 x^4 + A_3 x^3 + A_2 x^2 + A_1 x + A_0)(x^2+4) + (B_1 x + B_0)(x^2+1)^3}{(x^2+1)^3(x^2+4)};$$

hieraus durch Beiwerte-Vergleichung:

$$A_5 + B_1 = 0, \quad A_4 + B_0 = 0, \quad 4A_5 + A_3 + 3B_1 = 0,$$

$$4A_4 + A_2 + 3B_0 = 0, \quad 4A_3 + A_1 + 3B_1 = 0,$$

$$4A_2 + A_0 + 3B_0 = 0, \quad 4A_1 + B_1 = 1, \quad 4A_0 + B_0 = 1;$$

folglich:

$$A_5 = A_4 = \tfrac{1}{27}, \qquad A_3 = A_2 = B_1 = B_0 = -\tfrac{1}{27}, \qquad A_1 = A_0 = \tfrac{7}{27}.$$

Demnach ist

$$\frac{x+1}{(x^2+1)^3(x^2+4)} = \frac{1}{27}\left[\frac{x^5+x^4-x^3-x^2+7x+7}{(x^2+1)^3} - \frac{x+1}{x^2+4}\right].$$

Wir setzen an:

$$\int\frac{x^5+x^4-x^3-x^2+7x+7}{(x^2+1)^3}\,dx = \frac{A_3x^3+A_2x^2+A_1x+A_0}{(x^2+1)^2} + \int\frac{\mathfrak{P}x+\mathfrak{Q}}{x^2+1}\,dx\,;$$

$$\frac{x^5+x^4-x^3-x^2+7x+7}{(x^2+1)^3}$$

$$= \frac{(3A_3x^2+2A_2x+A_1)(x^2+1)-4x(A_3x^3+A_2x^2+A_1x+A_0)+(\mathfrak{P}x+\mathfrak{Q})(x^2+1)^2}{(x^2+1)^3}.$$

Vergleichung der Beiwerte ergibt die Gleichungen

$$\mathfrak{P}=1, \qquad -A_3+\mathfrak{Q}=1, \qquad -2A_2+2\mathfrak{P}=-1,$$

$$3A_3-3A_1+2\mathfrak{Q}=-1, \qquad 2A_2-4A_0+\mathfrak{P}=7, \qquad A_1+\mathfrak{Q}=7,$$

deren Lösungen sind

$$A_3 = \tfrac{15}{8}, \quad A_2 = \tfrac{3}{2}, \quad A_1 = \tfrac{33}{8}, \quad A_0 = -\tfrac{3}{4}, \quad \mathfrak{P}=1, \quad \mathfrak{Q}=\tfrac{23}{8}.$$

Daher ist

$$\int\frac{x^5+x^4-x^3-x^2+7x+7}{(x^2+1)^3}\,dx$$

$$= \frac{1}{8}\left[\frac{15x^3+12x^2+33x-6}{(x^2+1)^2} + \int\frac{8x+23}{x^2+1}\,dx\right]$$

$$= \frac{1}{8}\left[\frac{15x^3+12x^2+33x-6}{(x^2+1)^2} + 4\ln(x^2+1) + 23\,\mathrm{arctg}\,x\right].$$

Da weiter

$$\int\frac{x+1}{x^2+4}\,dx = \frac{1}{2}\ln(x^2+4) + \frac{1}{2}\,\mathrm{arctg}\,\frac{x}{2}$$

ist, so ergibt sich schließlich:

$$\int\frac{x+1}{(x^2+1)^3(x^2+4)}\,dx$$

$$= \frac{1}{216}\left\{\frac{15x^3+12x^2+33x+6}{(x^2+1)^2} + \ln[(x^2+4)(x^2+1)]^4 + 23\,\mathrm{arctg}\,x + 4\,\mathrm{arctg}\,\frac{x}{2}\right\}.$$

b) $J = \displaystyle\int\frac{3x^2+4x+2}{(x+1)^2(x^2+x+1)^2}\,dx\,.$

$$\frac{3x^2+4x+2}{(x+1)^2(x^2+x+1)^2} = \frac{A_1x+A_0}{(x+1)^2} + \frac{B_3x^3+B_2x^2+B_1x+B_0}{(x^2+x+1)^2}$$

$$= \frac{(A_1x+A_0)(x^2+x+1)^2+(B_3x^3+B_2x^2+B_1x+B_0)(x+1)^2}{(x+1)^2(x^2+x+1)^2}.$$

$$A_1+B_3=0, \qquad 2A_1+A_0+2B_3+B_2=0,$$

$$3A_1+2A_0+B_3+2B_2+B_1=0, \qquad 2A_1+3A_0+B_2+2B_1+B_0=3,$$

$$A_1+2A_0+B_1+2B_0=4, \qquad A_0+B_0=2;$$

hieraus

$$A_1 = 0, \quad A_0 = 1, \quad B_3 = 0, \quad B_2 = -1, \quad B_1 = 0, \quad B_0 = 1.$$

Es ist also

$$\frac{x^3 + 4x + 2}{(x+1)^2 (x^2 + x + 1)^2} = \frac{1}{(x+1)^2} - \frac{x^2 - 1}{(x^2 + x + 1)^2}.$$

Nach I b) ist

$$\int \frac{dx}{(x+1)^2} = -\frac{1}{x+1}.$$

Für das zweite Integral setzen wir an:

$$\int \frac{x^2 - 1}{(x^2 + x + 1)^2} dx = \frac{\mathsf{B}_1 x + \mathsf{B}_0}{x^2 + x + 1} + \int \frac{\mathfrak{P} x + \mathfrak{Q}}{x^2 + x + 1} dx;$$

$$\frac{x^2 - 1}{(x^2 + x + 1)^2} = \frac{\mathsf{B}_1(x^2 + x + 1) - (\mathsf{B}_1 x + \mathsf{B}_0)(2x + 1) + (\mathfrak{P} x + \mathfrak{Q})(x^2 + x + 1)}{(x^2 + x + 1)^2};$$

$$\mathfrak{P} = 0, \quad -\mathsf{B}_1 + \mathfrak{P} + \mathfrak{Q} = 1, \quad -2\mathsf{B}_0 + \mathfrak{P} + \mathfrak{Q} = 0, \quad \mathsf{B}_1 - \mathsf{B}_0 + \mathfrak{Q} = -1.$$

Hieraus

$$\mathsf{B}_1 = -1, \quad \mathsf{B}_0 = 0, \quad \mathfrak{P} = 0, \quad \mathfrak{Q} = 0;$$

also ist

$$\int \frac{x^2 - 1}{(x^2 + x + 1)^2} dx = -\frac{x}{x^2 + x + 1};$$

und wir erhalten

$$\int \frac{3x^2 + 4x + 2}{(x+1)^2 (x^2 + x + 1)^2} dx = -\frac{1}{x+1} - \frac{x}{x^2 + x + 1} = -\frac{2x^2 + 2x + 1}{(x+1)(x^2 + x + 1)}.$$

§ 4. Die wichtigsten Integrale mit irrationalem oder transzendentem Integranden.

(75)   Da die Integration irrationaler Funktionen in voller Allgemeinheit undurchführbar ist, seien hier nur einige wichtige integrable Sonderfälle behandelt.

Als ersten wollen wir den Fall herausgreifen, daß der Integrand von der Form ist

$$f(x, \sqrt[n]{ax + b}); \tag{26}$$

hierbei soll f eine rationale Funktion der beiden Größen x und $\sqrt[n]{ax + b}$ sein. Die Irrationalität tritt also nur als $n$te Wurzel aus einer linearen Funktion der Integrationsveränderlichen auf. Das hiermit gebildete Integral 26) läßt sich stets mit unseren Hilfsmitteln auswerten. Wir verwenden die Einsetzungsmethode und setzen

$$\sqrt[n]{ax + b} = z, \quad ax + b = z^n, \quad x = \frac{z^n}{a} - \frac{b}{a}, \quad dx = \frac{n}{a} z^{n-1} dz,$$

also
$$J = \int f\left(\frac{z^n - b}{a}, z\right) \cdot \frac{n}{a} z^{n-1} \cdot dz.$$

Der neue Integrand
$$\frac{n}{a} z^{n-1} \cdot f\left(\frac{z^n - b}{a}, z\right)$$

ist eine **rationale Funktion** von z, und damit ist die Aufgabe auf die im vorigen Paragraphen behandelte zurückgeführt.

Beispiele.

a) $J = \int \dfrac{x}{\sqrt[3]{x + a}} \, dx$. Wir setzen

$$\sqrt[3]{x + a} = z, \qquad x + a = z^3, \qquad dx = 3z^2 \, dz$$

und erhalten

$$J = \int \frac{z^3 - a}{z} \cdot 3z^2 \, dz = 3\int (z^4 - az) \, dz = 3\left(\frac{z^4}{5} - a\frac{z^2}{2}\right) = \frac{3}{10} z^2 (2z^2 - 5a)$$

$$= \frac{3}{10} (2(x + a) - 5a) \sqrt[3]{(x + a)^2} = \frac{3}{10} (2x - 3a) \sqrt[3]{(x + a)^2},$$

also

$$\int \frac{x}{\sqrt[3]{x + a}} \, dx = \frac{3}{10} (2x - 3a) \sqrt[3]{(x + a)^2}. \qquad \text{Probe!}$$

b) $J = \int \dfrac{2 - \sqrt{x + 5}}{2x - \sqrt{x + 5}} \, dx; \quad \sqrt{x + 5} = z, \quad x = z^2 - 5, \quad dx = 2z \, dz,$

$$J = \int \frac{(2 - z)\,2z}{2z^2 - 10 - z} \, dz = \int\left(-1 + \frac{3z - 10}{2z^2 - z - 10}\right) dz$$

$$= \int\left(-1 + \frac{16}{9} \cdot \frac{1}{z + 2} - \frac{5}{18} \cdot \frac{1}{z - \frac{5}{2}}\right) dz$$

$$= -z + \frac{16}{9} \ln(z + 2) - \frac{5}{18} \ln(2z - 5)$$

oder

$$\int \frac{2 - \sqrt{x + 5}}{2x - \sqrt{x + 5}} \, dx = -\sqrt{x + 5} + \frac{16}{9} \ln(\sqrt{x + 5} + 2) - \frac{5}{18} \ln(2\sqrt{x + 5} - 5).$$

c) $J = \int \dfrac{\sqrt[6]{x - 1} + 2}{\sqrt[3]{x - 1}} \, dx; \quad \sqrt[6]{x - 1} = z, \quad x = z^6 + 1, \quad dx = 6z^5 \, dz.$

$$J = \int \frac{(z^3 + 2) \cdot 6z^5}{z^2} \, dz = 6\int (z^6 + 2z^3) \, dz = \frac{6}{7} z^7 + 3z^4$$

oder

$$\int \frac{\sqrt[6]{x - 1} + 2}{\sqrt[3]{x - 1}} \, dx = \frac{6}{7} (x - 1) \sqrt[6]{x - 1} + 3 \sqrt[3]{(x - 1)^2}. \qquad \text{Probe!}$$

Hierher gehören auch die Integrale von der Form

$$J = \int f\left(x, \sqrt[n]{\frac{ax + b}{\alpha x + \beta}}\right) dx, \qquad\qquad 26')$$

wobei f eine **rationale Funktion** von x und $\sqrt[n]{\dfrac{ax+b}{\alpha x+\beta}}$ ist. Sie werden durch die Substitution $\sqrt[n]{\dfrac{ax+b}{\alpha x+\beta}} = z$ in Integrale mit rationalem Integranden übergeführt; denn es ist $\dfrac{ax+b}{\alpha x+\beta} = z^n$ oder

$$x = -\frac{\beta z^n - b}{\alpha z^n - a}, \quad dx = \frac{n(\beta a - \alpha b) z^{n-1}}{(\alpha z^n - a)^2} dz;$$

also

$$J = \int f\left(-\frac{\beta z^n - b}{\alpha z^n - a}, z\right) \cdot \frac{n(\beta a - \alpha b) z^{n-1}}{(\alpha z^n - a)^2} dz.$$

Beispiel:

$$J = \int \sqrt{\frac{x}{a-x}}\, dx; \quad \sqrt{\frac{x}{a-x}} = z, \quad x = a\frac{z^2}{z^2 + 1}, \quad dx = \frac{2az}{(z^2+1)^2} dz:$$

$$J = \int z \cdot \frac{2az}{(z^2+1)^2}\, dz = 2a\int \frac{z^2}{(z^2+1)^2}\, dz = a\left(-\frac{z}{z^2+1} + \operatorname{arctg} z\right),$$

also

$$\int \sqrt{\frac{x}{a-x}}\, dx = a\operatorname{arctg}\sqrt{\frac{x}{a-x}} - \sqrt{x(a-x)}. \qquad \text{Probe!}$$

(76)   Auch die Integrale

$$\boldsymbol{J = \int f\left(x, \sqrt{ax^2 + 2bx + c}\right) dx,} \qquad 27)$$

in welchen

$$f\left(x, \sqrt{ax^2 + 2bx + c}\right)$$

eine **rationale Funktion** von x und $\sqrt{ax^2 + 2bx + c}$ ist, lassen sich sämtlich mit den bisherigen Mitteln auswerten. Wir unterscheiden zwei Fälle:

a) Es sei $a = \alpha^2 > 0$; dann läßt sich die Wurzel

$$w = \sqrt{ax^2 + 2bx + c}$$

in der Form schreiben

$$w = \alpha\sqrt{\gamma + 2\beta x + x^2},$$

wobei zur Abkürzung $\gamma = \dfrac{c}{a}$ und $\beta = \dfrac{b}{a}$ gesetzt sind. Jetzt setzen wir

$$w = \alpha(z - x) = \alpha\sqrt{\gamma + 2\beta x + x^2}, \qquad 28)$$

woraus sich ergibt

$$z^2 - 2zx + x^2 = \gamma + 2\beta x + x^2, \quad x = \frac{z^2 - \gamma}{2(z + \beta)}, \left.\vphantom{\frac{\frac{z^2+2\beta z+\gamma}{2(z+\beta)^2}}{1}}\right\}$$
$$dx = \frac{z^2 + 2\beta z + \gamma}{2(z + \beta)^2}\, dz, \qquad\qquad\qquad 28')$$

während die Wurzel

$$w = \alpha\left(z - \frac{z^2 - \gamma}{2(\beta + z)}\right) = \alpha\frac{z^2 + 2\beta z + \gamma}{2(z + \beta)} = w \qquad 28'')$$

wird. Das Integral geht hierdurch über in:

$$J = \int f\left(\frac{z^2 - \gamma}{2(z + \beta)}, \quad \alpha \frac{z^2 + 2\beta z + \gamma}{2(z + \beta)}\right) \cdot \frac{z^2 + 2\beta z + \gamma}{2(z + \beta)^2} dz. \qquad 29)$$

Sein Integrand ist eine rationale Funktion von z; das Integral läßt sich also nach den Methoden von § 3 auswerten. Zuletzt hat man noch die Veränderliche z durch x zu ersetzen durch die aus 28) sich ergebende Gleichung:

oder

$$\left.\begin{array}{l} z = x + \dfrac{w}{\alpha} \quad \text{oder} \quad z = x + \dfrac{1}{\alpha}\sqrt{\gamma + 2\beta x + x^2} \\[2mm] z = x + \sqrt{a x^2 + 2 b x + c}. \end{array}\right\} \qquad 30)$$

b) Es sei $-a = \alpha^2 > 0$, d. h. a negativ. Man kann jetzt schreiben

$$w = \alpha\sqrt{\gamma + 2\beta x - x^2},$$

wobei zur Abkürzung

$$\gamma = -\frac{c}{a} \quad \text{und} \quad \beta = -\frac{c}{b}$$

gesetzt sind. Sind nun x_1 und x_2 die Lösungen der quadratischen Gleichung

$$x^2 - 2\beta x - \gamma = 0,$$

so ist

$$w^2 = \alpha^2 (x_2 - x)(x - x_1). \qquad 31)$$

Man setze

$$w = \alpha(x - x_1) z;$$

dann folgt

$$\left.\begin{array}{l} w^2 = \alpha^2(x_2 - x)(x - x_1) = \alpha^2(x - x_1)^2 z^2, \\[2mm] x_2 - x = (x - x_1) z^2, \quad x = \dfrac{x_2 + x_1 z^2}{1 + z^2}, \quad d x = \dfrac{2 z(x_1 - x_2)}{(1 + z^2)^2} d z, \end{array}\right\} \qquad 31')$$

während

$$w = \alpha(x - x_1) z = \alpha \frac{z(x_2 - x_1)}{1 + z^2} \qquad 31'')$$

wird. Das Integral geht hierdurch über in

$$J = \int f\left(\frac{x_2 + x_1 z^2}{1 + z^2}, \quad \alpha \frac{(x_2 - x_1) z}{1 + z^2}\right) \cdot 2 \frac{(x_1 - x_2) z}{(1 + z^2)^2} d z. \qquad 32)$$

Sein Integrand ist wiederum eine rationale Funktion von z. Am Schlusse hat man noch z durch

$$z = \sqrt{\frac{x_2 - x}{x - x_1}}$$

zu ersetzen.

Beispiele:

a) $J = \int \dfrac{d x}{x\sqrt{x^2 + a^2}}$; wir setzen $\sqrt{x^2 + a^2} = z - x$, also

$$x = \frac{z^2 - a^2}{2 z}, \quad d x = \frac{z^2 + a^2}{2 z^2} d z, \quad \sqrt{x^2 + a^2} = \frac{z^2 + a^2}{2 z};$$

demnach

$$J = \int \frac{(z^2 + a^2)\, 2z \cdot 2z}{2\,z^2(z^2 - a^2)\cdot(z^2 + a^2)}\, dz = 2\int \frac{dz}{z^2 - a^2} = \frac{1}{a}\ln\frac{z - a}{z + a}\,;$$

nun ist

$$z = x + \sqrt{x^2 + a^2}\,,$$

also wird

$$\int \frac{dx}{x\sqrt{x^2 + a^2}} = \frac{1}{a}\ln\frac{x - a + \sqrt{x^2 + a^2}}{x + a + \sqrt{x^2 + a^2}}\,. \qquad \text{Probe!}$$

b) $J = \displaystyle\int \frac{dx}{x\sqrt{x^2 - a^2}}\,,$ $\sqrt{x^2 - a^2} = z - x\,,$ $x = \dfrac{z^2 + a^2}{2z}\,;$

$$dx = \frac{z^2 - a^2}{2\,z^2}\,dz\,, \qquad \sqrt{x^2 - a^2} = \frac{z^2 - a^2}{2z}\,,$$

$$J = 2\int \frac{dz}{z^2 + a^2} = \frac{2}{a}\operatorname{arctg}\frac{z}{a} = \frac{2}{a}\operatorname{arctg}\left(\frac{x}{a} + \sqrt{\left(\frac{x}{a}\right)^2 - 1}\right)$$

$$= \frac{1}{a}\arccos\frac{a}{x} + \frac{\pi}{2a}\,.$$

c) $J = \displaystyle\int \frac{dx}{x\sqrt{a^2 - x^2}}\,;$ man setze $a^2 - x^2 = (a - x)(x + a) = (x + a)^2 z^2,$

also

$$x = a\,\frac{1 - z^2}{1 + z^2}\,, \qquad dx = a\,\frac{-4z}{(1 + z^2)^2}\,dz\,.$$

Nun wird

$$\sqrt{a^2 - x^2} = 2\,a\,\frac{z}{1 + z^2}\,,$$

daher

$$J = -4\int \frac{z\,dz}{(1 + z^2)^2}\cdot\frac{1 + z^2}{1 - z^2}\cdot\frac{1 + z^2}{2\,az} = -\frac{2}{a}\int \frac{dz}{1 - z^2} = \frac{1}{a}\ln\frac{1 - z}{z + 1}\,;$$

da nun

$$z = \sqrt{\frac{a - x}{a + x}}$$

ist, so ergibt sich

$$J = \frac{1}{a}\ln\frac{\sqrt{a + x} - \sqrt{a - x}}{\sqrt{a + x} + \sqrt{a - x}}\,.$$

Hiermit ist gezeigt, daß und auf welchem Wege sich alle rationalen Funktionen einer Veränderlichen x und der Quadratwurzel aus einer quadratischen Funktion von x integrieren lassen; zuweilen läßt sich eine bestimmte Funktion dieser Art auf einem anderen Wege bequemer integrieren. So läßt sich beispielsweise das unter b) angeführte Integral $J = \displaystyle\int \frac{dx}{x\sqrt{x^2 - a^2}}$ viel leichter mit der Substitution

$$\frac{a}{x} = \cos z\,, \qquad x = \frac{a}{\cos z}\,, \qquad z = \arccos\frac{a}{x}\,, \qquad dx = +\frac{a\sin z}{\cos^2 z}\,dz$$

auswerten; wir erhalten dadurch:

$$J = \int \frac{a \sin z \cdot \cos z}{\cos^2 z \cdot a \sqrt{\dfrac{a^2}{\cos^2 z} - a^2}} \, dz = \frac{1}{a} \int dz = \frac{1}{a} z = \frac{1}{a} \arccos \frac{a}{x} \, .$$

(77) Eine besondere Hervorhebung verdient das Integral

$$J = \int \frac{a_n x^n + a_{n-1} x^{n-1} + \cdots + a_2 x^2 + a_1 x + a_0}{\sqrt{a x^2 + 2b x + c}} \, dz \, , \qquad 33)$$

das häufig in der Praxis vorkommt und eine bemerkenswert einfache Auswertung gestattet. Wir machen den Ansatz:

$$\left. \begin{aligned} &\int \frac{a_n x^n + a_{n-1} x^{n-1} + \cdots + a_2 x^2 + a_1 x + a_0}{\sqrt{a x^2 + 2b x + c}} \, dx \\ &= (\alpha_{n-1} x^{n-1} + \alpha_{n-2} x^{n-2} + \cdots + \alpha_1 x + \alpha_0) \sqrt{a x^2 + 2b x + c} \\ &+ \beta \cdot \int \frac{dx}{\sqrt{a x^2 + 2b x + c}} \, . \end{aligned} \right\} \quad 34)$$

Die Aufgabe läßt sich hierdurch zurückführen auf die Auswertung des Integrals $\int \dfrac{dx}{\sqrt{a x^2 + 2b x + c}}$, das sich aber mit Hilfe der in T II angeführten Formeln, besonders T II 4, 5, 6, 7, mittels einer linearen Substitution leicht erledigen läßt. Differenzieren wir nämlich beide Seiten von 34) und multiplizieren dann mit $\sqrt{a x^2 + 2b x + c}$, so erhalten wir:

$$a_n x^n + a_{n-1} x^{n-1} + \cdots + a_2 x^2 + a_1 x + a_0$$
$$= ((n-1)\alpha_{n-1} x^{n-2} + (n-2)\alpha_{n-2} x^{n-3} + \cdots + \alpha_1)(a x^2 + 2b x + c)$$
$$+ (\alpha_{n-1} x^{n-1} + \alpha_{n-2} x^{n-2} + \cdots + \alpha x^2 + \alpha_1 x + \alpha_0)(a x + b) + \beta \, .$$

Sollen die beiden ganzen rationalen Funktionen $n$ten Grades links und rechts identisch gleich sein, so müssen die Beiwerte gleich hoher Potenzen von x beiderseits gleich sein; hieraus ergeben sich aber $n + 1$ Gleichungen zur Bestimmung der $n + 1$ Beiwerte $\alpha_{n-1}, \ldots, \alpha, \beta$.

Beispiele: a) $J = \int \dfrac{x^3}{\sqrt{1 + x - 2x^2}} \, dx$. Wir setzen an

$$\int \frac{x^3}{\sqrt{1 + x - 2x^2}} \, dx = (\alpha_2 x^2 + \alpha_1 x + \alpha_0) \sqrt{1 + x - 2x^2} + \beta \int \frac{dx}{\sqrt{1 + x - 2x^2}} \, ;$$

jetzt differenzieren wir beiderseits und erhalten nach Multiplikation mit $\sqrt{1 + x - 2x^2}$

$$x^3 = (2\alpha_2 x + \alpha_1)(1 + x - 2x^2) + (\alpha_2 x^2 + \alpha_1 x + \alpha_0)(\tfrac{1}{2} - 2x) + \beta \, .$$

Die Vergleichung der Beiwerte gleich hoher Potenzen von x ergibt die vier Gleichungen

$$-6\alpha_2 = 1 \, , \quad \tfrac{5}{2}\alpha_2 - 4\alpha_1 = 0 \, , \quad 2\alpha_2 + \tfrac{3}{2}\alpha_1 - 2\alpha_0 = 0 \, ,$$
$$\alpha_1 + \tfrac{1}{2}\alpha_0 + \beta = 0 \, ;$$

aus ihnen folgt:

$$\alpha_2 = -\tfrac{1}{6}, \quad \alpha_1 = -\tfrac{5}{48}, \quad \alpha_0 = -\tfrac{47}{192}, \quad \beta = \tfrac{29}{128}.$$

Also ist

$$\int \frac{x^3}{\sqrt{1 + x - 2x^2}}\, dx = \left(-\frac{1}{6}x^2 - \frac{5}{48}x - \frac{47}{192}\right)\sqrt{1 + x - 2x^2}$$
$$+ \frac{29}{128}\int \frac{dx}{\sqrt{1 + x - 2x^2}}.$$

Weiter ist

$$\int \frac{dx}{\sqrt{1 + x - 2x^2}} = \frac{1}{\sqrt{2}}\int \frac{dx}{\sqrt{\frac{1}{2} + \frac{x}{2} - x^2}} = \frac{1}{\sqrt{2}}\int \frac{dx}{\sqrt{\left(\frac{3}{4}\right)^2 - \left(x - \frac{1}{4}\right)^2}}$$
$$= \frac{1}{\sqrt{2}}\int \frac{dz}{\sqrt{\left(\frac{3}{4}\right)^2 - z^2}} = \frac{1}{\sqrt{2}} \arcsin \frac{4}{3}z = \frac{1}{\sqrt{2}} \arcsin \frac{4x - 1}{3},$$

unter Verwendung der Substitution $x - \tfrac{1}{4} = z$. So ist schließlich

$$\int \frac{x^3}{\sqrt{1 + x - 2x^2}}\, dx = -\frac{1}{192}(32x^2 + 20x + 47)\sqrt{1 + x - 2x^2}$$
$$+ \frac{29}{256}\sqrt{2}\cdot \arcsin \frac{4x - 1}{3}. \quad \text{Probe!}$$

b) $J = \int (x^2 - p^2)\sqrt{x^2 + p^2}\, dx$. Um den Integranden auf die Form 33) zu bringen, erweitern wir ihn mit $\sqrt{x^2 + p^2}$; wir erhalten dann

$$J = \int \frac{(x^2 - p^2)(x^2 + p^2)}{\sqrt{x^2 + p^2}}\, dx = \int \frac{x^4 - p^4}{\sqrt{x^2 + p^2}}\, dx$$
$$= (\alpha_3 x^3 + \alpha_2 x^2 + \alpha_1 x + \alpha_0)\sqrt{x^2 + p^2} + \beta \int \frac{dx}{\sqrt{x^2 + p^2}}.$$

Differenzieren und Multiplizieren mit $\sqrt{x^2 + p^2}$ ergibt

$$x^4 - p^4 = (3\alpha_3 x^2 + 2\alpha_2 x + \alpha_1)(x^2 + p^2)$$
$$+ (\alpha_3 x^3 + \alpha_2 x^2 + \alpha_1 x + \alpha_0)\cdot x + \beta.$$

Vergleichung der Beiwerte liefert die Gleichungen

$$4\alpha_3 = 1, \quad 3\alpha_2 = 0, \quad 3\alpha_3 p^2 + 2\alpha_1 = 0, \quad 2\alpha_2 p^2 + \alpha_0 = 0,$$
$$\alpha_1 p^2 + \beta = -p^4;$$

hieraus folgt:

$$\alpha_3 = \frac{1}{4}, \quad \alpha_2 = 0, \quad \alpha_1 = \frac{-3p^2}{8}, \quad \alpha_0 = 0, \quad \beta = -\frac{5}{8}p^4.$$

Da nun $\int \dfrac{dx}{\sqrt{x^2 + p^2}} = \mathfrak{Ar}\mathfrak{Sin}\, \dfrac{x}{p}$ [s. TII6] ist, so ergibt sich

$$\int (x^2 - p^2)\sqrt{x^2 + p^2}\, dx = \frac{x}{8}(2x^2 - 3p^2)\sqrt{x^2 + p^2} - \frac{5}{8}p^4 \mathfrak{Ar}\mathfrak{Sin}\, \frac{x}{p}.$$

Dieses und das folgende Integral stehen in enger Beziehung zur Parabel.

c) $J = \int x \sqrt{\dfrac{2x + 2p}{2x + p}}\, dx$. Wir bringen das Integral auf die Form

33) durch Erweitern des Integranden mit $\sqrt{2x + 2p}$; es wird dann

$$J = \int \frac{2x^2 + 2px}{\sqrt{4x^2 + 6px + 2p^2}}\, dx\,.$$

Verfahren wir weiter wie oben, so erhalten wir schließlich

$$\int x \sqrt{\frac{2x + 2p}{2x + p}}\, dx = \frac{\sqrt{2}}{16}\,(4x - p)\sqrt{2x^2 + 3px + p^2} - \frac{5}{32}\,p^2\,\mathfrak{Ar}\mathfrak{Cof}\,\frac{4x + 3p}{p}\,.$$

(78) Noch weniger als im Falle des irrationalen Integranden lassen sich, wenn der Integrand eine **transzendente** Funktion ist, allgemeine Gesichtspunkte angeben, wie beim Auswerten des Integrals zu verfahren ist. Auch hier müssen wir uns auf einige integrable Sonderfälle beschränken, die die wichtigsten Integrale mit transzendenten Integranden darstellen.

I. $J = \int x^n e^{ax}\,dx$. Wir wenden die Methode der teilweisen Integration an und setzen $x^n = u$, $e^{ax} = v'$; dann ist $u' = nx^{n-1}$ und $v = \dfrac{e^{ax}}{a}$; es ergibt sich also:

$$\int x^n e^{ax}\, dx = \frac{1}{a}\,x^n e^{ax} - \frac{n}{a}\int x^{n-1} e^{ax}\, dx\,. \qquad \text{[T III 26]} \quad 35)$$

Hiermit ist, wenn n eine natürliche Zahl ist, das ursprüngliche Integral auf ein anderes zurückgeführt, in dessen Integranden x nur noch in der $(n-1)$ten Potenz auftritt. Durch wiederholte Anwendung der Formel 35) gelangen wir schließlich zu dem Integral $\int e^{ax}dx$, das nach [T III 10] gleich

$$\int e^{ax}\, dx = \frac{e^{ax}}{a}$$

ist. Eine Formel wie 35), die zwar die gestellte Aufgabe nicht sofort löst, aber auf eine einfachere zurückführt und durch fortgesetzte Anwendung die Lösung bringt, heißt eine **Reduktionsformel** oder **Rekursionsformel**.

Ist beispielsweise $\int x^5 e^{ax}dx$ auszuwerten, so erhält man mittels 35)

$$\int x^5 e^{ax}\, dx = \frac{x^5 e^{ax}}{a} - \frac{5}{a}\int x^4 e^{ax}\, dx$$

und ebenso weiter

$$\int x^4 e^{ax}\, dx = \frac{x^4 e^{ax}}{a} - \frac{4}{a}\int x^3 e^{ax}\, dx\,.$$

Setzt man dies ein und fährt so fort, so ergibt sich:

$$\int x^5 e^{ax}\, dx = \frac{x^5 e^{ax}}{a} - \frac{5}{a}\left\{\frac{x^4 e^{ax}}{a} - \frac{4}{a}\left[\frac{x^3 e^{ax}}{a} - \frac{3}{a}\left(\frac{x^2 e^{ax}}{a} - \frac{2}{a}\left(\frac{x e^{ax}}{a} - \frac{1}{a}\frac{e^{ax}}{a}\right)\right)\right]\right\}$$

$$= e^{ax}\left\{\frac{x^5}{a} - \frac{5}{a^2}x^4 + \frac{20}{a^3}x^3 - \frac{60}{a^4}x^2 + \frac{120}{a^5}x - \frac{120}{a^6}\right\}. \qquad \text{Probe!}$$

Formel 35) läßt sich nach dem Integrale auf der rechten Seite auflösen:

$$\frac{n}{a}\int x^{n-1} e^{ax}\, dx = \frac{1}{a}x^n e^{ax} - \int x^n e^{ax}\, dx\,;$$

ersetzt man hier $n-1$ durch $-\nu$, so erhält man

$$-\frac{\nu-1}{a}\int \frac{e^{ax}}{x^\nu}\, dx = \frac{e^{ax}}{a\cdot x^{\nu-1}} - \int \frac{e^{ax}}{x^{\nu-1}}\, dx\,.$$

Schreibt man schließlich wieder n statt ν, so erhält man die Formel

$$\int \frac{e^{ax}}{x^n}\, dx = -\frac{e^{ax}}{(n-1)\cdot x^{n-1}} + \frac{a}{n-1}\int \frac{e^{ax}}{x^{n-1}}\, dx\,. \qquad \text{[T III 27]} \quad 35')$$

Diese Rekursionsformel vermindert den Exponenten der diesmal im Nenner stehenden Potenz von x wiederum um 1. Durch ihre wiederholte Anwendung gelangt man schließlich zu dem Integrale $\int \frac{e^{ax}}{x}\, dx$, das man durch die Substitution

$$e^{ax} = z, \quad x = \frac{1}{a}\ln z, \quad dx = \frac{dz}{az}$$

überführen kann in das Integral

$$\int \frac{e^{ax}}{x}\, dx = a\int \frac{dz}{\ln z}\,.$$

Weder $\int \frac{e^{ax}}{x}\, dx$ noch $\int \frac{dz}{\ln z}$ lassen sich mit unseren bisherigen Mitteln auswerten; durch diese beiden Integrale sind vielmehr neue Funktionen definiert [s. (201) S. 661].

     Beispiel:

$$J = \int \frac{e^{ax}}{x^4}\, dx = -\frac{e^{ax}}{3\,x^3} + \frac{a}{3}\left\{-\frac{e^{ax}}{2\,x^2} + \frac{a}{2}\left[-\frac{e^{ax}}{x} + \frac{a}{1}\int \frac{e^{ax}}{x}\, dx\right]\right\},$$

$$\int \frac{e^{ax}}{x^4} = -e^{ax}\left(\frac{1}{3\,x^3} + \frac{a}{6\,x^2} + \frac{a^2}{6\,x}\right) - \frac{a^3}{6}\int \frac{e^{ax}}{x}\, dx\,. \qquad \text{Probe!}$$

II. $S_n = \int \sin^n x\, dx$. Wir benutzen wieder die Methode der teilweisen Integration

$$u = \sin^{n-1} x, \quad v' = \sin x, \quad u' = (n-1)\sin^{n-2} x \cos x, \quad v = -\cos x$$

und erhalten

$$S_n = -\sin^{n-1} x \cos x + (n-1)\int \sin^{n-2} x \cos^2 x\, dx\,.$$

Nun ersetzen wir $\cos^2 x$ durch $1 - \sin^2 x$; dann wird

$$S_n = -\sin^{n-1} x \cos x + (n-1)\int(\sin^{n-2}x - \sin^n x)\,dx$$
$$= -\sin^{n-1} x \cos x + (n-1)\int\sin^{n-2}x\,dx - (n-1)\int\sin^n x\,dx.$$

Kürzt man $\int\sin^{n-2}x\,dx$ ab durch S_{n-2}, so ergibt sich

$$S_n = -\sin^{n-1}x\cos x + (n-1)S_{n-2} - (n-1)S_n$$

oder durch Auflösen nach S_n

$$S_n = -\frac{1}{n}\sin^{n-1}x\cos x + \frac{n-1}{n}S_{n-2},$$

also

$$\int\sin^n x\,dx = -\frac{1}{n}\sin^{n-1}x\cos x + \frac{n-1}{n}\int\sin^{n-2}x\,dx. \qquad \text{[T III 28]} \quad 36)$$

Ist n eine natürliche Zahl, so stellt Formel 36) eine **Rekursionsformel** dar, durch deren wiederholte Anwendung man schließlich bei ungeradem n auf das Grundintegral $\int\sin x\,dx = -\cos x$ oder bei geradem n auf das Integral $\int dx = x$ gelangt. Das ursprüngliche Integral läßt sich demnach vollständig auswerten.

B e i s p i e l e :

a) $\int\sin^5 x\,dx = -\frac{1}{5}\sin^4 x \cos x + \frac{4}{5}\int\sin^3 x\,dx = -\frac{1}{5}\sin^4 x \cos x$
$\qquad\qquad + \frac{4}{5}\left(-\frac{1}{3}\sin^2 x \cos x + \frac{2}{3}\int\sin x\,dx\right),$

$\int\sin^5 x\,dx = -\frac{1}{5}\sin^4 x \cos x - \frac{4}{15}\sin^2 x \cos x - \frac{8}{15}\cos x.$ Probe!

b) $\int\sin^6 x\,dx = -\frac{1}{6}\sin^5 x \cos x$
$\qquad\qquad + \frac{5}{6}\left\{-\frac{1}{4}\sin^3 x \cos x + \frac{3}{4}\left[-\frac{1}{2}\sin x \cos x + \frac{1}{2}x\right]\right\},$

$\int\sin^6 x\,dx = -\frac{1}{6}\sin^5 x \cos x$
$\qquad\qquad - \frac{5}{24}\sin^3 x \cos x - \frac{5}{16}\sin x \cos x + \frac{5}{16}x.$ Probe!

Setzt man in 36) $n - 2 = -\nu$, also $n = 2 - \nu$, so erhält man

$$\int\frac{dx}{\sin^{\nu-2}x} = \frac{1}{\nu-2}\frac{\cos x}{\sin^{\nu-1}x} + \frac{\nu-1}{\nu-2}\int\frac{dx}{\sin^\nu x}.$$

Ersetzen wir ν durch n und lösen nach dem Integrale der rechten Seite auf, so erhalten wir die neue Rekursionsformel

$$\int\frac{dx}{\sin^n x} = -\frac{1}{n-1}\frac{\cos x}{\sin^{n-1}x} + \frac{n-2}{n-1}\int\frac{dx}{\sin^{n-2}x}. \qquad \text{[T III 29]}$$

Wir gelangen bei wiederholter Anwendung dieser Formel (ganzzahliges positives n vorausgesetzt) schließlich entweder zu dem Integral $\int\frac{dx}{\sin^2 x}$ (wenn n eine gerade Zahl ist) oder auf das Integral $\int\frac{dx}{\sin x}$ (wenn n eine ungerade Zahl ist). Da nun nach [T III 3] $\int\frac{dx}{\sin^2 x} = -\operatorname{ctg} x$ und nach [T III 14] $\int\frac{dx}{\sin x} = \ln\operatorname{tg}\frac{x}{2}$ ist, so läßt sich $\int\frac{dx}{\sin^n x}$ stets vollständig auswerten.

Beispiele:

a) $\int \dfrac{dx}{\sin^4 x} = -\dfrac{1}{3}\dfrac{\cos x}{\sin^3 x} + \dfrac{2}{3}\left(-\dfrac{1}{1}\dfrac{\cos x}{\sin x} + 0\right) = -\dfrac{1}{3}\dfrac{\cos x}{\sin^3 x} - \dfrac{2}{3}\operatorname{ctg} x$.

b) $\int \dfrac{dx}{\sin^5 x} = -\dfrac{1}{4}\dfrac{\cos x}{\sin^4 x} + \dfrac{3}{4}\left\{-\dfrac{1}{2}\dfrac{\cos x}{\sin^2 x} + \dfrac{1}{2}\ln \operatorname{tg} x\right\}$

$\qquad = -\dfrac{1}{4}\dfrac{\cos x}{\sin^4 x} - \dfrac{3}{8}\dfrac{\cos x}{\sin^2 x} + \dfrac{3}{8}\ln \operatorname{tg} x$.

Es sei ferner $C_n = \int \cos^n x\, dx$. Auf ganz entsprechendem Wege wie oben lassen sich hierfür die beiden Rekursionsformeln finden

$$\int \cos^n x\, dx = \frac{1}{n}\cos^{n-1}x \sin x + \frac{n-1}{n}\int \cos^{n-2}x\, dx \qquad \text{[T III 30]}$$

und

$$\int \frac{dx}{\cos^n x} = \frac{1}{n-1}\frac{\sin x}{\cos^{n-1}x} + \frac{n-2}{n-1}\int \frac{dx}{\cos^{n-2}x}. \qquad \text{[T III 31]}$$

(79) III. Das Integral

$$T = \int f(\operatorname{tg} x)\, dx, \qquad\qquad 37)$$

wobei $f(\operatorname{tg} x)$ eine rationale Funktion von $\operatorname{tg} x$ sein soll, wird durch die Substitution

$$\operatorname{tg} x = z, \qquad x = \operatorname{arctg} z, \qquad dx = \frac{dz}{1+z^2}$$

übergeführt in das Integral

$$\int \frac{f(z)}{1+z^2}\, dz.$$

Hier ist der Integrand $\dfrac{f(z)}{1+z^2}$ eine rationale Funktion von z, kann also nach den Methoden des § 3 behandelt werden.

Beispiele:

a) $\int \operatorname{tg}^4 x\, dx = \int \dfrac{z^4}{1+z^2}\, dz = \int\left(z^2 - 1 + \dfrac{1}{z^2+1}\right) dz$

$\qquad = \dfrac{z^3}{3} - z + \operatorname{arctg} z = \dfrac{1}{3}\operatorname{tg}^3 x - \operatorname{tg} x + 1$.

b) $\int \dfrac{dx}{1 - \operatorname{tg}^2 x} = -\int \dfrac{dz}{(z^2+1)(z^2-1)} = -\dfrac{1}{2}\int\left(\dfrac{dz}{z^2-1} - \dfrac{dz}{z^2+1}\right)$

$\qquad = \dfrac{1}{4}\ln\dfrac{z+1}{z-1} + \dfrac{1}{2}\operatorname{arctg} z = \dfrac{1}{4}\ln\dfrac{\operatorname{tg} x + 1}{\operatorname{tg} x - 1} + \dfrac{1}{2} x$

$\qquad = \dfrac{x}{2} + \dfrac{1}{4}\ln \operatorname{tg}\left(\dfrac{\pi}{4} + x\right)$.

IV. Wir sind nun auch imstande, jedes Integral von der Form

$$J = \int \sin^r x \cos^s x\, dx \qquad\qquad 38)$$

auszuwerten, in welchem r und s irgendwelche ganze Zahlen sind. Wir wollen zum Nachweise mehrere Fälle gesondert betrachten.

a) Eine der beiden Zahlen r und s sei ungerade. Ist r ungerade, so führt die Substitution $\cos x = z$ den Integranden in eine rationale Funktion von z über; ist dagegen s ungerade, so hat die Substitution $\sin x = z$ den gleichen Erfolg.

b) Beide Exponenten sind gerade Zahlen $r = 2\varrho$, $s = 2\sigma$. In diesem Falle ersetzt man die gegebenen Funktionen am bequemsten durch die Tangensfunktion mit Hilfe der Formeln $\sin^2 x = \dfrac{\mathrm{tg}^2 x}{1 + \mathrm{tg}^2 x}$ und $\cos^2 x = \dfrac{1}{1 + \mathrm{tg}^2 x}$, wodurch dieser Fall auf den Fall III zurückgeführt wird.

Beispiele:

a) $J = \dfrac{\sin^4 x}{\cos^3 x}\, dx$. Wir setzen $\sin x = z$, damit ist $\cos x\, dx = dz$, und es wird

$$J = \int \frac{\sin^4 x \cos x\, dx}{\cos^4 x} = \int \frac{z^4}{(1 - z^2)^2}\, dz = \int \left(1 + \frac{2z^2 - 1}{(z^2 - 1)^2}\right) dz\,.$$

Nun ist

$$\int \frac{2z^2 - 1}{(z^2 - 1)^2}\, dz = -\frac{z}{2(z^2 - 1)} + \frac{3}{2}\int \frac{dz}{z^2 - 1}\,;$$

daher ist

$$J = z - \frac{z}{2(z^2 - 1)} + \frac{3}{4}\ln \frac{z - 1}{z + 1} = \sin x + \frac{\sin x}{2\cos^2 x} + \frac{3}{4}\ln \frac{1 - \sin x}{1 + \sin x}$$

oder

$$\int \frac{\sin^4 x}{\cos^3 x}\, dx = \sin x + \frac{\sin x}{2\cos^2 x} + \frac{3}{2}\ln \mathrm{tg}\left(\frac{\pi}{4} - \frac{x}{2}\right)\,. \qquad \text{Probe!}$$

b) $J = \int \sin^4 x \cos^6 x\, dx$. Wir setzen

$$\sin^2 x = \frac{\mathrm{tg}^2 x}{1 + \mathrm{tg}^2 x} \quad \text{und} \quad \cos^2 x = \frac{1}{1 + \mathrm{tg}^2 x}$$

und erhalten

$$J = \int \frac{\mathrm{tg}^4 x}{(1 + \mathrm{tg}^2 x)^5}\, dx$$

und durch die Substitution

$$\mathrm{tg}\, x = z\,, \qquad dx = \frac{dz}{1 + z^2}$$

$$J = \int \frac{z^4}{(z^2 + 1)^6}\, dz = \frac{1}{1280} \cdot \frac{15 z^9 + 70 z^7 + 128 z^5 - 70 z^3 - 15 z}{(z^2 + 1)^5} + \frac{3}{256}\,\mathrm{arctg}\, z\,,$$

$$\int \sin^4 x \cos^6 x\, dx = \frac{\sin z \cos z}{1280}(15 \sin^8 x + 70 \sin^6 x \cos^2 x + 128 \sin^4 x \cos^4 x$$
$$- 70 \sin^2 x \cos^6 x - 15 \cos^8 x) + \frac{3}{256}\, x\,.$$

V. $S_n = \int x^n \sin a x\, dx$ und $C_n = \int x^n \cos a x\, dx$.

Wir wenden die Methode der Integration nach Teilen an $x^n = u$, $\sin a x = v'$, $u' = n x^{n-1}$ $v = -\dfrac{\cos a x}{a}$ und erhalten für S_n

$$S_n = -\frac{1}{a} x^n \cos a x + \frac{n}{a}\int x^{n-1} \cos a x\, dx = -\frac{1}{a} x^n \cos a x + \frac{n}{a} C_{n-1}\,;$$

ebenso erhalten wir für C_n, wenn wir setzen

$$x^n = u, \qquad \cos a x = v', \qquad u' = n x^{n-1}, \qquad v = \frac{\sin a x}{a},$$

$$C_n = \frac{1}{a} x^n \sin a x - \frac{n}{a} \int x^{n-1} \sin a x \, dx = \frac{1}{a} x^n \sin a x - \frac{n}{a} S_{n-1}.$$

Hieraus ergeben sich die beiden Rekursionsformeln:

$$\left.\begin{aligned}
\int x^n \sin a x \, dx &= -\frac{1}{a} x^n \cos a x + \frac{n}{a} \int x^{n-1} \cos a x \, dx, \\
\int x^n \cos a x \, dx &= \frac{1}{a} x^n \sin a x - \frac{n}{a} \int x^{n-1} \sin a x \, dx.
\end{aligned}\right\} \qquad \text{[T III 32]} \quad 39)$$

Sie führen — positives ganzzahliges n vorausgesetzt — schließlich auf

$$\int \cos a x \, dx = \frac{1}{a} \sin a x \quad \text{oder} \quad \int \sin a x \, dx = -\frac{1}{a} \cos a x;$$

S_n und C_n lassen sich also stets auswerten.

Beispiel:

$$\begin{aligned}
J = \int t^3 \sin \frac{2\pi}{T} t \cdot dt &= -\frac{T}{2\pi} t^3 \cos \frac{2\pi}{T} t + \frac{3T}{2\pi} \Big[\frac{T}{2\pi} t^2 \sin \frac{2\pi}{T} t \\
&\quad - \frac{2T}{2\pi} \Big(-\frac{T}{2\pi} t \cos \frac{2\pi}{T} t + \frac{T}{2\pi} \cdot \frac{T}{2\pi} \sin \frac{2\pi}{T} t \Big) \Big] \\
&= -\frac{T}{2\pi} t^3 \cos \frac{2\pi}{T} t + 3 \Big(\frac{T}{2\pi}\Big)^2 t^2 \sin \frac{2\pi}{T} t + 6 \Big(\frac{T}{2\pi}\Big)^3 t \cos \frac{2\pi}{T} t \\
&\quad - 6 \Big(\frac{T}{2\pi}\Big)^4 \sin \frac{2\pi}{T} t.
\end{aligned}$$

Beweise die Rekursionsformeln:

und
$$\int \frac{\sin a x}{x^n} \, dx = -\frac{1}{n-1} \frac{\sin a x}{x^{n-1}} - \frac{a}{n-1} \int \frac{\cos a x}{x^{n-1}} \, dx$$

$$\int \frac{\cos a x}{x^n} \, dx = -\frac{1}{n-1} \frac{\cos a x}{x^{n-1}} - \frac{a}{n-1} \int \frac{\sin a x}{x^{n-1}} \, dx.$$

Durch sie werden die Integrale

$$\int \frac{\sin a x}{x^n} \, dx \quad \text{und} \quad \int \frac{\cos a x}{x^n} \, dx$$

zurückgeführt auf die beiden Integrale

$$\int \frac{\sin a x}{x} \, dx \quad \text{und} \quad \int \frac{\cos a x}{x} \, dx,$$

deren Auswertung mit elementaren Hilfsmitteln nicht möglich ist.

e) $\int\limits_a^\infty \dfrac{dx}{a^2 + x^2} = \dfrac{1}{a} \operatorname{arctg} \infty - \dfrac{1}{a} \operatorname{arctg} 1 = \dfrac{1}{a} \cdot \dfrac{\pi}{2} - \dfrac{1}{a} \cdot \dfrac{\pi}{4} = \dfrac{\pi}{4a}$,

f) $\int\limits_0^{\frac{\pi}{2}} \sin x \, dx = [-\cos x]_0^{\frac{\pi}{2}} = -\cos \dfrac{\pi}{2} + \cos 0 = 0 + 1 = 1$.

Weise die Richtigkeit der folgenden bestimmten Integrale nach:

$$\int\limits_1^4 x\sqrt{x}\, dx = 12,4 , \qquad \int\limits_2^\infty \dfrac{dx}{x^2} = 0,5 , \qquad \int\limits_0^{1\frac{2}{5}} \dfrac{dx}{\sqrt{x^2 + 1}} = \ln 5 = 1,6094 ,$$

$$\int\limits_{\frac{\pi}{6}}^{\frac{3}{4}\pi} \cos x \, dx = 0,2072 .$$

(81) Mit Hilfe der in **(80)** erworbenen Kenntnisse können wir jetzt auch dem bestimmten Integrale eine geometrische Deutung geben. Es ist nämlich

$$F = \int\limits_a^b f(x)\, dx \qquad\qquad 41)$$

die Fläche, welche von der x-Achse, der Kurve $y = f(x)$ und den zu den Abszissen $x = a$ und $x = b$ gehörigen Ordi-

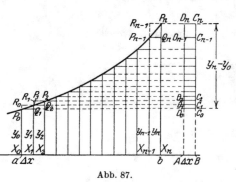

Abb. 87.

naten begrenzt wird; eines Beweises bedarf es nicht mehr. Aber gerade diese geometrische Deutung eröffnet uns einen noch tieferen Blick in das Wesen des bestimmten Integrals. Wir können (Abb. 87) den Inhalt dieser Fläche auch auf folgendem Wege ermitteln. Wir setzen zunächst voraus, daß $y = f(x)$ zwischen $x = a$ und $x = b$ stetig verlaufe und beständig wachse. Nun teilen wir das Stück der Abszissenachse von $x = a$ bis $x = b$ in n gleiche Teile, so daß jedes Teilstück die Länge $\Delta x = \dfrac{b - a}{n}$ hat. Ferner ziehen wir durch diese Teilpunkte $X_0, X_1, X_2, \ldots, X_{n-1}, X_n$ die Ordinaten $X_0 P_0 = y_0$, $X_1 P_1 = y_1$, $X_2 P_2 = y_2 \ldots$, $X_{n-1} P_{n-1} = y_{n-1}$, $X_n P_n = y_n$. Dadurch wird die Fläche F in n Parallelstreifen zerlegt.

Jetzt wollen wir durch die Kurvenpunkte P_0, P_1, P_2, ..., P_{n-1} die Parallelen zur Abszissenachse ziehen, welche die jeweils folgenden Nachbarordinaten in Q_1, Q_2, Q_3, ..., Q_n schneiden mögen. Es entsteht dann eine Anzahl von Rechtecken, deren jedes infolge der obigen Annahme, daß die Kurve nirgends fallen soll, kleiner ist als der zugehörige Streifen; folglich ist auch die Summe dieser Rechtecke kleiner als F. Die Inhalte der Rechtecke sind aber der Reihe nach $y_0 \cdot \varDelta x$, $y_1 \cdot \varDelta x$, $y_2 \cdot \varDelta x$, ..., $y_{n-1} \varDelta x$; wir erhalten also, wenn wir für das Summenzeichen den Buchstaben S wählen, die Ungleichung

$$\mathop{\mathsf{S}}_{k=0}^{n-1} y_k \cdot \varDelta x < F.$$

Ziehen wir dagegen durch P_1, P_2, ..., P_{n-1}, P_n die Parallelen zur Abszissenachse, welche die jeweils vorangehenden Ordinaten in R_0, R_1, ..., R_{n-2}, R_{n-1} schneiden mögen, so erhalten wir wiederum eine Anzahl von Rechtecken, deren jedes infolge der oben angeführten Voraussetzung über $y = f(x)$ größer ist als die zugehörige Lamelle von F, so daß also

$$\mathop{\mathsf{S}}_{k=1}^{n} y_k \cdot \varDelta x > F$$

ist. Nun haben aber beide Summen die gleichen Glieder, ausgenommen das Glied $y_n \varDelta x$, das nicht in der ersten Summe, und das Glied $y_0 \cdot \varDelta x$, das nicht in der letzten Summe vorkommt; folglich ist ihr Unterschied:

$$\mathop{\mathsf{S}}_{k=1}^{n} y_k \cdot \varDelta x - \mathop{\mathsf{S}}_{k=0}^{n-1} y_k \cdot \varDelta x = y_n \cdot \varDelta x - y_0 \cdot \varDelta x = (y_n - y_0) \cdot \varDelta x.$$

Wir finden dies auch in Abb. 87 bestätigt: dort ist auf der Abszissenachse die Strecke $AB = \varDelta x$ abgetragen, in den Punkten A und B sind Parallelen zur Ordinatenachse gezogen, und der dadurch entstandene Streifen ist durch die Verlängerungen von $R_0 Q_1$, $R_1 Q_2$, ... $R_{n-1} Q_n$, $R_{n-1} P_n$ in Rechtecke

$$D_0 C_0 C_1 D_1 = P_0 Q_1 P_1 R_0, \qquad D_1 C_1 C_2 D_2 = P_1 Q_2 P_2 R_1, \ldots,$$
$$D_{n-1} C_{n-1} C_n D_n = P_{n-1} Q_n P_n Q_{n-1}$$

zerlegt worden, deren Inhalt also gleich der Differenz der Inhalte je zweier entsprechender Rechtecke der beiden Summen

$$\mathop{\mathsf{S}}_{k=1}^{n} y_k \varDelta x \qquad \text{und} \qquad \mathop{\mathsf{S}}_{k=0}^{n-1} y_k \varDelta x$$

ist. Somit hat der Streifen $D_0 C_0 E_n D_n$ einen Inhalt, der gleich der Differenz der beiden Summen ist. Da nun $D_0 D_n = C_0 C_n = y_n - y_0$ ist, so beträgt diese Differenz wie oben

$$(y_n - y_0) \cdot \varDelta x.$$

Jetzt wollen wir die Anzahl n der Streifen, in die wir F zerlegt haben, vermehren. Hiervon unberührt bleibt die Tatsache, daß

$$\sum_{k=0}^{n-1} y_k \varDelta x < F < \sum_{k=1}^{n} y_k \varDelta x$$

ist. Andererseits wird aber $\varDelta x = \dfrac{b-a}{n}$ sich in dem Maße dem Grenzwerte Null nähern, als die Zahl n selbst über alle Grenzen hinaus wächst. Das Rechteck $D_0 C_0 C_n D_n$ behält zwar seine Höhe $D_0 D_n = y_n - y_0$, die von der Wahl der Größe n unabhängig ist, unverändert bei; aber die Breite $\varDelta x$ und damit der Flächeninhalt konvergiert mit $\varDelta x$ gegen Null. Das heißt aber, daß die Differenz der beiden Summen

$$\sum_{k=0}^{n-1} y_k \varDelta x \qquad \text{und} \qquad \sum_{k=1}^{n} y_k \varDelta x$$

sich mit wachsendem n der Null nähert, daß also die beiden Summen mehr und mehr einander gleich werden:

$$\lim_{\substack{n \to \infty \\ \varDelta x \to 0}} \sum_{k=0}^{n-1} y_k \varDelta x = \lim_{\substack{n \to \infty \\ \varDelta x \to 0}} \sum_{k=1}^{n} y_k \varDelta x.$$

Weil aber der Wert von F stets zwischen diesen beiden Werten liegt, ist der gemeinsame Grenzwert dieser beiden Summen gleich F:

$$\lim_{\varDelta x \to 0} \sum_{k=0}^{n-1} y_k \varDelta x = F.$$

Wir können uns nun auch von der oben gemachten Annahme, daß $f(x)$ von a bis b nicht abnehmen solle, freimachen. Würde nämlich $f(x)$ in diesem Intervalle abnehmen, so würden die gleichen Schlüsse wie oben gelten, nur daß jetzt

$$\sum_{k=0}^{n-1} y_k \varDelta x > F > \sum_{k=1}^{n} y_k \varDelta x$$

wäre. Würde dagegen ein abwechselndes Steigen und Fallen von $f(x)$ im betrachteten Intervalle stattfinden, so brauchte man nur dieses so in kleinere Intervalle zu teilen, daß in jedem $f(x)$ entweder nur steigt oder nur fällt, und auf jedes dieser Intervalle die angeführte Schlußfolgerung anzuwenden. Wir können das bestimmte Integral $F = \int\limits_{a}^{b} f(x)\, dx$, wenn wir von der geometrischen Betrachtung abstrahieren, auch folgendermaßen deuten. Man teilt das Intervall von $x = a$ bis $x = b$ in eine endliche Anzahl n gleicher Teile, deren jeder den Wert $\Delta x = \dfrac{b-a}{n}$ hat, und multipliziert dieses Δx mit dem zu dem betreffenden x gehörigen Funktionswerte $y = f(x)$. Alle diese Produkte werden addiert. Von dieser Summe bestimmt man den Grenzwert für den Fall, daß n über alle Grenzen hinaus wächst, oder — was dasselbe ist — daß Δx sich dem Grenzwerte Null nähert. Durch diesen Grenzübergang wird zwar die Anzahl der Summanden unendlich groß, dafür aber jeder einzelne Summand unendlich klein, in der Weise, daß die Summe selbst endlich wird. Man drückt diese Tatsache gern kurz, wenn auch unscharf, dadurch aus, daß man sagt: „Ein bestimmtes Integral kann aufgefaßt werden als eine Summe unendlich vieler unendlich kleiner Größen."

Ein paar Worte noch über die Bezeichnung. Bedenken wir, daß in der Summe

$$\sum_{k=0}^{n-1} y_k\, \Delta x$$

die unabhängige Veränderliche x für $k = 0$ den Wert a, für $k = n$ den Wert b annimmt, für $k = n - 1$ einen Wert, der um so näher dem Werte b kommt, je kleiner Δx ist, und daß die abhängige Veränderliche $y = f(x)$ ist, so können wir diese Summe auch schreiben

$$\sum_{x=a}^{b} f(x)\, \Delta x\,;$$

drücken wir schließlich den Grenzübergang dadurch aus, daß wir statt Δx schreiben dx, und daß wir das Summenzeichen S zum Integralzeichen $\int$ strecken, so ergibt sich für den Grenzwert der Summe die Schreibweise

$$\int_{x=a}^{b} f(x)\, dx\,;$$

die Schreibweise, die wir in § 1 für das Integral kennengelernt haben, findet hierdurch ihre Begründung.

Fassen wir nochmals das Wesentlichste zusammen. Wir haben zwei ganz verschiedene Deutungen für das Symbol

$$\int_{a}^{b} f(x)\, dx$$

gefunden. Einmal gelangen wir zu ihm, indem wir die Funktion $F(x)$ suchen, deren Differentialquotient $f(x)$ ist, ferner $F(b)$ und $F(a)$ und schließlich die Differenz $F(b) - F(a)$ bilden:

$$\int\limits_a^b f(x)\,dx = F(b) - F(a)\,.$$

Der andere Weg ist der: Wir teilen das Intervall $x = a$ bis $x = b$ in eine Anzahl gleicher Teile, multiplizieren den zu einem bestimmten x gehörigen Funktionswert $f(x)$ mit dem zugehörigen Teilintervalle Δx und addieren alle diese Produkte; schließlich lassen wir Δx sich dem Werte Null nähern, wodurch sich zwar jedes Produkt ebenfalls der Null nähert, die Anzahl der Produkte jedoch über alle Grenzen wächst; der Grenzwert dieser „Summe unendlich vieler unendlich kleiner Größen" ist derselbe Wert wie vorher. Häufig wird man vor die Aufgabe gestellt, eine solche „Summe unendlich vieler unendlich kleiner Größen" zu bilden, eine schon in den einfachsten Fällen recht schwierige und verwickelte Aufgabe, die aber sehr vereinfacht wird, wenn man den anderen Weg einschlägt. Zwei Beispiele mögen dies erläutern:

1. Es soll $F = \int\limits_a^b x^2\,dx$ ermittelt werden. Wir teilen das Intervall von $x = a$ bis $x = b$ in n gleiche Teile $\Delta x = \dfrac{b-a}{n}$; die unabhängige Veränderliche erhält der Reihe nach die Werte

$$a,\quad a + \Delta x,\quad a + 2\Delta x,\quad a + 3\Delta x,\ \ldots,\ a + (n-1)\Delta x = b,$$

also die abhängige Veränderliche die Werte

$$a^2,\quad (a + \Delta x)^2,\quad (a + 2\Delta x)^2,\quad (a + 3\Delta x)^2,\ \ldots,\ (a + (n-1)\Delta x)^2.$$

Diese sind mit Δx zu multiplizieren, und über die Produkte ist zu summieren. Es ergibt sich:

$$\mathop{S}\limits_{a}^{b} x^2\,\Delta x = a^2\,\Delta x + (a + \Delta x)^2\,\Delta x + (a + 2\Delta x)^2\,\Delta x$$
$$+ (a + 3\Delta x)^2\,\Delta x + \cdots + (a + (n-1)\Delta x)^2\,\Delta x\,.$$

Wir heben Δx aus, führen die Quadrate aus und fassen zusammen; wir erhalten

$$\mathop{S}\limits_{a}^{b} x^2\,\Delta x = \Delta x[n\,a^2 + 2a\,\Delta x(1 + 2 + 3 + \cdots + (n-1))$$
$$+ (\Delta x)^2(1^2 + 2^2 + 3^2 + \cdots + (n-1)^2]\,.$$

Aus der elementaren Mathematik ist bekannt, daß

$$1 + 2 + 3 + \cdots + (n-1) = \frac{(n-1)\,n}{2}$$

und

$$1^2 + 2^2 + 3^2 + \cdots + (n-1)^2 = \frac{(n-1)\,n(2n-1)}{6}$$

ist. Hierdurch wird

$$\overset{b}{\underset{a}{S}}\, x^2 \varDelta x = \varDelta x \left[na^2 + n(n-1)\, a\varDelta x + \frac{(n-1)\,n\,(2n-1)}{6}\, (\varDelta x)^2 \right]$$

und, wenn wir $\varDelta x = \dfrac{b-a}{n}$ einsetzen,

$$\overset{b}{\underset{a}{S}}\, x^2 \varDelta x = \frac{b-a}{n} \left[na^2 + \frac{n(n-1)\,a\,(b-a)}{n} + \frac{(n-1)\,n\,(2n-1)\,(b-a)^2}{6\,n^2} \right]$$

$$= (b-a) \left[a^2 + \left(1 - \frac{1}{n} \right)(ab - a^2) \right.$$

$$+ \left. \left(1 - \frac{1}{n} \right) \left(2 - \frac{1}{n} \right) \left(\frac{b^2}{6} - \frac{ab}{3} + \frac{a^2}{6} \right) \right]$$

$$= (b-a) \left[a^2 \left(\frac{1}{3} + \frac{3}{2n} + \frac{1}{6n^2} \right) \right.$$

$$+ \left. ab \left(\frac{1}{3} - \frac{1}{3n^2} \right) + b^2 \left(\frac{1}{3} - \frac{1}{2n} + \frac{1}{6n^2} \right) \right].$$

Wächst n über alle Grenzen hinaus, so bekommen wir

$$\int\limits_a^b x^2 \, dx = (b-a) \left[\frac{a^2}{3} + \frac{ab}{3} + \frac{b^2}{3} \right] = \frac{b^3 - a^3}{3}\,.$$

Das gleiche Ergebnis erhalten wir auf wesentlich kürzerem Wege, wenn wir unbestimmt integrieren $\displaystyle\int x^2 \, dx = \frac{x^3}{3}$, hierin die obere Grenze b und die untere Grenze a setzen, $\dfrac{b^3}{3}$ bzw. $\dfrac{a^3}{3}$, und beide Werte voneinander abziehen:

$$\int\limits_a^b x^2 \, dx = \frac{b^3 - a^3}{3}\,.$$

2. $F = \displaystyle\int\limits_\alpha^\beta \cos x \, dx$. Wir teilen in gleicher Weise ein wie vorhin und erhalten als Summe

$$\overset{\beta}{\underset{\alpha}{S}}\, \cos x \varDelta x = \cos \alpha \cdot \varDelta x + \cos(\alpha + \varDelta x) \cdot \varDelta x + \cos(\alpha + 2\varDelta x) \cdot \varDelta x + \cdots$$

$$+ \cos(\alpha + (n-1)\varDelta x) \cdot \varDelta x$$

$$= \varDelta x \left[\cos \alpha + \cos(\alpha + \varDelta x) + \cos(\alpha + 2\varDelta x) \right.$$

$$+ \left. \cos(\alpha + 3\varDelta x) + \cdots + \cos(\alpha + (n-1)\varDelta x) \right],$$

wobei $\varDelta x = \dfrac{\beta - \alpha}{n}$ ist. Da nun nach einer goniometrischen Formel

$$\cos \alpha + \cos(\alpha + \varDelta x) + \cos(\alpha + 2\varDelta x) + \cos(\alpha + 3\varDelta x) + \cdots$$

$$+ \cos(\alpha + (n-1)\varDelta x)] = \frac{\sin \dfrac{n}{2} \varDelta x \cdot \cos \left(\alpha + \dfrac{n-1}{2} \varDelta x \right)}{\sin \dfrac{\varDelta x}{2}}$$

ist, so ist

$$\mathop{S}_{\alpha}^{\beta} \cos x\, \varDelta x = \varDelta x \cdot \frac{\sin\dfrac{\beta-\alpha}{2} \cos\left(\alpha + \dfrac{\beta-\alpha}{2} - \dfrac{\varDelta x}{2}\right)}{\sin\dfrac{\varDelta x}{2}}$$

$$= 2\, \frac{\sin\dfrac{\beta-\alpha}{2} \cos\left(\dfrac{\beta+\alpha}{2} - \dfrac{\varDelta x}{2}\right)}{\dfrac{\sin\dfrac{\varDelta x}{2}}{\dfrac{\varDelta x}{2}}}.$$

Gehen wir zur Grenze $\varDelta x \to 0$ über, so wird

$$\int_{\alpha}^{\beta} \cos x\, dx = 2 \sin\frac{\beta-\alpha}{2} \cos\frac{\beta+\alpha}{2} = \sin\beta - \sin\alpha.$$

Wesentlich einfacher ist der zweite Weg:

$$\int \cos x\, dx = \sin x, \quad \text{also} \quad \int_{\alpha}^{\beta} \cos x\, dx = [\sin x]_{\alpha}^{\beta} = \sin\beta - \sin\alpha.$$

Wir sind am Ende unserer theoretischen Betrachtungen über das bestimmte Integral und können nun dazu übergehen, das bestimmte Integral zur Lösung von Aufgaben zu verwenden.

§ 6. Berechnung des Inhaltes ebener Figuren (Quadratur); Näherungsformeln.

(82) Wir beginnen damit, das bestimmte Integral auf die Ermittlung des Inhaltes ebener Flächen anzuwenden. Zuerst wollen wir uns mit solchen ebenen Flächen befassen, deren Begrenzungskurve durch eine Gleichung im rechtwinkligen Koordinatensysteme gegeben ist.

Gegeben sei die Kurve von der Gleichung

$$y = \frac{x^3}{10} - \frac{x^2}{5} - \frac{3}{2}\, x,$$

deren Verlauf Abb. 88 zeigt. Das Integral

$$\int_{x_1}^{x_2} \left(\frac{x^3}{10} - \frac{x^2}{5} - \frac{3}{2}\, x\right) dx$$

gibt uns nach dem vorigen Paragraphen den Inhalt des Flächenstückes, das von der x-Achse, der Kurve und den zu $x = x_1$ und $x = x_2$ gehörigen Ordinaten begrenzt wird. Führen wir die Integration aus, so erhalten wir

$$F_{x_1}^{x_2} = \left[\frac{x^4}{40} - \frac{x^3}{15} - \frac{3}{4}\, x^2\right]_{x_1}^{x_2}.$$

Also ist

$$F_6^7 = \tfrac{4\,9}{1\,2\,0} - (-9) = 9\tfrac{4\,9}{1\,2\,0}$$

Flächeneinheiten, wobei die Flächeneinheit gleich dem Quadrate ist, dessen Seite die bei Zeichnung der Kurve zugrunde
gelegte Längeneinheit ist (s. Abb. 88).
Bilden wir dagegen F_{-5}^{-4}, so erhalten wir

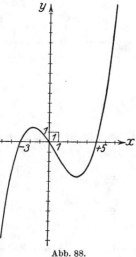

$$F_{-5}^{-4} = -\tfrac{4}{3} - 1\tfrac{2\,5}{2\,4} = -1\tfrac{5\,7}{2\,4} = -6\tfrac{1\,3}{2\,4},$$

d. h. einen negativen Wert. Wie erklärt
sich das?

Wir wissen aus § 5, daß F die Summe
von Produkten $y \cdot \varDelta x$ ist. Ist nun $y < 0$,
$\varDelta x > 0$, so muß auch das Produkt $y \cdot \varDelta x$ —
man nennt es auch das „Flächenelement" —
< 0 sein. In dem Bereiche von $x_1 = -5$
bis $x_2 = -4$ ist nun wirklich y überall
negativ. Andererseits ist $\varDelta x$ positiv, da die
untere Grenze $x_1 = -5$, die obere Grenze
$x_2 = -4$, d. h. $x_2 > x_1$ ist, die Abszissenachse
also in der positiven Richtung, d. h. im
Sinne wachsender x durchlaufen wird. Folglich ist in diesem Bereiche jedes Flächen-

Abb. 88.

element, und damit auch die ganze Fläche $F_{-5}^{-4} < 0$. Auch $\varDelta x$ selbst
kann negativ werden, wenn nämlich $x_2 < x_1$; ist in diesem Falle y
beständig positiv, so muß $F_{x_1}^{x_2} < 0$ sein, ist dagegen y beständig negativ,
so muß $F_{x_1}^{x_2} > 0$ sein. So ist bei unserem Beispiele

$$F_{-1}^{-2} = -2\tfrac{1}{15} - (-\tfrac{7\,9}{1\,2\,0}) = -1\tfrac{4\,9}{1\,2\,0},$$

dagegen

$$F_4^1 = -\tfrac{1\,9}{2\,4} - (-9\tfrac{1\,3}{15}) = +9\tfrac{3}{4\,0}.$$

Auf das Vorzeichen der Flächeninhalte ist bei jeder Flächenberechnung
Rücksicht zu nehmen. Will man beispielsweise den Gesamtinhalt der
beiden von der Kurve und der x-Achse begrenzten Schleifen in Abb. 88,
von denen die eine von $x = -3$ bis $x = 0$, die andere von $x = 0$ bis
$x = +5$ reicht, wissen, so wird man beide für sich berechnen und ihre
absoluten Werte addieren.

$$F_{-3}^0 = 0 - (-\tfrac{1\,1\,7}{4\,0}) = 2\tfrac{3\,7}{4\,0}, \quad F_0^5 = -11\tfrac{1\,1}{2\,4} - 0 = -11\tfrac{1\,1}{2\,4}.$$

Die Summe der absoluten Beträge ist demnach

$$2\tfrac{3\,7}{4\,0} + 11\tfrac{1\,1}{2\,4} = 14\tfrac{2\,3}{6\,0}$$

Flächeneinheiten. Würde man dagegen ohne diese Unterteilung F_{-3}^{+5}
gebildet haben, so hätte man erhalten

$$F_{-3}^5 = -11\tfrac{1\,1}{2\,4} - (-2\tfrac{3\,7}{4\,0}) = -8\tfrac{8}{1\,5}$$

Flächeneinheiten.

(83) Wir wollen jetzt den Inhalt einer Fläche berechnen, die von der Abszissenachse, einer beliebigen Parabel dritter Ordnung und zwei Ordinaten begrenzt wird (Abb. 89). Die Parabel habe die Gleichung

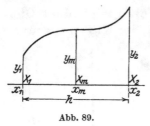

Abb. 89.

$$y = a_3 x^3 + a_2 x^2 + a_1 x + a_0,$$

die Grenzabszissen seien x_1 und x_2, die zu ihnen gehörigen Ordinaten

$$y_1 = a_3 x_1^3 + a_2 x_1^2 + a_1 x_1 + a_0$$

bzw.

$$y_2 = a_3 x_2^3 + a_2 x_2^2 + a_1 x_2 + a_0\,.$$

Es ist

$$F_{x_1}^{x_2} = \int_{x_1}^{x_2} (a_3 x^3 + a_2 x^2 + a_1 x + a_0)\, dx = \left[\frac{a_3}{4} x^4 + \frac{a_2}{3} x^3 + \frac{a_1}{2} x^2 + a_0 x\right]_{x_1}^{x_2}$$

$$= \frac{a_3}{4}(x_2^4 - x_1^4) + \frac{a_2}{3}(x_2^3 - x_1^3) + \frac{a_1}{2}(x_2^2 - x_1^2) + a_0(x_2 - x_1)$$

$$= \frac{x_2 - x_1}{12}[3 a_3 (x_2^3 + x_2^2 x_1 + x_2 x_1^2 + x_1^3) + 4 a_2 (x_2^2 + x_2 x_1 + x_1^2)$$
$$+ 6 a_1 (x_2 + x_1) + 12 a_0]\,.$$

Halbieren wir den Bereich X_1 bis X_2 durch den Punkt X_m, dessen Abszisse also $x_m = \dfrac{x_1 + x_2}{2}$ ist, so ist die zu x_m gehörige Ordinate

$$y_m = a_3 \left(\frac{x_2 + x_1}{2}\right)^3 + a_2 \left(\frac{x_2 + x_1}{2}\right)^2 + a_1 \frac{x_2 + x_1}{2} + a_0\,.$$

Wir bilden jetzt den Ausdruck:

$$2(y_1 + 4 y_m + y_2) = 2 a_3 \left(x_1^3 + \frac{(x_2 + x_1)^3}{2} + x_2^3\right) + 2 a_2 (x_1^2 + (x_2 + x_1)^2 + x_2^2)$$

$$+ 2 a_1 (x_1 + 2(x_2 + x_1) + x_2) + 2 a_0 (1 + 4 + 1)$$

$$= a_3 (3 x_2^3 + 3 x_2^2 x_1 + 3 x_2 x_1^2 + 3 x_1^3) + 2 a_2 (2 x_2^2 + 2 x_2 x_1 + 2 x_1^2)$$

$$+ 2 a_1 (3 x_2 + 3 x_1) + 12 a_0$$

$$= [3 a_3 (x_2^3 + x_2^2 x_1 + x_2 x_1^2 + x_1^3) + 4 a_2 (x_2^2 + x_2 x_1 + x_1^2)$$

$$+ 6 a_1 (x_2 + x_1) + 12 a_0]\,.$$

Der Inhalt der eckigen Klammer stimmt genau mit dem der in $F_{x_1}^{x_2}$ enthaltenen überein. Bezeichnen wir noch die Strecke $X_1 X_2 = x_2 - x_1$ mit h, so erhalten wir die Formel:

$$F_{x_1}^{x_2} = \int_{x_1}^{x_2} (a_3 x^3 + a_2 x^2 + a_1 x + a_0)\, dx = \frac{h}{6}(y_1 + 4 y_m + y_2)\,. \qquad 42)$$

Diese unter dem Namen **Simpsonsche Regel** bekannte Formel hat eine große praktische Bedeutung; sie lehrt: Um den Inhalt der Fläche zu erhalten, multipliziert man den sechsten Teil der Breite der Fläche mit der Summe aus den Endordinaten und der vierfachen Mittelordinate. Die Simpsonsche Regel gilt genau, solange der Integrand eine ganze rationale Funktion von höchstens drittem Grade ist; daß man sie mit Erfolg auch zur angenäherten Berechnung verwenden kann, wenn diese Bedingung nicht erfüllt ist, wird bald gezeigt werden. Zur Bestätigung der Simpsonschen Regel mögen mit ihr die in (82) berechneten Flächeninhalte der Abb. 88 nochmals ermittelt werden: Es ist

$$y_6 = 5\tfrac{2}{5}, \qquad y_7 = 14, \qquad y_{6,5} = \tfrac{741}{80}, \qquad h = 1,$$

also

$$F_6^7 = \tfrac{1}{6}(5{,}4 + 37{,}05 + 14) = 9\tfrac{49}{120};$$

$$y_{-5} = -10, \qquad y_{-4} = -3\tfrac{3}{5}, \qquad y_{-4,5} = -6\tfrac{33}{80}, \qquad h = 1,$$

also

$$F_{-5}^{-4} = \tfrac{1}{6}(-10 - 25\tfrac{13}{20} - 3\tfrac{3}{5}) = -6\tfrac{13}{24};$$

$$y_{-1} = 1\tfrac{1}{5}, \qquad y_{-2} = 1\tfrac{2}{5}, \qquad y_{-1,5} = 1\tfrac{37}{80}, \qquad h = -1,$$

also

$$F_{-1}^{-2} = -\tfrac{1}{6}(1\tfrac{1}{5} + 5\tfrac{17}{20} + 1\tfrac{2}{5}) = -1\tfrac{49}{120};$$

$$y_4 = -2{,}8, \qquad y_1 = -1{,}6, \qquad y_{2,5} = -3\tfrac{7}{16}, \qquad h = -3,$$

also

$$F_4^1 = -\tfrac{1}{2}(-2{,}8 - 13{,}75 - 1{,}6) = +9\tfrac{3}{40};$$

$$y_{-3} = 0, \qquad y_0 = 0, \qquad y_{-1,5} = 1\tfrac{37}{80}, \qquad h = 3,$$

also

$$F_{-3}^0 = \tfrac{1}{2} \cdot 4 \cdot 1\tfrac{17}{80} = 2\tfrac{37}{40};$$

$$y_0 = 0, \qquad y_5 = 0, \qquad y_{2,5} = -3\tfrac{7}{16}, \qquad h = 5,$$

also

$$F_0^5 = \tfrac{5}{6} \cdot 4 \cdot (-\tfrac{55}{16}) = -11\tfrac{11}{24};$$

$$y_{-3} = 0, \qquad y_5 = 0, \qquad y_1 = -1{,}6, \qquad h = 8,$$

also

$$F_{-3}^5 = \tfrac{4}{3} \cdot 4 \cdot (-1{,}6) = -8\tfrac{8}{15}.$$

(84) Wir zeigen an einigen Beispielen die Anwendung des oben besprochenen Verfahrens.

a) Die Scheitelgleichung der Parabel lautet $y^2 = 2px$ [vgl. (38)]; um den Inhalt eines von dieser Parabel und einer Normalen zur Parabelachse begrenzten Parabelabschnittes zu bestimmen (Abb. 90), bedenken wir, daß die Achse diese Fläche in zwei kongruente Hälften OX_0P_0 bzw. OX_0P_0' teilt. Der Inhalt von OX_0P_0 ist

$$F = \int\limits_0^{x_0} \sqrt{2px}\, dx = \left[\sqrt{2p} \cdot \tfrac{2}{3} x \sqrt{x}\right]_0^{x_0} = \tfrac{2}{3} x_0 \sqrt{2px_0},$$

wobei x_0 die Abszisse des Punktes P_0, des Endpunktes des Parabelbogens, ist; führen wir seine Ordinate $y_0 = \sqrt{2px_0}$ ein, so erhalten wir für die Fläche OX_0P_0 den Ausdruck

$$F = \tfrac{2}{3}x_0 y_0\,.$$

Wir erhalten demnach das Ergebnis, daß das Rechteck $OX_0P_0Y_0$ durch die Parabel in zwei Teile zerlegt wird, deren Flächen sich wie 1:2 verhalten. Der Inhalt des Parabelabschnittes OP_0P_0' ist also $=\tfrac{2}{3}x_0 s_0$, wenn $s_0 = 2y_0 = P_0'P_0$ die Länge der Sehne ist.

Will man die Parabelfläche OX_0P_0 in ein Rechteck verwandeln, das dieselbe Breite $x_0 = OX_0$ hat, so muß man ihm die Höhe $y_m = \tfrac{2}{3}y_0$ geben; die Höhe y_m nennt man den Mittelwert der Ordinaten der Parabel $y = \sqrt{2px}$ im Bereiche von $x = 0$ bis $x = x_0$. Allgemein versteht man unter dem Mittelwert der Ordinaten einer Kurve

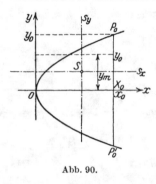 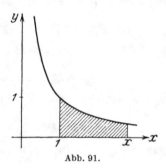

Abb. 90.   Abb. 91.

von der Gleichung $y = f(x)$ in einem Bereiche von $x = x_1$ bis $x = x_2$ diejenige Ordinate y_m, mit der man die Differenz $x_2 - x_1$ multiplizieren muß, um den Inhalt der von der x-Achse, der Kurve und den zu $x = x_1$ und $x = x_2$ gehörenden Ordinaten begrenzten Fläche zu erhalten. Es ist also:

$$y_m = \frac{\int_{x_1}^{x_2} y\,dx}{x_2 - x_1}\,. \qquad\qquad 43)$$

Sieht man von der geometrischen Deutung ab, so kann man festsetzen: Der Mittelwert y_m aller Werte, die die Funktion $y = f(x)$ im Bereiche von $x = x_1$ bis $x = x_2$ annimmt, ist

$$\frac{\int_{x_1}^{x_2} f(x)\,dx}{x_2 - x_1}\,.$$

b) In (31) haben wir die gleichseitige Hyperbel behandelt. Wenn wir den Inhalt der von ihr, der Abszissenachse und zwei Ordinaten eingeschlossenen Fläche berechnen wollen, so müssen wir die Unstetigkeit unserer Funktion für $x = 0$ beachten; dieser Wert darf weder innerhalb des Bereiches noch auf der Grenze auftreten. Wählen wir daher als untere Grenze $x_1 = 1$, während die obere Grenze x (veränderlich) sei! Es ist

$$F_1^x = \int\limits_1^x \frac{dx}{x} = [\ln x]_1^x = \ln x \, .$$

Die Anzahl der Flächeneinheiten ist also gleich dem natürlichen Logarithmus der Maßzahl der Endabszisse. Wenn wir demnach die gleichseitige Hyperbel genau zeichnen, so können wir den natürlichen Logarithmus der oberen Grenze dadurch finden, daß wir den Flächeninhalt von $x = 1$ ab auf irgendeinem Wege ermitteln.

Würde man $x = 0$ als untere Grenze nehmen, so würde, da $\ln 0 = -\infty$ ist, jede von dort aus gezählte Fläche ∞ werden. Warum darf natürlich auch nicht als obere Grenze $x = \infty$ auftreten? Daß es nicht immer

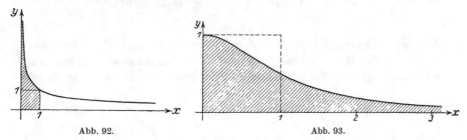

Abb. 92.   Abb. 93.

nötig ist, Werte von x zu meiden, für die y unendlich groß wird, zeigt uns das Beispiel $y = \dfrac{1}{\sqrt{x}}$. Zwar ist (vgl. Abb. 92) für $x = 0$ $y = \infty$; aber die Ermittlung des Flächeninhaltes ergibt

$$F_0^x = \int\limits_0^x \frac{dx}{\sqrt{x}} = \left[2\sqrt{x}\right]_0^x = 2\sqrt{x} \, .$$

Demnach ist beispielsweise der Inhalt der Fläche, welche von der x-Achse, der y-Achse, der Kurve und der zu $x = 1$ gehörigen Ordinate begrenzt wird, gleich zwei Flächeneinheiten, also endlich, obwohl die Fläche selbst sich längs der y-Achse ins Unendliche erstreckt. Andererseits läßt sich bei manchen Integralen als obere Grenze auch $x = \infty$ verwenden, ohne daß das Integral selbst unendlich groß wird. So zeigt Abb. 93 die Kurve von der Gleichung $y = \dfrac{1}{1 + x^2}$; die Fläche die von ihr, der x-Achse, der y-Achse und der zu einem beliebigen x gehörigen Ordinate begrenzt wird, ist, so groß man auch x wählen möge,

$$F_0^x = \int\limits_0^x \frac{dx}{1 + x^2} = [\operatorname{arctg} x]_0^x = \operatorname{arctg} x \, .$$

Läßt man x über alle Grenzen wachsen, so wird $\lim\limits_{x \to \infty} \operatorname{arctg} x = \frac{\pi}{2}$,
und die Fläche selbst hat, obgleich auch sie sich ins Unendliche erstreckt,
den endlichen Inhalt von $\frac{\pi}{2} = 1{,}5758$ Flächeneinheiten.

c) Die Fläche, die von der x-Achse und einem Berge der Sinuslinie
$y = a \sin \omega x$ begrenzt wird, ergibt sich zu

$$F_{0}^{\frac{\pi}{\omega}} = \int\limits_{0}^{\frac{\pi}{\omega}} a \sin \omega x \, dx = \left[\frac{-a}{\omega} \cos \omega x \right]_{0}^{\frac{\pi}{\omega}} = \left[\frac{a}{\omega} - \left(-\frac{a}{\omega} \right) \right] = 2 \, \frac{a}{\omega} \, .$$

Der Mittelwert der Ordinaten ist demnach in diesem Bereiche

$$y_m = \frac{2 \dfrac{a}{\omega}}{\dfrac{\pi}{\omega}} = 2 \, \frac{a}{\pi} \quad \text{(s. Abb. 94).}$$

Weitere Aufgaben erhält der Leser, wenn er die logarithmische Linie
$y = \ln x$, die Exponentiallinie $y = e^{x}$, die Tangenslinie $y = \operatorname{tg} x$ usw.
zugrunde legt und die zu diesen Kurven gehörigen Flächen berechnet.

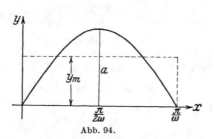

Abb. 94.

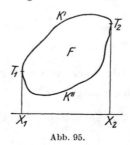

Abb. 95.

(85) Bisher unterlag die Inhaltsbestimmung der Beschränkung, daß
zur Begrenzung die x-Achse und zwei Ordinaten gehören. Von dieser
Einschränkung können wir uns jedoch leicht befreien. Um die in Abb. 95
dargestellte Fläche auszumessen, deren Begrenzungskurve durch
irgendeine Gleichung gegeben sei, legen wir an diese die beiden zur
Abszissenachse senkrechten Tangenten $X_1 T_1$ und $X_2 T_2$. F ist dann
die Differenz zweier Flächen der früheren Art. Die eine (der Minuend)
wird begrenzt von der Abszissenachse, den beiden Ordinaten $X_1 T_1$
und $X_2 T_2$ und dem oberen Kurventeil k', die andere (der Subtrahend)
von denselben geraden Linien, aber von dem unteren Kurventeil k''.
Zur Erläuterung mögen die beiden folgenden Beispiele dienen.

a) Es sei $(y - 5)^2 - 4x = 0$. Diese Gleichung ist nicht nach der
abhängigen Veränderlichen y aufgelöst; sie ist in unentwickelter
(impliziter) Form gegeben. Lösen wir nach y auf, so erhalten wir

$y = 5 \pm 2\sqrt{x}$. y nimmt für jedes positive x zwei Werte an; die Kurve besteht also aus zwei Zweigen, die im Punkte $(0\,|\,5)$ zusammenstoßen und sich von da nach rechts erstrecken (Abb. 96). Wir wollen jetzt den Inhalt der von dieser Kurve und der zu $x = 9$ gehörigen Ordinate begrenzten Fläche berechnen. Wir zerlegen zu diesem Zwecke die Kurve in die obenerwähnten beiden Zweige, deren oberer die Gleichung $y = 5 + 2\sqrt{x}$ hat, während zum unteren die Gleichung $y = 5 - 2\sqrt{x}$ gehört. Die vom oberen Zweige, der x-Achse, der y-Achse und der zu $x = 9$ gehörigen Ordinate begrenzte Fläche hat den Inhalt

$$F' = \int_0^9 \left(5 + 2\sqrt{x}\right) dx = \left[5x + \frac{4}{3}x\sqrt{x}\right]_0^9 = 45 + 36 = 81\,.$$

Die vom unteren Zweige und den gleichen Geraden wie oben begrenzte Fläche hat den Inhalt

$$F'' = \int_0^9 \left(5 - 2\sqrt{x}\right) dx = \left[5x - \frac{3}{4}x\sqrt{x}\right]_0^9 = 45 - 36 = 9\,.$$

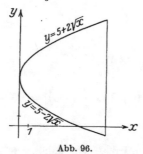

Abb. 96.

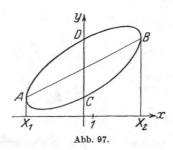

Abb. 97.

Folglich hat die zu bestimmende Fläche den Inhalt

$$F = F' - F'' = 72\,.$$

b) Die Gleichung

$$x^2 - 2xy + 2y^2 + 10x - 20y + 32 = 0$$

ist die unentwickelte Gleichung einer Ellipse; ihre nach y aufgelöste Gleichung ist

$$y = \tfrac{1}{2}\left(x + 10 \pm \sqrt{36 - x^2}\right).$$

Da $\sqrt{36 - x^2}$ nur so lange reell ist, als $-6 \le x \le +6$ ist, zu einem Werte von x aber, der diese Bedingung erfüllt, stets zwei Werte y gehören, wird die Ellipse von den beiden zu $x = -6$ und $x = +6$ gehörigen Parallelen zur y-Achse berührt (der Berührungspunkt ist $-6\,|\,2$ bzw. $+6\,|\,8$) (s. Abb. 97). Zur Ermittlung des Flächeninhaltes

F der Ellipse zerlegen wir diese wieder in die Differenz der beiden Flächen $X_1 A D B X_2 - X_1 A C B X_2$. Die Koordinaten der Punkte des Bogens $A D B$ erfüllen die Gleichung

$$y = \tfrac{1}{2}\left(x + 10 + \sqrt{36 - x^2}\right),$$

die der Punkte des Bogens $A C B$ dagegen die Gleichung

$$y = \tfrac{1}{2}\left(x + 10 - \sqrt{36 - x^2}\right).$$

Für den Inhalt des Flächenstückes $X_1 A D B X_2$ erhalten wir, wenn wir Formel TII13 zu Hilfe nehmen:

$$F' = \int\limits_{-6}^{+6} \frac{1}{2}\left(x + 10 + \sqrt{36 - x^2}\right) dx$$

$$= \left[\frac{1}{2}\left(\frac{x^2}{2} + 10x + \frac{36}{2}\arcsin\frac{x}{6} + \frac{x}{2}\sqrt{36 - x^2}\right)\right]_{-6}^{+6}$$

$$= \frac{1}{2}\left[\left(18 + 60 + 18 \cdot \frac{\pi}{2} + 0\right) - \left(18 - 60 - 18 \cdot \frac{\pi}{2} + 0\right)\right] = 60 + 9\pi;$$

für den Inhalt des Flächenstückes $X_1 A C B X_2$ ergibt sich ebenso:

$$F'' = \int\limits_{-6}^{+6} \frac{1}{2}\left(x + 10 - \sqrt{36 - x^2}\right) dx$$

$$= \left[\frac{1}{2}\left(\frac{x^2}{2} + 10x - \frac{36}{2}\arcsin\frac{x}{6} - \frac{x}{2}\sqrt{36 - x^2}\right)\right]_{-6}^{+6}$$

$$= \frac{1}{2}\left[\left(18 + 60 - 18 \cdot \frac{\pi}{2} - 0\right) - \left(18 - 60 + 18 \cdot \frac{\pi}{2} - 0\right)\right] = 60 - 9\pi,$$

so daß $F = F' - F'' = 18\pi$ ist.

(86) Bisher haben wir im wesentlichen den Inhalt von solchen Flächen berechnet, die von einer Kurve, der Abszissenachse und zwei Ordinaten begrenzt waren; wir können uns aber von dieser Beschränkung freimachen. Denn da

$$\int\limits_{x_1}^{x_2} y \cdot dx = \lim_{\Delta x = 0} \overset{x_2}{\underset{x_1}{S}} y_k \, \Delta x$$

ist, so ist die Integralformel überall verwendbar, wo eine Zerlegung in Parallelstreifen möglich ist und wir die Länge dieser Streifen finden können. Die folgenden Beispiele: Dreieck, Trapez, Kreis, sollen, wenn auch ihre Inhaltsformeln aus der Planimetrie bekannt sind, zur Erläuterung des Verfahrens dienen und zugleich auf spätere Untersuchungen vorbereiten [s. (93) S. 249 f. und (96) S. 261 f.].

Dreieck von der Grundlinie g und der Höhe h: Wir zerlegen das Dreieck durch Parallelen zur Grundlinie im Abstande Δx in eine

Anzahl von Streifen; die Parallele im Abstande x von der Spitze hat eine Länge y, die sich aus der Proportion ergibt: $y:g = x:h$; daher ist $y = \frac{g}{h}x$. Ersetzen wir jeden Streifen durch ein Rechteck von der Breite y und der Höhe $\varDelta x$, so ist die Summe dieser Rechtecke

$$\overset{h}{\underset{x=0}{S}}\, y\cdot\varDelta x = \overset{h}{\underset{0}{S}}\,\frac{g}{h}\, x\,\varDelta x\,.$$

Nach (81) erhalten wir durch den Grenzübergang $\lim \varDelta x = 0$ den Inhalt des Dreiecks, der sich also ergibt zu

$$F = \int\limits_0^h \frac{g}{h}\, x\, dx = \left[\frac{g}{h}\,\frac{x^2}{2}\right]_0^h = \frac{1}{2}\, g\, h\,,$$

wie bekannt.

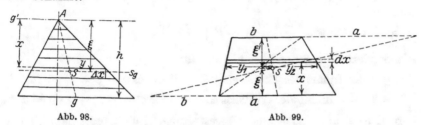

Abb. 98.   Abb. 99.

Trapez mit der Höhe h und den beiden Parallelen a und b (Abb. 99): Die im Abstande x von a gezogene Parallele zu a hat, wie man durch Einzeichnen der Diagonale leicht erkennt, die Länge

$$y = y_1 + y_2 = \frac{x}{h}\, b + \frac{h-x}{h}\, a\,;$$

also ist der Flächeninhalt des angrenzenden Streifens von der Höhe dx:

$$dF = y\cdot dx \quad\text{oder}\quad dF = \frac{1}{h}\,((b-a)\,x + a\,h)\cdot dx\,,$$

demnach der Inhalt des Trapezes:

$$F = \frac{1}{h}\int\limits_0^h [(b-a)\,x + a\,h]\,dx = \frac{1}{h}\left[(b-a)\,\frac{x^2}{2} + a\,h\,x\right]_0^h$$

$$= \frac{1}{h}\left[(b-a)\,\frac{h^2}{2} + a\,h^2\right] = \frac{a+b}{2}\,h\,.$$

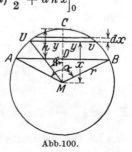

Der **Kreis**: Um den Flächeninhalt des Abschnittes ABC von der Pfeilhöhe h (Abb. 100) zu ermitteln, zerlegen wir die Fläche durch Parallele zur Sehne AB in Streifen von der Breite dx. Der Streifen, der vom Mittel-

Abb. 100.

punkte M den Abstand x hat, hat eine Länge $UV = 2y$, wobei $y = \sqrt{r^2 - x^2}$ ist. Der Inhalt des Streifens ist demnach

$$dF = 2y\,dx = 2\sqrt{r^2 - x^2}\,dx\,,$$

daher der Inhalt des ganzen Abschnittes

$$F = 2\int\limits_{r-h}^{r} \sqrt{r^2 - x^2}\,dx\,.$$

[Warum ist die untere Grenze $r - h$?]

Nach Formel T II 13 erhalten wir:

$$F = \left[-r^2 \arccos\frac{x}{r} + x\sqrt{r^2 - x^2}\right]_{r-h}^{r}$$

oder

$$= \left[(-0 + 0) - \left(-r^2 \arccos\frac{r-h}{r} + (r-h)\sqrt{2rh - h^2}\right)\right]$$

  a) $F = r^2 \arccos\dfrac{r-h}{r} - (r-h)\sqrt{2rh - h^2}\,.$

Als Sonderfälle ergeben sich hieraus für

$h = r$ der Inhalt des Halbkreises $F = r^2 \arccos 0 - 0 = \dfrac{\pi}{2}r^2$, für

$h = 2r$ der Inhalt des Vollkreises $F = r^2 \arccos(-1) + r\cdot 0 = \pi r^2$.

Formel a) erlaubt noch eine Umgestaltung. Führt man nämlich den zur Sehne AB gehörigen Mittelpunktswinkel $AMB = \alpha$ ein, so ist

$$\frac{r-h}{r} = \frac{MD}{MA} = \cos\frac{\alpha}{2}\,;$$

ferner ist, da der Umfangswinkel über Bogen ACB gleich $\dfrac{\alpha}{2}$ ist, $\measuredangle CAB = \dfrac{\alpha}{4}$, als Umfangswinkel über Bogen CB, also

$$\operatorname{tg}\frac{\alpha}{4} = \frac{h}{AD}\,, \qquad \sin\frac{\alpha}{2} = \frac{AD}{r}\,;$$

demnach

$$\frac{h}{r} = \operatorname{tg}\frac{\alpha}{4}\cdot\sin\frac{\alpha}{2} = 2\sin^2\frac{\alpha}{4}\,;$$

schließlich ist

$$\frac{2r-h}{r} = 1 + \frac{r-h}{r} = 1 + \cos\frac{\alpha}{2} = 2\cos^2\frac{\alpha}{4}\,.$$

Nun ist

$$F = r^2\left[\arccos\frac{r-h}{r} - \frac{r-h}{r}\sqrt{\frac{h}{r}\left(1 + \frac{r-h}{r}\right)}\right]$$

$$= r^2\left[\frac{\alpha}{2} - \cos\frac{\alpha}{2}\sqrt{2\sin^2\frac{\alpha}{4}\cdot 2\cos^2\frac{\alpha}{4}}\right] = r^2\left[\frac{\alpha}{2} - 2\sin\frac{\alpha}{4}\cos\frac{\alpha}{4}\cos\frac{\alpha}{2}\right],$$

$$F = r^2\left[\frac{\alpha}{2} - \sin\frac{\alpha}{2}\cos\frac{\alpha}{2}\right] = \frac{r^2}{2}(\alpha - \sin\alpha) = F\,;$$

das ist die bekannte Formel für den Inhalt des Kreisabschnittes.

Zu diesem Ergebnis können wir einfacher gelangen, wenn wir bedenken, daß $x = r \cos\varphi$, also $dx = -r \sin\varphi \, d\varphi$ ist. Da weiter $y = r \sin\varphi$ ist, so wird der Inhalt eines Elementarstreifens

$$dF = 2y\,dx = -2\,r^2 \sin^2\varphi \, d\varphi.$$

Durch Einführen der neuen Integrationsveränderlichen ändern sich natürlich auch die Grenzen. Zu $x = r - h$ gehört $\varphi = \dfrac{\alpha}{2}$, zu $x = r$ $\varphi = 0$; also wird mit Formel T III 22:

$$
\begin{aligned}
F &= -2\,r^2 \int\limits_{+\frac{\alpha}{2}}^{0} \sin^2\varphi \, d\varphi = -2\,r^2 \left[\frac{\varphi}{2} - \frac{1}{2} \sin\varphi \cos\varphi \right]_{\frac{\alpha}{2}}^{0} \\
&= -2\,r^2 \left[\left(+\frac{\alpha}{4} - \frac{1}{2} \sin\left(+\frac{\alpha}{2}\right) \cos\left(+\frac{\alpha}{2}\right) \right) \right] \\
&= -2\,r^2 \left[\frac{\alpha}{4} - \frac{1}{4} \sin\alpha \right] = -\frac{r^2}{2} \left(\alpha - \sin\alpha \right).
\end{aligned}
$$

(87) Kann man den Inhalt einer Fläche mit dem bisherigen Verfahren nicht genau ermitteln (z. B. wenn die Begrenzungskurve nur empirisch festliegt), so greift man zu Näherungsverfahren. Mit jedem Näherungsverfahren gewinnt man zugleich eine Möglichkeit, ein bestimmtes Integral angenähert auszuwerten. Wir gehen dazu über, die wichtigsten dieser Näherungsformeln zu entwickeln.

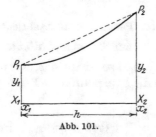
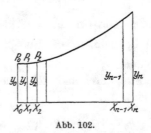

Abb. 101. Abb. 102.

Der Inhalt der in Abb. 101 gezeichneten Fläche $X_1 X_2 P_2 P_1$ ist gesucht. In roher Annäherung können wir die Fläche ersetzen durch das Trapez $X_1 X_2 P_2 P_1$. Dann ist

$$F \approx \frac{h}{2} \left(y_1 + y_2 \right). \tag{44}$$

Einen besseren Näherungswert erhalten wir, wenn wir die Fläche in Parallelstreifen von gleicher Breite $X_0 X_1 = X_1 X_2 = \cdots = X_{n-1} X_n = h$ zerlegen. Ersetzen wir die Flächenstreifen durch Trapeze, so ist angenähert

$$F = \frac{h}{2} \left[(y_0 + y_1) + (y_1 + y_2) + (y_2 + y_3) + \cdots + (y_{n-1} + y_n) \right]$$

oder

$$F = h \left[\frac{y_0 + y_n}{2} + y_1 + y_2 + y_3 + \cdots + y_{n-1} \right]. \qquad 45)$$

Die **Trapezformel** 45) wird den Inhalt um so genauer geben, je größer n ist, da sich der geradlinige Linienzug dann um so enger an die Kurve anschmiegt.

Ein anderer Weg ist folgender (Abb. 103): Man halbiert die Strecke $X_1 X_2 = x_2 - x_1 = h$ durch X_m, so daß $X_1 X_m = X_m X_2 = \frac{h}{2}$ ist. Dann mißt man die Ordinaten $X_1 P_1 = y_1$, $X_2 P_2 = y_2$, $X_m P_m = y_m$ und findet nach der **Simpsonschen Regel** [s. (83) S. 220]

$$F = \frac{h}{6} (y_1 + 4 y_m + y_2) \qquad 42)$$

den Inhalt der Fläche, wenn auch für ein beliebiges $y = f(x)$ nur angenähert. Genauere Werte erhält man, wenn man (Abb. 104) die Fläche

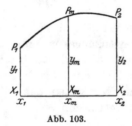 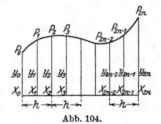

Abb. 103.   Abb. 104.

in eine gerade Anzahl $(2n)$ gleich breiter Parallelstreifen zerlegt; die Breite bezeichnen wir mit $\frac{h}{2}$. Sind die zugehörigen Ordinaten der Reihe nach $y_0, y_1, y_2, \ldots, y_{2n-2}, y_{2n-1}, y_{2n}$, so ergibt sich, wenn man auf je zwei aufeinanderfolgende Streifen die Simpsonsche Formel 42) anwendet,

$$F = \frac{h}{6} [(y_0 + 4 y_1 + y_2) + (y_2 + 4 y_3 + y_4) + \cdots + (y_{2n-2} + 4 y_{2n-1} + y_{2n})],$$

$$\left. \begin{array}{l} F = \frac{h}{6} [y_0 + y_{2n} + 4 (y_1 + y_3 + \cdots + y_{2n-1}) \\ \quad + 2 (y_2 + y_4 + \cdots + y_{2n-2})], \end{array} \right\} \qquad 46)$$

die **verallgemeinerte Simpsonsche Regel**.

Es gibt noch andere Näherungsverfahren; die angeführten sind aber die in der Praxis am meisten verwendeten. Wir wollen sie an einigen Beispielen erläutern und werden dadurch zugleich Wege aufzeigen können, wie man einige bekannte Zahlen (π, die Logarithmen) finden kann.

a) Wir haben S. 222f. gesehen, daß die von der x-Achse, der gleichseitigen Hyperbel $y = \frac{1}{x}$, der zu $x = 1$ und der zu einem beliebigen x

gehörigen Ordinate begrenzte Fläche den Wert $\ln x$ hat. Daher sind wir in der Lage, mit einer der Näherungsformeln den **natürlichen Logarithmus** einer Zahl beliebig genau zu berechnen. Wir wollen $\ln 3$ nach den verschiedenen Methoden berechnen, um ihre Güte gegeneinander abwägen zu können. Es ist

$$\ln 3 = \int\limits_{1}^{3} \frac{dx}{x}.$$

Nach der **einfachen Trapezregel** [s. Gleichung 44)] haben wir zu wählen

$$y_1 = \tfrac{1}{1}, \qquad y_2 = \tfrac{1}{3}, \qquad h = 2;$$

wir erhalten demnach

$$\ln 3 \approx \tfrac{2}{2}(1 + \tfrac{1}{3}) = 1{,}333,$$

ein nur wenig befriedigendes Ergebnis; der Fehler beträgt etwa 22%. Eine Unterteilung des Intervalles von 1 bis 3 in 10 gleiche Teile muß mittels der allgemeinen Trapezformel 45) ein besseres Ergebnis liefern. Die Ordinaten lauten jetzt:

$$y_0 = \tfrac{1}{1} = 1{,}000; \qquad y_1 = \tfrac{1}{1{,}2} = 0{,}833; \qquad y_2 = \tfrac{1}{1{,}4} = 0{,}714;$$

$$y_3 = \tfrac{1}{1{,}6} = 0{,}625; \qquad y_4 = \tfrac{1}{1{,}8} = 0{,}556; \qquad y_5 = \tfrac{1}{2{,}0} = 0{,}500;$$

$$y_6 = \tfrac{1}{2{,}2} = 0{,}455; \qquad y_7 = \tfrac{1}{2{,}4} = 0{,}417; \qquad y_8 = \tfrac{1}{2{,}6} = 0{,}385;$$

$$y_9 = \tfrac{1}{2{,}8} = 0{,}357; \qquad y_{10} = \tfrac{1}{3} = 0{,}333;$$

ferner ist $h = 0{,}2$. Somit wird

$$\ln 3 \approx 0{,}2 \cdot [0{,}667 + 4{,}841] = 1{,}102.$$

Auch dieses Ergebnis ist noch um etwa $3^0/_{00}$ zu groß, trotz der verhältnismäßig starken Unterteilung; die Trapezregel wird sich nur dann empfehlen, wenn das Kurvenstück sehr wenig von einer Geraden abweicht, wie wir weiter unten an einem Beispiele sehen werden. Erproben wir die **einfache Simpsonsche Regel** 42)! Es ist

$$y_1 = \tfrac{1}{1} = 1{,}000, \qquad y_2 = \tfrac{1}{3} = 0{,}333, \qquad y_m = \tfrac{1}{2} = 0{,}500, \qquad h = 2;$$

dann wird

$$\ln 3 \approx \tfrac{2}{6}(1 + 2 + 0{,}333) = 1{,}111$$

mit einem Fehler von 1%, ein bei Berücksichtigung der aufgewendeten geringen Mühe recht befriedigendes Ergebnis. Die verallgemeinerte Simpsonsche Regel endlich liefert für $n = 5$ nach Formel 46)

$$\ln 3 \approx \tfrac{2}{5 \cdot 6}[\tfrac{1}{1} + \tfrac{1}{3} + 4(\tfrac{1}{1{,}2} + \tfrac{1}{1{,}6} + \tfrac{1}{2{,}0} + \tfrac{1}{2{,}4} + \tfrac{1}{2{,}8}) + 2(\tfrac{1}{1{,}4} + \tfrac{1}{1{,}8} + \tfrac{1}{2{,}2} + \tfrac{1}{2{,}6})]$$

$$\approx \tfrac{1}{15}[1{,}333333 + 10{,}928572 + 4{,}218004] = 1{,}098661,$$

was einem Fehler von nur $0{,}04^0/_{00}$ entspricht, da der genaue Wert $\ln 3 = 1{,}0986155$ ist.

b) S. 223 haben wir gefunden, daß

$$\int\limits_0^x \frac{dx}{1+x^2} = \operatorname{arctg} x$$

ist; wählen wir als obere Grenze $x = 1$, so erhalten wir

$$\frac{\pi}{4} = \int\limits_0^1 \frac{dx}{1+x^2},$$

also

$$\pi = 4\int\limits_0^1 \frac{dx}{1+x^2},$$

eine Formel, die sich gut zur Berechnung von π eignet. Wir verwenden die **verallgemeinerte Simpsonsche Regel** 46) und setzen $n = 2$; es ist dann

$$\pi \approx 4 \cdot \frac{1}{2 \cdot 6}\left[\frac{1}{1+0^2} + \frac{1}{1+1^2} + 4\left(\frac{1}{1+(\frac{1}{4})^2} + \frac{1}{1+(\frac{3}{4})^2}\right) + 2 \cdot \frac{1}{1+(\frac{1}{2})^2}\right]$$

$$\approx \frac{1}{3}\left[1 + \frac{1}{2} + 4 \cdot \left(\frac{16}{17} + \frac{16}{25}\right) + 2 \cdot \frac{4}{5}\right],$$

$$\pi \approx \frac{1}{2}\left[1,5 + 4 \cdot 1,581\,1765 + 1,6\right] \approx \frac{1}{3} \cdot 9,424\,7060 = 3,141\,569;$$

Fehler $0,007^0/_{00}$. Für $n = 3$ würde sich ergeben $\pi = 3,141\,5928$; also mit einfachen Mitteln eine ganz ausgezeichnete Übereinstimmung.

c) Daß auch die **Trapezformel** 45) gute Dienste leisten kann, möge an dem Integrale

$$J = \int\limits_{50}^{60} \log x\, dx$$

gezeigt werden; wir wählen $n = 10$ und erhalten

$$J \approx \frac{\log 50 + \log 60}{2} + \log 51 + \log 52 + \cdots + \log 59 = 17,397\,50.$$

Wir können dieses Ergebnis leicht nachprüfen; denn es ist

$$\log x = 0,434\,294 \cdot \ln x$$

[**s. (53)** Formel 94 b)], ferner nach Formel T III 16

$$\int\limits_{50}^{60} \log x\, dx = 0,434\,294 \cdot \int\limits_{50}^{60} \ln x\, dx = 0,434\,294[x\ln x - x]_{50}^{60}$$

$$= 0,434\,4294 \cdot (60\ln 60 - 50\ln 50) - 0,434\,294 \cdot (60 - 50)$$

$$= 60 \cdot \log 60 - 50 \cdot \log 50 - 4,342\,94 = 17,3975.$$

d) In der Elektrotechnik wird das bestimmte Integral

$$J = \int\limits_0^{\frac{\pi}{2}} \frac{\sin x}{x}\, dx$$

benötigt; unsere Verfahren reichen nicht aus, um das Integral exakt auszuwerten; wir müssen also zu einem Näherungsverfahren greifen. Wählen wir die einfache Simpsonsche Regel, so erhalten wir

$$J \approx \frac{\pi}{12}\left(\frac{\sin 0}{0} + 4\,\frac{\sin\frac{\pi}{4}}{\frac{\pi}{4}} + \frac{\sin\frac{\pi}{2}}{\frac{\pi}{2}}\right) = 1{,}3713\,. \quad \left(\text{Beachte } \frac{\sin 0}{0} = 1!\right)$$

Fehler $0{,}4^0/_{00}$.

Mit der verallgemeinerten Simpsonschen Regel ergibt sich

für $n = 3$: $J \approx 1{,}370\,77$, für $n = 6$: $J \approx 1{,}370\,764$.

Die Nachprüfung sei dem Leser überlassen. [Vgl. (201) S. 661.]

Als weitere Beispiele zur Bearbeitung seien vorgeschlagen:

$$\int\limits_1^2 \mathfrak{T}\mathrm{g}\,x\,dx\,, \quad \int\limits_{\frac{\pi}{6}}^{\frac{\pi}{2}} \log\sin x\,dx\,, \quad \int\limits_1^2 \frac{e^x}{x}\,dx\,, \quad \int\limits_1^2 \frac{\ln x}{x}\,dx\,.$$

(88) Es wird erwünscht sein, wenn wir an dieser Stelle die Theorie des Polarplanimeters entwickeln, das der Ingenieur gern benutzt, um den Inhalt einer graphisch gegebenen ebenen Fläche (Indikatordiagramm) zu bestimmen. Sind (Abb. 105) zwei Kurven a und b und außerdem eine Strecke von der Länge l gegeben, so kann man, falls die beiden Kurven nirgends weiter als um l voneinander entfernt sind, die Strecke l so bewegen, daß der eine Endpunkt stets auf a, der andere stets auf b gleitet. Wenn die Strecke auf diese Weise aus der Lage AB in die Lage A_1B_1 gebracht worden ist, so hat sie die von a, b, AB und A_1B_1 eingeschlossene Fläche F überstrichen. Dabei hat l eine verwickelte Bewegung ausgeführt. Wir können l aus der Lage AB in die Lage A_1B_1 noch auf unendlich mannigfaltige Art bringen, am einfachsten so, daß wir l erst parallel so verschieben, daß der eine Endpunkt auf der Geraden AA_1 bis A_1 gleitet — l wird dann die Lage A_1D_1 annehmen —, und dann um

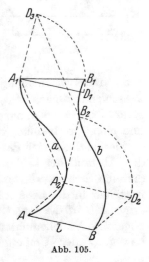

Abb. 105.

den Punkt A_1 drehen, bis der andere Endpunkt schließlich auf B_1 fällt. Wir haben jetzt die beiden Lagen AB und A_1B_1 durch zwei einfache Bewegungen: eine **Parallelverschiebung** und eine **Drehung** ineinander übergeführt. Allerdings hat die Strecke l hierbei nicht die Fläche F überstrichen; doch können wir dies immer vollkommener erreichen, wenn wir Zwischenstufen einschalten. Wir verschieben erst die Strecke l in die Lage A_2D_2 (A_2 auf a gelegen) und drehen sie dann um A_2 in die Lage A_2B_2 (B_2 auf b gelegen), sodann verschieben wir sie in die Lage A_1D_3 und drehen sie um A_1 in der Lage A_1B_1. Wir können noch weitere Zwischenstufen einschalten, wobei wir nur darauf zu achten haben, daß die Punkte A_k auf der Kurve a und die Punkte B_k auf der Kurve b liegen. Je enger wir diese Zwischenstufen aufeinander folgen lassen, um so weniger wird sich die von der Strecke l überstrichene Fläche von der Fläche F unterscheiden, und wir erkennen, daß die so verwickelt erscheinende ursprüngliche Bewegung von l sich auflöst in eine lückenlose Folge von unendlich kleinen Parallelverschiebungen und unendlich kleinen Drehungen, derart, daß beide stets abwechseln. Sobald es nun gelingt, die ausgeführten Bewegungen des Stabes abzulesen, kann man eine Fläche mittels des Stabes ausmessen. Dieses Ziel wird durch folgende Überlegung bzw. Konstruktion erreicht:

Wir denken uns an einem Stabe AB von der Länge l ein möglichst reibungslos um AB drehbares Rädchen R in der Entfernung a von A

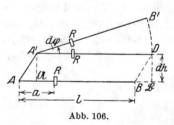

Abb. 106.

angebracht und mit einem Zählerwerk versehen, das den vom Rädchen abgerollten Weg abzulesen gestattet. An der in Abb. 106 dargestellten Elementarbewegung aus der Lage AB in die Lage $A'B'$ durch die Parallelverschiebung in die Lage $A'D$ und die nachfolgende Drehung um A' nimmt nun auch das Rädchen teil, und zwar in folgender Weise:

Die Parallelverschiebung von AB nach $A'D$ läßt sich zerlegen in eine Verschiebung nach $\mathfrak{AB}$, die in der Stabrichtung erfolgt — hierbei gleitet das Rädchen, ohne eine Drehung um seine Achse auszuführen —, und eine Verschiebung von $\mathfrak{AB}$ nach $A'D$ senkrecht zur Stabrichtung — hierbei dreht sich das Rädchen so, daß sein Umfang die Strecke dh, den Abstand der beiden Parallelen AB und $A'D$, abwälzt. Um genau dieselbe Strecke wälzt sich das Rädchen ab, wenn der Stab AB unmittelbar in die Lage $A'D$ verschoben wird. Bei der Drehung aus der Lage $A'D$ in die Lage $A'B'$ um den Winkel $d\varphi$ dagegen beträgt der abgerollte Rädchenumfang $a \cdot d\varphi$, so daß bei der gesamten Elementarbewegung der Umfang des Rädchens sich um die Gesamtstrecke

$du = dh + a \cdot d\varphi$ abgerollt hat. Die dabei vom Stabe l überstrichene Fläche ist aber

$$dF = l \cdot dh + \frac{l^2}{2}\, d\varphi.$$

Eliminiert man aus beiden Gleichungen das Differential dh, so ergibt sich

$$dF = l \cdot du + \frac{l}{2}(l - 2a) \cdot d\varphi.$$

Der Inhalt der in Abb. 105 dargestellten Fläche wird demnach

$$F = \int\left[l\,du + \frac{l}{2}(l - 2a)\,d\varphi\right] = l\int du + \frac{l}{2}(l - 2a)\int d\varphi.$$

$\int du = u$ ist dabei die Länge der Strecke, die bei der Gesamtbewegung der Umfang des Rädchens zurückgelegt hat. $\int d\varphi = \varphi$ andererseits ist der Winkel, den die Anfangslage AB mit der Endlage $A_1 B_1$ einschließt. Kann man es nun so einrichten, daß $\varphi = 0$ ist, so ist der Inhalt der überstrichenen Fläche einfach $l \cdot u$, meist ist sogar die Ablesevorrichtung so beschaffen, daß man ohne weiteres dieses Produkt, mithin den Inhalt der Fläche abliest. Abb. 107 zeigt die Form des Polarplanimeters, die die gestellte Forderung erfüllt. Ein Stab von der Länge s ist um einen seiner Endpunkte P, den Pol, drehbar angebracht, so daß sein anderer Endpunkt A sich auf einem Kreise k bewegt. In A ist an s gelenkig der Stab l befestigt, dessen anderes Ende auf dem Umfange g der zu messenden Fläche F herumgeführt wird.

Richtet man es so ein, daß A nicht den ganzen Kreis k durchläuft, sondern sich zwischen zwei äußersten Lagen I und IV bewegt, während B

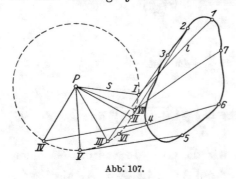

Abb. 107.

Abb. 107'.

g durchläuft — dies läßt sich durch passende Wahl von P stets erreichen —, so wird A wieder an demselben Punkte von k angelangt sein, wenn B gerade einmal F umlaufen hat, also die Endlage von l sich mit seiner Anfangslage decken. Während des Umlaufes hat l die verschiedensten Richtungen innegehabt, doch so, daß schließlich die Drehung in dem einen Sinne wieder durch die im entgegengesetzten Sinne aufgehoben wird, wie in Abb. 107' angedeutet ist; es ist also in der Tat $\int d\varphi = 0$.

§ 7. Weitere Anwendungen des bestimmten Integrales in der Geometrie.

(89) A. Berechnungen der Länge ebener Kurven (Rektifikation). Gegeben sei eine Kurve von der Gleichung $y = f(x)$; gesucht ist die Länge des von P_1 bis P_2 reichenden Kurvenstückes (Abb. 108), wobei

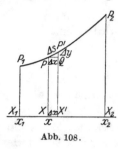

Abb. 108.

die Endpunkte durch ihre Abszissen x_1 bzw. x_2 festgelegt sind. Wir lösen die Aufgabe folgendermaßen: Wir teilen das Intervall $X_1 X_2$ in n gleiche Teile $\varDelta x = \dfrac{x_2 - x_1}{n}$; durch die benachbarten Teilpunkte X und X' legen wir die Ordinaten, die die Kurve in den Punkten P und P' schneiden mögen. Dadurch wird die Kurve in lauter Kurvenstücke $\varDelta s = P P'$ zerlegt, die wir um so besser durch die entsprechenden Sehnen $P P'$ ersetzen können, je näher $\varDelta x$ dem Grenzwerte Null kommt. Aus dem rechtwinkligen Dreiecke PQP', in dem die Katheten $PQ = \varDelta x$, $QP' = \varDelta y$ und die Hypotenuse $PP' = \varDelta s$ sind, folgt nach dem pythagoreischen Lehrsatze

$$\varDelta s = \sqrt{(\varDelta x)^2 + (\varDelta y)^2} \quad \text{oder} \quad \frac{\varDelta s}{\varDelta x} = \sqrt{1 + \left(\frac{\varDelta y}{\varDelta x}\right)^2}.$$

Daher ist

$$\frac{ds}{dx} = \lim_{\varDelta x \to 0} \frac{\varDelta s}{\varDelta x} = \sqrt{1 + \left(\frac{dy}{dx}\right)^2}.$$

Also wird, da

$$s = \int_{P_1}^{P_2} ds = \int_{x_1}^{x_2} \frac{ds}{dx} \cdot dx \quad \text{ist,}$$

$$s = \int_{x_1}^{x_2} \sqrt{1 + \left(\frac{dy}{dx}\right)^2}\, dx = \int_{x_1}^{x_2} \sqrt{1 + [f'(x)]^2}\, dx. \qquad 47)$$

a) Als erstes Beispiel wählen wir die **Gerade** von der Gleichung

$$y = A x + b; \text{ es ist } \frac{dy}{dx} = A, \text{ also}$$

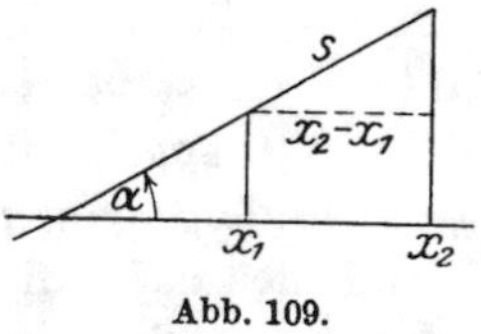

$$ds = \sqrt{1 + A^2}\, dx \text{ und}$$

$$s = \int_{x_1}^{x_2} \sqrt{1 + A^2}\, dx = \sqrt{1 + A^2}\, [x]_{x_1}^{x_2}$$

Abb. 109.

$$= (x_2 - x_1) \sqrt{1 + A^2}.$$

Da $A = \operatorname{tg}\alpha$ ist, so ist $s = \dfrac{x_2 - x_1}{\cos\alpha}$, ein Ergebnis, das man ohne Mühe auch aus Abb. 109 abliest.

b) Für die **Parabel** von der Gleichung $y = \dfrac{x^2}{2p}$ [s. **(14)**] erhalten wir $y' = \dfrac{x}{p}$, also

$$s = \int\limits_{x_1}^{x_2} \sqrt{1 + \left(\frac{x}{p}\right)^2}\, dx.$$

Rechnen wir den Parabelbogen vom Scheitel aus, so wird $x_1 = 0$; zugleich wollen wir die obere Grenze $x_2 = x$ setzen. Wir bekommen nach Formel T II 15'

$$s_0^x = \frac{1}{p}\int\limits_0^x \sqrt{p^2 + x^2}\, dx = \left[\frac{x}{2p}\sqrt{x^2 + p^2} + \frac{p^2}{2p}\,\mathfrak{Ar}\mathfrak{Sin}\,\frac{x}{p}\right]_0^x,$$

$$s_0^x = \frac{p}{2}\left[\frac{x}{p}\cdot\sqrt{1 + \left(\frac{x}{p}\right)^2} + \mathfrak{Ar}\mathfrak{Sin}\,\frac{x}{p}\right].$$

Zahlenbeispiele (Abb. 110): Für P_1 ist $x = p$; daher ist der Bogen OP_1

$$s_0^p = \frac{p}{2}\left[\sqrt{2} + \mathfrak{Ar}\mathfrak{Sin}\,1\right] = \frac{p}{2}\,[1,4142 + 0,8814] = 1,1478\,p;$$

$$OP_2 : s_0^{\frac{4}{3}p} = \frac{p}{2}\left[\frac{4}{3}\cdot\frac{5}{3} + \mathfrak{Ar}\mathfrak{Sin}\,\frac{4}{3}\right] = \frac{p}{2}\,[2,2222 + 1,0986] = 1,6604\,p.$$

Zeige, daß

$$s_0^{2p} = 2,9579\,p,$$

$$s_0^{3p} = 5,6526\,p,$$

$$s_0^{2,4p} = 3,9247\,p \text{ ist!}$$

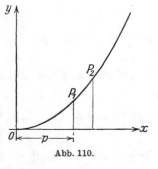

Abb. 110.

Die Fragestellung läßt sich auch umkehren in die folgende: Wie findet man auf der Parabel den Punkt P von der Eigenschaft, daß der von ihm und dem Scheitel O begrenzte Bogen die gegebene Länge s hat? Damit sind wir vor die Aufgabe gestellt, die Gleichung

$$\frac{x}{p}\cdot\sqrt{1 + \left(\frac{x}{p}\right)^2} + \mathfrak{Ar}\mathfrak{Sin}\,\frac{x}{p} - 2\,\frac{s}{p} = 0, \qquad\qquad \text{a)}$$

die ohne weiteres aus der Formel für die Länge des Parabelbogens folgt, nach $\dfrac{x}{p}$ aufzulösen, um die Abszisse x des Endpunktes P zu erhalten. Gleichung a) ist transzendent, daher nur zu lösen, wenn $\dfrac{s}{p}$ zahlenmäßig gegeben ist; wir wenden eines der in **(27)** behandelten Näherungsverfahren an. Es sei $s = 2p$; setzen wir $\dfrac{x}{p} = z$, so ist die zu lösende Gleichung:

$$f(z) \equiv z\sqrt{1 + z^2} + \mathfrak{Ar}\mathfrak{Sin}\,z - 4 = 0.$$

Wir wollen die Newtonsche Methode benutzen und bilden zu diesem Zwecke $f'(z) = 2\sqrt{1+z^2}$. Als ersten Annäherungswert wählen wir $z = 2$, ein Wert, von dem wir im voraus wissen, daß er zu groß ist, da in unserem Falle die Abszisse des Endpunktes kleiner sein muß als die Bogenlänge. Es ist

$$f(2) = 2\sqrt{5} + \mathfrak{Ar}\mathfrak{Sin}\, 2 - 4 = 4{,}47 + 1{,}44 - 4 = 1{,}91\,,$$

$$f'(2) = 2\sqrt{5} = 4{,}47\,, \quad h = -0{,}43\,.$$

Folglich wählen wir als zweiten Wert $z = 2 - 0{,}43 = 1{,}57$, und es ist

$$f(1{,}57) = 2{,}9225 + 1{,}2330 - 4 = 0{,}1555\,;$$

$$f'(1{,}57) = 3{,}7229\,, \quad h = -0{,}0418\,, \quad z = 1{,}5282\,;$$

$$f(1{,}5282) = 2{,}7910 + 1{,}2103 - 4 = 0{,}0013\,,$$

$$f'(1{,}5282) = 3{,}6527\,, \quad h = -0{,}0004\,, \quad z = 1{,}5278\,;$$

$$f(1{,}5278) = 2{,}7900 + 1{,}2101 - 4 = 0{,}0001\,.$$

Die Lösung lautet $z = 1{,}5278$; also ist $x = 1{,}5278\,p$.

Wesentlich bequemer ist das folgende Verfahren: Man setze in a) $\dfrac{x}{p} = \mathfrak{Sin}\,\dfrac{u}{2}$; dann geht a) über in

$$f(u) \equiv u + \mathfrak{Sin}\, u - 4\,\frac{s}{p} = 0\,; \qquad\qquad \text{b)}$$

also für $s = 2\,p$ in

$$f(u) \equiv u + \mathfrak{Sin}\, u - 8 = 0\,.$$

Mit einer Tafel der $\mathfrak{Sin}$-Funktion finden wir

$$f(2{,}42) = -0{,}0015\,, \quad f(2{,}43) = +0{,}0654\,;$$

mittels der Regula falsi folgt hieraus $u = 2{,}4202$, also

$$x = p \cdot \mathfrak{Sin}\, 1{,}2101 \qquad x = 1{,}5278\,p\,.$$

Zeige, daß der Endpunkt des Bogens, der gleich dem Parameter p ist, die Abszisse $x = 0{,}8927\,p$ hat!

c) Eine andere Kurve, deren Länge sich mit unseren Hilfsmitteln finden läßt, ist die Neilsche Parabel mit der Gleichung $y = x \cdot \sqrt{\dfrac{x}{a}}$ (konstruieren!); für sie ist

$$y' = \frac{3}{2}\sqrt{\frac{x}{a}}\,,$$

also

$$s = \int\limits_0^x \sqrt{1 + \frac{9}{4}\,\frac{x}{a}}\; dx = a\left[\left(\frac{4}{9} + \frac{x}{a}\right)\sqrt{\frac{4}{9} + \frac{x}{a}} - \frac{8}{27}\right].$$

Zeige, daß

$$s_0^a = 1{,}4397\,a\,, \qquad s_0^{\frac{a}{4}} = 0{,}2824\,a$$

ist, berechne s_0^{5a}!

Weiterhin seien zur Behandlung empfohlen die Kurven mit den Gleichungen

$$y = \ln x \quad \text{und} \quad y = \ln \sin x.$$

So ist

$$[\text{bog} \ln x]_1^e = 3{,}0036, \quad [\text{bog} \ln \sin x]_{\frac{\pi}{3}}^{\frac{\pi}{2}} = 0{,}5493.$$

(90) B. Berechnung des Rauminhaltes von Körpern (Kubatur).
Wir denken uns (Abb. 111) den Körper u. a. durch zwei parallele Ebenen begrenzt, deren Abstand h betrage; die übrige Begrenzungsfläche sei beliebig. Die in die beiden parallelen Ebenen fallenden Teile der Oberfläche, die Grundflächen, mögen den Inhalt g_1 und g_2

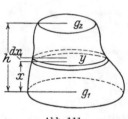

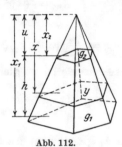

Abb. 111.   Abb. 112.

haben. Zur Ermittlung des Rauminhaltes zerlegen wir den Körper durch Ebenen, die parallel zu den Grundflächen sind, und die — im Grenzfalle — den unendlich kleinen Abstand dx voneinander haben mögen, in eine — über alle Grenzen hinaus wachsende — Anzahl von Schichten. Diejenige Schnittebene, die von g_1 den Abstand x hat, möge den Flächeninhalt y haben; die auf ihr lagernde Schicht nähert sich dann mehr und mehr der Prismenform und hat deshalb um so genauer den Rauminhalt $y \cdot dx$, je dichter die Schnittebenen aufeinanderfolgen. Die Summe der Inhalte aller dieser Schichten gibt um so besser den Inhalt des Körpers wieder, je mehr dx dem Grenzwerte Null zustrebt; wir erhalten demnach für den Rauminhalt V des Körpers die Formel

$$V = \int_0^h y \cdot dx. \tag{48}$$

Kennt man das Gesetz, nach dem sich der Flächeninhalt y mit der Schnitthöhe x ändert, so kann man durch Auswerten des Integrales den Rauminhalt wirklich bestimmen.

a) Wir beginnen mit dem Pyramidenstumpf (Abb. 112); er habe die Grundflächen g_1 und g_2 und die Höhe h. Wir führen die Ergänzungspyramide ein, d. h. diejenige Pyramide, die den Stumpf zur vollständigen

Pyramide ergänzt; ihre Höhe sei u, wobei u sich aus der Proportion bestimmt $u : (u + h) = \sqrt{g_2} : \sqrt{g_1}$; d. h.

$$u = h \frac{\sqrt{g_2}}{\sqrt{g_1} - \sqrt{g_2}}.$$

Im Abstande x von der Spitze legen wir die Parallelebene, die den Stumpf in einer Fläche vom Inhalt y schneide; y erhalten wir aus der Proportion

$$y : g_2 = x^2 : u^2 \qquad \text{zu} \qquad y = \frac{g_2}{u^2} \cdot x^2.$$

Demnach ist der Rauminhalt:

$$V = \int_{x_2}^{x_1} y \, dx = \frac{g_2}{u^2} \int_{x_2}^{x_1} x^2 \, dx = \frac{g_2}{3 u^2} \cdot [x^3]_{x_2}^{x_1} = \frac{g_2}{3 u^2} [x_1^3 - x_2^3]$$

$$= \frac{g_2}{3 u^2} (x_1 - x_2)(x_1^2 + x_1 x_2 + x_2^2).$$

Die untere Grenze x_2 ist gleich dem Abstande der Spitze von g_2, also gleich

$$u = h \frac{\sqrt{g_2}}{\sqrt{g_1} - \sqrt{g_2}},$$

die obere x_1 gleich dem Abstande der Spitze von g_1, also gleich

$$u + h = h \frac{\sqrt{g_1}}{\sqrt{g_1} - \sqrt{g_2}}.$$

Setzen wir diese Werte in das Integral ein, so erhalten wir

$$V = \frac{g_2}{3 u^2} h (u^2 + u(u + h) + (u + h)^2) = \frac{g_2}{3 u^2} h (3 u^2 + 3 u h + h^2)$$

$$= \frac{g_2 h}{3} \left(3 + 3 \frac{h}{u} + \left(\frac{h}{u}\right)^2\right) = \frac{g_2 h}{3} \left(3 + 3 \frac{\sqrt{g_1} - \sqrt{g_2}}{\sqrt{g_2}} + \left(\frac{\sqrt{g_1} - \sqrt{g_2}}{\sqrt{g_2}}\right)^2\right)$$

$$= \frac{g_2 h}{3} \left(3 \frac{\sqrt{g_1}}{\sqrt{g_2}} + \frac{g_1}{g_2} - 2 \frac{\sqrt{g_1}}{\sqrt{g_2}} + 1\right)$$

oder

$$V = \frac{h}{3} \left(g_1 + \sqrt{g_1 g_2} + g_2\right).$$

Für $g_2 = 0$ ergibt sich hieraus der Inhalt der Vollpyramide zu $V = \frac{1}{3} g_1 h$.

Da $y = \frac{g_2}{u^2} x^2$ eine ganze rationale Funktion zweiten Grades von x ist, hätten wir V auch mit Hilfe der Simpsonschen Regel (83), Formel 42) ermitteln können. Der Leser schlage diesen Weg ein; wir wollen jetzt die Simpsonsche Regel bei Berechnung des Inhaltes eines Obelisken verwenden, wobei wir unter einem Obelisken einen Körper verstehen, dessen Grundflächen zwei Rechtecke mit paarweise parallelen Seiten, dessen Seitenflächen also Trapeze sind. Sind a_1, b_1 bzw. a_2, b_2 die Seiten der Rechtecke, und ist h die Höhe des Obelisken (Abb. 113), so ist jeder Parallelschnitt wiederum ein Rechteck, dessen Seiten u und v sich leicht bestimmen zu

$$u = a_1 - \frac{a_1 - a_2}{h}\,x, \qquad v = b_1 - \frac{b_1 - b_2}{h}\,x,$$

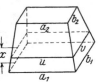

wenn x der Abstand der Schnittfläche von dem Rechtecke (a_1, b_1) ist. Der Inhalt der Schnittfläche ist demnach

$$y = \left(a_1 - \frac{a_1 - a_2}{h}x\right)\left(b_1 - \frac{b_1 - b_2}{h}x\right),$$

Abb. 113.

also eine Funktion zweiten Grades. Die Verwendung der Simpsonschen Regel führt also zu einem exakten Ergebnis. Der Mittelschnitt hat nun die Seiten

$$\frac{a_1 + a_2}{2} \quad \text{und} \quad \frac{b_1 + b_2}{2};$$

daher ist

$$y_m = \frac{(a_1 + a_2)(b_1 + b_2)}{4}.$$

Da ferner $y_1 = a_1 b_1$ und $y_2 = a_2 b_2$ ist, so folgt

$$V = \frac{h}{6}\left[a_1 b_1 + (a_1 + a_2)(b_1 + b_2) + a_2 b_2\right]$$

oder

$$V = \frac{h}{6}\left[(2a_1 + a_2)b_1 + (a_1 + 2a_2)b_2\right].$$

Ist $b_2 = 0$, so wird aus dem Obelisken ein Keil; sein Inhalt ist

$$V = \frac{b_1 h}{6}(2a_1 + a_2).$$

b) Von den **krummflächig begrenzten Körpern** erhalten wir den Rauminhalt des **Kreiskegelstumpfes** aus demjenigen des Pyramidenstumpfes, indem wir $g_1 = \pi r_1^2$, $g_2 = \pi r_2^2$ setzen, wobei r_1 und r_2 die Halbmesser der Grundkreise sind. Es ergibt sich

$$V = \frac{\pi}{3}h(r_1^2 + r_1 r_2 + r_2^2)$$

also für den **Kreiskegel** $(r_2 = 0)$

$$V = \frac{\pi}{3}r_1^2 h.$$

Abb. 114.

Wir kommen zur **Kugel.** Schneiden wir sie (Abb. 114) durch eine Ebene im Abstande x vom Mittelpunkte, so erhalten wir als Schnittfigur einen Kreis vom Halbmesser $\sqrt{r^2 - x^2}$, also vom Inhalte $\pi(r^2 - x^2)$. Demnach ist der Inhalt einer **Kugelschicht**, welche aus der Kugel durch zwei Parallelebenen mit den Abständen x_1 bzw. x_2 vom Mittelpunkte ausgeschnitten wird,

$$V = \int_{x_1}^{x_2} \pi \, (r^2 - x^2) \, dx = \pi \left[r^2 x - \frac{x^3}{3} \right]_{x_1}^{x_2}$$

$$= \frac{\pi}{3} \, (x_2 - x_1) \, (3 \, r^2 - (x_1^2 + x_1 \, x_2 + x_2^2)),$$

$$= \frac{\pi}{6} \, h \, (6 \, r^2 + h^2 - 3 \, x_1^2 - 3 \, x_2^2)$$

$$= \frac{\pi}{6} \, h \, (h^2 + 3 \, (r^2 - x_1^2) + 3 \, (r^2 - x_2^2)),$$

$$V = \frac{\pi}{6} \, h \, (3 \, a^2 + 3 \, b^2 + h^2),$$

wobei $h = x_2 - x_1$ die Höhe und $a = \sqrt{r^2 - x_1^2}$ und $b = \sqrt{r^2 - x_2^2}$ die Halbmesser der Grundkreise sind. Setzen wir $x_2 = r$, also $b = 0$, so erhalten wir den Rauminhalt des **Kugelabschnittes**

$$V = \frac{\pi}{6} \, h \, (3 \, a^2 + h^2),$$

eine Formel, die wir, da $a^2 = h \, (2 \, r - h)$ ist, noch umgestalten können zu

$$V = \frac{\pi}{3} \, h^2 \, (3 \, r - h) \, .$$

Fügen wir zu dem Kugelabschnitte noch den Kegel, dessen Grundkreis der Kreis vom Halbmesser a ist und dessen Spitze im Mittelpunkt der Kugel liegt, dessen Höhe also $r - h$, dessen Inhalt demnach $\frac{\pi}{3} \, (r - h) \, h \, (2 \, r - h)$ ist, so erhalten wir den Rauminhalt des **Kugelausschnittes**

$$V = \frac{\pi}{3} \, h^2 \, (3 \, r - h) + \frac{\pi}{3} \, (r - h) \, h \, (2 \, r - h)$$

$$= \frac{\pi}{3} \, h \, (3 \, r \, h - h^2 + 2 \, r^2 - 3 \, r \, h + h^2)$$

oder

$$V = \tfrac{2}{3} \pi \, r^2 \, h \, .$$

Setzen wir schließlich in der Formel für den Kugelabschnitt bzw. Kugelausschnitt $a = h = r$, so ergibt sich die Formel für den Inhalt der Halbkugel, aus der durch Verdoppeln für den Rauminhalt der Vollkugel folgt:

$$V = \tfrac{4}{3} \, \pi \, r^3 \, .$$

Man zeige, daß der Rauminhalt für die **Kugelrinde** (schraffierte Fläche, Abb. 114) ist

$$V = \frac{\pi}{6} \, h \, s^2$$

(Kugelschicht vermindert um den zugehörigen Kegelstumpf).

c) Die Kugel leitet über zu den Umdrehungskörpern. Ist $y = f(x)$ die Gleichung der Meridiankurve (in Abb. 115 ist die x-Achse vertikal, die y-Achse horizontal gezeichnet), und ist die x-Achse Drehachse, so zerlegen wir den Körper durch Parallelebenen normal zur Drehachse in Schichten, deren Grundflächen Kreise vom Halbmesser y,

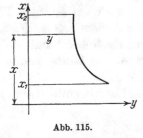

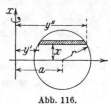

Abb. 115.   Abb. 116.

deren Höhe dx ist. Es ist demnach der Inhalt einer solchen Schicht $\pi y^2\, dx$ und daher der Rauminhalt des Umdrehungskörpers

$$V = \pi \int_{x_1}^{x_2} y^2\, dx.$$
49)

Im Falle des Kreisringkörpers (Abb. 116) ist jede Schicht ein Hohlzylinder, dessen innerer Halbmesser $y' = a - \sqrt{r^2 - x^2}$, dessen äußerer $y'' = a + \sqrt{r^2 - x^2}$, desen Grundfläche daher

$$\pi (y''^2 - y'^2) = \pi (y'' + y')(y'' - y') = 4\pi a \sqrt{r^2 - x^2}.$$

dessen Rauminhalt folglich $4\pi a \sqrt{r^2 - x^2} \cdot dx$ ist. Für den Inhalt des Ringes bekommen wir also mittels Formel T II 13

$$V = 4\pi a \int_{-r}^{+r} \sqrt{r^2 - x^2}\, dx = 4\pi a \left[\frac{r^2}{2} \arcsin \frac{x}{r} + \frac{x}{2} \sqrt{r^2 - x^2}\right]_{-r}^{+r}$$

$$= 4\pi a \cdot \left[\frac{r^2}{2}\left(\frac{\pi}{2} - \left(-\frac{\pi}{2}\right)\right) + 0\right],$$

$$V = 2\pi^2 a r^2.$$

Unter einem Umdrehungsparaboloid versteht man eine Fläche, die durch Drehung einer Parabel um ihre Achse entsteht. Der Inhalt des Körpers, gerechnet vom Scheitel bis zu einer zur Drehachse senkrechten Ebene ist, da $y = \sqrt{2px}$ die Gleichung der Parabel ist:

$$V = \pi \int_0^{x_0} y^2\, dx = \pi \int_0^{x_0} 2px\, dx = \pi p x_0^2 = \frac{\pi}{2} \cdot x_0 \cdot 2 p x_0 = \frac{\pi}{2} x_0 y_0^2.$$

Konstruiert man über dem Grundkreise vom Halbmesser y_0 einen geraden Kreiszylinder von der gleichen Höhe x_0, so ist sein Inhalt $V = \pi x_0 y_0^2$.

16*

Das Umdrehungsparaboloid halbiert demnach den Kreiszylinder von gleicher Grundfläche und Höhe. — Der Leser zeige, daß der durch Drehung der Parabel um die Scheiteltangente entstehende Körper (Abb. 117) den Rauminhalt $V = \frac{\pi}{5} x_0^2 y_0$ hat.

Die Umdrehung einer Parabel kann auch auf folgende Weise zur Begrenzung eines Körpers dienen: Wir denken uns ein Faß von der Höhe h (Abb. 118), dessen Dauben parabolisch gekrümmt sind, derart, daß der Scheitel mit dem Mittelpunkte der Daube zusammenfällt. Ist der Spundhalbmesser r_2 und der Bodenhalbmesser r_1, so hat bei der aus der Abbildung ersichtlichen Wahl des Koordinatensystems der Punkt A die Koordinaten

$$x = \frac{h}{2}, \qquad y = r_2 - r_1 .$$

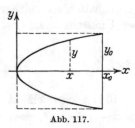
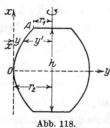

Abb. 117.   Abb. 118.

Da die Parabel die Gleichung $y = \frac{x^2}{2p}$ haben und A auf ihr liegen muß, so ergibt sich für p die Gleichung

$$2p \cdot (r_2 - r_1) = \frac{h^2}{4} ;$$

also lautet die Gleichung der Parabel

$$y = 4 \frac{r_2 - r_1}{h^2} x^2 .$$

Der der Abszisse x entsprechende Parallelkreis des Fasses hat daher den Halbmesser

$$y' = r_2 - y = r_2 - 4 \frac{r_2 - r_1}{h^2} x^2 .$$

Mithin ergibt sich der Inhalt des Fasses zu

$$V = 2\pi \int_0^{\frac{h}{2}} \left(r_2 - 4 \frac{r_2 - r_1}{h^2} x^2 \right)^2 dx$$

$$= 2\pi \left[r_2^2 x - \frac{8}{3} r_2 \frac{r_2 - r_1}{h^2} x^3 + \frac{16}{5} \frac{(r_2 - r_1)^2}{h^4} x^5 \right]_0^{\frac{h}{2}}$$

$$= \frac{\pi}{15} h (8 r_2^2 + 4 r_1 r_2 + 3 r_1^2) .$$

Nun werden im allgemeinen die Dauben eines Fasses nicht Parabelgestalt haben; dann greift man, um den Inhalt zu ermitteln, am zweckmäßigsten zur Simpsonschen Regel. Setzen wir in Gleichung 42) für $y_1 = y_2$ den Flächeninhalt des Bodens, also πr_1^2 und für y_m denjenigen des Spundquerschnittes, also πr_2^2, so bekommen wir

$$V \approx \frac{\pi}{3}\, h\,(r_1^2 + 2\,r_2^2)\,.$$

Als Anregung zu weiteren Berechnungen seien die folgenden Beispiele gegeben. Die Kurven

$$y = a \sin 2\pi\,\frac{x}{b}\,, \qquad y = a \operatorname{tg} 2\pi\,\frac{x}{b}\,, \qquad y = a \ln\frac{x}{b}\,, \ldots$$

mögen um die x- bzw. um die y-Achse rotieren; der Rauminhalt der entstehenden Drehkörper ist zu ermitteln.

(91) C. Berechnung der Oberfläche von Drehkörpern (Komplanation).

Rotiert eine Kurve $y = f(x)$ (Abb. 119) um die x-Achse, so beschreibt ein Kurvenelement $ds = \sqrt{1 + y'^2}\, dx$ einen Kegelmantel, dessen Flächeninhalt nach den Lehren der Stereometrie

$$dO = \pi\,(y + y + dy)\cdot ds$$

ist. Vernachlässigen wir die unendlich kleine Größe dy gegenüber den endlichen Summanden y, so ist

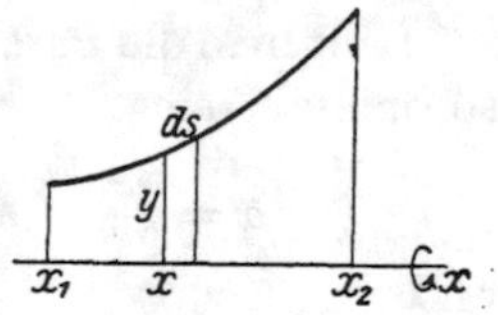

$$dO = 2\,\pi y\, ds = 2\,\pi y \sqrt{1 + y'^2}\, dx\,,$$

daher

$$O = 2\,\pi \int_{x_1}^{x_2} y \sqrt{1 + y'^2}\, dx\,. \qquad 50)$$

Abb. 119.

Anwendungen: a) Im Kreise vom Halbmesser r ist $y = \sqrt{r^2 - x^2}$; folglich ist

$$y' = -\frac{x}{\sqrt{r^2 - x^2}}$$

und

$$ds = \sqrt{1 + \frac{x^2}{r^2 - x^2}}\, dx = \frac{r}{\sqrt{r^2 - x^2}}\, dx\,.$$

Also ist der Flächeninhalt der Kugelzone:

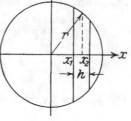

Abb. 120.

$$O = 2\,\pi \int_{x_1}^{x_2} \sqrt{r^2 - x^2}\cdot\frac{r}{\sqrt{r^2 - x^2}}\, dx = 2\,\pi r\,[x]_{x_1}^{x_2} = 2\,\pi r\,(x_2 - x_1) = 2\,\pi r h\,.$$

Da diese Formel nur von der Differenz $x_2 - x_1 = h$ abhängig ist, gilt sie auch noch für $x_2 = r$, d. h. für die Kugelkappe. Setzen wir $h = 2r$, so erhalten wir für die Oberfläche der Vollkugel

$$O = 4\,\pi r^2\,.$$

b) Die Parabel $y = \sqrt{2px}$ möge um ihre Achse rotieren; hier ist

$$y' = \sqrt{\frac{p}{2x}}, \quad \text{also} \quad ds = \sqrt{1 + \frac{p}{2x}}\, dx,$$

und demnach die **Oberfläche des Umdrehungsparaboloides** (Abb. 117):

$$O = 2\pi \int_0^{x_0} \sqrt{2px} \cdot \sqrt{1 + \frac{p}{2x}}\, dx = 2\pi \sqrt{p} \int_0^{x_0} \sqrt{p + 2x}\, dx$$

$$= 2\pi \sqrt{p} \cdot \left[\frac{1}{3} \sqrt{p + 2x^3}\right]_0^{x_0} = \frac{2}{3}\pi \sqrt{p}\left[\sqrt{p + 2x_0}^3 - \sqrt{p^3}\right]$$

oder

$$O = \frac{\pi y_0}{6 x_0^2}\left[\sqrt{y_0^2 + 4x_0^2}^3 - y_0^3\right].$$

So ist die Oberfläche des Paraboloids, vom Scheitel bis zu einer durch den Brennpunkt senkrecht zur Achse gelegte Ebene gerechnet:

$$\left(x_0 = \frac{p}{2}, \quad y_0 = p\right), \quad O = \frac{2\pi}{3}p^2\left[2\sqrt{2} - 1\right] = 3{,}8295\, p^2.$$

Läßt man die Parabel um die **Scheiteltangente** rotieren (Abb. 117), so entsteht eine Drehfläche, für welche

$$x = \frac{y^2}{2p}, \quad \text{also} \quad \frac{dx}{dy} = \frac{y}{p}, \quad ds = \frac{1}{p}\sqrt{p^2 + y^2}\, dy$$

und

$$O = 2\pi \int_0^{y_0} \frac{y^2}{2p^2} \sqrt{p^2 + y^2}\, dy = \frac{\pi}{p^2} \int_0^{y_0} y^2 \sqrt{p^2 + y^2}\, dy = \frac{\pi}{p^2} \int_0^{y_0} \frac{y^4 + p^2 y^2}{\sqrt{p^2 + y^2}}\, dy$$

ist. Nun ist nach dem Verfahren von (77)

$$\int \frac{y^4 + p^2 y^2}{\sqrt{p^2 + y^2}}\, dy = \frac{1}{8}\left[(2y^3 + p^2 y)\sqrt{p^2 + y^2} - p^4 \operatorname{\mathfrak{Ar}\mathfrak{Sin}}\frac{y}{p}\right].$$

Also ist

$$O = \frac{\pi}{8p^2}\left[(2y_0^3 + p^2 y_0)\sqrt{y_0^2 + p^2} - p^4 \operatorname{\mathfrak{Ar}\mathfrak{Sin}}\frac{y_0}{p}\right].$$

Für $y_0 = p$ ergibt sich

$$O = \frac{\pi}{8}p^2\left[3\sqrt{2} - \operatorname{\mathfrak{Ar}\mathfrak{Sin}} 1\right] = 1{,}3199\, p^2.$$

c) Rotiert die Kurve $y = a\cos\frac{2\pi}{b}x$ um die x-Achse, so entsteht eine Drehfläche, deren Oberfläche den Inhalt hat:

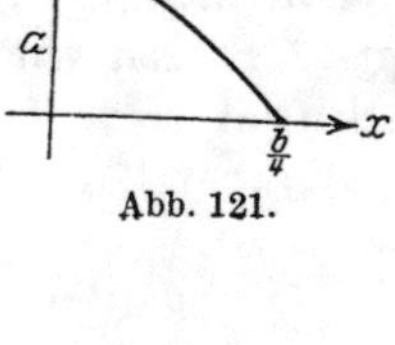

Abb. 121.

$$O_0^{\frac{b}{4}} = 2\pi \int_0^{\frac{b}{4}} a\cos\frac{2\pi}{b}x \cdot \sqrt{1 + \frac{4\pi^2 a^2}{b^2}\sin^2\frac{2\pi}{b}x}\, dx.$$

Um

$$J = \int \cos\frac{2\pi}{b}\,x \cdot \sqrt{1 + \frac{4\pi^2 a^2}{b^2}\sin^2\frac{2\pi}{b}\,x}\;d\,x$$

unbestimmt auszuwerten, setzen wir

$$\frac{2\pi a}{b}\sin\frac{2\pi}{b}\,x = z\,,$$

also

$$\frac{4\pi^2 a}{b^2}\cos\frac{2\pi}{b}\,x \cdot d\,x = d\,z\,,$$

und erhalten mittels Formel T II 15′:

$$J = \frac{b^2}{4\,\pi^2\,a}\int\sqrt{1 + z^2}\,dz = \frac{b^2}{8\,\pi^2\,a}\left(z\sqrt{z^2 + 1} + \operatorname{Ar}\mathfrak{Sin}\,z\right)$$

$$= \frac{b^2}{8\,\pi^2\,a}\left[\frac{2\pi a}{b}\sin\frac{2\pi}{b}\,x\sqrt{\frac{4\pi^2 a^2}{b^2}\sin^2\frac{2\pi}{b}\,x + 1} + \operatorname{Ar}\mathfrak{Sin}\left(\frac{2\pi a}{b}\sin\frac{2\pi}{b}\,x\right)\right].$$

Daher ist

$$O\Big|_0^{\frac{b}{4}} = \frac{b^2}{4\pi}\left[\frac{2\pi a}{b}\sqrt{1 + \frac{4\,\pi^2\,a^2}{b^2}} + \operatorname{Ar}\mathfrak{Sin}\frac{2\pi a}{b}\right] = \frac{a}{2}\sqrt{b^2 + (2\pi a)^2} + \frac{b^2}{4\pi}\operatorname{Ar}\mathfrak{Sin}\frac{2\pi a}{b}\,.$$

Weitere Aufgaben entsprechend den unter B aufgeführten.

§ 8. Anwendung des bestimmten Integrales auf technische Probleme.

(92)   A. Das statische Moment und der Schwerpunkt. Wir denken uns eine punktförmige Masse m, welche von einer festen Geraden g den Abstand a haben möge; dann versteht man unter dem **statischen Momente** dieser Masse m bezüglich der Geraden g das Produkt aus m und dem Abstande a: $M_g = m \cdot a$; g heißt die **Momentenachse.**

Sind im Raume eine endliche Anzahl solcher Massenpunkte vorhanden, so versteht man unter dem statischen Momente des **Systems** dieser Massenpunkte bezüglich g die Summe der statischen Momente der einzelnen Massenpunkte:

$$M_g = \sum m_k a_k\,,$$

wobei m_k die Masse irgendeines dieser Massenpunkte und a_k seinen Abstand von g bedeutet. Ändert man die Momentenachse, so wird auch das statische Moment ein anderes. — Wir wollen uns nun vorstellen, daß die Gesamtmasse aller dieser getrennt liegenden Massenpunkte in einem einzigen Punkte S vereinigt werden könne, so daß also S der Träger der Masse $\sum m_k$ ist. Ferner wollen wir S einen solchen Abstand α von g geben, daß das statische Moment von S bezüglich g

gleich dem statischen Momente des Systems der einzelnen Massenpunkte ist, so daß also die Gleichung besteht:

$$\alpha \cdot \sum m_k = \sum a_k m_k, \quad \alpha = \frac{\sum a_k m_k}{\sum m_k}.$$

Nun lehrt die Mechanik, wie später bewiesen werden soll [s. **(117)** S. 319],
daß es für jedes starre Massensystem stets einen und nur einen solchen
festen Punkt S gibt, für welchen diese Gleichung erfüllt ist, welche
Lage auch die Momentenachse g haben möge. Diesen Punkt bezeichnet
man als den **Massenmittelpunkt oder den Schwerpunkt des
Systems.**

Der **Massenpunkt** ist ein abstrakter Begriff; in Wirklichkeit ist
die Masse räumlich verteilt. Wir können jedoch dem Massenpunkte
gedanklich näherkommen, wenn wir die räumlich verteilte Masse m
in Teile zerlegen; diese Teile werden dem Begriffe des Massenpunktes
um so mehr entsprechen, je kleiner die Massenteilchen dm gewählt
werden. Bestimmen wir von jedem dieser Massenteilchen dm den
Abstand a von der Momentenachse g, wobei a für die verschiedenen
Massenteile im allgemeinen verschiedene Werte annimmt, so können
wir für jedes dm das statische Moment $a \cdot dm$ berechnen; durch Summieren ergibt sich dann das **Moment der Gesamtmasse** m **bezüglich
der Momentenachse** g

$$M_g = \int_m a \cdot dm, \qquad 51)$$

wobei $\int_m$ andeuten soll, daß das Integral über alle Teilchen der Masse m
erstreckt werden soll. Der **Abstand** α des **Schwerpunktes** der Masse m
von der Momentenachse ergibt sich dann zu

$$\alpha = \frac{\int_m a\,dm}{m}.$$

Da für jede durch S gehende Achse g $\alpha = 0$ ist, folgt für eine solche,
Schwerachse genannte Gerade

$$M_g = 0.$$

**Das statische Moment, bezogen auf eine Schwerachse, ist
Null.**

In den folgenden Erörterungen, die sich auf ebene Flächen und
ebene Kurven erstrecken — Körper werden später behandelt —, wollen
wir die Annahme machen, daß die Masse **homogen**, d. h. überall gleich
dicht sei, und wollen ferner die Dichte der Masse $\mu = 1$ setzen, so
daß also die Masse des betreffenden Gebildes gleich seinem Flächeninhalt oder gleich seiner Länge ist, je nachdem das Gebilde eine Fläche
oder eine Kurve ist.

(93) I. Statisches Moment und Schwerpunkt ebener Flächen. Ist g (Abb. 122) die Momentenachse und F die zu untersuchende Fläche, so zerlegen wir T in Streifen parallel zur Achse g; ist der Inhalt eines solchen Streifens dF und sein Abstand von g gleich x, so ist sein Moment $dM_g = x \cdot dF$, daher das Moment der ganzen Fläche:

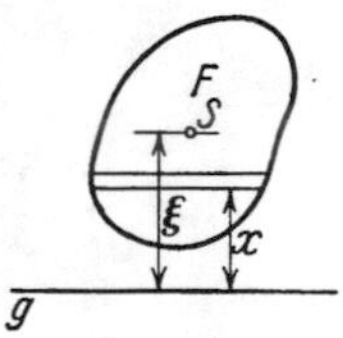

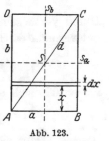

$$M_g = \int\limits_F x \cdot dF .$$

Abb. 122.

Der Schwerpunkt S von F hat von g einen Abstand ξ, der sich ergibt zu

$$\xi = \frac{\int\limits_F x\, dF}{F} . \qquad 52)$$

a) Um das statische Moment des Rechtecks mit den Seiten a und b, bezogen auf die Seite a als Achse (Abb. 123), zu ermitteln, zerlegen wir das Rechteck durch Parallelen zur Seite a in Streifen von der Breite a und der Höhe dx; der Inhalt eines solchen Streifens ist $a \cdot dx$; ist x sein Abstand von a, so ist sein Moment $a \cdot x \cdot dx$ und demnach das Moment des ganzen Rechtecks

Abb. 123.

$$M_a = \int\limits_0^b a\, x\, dx = a \cdot \left[\frac{x^2}{2}\right]_0^b = \frac{1}{2}\, a\, b^2 .$$

Ist ξ der Abstand des Schwerpunktes von a, so ist

$$a\, b \cdot \xi = \frac{1}{2}\, a\, b^2 \qquad \text{oder} \qquad \xi = \frac{\frac{1}{2}\, a\, b^2}{a\, b} = \frac{1}{2}\, b$$

in Übereinstimmung mit der Tatsache, daß der Schwerpunkt des Rechtecks mit seinem Mittelpunkte zusammenfällt.

Für das Dreieck bekommen wir unter Benutzung von Abb. 98 das statische Moment eines Streifens bezüglich der zur Grundlinie durch die Spitze gezogenen Parallelen g'

$$dM_{g'} = x \cdot \frac{g}{h}\, x \cdot dx ;$$

demnach ist

$$M_{g'} = \frac{g}{h}\int\limits_0^h x^2\, dx = \frac{g}{h}\left[\frac{x^3}{3}\right]_0^h = \frac{1}{3}\, g\, h^2 .$$

Hieraus berechnet sich der Abstand des Schwerpunktes ξ von g' zu

$$\xi = \frac{\frac{1}{3}\, g\, h^2}{\frac{1}{2}\, g\, h} , \qquad \xi = \frac{2}{3}\, h ,$$

woraus sich S als Schnittpunkt der drei Mittellinien des Dreiecks ergibt.

Im Trapez (Abb. 99) ist das Moment des Flächenstreifens bezüglich der Parallelen a

$$dM_a = x \cdot \frac{1}{h}\left((b-a)\,x + a\,h\right)dx,$$

also

$$M_a = \frac{1}{h}\int_0^h \left((b-a)\,x^2 + a\,h\,x\right)dx = \frac{1}{h}\left[(b-a)\,\frac{x^3}{3} + a\,h\,\frac{x^2}{3}\right]_0^h$$

$$= \frac{1}{6\cdot h}\left[2\,(b-a)\,h^3 + 3\,a\,h^2\right] = \frac{h^2}{6}\,(a+2b)\,;$$

$$\xi\cdot\frac{a+b}{2}\,h = \frac{h^2}{6}\,(a+2b) \qquad \text{oder} \qquad \xi = \frac{h}{3}\,\frac{a+2b}{a+b}\,.$$

Durch Vertauschung von a und b bekommen wir den Abstand ξ' des Schwerpunktes S von der Parallelen b zu

$$\xi' = \frac{h}{3}\cdot\frac{b+2a}{b+a}\,. \qquad (\text{Probe: } \xi + \xi' = h\,.)$$

Es verhält sich also

$$\xi:\xi' = (a+2b):(b+2a) = \left(\frac{a}{2}+b\right):\left(\frac{b}{2}+a\right).$$

Hieraus ergibt sich, wenn man bedenkt, daß S auf der Verbindungslinie der Mittelpunkte von a und b liegen muß, die in Abb. 99 ausgeführte Konstruktion von S.

Um den Schwerpunkt des Kreisausschnittes (Abb. 124) zu finden, zerlegen wir den Ausschnitt in unendlich schmale Kreisausschnitte,

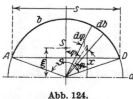

Abb. 124.

deren Mittelpunktswinkel $d\varphi$ sei. Einen solchen Ausschnitt können wir als ein Dreieck ansehen; sein Inhalt ist also $\frac{1}{2}r^2\cdot d\varphi$, und sein Schwerpunkt liegt auf der durch M gehenden Mittellinie, die er im Verhältnis $2:1$ teilt. Wir bestimmen das statische Moment des Ausschnittes bezüglich des Kreisdurchmessers a, der senkrecht auf der Symmetrielinie des Ausschnittes steht. Schließt die Mittellinie eines elementaren Ausschnittes mit dieser Symmetrielinie den Winkel φ ein, so hat der Schwerpunkt dieses Ausschnittes von a den Abstand $x = \frac{2}{3}r\cos\varphi$; demnach ist das statische Moment

$$dM_a = \frac{2}{3}\,r\cos\varphi\cdot\frac{1}{2}\,r^2\,d\varphi = \frac{r^3}{3}\,\cos\varphi\,d\varphi,$$

also das statische Moment des ganzen Kreisausschnittes:

$$M_a = \frac{r^3}{3}\int_{-\frac{\vartheta}{2}}^{+\frac{\vartheta}{2}}\cos\varphi\,d\varphi = \frac{r^3}{3}\left[\sin\varphi\right]_{-\frac{\vartheta}{2}}^{+\frac{\vartheta}{2}} = \frac{2}{3}\,r^3\sin\frac{\vartheta}{2}\,.$$

Der Schwerpunkt S muß auf der Symmetrielinie des Ausschnittes liegen; sein Abstand ξ von a ergibt sich aus der Gleichung:

$$\xi \cdot \frac{r^2}{2} \vartheta = \frac{2}{3} r^3 \sin \frac{\vartheta}{2} \quad \text{zu} \quad \xi = \frac{4}{3} r \frac{\sin \frac{\vartheta}{2}}{\vartheta}.$$

Nun ist

$$2 r \sin \frac{\vartheta}{2} = s \quad \text{und} \quad r \cdot \vartheta = b,$$

wenn s und b die Sehne und den Bogen bedeuten, die zum Kreisausschnitte gehören; wir können daher ξ in der einfacheren Form schreiben:

$$\xi = \frac{2}{3} \frac{r s}{b}.$$

Das statische Moment des Kreisabschnittes ergibt sich, wenn wir von dem des Ausschnittes das des Dreiecks ABM abziehen; dieses ist aber

$$M_A = \frac{2}{3} r \cos \frac{\vartheta}{2} \cdot r^2 \sin \frac{\vartheta}{2} \cos \frac{\vartheta}{2} = \frac{2 r^3}{3} \sin \frac{\vartheta}{2} \cos^2 \frac{\vartheta}{2};$$

folglich ist das Moment des Abschnittes

$$M_a = \frac{2}{3} r^3 \sin \frac{\vartheta}{2} - \frac{2}{3} r^3 \sin \frac{\vartheta}{2} \cos^2 \frac{\vartheta}{2} = \frac{2}{3} r^3 \sin \frac{\vartheta}{2} \left(1 - \cos^2 \frac{\vartheta}{2}\right)$$

$$= \frac{2}{3} r^3 \sin^3 \frac{\vartheta}{2} = \frac{s^3}{12},$$

und folglich ist der Schwerpunktsabstand ξ des Kreisabschnittes von a

$$\xi = \frac{s^3}{12 F},$$

wenn F der Flächeninhalt des Abschnittes ist.

b) Die Fläche, deren statisches Moment berechnet werden soll, möge begrenzt sein von der zur Gleichung $y = f(x)$ gehörigen Kurve, der x-Achse und zwei Ordinaten (Abb. 125). Wir zerlegen die Fläche durch die Ordinaten in Streifen von der Höhe y und der Breite $d x$. Einen solchen Streifen können wir als ein Rechteck ansehen; sein Moment bezüglich der x-Achse ist, da sein Schwerpunkt von ihr den Abstand $\frac{y}{2}$ hat,

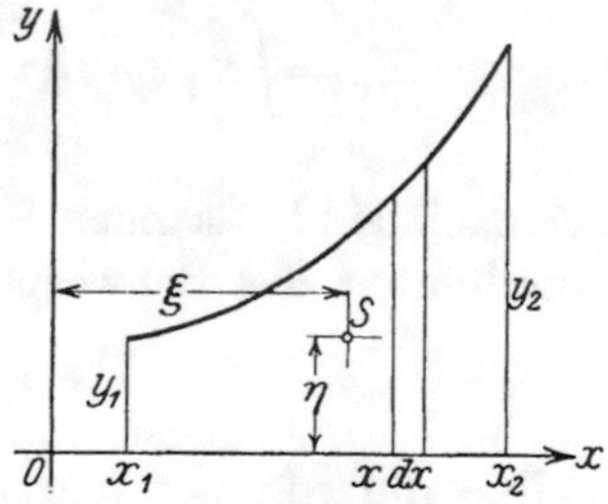

Abb. 125.

$$d M_x = \frac{y}{2} \cdot y\, d x = \frac{y^2}{2}\, d x.$$

Das Moment der ganzen Fläche, bezogen auf die x-Achse, ist daher

$$M_x = \tfrac{1}{2} \int\limits_{x_1}^{x_2} y^2\, d x. \qquad\qquad 53\,\text{a)}$$

Derselbe Streifen hat von der y-Achse den Abstand x; folglich ist sein statisches Moment bezüglich dieser Achse $dM_y = x \cdot y\,dx$, und daher das statische Moment der ganzen Fläche, bezogen auf die y-Achse,

$$M_y = \int\limits_{x_1}^{x_2} xy\,dx\,.\qquad\qquad 53\,\mathrm{b)}$$

Der Schwerpunkt S möge die Koordinaten ξ und η haben; in ihm haben wir uns die gesamte Masse der Fläche

$$F = \int\limits_{x_1}^{x_2} y\,dx\,.$$

vereinigt zu denken. Es muß demnach sein:

$$\xi \cdot F = M_y \qquad \text{und} \qquad \eta \cdot F = M_x\,,$$

woraus sich für die Koordinaten von S die beiden Werte ergeben:

$$\xi = \frac{\int\limits_{x_1}^{x_2} xy\,dx}{\int\limits_{x_1}^{x_2} y\,dx} \qquad \text{und} \qquad \eta = \frac{1}{2}\frac{\int\limits_{x_1}^{x_2} y^2\,dx}{\int\limits_{x_1}^{x_2} y\,dx}\,.\qquad 54)$$

Beispiele: Das von der Parabel $y = \sqrt{2px}$, der x-Achse und der zu $x = x_0$ gehörigen Ordinate begrenzte Flächenstück (Abb. 90) hat die statischen Momente

$$M_x = \frac{1}{2}\int\limits_0^{x_0} 2px \cdot dx = \frac{p}{2}\left[x^2\right]_0^{x_0} = \frac{p}{2}x_0^2 = \frac{1}{4}x_0\,y_0^2\,,$$

$$M_y = \int\limits_0^{x_0} x\sqrt{2px}\,dx = \sqrt{2p}\left[\frac{2}{5}x^{\frac{5}{2}}\right]_0^{x_0} = \frac{2}{5}x_0^2\sqrt{2px_0} = \frac{2}{5}x_0^2\,y_0\,.$$

Demnach sind, da nach S. 222 der Flächeninhalt $\frac{2}{3}x_0\,y_0$ beträgt, die Koordinaten des Schwerpunktes dieser Fläche

$$\xi = \tfrac{3}{5}x_0\,,\qquad \eta = \tfrac{3}{8}y_0\,.$$

Für die von der Kurve $y = a \cdot \cos\dfrac{2\pi}{b}x$, der x- und der y-Achse begrenzte Fläche (Abb. 121) ist [s. T III 23 und 32]:

$$M_x = \frac{1}{2}\int\limits_0^{\frac{b}{4}} a^2\cos^2\frac{2\pi}{b}x\,dx = \frac{ba^2}{8\pi}\left[\frac{2\pi}{b}x + \sin\frac{2\pi}{b}x\cos\frac{2\pi}{b}x\right]_0^{\frac{b}{4}} = \frac{a^2 b}{16}$$

und

$$M_y = \int\limits_0^{\frac{b}{4}} x \cdot a \cos\frac{2\,\pi}{b}\,x\,dx = \frac{a\,b^2}{4\,\pi^2}\left[\frac{2\,\pi}{b}\,x\sin\frac{2\,\pi}{b}\,x + \cos\frac{2\,\pi}{b}\,x\right]_0^{\frac{b}{4}} = \frac{a\,b^2}{4\,\pi^2}\left[\frac{\pi}{2} - 1\right].$$

Da

$$F = a\int\limits_0^{\frac{b}{4}} \cos\frac{2\,\pi}{b}\,x\,dx = \frac{a\,b}{2\,\pi}$$

ist, so folgt für die Koordinaten des Schwerpunktes der Fläche

$$\xi = \frac{b}{4\,\pi}\,(\pi - 2)\,, \qquad \eta = \frac{\pi}{8}\,a\,.$$

Weitere Beispiele: $y = \operatorname{tg} x$, $y = e^x$ usw.

Lassen wir die Fläche (Abb. 125) um die x-Achse rotieren, so beschreibt sie einen Drehkörper, dessen Inhalt nach 49) in **(90)**

$$V = \pi\int\limits_{x_1}^{x_2} y^2\,dx$$

ist. Nun ist nach 53 a)

$$\int\limits_{x_1}^{x_2} y^2\,dx = 2\,M_x = 2\,\eta \cdot F\,.$$

Es wird also

$$V = 2\,\pi\,\eta \cdot F\,, \tag{55}$$

Da $2\,\pi\,\eta$ der Weg ist, den der Schwerpunkt S der Fläche F bei einmaliger Umdrehung zurücklegt, ergibt sich hieraus die

Erste Guldinsche Regel: Der Rauminhalt eines Drehkörpers ist das Produkt aus dem Inhalt der Meridianfläche und dem Wege, den ihr Schwerpunkt bei der Umdrehung beschreibt. Die Formel liefert eine der Größen V, F, η, wenn die beiden anderen bekannt sind.

Um beispielsweise die Lage des Schwerpunktes der Fläche zu bestimmen, die durch Halbieren eines Kreisabschnittes mittels seiner Symmetrielinie gebildet wird (Abb. 126), bedenken wir zunächst, daß (s. S. 251) $\xi = \frac{1}{3}\frac{\varrho^3}{F}$ sein muß, da der Schwerpunkt der Hälfte

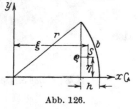

Abb. 126.

des Abschnittes infolge der symmetrischen Anordnung denselben Abstand von dem zur Sehne parallelen Durchmesser haben muß wie derjenige des ganzen Abschnittes, und daß $\varrho = \frac{s}{2}$ ist und außerdem unsere Fläche gleich der Hälfte derjenigen des Abschnittes ist. Um die Ordinate η

von S zu suchen, lassen wir die Fläche um die x-Achse rotieren; sie beschreibt dabei einen Kugelabschnitt von der Höhe h und dem Grenzkreishalbmesser ϱ, dessen Rauminhalt folglich nach **(90)** S. 242 ist

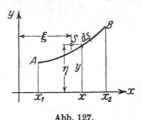

$$V = \frac{\pi}{6} h \left(3 \varrho^2 + h^2\right) = 2 \pi \eta \cdot F;$$

also ist

$$\eta = \frac{h \left(3 \varrho^2 + h^2\right)}{12 F}.$$

Abb. 127.

(94) II. Statisches Moment und Schwerpunkt ebener Kurven. Soll das statische Moment des Kurventeiles $AB = s$ (Abb. 127) bezüglich der x-Achse berechnet werden, so zerlegen wir AB in eine Anzahl von Kurventeilen ds; und bestimmen von jedem Kurventeile das statische Moment

$$d M_x = y \cdot ds = y \sqrt{1 + y'^2}\, dx.$$

Dann ist

$$M_x = \int_{x_1}^{x_2} y \cdot \sqrt{1 + y'^2}\, dx \quad \text{und} \quad \eta = \frac{\int_{x_1}^{x_2} y \sqrt{1 + y'^2}\, dx}{\int_{x_1}^{x_2} \sqrt{1 + y'^2}\, dx}. \qquad \text{56 a)}$$

Entsprechend ist

$$M_y = \int_{x_1}^{x_2} x \cdot \sqrt{1 + y'^2}\, dx \quad \text{und} \quad \xi = \frac{\int_{x_1}^{x_2} x \sqrt{1 + y'^2}\, dx}{\int_{x_1}^{x_2} \sqrt{1 + y'^2}\, dx}. \qquad \text{56 b)}$$

ξ und η sind wieder die Koordinaten des Schwerpunktes.

Beispiele. Kreisbogen (Abb. 124). Es ist

$$db = r \cdot d\varphi, \qquad y = r \cos\varphi,$$

also

$$d M_a = r^2 \cos\varphi\, d\varphi, \qquad M_a = r^2 \int_{-\frac{\vartheta}{2}}^{+\frac{\vartheta}{2}} \cos\varphi\, d\varphi = 2 r^2 \sin\frac{\vartheta}{2},$$

$$\eta = \frac{2 r^2 \sin\frac{\vartheta}{2}}{r \vartheta} = \frac{r \cdot s}{b}.$$

Für den Halbkreis ist demnach

$$\eta = \frac{2}{\pi} r = 0{,}637\, r \approx \frac{7}{11}\, r.$$

Parabel (Abb. 90):

$$y = \sqrt{2px}\,, \qquad y' = \sqrt{\frac{p}{2x}}\,, \qquad ds = \sqrt{1 + \frac{p}{2x}}\, dx\,,$$

$$M_x = \int\limits_0^{x_0} \sqrt{2px} \cdot \sqrt{1 + \frac{p}{2x}}\, dx = \sqrt{p} \int\limits_0^{x_0} \sqrt{2x + p}\, dx$$

$$= \frac{1}{3}\sqrt{p}\left[\sqrt{2x+p}^{\,3}\right]_0^{x_0} = \frac{1}{3}\sqrt{p}\left[\sqrt{2x_0+p}^{\,3} - p\sqrt{p}\,\right],$$

$$M_y = \int\limits_0^{x_0} x\sqrt{1 + \frac{p}{2x}}\, dx = \int\limits_0^{x_0}\sqrt{x^2 + \frac{px}{2}}\, dx = \int\limits_0^{x_0}\sqrt{\left(x + \frac{p}{4}\right)^2 - \left(\frac{p}{4}\right)^2}\, dx$$

$$= \frac{1}{2}\left[\left(x + \frac{p}{4}\right)\sqrt{x^2 + \frac{px}{2}} - \frac{p^2}{16}\operatorname{\mathfrak{Ar}\,\mathfrak{Cof}}\frac{x + \frac{p}{4}}{\frac{p}{4}}\right]_0^{x_0}. \qquad \text{[s. T II 15'']}$$

$$M_y = \frac{1}{2}\left[\left(x_0 + \frac{p}{4}\right)\sqrt{x_0^2 + \frac{px_0}{2}} - \frac{p^2}{16}\operatorname{\mathfrak{Ar}\,\mathfrak{Cof}}\frac{4x_0 + p}{p}\right].$$

Setzen wir $x_0 = \frac{p}{2}$, so erhalten wir

$$M_x = \frac{p^2}{3}\left(2\sqrt{2} - 1\right) = 0{,}6095\,p^2\,,$$

$$M_y = \frac{p^2}{32}\left(6\sqrt{2} - \operatorname{\mathfrak{Ar}\,\mathfrak{Cof}} 3\right) = \frac{p^2}{32}\left(8{,}4853 - 1{,}7627\right) = 0{,}2101\,p^2\,.$$

Da der zugehörige Bogen [(s. (89) S. 237)] $b = 1{,}1478\,p$ ist, so ergibt sich für die Koordinaten des Schwerpunktes

$$\xi = 0{,}1831\,p\,, \qquad \eta = 0{,}5311\,p\,.$$

Tangenslinie:

$$y = \operatorname{tg} x\,, \qquad y' = \frac{1}{\cos^2 x}\,, \qquad M_x = \int\limits_0^{x_0} \operatorname{tg} x\sqrt{1 + \frac{1}{\cos^4 x}}\, dx\,.$$

Wir setzen:

$$\frac{1}{\cos^2 x} = z\,, \qquad \frac{2\sin x}{\cos^3 x}\, dx = dz\,, \qquad 2\operatorname{tg} x\, dx = \frac{dz}{z}\,;$$

$$M_x = \frac{1}{2}\int\limits_0^{z_0}\frac{\sqrt{z^2+1}}{z}\, dz = \frac{1}{2}\int\limits_0^{z_0}\frac{z^2+1}{z}\frac{dz}{\sqrt{z^2+1}}$$

$$= \frac{1}{2}\int\limits_0^{z_0}\left[\frac{z}{\sqrt{z^2+1}} + \frac{1}{z\sqrt{z^2+1}}\right] dz = \frac{1}{2}\left[\int\frac{z\, dx}{\sqrt{z^2+1}} + \int\frac{dz}{z\sqrt{z^2+1}}\right]_0^{z_0}.$$

Man setzt im ersten Integrale $z^2 = u$, im zweiten $z = \frac{1}{u}$ und erhält

$$M_x = \frac{1}{2}\left[\sqrt{z^2+1} - \operatorname{\mathfrak{Ar}\,\mathfrak{Sin}}\frac{1}{z}\right]_0^{z_0} = \frac{1}{2}\left[\frac{\sqrt{1+\cos^4 x}}{\cos^2 x} - \operatorname{\mathfrak{Ar}\,\mathfrak{Sin}}\cos^2 x\right]_0^{x_0}.$$

Ist $x_0 = \frac{\pi}{4}$, so ist

$$M_x = \tfrac{1}{2}\left[\sqrt{5} - \mathfrak{Ar}\,\mathfrak{Sin}\,\tfrac{1}{2} - \sqrt{2} + \mathfrak{Ar}\,\mathfrak{Sin}\,1\right] = 0{,}6110 \,.$$

Berechne ebenso das statische Moment der Sinuslinie bezüglich der x-Achse, der Logarithmenlinie bezüglich der y-Achse, der gleichseitigen Hyberbel usw.

Die in Abb. 127 gezeichnete Kurve möge um die x-Achse rotieren; in diesem Falle beschreibt sie eine Drehfläche, deren Inhalt nach 50)

$$O = 2\pi \int\limits_{x_1}^{x_2} y\sqrt{1 + y'^2}\,dx\,,$$

also nach 56a)

$$O = 2\pi M_x = 2\pi \cdot \eta \cdot s$$

ist, wenn s die Länge des Bogens AB bedeutet.

$$O = 2\pi\eta \cdot s\,. \qquad\qquad 57)$$

Formel 57) gibt die **zweite Guldinsche Regel,** welche besagt:

Die Oberfläche eines Umdrehungskörpers ist das Produkt aus der Länge der Meridiankurve und dem Wege, den ihr Schwerpunkt bei einer Umdrehung beschreibt.

Wir wollen die zweite Guldinsche Regel verwenden und die Oberfläche des in Abb. 116 angedeuteten Kreisringes berechnen: Die Länge der Meridiankurve ist $2\pi r$, der Schwerpunktsweg ist $2\pi a$, also ist $O = 4\pi^2 ra$.

(95) B. Das Trägheitsmoment. Unter dem axialen Trägheitsmoment J_g eines Massenpunktes von der Masse m bezüglich einer Achse g versteht man das Produkt aus dieser Masse und dem Quadrate ihres Abstandes a von g:

$$J_g = m \cdot a^2\,.$$

Unter dem Trägheitsmoment eines Systems von Massenpunkten bezüglich der Achse g versteht man die Summe der Trägheitsmomente dieser Massenpunkte bezüglich g:

$$J_g = \sum m_k a_k^2\,.$$

Ist die Masse nicht punktförmig, sondern stetig (in einer Kurve, einer Fläche, einem Körper) verteilt, so zerlegt man, um das Trägheitsmoment zu ermitteln, das Gebilde in unendlich kleine Teile und bestimmt das Trägheitsmoment dieser Teile; durch Summierung erhält man das Trägheitsmoment des Gebildes:

$$J_g = \int\limits_m a^2\,dm\,.$$

Über die Masse und ihre Dichte machen wir hier die gleichen Voraussetzungen wie oben [vgl. (92) S. 248].

Wir beschränken uns hier auf ebene Gebilde und schicken noch die folgenden Betrachtungen vor: Es sei (Abb. 128) S der Schwerpunkt des Gebildes, g die Achse, auf die das Trägheitsmoment bezogen werden soll, und s die zu g parallele Schwerachse; der Abstand zwischen beiden sei e. dm sei ein Massenelement; sein Trägheitsmoment bezüglich g ist $dJ_g = a^2 dm$. Bezeichnen wir den Abstand von dm von der Schwerachse s mit a_s, so ist $a = a_s - e$, also $dJ_g = (a_s - e)^2 \cdot dm$. Demnach wird

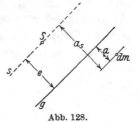

Abb. 128.

$$J_g = \int_m (a_s - e)^2\, dm = \int_m (a_s^2 - 2 a_s e + e^2)\, dm\,.$$

Da e von der Lage der Massenteilchen unabhängig ist, demnach bei der Integration als Konstante zu behandeln ist, so ist

$$J_g = \int_m a_s^2\, dm - 2 e \int_m a_s\, dm + e^2 \int_m dm\,.$$

Nun ist $\int\limits_m a_s^2\, dm = J_s$ das Trägheitsmoment des Gebildes bezüglich der Schwerachse s. Ferner ist $\int\limits_m a_s\, dm = M_s$ nach (92) das statische Moment des Gebildes bezüglich der Schwerachse s, folglich ist $\int\limits_m a_s\, dm = 0$. Schließlich ist $\int\limits_m dm$ die Summe aller Massenteilchen, demnach gleich der Gesamtmasse m des Gebildes. Wir erhalten daher die wichtige Gleichung:

$$J_g = e^2 \cdot m + J_s\,. \qquad\qquad 58)$$

Formel 58) sagt aus, daß man das Trägheitsmoment eines Gebildes bezüglich einer Achse g erhält, indem man zum Trägheitsmomente bezüglich der zu dieser parallelen Schwerachse s das Trägheitsmoment der im Schwerpunkte vereinigten Gesamtmasse m bezüglich der Achse g hinzufügt.

Da $dJ_g = a^2 dm$ — unter der Annahme, daß die Masse eine absolute (vorzeichenfreie) Größe ist — positiv sein muß, ist auch $J_g = \int dJ_g$ positiv. Dann folgt aber aus 58), daß unter allen parallelen Achsen der Schwerachse das kleinste Trägheitsmoment eines Gebildes zukommt.

Außer dem bisher behandelten axialen Trägheitsmomente führt die Rechnung noch auf das polare Trägheitsmoment. Ihm sind die folgenden Betrachtungen gewidmet:

Gegeben sei ein Punkt P und eine Punktmasse m, welche von P den Abstand a habe; dann versteht man unter dem **polaren Trägheitsmomente** J_P der Masse m bezüglich des Poles P den Ausdruck

$$J_P = a^2 \cdot m \,.$$

Das polare Trägheitsmoment eines Systems von Massenpunkten ist die Summe der polaren Trägheitsmomente der einzelnen Massenpunkte. Das polare Trägheitsmoment eines stetigen Massengebildes erhält man, indem man das Gebilde in unendlich kleine Massen zerlegt und die Summe der polaren Trägheitsmomente dieser Massenelemente bestimmt:

$$J_p = \int_m r^2 dm \,.$$

Zieht man durch P zwei aufeinander senkrecht stehende Achsen x und y und bestimmt bezüglich dieser die Trägheitsmomente J_x und J_y, so erhält man (Abb. 129)

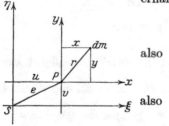

$$J_x = \int_m y^2 dm \,, \qquad J_y = \int_m x^2 dm \,,$$

also

$$J_x + J_y = \int_m (x^2 + y^2)\, dm = \int_m r^2 dm \,,$$

also

$$J_P = J_x + J_y \,. \qquad\qquad 59)$$

Abb. 129.

Das polare Trägheitsmoment eines Gebildes ist gleich der Summe irgend zweier axialer Trägheitsmomente dieses Gebildes, wenn die Achsen durch den Pol gehen und aufeinander senkrecht stehen.

Ist S (Abb. 129) der Schwerpunkt des Gebildes und ξ und η die zu x und y parallelen Schwerachsen derart, daß x und ξ den Abstand v, y und η den Abstand u voneinander haben, so ist nach 58)

$$J_x = J_\xi + v^2 m, \qquad J_y = J_\eta + u^2 m$$

und nach 59)

$$J_P = J_\xi + J_\eta + (u^2 + v^2) m = J_S + e^2 m \,,$$

wenn e der Abstand des Poles P vom Schwerpunkte S ist. Die Formel

$$J_P = J_S + e^2 m \qquad\qquad 60)$$

enthält den Satz:

Das polare Trägheitsmoment eines Gebildes bezüglich eines Poles P erhält man, indem man zum polaren Trägheitsmoment des Gebildes bezüglich des Schwerpunktes das polare Trägheitsmoment der im Schwerpunkt vereinigten Gesamtmasse bezüglich des Poles P hinzufügt.

Nach diesen allgemeinen Erörterungen über das Trägheitsmoment wollen wir die Trägheitsmomente bestimmter Gebilde ermitteln.

(96) a) Das Trägheitsmoment einer **Strecke** l: Die Momentenachse sei eine Schwerachse s, die mit l den Winkel α einschließe. Es ist das Moment des Streckenelementes du (Abb. 130)

$$d\,J_s = u^2 \sin^2 \alpha \cdot du\,.$$

Also ist

$$J_s = \int\limits_{-\frac{l}{2}}^{+\frac{l}{2}} u^2 \sin^2 \alpha \cdot du = \left[\frac{u^3}{3}\sin^2\alpha\right]_{-\frac{l}{2}}^{+\frac{l}{2}} = \frac{l^3}{12}\sin^2\alpha\,.$$

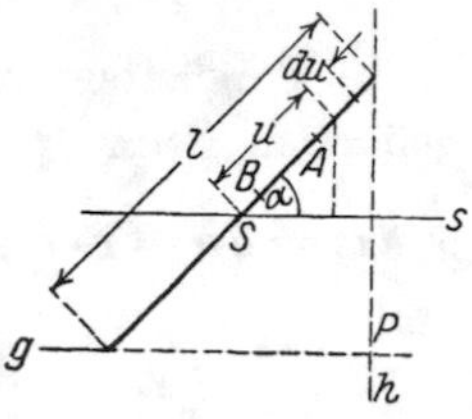

Abb. 130.

Für $\alpha = 0°$ ist $J_s = 0$, ein Ergebnis, das sich von selbst versteht, wenn man bedenkt, daß in diesem Falle alle Streckenelemente den Abstand Null von der Momentenachse haben. Für $\alpha = 90°$ ist $J_s = \frac{l^3}{12}$. Wählt man zur Achse die durch einen Endpunkt der Strecke zu s gezogene Parallele g, so erhält man nach 58)

$$J_g = J_s + l \cdot \left(\frac{l}{2}\sin\alpha\right)^2 = \frac{l^3}{3}\sin^2\alpha\,.$$

Zieht man durch den anderen Endpunkt die Normale h zu g, so ist $J_h = \frac{l^3}{3}\cos^2\alpha$; folglich ist das polare Trägheitsmoment bezüglich des Schnittpunktes P von g und h $J_P = \frac{l^3}{3}$, also unabhängig von α. Das ergibt den Satz: **Alle Punkte, bezüglich deren die Strecke das gleiche polare Trägheitsmoment hat, liegen auf einem um S geschlagenen Kreise.** Der Beweis hierfür möge vom Leser vervollständigt werden.

Unter dem **Trägheitshalbmesser** ϱ versteht man den Abstand von der Achse bzw. von dem Pole, in dem man sich die Gesamtmasse in einem Punkte vereinigt denken muß, damit sie das gleiche Trägheitsmoment hat wie das Gebilde.

So ist der Trägheitshalbmesser der Strecke l für die Achse s durch die Gleichung bestimmt

$$l \cdot \varrho_s^2 = \frac{l^3}{12}\sin^2\alpha\,, \qquad \text{also} \qquad \varrho_s = \frac{l}{6}\sqrt{3}\cdot\sin\alpha\,;$$

ferner ist

$$l \cdot \varrho_g = \frac{l^3}{3}\sin^2\alpha\,, \qquad \text{also} \qquad \varrho_g = \frac{l}{3}\sqrt{3}\sin\alpha\,.$$

Schon aus dieser Zusammenstellung erkennt man, daß der Punkt, in dem die Gesamtmasse vereinigt sein müßte, sich mit der Lage der Achse ändert. So liegt er beispielsweise für s in A und für g in B bzw. auf einer durch diese Punkte zu s bzw. g gezogenen Parallelen. Das Träg-

17*

heitsmoment kennt demnach keinen festen Mittelpunkt, wie wir ihn beim statischen Moment im Schwerpunkte kennengelernt haben.

Für den Pol P ergibt sich der Trägheitshalbmesser aus der Gleichung

$$l \cdot \varrho_P^2 = \frac{l^3}{3} \quad \text{zu} \quad \varrho_P = \frac{l}{3}\sqrt{3}\,.$$

b) **Trägheitsmoment des Kreisbogens**, bezogen auf den zur zugehörigen Sehne parallelen Durchmesser (Abb. 124). Es ist

$$dm = db = r \cdot d\varphi\,, \quad x = r\cos\varphi\,, \quad \text{also} \quad dJ_a = r^2\cos^2\varphi \cdot r\,d\varphi$$

und

$$J_a = \int_{-\frac{\vartheta}{2}}^{+\frac{\vartheta}{2}} r^3\cos^2\varphi\,d\varphi = \frac{1}{2}\,r^3\left[\varphi + \sin\varphi\cos\varphi\right]_{-\frac{\vartheta}{2}}^{+\frac{\vartheta}{2}} = \frac{r^3}{2}\left[\vartheta + \sin\vartheta\right]$$
$$= m \cdot \frac{r^2}{2}\left(1 + \frac{\sin\vartheta}{\vartheta}\right),$$

wenn $m = r \cdot \vartheta = b$ gesetzt wird.

Bezüglich der Symmetrielinie l ist das Trägheitsmoment des Kreisbogens

$$J_l = \int_{-\frac{\vartheta}{2}}^{+\frac{\vartheta}{2}} r^2\sin^2\varphi \cdot r\,d\varphi = \frac{r^3}{2}\left[\varphi - \sin\varphi\cos\varphi\right]_{-\frac{\vartheta}{2}}^{+\frac{\vartheta}{2}} = \frac{r^3}{2}\left[\vartheta - \sin\vartheta\right]$$
$$= m \cdot \frac{r^2}{2}\left(1 - \frac{\sin\vartheta}{\vartheta}\right).$$

Folglich ist das polare Trägheitsmoment des Kreisbogens, bezogen auf den Mittelpunkt des zugehörigen Kreises $J_m = m \cdot r^2$, ein Ergebnis, das zu erwarten war, weil alle Massenteilchen vom Pole den Abstand r haben.

c) **Trägheitsmoment des Parabelbogens** (Abb. 90). Es ist

$$dm = db = \sqrt{1 + y'^2}\,dx = \sqrt{1 + \frac{p}{2\,x}}\,dx,$$

also

$$J_x = \int_0^{x_0} y^2\,dm = \int_0^{x_0} 2\,p\,x \cdot \sqrt{1 + \frac{p}{2\,x}}\,dx = 2\,p\int_0^{x_0}\sqrt{x^2 + \frac{p}{2}\,x}\,dx$$
$$= p\left[\left(x_0 + \frac{p}{4}\right)\sqrt{x_0^2 + \frac{p}{2}\,x_0} - \frac{p^2}{16}\,\mathfrak{Ar}\mathfrak{Col}\,\frac{4\,x_0 + p}{p}\right] \quad \text{(s. S. 255),}$$

$$J_y = \int_0^{x_0} x^2\,dm = \int_0^{x_0} x^2\sqrt{1 + \frac{p}{2\,x}}\,dx = \int_0^{x_0} x\sqrt{x^2 + \frac{p}{2}\,x}\,dx$$
$$= \frac{1}{384}\left[(128\,x_0^2 + 16\,p\,x_0 - 12\,p^2)\sqrt{x_0^2 + \frac{p}{2}\,x_0} + 3\,p^3\,\mathfrak{Ar}\mathfrak{Col}\,\frac{4\,x_0 + p}{p}\right],$$

wie sich durch Benutzung des in (**77**) angeführten Verfahrens ergibt.

$$J_0 = J_x + J_y$$
$$= \frac{1}{384}\left[(128x_0^2 + 400\,p\,x_0 + 84\,p^2)\,\sqrt{x_0^2 + \frac{p}{2}\,x_0} - 21\,p^3\,\mathfrak{Ar}\,\mathfrak{Cof}\,\frac{4x_0 + p}{p}\right].$$

Für $x_0 = \frac{p}{2}$ ergibt sich

$$J_x = \frac{p^3}{16}\left(6\sqrt{2} - \mathfrak{Ar}\,\mathfrak{Cof}\,3\right) = 0{,}4202\,p^3\,,$$
$$J_y = \frac{p^3}{384}\left(14\sqrt{2} + 3\,\mathfrak{Ar}\,\mathfrak{Cof}\,3\right) = \frac{p^3}{384}\,(19{,}7990 + 5{,}2883) = 0{,}0653\,p^3\,,$$
$$J_0 = 0{,}4855\,p^3\,.$$

d) **Trägheitsmoment des Rechtecks** (Abb. 123). Die Seite a werde zur Trägheitsachse gewählt; dann ist

$$dm = a \cdot dx\,, \quad \text{also} \quad dJ_a = x^2 \cdot a\,dx$$

und

$$J_a = \int\limits_0^b a\,x^2\,dx = \frac{a\,b^3}{3} = a\,b \cdot \frac{b^2}{3} = \frac{1}{3}\,m\,b^2\,.$$

Der zugehörige Trägheitshalbmesser ist $\varrho = \frac{b}{3}\,\sqrt{3}$. Entsprechend ist $J_b = \frac{1}{3}\,m\,a^2$. Folglich ist das polare Trägheitsmoment des Rechtecks, bezogen auf eine Ecke A: $J_A = \frac{1}{3}md^2$, wenn d die Länge der Diagonale ist.

Legen wir durch den Schwerpunkt die Parallelen s_a und s_b zu a bzw. zu b, so ist nach 58)

$$J_{s_a} = \frac{1}{3}\,m\,b^2 - m \cdot \left(\frac{b}{2}\right)^2 = \frac{1}{12}\,m\,b^2\,;$$

entsprechend ist

$$J_{s_b} = \tfrac{1}{12}\,m\,a^2 \quad \text{und} \quad J_S = \tfrac{1}{12}\,m\,d^2\,.$$

e) **Trägheitsmoment des Dreiecks** (Abb. 98). Es ist

$$J_{g'} = \int\limits_0^h y \cdot dx \cdot x^2 = \frac{g}{h}\int\limits_0^h x^3\,dx = \frac{g}{4h}\,[x^4]_0^h = \frac{1}{4}\,g\,h^3 = \frac{1}{2}\,m\,h^2\,; \quad \varrho = \frac{h}{2}\,\sqrt{2}\,.$$

Nach 58) ist

$$J_{s_g} = J_{g'} - m \cdot \xi^2 = J_{g'} - \tfrac{4}{9}\,m\,h^2 = \tfrac{1}{18}\,m\,h^2$$

und

$$J_g = J_{s_g} + m \cdot \left(\frac{h}{3}\right)^2 = \frac{1}{18}\,m\,h^2 + \frac{1}{9}\,m\,h^2 = \frac{1}{6}\,m\,h^2\,.$$

Man berechne das Trägheitsmoment bezüglich der zu g gehörigen Höhe, ferner das polare Trägheitsmoment bezüglich der Ecke A und bezüglich des Schwerpunktes S.

f) Trägheitsmoment zusammengesetzter Flächen[1]): 1. Gleich-schenkliges Trapez (Abb. 131). Das Trapez ist die Summe eines Rechtecks mit den Seiten b und h und zweier Dreiecke mit der Seite

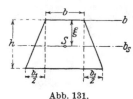

Abb. 131.

$\dfrac{b_1}{2}$ und der Höhe h. Das Trägheitsmoment ist gleich der Summe der Trägheitsmomente der Einzelflächen. Mit Hilfe von Fall d) und e) erhalten wir also:

$$J_b = \frac{1}{3}\,b\,h^3 + 2 \cdot \frac{1}{4}\,\frac{b_1}{2}\,h^3 = \frac{h^3}{12}(4b + 3b_1)\,.$$

Nun hat nach (93) S. 250 der Schwerpunkt S von b den Abstand

$$\xi = \frac{h}{3}\,\frac{b + 2\,(b + b_1)}{b + (b + b_1)} = \frac{h}{3}\,\frac{3b + 2b_1}{2b + b_1}\,.$$

Demnach ist nach 58)

$$J_{b_S} = \frac{h^3}{12}(4b + 3b_1) - \frac{h^2}{9}\,\frac{(3b + 2b_1)^2}{(2b + b_1)^2} \cdot \frac{b + (b + b_1)}{2}\,h = \frac{h^3}{36}\,\frac{6b^2 + 6b\,b_1 + b_1^2}{(2b + b_1)}\,.$$

2. Profil von den Abmessungen der Abb. 132. Das Profil wird durch s in zwei kongruente Hälften zerlegt; jede von ihnen ist aus zwei Rechtecken zusammengesetzt: Das eine hat die Seiten $(B - b)$ und $\dfrac{h}{2}$, von denen die erste auf s fällt; sein Trägheitsmoment ist nach d)

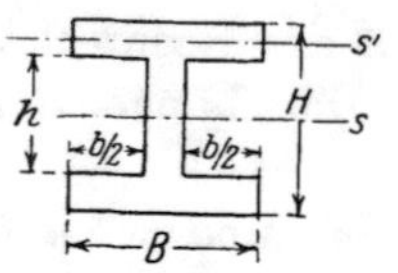

Abb. 132.

$$J'_s = \frac{1}{3}\,(B - b)\,\frac{h^3}{8} = \frac{h^3}{24}\,(B - b)\,.$$

Das andere Rechteck hat die Seiten B und $\dfrac{H - h}{2}$, von denen die erste parallel zu s ist und von s den Abstand $\dfrac{h}{2}$ hat. Das auf seine Schwerachse s' bezogene Trägheitsmoment ist

$$J''_{s'} = \frac{1}{12}\,B \cdot \frac{(H - h)^3}{8}\,.$$

Da der Abstand zwischen s und s' den Betrag $\dfrac{H + h}{4}$ hat, so ist das auf s bezogene Trägheitsmoment dieses Rechtecks

$$J''_s = J''_{s'} + m \cdot \frac{(H + h)^2}{16} = \frac{1}{96}\,B(H - h)^3 + \frac{(H + h)^2}{16} \cdot B \cdot \frac{H - h}{2}$$

$$= \frac{B(H - h)}{96}\,[(H - h)^2 + 3\,(H + h)^2]\,,$$

$$J''_s = \frac{B(H - h)}{96}\,(4H^2 + 4H\,h + 4h^2) = \frac{1}{24} \cdot B(H^3 - h^3)\,.$$

---

[1]) Siehe Freytags Hilfsbuch für den Maschinenbau. 7. Aufl., S. 238. Berlin: Julius Springer.

Folglich ist das Trägheitsmoment des Profiles

$$J_s = 2\,(J_s' + J_s'') = \tfrac{1}{12}\,[B\,h^3 - b\,h^3 + B\,H^3 - B\,h^3] = \tfrac{1}{12}\,(B\,H^3 - b\,h^3)\,.$$

Auf wesentlich kürzerem Wege wären wir zu diesem Ergebnis gelangt, wenn wir das Profil als die Differenz zweier Rechtecke behandelt hätten, von denen das eine die Seiten B und H, das andere die Seiten b und h hat. Für beide ist s die zur Seite B bzw. b parallele Schwerachse. Folglich ist nach d) $J_s = \tfrac{1}{12}\,(B\,H^3 - b\,h^3)\,.$

g) **Trägheitsmoment der Kreisfläche.** Wir zerlegen die Kreisfläche in unendlich viele schmale Ringflächen (Abb. 133); der Inhalt einer einzelnen ist $2\pi x\,dx$. Da alle Teile einer solchen den gleichen Abstand x von M haben, ist ihr Trägheitsmoment bezüglich M $dJ_M = x^2 \cdot 2\pi x\,dx$, also das Trägheitsmoment der ganzen Fläche

Abb. 133.

$$J_M = 2\pi \int_0^r x^3\,dx = \frac{\pi}{2}\,x^4 = \frac{1}{2}\,m\,r^2\,.$$

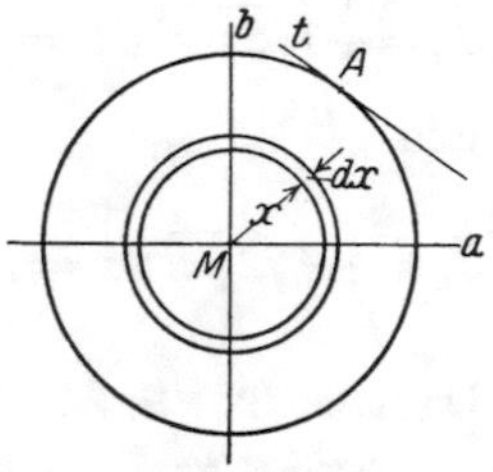

Nun ist nach 59) $J_M = J_a + J_b$. Da aber aus Symmetriegründen $J_a = J_b$ sein muß, so ist das auf einen Durchmesser bezogene Trägheitsmoment der Kreisfläche

$$J_a = \frac{m}{4}\,r^2 = \frac{\pi}{4}\,r^4 = \frac{\pi}{64}\,d^4\,;$$

der Trägheitshalbmesser für diesen Fall ist

$$\varrho_a = \frac{r}{2}\,.$$

Das polare Trägheitsmoment der Kreisfläche bezüglich eines Punktes A des Umfanges ist nach 60)

$$J_A = \tfrac{1}{2}\,m\,r^2 + m\,r^2 = \tfrac{3}{2}\,m\,r^2\,,$$

das axiale Trägheitsmoment bezüglich einer Tangente nach 58)

$$J_t = \tfrac{1}{4}\,m\,r^2 + m\,r^2 = \tfrac{5}{4}\,m\,r^2\,.$$

Man suche das Trägheitsmoment des Kreisabschnittes und des Kreisausschnittes zu bestimmen.

h) Um das Trägheitsmoment einer durch die x-Achse, die Kurve $y = f(x)$ und die zu $x = x_1$ und $x = x_2$ gehörigen Ordinaten begrenzten Fläche (Abb. 125) zu ermitteln, zerlegen wir diese Fläche wiederum durch Parallelen zur Ordinatenachse in Parallelstreifen, die wir als Rechtecke mit den Seiten dx und y ansehen können. Das Trägheitsmoment eines solchen Rechtecks ist nach Beispiel d) bezüglich der x-Achse

$$d\,J_x = \tfrac{1}{3}\,y^3\,dx\,,$$

bezüglich der y-Achse

$$d\,J_y = x^2 \cdot y\,d\,x\,,$$

so daß wir die Formeln erhalten:

$$J_x = \frac{1}{3}\int\limits_{x_1}^{x_2} y^3\,d\,x \quad \text{und} \quad J_y = \int\limits_{x_1}^{x_2} x^2\,y\,d\,x\,. \qquad 61)$$

Für die **Parabelfläche** (Abb. 90) bekommen wir also, da nach **(84)**, S. 222 $m = \frac{2}{3}x_0 y_0$ ist,

$$J_x = \frac{1}{3}\int\limits_0^{x_0} \sqrt{2\,p\,x}^{\,3}\,d\,x = \frac{2\sqrt{2}}{3}\,p\,\sqrt{p}\cdot\frac{2}{5}\,[x^{\frac{5}{2}}]_0^{x_0} = \frac{4}{15}\,p\,x_0^2\,\sqrt{2\,p\,x_0} = \frac{2}{15}\,x_0 y_0^3 = \frac{1}{5}\,m\,y_0^2$$

und

$$J_y = \int\limits_0^{x_0} x^2\,\sqrt{2\,p\,x}\,d\,x = \sqrt{2\,p}\cdot\frac{2}{7}\,[x^{\frac{7}{2}}]_0^{x_0} = \frac{2}{7}\,x_0^3\,\sqrt{2\,p\,x_0} = \frac{2}{7}\,x_0^3 y_0 = \frac{3}{7}\,m\,x_0^2\,.$$

Da nach **(93)** S. 252 die Koordinaten des Schwerpunktes S dieser Fläche $\xi = \frac{3}{5}x_0$, $\eta = \frac{3}{8}y_0$ sind, sind nach 58) die Trägheitsmomente bezüglich der Schwerachsen s_x bzw. s_y

$$J_{sx} = \tfrac{1}{5}\,m\,y_0^2 - \tfrac{9}{64}\,m\,y_0^2 = \tfrac{19}{320}\,m\,y_0^2 \quad \text{und} \quad J_{sy} = \tfrac{3}{7}\,m\,x_0^2 - \tfrac{9}{25}\,m\,x_0^2 = \tfrac{12}{175}\,m\,x_0^2\,.$$

Man behandle ebenso die durch die Sinus-, die Tangens-, die Logarithmenlinie und die gleichseitige Hyperbel bestimmte Fläche.

(97) C. Ermittlung von resultierenden Kräften. Diese und die folgenden Anwendungen sollen nicht allgemein durchgeführt werden, sondern es soll an bestimmten Beispielen gezeigt werden, wie sich die Anwendung des bestimmten Integrals in diesen technischen Wissensgebieten gestaltet.

Es sei (Abb. 134) AB ein Stab von der Länge l; wir wollen uns ihn mit Elektrizität von der Menge $-\varepsilon$ gleichmäßig belegt denken, so daß die elektrische Dichte $\dfrac{-\varepsilon}{l}$ betrage. Ferner befinde sich in der Verlängerung von AB über B hinaus in der Entfernung $a = MP$ vom Mittelpunkte M der Strecke AB ein Punkt P,

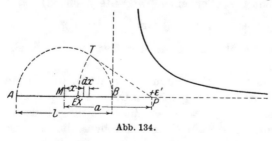
Abb. 134.

der Träger der Elektrizitätsmenge $+\varepsilon'$ sein möge. Wir wollen die Größe der Anziehung ermitteln, die der Stab AB infolgedessen auf P ausübt. Wir zerlegen uns zu diesem Zwecke AB in kleine Teile $d\,x$;

ein solches Teilchen trägt die Elektrizitätsmenge $\frac{\varepsilon}{l}dx$. Das Teilchen, das von M den Abstand $MX = x$ hat, ist von P um die Strecke $XP = a - x$ entfernt: es übt also auf ε' eine Anziehung aus, die nach dem Coulombschen Gesetze

$$dK = k \cdot \frac{\varepsilon' \cdot \frac{\varepsilon}{l}dx}{(a-x)^2}$$

beträgt. Wir erhalten demnach für die Gesamtanziehung des Stabes den Wert

$$K = \int\limits_{-\frac{l}{2}}^{+\frac{l}{2}} k \cdot \frac{\varepsilon' \cdot \frac{\varepsilon}{l}dx}{(a-x)^2} = k\frac{\varepsilon'\varepsilon}{l}\int\limits_{-\frac{l}{2}}^{+\frac{l}{2}} \frac{dx}{(a-x)^2} = k\frac{\varepsilon\varepsilon'}{l}\left[\frac{1}{a-x}\right]_{-\frac{l}{2}}^{+\frac{l}{2}} = k\frac{\varepsilon\varepsilon'}{l}\left[\frac{1}{a-\frac{l}{2}} - \frac{1}{a+\frac{l}{2}}\right],$$

$$K = k \cdot \frac{\varepsilon\varepsilon'}{a^2 - \left(\frac{l}{2}\right)^2}.$$

Konstruiert man den Punkt E auf AB so, daß

$$EP = \sqrt{\left(a + \frac{l}{2}\right)\left(a - \frac{l}{2}\right)}$$

wird (Halbkreis über AB, Tangente PT, $PE = PT$), und denkt man sich in E die gesamte Elektrizitätsmenge des Stabes vereinigt,· so ist die Wirkung gleich der von dem Stabe ausgeübten. Die in Abb. 134 gezeichnete Kurve gibt ein Bild vom Verlaufe der Funktion K.

Befindet sich P nicht in der Verlängerung von AB, sondern zwischen A und B (was man praktisch annähernd dadurch verwirklichen kann, daß man sich AB in der Gestalt einer Röhre denkt, in der sich P verschieben kann), so können wir die resultierende Kraft K durch die folgende Erwägung ermitteln. Befindet sich P näher an B als an A, so machen wir $PQ = BP$ (Abb. 135). Die Anziehung, die ε' durch QP erfährt, ist die gleiche wie die von PB stammende; da beide entgegengesetzt gerichtet sind, heben sie sich auf. Es kommt daher für die Wirkung nur der Stabteil AQ in Betracht. Da A von M die Entfernung $-\frac{l}{2}$ und Q von M die Entfernung $2a - \frac{l}{2}$ hat, ergibt sich für die Gesamtkraft

$$K = \int\limits_{-\frac{l}{2}}^{2a-\frac{l}{2}} k\frac{\varepsilon\varepsilon}{l} \frac{dx}{(a-x)^2} = k\frac{\varepsilon\varepsilon'}{l}\left[\frac{1}{a-x}\right]_{-\frac{l}{2}}^{2a-\frac{l}{2}} = k\frac{\varepsilon\varepsilon'}{l}\left[\frac{1}{\frac{l}{2}-a} - \frac{1}{\frac{l}{2}+a}\right]$$

$$= 2k\frac{\varepsilon\varepsilon'}{l} \frac{a}{\left(\frac{l}{2}\right)^2 - a^2}.$$

Die Kraft K ist wieder eine Funktion von a; ihr Verlauf wird durch die in Abb. 135 gezeichnete Kurve wiedergegeben.

Befindet sich P schließlich außerhalb des Stabes AB und seiner Verlängerung, so verfahren wir in folgender Weise (Abb. 136). Wir

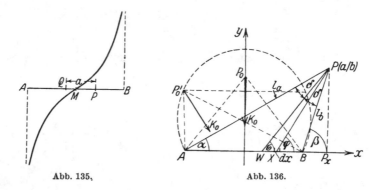

Abb. 135.   Abb. 136.

wählen AB als Abszissenachse und die Mittelsenkrechte von AB als Ordinatenachse. P habe dann die Koordinaten a und b. Der Punkt X auf AB als Träger der Elektrizitätsmenge $\frac{\varepsilon}{l}\,dx$ habe von M den Abstand x; dann beträgt seine Entfernung von P, wie man aus dem rechtwinkligen Dreieck XP_xP erkennt, $\sqrt{(a-x)^2 + b^2}$. Folglich zieht die in X befindliche Elektrizitätsmenge $\frac{\varepsilon}{l}\,dx$ die Elektrizitätsmenge ε' von P mit einer Kraft

$$dK = k \cdot \frac{\varepsilon\,\varepsilon'}{l} \cdot \frac{dx}{(a-x)^2 + b^2}$$

an. Da aber die unendlich vielen Kraftwirkungen dK verschiedene Richtungen haben (beispielsweise schließt die Richtung AP mit der x-Achse den Winkel α, die Richtung BP mit ihr den Winkel β ein), so dürfen wir sie nicht ohne weiteres summieren, um die resultierende Kraft zu erhalten. Wir zerlegen vielmehr dK erst in zwei Seitenkräfte dX und dY, deren Richtungen die der x- bzw. der y-Achse sind, indem wir dK mit dem Kosinus bzw. mit dem Sinus des Winkels $PXB = \varphi$ multiplizieren. Da

$$\cos\varphi = \frac{a-x}{\sqrt{(a-x)^2 + b^2}}\,, \qquad \sin\varphi = \frac{b}{\sqrt{(a-x)^2 + b^2}}$$

ist, so erhalten wir

$$dX = k\,\frac{\varepsilon\,\varepsilon'}{l}\,\frac{a-x}{\sqrt{(a-x)^2 + b^2}^{\,3}}\,dx\,, \qquad dY = k\,\frac{\varepsilon\,\varepsilon'}{l}\,\frac{b}{\sqrt{(a-x)^2 + b^2}^{\,3}}\,dx\,.$$

Da alle Teilkräfte dX in dieselbe Richtung fallen und ebenso alle Teilkräfte dY, können wir sie summieren. Es ergibt sich

$$X = \int\limits_{-\frac{l}{2}}^{+\frac{l}{2}} k\,\frac{\varepsilon\,\varepsilon'}{l}\,\frac{a-x}{\sqrt{(a-x)^2+b^2}^{\,3}}\,dx = k\,\frac{\varepsilon\,\varepsilon'}{l}\int\limits_{-\frac{l}{2}}^{+\frac{l}{2}}\frac{a-x}{\sqrt{(a-x)^2+b^2}^{\,3}}\,dx$$

Die Substitution

$$(a-x)^2 + b^2 = z, \qquad -2(a-x)\,dx = dz$$

führt das Integral

$$\int\frac{a-x}{\sqrt{(a+x)^2+b^2}^{\,3}}\,dx \quad \text{über in} \quad -\frac{1}{2}\int\frac{dz}{\sqrt{z^3}} = \frac{1}{\sqrt{z}},$$

so daß wir erhalten

$$X = k\,\frac{\varepsilon\,\varepsilon'}{l}\left[\frac{1}{\sqrt{(a-x)^2+b^2}}\right]_{-\frac{l}{2}}^{+\frac{l}{2}} = k\,\frac{\varepsilon\,\varepsilon'}{l}\left[\frac{1}{\sqrt{\left(a-\dfrac{l}{2}\right)^2+b^2}} - \frac{1}{\sqrt{\left(a+\dfrac{l}{2}\right)^2+b^2}}\right]$$

$$= k\,\frac{\varepsilon\,\varepsilon'}{l}\left(\frac{1}{l_b} - \frac{1}{l_a}\right),$$

wenn wir AP mit l_a und BP mit l_b bezeichnen. Ferner ergibt sich

$$Y = \int\limits_{-\frac{l}{2}}^{+\frac{l}{2}} k\,\frac{\varepsilon\,\varepsilon'}{l}\,b\,\frac{dx}{\sqrt{(a-x)^2+b^2}^{\,3}} = k\,\frac{\varepsilon\,\varepsilon'}{l}\,b\int\limits_{-\frac{l}{2}}^{+\frac{l}{2}}\frac{dx}{\sqrt{(a-x)^2+b^2}^{\,3}}\,.$$

Zur Auswertung des Integrals

$$J = \int\frac{dx}{\sqrt{(a-x)^2+b^2}^{\,3}}$$

verwenden wir das in **(76)** 28) S. 198 angegebene Verfahren. Wir setzen $a - x = u$, $dx = -du$ und erhalten

$$J = -\int\frac{du}{\sqrt{u^2+b^2}^{\,3}}\,.$$

Nun setzen wir $\sqrt{u^2+b^2} = z - u$, also

$$u = \frac{z^2-b^2}{2z}, \quad \sqrt{u^2+b^2} = \frac{z^2+b^2}{2z}, \quad du = \frac{z^2+b^2}{2z^2}\,dz, \quad z = \sqrt{u^2+b^2}+u$$

und erhalten

$$J = -\int\frac{(z^2+b^2)\cdot 8z^3}{2z^2\,(z^2+b^2)^3}\,dz = -4\int\frac{z\,dz}{(z^2+b^2)^2}\,.$$

Die Substitution $z^2 + b^2 = v$, $2z\,dz = dv$ führt J über in

$$J = -2 \int \frac{dv}{v^2} = \frac{2}{v} = \frac{2}{z^2 + b^2} = \frac{1}{(u + \sqrt{u^2 + b^2})\sqrt{u^2 + b^2}}$$

$$= \frac{\sqrt{u^2 + b^2} - u}{b^2 \sqrt{u^2 + b^2}} = \frac{1}{b^2}\left(1 - \frac{u}{\sqrt{u^2 + b^2}}\right) = \frac{1}{b^2}\left(1 - \frac{a - x}{\sqrt{(a-x)^2 + b^2}}\right).$$

(Zu dem gleichen Ergebnisse gelangt man auf wesentlich kürzerem Wege durch die einzige Substitution $\frac{a-x}{b} = \operatorname{ctg}\vartheta$). Daher wird

$$Y = k\,\frac{\varepsilon\,\varepsilon'}{b\,l}\left[1 - \frac{a - x}{\sqrt{(a-x)^2 + b^2}}\right]_{-\frac{l}{2}}^{+\frac{l}{2}}$$

$$= k\,\frac{\varepsilon\,\varepsilon'}{b\,l}\left[\frac{a + \dfrac{l}{2}}{\sqrt{\left(a + \dfrac{l}{2}\right)^2 + b^2}} - \frac{a - \dfrac{l}{2}}{\sqrt{\left(a - \dfrac{l}{2}\right)^2 + b^2}}\right].$$

Wir können die Ausdrücke für X und Y noch etwas umformen, wenn wir die Winkel α und β verwenden. Es ist

$$\operatorname{tg}\alpha = \frac{b}{a + \dfrac{l}{2}}, \qquad \operatorname{tg}\beta = \frac{b}{a - \dfrac{l}{2}},$$

also

$$\frac{b}{\sqrt{\left(a + \dfrac{l}{2}\right)^2 + b^2}} = \sin\alpha, \qquad \frac{b}{\sqrt{\left(a - \dfrac{l}{2}\right)^2 + b^2}} = \sin\beta,$$

$$\frac{a + \dfrac{l}{2}}{\sqrt{\left(a + \dfrac{l}{2}\right)^2 + b^2}} = \cos\alpha, \qquad \frac{a - \dfrac{l}{2}}{\sqrt{\left(a - \dfrac{l}{2}\right)^2 + b^2}} = \cos\beta$$

und demnach, da weiter $b = \dfrac{l}{\operatorname{ctg}\alpha - \operatorname{ctg}\beta}$ ist:

$$X = k\,\frac{\varepsilon\,\varepsilon'}{l\,b}(\sin\beta - \sin\alpha) = 2k\,\frac{\varepsilon\,\varepsilon'}{l\,b}\sin\frac{\beta - \alpha}{2}\cos\frac{\beta + \alpha}{2}$$

und

$$Y = k\,\frac{\varepsilon\,\varepsilon'}{l\,b}(\cos\alpha - \cos\beta) = 2k\,\frac{\varepsilon\,\varepsilon'}{l\,b}\sin\frac{\beta - \alpha}{2}\sin\frac{\beta + \alpha}{2}.$$

Nun ist $2\delta = \beta - \alpha$ der Winkel APB, ferner $\sigma = \sphericalangle PWB$, wenn PW die Halbierende des Winkels APB ist. Da

$$\frac{Y}{X} = \operatorname{tg}\frac{\beta + \alpha}{2} = \operatorname{tg}\sigma$$

ist, folgt, daß die Richtung der Resultierenden K die der Winkelhalbierenden von APB ist. Die Größe von K ergibt sich durch die Beziehung

$$K = \sqrt{X^2 + Y^2} \qquad \text{zu} \qquad K = 2k\,\frac{\varepsilon\,\varepsilon'}{l\,b}\sin\delta.$$

Setzen wir $K_0 = 2k \cdot \dfrac{\varepsilon\,\varepsilon'}{l^2}$, wobei K_0 nur von den gegebenen Größen, nicht aber von der Lage des Punktes P abhängt, so ist

$$K = K_0\,\frac{l}{b}\,\sin\delta\,.$$

Ist also P gegeben, so konstruiert man $s = l\sin\delta$ und findet K in einfacher Weise durch die Proportion $K : K_0 = s : b$. s wird gleich lang für alle Punkte P, die auf dem über AB den Umfangswinkel 2δ fassenden Kreisbogen liegen. Die Richtung von K findet man, wie oben schon erwähnt, durch Halbieren des Winkels APB.

K_0 ist selbst eine Kraft, und zwar findet man den Punkt P_0, für welchen $K = K_0$ ist, auf der Mittelsenkrechten von AB durch die Beziehungen

$$\sin\delta = \frac{b}{l}\quad\text{und}\quad \operatorname{tg}\delta = \frac{l}{2b}\,;$$

aus ihnen folgt

$$\cos\delta = \frac{1}{4}\bigl(\sqrt{17}-1\bigr),\quad \delta = 38°40',\quad b = \frac{l}{4}\sqrt{2\bigl(\sqrt{17}-1\bigr)} = 0{,}6247\,l\,.$$

Bequemer bekommt man einen anderen Punkt P_0', für den ebenfalls $K = K_0$ ist, dadurch, daß man über AB den Bogen schlägt, der den Winkel $60°$ faßt und zu AB im Abstande $b = \dfrac{l}{2}$ die Parallele zieht; der Schnittpunkt von Kreisbogen und Parallele ist P_0'; der Beweis ergibt sich durch die Überlegung, daß in diesem Falle $\delta = 30°$ ist.

Wir sehen, daß in unserer Aufgabe jedem Punkte der Ebene eine Kraft von ganz bestimmter Größe und Richtung zugeordnet ist. Man sagt: Durch unser Problem ist ein Kraftfeld definiert. In Abb. 137

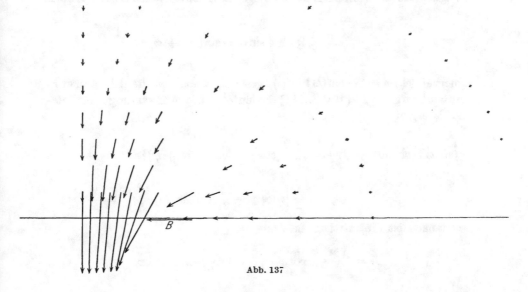

Abb. 137

sind an einigen Punkten der Ebene die zugehörigen Kräfte nach Größe und Richtung eingetragen; wir erhalten so ein immerhin anschauliches Bild von der Anziehungswirkung des Stabes l in ihrer Abhängigkeit von der Lage des Punktes P.

(98) D. [Siehe auch **(46)** c) S. 114 ff.] Unter der **wirksamen (effektiven) Stromstärke** J eines Wechselstromes versteht man den Ausdruck

$$J = \sqrt{\frac{1}{T} \int_0^T i^2\, dt}\,;$$

hierbei ist T die Periode, i die augenblickliche Stromstärke. Befolgt der Strom das reine Sinusgesetz $i = \Im \sin \omega\, t$, so wird, da $\omega = \dfrac{2\pi}{T}$ ist:

$$J = \sqrt{\frac{1}{T}\,\Im^2 \int_0^T \sin^2 \omega\, t\, dt} = \sqrt{\frac{\Im^2}{2\,T\,\omega}\,[\omega\, t - \sin \omega\, t \cos \omega\, t]_0^T}$$

$$= \sqrt{\frac{\Im^2}{2 \cdot 2\pi} \cdot 2\pi} = \frac{\Im}{\sqrt{2}}\,.$$

In gleicher Weise berechnet sich die **wirksame Spannung** dieses Wechselstromes zu $P = \dfrac{\mathfrak{P}}{\sqrt{2}}$.

Während einer Periode wird die Arbeit $A = \int_0^T i p\, dt$ vollbracht; folglich ist die (mittlere) **Leistung** des Stromes während der Zeit T

$$L = \frac{A}{T} = \frac{1}{T}\,\Im \cdot \mathfrak{P} \int_0^T \sin \omega\, t \cdot \sin (\omega\, t + \varphi)\, dt\,;$$

hierbei ist $p = \mathfrak{P} \cdot \sin (\omega\, t + \varphi)$ gesetzt, wobei φ die **Phasenverschiebung** [vgl. **(46)** S. 114] bedeutet. Die Auswertung des Integrals ergibt

$$\int_0^T \sin \omega\, t \cdot \sin (\omega\, t + \varphi)\, dt = \frac{1}{2} \int_0^T [\cos \varphi - \cos (2\,\omega\, t + \varphi)]\, dt$$

$$= \frac{1}{2} \left[t \cos \varphi - \frac{1}{2\,\omega} \sin (2\,\omega\, t + \varphi) \right]_0^T = \frac{T}{2} \cos \varphi\,.$$

Demnach ist die mittlere Leistung

$$L = \frac{\Im\,\mathfrak{P}}{T} \cdot \frac{T}{2} \cos \varphi = \frac{\Im\,\mathfrak{P}}{2} \cos \varphi = J P \cos \varphi\,.$$

E. Ein **magnetischer Fluß** durchsetze einen Teil einer Kraftröhre von der Gestalt eines Obelisken (Abb. 138) (Luftraum zwischen Polschuh und Anker); welches ist der Widerstand dieses Rohrteils? Da der Widerstand dem Querschnitt umgekehrt, der Länge direkt proportional ist, erleidet der Fluß beim Durchfließen der Schicht von der Höhe dx, die wir als einen Quader ansehen können, dessen rechteckige Grundfläche die Seiten $a_1 - \dfrac{a_1 - a}{h}\, x$ und $b_1 - \dfrac{b_1 - b}{h}\, x$ hat, einen Widerstand

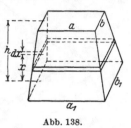

$$dR = \varrho\, \frac{dx}{\left(a_1 - \dfrac{a_1 + a}{h}\, x\right)\left(b_1 - \dfrac{b_1 - b}{h}\, x\right)}\,.$$

Abb. 138.

(ϱ ist ein von dem Stoffe abhängiger Proportionalitätsfaktor, der z. B. für Luft $= 1$ ist). Folglich ist der gesamte zu überwindende Widerstand

$$R = \varrho \int\limits_0^h \frac{dx}{\left(a_1 - \dfrac{a_1 - a}{h}\, x\right)\left(b_1 - \dfrac{b_1 - b}{h}\, x\right)}$$

$$= \frac{h^2 \varrho}{(a_1 - a)(b_1 - b)} \int\limits_0^h \frac{dx}{\left(x - \dfrac{a_1}{a_1 - a}\, h\right)\left(x - \dfrac{b_1}{b_1 - b}\, h\right)}$$

$$= \frac{h^2 \varrho}{(a_1 - a)(b_1 - b)} \cdot \frac{(a_1 - a)(b_1 - b)}{h(a b_1 - a_1 b)} \int\limits_0^h \left[\frac{1}{x - \dfrac{a_1}{a_1 - a}\, h} - \frac{1}{x - \dfrac{b_1}{b_1 - b}\, h}\right] dx$$

$$= \frac{h\,\varrho}{a b_1 - a_1 b} \left[\ln \frac{x - \dfrac{a_1}{a_1 - a}\, h}{x - \dfrac{b_1}{b_1 - b}\, h}\right]_0^h = \frac{h\,\varrho}{a b_1 - a_1 b} \left[\ln \frac{a(b_1 - b)}{b(a_1 - a)} - \ln \frac{a_1(b_1 - b)}{b_1(a_1 - a)}\right],$$

$$R = \frac{h\,\varrho}{a b_1 - a_1 b} \ln \frac{a b_1}{a_1 b}\,.$$

Sind die Grundflächen des Obelisken Quadrate ($b_1 = a_1$, $b = a$), so versagt die abgeleitete Formel; in diesem Falle wird

$$R = \varrho \int\limits_0^h \frac{dx}{\left(a_1 - \dfrac{a_1 - a}{h}\, x\right)^2} = \frac{h^2 \varrho}{(a_1 - a)^2} \int\limits_0^h \frac{dx}{\left(x - \dfrac{a_1}{a_1 - a}\, h\right)^2}$$

$$= \frac{h^2 \varrho}{(a_1 - a)^2} \left[\frac{1}{x - \dfrac{a_1}{a_1 - a}\, h}\right]_h^0 = \frac{h^2 \varrho}{(a_1 - a)^2} \left[-\frac{a_1 - a}{a_1 h} + \frac{a_1 - a}{a h}\right] = \frac{h^2 \varrho}{(a_1 - a)} \cdot \frac{a_1 - a}{a_1 a h}\,,$$

$$R = \frac{h\,\varrho}{a\, a_1}\,.$$

(99) F. Einige Anwendungen des bestimmten Integrals auf die Mechanik der Flüssigkeiten. Wir denken uns[1]) (s. Abb. 139), die Flüssigkeit, deren

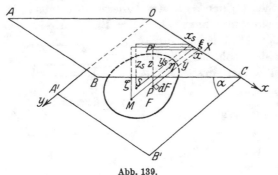

wagerechte Oberfläche $OABC$ sei, übe auf eine mit $OABC$ den Winkel α einschließende Ebene $OA'B'C$ einen Druck aus; unsere Aufgabe soll sein, den Gesamtdruck der Flüssigkeit auf das Flächenstück F der Ebene $OA'B'C$ zu ermitteln. Wir legen in der Ebene $OA'B'C$ ein

Abb. 139.

rechtwinkliges Koordinatensystem fest, dessen x-Achse mit OC und dessen y-Achse mit OA' zusammenfalle; irgendein Punkt P dieser Ebene mit den Koordinaten $OX = x$ und $XP = y$ hat von der horizontalen Ebene $OABC$ einen Abstand $P'P = z$, und zwar ist, wie aus dem rechtwinkligen Dreieck $XP'P$ ohne weiteres folgt, $z = y \sin \alpha$. Ist γ das spezifische Gewicht der Flüssigkeit, so wird auf das Flächenelement dF von ihr ein Druck ausgeübt von der Größe $dD = \gamma \cdot z \cdot dF$, so daß der Gesamtdruck auf die Fläche beträgt

$$D = \gamma \int_F z \cdot dF = \gamma \cdot \int_F y \sin \alpha \cdot dF = \gamma \cdot \sin \alpha \cdot \int_F y \cdot dF .$$

Nun ist aber $\int_F y \cdot dF$ das statische Moment der Fläche F bezüglich der x-Achse; ist also y_s der Abstand ihres Schwerpunktes S von der x-Achse, so ist

$$\int_F y \cdot dF = y_s \cdot F ,$$

mithin

$$D = \gamma \cdot \sin \alpha \cdot y_s \cdot F$$

oder

$$D = \gamma \cdot F \cdot z_s , \qquad\qquad\qquad \text{a)}$$

wobei z_s der Abstand des Schwerpunktes S von der Oberfläche ist.

Der Druck auf F ist also gleich dem einer wagerecht liegenden Fläche F, deren Abstand von der Oberfläche gleich dem ihres Schwerpunktes S ist.

Wir wollen uns weiter die folgende Aufgabe stellen. Der durch Gleichung a) gefundene Gesamtdruck D sei nicht über die ganze Fläche F

---

[1]) Siehe Wittenbauer: Aufgaben aus der technischen Mechanik 3. Bd. Berlin: Julius Springer.

verbreitet, sondern greife nur in einem bestimmten Punkte M an; wo liegt dieser Punkt, wenn die Wirkung auf die Fläche F die gleiche sein soll wie vorher? Der Punkt M heißt der **Druckmittelpunkt**; seine Koordinaten seien ξ, η, sein Abstand von der Flüssigkeitsoberfläche ζ.

Zur Ermittlung von M müssen wir bedenken, daß das statische Moment der Kraft D, die wir uns in M angreifend denken, gleich ist der Summe der statischen Momente der Elementarkräfte dD. Wählen wir als Momentenachse die y-Achse, so muß sein

$$\xi \cdot D = \int_D x \cdot dD = \gamma \int_F xz\,dF = \gamma \sin\alpha \int_F xy \cdot dF = \gamma \sin\alpha \cdot C_{xy} \, ;$$

$C_{xy} = \int_F xy\,dF$ heißt das **Zentrifugalmoment** der Fläche F bezüglich der x- und y-Achse [s. **(178)** S. 568]. Da nun nach a)

$$D = \gamma\, F y_s \sin\alpha$$

ist, so folgt

$$\xi = \frac{C_{xy}}{F \cdot y_s}\,. \qquad\qquad \text{b)}$$

Durch entsprechende Erwägungen bekommen wir, wenn wir die x-Achse zur Momentenachse machen,

$$\eta \cdot D = \int_D y \cdot dD = \gamma \int_F yz\,dF = \gamma \sin\alpha \cdot \int y^2\,dF = J_x \cdot \gamma \sin\alpha \, ,$$

wobei J_x das uns aus **(95)** bekannte **Trägheitsmoment** von F bezüglich der x-Achse ist. Nun ist

$$J_x = J_{s_x} + y_s^2 F = \varrho^2 F + y_s^2 F \, ,$$

wobei J_{s_x} das Trägheitsmoment bezüglich der zur x-Achse parallelen Schwerachse s_x und ϱ der Trägheitshalbmesser von F bezüglich s_x ist. Wir bekommen daher

$$\eta = \frac{J_x}{F \cdot y_s} = y_s + \frac{\varrho^2}{y_s}\,. \qquad\qquad \text{c)}$$

Schließlich folgt

$$\zeta = \eta \cdot \sin\alpha = z_s + \frac{\varrho^2}{z_s}\sin^2\alpha\,. \qquad\qquad \text{d)}$$

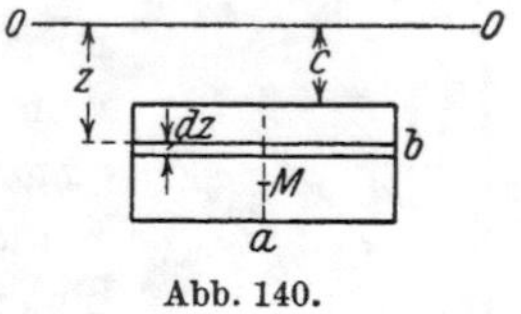

Abb. 140.

Beispiel: Ein Rechteck liege in einer vertikalen Ebene (siehe Abb. 140). Welchen Flüssigkeitsdruck erleidet es und wo liegt der Druckmittelpunkt?

$$dD = \gamma \cdot z \cdot a\,dz\,,$$

$$D = \int_c^{c+b} az\gamma\,dz = a\gamma \left[\frac{z^2}{2}\right]_c^{c+b} = \frac{a\gamma}{2}[2\,cb + b^2] = \frac{1}{2}\gamma ab\,(2\,c + b)\,.$$

$$\zeta \cdot D = \int_{c}^{c+b} a\,\gamma\,z^2\,dz = \frac{a\,\gamma}{3}\,[z^3]_c^{c+b} = \frac{\gamma}{3}\,a\,b\,(3\,c^2 + 3\,b\,c + b^2),$$

$$\zeta = \frac{2}{3}\,\frac{3\,c^2 + 3\,b\,c + b^2}{2\,c + b}.$$

Der Druckmittelpunkt liegt auf der zur Seite b parallelen Mittellinie des Rechtecks. In diesem Beispiele haben wir die Integration, um das Verständnis zu erleichtern, nochmals durchgeführt; wir hätten das Ergebnis auch unmittelbar mit Hilfe der Formeln c) und d) finden können.

    Zur Erläuterung diene das Beispiel: Ein auf der Spitze stehendes Quadrat liege in einer vertikalen Ebene (Abb. 141). Nach a) ist

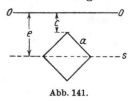

Abb. 141.

$$D = \gamma \cdot a^2\left(c + \frac{a}{2}\,\sqrt{2}\right).$$

Zerlegt man das Quadrat durch die horizontale Diagonale in zwei Dreiecke, so erhält man für das Trägheitsmoment des Quadrats mit Hilfe von Beispiel e) S. 261

$$J_s = \gamma \cdot \frac{1}{6}\,a^2 \cdot \frac{a^2}{2} = \gamma\,\frac{a^4}{12} = \gamma\,a^2 \cdot \varrho^2.$$

Folglich ist $\varrho = \frac{a}{6}\,\sqrt{3}$, und demnach der Abstand ζ des Druckmittelpunktes von der Oberfläche OO nach d)

$$\zeta = c + \frac{a}{2}\,\sqrt{2} + \frac{a^2}{12\left(c + \frac{a}{2}\,\sqrt{2}\right)} = \frac{12\,c^2 + 12\,a\,c\,\sqrt{2} + 7\,a^2}{6\,(2\,c + a\,\sqrt{2})} = \frac{a^2 + 12\,e^2}{12\,e}.$$

    Einige Anwendungen. a) Zwischen einer vertikalen Wand (Abb. 142) OV und einer Wand OA, die um eine durch O gehende horizontale Achse drehbar ist, ist eine Flüssigkeit vom Gewicht G und dem spezifischen Gewicht γ eingeschlossen; die Länge des durch diese beiden Wände und zwei zur Achse senkrechte Wände gebildeten Gefäßes sei a. Mit der Größe von α wird sich der Druck D auf die Wand OA und das auf sie ausgeübte Moment M bezüglich der durch O gehenden Achse ändern; der Zusammenhang zwischen D und α bzw. zwischen M und α soll aufgesucht werden. Bezeichnen wir mit $b = OA$ die Breite der Seitenwand, so ist der Rauminhalt des Gefäßes

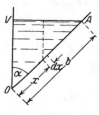

Abb. 142.

$$V = a \cdot \frac{1}{2}\,b\sin\alpha \cdot b\cos\alpha\,, \qquad V = \frac{a\,b^2}{4}\sin 2\,\alpha = \frac{G}{\gamma}\,;$$

also ist

$$b = 2 \sqrt{\frac{G}{\gamma \, a \sin 2 \, \alpha}} \, .$$

Nun ist nach Formel a)

$$D = \gamma \cdot a \, b \cdot \frac{b}{2} = \frac{\gamma}{2} \, a \, b^2 = \frac{2 \, G}{\sin 2 \alpha} \, .$$

Der Druck ist also dann am kleinsten, wenn $\alpha = 45°$ ist; $D_{min} = 2 \, G$.

Um das Moment zu bestimmen, bedenken wir, daß der im Abstande x von O befindliche Flächenstreifen $dF = a \cdot dx$ das Moment

$$dM = \gamma \cdot a \cdot dx \cdot (b - x) \cos \alpha \cdot x \, ,$$

also die ganze Wand das Moment

$$M = \int\limits_0^b \gamma \, a \, x \, (b - x) \cos \alpha \; dx$$

auszuhalten hat. Es ist demnach

$$M = \gamma \, a \cos \alpha \left[\frac{b}{2} \, x^2 - \frac{x^3}{3} \right]_0^b = \gamma \, \frac{a \, b^3}{6} \cos \alpha$$

$$= \frac{\gamma \, a}{6} \cdot \frac{8 \, G \sqrt{G}}{\gamma \, a \cdot \sqrt{\gamma \, a}} \cdot \sqrt{\frac{\cos^2 \alpha}{\sin^3 2 \alpha}} = \frac{G}{3} \sqrt{\frac{2 \, G}{\gamma \, a}} \cdot \frac{1}{\sqrt{\sin^3 \alpha \cos \alpha}} \, .$$

Wir sehen, daß dieses Moment am kleinsten wird für einen Winkel α, für welchen $\sin^3 \alpha \cos \alpha$ ein Maximum ist. Um dieses zu bestimmen, bilden wir

$$\frac{d (\sin^3 \alpha \cos \alpha)}{d \alpha} = 3 \sin^2 \alpha \cos^2 \alpha - \sin^4 \alpha = 0;$$

aus dieser Gleichung folgt $\operatorname{tg} \alpha = \sqrt{3}$, also $\alpha = 60°$. Das kleinste Moment, das die Flüssigkeitsmenge G überhaupt ausüben kann, ist demnach

$$M_{min} = \frac{4}{27} \, G \cdot \sqrt{\frac{6 \, G}{\gamma \, a}} \cdot \sqrt[4]{3} \, .$$

b) Hat der Querschnitt des Gefäßes die Gestalt eines Trapezes von den Abmessungen der
Abb. 143, und ist z die Tiefe der in ihm ent-
haltenen Wassermenge vom Gewichte G, so ist nach a) der Druck
auf die schräge Seitenfläche

Abb. 143.

$$D = \frac{1}{2} \, \gamma \cdot a \, \frac{z^2}{\sin \alpha} \, ,$$

wobei sich α aus der Gleichung bestimmt:

$$G = \gamma \, a \cdot \frac{z}{2} \, (2 \, b + z \operatorname{ctg} \alpha) \, .$$

18*

Eliminiert man α, so ergibt sich

$$D = \tfrac{1}{2}\sqrt{\gamma^2 a^2 z^4 + 4(G - \gamma a b z)^2}.$$

Der Druck hängt also, wie schon vorauszusehen war, von der durch den Neigungswinkel α bestimmten Wassertiefe z ab; er ist am kleinsten für den Wert z, den man aus der Gleichung $\dfrac{dD}{dz} = 0$ erhält. Er ist bestimmt durch die Gleichung

$$z^3 + 2 b^2 z - 2\frac{G b}{\gamma a} = 0. \quad \text{(Ableiten!)}$$

Das Druckmoment um O ist

$$M = \frac{1}{3} D \frac{z}{\sin\alpha} = \frac{1}{6}\gamma a \frac{z^3}{\sin^2\alpha},$$

wie der Leser durch Integration selbst finden möge.

$$M = \frac{1}{6\gamma a z}[\gamma^2 a^2 z^4 + 4(G - \gamma a b z)^2].$$

M wird am kleinsten, wenn $\dfrac{dM}{dz} = 0$, also

$$z^4 + \frac{4}{3} b^2 z^2 + \frac{4 G^2}{3 \gamma^2 a^2} = 0, \qquad z = \sqrt{\frac{2}{3}\left[\sqrt{b^4 + \frac{3 G^2}{\gamma^2 a^2}} - b^2\right]} \text{ ist.}$$

c) In ein halbkugelförmiges, mit Flüssigkeit gefülltes Gefäß wird eine Zwischenwand OA eingefügt; der auf sie ausgeübte Druck ist zu ermitteln. Nach a) ist

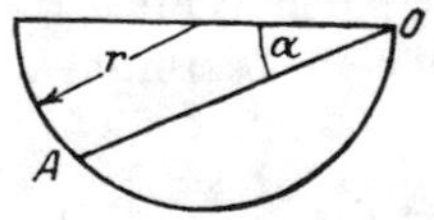

Abb. 144.

$$D = \gamma \cdot \pi r^2 \cos^2\alpha \cdot r \cos\alpha \sin\alpha = \gamma \pi r^3 \cos^3\alpha \sin\alpha.$$

D wird ein Maximum für

$$\operatorname{tg}\alpha = \tfrac{1}{3}\sqrt{3}, \qquad \text{also} \qquad \alpha = 30°;$$

$$D_{max} = \tfrac{3}{16}\gamma \pi r^3 \sqrt{3}.$$

Die Tiefe ζ des Druckmittelpunktes berechnet sich nach d), da $z_s = r\cos\alpha\sin\alpha$ und nach (96) Beispiel g) S. 263 $\varrho = \dfrac{r}{2}\cos\alpha$ ist, zu

$$\zeta = r\cos\alpha\sin\alpha + \frac{r^2\cos^2\alpha}{4 r\cos\alpha\sin\alpha}\sin^2\alpha = \frac{5}{4} r\cos\alpha\sin\alpha;$$

also liegt der Druckmittelpunkt am tiefsten, wenn $\alpha = 45°$ ist,

$$\zeta_{max} = \tfrac{5}{8} r.$$

(100) G. Ermittlung der Ausflußzeiten. Ein Gefäß sei bis zu einer bestimmten Höhe h mit Wasser gefüllt; es besitze am Boden eine Öffnung A vom Flächeninhalte f, durch welche das Wasser ausfließt. Die Zeit t, die das Wasser braucht, bis der Wasserspiegel eine Höhe x erreicht hat, ist — bei Zugrundelegung des **Torricellischen Gesetzes** $v = \sqrt{2 g x}$ — wesentlich abhängig von der Gestalt des Gefäßes. Hat der in der Höhe x durch das Gefäß gelegte wagerechte Querschnitt den Flächeninhalt y, so vermindert sich der Wasserinhalt J des Gefäßes bei einer Senkung des Spiegels um dx um den Betrag $y \cdot dx$; dieser fließt durch die Öffnung A ab. Da das Wasser durch diese mit der Geschwindigkeit $v = \sqrt{2gx}$ strömt, also im Zeitelement dt durch A die Wassermenge

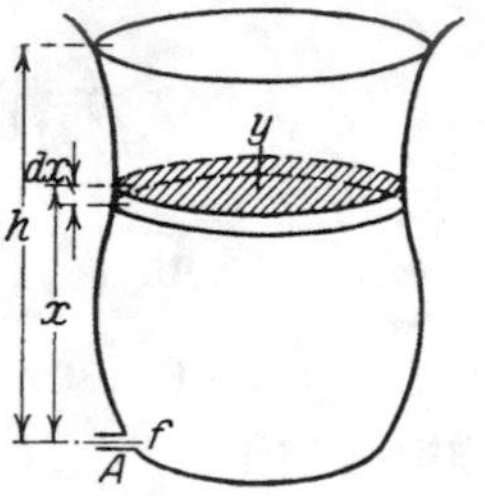

$$f \cdot v \cdot dt = f \cdot \sqrt{2gx}\, dt$$

abfließt, welche entgegengesetzt gleich der oben gefundenen Wassermenge $y \cdot dx$ sein muß, so ist

$$dt = -\frac{y}{f\sqrt{2gx}} dx \,{}^{1}).$$

Folglich liefert die Formel

$$t = -\frac{1}{f\sqrt{2g}} \int_{h}^{x} \frac{y}{\sqrt{x}}\, dx \qquad\qquad \text{a)}$$

Abb. 145.

die Zeit, welche benötigt wird, damit der Spiegel von der Höhe h auf die Höhe x sinkt, und demnach ist

$$T = -\frac{1}{f\sqrt{2g}} \int_{h}^{0} \frac{y}{\sqrt{x}}\, dx \qquad\qquad \text{b)}$$

die Ausflußzeit des Wassers aus dem Gefäße.

Beispiele. a) Ist das Gefäß zylindrisch, also $y = \pi a^2$, wenn a der Grundkreishalbmesser des Zylinders ist, so ist

$$t = -\frac{\pi a^2}{f\sqrt{2g}} \left[2\sqrt{x}\right]_{h}^{x}$$

oder

$$t = \frac{2\pi a^2}{f\sqrt{2g}} (\sqrt{h} - \sqrt{x}) = \frac{2J}{hf\sqrt{2g}} (\sqrt{h} - \sqrt{x}),$$

wobei J der ursprüngliche Wasserinhalt des Gefäßes ist. Demnach ist nach Verlauf der Zeit t der Wasserspiegel auf die Höhe

$$x = \left(\sqrt{h} - \frac{hf\sqrt{2g}}{2J} t\right)^2$$

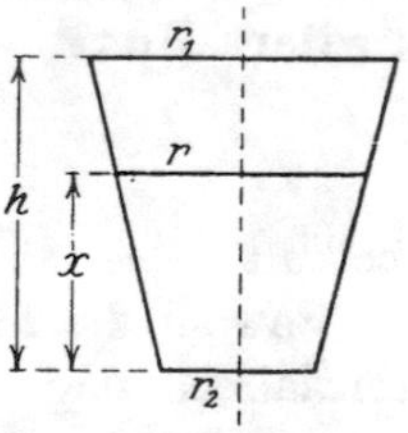

gesunken; die Ausflußzeit beträgt

$$T = \frac{2J}{f\sqrt{2gh}}.$$

b) Hat das Gefäß die Gestalt eines Kreiskegelstumpfes, wie ihn Abb. 146 im Achsenschnitte darstellt, so ist

Abb. 146.

$$r = r_2 + \frac{r_1 - r_2}{h} x, \quad \text{also} \quad y = \pi \left(r_2 + \frac{r_1 - r_2}{h} x\right)^2.$$

---

[1]) Das Minuszeichen ist in dem Umstande begründet, daß die Wassermenge $y\, dx$ eine Verminderung des Inhaltes des Gefäßes, dagegen die Wassermenge $f \cdot \sqrt{2gx}\, dt$ eine Vermehrung des ausgeflossenen Wassers bedeutet,

Damit ergibt sich

$$t = -\frac{\pi}{f\sqrt{2g}} \int\limits_{h}^{x} \left(\frac{r_2^2}{\sqrt{x}} + 2\,\frac{r_2\,(r_1 - r_2)}{h}\,\sqrt{x} + \left(\frac{r_1 - r_2}{h}\right)^2 x\,\sqrt{x} \right) dx$$

$$= -\frac{\pi}{f\sqrt{2g}} \left[2\,r_2^2\,\sqrt{x} + \frac{4}{3}\,\frac{r_2\,(r_1 - r_2)}{h}\,x\,\sqrt{x} + \frac{2}{5}\left(\frac{r_1 - r_2}{h}\right)^2 x^2\,\sqrt{x} \right]_{h}^{x}$$

$$= \frac{2\pi}{15\,f\sqrt{2g}} \left[\sqrt{h}\,(3\,r_1^2 + 4\,r_1\,r_2 + 8\,r_2^2) \right.$$

$$\left. - \sqrt{x}\left(15\,r_2^2 + 10\,r_2\,(r_1 - r_2)\,\frac{x}{h} + 3\,(r_1 - r_2)^2\,\frac{x^2}{h^2} \right) \right].$$

Mithin ist

$$T = \frac{2\pi\sqrt{h}}{15\,f\sqrt{2g}}\,(3\,r_1^2 + 4\,r_1\,r_2 + 8\,r_2^2).$$

Ist $r_2 = 0$, also das Gefäß ein gerader Kreiskegel, dessen Spitze nach unten gerichtet ist, so beträgt die Ausflußzeit

$$T = \frac{2\pi\sqrt{h}}{5\,f\sqrt{2g}}\,r_1^2 = \frac{6\,J}{5\,f\sqrt{2gh}}.$$

Ist dagegen die Spitze nach oben gekehrt ($r_1 = 0$), so ist

$$T = \frac{16\,\pi\sqrt{h}}{15\,f\sqrt{2g}}\,r_2^2 = \frac{16}{5}\,\frac{J}{f\sqrt{2gh}};$$

sie ist also größer als im ersten Falle, nämlich das $\frac{8}{3}$fache.

c) Man zeige, daß die Ausflußzeit aus einem kugelförmigen Gefäße, dessen Halbmesser r ist,

$$T = \frac{4}{5}\,\frac{J}{f\sqrt{g\,r}}$$

beträgt, ferner, daß sie sich für ein zylindrisches Gefäß vom Grundkreisradius r, wobei aber die Zylinderachse horizontal liegt, auf

$$T = \frac{4}{3}\,\frac{J}{f\sqrt{\pi\,g\,r}}$$

beläuft.

Sowohl die hier behandelte Integralrechnung als auch die Differentialrechnung erlauben noch viele fruchtbare Anwendungen, besonders auf Kurven und Flächen. Hierzu müssen wir aber erst Wesen und Verfahren der **analytischen Geometrie** auseinandersetzen und diese in Verbindung mit der Infinitesimalrechnung auf Kurven und Flächen im allgemeinen anwenden, wobei wir besonders den technisch wichtigen unser Augenmerk zuwenden wollen.

Analytische Geometrie der Ebene.

§ 1. Die Koordinatensysteme.

(101) Die analytische Geometrie hat es zu tun mit der Darstellung geometrischer Gebilde und Beziehungen durch algebraische Mittel und der Lösung geometrischer Aufgaben auf rechnerischem Wege. Zu diesem Zwecke sind in erster Linie die geometrischen Grundgebilde, die Punkte, durch Zahlen eindeutig darzustellen. Wir wollen zunächst den einfachsten Fall betrachten, daß die Punkte sämtlich auf einer Geraden angeordnet sind.

A. Punkte auf einer Geraden. Um einen Punkt P auf der Geraden g (Abb. 147) festzulegen, wählt man auf g einen festen Punkt O, den Anfangspunkt, Ursprung, Nullpunkt. O teilt g in zwei Strahlen, die zwei entgegengesetzte Richtungen bestimmen. Diese beiden Richtungen sollen durch Vorzeichen unterschieden werden, und zwar wollen wir den nach rechts gerichteten Strahl in Abb. 147 als den positiven, den nach links gerichteten als den negativen Strahl bezeichnen. Schließlich

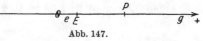

Abb. 147.

wählen wir eine bestimmte Strecke $OE = e$ als die Einheitsstrecke. Jetzt können wir jedem Punkte P der Geraden eine Zahl zuordnen, nämlich die Zahl, die angibt, wie oft sich die Einheitsstrecke e auf OP auftragen läßt. Enthält OP x Einheiten, so nennt man x die Abszisse des Punktes P. x kann alle Werte von $-\infty$ bis $+\infty$ durchlaufen, und zwar ist x positiv, sobald P auf dem positiven Strahle, dagegen negativ, wenn P auf dem negativen Strahle liegt, oder wenn man von O nach P in positiver bzw. negativer Bewegungsrichtung gelangt. Praktische Anwendung finden diese Festsetzungen an vielen Apparaten, z. B. bei den Thermometern. Hier hat man ebenfalls einen festen gewählten Nullpunkt, eine positive und eine negative Richtung und eine feste Einheit, die als ein Temperaturgrad bezeichnet wird.

Zu jedem Punkte P gehört somit stets ein, aber auch nur ein Zahlenwert x, die Abszisse, und umgekehrt gehört zu jeder beliebigen Zahl x stets ein, aber auch nur ein Punkt P, dessen Abszisse gleich x ist.

Wir können nun leicht die Länge von Strecken, die sich auf g befinden, bestimmen. Sind nämlich die Abszissen x_1 und x_2 zweier Punkte P_1 und P_2 gegeben, so ist auch ihre Entfernung P_1P_2 bestimmt und muß sich aus x_1 und x_2 berechnen lassen. Da nun die Abszissenachse eine bestimmte Richtung hat, kommt jeder Strecke auf ihr ebenfalls eine solche zu. Versteht man bei der Strecke P_1P_2 ein Durchlaufen von P_1 (Anfangspunkt) nach P_2 (Endpunkt), so folgt sofort, daß P_1P_2 und P_2P_1 nicht identisch, sondern entgegengesetzt gleich sind: $P_2P_1 = -P_1P_2$. Aus diesem Grunde ist auch, wenn P_1 die Abszisse x_1 hat, $OP_1 = x_1$, dagegen $P_1O = -(OP_1) = -x_1$. Wie auch

Abb. 148.

die Punkte P_1 und P_2 auf g liegen mögen, stets wird der Abstand P_1P_2 dargestellt durch 1) $x_2 - x_1$. So ist in Abb. 148

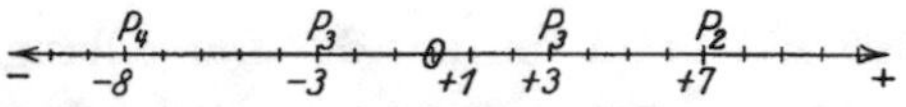

$$P_1P_2 = +7 - (+3) = +4, \qquad P_3P_1 = +3 - (-3) = +6,$$
$$P_1P_3 = -3 - (+3) = -6, \qquad P_3P_2 = +7 - (-3) = +10,$$
$$P_1P_4 = -8 - (+3) = -11, \qquad P_3P_4 = -8 - (-3) = -5,$$
$$P_2P_1 = +3 - (+7) = -4, \qquad P_4P_1 = +3 - (-8) = +11,$$
$$P_2P_3 = -3 - (+7) = -10, \qquad P_4P_2 = +7 - (-8) = +15,$$
$$P_2P_4 = -8 - (+7) = -15, \qquad P_4P_3 = -3 - (-8) = +5.$$

Wir erkennen, daß das Ergebnis stets die Strecke nach Vorzeichen und Größe richtig angibt.

Die Länge einer Strecke erhält man, indem man von der Abszisse des Endpunktes die Abszisse des Anfangspunktes abzieht.

Weiter ist
$$P_1P_2 + P_2P_3 = x_2 - x_1 + x_3 - x_2 = x_3 - x_1$$
oder
$$P_1P_2 + P_2P_3 = P_1P_3. \qquad\qquad 2)$$

Die Länge eines zusammenhängenden Streckenzuges auf einer Geraden erhält man, wenn man von der Abszisse des Endpunktes die Abszisse des Anfangspunktes subtrahiert.

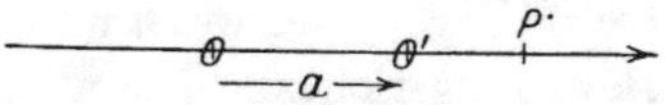

Abb. 149.

Wählt man einen neuen Nullpunkt O', der bezüglich des alten Nullpunktes O die Abszisse $OO' = a$ hat (Abb. 149), so gehören zu einem bestimmten Punkte P zwei Abszissen x und x'; x beziehe sich auf den Nullpunkt O, x' auf O'. Es ist also $OP = x$, $O'P = x'$. Nun ist für jede Lage der drei

Punkte O, O', P nach 2)

$$OP = OO' + O'P$$

oder

$$x = a + x' \quad \text{und} \quad x' = x - a. \qquad 3)$$

**Verschiebt man den Nullpunkt um die Strecke a, so ist
die alte Abszisse eines beliebigen Punktes gleich der Summe
aus der Abszisse a des neuen Nullpunktes und der neuen
Abszisse des betreffenden Punktes.**

(102) Eine zweite Möglichkeit, einen Punkt P auf der Geraden g
durch eine Zahl festzulegen, eröffnet folgender Weg (Abb. 150). Man

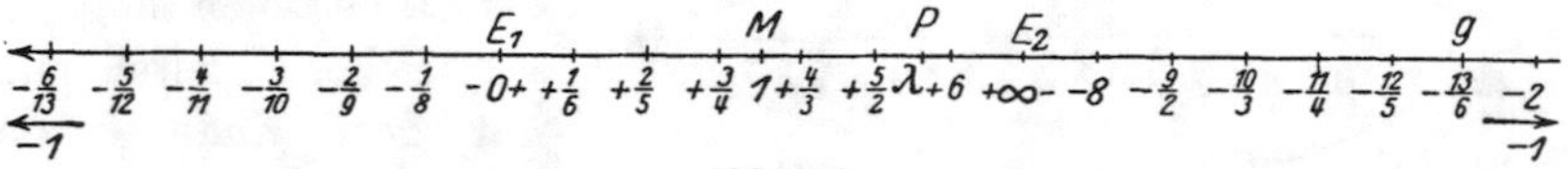

Abb. 150.

wählt auf g zwei feste Punkte E_1 und E_2, die sog. Festpunkte. Dann
soll zu dem Punkte P das Verhältnis

$$\lambda = \frac{E_1 P}{P E_2} \qquad 4)$$

gehören; λ heißt das **Teilverhältnis** des Punktes P. In Abb. 150 sind
an eine Anzahl von Punkten die Teilverhältnisse angeschrieben, und
man erkennt, daß zu jedem Punkte ein und nur ein solches Teilverhältnis λ gehört, und daß umgekehrt zu jeder Zahl λ ein und nur
ein Punkt gehört, dessen Teilverhältnis gleich λ ist. Wandert P von E_1
bis zum Mittelpunkte M von $E_1 E_2$, so ist λ beständig positiv und ein
echter Bruch, wächst also von 0 bis 1; wandert P von M bis E_2, so ist λ
beständig positiv und ein unechter Bruch, wächst also von 1 bis $+\infty$;
wandert P über E_2 hinaus, so ist λ stets negativ (da $P E_2$ negativ
ist) und ein unechter Bruch, wächst also von $-\infty$ bis -1; nähert sich
dagegen P aus unendlicher Ferne von links dem Punkte E_1, so ist λ stets
negativ (da $E_1 P$ negativ ist) und ein echter Bruch, wächst also von -1
bis 0. Dem Punkte E_1 kommt das Teilverhältnis $\lambda = 0$, dem Punkte M
das Teilverhältnis $\lambda = 1$ zu. Der Punkt E_2 scheint zwei Teilverhältnisse
zu besitzen, nämlich $\lambda = +\infty$, wenn man sich ihm von E_1 aus, und
$\lambda = -\infty$, wenn man sich ihm von der anderen Seite her nähert. Das
würde aber mit der Forderung im Widerspruche stehen, daß zu jedem
Punkte nur ein einziges Teilverhältnis λ gehört. Wir vermeiden diesen
Widerspruch dadurch, daß wir $+\infty$ mit $-\infty$ identifizieren [vgl. **(45)**
S. 105; $\operatorname{tg} \frac{\pi}{2} = \pm\infty$]. Ebenso scheint es zwei Punkte zu geben, die das
Teilverhältnis -1 besitzen, nämlich der linke und der rechte unendlich
ferne Punkt von g. Auch dieses würde im Widerspruche zu der For-
derung stehen, daß zu jedem Teilverhältnis nur ein Punkt gehört. Diesen

Widerspruch vermeiden wir dadurch, daß wir festsetzen: Die Gerade hat nur einen (uneigentlichen) unendlich fernen Punkt, eine Vorstellung, die uns verständlich wird, wenn wir g als den Grenzfall eines Kreises, der ja eine geschlossene Linie ist, auffassen, dessen Halbmesser über alle Grenzen hinaus wächst.

Erwähnt werden möge, daß dieser Begriff des Teilverhältnisses praktische Bedeutung gewinnt bei Messung des elektrischen Widerstandes eines Leiters durch die **Wheatstonesche Brücke**. Um nämlich den

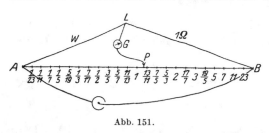

Abb. 151.

Widerstand w des Leitungsstückes AL mit dem des Leitungsstückes LB, der $1\,\Omega$ betragen möge, zu vergleichen, gleitet man mit dem Ende P der Leitung LP, in die ein Galvanometer G eingeschaltet ist, so lange auf der Leitungsschiene AB entlang, bis das Galvanometer auf Null weist, d. h. die Leitung LP stromlos ist. Dann ist $w:1\,\Omega = AP:PB$. Da $\lambda = \dfrac{AP}{PB}$ das Teilverhältnis des Punktes P auf der Strecke AB ist, so ist $w = \lambda \cdot \Omega$. Schreibt man also an die einzelnen Punkte die Teilverhältnisse an, so kann man ohne weiteres den Widerstand von AL auf der Brücke ablesen.

(103) Wir haben somit zwei Verfahren kennengelernt, um einen Punkt P auf der Geraden durch eine Zahl eindeutig festzulegen: das **Abszissenverfahren** und das **Verfahren des Teilverhältnisses** λ. Hieraus folgt, daß man aus der Abszisse eines Punktes auch sein Teilverhältnis berechnen kann und umgekehrt. Ist in Abb. 152 O der Nullpunkt, und sind x_1 und x_2 die Abszissen der beiden Festpunkte E_1 und E_2, ferner $OP = x$ die Abszisse des beliebigen Punktes P und λ sein Teilverhältnis, so muß gelten

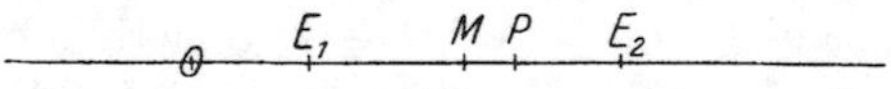

Abb. 152.

$$\frac{E_1 P}{P E_2} = \frac{E_1 O + O P}{P O + O E_2} = \frac{-x_1 + x}{-x + x_2},$$

also

$$\lambda = \frac{x - x_1}{x_2 - x}. \qquad\qquad 5\,\text{a)}$$

Formel 5 a) berechnet das Teilverhältnis λ von P aus der Abszisse x von P. Lösen wir 5 a) nach x auf, so erhalten wir

$$x = \frac{x_1 + \lambda x_2}{1 + \lambda}. \qquad\qquad 5\,\text{b)}$$

5 b) berechnet umgekehrt aus dem Teilverhältnis λ die Abszisse x.

Da für den Mittelpunkt M der Strecke E_1E_2 das Teilverhältnis gleich 1 ist, so ist die Abszisse von M nach 5b)

$$x_m = \frac{x_1 + x_2}{1 + 1}, \qquad x_m = \frac{x_1 + x_2}{2}.$$

Die Abszisse des Mittelpunktes einer Strecke ist das arithmetische Mittel aus den Abszissen ihrer Endpunkte. (Leite dieses Ergebnis unmittelbar aus der Abbildung ab!)

Aufgabe: Es sei

a) $x_1 = 7$, $\qquad x_2 = 20$; $\qquad$ b) $x_1 = -5$, $\quad x_2 = 8$;

c) $x_1 = 5$, $\qquad x_2 = -7$; $\qquad$ d) $x_1 = 18$, $\quad x_2 = 8$;

e) $x_1 = -3$, $\qquad x_2 = -15$.

Suche durch Rechnung und Zeichnung die Teilverhältnisse der Punkte mit den Abszissen

$$x = 0, \quad 4, \quad 10, \quad 25, \quad -1, \quad -7, \quad -13, \quad -24.$$

Suche durch Rechnung und Zeichnung die Abszissen der Punkte, deren Teilverhältnis

$$\lambda = \tfrac{1}{3}, \quad \tfrac{1}{2}, \quad \tfrac{3}{4}, \quad 1, \quad 2, \quad 7, \quad -\tfrac{1}{2}, \quad -\tfrac{2}{3}, \quad -0{,}4, \quad -2, \quad -4, \quad -6$$

ist. (100 Aufgaben.)

(104) B. Der Punkt in der Ebene. Um einen Punkt in der Ebene festzulegen, kann man ebenfalls verschiedene Wege einschlagen; die zwei wichtigsten sollen hier behandelt werden. Man wählt (Abb. 153) einen festen Punkt O, den **Koordinatenanfangspunkt, Ursprung, Nullpunkt,** und zieht durch ihn zwei Geraden, die **Koordinatenachsen,** die einen Winkel ω, den **Koordinatenwinkel,** miteinander einschließen mögen. Die eine Achse, die meist horizontal gelegt wird, wird als **Abszissenachse,** gewöhnlich x-Achse, die andere, deren Lage nun durch ω bestimmt ist, als die **Ordinatenachse,** gewöhnlich y-Achse,

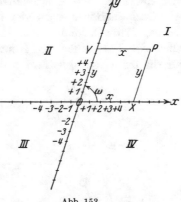

Abb. 153.

bezeichnet. Beide werden durch O in zwei Strahlen zerlegt, die man durch das Vorzeichen unterscheidet. Dabei wählt man im allgemeinen auf der Abszissenachse die nach **rechts** weisende, auf der Ordinatenachse die nach **oben** weisende als positive Richtung. Schließlich wählt man für beide Achsen eine bestimmte Längeneinheit.

Um einen Punkt P festzulegen, zieht man durch ihn zu den beiden Achsen die Parallelen PX und PY; man nennt die Strecke $OX = YP = x$ die Abszisse und die Strecke $OY = XP = y$ die Ordinate von P; beide führen den gemeinsamen Namen Koordinaten des Punktes P. Die Beziehung zwischen Punktlage und Wertepaar der Koordinaten ist, wie man sich leicht überzeugt, eindeutig. Zu jedem Punkte P gehört ein und nur ein Wertepaar $x|y$; und zu jedem Wertepaare $x|y$ ein und nur ein Punkt P. Wie auf der Geraden eine Zuordnung zwischen Punkt und einer Zahl (Abszisse) besteht, so in der Ebene Zuordnung zwischen Punkt und einem Zahlenpaar. Ein System, das erlaubt, einen Punkt durch Koordinaten festzulegen, heißt ein Koordinatensystem. In unserem Falle bedarf es der durch den Punkt gehenden Parallelen, um seine Koordinaten zu finden; man nennt daher dieses System ein **Parallelkoordinatensystem.** Der gebräuchlichste Sonderfall nimmt als Koordinatenwinkel ω den rechten Winkel; bei ihm stehen also die beiden Koordinatenachsen aufeinander senkrecht. In diesem Falle nennt man das Parallelkoordinatensystem rechtwinklig oder spricht kurzweg von einem rechtwinkligen Koordinatensystem. Ist $\omega \neq 1R$, so heißt das System ein schiefwinkliges Parallelkoordinatensystem. Die beiden Koordinatenachsen zerlegen die Ebene in vier Teile, Quadranten genannt, die mit den Nummern I bis IV versehen werden. Und zwar wird der erste Quadrant von der positiven Abszissen- und positiven Ordinatenhalbachse begrenzt, der zweite von der positiven Ordinaten- und der negativen Abszissenhalbachse, der dritte von der negativen Abszissen- und der negativen Ordinatenhalbachse und der vierte von der negativen Ordinaten- und der positiven Abszissenhalbachse begrenzt. Über die Vorzeichen der Koordinaten eines beliebigen Punktes gibt für die einzelnen Quadranten die nachstehende Tafel Auskunft, deren Richtigkeit durch einfache Überlegung bestätigt wird:

	I	II	III	IV
x	$+$	$-$	$-$	$+$
y	$+$	$+$	$-$	$-$

Einige Anwendungen der Parallelkoordinaten mögen folgen (s. Abb. 154).

Jedem Punkte der x-Achse kommt die Eigenschaft zu, daß seine Ordinate den Wert Null hat; umgekehrt ist $y = 0$ die

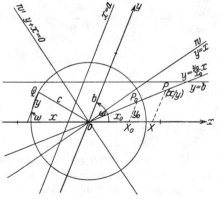

Abb. 154.

Bedingung dafür, daß der Punkt auf der x-Achse liegt; $y = 0$ wird daher die Gleichung der x-Achse genannt. Entsprechend findet man als Gleichung der y-Achse $x = 0$. Man sieht weiter, daß die Gleichung $y = b$ von den Ordinaten aller derjenigen Punkte erfüllt wird, welche auf derjenigen Parallelen zur x-Achse liegen, die auf der y-Achse das Stück b abschneiden; man nennt daher $y = b$ die Gleichung dieser Parallelen. Man deute die Gleichung $x = a$.

Der Punkt P_0 habe die Koordinaten x_0 und y_0; irgendein Punkt P auf der Geraden OP_0 möge die Koordinaten x und y haben. Aus der Ähnlichkeit der Dreiecke OXP und OX_0P_0 folgt ohne weiteres, daß $y : x = y_0 : x_0$ ist; folglich ist $y = \frac{y_0}{x_0} \cdot x$ die Gleichung der Geraden OP_0, da sie von den Koordinaten eines jeden Punktes dieser Geraden erfüllt wird. Man beweise, daß $y - x = 0$ die Gleichung der Halbierenden w des Koordinatenwinkels ω und seines Scheitelwinkels, und daß $y + x = 0$ die Gleichung der Halbierenden w' des Nebenwinkels zu ω ist. Man überzeuge sich weiter, daß jede durch O gehende Gerade eine Gleichung von der Form $y = \mathrm{A}x$ hat; beispielsweise suche man Punkte, deren Koordinaten die Gleichung $y = \frac{3}{2}x$ oder die Gleichung $y + 2x = 0$ erfüllen. Diese Betrachtungen gelten für jedes Parallelkoordinatensystem, ob es nun schiefwinklig oder rechtwinklig ist. Im folgenden wollen wir uns auf ein rechtwinkliges Koordinatensystem beschränken.

In Abb. 155 ist um O ein Kreis vom Halbmesser c geschlagen; auf ihm liege der Punkt $P(x \mid y)$. Welche Bedingung müssen seine Koordinaten erfüllen? Aus dem rechtwinkligen Dreiecke OXP folgt ohne weiteres

$$x^2 + y^2 = c^2.$$

Diese Gleichung wird von den Koordinaten jedes Punktes dieser Kreislinie erfüllt, wie man sich leicht überzeugt; man nennt daher die Gleichung

$$x^2 + y^2 = c^2 \qquad 6)$$

Abb. 155.

die Gleichung des Kreises, und zwar, weil der Mittelpunkt des Kreises mit dem Koordinatenanfangspunkt zusammenfällt, die Mittelpunktsgleichung des Kreises vom Halbmesser c.

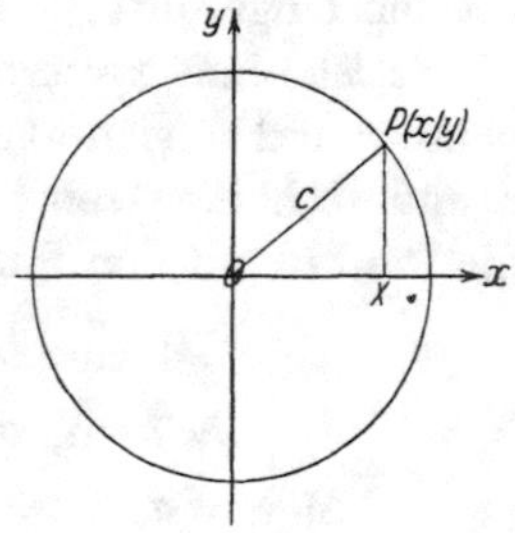

Diese Mittelpunktsgleichung für den Kreis gilt nur im rechtwinkligen Koordinatensystem. Im schiefwinkligen Koordinatensystem lautet die Gleichung, wie leicht mittels des Kosinussatzes nachzuweisen ist (s. Abb. 154),

$$x^2 + 2xy \cos \omega + y^2 = c^2.$$

(Mittelpunktsgleichung des Kreises im schiefwinkligen Koordinatensystem.) Im Anschlusse hieran suche man durch punktweise Konstruktion die Gestalt der Kurve zu ermitteln, deren Gleichung im schiefwinkligen Koordinatensystem $x^2 + y^2 = c^2$ lautet.

Man konstruiere, sowohl im rechtwinkligen als auch im schiefwinkligen Koordinatensystem, punktweise die Kurven von der Gleichung

$$x^2 + 2y^2 = c^2, \quad x^2 - y^2 = c^2, \quad x^2 - 2y^2 = c^2, \quad y^2 - x^2 = c^2.$$

Dabei ist zu beachten, daß man unter der Gleichung einer Kurve eine Gleichung versteht, die von den Koordinaten aller Punkte der Kurve erfüllt wird.

(105)   Einen anderen Weg, Punkte in der Ebene eindeutig festzulegen, eröffnet das **Polarkoordinatensystem.** Wir wählen in der Ebene einen festen Punkt O, den Nullpunkt, Ursprung, Pol, und von ihm ausgehend einen Strahl (im allgemeinen wagerecht nach rechts), den Anfangsstrahl. Um einen Punkt P der Ebene festzulegen, verbinden wir O mit P; die Strecke $OP = r$ heißt der Leitstrahl, Radiusvektor, Fahrstrahl von P, und der Winkel ϑ, um den man den Anfangsstrahl drehen muß, bis er mit OP zusammenfällt, heißt die Amplitude oder Anomalie von P. Man hat die Drehung entgegen dem Uhrzeigersinne als positive Drehung festgelegt und bezeichnet daher umgekehrt die Uhrzeigerdrehung als negative. Die Amplitude ϑ kann also alle Werte von $-\infty$ bis $+\infty$ durchlaufen. Der Leitstrahl dagegen wird, wenn nicht besonderer Anlaß vorhanden ist, ohne Vorzeichen eingeführt; er ist im allgemeinen eine absolute Größe.

Es ist ohne weiteres verständlich, daß zu einem gegebenen Wertepaare r und ϑ sich stets ein und auch nur ein Punkt P finden läßt; r und ϑ heißen seine Polarkoordinaten. Zur Übung suche man die Punkte mit den Polarkoordinaten

a) $r = 3\,\mathrm{cm}, \ \vartheta = 45°$;   b) $r = 12\,\mathrm{cm}, \ \vartheta = 172°$;

c) $r = 7\,\mathrm{cm}, \ \vartheta = 225°$;   d) $r = 8\,\mathrm{cm}, \ \vartheta = 427°$;

e) $r = a, \ \vartheta = -53°$;   f) $r = b, \ \vartheta = 4$ (Bogenmaß!)...

Andererseits gehört zu einem bestimmten Punkte P zwar stets ein und auch nur ein Leitstrahl $r = OP$ (r absolut vorausgesetzt),

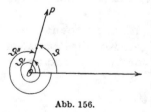

Abb. 156.

aber unendlich viele Amplituden. Um beispielsweise in Abb. 156 den Anfangsstrahl mit OP zur Deckung zu bringen, können wir ihn um den Winkel ϑ drehen; wir können ihn aber auch um den Winkel ϑ' drehen, also eine volle Drehung mehr ausführen; ebenso können wir beliebig viele Volldrehungen hinzufügen. Auch durch Drehungen im negativen Sinne (s. ϑ'') läßt sich die Lage von OP erreichen. Alle diese unendlich vielen Drehwinkel sind Amplituden zu P; sie stehen aber in engem Zusammenhang untereinander. Ist nämlich eine Amplitude ϑ bekannt, so ist jede andere Amplitude von P von der Form

$$\vartheta + k \cdot 360° \qquad \text{bzw.} \qquad \vartheta + 2k\pi,$$

je nachdem ob man die Amplituden im Gradmaß oder im Bogenmaß mißt; k ist hierbei irgendeine positive oder negative ganze Zahl. In Abb. 156 ist

$$\vartheta = 75°, \qquad \vartheta' = 75° + 1 \cdot 360° = 435°,$$
$$\vartheta'' = 75° + (-1) \cdot 360° = -285°$$

oder im Bogenmaß

$$\vartheta = \tfrac{5}{12}\pi, \qquad \vartheta' = \tfrac{5}{12}\pi + 1 \cdot 2\pi = 2\tfrac{5}{12}\pi = \tfrac{29}{12}\pi,$$
$$\vartheta'' = \tfrac{5}{12}\pi + (-1) \cdot 2\pi = -1\tfrac{9}{12}\pi.$$

Jede Gleichung zwischen r und ϑ stellt die Gleichung einer Kurve dar; hierbei ist die Kurve die Gesamtheit aller Punkte, deren Polarkoordinaten r und ϑ diese Gleichung erfüllen. Einige einfache Beispiele mögen dies näher erläutern.

a) Die Gleichung $r = a$ wird von allen Punkten erfüllt, für welche der Leitstrahl, welches auch die Amplitude sei, die Länge a hat; alle diese Punkte liegen aber auf dem um O mit dem Halbmesser $r = a$ geschlagenen Kreise. Folglich ist $r = a$ die Gleichung dieses Kreises.

b) Der Gleichung $\vartheta = \alpha$ genügen alle Punkte, für welche, wie groß auch der Leitstrahl sein mag, die Amplitude die Größe α hat; diese Punkte liegen aber sämtlich auf dem von O ausgehenden Strahle, der mit dem Anfangsstrahle den Winkel α einschließt. Folglich ist $\vartheta = \alpha$ die Gleichung dieses Strahles.

c) Die einfachste Gleichung, die zwischen r und ϑ besteht, ist die lineare Gleichung

$$r = a \cdot \vartheta; \tag{7}$$

sie sagt aus, daß der Leitstrahl proportional der Amplitude zunimmt. Für $\vartheta = 0$ ist $r = 0$; d. h. der Nullpunkt ist selbst ein Punkt der Kurve. Mit wachsendem ϑ entfernt sich der zugehörige Punkt immer mehr vom Nullpunkt. Nach einem Umlauf, d. h. für $\vartheta = 2\pi$ ist $r = 2\pi a = b$. Die Kurve (Abb. 157) heißt die **Archimedische Spirale**; sie schneidet jeden Leitstrahl in unendlich vielen Punkten, die um die Strecke b voneinander abstehen. Berücksichtigt man auch **negative** Amplituden, so muß man auch **negative** Leitstrahlen einführen; so ist für $\vartheta = -\dfrac{b}{3}$.

$$r = -\frac{1}{3}\pi a = -\frac{b}{6}.$$

Diese Strecke ist aber nicht auf dem zu $\vartheta = -\frac{\pi}{3}$ gehörigen Strahle, sondern auf seiner Rückwärtsverlängerung über O hinaus abzutragen; man gelangt so zu dem Punkte P' in Abb. 157. Auf diese Weise wird die Archimedische Spirale selbst über O hinaus verlängert; der zu negativen Amplituden gehörige Kurvenzweig ist in der Abbildung gestrichelt angedeutet. Man erkennt, daß sich die Archimedische Spirale unendlich oft selbst überschneidet; diese Schnittpunkte sind alle auf der durch O gehenden Normalen zum Anfangsstrahle verteilt. Weiteres über diese Kurve siehe später S. 405.

(106) Da sich ein bestimmter Punkt in der Ebene sowohl durch Parallelkoordinaten als auch durch Polarkoordinaten eindeutig festlegen läßt, muß es möglich sein, die einen aus den anderen abzuleiten. Besonders einfach werden diese Formeln, wenn wir ein recht-

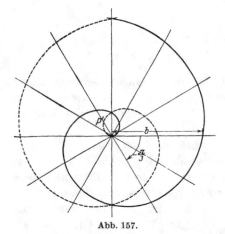

Abb. 157.

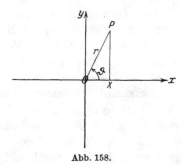

Abb. 158.

winkliges Parallelkoordinatensystem der Betrachtung zugrunde legen. Wir wählen dabei die gegenseitige Lage der beiden Koordinatensysteme so, daß ihre Nullpunkte aufeinanderfallen und der Anfangsstrahl des Polarkoordinatensystems sich mit der positiven Abszissenachse deckt (Abb. 158). Es ist dann für jede Lage des Punktes P

$$x = r\cos\vartheta, \qquad y = r\sin\vartheta.   \qquad\qquad 8)$$

Die Formeln 8) lehren, aus den Polarkoordinaten r und ϑ die rechtwinkligen Koordinaten x und y zu finden. Ferner ist

$$r = \sqrt{y^2 + x^2}, \qquad \text{tg}\,\vartheta = \frac{y}{x}, \qquad \vartheta = \text{arctg}\,\frac{y}{x}.   \qquad 9)$$

Die Formeln 9) lehren umgekehrt, aus den rechtwinkligen Koordinaten x und y die Polarkoordinaten r und ϑ zu finden, nur seien zu 9) noch einige Bemerkungen hinzugefügt.

Die Quadratwurzel ist — soweit sich nicht das Gegenteil als notwendig erweist — stets absolut (ohne Vorzeichen) zu nehmen. Bei

Bestimmung des Quadranten, in dem ϑ liegt, ist sowohl das Vorzeichen von x als auch das von y zu beachten, die folgende Tabelle zeigt den Zusammenhang:

x	$+$	$-$	$-$	$+$
y	$+$	$+$	$-$	$-$
ϑ	$0 < \vartheta < \dfrac{\pi}{2}$	$\dfrac{\pi}{2} < \vartheta < \pi$	$\pi < \vartheta < \dfrac{3}{2}\pi$	$\dfrac{3}{2}\pi < \vartheta < 2\pi$

Außerdem ist zu dem auf diese Weise gefundenen Winkel ϑ zwischen 0 und 2π nach **(105)** noch eine Größe $2\pi k$ zu addieren (k irgendeine ganze Zahl).

Die Überführung der Koordinaten eines Systems in die eines anderen wird Koordinatentransformation, die sie vermittelnden Formeln 8) und 9) werden Transformationsformeln genannt.

Aufgaben: Welches sind die rechtwinkligen Koordinaten des Punktes, dessen Polarkoordinaten lauten:

	a)	b)	c)	d)	e)	f)	g)	h)	i)	k)
$r =$	3	4	5	6	7	8	9	10	0	10
$\vartheta =$	$37°15'$	$180°$	$2,00$	$\frac{5}{3}\pi$	$-119°$	$\frac{3}{2}\pi$	$-4,000$	$700°$	-10	-10

Welches sind die Polarkoordinaten des Punktes, dessen rechtwinklige Koordinaten lauten:

	a)	b)	c)	d)	e)	f)	g)	h)
$x =$	3	-5	-8	7	6	-6	7	-8
$y =$	4	12	-15	-24	-5	-7	8	3

Zeichnung und Rechnung!

Mit Hilfe der Transformationsformeln 8) und 9) sind wir in die Lage versetzt, die Gleichung einer Kurve in Polarkoordinaten aufzustellen, wenn uns ihre Gleichung in rechtwinkligen Koordinaten gegeben ist, und umgekehrt. Einige Beispiele mögen dies zeigen.

a) Wir wissen, daß die Gerade, die zur y-Achse parallel ist und auf der x-Achse das Stück a abschneidet, die Gleichung hat $x = a$ [s. **(104)** S. 285]. Setzen wir ein rechtwinkliges Koordinatensystem voraus, so können wir jetzt leicht die Transformation in Polarkoordinaten vornehmen; nach Gleichung 8) ist nämlich

$$r\cos\vartheta = a; \quad \text{also ist} \quad r = \frac{a}{\cos\vartheta}$$

die Gleichung dieser Geraden in Polarkoordinaten. Wir finden diese Gleichung in Abb. 159 bestätigt.

b) Die Scheitelgleichung der Parabel [s. **(38)**] lautet $y = \sqrt{2px}$; mittels der Formeln 8) ergibt sich hieraus

$$r \sin\vartheta = \sqrt{2pr\cos\vartheta} \qquad \text{oder} \qquad r = 2p\frac{\cos\vartheta}{\sin^2\vartheta} = 2p\frac{\operatorname{ctg}\vartheta}{\sin\vartheta}.$$

Hieraus folgt eine einfache Konstruktion von Punkten der Parabel (s. Abb. 160): Man wähle auf der Parabelachse den Punkt C, der vom

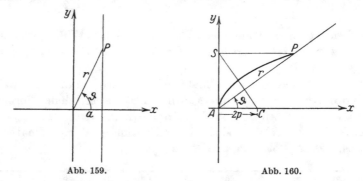

Abb. 159.　　　　　　　　　　Abb. 160.

Scheitel A die Entfernung $AC = 2p$ hat, fälle von ihm auf den freien Schenkel der Amplitude ϑ das Lot, das die Scheiteltangente in S schneidet, und ziehe durch S die Parallele zur Parabelachse, die den freien Schenkel von ϑ im Parabelpunkte P schneidet. Denn es ist

$$\sphericalangle ASC = \vartheta, \qquad \text{also} \qquad AS = 2p\operatorname{ctg}\vartheta; \qquad \sphericalangle SPA = \vartheta,$$

also

$$AP = r = \frac{AS}{\sin\vartheta} = 2p\frac{\operatorname{ctg}\vartheta}{\sin\vartheta}.$$

§ 2. Strecken und Flächen im rechtwinkligen Koordinatensysteme. Transformation der Parallelkoordinatensysteme.

(107) Im ersten Teile dieses Paragraphen beschränken wir uns auf ein rechtwinkliges Koordinatensystem. In der Ebene seien zwei Punkte $P_1(x_1|y_1)$ und $P_2(x_2|y_2)$ gegeben. Durch sie ist eine Strecke P_1P_2 bestimmt; hierbei ist mit „Strecke P_1P_2" die Strecke nach Größe und Richtung gemeint. Man nennt ein Gebilde, zu dessen völliger Bestimmung sowohl die Angabe seiner Größe als auch die seiner Richtung gehört, einen Vektor; eine Größe, der keine Richtung zukommt, heißt ein Skalar. In diesem Sinne ist die Strecke P_1P_2 also ein Vektor. Wir wollen sie vom Anfangspunkte P_1 nach dem Endpunkte P_2 hin durchlaufen; sie ist also durchaus verschieden von der Strecke P_2P_1, die die entgegengesetzte Richtung hat [s. a. **(101)** S. 280]. Der

Richtungssinn wird (s. Abb. 161) durch einen angefügten Pfeil angedeutet.

Um die Richtung einer Strecke $P_1 P_2$ eindeutig festzulegen, zieht man durch ihren Anfangspunkt P_1 eine Parallele zur positiven Hälfte der x-Achse und bestimmt den Winkel ϑ, um den man diese Parallele um P_1 drehen muß, damit sie mit $P_1 P_2$ zusammenfällt. — Hieraus ergibt sich, daß die beiden Strecken $P_1 P_2$ und $P_2 P_1$ zwei um $180°$ bzw. π verschiedene Richtungswinkel ϑ und ϑ' haben; es ist $\vartheta' - \vartheta = \pi$.

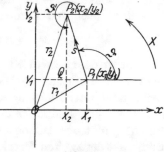

Abb. 161.

Die Strecke $P_1 P_2$ ist durch ihren Anfangspunkt P_1 und ihren Endpunkt P_2 völlig bestimmt. Da nun diese beiden Punkte durch ihre Koordinaten $x_1|y_1$ bzw. $x_2|y_2$ ihrerseits völlig bestimmt sind, muß es möglich sein, sowohl die Größe s als auch den Richtungswinkel ϑ durch diese vier Koordinaten auszudrücken. Wir ziehen durch P_1 und P_2 die Parallelen $P_1 X_1$ und $P_2 X_2$ zur y-Achse und $P_1 Y_1$ und $P_2 Y_2$ zur x-Achse; $P_1 Y_1$ und $P_2 X_2$ mögen sich in Q schneiden; dann ist $P_1 Q = X_1 X_2$ und $Q P_2 = Y_1 Y_2$. Nach 1) ist aber $X_1 X_2 = x_2 - x_1$ und $Y_1 Y_2 = y_2 - y_1$, wie auch die beiden Punkte P_1 und P_2 zueinander liegen mögen. Daher ergibt sich für die Länge der Strecke $P_1 P_2$ die Formel

$$s = \sqrt{(x_2 - x_1)^2 + (y_2 - y_1)^2}. \qquad\qquad 10\,\text{a})$$

Weiterhin ist nach der Definition der Winkelfunktionen

$$\operatorname{tg}\vartheta = \frac{Q P_2}{P_1 Q} = \frac{Y_1 Y_2}{X_1 X_2}, \qquad \text{also} \qquad \operatorname{tg}\vartheta = \frac{y_2 - y_1}{x_2 - x_1}. \qquad 10\,\text{b})$$

10 b) liefert den Winkel ϑ; hierbei ist nach dem Vorgange der Formel 9 b) zur Bestimmung des Quadranten von ϑ sowohl das Vorzeichen von $y_2 - y_1$ als auch das von $x_2 - x_1$ zu beachten.

Beispiele. Wir wollen unseren Betrachtungen das Dreieck ABC zugrunde legen, dessen Eckpunkte die Koordinaten haben:

$$A(-13\,|\,22), \qquad B(23\,|\,7), \qquad C(3\,|\,-8);$$

es möge, da es auch im folgenden immer wiederkehren wird, kurzweg als das Dreieck **D** bezeichnet werden (s. Abb. am Schluß dieses Bandes).

Es sind die Länge und die Richtung der Seiten AB, BC, CA des Dreiecks **D** zu berechnen.

$$(a = 25, \qquad \vartheta_{BC} = 216° 52' 11''; \qquad b = 34, \qquad \vartheta_{CA} = 118° 4' 21'';$$

$$c = 39, \qquad \vartheta_{AB} = 337° 22' 48''.)$$

19*

Es ist zu zeigen, daß der Richtungswinkel von P_2P_1 um π verschieden ist von dem Richtungswinkel P_1P_2.

Umgekehrt kann man aus der Länge s und dem Richtungswinkel ϑ einer Strecke P_1P_2 zwar nicht die Koordinaten der beiden Punkte P_1 und P_2, wohl aber die Differenz ihrer Abszissen und die ihrer Ordninaten berechnen nach den Formeln

$$x_2 - x_1 = s\cos\vartheta, \qquad y_2 - y_1 = s\sin\vartheta. \qquad 11)$$

Man addiert zwei Strecken (Vektoren), indem man sie nach Größe und Richtung aneinandersetzt, d. h. die zweite Strecke unter Beibehalten ihrer Richtung so in der Ebene verschiebt, daß ihr Anfangspunkt auf den Endpunkt der ersten Strecke fällt; die Strecke, deren Anfangspunkt der Anfangspunkt der ersten, und deren Endpunkt der Endpunkt der zweiten Strecke in ihrer neuen Lage ist, heißt die Summe der beiden ursprünglichen Strecken. Diesen Vorgang bezeichnet man als geometrische Addition. Hierbei ist die Lage der Anfangspunkte der ̓Strecken unwesentlich, ebenso ist die Reihenfolge der Summanden ohne Belang. (S. Abb. 162: A_1B_1 die ursprüngliche

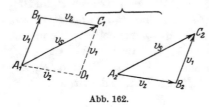

Abb. 162.

Lage des einen Summanden v_1, A_2B_2 die ursprüngliche Lage des anderen Summanden v_2; es ist gleichgültig, ob man in B_1 nach Größe und Richtung $B_1C_1 = v_2$ oder in B_2 nach Größe und Richtung $B_2C_2 = v_1$ anfügt, da $A_1C_1 = A_2C_2 = v_s$ ist; man kann auch in A_1 erst $A_1D_1 = v_2$ und in D_1 dann $D_1C_1 = v_1$ anfügen. Anwendung bei Zusammensetzen von Kräften!)

In Abb. 161 heißt X_1X_2 die Projektion der Strecke (des Vektors) P_1P_2 auf die x-Achse; unter dem Neigungswinkel einer Strecke (eines Vektors) gegen einen Strahl versteht man den Winkel, um den man diesen Strahl drehen muß, bis er in die Richtung der Strecke (des Vektors) fällt oder parallel und gleichgerichtet mit ihr ist. Hiernach ist ϑ der Neigungswinkel des Vektors P_1P_2 gegen die x-Achse. Da $X_1X_2 = s \cdot \cos\vartheta$ ist [s. 11)], ergibt sich der Satz:

Man erhält die Projektion einer Strecke gegen einen Strahl, indem man die Länge der Strecke mit dem Kosinus ihres Neigungswinkels gegen diesen Strahl multipliziert.

Da man die positive y-Achse um den Winkel $\frac{3}{2}\pi$ drehen muß, bis sie mit der positiven x-Achse zusammenfällt, bedarf es der Drehung um den Winkel $\frac{3}{2}\pi + \vartheta$, bis sie parallel und gleichgerichtet mit P_1P_2

ist. Demnach ist die Projektion von $P_1 P_2$ auf die y-Achse

$$Y_1 Y_2 = s \cdot \cos\left(\tfrac{3}{2}\pi + \vartheta\right) = s \cdot \sin\vartheta = y_2 - y_1\,,$$

in Übereinstimmung mit Formel 11 b).

Eine unmittelbare Folge dieser Entwicklungen ist der

Projektionssatz: Alle Linienzüge, die von einem bestimmten Anfangspunkte P_1 zu einem bestimmten Endpunkte P_2 führen, liefern auf eine beliebige Gerade dieselbe Projektion, nämlich die Projektion der Strecke $P_1 P_2$. — Die Projektion jedes geschlossenen Linienzuges auf eine beliebige Achse ist gleich Null.

Daß der Projektionssatz für einen aus Strecken bestehenden Linienzug gilt, leuchtet auf Grund der obigen Definition der Projektion einer Strecke ohne weiteres ein; da man sich einen krumm verlaufenden Linienzug, insbesondere eine Kurve, aus unendlich vielen unendlich kleinen Strecken entstanden denken kann, so gilt der Projektionssatz auch für diese.

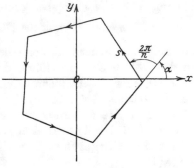

Abb. 163.

Anwendung: Gegeben sei ein regelmäßiges n-Eck von der Seitenlänge s, dessen Mittelpunkt in O liege; die erste Seite bilde mit der x-Achse den Winkel α. Da man jede Seite um den Winkel $\frac{2\pi}{n}$ drehen muß, damit sie die Richtung der auf sie folgenden annimmt, bildet die zweite Seite mit der x-Achse den Winkel $\alpha + \frac{2\pi}{n}$, die dritte den Winkel $\alpha + 2 \cdot \frac{2\pi}{n}$, ... die letzte den Winkel $\alpha + (n-1)\frac{2\pi}{n}$. Die Projektion des Umfanges des regelmäßigen n-Eckes auf die x-Achse ist also

$$s \cdot \cos\alpha + s \cdot \cos\left(\alpha + \frac{2\pi}{n}\right) + s \cdot \cos\left(\alpha + 2 \cdot \frac{2\pi}{n}\right) + \cdots$$
$$+ s \cdot \cos\left(\alpha + (n-1)\frac{2\pi}{n}\right).$$

Der Linienzug ist aber geschlossen; folglich ist nach dem Projektionssatze die Projektion auf die x-Achse gleich Null, und es ergibt sich die wichtige goniometrische Formel

$$\cos\alpha + \cos\left(\alpha + \frac{2\pi}{n}\right) + \cos\left(\alpha + 2 \cdot \frac{2\pi}{n}\right) + \cdots + \cos\left(\alpha + (n-1) \cdot \frac{2\pi}{n}\right) = 0.$$

Aus der Projektion auf die y-Achse erhalten wir ebenso

$$\sin\alpha + \sin\left(\alpha + \frac{2\pi}{n}\right) + \sin\left(\alpha + 2 \cdot \frac{2\pi}{n}\right) + \cdots + \sin\left(\alpha + (n-1) \cdot \frac{2\pi}{n}\right) = 0.$$

Ist $n = 3$, so folgt hieraus die in der Elektrotechnik verwendete Formel (Dreiphasenstrom):

$$\sin\alpha + \sin(\alpha + 120°) + \sin(\alpha + 240°) = 0.$$

(108) Durch die beiden Punkte P_1 und P_2 ist in Verbindung mit dem Nullpunkt O ein Dreieck (Abb. 161) OP_1P_2 bestimmt; wir wollen seinen **Inhalt** F berechnen. Sind ϑ_1 und r_1 die Polarkoordinaten des Punktes P_1 und ϑ_2 und r_2 die von P_2, so ist nach dem Sinussatze

$$2F = r_1 r_2 \sin(\vartheta_2 - \vartheta_1) = r_1 \cos\vartheta_1 \cdot r_2 \sin\vartheta_2 - r_2 \cos\vartheta_2 \cdot r_1 \sin\vartheta_1 = x_1 y_2 - x_2 y_1;$$

also
$$F = \tfrac{1}{2}(x_1 y_2 - x_2 y_1).\tag{12}$$

Formel 12) berechnet den Flächeninhalt aus den Koordinaten der beiden Punkte P_1 und P_2. Hierbei ist zu beachten, daß sich für F auch ein **negativer** Wert ergeben kann, wenn nämlich $\sin(\vartheta_2 - \vartheta_1) < 0$, d. h.

$$\pi < \vartheta_2 - \vartheta_1 < 2\pi \quad \text{oder} \quad 0 > \vartheta_2 - \vartheta_1 > -\pi$$

ist. Das ist dann der Fall, wenn die kürzeste Drehung, die den Vektor OP_1 in den Vektor OP_2 überführt, die **negative** ist. Damit erhalten wir aber ein sehr anschauliches Kennzeichen für die Entscheidung über das Vorzeichen der Fläche:

Folgen die Ecken O, P_1, P_2 des Dreiecks OP_1P_2 so aufeinander, daß der Inhalt des Dreiecks zur linken Hand bleibt, so ist das Vorzeichen der Fläche positiv, im anderen Falle negativ.

Die tiefere Berechtigung dafür, der Dreieckfläche ein Vorzeichen zu erteilen, wird klar, wenn wir den Vektor P_1P_2 als eine Kraft deuten. Der doppelte Inhalt des Dreiecks ist dann das Produkt aus der Grundlinie P_1P_2 und dem von O auf diese gefällten Lote, also das **statische Moment** oder **Drehmoment** der Kraft P_1P_2 bezüglich des Punktes O, und für dieses ist ein Vorzeichen sehr wohl berechtigt je nach dem Drehsinne der Kraft P_1P_2; sucht sie im Gegenzeigersinne zu drehen, so wird ihr Moment positiv, im anderen Falle negativ.

Wenden wir Formel 12) auf unser **Dreieck D** an, so finden wir für den Inhalt des Dreiecks OAB

$$F = \tfrac{1}{2}((-13) \cdot 7 - 22 \cdot 23) = -298{,}5.$$

Das negative Vorzeichen erklärt sich aus der Tatsache, daß beim Umlauf in der Reihenfolge O, A, B die Fläche zur Rechten bleibt. Dagegen würde der Inhalt die Fläche OBA den Inhalt $+298{,}5$ ergeben. Welches sind die Inhalte der Dreiecke OBC und OCA?

Aus der Eigenschaft, daß Flächen mit Vorzeichen behaftet (relative Größen) sind, ergibt sich sehr bequem eine Möglichkeit, den Flächeninhalt irgendeiner geradlinigen Figur zu berechnen. Um den Inhalt des in Abb. 164 gezeichneten Fünfecks $P_1 P_2 P_3 P_4 P_5$ zu bestimmen, verbinden wir jeden Eckpunkt mit O; dadurch stellt sich das Fünfeck dar als die Summe der fünf Dreiecke

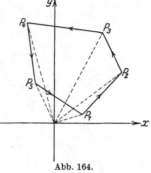

$$O P_1 P_2 + O P_2 P_3 + O P_3 P_4$$
$$+ O P_4 P_5 + O P_5 P_1.$$

Von diesen haben die ersten vier positives Vorzeichen; ihre Summe ist also die Fläche $O P_1 P_2 P_3 P_4 P_5 O$. Addiert man zu dieser Figur noch das Dreieck $O P_5 P_1$, das von selbst negativ wird (vgl. den Umlaufssinn in der Abbildung), so ergibt sich die Fläche des Fünfecks $P_1 P_2 P_3 P_4 P_5$.

Abb. 164.

Hat man ganz allgemein ein n-Eck $P_1 P_2 P_3 \ldots P_{n-1} P_n$, dessen Eckpunkte die Koordinaten $x_1 | y_1,\ x_2 | y_2,\ x_3 | y_3,\ \ldots,\ x_{n-1} | y_{n-1},\ x_n | y_n$ haben, so ist sein doppelter Inhalt, wie man durch Zerlegen in Dreiecke mit der gemeinsamen Ecke O bekommt,

$$2F = x_1 y_2 - x_2 y_1 + x_2 y_3 - x_3 y_2 + x_3 y_4 - x_4 y_3 + \cdots$$

oder
$$+ x_{n-2} y_{n-1} - x_{n-1} y_{n-2} + x_{n-1} y_n - x_n y_{n-1} + x_n y_1 - x_1 y_n$$

$$\left. \begin{aligned} 2F &= y_1(x_n - x_2) + y_2(x_1 - x_3) + y_3(x_2 - x_4) + \cdots + y_n(x_{n-1} - x_1) \\ &= x_1(y_2 - y_n) + x_2(y_3 - y_1) + x_3(y_4 - y_2) + \cdots + x_n(y_1 - y_{n-1}). \end{aligned} \right\} \quad 13)$$

Die Fläche hat das positive oder negative Vorzeichen, je nachdem ihr Umlaufssinn mit dem positiven oder mit dem negativen Drehsinn übereinstimmt.

Berechne hiernach den Inhalt des Dreiecks $\boldsymbol{D}$!

$$2F = 22(3 - 23) + 7(-13 - 3) + (-8)(23 + 13) = -840.$$

(109) Die **Transformation des Parallelkoordinatensystems** befaßt sich mit der Aufgabe, aus den Koordinaten, die ein bestimmter Punkt P der Ebene in irgendeinem Parallelkoordinatensystem hat, seine Koordinaten in irgendeinem anderen Parallelkoordinatensystem zu brechen.

Es sind also aus (Abb. 165) den Koordinaten $OX = x$, $XP = y$ des Punktes P im Koordinatensystem mit dem Anfangspunkte O und den Achsen x und y seine Koordinaten $\Omega \Xi = \xi$ und $\Xi P = \eta$ im Koordinatensysteme mit dem Anfangspunkte Ω und den Achsen ξ und η zu ermitteln.

Wir werden diese Aufgabe in vier Schritten lösen. Zuerst werden wir eine **Parallelverschiebung** des $O\,x\,y$-Systems nach Ω vornehmen, d. h. wir werden an Stelle des $O\,x\,y$-Systems ein neues $\Omega \mathfrak{x} \mathfrak{y}$ einführen derart, daß die $\mathfrak{x}$-Achse parallel der x-Achse und die $\mathfrak{y}$-Achse parallel der y-Achse wird. Sodann werden wir das schiefwinklige $\Omega \mathfrak{x} \mathfrak{y}$-

System in ein rechtwinkliges Koordinatensystem ΩXY überführen, so, daß die X-Achse mit der χ-Achse zusammenfällt. Drittens

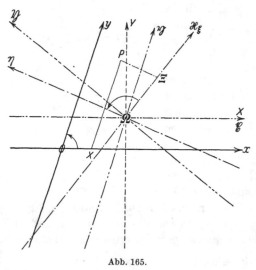

werden wir das recht-
winklige Koordinaten-
system ΩXY so lange um Ω
drehen, bis die $\mathfrak{X}$-Achse
des neuen rechtwinkligen
Systems $O\mathfrak{X}\mathfrak{Y}$ mit der
ξ-Achse zusammenfällt.
Schließlich werden wir das
rechtwinklige $\Omega\mathfrak{X}\mathfrak{Y}$-System
in das schiefwinklige
System $\Omega\xi\eta$ überführen.
Damit ist die Aufgabe dann
gelöst. Die Reihenfolge der
Schritte kann abgeändert
werden; man könnte bei-
spielsweise auch erst aus
dem schiefwinkligen in das
rechtwinklige System über-

Abb. 165.

gehen, sodann die Parallelverschiebung, darauf die Drehung vornehmen
und schließlich aus dem rechtwinkligen System in das gewünschte
schiefwinklige System übergehen. Tatsache ist jedenfalls, daß diese
vier Schritte — in welcher Reihenfolge auch immer — stets die Überführung aus einem beliebigen System in ein anderes beliebiges System
ermöglichen. In vielen Sonderfällen genügt eine geringere Anzahl Schritte.

Wir erkennen, daß wir drei grundlegende Aufgaben zu lösen haben,
nämlich:

1. Parallelverschiebung eines Koordinatensystems,

2. Überführung eines rechtwinkligen Koordinatensystems in ein
schiefwinkliges und umgekehrt,

3. Drehung eines rechtwinkligen Koordinatensystems um den Nullpunkt.

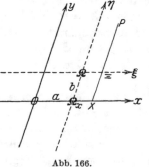

Wir beginnen mit der ersten Aufgabe.

**(110) A. Parallelverschiebung des Koor-
dinatensystems** (Abb. 166). Die Koordinaten
des neuen Nullpunktes Ω bezüglich des ursprünglichen Systems seien $O\Omega_x=a$, $\Omega_x\Omega=b$.
Der Punkt P habe im ursprünglichen Systeme
die Koordinaten $OX = x$, $XP = y$ und im
neuen Systeme die Koordinaten $\Omega\Xi = \xi$,
$\Xi P = \eta$. Nun ist nach Formel 2) S. 280,

Abb. 166.

wie auch die Punkte O, Ω, P zueinander

liegen mögen,

$$OX = O\,\Omega_x + \Omega_x P, \qquad XP = X\,\Xi + \Xi P = \Omega_x \Omega + \Xi P.$$

Führen wir die obigen Bezeichnungen ein, so erhalten wir die Formeln

$$x = a + \xi, \qquad y = b + \eta, \qquad\qquad \text{14 a)}$$

$$\xi = x - a, \qquad \eta = y - b. \qquad\qquad \text{14 b)}$$

Die Formeln 14 a) drücken die alten Koordinaten x und y durch die neuen ξ und η aus, 14 b) lehren aus den alten Koordinaten x und y die neuen ξ und η zu finden.

Eine Anwendung dieser Formeln haben wir schon in **(15)** S. 26 f. gemacht, wo wir durch Parallelverschiebung des Koordinatensystems um x_s bzw. y_s nachwiesen, daß die Gleichung von der Form $y = a\,x^2 + b\,x + c$ stets eine Parabel zur Bildkurve hat. Eine weitere ist in **(25)** S. 53 f. erfolgt. Hieraus erhellt gleichzeitig die Wichtigkeit der Transformation der Koordinatensysteme; man kann nämlich häufig aus der Gleichung, die eine Kurve in einem anderen Koordinatensysteme hat, Eigenschaften derselben ablesen, die man sonst nur auf sehr umständlichem Wege gefunden hätte. Ein anderer Beleg dafür soll hier noch gebracht werden.

a) **Die allgemeinste Gleichung zweiten Grades** zwischen den beiden Veränderlichen x und y lautet

$$a_{20}\,x^2 + 2\,a_{11}\,x\,y + a_{02}\,y^2 + 2\,a_{10}\,x + 2\,a_{01}\,y + a_{00} = 0. \qquad \text{a)}$$

Hierbei sind a_{20}, a_{11}, a_{02}, a_{10}, a_{01}, a_{00} beliebige Konstanten. Die Kurve, die diese Gleichung hat, d. h. deren Punkte sämtlich der Art sind, daß ihre Koordinaten die Gleichung erfüllen, heißt eine **Kurve zweiter Ordnung**. Von dieser Kurve, deren Gestalt uns jetzt nicht weiter kümmern soll, wollen wir eine wichtige Eigenschaft ableiten: Wir verschieben das Koordinatensystem nach einem neuen Nullpunkt Ω, dessen Koordinaten a und b vorläufig noch unbestimmt bleiben mögen. Die Gleichung dieser Kurve im neuen System lautet unter Verwendung der Formeln 14 a)

$$a_{20}\,(\xi + a)^2 + 2\,a_{11}\,(\xi + a)\,(\eta + b) + a_{02}\,(\eta + b)^2 + 2\,a_{10}\,(\xi + a)$$
$$+ 2\,a_{01}\,(\eta + b) + a_{00} = 0$$

oder

$$\left.\begin{aligned}
& a_{20}\,\xi^2 + 2\,a_{11}\,\xi\,\eta + a_{02}\,\eta^2 + 2\,a_{10}\,(a_{20}\cdot a + a_{11}\cdot b + a_{10})\,\xi \\
& + 2\,(a_{11}\cdot a + a_{02}\cdot b + a_{01})\,\eta \\
& + (a_{20}\cdot a^2 + 2\,a_{11}\cdot ab + a_{02}\cdot b^2 + 2\,a_{10}\cdot a + 2\,a_{01}\cdot b + a_{00}) = 0\,.
\end{aligned}\right\} \quad \text{b)}$$

Bestimmen wir nun die beiden Größen a und b so, daß sie die linearen Gleichungen erfüllen

$$a_{20}\cdot a + a_{11}\cdot b + a_{10} = 0 \quad \text{und} \quad a_{11}\cdot a + a_{02}\cdot b + a_{01} = 0, \quad \text{c)}$$

so geht die Gleichung der Kurve über in die folgende:

$$a_{20}\,\xi^2 + 2a_{11}\,\xi\eta + a_{02}\,\eta^2 + C = 0 \qquad\qquad \text{d)}$$

$$(C = a_{20}\cdot a^2 + 2a_{11}\cdot ab + a_{02}\cdot b^2 + 2a_{10}\cdot a + 2a_{01}\cdot b + a_{00})\,.$$

Nach der Theorie der linearen Gleichungen lassen sich die beiden Gleichungen c) stets auflösen, wenn $a_{20}\cdot a_{02} - a_{11}^2 \neq 0$ ist. Ist also diese Bedingung erfüllt, so läßt sich stets ein Punkt $\Omega\,(a\,|\,b)$ finden. Nun ist ohne weiteres ersichtlich, daß, falls ein Koordinatenpaar $\xi_0\,|\,\eta_0$ die Gleichung d) erfüllt, auch das Koordinatenpaar $(-\xi_0\,|\,-\eta_0)$ diese Gleichung erfüllt [s. a. (25) S. 54]. Die zugehörigen Punkte P_0 und P_0' liegen dann so zueinander, daß ihre Verbindungsstrecke durch Ω geht und von Ω halbiert wird. Jede durch Ω gehende Sehne der Kurve wird demnach durch Ω halbiert, d. h. Ω ist ein Mittelpunkt der Kurve. Ist also $a_{20}\cdot a_{02} - a_{11}^2 \neq 0$, so besitzt die Kurve zweiter Ordnung a) einen Mittelpunkt; sie ist eine Mittelpunktskurve zweiter Ordnung.

b) Die Mittelpunktsgleichung des Kreises vom Halbmesser c lautet im rechtwinkligen Koordinatensystem [s. (104) S. 285]

$$x^2 + y^2 - c^2 = 0\,. \qquad\qquad \text{6)}$$

Wir wollen das Koordinatensystem nach dem linken Schnittpunkte A des Kreises mit der x-Achse verlegen (s. Abb. 167). A hat die Koordi-

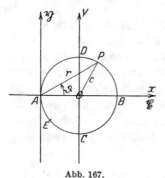

naten $x_a = -c$, $y_a = 0$. Werden die neuen Koordinatenachsen durch $\mathfrak{x}$ und $\mathfrak{y}$ bezeichnet, so sind die Transformationsformeln $x = \mathfrak{y} - c$, $y = \mathfrak{y}$, und Gleichung 6) geht über in

$$(\mathfrak{x} - c)^2 + \mathfrak{y}^2 = c^2$$

oder

$$\mathfrak{x}^2 + \mathfrak{y}^2 - 2c\,\mathfrak{x} = 0\,.$$

Abb. 167.

Wählen wir A zum Pol eines Polarkoordinatensystems, dessen Anfangsstrahl die positive $\mathfrak{x}$-Achse ist, so ist $\mathfrak{x} = r\cos\vartheta$, $\mathfrak{y} = r\sin\vartheta$, und die Gleichung des Kreises lautet in diesem Polarkoordinatensystem

$$r^2\cos^2\vartheta + r^2\sin^2\vartheta - 2c\,r\cos\vartheta = 0 \qquad \text{oder} \qquad r = 2c\cos\vartheta\,.$$

Die Richtigkeit dieses Ergebnisses können wir leicht an Hand der Abb. 167 nachprüfen. Es ist

$$\sphericalangle APB = 1R \quad \text{und} \quad AP = AB\cos\vartheta\,, \quad \text{also} \quad r = 2c\cos\vartheta\,.$$

Wie lautet die Gleichung des Kreises, wenn der Nullpunkt nach dem Punkte B bzw. nach C, D, $E\,(c\cos\alpha\,|\,c\sin\alpha)$ verlegt wird?

(111) B. Überführung eines rechtwinkligen Koordinatensystems in ein schiefwinkliges und umgekehrt (Abb. 168). Es seien $OP_x = x$ und $P_x P = y$ die Koordinaten von P im rechtwinkligen xy-System und $OP_X = X$ und $P_X P = Y$ die Koordinaten von P im schiefwinkligen XY-Systeme, dessen Koordinatenwinkel ω sei. Nach dem Projektionssatze [s. **(107)** S. 293] hat jeder Linienzug, der von O nach P verläuft, auf irgendeine Gerade die gleiche Projektion. Von O nach P führt einmal der Linienzug $OP_x P$, zweitens der Linienzug $OP_X P$. Beide wollen wir zunächst auf die x-Achse projizieren. OP_x bildet mit der x-Achse den Winkel $0°$, $P_x P$ den Winkel $90°$; es ist also die Projektion von $OP_x P$ auf die x-Achse:

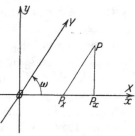

Abb. 168.

$$OP_x \cos 0° + P_x P \cos 90° = x.$$

OP_X bildet mit der x-Achse den Winkel $0°$, $P_X P$ den Winkel ω; also ist die Projektion von $OP_X P$ auf die x-Achse:

$$OP_X \cos 0° + P_X P \cdot \cos \omega = X + Y \cos \omega.$$

Wir erhalten demnach

$$x = X + Y \cos \omega.$$

Nun projizieren wir beide Linienzüge auf die y-Achse. Bedenken wir, daß die Strecken OP_x, $P_x P$, OP_X, $P_X P$ mit der y-Achse der Reihe nach die Winkel $270°$, $0°$, $270°$, $270° + \omega$ einschließen, da man die y-Achse um diese Winkel drehen muß, um sie mit diesen Strecken zur Deckung zu bringen, so ergibt sich aus dem Projektionssatze

$$OP_x \cos 270° + P_x P \cos 0° = OP_X \cos 270° + P_X P \cos (270° + \omega)$$

oder

$$y = Y \sin \omega.$$

Die beiden Formeln

$$x = X + Y \cos \omega, \qquad y = Y \sin \omega \qquad \text{15 a)}$$

lehren, aus den schiefwinkligen Koordinaten X und Y von P seine rechtwinkligen Koordinaten x und y zu finden. Wir lösen diese Gleichungen nach X und Y auf und erhalten

$$X = x - y \operatorname{ctg} \omega, \qquad Y = \frac{y}{\sin \omega}, \qquad \text{15 b)}$$

Formeln, die umgekehrt die schiefwinkligen Koordinaten von P durch die rechtwinkligen Koordinaten ausdrücken.

Als Anwendungsbeispiel möge das folgende dienen: Wir wissen, daß im rechtwinkligen Koordinatensystem $y^2 = 2px$ die Scheitelgleichung der Parabel ist [s. **(38)** S. 89]. Wir stellen uns jetzt die Frage: Welche Kurve wird im schiefwinkligen Koordinatensystem durch die Gleichung a) $y^2 = 2px$ beschrieben? Wir wollen uns zunächst ein Bild von der Gestalt der Kurve verschaffen. Sie geht durch den Anfangspunkt, da für $x = 0$ auch $y = 0$ ist; zu jedem positiven Werte x gehören die zwei entgegengesetzt gleichen Werte von $y = \pm \sqrt{2px}$. Alle zur y-Achse parallelen Sehnen werden demnach von der x-Achse halbiert; es besteht eine Art von Symmetrie, nur daß die Verbindungssehnen entsprechender Punkte nicht auf der Symmetrielinie senkrecht stehen, sondern sämtlich unter dem Koordinatenwinkel ω gegen sie geneigt sind. Die y-Achse ist Tangente an die Kurve in O. Es macht ganz den Eindruck, als wäre die Kurve unsere bekannte Parabel; der Beweis ist erbracht, wenn wir durch Übergang zu

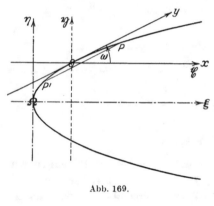

Abb. 169.

einem rechtwinkligen Koordinatensystem und Parallelverschiebung auf eine Gleichung von der Form $\eta^2 = 2\pi\xi$ für diese Kurve gelangen. Wir wollen zu diesem Zwecke zunächst aus dem schiefwinkligen xy-System in das rechtwinklige $\mathfrak{x}\mathfrak{y}$-System durch die Gleichungen 15 b)

$$x = \mathfrak{x} - \mathfrak{y}\,\operatorname{ctg}\omega\,, \qquad y = \frac{\mathfrak{y}}{\sin\omega}$$

übergehen. Aus der Gleichung $y^2 = 2px$ wird dann

$$\mathfrak{y}^2 = 2p\mathfrak{x}\sin^2\omega - 2p\mathfrak{y}\sin\omega\cos\omega\,. \qquad\qquad \text{b)}$$

Nun wollen wir das rechtwinklige $\mathfrak{x}\mathfrak{y}$-System nach einem neuen Anfangspunkte Ω mit den Achsen ξ und η parallel verschieben; die Koordinaten von Ω seien im $\mathfrak{x}\mathfrak{y}$-System $\mathfrak{x} = a$ und $\mathfrak{y} = b$ und vorläufig unbestimmt gelassen. Die Transformationsformeln lauten nach 14)

$$\mathfrak{x} = \xi + a\,, \qquad \mathfrak{y} = \eta + b\,,$$

und Gleichung b) geht über in

$$(\eta + b)^2 = 2p(\xi + a)\sin^2\omega - 2p(\eta + b)\sin\omega\cos\omega$$

oder

$$\left.\begin{array}{l} \eta^2 = 2p\sin^2\omega\cdot\xi - 2(b + \sin\omega\cos\omega)\cdot\eta \\ \quad + (2pa\sin^2\omega - 2pb\sin\omega\cos\omega - b^2)\,. \end{array}\right\} \qquad \text{c)}$$

Nun setzen wir

$$b + p\sin\omega\cos\omega = 0\,, \qquad 2pa\sin^2\omega - 2pb\sin\omega\cos\omega - b^2 = 0\,;$$

aus diesen beiden Gleichungen erhalten wir

$$b = -p \sin\omega \cos\omega, \qquad 2pa \sin^2\omega = -2p^2 \sin^2\omega \cos^2\omega + p^2 \sin^2\omega \cos^2\omega$$

oder

$$a = -\frac{p}{2} \cos^2\omega, \qquad b = -p \sin\omega \cos\omega.$$

Führen wir diese Werte für a und b in c) ein, so geht die Gleichung unserer Kurve über in

$$\eta^2 = 2 \cdot p \sin^2\omega \cdot \xi$$

oder, wenn wir zur Abkürzung $p \sin^2\omega = \pi$[1]) setzen,

$$\eta^2 = 2\,\pi\,\xi. \hspace{4cm} \text{d)}$$

Dies ist, da das $\xi\eta$-System rechtwinklig ist, in der Tat die Scheitelgleichung einer Parabel. Demnach stellt auch die ursprüngliche Gleichung $x^2 = 2px$ eine Parabel dar; die x-Achse ist parallel zur Parabelachse oder ein **Durchmesser** der Parabel, und die y-Achse ist die **Tangente**, die im Endpunkte dieses Durchmessers an die Parabel gelegt worden ist; die Tangente heißt **konjugiert** zu dem durch den Berührungspunkt gehenden Durchmesser.

(112) C. Drehung eines rechtwinkligen Koordinatensystems um einen Winkel α (Abb. 170). Es seien $OX = x$ und $XP = y$ die Koordinaten von P im xy-System und $O\mathfrak{X} = \mathfrak{x}$ und $\mathfrak{X}P = \mathfrak{y}$ die Koordinaten des nämlichen Punktes in dem durch Drehung um α aus dem xy-System hervorgegangenen $\mathfrak{x}\mathfrak{y}$-System. Zur Ableitung der Beziehungen zwischen x und y einerseits und $\mathfrak{x}$ und $\mathfrak{y}$ andererseits wenden wir wie in B. auf die beiden von O nach P führenden Linienzüge OXP und $O\mathfrak{X}P$ den Projektionssatz [s. **(107)** S. 293] an. Bedenken wir, daß die Strecken OX, XP, $O\mathfrak{X}$, $\mathfrak{X}P$ mit der x-Achse nach unserer Definition [s. **(107)** S. 291] der Reihe

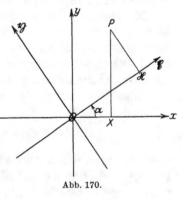

Abb. 170.

nach die Neigungswinkel $0°$, $90°$, α, $\alpha + 90°$ einschließen, so bekommen wir die Beziehung

$$OX \cdot \cos 0° + XP \cdot \cos 90° = O\mathfrak{X} \cdot \cos\alpha + \mathfrak{X}P \cdot \cos(90° + \alpha)$$

oder

$$x = \mathfrak{x} \cos\alpha - \mathfrak{y} \sin\alpha.$$

Die einzelnen Strecken der beiden Linienzüge haben gegen die y-Achse die Neigungswinkel $270°$, $0°$, $270° + \alpha$, α; also ergibt sich

$$OX \cdot \cos 270° + XP \cdot \cos 0° = O\mathfrak{X} \cdot \cos(270° + \alpha) + \mathfrak{X}P \cdot \cos\alpha$$

---

[1]) Unter π ist hier **nicht** die **Ludolphsche Zahl** 3,14159 zu verstehen!

oder
$$y = \mathfrak{x} \sin\alpha + \mathfrak{y} \cos\alpha \,.$$
Die beiden Formeln
$$x = \mathfrak{x} \cos\alpha - \mathfrak{y} \sin\alpha \qquad \text{und} \qquad y = \mathfrak{x} \sin\alpha + \mathfrak{y} \cos\alpha \qquad 16\,\text{a})$$

lehren, die ursprünglichen Koordinaten x und y des Punktes P aus den um α „gedrehten" Koordinaten $\mathfrak{x}$ und $\mathfrak{y}$ zu finden.

Projizieren wir jetzt beide Linienzüge auf die $\mathfrak{x}$-Achse und bedenken, daß die Strecken $OX, XP, O\mathfrak{X}, \mathfrak{X}P$ mit dieser der Reihe nach die Winkel $360° - \alpha, 90° - \alpha, 0°, 90°$ einschließen, und schließlich auf die $\mathfrak{y}$-Achse, wobei die Neigungswinkel $270° - \alpha,\ 360° - \alpha,\ 270°,\ 90°$ sind, so erhalten wir die Gleichungen

$$\mathfrak{x} = x \cos\alpha + y \sin\alpha \qquad \text{und} \qquad \mathfrak{y} = -x \sin\alpha + y \cos\alpha, \qquad 16\,\text{b})$$

welche die „gedrehten" Koordinaten von P durch die ursprünglichen ausdrücken. Die Formeln 16 b) hätte man auch erhalten, wenn man die Formeln 16 a) nach $\mathfrak{x}$ und $\mathfrak{y}$ aufgelöst hätte, oder wenn man in den Formeln 16 a) α durch $-\alpha$, x durch $\mathfrak{x}$, y durch $\mathfrak{y}$ ersetzt hätte, da das xy-System aus dem $\mathfrak{xy}$-System dadurch hervorgeht, daß man letzteres um den Winkel $-\alpha$ dreht.

Die Drehung des rechtwinkligen Koordinatensystems findet sehr häufige Verwendung; wir wollen sie uns daher durch Behandlung mehrerer Beispiele zu eigen machen.

a) Die Mittelpunktsgleichung des Kreises vom Halbmesser c lautet im rechtwinkligen Koordinatensystem [s. **(104)** S. 285] $x^2 + y^2 - c^2 = 0$; wie heißt sie im $\mathfrak{xy}$-System? Durch die Formeln 16 a) geht die Gleichung über in

$$(\mathfrak{x} \cos\alpha - \mathfrak{y} \sin\alpha)^2 + (\mathfrak{x} \sin\alpha + \mathfrak{y} \cos\alpha)^2 - c^2 = 0$$

oder, wie man durch Ausmultiplizieren und Zusammenfassen erkennt, $\mathfrak{x}^2 + \mathfrak{y}^2 - c^2 = 0$; sie hat also im $\mathfrak{xy}$-System genau die gleiche Form wie im xy-System. Es folgt hieraus: Legt man durch den Koordinatenanfangspunkt irgendein rechtwinkliges Koordinatensystem, so hat die Kurve zu diesem genau die gleiche Lage wie zu einem anderen rechtwinkligen Koordinatensystem, das durch O geht; das ist aber die gerade für den Kreis bemerkenswerte Eigenschaft.

b) Wie ändert sich die Gleichung

$$x^3 - 3 x y^2 - a^3 = 0, \qquad\qquad\qquad \text{a})$$

wenn das Koordinatensystem um $-120°$ gedreht wird? Die Formeln 16 b) lauten in diesem Sonderfall

$$x = -\tfrac{1}{2}\mathfrak{x} + \tfrac{1}{2}\sqrt{3} \cdot \mathfrak{y}, \qquad y = -\tfrac{1}{2}\sqrt{3} \cdot \mathfrak{x} - \tfrac{1}{2}\mathfrak{y},$$

und die ursprüngliche Gleichung geht über in

$$\left(- \tfrac{1}{2}\mathfrak{x} + \tfrac{1}{2}\sqrt{3}\cdot\mathfrak{y}\right)^3 - 3\left(- \tfrac{1}{2}\mathfrak{x} + \tfrac{1}{2}\sqrt{3}\cdot\mathfrak{y}\right)\left(- \tfrac{1}{2}\sqrt{3}\cdot\mathfrak{x} - \tfrac{1}{2}\mathfrak{y}\right)^2 - a^3 = 0$$

oder

$$- \tfrac{1}{8}\mathfrak{x}^3 + \tfrac{3}{8}\sqrt{3}\,\mathfrak{x}^2\mathfrak{y} - \tfrac{9}{8}\mathfrak{x}\mathfrak{y}^2 + \tfrac{3}{8}\sqrt{3}\,\mathfrak{y}^3 + \tfrac{9}{8}\mathfrak{x}^3 - \tfrac{9}{8}\sqrt{3}\,\mathfrak{x}^2\mathfrak{y} + \tfrac{9}{4}\sqrt{3}\,\mathfrak{x}^2\mathfrak{y}$$

$$- \tfrac{9}{4}\mathfrak{x}\mathfrak{y}^2 + \tfrac{3}{8}\mathfrak{x}\mathfrak{y}^2 - \tfrac{3}{8}\sqrt{3}\,\mathfrak{y}^3 - a^3 = 0$$

oder

$$\mathfrak{x}^3 - 3\mathfrak{x}\mathfrak{y}^2 - a^3 = 0;$$

im neuen Koordinatensystem ist also die Gleichung von derselben Form wie im ursprünglichen. Das heißt aber nichts anderes, als daß die zugehörige Kurve zu dem xy-System die gleiche Lage hat wie zu dem um $-120°$ gegen dieses gedrehten $\mathfrak{x}\mathfrak{y}$-Systeme. Daraus folgt weiter, daß die Kurve, wenn man sie um $120°$ um O dreht, wieder mit sich selbst zur Deckung kommt; sie muß demnach aus drei einander kongruenten Teilen bestehen. Eine Bestätigung für diesen Schluß erhalten wir, wenn wir in Polarkoordinaten umformen; mittels der Formeln 8) S. 288 ergibt sich aus der Ausgangsgleichung

$$r^3\left(\cos^3\vartheta - 3\cos\vartheta\sin^2\vartheta\right) - a^3 = 0\,.$$

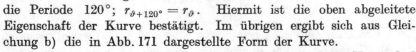

Da nun aber, wie sich ohne Mühe nachweisen läßt,

$$\cos^3\vartheta - 3\cos\vartheta\sin^2\vartheta = \cos 3\vartheta$$

ist, so lautet die Gleichung $r^3\cos 3\vartheta = a^3$
oder

$$r = \frac{a}{\sqrt[3]{\cos 3\vartheta}}\,; \qquad\qquad \text{b)}$$

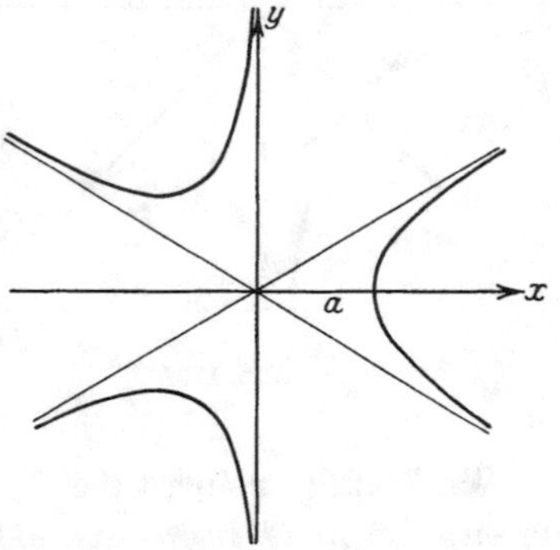

r ist also eine periodische Funktion

Abb. 171.

von ϑ, und zwar folgt aus $3\vartheta = 360°$ die Periode $120°$; $r_{\vartheta+120°} = r_\vartheta$. Hiermit ist die oben abgeleitete Eigenschaft der Kurve bestätigt. Im übrigen ergibt sich aus Gleichung b) die in Abb. 171 dargestellte Form der Kurve.

c) Die Asymptotengleichung der gleichseitigen Hyperbel lautet

$$x \cdot y = c^2; \qquad\qquad\qquad\qquad\qquad \text{a)}$$

[s. (31) S. 69]; wir wollen eine Drehung des Koordinatensystems um $45°$ vornehmen und die Gleichung der gleichseitigen Hyperbel in dem neuen System aufstellen. Nach den Formeln 16a) ist hier

also

$$x = \tfrac{1}{2}\sqrt{2}\,(\mathfrak{x} - \mathfrak{y}),\quad y = \tfrac{1}{2}\sqrt{2}\,(\mathfrak{x} + \mathfrak{y})\,;$$

oder

$$\tfrac{1}{2}(\mathfrak{x}^2 - \mathfrak{y}^2) = c^2$$

$$\mathfrak{x}^2 - \mathfrak{y}^2 = 2c^2\,. \qquad\qquad\qquad \text{b)}$$

Man nennt diese Gleichung die Achsengleichung der gleichseitigen Hyperbel. Die x-Achse heißt die reelle Achse, da sie
die Hyperbel in den reellen Punkten A_1 und A_2, den sog. Scheiteln
schneidet (s. Abb. 172), und die y-Achse die imaginäre Achse,
da sie die Hyperbel in zwei „imaginären" Punkten schneidet. Die Strecke
$A_2 A_1 = 2c\sqrt{2}$ heißt die Länge der reellen Achse, die Strecke
$OA_1 = OA_2 = c\sqrt{2}$ die Länge der reellen Halbachse der gleichseitigen Hyperbel.

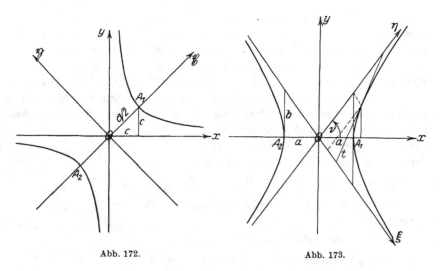

Abb. 172.   Abb. 173.

Wir verallgemeinern den Fall c) und wollen die Kurve untersuchen,
deren Gleichung in rechtwinkligen Koordinaten lautet:

$$\frac{x^2}{a^2} - \frac{y^2}{b^2} = 1 \,. \qquad\qquad c)$$

Die durch diese Gleichung bestimmte Kurve wird Hyperbel genannt.
Aus der Tatsache, daß in c) sowohl x als auch y nur im Quadrat auftreten, folgt, daß die Kurve zu beiden Koordinatenachsen symmetrisch
liegt. Die Hyperbel hat also zwei Symmetrieachsen; man nennt sie
die Achsen der Hyperbel, und die Gleichung c) Achsengleichung
der Hyperbel. Die x-Achse schneidet die Hyperbel in zwei Punkten A_1
und A_2 (Abb. 173), deren Abszissen $+a$ bzw. $-a$ sind; sie heißt die
reelle Achse, A_1, A_2 die Scheitel und a die Länge der reellen
Halbachse. Für $x = 0$ wird dagegen $y = \pm bi$; d. h. die y-Achse
schneidet die Hyperbel nicht in reellen Punkten. Die y-Achse wird
imaginäre Achse der Hyperbel genannt; b ist die Länge der ima-
ginären Halbachse. Setzen wir zur weiteren Untersuchung $y = x\,\mathrm{tg}\,\vartheta$,

so geht c) über in

$$\frac{x^2}{b^2}\left(\frac{b^2}{a^2}-\operatorname{tg}^2\vartheta\right)=1 \quad \text{oder} \quad x=\frac{b}{\sqrt{\left(\frac{b}{a}\right)^2-\operatorname{tg}^2\vartheta}} \quad \text{und} \quad y=\frac{b\operatorname{tg}\vartheta}{\sqrt{\left(\frac{b}{a}\right)^2-\operatorname{tg}^2\vartheta}}.$$

Es gibt also nur so lange reelle Abszissen und Ordinaten, als

$$\operatorname{tg}^2\vartheta\leqq\left(\frac{b}{a}\right)^2 \quad \text{oder} \quad -\frac{b}{a}\leqq\operatorname{tg}\vartheta\leqq+\frac{b}{a}$$

ist. Nur solche durch O gehende Geraden schneiden die Hyperbel, deren Neigungswinkel ϑ gegen die x-Achse diese Bedingung erfüllt. In den beiden Grenzfällen

$$\operatorname{tg}\nu=+\frac{b}{a} \quad \text{und} \quad \operatorname{tg}\nu'=-\frac{b}{a}$$

wird sowohl x als auch y unendlich groß; die beiden durch O gehenden Geraden, die diesen Winkel ν mit der x-Achse einschließen, schneiden also die Hyperbel erst im Unendlichen; sie sind Asymptoten an die Hyperbel. Diese Asymptoten wollen wir jetzt als neue Koordinatenachsen wählen und auf sie die Hyperbel beziehen. Wir könnten so vorgehen, daß wir das xy-System nach C. zuerst um den Winkel $-\nu$ drehen, wodurch die x-Achse mit der ξ-Achse zur Deckung käme, und dann aus dem rechtwinkligen Koordinatensystem nach B. in ein schiefwinkliges mit dem Achsenwinkel 2ν übergehen, wodurch die Ordinatenachse auf die andere Asymptote fiele. Wir können aber die Transformation auch mit einem Schritte erledigen.

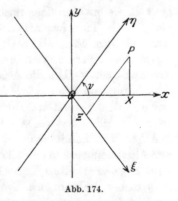

Abb. 174.

Den letzten Weg wollen wir jetzt einschlagen. Abb. 174 soll der Ableitung der zugehörigen Transformationsformeln dienen. Es ist

$$OX=x, \quad XP=y, \quad O\varXi=\xi, \quad \varXi P=\eta.$$

Die beiden Linienzüge OXP und $O\varXi P$ sollen einmal auf die x-Achse, das andere Mal auf die y-Achse projiziert werden; da die Strecken OX, XP, $O\varXi$, $\varXi P$ mit der x-Achse bzw. der y-Achse der Reihe nach die Winkel $0°$, $90°$, $360°-\nu$, ν bzw. $270°$, $0°$, $270°-\nu$, $270°+\nu$ einschließen, erhalten wir die Transformationsformeln

$$x=(\xi+\eta)\cos\nu, \quad y=(-\xi+\eta)\sin\nu.$$

Da ferner

$$\operatorname{tg}\nu=\frac{b}{a}, \quad \text{also} \quad \cos\nu=\frac{a}{\sqrt{a^2+b^2}}, \quad \sin\nu=\frac{b}{\sqrt{a^2+b^2}}$$

ist, so ist

$$\frac{x}{a} = \frac{1}{\sqrt{a^2 + b^2}}\,(\xi + \eta), \quad \frac{y}{b} = \frac{1}{\sqrt{a^2 + b^2}}\,(-\xi + \eta)$$

und folglich

$$\frac{(\xi + \eta)^2}{a^2 + b^2} - \frac{(-\xi + \eta)^2}{a^2 + b^2} = 1$$

oder

$$\xi\,\eta = \frac{a^2 + b^2}{4} \tag{d}$$

die Gleichung unserer Hyperbel, wenn die Asymptoten als Achsen gewählt werden; sie wird die Asymptotengleichung der Hyperbel genannt. Sie weist denselben Bau auf wie die Asymptotengleichung der gleichseitigen Hyperbel. Der Unterschied zwischen den beiden Hyperbeln besteht nur darin, daß die Asymptoten hier einen rechten, dort einen schiefen Winkel miteinander bilden.

Welche Transformation wir auch vornehmen, ob **A.** oder **B.** oder **C.**, stets wird der Übergang durch ein System linearer Gleichungen vermittelt, wie wir in den Gleichungen 14), 15) und 16) sehen. Es geht also stets eine algebraische Gleichung $n$ten Grades durch irgendeine dieser Transformationen wieder in eine algebraische Gleichung $n$ten Grades über. Der Grad der Gleichung bleibt erhalten beim Übergange von einem Parallelkoordinatensystem in ein anderes. — Um die Anzahl der Schnittpunkte einer Kurve, deren Gleichung vom $n$ten Grade ist, mit der x-Achse zu bestimmen, setzen wir $y = 0$; wir erhalten dadurch eine Gleichung von höchens $n$tem Grade in x. Folglich hat diese Kurve höchstens n Schnittpunkte mit der x-Achse und damit auch mit jeder beliebigen Geraden, da man diese zur Abszissenachse machen könnte. Nun bezeichnet man als **Ordnung** einer algebraischen Kurve die Höchstzahl ihrer Schnittpunkte mit einer beliebigen Geraden, und damit finden wir den Satz:
Die Ordnung einer algebraischen Kurve stimmt mit dem Grade ihrer Gleichung in Parallelkoordinaten überein.

§ 3. Die Gerade.

(113) A. Die gerade Linie. In jedem Parallelkoordinatensystem hat die allgemeine lineare Funktion zwischen x und y

$$A\,x + B\,y + C = 0 \tag{17}$$

als Bild eine gerade Linie. Denn sind (Abb. 175) P_1 und P_2 zwei Punkte, deren Koordinaten $x_1 | y_1$ bzw. $x_2 | y_2$ die Gleichung 17) erfüllen, für welche also

$$A\,x_1 + B\,y_1 + C = 0 \quad \text{und} \quad A\,x_2 + B\,y_2 + C = 0$$

ist, so erhalten wir durch Subtrahieren der ersten von 17)

$$A(x - x_1) + B(y - y_1) = 0$$

und durch Subtrahieren beider

$$A(x_2 - x_1) + B(y_2 - y_1) \equiv 0.$$

Wir lösen die zuletzt gefundenen Gleichungen nach $-\dfrac{A}{B}$ auf und erhalten durch Gleichsetzen

$$\frac{y - y_1}{x - x_1} = \frac{y_2 - y_1}{x_2 - x_1}. \qquad 18)$$

18) ist eine Gleichung, die von den Koordinaten $x \,|\, y$ eines beliebigen Punktes P erfüllt werden muß, der auf der zu 17) gehörigen Kurve lie-
gen soll. Da nun aber

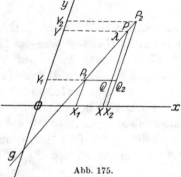

$$y - y_1 = QP,$$
$$x - x_1 = X_1X = P_1Q,$$
$$y_2 - y_1 = Q_2P_2,$$
$$x_2 - x_1 = X_1X_2 = P_1Q_2$$

ist, so ist

$$\frac{QP}{P_1Q} = \frac{Q_2P_2}{P_1Q_2},$$

dann muß aber P auf der durch
P_1 und P_2 bestimmten Geraden g

Abb. 175.

liegen, womit der obige Satz bewiesen ist. Gleichzeitig ist auch seine Umkehrung bewiesen, daß die Koordinaten aller Punkte, die auf einer geraden Linie liegen, eine lineare Gleichung erfüllen müssen; denn damit $P(x\,|\,y)$ auf der durch $P_1(x_1\,|\,y_1)$ und $P_2(x_2\,|\,y_2)$ bestimmten Geraden liegt, muß Gleichung 18) bestehen. Beseitigen wir aus ihr die Nenner, so läßt sie sich auf die Form bringen:

$$(y_2 - y_1)\, x + (x_1 - x_2)\, y + (x_2y_1 - x_1y_2) = 0. \qquad 18')$$

Dies ist eine lineare Gleichung in x und y; vergleichen wir sie mit 17), so finden wir

$$A = y_2 - y_1, \quad B \equiv x_1 - x_2, \quad C \equiv x_2y_1 - x_1y_2.$$

Wir sehen hieraus zugleich, daß jeder linearen Gleichung 17) stets nur eine Gerade entspricht, daß aber andererseits zu jeder Geraden unendlich viele Gleichungen gehören. Hat man nämlich eine Gleichung, so kann man durch Multiplizieren derselben mit irgendeiner Konstanten eine andere Gleichung herstellen, deren Bild aber dieselbe Gerade sein muß. Dies trifft übrigens für jede Kurve zu. Hiervon werden wir sofort Gebrauch machen, um verschiedene Gleichungsformen einer bestimmten Geraden abzuleiten.

Dividieren wir 17) durch B und lösen nach y auf, so bekommen wir die Gleichungsform

$$y = \mathsf{A}\,x + b, \qquad\qquad 19)$$

wobei

$$\mathsf{A} = -\frac{A}{B}$$

und

$$b = -\frac{C}{B}$$

gesetzt ist. Gleichung 19) heißt die **Richtungsgleichung** der Geraden; denn

$$\mathsf{A} = \frac{y_2 - y_1}{x_2 - x_1}$$

ist bestimmend für die Richtung der Geraden. A wird daher der **Richtungsfaktor** genannt [s. a. **(6)** S. 10 f.].

Eine Gerade kann auf mannigfaltige Art festgelegt sein; der häufigste Fall ist der, daß von ihr zwei Punkte $P_1\,(x_1|y_1)$ und $P_2\,(x_2|y_2)$ gegeben sind; welches ist dann die Gleichung der Geraden? Eine Lösung dieser Aufgabe wird uns durch Gleichung 18) gegeben; eine andere bekommen wir auf folgendem Wege. Ist (Abb. 175) $P\,(x|y)$ ein beliebiger Punkt auf g, und λ sein Teilverhältnis bezüglich der beiden Punkte P_1 und P_2, so bestehen die Gleichungen

$$\lambda = \frac{P_1 P}{P P_2} = \frac{X_1 X}{X X_2} = \frac{OX - OX_1}{OX_2 - OX} = \frac{x - x_1}{x_2 - x} = \lambda\,,$$

ebenso

$$\lambda = \frac{P_1 P}{P P_2} = \frac{Y_1 Y}{Y Y_2} = \frac{OY - OY_1}{OY_2 - OY} = \frac{y - y_1}{y_2 - y} = \lambda\,.$$

Aus ihnen folgt

$$x = \frac{x_1 + \lambda\,x_2}{1 + \lambda}\,, \qquad y = \frac{y_1 + \lambda\,y_2}{1 + \lambda}\,. \qquad\qquad 20)$$

Die Bedeutung der Formeln 20) liegt darin, daß sie die Koordinaten desjenigen Punktes P auf g liefern, der bezüglich der beiden Festpunkte P_1 und P_2 das Teilverhältnis λ hat. Wir können die beiden Gleichungen 20) zusammen ebenfalls als die Gleichung der Geraden g ansprechen; sie unterscheidet sich allerdings wesentlich von der uns bisher geläufigen Gleichung der Geraden. Während die Gleichungen 17) bis 19) eine unmittelbare Beziehung zwischen x und y darstellen, ist in 20) sowohl x als auch y als Funktion einer dritten Größe λ ausgedrückt; λ ist also gewissermaßen eine unabhängige Veränderliche, x und y sind die abhängigen Veränderlichen. Wir werden später noch häufig Darstellungen dieser Art begegnen, daß nämlich die Koordinaten eines Punktes von einer dritten Veränderlichen abhängen; man bezeichnet diese dritte Größe als einen **Parameter**, und diese Darstellungsweise der Kurve

als Parameterdarstellung. Gleichung 20) ist demnach eine Parameterdarstellung der Geraden. Natürlich kann man von der
Parameterdarstellung einer Kurve wieder zur unmittelbaren Gleichung durch Elimination des Parameters gelangen, so aus Gleichung 20)
zu Gleichung 18) oder 18′).

Setzen wir in 20) $\lambda = 1$, so bekommen wir für die Koordinaten
des Mittelpunktes der Strecke $P_1 P_2$

$$x_m = \frac{x_1 + x_2}{2}, \qquad y_m = \frac{y_1 + y_2}{2}. \qquad\qquad 21)$$

Anwendungen auf unser Dreieck D [s. (107) S. 291]. (Es ist
zu beachten, daß wir für diese Berechnungen das Dreieck D nicht
auf ein rechtwinkliges Parallelkoordinatensystem zu beziehen
brauchen, sondern daß sie für ein beliebiges Parallelkoordinatensystem
gelten.)

a) Wie lauten die Gleichungen der Seiten des Dreiecks?

$AB)\ 5x + 12y - 199 = 0, \qquad BC)\ 3x - 4y - 41 = 0,$

$CA)\ 15x + 8y + 19 = 0.$

b) Welches sind die Mittelpunkte der Seiten?

$M_a(13\,|-\tfrac{1}{2})\,, \qquad M_b(-5\,|\,7)\,, \qquad M_c(5\,|\,\tfrac{2\,9}{2})\,.$

c) Wie lauten die Gleichungen der Mittellinien?

$m_a)\ 45x + 52y - 559 = 0, \quad m_b)\ y - 7 = 0, \quad m_c)\ 45x - 4y - 167 = 0.$

d) Welches sind die Teilverhältnisse der Schnittpunkte dieser
Geraden mit den Achsen? ($AB:\ y = 0,\ \lambda = -\tfrac{2\,2}{7};\ x = 0,\ \lambda = +\tfrac{1\,3}{2\,3};$
$m_a:\ y = 0,\ \lambda = +44;\ x = 0,\ \lambda = +1$ usw.)

e) Suche auf allen diesen Geraden die Punkte mit den Teilverhält-
nissen $\lambda = 2,\ \tfrac{1}{2},\ -3,\ -\tfrac{4}{5}$. ($AB:\lambda = 2, x = 11, y = 12;\ m_a:\ x = 1\tfrac{3}{3}, y = 7$usw.)

Als Festpunkte sind auf den Seiten jedesmal die Eckpunkte A, B
bzw. B, C bzw. C, A in dieser Reihenfolge, auf den Mittellinien der
Eckpunkt als erster, der Mittelpunkt der
Gegenseite als zweiter zu wählen.

Die Gerade g möge auf der x-Achse den
Abschnitt a, auf der y-Achse den Abschnitt b
bilden; durch a und b ist die Lage der Geraden (mit Ausnahme des Falles, daß gleichzeitig $a = 0$ und $b = 0$ ist) bestimmt. Es
ist die Gleichung der Geraden zu ermitteln.
Es sei (Abb. 176) $OA = a$, $OB = b$; die Koordinaten von A sind dann $x_1 = a$, $y_1 = 0$,
die von B $x_2 = 0$, $y_2 = b$. Setzen wir diese in
Formel 18) ein, so erhalten wir $\dfrac{y - 0}{x - a} = \dfrac{b - 0}{0 - a}$

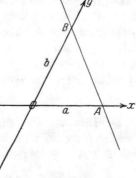

Abb. 176.

und nach einigen einfachen Umformungen

$$\frac{x}{a} + \frac{y}{b} = 1 \qquad\qquad 22)$$

als Gleichung der Geraden, die auf den beiden Achsen die Abschnitte a bzw. b bildet; Gleichung 22) heißt daher die **Abschnittsgleichung** der Geraden. Diese hat praktisch dadurch eine große Bedeutung, daß sich die Gerade, falls ihre Achsenabschnitte bekannt sind, leicht zeichnen läßt; sie vermittelt also bequemer als jede andere Gleichung die Lage der Geraden. Die allgemeine Gleichung der Geraden 17) läßt sich in die Abschnittsgleichung 22) überführen, indem man das Absolutglied auf die rechte Seite schafft und durch dieses dividiert. Die reziproken Werte der Faktoren von x und y sind dann die Abschnitte auf den betreffenden Achsen. Die Rechnung ergibt

also ist
$$Ax + By = -C, \quad \frac{-A}{C}x + \frac{-B}{C}y = 1;$$
$$a = -\frac{C}{A} \quad \text{und} \quad b = -\frac{C}{B}.$$

Dreieck D: Die Gleichung der Geraden BC lautet $3x - 4y - 41 = 0$; daraus folgt ihre Abschnittsgleichung

$$\frac{x}{\frac{41}{3}} + \frac{y}{-\frac{41}{4}} = 1.$$

Demnach sind die Abschnitte auf den Achsen

$$a = \frac{41}{3} = 13\tfrac{2}{3}, \qquad b = -\frac{41}{4} = -10\tfrac{1}{4}.$$

Man prüfe das Ergebnis in der Abbildung nach! Bestimme die Achsenabschnitte der übrigen Seiten und der Mittellinien (an der Abbildung nachprüfen!); zeige insbesondere, daß der Abschnitt von m_b auf der x-Achse unendlich groß ist, daß also $m_b \parallel x$-Achse ist!

(114) Schließlich möge die Aufgabe gelöst werden, die Gleichung einer Geraden aufzustellen, welche durch einen festen Punkt $P_0(x_0|y_0)$ geht und eine gegebene Richtung A hat (parallel zu einer Geraden mit dem Richtungsfaktor A ist). Da die Gerade den Richtungsfaktor A haben soll, muß ihre Gleichung nach 19) die Form haben $y = \mathsf{A}x + b$; da sie durch P_0 gehen soll, muß außerdem $y_0 = \mathsf{A}x_0 + b$ sein. Zieht man beide Gleichungen voneinander ab, so erhält man die gesuchte Gleichung

$$y - y_0 = \mathsf{A}(x - x_0). \qquad\qquad 23)$$

Dreieck D: Um die Gleichung der durch $A(-13|22)$ gehenden Parallelen zu BC zu ermitteln, bedenken wir, daß der Richtungsfaktor von BC $\mathsf{A} = \tfrac{3}{4}$ ist; also lautet die gesuchte Gleichung

$$y - 22 = \tfrac{3}{4}(x + 13) \quad \text{oder} \quad 3x - 4y + 127 = 0.$$

Bestimme die Gleichung der durch die Ecken A, B, C, ebenso durch O und die Punkte M_a, M_b, M_c gehenden Parallelen zu den Seiten und Mittellinien; überzeuge dich durch Ermittlung der Achsenabschnitte an der Abbildung von der Richtigkeit der errechneten Gleichungen!

Eine geometrisch wichtige Anwendung dieser Aufgabe ist das Problem, die Gleichung einer an die Kurve $y = f(x)$ im Punkte $P_0(x_0 | y_0)$ gelegten Tangente zu ermitteln. Da P_0 Berührungspunkt sein soll, also auf der Kurve selbst liegt, muß natürlich $y_0 = f(x_0)$ sein. Die Tangente ist eine Gerade, von der uns ein Punkt $P_0(x_0 | y_0)$ und die Richtung $\mathsf{A} = y_0' = \left(\dfrac{df}{dx}\right)_{x=x_0}$ gegeben sind; folglich lautet nach 23) die Gleichung dieser Tangente

$$y - y_0 = y_0' \cdot (x - x_0). \qquad\qquad 24)$$

Beispiele. a) Die Parabel.

$$y = \sqrt{2px}, \quad y_0 = \sqrt{2px_0}, \quad y' = \frac{p}{\sqrt{2px}} = \frac{p}{y}, \quad y_0' = \frac{p}{y_0}.$$

Gleichung der Tangente

$$y - y_0 = \frac{p}{y_0}(x - x_0) \quad\text{oder}\quad px - px_0 = y_0 y - y_0^2,$$

oder da $y_0^2 = 2px_0$:

$$y_0 \cdot y = p(x + x_0).$$

Abschnittsgleichung:

$$\frac{x}{-x_0} + \frac{y_0}{px_0}y = 1 \quad\text{oder}\quad \frac{x}{-x_0} + \frac{y}{\dfrac{y_0}{2}} = 1;$$

d. h.: Jede Parabeltangente schneidet auf der Parabel-achse ein Stück ab, das gleich der Abszisse, und auf der Scheiteltangente ein Stück, das gleich der halben Ordinate des Berührungspunktes ist. Da Formel 23) für ein beliebiges schiefwinkliges Koordinatensystem gilt, ist dieser Satz auch noch richtig in einem Tangenten-Durchmesser-System der Parabel (111): Jede Parabeltangente schneidet auf einem beliebigen Durch-messer ein Stück ab, das gleich der Abszisse $\mathfrak{x}_0$ und auf der zu diesem Durchmesser

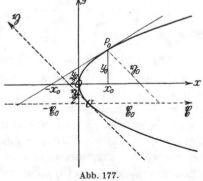

Abb. 177.

konjugierten Tangente ein Stück, das gleich der halben Or-dinate $\mathfrak{y}_0$ des Berührungspunktes ist (Abb. 177) [s. a. (111)].

b) **Die Asymptotengleichung der Hyperbel** lautet $xy = c^2$ [s. **(112)**]; es ist also

$$y = \frac{c^2}{x}, \qquad y' = -\frac{c^2}{x^2} = -\frac{y}{x}.$$

Für den Berührungspunkt P_0 ist

$$y_0 = \frac{c^2}{x_0}, \qquad y_0' = -\frac{y_0}{x_0}.$$

Also ist die Gleichung der Tangente

$$y - y_0 = -\frac{y_0}{x_0}(x - x_0) \qquad \text{oder} \qquad y_0 x + x_0 y = 2 x_0 y_0;$$

die Abschnittsgleichung ist

$$\frac{x}{2 x_0} + \frac{y}{2 y_0} = 1.$$

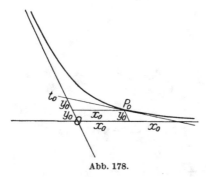

Jede Hyperbeltangente schneidet auf den Asymptoten Stücke ab, die doppelt so groß sind wie die Stücke, welche die durch den Berührungspunkt gezogenen Parallelen abschneiden (Abb. 178).

Abb. 178.

c) **Die Mittelpunktsgleichung eines Kreises vom Halbmesser** c (rechtwinkliges Koordinatensystem) ist

$$x^2 + y^2 = c^2, \qquad y = \sqrt{c^2 - x^2}, \qquad y' = \frac{-x}{\sqrt{c^2 - x^2}} = -\frac{x}{y},$$

$$y_0 = \sqrt{c^2 - x_0^2}, \qquad y_0' = -\frac{x_0}{y_0}.$$

Gleichung der Tangente:

$$y - y_0 = -\frac{x_0}{y_0}(x - x_0) \qquad \text{oder} \qquad x_0 x + y_0 y = x_0^2 + y_0^2$$

oder $\qquad\qquad\qquad x_0 x + y_0 y = c^2.$

Man übe sich weiter an der Sinus-, Tangens-, Exponentialkurve usw.

Schwieriger ist die Aufgabe, **von einem Punkte an eine Kurve die Tangente zu legen**; wie man hierbei verfahren muß, soll an einigen Beispielen gezeigt werden.

a) **Es soll an den Kreis** von der Gleichung $x^2 + y^2 = 25$ vom Punkte $(-9 \mid 13)$ die Tangente gelegt werden. Nach obigem muß die Gleichung der Tangente lauten $x_0 \cdot x + y_0 \cdot y = 25$. Da die Tangente durch den Punkt $(-9 \mid 13)$ gehen soll, muß die Bedingung erfüllt werden $-9 x_0 + 13 y_0 = 25$. Da der Berührungspunkt P_0 auf dem Kreise liegen muß, ist ferner $x_0^2 + y_0^2 = 25$. Jetzt haben wir zwei Gleichungen mit den beiden Unbekannten x_0 und y_0; es gibt zwei Lösungspaare

$-\frac{24}{5}\,|\,-\frac{7}{5}$ und $3\,|\,4$ und demnach auch zwei Tangenten mit den Gleichungen

$$-\tfrac{24}{5}\,x - \tfrac{7}{5}\,y = 25 \quad \text{und} \quad 3\,x + 4\,y = 25$$

bzw.

$$24\,x + 7\,y + 125 = 0 \quad \text{und} \quad 3\,x + 4\,y - 25 = 0\,.$$

Bestimme die Achsenabschnitte und bestätige das Ergebnis durch die Zeichnung!

b) Es soll an die Kosinuslinie $y = \cos x$ vom Nullpunkt aus die Tangente gelegt werden. Gleichung 24) lautet in diesem Falle

$$y - \cos x_0 = -\sin x_0 \cdot (x - x_0)\,.$$

Da die Tangente durch O gehen soll, muß ihre Gleichung durch das Wertepaar $0\,|\,0$ befriedigt werden; dieses gibt zur Bestimmung von x_0 die Gleichung

$$-\cos x_0 = x_0 \sin x_0 \quad \text{oder} \quad x_0 + \operatorname{ctg} x_0 = 0\,,$$

die wir nach der **Newton**schen Methode (27) lösen wollen. Wir setzen $f(x_0) \equiv x_0 + \operatorname{ctg} x_0$; dann ist

$$f'(x_0) = 1 - \frac{1}{\sin^2 x_0} = -\operatorname{ctg}^2 x_0\,.$$

Nun liegt ein Näherungswert, wie man an einer kleinen Skizze erkennt, bei $x_0 = 150°$; von ihm wollen wir ausgehen. Die folgende Tabelle enthält den Rechnungsgang:

arc x_0	x_0	ctg x_0	$f(x_0)$	logctg x_0	log $f'(x_0)$	log $f(x_0)$	log h	h
2,617 99	150°	$-1,7321$	$+0,8859$	0,238 56	0,477 12	0,947 38 -1	0,470 26 -1	$-0,295 30$
2,913 3	166° 55′	$-4,3031$	$-1,3898$	0,633 76	1,267 52	0,142 95	0,875 43 -2	$+0,075 06$
2,838 24	162° 37′ 9″	$-3,1948$	$-0,3566$	0,504 44	1,008 88	0,552 18 -1	0,543 30 -2	$+0,034 94$
2,803 30	160° 37′ 2″	$-2,8423$	$-0,0390$	0,453 68	0,907 36	0,591 06 -2	0,683 70 -3	$+0,004 83$
2,798 47	160° 20′ 25″	$-2,7991$	$-0,0006$	0,447 02	0,894 04	0,778 15 -4	0,884 11 -5	$+0,000 08$
2,798 39	160° 20′ 9″	$-2,7984$	$\pm0,0000$	0,446 91	0,893 82			

Die Gleichung der Tangente lautet demnach, wie sich durch Einsetzen ergibt:

$$y + 0,336 51\,x = 0\,.$$

(115) Im Anschluß an die Gleichung der in einem Punkte an eine Kurve gelegten Tangente mögen noch die folgenden für die Kurvenuntersuchung wichtigen Begriffe behandelt werden. Die in Abb. 179 dargestellte Kurve möge die Gleichung $y = f(x)$ haben. Im Punkte P mit der Abszisse x und der Ordinate $y = XP$ sei an sie die Tangente gelegt, welche die Abszissenachse in T schneide. Man bezeichnet das Stück $TP = t$ der Tan-

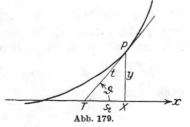

Abb. 179.

gente, welches vom Berührungspunkte P bis zu T reicht, als die Länge der Tangente, und ihre Projektion auf die x-Achse $TX = s_t$ als die Subtangente des Punktes P. Aus $\operatorname{tg}\vartheta = y'$ folgt

$$s_t = \frac{y}{y'} \quad \text{und weiter} \quad t = \frac{y}{y'}\sqrt{1 + y'^2}\,. \qquad 25)$$

Man erhält hiermit für die Subtangente der Parabel $y = \sqrt{2px}$, da

$$y' = \frac{\cdot p}{\sqrt{2px}}\,, \qquad s_t = \frac{\sqrt{2px}}{p}\sqrt{2px} = 2x\,,$$

ein Ergebnis, das schon aus **(114)** S. 311 folgt. Für die **Exponential-linie** $y = a \cdot e^{bx}$ [s. **(56)**] ergibt sich

$$y' = abe^{bx} = by\,, \qquad s_t = \frac{1}{b}\,;$$

d. h. für die Exponentiallinie ist die Subtangente in jedem Punkte von der gleichen Länge $\frac{1}{b}$. Dies vermittelt eine überaus einfache Tangentenkonstruktion an diese Kurve (s. Abb. 74).

Wir wollen weiter die Frage aufwerfen: Gibt es eine Kurve, für welche in jedem Punkte die Länge der Tangente den konstanten Wert a hat? Es müßte dann sein

$$\frac{y}{y'}\sqrt{1 + y'^2} = a\,.$$

Wir sind hiermit auf eine Gleichung gestoßen, in der aus einer Beziehung zwischen der abhängigen Veränderlichen und ihrem Differentialquotienten die Funktion ermittelt werden soll; wir haben einen einfachen Fall einer **Differentialgleichung** vor uns. Um die Funktion zu bestimmen, beseitigen wir den Nenner und quadrieren; wir erhalten

$$y^2(1 + y'^2) = a^2 y'^2\,;$$

wir lösen nach y' auf:

$$y' = \frac{y}{\sqrt{a^2 - y^2}} = \frac{dy}{dx}\,;$$

unter Verwendung von Differentialen können wir schreiben:

$$dx = \frac{\sqrt{a^2 - y^2}}{y}\,dy\,.$$

Wir integrieren beiderseits; während das Integral der linken Seite $x - x_0$ ergibt, wobei unter x_0 die Integrationskonstante verstanden sein soll, verfahren wir rechts folgendermaßen. Wir setzen

$$\sqrt{a^2 - y^2} = z\,, \quad \text{also} \quad a^2 - y^2 = z^2\,, \quad -2y\,dy = 2z\,dz\,,$$

daher

$$\frac{dy}{y} = \frac{z\,dz}{z^2 - a^2}\,,$$

und es wird [s. Formel T18]

$$\int \frac{\sqrt{a^2 - y^2}}{y} \, dy = \int \frac{z^2 \, dz}{z^2 - a^2} = \int dz + a^2 \int \frac{dz}{z^2 - a^2} = z - a \, \mathfrak{Ar} \mathfrak{Tg} \frac{z}{a}$$

$$= \sqrt{a^2 - y^2} - a \, \mathfrak{Ar} \mathfrak{Tg} \frac{\sqrt{a^2 - y^2}}{a} \, .$$

Setzen wir

$$\mathfrak{Ar} \mathfrak{Tg} \sqrt{1 - \left(\frac{y}{a}\right)^2} = u \, , \quad \text{also} \quad \mathfrak{Tg} \, u = \sqrt{1 - \left(\frac{y}{a}\right)^2} \, ,$$

so wird

$$\left(\frac{y}{a}\right)^2 = 1 - \mathfrak{Tg}^2 u = 1 - \frac{\mathfrak{Sin}^2 u}{\mathfrak{Cof}^2 u} = \frac{1}{\mathfrak{Cof}^2 u} \, , \qquad \frac{a}{y} = \mathfrak{Cof} \, u \, , \quad u = \mathfrak{Ar} \mathfrak{Cof} \frac{a}{y}$$

[s. **(58/59)**]. Demnach ist

$$\mathfrak{Ar} \mathfrak{Tg} \sqrt{1 - \left(\frac{y}{a}\right)^2} = \mathfrak{Ar} \mathfrak{Cof} \frac{a}{y} \, ,$$

und die Gleichung derjenigen Kurve, für welche in jedem Punkte die Tangente die Länge a hat, lautet

$$x - x_0 = \sqrt{a^2 - y^2} - a \cdot \mathfrak{Ar} \mathfrak{Cof} \frac{a}{y} \, .$$

Wir werden auf diese Kurve, die **Huyghenssche Traktrix**, näher eingehen [s. **(133)**].

Einfacher ist die Frage nach denjenigen Kurven zu beantworten, für welche in jedem Punkte die Subtangente die Länge a hat; ihre Gleichung lautet — die Ableitung sei dem Leser überlassen — $y = c e^{\frac{x}{a}}$; die Exponentialkurve ist die einzige Kurve dieser Art.

(116) B. Die gerade Linie und der Punkt. Unter Zugrundelegung eines rechtwinkligen Koordinatensystems möge die folgende Aufgabe behandelt werden.

Gegeben ist eine Gerade g durch ihren Abstand d von O und den Winkel α, den d mit der positiven x-Achse einschließt; gegeben ist außerdem ein Punkt P durch seine Koordinaten x und y; zu berechnen ist der Abstand n, den P von g hat (Abb. 180).

Ist D der Fußpunkt von d, wobei d eine absolute Größe ist, und N der Fußpunkt von n, so hat der von O nach P führende Linienzug $ODNP$ die gleiche Projektion auf irgendeine Gerade wie der von O nach P führende Linienzug OXP [Projektionssatz **(107)**]. Wir wollen beide Linienzüge auf die Gerade OD

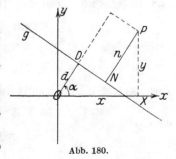

Abb. 180.

projizieren: Der erste Linienzug gibt $d + n$, der andere

$$x \cos \alpha + y \cos (90° - \alpha) = x \cos \alpha + y \sin \alpha.$$

Also erhalten wir

$$d + n = x \cos \alpha + y \sin \alpha$$

oder

$$n = x \cos \alpha + y \sin \alpha - d. \qquad 26)$$

Da $d + n$ nur dann größer ist als d, wenn P so liegt, daß die Gerade g zwischen O und P hindurchgeht, andererseits nur dann kleiner ist als d, wenn O und P auf derselben Seite von g liegen, so folgt, daß sich n aus Gleichung 26) positiv ergibt, wenn O und P voneinander durch g getrennt werden, und negativ, wenn sie beide auf derselben Seite von g liegen. Formel 26) gibt uns also einmal die Länge des Abstandes, den P von g hat, außerdem sagt sie uns auch, auf welcher Seite von g P zu suchen ist.

Liegt P auf g selbst, so ist $n = 0$, und die Koordinaten x und y von P müssen die Gleichung erfüllen:

$$x \cos \alpha + y \sin \alpha - d = 0. \qquad 27)$$

Besteht andererseits diese Gleichung, so muß P auf g liegen. Wir haben demnach in 27) eine neue Form der Gleichung einer Geraden gewonnen; man nennt diese Gleichung die **Hessesche Normalform der Geraden.**

Kennt man die Hessesche Normalform, so kann man leicht **den Abstand eines beliebigen Punktes von der Geraden ermitteln:** man braucht zu diesem Zwecke nur die Koordinaten dieses Punktes in die linke Seite von 27) einzusetzen. Sie nimmt einen im allgemeinen von Null verschiedenen Wert an, dessen absoluter Betrag gleich dem Abstande des Punktes von der Geraden ist, und dessen Vorzeichen angibt, ob der Punkt von O durch die Gerade getrennt liegt (+) oder ob er mit O auf der gleichen Seite der Geraden liegt (−).

Die allgemeine Gleichung 17) der Geraden läßt sich in die Hessesche Normalform überführen, indem man die gegebene Gleichung mit einer geeigneten Konstanten R, dem Reduktionsfaktor, multipliziert. Die allgemeine Gleichung 17) geht dadurch über in die Gleichung

$$RA \cdot x + RB \cdot y + RC = 0.$$

Damit diese mit 27) identisch ist, müssen die Beziehungen bestehen:

$$RA = \cos \alpha, \quad RB = \sin \alpha, \quad -RC = d. \qquad 28)$$

Aus den ersten beiden folgt durch Quadrieren und nachheriges Addieren

$$R^2 (A^2 + B^2) = 1,$$

also

$$R = \frac{1}{\pm \sqrt{A^2 + B^2}}. \qquad 29)$$

Hierbei ist das Vorzeichen der Quadratwurzel noch unbestimmt; bedenken wir jedoch, daß d eine absolute Größe ist, so erkennen wir, daß $-RC$ positiv sein, daß also das Vorzeichen von R dem von C entgegengesetzt sein muß. Unter diesen Voraussetzungen lautet die **Hessesche Normalform**

$$\pm \left(\frac{A}{\sqrt{A^2 + B^2}} \cdot x + \frac{B}{\sqrt{A^2 + B^2}} \cdot y + \frac{C}{\sqrt{A^2 + B^2}} \right) = 0,$$

wobei das obere Vorzeichen gilt, wenn C negativ, und das untere, wenn C positiv ist.

Was haben wir dadurch gewonnen? Da

$$\cos \alpha = A \cdot R \quad \text{und} \quad \sin \alpha = B \cdot R$$

ist, so ist der Winkel α, den das von O auf die Gerade gefällte Lot mit der x-Achse einschließt, gefunden, und zwar eindeutig im Bereiche von $0°$ bis $360°$. Da ferner

$$d = -RC$$

ist, so kennen wir auch den Abstand d, den der Anfangspunkt von der Geraden hat. Und schließlich können wir, wie schon oben ausgeführt, jetzt den Abstand irgendeines beliebigen Punktes von der Geraden leicht errechnen. Einige Beispiele werden diese Tatsachen erläutern.

In unserem Dreieck $\boldsymbol{D}$ (jetzt gilt nur das rechtwinklige Koordinatensystem!) war die Gleichung der Seite BC $3x - 4y - 41 = 0$; wir wollen sie in die **Hessesche Normalform** bringen. Zu diesem Zwecke multiplizieren wir die Gleichung $3x - 4y - 41 = 0$ mit R und erhalten $3Rx - 4Ry - 41R = 0$. Nun muß sein

$$\text{a)} \quad \cos \alpha = +3R, \qquad \text{b)} \quad \sin \alpha = -4R, \qquad \text{c)} \quad d = +41R.$$

Aus den ersten beiden Gleichungen a) und b) folgt durch Quadrieren und Addieren

$$25 R^2 = 1, \quad \text{also} \quad R = \pm \tfrac{1}{5}.$$

Da C negativ ist (-41), muß R positiv sein, also $R = +\tfrac{1}{5}$. Mithin lautet die **Hessesche Normalform** unserer Geraden:

$$\text{d)} \quad +\tfrac{3}{5} x - \tfrac{4}{5} y - \tfrac{41}{5} = 0.$$

Ferner ist nach a) und b)

$$\cos \alpha = +\tfrac{3}{5}, \quad \sin \alpha = -\tfrac{4}{5};$$

α liegt demnach im **vierten** Quadranten, und zwar ist $\alpha = 306° 52' 12''$. Der Abstand d des Anfangspunktes von BC ergibt sich aus c) zu $d = \tfrac{41}{5}$. Um schließlich noch den Abstand der Ecke A von der Seite BC, also die Länge der Höhe h_a zu berechnen, setzen wir in d) die Koordinaten von $A(-13 \,|\, 22)$ ein. Wir erhalten

$$h_a = -\tfrac{39}{5} - \tfrac{88}{5} - \tfrac{41}{5} = -\tfrac{168}{5} = -33\tfrac{3}{5}.$$

Das negative Vorzeichen deutet an, daß A und O auf derselben Seite von BC liegen. Von der Richtigkeit aller dieser Ergebnisse überzeuge sich der Leser an der Hand der Abbildung. — Da wir (107) die Länge von BC zu $a = 25$ gefunden haben, erhalten wir als Flächeninhalt des Dreiecks ABC

$$F = \tfrac{1}{2} a h_a = \tfrac{1}{2} \cdot \tfrac{168}{5} \cdot 25 = 420$$

in Übereinstimmung mit dem in (108) S. 295 gewonnenen Ergebnisse. (Da uns hier nur der absolute Betrag der Fläche angeht, ist auch nur der absolute Wert von h_a in Rechnung gesetzt worden.)

Der Leser ermittle die Hesseschen Normalformen der übrigen Seiten und der Mittellinien des Dreiecks D, bestimme die Abstände der Ecken und der Seitenmitten von den verschiedenen Geraden und bestätige die Ergebnisse an der Zeichnung.

(117) Wir kehren zu den allgemeinen Betrachtungen zurück und wollen sie auf zwei Gerade ausdehnen. Sind

$$x \cos \alpha_1 + y \sin \alpha_1 - d_1 = 0 \quad \text{und} \quad x \cos \alpha_2 + y \sin \alpha_2 - d_2 = 0$$

die Hesseschen Normalformen von g_1 bzw. g_2, und hat ein Punkt $P\,(x\,|\,y)$ von ihnen die Abstände n_1 bzw. n_2, so muß sein

$$n_1 = x \cos \alpha_1 + y \sin \alpha_1 - d_1, \qquad n_2 = x \cos \alpha_2 + y \sin \alpha_2 - d_2.$$

Wir wollen P jetzt so wählen, daß er von beiden Geraden den gleichen Abstand hat; dies ist dann der Fall, wenn entweder $n_1 = n_2$ oder $n_1 = -n_2$ ist [warum? wann tritt der eine, wann der andere Fall ein?]. Damit also P von beiden Geraden gleichen Abstand hat, müssen seine Koordinaten entweder die Gleichung

$$x \cos \alpha_1 + y \sin \alpha_1 - d_1 = x \cos \alpha_2 + y \sin \alpha_2 - d_2$$

oder die Gleichung

$$x \cos \alpha_1 + y \sin \alpha_1 - d_1 = -(x \cos \alpha_2 + y \sin \alpha_2 - d_2)\,.$$

erfüllen. Nach einfacher Umformung ergeben sich hieraus die beiden Gleichungen

$$x (\cos \alpha_1 - \cos \alpha_2) + y (\sin \alpha_1 - \sin \alpha_2) - (d_1 - d_2) = 0 \qquad \text{30 a)}$$

und

$$x (\cos \alpha_1 + \cos \alpha_2) + y (\sin \alpha_1 + \sin \alpha_2) - (d_1 + d_2) = 0. \qquad \text{30 b}$$

Beides sind in x und y lineare Gleichungen; ihre geometrischen Bilder sind infolgedessen Geraden w_1 bzw. w_2. Damit P von g_1 und g_2 gleich weit entfernt ist, muß also P entweder auf w_1 oder auf w_2 liegen. Nun wissen wir aus der Planimetrie, daß alle Punkte, welche auf den beiden Halbierungsgeraden der von g_1 und g_2 gebildeten Winkel liegen, von g_1 und g_2 gleiche Entfernung haben; demnach sind die beiden Gleichungen 30 a) und 30 b) die Gleichungen der Halbierungsgeraden w_1 und w_2 der von g_1 und g_2 gebildeten Winkel.

Dreieck D: Die Normalformen der Seiten BC und CA lauten

$$\tfrac{3}{5}x - \tfrac{4}{5}y - \tfrac{41}{4} = 0 \quad \text{bzw.} \quad -\tfrac{15}{17}x - \tfrac{8}{17}y - \tfrac{19}{17} = 0;$$

demnach sind die Gleichungen der Winkelhalbierenden des Dreieckswinkels γ und seines Nebenwinkels

$$\left(\tfrac{3}{5} + \tfrac{15}{17}\right)x + \left(-\tfrac{4}{5} + \tfrac{8}{17}\right)y - \left(\tfrac{41}{5} - \tfrac{19}{17}\right) = 0.$$

und

$$\left(\tfrac{3}{5} - \tfrac{15}{17}\right)x + \left(-\tfrac{4}{5} - \tfrac{8}{17}\right)y - \left(\tfrac{41}{5} + \tfrac{19}{17}\right) = 0$$

oder zusammengefaßt

$$w_\gamma) \quad 9x - 2y - 43 = 0 \quad \text{und} \quad w'_\gamma) \quad 2x + 9y + 66 = 0.$$

(Nachprüfen in der Abbildung durch Achsenabschnitte!) Bestimme ebenso die Gleichungen der Halbierenden der übrigen Dreieckswinkel und der sonstigen von Mittellinien und Seiten usw. gebildeten Winkel!

Schließlich möge die Hessesche Normalform der Geraden noch Verwendung finden zum Beweise des in **(92)** S. 248 angeführten Satzes, daß die im Schwerpunkte eines Massensystems vereinigt gedachte Gesamtmasse dieses Systems bezüglich jeder beliebigen Momentenachse ein statisches Moment hat, das gleich der Summe der statischen Momente der Einzelmassen dieses Systems bezüglich der betreffenden Achse ist.

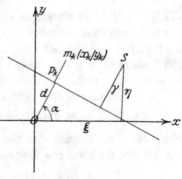

Abb. 181.

In Abb. 181 sei $m_k\,(x_k\,|\,y_k)$ ein Massenpunkt des Systems, ferner $S(\xi\,|\,\eta)$ der Schwerpunkt dieses Systems, wobei nach der Definition des Schwerpunktes

$$\text{a)} \quad \xi = \frac{\sum m_k x_k}{\sum m_k}, \qquad \text{b)} \quad \eta = \frac{\sum m_k y_k}{\sum m_k},$$

ist [s. **(92)** S. 248]. Als neue Momentenachse werde die Gerade g gewählt, deren Gleichung in der Hesseschen Normalform

$$x\cos\alpha + y\sin\alpha - d = 0$$

lauten möge. Die Masse m_k hat von g den Abstand p_k, der sich errechnet zu

$$p_k = x_k \cos\alpha + y_k \sin\alpha - d.$$

S besitzt von g den Abstand γ; er ist

$$\gamma = \xi\cos\alpha + \eta\sin\alpha - d. \qquad\qquad \text{c)}$$

Die Masse m_k hat bezüglich g das Moment

$$p_k m_k = m_k x_k \cos\alpha + m_k y_k \sin\alpha - m_k d \, ;$$

folglich das Massensystem bezüglich g das Moment

$$M_g = \sum (m_k x_k \cos\alpha + m_k y_k \sin\alpha - m_k d)$$
$$= \cos\alpha \cdot \sum m_k x_k + \sin\alpha \cdot \sum m_k y_k - d \cdot \sum m_k \, .$$

Da aber nach a) und b)

ist, so ist
$$\sum m_k x_k = \xi \cdot \sum m_k \, , \qquad \sum m_k y_k = \eta \cdot \sum m_k$$
$$M_g = \sum m_k \cdot (\xi \cos\alpha + \eta \sin\alpha - d) \, ,$$

also mit Hilfe von c)
$$M_g = \sum m_k \cdot \gamma \, ;$$

d. h. die Summe der statischen Momente der Einzelmassen ist bezüglich der beliebigen Geraden g gleich dem statischen Momente der in S vereinigten Gesamtmasse.

(118) C. Mehrere Geraden. Unter den Fragen nach den Beziehungen, die zwischen zwei Geraden g_1 und g_2 bestehen, sind die wichtigsten die nach dem Schnittpunkt und dem Schnittwinkel der beiden Geraden. Bei Beantwortung der ersten Frage sei ein beliebiges schiefwinkliges Koordinatensystem zugrunde gelegt.

Die Gleichungen der beiden Geraden seien

$$g_1) \quad A_1 x + B_1 y + C_1 = 0, \qquad g_2) \quad A_2 x + B_2 y + C_2 = 0.$$

Sind die Koordinaten des Schnittpunktes S x_s bzw. y_s, so müssen die beiden Gleichungen bestehen

$$A_1 x_s + B_1 y_s + C_1 = 0, \qquad A_2 x_s + B_2 y_s + C_2 = 0 \, .$$

Das sind zwei lineare Gleichungen mit den beiden Unbekannten x_s und y_s; ihre Auflösung gibt

$$x_s = \frac{B_1 C_2 - B_2 C_1}{A_1 B_2 - A_2 B_1} \quad \text{und} \quad y_s = \frac{A_1 C_2 - A_2 C_1}{B_1 A_2 - B_2 A_1} \, . \tag{31}$$

Die Lösung ist eindeutig und stets möglich, solange $A_1 B_2 - A_2 B_1 \neq 0$ ist. Ist dagegen

$$A_1 B_2 - A_2 B_1 = 0 \quad \text{oder} \quad \frac{A_1}{B_1} = \frac{A_2}{B_2}, \tag{32}$$

so ist
$$x_s = \infty \quad \text{bzw.} \quad y_s = \infty \, ;$$

d. h. der Schnittpunkt liegt im Unendlichen, die Geraden sind zueinander parallel. Dieses Ergebnis deckt sich mit der Tatsache, daß nach 19) in **(113)**

$$\mathsf{A}_1 \equiv -\frac{A_1}{B_1}, \qquad \mathsf{A}_2 \equiv -\frac{A_2}{B_2}, \qquad \text{also} \qquad \mathsf{A}_1 = \mathsf{A}_2$$

ist, d. h. die Richtungsfaktoren einander gleich sind.

Dreieck D liefert uns eine Fülle von Anwendungen.

a) Bestimme den Schnittpunkt S der Mittellinie m_a mit der Mittellinie m_b!

$$m_a) \quad 45x + 52y - 559 = 0, \quad m_b) \quad y - 7 = 0,$$
$$x_s = 1\tfrac{3}{3}, \quad y_s = 7.$$

b) Zeige, daß die drei Mittellinien sich in einem Punkte schneiden! Rechtwinkliges Koordinatensystem:

c) Bestimme den Schnittpunkt W der beiden Winkelhalbierenden w_γ und w_α!

$$w_\gamma) \quad 9x - 2x - 43 = 0, \quad w_\alpha) \quad 10x + 11x - 112 = 0,$$
$$x_w = 4\tfrac{1}{7}, \quad y_w = 3\tfrac{4}{7}.$$

d) Zeige, daß die sechs Winkelhalbierenden w_α, w'_α, w_β, w'_β, w_γ, w'_γ sich zu je drei in einem Punkte schneiden, und bestimme die Koordinaten dieser Schnittpunkte, der Mittelpunkte des Inkreises und der Ankreise!

$$(\tfrac{5}{2}1 \,|\, -13); \quad (-33 \,|\, 0); \quad (17 \,|\, 55).$$

e) Bestimme mittels der Hesseschen Normalform der Seiten die Halbmesser des Inkreises und der Ankreise!

Beispiel:

$$x_w = 4\tfrac{1}{7}, \qquad y_w = 3\tfrac{4}{7};$$
$$AB) \quad \tfrac{5}{13}x + \tfrac{12}{13}y - \tfrac{192}{13} = 0;$$

also:

$$\varrho = \tfrac{5}{13}\cdot 4\tfrac{1}{7} + \tfrac{12}{13}\cdot 3\tfrac{4}{7} - \tfrac{199}{91} = -\tfrac{780}{91} = -\tfrac{60}{7};$$
$$\varrho_a = \tfrac{35}{2}, \qquad \varrho_b = 28, \qquad \varrho_c = 42.$$

f) Welches sind die Schnittpunkte der Winkelhalbierenden mit den Seiten und den Mittellinien?

Man prüfe alle Rechnungsergebnisse an der Abbildung nach!

(119) Bestimmung des Schnittwinkels zweier Geraden im rechtwinkligen Koordinatensystem.

Es ist in Abb. 182 der Winkel φ, den die beiden Geraden g_1 und g_2 miteinander bilden, gleich der Differenz der beiden Winkel ϑ_2 und ϑ_1, den die Geraden mit der x-Achse einschließen, also

$$\varphi = \vartheta_2 - \vartheta_1.$$

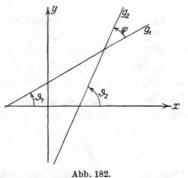

Abb. 182.

Nun ist nach den Entwicklungen von **(6)** S. 11

$$\operatorname{tg}\vartheta_1 = A_1 \qquad \text{und} \qquad \operatorname{tg}\vartheta_2 = A_2,$$

wobei A_1 und A_2 die Richtungsfaktoren von g_1 bzw. g_2 sind und

$$A_1 = -\frac{A_1}{B_1}, \qquad A_2 = -\frac{A_2}{B_2}$$

ist. Es ist deshalb, da

$$\operatorname{tg}\varphi = \frac{\operatorname{tg}\vartheta_2 - \operatorname{tg}\vartheta_1}{1 + \operatorname{tg}\vartheta_2 \operatorname{tg}\vartheta_1} \quad \text{ist,}$$

$$\operatorname{tg}\varphi = \frac{A_2 - A_1}{1 + A_1 A_2} = \frac{A_1 B_2 - A_2 B_1}{A_1 A_2 + B_1 B_2}. \qquad 33)$$

Anwendung auf das Dreieck D (rechtw. Koord.):

a) Bestimme die Dreieckswinkel! Anleitung: Die Gleichung der Seite AB lautet:

$$5x + 12y - 199 = 0,$$

die der Seite BC:

$$3x - 4y - 41 = 0;$$

folglich ist

$$\operatorname{tg}\beta = \frac{5 \cdot (-4) - 12 \cdot 3}{5 \cdot 3 - 12 \cdot 4} = \frac{-56}{-33} = +1{,}69697, \qquad \beta = 59° 29' 23''.$$

b) Bestätige durch Rechnung, daß eine Winkelhalbierende mit den zu ihr gehörigen Seiten gleiche Winkel einschließt! Anleitung: Der Winkel φ zwischen

$$w_\gamma) \quad 9x - 2y - 43 = 0 \qquad \text{und} \qquad BC) \quad 3x - 4y - 41 = 0$$

ist bestimmt durch

$$\operatorname{tg}\varphi = \frac{3 \cdot (-2) - 9 \cdot (-4)}{3 \cdot 9 + (-4) \cdot (-2)} = \frac{30}{35} = \frac{6}{7};$$

der zwischen

$$CA) \quad 15x + 8y - 19 = 0 \qquad \text{und} \qquad w_\gamma) \quad 9x - 2y - 43 = 0$$

durch

$$\operatorname{tg}\varphi' = \frac{9 \cdot 8 - (-2) \cdot 15}{9 \cdot 15 + (-2) \cdot 8} = \frac{102}{119} = \frac{6}{7}; \qquad \text{also} \qquad \operatorname{tg}\varphi' = \operatorname{tg}\varphi.$$

c) Bestimme die anderen am Dreieck vorkommenden Winkel!

Wir wenden uns zwei Sonderfällen zu.

1. Ist $\varphi = 0°$, so ist $\operatorname{tg}\varphi = 0$, also nach 33) $A_1 B_2 - A_2 B_1 = 0$; wir kommen wieder auf Gleichung 32), die die Bedingung für das Parallellaufen von g_1 und g_2 darstellte, und in der Tat sind g_1 und g_2 zueinander parallel, wenn $\varphi = 0$ ist.

2. Ist $\varphi = 90°$, so ist $\operatorname{tg}\varphi = \infty$, also nach 33)

$$A_1 A_2 + 1 = 0, \qquad A_1 A_2 + B_1 B_2 = 0. \qquad 34)$$

Gleichung 34) enthält also die Bedingung für das Senkrechtstehen zweier Geraden: Zwei Geraden stehen aufeinander senkrecht, wenn ihre Richtungsfaktoren zueinander entgegengesetzt reziprok sind.

Dreieck D: Beweise, daß die beiden Halbierenden eines Dreieckswinkels und seines Außenwinkels aufeinander senkrecht stehen! Anleitung: Es ist

$$w_\gamma) \quad 9x - 2y - 43 = 0, \qquad w_\gamma') \quad 2x + 9y + 66 = 0;$$

da $9 \cdot 2 + (-2) \cdot 9 = 0$ ist, ist der Beweis erbracht.

Aufgabe: Durch den Punkt $P_0(x_0 | y_0)$ ist eine Gerade n zu legen, welche auf der Geraden

$$g) \quad Ax + By + C = 0$$

senkrecht steht. Der Richtungsfaktor von g ist

$$\mathsf{A}_1 = -\frac{A}{B};$$

folglich ist der Richtungsfaktor von n nach 34)

$$\mathsf{A}_2 = +\frac{B}{A}$$

und demnach nach 23) die Gleichung von n

$$y - y_0 = \frac{B}{A}(x - x_0) \qquad \text{oder} \qquad A(y - y_0) - B(x - x_0) = 0. \quad 35)$$

Dreieck D: a) Es sind die Gleichungen der drei Höhen aufzustellen. Anleitung: Die Gerade CA hat die Gleichung $15x + 8y + 19 = 0$; die Ecke B die Koordinaten $x_B = +23$, $y_B = +7$. Demnach lautet die Gleichung der Höhe h_b

$$15(y - 7) - 8(x - 23) = 0 \qquad \text{oder} \qquad 8x - 15y - 79 = 0,$$

$$h_a) \quad 4x + 3y - 14 = 0, \qquad h_c) \quad 12x - 5y - 76 = 0.$$

Bestimme die Achsenabschnitte und prüfe die Ergebnisse an der Abbildung nach!

b) Bestimme die Fußpunkte der Höhen! Anleitung: Die Seite CA und die Höhe h_b schneiden sich in einem Punkte H_b, dessen Koordinaten $\frac{347}{289}$ bzw. $-\frac{1337}{289}$ sind; $H_a(7\frac{4}{25} | -4\frac{22}{25})$, $H_c(11\frac{48}{169} | 11\frac{149}{169})$. Berechne ferner die Länge der Höhen! Anleitung:

$$h_b = \sqrt{(23 - \tfrac{347}{289})^2 + (7 + \tfrac{1337}{289})^2} = 24\tfrac{12}{17}$$

[s. (116) S. 317]. Der Schnittpunkt H der drei Höhen hat die Koordinaten

$$x_H = 5\tfrac{9}{28}, \qquad y_H = -2\tfrac{3}{7}.$$

c) Stelle die Gleichungen der Mittelsenkrechten auf! Anleitung: BC hat die Gleichung $3x - 4y - 41 = 0$, der Mittelpunkt M_a von BC die Koordinaten

$$x_{M_a} = +13, \qquad y_{M_a} = -\tfrac{1}{2};$$

folglich ist die Gleichung der Mittelsenkrechten n_a

$$3\left(y + \tfrac{1}{2}\right) + 4(x - 13) = 0 \qquad \text{oder} \qquad 8x + 6y - 101 = 0;$$

$$n_b)\ 8x - 15y + 145 = 0, \qquad n_c)\ 24x - 10y + 25 = 0.$$

d) Welches sind die Koordinaten des Mittelpunktes M des Umkreises? Welches ist der Halbmesser r des Umkreises?

$$\left(x_M = 3\tfrac{47}{56}, \qquad y_M = 11\tfrac{5}{7}, \qquad r = 19\tfrac{41}{56}\right).$$

(120) Lehre von den Normalen der ebenen Kurven. Unter der Normalen an eine Kurve in einem ihrer Punkte versteht man die Gerade, die in diesem Punkte auf der zugehörigen Kurventangente senkrecht steht.

Ist (Abb. 183) $y = f(x)$ die Gleichung der Kurve und $P_0(x_0|y_0)$ einer ihrer Punkte, wobei also $y_0 = f(x_0)$ ist, so hat die Tangente in P_0

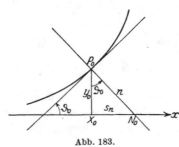

Abb. 183.

den Richtungsfaktor $\mathsf{A}_1 = y_0'$ [s. **(114)**], folglich die Normale den Richtungsfaktor $\mathsf{A}_2 = -\dfrac{1}{y_0'}$. Demnach lautet die Gleichung der Normalen

$$(y - y_0) = -\frac{1}{y_0'}(x - x_0)$$

oder

$$(x - x_0) + y_0'(y - y_0) = 0. \qquad 36)$$

Beispiel: Zur Parabel $y = \sqrt{2px}$ soll im Punkte $P_0(x_0|y_0)$, wobei $y_0 = \sqrt{2px_0}$ ist, die Normale gelegt werden. Es ist

$$y_0' = \frac{p}{\sqrt{2px_0}} = \frac{p}{y_0},$$

daher die Gleichung der Normalen

$$x - x_0 + \frac{p}{y_0}(y - y_0) = 0$$

oder, wenn wir — zur Vermeidung von Irrationalitäten — $x_0 = \dfrac{y_0^2}{2p}$ setzen:

$$x - \frac{y_0^2}{2p} + \frac{p}{y_0}(y - y_0) = 0$$

bzw.

$$2py_0 \cdot x + 2p^2 \cdot y - (y_0^3 + 2p^2 y_0) = 0. \qquad \text{a)}$$

Ist umgekehrt durch irgendeinen Punkt A mit den Koordinaten a und b die Normale zur Parabel zu legen, so müssen wir erst die Koordinaten $x_0|y_0$ des Fußpunktes der Normalen ermitteln; da $x = a$ und $y = b$ die Gleichung a) der Normalen erfüllen müssen, erhalten wir zur Bestimmung der Ordinaten y_0 des Fußpunktes die kubische Gleichung

$$y_0^3 - 2p(a - p)y_0 - 2bp^2 = 0.$$

Man kann also im allgemeinen von einem Punkte auf eine Parabel drei Lote fällen, von denen allerdings zwei imaginär sein können. Liegt beispielsweise A auf der Parabelachse ($b = 0$), so lautet die Gleichung

$$y_0^3 - 2p(a - p)y_0 = 0,$$

also ist

$$y_0 = 0 \quad \text{bzw.} \quad y_0 = \pm\sqrt{2p(a - p)},$$

und wir erkennen, daß jetzt — wie vorauszusehen war — das eine Lot die Parabelachse ist, während die Fußpunkte der beiden anderen Lote

$$x_0 = a - p, \quad y_0 = \pm\sqrt{2p(a - p)}$$

sind; es gibt demnach in diesem Falle nur so lange drei Lote, als $a > p$ ist.

In Ergänzung zu den in **(115)** S. 313f. gebrachten Ausführungen über die Tangente sei noch folgendes aus der Kurvenlehre hier erwähnt. Man nennt (s. Abb. 183) die Strecke $P_0 N_0 = n$ der Normalen, die vom Kurvenpunkte P_0 bis zum Schnittpunkte N_0 der Normalen mit der Abszissenachse reicht, die **Länge der Normalen**, und ihre Projektion $X_0 N_0 = s_n$ auf die Abszissenachse die **Subnormale**. Für sie ergeben sich aus Abb. 183, da $\operatorname{tg}\vartheta_0 = y_0'$ ist, die Formeln

$$s_n = y_0 \cdot y_0', \quad n = y_0 \cdot \sqrt{1 + y_0'^2}. \quad 37)$$

So ist die Subnormale der obigen Parabel

$$s_n = y_0 \cdot \frac{p}{y_0} = p\,.$$

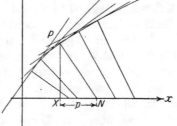

Abb. 184.

Die Subnormale der Parabel ist für alle Punkte gleich dem Parameter. Hieraus folgt für die Konstruktion der Parabelnormalen eine einfache Regel (Abb. 184): Man geht von der Achsenprojektion X des Parabelpunktes P um die Strecke $XN = p$ auf der Achse vorwärts; PN ist dann die Normale im Punkte P und folglich das in P hierauf errichtete Lot die Tangente.

Daß übrigens **die Parabel die einzige Kurve ist, deren Subnormale konstant ist**, läßt sich leicht ableiten. Soll nämlich $y \cdot \dfrac{dy}{dx} = p$ sein (Differentialgleichung!), so muß

$$y \cdot dy = p \cdot dx \quad \text{oder} \quad y^2 = 2p(x - a)$$

sein. Letzteres ist aber die Gleichung einer Parabel, deren Achse die x-Achse ist und deren Scheitel die Koordinaten $a|0$ hat.

Um auch die Kurve zu finden, deren **Normale** die für jeden Punkt **konstante Länge c** hat, müssen wir ansetzen

$$y\sqrt{1 + y'^2} = c\,;$$

wir lösen nach y' auf und erhalten

$$\frac{dy}{dx} = y' = \sqrt{\left(\frac{c}{y}\right)^2 - 1}\,.$$

Trennen wir die Veränderlichen, so ergibt sich

$$\frac{y\,dy}{\sqrt{c^2 - y^2}} = dx$$

und durch Integration

$$-\sqrt{c^2 - y^2} = x - a \qquad \text{oder} \qquad (x-a)^2 + y^2 = c^2.$$

Letzteres ist aber die Gleichung eines Kreises [s. **(123)** S. 330], dessen Halbmesser gleich c ist und dessen Mittelpunkt die Koordinaten $x|0$ hat. Dieses Ergebnis stimmt überein mit der Tatsache, daß die Normale für jeden Punkt eines Kreises vom Halbmesser c, durch dessen Mittelpunkt die Abszissenachse geht, in der Tat gleich dem Halbmesser ist.

(121) D. Geometrische Örter. Zu den wichtigsten Aufgaben, die die analytische Geometrie zu lösen hat, gehört die Ermittlung des geo-metrischen Ortes eines Punktes, der sich nach vorgeschriebenem Gesetze bewegt. Die hierbei einzuschlagenden Verfahren sollen an der Hand einiger Beispiele erörtert werden. Wir beginnen mit der folgenden

Aufgabe: Gegeben ist ein Winkel $BAC = \alpha$ und eine Strecke s; ein Punkt P bewegt sich so, daß die Summe der beiden Lote, die man von ihm auf die Schenkel AB und AC von α fällt, stets gleich der gegebenen Strecke s ist.

Ist die Aufgabe in dieser Allgemeinheit gestellt, so muß man sich stets erst über das Koordinatensystem schlüssig werden. Daß man mit Erfolg verschiedene Wege einschlagen kann, wollen wir an diesem Beispiele zeigen.

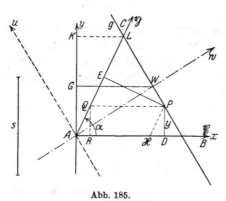

Abb. 185.

Man kann von der Erwägung ausgehen, daß, solange keine trif-tigen Gegengründe vorliegen, man am besten ein rechtwink-liges Koordinatensystem wählt; dies wollen wir hier auch tun. Da (Abb. 185) der Punkt A als Schei-tel von α eine bevorzugte Rolle spielt, wollen wir ihn als Null-punkt wählen, und da die bei-den Schenkel hervorgehobene Ge-raden sind, wollen wir den einen, nämlich AB, als positive x-Achse wählen; die y-Achse ist dann das in A auf AB errichtete Lot. Wir konstruieren uns nun einen der unendlich vielen möglichen Punkte P, indem wir zu AB in einem beliebigen Abstande y und zu AC in dem Abstande $s - y$ die Parallelen ziehen; beide Parallelen mögen sich in P schneiden. Die Koordinaten von P seien $x = AD$ und $y = DP$. Die Parallele zu AB möge AC in Q schneiden, QR sei das von Q auf AB gefällte Lot. Dann ist

$$x = AD = AR + RD = AR + QP \qquad \text{oder} \qquad x = y \operatorname{ctg} \alpha + \frac{s - y}{\sin \alpha}.$$

Hiermit haben wir eine Gleichung gewonnen, welche die Koordinaten x und y des Punktes P erfüllen müssen; es ist dies also die Gleichung des geometrischen Ortes von P. Formen wir die Gleichung um, so erhalten wir

$$x \cdot \sin \alpha + y \cdot (1 - \cos \alpha) = s.$$

Die Gleichung ist in x und y linear; die Bahn des Punktes P ist also eine **Gerade** g. Wir können leicht die **Hesse**sche Normalform dieser Geraden finden. Da nämlich

$$\sin \alpha = 2 \sin \frac{\alpha}{2} \cos \frac{\alpha}{2}, \qquad 1 - \cos \alpha = 2 \sin^2 \frac{\alpha}{2}$$

ist, so erhalten wir nach Division durch $2 \sin \frac{\alpha}{2}$

$$x \cos \frac{\alpha}{2} + y \sin \frac{\alpha}{2} - \frac{s}{2 \sin \frac{\alpha}{2}} = 0.$$

Das von O auf die Gerade gefällte Lot hat also die Länge

$$d = \frac{s}{2 \sin \frac{\alpha}{2}},$$

und es schließt mit der x-Achse den Winkel $\frac{\alpha}{2}$ ein; es fällt demnach auf die Winkelhalbierende w von α. Um die Gerade zu finden, brauchen wir nur auf der y-Achse die Strecke $AG = \frac{s}{2}$ abzutragen und durch G die Parallele zu AB zu ziehen, welche w in W schneidet; das in W auf w errichtete Lot ist die Gerade g $\left(\text{da } AW = \dfrac{s}{2 \sin \frac{\alpha}{2}} \text{ ist} \right)$.

Auf einen zweiten Lösungsweg kommt man durch folgende Erwägung. Die Kurve, die die Bahn des Punktes P ist, muß symmetrisch zur Winkelhalbierenden w von α liegen; denn der zu P bezüglich w symmetrisch liegende Punkt P' hat von AB einen Abstand, der gleich PE, und von AC einen solchen, der gleich PD ist; die Summe beider muß demnach wieder gleich s, P' daher ebenfalls ein Punkt des gesuchten Ortes sein. Man wählt nun gern eine solche Symmetrielinie als die eine Achse des zugrunde zu legenden Koordinatensystems, weil bei der mathematischen Behandlung meistens erhebliche Vereinfachungen eintreten. Es sei also w die eine Koordinatenachse. Wollen wir bei einem rechtwinkligen Koordinatensystem bleiben, so muß die andere Koordinatenachse u in A auf w senkrecht stehen, und die Koordinaten von P sind im wu-System $AW = w$, $WP = u$. Wir projizieren den Linienzug AWP auf PD und erhalten (Projektionssatz!)

$$PD = AW \sin \frac{\alpha}{2} + WP \cos \frac{\alpha}{2} = w \sin \frac{\alpha}{2} + u \cos \frac{\alpha}{2} \, ;$$

nun projizieren wir AWP auf PE und erhalten

$$PE = + A w \sin \frac{\alpha}{2} - WP \cos \frac{\alpha}{2} = w \sin \frac{\alpha}{2} - u \cos \frac{\alpha}{2} \, .$$

Da $PD + PE = s$ sein soll, so ergibt sich als Gleichung des geometrischen Ortes:

$$2 \, w \sin \frac{\alpha}{2} = s \qquad \text{oder} \qquad w = \frac{s}{2 \sin \frac{\alpha}{2}} \, .$$

In dieser Gleichung tritt die Veränderliche u überhaupt nicht auf; der Ort ist folglich eine Gerade, die parallel zur u-Achse, also senkrecht zur Winkelhalbierenden w ist und auf ihr die Strecke $\dfrac{s}{2 \sin \frac{\alpha}{2}}$ abschneidet — ein Ergebnis, das mit dem obigen übereinstimmt.

Will man die Rechnung für ein schiefwinkliges Koordinatensystem durchführen, so liegt es nahe, als Achsen die Schenkel von α zu wählen, und zwar sei AB die $\mathfrak{x}$-Achse und AC die $\mathfrak{y}$-Achse. Die Koordinaten von P sind dann $A\mathfrak{X} = \mathfrak{x}$ und $\mathfrak{X}P = \mathfrak{y}$, und es ist

$$PD = \mathfrak{X}P \sin \alpha = \mathfrak{y} \sin \alpha$$

und

$$PE = QP \sin \alpha = A\mathfrak{X} \sin \alpha = \mathfrak{x} \sin \alpha \, ,$$

folglich

$$\mathfrak{x} \sin \alpha + \mathfrak{y} \sin \alpha = s \qquad \text{oder} \qquad \mathfrak{x} + \mathfrak{y} = \frac{s}{\sin \alpha} \, .$$

Der Ort von P ist mithin eine Gerade, die auf beiden Schenkeln das gleiche Stück, nämlich $a = \dfrac{s}{\sin \alpha}$ abschneidet. Zur Konstruktion von a trägt man auf einem in A zu einem Schenkel errichteten Lote die Strecke $AK = s$ ab und zieht durch K die Parallele zu diesem Schenkel, welche den anderen Schenkel in L schneide; dann ist $AL = a$.

(122) Nicht immer liegen die Verhältnisse so einfach wie in der eben durchgeführten Aufgabe; häufig muß man eine veränderliche Hilfsgröße, einen Parameter, einführen, der zuletzt wieder zu eliminieren ist. Wir wollen dieses Verfahren an einer weiteren Aufgabe erläutern.

Aufgabe: In ein gegebenes Viereck $ABCD$ soll ein Parallelogramm $EFGH$ so eingezeichnet werden, daß seine Seiten parallel den

Diagonalen des Vierecks sind. Wo liegt der Mittelpunkt M des Parallelogramms ?

Wir werden in diesem Falle am zweckmäßigsten die Achsen des zu wählenden Koordinatensystems in die Diagonalen des Vierecks legen, und zwar sei (Abb. 186) AC die x-Achse, BD die y-Achse, und der Schnittpunkt O der Nullpunkt. Das Viereck werde dann so in dem Koordinatensystem festgelegt, daß wir uns die Strecken $OA = a$, $OB = b$, $OC = c$ und $OD = d$ geben. Die Koordinaten der Eckpunkte sind dann $A(a|0)$, $B(0|b)$, $C(c|0)$, $D(0|d)$. Kennen wir nun eine Ecke E des Parallelogramms, so sind die übrigen Ecken und damit das Parallelogramm selbst und sein Mittelpunkt M mitbestimmt. Nun können wir E auf AB durch sein Teilverhältnis λ bezüglich der Punkte A und B festlegen; dann ergeben sich seine Koordinaten mit Hilfe der Formeln 20) S. 308 zu

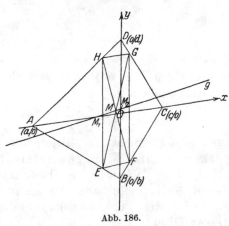

Abb. 186.

$$x_E = \frac{a + \lambda \cdot 0}{1 + \lambda} = \frac{a}{1 + \lambda}, \qquad y_E = \frac{0 + \lambda b}{1 + \lambda} = \frac{\lambda b}{1 + \lambda}.$$

Da den Punkten F bezüglich C und B, G bezüglich C und D, X bezüglich A und D das gleiche Teilverhältnis λ zukommt, so sind die Koordinaten dieser Punkte

$$x_F = \frac{c}{1 + \lambda}, \qquad y_F = \frac{\lambda b}{1 + \lambda}; \qquad x_G = \frac{c}{1 + \lambda}, \qquad y_G = \frac{\lambda d}{1 + \lambda};$$

$$x_H = \frac{a}{1 + \lambda}, \qquad y_H = \frac{\lambda d}{1 + \lambda}.$$

Die Koordinaten von M seien x und y; da M der Mittelpunkt von EG ist, so ist nach 21) S. 309

$$x = \frac{1}{2}\left(\frac{a}{1 + \lambda} + \frac{c}{1 + \lambda}\right) = \frac{a + c}{2(1 + \lambda)}, \quad y = \frac{1}{2}\left(\frac{\lambda b}{1 + \lambda} + \frac{\lambda d}{1 + \lambda}\right) = \frac{\lambda(b + d)}{2(1 + \lambda)}; \quad \text{a)}$$

zu den gleichen Ergebnissen führen die Koordinaten von F und H. a) gibt uns die Koordinaten von M in ihrer Abhängigkeit vom Parameter λ. λ selbst kann unendlich viele Werte annehmen, entsprechend der Tatsache, daß sich in das Viereck $ABCD$ unendlich viele Parallelogramme von der geforderten Eigenschaft zeichnen lassen, und zwar ist jedem Werte von λ ein solches Parallelogramm zugeordnet. Die Gesamtheit der Mittelpunkte aller dieser Parallelogramme erhalten wir, wenn wir aus den beiden Gleichungen a) λ eliminieren. Das Ergebnis ist eine unmittelbare Beziehung zwischen den Koordinaten der Punkte M, folglich die Gleichung des geometrischen Ortes von M. Da

ist, so ist
$$\frac{2x}{a+c} = \frac{1}{1+\lambda} \quad \text{und} \quad \frac{2y}{b+d} = \frac{\lambda}{1+\lambda}$$

$$\frac{2x}{a+c} + \frac{2y}{b+d} = 1$$

die Gleichung des Ortes von M. Wir bekommen eine lineare Gleichung zwischen x und y; folglich bewegt sich M auf einer Geraden, deren Achsenabschnitte

$$OM_1 = \frac{a+c}{2} \quad \text{bzw.} \quad OM_2 = \frac{b+d}{2}$$

sind. M_1 ist demnach der Mittelpunkt von AC, ebenso M_2 der Mittelpunkt von BD. Der geometrische Ort der Mittelpunkte aller dem Viereck einbeschriebenen Parallelogramme, deren Seiten zu den Diagonalen des Vierecks parallel sind, ist die Verbindungsgerade der beiden Mittelpunkte dieser Diagonalen.

§ 4. Das Wichtigste aus der analytischen Geometrie des Kreises.

(123) Die Untersuchungen dieses Paragraphen beziehen sich, soweit ein Parallelkoordinatensystem in Betracht kommt, auf ein recht-

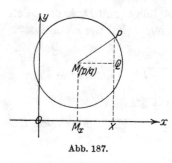

Abb. 187.

winkliges Koordinatensystem. Definieren wir die Kreislinie als den geometrischen Ort aller Punkte P, welche von einem festen Punkte M, dem Mittelpunkte, den gegebenen Abstand a (Radius, Halbmesser) haben, so müssen die Koordinaten x und y eines beliebigen Punktes P des Kreises eine Gleichung erfüllen, die sich folgendermaßen ergibt: Es ist nach **(107)** S. 291 (s. Abb. 187)

$$\overline{MP}^2 = \overline{MQ}^2 + \overline{QP}^2 = \overline{M_xX}^2 + \overline{QP}^2 = (OX - OM_x)^2 + (XP - XQ)^2.$$

Sind $p|q$ die Koordinaten von M, so folgt hieraus

$$(x-p)^2 + (y-q)^2 = a^2 \qquad\qquad 38)$$

als die Gleichung des Kreises.

Dreieck $\boldsymbol{D}$: a) Der Umkreis hat den Mittelpunkt $(3\tfrac{47}{56}|11\tfrac{5}{7})$ und den Halbmesser $19\tfrac{41}{56}$ [s. **(119)**]; stelle die Gleichung des Kreises auf!

$$(x - 3\tfrac{47}{56})^2 + (y - 11\tfrac{2}{7})^2 = (19\tfrac{41}{56})^2$$

oder

$$28\,x^2 + 28\,y^2 - 215\,x - 656\,y - 6647 = 0\,.$$

b) Der Inkreis hat den Mittelpunkt $(4\tfrac{1}{7}\,|\,3\tfrac{4}{7})$ und den Halbmesser $6\tfrac{0}{7}$ [s. **(118)** S. 321]; wie lautet seine Gleichung?

$$7\,x^2 + 7\,y^2 - 82\,x - 68\,y - 109 = 0\,.$$

c) Bestimme ebenso die Gleichungen der Ankreise!

$$x^2 + y^2 - 51\,x + 26\,y + 513 = 0\,; \qquad x^2 + y^2 + 66\,x + 305 = 0\,;$$
$$x^2 + y^2 - 34\,x - 110\,y + 1550 = 0\,.$$

Kehren wir zur Gleichung 38) zurück, die wir umformen in

$$x^2 + y^2 - 2\,p\,x - 2\,q\,y + p^2 + q^2 - a^2 = 0\,. \qquad \text{38 a)}$$

Wir erkennen, daß die Kreisgleichung in x und y vom **zweiten Grade** ist; der Kreis ist eine **Kurve zweiter Ordnung.** Bemerkenswert an der Gleichung 38 a) ist, daß von den drei in einer Gleichung zweiten Grades möglichen quadratischen Gliedern x^2, xy, y^2 **das gemischt quadratische Glied**, d. h. das Glied mit dem Faktor xy, **fehlt,** und daß die beiden **rein quadratischen Glieder** x^2 und y^2 denselben Beiwert, in 38 a) den Beiwert 1, haben. Wir wollen zeigen, daß jede quadratische Gleichung in x und y, welche diese beiden Eigenschaften hat, im rechtwinkligen Koordinatensystem einen Kreis als Bild hat. Die allgemeinste Gleichung dieser Art hat die Form

$$A\,(x^2 + y^2) + 2\,B\,x + 2\,C\,y + D = 0\,. \qquad \text{39)}$$

Wir dividieren durch A

$$x^2 + 2\,\frac{B}{A}\,x + y^2 + 2\,\frac{C}{A}\,y + \frac{D}{A} = 0$$

und erhalten durch quadratische Ergänzungen

$$\left(x + \frac{B}{A}\right)^2 + \left(y + \frac{C}{A}\right)^2 = \frac{1}{A^2}\,(B^2 + C^2 - A\,D)\,. \qquad \text{39 a)}$$

Vergleichen wir die zuletzt gefundene Form mit der Gleichung 38), so erkennen wir, daß sie in der Tat die Gleichung eines Kreises darstellt; sein Mittelpunkt M hat die Koordinaten

$$p = -\frac{B}{A}\,, \qquad q = -\frac{C}{A}\,,$$

und sein Halbmesser ist

$$a = \frac{1}{A}\,\sqrt{B^2 + C^2 - A\,D}$$

ist. Ist der Ausdruck $B^2 + C^2 - A\,D = 0$, so ist der Halbmesser $a = 0$, und der einzige relle Punkt, dessen Koordinaten die Gleichung 39) erfüllen, ist der Mittelpunkt; ist $B^2 + C^2 - A\,D < 0$, so ist der Halbmesser sogar imaginär, und es gibt keinen wirklichen Punkt, dessen Koordinaten Gleichung 39) erfüllen; wir haben es mit einem sogenannten **imaginären Kreise** zu tun.

Zahlenbeispiel zu der obigen Ableitung: Die Kreisgleichung laute:

$$7\,x^2 + 7\,y^2 - 82\,x - 68\,y - 109 = 0;$$

wir können sie folgendermaßen schreiben:

$$(x - \tfrac{41}{7})^2 + (y - \tfrac{34}{7})^2 = \tfrac{1681}{49} + \tfrac{1156}{49} + \tfrac{763}{49}$$

oder

$$(x - \tfrac{41}{7})^2 + (y - \tfrac{34}{7})^2 = (\tfrac{60}{7})^2;$$

folglich hat der Mittelpunkt die Koordinaten $(\tfrac{41}{7}\,|\,\tfrac{34}{7})$, und der Halbmesser ist $\tfrac{60}{7}$.

Die vier Konstanten A, B, C, D bestimmen die Kreisgleichung und damit den Kreis völlig. Wenn wir jedoch Gleichung 39) durch irgendeine konstante Größe dividieren, so bekommen wir zwar eine neue Gleichung in x und y; aber ihr geometrisches Bild ist der nämliche Kreis. Wir sehen hieraus, daß es nicht auf die vier Größen A, B, C, D, sondern nur auf ihr gegenseitiges Verhältnis ankommt, und daß der Kreis demnach schon durch drei voneinander unabhängige Bedingungen gegeben ist. Insbesondere folgt hieraus der Satz:

Durch drei Punkte läßt sich stets ein, aber auch nur ein Kreis legen.

Sind die drei Punkte durch ihre Koordinaten $x_1\,|\,y_1$, $x_2\,|\,y_2$, $x_3\,|\,y_3$ gegeben, so müssen die drei Gleichungen bestehen:

$$A\,(x_1^2 + y_1^2) + 2\,B\,x_1 + 2\,C\,y_1 + D = 0,$$
$$A\,(x_2^2 + y_2^2) + 2\,B\,x_2 + 2\,C\,y_2 + D = 0,$$
$$A\,(x_3^2 + y_3^2) + 2\,B\,x_3 + 2\,C\,y_3 + D = 0.$$

Aus ihnen läßt sich das Verhältnis $A:B:C:D$ berechnen, und folglich, da sie in A, B, C, D linear sind, die Gleichung des Kreises aufstellen.

Anwendung auf das Dreieck D: a) Der **Feuerbachsche Kreis** enthält die Mittelpunkte der Seiten, die Fußpunkte der Höhen und die Mittelpunkte der an den Ecken liegenden Höhenabschnitte. Wie lautet seine Gleichung in unserem Falle? Wir legen ihn durch die drei Seitenmittelpunkte

$$M_a\,(13\,|\,-\tfrac{1}{2}), \qquad M_b\,(-5\,|\,7), \qquad M_c\,(5\,|\,\tfrac{29}{2}).$$

Es muß also sein

$$\tfrac{677}{4}\,A + 26\,B - C + D = 0,$$
$$74\,A - 10\,B + 14\,C + D = 0,$$
$$\tfrac{941}{4}\,A + 10\,B + 29\,C + D = 0,$$

woraus folgt

$$B = -\tfrac{513}{112}\,A, \qquad C = -\tfrac{65}{14}\,A, \qquad D = -\tfrac{3069}{56}\,A\,.$$

Die Gleichung des Feuerbachschen Kreises lautet demnach:

$$56\,(x^2 + y^2) - 513\,x - 520\,y - 3069 = 0.$$

Berechne die Lage seines Mittelpunktes und die Länge seines Halbmessers und zeige, daß er durch die Fußpunkte der Höhen und die
Mittelpunkte der oberen Höhenabschnitte geht!

b) Lege durch die Ecken des Dreiecks den Kreis und zeige, daß
seine Gleichung mit der schon oben gefundenen Gleichung des umbeschriebenen Kreises übereinstimmt!

(124) Der Kreis als geometrischer Ort. Wir wollen den
aus der Planimetrie bekannten Satz beweisen: Die Spitzen aller
Dreiecke von festen Grundlinien, welche einen gegebenen
Winkel an der Spitze haben, liegen auf dem über der Grundlinie als Sehne geschlagenen Kreis-
bogen, der den gegebenen Winkel
als Umfangswinkel faßt.

Ist (Abb. 188) $AB = c$ die gegebene
Grundlinie und γ der gegebene Winkel, so
können wir eins von den unendlich vielen
Dreiecken erhalten, indem wir durch A
einen beliebigen Strahl ziehen und durch B
eine Gerade, welche mit diesem den Winkel γ
einschließt; der Schnittpunkt ist ein Eckpunkt C. Zur analytischen Lösung wählen
wir ein rechtwinkliges Koordinatensystem,
und zwar am zweckmäßigsten so, daß

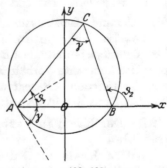

Abb. 188.

die x-Achse auf AB und der Nullpunkt auf den Mittelpunkt von AB
fällt; dann sind die Koordinaten von $A\left(-\frac{c}{2}\,\middle|\,0\right)$ und von $B\left(+\frac{c}{2}\,\middle|\,0\right)$;
C möge die Koordinaten $x\,|\,y$ haben. Die Gerade AC schließt mit der
x-Achse einen Winkel ϑ_1 ein, der sich nach **(107)** S. 291 ergibt zu

$$\operatorname{tg}\vartheta_1 = \frac{y}{x + \dfrac{c}{2}}\,;$$

der Winkel ϑ_2, den BC mit der x-Achse einschließt, ergibt sich in gleicher
Weise zu

$$\operatorname{tg}\vartheta_2 = \frac{y}{x - \dfrac{c}{2}}\,.$$

Nun ist $\gamma = \vartheta_2 - \vartheta_1$; folglich

$$\operatorname{tg}\gamma = \operatorname{tg}(\vartheta_2 - \vartheta_1) = \frac{\operatorname{tg}\vartheta_2 - \operatorname{tg}\vartheta_1}{1 + \operatorname{tg}\vartheta_2\,\operatorname{tg}\vartheta_1}$$

oder wenn wir einsetzen,

$$\frac{\dfrac{y}{x-\dfrac{c}{2}}-\dfrac{y}{x+\dfrac{c}{2}}}{1+\dfrac{y^2}{x^2-\dfrac{c^2}{4}}}=\operatorname{tg}\gamma\,,\qquad\qquad \frac{c\,y}{x^2+y^2-\dfrac{c^2}{4}}=\operatorname{tg}\gamma\,,$$

$$x^2+y^2-cy\cdot\operatorname{ctg}\gamma-\frac{c^2}{4}=0\,.$$

Der geometrische Ort von C ist also in der Tat ein Kreis; schreiben wir seine Gleichung in der Form

$$x^2+\left(y-\frac{c}{2}\operatorname{ctg}\gamma\right)^2=\frac{c^2}{4\sin^2\gamma}\,,$$

so können wir ablesen, daß sein Mittelpunkt die Koordinaten $x=0$, $y=\dfrac{c}{2}\operatorname{ctg}\gamma$ hat, während sein Halbmesser gleich $\dfrac{c}{2\sin\gamma}$ ist, woraus die bekannte Konstruktion folgt.

Beweise den **Apollonischen Satz**: Der Ort der Spitzen aller über derselben Grundlinie AB errichteten Dreiecke, deren anderes Seitenpaar das konstante Verhältnis λ hat, ist der Kreis, dessen Mittelpunkt auf der Geraden AB liegt und der die Strecke AB innen und außen im Verhältnis λ teilt (**Apollonischer Kreis**).

(125) Der Kreis in Verbindung mit anderen geometrischen Gebilden.

a) **Der Kreis und die Gerade**: Hier kommt in erster Linie die Ermittlung der Schnittpunkte beider Gebilde in Frage. Die Koordinaten x_S und y_S eines solchen müssen sowohl die Gleichung des Kreises als auch die Gleichung der Geraden, also eine quadratische und eine lineare Gleichung erfüllen. Es gibt demnach im allgemeinen zwei Wertepaare $x_S|y_S$ und folglich zwei Schnittpunkte zwischen Kreis und Gerade. Allerdings sind hierbei drei Fälle zu berücksichtigen. Hat die quadratische Gleichung zwei reelle, voneinander verschiedene Lösungen, so sind die beiden Schnittpunkte reell, die Gerade ist **Sekante** des Kreises. Sind die beiden Lösungen reell und gleich, so fallen die beiden Schnittpunkte in einen zusammen, und die Gerade ist **Tangente** an den Kreis. Sind schließlich die beiden Lösungen komplex, so nennt man die Schnittpunkte imaginär, die Gerade **meidet** den Kreis.

Dreieck $\boldsymbol{D}$: a) Bestätige durch Rechnung, daß der Umkreis die Seiten in den Eckpunkten schneidet.

b) In welchen Punkten schneidet der **Feuerbachsche Kreis** die Seiten, die Höhen, die Mittellinien, die Winkelhalbierenden, die Mittelsenkrechten? Anleitung: Die Seite BC hat die Gleichung

$$3x-4y-41=0;$$

wir setzen $4y = 3x - 41$ in die Gleichung des Feuerbachschen Kreises

$$56x^2 + 56y^2 - 513x - 520y - 3069 = 0$$

ein und erhalten für x die Gleichung

$$25x^2 - 504x + 2327 = 0.$$

Hieraus ergibt sich $x_1 = 13$, $x_2 = \frac{179}{25}$, und daher $y_1 = -\frac{1}{2}$, $y_2 = -\frac{122}{25}$; folglich sind die Koordinaten der beiden Schnittpunkte

$$13 \,|\, -\tfrac{1}{2} \quad \text{und} \quad 7\tfrac{4}{25} \,|\, -4\tfrac{22}{25}.$$

c) Zeige durch Rechnung, daß die Seiten Tangenten an den Inkreis und die Ankreise sind, und bestimme die Berührungspunkte! Anleitung: BC) $3x - 4y - 41 = 0$. Inkreis:

$$7x^2 + 7y^2 - 82x - 68y - 109 = 0.$$

Setzen wir wieder $4y = 3x - 41$ in die Gleichung des Kreises ein, so erhalten wir die quadratische Gleichung $x^2 - 22x + 121 = 0$, die die Doppellösung $x = 11$ hat. Demnach fallen die beiden Schnittpunkte in der Tat in einen Punkt zusammen, der die Koordinaten $11 \,|\, -2$ hat; die Gerade BC ist Tangente.

Für den Sonderfall, daß der Mittelpunkt des Kreises im Nullpunkt liegt, die Gleichung des Kreises also lautet $x^2 + y^2 - a^2 = 0$, möge die Gleichung der Geraden in der Hesseschen Normalform vorliegen:

$$x \cos\alpha + y \sin\alpha - d = 0.$$

Löst man die Gleichungen nach x und y auf, so ergibt sich

$$x = d\cos\alpha + \varepsilon\sqrt{a^2 - d^2}\,\sin\alpha \quad \text{und} \quad y = d\sin\alpha - \varepsilon\sqrt{a^2 - d^2}\,\cos\alpha,$$

wobei $\varepsilon^2 = 1$ ist. Man sieht in Übereinstimmung mit der Anschauung, daß es zwei reelle, getrennte Schnittpunkte gibt, wenn $a > d$, d. h. wenn der Halbmesser größer als der Abstand der Geraden vom Mittelpunkte ist; die Schnittpunkte fallen in einen Punkt zusammen, wenn $a = d$ ist; beide Kurven meiden sich, wenn $a < d$ ist. Im Falle $a = d$ sind die Koordinaten des Berührungspunktes

$$x_0 = a\cos\alpha, \quad y_0 = a\sin\alpha$$

oder

$$\cos\alpha = \frac{x_0}{a}, \quad \sin\alpha = \frac{y_0}{a};$$

setzen wir diese Werte in die Gleichung der Geraden ein, so erhalten wir als Gleichung der Tangente $xx_0 + yy_0 = a^2$ wie früher [s. (114) S. 312].

b) Mehrere Kreise. Sind

und

$$k_1 = x^2 + y^2 + 2a_1 x + 2b_1 y + c_1 = 0$$
$$k_2 = x^2 + y^2 + 2a_2 x + 2b_2 y + c_2 = 0$$

die Gleichungen der beiden Kreise k_1 und k_2, so ist

$$k_1+\lambda k_2 \equiv (1+\lambda)(x^2+y^2)+2(a_1+\lambda a_2)x+2(b_1+\lambda b_2)y+(c_1+\lambda c_2)=0,\ 40)$$

wie man sieht, ebenfalls die Gleichung eines Kreises, und zwar muß dieser durch die beiden Schnittpunkte von k_1 und k_2 gehen, mögen sie reell oder imaginär sein. Denn sind x_S und y_S die Koordinaten eines solchen Schnittpunktes, so müssen sie beide Gleichungen $k_1 = 0$ und $k_2 = 0$ und folglich auch die Gleichung $k_1 + \lambda k_2 = 0$ erfüllen. Da λ alle Werte von $-\infty$ bis $+\infty$ annehmen kann und zu jedem Werte von λ ein solcher Kreis gehört, so lassen sich durch diese beiden Schnittpunkte unendlich viele Kreise legen. Die Gesamtheit aller dieser Kreise nennt man ein Kreisbüschel. Setzt man insbesondere $\lambda = -1$, so erhält man aus 40) die Gleichung

$$2(a_1 - a_2)x + 2(b_1 - b_2)y + (c_1 - c_2) = 0,$$

also eine lineare Gleichung. In diesem Sonderfalle artet der Kreis in eine Gerade aus; sie ist die Verbindungsgerade der Schnittpunkte aller Kreise des Büschels und heißt die Potenzlinie des Büschels.

Der Mittelpunkt des Kreises von Gleichung 40) hat die Koordinaten

$$x = -\frac{a_1 + \lambda a_2}{1 + \lambda}, \qquad y = -\frac{b_1 + \lambda b_2}{1 + \lambda};$$

er teilt folglich nach Formel 20) S. 308 die Verbindungsstrecke der Mittelpunkte von k_1 und k_2 im Verhältnis λ. Die Mittelpunkte aller Kreise des Büschels liegen demnach auf einer Geraden, deren Gleichung nach Elimination von λ sich ergibt zu

$$(b_1 - b_2)x - (a_1 - a_2)y + a_2 b_1 - a_1 b_2 = 0.$$

Da ihr Richtungsfaktor

$$\mathsf{A}_1 \equiv \frac{b_1 - b_2}{a_1 - a_2},$$

der der Potenzlinie

$$\mathsf{A}_2 = -\frac{a_1 - a_2}{b_1 - b_2}$$

ist, demnach $\mathsf{A}_1 \cdot \mathsf{A}_2 = -1$ ist, so muß diese Mittelpunktslinie auf der Potenzlinie senkrecht stehen.

Dreieck $\boldsymbol{D}$: Der der Seite BC anliegende Ankreis hat die Gleichung

$$x^2 + y^2 - 51x + 26y + 513 = 0,$$

der der Seite CA anliegende die Gleichung

$$x^2 + y^2 + 66x + 305 = 0.$$

Stelle die Gleichung des zugehörigen Büschels auf; suche insbesondere die Gleichung des durch C gehenden Kreises des Büschels und die Potenzlinie. Die Kreise haben keinen reellen Schnittpunkt. Zwei

Kreise des Büschels schrumpfen zu Punkten zusammen; welche sind dies?

Büschel: $(1 + \lambda)(x^2 + y^2) + (-51 + 66\lambda)x + 26y + (513 + 305\lambda) = 0$.

Soll der Kreis durch $(3 \mid -8)$ gehen, so muß sein

$(1 + \lambda)(3^2 + 8^2) + (-51 + 66\lambda) \cdot 3 + 26 \cdot (-8) + (513 + 305\lambda) = 0$;

hieraus ergibt sich $\lambda = -\frac{25}{64}$, und demnach heißt die Gleichung des durch C gehenden Kreises

$$3(x^2 + y^2) - 378x + 128y + 1939 = 0.$$

Die Gleichung der Potenzlinie lautet

$$9x - 2y - 16 = 0.$$

Um die letzte Aufgabe zu lösen, formen wir zuerst die Büschelgleichung um in

$$\left[x + \frac{-51 + 66\lambda}{2(1 + \lambda)}\right]^2 + \left[y + \frac{13}{1 + \lambda}\right]^2 = \left[\frac{-51 + 66\lambda}{2(1 + \lambda)}\right]^2 + \left[\frac{13}{1 + \lambda}\right]^2 - \frac{513 + 305\lambda}{1 + \lambda}.$$

Soll der Halbmesser des Kreises gleich Null werden, so muß nach Formel 39a) die rechte Seite verschwinden; hieraus ergibt sich für λ die quadratische Gleichung

$$3136\lambda^2 - 10004\lambda + 1225 = 0,$$

deren Lösungen sind

$$\lambda_1 = \frac{49}{16} \quad \text{und} \quad \lambda_2 = \frac{25}{196}.$$

Die beiden Kreise schrumpfen demnach zusammen auf die beiden Punkte

$$\left(-\tfrac{93}{5} \mid -\tfrac{16}{5}\right) \quad \text{und} \quad \left(\tfrac{321}{17} \mid -\tfrac{196}{17}\right).$$

— In ähnlicher Weise stelle man sich weitere hierher gehörige Aufgaben aus dem Dreieck D zusammen! Man beweise u. a., daß der **Feuerbachsche Kreis** sowohl den Inkreis, als auch die Ankreise **berührt** [Berührungspunkte: $(14\tfrac{9}{29} \mid 6\tfrac{8}{29})$; $(12\tfrac{75}{613} \mid -1\tfrac{440}{613})$; $(-5\tfrac{896}{4241} \mid 3\tfrac{1837}{4241})$; $(6\tfrac{5477}{5809} \mid 14\tfrac{1289}{5809})$]. Nachprüfung an der Zeichnung!

(126)   Der Kreis im Polarkoordinatensystem. Sind (Abb. 189) c und γ die Polarkoordinaten des Mittelpunktes M, und a der Halbmesser des Kreises, so folgt aus dem Kosinussatze für die Polarkoordinaten r und ϑ eines beliebigen Kreispunktes die Gleichung

$$r^2 - 2cr\cos(\vartheta - \gamma) + c^2 - a^2 = 0. \quad 41)$$

Ist insbesondere $c = a$, geht also der Kreis durch den Nullpunkt, so lautet die Gleichung

$$r = 2c\cos(\vartheta - \gamma). \quad 41a)$$

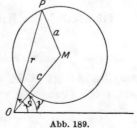

Abb. 189.

Da Gleichung 41) in r vom zweiten Grade ist, ergeben sich für eine gegebene Amplitude ϑ stets zwei Werte r_1 und r_2; d. h. **jede durch einen festen Punkt O gehende Gerade schneidet den Kreis in zwei Punkten.** Wohl können diese Punkte imaginär sein — dies tritt ein, wenn die Lösungen der quadratischen Gleichung komplex sind —; da andererseits das Absolutglied der quadratischen Gleichung gleich $c^2 - a^2$ ist, also von der Amplitude ϑ völlig unabhängig ist, erhalten wir den weiteren Satz:

Alle von einem Punkte O ausgehenden Strahlen schneiden den Kreis in zwei Punkten, für welche das Produkt ihrer Abstände von O konstant ist; es ist gleich der Differenz der Quadrate aus Mittelpunktsabstand von O und Kreishalbmesser.

Die Größe $c^2 - a^2$ nennt man die **Potenz** des Punktes O bezüglich des Kreises.

Kreisverwandtschaft. Zwei Punkte P und P' heißen zueinander **kreisverwandt** bezüglich des Kreises vom Halbmesser p, wenn sie auf dem gleichen vom Kreismittelpunkt O ausgehenden Strahle liegen, und das Produkt ihrer Mittelpunktsabstände r und r' gleich dem Quadrat des Kreishalbmessers ist, wenn also die Gleichung erfüllt ist

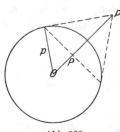

Abb. 190.

$$r \cdot r' = p^2.$$

Liegt der eine Punkt P innerhalb des Kreises, so muß folglich der andere Punkt P' außerhalb liegen. Man kann zu einem Punkte P leicht den kreisverwandten P' konstruieren, wenn man die durch ihn senkrecht zu OP gezogene Sehne mit dem Kreise zum Schnitt bringt und in den Schnittpunkten die Tangenten an den Kreis legt; sie schneiden sich in P'. Umgekehrt legt man von P' die Tangenten an den Kreis und bringt die Berührungssehne mit OP' zum Schnitt.

Der geometrische Ort aller zu den Punkten einer Kurve k kreisverwandten Punkte ist eine Kurve k'; man nennt die **beiden Kurven zueinander kreisverwandt.**

Lehrsatz: Die zu einem Kreise kreisverwandte Kurve ist wiederum ein Kreis.

Hat nämlich der Kreis k die Gleichung

$$r^2 - 2cr\cos(\vartheta - \gamma) + c^2 - a^2 = 0,$$

so ist $r = \dfrac{p^2}{r'}$, wenn r der Leitstrahl von P und r' der von P' ist; die Amplitude ϑ ist nach Definition für beide Punkte die gleiche. Folglich lautet die Beziehung zwischen r' und ϑ

$$\frac{p^4}{r'^2} - 2c\frac{p^2}{r'}\cos(\vartheta - \gamma) + c^2 - a^2 = 0$$

oder
$$r'^2 - 2c\,\frac{p^2}{c^2 - a^2}\,r'\cos(\vartheta - \gamma) + \frac{p^4}{c^2 - a^2} = 0\,.$$

Dieses ist aber wiederum die Polargleichung eines Kreises, wie man durch Vergleich mit 41) feststellt, wenn man

$$c' = c\,\frac{p^2}{c^2 - a^2}\quad\text{und}\quad c'^2 - a'^2 = \frac{p^4}{c^2 - a^2}$$

setzt.

Geht insbesondere der ursprüngliche Kreis durch das Verwandtschaftszentrum O (Abb. 191), so lautet seine Gleichung nach 41 a)

$$r = 2a\cos(\vartheta - \gamma)\,,$$

folglich die Gleichung der kreisverwandten Kurve

$$r' = \frac{p^2}{2a\cdot\cos(\vartheta - \gamma)}\,;$$

das ist aber die Gleichung einer Geraden, wie man aus Abb. 191 erkennt, in der $OD = \frac{p^2}{2a}$, folglich

$$OP' = r' = \frac{p^2}{2a\cos(\vartheta - \gamma)}\quad\text{ist.}$$

Eine einfache Vorrichtung, die zu einer Kurve die kreisverwandte zeichnet, ist der Peaucelliersche Inversor (Abb. 192). Er besteht

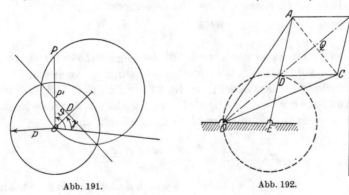

Abb. 191.   Abb. 192.

aus sechs miteinander gelenkig verbundenen Stäben, von denen die zwei Stäbe $OA = OC = a$ einander gleich und die vier Stäbe $AB = BC = CD = DA = b$ ebenfalls untereinander gleich sind. Die beiden Ecken B und D müssen stets auf einer durch O gehenden Geraden liegen, wie leicht einzusehen ist. Nun ist

$$\begin{aligned}
OD\cdot OB &= (OQ - QD)(OQ + QD)\\
&= \overline{OQ}^2 - \overline{QD}^2 = \left(\overline{OA}^2 - A\overline{Q}^2\right) - \left(\overline{AD}^2 - A\overline{Q}^2\right)\\
&= \overline{OA}^2 - \overline{AD}^2 = a^2 - b^2 = p^2\,,
\end{aligned}$$

22*

also konstant. Folglich sind die beiden Punkte B und D zueinander kreisverwandt; beschreibt D eine Kurve, so muß B die zu ihr kreisverwandte Kurve beschreiben. Zwingt man demnach D durch Anbringen eines siebenten Stabes DE, wobei E in der Ebene festliegt, einen Bogen eines durch O gehenden Kreises zu beschreiben ($ED = EO$), so muß sich nach obigem B auf einer Geraden bewegen. In dieser Anordnung stellt also der Peaucelliersche Inversor eine einfache Vorrichtung dar, um eine kreisförmige Bewegung in eine geradlinige überzuführen. Eine solche technisch wichtige Vorrichtung bezeichnet man als Geradführung.

Die vorangehenden Paragraphen zeigen, wie schon mit den Mitteln der elementaren Algebra die verschiedenartigsten Aufgaben der Geometrie rechnerisch gelöst werden können. Wesentlich ergänzt werden diese Hilfsmittel durch die Verwendung der Rechenmethoden der höheren Mathematik, insbesondere sind gewisse Fragen, die bei den Kurvenuntersuchungen auftauchen (Neigung, extreme Punkte, Krümmung, Fläche), nur mittels Differential- und Integralrechnung zu klären. Das soll im folgenden geschehen.

§ 5. Die Differentialquotienten höherer Ordnung.

(127)　Ist $y = f(x)$ eine stetige Funktion von x, so ist

$$y' = \frac{df(x)}{dx} = f'(x) = \frac{dy}{dx}$$

ebenfalls eine Funktion von x, sie heißt die abgeleitete Funktion von $f(x)$ [s. auch (24) S. 51]. Ist sie stetig, so kann man auch von ihr einen Differentialquotienten bilden; er heißt der zweite Differentialquotient oder die zweite abgeleitete Funktion der ursprünglichen Funktion. Man bezeichnet ihn, indem man schreibt

$$y'' = \frac{df'(x)}{dx} = \frac{d\frac{dy}{dx}}{dx} = \frac{d^2y}{dx^2} = \frac{d^2f(x)}{dx^2}; \qquad 42)$$

$y'' = \frac{d^2y}{dx^2}$ liest man: „y-Zweistrich ist gleich d zwei y nach dx-Quadrat".
So kann man fortfahren und einen dritten, vierten, ..., $n$ten Differentialquotienten der gegebenen Funktion bilden. Im allgemeinen kann man sagen:

Der $n$te Differentialquotient oder die $n$te abgeleitete Funktion, die $n$te Ableitung einer Funktion $f(x)$ ist diejenige Funktion, die sich durch Differenzieren des $(n-1)$ten Differentialquotienten ergibt.

$$y^{(n)} = \frac{d^n y}{dx^n} = \frac{d\frac{d^{n-1}y}{dx^{n-1}}}{dx} = f^{(n)}(x) = \frac{df^{(n-1)}(x)}{dx}. \qquad 42')$$

Beispiele. a) Ist $y = x^n$, so ist $y' = n \cdot x^{n-1}$, also

$$y'' = n(n-1)x^{n-2}, \qquad y''' = n(n-1)(n-2)x^{n-3},$$

$$y^{(4)} = n(n-1)(n-2)(n-3)x^{n-4}\ldots,$$

$$y^{(k)} = n(n-1)(n-2)\ldots(n-k+1)x^{n-k}\ldots,$$

$$y^{(n-1)} = n(n-1)(n-2)\ldots2\cdot x, \quad y^{(n)} = n(n-1)\ldots2\cdot1 = n!$$

b) $\dfrac{d^n e^{ax}}{dx^n} = a^n e^{ax}$.   **Beweis!**

c) $\dfrac{d^n \ln x}{dx^n} = (-1)^{n-1}\dfrac{1\cdot2\ldots(n-1)}{x^n}$.   **Beweis!**

d) Ist $y = \sin x$, so ist

$$y' = \cos x = \sin\left(x+\frac{\pi}{2}\right), \quad y'' = -\sin x = \cos\left(x+\frac{\pi}{2}\right) = \sin\left(x+2\cdot\frac{\pi}{2}\right),$$

$$y''' = -\cos x = \cos\left(x+2\cdot\frac{\pi}{2}\right) = \sin\left(x+3\cdot\frac{\pi}{2}\right)\ldots,$$

also ist

$$\frac{d^n \sin x}{dx^n} = \sin\left(x+n\cdot\frac{\pi}{2}\right).$$

Beweise: $\dfrac{d^n \cos x}{dx^n} = \cos\left(x+n\cdot\frac{\pi}{2}\right).$

Nur in den seltensten Fällen kann man wie hier den $n$ten Differentialquotienten in geschlossener Form hinschreiben. Bisweilen kann man dieses Ziel durch geschickte Zerlegung der gegebenen Funktion erreichen. Zwei Beispiele hierfür:

e) Es sei $y = \dfrac{1}{1-x^2}$; wir zerlegen und schreiben

$$y = \frac{1}{2}\left[\frac{1}{1-x}+\frac{1}{1+x}\right].$$

Differenzieren wir gliedweise, so erhalten wir

$$y^{(n)} = \frac{n!}{2}\left[\frac{1}{(1-x)^{n+1}}+\frac{(-1)^n}{(1+x)^{n+1}}\right].$$

f) Es sei $y = \operatorname{arctg} x$; dann ist $x = \operatorname{tg} y$,

$$\frac{dx}{dy} = \frac{1}{\cos^2 y}, \qquad \text{also} \qquad \frac{dy}{dx} = \cos^2 y = y'.$$

$$y'' = \frac{dy'}{dx} = \frac{dy'}{dy}\cdot\frac{dy}{dx} = y'\frac{dy'}{dy} = \cos^2 y\cdot2\cos y(-\sin y) = -\cos^2 y\sin 2y.$$

Schreibt man

$$y' = \cos y\cdot\sin\left(y+\frac{\pi}{2}\right),$$

so kann man entsprechend schreiben

$$y'' = \cos^2 y\cdot\sin 2\left(y+\frac{\pi}{2}\right).$$

Weiterhin ist

$$y''' = \frac{dy''}{dx} = \frac{dy''}{dy} \cdot \frac{dy}{dx} = y' \cdot \frac{dy''}{dy}$$

$$= \cos^2 y \cdot \left[\cos^2 y \cdot 2\cos 2\left(y + \frac{\pi}{2}\right) - 2\sin y \cos y \sin 2\left(y + \frac{\pi}{2}\right) \right],$$

$$y''' = 2\cos^3 y \cdot \left[\cos y \cdot \cos 2\left(y + \frac{\pi}{2}\right) - \sin y \cdot \sin 2\left(y + \frac{\pi}{2}\right) \right]$$

$$= 2\cos^3 y \cdot \cos \left[y + 2\left(y + \frac{\pi}{2}\right) \right],$$

$$y''' = 2\cos^3 y \cdot \sin 3\left(y + \frac{\pi}{2}\right).$$

Allgemein ist

$$y^{(n)} = (n-1)! \cos^n y \cdot \sin n\left(y + \frac{\pi}{2}\right).$$

Den Beweis erbringen wir durch den Schluß von n auf $n+1$; ist nämlich die Formel für $y^{(n)}$ richtig, so muß sein

$$y^{(n+1)} = \frac{dy^{(n)}}{dx} = \frac{d(y^{(n)})}{dy} \cdot \frac{dy}{dx} = y' \frac{dy^{(n)}}{dy}$$

$$= \cos^2 y \cdot (n-1)! \left[n\cos^n y \cos n\left(y + \frac{\pi}{2}\right) - n\cos^{n-1} y \sin y \sin n\left(y + \frac{\pi}{2}\right) \right]$$

$$= n! \cos^{n+1} y \cdot \left[\cos y \cdot \cos n\left(y + \frac{\pi}{2}\right) - \sin y \cdot \sin n\left(y + \frac{\pi}{2}\right) \right]$$

$$= n! \cos^{n+1} y \cdot \cos \left[y + n\left(y + \frac{\pi}{2}\right) \right],$$

$$y^{(n+1)} = n! \cos^{n+1} y \cdot \sin (n+1)\left(y + \frac{\pi}{2}\right).$$

Dies ist dieselbe Gleichung wie für $y^{(n)}$; nur steht $(n+1)$ an Stelle von n. Da die Formel für $y^{(n)}$ nun gilt für $n = 3$, wie oben gezeigt worden ist, so gilt sie auch für $n = 4$, folglich auch für $n = 5$ usf. Setzen wir schließlich wieder für y den Wert arctg x, so erhalten wir, da

$$\cos y = \frac{1}{\sqrt{1 + x^2}} \quad \text{ist,}$$

$$\frac{d^n(\operatorname{arctg} x)}{dx^n} = \frac{(n-1)!}{\sqrt{1 + x^2}^n} \cdot \sin n\left(\operatorname{arctg} x + \frac{\pi}{2}\right).$$

(128)   Die Differentialkurven. Wir wissen, daß im rechtwinkligen Koordinatensystem das Bild der Funktion $y = f(x)$ eine Kurve ist; daher muß auch das Bild der ersten abgeleiteten Funktion $y' = f'(x)$ eine Kurve sein; man nennt sie die (erste) Differentialkurve der ursprünglichen Kurve. Ebenso ist das Bild der zweiten abgeleiteten Funktion $y'' = f''(x)$ eine Kurve, die zweite Differentialkurve usf. Unter der $n$ten Differentialkurve einer Kurve von der Gleichung $y = f(x)$ versteht man das Bild ihrer $n$ten Ableitung

$y^{(n)} = f^{(n)}(x)$. Es ist zu erwarten, daß zwischen diesen Kurven enge Beziehungen bestehen müssen, und daß sich aus der Ausgangskurve die Differentialkurven eindeutig auf zeichnerischem Wege ermitteln lassen müssen. Wir wollen dies näher untersuchen.

In Abb. 193 sei die mit y bezeichnete Kurve die Ausgangskurve als Bild der Funktion $y = f(x)$. Wir wollen jetzt zu einer bestimmten Abszisse die Ordinate y' der Diffe-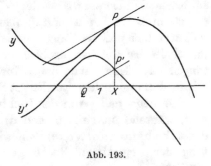
rentialkurve $y' = f'(x)$ konstruie-ren. Da $y' = \mathrm{tg}\,\varphi$ die Richtung der Ausgangskurve im Punkte P von der Abszisse x ist, können wir folgenden Weg einschlagen. Wir gehen vom Punkte X um die Einheit nach links bis zum Punkte Q und legen durch ihn die Parallele zu der in P an die Kurve y ge-zogenen Tangente, welche XP in P'

Abb. 193.

schneiden möge; P' ist ein Punkt der Differentialkurve y'; denn es ist $XP' = 1 \cdot \mathrm{tg}\,\varphi = y'$.

Wir können so die Differentialkurve y' punktweise konstruieren, und erkennen ohne weiteres die folgenden Gesetzmäßigkeiten. Durch-laufen wir die y-Kurve im Sinne wachsender x, so hat die y'-Kurve positive Ordinaten, solange die y-Kurve steigt, negative Ordinaten, solange die y-Kurve fällt. An denjenigen Stellen, wo die y-Kurve einen Höchst- oder Tiefstpunkt hat, schneidet die y'-Kurve die Abszissen-achse.

Aus der y'-Kurve läßt sich in gleicher Weise die y''-Kurve kon-struieren usf.

Wir können nun folgende vier Typen des Verlaufs einer y-Kurve unterscheiden, wobei sehr wohl an einer Kurve mehrere dieser Typen auftreten können. [Vgl. die Abb. 194 unter a) bis d)]. Die Fälle a) und b)

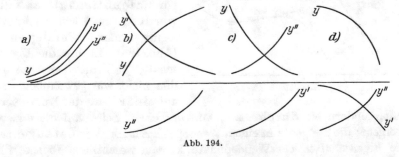

Abb. 194.

zeigen ansteigende y-Kurven, und zwar wächst bei a) das Ansteigen, während es bei b) abnimmt. Die y'-Kurven verlaufen daher, da die

Tangentenrichtungen der y-Kurven in beiden Fällen positiv sind, oberhalb der x-Achse, und zwar so, daß bei a) die y'-Kurve steigt, während sie bei b) fällt. c) und d) zeigen fallende y-Kurven; die Tangentenrichtungen sind überall negativ, folglich verlaufen die y'-Kurven vollständig unterhalb der x-Achse. Da bei c) der Fall schwächer wird, muß sich die y'-Kurve der x-Achse nähern, beim Typ d) dagegen von der x-Achse entfernen. Nun leiten wir aus der y'-Kurve in gleicher Weise die y''-Kurve ab; sie muß bei Typ a) und c) oberhalb der x-Achse verlaufen, da die y'-Kurve hier positive Tangentenrichtungen hat, bei b) und d) dagegen unterhalb der x-Achse, da hier die y'-Kurve negative Tangentenrichtungen hat. Nun haben die y-Kurven im Falle a) und c) die Eigenschaft, daß ihre h o h l e (k o n k a v e) Seite in der Richtung der p o s i t i v e n y-Achse liegt, daß sie in der Richtung der positiven y-Achse geöffnet sind, während im Falle b) und d) in Richtung der positiven y-Achse die e r h a b e n e (k o n v e x e) Seite liegt, die y-Kurven also in Richtung der n e g a t i v e n S e i t e geöffnet sind. Daraus ergibt sich der Satz:

Eine Kurve von der Gleichung $y = f(x)$ ist in Richtung der positiven Ordinatenachse geöffnet, wenn der zweite Differentialquotient von $f(x)$ positiv, dagegen in Richtung der negativen Ordinatenachse geöffnet, wenn dieser negativ ist.

Durch diesen Satz ist die Bedeutung des z w e i t e n Differential quotienten für den Verlauf der Kurve festgelegt. Bezeichnen wir Typ a) und c) als konkav, b) und d) als konvex, so können wir den Satz auch so aussprechen: Im konkaven Teile einer Kurve ist ihr zweiter Differentialquotient positiv, im konvexen Teile negativ. An einer Stelle, wo die Kurve aus ihrem konkaven Verlauf in den konvexen

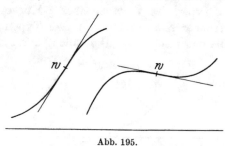

Abb. 195.

übergeht oder umgekehrt, wo die Kurve sich wendet, m u ß folglich der zweite Differentialquotient gleich Null werden; einen solchen Punkt nennt man W e n d e p u n k t (Abb. 195). Er hat die Eigenschaft, daß die Tangente in ihm nicht wie gewöhnlich nur auf e i n e r Seite der Kurve verläuft, sondern sie d u r c h s e t z t, von der einen Seite auf die andere übergeht; die Tangente in einem Wendepunkte heißt W e n d e t a n g e n t e. Die Eigenschaften der Wendepunkte können wesentliche Dienste für die Festlegung der Gestalt einer Kurve leisten. Ein einfaches Beispiel möge dies erläutern.

Gegeben sei die Gleichung $y = \dfrac{x}{x^2+1}$; die zugehörige Kurve ist zu zeichnen. Wir bilden den ersten und den zweiten Differentialquotienten:

$$y' = \frac{1-x^2}{(x^2+1)^2}, \qquad y'' = \frac{2x(x^2-3)}{(x^2+1)^3}.$$

Die Gleichung der Kurve ist eine echt gebrochene rationale Funktion von x; folglich muß die Kurve die x-Achse als Asymptote haben [s. **(32)** S. 71]. Da y das Vorzeichen ändert, wenn x es tut, ist der Nullpunkt Mittelpunkt der Kurve, und die Kurve besteht aus zwei Teilen, von denen der eine aus dem anderen hervorgeht, wenn man ihn um den Nullpunkt um 180° dreht. Ihren Größt- bzw. Kleinstwert erreicht die Kurve, wenn $x^2 - 1 = 0$ ist, also für $x = \pm 1$; ihre Wendepunkte, wenn $2x(x^2 - 3) = 0$ ist, also für $x = 0$, $+\sqrt{3}$, $-\sqrt{3}$. Die folgende Tabelle stellt die Koordinaten dieser Punkte und die zugehörigen Kurvenrichtungen zusammen; Abb. 196 gibt den rechten Teil der Kurve:

x	y	y'	Bez.
0	0	1	O
1	$\frac{1}{2}$	0	P_1
-1	$-\frac{1}{2}$	0	
$\sqrt{3}$	$\dfrac{\sqrt{3}}{4}$	$-\dfrac{1}{8}$	P_2
$-\sqrt{3}$	$-\dfrac{\sqrt{3}}{4}$	$-\dfrac{1}{8}$	

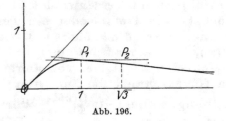

Abb. 196.

Der Leser untersuche noch die folgenden Kurven, besonders auf Wendepunkte und Maxima hin:

a) $y = \sin x + \frac{1}{2}\sin 2x$,   b) $y = \cos x + \frac{1}{2}\cos 2x$,

c) $y = \sin x(1 + \frac{1}{2}\cos x)$.

a) Max bzw. Min:

$$\frac{\pi}{3}\Big|\sqrt{3}\,; \quad \frac{5}{3}\pi\Big|-\sqrt{3}\,; \quad \text{Wendep. } 0\,|\,0; \quad \pi\,|\,0; \quad \arccos\left(-\frac{1}{4}\right)\Big|\pm\frac{3}{16}\sqrt{15}.$$

(129) Maxima und Minima. Bei unseren bisherigen Untersuchungen über Höchst- und Tiefstwerte einer Funktion hatten wir uns immer darauf beschränkt, diese Werte zu bestimmen, die Entscheidung darüber aber, ob der betreffende Wert ein Maximum oder Minimum ist, aus der Natur der einzelnen Aufgabe getroffen. Jetzt können wir in allen Fällen leicht und einwandfrei diese Fragen mathematisch beantworten.

Bedingung für das Eintreten eines Größt- oder Kleinstwertes ist zunächst, daß $f'(x)$ an der betreffenden Stelle gleich 0 ist [s. **(19)** S. 38]. Da nun an der Stelle eines $\frac{\text{Größt-}}{\text{Kleinst-}}$ Wertes die Kurve $\frac{\text{konvex}}{\text{konkav}}$

ist, so muß $f''(x)$ an dieser Stelle $\begin{smallmatrix}\text{negativ}\\\text{positiv}\end{smallmatrix}$ sein. Wir erhalten damit den wichtigen Satz:

Damit eine Funktion $y = f(x)$ für einen Wert $x = x_0$ einen Höchst- oder Tiefstwert hat, ist notwendig, daß $f'(x_0)$ gleich Null wird; und zwar liegt ein Höchstwert vor, wenn $f''(x_0) < 0$, ein Tiefstwert, wenn $f''(x_0) > 0$ ist.

Es fragt sich noch, was eintritt, wenn $f''(x_0) = 0$ wird; hierüber entscheidet der Wert von $f'''(x_0)$. Ist $f'''(x_0) \gtrless 0$, so muß nach dem obigen Satze $f'(x_0)$ an dieser Stelle einen $\begin{smallmatrix}\text{Kleinst-}\\\text{Größt-}\end{smallmatrix}$ Wert besitzen. Daher muß $f(x_0)$ ein Terrassenwert der Funktion $y = f(x)$ sein; der zugehörige Punkt der Kurve $y = f(x)$ muß ein Terrassenpunkt sein [s. (25) S. 55]. Ist auch $f'''(x_0) = 0$, so muß man zur Entscheidung noch höhere Differentialquotienten heranziehen; und zwar gilt der Satz:

Eine Funktion $y = f(x)$ kann nur für einen solchen Wert x_0 einen Höchst- oder Tiefstwert haben, für den ihr erster Differentialquotient verschwindet. Um zu entscheiden, ob ein Höchst-, ein Tiefst- oder ein Terrassenwert vorliegt, berechnet man die höheren Differentialquotienten $f''(x_0)$, $f'''(x_0)$, ..., bis man auf einen stößt, der für $x = x_0$ von Null verschieden ist. Ist er von ungerader Ordnung, so ist $f(x_0)$ ein Terrassenwert der Funktion $y = f(x)$; ist er von gerader Ordnung, so liegt ein $\begin{smallmatrix}\text{Größt-}\\\text{Kleinst-}\end{smallmatrix}$ Wert vor, je nachdem der betreffende Differentialquotient $\begin{smallmatrix}\text{negativ}\\\text{positiv}\end{smallmatrix}$ ist (s. Abb. 197).

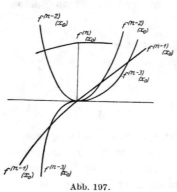

Abb. 197.

Beweis: Ist $f^{(n)}(x_0)$ der erste für $x = x_0$ von Null verschiedene Differentialquotient, so wollen wir annehmen, daß $f^{(n)}(x_0) > 0$ ist. Dann muß $f^{(n-1)}(x_0)$ für $x = x_0$ eine steigende Funktion sein. Da $f^{(n-1)}(x_0) = 0$ sein soll, so muß $f^{(n-2)}(x_0)$ ein Kleinstwert der Funktion $f^{(n-2)}(x)$ sein. Da $f^{(n-2)}(x_0) = 0$ sein soll, so muß $f^{(n-3)}(x_0)$ ein Terrassenwert der Funktion $f^{(n-3)}(x)$ sein, so zwar, daß in $x = x_0$ die Funktion $f^{(n-3)}(x)$ steigt. Da außerdem $f^{(n-3)}(x_0) = 0$ ist, so muß $f^{(n-4)}(x_0)$ ein Kleinstwert der Funktion $f^{(n-4)}(x)$ sein, ebenso wie $f^{(n-2)}(x_0)$ (s. oben). Nun wiederholen sich die Schlußfolgerungen derart, daß $f^{(n-5)}(x_0)$, $f^{(n-7)}(x_0)$, ... Terrassenwerte, $f^{(n-6)}(x_0)$, $f^{(n-8)}(x_0)$ Kleinstwerte der zugehörigen Funktion sind. Ist n gerade, so muß also $f(x_0)$ ein Kleinstwert, ist dagegen n ungerade, so muß $f(x_0)$ ein Terrassenwert der ursprünglichen

Funktionen sein. Nehmen wir $f^{(n)}(x_0)$ negativ an, so bleiben die Schlußfolgerungen die gleichen, nur daß es statt Kleinstwert überall Größtwert heißt.

Beispiele. a) Die Funktion $y = x^2(1 - x)$ hat den Differentialquotienten $y' = 2x - 3x^2$; setzen wir ihn gleich Null, so erhalten wir $x_1 = 0, x_2 = \frac{2}{3}$; hierzu $y_1 = 0, y_2 = \frac{4}{27}$. Der zweite Differentialquotient lautet $y'' = 2 - 6x$; also ist $y_1'' = 2, y_2'' = -2$. Demnach tritt für $x = 0, y = 0$ ein Kleinstwert und für $x = \frac{2}{3}, y = \frac{4}{27}$ ein Größtwert der Funktion ein. Bestätigung durch Zeichnung!

b) $y = x^2 e^{-x}, \quad y' = 2x e^{-x} - x^2 e^{-x} = 0, \quad x_1 = 0,$

$$x_2 = 2, \quad y_1 = 0, \quad y_2 = \frac{4}{e^2}, \quad y'' = e^{-x}(2 - 4x + x^2),$$

$$y_1'' = +2 > 0, \quad y_2'' = -\frac{2}{e^2} < 0; \quad \text{also ist}$$

$$y_1 = 0 \text{ ein Kleinstwert}; \quad y_2 = \frac{4}{e^2} \text{ ein Größtwert.}$$

Untersuche auch die bisher behandelten Maxima-Aufgaben daraufhin, ob jeweils ein Höchst- oder Tiefstwert vorliegt!

c) $y = x^{2n}$ hat für $x = 0$ einen Tiefstwert, $y = x^{2n+1}$ hat für $x = 0$ einen Terrassenwert. Beweis!

d) $y = x^2 + 2\cos x$; $y' = 2x - 2\sin x = 0$ gibt $x = 0, y = 2$; für $x = 0$ wird aber $y'' = 2 - 2\cos x = 0$, $y''' = +2\sin x = 0$, $y'''' = 2\cos x = 2$. Der erste nicht verschwindende Differentialquotient ist also von gerader Ordnung, außerdem positiv; folglich ist $y = 2$ ein Tiefstwert der Funktion. (Bild!)

e) Zeige, daß $y = x - \sin x$ für $x = 0$ einen Terrassenwert hat!

(130) Die Krümmung einer Kurve. Wir kehren zu der Untersuchung von Kurven zurück. Wir haben anfangs die Kurven punktweise konstruiert; einen wesentlichen Fortschritt bedeutete es, als wir lernten, Tangenten an die Kurven zu legen; wir tun jetzt einen weiteren wichtigen Schritt, indem wir in einem Punkte an eine Kurve den Krümmungskreis legen. Hat die Tangente mit der Kurve zwei unendlich benachbarte Punkte gemeinsam, so haben Kurve und Krümmungskreis miteinander sogar drei Nachbarpunkte gemeinsam; der Krümmungskreis schmiegt sich der Kurve also noch enger an als die Tangente, so daß durch seine Konstruktion die Gestalt der Kurve an der betreffenden Stelle wesentlich genauer wiedergegeben wird.

Durch drei Punkte ist stets ein Kreis bestimmt. Wählen wir also auf einer Kurve drei Punkte P, P', P'', so können wir durch sie einen Kreis legen, der die Kurve in diesen Punkten schneidet. Da mit jedem Überschneiden ein Übertritt des Kreises von einer Seite der

Kurve auf die andere verbunden ist, so muß der Kreis beim Verlassen des dritten Punktes auf der anderen Kurvenseite laufen als vor Erreichen des ersten Punktes. Lassen wir die beiden Punkte P' und P'' näher und näher an P rücken, so ändert auch der Kreis seine Lage und Größe; er nimmt schließlich eine ganz bestimmte Lage und Größe an, wenn P' und P'', auf der Kurve wandernd, in unendlich benachbarte Lage von P gelangt sind. Der Kreis, der sich in diesem Grenzfalle ergibt, heißt der **Krümmungskreis** der Kurve im Punkte P, sein Mittelpunkt der **Krümmungsmittelpunkt**, sein Halbmesser der **Krümmungshalbmesser**; den reziproken Wert des Krümmungshalbmessers bezeichnet man als die **Krümmung** der Kurve im Punkte P. Aus den oben angeführten Gründen muß der Krümmungskreis die Kurve in P durchsetzen, d. h. er muß auf der einen Seite an sie herantreten, um sie auf der anderen Seite wieder zu verlassen. Ausgenommen hiervon ist der Fall, daß Krümmungskreis und Kurve noch einen

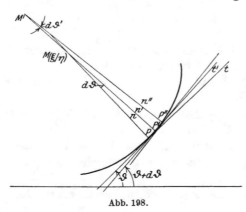

vierten Punkt miteinander gemeinsam haben; hiervon soll später die Rede sein.

Wie gelangen wir nun analytisch zu diesem Krümmungskreise? In Abb. 198 sei die Kurve $y = f(x)$ dargestellt; $P(x|y)$ sei ein Punkt auf ihr, $P'(x+dx|y+dy)$ sei sein Nachbarpunkt. Ein Kreis, der durch P und P' gehen soll, muß seinen Mittelpunkt auf der Mittelsenkrechten von PP' haben. Die

Abb. 198.

Mittelsenkrechte von PP' geht aber, da P' unendlich nahe an P liegen soll, PP' also Tangente an die Kurve im Berührungspunkte P ist, in die zu P gehörige **Normale** der Kurve über. Nennen wir die Koordinaten des zum Kurvenpunkte P gehörigen Krümmungsmittelpunktes M ξ und η, so müssen diese die Gleichung der Normalen erfüllen. Nach 36) S. 324 besteht also die Gleichung

$$\xi - x + (\eta - y) \cdot y' = 0. \qquad\qquad \text{a)}$$

Da schließlich der Krümmungskreis auch durch die beiden Nachbarpunkte P' und P'' der Kurve $y = f(x)$ gehen muß, muß M auch auf der Mittelsenkrechten von $P'P''$, d. h. auf der Kurvennormalen in P' liegen. Nun hat P' die Koordinaten $x + dx$ und $y + dy$, wobei $y + dy = f(x+dx)$; ferner hat die Kurve in P' die Richtung $y' + dy'$, wobei $y' + dy' = f'(x)_{x+dx}$ ist. Folglich müssen die Koordinaten von M auch die Gleichung der Nachbarnormalen n' zu n, d. h. die Gleichung

$$\xi - (x + dx) + (\eta - (y + dy)) \cdot (y' + dy') = 0 \qquad \text{b)}$$

erfüllen.

In a) und b) haben wir zwei lineare Gleichungen zur Bestimmung der beiden Unbekannten ξ und η erhalten; ziehen wir a) von b) ab, so fällt ξ weg, und es ergibt sich für η die Gleichung

$$-dx + \eta \cdot dy' - y \cdot dy' - y'dy - dy \cdot dy' = 0,$$

aus der nach Division durch dx folgt

$$-1 + \eta \cdot \frac{dy'}{dx} - y \cdot \frac{dy'}{dx} - y' \cdot \frac{dy}{dx} - dy \cdot \frac{dy'}{dx} = 0.$$

Das letzte Glied ist unendlich klein gegenüber den übrigen Gliedern. Da weiter

$$\frac{dy}{dx} = y', \qquad \frac{dy'}{dx} = y''$$

ist, so können wir diese Gleichung auch schreiben

$$-1 + (\eta - y) \cdot y'' - y'^2 = 0.$$

Aus ihr ergibt sich

$$\eta = y + \frac{1 + y'^2}{y''}. \qquad \text{43 a)}$$

Setzen wir diesen Wert in a) ein, so erhalten wir

$$\xi - x + \frac{1 + y'^2}{y''} \cdot y' = 0$$

und hieraus

$$\xi = x - \frac{1 + y'^2}{y''} \cdot y'. \qquad \text{43 b)}$$

43 a), b) geben die Koordinaten des Krümmungsmittelpunktes; wir sehen, daß bei ihrer Berechnung auch der zweite Differentialquotient eine wesentliche Rolle spielt. Zur Ermittlung des Krümmungshalbmessers ϱ erinnern wir uns der Formel 10 a) S. 291; nach ihr ist

$$\varrho^2 = (\xi - x)^2 + (\eta - y)^2 = \left(-\frac{1 + y'^2}{y''} y'\right)^2 + \left(\frac{1 + y'^2}{y''}\right)^2$$

$$= \left(\frac{1 + y'^2}{y''}\right)^2 (y'^2 + 1) = \frac{(1 + y'^2)^3}{y''^2},$$

also

$$\varrho = \frac{\sqrt{1 + y'^2}^{\,3}}{y''}. \qquad \text{44)}$$

Soll für die Wurzel nur der absolute Wert gelten, so erkennen wir, daß das Vorzeichen von ϱ mit dem von y'' übereinstimmt. Da wir unter der **Krümmung** einer Kurve den reziproken Wert des Krümmungshalbmessers, also den Ausdruck

$$\frac{1}{\varrho} = \frac{y''}{\sqrt{1 + y'^2}^3} \qquad\qquad 44')$$

verstehen wollen, haben wir jetzt gefunden, daß die Krümmung an allen Stellen positiv ist, wo die Kurve in der positiven Richtung der y-Achse konkav, dagegen an allen denjenigen Stellen negativ ist, wo sie in dieser Richtung konvex ist.

Zu dem Ausdrucke für den Krümmungshalbmesser können wir noch auf einem anderen Wege gelangen. Ist ϑ der Richtungswinkel der in P gezogenen Tangente t (s. Abb. 198), $\vartheta + d\vartheta$ derjenige der in P' gezogenen Tangente t', so ist, wie man leicht erkennt, der Winkel $PMP' = d\vartheta$; er ist der Mittelpunktswinkel des Kreisausschnittes PMP' der den Halbmesser ϱ und den Bogen $PP' = ds$ hat, folglich ist

$$ds = \varrho\, d\vartheta \qquad \text{oder} \qquad \varrho = \frac{ds}{d\vartheta}.$$

Nun ist nach Formel 47) in **(89)** $ds = \sqrt{1 + y'^2} \cdot dx$; ferner ist

$$\vartheta = \operatorname{arctg} y', \qquad \text{also} \qquad \frac{d\vartheta}{dy'} = \frac{1}{1 + y'^2},$$

demnach

$$d\vartheta = \frac{dy'}{1 + y'^2}$$

und folglich

$$\varrho = \frac{ds}{d\vartheta} = \frac{\sqrt{1 + y'^2}^3}{\dfrac{dy'}{dx}} = \frac{\sqrt{1 + y'^2}^3}{y''}$$

wie oben.

Die Anwendung des **Krümmungskreises** soll jetzt an dem Beispiele der **Parabel** gezeigt werden (Abb. 199). Ihre Gleichung sei $y^2 = 2px$; es ist also

$$y = \sqrt{2px}; \qquad y' = \frac{p}{\sqrt{2px}} = \frac{p}{y}; \qquad y'' = -\frac{p}{y^2} \cdot y' = -\frac{p^2}{y^3}$$

(Kettenregel!). Also ist

$$\xi = \frac{y^2}{2p} - \frac{1 + \dfrac{p^2}{y^2}}{-\dfrac{p^2}{y^3}} \cdot \frac{p}{y} = p + 3\frac{y^2}{2p}$$

$$= p + 3x,$$

$$\eta = y + \frac{1 + \dfrac{p^2}{y^2}}{-\dfrac{p^2}{y^3}} = -\frac{y^3}{p^2},$$

$$\varrho = \frac{\left(1 + \dfrac{p^2}{y^2}\right)^{\frac{3}{2}}}{-\dfrac{p^2}{y^3}} = -\frac{\sqrt{p^2 + y^2}^3}{p^2}.$$

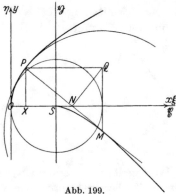

Abb. 199.

Da die Subnormale der Parabel nach **(120)** S. 325 $s_n = p$ ist, so ist $\sqrt{p^2 + y^2} = n$ gleich der Normalen, und es ist

$$\varrho = -\frac{n^3}{p^2}.$$

Diese Formel liefert für den zu P gehörigen Krümmungsmittelpunkt der Parabel die folgende einfache Konstruktion. Man zeichnet in P die Normale $PN = n$ ($XN = p$), errichtet in N auf n das Lot, das den durch P gehenden Durchmesser in Q schneidet, und errichtet in Q auf diesem das Lot, das n im gesuchten Krümmungsmittelpunkte M schneidet; es ist nämlich $PM : PQ = PQ : PN = PN : XN$, also $PQ = \dfrac{n^2}{p}$ demnach

$$PM = \frac{n^4}{p^2 \cdot n} = \frac{n^3}{p^2} = \varrho\,.$$

Für den Scheitel der Parabel versagt diese Konstruktion; doch läßt sich für ihn der Krümmungsmittelpunkt viel einfacher finden. Für den Scheitel ist $x = 0$, $y = 0$, also $\xi = p$, $\eta = 0$, $\varrho = -p$; der zum Scheitel gehörige Krümmungsmittelpunkt S liegt folglich auf der Parabelachse und hat vom Scheitel den Abstand $OS = p$.

(131) Da zu jedem Kurvenpunkte ein Krümmungsmittelpunkt gehört, muß die Gesamtheit der Krümmungsmittelpunkte eine Kurve ergeben; sie heißt die **Evolute** zur gegebenen Kurve; umgekehrt nennt man die ursprüngliche Kurve eine **Evolvente** zum geometrischen Orte ihrer Krümmungsmittelpunkte. Zwischen Evolvente und Evolute müssen naturgemäß enge Beziehungen bestehen; wir wollen die wichtigsten unter ihnen ableiten.

Der Punkt M der Evolute (Abb. 198) ist der Schnittpunkt der beiden Nachbarnormalen n und n' der Evolvente; der Nachbarpunkt M' der Evolute ist dann der Schnittpunkt der beiden Nachbarnormalen n' und n'' der Evolvente. Folglich enthält die Normale n' der Evolvente die beiden Nachbarpunkte M und M' der Evolute; n' muß daher Tangente an die Evolute sein: **Die Normalen der Evolvente sind zugleich Tangenten an die Evolute; die Normalen der Evolvente umhüllen die Evolute.** Hieraus folgt sofort eine weitere Beziehung zwischen beiden Kurven: Man denke sich in M einen in der Normalen n liegenden straffgespannten Faden befestigt, dessen Endpunkt mit P zusammenfällt, und drehe diesen um M um den Winkel $d\vartheta$ in die Lage n'; dann wird der Endpunkt mit P' zusammenfallen; außerdem wird der Faden jetzt durch M' gehen. Nun denke man wieder um M' eine Drehung um den Winkel $d\vartheta'$ ausgeführt in die Lage n'', der Endpunkt wird jetzt nach P'' gelangen usf. Wir können daher die Evolvente aus der Evolute folgendermaßen ent-

stehen lassen: Wir wickeln auf der Evolute einen Faden auf; sein Endpunkt beschreibt hierbei die Evolvente. Wir können den Faden auch
ersetzen durch eine Gerade, welche auf der Evolute, ohne zu gleiten,
sich abwälzt; irgendein Punkt dieser Geraden beschreibt bei dieser
Bewegung eine Evolvente. Wir sehen hieraus, daß, während es zu
einer Evolvente stets nur eine Evolute gibt, eine Evolute unendlich
viele Evolventen besitzt; denn jeder Punkt der sich auf der Evolute abwälzenden Geraden beschreibt eine Evolvente. Alle diese Evol-

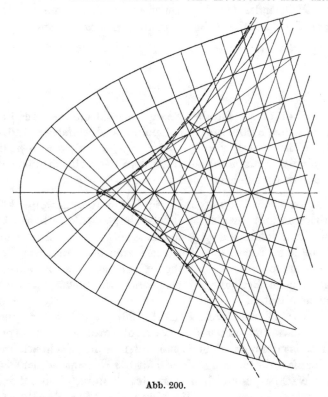

Abb. 200.

venten haben die Normalen gemeinsam; irgend zwei derselben schneiden
auf jeder Normalen das gleiche Stück ab, das gleich dem Abstande der
beiden sie beschreibenden Punkte der abgewälzten Geraden ist. Die
unendlich vielen Evolventen einer Kurve bilden eine Schar von
Parallelkurven (s. Abb. 200: Parallelkurven der Parabel).

Aus der Darstellung der bewegten Geraden folgt sofort eine weitere
Eigenschaft der Evolvente. Trifft nämlich der diese beschreibende
Punkt auf der Evolute auf, so daß er der augenblickliche Berührungspunkt der Geraden wird, so wird er im nächsten Augenblicke sich
wieder von der Evolute entfernen, und zwar nach derselben Richtung,

von der er gekommen ist. Da seine Bewegungsrichtung an dieser Stelle senkrecht zur Evolute ist, so muß die Evolvente hier eine **Spitze**, einen **Rückkehrpunkt** besitzen: **An den Stellen, wo die Evolvente senkrecht auf die Evolute auftrifft, besitzt die Evolvente eine Spitze.**

Die angeführten Beziehungen zwischen Evolvente und Evolute, die wir auf Grund rein geometrischer Betrachtungen gefunden haben, lassen sich auch auf analytischem Wege finden, wenn man die Gleichung der Evolute einer Kurve kennt. Wir haben sie schon aufgestellt: es sind die beiden Gleichungen:

$$\xi = x - \frac{1 + y'^2}{y''} \cdot y' , \qquad \eta = y + \frac{1 + y'^2}{y''} . \qquad \text{43)}$$

Die Form der Gleichungen erinnert an die **Parameterdarstellung** [s. **(113)** S. 308f.]. Bedenken wir, daß y, y', y'' Funktionen von x sind, so kann man sagen: Die Gleichungen 43) stellen ξ und η durch den **Parameter** x dar. Es fragt sich nun, ob man an Stelle der beiden Gleichungen 43) durch Elimination des Parameters nicht auch eine **einzige parameterfreie Gleichung** für die Evolute finden kann. Es leuchtet ohne weiteres ein, daß die Beantwortung dieser Frage in dieser allgemeinen Fassung Schwierigkeiten bereitet. In bestimmten, besonders einfachen Fällen läßt sich die Gleichung der Evolute auch ohne Parameter darstellen. Greifen wir beispielsweise die bezüglich ihrer Krümmungsverhältnisse in **(130)** S. 350 behandelte Parabel $y^2 = 2\,p\,x$ heraus (Abb. 199). Für die Koordinaten des Krümmungsmittelpunktes haben wir dort gefunden:

$$\xi = p + 3\,x = p + \frac{3\,y^2}{2\,p} , \qquad \eta = - \frac{y^3}{p^2} .$$

Das sind die Parametergleichungen der Evolute der Parabel; der Parameter ist allerdings nicht die Abszisse x, sondern die Ordinate y des Parabelpunktes, was aber unwesentlich ist. Wir eliminieren aus den beiden Gleichungen y, indem wir schreiben

$$y^2 = \tfrac{2}{3}\,p\,(\xi - p) , \qquad y^3 = -\,p^2\,\eta$$

oder

$$y^6 = \tfrac{8}{27}\,p^3\,(\xi - p)^3 = p^4\,\eta^2 ,$$

woraus sich ergibt

$$\eta^2 = \frac{8}{27\,p}\,(\xi - p)^3 .$$

Verlegen wir das Koordinatensystem (Parallelverschiebung!) nach dem Punkte S (Abb. 199) ($\xi = \mathfrak{x} + p$, $\eta = \mathfrak{y}$), so nimmt die Gleichung der Parabelevolute die Form an

$$\mathfrak{y}^2 = \frac{8}{27\,p} \cdot \mathfrak{x}^3 \qquad \text{oder} \qquad \mathfrak{y} = \sqrt{\frac{8}{27\,p}} \cdot \mathfrak{x}^{\frac{3}{2}} .$$

Wegen des Exponenten $\frac{3}{2}$, den x trägt, nennt man die Kurve die semi-kubische (halbkubische) Parabel; sie trägt auch den Namen Neilsche Parabel [s. a. (89) S. 238].

Macht man die Achse der Parabel zur Ordinatenachse, ihre Scheiteltangente zur Abszissenachse, so lautet ihre Gleichung $y = \dfrac{x^2}{2\,p}$ und die Gleichung ihrer Evolute $8\,(\eta - p)^3 - 27\,p\,x^2 = 0$, ein Ergebnis, das man durch einfaches Vertauschen der Abszissen und Ordinaten aus der obigen Gleichung erhält. Wesentlich verwickelter ist die Beantwortung der Frage nach der Evolute der allgemeinen Potenzkurve, deren Gleichung $y = a \cdot x^n$ lautet. Man kann zwar verhältnismäßig einfach den Krümmungsmittelpunkt auf zeichnerischem Wege finden[1]); doch bereitet die Aufstellung der parameterfreien Evolutengleichung elementar-mathematische Mühen, die um so größer sind, je höhere Werte n annimmt. Will man beispielsweise für die Kurve von der Gleichung $y = \dfrac{x^3}{p^2}$ die Evolute ermitteln, so gelangt man zu der Parameterdarstellung

$$\xi = \frac{x}{2\,p^4}\,(p^4 - 9\,x^4)\,, \qquad \eta = \frac{1}{6\,p^2\,x}\,(15\,x^4 + p^4)\,,$$

aus der man durch Eliminieren von x die parameterfreie Gleichung gewinnt:

$$8748\,\xi\,\eta^5 + 9375\,p^2\,\xi^4 + 20\,250\,p^2\,\xi^2\,\eta^2 - 729\,p^2\,\eta^4 - 4800\,p^4\,\xi\,\eta + 256\,p^6 = 0\,.$$

Für die Kurve $y = \dfrac{x^4}{p^3}$ ist die Gleichung der Evolute in Parameterform

$$\xi = \frac{2}{3}\,x - \frac{16}{3}\,\frac{x^7}{p^6}\,, \qquad \eta = \frac{28\,x^6 + p^6}{12\,p^3\,x^2}$$

und in parameterfreier Form:

$$2^{16} \cdot 3^3\,\xi^2\,\eta^7 - 7^7\,p^3\,\xi^6 - 2^6 \cdot 3 \cdot 7^5\,p^3\,\xi^4\,\eta^2 - 2^{11} \cdot 3 \cdot 5 \cdot 7^2\,p^3\,\xi^2\,\eta^4$$

$$- 2^{16}\,p^3\,\eta^6 + 2^4 \cdot 3^4 \cdot 7^3\,p^6\,\xi^2\,\eta + 2^{11} \cdot 3^3\,p^6\,\eta^3 - 2^4 \cdot 3^6\,p^9 = 0\,.$$

Wer Lust und Zeit hat, möge das Ergebnis nachprüfen. Abb. 201 a, b zeigt die beiden Kurven

$$y = \frac{x^3}{p^2} \qquad \text{bzw.} \qquad y = \frac{x^4}{p^3}$$

mit ihren Evoluten.

(132) Unter dem Scheitel einer Kurve versteht man einen Punkt der Kurve, in welchem die Krümmung einen Höchst- oder Tiefstwert und damit auch der Krümmungshalbmesser einen Tiefst- oder Höchstwert annimmt. Besitzt die Kurve Symmetrieachsen, so muß wegen der Symmetrie jeder Schnittpunkt der Kurve mit diesen Achsen ein

---

[1]) S. u. a. Ebner: Technische Infinitesimalrechnung.

solcher Scheitel sein. Daher heißt auch der Schnittpunkt der Parabel mit ihrer Achse ihr **Scheitel**. Indessen brauchen durchaus nicht alle Scheitel einer Kurve auf ihren Symmetrielinien zu liegen. Betrachten wir beispielsweise die soeben behandelte Kurve $y = \dfrac{x^3}{p^2}$ (Abb. 201 a)! In O ist die Krümmung gleich Null; sie nimmt mit wachsendem x zuerst zu, muß aber später wieder abnehmen, da, wie die Anschauung

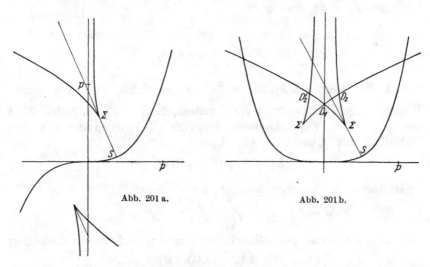

Abb. 201 a.   Abb. 201 b.

lehrt, für sehr großes x die Kurve wieder flacher verläuft, die Krümmung sich also wieder dem Werte Null nähert. Nun hat die Parabelevolute für den Parabelscheitel eine Spitze; ebenso zeigt die Evolute der Kurve $y = \dfrac{x^3}{p^2}$ eine Spitze. Dieser Umstand ist ganz allgemein das Merkmal für einen Scheitel der Evolvente: Einem Scheitel der Evolvente entspricht stets eine Spitze der Evolute. Dieser Satz beweist sich aus den beiden Tatsachen, daß die Tangenten der Evolute zugleich die Normalen der Evolvente sind, und daß im Scheitel der Krümmungshalbmesser entweder ein Maximum oder ein Minimum ist.

Welches sind nun die analytischen Bedingungen für den Scheitel? Wir haben gefunden, daß

$$\varrho = \frac{(1 + y'^2)^{\frac{3}{2}}}{y''} \qquad\qquad 44)$$

sein muß; durch 44) ist ϱ mittelbar als Funktion von x dargestellt. Nimmt ϱ einen Höchst- oder Tiefstwert an, so tut es auch

$$\varrho^2 = \frac{(1 + y'^2)^3}{y''^2}.$$

23*

Es muß für einen Scheitel folglich

$$\frac{d\varrho^2}{dx} = 0$$

sein. Differenzieren wir nun ϱ^2 unter Berücksichtigung der Tatsache, daß

$$\frac{dy'}{dx} = y'', \qquad \frac{dy''}{dx} = y'''$$

ist, nach x, so erhalten wir

$$\frac{d\varrho^2}{dx} = (1 + y'^2)^3 \cdot (-2) \, y''^{-3} \cdot y''' + y''^{-2} \cdot 3 \, (1 + y'^2)^2 \cdot 2 \, y' \cdot y''$$

$$= \frac{2 \, (1 + y'^2)^2 \, (3 \, y' \, y''^2 - (1 + y'^2) \cdot y''')}{y''^3} \, .$$

Damit der Differentialquotient $\frac{d\varrho^2}{dx}$ verschwindet, muß die zweite Klammer des Zählers gleich Null werden, da $1 + y'^2$ für jeden Wert von $y' > 0$ ist. Wir bekommen demnach als **Bedingung für den Scheitel der Kurve** die Gleichung

$$3 \, y' \, y''^2 = (1 + y'^2) \, y''' \, . \tag{45}$$

In Weiterführung unseres Beispiels $y = \dfrac{x^3}{p^2}$ erhalten wir

$$y' = \frac{3 \, x^2}{p^2}, \qquad y'' = \frac{6 \, x}{p^2}, \qquad y''' = \frac{6}{p^2},$$

also für die Abszisse des Scheitels der Kurve Abb. 201 a die Gleichung

$$3 \cdot \frac{3 \, x^2}{p^2} \cdot \frac{36 \, x^2}{p^4} = \frac{p^4 + 9 \, x^4}{p^4} \cdot \frac{6}{p^2}$$

und hieraus

$$x = \frac{p}{\sqrt[4]{45}} \, .$$

Folglich sind die Koordinaten des Scheitels

$$x_S = \frac{p}{\sqrt[4]{45}} \approx 0{,}386 \, p \, , \qquad y_s = \frac{p}{45} \cdot \sqrt[4]{45} \approx 0{,}0576 \, p \, .$$

Hieraus ergeben sich die Koordinaten der dem Scheitel entsprechenden Spitze Σ der Evolute zu

$$\xi_\Sigma = \frac{2 \, p}{5 \, \sqrt[4]{45}} \approx 0{,}154 \, p \, , \qquad \eta_\Sigma = \frac{2}{9} \, p \sqrt[4]{45} \approx 0{,}576 \, p \, .$$

Zeige, daß die Kurve $y = \dfrac{x^4}{p^3}$ den Scheitel

$$\frac{p}{\sqrt[6]{56}} \quad \bigg| \quad \frac{p}{4 \sqrt[3]{49}}$$

und seine Evolute die Spitze

$$\frac{2 \sqrt{2}}{7 \sqrt[6]{7}} \, p \quad \bigg| \quad \frac{\sqrt[3]{7}}{4} \, p$$

hat! (Abb. 201 b.)

Wo liegt der Scheitel der Kurve $y = e^x$? $\left(-\tfrac{1}{2}\ln 2 \,|\, \tfrac{1}{2}\sqrt{2} \right) \left(\varrho_{\min} = \tfrac{3}{2}\sqrt{3} \right)$.

Wo liegt der Scheitel der Kurve $y = \mathfrak{Sin}\, x$? $(0,8814\,|\,1) \left(\varrho_{\min} = 3\sqrt{3} \right)$.

Wo liegt der Scheitel der Kurve $y = \mathfrak{Tg}\, x$?

(Gleichung: $3\,\mathrm{tg}^6 x + 5\,\mathrm{tg}^4 x - 2\,\mathrm{tg}^2 x - 2 = 0$

oder $\qquad 2\sin^6 x - 3\sin^4 x - 4\sin^2 x + 2 = 0)$,

$$0{,}69370\,|\,0{,}83158, \qquad \varrho_{\min} = 5{,}3941.$$

(133) Stellen wir uns die Ergebnisse unserer Betrachtungen zusammen, so erhalten wir für eine Kurve, deren Gleichung im rechtwinkligen Koordinatensystem die Form hat $y = f(x)$, und für den Punkt $P_0(x_0\,|\,y_0 = f(x_0))$ als Gleichung der Tangente:

$$y - y_0 = y_0' \cdot (x - x_0),$$

als Gleichung der Normalen:

$$x - x_0 + y_0'(y - y_0) = 0;$$

als Länge der Subtangente:

$$s_t = \frac{y_0}{y_0'},$$

Subnormale: $s_n = y_0 \cdot y_0'$,

Tangente: $t = \dfrac{y_0}{y_0'}\sqrt{1 + y_0'^2}$,

Normale: $n = y_0\sqrt{1 + y_0'^2}$,

als Koordinaten des Krümmungsmittelpunktes:

$$\xi = x_0 - \frac{1 + y_0'^2}{y_0''}\, y_0', \qquad \eta = y_0 + \frac{1 + y_0'^2}{y_0''} :$$

als Halbmesser des Krümmungskreises:

$$\varrho = \frac{(1 + y_0'^2)^{\frac{3}{2}}}{y_0''}.$$

Die Abszisse der Höchst- und Tiefstpunkte ist zu bestimmen aus der Gleichung $y' = 0$.

Die Abszisse der Wendepunkte ist zu bestimmen aus der Gleichung $y'' = 0$.

Der Inhalt der durch die Kurve, die Abszissenachse und die zu $x = x_1$ und $x = x_2$ gehörigen Ordinaten begrenzten Fläche

$$F_{x_1}^{x_2} = \int_{x_1}^{x_2} y \cdot dx.$$

Die Länge des von den Punkten $P_1(x_1\,|\,y_1)$ und $P_2(x_2\,|\,y_2)$ begrenzten Kurvenstückes ist

$$s_{x_1}^{x_2} = \int_{x_1}^{x_2} \sqrt{1 + y'^2}\, dx.$$

Hierzu kommen noch die Formeln, die das statische Moment, das Trägheitsmoment, den Schwerpunkt der Fläche $F_{x_1}^{x_2}$ oder der Kurve $s_{x_1}^{x_2}$, die Oberfläche oder den Inhalt des durch Rotation von $F_{x_1}^{x_2}$ oder $s_{x_1}^{x_2}$ entstehenden Drehkörpers liefern; hierüber s. u. II, § 8, S. 247 ff. Alle diese Betrachtungen sollen jetzt zusammenhängend an dem Beispiele der gemeinen Kettenlinien durchgeführt werden.

Die **gemeine Kettenlinie** hat die Gleichung

$$y = a \operatorname{\mathfrak{Cof}} \frac{x}{a} \quad \text{oder} \quad y = \frac{a}{2}\left(e^{\frac{x}{a}} + e^{-\frac{x}{a}}\right).$$

Es ist die Kurve, in welcher ein homogenes, vollkommen elastisches und biegsames Seil von unendlich kleiner Dicke durchhängt, wenn

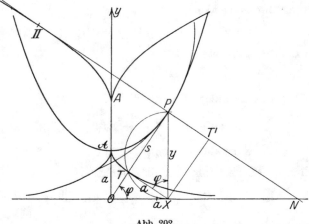

Abb. 202.

es an zweien seiner Punkte festgehalten wird. a ist der **Parameter** der Kettenlinie. Da $\operatorname{\mathfrak{Cof}}(-u) = \operatorname{\mathfrak{Cof}} u$ ist, so liegt die Kettenlinie symmetrisch zur y-Achse; diese Symmetrielinie heißt die **Achse** der Kettenlinie; sie schneidet die Kurve im Punkte $A(0|a)$, dem **Scheitel** der Kettenlinie. Abb. 202 zeigt einen Teil der Kurve; man erhält die Koordinaten von Punkten mit Hilfe einer Tafel der $\operatorname{\mathfrak{Cof}}$-Funktion. Da

$$y' = \operatorname{\mathfrak{Sin}} \frac{x}{a} = \sqrt{\operatorname{\mathfrak{Cof}}^2 \frac{x}{a} - 1} = \frac{\sqrt{y^2 - a^2}}{a}$$

[s. **(58)** S. 150] ist, so ergibt sich für die Konstruktion der Tangente das folgende Verfahren: Wir schlagen über der Ordinate XP den nach dem Scheitel zu liegenden Halbkreis und um X mit a den Kreisbogen, der diesen in T schneide; dann ist TP die zum Berührungspunkte P gehörige Tangente. In der Tat ist $\sphericalangle TXP = \varphi$, wenn φ der Neigungswinkel der Tangente ist; denn nach Konstruktion ist

$$\operatorname{tg}\varphi = \frac{PT}{XT} = \frac{\sqrt{y^2 - a^2}}{a}\,.$$

Ferner ist

$$y'' = \frac{1}{a}\operatorname{\mathfrak{Cof}}\frac{x}{a} = \frac{y}{a^2}\,,$$

daher

$$\varrho = \frac{\left(1 + \operatorname{\mathfrak{Sin}}^2\frac{x}{a}\right)^{\frac{3}{2}}a}{\operatorname{\mathfrak{Cof}}\frac{x}{a}} = \frac{y^2}{a}\,.$$

Da nun die Normale

$$n = PN = y\cdot\sqrt{1 + y'^2} = y\cdot\sqrt{1 + \operatorname{\mathfrak{Sin}}^2\frac{x}{a}} = y\operatorname{\mathfrak{Cof}}\frac{x}{a} = \frac{y^2}{a}$$

ist, so ist $\varrho = n$. Um also den **Krümmungsmittelpunkt** $\sqcap$ für den Kurvenpunkt P zu erhalten, brauchen wir nur die Länge $n = PN$ der Normalen von P aus nach der anderen Seite auf der Normalen abzutragen; ihr Endpunkt ist $\sqcap$.

Die Gleichung der **Evolute** ergibt sich zu

$$\xi = x - \frac{\left(1 + \operatorname{\mathfrak{Sin}}^2\frac{x}{a}\right)a}{\operatorname{\mathfrak{Cof}}\frac{x}{a}}\operatorname{\mathfrak{Sin}}\frac{x}{a}\,,\quad \eta = a\operatorname{\mathfrak{Cof}}\frac{x}{a} + \frac{\left(1 + \operatorname{\mathfrak{Sin}}^2\frac{x}{a}\right)a}{\operatorname{\mathfrak{Cof}}\frac{x}{a}}$$

oder

$$\xi = x - \frac{a}{2}\operatorname{\mathfrak{Sin}}2\frac{x}{a}\,,\qquad \eta = 2a\operatorname{\mathfrak{Cof}}\frac{x}{a}\,.$$

Der zum Scheitel A gehörige Krümmungshalbmesser ist $\varrho_a = a$; der Krümmungsmittelpunkt A also leicht zu finden.

Der Inhalt der von der x-Achse, der y-Achse, der Kettenlinie und der zur Abszisse x gehörigen Ordinate begrenzten Fläche $OXPA$ ist

$$F = \int_0^x a\cdot\operatorname{\mathfrak{Cof}}\frac{x}{a}\,dx = a^2\left[\operatorname{\mathfrak{Sin}}\frac{x}{a}\right]_0^x = a^2\operatorname{\mathfrak{Sin}}\frac{x}{a}$$

$$= a^2\sqrt{\operatorname{\mathfrak{Cof}}^2\frac{x}{a} - 1} = a\sqrt{y^2 - a^2}\,;$$

er ist also doppelt so groß als der Inhalt des rechtwinkligen Dreiecks PTX oder gleich dem Inhalte des Rechtecks $PTXT'$. Die Länge s des Kurvenstückes AP ist

$$s = \int_0^x\sqrt{1 + \operatorname{\mathfrak{Sin}}^2\frac{x}{a}}\,dx = \int_0^x\operatorname{\mathfrak{Cof}}\frac{x}{a}\,dx = a\left[\operatorname{\mathfrak{Sin}}\frac{x}{a}\right]_0^x = a\operatorname{\mathfrak{Sin}}\frac{x}{a}$$

$$= a\sqrt{\operatorname{\mathfrak{Cof}}^2\frac{x}{a} - 1} = \sqrt{y^2 - a^2}\,.$$

Der Bogen ist also gleich der Strecke PT.

Der Punkt T liegt demnach auf der Kurve, die wir erhalten, wenn wir einen Faden derart an die Kettenlinie legen, daß sein Endpunkt in A liegt, und ihn — straff gespannt — von der Kettenlinie abwickeln; der Endpunkt beschreibt dabei diese Kurve. Dann muß aber nach den Ausführungen von (131) die Kettenlinie die Evolute dieser Kurve, also die Kurve eine Evolvente der Kettenlinie sein. Da TP Normale zu dieser Kurve in T, also XT Tangente an sie sein muß, da ferner $XT = a$ ist, so hat die Kurve die Eigenschaft, daß die Länge ihrer Tangente konstant ist. Es ist demnach die nämliche Kurve, die wir in (115) S. 315 behandelt haben: die Huyghenssche Traktrix. Hiernach kann man sich diese Kurve auch auf folgende Weise entstanden denken. Bewegen wir einen Stab von der Länge $XT = a$ so, daß der eine Endpunkt auf einer Geraden x gleitet, so wird der Stab nachgeschleppt, und der andere Endpunkt T beschreibt die Huyghenssche Traktrix; aus dieser Bewegung heraus erklärt sich auch ihr Name (Traktrix = Schleppkurve). Sind die Koordinaten von T $\mathfrak{x}$ und $\mathfrak{y}$, so ist

$$\mathfrak{x} = x - a\sin\varphi, \qquad \mathfrak{y} = a\cos\varphi;$$

nun ist $\cos\varphi = \dfrac{a}{y}$; also ist

$$\mathfrak{x} = x - \frac{a}{y}\sqrt{y^2 - a^2}, \qquad \mathfrak{y} = \frac{a^2}{y}$$

oder

$$\mathfrak{x} = x - a\,\mathfrak{Tg}\frac{x}{a}, \qquad \mathfrak{y} = \frac{a}{\mathfrak{Cof}\dfrac{x}{a}};$$

Parametergleichung der Traktrix. Es ist demnach

$$\mathfrak{Cof}\frac{x}{a} = \frac{a}{\mathfrak{y}}, \qquad \mathfrak{Tg}\frac{x}{a} = \frac{\sqrt{a^2 - \mathfrak{y}^2}}{a}, \qquad x = a\,\mathfrak{Ar\,Cof}\frac{a}{\mathfrak{y}};$$

folglich ist die parameterfreie Gleichung der Traktrix

$$\mathfrak{x} = a \cdot \mathfrak{Ar\,Cof}\frac{a}{\mathfrak{y}} - \sqrt{a^2 - \mathfrak{y}^2};$$

das ist, vom Vorzeichen abgesehen, die nämliche Gleichung wie die in (115) auf S. 315 gefundene.

Lange Zeit war man der Meinung, daß ein Seil in der Gestalt einer Parabel durchhänge; die wahre Gestalt der Kettenlinie wurde erst ziemlich spät erkannt; es dürfte daher wertvoll sein zu untersuchen, wie groß der Fehler ist, den man begeht, wenn man die Kettenlinie durch die Parabel ersetzt, welche sich ihr am engsten anschmiegt. Wir müssen zu diesem Zwecke von den beiden Kurven fordern, daß sie die Achse, den Scheitel und die Krümmung im Scheitel gemeinsam haben. Die Parabelgleichung muß demnach von der Form sein

$$y = c_0 + c_2 x^2;$$

da für $x = 0$ $y = a$ sein soll, ist $c_0 = a$. Die Parabel $y = a + c_2 x^2$ hat nun im Scheitel den Krümmungsradius

$$\varrho = \left[\frac{(1 + (2\,c_2\,x)^2)^{\frac{3}{2}}}{2\,c_2}\right]_{x=0} = \frac{1}{2\,c_2}\;;$$

daher muß

$$\frac{1}{2\,c_2} = a \quad \text{oder} \quad c_2 = \frac{1}{2a}$$

sein, und die Gleichung der Ersatzparabel lautet

$$y = a + \frac{x^2}{2a}.$$

Zum Vergleiche sind in der folgenden Tabelle für eine Reihe von Abszissen die zugehörigen Ordinaten der Kettenlinie und der Ersatzparabel berechnet und der ermittelte Fehler sowohl absolut als auch verhältnismäßig angegeben:

$x =$	0	$0,2\,a$	$0,4\,a$	$0,6\,a$	$0,8\,a$	$1,0\,a$	$1,2\,a$	$1,4\,a$
y-Kettenlinie	a	$1,0201\,a$	$1,0811\,a$	$1,1855\,a$	$1,3374\,a$	$1,5431\,a$	$1,8107\,a$	$2,1509\,a$
y-Parabel . .	a	$1,0200\,a$	$1,0800\,a$	$1,1800\,a$	$1,3200\,a$	$1,5000\,a$	$1,7200\,a$	$1,9800\,a$
Fehler . . .	0	$0,0001\,a$	$0,0011\,a$	$0,0055\,a$	$0,0174\,a$	$0.0431\,a$	$0,0907\,a$	$0,1709\,a$
Fehler in Proz.	0	$0,008$	$0,102$	$0,466$	$1,31$	$2,80$	$5,28$	$7,96$

$x =$	$1,6\,a$	$1,8\,a$	$2,0\,a$	$2,2\,a$	$2,4\,a$	$2,6\,a$	$2,8\,a$
y-Kettenlinie . . .	$2,5775\,a$	$3,1075\,a$	$3,7622\,a$	$4,5679\,a$	$5,5570\,a$	$6,7690\,a$	$8,2527\,a$
y-Parabel	$2,2800\,a$	$2,6200\,a$	$3,0000\,a$	$3,4200\,a$	$3,8800\,a$	$4,3800\,a$	$4,9200\,a$
Fehler	$0,2975\,a$	$0,4875\,a$	$0,7622\,a$	$1,1479\,a$	$1,6770\,a$	$2,3890\,a$	$3,3327\,a$
Fehler in Proz. . .	$11,7$	$15,7$	$20,3$	$25,1$	$30,2$	$35,3$	$40,4$

Von praktischer Bedeutung ist die folgende Aufgabe[1]): Ein Seil habe die Länge $2s$ und sei an zwei Punkten P_1 und P_2 aufgehängt, deren Höhenunterschied $2h$ und deren wagerechter Abstand $2b$ betrage; das Seil hängt in einer Kettenlinie durch, deren Parameter a und deren Scheitel A ermittelt werden sollen (Abb. 203). Als y-Achse sei eine Parallele zur Achse der Kettenlinie, als x-Achse eine Senkrechte zu ihr genommen; die Lage des Koordinatenanfangspunktes möge noch unbestimmt gelassen werden. $M(x_m | y_m)$ sei der Mittelpunkt der Strecke $P_1(x_1 | y_1)$, $P_2(x_2 | y_2)$. Dann gelten die Beziehungen:

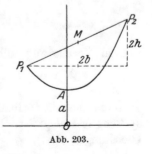

Abb. 203.

$$x_1 = x_m - b, \quad y_1 = y_m - h, \quad x_2 = x_m + b, \quad y_2 = y_m + h.$$

---

[1]) Siehe Freytags Hilfsbuch f. d. Maschinenbau, 7. Aufl., S. 127 f. Berlin: Julius Springer 1924.

Ist $y = a \operatorname{\mathfrak{Cof}} \dfrac{x}{a}$ die Gleichung der Kettenlinie, so ist mithin

$$y_m - h = a \operatorname{\mathfrak{Cof}} \frac{x_m - b}{a}, \qquad y_m + h = a \operatorname{\mathfrak{Cof}} \frac{x_m + b}{a}; \qquad \text{a)}$$

außerdem muß sein

$$2s = a \left(\operatorname{\mathfrak{Sin}} \frac{x_m + b}{a} - \operatorname{\mathfrak{Sin}} \frac{x_m - b}{a} \right). \qquad \text{b)}$$

Durch Subtraktion der beiden Gleichungen a) erhält man

$$2h = a \left(\operatorname{\mathfrak{Cof}} \frac{x_m + b}{a} - \operatorname{\mathfrak{Cof}} \frac{x_m - b}{a} \right). \qquad \text{c)}$$

b) und c) lassen sich umformen zu

$$a \operatorname{\mathfrak{Cof}} \frac{x_m}{a} \operatorname{\mathfrak{Sin}} \frac{b}{a} = s, \qquad a \operatorname{\mathfrak{Sin}} \frac{x_m}{a} \operatorname{\mathfrak{Sin}} \frac{b}{a} = h \qquad \text{d)}$$

[s. (58) S. 150], aus denen man durch Quadrieren und Subtrahieren erhält

$$a^2 \operatorname{\mathfrak{Sin}}^2 \frac{b}{a} = s^2 - h^2 \qquad \text{oder} \qquad \frac{\operatorname{\mathfrak{Sin}} \dfrac{b}{a}}{\dfrac{b}{a}} = \frac{\sqrt{s^2 - h^2}}{b}. \qquad \text{e)}$$

e) ist eine in $\dfrac{b}{a}$ transzendente Gleichung, aus der sich durch Annäherung $\dfrac{b}{a}$ und damit a ermitteln läßt. Dividiert man die beiden Gleichungen d) durcheinander, so erhält man

$$\operatorname{\mathfrak{Tg}} \frac{x_m}{a} = \frac{h}{s}$$

und daraus die Abszisse von M:

$$x_m = a \operatorname{\mathfrak{Ar\,Tg}} \frac{h}{s}. \qquad \text{f)}$$

Die Addition der beiden Gleichungen a) liefert

$$2y_m = a \left(\operatorname{\mathfrak{Cof}} \frac{x_m - b}{a} + \operatorname{\mathfrak{Cof}} \frac{x_m + b}{a} \right) = 2a \operatorname{\mathfrak{Cof}} \frac{x_m}{a} \operatorname{\mathfrak{Cof}} \frac{b}{a}$$

und in Verbindung mit der ersten Gleichung von d) die Gleichung

$$y_m = s \operatorname{\mathfrak{Ctg}} \frac{b}{a}, \qquad \text{g)}$$

wodurch auch die Ordinate von M und damit die Lage des Koordinatensystems festgelegt ist. Die gestellte Aufgabe wird demnach durch die Gleichungen e), f), g)

$$\frac{\operatorname{\mathfrak{Sin}} \dfrac{b}{a}}{\dfrac{b}{a}} = \frac{\sqrt{s^2 - h^2}}{b}, \qquad x_m = a \operatorname{\mathfrak{Ar\,Tg}} \frac{h}{s}, \qquad y_m = s \operatorname{\mathfrak{Ctg}} \frac{b}{a}$$

gelöst.

Zahlenbeispiel. Das Seil habe die Länge $2s = 34$ m; ferner sei $b = 14$ m, $h = 8$ m. Nach e) ist

$$f\left(\frac{b}{a}\right) \equiv \mathfrak{Sin}\,\frac{b}{a} - \frac{15}{14}\cdot\frac{b}{a} = 0;$$

die **Newton**sche Methode gibt

$$f'\left(\frac{b}{a}\right) \equiv \mathfrak{Cof}\,\frac{b}{a} - 1{,}07143;$$

der Lösungsweg ist aus der folgenden Tabelle ersichtlich:

$\dfrac{b}{a}$	1	0,78	0,676	0,641	0,6481
$f\left(\dfrac{b}{a}\right)$	0,1038	0,0258	0,0058	− 0,0010	0,0000
$f'\left(\dfrac{b}{a}\right)$	0,4717	0,2485	0,1659	0,1412	
δ	0,22	0,104	0,035	− 0,0071	

Es ist demnach

$$\frac{b}{a} = 0{,}6481, \quad \text{also} \quad a = 21{,}61\,\text{m}\,;$$

folglich nach f)

$$x_m = 21{,}61\,\text{m}\cdot\mathfrak{Ar}\mathfrak{Tg}\,0{,}4706 = 21{,}61\,\text{m}\cdot 0{,}5108 = 11{,}04\,\text{m}$$

und nach g)

$$y_m = 17\,\text{m}:\mathfrak{Tg}\,0{,}6481 = 17\,\text{m}:0{,}5704; \quad y_m = 29{,}80\,\text{m}\,.$$

Abb. 204 zeigt die Lage des Seiles.

Ist $h = 0$, d. h. liegen die beiden Aufhängepunkte P_1 und P_2 gleich hoch, so geht e) über in

$$\frac{\mathfrak{Sin}\,\dfrac{b}{a}}{\dfrac{b}{a}} = \frac{s}{b}\,. \qquad\qquad \text{e')}$$

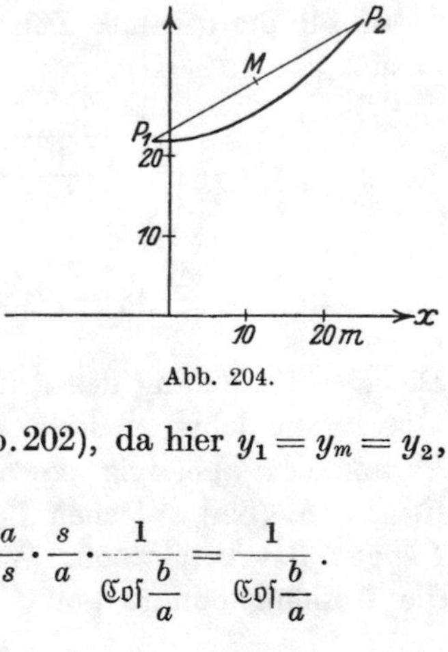

Abb. 204.

Außerdem läßt sich in diesem Falle der Aufhängewinkel α, d. h. der Winkel, unter welchem in den Aufhängepunkten das Seil gegen die x-Achse gerichtet ist, bequem bestimmen; es ist nämlich (s. Abb. 202), da hier $y_1 = y_m = y_2$,

$$\cos\alpha = \frac{a}{y_m} = \frac{a}{s}\,\mathfrak{Tg}\,\frac{b}{a} = \frac{a}{s}\,\frac{\mathfrak{Sin}\,\dfrac{b}{a}}{\mathfrak{Cof}\,\dfrac{b}{a}} = \frac{a}{s}\cdot\frac{s}{a}\cdot\frac{1}{\mathfrak{Cof}\,\dfrac{b}{a}} = \frac{1}{\mathfrak{Cof}\,\dfrac{b}{a}}\,.$$

Setzen wir wieder $s = 17\,\mathrm{m}$, $b = 14\,\mathrm{m}$, dagegen $h = 0$, so gestaltet sich die Rechnung folgendermaßen:

$$f\left(\frac{b}{a}\right) \equiv \mathfrak{Sin}\,\frac{b}{a} - 1{,}2143 \cdot \frac{b}{a}, \qquad f'\left(\frac{b}{a}\right) \equiv \mathfrak{Cof}\,\frac{b}{a} - 1{,}2143.$$

$\dfrac{b}{a}$	1	1,119	1,1006	1,1002	$\cdot\dfrac{b}{a} = 1{,}1002, \quad a = 12{,}73\,\mathrm{m}$
$f\left(\dfrac{b}{a}\right)$	$-0{,}0391$	$+0{,}0088$	$+0{,}0002$	$0{,}0000$	$y_m = 21{,}24\,\mathrm{m}$
$f'\left(\dfrac{b}{a}\right)$	$0{,}3288$	$+0{,}4799$	$+0{,}4550$		$\cos\alpha = \dfrac{1}{\mathfrak{Cof}\,1{,}1002} = \dfrac{1}{1{,}6688} = 0{,}5992$
δ	$-0{,}119$	$+0{,}0184$	$+0{,}0004$		$\alpha = 53°\,11'$ (Abb. 205)

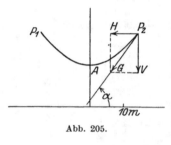

Abb. 205.

Hat das Seil das Gewicht $2s \cdot \gamma$, wobei γ das Gewicht der Längeneinheit bedeutet, so wird auf die beiden in gleicher Höhe liegenden Aufhängepunkte P_1 und P_2 vom gegenseitigen Abstand $2b$ eine Zugkraft G ausgeübt, die die Richtung des Seiles in P_1 bzw. P_2 hat und deren vertikale Komponente $V = s \cdot \gamma$ ist. Da G und V den Winkel $90° - \alpha$ einschließen, ist $G = \dfrac{V}{\sin\alpha}$ und die horizontale Komponente $H = V \cdot \mathrm{ctg}\,\alpha$. Nun ist

$$s = a\,\mathfrak{Sin}\,\frac{b}{a}, \quad \text{also} \quad V = \gamma a\,\mathfrak{Sin}\,\frac{b}{a}, \quad \text{und} \quad \mathrm{tg}\,\alpha = \mathfrak{Sin}\,\frac{b}{a},$$

demnach $H = \gamma a$; die horizontale Komponente der Zugkraft eines Seiles ist an allen Stellen die gleiche. Wir erhalten somit für die gesamte Zugkraft, die das Seil auf den Aufhängepunkt ausübt, da

$$\frac{1}{\sin\alpha} = \frac{\sqrt{1 + \mathrm{tg}^2\alpha}}{\mathrm{tg}\,\alpha} = \frac{\sqrt{1 + \mathfrak{Sin}^2\,\dfrac{b}{a}}}{\mathfrak{Sin}\,\dfrac{b}{a}} = \mathfrak{Ctg}\,\frac{b}{a} \quad \text{ist},$$

$$G = \gamma a\,\mathfrak{Sin}\,\frac{b}{a} \cdot \mathfrak{Ctg}\,\frac{b}{a} = \gamma a\,\mathfrak{Cof}\,\frac{b}{a}.$$

Die Beanspruchung des Aufhängepunktes ist also, wie schon einfache Überlegung lehrt, von der Länge $2s$ des Seiles und damit von dem Parameter a abhängig; sowohl für $a = 0$ (Seil unendlich lang) als auch für $a = \infty$ (Seil zwischen P_1 und P_2 straff gespannt, kürzeste mögliche Länge $2b$) wird $G = \infty$. Wir wollen die Seillänge ermitteln, für welche die Aufhängepunkte am geringsten beansprucht werden.

$G = \gamma\, a\, \mathfrak{Cof}\dfrac{b}{a}$ stellt G als Funktion von a dar; wir müssen demnach $\dfrac{dG}{da}$ bilden. Nach der Produktregel ist

$$\frac{dG}{da} = \gamma\left[\mathfrak{Cof}\frac{b}{a} - \frac{b}{a}\,\mathfrak{Sin}\frac{b}{a}\right].$$

G wird also am kleinsten, wenn die Gleichung erfüllt ist:

$$\mathfrak{Cof}\frac{b}{a} - \frac{b}{a}\,\mathfrak{Sin}\frac{b}{a} = 0 \quad\text{oder}\quad \frac{b}{a}\cdot\mathfrak{Tg}\frac{b}{a} = 1\,.$$

Diese Gleichung lösen wir unter Benutzung der $\log\mathfrak{Tg}$-Tafeln durch Annäherung. Ist

$$f\!\left(\frac{b}{a}\right) = \log\frac{b}{a} + \log\mathfrak{Tg}\frac{b}{a} = 0\,,$$

so ist

für $\dfrac{b}{a} =$	1,20	1,19	1,199	1,1997
$\log\dfrac{b}{a} =$	0,0792	0,0756	0,0788	0,0791
$\log\mathfrak{Tg}\dfrac{b}{a} =$	0,9210 − 1	0,9194 − 1	0,9208 − 1	0,9209 − 1
$f\!\left(\dfrac{b}{a}\right) =$	0,0002	− 0,0050	− 0,0004	0,0000

Also ist $\dfrac{b}{a} = 1,1997$ und $a = 0,833\,54\,b$. Da

$$\frac{d^2 G}{d^2 a} = \gamma\left[-\frac{b}{a^2}\,\mathfrak{Sin}\frac{b}{a} + \frac{b}{a^2}\,\mathfrak{Sin}\frac{b}{a} + \frac{b^2}{a^3}\,\mathfrak{Cof}\frac{b}{a}\right] = \gamma\frac{b^2}{a^3}\,\mathfrak{Cof}\frac{b}{a}$$

für jeden Wert von a, also auch für $a = 0,833\,54\,b$ positiv sein muß, ist G in der Tat ein Kleinstwert. Es ist ferner die Ordinate des Aufhängepunktes

$$y_b = a\,\mathfrak{Cof}\frac{b}{a} = 0,833\,54\,b\cdot\mathfrak{Cof}\,1,1997 = 1,5087\,b$$

und demnach der Durchhang der günstigsten Kette

$$k = y_b - a = 0,6752\,b\,.$$

Der Aufhängewinkel α_b ergibt sich aus

$$\operatorname{tg}\alpha_b = \mathfrak{Sin}\frac{b}{a} = \mathfrak{Sin}\,1,1997$$

zu $\alpha_b = 56°\,28'$ und die Seillänge zu

$$2s = 2\cdot a\,\mathfrak{Sin}\frac{b}{a} = 2\cdot 0,83354\cdot\mathfrak{Sin}\,1,1997\,b = 2,515\,b\,.$$

Die bisherigen Kurvenuntersuchungen schlossen sich an die Form $y = f(x)$ der Kurvengleichung an. Sie sind, da diese Form nicht immer möglich ist, noch auf andere Gleichungsformen auszudehnen. So wollen wir uns im nächsten Paragraphen mit Kurven befassen, deren Gleichung in Parameterdarstellung gegeben ist, d. h. für welche sowohl die Abszisse als auch die Ordinate eines beliebigen Kurvenpunktes Funktionen einer dritten Veränderlichen, eben des Parameters, sind.

§ 6. Die Kurve in Parameterdarstellung.

(134) Wir haben schon einige Parameterdarstellungen von Kurven kennen gelernt; es sei nur erinnert an die Gleichung der Geraden **(113)**, Formeln 20) S. 308, in der x und y als Funktionen des Teilverhältnisses λ gegeben waren, oder an die Gleichung der Evolute einer Kurve **(130)**, Formeln 43), S. 353. Bezeichnen wir allgemein den Parameter mit t, so ist die Gleichung der Kurve

$$x = \varphi(t) \quad \text{und} \quad y = \psi(t), \qquad\qquad 46)$$

wobei φ und ψ beliebige, stetige und eindeutige Funktionen von t sein sollen. Zu einem bestimmten Werte t gehört dann stets ein bestimmter Wert $x = \varphi(t)$ und ein bestimmter Wert $y = \psi(t)$, also ein bestimmter Punkt P, dessen Koordinaten diese bestimmten Werte von x und y sind. Um die folgenden Betrachtungen möglichst anschaulich zu gestalten, möge die allgemein theoretischen Erörterungen ein einfaches Anwendungsbeispiel begleiten. Wir wählen dazu die Kurve, deren Gleichung lautet:

$$x = t^2 - t, \qquad y = t^3 + t^2.$$

Wir finden für

$t =$	0	0,5	1	1,5	2 $\cdots$	$-0,5$	-1	$-1,5$	$-2 \cdots$ die Werte
$x =$	0	$-0,25$	0	0,75	2 $\cdots$	$+0,75$	2	3,75	6 $\cdots$
$y =$	0	$+0,375$	2	5,625	12 $\cdots$	$+0,125$	0	$-1,125$	$-4 \cdots$

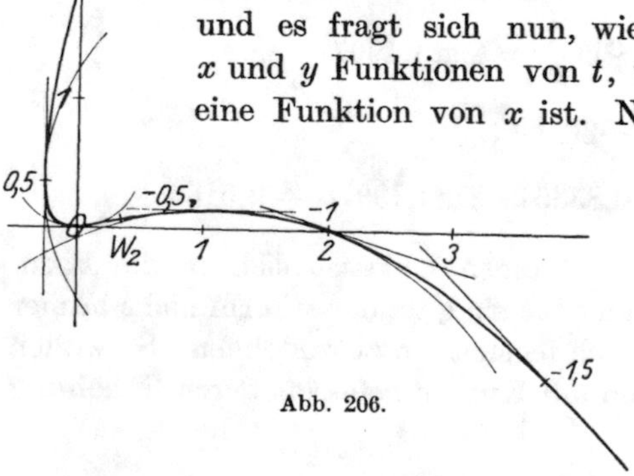

Nur für $t = 0$ und $t = 1$ wird die Abszisse $x = 0$ und nur für $t = 0$ und $t = -1$ die Ordinate $y = 0$. In Abb. 206 sind die zugehörigen Punkte mit Angabe ihres Parameters t eingetragen.

Um die Richtung der Kurve in einem Punkte P zu ermitteln, bedürfen wir des Differentialquotienten $\frac{dy}{dx}$, und es fragt sich nun, wie wir zu ihm gelangen, wenn x und y Funktionen von t, und y nicht mehr unmittelbar eine Funktion von x ist. Nun ist

$$\frac{dy}{dx} = \lim_{\Delta x \to 0} \frac{\Delta y}{\Delta x};$$

Abb. 206.

den Differentialquotien- ten $\frac{\Delta y}{\Delta x}$ können wir aber auch in unserem Falle bilden: Wir erteilen der unabhängigen Veränderlichen t einen Zuwachs $\varDelta t$; dadurch erhalten sowohl x als auch y einen Zuwachs $\varDelta x$ bzw. $\varDelta y$ derart, daß

$$\varDelta x = \varphi(t + \varDelta t) - \varphi(t), \qquad \varDelta y = \psi(t + \varDelta t) - \psi(t)$$

ist. Demnach ist der Differenzenquotient

$$\frac{\varDelta y}{\varDelta x} = \frac{\psi(t + \varDelta t) - \psi(t)}{\varphi(t + \varDelta t) - \varphi(t)},$$

den wir auch schreiben können

$$\frac{\varDelta y}{\varDelta x} = \frac{\psi(t + \varDelta t) - \psi(t)}{\varDelta t} : \frac{\varphi(t + \varDelta t) - \varphi(t)}{\varDelta t}.$$

Folglich ist

$$\frac{dy}{dx} = \lim_{\varDelta t \to 0} \frac{\varDelta y}{\varDelta x} = \lim_{\varDelta t \to 0} \left[\frac{\psi(t + \varDelta t) - \psi(t)}{\varDelta t} : \frac{\varphi(t + \varDelta t) - \varphi(t)}{\varDelta t} \right]$$

$$= \lim_{\varDelta t \to 0} \frac{\psi(t + \varDelta t) - \psi(t)}{\varDelta t} : \lim_{\varDelta t \to 0} \frac{\varphi(t + \varDelta t) - \varphi(t)}{\varDelta t}.$$

Da nun

$$\lim_{\varDelta t \to 0} \frac{\varphi(t + \varDelta t) - \varphi(t)}{\varDelta t} = \frac{d\varphi(t)}{dt} = \frac{dx}{dt} \quad \text{und} \quad \lim_{\varDelta t \to 0} \frac{\psi(t + \varDelta t) - \psi(t)}{\varDelta t} = \frac{d\psi(t)}{dt} = \frac{dy}{dt}$$

ist, so ergibt sich für den Differentialquotienten

$$\frac{dy}{dx} = \frac{\psi'(t)}{\varphi'(t)} = \frac{dy}{dt} : \frac{dx}{dt}. \qquad 47)$$

Wir sehen aus Formel 47), daß formal die beiden Differentialquotienten $\frac{dy}{dt}$ und $\frac{dx}{dt}$ wie zwei wirkliche Brüche durcheinander dividiert werden können, daß man scheinbar durch das Differential dt kürzen kann.

Um also in unserem Beispiele den Differentialquotienten $\frac{dy}{dx}$ zu bilden, ermitteln wir zunächst

$$\frac{dy}{dt} = 3t^2 + 2t \qquad \text{und} \qquad \frac{dx}{dt} = 2t - 1$$

und finden durch Dividieren

$$\frac{dy}{dx} = \frac{3t^2 + 2t}{2t - 1}.$$

Der Differentialquotient erscheint demnach als Funktion des Parameters t. Nun können wir an unsere Kurve die Tangenten konstruieren; es ist nämlich für

$t =$	0	0,5	1	1,5	2 …	$-0,5$	-1	$-1,5$	-2 …
$\dfrac{dy}{dx} =$	0	∞	5	4,875	5,333 …	$+0,125$	$-0,333$	$-0,9375$	$-1,6$ …

In Abb. 206 sind die Tangenten zum Teile eingetragen. Wir erkennen, daß für $t = 0$ der Punkt $(0\,|\,0)$ eine horizontale Tangente und für $t = 0,5$ der Punkt $(-0,25\,|\,+0,375)$ eine vertikale Tangente hat. Da taucht die Frage auf, ob die Kurve noch weitere derartige Punkte hat. Damit ein Höchst- oder Tiefstpunkt vorhanden ist, muß $\frac{dy}{dx} = 0$ sein; folglich ist nach Formel 47) $\frac{dy}{dt} = 0$ die notwendige Bedingung für das Auftreten eines solchen Punktes. Allerdings müssen wir darauf achten, ob für den so gefundenen Wert nicht auch $\frac{dx}{dt} = 0$ ist; in diesem Falle würden wir für den Differentialquotienten den unbestimmten Ausdruck $\frac{0}{0}$ erhalten. In unserem Beispiele wird außer für $t = 0$ auch noch für $t = -\frac{2}{3}$ $\frac{dy}{dt} = 0$; da an dieser Stelle $\frac{dx}{dt} = -\frac{7}{3}$ ist, ist hier in der Tat $\frac{dy}{dx} = 0$; folglich hat auch der Punkt $\left(\frac{10}{9} \,\middle|\, \frac{4}{27}\right)$ eine horizontale Tangente. Die Abbildung zeigt uns, daß $(0\,|\,0)$ ein Tiefst- und $\left(\frac{10}{9} \,\middle|\, \frac{4}{27}\right)$ ein Höchstpunkt ist; die analytische Entscheidung können wir erst nach Ermittlung des zweiten Differentialquotienten treffen. Daß andererseits $(-0{,}25 \,|\, +0{,}375)$ der einzige Punkt ist, dessen Tangente vertikal läuft, sei der Untersuchung des Lesers überlassen.

Haben wir $\frac{dy}{dx}$ ermittelt, so sind wir in der Lage, mittelst der in (133) S. 357 zusammengestellten Formeln auch die Gleichungen der Tangenten und der Normalen aufzustellen, ebenso die Längen der Tangenten, Normalen, Subtangenten und Subnormalen zu berechnen. Der Leser möge dies für einige Punkte unserer Kurve wirklich durchführen.

Wir gehen zur Bildung des zweiten Differentialquotienten $\frac{d^2y}{dx^2}$ über. Da

$$\frac{d^2y}{dx^2} = \frac{d\,\frac{dy}{dx}}{dx}$$

ist und

$$\frac{dy}{dx} = \frac{\psi'(t)}{\varphi'(t)}$$

eine Funktion von t ist, so müssen wir nach der Kettenregel $\frac{dy}{dx}$ zuerst nach t differenzieren und diesen Differentialquotienten $\frac{d\,\frac{dy}{dx}}{dx}$ mit dem Differentialquotienten $\frac{dt}{dx}$ multiplizieren. Nach Formel 65) in (35) S. 82 ist daher

$$\frac{d^2y}{dx^2} = \frac{d\,\frac{dy}{dx}}{dt} : \frac{dx}{dt} = \frac{d\,\frac{\psi'(t)}{\varphi'(t)}}{dt} : \varphi'(t)\,.$$

Die Differentiation $\frac{d\,\frac{\psi'(t)}{\varphi'(t)}}{dt}$ wird nach der Quotientenregel ausgeführt; sie ergibt

$$\frac{d\,\frac{\psi'(t)}{\varphi'(t)}}{dt} = \frac{\varphi'(t) \cdot \psi''(t) - \psi'(t) \cdot \varphi''(t)}{[\varphi'(t)]^2}\,,$$

so daß wir schließlich erhalten

$$\frac{d^2y}{dx^2} = \frac{\varphi'(t) \cdot \psi''(t) - \psi'(t) \cdot \varphi''(t)}{[\varphi'(t)]^3} = \frac{\dfrac{dx}{dt} \cdot \dfrac{d^2y}{dt^2} - \dfrac{dy}{dt} \cdot \dfrac{d^2x}{dt^2}}{\left(\dfrac{dx}{dt}\right)^3}. \qquad 48)$$

Da in unserem Beispiele $\dfrac{d^2x}{dt^2} = 2$ und $\dfrac{d^2y}{dt^2} = 6t + 2$ ist, erhalten wir hier

$$\frac{d^2y}{dx^2} = \frac{2(3t^2 - 3t - 1)}{(2t - 1)^3}.$$

So ist für

$t =$	0	0,5	1	1,5	2 …	$-0,5$	-1	$-1,5$	-2 …
$\dfrac{d^2y}{dx^2} =$	2	∞	-2	$\dfrac{5}{16}$	$\dfrac{10}{27}$ …	$-\dfrac{5}{16}$	$-\dfrac{10}{27}$	$-\dfrac{41}{128}$	$-\dfrac{34}{125}$ …

Da für $t = 0$ $\dfrac{d^2y}{dx^2} = 2 > 0$ ist, so ist durch Rechnung bewiesen, daß $(0|0)$ in der Tat ein Tiefstpunkt ist; ebenso ist für $t = -\dfrac{2}{3}$ $\dfrac{d^2y}{dx^2} = -\dfrac{18}{49}$, d. h. der Punkt $(\tfrac{10}{9}|\tfrac{4}{27})$ ist in Übereinstimmung mit der Abbildung ein Höchstpunkt.

Den zweiten Differentialquotienten können wir weiter verwerten, um die K r ü m m u n g s v e r h ä l t n i s s e der Kurve zu untersuchen. Die allgemeine Berechnung der Koordinaten des Krümmungsmittelpunktes und des Krümmungsradius irgendeines Kurvenpunktes nach den Formeln 43) und 44) — hier als Funktionen von t — ist einfach und bleibe dem Leser überlassen. Wir wollen nur die Krümmungshalbmesser für die Höchst- und Tiefstpunkte berechnen, da sich hier die Rechnung besonders einfach gestaltet. Da nämlich in diesen Punkten $\dfrac{dy}{dx} = 0$ ist, wird hier $\varrho = \dfrac{1}{y''}$, und somit ist in $(0|0)$ $\varrho = \dfrac{1}{2}$ und in $\left(\dfrac{10}{9}\Big|\dfrac{4}{27}\right)$ $\varrho = \dfrac{49}{18}$. Im Punkte $(-0,25 | +0,375)$ versagt unsere Formel, da hier sowohl $\dfrac{dy}{dx}$, als auch $\dfrac{d^2y}{dx^2}$ unendlich groß werden. Wir können uns aber hier durch die folgende Erwägung helfen. In der Formel für den Krümmungshalbmesser

$$\varrho = \frac{\left(1 + \left(\dfrac{dy}{dx}\right)^2\right)^{\frac{3}{2}}}{\dfrac{d^2y}{dx^2}}$$

wird x als die unabhängige, y als die abhängige Veränderliche betrachtet, da die Differentialquotienten von y nach x auftreten. In Wirklichkeit ist aber die Größe des Krümmungshalbmessers einzig durch die Kurve und nicht auch (wie etwa die Länge der Tangente, Subtangente, Normalen, Subnormalen usw.) durch die Lage der Koordinatenachsen bestimmt. Eine Vertauschung der beiden Veränderlichen kann daher auf die Größe des Krümmungshalbmessers überhaupt keinen Einfluß haben; folglich läßt sich der Krümmungshalbmesser auch durch die Formel

$$\varrho = \frac{\left(1 + \left(\frac{dx}{dy}\right)^2\right)^{\frac{3}{2}}}{\frac{d^2x}{dy^2}}$$

berechnen. Diese Formel können wir nun bei unserem Punkte $(-0{,}25 \,|\, +0{,}375)$ verwenden, mit besonders gutem Erfolge, weil für ihn

$$\frac{dx}{dy} = \left(\frac{2t-1}{3t^2+2t}\right)_{t=0{,}5} = 0$$

wird, also einfach

$$\varrho = \frac{1}{\frac{d^2x}{dy^2}}$$

ist. Wir müssen zur Bestimmung von ϱ nur erst $\frac{d^2x}{dy^2}$ ausrechnen, indem wir $\frac{dx}{dy}$ nochmals nach y differenzieren. Es ist

$$\frac{d^2x}{dy^2} = \frac{d\,\frac{dx}{dy}}{dy} = \frac{d\,\frac{dx}{dy}}{dt} : \frac{dy}{dt}.$$

Da

$$\frac{d\,\frac{dx}{dy}}{dt} = \frac{(3t^2+2t)\cdot 2 - (2t-1)(6t+2)}{(3t^2+2t)^2} = \frac{-6t^2+6t+2}{(3t^2+2t)^2}$$

ist, so wird

$$\frac{d^2x}{dy^2} = -\frac{2(3t^2-3t-1)}{(3t^2+2t)^2} : (3t^2+2t) = -\frac{2(3t^2-3t-1)}{t^3(3t+2)^3}.$$

Demnach ist für $t=0{,}5$ der gesuchte Krümmungshalbmesser $\varrho = \frac{49}{32}$.

Wir wissen, daß an Stellen, wo der zweite Differentialquotient verschwindet, die Kurve einen **Wendepunkt** hat. Für unser Kurvenbeispiel tritt dies ein, wenn $3t^2 - 3t - 1 = 0$ ist; das gibt die beiden Lösungen

$$t = \tfrac{1}{6}\left(3 \pm \sqrt{21}\right), \quad \text{also} \quad t_1 = 1{,}2638, \quad t_2 = -0{,}2638.$$

Es gibt also zwei Wendepunkte; sie haben die Koordinaten

$$\tfrac{1}{3} \,\big|\, \tfrac{1}{18}(33 \pm 7\sqrt{21})$$

oder

$$W_1) \quad (0{,}3333\,|\,3{,}6155) \quad \text{und} \quad W_2) \quad (0{,}3333\,|\,0{,}0512);$$

die Wendetangenten haben die Neigung $\tfrac{1}{2}(5 \pm \sqrt{21})$, also

$$W_1) \quad 4{,}7913 \quad \text{bzw.} \quad W_2) \quad 0{,}2087.$$

(135) Damit wollen wir die Anwendung der **Differentialrechnung** auf die Untersuchung der in Parameterform gegebenen Kurve abbrechen. Wir überlassen dem Leser die weitere Ausführung, wie die Ermittlung der Scheitel der Kurve, und gehen jetzt zur Verwertung der Integralrechnung über. Da kommt in erster Linie in Frage die Ermittlung des Inhaltes einer von der Kurve, der Abszissenachse und zwei Grenzordinaten eingeschlossenen Fläche; aus (81) Formel 41) S. 212 wissen wir, daß diese Fläche durch die Formel $\int\limits_{x_1}^{x_2} y \cdot dx$ wiedergegeben wird. Diese Formel läßt sich jedoch nur anwenden, wenn x die Integrationsveränderliche, d. h. die unabhängige Veränderliche ist. Diese Voraussetzung trifft für unseren Fall nicht zu, da $y (= \psi(t))$ und $x (= \varphi(t))$ Funktionen des Parameters t sind. Aus der Gleichung $x = \varphi(t)$ folgt aber

$$\frac{dx}{dt} = \varphi'(t), \quad \text{also} \quad dx = \varphi'(t) \cdot dt.$$

Damit ist der Integrand $y \cdot dx$ übergeführt in den Integranden

$$\psi(t) \cdot \varphi'(t) \cdot dt,$$

d. h. in eine Funktion von t. Da unsere Integrationsveränderliche jetzt t ist, müssen die Integrationsgrenzen auch bestimmte Werte t_1 und t_2 von t sein, so daß sich für eine Fläche, welche begrenzt wird von der Abszissenachse, zwei zu $t = t_1$ und $t = t_2$ gehörigen Grenzordinaten und der Kurve $x = \varphi(t)$, $y = \psi(t)$, die Inhaltsformel ergibt

$$F_{t_1}^{t_2} = \int\limits_{t_1}^{t_2} \psi(t) \cdot \varphi'(t) \cdot dt, \qquad\qquad 49)$$

Für die Kurve in Abb. 206 ist also

$$F_{t_1}^{t_2} = \int\limits_{t_1}^{t_2} (t^3 + t^2)(2t - 1)\, dt = \int\limits_{t_1}^{t_2} (2t^4 + t^3 - t^2)\, dt = [\tfrac{2}{5} t^5 + \tfrac{1}{4} t^4 - \tfrac{1}{3} t^3]_{t_1}^{t_2}.$$

Wollen wir z. B. die von der Abszissenachse und der Kurve allein begrenzte Fläche, die also zwischen den beiden Schnittpunkten der Kurve mit der Abszissenachse liegt, berechnen, so müssen wir $t_1 = 0$ und $t_2 = -1$ setzen und erhalten $(F)_0^{-1} = \tfrac{11}{60}$ Flächeneinheiten.

Gleichung 49) gibt die Fläche, die von der Abszissenachse, zwei Grenzordinaten und der Kurve eingeschlossen wird. Durch Vertauschung von φ und ψ erhalten wir ohne weiteres eine Formel für den Inhalt der Fläche, welche von der Ordinatenachse, zwei Grenzabszissen und der Kurve eingeschlossen wird; sie lautet

$$F'{}_{t_1}^{t_2} = \int\limits_{t_1}^{t_2} \varphi(t) \cdot \psi'(t) \cdot dt. \qquad\qquad 49')$$

24*

In unserem Beispiele:

$$F'{}_{t_1}^{t_2} = \int_{t_1}^{t_2} (t^2 - t)(3t^2 + 2t)\, dt = \int_{t_1}^{t_2} (3t^4 - t^3 - 2t^2)\, dt$$
$$= [\tfrac{3}{5}\, t^5 - \tfrac{1}{4}\, t^4 - \tfrac{2}{3}\, t^3]_{t_1}^{t_2}\,.$$

Insbesondere ist der Inhalt der von der Ordinatenachse und der Kurve allein eingeschlossenen Fläche $(F')_0^1 = -\tfrac{19}{20}$ Flächeneinheiten.

Die Länge der Kurve wird nach **(89)** S. 236 Formel 47) dargestellt durch das Integral

$$s = \int_{x_1}^{x_2} \sqrt{1 + \left(\frac{dy}{dx}\right)^2}\; dx\,.$$

Wir müssen diese Formel für den vorliegenden Fall folgendermaßen umgestalten. Es ist nach 47)

$$\frac{dy}{dx} = \frac{\psi'(t)}{\varphi'(t)};$$

außerdem $dx = \varphi'(t) \cdot dt$; daher lautet die Formel jetzt

$$s_{t_1}^{t_2} = \int_{t_1}^{t_2} \sqrt{[\varphi'(t)]^2 + [\psi'(t)]^2}\; dt\,. \qquad 50)$$

Unser Beispiel liefert

$$s_{t_1}^{t_2} = \int_{t_1}^{t_2} \sqrt{(2t - 1)^2 + (3t^2 + 2t)^2}\; dt = \int_{t_1}^{t_2} \sqrt{9t^4 + 12t^3 + 8t^2 - 4t + 1}\; dt\,.$$

Mit unseren bisherigen Hilfsmitteln läßt sich das erhaltene Integral nicht auswerten; wir wollen daher von einer zahlenmäßigen Berechnung Abstand nehmen.

Wie die Formeln für den Flächeninhalt und für die Kurvenlänge lassen sich auch die Formeln für statisches Moment, Trägheitsmoment, Schwerpunkt, Drehflächen und Drehkörper, die in Abschnitt II, § 8 abgeleitet sind, für die Parameterdarstellung umformen. So geht beispielsweise die Formel für das statische Moment der Fläche bezüglich der x-Achse

$$M_x = \tfrac{1}{2} \int_{x_1}^{x_2} y^2\, dx$$

über in

$$M_x = \tfrac{1}{2} \int_{t_1}^{t_2} (\psi(t))^2 \cdot \varphi'(t)\, dt;$$

aus $\quad M_y = \int\limits_{x_1}^{x_2} x\,y\,dx \qquad$ wird $\qquad M_y = \int\limits_{t_1}^{t_2} \varphi(t) \cdot \psi(t) \cdot \varphi'(t)\,dt\,,$

,, $\qquad J_x = \tfrac{1}{3}\int\limits_{x_1}^{x_2} y^3\,dx \qquad$,, $\qquad J_x = \tfrac{1}{3}\int\limits_{t_1}^{t_2} (\psi(t))^3\,\varphi'(t)\,dt\,,$

,, $\qquad J_y = \int\limits_{x_1}^{x_2} x y^2\,dx \qquad$,, $\qquad J_y = \int\limits_{t_1}^{t_2} \varphi(t)\,(\psi(t))^2 \varphi'(t)\,dt$

usw. Durch Vertauschen von φ und ψ erhält man hieraus die entsprechenden Formeln für die Fläche, welche von der y-Achse, der Kurve $x = \varphi(t)$, $y = \psi(t)$ und den zu $t = t_1$ und $t = t_2$ gehörigen Abszissen begrenzt wird.

In unserem Beispiel $x = t^2 - t$, $y = t^3 + t^2$ ist für die von der x-Achse und der Kurve begrenzte Fläche

$$M_x = \frac{1}{2}\int\limits_{0}^{-1} (t^3 + t^2)^2 \cdot (2t - 1)\,dt$$

$$= \frac{1}{2}\int\limits_{0}^{-1} (2t^7 + 3t^6 - t^4)\,dt = \frac{1}{2}\left[\frac{t^8}{4} + \frac{3}{7}t^7 - \frac{t^5}{5}\right]_{0}^{-1} = \frac{3}{280}\,,$$

$$M_y = \int\limits_{0}^{-1} (t^2 - t)\,(t^3 + t^2)\,(2t - 1)\,dt$$

$$= \int\limits_{0}^{-1} (2t^6 - t^5 - 2t^4 + t^3)\,dt = \left[\frac{2}{7}t^7 - \frac{t^6}{6} - \frac{2}{5}t^5 + \frac{t^4}{4}\right]_{0}^{-1} = \frac{83}{420}\,;$$

hieraus ergeben sich die Schwerpunktskoordinaten

$$\xi = \tfrac{8\,3}{7\,7} = 1{,}0779\,, \qquad \eta = \tfrac{9}{1\,5\,4} = 0{,}05844\,.$$

Die weitere Behandlung sei dem Leser überlassen.

(136) Als Anwendung der Lehre von der ebenen Kurve in Parameterdarstellung wollen wir einige technisch besonders wichtige Kurven behandeln. Wir beginnen mit der

Ellipse. Wir definieren sie als die Kurve, deren Gleichung in Parameterform lautet

$$x = a\cos t\,, \qquad y = b\sin t\,, \qquad\qquad 51)$$

wobei a und b gegebene Strecken sind. Wir können in diesem Falle leicht eine parameterfreie Gleichung gewinnen, wenn wir beide Gleichungen nach $\cos t$ bzw. $\sin t$ auflösen und die gewonnenen Gleichungen quadrieren und addieren. Es ergibt sich

$$\frac{x^2}{a^2} + \frac{y^2}{b^2} = 1 \,, \qquad\qquad 52)$$

die **Achsengleichung** der Ellipse. Davon später mehr. Aus den Gleichungen 51) folgt eine einfache geometrische Konstruktion der Ellipse (Abb. 207). Wir schlagen um O die beiden Kreise mit den Halbmessern a und b; ferner legen wir durch O einen Strahl unter dem Winkel t gegen die x-Achse, der die beiden Kreise in P_a bzw. P_b schneiden möge. Dann ziehen wir durch P_a die Parallele zur y-Achse und durch P_b die Parallele zur x-Achse; beide Parallelen mögen sich in P scheiden; P ist ein Punkt der Ellipse. Es ist in der Tat

$$OX = x = a \cos t, \qquad OY = y = b \sin t.$$

Aus der Konstruktion folgt sofort weiter, daß sowohl die x-Achse als auch die y-Achse Symmetrielinien der Ellipse sind, eine Eigenschaft, die wir übrigens auch aus Gleichung 52), die sowohl in x als auch in y rein quadratisch ist, ablesen können. Man nennt daher diese beiden Geraden die **Achsen** der Ellipse, ihre Schnittpunkte mit der Ellipse die **Scheitel** der Ellipse. Diese Scheitel ergeben sich zu

$$A_1(a\,|\,0)\,(t=0), \quad B_1(0\,|\,b)\Big(t=\frac{\pi}{2}\Big), \quad A_2(-a\,|\,0)\,(t=\pi), \quad B_2\Big(0\,\Big|\,-b\Big)\Big(t=\frac{3}{2}\,\pi\Big).$$

Ist $a > b$, so heißen a die Länge der **großen Halbachse**, b die Länge der **kleinen Halbachse**, A_1 und A_2 die **Hauptscheitel**, B_1 und B_2 die **Nebenscheitel** der Ellipse. Der Kreis um O mit dem Halbmesser a, der also durch A_1 und A_2 geht, heißt der **Hauptscheitelkreis**, der um O mit dem Halbmesser b, der B_1 und B_2 enthält, der **Nebenscheitelkreis**.

Aus dem Gleichungssystem 51) ergibt sich noch eine enge Beziehung zwischen Ellipse und Kreis. Bedenken wir nämlich, daß das Gleichungspaar $x = a \cos t$, $y = a \sin t$ eine Parameterdarstellung des Kreises vom Halbmesser a, also des Hauptscheitelkreises, ist, so sehen wir, daß man die Ordinate des Ellipsenpunktes P aus der des entsprechenden Kreispunktes P_a erhält, indem man diese im Verhältnis $b:a$ verkürzt. Ellipse und Hauptscheitelkreis sind zueinander **affin**. Ebenso besteht Affinität zwischen Ellipse und Nebenscheitelkreis, nur mit dem Unterschied, daß man die Abszissen der Punkte des letzteren im Verhältnis $a:b$ strecken muß.

Zieht man durch P zu OP_bP_a die Parallele, welche auf den Achsen die Punkte Q_x bzw. Q_y ausschneidet, so sind OQ_xPP_b und OQ_yPP_a Parallelogramme; folglich ist $Q_yP = a$, $Q_xP = b$, also $Q_yQ_x = a - b$. Hieraus ergibt sich die folgende Entstehungsweise der Ellipse: Läßt man eine Gerade sich so bewegen, daß zwei ihrer Punkte Q_x

und Q_y, deren gegenseitiger Abstand gleich $a - b$ ist, auf
zwei zueinander senkrechten Geraden gleiten, so beschreibt
der Punkt P der Geraden, dessen Abstand von Q_y gleich a,
von Q_x also gleich b ist, eine Ellipse mit den beiden Halbachsen a und b,
für welche die zu-
einander senk-
rechten Geraden
die Achsen sind.
— Zu einer anderen
Ellipsenerzeugung
gelangt man durch
folgende Betrach-
tung. Ergänzt man
die drei Punkte P_a,
P, P_b zu dem Recht-
eck $P_a P P_b P'$, zieht
man ferner die
Diagonale $P P'$ die-
ses Rechtecks, wel-
che die x-Achse

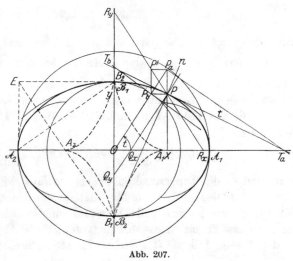

Abb. 207.

in R_x, die y-Achse in R_y schneiden möge, so ist

$$R_x P = O P_b = b, \qquad P R_y = P P' + P' R_y = P_b P_a + O P_b = O P_a = a,$$

und daher $R_x R_y = a + b$. Hieraus ergibt sich: Bewegt sich eine
Gerade so, daß zwei ihrer Punkte R_x und R_y, die den Abstand
$a + b$ voneinander haben, auf zwei zu einander senkrechten
Geraden gleiten, so beschreibt der zwischen R_x und R_y
liegende Punkt P der Geraden, für welchen $R_x P = b, P R_y = a$
ist, eine Ellipse mit den Halbachsen a und b, deren Achsen
die zueinander senkrechten Geraden sind. Man bezeichnet
diese Erzeugungsweisen der Ellipse wohl auch als Papierstreifen-
konstruktion, weil sie sich bequem mit einem Papierstreifen, von
dem zwei Punkte auf zueinander senkrechten Geraden gleiten, ausführen lassen. Der Ellipsenzirkel, die Ellipsendrehbank, das
Ovalwerk sind auf diesem Prinzip aufgebaut.

Da

$$\frac{dx}{dt} = - a \sin t, \qquad \frac{dy}{dt} = b \cos t$$

ist, so ist

$$\frac{dy}{dx} = - \frac{b}{a} \operatorname{ctg} t,$$

und die Tangente in P hat die Gleichung

$$y - b \sin t = - \frac{b}{a} (x - a \cos t) \operatorname{ctg} t,$$

die sich durch Multiplizieren mit $a \sin t$ umformen läßt in

$$b\,x\cos t + a\,y\sin t = a\,b\,.$$

Die Abschnittsgleichung lautet demnach:

$$\frac{x}{a : \cos t} + \frac{y}{b : \sin t} = 1\,.$$

Also schneidet die Tangente auf der x-Achse das Stück $\frac{a}{\cos t}$, auf der y-Achse das Stück $\frac{b}{\sin t}$ ab. Diese Stücke kann man dadurch finden, daß man in P_a an den Hauptscheitelkreis und in P_b an den Nebenscheitelkreis die Tangenten legt; erstere schneide die x-Achse in T_a, letztere die y-Achse in T_b; dann sind T_a und T_b Punkte der Tangente; denn es ist

$$OT_a = \frac{a}{\cos t} \quad \text{und} \quad OT_b = \frac{b}{\sin t}\,.$$

Hat man so die Tangente konstruiert, so läßt sich leicht die Normale zeichnen, auf der der Krümmungsmittelpunkt liegen muß. Aus Gründen der Symmetrie müssen selbstverständlich die Scheiteltangenten senkrecht zu den zugehörigen Achsen laufen, die Scheitelnormalen folglich in die Achsen fallen. Die **Subnormale** s_n errechnet sich zu

$$s_n = y \cdot \frac{dy}{dx} = -\frac{b^2}{a}\cos t\,,$$

die sich ebenfalls einfach konstruieren läßt. (Wie?) Die Länge der **Normalen** ist dann

$$n = \sqrt{s_n^2 + y^2} = \frac{b}{a}\sqrt{b^2\cos^2 t + a^2\sin^2 t}\,.$$

Aus dem **zweiten Differentialquotienten**

$$\frac{d^2 y}{dx^2} = \frac{d\frac{dy}{dx}}{dt} : \frac{dx}{dt} = \frac{b}{a\sin^2 t} : (-a\sin t) = -\frac{b}{a^2\sin^3 t}$$

ergibt sich für die Koordinaten des **Krümmungsmittelpunktes**:

$$\xi = x - \frac{1 + \left(\frac{dy}{dx}\right)^2}{\frac{d^2 y}{dx^2}}\frac{dy}{dx} = a\cos t - \frac{1 + \frac{b^2}{a^2}\operatorname{ctg}^2 t}{-\frac{b}{a^2\sin^3 t}}\left(-\frac{b}{a}\operatorname{ctg} t\right)$$

$$= a\cos t - \frac{(a^2\sin^2 t + b^2\cos^2 t)\,a^2\sin^3 t \cdot b\cos t}{a^2\sin^2 t \cdot a \cdot \sin t \cdot b}$$

$$= a\cos t - \frac{(a^2\sin^2 t + b^2\cos^2 t)}{a}\cos t = \frac{\cos t}{a}(a^2 - a^2\sin^2 t - b^2\cos^2 t)$$

$$= \frac{\cos t}{a}(a^2\cos^2 t - b^2\cos^2 t)\,,$$

$$\xi = \frac{a^2 - b^2}{a}\cos^3 t\,.$$

Entsprechend findet man

$$\eta = -\frac{a^2 - b^2}{b} \sin^3 t.$$

Das Gleichungssystem

$$\xi = \frac{a^2 - b^2}{a} \cos^3 t, \qquad \eta = -\frac{a^2 - b^2}{b} \sin^3 t$$

stellt die Parameterform der **Evolute** der Ellipse dar; eliminiert man aus ihm den Parameter t, indem man schreibt

$$\cos t = \left(\frac{a\xi}{a^2 - b^2}\right)^{\frac{1}{3}}, \qquad \sin t = \left(\frac{-b\eta}{a^2 - b^2}\right)^{\frac{1}{3}},$$

quadriert und addiert, so erhält man die parameterfreie Evolutengleichung

$$\left(\frac{a\xi}{a^2 - b^2}\right)^{\frac{2}{3}} + \left(\frac{b\eta}{a^2 - b^2}\right)^{\frac{2}{3}} = 1.$$

Die Evolute selbst besteht aus vier symmetrischen Teilen und hat vier, den Ellipsenscheiteln entsprechende Spitzen A_1, B_1, A_2, B_2, welche die zu diesen gehörigen Krümmungsmittelpunkte darstellen.

Die Länge des **Krümmungshalbmessers** in einem beliebigen Punkte P der Ellipse berechnen wir nach der Formel

$$\varrho = \frac{\left(1 + \left(\frac{dy}{dx}\right)^2\right)^{\frac{3}{2}}}{\frac{d^2 y}{dx^2}};$$

wir erhalten

$$\varrho = \frac{(a^2 \sin^2 t + b^2 \cos^2 t)^{\frac{3}{2}}}{a^3 \sin^3 t} : \left(-\frac{b}{a^2 \sin^3 t}\right) = -\frac{(a^2 \sin^2 t + b^2 \cos^2 t)^{\frac{3}{2}}}{ab}.$$

Da nun nach obigem

$$\sqrt{b^2 \cos^2 t + a^2 \sin^2 t} = \frac{a}{b} n$$

ist, so nimmt die Formel für den Krümmungshalbmesser die einfachere Gestalt an

$$\varrho = -\frac{a^2 n^3}{b^4}.$$

Setzen wir $t = 0$ oder $t = \pi$, so erhalten wir den Krümmungshalbmesser für die Hauptscheitel

$$\varrho_{A_1} = \varrho_{A_2} = \frac{b^2}{a};$$

für

$$t = \frac{\pi}{2} \qquad \text{oder} \qquad t = \frac{3}{2}\pi$$

ergibt sich

$$\varrho_{B_1} = \varrho_{B_2} = \frac{a^2}{b}$$

als Krümmungshalbmesser für die Nebenscheitel.

Zu den entsprechenden Mittelpunkten A_1, A_2, B_1, B_2, den Spitzen der Evolute, gelangt man sehr einfach auf folgende Weise: Man ergänzt die drei Punkte O, A_2, B_1 zum Rechteck OA_2EB_1, zeichnet die Diagonale A_2B_1 und durch E das Lot zu dieser, welches die Hauptsache der Ellipse in A_2, die Nebenachse in B_1 schneidet. Die Richtigkeit der Konstruktion folgt aus der Ähnlichkeit der Dreiecke A_2B_1O und EA_2A_2. A_1 und B_2 sind dann leicht zu finden.

　　Um den Inhalt der von der Ellipse eingeschlossenen Fläche zu berechnen, bedienen wir uns der Formel 49); bedenken wir, daß die beiden Achsen die Ellipse in vier kongruente Quadranten teilen, so genügt es, den Inhalt eines Quadranten zu berechnen. Im ersten Quadranten ist die untere Integrationsgrenze $t = 0$, die obere $t = \dfrac{\pi}{2}$. Wir erhalten sonach

$$F = 4 \cdot \int_0^{\frac{\pi}{2}} b \cdot \sin t \cdot (-\, a \sin t)\, dt = -2\,a\,b \int_0^{\frac{\pi}{2}} (1 - \cos 2t)\, dt$$

$$= -2\,a\,b \left[t - \frac{1}{2} \sin 2t \right]_0^{\frac{\pi}{2}} = -\pi\,a\,b\,.$$

Das Minuszeichen erklärt sich daraus, daß zur unteren Grenze $t = 0$ die Abszisse $x = a$ und zur oberen Grenze $t = \dfrac{\pi}{2}$ die Abszisse $x = 0$ gehört; bei der Integration haben wir also die Abszissenachse in der negativen Richtung durchlaufen, während die Ordinaten sämtlich positiv sind; folglich muß sich nach den Auseinandersetzungen in **(82)** S. 219 der Inhalt negativ ergeben. Überdies hätten wir den Inhalt der Ellipse aus dem Inhalt des Hauptscheitelkreises auf Grund der Affinitätsbeziehungen von S. 374 erhalten können durch Multiplikation von πa^2 mit dem Verkürzungsfaktor $\dfrac{b}{a}$.

　　Die Länge des Ellipsenumfanges berechnen wir mittels der Formel 50) zu

$$s = 4 \int_0^{\frac{\pi}{2}} \sqrt{a^2 \sin^2 t + b^2 \cos^2 t}\; dt\,.$$

Zwar sind wir vorläufig nicht in der Lage, dieses Integral auszuwerten; doch wollen wir — für spätere Zwecke — eine Umformung des Integrals vornehmen. Wir führen durch die Gleichung $t = \dfrac{\pi}{2} - \vartheta$ eine neue Integrationsveränderliche ein und erhalten

$$s = 4 \int_{\frac{\pi}{2}}^{0} \sqrt{a^2 \cos^2 \vartheta + b^2 \sin^2 \vartheta}\; d\vartheta = 4 \int_{\frac{\pi}{2}}^{0} \sqrt{a^2 - (a^2 - b^2) \sin^2 \vartheta}\; d\vartheta$$

$$= 4a \int_{\frac{\pi}{2}}^{0} \sqrt{1 - \varepsilon^2 \sin^2 \vartheta}\; d\vartheta\,,$$

wobei $\varepsilon = \dfrac{\sqrt{a^2 - b^2}}{a}$ die **numerische Exzentrizität** der Ellipse genannt wird. Wie dem unbestimmten Integrale

$$\int \sqrt{1 - \varepsilon^2 \sin^2 \vartheta}\, d\vartheta\,,$$

einem sog. **elliptischen Integrale**, praktisch beizukommen ist, werden wir später sehen [s. **(201)** S. 664 f.].

Der **Rauminhalt** des durch Umdrehung der Ellipse um eine Achse entstehenden **Umdrehungsellipsoids** läßt sich folgendermaßen berechnen. Wählen wir als Drehachse die x-Achse, so ist nach Formel 49) auf S. 243

$$V = 2\pi \int\limits_0^{\frac{\pi}{2}} b^2 \sin^2 t \cdot (-a \sin t)\, dt = -2\pi a b^2 \int\limits_0^{\frac{\pi}{2}} \sin^3 t\, dt$$

$$= -2\pi a b^2 \int\limits_0^{\frac{\pi}{2}} (1 - \cos^2 t) \sin t\, dt = 2\pi a b^2 \int\limits_0^{\frac{\pi}{2}} (1 - \cos^2 t)\, d\,(\cos t)$$

$$= 2\pi a b^2 \left[\cos t - \frac{\cos^3 t}{3} \right]_0^{\frac{\pi}{2}} = -\frac{4}{3}\pi a b^2\,;$$

wobei sich der Umstand, daß der Rauminhalt negativ wird, aus der gleichen Ursache erklärt wie beim Flächeninhalt [s. **(82)** S. 219].

Um die **Oberfläche** des Umdrehungsellipsoids zu berechnen, wollen wir als Drehachse die y-Achse wählen; wir erhalten unter der Voraussetzung $a > b$ das **abgeplattete Umdrehungsellipsoid.** Wir bedienen uns zur Ermittlung der Oberfläche der Formel 50) S. 245, aus welcher die für unseren Fall geltende Formel folgt

$$O = 2\pi \int\limits_0^{\frac{\pi}{2}} x \cdot \sqrt{\left(\frac{dx}{dt}\right)^2 + \left(\frac{dy}{dt}\right)^2}\, dt,$$

die für das Umdrehungsellipsoid ergibt

$$O = 4\pi \int\limits_0^{\frac{\pi}{2}} a \cos t \cdot \sqrt{a^2 \sin^2 t + b^2 \cos^2 t}\, dt = 4\pi a \int\limits_0^{\frac{\pi}{2}} \sqrt{b^2 + (a^2 - b^2) \sin^2 t}\, \cos t\, dt$$

$$= 4\pi a \int\limits_0^{\frac{\pi}{2}} \sqrt{b^2 + a^2 \varepsilon^2 \sin^2 t} \cdot \cos t \cdot dt \qquad \left(\varepsilon = \frac{\sqrt{a^2 - b^2}}{a}, \quad \text{s. o.} \right),$$

$$O = 4\pi a^2 \varepsilon \int\limits_0^{\frac{\pi}{2}} \sqrt{\left(\frac{b}{a\varepsilon}\right)^2 + \sin^2 t}\, \cos t\, dt = 4\pi a^2 \varepsilon \int\limits_0^{\frac{\pi}{2}} \sqrt{\left(\frac{b}{a\varepsilon}\right)^2 + \sin^2 t}\, d\,(\sin t)$$

und unter Verwendung der Formel [T II 15]

$$O = 4\pi\,\varepsilon a^2\left[\frac{1}{2}\sin t\cdot\sqrt{\left(\frac{b}{\varepsilon a}\right)^2+\sin^2 t}+\frac{1}{2}\left(\frac{b}{\varepsilon a}\right)^2\ln\left\{\sin t+\sqrt{\left(\frac{b}{\varepsilon a}\right)^2+\sin^2 t}\right\}\right]_0^{\frac{\pi}{2}},$$

$$O = 2\pi\,\varepsilon a^2\left[\sqrt{\left(\frac{b}{\varepsilon a}\right)^2+1}+\left(\frac{b}{\varepsilon a}\right)^2\ln\left\{1+\sqrt{\left(\frac{b}{\varepsilon a}\right)^2+1}\right\}-\left(\frac{b}{\varepsilon a}\right)^2\ln\frac{b}{\varepsilon a}\right].$$

Da

$$\left(\frac{b}{\varepsilon a}\right)^2+1 = \frac{b^2}{a^2-b^2}+1 = \frac{a^2}{a^2-b^2} = \frac{1}{\varepsilon^2}$$

ist, so läßt sich dieser Ausdruck zusammenziehen zu

$$O = 2\pi\,\varepsilon\,a^2\left[\frac{1}{\varepsilon}+\frac{b^2}{\varepsilon^2\,a^2}\cdot\ln\frac{\left(1+\frac{1}{\varepsilon}\right)\varepsilon a}{b}\right]$$

oder

$$O = 2\pi\left[a^2+\frac{b^2}{\varepsilon}\ln\left\{(1+\varepsilon)\,\frac{a}{b}\right\}\right] = 2\pi\left[a^2+\frac{b^2}{\varepsilon}\,\mathfrak{Ar}\,\mathfrak{Cof}\,\frac{a}{b}\right].$$

Der Erdkörper ist ein abgeplattetes Umdrehungsellipsoid, und zwar ist $a = 6377{,}397$ km, $b = 6356{,}079$ km; hieraus folgt $\varepsilon = 0{,}081698$ und damit die Oberfläche des Erdsphäroids zu $O = 509{,}95\cdot10^6$ km^2.

Lassen wir die Ellipse sich um die große Achse drehen, so wird

$$O = 4\pi\int_0^{\frac{\pi}{2}}b\sin t\cdot\sqrt{a^2\sin^2 t+b^2\cos^2 t}\;dt = 4\pi\,b\int_0^{\frac{\pi}{2}}\sqrt{a^2-(a^2-b^2)\cos^2 t}\,\sin t\,dt$$

$$= -\frac{2\pi}{\varepsilon}\,a\,b\left[\arcsin(\varepsilon\cos t)+\varepsilon\cos t\cdot\sqrt{1-\varepsilon^2\cos^2 t}\right]_0^{\frac{\pi}{2}}\quad\text{[s. Formel T II 13]},$$

$$O = \frac{2\pi}{\varepsilon}\,a\,b\left[\arcsin\varepsilon+\varepsilon\sqrt{1-\varepsilon^2}\right].$$

Da

$$\sqrt{1-\varepsilon^2} = \frac{b}{a}$$

ist, so erhält man schließlich

$$O = 2\pi\left[b^2+a\,b\,\frac{\arcsin\varepsilon}{\varepsilon}\right]$$

Im Zusammenhang mit der Ellipse wollen wir kurz auf die **Hyperbel** eingehen. Legten wir bei der Parameterdarstellung der Ellipse die Kreisfunktionen in der Form $x = a\cos t$, $y = b\sin t$ zugrunde, so führt, wie wir gleich sehen werden, die Verwendung der entsprechenden hyperbolischen Funktionen auf eine Parameterdarstellung der Hyperbel; die Gleichungen lauten

$$x = a\,\mathfrak{Cof}\,t\,,\qquad y = b\,\mathfrak{Sin}\,t\,.\qquad\qquad 51')$$

Da nach Formel 100') S. 150 $\mathfrak{Cof}^2 t - \mathfrak{Sin}^2 t = 1$ ist, so folgt aus 51')
die parameterfreie Gleichung der Hyperbel

$$\frac{x^2}{a^2} - \frac{y^2}{b^2} = 1 \qquad\qquad 52')$$

in Übereinstimmung mit der auf S. 304 behandelten Achsengleichung
der Hyperbel. Unter Verwendung der Tafeln der Hyperbelfunktionen
kann man die Hyperbel auf Grund der Gleichungen 51') punktweise
konstruieren (s. Abb. 208). Für $t = 0$ ist $x = a$, $y = 0$; der zugehörige

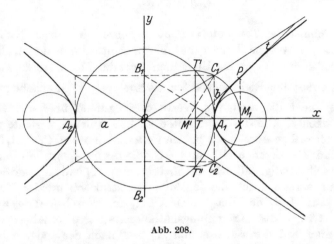

Abb. 208.

Punkt A_1 ist ein Scheitel der Hyperbel; da stets $\mathfrak{Cof}\, t > 1$ ist, kann
niemals $x = 0$ sein; die Hyperbel schneidet demnach die y-Achse
nicht; diese heißt die imaginäre Achse der Hyperbel, während die
x-Achse ihre reelle Achse ist. Formelpaar 51') gibt nur den einen Hy-
perbelzweig; der andere wird durch das Gleichungspaar

$$x = -a\,\mathfrak{Cof}\, t, \qquad y = -b\,\mathfrak{Sin}\, t$$

wiedergegeben; er trägt den anderen Hyperbelscheitel $A_2(-a\,|\,0)$. a ist
die Länge der reellen, b die der imaginären Halbachse. Da

$$\frac{dx}{dt} = a\,\mathfrak{Sin}\, t, \qquad \frac{dy}{dt} = b\,\mathfrak{Cof}\, t,$$

so ist

$$\frac{dy}{dx} = \frac{b}{a}\,\mathfrak{Ctg}\, t.$$

Die Tangente im Punkte P hat folglich die Gleichung

$$(y - b\,\mathfrak{Sin}\, t) = \frac{b}{a}\,\mathfrak{Ctg}\, t \cdot (x - a\,\mathfrak{Cof}\, t)$$

oder in Abschnittsform

$$\frac{x}{a : \mathfrak{Cof}\, t} - \frac{y}{b : \mathfrak{Sin}\, t} = 1.$$

Die Abschnitte auf den Achsen sind demnach

$$\frac{a}{\mathfrak{Cos}\, t} = \frac{a^2}{x} \qquad \text{bzw.} \qquad \frac{b}{\mathfrak{Sin}\, t} = \frac{-b^2}{y}\,.$$

Schlägt man den Scheitelkreis und über OX als Durchmesser den Halbkreis, so schneiden sich beide in zwei Punkten T' und T'', deren Verbindungssehne die reelle Achse im Schnittpunkte T der Tangente mit der Achse trifft. Der Richtungsfaktor der Tangente ist

$$\mathrm{tg}\, \vartheta = \frac{b}{a}\,\mathfrak{Ctg}\, t\,.$$

Der Abschnitt der Tangente auf der x-Achse wird gleich Null, wenn $t = \infty$ ist; in diesem Falle geht die Tangente durch den Nullpunkt. Da P selbst für $t = \infty$ ins Unendliche wandert, so ist diese Tangente Asymptote; ihr Richtungsfaktor ist $\mathrm{tg}\,\varepsilon = \pm\dfrac{b}{a}$, je nachdem t die positiven oder die negativen Werte durchlaufend über alle Grenzen hinaus wächst. Um die Asymptoten zu konstruieren, errichte man in A_1 auf der reellen Achse nach beiden Seiten die Lote $A_1 C_1 = A_1 C_2 = b$; dann sind die Geraden OC_1 und OC_2 die Asymptoten. — Der Leser beweise selbständig, daß man die Mittelpunkte M_1 bzw. M_2 der Scheitelkrümmungskreise durch die folgende Konstruktion erhält: Man fällt von C_1 auf $A_1 B_1$ das Lot, welches OA_1 in M' scheide; $\varrho_a = A_1 M'$ ist die Länge des Krümmungshalbmessers, also erhält man M_1, indem man auf der x-Achse von A_1 aus nach der anderen Seite ϱ_a abträgt.

Ist $b = a$, so geht die Hyperbel, da $\mathrm{tg}\,\varepsilon = 1$, also $\varepsilon = 45°$ ist, folglich die Asymptoten aufeinander senkrecht stehen, in die gleichseitige Hyperbel über; ihre Gleichung ist demnach

$$x = a\,\mathfrak{Cos}\,,\qquad y = a\,\mathfrak{Sin}\, t \qquad \text{bzw.} \qquad x^2 - y^2 = a^2\,.$$

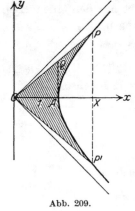

Abb. 209.

Die gleichseitige Hyperbel nimmt somit unter den Hyperbeln eine ähnliche Sonderstellung ein wie der Kreis unter den Ellipsen. Wenden wir uns der gleichseitigen Hyperbel von der Halbachse $a = 1$ zu! In ihr können wir dem Parameter t eine einfache geometrische Deutung geben. In Abb. 209 ist

$$OA = 1\,,\qquad OX = \mathfrak{Cos}\, t\,,$$
$$XP = \mathfrak{Sin}\, t\,,\qquad AQ = \mathfrak{Tg}\, t\,,$$

denn es ist $AQ : OA = XP : OX$. Wir wollen den Inhalt der in Abb. 209 schraffierten Fläche des Hyperbelausschnittes $OP'APO$ berechnen. Es ist $\varDelta OP'P = \mathfrak{Cos}\,t \cdot \mathfrak{Sin}\,t$; andererseits ist nach 49) S. 371 Fläche

$$PAP'P = 2\int_0^t \mathfrak{Sin}\,t \cdot \mathfrak{Sin}\,t \cdot dt = 2x\int_0^t \mathfrak{Sin}^2 t\,dt = 2\left[\frac{1}{2}\,\mathfrak{Sin}\,t\,\mathfrak{Cos}\,t - \frac{t}{2}\right]_0^t$$

$$= [\mathfrak{Sin}\,t\,\mathfrak{Cos}\,t - t]\,.$$

Daher ist Fläche

$$OPAP'O = \mathfrak{Cos}\,t\,\mathfrak{Sin}\,t - (\mathfrak{Cos}\,t\,\mathfrak{Sin}\,t - t) = t\,.$$

Der Parameter ist demnach gleich dem Flächeninhalt des bezeichneten Hyperbelausschnittes. Zur Würdigung dieses Ergebnisses mögen die entsprechenden Eigenschaften am **Kreise** vom Halb-messer 1 angeführt werden. (Abb. 210.) Bezeichnen wir den Inhalt des Kreisausschnittes $OP'AP$ mit t, so ist auch der zugehörige halbe Mittelpunktswinkel

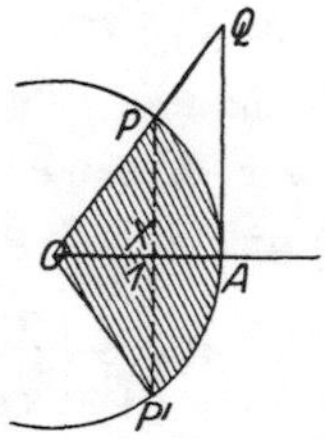

folglich

$$AOP = P'OA = t,$$

$$OX = \cos t, \quad XP = \sin t, \quad AQ = \operatorname{tg} t\,.$$

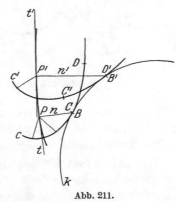

Abb. 210.

Die Hyperbelfunktionen stehen demnach mit dem Inhalt des Hyperbelausschnittes der gleichseitigen Hyperbel in demselben Zusammenhange wie die Kreisfunktionen mit dem Inhalte des Kreisausschnittes. In dieser Tatsache ist einerseits die innige Verwandtschaft der beiden Funktionsgruppen, andererseits die Bezeichnung „Hyperbelfunktionen" begründet.

(137) Die Rollkurven. Ist k in Abb. 211 eine in der Ebene festliegende Kurve und c eine Kurve, welche auf k, ohne zu gleiten, abrollt, so beschreibt irgendein mit c festverbundener Punkt P eine Kurve, welche man **Rollkurve** nennt. Wir wollen zunächst rein geo-metrisch eine allen Rollkurven gemein-same Eigenschaft ableiten. B möge der Punkt sein, in dem in der Anfangslage von c die beiden Kurven sich berühren. In einer späteren Lage sei der Punkt D der ersten Lage zum Berührungspunkte B' geworden. Der frühere Berührungs-punkt B mag jetzt in die Lage C' ge-kommen sein. Da ein Gleiten ausge-schlossen sein soll, besteht die Bedin-gung, daß $\widehat{BD} = \widehat{BB'} = \widehat{B'C'}$ ist. Weiter-hin kann man, wie die **Kinematik** lehrt, die Bewegung von c in die un-endlich benachbarte Lage stets auffassen als eine augenblickliche Drehung

Abb. 211.

um den jeweiligen Berührungspunkt B. An dieser Drehung nehmen alle mit c starr verbundenen Punkte, also auch der Punkt P teil, seine Momentanbewegung ist also ein unendlich kleiner Kreisbogen, dessen Mittelpunkt in B liegt. Die Tangente seiner Bahn ist demnach senkrecht zu dem Momentanradius BP, oder BP ist die Normale n der Rollkurve im Punkte P. Wir erhalten hiermit den Satz:

Die Normale einer Rollkurve geht stets durch den augenblicklichen Berührungspunkt zwischen der festen und der auf dieser abrollenden Kurve.

Nach diesen allgemeinen Erörterungen wenden wir uns bestimmten Sonderfällen zu. Ist die feste Kurve k eine Gerade, und die auf ihr rollende Kurve c ein Kreis, so ist die Bahn, die ein mit c starr verbundener Punkt P bei der Bewegung beschreibt, eine **Zykloide**. Der Kreis c möge den Halbmesser a haben und P vom Mittelpunkte von c um die Strecke b entfernt sein; ist $b \lessgtr a$, so heißt die

Rollkurve $\left\{\begin{array}{l}\text{gestreckte}\\ \text{gespitzte}\\ \text{verschlungene}\end{array}\right\}$ Zykloide nach der Gestalt, welche die

Kurve annimmt.

Man kommt zu Punkten der Zykloide auf folgendem Wege. Wir wählen als Anfangslage die Lage c_0 des rollenden Kreises, in welcher

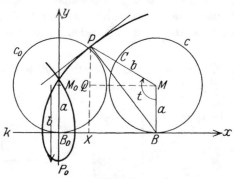

der zu $P = P_0$ gehörige Halbmesser $M_0 P_0 \perp k$ ist; der Berührungspunkt von c_0 heiße B_0. Ist B der Berührungspunkt in einer beliebigen Lage des rollenden Kreises, so brauchen wir auf c nur von B aus den Bogen BC gleich der Strecke $B_0 B$ und auf dem Halbmesser MC die Strecke $MP = b$ abzutragen, um einen Punkt P der Zykloide zu erhalten. [Am zweckmäßigsten

Abb. 212.

teilt man den Umfang von c in eine bequeme Anzahl (12, 16, 24) gleicher Teile und trägt diese von B_0 aus auf k ab, um dann in einfacher Weise Punkte der Zykloide zu erhalten.]

Wir wollen nun die Zykloide analytisch behandeln. Wir wählen zu diesem Zwecke die Gerade k zur Abszissenachse und den Punkt B_0 zum Anfangspunkt eines rechtwinkligen Koordinatensystems. Die Lage des allgemeinen Punktes P der Zykloide ist durch den Winkel $BMP = t$ festgelegt; t ist hierbei der Winkel, um den sich die Gerade MP aus der Anfangslage gedreht hat, oder um welchen sich der Kreis c auf k

abgewälzt hat; wir wollen ihn deshalb als den **Wälzungswinkel** bezeichnen. Die Strecke B_0B ist gleich dem Bogen $BC = a \cdot t$; ferner ist die Abszisse von P

$$B_0X = B_0B - XB = a \cdot t - b \sin t,$$

die Ordinate

$$XP = XQ + QP = a + b \sin\left(t - \frac{\pi}{2}\right) = a - b \cos t.$$

Die Parametergleichung der Zykloide lautet also

$$x = at - b \sin t, \qquad y = a - b \cos t \,^1). \qquad\qquad 53)$$

Für $t =$	0	$\dfrac{\pi}{2}$	π	$\dfrac{3}{2}\pi$	2π ist also
$x =$	0	$\dfrac{\pi}{2}a - b$	a	$3\dfrac{\pi}{2}a + b$	$2\pi a$
$y =$	$a - b$	a	$a + b$	a	$a - b$.

Hierauf wiederholt sich der Verlauf; die Zykloide ist also eine periodische Kurve; sie setzt sich aus lauter kongruenten Teilen von der Länge $2\pi a$ zusammen.

Aus 53) erhalten wir durch Differenzieren

$$\frac{dx}{dt} = a - b \cos t, \qquad \frac{dy}{dt} = b \sin t,$$

also

$$\frac{dy}{dx} = \frac{b \sin t}{a - b \cos t}. \qquad\qquad \text{a)}$$

Folglich ist die Gleichung der **Normalen**

$$x - (at - b \sin t) + (y - (a - b \cos t))\,\frac{b \sin t}{a - b \cos t} = 0,$$

die man umformen kann in

$$x = at - \frac{y}{a - b \cos t}.$$

Für $y = 0$ ergibt sich als Abszisse des Schnittpunktes der Normalen mit der Abszissenachse $x = at$; der Schnittpunkt der Normalen mit der Geraden k ist also in der Tat der jeweilige Berührungspunkt von c mit k, in Übereinstimmung mit dem oben allgemein abgeleiteten Satze.

---

[1]) Diese Ableitung der Zykloidengleichung ist auf die Abb. 212 zugeschnitten; will man sie mit Hilfe des Projektionssatzes [s. (107) S. 293] theoretisch einwandfrei gewinnen, so muß man bedenken, daß $\sphericalangle BMP$, weil im Uhrzeigersinne durchlaufen, negativ ist, also zweckmäßig als $-t$ bezeichnet wird; dann ist, welches auch der Wälzungswinkel sein mag, allgemein gültig

$$x = B_0X = B_0B + BX = a \cdot t + b \sin(-t) = a\,t - b \sin t,$$
$$y = XP = XQ + QP = a + b \cos(\pi - (-t)) = a - b \cos t \quad \text{w. o.}$$

Von nun an wollen wir uns auf die Betrachtung der **gespitzten Zykloide** beschränken; wir setzen $b = a$ und erhalten als ihre Gleichungen

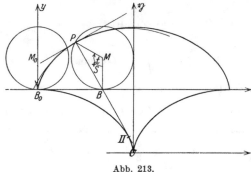

Abb. 213.

$$\left.\begin{array}{l} x = a(t - \sin t), \\ y = a(1 - \cos t). \end{array}\right\} \; 53')$$

Ferner ist

$$\frac{dy}{dx} = \frac{\sin t}{1 - \cos t} = \operatorname{ctg}\frac{t}{2} \; ; \; b)$$

die **Tangente** schließt also mit der x-Achse den Winkel $\frac{\pi}{2} - \frac{t}{2}$ ein; sie ist parallel zur Halbierenden des Wälzungswinkels. Die Länge der **Normalen** ist

$$n = y\sqrt{1 + y'^2} = 2a\sin^2\frac{t}{2}\sqrt{1 + \operatorname{ctg}^2\frac{t}{2}} = 2a\sin\frac{t}{2}.$$

Weiter ist

$$\frac{d^2y}{dx^2} = \frac{d\frac{dy}{dx}}{dt} : \frac{dx}{dt} = -\frac{1}{2\sin^2\dfrac{t}{2}} : a(1 - \cos t) = -\frac{1}{4a\sin^4\dfrac{t}{2}}. \qquad c)$$

Demnach erhalten wir für den **Krümmungshalbmesser:**

$$\varrho = \left(1 + \operatorname{ctg}^2\frac{t}{2}\right)^{\frac{3}{2}} : \left(-\frac{1}{4a\sin^4\dfrac{t}{2}}\right) = -\frac{4a\sin^4\dfrac{t}{2}}{\sin^3\dfrac{t}{2}} = -4a\sin\frac{t}{2} = -2n. \; d)$$

Der Krümmungsmittelpunkt $\varPi$ liegt also auf der Verlängerung der Normalen über B hinaus, und zwar so, daß B der Mittelpunkt der Strecke $P\varPi$ ist.

Die Gleichung der **Evolute** gestaltet sich folgendermaßen:

$$\xi = a(t - \sin t) - \frac{1 \cdot \left(-4a\sin^4\dfrac{t}{2}\right)}{\sin^2\dfrac{t}{2}} \cdot \operatorname{ctg}\frac{t}{2}$$

$$= a\left[t - \sin t + 4\sin\frac{t}{2}\cos\frac{t}{2}\right] = a[t + \sin t],$$

$$\eta = a(1 - \cos t) + \frac{-4a\sin^4\dfrac{t}{2}}{\sin^2\dfrac{t}{2}} = a\left[1 - \cos t - 4\sin^2\frac{t}{2}\right]$$

$$= a[1 - \cos t - 2(1 - \cos t)] = -a[1 - \cos t].$$

Ersetzt man den Parameter t durch einen neuen Parameter τ, der mit t durch die Gleichung $t = \pi + \tau$ zusammenhängt, so lautet die Gleichung der Evolute

$$\xi = a\pi + a(\tau - \sin\tau), \quad \eta = a(1 - \cos\tau) - 2a.$$

Verschieben wir schließlich das Koordinatensystem nach einem Punkte $\mathfrak{O}$, dessen Koordinaten $\pi a \,|\, -2a$ sind, mittels der Transformationsgleichungen

$$\xi = \mathfrak{x} + \pi a, \quad \eta = \mathfrak{y} - 2a,$$

so geht die Gleichung der Evolute über in

$$\mathfrak{x} = a(\tau - \sin\tau), \quad \mathfrak{y} = a(1 - \cos\tau).$$

Damit haben wir eine völlige Übereinstimmung zwischen der Gleichung der Zykloide und ihrer Evolute erreicht und sind zu dem Ergebnis gelangt:

Die gespitzte Zykloide ist mit ihrer Evolute kongruent.

Der Inhalt der von der Abszissenachse, der Zykloide und der zu t gehörigen Ordinate begrenzten Fläche ist [s. Formel T III 23)]

$$F_0^t = \int\limits_0^t a(1 - \cos t) \cdot a(1 - \cos t)\, dt = a^2 \int\limits_0^t (1 - 2\cos t + \cos^2 t)\, dt$$

$$= a^2[t - 2\sin t + \tfrac{1}{2}(t + \sin t \cos t)]_0^t,$$

$$F_0^t = a^2[\tfrac{3}{2} t - 2\sin t + \tfrac{1}{2}\sin t \cos t].$$

Demnach ist der von einem ganzen Zykloidenbogen und der Abszissenachse begrenzte Flächeninhalt

$$F_0^{2\pi} = 3\pi a^2,$$

also das Dreifache des Inhaltes des rollenden Kreises.

Die Länge des Kurvenbogens, der von $t = 0$ bis $t = t$ reicht, ergibt sich zu

$$s = \int\limits_0^t a \sqrt{(1 - \cos t)^2 + \sin^2 t}\, dt = \int\limits_0^t a \sqrt{2(1 - \cos t)}\, dt$$

$$= 2a \int\limits_0^t \sin\frac{t}{2}\, dt = -4a \left[\cos\frac{t}{2}\right]_0^t = 4a\left(1 - \cos\frac{t}{2}\right) = 8a \sin^2\frac{t}{4}.$$

Demnach ist die Länge eines ganzen Bogens $(t = 2\pi)$: $l = 8a$.

Statische Momente. a) Halbe Fläche $(t = 0$ bis $t = \pi)$

1. bezüglich der x-Achse:

$$M_x = \frac{1}{2} a^3 \int\limits_0^\pi (1 - \cos t)^3\, dt = 4a^3 \int\limits_0^\pi \sin^6\frac{t}{2}\, dt = 8a^3 \int\limits_0^{\frac{\pi}{2}} \sin^6\frac{t}{2} \cdot d\frac{t}{2}$$

$$= 8a^3 \Big[-\frac{1}{6}\sin^5\frac{t}{2}\cos\frac{t}{2} + \frac{5}{6}\Big\{ -\frac{1}{4}\sin^3\frac{t}{2}\cos\frac{t}{2}$$

$$+ \frac{3}{4}\Big(-\frac{1}{2}\sin\frac{t}{2}\cos\frac{t}{2} + \frac{1}{2}\cdot\frac{t}{2}\Big)\Big\}\Big]_0^{\frac{\pi}{2}} = 8a^3 \cdot \frac{5}{6} \cdot \frac{3}{4} \cdot \frac{1}{2} \cdot \frac{\pi}{2} = \frac{5}{4}\pi a^3;$$

[T III 28].

2. bezüglich der y-Achse:

$$M_y = a^3 \int\limits_0^\pi (t - \sin t)\,(1 - \cos t)^2\,dt$$

$$= a^3 \int\limits_0^\pi [t - 2t \cos t + t \cos^2 t - \sin t + 2 \sin t \cos t - \sin t \cos^2 t]\,dt$$

$$= a^3 \left[\frac{t^2}{2} - 2t \sin t - 2 \cos t + \frac{t^2}{4} + \frac{1}{8}\,(2t \sin 2t + \cos 2t)\right.$$

$$+ \left. \cos t - \cos^2 t + \frac{1}{3} \cos^3 t\right]_0^\pi = \frac{a^3}{12}\,(9\pi^2 + 16) \quad [\mathrm{T\,III}\,28)\ 30)\ 32)].$$

Der Schwerpunkt S dieser Fläche hat also die Koordinaten:

$$x_s = \frac{a^3}{12}\,(9\pi^2 + 16) : \frac{3}{2}\,\pi a^2 = \frac{9\pi^2 + 16}{18\pi} \cdot a \approx 1{,}854\,a\,,$$

$$y_s = \frac{5}{4}\,\pi a^3 : \frac{3}{2}\,\pi a^2 = \frac{5}{6}\,a \approx 0{,}833\,a \quad \text{(s. Abb. 213)}.$$

b) Ganze Fläche: $t = 0$ bis $t = 2\pi$,

$$M_x = \frac{5}{2}\,\pi a^3\,, \qquad M_y = 3\pi^2 a^3\,, \qquad x_s' = \pi a\,, \qquad y_s' = \frac{5}{6}\,a\,.$$

c) Halber Bogen:

$$M_x = 8a^2 \int\limits_0^\pi \sin^3 \frac{t}{2} \cdot d\frac{t}{2} = \frac{16}{3}\,a^2\,, \qquad M_y = 2a^2 \int\limits_0^\pi (t - \sin t) \sin \frac{t}{2}\,dt = \frac{16}{3}\,a^2\,.$$

Schwerpunkt $\left(\dfrac{4}{3}\,a \,\middle|\, \dfrac{4}{3}\,a\right)$.

d) Ganzer Bogen:

$$M_x = \frac{32}{3}\,a^2\,, \qquad M_y = 8\pi\,a^2\,.$$

Schwerpunkt $\left(\pi a \,\middle|\, \dfrac{4}{3}\,a\right)$.

Trägheitsmomente. a) Halbe Fläche:

$$J_x = \frac{1}{3}\,a^4 \int\limits_0^\pi (1 - \cos t)^4\,dt = \frac{35}{24}\,\pi a^4\,;$$

kleinstes Trägheitsmoment (Achse $\|$ x-Achse): $\dfrac{5}{12}\,\pi a^4$;

$$J_y = a^4 \int\limits_0^\pi (t - \sin t)^2\,(1 - \cos t)^2\,dt = \frac{\pi}{24}\,a^4\,(12\pi^2 + 29)\,;$$

kleinstes (Achse $\|$ y-Achse): $\dfrac{a^4}{216\pi}\,(27\pi^4 - 27\pi^2 - 256)$.

b) Ganze Fläche:

$$J_x = \frac{35}{12}\pi a^4; \qquad \text{kleinstes:} \qquad \frac{5}{6}\pi a^4;$$

$$J_y = \frac{\pi}{12}a^4(48\pi^2 - 35); \qquad \text{kleinstes:} \qquad \frac{\pi}{12}a^4(12\pi^2 - 35).$$

c) Halber Bogen:

$$J_x = 2a^3\int\limits_0^\pi (1-\cos t)^2\sin\frac{t}{2}\,dt = \frac{128}{15}a^3; \qquad \text{kleinstes:} \qquad \frac{64}{65}a^3;$$

$$J_y = 2a^3\int\limits_0^\pi (t-\sin t)^2\sin\frac{t}{2}\,dt = \frac{32}{45}a^3(15\pi - 32);$$

kleinstes: $\dfrac{32}{45}a^3(15\pi - 42)$.

d) Ganzer Bogen:

$$J_x = \frac{256}{15}a^3; \qquad \text{kleinstes:} \qquad \frac{128}{65}a^3;$$

$$J_y = \frac{16}{45}a^3(45\pi^2 - 128); \qquad \text{kleinstes:} \qquad \frac{8}{45}a^3(45\pi^2 - 256).$$

Die Achsen der kleinsten Trägheitsmomente gehen dabei durch den Schwerpunkt des betreffenden Gebildes.

Umdrehungskörper. Rotiert die Zykloide um die

a) x-Achse,   b) y-Achse,   c) Symmetrielinie,

so ist für den entstehenden Umdrehungskörper

das Volumen

$$V = \quad \text{a) } 5\pi^2 a^3, \qquad \text{b) } \frac{\pi}{6}a^3(9\pi^2 + 16), \qquad \text{b') } 6\pi^3 a^3,$$

$$\text{c) } \frac{\pi}{6}a^3(9\pi^2 - 16);$$

die krumme Oberfläche

$$O = \quad \text{a) } \frac{64}{3}\pi a^2, \quad \text{b) } \frac{32}{3}\pi a^2, \quad \text{b') } 16\pi^2 a^2, \quad \text{c) } \frac{8}{3}\pi a^2(3\pi - 4).$$

Hierbei beziehen sich a) und b') auf das ganze, b) und c) auf das halbe Gebilde.

Das Zykloidenpendel: Ein Faden von der Länge $4a$, der an seinem unteren Ende die punktförmige Masse m trägt, werde, wie aus Abb. 214 ersichtlich, mit dem anderen Ende an der Spitze S einer von S aus sich nach unten verzweigenden Zykloide c befestigt; die Masse m pendle um S derart, daß sich der Faden an die Zykloide c anlegen muß. Dann beschreibt nach den Ausführungen von

S. 351 der Massenpunkt m eine Evolute der Zykloide c, und zwar, da die Länge des Fadens gerade $4a$ ist, die zu c kongruente

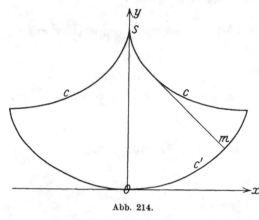

Abb. 214.

Zykloide c'. Legen wir in den Scheitel von c' den Nullpunkt eines recht-winkligen Koordinaten-systems, so lautet, wie man sich leicht überzeugt, die Gleichung von c:

$$x = a(t + \sin t),$$

$$y = a(1 - \cos t).$$

Um zu untersuchen, nach welchen Gesetzen sich m bewegt, legen wir unseren Betrachtungen das Ge-setz von der Erhaltung der Energie zugrunde, welches besagt, daß die Summe aus potentieller und kinetischer Energie in jedem Augenblicke der Bewegung konstant ist. Da die kinetische Energie gleich $\frac{1}{2}mv^2$ und die potentielle Energie im homogenen Schwerefeld der Erde gleich $m \cdot g \cdot y$ ist, so ist

$$\tfrac{1}{2}mv^2 + mgy = C.$$

Es sei für $y = 0$, also beim Durchgang der Masse m durch den Scheitel O von c' die Geschwindigkeit gleich v_0; hieraus folgt $C = \tfrac{1}{2}mv_0^2$, und die Formel für die Erhaltung der Energie können wir schreiben:

$$v_0^2 - v^2 = 2gy \qquad \text{oder} \qquad v = \sqrt{v_0^2 - 2gy}\,.$$

Im Falle unserer Zykloide ist

$$y = a(1 - \cos t) \qquad \text{oder} \qquad \cos t = 1 - \frac{y}{a}\,.$$

Um v zu bestimmen, bedenken wir, daß $v = \dfrac{ds}{dz}$ ist, wenn die Zeit mit z bezeichnet wird (weil t hier den Parameter bedeutet). Nun ist

$$ds = \sqrt{\left(\frac{dx}{dt}\right)^2 + \left(\frac{dy}{dt}\right)^2}\, dt = a\sqrt{(1 + \cos t)^2 + \sin^2 t}\; dt = 2a\cos\frac{t}{2}\, dt\,;$$

also ist

$$v = 2a\cos\frac{t}{2} \cdot \frac{dt}{dz}\,.$$

Da nun $\cos t = 1 - \dfrac{y}{a}$ ist, so ist

$$\sin\frac{t}{2} = \sqrt{\tfrac{1}{2}(1 - \cos t)} = \sqrt{\frac{y}{2a}}\,,$$

also

$$\frac{1}{2}\cos\frac{t}{2}\, dt = \frac{dy}{2\sqrt{2ay}}\,,$$

und daher ist

$$v = \sqrt{\frac{2a}{y}} \cdot \frac{dy}{dz} \,.$$

Setzen wir diesen Ausdruck in die oben gewonnene Formel für v ein, so erhalten wir die Gleichung

$$\sqrt{\frac{2a}{y}} \cdot \frac{dy}{dz} = \sqrt{v_0^2 - 2gy} \,,$$

die wir nach dem Zeitelement dz auflösen:

$$dz = \sqrt{2a} \, \frac{dy}{\sqrt{v_0^2 y - 2g y^2}} = \sqrt{\frac{a}{g}} \, \frac{dy}{\sqrt{\left(\frac{v_0^2}{4g}\right)^2 - \left(y - \frac{v_0^2}{4g}\right)^2}} \,.$$

Die Integration ergibt

$$z = \left[\sqrt{\frac{a}{g}} \arcsin\left(\frac{4g}{v_0^2} y - 1\right) \right]_0^y = \sqrt{\frac{a}{g}} \left[\arcsin\left(\frac{4g}{v_0^2} y - 1\right) + \frac{\pi}{2} \right].$$

Der Massenpunkt m hat seine Höchstlage erreicht, und das Pendel schlägt zurück, wenn $v = 0$ ist; hierzu gehört also

$$y_{\max} = \frac{v_0^2}{2g} \,.$$

Da $y_{\max}$ nicht größer sein kann als $2a$, so tritt nur so lange ein wirkliches Pendeln ein, als $v_0 \leq 2\sqrt{ag}$ ist. Nun besteht eine vollständige Pendelschwingung aus vier Teilen, die sich in gleich langen Zeiten abspielen: die Bewegung vom Tiefstpunkt bis zum rechten Höchstpunkt, von diesem zurück zum Tiefstpunkt, von hier zum linken Höchstpunkt und wieder zurück zum Tiefstpunkt. Nennen wir die ganze Schwingungsdauer T, so ergibt sich $\frac{T}{4}$ aus z, wenn wir $y = \frac{v_0^2}{2g}$ setzen; es ist also, wenn mit $l = 4a$ die Länge des Pendels bezeichnet wird,

$$T = 4 \cdot \sqrt{\frac{a}{g}} \left[\arcsin 1 + \frac{\pi}{2} \right] = 4\pi \sqrt{\frac{a}{g}} = 2\pi \sqrt{\frac{l}{g}} \,.$$

Bemerkenswert ist bei diesem Ergebnisse, daß die Schwingungsdauer unabhängig ist von der Höchstgeschwindigkeit v_0 und der Schwingungshöhe $y_{\max}$, daß sie nur abhängt von der Länge $l = 4a$ des Zykloidenpendels, ein Ergebnis, das bekanntlich bei dem gewöhnlichen Pendel nur bei kleinen Ausschlägen und auch dann nur annähernd erreicht wird; man nennt das Zykloidenpendel aus diesem Grunde ein tautochrones Pendel [tautochron (griechisch) = von gleicher Zeit].

(138) Ist die feste Kurve k selbst ein Kreis vom Halbmesser l und die rollende Kurve c ebenfalls ein Kreis vom Halbmesser a, so beschreibt ein mit c fest verbundener Punkt P eine **Trochoide**; es sind hierbei drei verschiedene Fälle zu unterscheiden:

1. c rollt **außerhalb** des Kreises k ab: **Epizykloide;**
2. c rollt **innerhalb** von k ab; $a < l$: **Hypozykloide;**
3. c rollt auf k derart ab, daß k von c eingeschlossen wird; $a > l$: **Perizykloide.**

Alle drei Fälle können wir analytisch in einem einzigen behandeln, wenn wir bedenken, daß für die Hypo- und Perizykloide a zu l die entgegengesetzte Lage hat wie bei der Epizykloide, also für die Epizykloide $a > 0$, für die Hypo- und die Perizykloide $a < 0$ ansetzen. Der die Kurve beschreibende Punkt P habe vom Mittelpunkte von c den Abstand b; ist $b \gtreqless a$, so ist die erzeugte Kurve eine $\begin{Bmatrix} \text{verschlungene} \\ \text{gespitzte} \\ \text{gestreckte} \end{Bmatrix}$ Trochoide. Wählen wir als Anfangslage diejenige, in welcher der zu P gehörige Halbmesser von c gerade durch den Berührungspunkt B_0

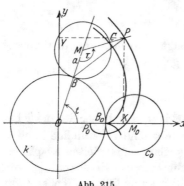

Abb. 215.

von c und k geht, und legen wir den Anfangspunkt des Koordinatensystems in den Mittelpunkt von k, die x-Achse durch B_0, so ist (vgl. Abb. 215) Bogen $BC =$ Bogen $BB_0 = l \cdot t$, wobei t der Winkel $B_0 OB$ ist. Folglich ist der Wälzungswinkel

$$CMB = \tau = \frac{\text{Bogen } BC}{a} = \frac{l}{a} t,$$

und es ist

$$x = OX = OM \cos t - MP \cos (t + \tau),$$
$$y = OY = OM \sin t - MP \sin (t + \tau)$$

oder, wenn wir die oben gefundenen Werte einsetzen:

$$x = (l + a) \cos t - b \cos \frac{l + a}{a} t, \qquad y = (l + a) \sin t - b \sin \frac{l + a}{a} t. \quad 54)$$

54) ist die Parametergleichung der Trochoide. Versteht man unter a eine **absolute** Größe, dann gilt 54) nur für die Epizykloide, während wir für die Hypo- und Perizykloide in 54) a durch $-a$ ersetzen müssen; die Gleichung dieser Kurve lautet demnach in diesem Falle:

$$x = (l - a) \cos t - b \cos \frac{l - a}{a} t, \qquad y = (l - a) \sin t + b \sin \frac{l - a}{a} t. \quad 54')$$

Beschränken wir uns auf **gespitzte** Trochoiden ($b = a$) und führen wir einen neuen Parameter v durch die Gleichung $t = av$ ein, so lautet die Gleichung

$$x = (l + a) \cos av - a \cos (l + a) v, \qquad y = (l + a) \sin av - a \sin (l + a) v. \quad 54'')$$

Ersetzt man hier a durch $a' = -(l + a)$, so geht x in sich selbst über, während y nur sein Vorzeichen ändert; der neue Punkt P liegt also spiegelbildlich zum ursprünglichen bezüglich der x-Achse. Da die x-Achse Symmetrieachse ist, so ist die Trochoide, die durch Abwälzen des Kreises c vom Halbmesser $-(l+a)$ auf dem Kreise k vom Halbmesser l von einem Punkte des Umfanges von c beschrieben wird, identisch mit derjenigen, die durch Abwälzen des Kreises c vom Halbmesser a auf dem gleichen Kreise k von einem Punkte des Umfanges von c beschrieben wird. Ist $a < 0$ und $l + a > 0$ (Fall der Hypozykloide), so ist $a' = -(l+a) < 0$; demnach die zweite Kurve ebenfalls eine Hypozykloide. Führen wir für a den absoluten Betrag ein, den wir als $|a| = -a$ bezeichnen wollen, so bekommen wir den Satz:

Die gespitzte Hypozykloide, welche durch Abrollen des Kreises vom Halbmesser $l - |a|$ im Kreise vom Halbmesser l beschrieben wird, ist identisch mit derjenigen, welche durch Abrollen des Kreises vom Halbmesser $|a|$ im gleichen Kreise beschrieben wird.

Ist

$$-|a| = a < 0 \quad \text{und} \quad l + a < 0,$$

Fall der Perizykloide, so ist

$$a' = -(l+a) = |a| - l > 0,$$

die zweite Kurve demnach eine Epizykloide.

Die gespitzte Perizykloide, die durch Abrollen des Kreises vom Halbmesser a um den festen Kreis vom Halbmesser l beschrieben wird, ist identisch mit der Epizykloide, die durch Abrollen des Kreises vom Halbmesser $a - l$ auf dem gleichen Kreise beschrieben wird.

Für jede solche Trochoide gibt es demnach zwei Entstehungsmöglichkeiten.

Setzen wir $l + a = s$, so gehen die Gleichungen 54") über in die Gleichungen

$$x = s\cos av - a\cos sv, \qquad y = s\sin av - a\sin sv, \qquad 54''')$$

mit denen wir jetzt weiterarbeiten wollen. Es ist

$$\frac{dx}{dv} = as(-\sin av + \sin sv) = 2as\sin\frac{s-a}{2}v \cdot \cos\frac{s+a}{2}v,$$

$$\frac{dy}{dv} = 2as\sin\frac{s-a}{2}v \cdot \sin\frac{s+a}{2}v, \qquad \frac{dy}{dx} = \operatorname{tg}\frac{s+a}{2}v.$$

Die Gleichung der Normalen lautet:

$$(y - s\sin av + a\sin sv)\operatorname{tg}\frac{s+a}{2}v + (x - s\cos av + a\cos sv) = 0,$$

die man umformen kann zu

$$x\cos\frac{s+a}{2}v + y\sin\frac{s+a}{2}v = (s-a)\cos\frac{s-a}{2}v.$$

Nun hat der jeweilige Berührungspunkt B zwischen c und k die Koordinaten

$$x_B = l\cos t \quad \text{und} \quad y_B = l\sin t,$$

oder, da

$$l = s - a \quad \text{und} \quad t = av \text{ ist,}$$

$$x_B = (s - a)\cos av \quad \text{und} \quad y_B = (s - a)\sin av;$$

setzt man diese in die linke Seite der Normalengleichung ein, so erhält man

$$(s - a)\cos\frac{s - a}{2}v$$

in Übereinstimmung mit der rechten Seite; folglich geht die Normale durch den zugehörigen Berührungspunkt zwischen c und k, gemäß der in **(137)** S. 384 für alle Rollkurven abgeleiteten Eigenschaft.

Es ist

$$1 + \left(\frac{dy}{dx}\right)^2 = \frac{1}{\cos^2\dfrac{s + a}{2}v};$$

ferner ist

$$\frac{d^2y}{dx^2} = \frac{d\dfrac{dy}{dx}}{dv} : \frac{dx}{dv} = \frac{s + a}{2} \cdot \frac{1}{\cos^2\dfrac{s + a}{2}v} \cdot \frac{1}{2as\sin\dfrac{s - a}{2}v \cdot \cos\dfrac{s + a}{2}v}.$$

Hieraus berechnen sich die Koordinaten des **Krümmungsmittelpunktes**

$$\xi = s\cos av - a\cos sv$$

$$- \frac{1}{\cos^2\dfrac{s + a}{2}v} \cdot \frac{4as\cos^3\dfrac{s + a}{2}v \cdot \sin\dfrac{s - a}{2}v}{(s + a)} \cdot \frac{\sin\dfrac{s + a}{2}v}{\cos\dfrac{s + a}{2}v},$$

$$\xi = s\cos av - a\cos sv - \frac{4as}{s + a}\sin\frac{s - a}{2}v \cdot \sin\frac{s + a}{2}x$$

$$= s\cos av - a\cos sv - 2\frac{as}{s + a}(\cos av - \cos sv),$$

$$\xi = \frac{s - a}{s + a}(s\cos av + a\cos sv);$$

$$\eta = s\sin av - a\sin sv + \frac{1}{\cos^2\dfrac{s + a}{2}v} \cdot \frac{4as\cos^3\dfrac{s + a}{2}v \cdot \sin\dfrac{s - a}{2}v}{(s + a)}$$

$$= s\sin av - a\sin sv + 4\frac{as}{s + a}\sin\frac{s - a}{2}v \cdot \cos\frac{s + a}{2}v,$$

$$\eta = s\sin av - a\sin sv + 2\frac{as}{s + a}(\sin sv - \sin av)$$

$$= \frac{s - a}{s + a}(s\sin av - a\sin sv).$$

Also ist die Gleichung der Evolute der gespitzten Trochoide

$$\xi = \frac{s-a}{s+a}\,(s\cos av + a\cos sv)\,,\qquad \eta = \frac{s-a}{s+a}\,(s\sin av - a\sin sv)\,. \quad 55)$$

Um sie zu deuten, stellen wir die folgende Betrachtung an: Würden wir nicht die Anfangslage wie in Abb. 215 gewählt haben, in der P_0 mit B_0 zusammenfällt, sondern jene Lage, in der P_0 der Gegenpunkt zu B_0 auf c_0 ist, derart also, daß die Trochoide auf der positiven x-Achse statt der Spitze einen Scheitel hätte, so würde, wie man sich leicht überzeugt, die Gleichung der Trochoide in die Gleichung übergehen:

$$x = s\cos av + a\cos sv\,,\qquad y = s\sin av + a\sin sv\,.$$

Dann ist aber die Evolute eine Trochoide, welche der Evolvente ähnlich ist, und zwar ist

$$s' = s \cdot \frac{s-a}{s+a}\,,\qquad a' = a \cdot \frac{s-a}{s+a}$$

zu setzen, so daß man die Evolute dadurch erzeugen kann, daß man einen Kreis vom Halbmesser

$$a' = a \cdot \frac{l}{l+2a}$$

auf einem Kreise vom Halbmesser

$$l' = \frac{l^2}{l+2a}$$

abrollen läßt.

Die Länge eines ganzen (zwischen zwei Spitzen liegenden) Kurvenbogens ergibt sich nach Formel 50) S. 372 zu

$$\left.\begin{aligned}
S &= \int_0^{\frac{2\pi}{l}} \sqrt{\left(\frac{dx}{dv}\right)^2 + \left(\frac{dy}{dv}\right)^2}\,dv = \int_0^{\frac{2\pi}{l}} 2as\,\sin\frac{s-a}{2}\,v\cdot dv \\
&= -2as \cdot \frac{2}{s-a}\left[\cos\frac{s-a}{2}v\right]_0^{\frac{2\pi}{l}} = 8\frac{as}{s-a} = 8\frac{(l+a)a}{l}\,.
\end{aligned}\right\} \quad 56)$$

Die obere Grenze $\dfrac{2\pi}{l}$ erhalten wir dabei durch die folgende Erwägung: Der Punkt P ist wieder Spitze der Trochoide, wenn der auf k abgewälzte Bogen gleich dem Umfange von c, also gleich $2\pi a$ ist; dann ist aber

$$t = \frac{2\pi a}{l}\,,\qquad \text{also}\qquad v = \frac{t}{a} = \frac{2\pi}{l}\qquad \text{w. o.}$$

(139) Unter den Sonderfällen der gespitzten Trochoide wollen wir zwei hervorheben.

A. Setzen wir $a = l$, so erhalten wir die **Kardioide**; sie hat nach 54) die Gleichung

$$x = 2l\cos t - l\cos 2t\,,\qquad y = 2l\sin t - l\sin 2t\,,$$

ihre Evolute nach 55) die Gleichung

$$\xi = \frac{l}{3}\,(2\cos t + \cos 2t)\,, \qquad \eta = \frac{l}{3}\,(2\sin t + \sin 2t)\,.$$

Die Länge ihres Bogens ist nach 56) $S = 16\,l$; es dürfte sich empfehlen, diese Ergebnisse ohne Zuhilfenahme dieser Formeln unmittelbar aus der Gleichung abzuleiten.

Die Kardioide hat ihren Namen von ihrer Gestalt, die der Form eines Herzens nicht unähnlich ist [Kardion (griechisch) = Herz].

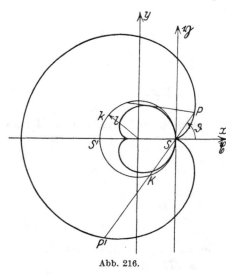

Abb. 216.

Verlegen wir den Koordinatenanfangspunkt nach der Spitze S der Kardioide, so erhalten wir mit Hilfe der Parallelverschiebungsformeln $x = l + \mathfrak{x}$, $y = \mathfrak{y}$ die Gleichung

$$\mathfrak{x} = l(2\cos t - \cos 2t - 1)$$
$$= 2l\cos t\,(1 - \cos t),$$
$$\mathfrak{y} = 2l\sin t\,(1 - \cos t),$$

die wir leicht in eine parameterfreie Form überführen können. Es ist nämlich

$$\mathfrak{x}^2 + \mathfrak{y}^2 = 4\,l^2\,(1 - \cos t)^2,$$

also

$$\cos t = 1 - \frac{\sqrt{\mathfrak{x}^2 + \mathfrak{y}^2}}{2\,l}\,,$$

und daher

$$\mathfrak{x} = 2l\left(1 - \frac{\sqrt{\mathfrak{x}^2 + \mathfrak{y}^2}}{2\,l}\right)\frac{\sqrt{\mathfrak{x}^2 + \mathfrak{y}^2}}{2\,l}\,, \qquad 2\,l\,\mathfrak{x} = 2\,l\sqrt{\mathfrak{x}^2 + \mathfrak{y}^2} - (\mathfrak{x}^2 + \mathfrak{y}^2)\,,$$

$$(\mathfrak{x}^2 + \mathfrak{y}^2)^2 - 4\,l\,\mathfrak{x}\,(\mathfrak{x}^2 + \mathfrak{y}^2) - 4\,l^2\,\mathfrak{y}^2 = 0\,.$$

Auch in Polarkoordinaten läßt sich die Gleichung leicht überführen. Es ist $\dfrac{\mathfrak{y}}{\mathfrak{x}} = \operatorname{tg} t$, und da wir $\mathfrak{x} = r\cos\vartheta$, $\mathfrak{y} = r\sin\vartheta$ setzen müssen [s. Gleichung 8) in (106) S. 288], so ist der Parameter t identisch mit der Amplitude ϑ des Polarkoordinatensystems, und es ergibt sich

$$r = 2l(1 - \cos\vartheta)\,.$$

Verlängern wir den zu P gehörigen Leitstrahl über S hinaus, so schneidet er die Kardioide noch in einem zweiten Punkte P', der zur Amplitude $\vartheta + \pi$ gehört; folglich ist $SP' = r' = 2l(1 + \cos\vartheta)$ und demnach $PP' = 4\,l$.

Alle durch die Spitze gehenden Sehnen einer Kardioide sind gleich lang.

Die Sehne PP' schneide den festen Kreis k in K; da aus dem recht-winkligen Dreieck SKS' sich $KS = 2l\cos\vartheta$ ergibt, so ist

$$KP = KS + SP = 2l;$$

hieraus ergibt sich die folgende Entstehungsweise der Kardioide:

Bewegt sich eine Strecke $KP = 2l$ so, daß sie beständig durch einen bestimmten Punkt S eines Kreises vom Halb-messer l geht, während ihr einer Endpunkt K auf diesem Kreise gleitet, so beschreibt der andere Endpunkt P eine Kardioide.

Im Anschluß an die Kardioide möge die folgende Aufgabe behandelt werden: $OA = a$ in Abb. 217 stelle eine um O drehbare Platte vom Gewichte G dar; an ihrem Ende A ist ein Seil befestigt, das über die Rolle B (von sehr klei-nem Halbmesser) geführt ist, wobei $OB = a$ vertikal sein soll. Am Ende des Seiles ist ein Gewicht P be-festigt; welche Bahn muß bei Be-wegung der Klappe das Gewicht P

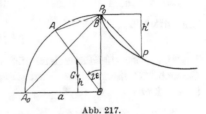

Abb. 217.

beschreiben, damit der Klappe in jeder ihrer Lagen das Gleichgewicht gehalten wird? Liegt die Klappe horizontal, so möge sich P in unmittel-barer Nähe von B befinden; das Seil AP soll also die Länge $b = a\sqrt{2}$ haben. Ferner wollen wir die besondere Annahme machen, daß in dieser Lage die Bahn von P vertikal sei, so daß das volle Gewicht P zur Wirkung kommt, also im Seile $A_0 B$ die Spannung P herrscht. Wählen wir O als Momentenpunkt, so ist das in $A_0 B$ wirkende Moment von P

$$M_P = P \cdot \frac{a}{2}\sqrt{2} = \frac{1}{2}\,bP.$$

Diesem wirkt entgegen das Drehmoment von G, das, weil wir uns G im Mittelpunkt (Schwerpunkt) von OA_0 angreifend denken müssen, gleich $G \cdot \frac{a}{2}$ ist. Da beide Momente infolge des Gleichgewichtes einander gleich sein müssen, so ergibt sich, daß $P = \frac{G}{2}\sqrt{2}$ sein muß.

In einer beliebigen Lage der Klappe möge OA mit OB den Winkel $2\,\varepsilon$ einschließen. G hat sich gegenüber der horizontalen Lage um die Strecke $h = \frac{a}{2}\cos 2\,\varepsilon$ gehoben, wie man leicht aus der Abbildung sieht; folglich ist durch Heben der Klappe die Arbeit geleistet worden:

$$A = G \cdot h = \tfrac{1}{2}\,G \cdot a\cos 2\,\varepsilon.$$

Diese Arbeit ist aber von P aufgebracht worden; hat sich P um die Strecke h' gesenkt, so muß die Arbeit $A' = Ph'$ gleich der Arbeit A sein, und es ergibt sich

$$h' = \frac{a}{2}\sqrt{2}\cos 2\,\varepsilon = \frac{b}{2}\cos 2\,\varepsilon.$$

Da nun $AB = 2a\sin\varepsilon$ ist, so ist

$$BP = r = a\sqrt{2} - 2a\sin\varepsilon = b - b\sqrt{2}\sin\varepsilon,$$

und der Winkel ϑ, den BP mit BO einschließt, ergibt sich aus $\cos\vartheta = \dfrac{h'}{r}$.   Also ist

$$r\cos\vartheta = \frac{b}{2}\cos 2\varepsilon = \frac{b}{2}(1 - 2\sin^2\varepsilon) \qquad \text{oder} \qquad 2\sin^2\varepsilon = 1 - 2\frac{r}{b}\cos\vartheta,$$

und dadurch
$$\sin\varepsilon \cdot \sqrt{2} = \sqrt{1 - 2\frac{r}{b}\cos\vartheta}$$

$$r = b - b\sqrt{1 - 2\frac{r}{b}\cos\vartheta} \qquad \text{oder} \qquad (r-b)^2 = b^2\left(1 - 2\frac{r}{b}\cos\vartheta\right),$$
und hieraus
$$r = 2b(1 - \cos\vartheta).$$

Das ist aber die Polargleichung der **Kardioide**; also muß sich das Gewicht P längs einer Kardioide bewegen, deren Spitze in B liegt [vgl. hierzu **(226)** S. 785].

B. Setzen wir $a = -\dfrac{l}{2}$, so erhalten wir eine Hypozykloide, die nach 54) die Gleichung hat:

$$x = \left(\frac{l}{2} - b\right)\cos t, \qquad y = \left(\frac{l}{2} + b\right)\sin t.$$

Das ist aber nach Gleichung 51) in **(136)** S. 373 die Parametergleichung einer Ellipse mit der großen Halbachse $\dfrac{l}{2} + b$ und der kleinen Halbachse $\dfrac{l}{2} - b$. Wir erhalten somit den Satz:

Rollt ein Kreis innerhalb eines anderen Kreises vom doppelten Halbmesser ab, so beschreibt irgendein mit ihm fest verbundener Punkt eine Ellipse. Liegt insbesondere der betreffende Punkt auf dem Umfange des rollenden Kreises $\left(b = \dfrac{l}{2}\right)$, so lautet die Gleichung der Kurve

$$x = 0, \qquad y = l\sin t;$$

Die Bahn des Punktes ist dann der mit der y-Achse zu-sammenfallende Durchmesser: **Rollt ein Kreis innerhalb eines anderen Kreises vom doppelten Halbmesser des ersten, so beschreibt jeder Punkt auf dem Umfange des rollenden Kreises eine geradlinige Bahn (Geradführung!).**

C. Setzen wir $a = -\dfrac{l}{4}$, so erhalten wir aus 54) eine gespitzte Hypozykloide, deren Gleichung lautet:

$$x = \frac{l}{4}(3\cos t + \cos 3t), \qquad y = \frac{l}{4}(3\sin t - \sin 3t).$$

Diese Kurve heißt **Astroide** (Sternkurve); sie hat vier Spitzen, welche auf den Halbierungslinien der Koordinatenwinkel liegen. Da

$$\cos 3t = 4\cos^3 t - 3\cos t$$

und

$$\sin 3t = 3\sin t - 4\sin^3 t$$

ist, so läßt sich die Gleichung der Astroide auch folgendermaßen schreiben:

$$x = l\cos^3 t, \qquad y = l\sin^3 t.$$

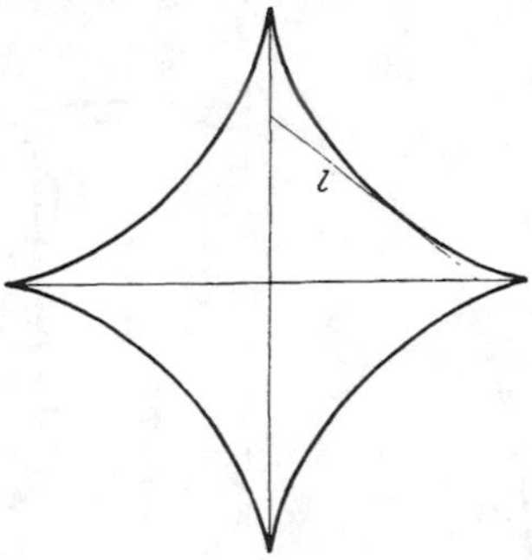

Hieraus ergibt sich die parameterfreie Gleichung der Astroide

$$x^{\frac{2}{3}} + y^{\frac{2}{3}} = l^{\frac{2}{3}}.$$

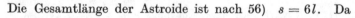

Abb. 218.

Die Gesamtlänge der Astroide ist nach 56) $s = 6l$. Da

$$\frac{dx}{dt} = -3l\cos^2 t \sin t, \qquad \frac{dy}{dt} = 3l\sin^2 t \cos t$$

ist, so ist

$$\frac{dy}{dx} = -\operatorname{tg} t$$

und demnach die Gleichung der Tangente

$$y - l\sin^3 t = -\operatorname{tg} t \cdot (x - l\cos^3 t) \quad \text{oder} \quad x\sin t + y\cos t = l\sin t \cos t$$

oder

$$\frac{x}{l\cos t} + \frac{y}{l\sin t} = 1.$$

Die Achsenabschnitte der Tangente sind also $l\cos t$ bzw. $l\sin t$, daher die Länge der Tangente konstant gleich l. Wir erhalten hieraus die folgende Entstehungsweise der Astroide:

Bewegt sich eine Strecke von der Länge l so, daß ihre Endpunkte auf zwei zueinander senkrechten Geraden gleiten, so umhüllt sie eine Astroide.

(140) Schließlich sei die Gleichung der Kurve abgeleitet, die ein mit einer Geraden c starr verbundener Punkt P beschreibt, wenn die Gerade c auf dem festen Kreise k abrollt. Wir wählen als Anfangslage die, in welcher der Berührungspunkt B_0 zwischen c und k gerade mit dem Fußpunkte des von P auf c gefällten Lotes zusammenfällt; durch ihn legen wir die Abszissenachse; der Nullpunkt sei der Mittelpunkt von k (Abb. 219). In einer durch den Winkel $B_0 O B = t$ bestimmten beliebigen Lage ist der Fußpunkt des von P auf c gefällten Lotes nach C gewandert, und es ist $\widehat{BB_0} = BC = l \cdot t$. Wir erhalten daher für die Koordinaten von P

$$x = OB\cos t + BC\sin t + CP\cos t, \qquad y = OB\sin t - BC\cos t + CP\sin t$$

oder $\qquad x = (l + b)\cos t + lt \sin t, \qquad y = (l + b)\sin t - lt \cos t$

als die Parametergleichung der Kurve, von der wir zwei Sonderfälle betrachten wollen.

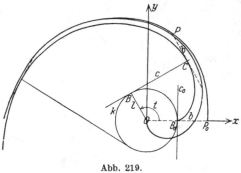

Abb. 219.

A. Ist $b = 0$, liegt also P auf c $(P \equiv C)$, so lautet die Gleichung der Kurve

$$x = l(\cos t + t \sin t),$$
$$y = l(\sin t - t \cos t).$$

Da die Tangente BC des Kreises k nach den Erörterungen von (137) S. 384 Normale zur Rollkurve sein muß, so ist k Evolute zur Rollkurve [s. (131) S. 351] und demnach diese eine **Evolvente** zu k; man nennt diese Kurve daher die **Kreisevolvente**. Wir können diese Beziehungen auch leicht rechnerisch nachweisen; es ist nämlich

$$\frac{dx}{dt} = lt \cos t, \qquad \frac{dy}{dt} = lt \sin t, \qquad \frac{dy}{dx} = \operatorname{tg} t,$$

also die Gleichung der **Normalen**

$$[y - l(\sin t - t \cos t)] \operatorname{tg} t + [x - l(\cos t + t \sin t)] = 0$$

oder, wie man durch leichte Umformung findet,

$$x \cos t + y \sin t - l = 0 \quad \text{(Hessesche Normalform der Geraden)}.$$

Die Normale ist also eine Gerade, die von O den konstanten Abstand l hat, d. h. sie ist Tangente an k.

Ferner ist

$$\frac{d^2 y}{dx^2} = \frac{1}{\cos^2 t} \cdot \frac{1}{lt \cos t} = \frac{1}{lt \cos^3 t}, \qquad 1 + \left(\frac{dy}{dx}\right)^2 = \frac{1}{\cos^2 t};$$

daher sind die Koordinaten des **Krümmungsmittelpunktes**

$$\xi = l\left(\cos t + t \sin t - \frac{t \cos^3 t}{\cos^2 t} \cdot \operatorname{tg} t\right) = l(\cos t + t \sin t - t \sin t) = l \cos t,$$

$$\eta = l\left(\sin t - t \cos t + \frac{t \cos^3 t}{\cos^2 t}\right) = l(\sin t - t \cos t + t \cos t) = l \sin t.$$

Die parameterfreie Gleichung der **Evolute** lautet also:

$$x^2 + y^2 = l^2.$$

Die Evolute ist ein Kreis mit dem Halbmesser l und dem Mittelpunkt O; k ist in der Tat die Evolute. Der **Krümmungshalbmesser** hat die Länge

$$\varrho = \frac{1}{\cos^3 t} \cdot lt \cos^3 t = lt,$$

ist also gleich dem Bogen BB_0. Die Kreisevolvente hat in B_0 eine Spitze (s. Abb. 219).

Die Länge des von der Spitze aus gemessenen Kurvenbogens ist

$$s = \int\limits_0^t \sqrt{l^2\,t^2\cos^2 t + l^2\,t^2\sin^2 t}\,dt = \int\limits_0^t l\,t\,dt = \frac{l}{2}\,t^2\,.$$

Man berechne die Fläche, die man durch Integrieren zwischen den Grenzen 0 und 2π erhält! [Ergebnis: $F = (\pi\,l)^2$]. Man entwerfe ein Bild dieser Fläche.

B. Ist $b = -l$, so lauten die Gleichungen der Rollkurve

$$x = l\,t\sin t\,, \qquad y = -l\,t\cos t\,;$$

die Kurve geht durch den Nullpunkt. Wir können leicht ihre Gleichung in Polarkoordinaten aufstellen; es ist nämlich

$$\operatorname{tg}\vartheta = -\operatorname{ctg}t\,, \quad \text{also} \quad \vartheta = t - \frac{\pi}{2}\,, \quad r = l\,t \quad \text{oder} \quad r = l\Big(\vartheta + \frac{\pi}{2}\Big).$$

Legen wir den Anfangsstrahl nicht in die positive x-Achse, sondern in die negative y-Achse, wobei wir setzen müssen

$$\vartheta = \Theta - \frac{\pi}{2}\,, \qquad r = R\,,$$

so lautet die neue Gleichung

$$R = l \cdot \Theta\,.$$

Dadurch sind wir auf eine Gleichung gestoßen, die uns schon aus **(105)** S. 287 als die Gleichung der **Archimedischen Spirale** bekannt ist; diese läßt sich also auch auf folgende Weise erzeugen:

Rollt eine Gerade auf einem Kreise ab, so beschreibt ein mit dieser Geraden starr verbundener Punkt, der durch den Mittelpunkt des Kreises läuft, eine Archimedische Spirale.

Wir werden der Archimedischen Spirale im nächsten Paragraphen nochmals begegnen. Dort wollen wir Kurven untersuchen, deren Gleichung in Polarkoordinaten gegeben ist.

§ 7. Die Kurve in Polarkoordinaten.

(141) Ist die Gleichung einer Kurve in Polarkoordinaten gegeben [s. (105) S. 286 ff.], so ist zumeist der Leitstrahl r eines Kurvenpunktes P als Funktion der zu P gehörigen Amplitude ϑ gegeben, so daß die Kurvengleichung die Form hat:

$$r = f(\vartheta)\,. \tag{57}$$

Die Eigenart der Polarkoordinaten erfordert auch eine von der bisher gewohnten im allgemeinen völlig verschiedene Art der Kurvenuntersuchung.

Es sei in Abb. 220 die Kurve von der Gleichung $r = f(\vartheta)$ angedeutet und $P(\vartheta | r)$ einer ihrer Punkte. Geben wir der Amplitude ϑ einen Zuwachs, den wir — der Bequemlichkeit halber — von vornherein unendlich klein annehmen und als solchen mit $d\vartheta$ bezeichnen wollen[1]), so daß die neue Amplitude den Wert $\vartheta + d\vartheta$ hat, so erhalten wir zu dieser auch einen neuen Leitstrahl, der sich von dem zu ϑ gehörigen r um den unendlich kleinen Wert dr unterscheiden, also gleich

$$r + dr = f(\vartheta + d\vartheta)$$

sein möge. Zu den beiden Polarkoordinaten $(\vartheta + d\vartheta | r + dr)$ finden wir sodann einen Punkt P', welcher — auch auf der Kurve gelegen —

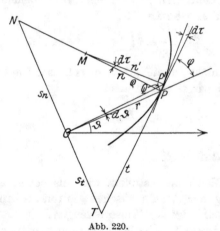

dem zu den Koordinaten $(\vartheta | r)$ gehörigen Punkte P unendlich benachbart liegt. Die Verbindungsgerade PP' ist demnach die in P an die

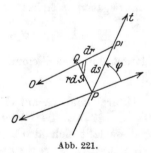

Abb. 220.   Abb. 221.

Kurve gelegte Tangente, und PP' selbst ein Kurvenelement ds, das, weil es unendlich klein ist, als geradlinig gelten kann. Schlagen wir um O den Kreis, der durch P geht, so schneidet dieser auf OP' einen Punkt Q aus, und wir erhalten eine Figur PQP', die begrenzt wird von der (geradlinigen) Strecke $QP' = dr$, dem (krummlinigen) Kurvenelement $PP' = ds$ und dem Kreisbogen $PQ = r \cdot d\vartheta$; außerdem ist der Winkel $PQP' = 1R$, da OP' als Kreishalbmesser normal zum Kreisbogen ist. Im Grenzfalle ist sowohl $PP' = ds$ als auch $PQ = r\,d\vartheta$ geradlinig, und die Figur PQP' wird ein unendlich kleines, bei Q rechtwinkliges Dreieck, dessen Form in unendlich starker Vergrößerung in Abb. 221 wiedergegeben sei. Bildet nun die Tangente $PP' = t$ mit

---

[1]) Streng genommen müßten wir zunächst den endlichen Zuwachs $\varDelta\vartheta$ geben und am Schlusse erst zu unendlich kleinem $d\vartheta = \lim \varDelta\vartheta \to 0$ übergehen (vgl. die früheren Grenzübergänge).

der Verlängerung des zu P gehörigen Leitstrahles OP den Winkel φ, so ist auch $\sphericalangle PP'Q = \varphi$, also

$$\operatorname{tg}\varphi = \frac{r \cdot d\vartheta}{dr} = r : \frac{dr}{d\vartheta} = \frac{r}{r'},$$

wenn zur Abkürzung die Ableitung von r nach ϑ mit r' bezeichnet wird. Die Formel

$$\operatorname{tg}\varphi = \frac{r}{r'} \qquad\qquad 58)$$

kann dazu verwendet werden, die zu P gehörige **Kurventangente** festzulegen; wir tun dies also im Bereiche der Polarkoordinaten **dadurch, daß wir den Winkel φ bestimmen**, um welchen man den Leitstrahl des Berührungspunktes P um P drehen muß, bis er mit der Tangente zusammenfällt, und weichen damit von der bei den Parallelkoordinaten gebräuchlichen Art ab, bei der wir den Winkel verwenden, um den man die positive Abszissenachse drehen muß, bis sie mit der Tangente zusammenfällt oder mit ihr parallel ist.

Man erkennt auch ohne Mühe, daß für die Höchst- und Tiefstpunkte einer Kurve, d. h. solche Punkte, in denen die Tangente parallel dem Anfangsstrahl ist, $\varphi + \vartheta = \pi$, also

$$\operatorname{tg}\varphi \equiv \frac{r}{r'} = -\operatorname{tg}\vartheta \qquad\qquad 59)$$

sein muß.

Durch die Richtung der Tangente ist auch die Richtung der **Normalen** bestimmt. Errichten wir in O auf dem Leitstrahle OP das Lot, und schneidet dieses die Tangente des Punktes P in T und seine Normale in N, so nennt man hier — ebenfalls abweichend von den bei Parallelkoordinaten üblichen Festsetzungen — die Strecken $OT = s_t$ die **Polarsubtangente**, $ON = s_n$ die **Polarsubnormale** und die Strecken $TP = t$ die **Länge der Tangente**, $NP = n$ die **Länge der Normalen** der Kurve $r = f(\vartheta)$ im Punkte P. Da

$$\sphericalangle ONP = \sphericalangle OPT = \varphi$$

ist, und $\operatorname{tg}\varphi = \frac{r}{r'}$ ist, so erhält man ohne weiteres die folgenden Formeln für die Größe dieser Strecken:

$$s_t = \frac{r^2}{r'}, \qquad s_n = r', \qquad t = \frac{r}{r'}\sqrt{r^2 + r'^2}, \qquad n = \sqrt{r^2 + r'^2}. \qquad 60)$$

Aus Abb. 221 ergibt sich ferner

$$ds = \sqrt{(dr)^2 + (r \cdot d\vartheta)^2} = d\vartheta \cdot \sqrt{r^2 + \left(\frac{dr}{d\vartheta}\right)^2} = \sqrt{r^2 + r'^2}\, d\vartheta\,;$$

es ist demnach die **Länge der Kurve** selbst

$$s = \int\limits_{\vartheta_1}^{\vartheta_2} \sqrt{r^2 + r'^2}\, d\vartheta\,. \qquad\qquad 61)$$

Schließlich hat der Ausschnitt OPP' in Abb. 220 einen Flächeninhalt, der sich zusammensetzt aus dem Inhalte des Kreisausschnittes OPQ und dem Inhalt der Figur PQP'; er ist also

$$\frac{1}{2}\, r^2\, d\vartheta + \frac{1}{2}\, r\, dr\, d\vartheta = \frac{r}{2}\,(r+dr)\cdot d\vartheta\,.$$

Im Grenzfalle nähert sich der Faktor $r + dr$ dem Werte r, und es ist $dF = \tfrac{1}{2}\, r^2\, d\vartheta$ und damit der Inhalt der von der Kurve $r = f(\vartheta)$ und den beiden zu $\vartheta = \vartheta_1$ und $\vartheta = \vartheta_2$ gehörigen Leitstrahlen begrenzten Fläche

$$F = \tfrac{1}{2}\int\limits_{\vartheta_1}^{\vartheta_2} r^2 \cdot d\vartheta\,. \tag{62}$$

Um schließlich die Größe des zu P gehörigen **Krümmungshalbmessers** zu ermitteln, haben wir folgendes zu bedenken. Der Krümmungsmittelpunkt M ist der Schnittpunkt der zu P gehörigen Normalen n mit der zu P' gehörigen Normalen n'; beide bilden denselben Winkel $d\tau$ miteinander, den die zu P und P' gehörigen Tangenten t und t' miteinander einschließen. Aus dem Kreisausschnitte MPP' ergibt sich dann

$$\varrho = \frac{PP'}{d\tau} = \frac{ds}{d\tau}\,.$$

Um $d\tau$ zu erhalten, drehen wir den Leitstrahl OP um O, bis P auf Q zu liegen kommt, also um den Winkel $d\vartheta$. Damit ist aber t noch nicht in eine zu t' parallele Lage gekommen; denn der Winkel, den t' mit OP' einschließt, ist ja nicht gleich φ, d. h. gleich dem Winkel, den t mit OP einschließt, sondern gleich $\varphi + d\varphi$. Wir müssen demnach die um $d\vartheta$ gedrehte Tangente t um den weiteren Winkel $d\varphi$ drehen, erst dann ist t zu t' parallel. Es ist also $d\tau = d\vartheta + d\varphi$ und damit

$$\varrho = \frac{ds}{d\vartheta + d\varphi} = \frac{\dfrac{ds}{d\vartheta}}{1 + \dfrac{d\varphi}{d\vartheta}}\,.$$

Da nun nach 59) $\varphi = \operatorname{arctg}\dfrac{r}{r'}$ ist, so ist nach der Kettenregel

$$\frac{d\varphi}{d\vartheta} = \frac{1}{1 + \left(\dfrac{r}{r'}\right)^2}\cdot\frac{r'\cdot\dfrac{dr}{d\vartheta} - r\cdot\dfrac{dr'}{d\vartheta}}{r'^2}\,,$$

und da $\dfrac{dr}{d\vartheta} = r'$, folglich $\dfrac{dr'}{d\vartheta} = r''$ ist, so ergibt sich

$$\frac{d\varphi}{d\vartheta} = \frac{r'^2 - r\cdot r''}{r^2 + r'^2}\,.$$

Da fernerhin nach obigem $\frac{ds}{d\vartheta} = \sqrt{r^2 + r'^2}$ ist, so erhalten wir für die Länge des **Krümmungshalbmessers**

$$\varrho = \frac{(r^2 + r'^2)^{\frac{3}{2}}}{r^2 + 2r'^2 - rr''}\,. \qquad\qquad 63)$$

(142) Diese Formeln enthalten das für die Kurvenuntersuchung Wichtigste. Wir gehen nun zur Erörterung bestimmter Kurven über, deren Darstellung in Polarkoordinaten besonders einfach ist; es sind dies vor allem die **Spiralen**, von denen wir an dieser Stelle die archimedische, die hyperbolische und die logarithmische Spirale näher behandeln wollen.

A. Der **Archimedischen Spirale** sind wir schon begegnet in **(105)** S. 287 und in **(140)** S. 401; ihre Gleichung ist

$$r = a \cdot \vartheta\,. \qquad\qquad 7)$$

In **(105)** S. 287 haben wir uns auch schon ein Bild von ihrer Gestalt verschafft; es erübrigt nur noch, ein wenig auf ihre infinitesimalen Eigenschaften einzugehen. Es ist $r' = a = s_n$; die Subnormale der Archimedischen Spirale hat in jedem Punkte die konstante Länge a. Hieraus folgt eine einfache Konstruktion der Normalen und damit auch der Tangente (Abb. 222): Wir schlagen um O den Kreis k vom Halbmesser a und errichten in O auf dem Leitstrahle OP das Lot, welches k in N schneidet; NP ist die zu P gehörige Normale, die in P auf NP errichtete Senkrechte folglich die Tangente. Da $r'' = 0$ ist, so wird

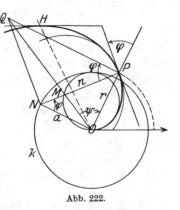

Abb. 222.

$$\varrho = a \frac{(\vartheta^2 + 1)^{\frac{3}{2}}}{\vartheta^2 + 2} = \frac{(a^2 + r^2)^{\frac{3}{2}}}{2a^2 + r^2} = \frac{n^3}{a^2 + n^2}\,,$$

wobei $n = \sqrt{a^2 + r^2}$ die Länge der Normalen ist. Um zu dem zu P gehörigen **Krümmungsmittelpunkt** M zu gelangen, führen wir die folgende Konstruktion aus: Wir errichten in P auf OP und in N auf NP die Lote, welche einander in Q schneiden mögen; OQ schneidet dann die Normale in M. Es sind nämlich die beiden rechtwinkligen Dreiecke OPN und NQP einander ähnlich, und zwar ist in Dreieck OPN

$$OP = r, \quad ON = a, \quad NP = n, \quad \sphericalangle ONP = \sphericalangle(rt) = \varphi,$$

wobei

$$\mathrm{tg}\,\varphi = \frac{r}{r'} = \frac{r}{a}$$

ist. Ferner ist
$$PQ : PN = PN : ON\,, \quad \text{also} \quad PQ = \frac{n^2}{a}\,.$$

Bezeichnen wir den in dem rechtwinkligen Dreieck OPQ gelegenen Winkel QOP mit ψ, so ist
$$\operatorname{ctg}\psi = \frac{PO}{QP} = \frac{ar}{n^2}\,.$$

Auf das Dreieck OPM, in welchem $\sphericalangle OPM = \frac{\pi}{2} - \varphi$ ist, wenden wir den Sinussatz an und erhalten
$$PM : OP = \sin\psi : \sin\left(\frac{\pi}{2} + \psi - \varphi\right) = \sin\psi : \cos(\psi - \varphi)$$
$$= 1 : (\cos\varphi\operatorname{ctg}\psi + \sin\varphi)\,,$$
also
$$PM = \frac{r}{\dfrac{a}{n} \cdot \dfrac{ar}{n^2} + \dfrac{r}{n}} = \frac{n^3}{a^2 + n^2} = \varrho\,,$$

was zu beweisen war.

Die von der Archimedischen Spirale und dem zur Amplitude ϑ gehörigen Leitstrahlen r begrenzte Fläche hat nach 62) den Inhalt
$$F = \frac{1}{2}\int_0^\vartheta a^2\vartheta^2\,d\vartheta = \frac{a^2}{6}\vartheta^3 = \frac{r^3}{6a} = \frac{1}{6}r^2\vartheta\,.$$

Da die Fläche des vom Mittelpunktswinkel ϑ bestimmten Ausschnittes im Kreise vom Halbmesser r den Inhalt $\frac{1}{2}r^2\vartheta$ hat, also das Dreifache der obigen Fläche ist, erhalten wir den Satz:

Die Archimedische Spirale teilt alle Kreisausschnitte, die ihren Mittelpunkt in O haben, und deren Halbmesser der Leitstrahl und deren Mittelpunktswinkel die Amplitude ist im Verhältnis 1:2 [s. a. Parabelfläche (84) S. 221 f.].

Die Länge des vom Nullpunkt bis zum Punkte $P(r\,|\,\vartheta)$ reichenden Bogens ergibt sich nach Formel 61) zu
$$s = \int_0^\vartheta \sqrt{a^2\vartheta^2 + a^2}\,d\vartheta = \frac{a}{2}\left[\vartheta\sqrt{1+\vartheta^2} + \operatorname{Ar}\mathfrak{Sin}\vartheta\right] \quad \text{[s. Formel T II 15′)].}$$

Es ist also der Bogen des ersten Umlaufes $(\vartheta = 2\pi)$
$$s = \frac{a}{2}\left[2\pi\sqrt{1+4\pi^2} + \operatorname{Ar}\mathfrak{Sin}2\pi\right] = \frac{a}{2}\left[39{,}975 + 2{,}537\right]$$
$$= 21{,}256\,a = 3{,}3830\,r\,.$$

Da $\sqrt{1+\vartheta^2}$ für sehr große Werte ϑ sich dem Werte ϑ nähert und $\operatorname{Ar}\mathfrak{Sin}\vartheta$ gegenüber $\vartheta\sqrt{1+\vartheta^2}$ vernachlässigt werden kann, ist für große Werte ϑ angenähert
$$s \approx \frac{a}{2}\vartheta^2 \quad \text{oder} \quad s \approx \frac{1}{2}r\vartheta\,.$$

Die Archimedische Spirale gibt Anlaß zu einer Reihe von Aufgaben, von denen einige hier angedeutet seien.

a) Welches ist die Gleichung der Archimedischen Spirale, welche durch den Punkt $P_0(r_0|\vartheta_0)$ geht?

$$r = r_0 \cdot \frac{\vartheta}{\vartheta_0}, \qquad \text{allgemein} \qquad r = r_0 \frac{\vartheta}{\vartheta_0 + 2n\pi},$$

wobei n irgendeine ganze Zahl ist.

b) Wie groß ist der Flächeninhalt und der Bogen der Archimedischen Spirale, für welche zu $\vartheta = 2\pi$ der Leitstrahl 1 m gehört?

$$F = \frac{\pi}{3} \, \mathrm{m^2}, \qquad \text{Bogen } l = 3{,}383 \, \mathrm{m}.$$

c) Wie bestimmt man die Höchst- und die Tiefstpunkte der Spirale? Für sie muß nach 59) sein $\mathrm{tg}\,\vartheta + \vartheta = 0$; aus dieser transzendenten Gleichung kann man durch irgendein Annäherungsverfahren beliebig viele Winkel ϑ, deren Anzahl unendlich groß ist, bestimmen. (Der kleinste dieser Winkel ist $\vartheta = 116°\,14'\,23'' = 2{,}0288$; s. H in Abb. 222.)

d) Wo liegt der Endpunkt des Bogens, der gleich der Strecke s ist? Für ihn muß sein

$$\vartheta \sqrt{1 + \vartheta^2} + \mathfrak{Ar}\,\mathfrak{Sin}\,\vartheta = \frac{2s}{a}.$$

Ist beispielsweise $s = a$, so erhalten wir für s die transzendente Gleichung

$$\vartheta \sqrt{1 + \vartheta^2} + \mathfrak{Ar}\,\mathfrak{Sin}\,\vartheta - 2 = 0;$$

führt man $\vartheta = \mathfrak{Sin}\,\dfrac{u}{2}$ ein, so wird sie übergeführt in

$$\mathfrak{Sin}\,\frac{u}{2}\,\mathfrak{Cof}\,\frac{u}{2} + \frac{u}{2} - 2 = 0 \qquad \text{oder} \qquad u + \mathfrak{Sin}\,u = 4,$$

deren Lösung $u = 1{,}6068$, also $\vartheta = \mathfrak{Sin}\,0{,}8034 = 0{,}8927$, $\vartheta = 51°\,9'$ ist.

B. Die hyperbolische Spirale. Sie hat die Gleichung $r \cdot \vartheta = a$. Bei ihr ist also wie bei der gleichseitigen Hyperbel das Produkt aus den beiden Koordinaten eines jeden Punktes konstant [s. (31) S. 69]; dieser Übereinstimmung verdankt die Spirale auch ihren Namen. Lösen wir die Gleichung nach r auf, so erhalten wir

$$r = \frac{a}{\vartheta}. \qquad\qquad 64)$$

Beschränken wir uns auf positive Winkel, so lesen wir aus 64) ab, daß für $\vartheta = 0$ $r = \infty$ wird; mit wachsenden Werten von ϑ nähert sich r dem Werte Null, ohne ihn jedoch zu erreichen; der Nullpunkt wird also in immer enger verlaufenden Windungen umkreist, liegt aber selbst nicht auf der Kurve; er ist ein sog. asymptotischer Punkt. Abb. 223 deutet den Verlauf an. Für negative Amplituden ergeben sich negative Leitstrahlen; zur vollständigen Kurve würde

also, wenn man auch negative Leitstrahlen zuläßt, noch ein Teil gehören, der zu dem bisher erwähnten bezüglich des durch O gehenden
Lotes zum Anfangsstrahl symmetrisch verläuft. Aus der Gleichung

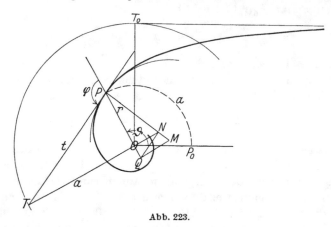

Abb. 223.

$r \cdot \vartheta = a$ folgt, daß die Bögen $P_0 P$ aller um O geschlagenen Kreise,
welche zwischen dem Anfangsstrahle und der Spirale liegen, die konstante Länge a haben.

Da
$$r' = - \frac{a}{\vartheta^2} = - \frac{r^2}{a}$$

ist, so ist nach 60) die Subtangente $s_t = -a$; die Subtangente
der hyperbolischen Spirale hat für jeden Punkt den konstanten Wert $-a$. Dabei deutet das Minuszeichen an — wie wir
durch Vergleich mit Abb. 220 und den zugehörigen Ableitungen erkennen —, daß wir, um sie zu erhalten, den Leitstrahl nicht im Uhr-
zeiger-, sondern im Gegenzeigersinne um $1\,R$ zu drehen haben, um
die Lage der Subtangente zu erhalten. — Diese Konstanz der Subtangente gestattet eine bequeme Tangentenkonstruktion. Man schlägt
um O mit a den Kreis und bringt ihn zum Schnitt mit dem in O auf
OP errichteten Lote; die Verbindungslinie von P mit dem Schnittpunkte T ist die Tangente in P. Diese Konstruktion gilt auch noch
für $\vartheta \doteq 0$; da hier $r = \infty$ ist, wird die Tangente zur Asymptote.
Die hyperbolische Spirale besitzt also eine Asymptote; man erhält
sie, indem man in O auf dem Anfangsstrahl das Lot $OT_0 = a$ errichtet
und durch T_0 die Parallele zum Anfangsstrahle zieht.

Es ist $r'' = 2\frac{a}{\vartheta^3} = 2\frac{r^3}{a^2}$, also nach 63)

$$\varrho = \frac{\left(r^2 + \dfrac{r^4}{a^2}\right)^{\frac{3}{2}}}{r^2 + 2\dfrac{r^4}{a^2} - 2\dfrac{r^4}{a^2}} = r \cdot \left(\frac{t}{a}\right)^3,$$

wobei $t = \sqrt{r^2 + a^2}$ die Länge der Tangente ist. Um demnach zum Krümmungsmittelpunkte M zu gelangen, errichten wir auf der Normalen NP in N das Lot, das die Verlängerung von OP in Q schneiden möge, und auf QP in Q das Lot, das die Normale in M schneidet. Infolge der Ähnlichkeit der rechtwinkligen Dreiecke MQP, QNP, NOP, POT ist nämlich

$$n : r = t : a, \quad \text{also} \quad n = \frac{t}{a}\, r,$$

ferner

$$QP : n = t : a, \quad \text{also} \quad QP = \left(\frac{t}{a}\right)^2 \cdot r,$$

schließlich $MP : QP = t : a$, demnach in der Tat

$$MP = \left(\frac{t}{a}\right)^3 \cdot r = \varrho.$$

Die vom Leitstrahle bei seiner Drehung aus der Amplitude ϑ_1 bis zur Amplitude ϑ_2 überstrichene Fläche der hyperbolischen Spirale ergibt sich aus 62) zu

$$[F]_1^2 = \frac{a^2}{2} \cdot \int\limits_{\vartheta_2}^{\vartheta_1} \frac{d\vartheta}{\vartheta^2} = \frac{a^2}{2}\left(\frac{1}{\vartheta_1} - \frac{1}{\vartheta_2}\right) = \frac{a}{2}\,(r_1 - r_2).$$

Wächst ϑ_2 über alle Grenzen hinaus, so ist diese Fläche, wenn $\vartheta_1 = \vartheta$ gesetzt wird, $F = \frac{1}{2}\,ra$, also gleich dem Inhalte des Kreisausschnittes OP_0P (Abb. 223).

Die Berechnung der Länge des von P_1 bis P_2 reichenden Kurvenbogens führt auf das Integral [s. 61]

$$[s]_1^2 = \int\limits_{\vartheta_1}^{\vartheta_2} \sqrt{\frac{a^2}{\vartheta^2} + \frac{a^2}{\vartheta^4}}\, d\vartheta = a \int\limits_{\vartheta_1}^{\vartheta_2} \frac{\sqrt{1 + \vartheta^2}}{\vartheta^2}\, d\vartheta.$$

Um $\int \frac{\sqrt{1+\vartheta^2}}{\vartheta^2}\, d\vartheta$ auszuwerten, setzen wir $\vartheta = \mathfrak{Sin}\, u$; dann ist

$$\sqrt{1 + \vartheta^2} = \mathfrak{Coj}\, u, \quad d\vartheta = \mathfrak{Coj}\, u\, du,$$

also

$$\int \frac{\sqrt{1+\vartheta^2}}{\vartheta^2}\, d\vartheta = \int \frac{\mathfrak{Coj}^2 u}{\mathfrak{Sin}^2 u}\, du = \int \left(1 + \frac{1}{\mathfrak{Sin}^2 u}\right) du$$

$$= u - \mathfrak{Ctg}\, u = \mathfrak{Ar}\,\mathfrak{Sin}\,\vartheta - \frac{\sqrt{1 + \vartheta^2}}{\vartheta}.$$

Demnach ist

$$[s]_1^2 = a\left[\mathfrak{Ar}\,\mathfrak{Sin}\,\vartheta - \frac{\sqrt{1 + \vartheta^2}}{\vartheta}\right]_{\vartheta_1}^{\vartheta_2}.$$

(143) C. Die technisch wichtigste Spirale ist die **logarithmische Spirale**; sie hat die Gleichung

$$r = a \cdot e^{b\,\vartheta}, \qquad\qquad 65)$$

wobei a eine Strecke, b eine Zahl bedeutet. Für $\vartheta = 0$ ist $r = a$. Durchläuft die Amplitude eine arithmetische Reihe, so durchläuft der Leitstrahl eine geometrische Reihe; in der Tat gehören zu den Amplituden ϑ_0, $\vartheta_0 + \alpha$, $\vartheta_0 + 2\alpha$, ..., $\vartheta_0 + n\alpha$ die Leitstrahlen

$$r_0 = a\, e^{b\,\vartheta_0},$$

$$r_1 = a\, e^{b\,(\vartheta_0 + \alpha)} = a\, e^{b\,\vartheta_0} \cdot e^{b\,\alpha} = r_0 \cdot q\,,$$

$$r_2 = a\, e^{b\,(\vartheta_0 + 2\alpha)} = a\, e^{b\,\vartheta_0} \cdot e^{2b\,\alpha} = r_0\, q^2,\; \ldots,$$

$$r_n = a\, e^{b\,(\vartheta_0 + n\,\alpha)} = a\, e^{b\,\vartheta_0} \cdot e^{n b\,\alpha} = r_0 \cdot q^n,$$

wenn $q = e^{b\,\alpha}$ gesetzt wird. Dies gibt Anlaß zur folgenden Konstruktion (Abb. 224): Sind $P_0\,(r_0 \,|\, \vartheta_0)$ und $P_1\,(r_1 \,|\, \vartheta_1 = \vartheta_0 + \alpha)$ irgend zwei Punkte

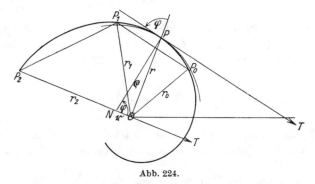

Abb. 224.

der Spirale, so trage man an OP_1 in O nochmals den Winkel α an und zeichne auf dem freien Schenkel den Punkt P_2 so, daß $OP_2 = r_2$ sich zu r_1 verhält wie r_1 zu r_0; P_2 ist dann ein weiterer Punkt der Spirale. Durch Wiederholung dieses Verfahrens kann man zu einer beliebigen Anzahl solcher Punkte gelangen. Halbiert man andererseits den Winkel $P_0 O P_1$ und trägt auf der Winkelhalbierenden das geometrische Mittel aus r_0 und r_1 $OP = r = \sqrt{r_0\, r_1}$ ab, so ist P ebenfalls ein Punkt der Spirale; durch wiederholtes Winkelhalbieren kann man die Punktfolge so dicht gestalten, wie man nur will.

Ist $b > 0$, so ist für $\alpha > 0$ $q = e^{b\,\alpha} > 1$: die Leitstrahlen nehmen mit wachsender Amplitude zu und wachsen über alle Grenzen; sie nehmen andererseits mit der Amplitude ab und nähern sich (für $\alpha < 0$), stets positiv bleibend, dem Grenzwerte Null, der jedoch erst erreicht wird, wenn $\vartheta = 0$ wird $\left(\lim\limits_{\vartheta \to -\infty} r = 0 \right)$. Der Nullpunkt ist demnach ein asymptotischer Punkt, der in immer engeren Windungen umkreist wird. Für $b < 0$ kehren sich die Verhältnisse sinngemäß um.

Bei der Bedeutung, die der logarithmischen Spirale zukommt, ist es unerläßlich, sich Übung im Konstruieren dieser Kurve anzueignen;

der Leser entwerfe selbständig auf Grund der oben gegebenen Winkel
die Spiralen, für welche

$$b = 1, \qquad 0{,}1, \qquad \frac{1}{\pi}, \qquad \frac{1}{2\pi}, \qquad \frac{1}{10\pi}, \qquad \frac{1}{2\pi}\ln 2, \qquad -0{,}2206 \qquad \text{ist.}$$

Eine logarithmische Spirale, deren asymptotischer Punkt mit O
zusammenfällt, ist durch zwei weitere Punkte $P_1(r_1|\vartheta_1)$ und $P_2(r_2|\vartheta_2)$
völlig bestimmt; ihre Gleichung muß von der Form sein: $r = a \cdot e^{b\vartheta}$.
Es müssen also die beiden identischen Gleichungen bestehen:

$$r_1 = a\,e^{b\,\vartheta_1} \quad \text{und} \quad r_2 = a\,e^{b\,\vartheta_2};$$

aus ihnen folgt durch Dividieren

$$e^{b(\vartheta_2 - \vartheta_1)} = \frac{r_2}{r_1} \quad \text{oder} \quad e^b = \sqrt[\vartheta_2 - \vartheta_1]{\frac{r_2}{r_1}}, \qquad b = \frac{\ln r_2 - \ln r_1}{\vartheta_2 - \vartheta_1}.$$

Setzt man diesen Wert in eine der beiden Gleichungen ein, so erhält
man

$$a = r_1\,e^{-b\,\vartheta_1} = r_1\,(e^b)^{-\vartheta_1} = r_1 \cdot \left(\sqrt[\vartheta_2 - \vartheta_1]{\frac{r_2}{r_1}}\right)^{-\vartheta_1} = r_1 \sqrt[\vartheta_2 - \vartheta_1]{\frac{r_1^{\vartheta_1}}{r_2^{\vartheta_1}}} = \sqrt[\vartheta_2 - \vartheta_1]{\frac{r_1^{\vartheta_2}}{r_2^{\vartheta_1}}}.$$

Also ist die Gleichung der durch P_1 und P_2 gehenden logarithmischen
Spirale

$$r = \sqrt[\vartheta_2 - \vartheta_1]{\frac{r_1^{\vartheta_2}}{r_2^{\vartheta_1}}} \cdot \sqrt[\vartheta_2 - \vartheta_1]{\frac{r_2^{\vartheta}}{r_1^{\vartheta}}} \quad \text{oder} \quad r = \sqrt[\vartheta_2 - \vartheta_1]{\frac{r_2^{\vartheta - \vartheta_1}}{r_1^{\vartheta - \vartheta_2}}}.$$

Besonders einfache Eigenschaften zeigen sich bei Anwendung der
Infinitesimalrechnung auf die logarithmische Spirale. Es ist

$$r' = a \cdot b\,e^{b\vartheta} = b\,r;$$

demnach ist

$$\operatorname{tg}\varphi = \frac{1}{b}.$$

Die logarithmische Spirale $r = a\,e^{b\vartheta}$ schneidet alle Leitstrahlen unter dem gleichen Winkel, dessen Kotangens den
Wert b hat.

Bestimme diesen Winkel für die oben angegebenen Spiralen!

Hieraus folgt, daß alle durch Tangente und Normale gebildeten
rechtwinkligen Dreiecke TPN einander ähnlich sind.

Da $r'' = b^2 r$ ist, so folgt für den Krümmungshalbmesser

$$\varrho = \frac{(r^2 + b^2\,r^2)^{\frac{3}{2}}}{r^2 + 2\,b^2\,r^2 - b^2\,r^2} = r\sqrt{1 + b^2} = \frac{r}{\sin\varphi} = PN.$$

Der Krümmungsmittelpunkt fällt demnach mit N zusammen. Da
$\mathfrak{r} = ON = r \cdot b$ ist, so ist $\mathfrak{r} = a\,b \cdot e^{b\vartheta}$; wählen wir als neuen Anfangsstrahl denjenigen, der auf dem ursprünglichen senkrecht steht, so
sind $\mathfrak{r}$ und ϑ die Polarkoordinaten von N; demnach ist $\mathfrak{r} = a\,b\,e^{b\vartheta}$
die Gleichung der Evolute der ursprünglichen logarithmischen Spirale.

Sie ist, wie man aus ihrer Gleichung erkennt, wiederum eine logarithmische Spirale, die den gleichen Winkel φ besitzt wie ihre Evolvente. **Die Evolute der logarithmischen Spirale ist eine zu ihrer Evolvente kongruente Spirale.** Beziehen wir die Gleichung der Evolute auf den ursprünglichen Anfangsstrahl, so lautet ihre Gleichung $\mathfrak{r} = abe^{b\left(\vartheta - \frac{\pi}{2}\right)}$; für sie können wir schreiben $\mathfrak{r} = ae^{b(\vartheta - \vartheta_0)}$, wenn wir $\vartheta_0 = \frac{\pi}{2} - \frac{\ln b}{b}$ setzen. Würden wir also als neuen Anfangsstrahl denjenigen wählen, der mit dem ursprünglichen den Winkel $\vartheta_0 = \frac{\pi}{2} - \frac{\ln b}{b}$ einschließt, so würde die Gleichung der Evolute lauten $\mathfrak{r} = ae^{b\vartheta}$, also identisch mit der Gleichung der Evolvente sein. **Dreht man die logarithmische Spirale um ihren asymptotischen Punkt um den Winkel $\vartheta_0 = \frac{\pi}{2} - \frac{\ln b}{b}$, so geht sie in ihre Evolute über.** Da eine Kurve mit sich selbst zur Deckung kommt, wenn man sie um einen oder mehrere Vollwinkel um O dreht, so kann auch der Fall eintreten, daß eine logarithmische Spirale ihre eigene Evolute ist; es müßte dann $\vartheta_0 = 2n\pi$ sein, wobei n eine ganze Zahl ist. **Die Bedingung dafür, daß eine logarithmische Spirale ihre eigene Evolute ist,** ist folglich

$$(2n - \tfrac{1}{2})\, b\, \pi + \ln b = 0,$$

eine Bestimmungsgleichung für b.

Setzen wir $n = 1$, so lautet sie $\tfrac{3}{2}\, b\, \pi + \ln b = 0$; ihre Lösung ist $b = 0{,}274412$, und der Neigungswinkel dieser Spirale ist $\varphi = 74°39'18''$. Ist $n = 2$, so ist

$$\tfrac{7}{2}\, b\, \pi + \ln b = 0, \qquad b = 0{,}16427, \qquad \varphi = 80°\,40'\,17''.$$

Die von der logarithmischen Spirale und den beiden Leitstrahlen r_1 und r_2 eingeschlossene Fläche hat nach 62) den Inhalt

$$[F]_1^2 = \frac{a^2}{2}\int\limits_{\vartheta_1}^{\vartheta_2} e^{2b\vartheta}\, d\vartheta = \frac{a^2}{4b}\,[e^{2b\vartheta}]_{\vartheta_1}^{\vartheta_2} = \frac{a^2}{4b}\,[e^{2b\vartheta_2} - e^{2b\vartheta_1}] = \frac{1}{4b}\,[r_2^2 - r_1^2]$$

$$= \frac{1}{4}\cdot (r_2 + r_1)\sin\varphi\cdot\frac{r_2 - r_1}{\cos\varphi}\,;$$

die Länge der von P_1 bis P_2 reichenden Kurve beträgt nach 61

$$[s]_1^2 = \int\limits_{\vartheta_1}^{\vartheta_2}\sqrt{a^2 e^{2b\vartheta} + a^2 b^2 e^{2b\vartheta}}\, d\vartheta = a\sqrt{1 + b^2}\int\limits_{\vartheta_1}^{\vartheta_2} e^{b\vartheta}\, d\vartheta$$

$$= a\,\frac{\sqrt{1 + b^2}}{b}\,[e^{b\vartheta}]_{\vartheta_1}^{\vartheta_2} = a\,\frac{\sqrt{1 + b^2}}{b}\,[e^{b\vartheta_2} - e^{b\vartheta_1}],$$

$$[s]_1^2 = \frac{\sqrt{1 + b^2}}{b}\,(r_2 - r_1) = \frac{r_2 - r_1}{\cos\varphi}\,.$$

Die Formeln für $[F]_1^2$ und $[s]_1^2$ lassen eine einfache Konstruktion für Länge und Fläche zu. Man zeichne (s. Abb. 225) in P_2 an die Spirale die Tangente und schlage um O den Kreis durch P_1, der OP_2 in Q und die Rückwärtsverlängerung von OP_2 in R schneidet. Das in Q auf OP_2 errichtete Lot schneidet die Tangente von P_2 in S, und es ist $P_2S = [s]_1^2$. Ferner ziehe man durch R zu P_2S die Parallele, welche das in S auf P_2S errichtete Lot in T schneiden möge, und ergänze zu dem Rechtecke P_2STU; sein Flächeninhalt ist gleich $4[F]_1^2$. Der Beweis ist einfach: Es ist $P_2Q = r_2 - r_1$, also

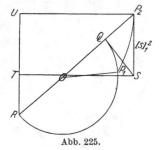

Abb. 225.

$$P_2S = \frac{r_2 - r_1}{\cos\varphi} = [s]_1^2;$$

ferner $P_2R = r_2 + r_1$, also $ST = (r_2 + r_1)\sin\varphi$, und daher Rechteck

$$P_2STU = \frac{r_2 - r_1}{\cos\varphi} \cdot (r_2 + r_1)\sin\varphi = (r_2^2 - r_1^2)\,\mathrm{tg}\,\varphi = \frac{r_2^2 - r_1^2}{b} = 4\,[F]_1^2.$$

Setzen wir $\vartheta_1 = -\infty$, also $r_1 = 0$ und $\vartheta_2 = \vartheta$, $r_2 = r$, so erhalten wir

$$F = \frac{r^2}{4}\,\mathrm{tg}\,\varphi \qquad \text{und} \qquad s = \frac{r}{\cos\varphi}.$$

Der Weg, den ein Punkt auf der logarithmischen Spirale zurücklegt, bis er in unendlich vielen Windungen vom asymptotischen Punkte bis zum Punkte P gelangt, ist also nicht, wie man leicht vermuten könnte, unendlich groß, sondern hat eine endliche Länge, und zwar ist diese gleich der Länge der Tangente im Punkte P. Die Fläche, die bei dieser Bewegung der Leitstrahl des Punktes überstreicht, hat einen Inhalt, der gleich dem Rechtecke aus dem Leitstrahle von P und dem vierten Teil der Subtangente von P ist.

Wir wollen die Betrachtung der logarithmischen Spirale nicht abschließen, ohne auf ihre innige Beziehung zur gedämpften Schwingung [s. (57) S. 144 f.] einzugehen. Um den Zusammenhang beider noch enger zu gestalten, wollen wir die Gleichung der logarithmischen Spirale schreiben $r = a \cdot e^{-b\vartheta}$, wobei b eine absolute Größe sein soll; wir beschränken uns mit anderen Worten auf eine logarithmische Spirale, bei welcher mit wachsender Amplitude der Leitstrahl abnimmt. Auf der logarithmischen Spirale möge sich ein Punkt P mit konstanter Winkelgeschwindigkeit ω bewegen, $\vartheta = \omega t$, wobei t die Zeit bedeutet. die zur Zurücklegung des Winkels ϑ gebraucht wird. Er möge zu einem Umlaufe die Zeit T benötigen, so daß $\omega \cdot T = 2\pi$ ist. Unter Einführung der Zeit t erhält die Gleichung der logarithmischen Spirale die Gestalt

$$r = a \cdot e^{-b\omega t} = a \cdot e^{-\lambda t},$$

wenn $b\,\omega = \lambda$ gesetzt wird.

Mit dem auf der Spirale sich bewegenden Punkte P denken wir uns nun einen Punkt Q auf der durch O gehenden Normalen zum

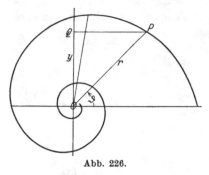

Anfangsstrahle derart verbunden, daß QP parallel dem Anfangsstrahle ist; Q führt bei jedem Umlauf von P eine Hinundherbewegung aus, die stets durch O führt; die Pendelungen werden hierbei beständig kürzer. Bezeichnen wir OQ mit y, so ist in jeder Lage

$$y = r\sin\vartheta$$

oder

$$y = a\,e^{-\lambda t}\sin\omega\,t$$

Abb. 226.

bzw.

$$y = a\,e^{-\lambda t}\sin\frac{2\,\pi}{T}\,t .$$

Dies ist aber die Gleichung der gedämpften Schwingung. Ist die Tangente an die Spirale parallel dem Anfangsstrahl, so hat der die gedämpfte Schwingung ausführende Punkt Q seinen größten Ausschlag und kehrt um; hier ist also seine augenblickliche Geschwindigkeit gleich Null. Da nach 59) in diesem Falle $\varphi + \vartheta = \pi$ sein muß, so ist die zugehörige Amplitude ϑ durch die Gleichung bestimmt $\operatorname{tg}\vartheta = \frac{1}{b}$; demnach ist der Zeitpunkt, in welchem Q umkehrt,

$$t_1 = \frac{1}{\omega}\operatorname{arctg}\frac{1}{b} = \frac{1}{\omega}\operatorname{arctg}\frac{\omega}{\lambda} = \frac{T}{2\,\pi}\operatorname{arctg}\frac{2\,\pi}{\lambda\,T},$$

in Übereinstimmung mit der in (57) gefundenen Formel.

D. Eine besondere Spirale, die **Fermatsche Spirale,** findet neuerdings im Rundfunkgerät Verwendung. Der in ihm eingebaute Drehplattenkondensator trägt auf seinem Knopfe eine Ablesevorrichtung zur Einstellung der richtigen Wellenlänge. Die feste Platte des Kondensators ist halbkreisförmig, die an ihr vorbeizudrehende war es ursprünglich auch. Daher war die Kapazität C proportional dem Drehwinkel α. Da nun die Wellenlänge λ sich aus der Formel $\lambda = 2\,\pi\sqrt{LC}$ berechnet (L Selbstinduktion), so war λ proportional $\sqrt{\alpha}$. Das hatte

Abb. 227.

zur Folge, daß die Einteilung an der Ablesevorrichtung ungleichförmig war, und zwar für kleine Wellenlängen wesentlich dichter als für große (s. Abb. 227), so daß die Einstellung für jene wesentlich ungenauer wurde als für diese. Um eine gleichmäßige Empfindlichkeit des Kondensators zu erzielen, gibt man der Drehplatte eine spiralige Abgrenzung; die Gleichung der Spirale möge $r = f(\vartheta)$ lauten. Nach Drehung um den Winkel π aus der Anfangslage befindet sich dann eine Fläche F

über der festen Platte, die sich zu $F = \frac{1}{2}\int\limits_0^\vartheta r^2\,d\vartheta$ ergibt. Da sie proportional zu C, also proportional λ^2 ist, λ aber proportional ϑ sein soll, so erhalten wir für r die Gleichung

$$\frac{1}{2}\int\limits_0^\vartheta r^2\,d\vartheta = c\cdot\vartheta^2\,.$$

Beiderseitiges Differenzieren nach ϑ liefert

$$\tfrac{1}{2}r^2 = 2c\,\vartheta\,, \quad \text{also} \quad r = 2\sqrt{c}\cdot\sqrt{\vartheta}\,, \quad r = a\sqrt{\vartheta}\,,$$

die Gleichung der Fermatschen Spirale, deren Gestalt Abb. 228 zeigt. Da man in der Gestalt der Drehplatte die Umrisse einer Niere zu erkennen glaubte, wird dieser Drehkondensator von gleichmäßiger Empfindlichkeit für Wellenlängeneinstellung auch als „Nierenplattenkondensator" bezeichnet.

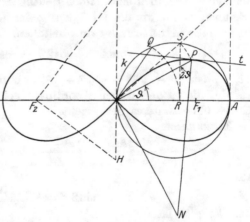

(144) Neben den angeführten Spiralen sind noch andere Kurven einer Un-

Abb. 228.   Abb. 229.

tersuchung in Polarkoordinaten leicht zugänglich; der Leser behandle beispielsweise die uns aus (139) S. 395 bekannte Kardioide auf diese Weise und zeige insbesondere, daß die von ihr eingeschlossene Fläche den Inhalt $J = 6\pi l^2$ hat. Hier seien noch die **Lemniskate** und die **Kegelschnitte** behandelt. Die **Lemniskate** hat die Gleichung

$$r = a\sqrt{\cos 2\vartheta}\,. \tag{66}$$

Der Leitstrahl ist also nur so lange reell, als $\cos 2\vartheta > 0$ ist, d. h. für Werte von ϑ, die in den Grenzen

$$-\frac{\pi}{4} \leqq \vartheta \leqq +\frac{\pi}{4} \quad \text{und} \quad \frac{3}{4}\pi \leqq \vartheta \leqq \frac{5}{4}\pi$$

liegen. Den zu einer bestimmten Amplitude ϑ gehörigen Lemniskatenpunkt P kann man durch folgende Konstruktion finden (s. Abb. 229):

Man wählt auf dem Anfangsstrahle den Punkt A so, daß $OA = a$ ist, und schlägt über OA als Durchmesser den Kreis k. Diesen bringt man mit dem freien Schenkel der Amplitude 2ϑ in Q zum Schnitt; dann schlägt man um O den durch Q gehenden Kreis, der OA in R trifft, und errichtet in R das Lot auf OA, das k in S schneidet; schließlich schlägt man um O den durch S gehenden Kreis, der den freien Schenkel der Amplitude ϑ in dem Lemniskatenpunkt P trifft. Es ist in der Tat

$$OR = OQ = a\cos 2\vartheta, \quad \text{folglich} \quad \overline{OP}^2 = \overline{OS}^2 = a \cdot a\cos 2\vartheta,$$

also
$$OP = r = a\sqrt{\cos 2\vartheta}.$$

Gleichung 66) sagt weiterhin aus, daß die Lemniskate aus vier zu einander symmetrischen Teilen besteht, und daß der Anfangsstrahl und seine Verlängerung sowie die in O auf diesem senkrechte Gerade die Symmetrielinien sind. Noch deutlicher läßt sich diese Eigenschaft erkennen, wenn wir die Gleichung der Lemniskate im rechtwinkligen Koordinatensystem aufstellen. Da

$$r^2 = x^2 + y^2 \qquad \text{und} \qquad \cos 2\vartheta = \cos^2\vartheta - \sin^2\vartheta = \frac{x^2}{r^2} - \frac{y^2}{r^2}$$

ist, so ist $(x^2 + y^2)^2 - a^2(x^2 - y^2) = 0$ die gewünschte Gleichung, aus der die zu den beiden Koordinatenachsen symmetrische Lage der Kurve ohne weiteres hervorgeht.

Es ist ferner

$$r' = -a\,\frac{\sin 2\vartheta}{\sqrt{\cos 2\vartheta}} = -\frac{\sqrt{a^4 - r^4}}{r}, \qquad \text{da} \qquad \cos 2\vartheta = \frac{r^2}{a^2},$$

also
$$\sin 2\vartheta = \frac{\sqrt{a^4 - r^4}}{a^2}$$

ist. Folglich ist

$$\operatorname{tg}\varphi = \frac{r}{r'} = a\sqrt{\cos 2\vartheta} : \left(-a\,\frac{\sin 2\vartheta}{\sqrt{\cos 2\vartheta}}\right) = -\operatorname{ctg} 2\vartheta,$$

also
$$\varphi = \frac{\pi}{2} + 2\vartheta;$$

d. h. der Winkel zwischen Leitstrahl und Kurvennormale $\varphi' = 2\vartheta$. Um also in P die Normale zu zeichnen, trägt man in P an PO den Winkel 2ϑ an; der freie Schenkel ist die Normale. Damit ist dann auch die Tangente gefunden. Den Höchstpunkt der Lemniskate erhalten wir durch die Erwägung, daß nach 59) $\varphi + \vartheta = \pi$ sein muß, aus der Gleichung

$$\frac{\pi}{2} + 2\vartheta + \vartheta = \pi,$$

aus der sich ergibt

$$\vartheta_0 = \frac{\pi}{6}, \qquad r_0 = \frac{a}{2}\sqrt{2}.$$

Da die Subnormale

$$s_n = r' = -\frac{\sqrt{a^4 - r^4}}{r}$$

ist, so ist die Länge der Normalen

$$n = \sqrt{r^2 + \frac{a^4 - r^4}{r^2}} = \frac{a^2}{r}.$$

Schneidet man OS mit dem in A auf OA errichteten Lote in U, so ist $OU = n$; denn es ist im rechtwinkligen Dreieck OAU $AS \perp OU$, folglich $OS \cdot OU = \overline{OA}^2$ oder $OU = \frac{a^2}{r} = n$. Um also die Normale im Punkt T zu zeichnen, können wir auch so verfahren: Wir errichten in O auf OP das Lot und schlagen um P mit n den Kreis, der das Lot in N schneidet; PN ist dann die gesuchte Normale.

Ferner ist

$$r'' = \frac{dr'}{d\vartheta} = \frac{dr'}{dr} \cdot \frac{dr}{d\vartheta} = r' \frac{dr'}{dr}.$$

Da nun

$$\frac{dr'}{dr} = -\frac{r \cdot \dfrac{-4r^3}{2\sqrt{a^4 - r^4}} - \sqrt{a^4 - r^4}}{r^2} = \frac{a^4 + r^4}{r^2 \sqrt{a^4 - r^4}}$$

ist, so ist

$$r'' = -\frac{a^4 + r^4}{r^3}.$$

Hieraus folgt

$$\varrho = \frac{a^6}{r^3 \left(r^2 + 2\dfrac{a^4 - r^4}{r^2} + \dfrac{a^4 + r^4}{r^2} \right)} = \frac{a^2}{3r} \quad \text{oder} \quad \varrho = \frac{n}{3}.$$

Der Krümmungsmittelpunkt und damit auch der Krümmungskreis lassen sich demnach in überaus einfacher Weise zeichnen; u. a. hat der Krümmungshalbmesser im Scheitel A die Länge $\frac{a}{3}$, im Höchstpunkte die Länge $\frac{a}{3}\sqrt{3}$.

Der Inhalt der von der Lemniskate, dem Anfangsstrahle und dem Leitstrahle von der Länge r begrenzten Fläche ist

$$F = \frac{1}{2}\int_0^\vartheta a^2 \cos 2\vartheta \, d\vartheta = \frac{a^2}{4}[\sin 2\vartheta]_0^\vartheta = \frac{a^2}{4}\sin 2\vartheta = \frac{1}{4}\sqrt{a^4 - r^4}.$$

Setzen wir $\vartheta = \frac{\pi}{4}$ oder $r = 0$, so ist $F = \frac{a^2}{4}$, und der Inhalt der von der schleifenförmigen Lemniskate begrenzten Gesamtfläche wird $F = a^2$.

Der von A aus gerechnete Kurvenbogen ergibt sich zu

$$s = \int_0^\vartheta n \cdot d\vartheta = \int_0^\vartheta \frac{a^2}{r} \, d\vartheta = a \int_0^\vartheta \frac{d\vartheta}{\sqrt{\cos 2\vartheta}}$$

oder

$$s = \int\limits_0^\vartheta \frac{a^2}{r \cdot r'}\, dr = -a^2 \int\limits_a^r \frac{dr}{\sqrt{a^4 - r^4}}.$$

Beide Integrale können wir erst später auswerten [s. (201) S. 662].

Auf eine weitere Konstruktionsart der Lemniskate sei zum Schlusse noch hingewiesen. Wir wählen in Abb. 229 auf der Geraden OA die beiden Punkte F_1 und F_2 im Abstande

$$OF_1 = OF_2 = \frac{a}{2}\sqrt{2}.$$

Dann ist nach dem Kosinussatze

$$\overline{F_1 P}^2 = \frac{a^2}{2} + r^2 - 2 \cdot \frac{a}{2}\sqrt{r}\cos\vartheta \quad \text{und} \quad \overline{F_2 P}^2 = \frac{a^2}{2} + r^2 + 2 \cdot \frac{a}{2}\sqrt{2}\,r\cos\vartheta$$

oder

$$(F_1 P \cdot F_2 P)^2 = \frac{a^4}{4} + a^2 r^2 + r^4 - 2 a^2 r^2 \cos^2\vartheta .$$

$$= \frac{a^2}{4} + a^2 r^2 + r^4 - a^2 r^2 (1 + \cos 2\vartheta)$$

$$= \frac{a^4}{4} + r^4 - a^2 r^2 \cos 2\vartheta = \frac{a^4}{4} + r^4 - a^2 r^2 \cdot \frac{r^2}{a^2} = \frac{a^4}{4}$$

oder

$$F_1 P \cdot F_2 P = \frac{a^2}{2} = \left(\frac{a}{2}\sqrt{2}\right)^2 = \overline{OF_1}^2.$$

Die Lemniskate ist der Ort aller Punkte, für welche das Produkt aus den Abständen von zwei festen Punkten F_1 und F_2 konstant, nämlich gleich dem Quadrate aus der halben gegenseitigen Entfernung dieser beiden Punkte ist. Gibt man sich demnach auf der Mittelsenkrechten zu $F_1 F_2$ einen beliebigen Punkt H und errichtet man in F_2 auf $F_2 H$ das Lot, das die Mittelsenkrechten in H' schneidet, so sind $r_1 = OH$ und $r_2 = OH'$ zwei Strecken, mit denen man nur um F_1 bzw. F_2 Kreise zu schlagen braucht, um in deren Schnittpunkten Punkte der Lemniskate zu erhalten.

Die Lemniskate erscheint so als Sonderfall einer umfassenderen Gruppe von Kurven, den **Cassinischen Kurven**, bei welchen das Produkt aus r und r' nicht gerade gleich dem Quadrate über der halben Entfernung von F und F' ist, sondern irgendeinen beliebigen, aber konstanten Wert hat.

Suchen wir schließlich die zur Lemniskate kreisverwandte Kurve [s. (126) S. 338], wobei der Verwandtschaftskreis der um O durch A geschlagene Kreis sein möge, so muß der Leitstrahl $\mathfrak{r}$ des zur Amplitude ϑ gehörigen Punktes dieser Kurve die Bedingung erfüllen

$$\mathfrak{r} \cdot r = a^2 \quad \text{oder} \quad \mathfrak{r} = \frac{a^2}{r} = \frac{a}{\sqrt{\cos 2\vartheta}}.$$

Setzen wir diese Gleichung in rechtwinklige Koordinaten um, so erhalten wir $\quad \mathfrak{r}^2 \cos 2\vartheta = a^2 \quad$ oder $\quad \mathfrak{r}^2 \cos^2\vartheta - \sin^2\vartheta = a^2$

oder schließlich $\qquad x^2 - y^2 = a^2 \quad$ [s. **(112)** S. 303].

Die Lemniskate ist die zur gleichseitigen Hyperbel kreisverwandte Kurve.

(145) Unter einem **Kegelschnitte** wollen wir den geometrischen Ort aller Punkte verstehen, für welche das Verhältnis des Abstandes von einem festen Punkte F, dem Brennpunkte, und von einer festen Geraden l, der Leitlinie, gleich einem konstanten Werte ε, der numerischen Exzentrizität ist. Wir erhalten demnach auf folgendem Wege Punkte des Kegelschnittes: Wir tragen auf zwei sich schneidenden Geraden vom Schnittpunkte S aus zwei Strecken $SM = m$ bzw. $SN = n$ ab, so daß $m:n = \varepsilon$ ist. Eine beliebige Parallele zu MN schneidet auf den beiden Geraden zwei Strecken SM' und SN' ab, deren Verhältnis ebenfalls ε ist. Mit SM' schlagen wir um F einen Kreis, im Abstand SN ziehen wir zu l die Parallele. Die Schnittpunkte zwischen Kreis und Parallele sind Punkte des Kegelschnittes. Wählen wir F als Nullpunkt und die Verlängerung des von F auf l gefällten Lotes als Anfangsstrahl eines Polarkoordinatensystems (Abb. 230), so ist, wenn $FD = d$ der Abstand des Brennpunktes von der Leitlinie ist, der Abstand PQ eines Kurvenpunktes P von

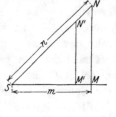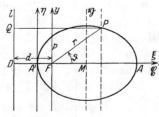

Abb. 230.

der Leitlinie gleich $d + r \cos\vartheta$; demnach müssen die Polarkoordinaten eines jeden Kegelschnittpunktes die Gleichung erfüllen

$$\frac{r}{d + r \cos\vartheta} = \varepsilon \quad \text{oder} \quad r = \frac{\varepsilon d}{1 - \varepsilon \cos\vartheta}. \qquad 67)$$

Diese Gleichung heißt die **Polargleichung des Kegelschnittes**. Der Anfangsstrahl ist eine Symmetrielinie des Kegelschnittes, da sich aus 67) für entgegengesetzt gleiche Amplituden ϑ gleiche Leitstrahlen r ergeben; sie heißt die **Hauptachse** des Kegelschnittes; und die beiden auf ihr gelegenen Punkte A und A', die man dadurch erhält, daß man die Strecke FD innen und außen im Verhältnis ε teilt, sind die **Hauptscheitel** des Kegelschnittes; man erhält ihre Leitstrahlen für $\vartheta = 0$ und $\vartheta = \pi$ zu

$$r_A = \frac{\varepsilon d}{1 - \varepsilon} \quad \text{und} \quad r_{A'} = \frac{\varepsilon d}{1 + \varepsilon}.$$

Für $\vartheta = \dfrac{\pi}{2}$ und $\vartheta = \dfrac{3}{2}\pi$ ergibt sich $r = \varepsilon d = p$; p heißt der Parameter des Kegelschnittes und ist die zum Brennpunkt gehörige Ordinate. Unter Verwendung von p geht die Gleichung 67) über in

$$r = \frac{p}{1 - \varepsilon\cos\vartheta}, \qquad\qquad 67')$$

und es wird

$$r_A = \frac{p}{1-\varepsilon} \quad \text{und} \quad r_{A'} = \frac{p}{1+\varepsilon}.$$

Wir müssen nun drei verschiedene Fälle unterscheiden, je nachdem $\varepsilon \lesseqgtr 1$ ist. Ist $\varepsilon = 1$, so lautet die Gleichung

$$r = \frac{p}{1 - \cos\vartheta}.$$

Es wird

$$r_A = \infty, \qquad r_{A'} = \frac{p}{2}, \qquad p = d.$$

Der Kegelschnitt heißt **Parabel** und hat die Eigenschaft, daß der eine Scheitel A im Unendlichen liegt, während der andere A' der Mittelpunkt von FD ist. Da $\varepsilon = 1$ ist, so ist die Parabel der Ort aller Punkte, für welche die beiden Abstände vom Brennpunkt und von der Leitlinie einander gleich sind.

Ist $\varepsilon < 1$, so heißt die Kurve **Ellipse**. Da in diesem Falle $1 - \varepsilon\cos\vartheta$ stets positiv und endlich sein muß, so liegt nach Gleichung 67) und 67') auf jedem Leitstrahle ein Punkt der Kurve; die Ellipse ist eine geschlossene Kurve. Der Leitstrahl ist am größten für $\vartheta = 0$, am kleinsten für $\vartheta = \pi$. Der Scheitel A liegt unter allen Ellipsenpunkten am weitesten von F entfernt, der Scheitel A' ihm dagegen am nächsten.

Ist schließlich $\varepsilon > 1$, so heißt die Kurve Hyperbel. Für sie kann $1 - \varepsilon\cos\vartheta$ positiv, negativ und Null sein, je nachdem $\cos\vartheta \lesseqgtr \dfrac{1}{\varepsilon}$ ist. Mit $1 - \varepsilon\cos\vartheta$ ist auch r positiv, und zwar am kleinsten für $\vartheta = \pi : r_{A'} = \dfrac{p}{1+\varepsilon}$. Mit $1 - \varepsilon\cos\vartheta$ ist auch r negativ, der absolute Betrag am kleinsten für $\vartheta = 0 : r_A = -\dfrac{p}{\varepsilon - 1}$. Sowohl der Scheitel A als auch der Scheitel A' liegen demnach vom Brennpunkte F aus auf der gleichen Seite der Achse, nämlich auf der nach l hin gerichteten, und zwar A' zwischen F und D, da

$$r_{A'} = \frac{\varepsilon}{\varepsilon + 1} \cdot d < d,$$

dagegen A noch über D hinaus, da

$$-r_A = +\frac{\varepsilon}{\varepsilon - 1}d > d$$

ist. Ist schließlich $\cos\vartheta = \dfrac{1}{\varepsilon}$, so ist $r = \infty$. Die Hyperbel besitzt daher zwei unendlich ferne Punkte.

Abb. 231 zeigt für verschiedene Werte ε die Kegelschnitte, die den Brennpunkt und die Leitlinie gemeinsam haben.

Daß die im obigen definierten Kegelschnitte Ellipse, Parabel und Hyperbel identisch sind mit den von uns schon früher behandelten

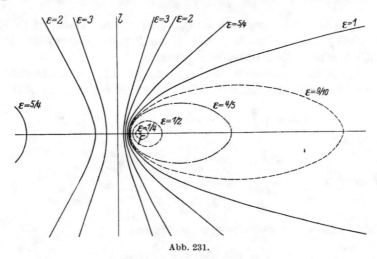

Abb. 231.

Kurven gleichen Namens, können wir sehr einfach nachweisen, wenn wir vom Polarkoordinatensystem zum rechtwinkligen Koordinatensystem übergehen. Aus Gleichung 67') erhalten wir

$$r = \varepsilon \cdot r \cos\vartheta + p.$$

Setzen wir

$$r = \sqrt{x^2 + y^2}, \qquad r \cos\vartheta = x$$

[s. (106), Formeln 8) und 9)], so ergibt sich

$$\sqrt{x^2 + y^2} = p + \varepsilon x,$$

woraus wir durch Quadrieren erhalten

$$x^2(1 - \varepsilon^2) + y^2 - 2\varepsilon p x - p^2 = 0.$$

Jetzt verschieben wir den Anfangspunkt des rechtwinkligen Koordinatensystems nach dem Scheitel A', und zwar, da

$$r_{A'} = \frac{p}{1 + \varepsilon}, \qquad \text{also} \qquad F A' = -\frac{p}{1 + \varepsilon}$$

ist, mittels der Verschiebungsformeln

$$x = \xi - \frac{p}{1 + \varepsilon}, \qquad y = \eta$$

und erhalten

$$(1 - \varepsilon^2)\left(\xi - \frac{p}{1 + \varepsilon}\right)^2 + \eta^2 - 2\varepsilon p\left(\xi - \frac{p}{1 + \varepsilon}\right) - p^2 = 0$$

oder geordnet
$$(1 - \varepsilon^2)\, \xi^2 + \eta^2 - 2p\, \xi = 0\,,$$

Scheitelgleichung des Kegelschnittes.

Für $\varepsilon = 1$ geht sie über in
$$\eta^2 - 2p\, \xi = 0\,,$$

eine Gleichung, die uns schon aus dem ersten Abschnitt [s. **(38)**, Formel 72)] als die Scheitelgleichung der Parabel bekannt ist. Damit ist die Identität der Parabel nachgewiesen.

Schließlich verschieben wir den Anfangspunkt des rechtwinkligen Koordinatensystems nach dem Mittelpunkt M der Strecke $A'A$. Da

$$A'F = \frac{p}{1+\varepsilon} \qquad \text{und} \qquad FA = r_A = \frac{p}{1-\varepsilon}$$

ist, so ist

$$A'A = p\left(\frac{1}{1-\varepsilon} + \frac{1}{1+\varepsilon}\right) = \frac{2p}{1-\varepsilon^2}$$

und demnach

$$A'M = \frac{p}{1-\varepsilon^2}\,.$$

Daher lauten die Verschiebungsgleichungen

$$\xi = \mathfrak{x} + \frac{p}{1-\varepsilon^2}\,, \qquad \eta = \mathfrak{y}$$

und demnach die Kegelschnittsgleichung

$$(1 - \varepsilon^2)\left(\mathfrak{x} + \frac{p}{1-\varepsilon^2}\right)^2 + \mathfrak{y}^2 - 2p\left(\mathfrak{x} + \frac{p}{1-\varepsilon^2}\right) = 0$$

oder

$$(1 - \varepsilon^2)\, \mathfrak{x}^2 + \mathfrak{y}^2 = \frac{p^2}{1-\varepsilon^2}\,,$$

aus der die Gleichung folgt

$$\frac{\mathfrak{x}^2}{\left(\dfrac{p}{1-\varepsilon^2}\right)^2} + \frac{\mathfrak{y}^2}{\dfrac{p^2}{1-\varepsilon^2}} = 1\,,$$

Achsengleichung der Kegelschnitte.

Nehmen wir erst den Fall der Ellipse $\varepsilon < 1$, so können wir auch schreiben

$$\frac{\mathfrak{x}^2}{\left(\dfrac{p}{1-\varepsilon^2}\right)^2} + \frac{\mathfrak{y}^2}{\left(\dfrac{p}{\sqrt{1-\varepsilon^2}}\right)^2} = 1\,.$$

Diese Gleichung geht aber in die uns aus **(136)** S. 374 bekannte **Achsengleichung der Ellipse**

$$\frac{\mathfrak{x}^2}{a^2} + \frac{\mathfrak{y}^2}{b^2} = 1$$

über, wenn wir

$$a = \frac{p}{1-\varepsilon^2}\,, \qquad b = \frac{p}{\sqrt{1-\varepsilon^2}}$$

setzen, womit die Identität der Ellipse nachgewiesen ist. Im Falle der Hyperbel ist $\varepsilon > 1$; wir schreiben jetzt die Achsengleichung:

$$\frac{\mathfrak{x}^2}{\left(\dfrac{p}{\varepsilon^2-1}\right)^2} - \frac{\mathfrak{y}^2}{\left(\dfrac{p}{\sqrt{\varepsilon^2-1}}\right)^2} = 1 \,.$$

Setzen wir hier

$$\frac{p}{\varepsilon^2-1} = a\,, \qquad \frac{p}{\sqrt{\varepsilon^2-1}} = b\,,$$

so geht diese über in

$$\frac{\mathfrak{x}^2}{a^2} - \frac{\mathfrak{y}^2}{b^2} = 1\,,$$

die wir schon aus (112) S. 304 als die Achsengleichung der Hyperbel kennen, womit schließlich auch die Identität der Hyperbel nachgewiesen ist.

Wir schließen hiermit die Behandlung der Kurven in Polarkoordinaten ab; es bleiben nun noch die ebenen Kurven zu untersuchen, deren Gleichung in der unentwickelten (impliziten) Form $f(x, y) = 0$ gegeben ist. Vorher aber müssen wir uns mit der Lehre der partiellen Differentialquotienten vertraut machen, die uns zur analytischen Geometrie des Raumes führt.

Tabelle der wichtigsten Integrale.

T I 1) $\int x^n\,dx = \dfrac{x^{n+1}}{n+1}, \qquad n \neq -1,$

2) $\int \dfrac{dx}{x} = \ln x,$

3) $\int \dfrac{dx}{x^2+1} = \operatorname{arctg} x = -\operatorname{arcctg} x,$

4) $\int \dfrac{dx}{1-x^2} = \operatorname{Ar}\mathfrak{Tg}\,x = \dfrac{1}{2}\ln\dfrac{1+x}{1-x},$

5) $\int \dfrac{dx}{x^2-1} = -\operatorname{Ar}\mathfrak{Ctg}\,x = \dfrac{1}{2}\ln\dfrac{x-1}{x+1},$

6) $\int \dfrac{dx}{ax+b} = \dfrac{1}{a}\ln(ax+b),$

7) $\int \dfrac{dx}{x^2+a^2} = \dfrac{1}{a}\operatorname{arctg}\dfrac{x}{a},$

8) $\int \dfrac{dx}{x^2-a^2} = \dfrac{1}{2a}\ln\dfrac{x-a}{x+a} = -\dfrac{1}{a}\operatorname{Ar}\mathfrak{Ctg}\dfrac{x}{a} = -\dfrac{1}{2a}\ln\dfrac{a+x}{a-x}$

$\qquad\qquad\qquad = +\dfrac{1}{a}\operatorname{Ar}\mathfrak{Tg}\dfrac{x}{a},$

9) $\int \dfrac{x+a}{x^2+2ax+b}\,dx = \dfrac{1}{2}\ln(x^2+2ax+b).$

T II 1) $\int \dfrac{dx}{\sqrt{1-x^2}} = \arcsin x = -\arccos x,$

2) $\int \dfrac{dx}{\sqrt{x^2+1}} = \operatorname{Ar}\mathfrak{Sin}\,x = \ln\left(x+\sqrt{x^2+1}\right),$

3) $\int \dfrac{dx}{\sqrt{x^2-1}} = \operatorname{Ar}\mathfrak{Cof}\,x = \ln\left(x+\sqrt{x^2-1}\right),$

4) $\int \dfrac{dx}{\sqrt{a^2-x^2}} = \arcsin\dfrac{x}{a} = -\arccos\dfrac{x}{a},$

5) $\int \dfrac{dx}{\sqrt{x^2-a^2}} = \operatorname{Ar}\mathfrak{Cof}\dfrac{x}{a} = \ln\left(x+\sqrt{x^2-a^2}\right),$

6) $\int \dfrac{dx}{\sqrt{x^2+a^2}} = \operatorname{Ar}\mathfrak{Sin}\dfrac{x}{a} = \ln\left(x+\sqrt{x^2+a^2}\right),$

7) $\int \dfrac{dx}{\sqrt{x^2 + a}} \quad = \ln\left(x + \sqrt{x^2 + a}\right),$

8) $\int \dfrac{x\,dx}{\sqrt{x^2 + a}} \quad = \sqrt{x^2 + a}\,,$

9) $\int \dfrac{x\,dx}{\sqrt{a^2 - x^2}} \quad = -\sqrt{a^2 - x^2}\,,$

10) $\int \dfrac{dx}{\sqrt{2rx - x^2}} \quad = \arcsin\dfrac{x - r}{r}\,,$

11) $\int \dfrac{dx}{\sqrt{x^2 \pm 2rx}} \quad = \operatorname{Ar}\mathfrak{Cos}\dfrac{x \pm r}{r} = \ln\left(x \pm r + \sqrt{x^2 \pm 2rx}\right),$

12) $\int \dfrac{x^2}{\sqrt{a^2 - x^2}}\,dx \quad = \dfrac{a^2}{2}\arcsin\dfrac{x}{a} - \dfrac{x}{2}\sqrt{a^2 - x^2}\,,$

13) $\int \sqrt{a^2 - x^2}\,dx = \dfrac{a^2}{2}\arcsin\dfrac{x}{a} + \dfrac{x}{2}\sqrt{a^2 - x^2}\,,$

14) $\int \dfrac{x^2}{\sqrt{x^2 + a}}\,dx \quad = \dfrac{x}{2}\sqrt{x^2 + a} - \dfrac{a}{2}\ln\left(x + \sqrt{x^2 + a}\right),$

14') $\int \dfrac{x^2}{\sqrt{x^2 + a^2}}\,dx \quad = \dfrac{x}{2}\sqrt{x^2 + a^2} - \dfrac{a^2}{2}\operatorname{Ar}\mathfrak{Sin}\dfrac{x}{a}\,,$

14'') $\int \dfrac{x^2}{\sqrt{x^2 - a^2}}\,dx \quad = \dfrac{x}{2}\sqrt{x^2 - a^2} + \dfrac{a^2}{2}\operatorname{Ar}\mathfrak{Cos}\dfrac{x}{a}\,,$

15) $\int \sqrt{x^2 + a}\,dx \quad = \dfrac{x}{2}\sqrt{x^2 + a} + \dfrac{a}{2}\ln\left(x + \sqrt{x^2 + a}\right),$

15') $\int \sqrt{x^2 + a^2}\,dx = \dfrac{x}{2}\sqrt{x^2 + a^2} + \dfrac{a^2}{2}\operatorname{Ar}\mathfrak{Sin}\dfrac{x}{a}\,,$

15'') $\int \sqrt{x^2 - a^2}\,dx = \dfrac{x}{2}\sqrt{x^2 - a^2} - \dfrac{a^2}{2}\operatorname{Ar}\mathfrak{Cos}\dfrac{x}{a}\,.$

TIII 1) $\int \sin x\,dx \quad = -\cos x\,,$

2) $\int \cos x\,dx \quad = +\sin x\,,$

3) $\int \dfrac{dx}{\sin^2 x} \quad = -\operatorname{ctg} x\,,$

4) $\int \dfrac{dx}{\cos^2 x} \quad = \operatorname{tg} x\,,$

5) $\int \mathfrak{Sin}\,x\,dx \quad = \mathfrak{Cos}\,x\,,$

6) $\int \mathfrak{Cos}\,x\,dx \quad = \mathfrak{Sin}\,x\,,$

7) $\int \dfrac{dx}{\mathfrak{Sin}^2 x} \qquad = -\mathfrak{Ctg}\, x\,,$

8) $\int \dfrac{dx}{\mathfrak{Cof}^2 x} \qquad = \mathfrak{Tg}\, x\,,$

9) $\int a^x\, dx \qquad = \dfrac{a^x}{\ln a}\,.$

10) $\int e^x\, dx \qquad = e^x\,,$

11) $\int \operatorname{tg} x\, dx \qquad = -\ln\cos x\,,$

12) $\int \operatorname{ctg} x\, dx \qquad = \ln\sin x\,,$

13) $\int \dfrac{dx}{\sin x \cos x} \qquad = \ln\operatorname{tg} x\,,$

14) $\int \dfrac{dx}{\sin x} \qquad = \ln\operatorname{tg} \dfrac{x}{2}\,,$

15) $\int \dfrac{dx}{\cos x} \qquad = \ln\operatorname{tg}\left(\dfrac{\pi}{4} + \dfrac{x}{2}\right),$

16) $\int \ln x\, dx \qquad = x\ln x - x\,,$

17) $\int x^m \ln x\, dx \qquad = \dfrac{x^{m+1}}{(m+1)^2}\left[(m+1)\ln x - 1\right],$

18) $\int \arcsin x\, dx \quad = x\arcsin x + \sqrt{1-x^2}\,.$

19) $\int \arccos x\, dx \quad = x\arccos x - \sqrt{1-x^2}\,,$

20) $\int \operatorname{arctg} x\, dx \quad = x\operatorname{arctg} x - \dfrac{1}{2}\ln(1+x^2)\,,$

21) $\int \operatorname{arctg} x\, dx \quad = x\operatorname{arcctg} x + \dfrac{1}{2}\ln(1+x^2)\,.$

22) $\int \sin^2 x\, dx \qquad = \dfrac{x}{2} - \dfrac{1}{2}\sin x \cos x\,,$

23) $\int \cos^2 x\, dx \qquad = \dfrac{x}{2} + \dfrac{1}{2}\sin x \cos x\,,$

24) $\int e^{ax}\sin bx\, dx = \dfrac{e^{ax}(a\sin bx - b\cos bx)}{a^2+b^2}\,,$

25) $\int e^{ax}\cos bx\, dx = \dfrac{e^{ax}(a\cos bx + b\sin bx)}{a^2+b^2}\,,$

26) $\int x^n e^{ax}\, dx \qquad = \dfrac{x^n e^{ax}}{a} - \dfrac{n}{a}\int x^{n-1} e^{ax}\, dx\,,$

27) $\displaystyle\int \frac{e^{ax}}{x^n}\,dx \quad = -\frac{e^{ax}}{(n-1)\,x^{n-1}} + \frac{a}{n-1}\int \frac{e^{ax}}{x^{n-1}}\,dx,$

28) $\displaystyle\int \sin^n x\,dx \quad = -\frac{1}{n}\sin^{n-1}x\cos x + \frac{n-1}{n}\int \sin^{n-2}x\,dx,$

29) $\displaystyle\int \frac{dx}{\sin^n x} \quad = -\frac{1}{n-1}\frac{\cos x}{\sin^{n-1}x} + \frac{n-2}{n-1}\int \frac{dx}{\sin^{n-2}x}\,.$

30) $\displaystyle\int \cos^n x\,dx \quad = \frac{1}{n}\cos^{n-1}x\sin x + \frac{n-1}{n}\int \cos^{n-2}x\,dx,$

31) $\displaystyle\int \frac{dx}{\cos^n x} \quad = \frac{1}{n-1}\frac{\sin x}{\cos^{n-1}x} + \frac{n-2}{n-1}\int \frac{dx}{\cos^{n-2}x}\,,$

32) $\displaystyle\begin{cases}\displaystyle\int x^n \sin ax\,dx = -\frac{1}{a}x^n \cos ax + \frac{n}{a}\int x^{n-1}\cos ax\,dx,\\[2ex]\displaystyle\int x^n \cos ax\,dx = \frac{1}{a}x^n \sin ax - \frac{n}{a}\int x^{n-1}\sin ax\,dx.\end{cases}$

Verlag von Julius Springer in Berlin W 9

Ingenieur-Mathematik. Lehrbuch der höheren Mathematik für die technischen Berufe. Von Dr.-Ing. Dr. phil. **Heinz Egerer,** Diplom-Ingenieur, vorm. Professor für Ingenieur-Mathematik und Materialprüfung an der Technischen Hochschule Drontheim.

Erster Band: Niedere Algebra und Analysis. — Lineare Gebilde der Ebene und des Raumes in analytischer und vektorieller Behandlung. — Kegelschnitte. Mit 320 Textabbildungen und 575 vollständig gelösten Beispielen. VIII, 508 Seiten. 1913. Unveränderter Neudruck. 1923. Gebunden RM 12.—
Zweiter Band: Differential- und Integralrechnung. — Reihen und Gleichungen. — Kurvendiskussion. — Elemente der Differentialgleichungen. — Elemente der Theorie der Flächen- und Raumkurven. — Maxima und Minima. Mit 477 Textabbildungen und über 1000 vollständig gelösten Beispielen und Aufgaben. X, 713 Seiten. 1922. Neudruck 1927. Gebunden RM 25.20
Dritter Band: Gewöhnliche Differentialgleichungen. — Flächen. — Raumkurven. — Partielle Differentialgleichungen. — Wahrscheinlichkeits- und Ausgleichsrechnung. Fouriersche Reihen usw. In Vorbereitung.

Lehrbuch der Mathematik. Für Mittlere Technische Fachschulen der Maschinenindustrie. Von Privatdozent Prof. Dr. **R. Neuendorff,** Kiel. Zweite, verbesserte Auflage. Mit 262 Textfiguren. XII, 268 Seiten. 1919.
Gebunden RM 7.35

Lehrbuch der darstellenden Geometrie. Von Dr. **W. Ludwig,** o. Professor an der Technischen Hochschule Dresden. In drei Teilen.

Erster Teil: Das rechtwinklige Zweitafelsystem. Vielflache, Kreis, Zylinder, Kugel. Mit 58 Textfiguren. VI, 135 Seiten. 1919. Unveränderter Neudruck. 1924. RM 4.50
Zweiter Teil: Das rechtwinklige Zweitafelsystem. Kegelschnitte, Durchdringungskurven, Schraubenlinie. Mit 50 Textfiguren. VI, 134 Seiten. 1922. RM 4.50
Dritter Teil: Das rechtwinklige Zweitafelsystem. Krumme Flächen, Axonometrie, Perspektive. Mit 47 Textfiguren. V, 169 Seiten. 1924. RM 5.70
Die drei Teile in einem Band gebunden RM 17.—

Lehrbuch der darstellenden Geometrie. In zwei Bänden. Von Professor Dr.-Ing. e. h., Dr. phil. **G. Scheffers** in Berlin.

Erster Band: Zweite, durchgesehene Auflage. Mit 404 Figuren im Text. X, 424 Seiten. Unveränderter Neudruck. 1922. Gebunden RM 18.—
Zweiter Band: Zweite, durchgesehene Auflage. Mit 896 Textfiguren. VIII, 441 Seiten. Unveränderter Neudruck. 1927. Gebunden RM 18.—

Darstellende Geometrie für Maschineningenieure. Von Dr. **Marcel Großmann,** Professor an der Eidgenössischen Technischen Hochschule in Zürich. Mit 260 Textabbildungen. VIII, 236 Seiten. 1927.
RM 15.—; gebunden RM 16.50

Angewandte darstellende Geometrie insbesondere für Maschinenbauer. Ein methodisches Lehrbuch für die Schule sowie zum Selbstunterricht. Von Studienrat **Karl Keiser,** Leipzig. Mit 187 Abbildungen im Text. 164 Seiten. 1925. RM 5.70

Analytische Geometrie für Studierende der Technik und zum Selbststudium. Von Prof. Dr. **Adolf Heß,** Winterthur. Mit 140 Abbildungen. VII, 172 Seiten. 1925. RM 7.50

Mathematisch-technische Zahlentafeln. Genehmigt zum Gebrauch bei den Reifeprüfungen an den höheren Maschinenbauschulen, Maschinenbauschulen, Hüttenschulen und anderen Fachschulen für die Metallindustrie durch Ministerial-Erlaß vom 14. Oktober 1919. Zusammengestellt von Studienrat Dipl.-Ing. **H. Bohde,** unter Mitwirkung von Prof. Dr. **J. Freyberg** und Dipl.-Ing. Prof. **L. Geusen,** Dortmund. Fünfte, vermehrte Auflage. 68 Seiten. 1927. RM 1.—

Verlag von Julius Springer in Berlin W 9

Lehrbuch der technischen Physik. Von Professor Dr. Dr.-Ing. **Hans Lorenz,** Geheimer Regierungsrat, Danzig. Z w e i t e, neubearbeitete Auflage.

E r s t e r B a n d : **Technische Mechanik starrer Gebilde.** Z w e i t e, vollständig neubearbeitete Auflage der „Technischen Mechanik starrer Systeme".
E r s t e r T e i l : **Mechanik ebener Gebilde.** Mit 295 Textabbildungen. VIII, 890 Seiten. 1924. Gebunden RM 18.—
Z w e i t e r T e i l : **Mechanik räumlicher Gebilde.** Mit 144 Textabbildungen.VIII, 294 Seiten. 1926. Gebunden RM 21.—

Einführung in die Mechanik mit einfachen Beispielen aus der Flugtechnik. Von Professor Dr. **Th. Pöschl.** Mit 102 Textabbildungen. VII, 132 Seiten. 1917. RM 3.75

Ingenieur-Mechanik. Lehrbuch der technischen Mechanik in vorwiegend graphischer Behandlung. Von Dr.-Ing. Dr. phil. **Heinz Egerer,** Dipl.-Ingenieur, vorm. Professor für Ingenieur-Mechanik und Materialprüfung an der Technischen Hochschule Drontheim.

E r s t e r B a n d : **Graphische Statik starrer Körper.** Mit 624 Textabbildungen sowie 238 Beispielen und 145 vollständig gelösten Aufgaben. VIII, 880 Seiten. 1919. Unveränderter Neudruck. 1923. Gebunden RM 11.—

Lehrbuch der technischen Mechanik für Ingenieure und Studierende. Zum Gebrauche bei Vorlesungen an Technischen Hochschulen und zum Selbststudium. Von Professor Dr.-Ing. **Theodor Pöschl** in Prag. Mit 206 Abbildungen. VI, 263 Seiten. 1923. RM 6.—; gebunden RM 7.80

Lehrbuch der technischen Mechanik. Von Professor **M. Grübler** in Dresden.

E r s t e r B a n d : **Bewegungslehre.** Z w e i t e, verbesserte Auflage. Mit 144 Textfiguren. VII, 143 Seiten. 1921. RM 4.20
Z w e i t e r B a n d : **Statik der starren Körper.** Z w e i t e, berichtigte Auflage. (Neudruck.) Mit 222 Textfiguren. X, 280 Seiten. 1922. RM 7.50
D r i t t e r B a n d : **Dynamik starrer Körper.** Mit 77 Textfiguren. VI, 157 Seiten. 1921. RM 4.20

Die technische Mechanik des Maschineningenieurs mit besonderer Berücksichtigung der Anwendungen. Von Professor Dipl.-Ing. **P. Stephan,** Reg.-Baumeister.

E r s t e r B a n d : **Allgemeine Statik.** Mit 800 Textfiguren. VI, 160 Seiten. 1921. Gebunden RM 6.—
Z w e i t e r B a n d : **Die Statik der Maschinenteile.** Mit 276 Textfiguren. IV, 268 Seiten. 1921. Gebunden RM 9.—
D r i t t e r B a n d : **Bewegungslehre und Dynamik fester Körper.** Mit 264 Textfiguren. VI, 252 Seiten. 1922. Gebunden RM 9.—
V i e r t e r B a n d : **Die Elastizität gerader Stäbe.** Mit 255 Textfiguren. IV, 250 Seiten. 1922. Gebunden RM 9.—
F ü n f t e r B a n d : **Die Statik der Fachwerke.** Mit 198 Textfiguren. IV, 140 Seiten. 1926. Gebunden RM 8.40

Aufgaben aus der technischen Mechanik. Von Professor **Ferdinand Wittenbauer** † in Graz.

E r s t e r B a n d : **Allgemeiner Teil.** 839 Aufgaben nebst Lösungen. F ü n f t e, verbesserte Auflage, bearbeitet von Professor Dr.-Ing. **Theodor Pöschl** in Prag. Mit 640 Textabbildungen. VIII, 281 Seiten. 1924. Gebunden RM 8.—
Z w e i t e r B a n d : **Festigkeitslehre.** 611 Aufgaben nebst Lösungen und einer Formelsammlung. D r i t t e, verbesserte Auflage. Mit 505 Textfiguren. VIII, 408 Seiten. 1918. Unveränderter Neudruck. 1922. Gebunden RM 8.—
D r i t t e r B a n d : **Flüssigkeiten und Gase.** 634 Aufgaben nebst Lösungen und einer Formelsammlung. D r i t t e, vermehrte und verbesserte Auflage. Mit 433 Textfiguren. VIII, 890 Seiten. 1921. Unveränderter Neudruck. 1922. Gebunden RM 8.—

Theoretische Mechanik. Eine einleitende Abhandlung über die Prinzipien der Mechanik. Mit erläuternden Beispielen und zahlreichen Übungsaufgaben. Von Professor **A. E. H. Love** in Oxford. Autorisierte deutsche Übersetzung der z w e i t e n Auflage von Dr.-Ing. **Hans Polster.** Mit 88 Textfiguren. XIV, 424 Seiten. 1920. RM 12.—; gebunden RM 14.—

Die mechanische Reibung.

Man unterscheidet hauptsächlich zwei Reibun
1) Die Reibung der Bewegung
2) Die Reibung der Ruhe

Die Größe einer Reibung ist vom Reibungskoe
auf die Unterlage definiert.

R=Reibung=P=notwendige Kraft,um den Körper
u=Reibungskoeffizient
N=Normaldruck(kg)

$$R=u\ N$$

Werkstoff	Zustand
Gußeisen auf Gußeisen	etwas fettig
" " Flußstahl	trocken
" " Stahl	"
" " Hartholz	"
Flußstahl auf Hartholz	"
Stahl auf feinen Sandstein	naß
Leder auf Gußeisen	trocken

Analytische Geometrie des Raumes.

§ 1. Räumliche Koordinatensysteme; besondere Flächen.

I. Räumliche Koordinatensysteme.

(146)   Nach dem Gay-Lussacschen Gesetze ist das Volumen v eines Gases durch die Gleichung gegeben

$$v = k \cdot \frac{T}{p},$$

wobei k eine Konstante, T die absolute Temperatur und p der Druck ist, unter welchem das Gas steht. v ist also von zwei Größen, T und p abhängig; es ist eine Funktion zweier Veränderlichen. Allgemein bezeichnet man eine Größe z dann als Funktion zweier Veränderlichen x und y, wenn sowohl eine Änderung der Größe x als auch eine von dieser völlig unabhängige Änderung der Größe y eine Änderung der Größe z zur Folge hat; x und y sind die beiden unabhängigen Veränderlichen, z ist die abhängige Veränderliche. Ebenso gibt es natürlich Funktionen von mehr als zwei Veränderlichen; so sagt beispielsweise die Zinsformel

$$z = \frac{k \cdot p \cdot t}{100}$$

(k = Kapital, p = Zinsfuß, t = Zeit in Jahren, z = Zinsen)

aus, daß die Höhe der Zinsen eine Funktion der drei voneinander völlig unabhängigen Größen k, p und t ist.

Ebenso wie bei den Funktionen einer Veränderlichen suchen wir jetzt nach einer geometrischen Darstellung einer Funktion von mehreren Veränderlichen; daß eine solche möglich ist, wird die Nomographie lehren. Beschränken wir uns jetzt auf Funktionen von nur zwei Veränderlichen, so gibt uns die analytische Geometrie des Raumes ein Mittel an die Hand. Die analytische Geometrie des Raumes ist die Erweiterung der analytischen Geometrie der Ebene um eine dritte Dimension.

Da es sich um drei Veränderliche handelt, die wir mit x, y, z bezeichnen wollen, so führen wir drei Koordinatenachsen ein, die wir als die x-, die y- und die z-Achse bezeichnen wollen. Wir ziehen sie (s. Abb. 232) durch einen und denselben Punkt O des Raumes, den Koordinatenanfangspunkt, Nullpunkt, Ursprung derart, daß sie nicht in der gleichen Ebene liegen. Jede dieser Achsen

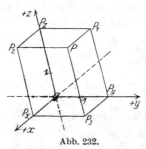

wird durch O in zwei Teile geteilt, einen positiven und einen negativen, die wir in der folgenden Weise anordnen wollen: Wir wählen die im wesentlichen von hinten nach vorn gehende Achse zur x-Achse, die im wesentlichen von links nach rechts gehende zur y-Achse und die im wesentlichen von unten nach oben gehende zur z-Achse und bestimmen den nach vorn, bzw. rechts, bzw. oben gerichteten Teil als den positiven Teil der

Abb. 232.

betreffenden Achse. Dadurch erreichen wir, daß, wenn wir von irgendeinem Punkte der positiven x-Achse auf das yz-System blicken, wir die positive y-Achse durch eine Drehung im Gegenzeigersinne (also im positiven Sinne) um einen hohlen Winkel in die positive z-Achse überführen können; das gleiche gilt von der positiven y-Achse für eine Überführung der positiven z-Achse in die positive x-Achse und von der positiven z-Achse für eine Überführung der positiven x-Achse in die positive y-Achse. Zwischen den drei Achsen besteht in der Form

die Möglichkeit zyklischer Vertauschung, auf deren Durchführung wir auch in Zukunft streng achten wollen.

Die x- und y-Achse bestimmen eine Koordinatenebene, die wir als die xy-Ebene bezeichnen wollen; ebenso bestimmen die y- und die z-Achse die yz-Ebene und die z- und die x-Achse die zx-Ebene. Die drei Koordinatenebenen wiederum teilen den ganzen Raum in acht Teile; einen solchen Teil nennen wir einen Oktanten.

Um nun einen Punkt P im Raume festzulegen, ziehen wir durch P die Parallele zur z-Achse, welche die xy-Ebene in P_3 schneiden möge, und durch P_3 die Parallele zur y-Achse, welche die x-Achse in P_x schneiden möge. Wir nennen dann $OP_x = x$ die x-Koordinate, $P_x P_3 = y$ die y-Koordinate und $P_3 P = z$ die z-Koordinate des Punktes P. Diese Koordinaten erhalten das positive oder negative Vorzeichen, je nachdem ihre Richtung mit der positiven oder negativen Richtung der betreffenden Koordinatenachse zusammenfällt. Durch diese Festsetzung ist völlige Ein-ein-Deutigkeit erzielt in dem Sinne, daß zu jedem Punkte des Raumes stets eine, aber auch nur eine Wertegruppe $x|y|z$ gehört, und umgekehrt zu jeder Wertegruppe $x|y|z$ stets ein, aber auch nur ein Punkt P im Raume, der diese Koordinaten $x|y|z$ hat. Dabei können x, y und z alle Werte zwischen $-\infty$ und $+\infty$ annehmen. Wie Abb. 232 zeigt, ist der Linienzug OP_xP_3P nicht der einzige Koordinatenzug, der von O nach P führt; es gibt im ganzen sechs: OP_xP_3P, OP_xP_2P, OP_yP_1P, OP_yP_3P, OP_zP_2P, OP_zP_1P. Die acht Punkte O, P_x, P_y, P_z, P_1, P_2, P_3, P bilden die Ecken eines Spates (Parallelepipeds); da

$$OP_x = P_yP_3 = P_zP_2 = P_1P = x, \quad OP_y = P_zP_1 = P_xP_3 = P_2P = y,$$
$$OP_z = P_xP_2 = P_yP_1 = P_3P = z$$

ist, so ist es gleichgültig, welchen Linienzug man zur Bestimmung der Koordinaten benutzt.

Wir erkennen hieraus: Jeder Punkt im Raume braucht zu seiner Bestimmung drei Stücke. Wir haben sie nach unserem jetzigen Verfahren dadurch gefunden, daß wir durch den Punkt Parallelen zu den Koordinatenachsen gelegt haben; dieses Koordinatensystem wird daher das **räumliche Parallelkoordinatensystem** genannt. Bilden insbesondere die drei Koordinaten ein räumliches rechtwinkliges Achsenkreuz, wobei also jede der drei Achsen auf jeder der beiden anderen senkrecht steht, so heißt das System ein **rechtwinkliges Koordinatensystem**, sonst ein **schiefwinkliges**.

Bezeichnen wir die acht Oktanten als rechten-vorderen-oberen bzw. rechten-vorderen-unteren ..., so sehen wir auf Grund der Abb. 232 ohne Mühe, daß die drei Koordinaten eines Punktes P je nach dem Oktanten, in welchem P liegt, ganz bestimmte Vorzeichenzusammenstellungen haben, und zwar gehört zu allen Punkten eines und desselben Oktanten die gleiche Vorzeichenzusammenstellung. In der folgenden Tabelle sind diese Zusammenstellungen für die einzelnen Oktanten aufgeführt; dabei bedeutet $r =$ rechts, $l =$ links, $v =$ vorn, $h =$ hinten, $o =$ oben, $u =$ unten:

	rvo	rvu	lvo	lvu	rho	rhu	lho	lhu
x	+	+	+	+	−	−	−	−
y	+	+	−	−	+	+	−	−
z	+	−	+	−	+	−	+	−

Liegt der Punkt P auf einer Koordinatenebene oder auf einer Koordinatenachse, so nehmen eine oder mehrere der Koordinaten von P den Wert Null an. Hierüber gibt die folgende Tabelle Aufschluß:

	xy-Ebene				yz-Ebene				zx-Ebene				x-Achse		y-Achse		z-Achse		Null-punkt
	rv	rh	lv	lv	ro	ru	lo	lu	vo	vu	ho	hu	v	h	r	l	o	u	
x	+	−	+	−	0	0	0	0	+	+	−	−	+	−	0	0	0	0	0
y	+	+	−	−	+	+	−	−	0	0	0	0	0	0	+	−	0	0	0
z	0	0	0	0	+	−	+	−	+	−	+	−	0	0	0	0	+	−	0

Man stelle sich ein Modell aus drei Kartonebenen her und vergegenwärtige sich die einzelnen Fälle. Dann wähle man eine bestimmte Strecke als Einheit für alle drei Koordinatenachsen und suche die räumliche Lage derjenigen Punkte zu bestimmen, deren Koordinaten die folgenden sind

$$(\pm 2 \,|\pm 3\,|\pm 4) \quad (\pm 3\,|\pm 2\,|\pm 4) \quad (\pm 2\,|\pm 4\,|\pm 3)$$
$$(\pm 4 \,|\pm 2\,|\pm 3) \quad (\pm 3\,|\pm 4\,|\pm 2) \quad (\pm 4\,|\pm 3\,|\pm 2)$$

(48 Punkte).

Welche Eigenschaft haben alle Punkte der xy-Ebene? Für sie ist $z = 0$; diese Gleichung heißt daher die Gleichung der xy-Ebene. Wie heißen die Gleichungen der übrigen Koordinatenebenen?

Was sagt die Gleichung $y = 2$ aus? Alle Punkte, deren y-Koordinate den Wert 2 hat, liegen auf der Parallelebene zur xz-Ebene, welche auf der y-Achse das Stück 2 abschneidet; in Abb. 232 ist $P_yP_3PP_1$ ein Stück davon. $y = 2$ nennt man daher die Gleichung dieser Ebene. Deute $z = c$, $x + a = 0$, $y - b = 0$.

Warum ist $y = x$ die Gleichung der Ebene, die durch die z-Achse geht und den von der xz-Ebene und der yz-Ebene gebildeten Winkel halbiert? Die Ebene geht durch die beiden vorderen rechten und die beiden hinteren linken Oktanten. Deute $x + y = 0$, $z \pm x = 0$, $z \pm y = 0$!

Welche Eigenschaften haben alle Punkte der x-Achse? Für sie ist $y = 0$ und $z = 0$. Diese beiden Gleichungen werden von allen Punkten der x-Achse erfüllt; man nennt daher $y = 0$, $z = 0$ die Gleichung der x-Achse. Stelle daraufhin die Gleichung der y-Achse, der z-Achse auf!

Gibt es Punkte, für welche $y = 2$, $z = 3$ ist, und wo liegen diese Punkte? Ein solcher Punkt muß, da $y = 2$ ist, auf derjenigen Parallelebene zur xz-Ebene liegen, welche auf der y-Achse das Stück 2 abschneidet. Da ferner $z = 3$ ist, muß er auch auf der Parallelebene zur xy-Ebene liegen, welche auf der z-Achse das Stück $OP_z = 3$ abschneidet. Folglich muß der Punkt auf der Schnittgeraden beider Ebenen liegen; und zwar hat jeder Punkt dieser Schnittgeraden die Eigenschaft, daß seine y-Koordinate gleich 2 und seine z-Koordinate gleich 3 ist. Ein Stück dieser Geraden ist die Strecke P_1P in Abb. 232; sie muß als Schnittlinie der beiden Ebenen $y = 2$ und $z = 3$ parallel zur x-Achse sein. Ihr Spurpunkt P_1 in der yz-Ebene hat die Koordinaten $y = 2$, $z = 3$. Also ist das Gleichungspaar $y = 2$, $z = 3$ die Gleichung einer Geraden, und zwar der Parallelen zur x-Achse, deren Spurpunkt in der yz-Ebene die Koordinaten $y = 2$ und $z = 3$ hat. Deute die Gleichungspaare

$$x = 4,\ y = -5; \quad x = -2,\ z = -3; \quad x = a,\ y = b; \quad z = c,\ y = 0!$$

Wo liegen alle Punkte, für die $x = y = z$ ist? Einen solchen Punkt erhält man, indem man von O aus auf den drei Achsen drei gleich lange Strecken $OP_x = OP_y = OP_z = a$ abträgt, und die Figur zum Spate ergänzt. Der O diagonal gegenüberliegende Eckpunkt P hat die Koordinaten $x = y = z = a$, ist also ein Punkt des gesuchten Ortes. Der Punkt P' der Geraden OP, dem ‘das Teilverhältnis $OP' : P'P = \lambda$ zukommt, hat nun die Koordinaten $OP'_x = \dfrac{\lambda}{1+\lambda} a = OP'_y = PO'_z$, ist also ebenfalls ein Punkt dieses Ortes. Daher ist die Gerade OP selbst der geometrische Ort aller dieser Punkte, und damit kommt ihr die Gleichung $x = y = z$ zu. Legt man insbesondere ein rechtwinkliges Koordinatensystem zugrunde, so ist $x = y = z$ die Gleichung der durch O gehenden Diagonale eines Würfels, dessen von O ausgehende Kanten auf die positiven Hälften der drei Koordinatenachsen zu liegen kommen. — Da übrigens $x = y$ ist, so muß der Punkt auf der Halbierungsebene des von der xz- und der yz-Ebene gebildeten Winkels liegen. Ebenso muß er auf der Halbierungsebene des von der xy- und der yz-Ebene gebildeten Winkels liegen. Die Schnittgerade beider Ebenen ist die Gerade, welche die Gleichung $x = y = z$ hat. Deute ebenso die Gleichungssysteme $x = y = -z$, $x = -y = z$, $x = -y = -z$! Welche Eigenschaft muß die Gerade haben, für die $ax = by = cz$ ist? Beschreibe die Lage der Geraden $x + y = 0$, $z = c$! (Nachprüfen am Modell!)

Zusammenfassend sei als besonders bemerkenswert hervorgehoben, daß jede Ebene, die wir in unseren bisherigen Beispielen betrachtet haben, durch eine einzige Gleichung, und zwar eine lineare Gleichung bestimmt war, jede Gerade dagegen, als Schnitt zweier Ebenen, durch zwei lineare Gleichungen. In der Folge werden wir sehen, daß ganz allgemein eine Fläche als ein zweidimensionales Gebilde durch eine Gleichung, eine Raumkurve als ein eindimensionales Gebilde durch zwei Gleichungen bestimmt ist. Dies ist ohne weiteres verständlich, wenn man die Raumkurve als die Schnittlinie zweier Flächen auffaßt.

(147) Dem Parallelkoordinatensystem haben wir in der analytischen Geometrie der Ebene das Polarkoordinatensystem an die Seite gestellt; im Raume lassen sich zwei Koordinatensysteme finden, die als Gegenstücke zum ebenen Polarkoordinatensystem gelten können: das zylindrische und das sphärische Polarkoordinatensystem.

Zum **zylindrischen Polarkoordinatensysteme** gelangen wir auf folgendem Wege (s. Abb. 233): Gegeben ist ein Anfangspunkt O, eine durch ihn hindurchgehende (im allgemeinen horizontale) Ebene, in dieser ein von O ausgehender Strahl, der Anfangsstrahl, und außerdem eine durch O gehende Normale zur Ebene, die z-Achse. Um in diesem Systeme irgendeinen Punkt P festzulegen, ziehen wir zuerst durch P die Parallele zur z-Achse, welche die Horizontalebene in P' schneiden möge. $P'P$ möge mit z bezeichnet werden; dabei möge das z das positive Zeichen erhalten, wenn P oberhalb der horizontalen Ebene liegt. Nun verbinden wir O mit P' und bezeichnen OP' mit ϱ. Schließlich wollen wir den Winkel, um welchen wir in der horizontalen Ebene den Anfangsstrahl drehen müssen, bis er mit OP' zusammenfällt, mit ϑ bezeichnen. Die drei Angaben ϑ, ϱ, z heißen die zylindrischen Polarkoordinaten von P. Hierbei ist zu beachten, daß ϱ, entsprechend dem Leitstrahle

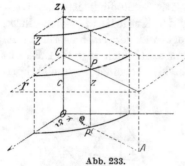

Abb. 233.

im ebenen Polarkoordinatensystem, eine absolute Größe ·ist und alle Werte $0 \leqq \varrho < \infty$ annehmen kann. ϑ kann alle Werte von $-\infty$ bis $+\infty$ erhalten, desgleichen z. Dabei soll ϑ positiv sein, wenn von einem Punkt P mit positiver z-Koordinaten aus die Drehung des Anfangsstrahls in die Lage OP' im Gegenzeigersinne erscheint.

Es ist ohne weiteres klar, daß zu einer gegebenen Wertgruppe ϑ, ϱ, z stets ein, aber auch nur ein Punkt P gehört, während umgekehrt zu einem im Raume liegenden Punkte zwar stets ein und nur ein Wert von ϱ und ebenso von z gehört, dafür aber unendlich viele Werte von ϑ, die sich untereinander um ganze Vielfache von 2π $(360°)$ unterscheiden.

Geben wir z einen bestimmten Wert $z = c$, so finden wir unendlich viele Punkte, die diese z-Koordinate haben; sie sind sämtlich Punkte der zur horizontalen Ebene parallelen Ebene Γ, welche auf der z-Achse die Strecke $OC = c$ abschneidet. Daher bezeichnet man $z = c$ als die Gleichung dieser Ebene. Insbesondere hat die horizontale Ebene selbst die Gleichung $z = 0$. Die Gleichung $\vartheta = \alpha$ wird von allen Punkten der von der z-Achse ausgehenden Halbebene A erfüllt, welche mit der durch die z-Achse und den Anfangsstrahl bestimmten Ebene den Winkel α einschließt; insbesondere hat die letztere Halbebene selbst die Gleichung $\vartheta = 0$, während ihrer über die z-Achse hinausgehenden Erweiterung die Gleichung $\vartheta = \pi$ zukommt. Schließlich liegen alle Punkte, für welche ϱ den konstanten Wert $\varrho = a$ hat, auf der Oberfläche Z desjenigen Umdrehungszylinders, dessen Achse die z-Achse ist, und dessen Grundkreis den Halbmesser a hat; $\varrho = a$ heißt daher die Gleichung dieser Zylinderfläche. Dieser Umstand hat dem Koordinatensystem die Bezeichnung zylindrisches Polarkoordinatensystem verschafft. Für den Fall $\varrho = 0$ zieht sich die Zylinderfläche zur z-Achse zusammen.

Alle Punkte, deren Koordinaten den beiden Gleichungen $z = c$ und $\vartheta = \alpha$ genügen, müssen auf dem Schnittstrahle der Ebene Γ mit der Halbebene A, also auf dem Strahle CP in Abb. 233 liegen; man nennt daher das Gleichungspaar $z = c$, $\vartheta = \alpha$ die Gleichung dieses Strahles. Alle Punkte, deren Koordinaten den beiden Gleichungen $\vartheta = \alpha$, $\varrho = a$ genügen, müssen auf der Geraden $P'P$ als der Schnittgeraden der Halbebene A und der Zylinderfläche Z liegen. Das Gleichungspaar $\vartheta = \alpha$, $\varrho = a$ wird aus diesem Grunde als die Gleichung dieser Geraden bezeichnet. Schließlich ist das Gleichungspaar $z = c$, $\varrho = a$ die Gleichung der Kreislinie, welche ihren Mittelpunkt in C hat, in der Ebene Γ liegt und den Halbmesser a hat.

Das **sphärische Polarkoordinatensystem** schließlich legt den Raumpunkt P in folgender Weise fest (Abb. 234): In einer — meist horizontalen — Ebene wird ein Anfangspunkt O und durch ihn ein Anfangsstrahl angenommen; weiter wird die durch O zur Ebene senkrecht verlaufende Gerade gezogen. Jetzt verbindet man O mit P durch die Strecke $OP = r$, legt durch OP, den Leitstrahl von P, eine Ebene senkrecht zur Horizontalebene — sie enthält auch das obenerwähnte Lot —, welche die Horizontalebene in der Geraden p schneiden möge; der Winkel φ, der von p und r eingeschlossen wird, heißt die **Breite** von P. Der Winkel λ, der vom Anfangsstrahle und p eingeschlossen wird, heißt die **Länge** von P. Letztere beiden Be-

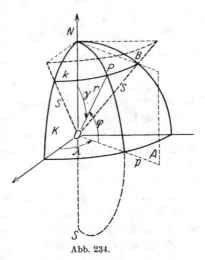

Abb. 234.

zeichnungen sind der Astronomie bzw. der Erdkunde (geographische Länge bzw. Breite) entnommen. Die drei Größen λ, φ, r heißen die **sphärischen Koordinaten** von P. Man überzeugt sich leicht, daß zu einer bestimmten Wertegruppe λ, φ, r stets ein und nur ein Punkt P gehört. Legt man den sphärischen Koordinaten die Beschränkung auf, daß r stets absolut ist, also $0 \leqq r < \infty$, φ zwischen den Grenzen $-\frac{1}{2}\pi \leqq \varphi \leqq +\frac{1}{2}\pi$ liegen soll, so erkennt man, daß umgekehrt zu einem bestimmten Punkte P im Raume zwar stets ein und nur ein Leitstrahl r und stets eine und nur eine Breite φ, aber unendlich viele Längen λ gehören, die sich jedoch untereinander um ganze Vielfache von 2π unterscheiden. — Statt der Breite φ benutzt man bisweilen die **Poldistanz** γ (s. Abb. 234), welche mit φ durch die Gleichung $\varphi + \gamma = \frac{1}{2}\pi$ verbunden ist.

Die Gleichung $\lambda = \alpha$ wird von allen Punkten der Halbebene A erfüllt, die mit der durch den Anfangsstrahl und das Lot zur Horizontalebene bestimmten Halbebene den Winkel α einschließt; insbesondere ist $\lambda = 0$ die Gleichung der letzteren Halbebene selbst. Die Gleichung $\varphi = \beta$ oder $\gamma = \frac{1}{2}\pi - \beta$ wird von allen Punkten der Mantelfläche B des Umdrehungskegels erfüllt, dessen Drehachse die Normale zur Horizontalebene ist, und dessen Mantellinien mit ihr den Winkel $\frac{1}{2}\pi - \beta$ einschließen; insbesondere ist $\varphi = 0$ oder $\gamma = \frac{1}{2}\pi$ die Gleichung der Horizontalebene selbst, während für $\varphi = \frac{1}{2}\pi$ bzw. $\gamma = 0$ die Mantelfläche in die positive Hälfte der Normalen für $\varphi = -\frac{1}{2}\pi$ bzw. $\gamma = \pi$ in die negative Hälfte dieser Normale ausartet. Schließlich umfaßt $r = k$ alle Punkte der Kugeloberfläche K, deren Mittelpunkt in O liegt, und deren Halbmesser k ist (daher der Name sphärisches Polarkoordinatensystem). Für $r = 0$ artet diese in den einzigen Punkt O aus.

Man sieht ohne weiteres ein, daß das Gleichungspaar $\lambda = \alpha$, $\varphi = \beta$ die Gleichung des Strahles OP als der Schnittgeraden von A und B ist. Ferner ist das Gleichungspaar $\lambda = \alpha$, $r = k$ die Gleichung des Halbkreises (Meridiankreises) NPS als Schnittlinie von A und K. Schließlich ist das Gleichungspaar $\varphi = \beta$, $r = k$ die Gleichung des Kreises k, dessen Ebene parallel zur Horizontalebene, dessen Mittelpunkt auf der durch O gehenden Normalen zu dieser liegt, und der durch P geht, als Schnittlinie von B und K (Parallelkreis, Breitenkreis).

Wir finden also auch in den Polarkoordinatensystemen bestätigt, daß — abgesehen von einigen Sonderfällen — eine Fläche durch eine Gleichung, eine Kurve durch zwei Gleichungen gegeben ist.

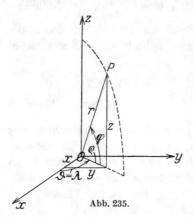

Abb. 235.

Es bleibt nur noch übrig, die Übergänge zwischen den besprochenen drei räumlichen Koordinatensystemen zu schaffen. Wir beschränken uns hierbei auf ein rechtwinkliges Koordinatensystem; zugleich vereinigen wir die beiden Polarkoordinatensysteme derart mit dem rechtwinkligen System, daß wir ihre Anfangspunkte mit dem Anfangspunkt des ersteren, die Anfangsstrahlen mit der positiven x-Achse, die Horizontalebene mit der xy-Ebene und folglich die z-Achse des zylindrischen Koordinatensystems und die Normale des sphärischen Koordinatensystems mit der z-Achse des rechtwinkligen Koordinatensystems zusammenfallen lassen, so daß sich die Zusammenstellung der Abb. 235 ergibt. Sind nun die recht-winkligen Koordinaten x, y, z des Punktes P gegeben, so ergeben sich die zylindrischen ϑ, ϱ, z und die sphärischen λ, φ, ν durch die Formeln

$$\left.\begin{array}{lll} \vartheta = \operatorname{arctg} \dfrac{y}{x}\,{}^1), & \varrho = \sqrt{x^2 + y^2}, & z = z; \\[3mm] \lambda = \operatorname{arctg} \dfrac{y}{x}\,{}^1), & \varphi = \operatorname{arctg} \dfrac{z}{\sqrt{x^2 + y^2}}, & r = \sqrt{x^2 + y^2 + z^2}. \end{array}\right\} \quad 1)$$

Aus den zylindrischen Koordinaten ergeben sich die rechtwinkligen und die sphärischen durch die Formeln

$$\left.\begin{array}{lll} x = \varrho \cos\vartheta, & y = \varrho \sin\vartheta, & z = z; \\[3mm] \lambda = \vartheta, & \varphi = \operatorname{arctg} \dfrac{z}{\varrho}, & r = \sqrt{\varrho^2 + z^2}. \end{array}\right\} \quad 2)$$

Endlich folgen aus den sphärischen Koordinaten die rechtwinkligen und die zylindrischen durch die Formeln

$$\left.\begin{array}{lll} x = r \cos\varphi \cos\lambda, & y = r \cos\varphi \sin\lambda, & z = r \sin\varphi; \\[2mm] \vartheta = \lambda, & \varrho = r \cos\varphi, & z = r \sin\varphi. \end{array}\right\} \quad 3)$$

Übungsbeispiele. a) Die rechtwinkligen Koordinaten eines Punktes seien $x = -1$, $y = 2$, $z = -3$; bestimme die zylindrischen und die sphärischen Koordinaten dieses Punktes!

$$\left(\vartheta = 116°\,33', \quad \varrho = \sqrt{5}, \quad z = -3; \quad \lambda = 116°\,33', \quad \varphi = -53°\,18', \quad r = \sqrt{14}.\right)$$

b) Aus den zylindrischen Koordinaten $\vartheta = 40°$, $\varrho = 2$, $z = 3$ eines Punktes P die rechtwinkligen und die sphärischen Koordinaten zu berechnen!

$$(x = 1{,}5321, \quad y = 1{,}2856, \quad z = 3; \quad \lambda = 40°, \quad \varphi = 56°\,19', \quad r = 3{,}6056.)$$

c) Aus den sphärischen Koordinaten von $P \colon r = 10$, $\lambda = 200°$, $\varphi = -20°$ seine rechtwinkligen und seine zylindrischen Koordinaten zu berechnen!

$$\begin{array}{lll} (x = -8{,}8304, & y = -3{,}2140, & z = -3{,}4202; \\[2mm] \vartheta = 200°, & \varrho = 9{,}3969, & z = -3{,}4202.) \quad \text{(Modell!)} \end{array}$$

(148) II. Um uns mit den Verfahren der analytischen Geometrie des Raumes vertraut zu machen, wollen wir zu einigen einfachen Gleichungen das zugehörige Bild allmählich entstehen lassen; die so gefundenen Ergebnisse werden uns bei unseren weiteren Betrachtungen gute Dienste leisten. Wir beginnen unsere **Untersuchung besonderer Flächen** mit der einfachsten Gleichung, der **linearen Gleichung**.

---

[1]) Der Quadrant von ϑ bzw. λ ergibt sich aus den Vorzeichen von x und y [s. **(106)** S. 288].

A. Die allgemeinste lineare Gleichung zwischen den drei Veränderlichen x, y, z hat die Gestalt

$$A\,x + B\,y + C\,z + D = 0, \qquad\qquad 4)$$

wobei A, B, C, D beliebige konstante Größen sind. Wir wollen zwei getrennte Fälle unterscheiden.

a) Das Absolutglied D sei von Null verschieden: In diesem Falle können wir Gleichung 4) umformen in

$$\frac{A}{-D}\,x + \frac{B}{-D}\,y + \frac{C}{-D} = 1,$$

oder, wenn wir

$$\frac{-D}{A} = a, \qquad \frac{-D}{B} = b, \qquad \frac{-D}{C} = c$$

setzen,

$$\frac{x}{a} + \frac{y}{b} + \frac{z}{c} = 1. \qquad\qquad 5)$$

Diese Form wollen wir unserer Untersuchung zugrunde legen. Wir wählen ein beliebiges Parallelkoordinatensystem (s. Abb. 236). Um

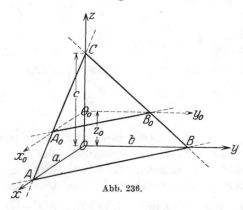

Abb. 236.

uns eine Vorstellung vom Verlaufe der zur Gleichung 5) gehörigen Fläche — denn um eine solche muß es sich ja nach unseren bisherigen Betrachtungen handeln — zu verschaffen, suchen wir zunächst ihre Schnittkurven mit den drei Koordinatenebenen, die sog. Spurlinien, zu ermitteln. Da für alle Punkte der xy-Ebene $z = 0$ sein muß, so lautet die Gleichung der xy-Spurlinie

$$\frac{x}{a} + \frac{y}{b} = 1, \qquad z = 0.$$

Da nach **(113)** S. 310

$$\frac{x}{a} + \frac{y}{b} = 1$$

die Abschnittsgleichung einer Geraden ist, deren Achsenabschnitte $OA = a$, $OB = b$ sind, ist die xy-Spurlinie unserer Fläche eine Gerade AB. Setzen wir, um die yz-Spurlinie zu erhalten, $x = 0$, so bekommen wir durch entsprechende Betrachtungen die Gleichung

$$x = 0, \qquad \frac{y}{b} + \frac{z}{c} = 1;$$

die yz-Spurlinie ist ebenfalls eine Gerade; ihre Achsenabschnitte sind $OB = b$ und $OC = c$. Schließlich finden wir, daß die xy-Spurlinie die Gleichung hat

$$y = 0, \qquad \frac{x}{a} + \frac{z}{c} = 1,$$

also eine Gerade ist, deren Achsenabschnitte $OA = a$ und $OC = c$ sind.

Um uns über die Natur der Fläche vollkommene Klarheit zu verschaffen, untersuchen wir nunmehr ihre S c h i c h t l i n i e n; man versteht darunter die Kurven, in denen die zu irgendeiner Koordinatenebene parallelen Ebenen die Fläche schneiden. Es genügt im allgemeinen, wenn man die zu einer einzigen Koordinatenebene parallelen Schichtlinien kennt; wir beschränken uns daher jetzt und auch später fast ausschließlich auf die Untersuchung der zur xy-Ebene parallelen Schichtlinien. Die Ebene $z = z_0$ (z_0 eine Konstante) schneidet die z-Achse im Punkte O_0, die xz-Ebene in der Geraden x_0 und die yz-Ebene in der Geraden y_0. Ihre Schnittlinie mit unserer Fläche hat demnach das Gleichungspaar

$$\frac{x}{a} + \frac{y}{b} + \frac{z}{c} = 1, \qquad z = z_0,$$

oder nach Einsetzen

$$\frac{x}{a} + \frac{y}{b} + \frac{z_0}{c} = 1, \qquad z = z_0.$$

Die erste Gleichung läßt sich, da z_0 konstant ist, auch schreiben:

$$\frac{x}{a} + \frac{y}{b} = 1 - \frac{z_0}{c} \quad \text{oder} \quad \frac{x}{a\left(1 - \dfrac{z_0}{c}\right)} + \frac{y}{b\left(1 - \dfrac{z_0}{c}\right)} = 1.$$

Da sich wegen der Bedingung $z = z_0$ alle Betrachtungen auf die Vorgänge in der $x_0 y_0$-Ebene erstrecken, können wir der letzten Gleichung eine geometrische Deutung in dieser Ebene geben: sie ist die Gleichung einer in der $x_0 y_0$-Ebene liegenden Geraden, welche auf der x_0-Achse das Stück $O_0 A_0 = a\left(1 - \dfrac{z_0}{c}\right)$ und auf der y_0-Achse das Stück $O_0 B_0 = b\left(1 - \dfrac{z_0}{c}\right)$ abschneidet. Demnach hat der Punkt A_0, der ja auch in der xz-Ebene liegt, die Koordinaten

$$x = a\left(1 - \frac{z_0}{c}\right), \qquad y = 0, \qquad z = z_0.$$

Da diese die Gleichung der xz-Spurlinie AC

$$\frac{x}{a} + \frac{z}{c} = 1, \qquad y = 0$$

(s. oben) erfüllen, so muß A_0 auf AC liegen. Ebenso liegt B_0 auf der yz-Spurlinie BC. A_0 ist demnach der Spurpunkt unserer Schichtlinie in der xz-Ebene, B_0 der in der yz-Ebene. Wir können uns demnach unsere Fläche in folgender Weise entstanden denken: Eine Gerade bewegt sich beständig parallel zur xy-Ebene, so, daß ihre Spurpunkte in der xz-Ebene und in der yz-Ebene auf den beiden sich auf der z-Achse schneidenden Geraden AC und BC wandern. Da nun aber die so bewegte Gerade nach den Lehren der Stereometrie eine Ebene beschreiben muß, so erhalten wir den Satz:

Die Gleichung

$$\frac{x}{a} + \frac{y}{b} + \frac{z}{c} = 1 \qquad 5)$$

ist die Gleichung einer Ebene, welche auf den Koordinatenachsen die Srecken a, b, c abschneidet. a, b, c sind die Achsen-

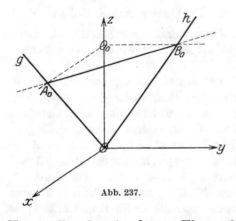

Abb. 237.

abschnitte der Ebene, Gleichung 5) heißt die Abschnittsgleichung der Ebene.

b) Ist das Absolutglied $D = 0$, so lautet die lineare Gleichung

$$A x + B y + C z = 0.$$

Der Koordinatenanfangspunkt muß der Fläche angehören, da die Koordinaten $x = 0$, $y = 0$, $z = 0$ die Gleichung erfüllen. Die xz-Spurlinie der Fläche hat die Gleichung $y = 0$, $A x + C z = 0$.

Nun stellt aber in der xz-Ebene die Gleichung $A x + C z = 0$ eine Gerade dar, welche durch den Anfangspunkt geht, deren Richtungsfaktor gleich $-\dfrac{A}{C}$ ist, wie man findet, wenn man die Gleichung nach z auflöst. Die xz-Spurlinie der Fläche ist demnach eine durch den Anfangspunkt gehende Gerade g. Ebenso findet man, daß die yz-Spurlinie eine durch den Anfangspunkt gehende Gerade h von der Gleichung $x = 0$, $B y + C z = 0$ ist. Die Schichtlinie in der zur xy-Ebene parallelen Ebene, welche auf der z-Achse das Stück $O O_0 = z_0$ abschneidet, hat die Gleichung $z = z_0$, $A x + B y = - C z_0$ oder

$$\frac{A}{- C z_0} x + \frac{B}{- C z_0} y = 1;$$

sie ist also eine Gerade, deren Achsenabschnitte auf den in der xz- bzw. yz-Ebene gelegenen Koordinatenachsen

$$O_0 A_0 = - \frac{C}{A} z_0, \qquad O_0 B_0 = - \frac{C}{B} z_0$$

sind. Da A_0 die Koordinaten $x = - \dfrac{C}{A} z_0$, $y = 0$, $z = z_0$ hat, die die Gleichung von g erfüllen, so liegt A_0 auf g; desgleichen liegt B_0

auf h. Die Fläche wird demnach beschrieben von einer Geraden, die sich, beständig parallel zur xy-Ebene, so bewegt, daß ihre Spurpunkte in der xz- bzw. yz-Ebene auf zwei sich in O schneidenden Geraden wandern; sie ist folglich eine durch O gehende Ebene. Wir kommen damit zu dem Gesamtergebnis:

Das Bild der allgemeinen in x, y, z linearen Gleichung ist im Parallelkoordinatensystem eine Ebene.

Wir wenden uns der Betrachtung einiger Sonderfälle zu. — Ist der Beiwert C gleich Null, so lautet die lineare Gleichung

$$A x + B y + D = 0. \qquad 6)$$

Es wird $c = \dfrac{-D}{C} = \infty$; der Abschnitt auf der z-Achse wird unendlich groß; das tritt nur ein, wenn die Ebene parallel zur z-Achse ist. Demnach ist $A x + B y + D = 0$ die Gleichung einer zur z-Achse parallelen Ebene.

Diese Tatsache läßt sich auch von einem viel allgemeineren Standpunkt aus betrachten, wobei wir zu dem gleichen Ergebnisse gelangen. Wenn wir die Gleichung $f(x, y) = 0$, in welcher die Veränderliche z fehlt, im räumlichen Parallelkoordinatensystem deuten wollen, so können wir sagen (Abb. 238): Der Punkt $P_0(x_0 \,|\, y_0 \,|\, z_0)$ möge auf der durch $f(x, y) = 0$ definierten Fläche liegen; d. h. es möge $f(x_0, y_0) \equiv 0$ sein. Greifen wir nun einen Punkt P_1 heraus, der auf der durch P_0 gehenden Parallelen p zur z-Achse liegt, so hat P_1 die Koordinaten $x_1 = x_0$, $y_1 = y_0$ mit P_0 gemeinsam; nur die dritte Koordinate z_1 ist von z_0 verschieden. Da aber in der Gleichung $f(x, y) = 0$ die z-Koordinate überhaupt nicht vorkommt, müssen auch die Koordinaten von P_1 die Gleichung $f(x, y) = 0$ erfüllen: $f(x_1, y_1) \equiv 0$. Demnach liegen alle Punkte der durch P_0 gezogenen Parallelen p zur z-Achse, und damit die ganze Gerade p selbst auf der durch $f(x, y) = 0$ definierten Fläche.

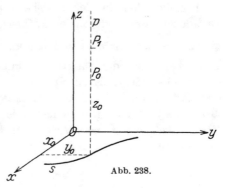

Abb. 238.

Wir wollen nun die xy-Spurlinie s unserer Fläche suchen: sie muß nach unseren obigen Ausführungen das Gleichungspaar haben:

$$z = 0, \quad f(x, y) = 0.$$

Ziehen wir durch jeden Punkt von s die Parallele zur z-Achse, so müssen alle diese Geraden der Fläche angehören; die Fläche wird demnach durch eine Gerade beschrieben, welche beständig parallel zur z-Achse gerichtet, sich längs der Kurve s bewegt. Sie ist also eine Zylinderfläche, deren Mantellinien parallel zur z-Achse sind. Wir erhalten mithin das Ergebnis:

Die Gleichung $f(x, y) = 0$ ist im räumlichen Parallelkoordinatensystem die Gleichung einer Zylinderfläche, deren Mantellinien parallel zur z-Achse sind, und deren xy-Spurlinie durch das Gleichungspaar $f(x, y) = 0, z = 0$ bestimmt ist.

Frage: Welches ist die Gleichung der allgemeinsten Zylinderfläche, deren Mantellinien parallel der x-Achse (der y-Achse) sind?

Wenden wir den soeben gefundenen Satz auf die Gleichung

$$A x + B y + D = 0$$

an, so finden wir: Das ihr entsprechende geometrische Gebilde ist eine Ebene, da ihre Gleichung linear ist; sie ist zur z-Achse parallel, da in ihrer Gleichung z nicht auftritt, ein Ergebnis, das mit dem oben gefundenen übereinstimmt.

Frage: Wie lautet die Gleichung einer Ebene, die parallel zur x-Achse (y-Achse) ist?

Ist sowohl $C = 0$, als auch $D = 0$, so lautet die Gleichung

$$A x + B y = 0.$$

Die ihr entsprechende Ebene muß, weil $C = 0$ ist, parallel der z-Achse sein, und weil $D = 0$ ist, durch den Anfangspunkt gehen. Folglich ist $A x + B y = 0$ die Gleichung einer Ebene, die die z-Achse enthält.

Frage: Wie lautet die Gleichung der allgemeinsten, die x-Achse (y-Achse) enthaltenden Ebene?

Sind $B = 0$ und $C = 0$, so muß die Ebene sowohl parallel der y-Achse als auch parallel der z-Achse sein; folglich ist sie parallel der yz-Ebene. Die allgemeinste Gleichung einer zur yz-Ebene parallelen Ebene ist demnach $A x + D = 0$. Dieses Ergebnis haben wir schon in (145) gefunden; die Gleichung von der Form $x = -\dfrac{D}{A} = a$ gehörte ja zu einer Ebene, welche parallel zur yz-Ebene ist und auf der x-Achse das Stück $a = -\dfrac{D}{A}$ abschneidet.

Der Leser möge sich an der Hand eines räumlichen Koordinatenmodells über die Lage der Ebenen Klarheit verschaffen, welche die Gleichungen haben:

    a) $3 x \pm 4 y \pm 5 z \pm 60 = 0$ (bestimme zuerst die Achsenabschnitte dieser Ebenen!),

    b) $3 x \pm 4 y \pm 5 z = 0$ (bestimme zuerst die Lage der Spurlinien dieser Ebenen!),

    c) $3 x \pm 4 y \pm 60 = 0$,

    d) $4 y \pm 5 z \pm 60 = 0$,

    e) $3 x \pm 5 z = 0$.

(149) B. Die allgemeinste Gleichung zweiten·Grades zwischen den drei Veränderlichen x, y, z ist von der Form

$$A x^2 + B y^2 + C z^2 + 2 D x y + 2 E x z + 2 F y z + 2 G x + 2 H y + 2 J z + K = 0.$$

Es läßt sich nun zeigen, daß diese Gleichung sich durch geeignete Umformungen des räumlichen Parallelkoordinatensystems stets auf eine der beiden folgenden einfacheren Gleichungen zurückführen läßt

$$A x^2 + B y^2 + C z^2 + D = 0 \quad \text{oder} \quad z = A x^2 + B y^2,$$

wobei das diesen beiden Gleichungen zugrunde liegende Koordinatensystem sogar rechtwinklig ist. Der Beweis würde über den Rahmen des Buches hinausgehen und soll daher unterbleiben. Die der allgemeinen Gleichung zweiten Grades entsprechende Fläche wird Fläche zweiter Ordnung genannt. Wir wenden uns zuerst den Flächen zu, deren Gleichung von der Form $A x^2 + B y^2 + C z^2 + D = 0$ ist.

a) Eine Fläche, deren Gleichung im räumlichen rechtwinkligen Koordinatensystem

$$A x^2 + B y^2 + C z^2 + D = 0 \qquad 7)$$

lautet, muß die folgenden Eigenschaften haben. Liegt der Punkt $P_0(x_0 \mid y_0 \mid z_0)$ auf ihr, so daß also $A x_0^2 + B y_0^2 + C z_0^2 + D \equiv 0$ ist, so muß auch $A(-x_0)^2 + B(-y_0)^2 + C(-z_0)^2 + D \equiv 0$ sein, d. h. die Fläche enthält auch den Punkt $P_0'(-x_0 \mid -y_0 \mid -z_0)$, dessen Koordinaten entgegengesetzt gleich denen von P_0 sind. Nun liegen aber die beiden Punkte P_0 und P_0' — vgl. Abb. 239 — so zueinander, daß ihre Verbindungsgerade durch den Koordinatenanfangspunkt geht, und dieser zugleich der Mittelpunkt der Strecke $P_0 P_0'$ ist. Der Punkt O halbiert demnach alle durch ihn hindurchgehenden Sehnen der Fläche. Einen solchen Punkt bezeichnet man als Mittelpunkt der Fläche, und jede durch den Mittelpunkt einer Fläche hindurchgehende Sehne als Durchmesser der Fläche. Demnach besitzt jede Fläche zweiter Ordnung, deren Gleichung von der Form 7) ist, einen Mittelpunkt, den Koordinatenanfangspunkt, und man nennt eine Fläche von der Gleichung 7) eine Mittelpunktsfläche zweiter Ordnung.

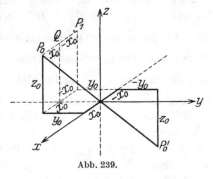

Abb. 239.

Noch eine weitere Eigenschaft der Fläche von der Gleichung 7) sei hervorgehoben. Zugleich mit dem Punkte $P_0(x_0 \mid y_0 \mid z_0)$ liegt auch der Punkt $P_1(-x_0 \mid y_0 \mid z_0)$, dessen x-Koordinate der von P_0 entgegengesetzt gleich ist, während die beiden anderen Koordinaten mit denen von P_0 übereinstimmen, auf der Fläche. P_0 und P_1 liegen aber, wie man sich leicht überzeugt, zueinander symmetrisch bezüglich der yz-Ebene (Abb. 239: $P_0Q = QP_1$). Demnach ist die yz-Ebene Symmetrieebene der Fläche; das gleiche gilt auch von der xy-Ebene und der xz-Ebene. Die Fläche zweiter Ordnung von der Gleichung $Ax^2 + By^2 + Cz^2 + D = 0$ hat die Koordinatenebenen zu Symmetrieebenen. Eine Schnittgerade zweier Symmetrieebenen zu einer Fläche ist eine Achse der Fläche; daher hat eine Mittelpunktsfläche zweiter Ordnung drei Achsen, die in der durch Gleichung 7) gegebenen Lage mit den Koordinatenachsen zusammenfallen. Die Durchstoßpunkte der Achsen durch die Fläche sind die Scheitelpunkte der Fläche.

Um die Gestalt der einzelnen Mittelpunktsflächen zweiter Ordnung zu untersuchen, bringen wir in Gleichung 7) das Absolutglied D auf die rechte Seite und dividieren sodann durch $-D$; sie nimmt dadurch die Form an:

$$\frac{A}{-D} x^2 + \frac{B}{-D} y^2 + \frac{C}{-D} z^2 = 1.$$

Die Gestalt wird nun im wesentlichen von den Vorzeichen der drei Beiwerte $\frac{A}{-D}, \frac{B}{-D}, \frac{C}{-D}$ abhängig sein; und zwar sind acht verschiedene Fälle möglich, die in der Tabelle zusammengestellt sind:

	1	2	3	4	5	6	7	8
$\frac{A}{-D}$	+	+	+	−	−	−	+	−
$\frac{B}{-D}$	+	+	−	+	−	+	−	−
$\frac{C}{-D}$	+	−	+	+	+	−	−	−

Indessen lassen sich diese acht Fälle auf eine geringere Anzahl zurückführen. Fall 8 scheidet überhaupt aus; da nämlich x^2, y^2, z^2 ihrer Natur nach positiv sind, so würden

$$\frac{A}{-D} x^2, \qquad \frac{B}{-D} y^2, \qquad \frac{C}{-D} z^2$$

sämtlich, und damit auch ihre Summe, negativ sein, diese könnte also niemals den Wert 1 haben. Einer Gleichung von dieser Form entspricht demnach überhaupt keine Fläche. Die Fälle 2—4 zeichnen sich dadurch aus, daß ein Beiwert (bei 2 z. B. der von z^2) von z^2 negativ ist, die beiden anderen dagegen positiv sind. Der betreffenden Achse (bei 2 also der z-Achse) wird mithin für die Fläche eine andere Rolle zukommen als den beiden anderen. Die drei Flächen werden sich also nur durch ihre Lage zum Achsenkreuze unterscheiden; es genügt daher, eine von ihnen zu untersuchen. Ähnliche Betrachtungen gelten für die Flächen 5, 6 und 7, die wieder nur verschiedene Lage zum Achsenkreuze haben (und zwar nimmt jetzt die Achse, zu der der positive Beiwert gehört, eine Sonderstellung ein; warum?). Die durch den Fall 1 dargestellte Fläche, in deren Gleichung alle drei Beiwerte positiv sind, steht für sich allein da.

Es gibt somit nur drei wesentlich voneinander verschiedene Mittelpunktsflächen zweiter Ordnung. Setzen wir zur Abkürzung

$$\frac{A}{-D} = \pm \frac{1}{a^2}, \qquad \frac{B}{-D} = \pm \frac{1}{b^2}, \qquad \frac{C}{-D} = \pm \frac{1}{c^2},$$

je nachdem diese Größen positiv oder negativ sind, so kommen diesen drei Flächen die Gleichungen zu:

a) $\dfrac{x^2}{a^2} + \dfrac{y^2}{b^2} + \dfrac{z^2}{c^2} = 1$,   b) $\dfrac{x^2}{a^2} + \dfrac{y^2}{b^2} - \dfrac{z^2}{c^2} = 1$,   c) $-\dfrac{x^2}{a^2} - \dfrac{y^2}{b^2} + \dfrac{z^2}{c^2} = 1$;

a, b, c sind hierbei gegebene Strecken.

(150) 1. $$\frac{x^2}{a^2} + \frac{y^2}{b^2} + \frac{z^2}{c^2} = 1.$$ 8)

Wir bestimmen wiederum zuerst die **Spurlinien** der Fläche. Die xy-Spurlinie hat die Gleichung

$$z = 0, \qquad \frac{x^2}{a^2} + \frac{y^2}{b^2} = 1.$$

In der xy-Ebene ist

$$\frac{x^2}{a^2} + \frac{y^2}{b^2} = 1$$

die Achsengleichung einer Ellipse [s. (136) S. 374], deren Halbachsen (Abb. 240) $OA = OA' = a$ und $OB = OB' = b$ sind. Wir finden weiter, daß die yz-Spurlinie die Gleichung

$$x = 0, \qquad \frac{y^2}{b^2} + \frac{z^2}{c^2} = 1$$

hat, also eine Ellipse ist mit den Halbachsen $OB = OB' = b$ und $OC = OC' = c$, und daß die xz-Spurlinie eine Ellipse von der Gleichung

$$y = 0, \qquad \frac{x^2}{a^2} + \frac{z^2}{c^2} = 1$$

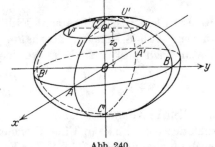

Abb. 240.

mit den Halbachsen $OA = OA' = a$ und $OC = OC' = c$ ist. Die im Abstande $OO' = z_0$ parallel zur xy-Ebene gelegte Ebene schneidet auf der Fläche eine **Schichtlinie** aus, deren Gleichung lautet

$$z = z_0, \qquad \frac{x^2}{a^2} + \frac{y^2}{b^2} = 1 - \frac{z_0^2}{c^2}.$$

oder umgeformt:

$$z = z_0, \qquad \frac{x^2}{\left[a\sqrt{1 - \frac{z_0^2}{c^2}}\right]^2} + \frac{y^2}{\left[b\sqrt{1 - \left(\frac{z_0}{c}\right)^2}\right]^2} = 1.$$

Die Schichtlinie ist demnach wiederum eine Ellipse, deren Halbachsen

$$O'U = O'U' = a\sqrt{1 - \frac{z_0^2}{c^2}} \quad \text{bzw.} \quad O'V = O'V' = b\sqrt{1 - \frac{z^2}{c^2}}$$

sind. Da U demnach die räumlichen Koordinaten

$$a\sqrt{1 - \frac{z_0^2}{c^2}} \mid 0 \mid z_0$$

hat, so liegt U, wie man sich durch Einsetzen leicht überzeugt, auf der xz-Spurlinie der Fläche, ebenso U'; ebenso liegen V und V' auf der yz-Spurlinie. Wenn wir demnach eine Ellipse parallel der xy-Ebene so bewegen, daß ihre Scheitel auf den beiden in der xz- bzw. in der yz-Ebene gelegenen Ellipsen $ACA'C'$ und $BCB'C'$ gleiten, wobei die Ellipse ihre Größe ändert, so beschreibt sie eine Fläche, deren Gleichung von der Form 8) ist. Diese Fläche wird **Ellipsoid** genannt; sie besitzt sechs Scheitel A, A', B, B', C, C'.

Sonderfälle des Ellipsoids: Ist $c = \infty$, so lautet die Gleichung

$$\frac{x^2}{a^2} + \frac{y^2}{b^2} = 1;$$

die Gleichung einer Schichtlinie ist

$$z = z_0, \qquad \frac{x^2}{a^2} + \frac{y^2}{b^2} = 1.$$

Die Schichtlinie ist also eine Ellipse, die die Halbachsen a und b hat; ihre Größe ist demnach unabhängig von dem Abstande z_0, den die sie enthaltende Ebene von der xy-Ebene hat. Das heißt aber: Alle Schichtlinien parallel zur xy-Ebene sind untereinander kongruent; man erhält sie, wenn man die xy-Spurellipse derart parallel zur xy-Ebene verschiebt, so daß ihr Mittelpunkt auf der z-Achse bleibt. Dadurch wird aber ein elliptischer Zylinder beschrieben, dessen Achse mit der z-Achse zusammenfällt. Mit anderen Worten: Die Gleichung

$$\frac{x^2}{a^2} + \frac{y^2}{b^2} = 1$$

ist die Gleichung der Mantelfläche eines elliptischen Zylinders, dessen Achse mit der z-Achse zusammenfällt und dessen Mantellinien folglich parallel zu dieser sind. Dieses Ergebnis konnten wir einfacher mit dem in **(148)** S. 441 abgeleiteten Satze sofort aus der Gleichung ablesen, da in ihr z überhaupt nicht vorkommt.

Ist $a = b = \infty$, so lautet die Gleichung $\frac{z^2}{c^2} = 1$, welche in die beiden Gleichungen $z = \pm c$ zerfällt; das Ellipsoid geht über in das

Paar der durch die Punkte C und C' zur xy-Ebene gelegten Parallelebenen.

Ist $b = a$, so lautet die Gleichung

$$\frac{x^2 + y^2}{a^2} + \frac{z^2}{c^2} = 1 .$$

Die xy-Spurlinie

$$z = 0 , \qquad \frac{x^2 + y^2}{a^2} = 1$$

ist ein Kreis, dessen Mittelpunkt O und dessen Halbmesser a ist. Die
Schichtlinie

$$z = z_0 , \qquad \frac{x^2 + y^2}{a^2} = 1 - \frac{z_0^2}{c^2}$$

ist ein Kreis, dessen Mittelpunkt auf der z-Achse liegt und dessen
Halbmesser gleich

$$a \sqrt{1 - \frac{z_0^2}{c^2}}$$

ist. Das Ellipsoid von der Gleichung

$$\frac{x^2 + y^2}{a^2} + \frac{z^2}{c^2} = 1$$

ist ein **Umdrehungsellipsoid**, dessen Drehachse die z-Achse ist;
es entsteht dadurch, daß die Ellipse mit den Halbachsen a und c um die
letztere rotiert. Ist außerdem $c = \infty$, so artet das Umdrehungsellipsoid
in die **Mantelfläche eines geraden Kreiszylinders** aus, dessen
Achse die z-Achse ist, und dessen Grundkreis den Halbmesser a hat;
ihre Gleichung ist

$$\frac{x^2 + y^2}{a^2} = 1 .$$

Ist schließlich $a = b = c$, so sind alle Spurlinien Kreise vom Halbmesser a, ebenso alle Schichtlinien Kreise. Die Fläche kann in bezug
auf jede der drei Koordinatenachsen als Umdrehungsfläche angesprochen
werden. Sie ist eine **Kugelfläche**, deren Mittelpunkt O, und deren
Halbmesser a ist; ihre Gleichung lautet $x^2 + y^2 + z^2 = a^2$. Zu dieser
Gleichung können wir noch auf einem anderen Wege gelangen. Da
nämlich die Kugelfläche der Ort der Punkte ist, welche von einem festen
Punkte O, dem **Mittelpunkte**, einen gegebenen Abstand a, den Halb-
messer, haben, so müssen die Koordinaten $x|y|z$ eines Punktes P dieser
Fläche die Bedingung erfüllen $x^2 + y^2 + z^2 = a^2$.

2.
$$\frac{x^2}{a^2} + \frac{y^2}{b^2} - \frac{z^2}{c^2} = 1 . \qquad 9)$$

Die xy-Spurlinie dieser Fläche ist wiederum eine Ellipse $ABA'B'$
von der Gleichung

$$z = 0 , \qquad \frac{x^2}{a^2} + \frac{y^2}{b^2} = 1$$

2*

(Abb. 241). Die yz-Spurlinie dagegen ist eine Hyberbel von der Gleichung

$$x = 0, \quad \frac{y^2}{b^2} - \frac{z^2}{c^2} = 1;$$

ihre reelle Achse ist demnach die y-Achse und ihre imaginäre Achse die z-Achse; der Asymptotenwinkel ε ist durch die Gleichung bestimmt

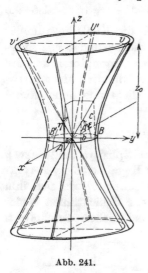

Abb. 241.

$\mathrm{tg}\,\varepsilon = \frac{c}{b}$ [s. **(136)** S. 382]. Ebenso ist die xz-Spurlinie eine Hyperbel von der Gleichung

$$y = 0, \quad \frac{x^2}{a^2} - \frac{z^2}{c^2} = 1,$$

deren reelle bzw. imaginäre Achse die x- bzw. die z-Achse ist, und deren Asymptotenwinkel η durch die Gleichung $\mathrm{tg}\,\eta = \frac{c}{a}$ bestimmt ist. Die Schichtlinie in der im Abstande $z = z_0$ zur xy-Ebene parallelen Ebene hat die Gleichungen

$$z = z_0, \quad \frac{x^2}{a^2} + \frac{y^2}{b^2} - \frac{z_0^2}{c^2} = 1;$$

sie läßt sich umformen in

$$\frac{x^2}{\left(a\sqrt{1 + \frac{z_0^2}{c^2}}\right)^2} + \frac{y^2}{\left(b\sqrt{1 + \frac{z_0^2}{c^2}}\right)^2} = 1,$$

ist also eine Ellipse, deren Mittelpunkt auf der z-Achse liegt, und deren Scheitel U, U', V, V', wie man sich leicht überzeugen kann, auf der xz- und auf der yz-Spurlinie liegen. Die Fläche wird demnach beschrieben von einer Ellipse, welche, ihre Gestalt ändernd, sich beständig parallel zur xy-Ebene so bewegt, daß ihre Scheitel auf den beiden in der xz- bzw. in der yz-Ebene gelegenen Hyperbeln wandern. Sie heißt das **einschalige Hyperboloid**; die Ellipse $ABA'B'$ ist die Kehlellipse, die x- und die y-Achse sind die reellen und die z-Achse ist die imaginäre Achse dieser Fläche.

Sonderfälle des einschaligen Hyperboloids: Ist $c = \infty$, so lautet die Gleichung

$$\frac{x^2}{a^2} + \frac{y^2}{b^2} = 1;$$

das Hyperboloid wird zum elliptischen Zylinder. Ist $b = a$, so lautet die Gleichung

$$\frac{x^2 + y^2}{a^2} - \frac{z^2}{c^2} = 1;$$

das Hyperboloid wird zum **Umdrehungshyperboloid**, dessen Drehachse die z-Achse und dessen Schichtlinien Kreise sind. Die Kehlellipse geht in den **Kehlkreis** ($z = 0$, $x^2 + y^2 = a^2$) über. Ist $b = \infty$, so lautet die Gleichung

$$\frac{x^2}{a^2} - \frac{z^2}{c^2} = 1,$$

die Fläche ist ein **hyperbolischer Zylinder**, dessen Mantellinien parallel der y-Achse sind. Nähern sich alle drei Größen a, b, c der Null, aber derart, daß die Verhältnisse $\frac{c}{a} = \operatorname{tg}\eta$ und $\frac{c}{b} = \operatorname{tg}\varepsilon$, also die Winkel η und ε konstant bleiben, so zieht sich die Kehlellipse immer mehr nach dem Anfangspunkte zusammen, und die xz- und die yz-Spurhyperbeln schmiegen sich immer dichter an ihre Asymptoten an. Im Grenzfalle $a = b = c = 0$ selbst artet das Hyperboloid zu einer **elliptischen Kegelfläche** aus, deren Spitze in O liegt und deren Achse die z-Achse ist. Ihre Gleichung lautet

$$x^2\,\operatorname{tg}^2\eta + y^2\,\operatorname{tg}^2\varepsilon - z^2 = 0;$$

man erhält sie, wenn man Gleichung 9) mit c^2 multipliziert, die Winkel η und ε einführt und schließlich $c = 0$ setzt. Der Kegel heißt der **Asymptotenkegel** des Hyperboloids von der Gleichung 9), da sich ihm das Hyperboloid, wie man bei Untersuchung der Schichtlinien beider Flächen erkennt, mit wachsendem z dichter und dichter anschmiegt.

3. $\quad -\dfrac{x^2}{a^2} - \dfrac{y^2}{b^2} + \dfrac{z^2}{c^2} = 1.\qquad$ 10)

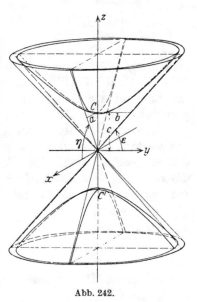

Abb. 242.

Für $z = 0$ ist $-\dfrac{x^2}{a^2} - \dfrac{y^2}{b^2} = 1$: es gibt keinen Punkt, dessen Koordinaten diese Gleichung erfüllen; daher hat unsere Fläche keine xy-Spurlinie. Für $x = 0$ ist $-\dfrac{y^2}{b^2} + \dfrac{z^2}{c^2} = 1$: die yz-Spurlinie ist eine Hyperbel, deren reelle Achse die z-Achse, deren imaginäre Achse die y-Achse ist und deren Asymptotenwinkel gegen die y-Achse durch die Gleichung bestimmt ist: $\operatorname{tg}\varepsilon = \dfrac{c}{b}$. Ebenso ist die xz-Spurlinie eine Hyperbel, deren reelle Achse die z-Achse und deren imaginäre Achse die x-Achse ist, und deren Asymptotenwinkel gegen die x-Achse durch die Gleichung bestimmt ist: $\operatorname{tg}\eta = \dfrac{c}{a}$. Die Schichtlinie $z = z_0$ hat die Gleichung

$$\frac{x^2}{\left(a\sqrt{\dfrac{z_0^2}{c^2} - 1}\right)^2} + \frac{y^2}{\left(b\sqrt{\dfrac{z_0^2}{c^2} - 1}\right)^2} = 1.$$

Solange $z_0^2 > c^2$ ist, ist sie eine Ellipse, deren Scheitel auf der xz- bzw. auf der yz-Spurhyperbel liegen. Ist $z_0^2 < c^2$, so gibt es keine Schichtlinie; für $z_0 = \pm c$ artet sie in die beiden Scheitelpunkte C und C' aus. Die Fläche ist das **zweischalige Hyperboloid.** Die x- und die y-Achse sind die imaginären, die z-Achse ist die reelle Achse.

    Sonderfälle des zweischaligen Hyperboloids: Ist $a = \infty$, so lautet die Gleichung

$$-\frac{y^2}{b^2} + \frac{z^2}{c^2} = 1;$$

die Fläche ist ein hyperbolischer Zylinder, deren yz-Spurhyperbel mit derjenigen des Hyperboloids übereinstimmt, und deren Mantellinien parallel der x-Achse sind. Ist außerdem noch $b = \infty$, so lautet die Gleichung $\dfrac{z^2}{c^2} \doteq 1$, die man in die beiden Gleichungen $z = \pm c$ auflösen kann; die Fläche besteht aus den beiden durch die Punkte C und C' parallel zur xy-Ebene gelegten Ebenen. Nähern sich a, b, c gleichzeitig dem Werte Null, jedoch so, daß die Verhältnisse $\dfrac{c}{a} = \operatorname{tg} \eta$ und $\dfrac{c}{b} = \operatorname{tg} \varepsilon$, also auch die Winkel η und ε erhalten bleiben, so geht die Gleichung über in

$$- x^2 \operatorname{tg}^2 \eta - y^2 \operatorname{tg}^2 \varepsilon + z^2 = 0;$$

das Hyperboloid geht in den nämlichen Kegel über wie oben das einschalige Hyperboloid. Dieser Kegel ist auch für dieses zweischalige Hyperboloid **Asymptotenkegel,** wie der Leser durch Untersuchung der Schichtlinien beider Flächen selbst feststellen möge.

    Obgleich die Gleichungen 6), 9), 10) sich nur in Vorzeichen unterscheiden, zeigen die drei Flächen, das **Ellipsoid,** das **einschalige** und das **zweischalige Hyperboloid** ganz verschiedene Gestalten. Und dennoch findet zwischen ihnen ein stetiger Übergang statt. Das Ellipsoid geht (für $c \to \infty$) über in den elliptischen Zylinder, aus diesem entwickelt sich das einschalige Hyperboloid ($\infty \to c$), aus diesem der Asymptotenkegel (a, b, $c \to 0$); dieser wird zum zweischaligen Hyperboloid ($0 \to a, b, c$), aus dem sich das Ebenenpaar entwickelt (a, $b \to \infty$), und dieses geht schließlich wieder in das Ausgangsellipsoid ($\infty \to a, b$) über.

(151)   b) Eine Fläche, deren Gleichung im räumlichen rechtwinkligen Koordinatensystem von der Form

$$z = A\,x^2 + B\,y^2 \tag{11}$$

ist, hat die yz-Ebene zur **Symmetrieebene;** denn zu einem bestimmten Wertepaare y, z gehören stets zwei einander entgegengesetzt gleiche Werte:

$$x = \pm \sqrt{\frac{z}{A} - \frac{B}{A}\,y^2}\,.$$

Aus dem gleichen Grunde ist auch die xz-Ebene Symmetrieebene dieser Fläche. Folglich ist die z-Achse als die Schnittgerade beider Symmetrieebenen eine **Achse** der Fläche und der Nullpunkt als der einzige Schnittpunkt dieser Achse mit der Fläche ihr **Scheitel.** Die Gestalt der Fläche wird im wesentlichen durch die Vorzeichen der Konstanten A und B be-stimmt. Von den zunächst möglichen vier Fällen (s. nebenstehende Tabelle) läßt sich leicht 4 auf 1 und 3 auf 2 zurückführen. 4 ergibt die an der

	1	2	3	4
A	+	−	+	−
B	+	+	−	−

xy-Ebene gespiegelte Fläche 1; 3 entsteht aus 2 durch Vertauschen der Rollen von x und y. Bedeuten a und b zwei absolute (positive) Strecken, so brauchen wir also nur die beiden Flächen zu untersuchen, die als Gleichung

$$z = \frac{x^2}{2a} + \frac{y^2}{2b} \qquad \text{oder} \qquad z = -\frac{x^2}{2a} + \frac{y^2}{2b}$$

haben. Die beiden Flächen haben — im Gegensatz zu den bisher be-trachteten — keinen Mittelpunkt; man bezeichnet sie daher als die **mittelpunktslosen Flächen zweiter Ordnung.**

1. $$z = \frac{x^2}{2a} + \frac{y^2}{2b}.$$ 12)

Die xy-Spurlinie hat die Gleichungen

$$z = 0, \qquad \frac{x^2}{2a} + \frac{y^2}{2b} = 0.$$

Die letzte Gleichung kann aber, da $a > 0$ und $b > 0$ sein soll, nur durch das Wertepaar $0\,|\,0$ erfüllt werden; die Fläche hat also mit der xy-Ebene nur **einen** Punkt, den Koordinatenanfangspunkt gemeinsam. Die yz-Spurlinie hat die Gleichung $x = 0$, $z = \frac{y^2}{2b}$; die yz-Spurlinie ist also eine **Parabel,** deren Scheitel in O liegt, deren Achse die z-Achse und deren Parameter gleich b ist (Abb. 243). Die xz-Spurlinie hat die Gleichung $y = 0$, $z = \frac{x^2}{2a}$; sie ist eine **Parabel,** deren Scheitel O, deren Achse wiederum die z-Achse und deren Para-meter a ist. Die zur Ebene $z = z_0$ gehörige Schichtlinie hat die Gleichungen

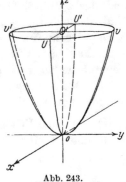

$$z = z_o, \qquad \frac{x^2}{(\sqrt{2az_0})^2} + \frac{y^2}{(\sqrt{2bz_0})^2} = 1;$$

Abb. 243.

sie ist also eine **Ellipse,** deren Mittelpunkt O' auf der z-Achse liegt und deren Scheitel

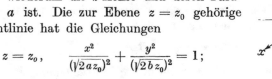

auf den entsprechenden Spurparabeln liegen. Die Fläche wird demnach von einer Ellipse beschrieben, die — beständig parallel zur xy-Ebene und ihre Gestalt ändernd — sich so bewegt, daß ihr Scheitel' auf den beiden Spurparabeln wandern. Die Fläche wird **elliptisches Paraboloid** genannt.

Im Sonderfalle $a = \infty$ lautet die Gleichung $z = \dfrac{y^2}{2b}$; die Fläche ist zu einem **parabolischen Zylinder** geworden, dessen yz-Spurlinie die gleiche geblieben ist und dessen Mantellinien parallel der x-Achse sind.

2. $$z = -\frac{x^2}{2a} + \frac{y^2}{2b}.$$ 13)

Die xy-Spurlinie hat die Gleichung

$$z = 0, \quad -\frac{x^2}{2a} + \frac{y^2}{2b} = 0;$$

letztere läßt sich in die beiden Gleichungen zerlegen

$$\frac{x}{y} = \pm \sqrt{\frac{b}{a}}.$$

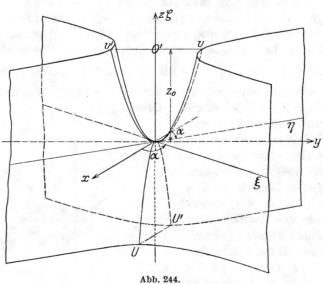

Abb. 244.

Die xy-Spurlinie besteht demnach aus zwei Geraden, welche, durch O gehend, mit der x-Achse den Winkel α einschließen, wobei

$$\operatorname{tg} \alpha = \sqrt{\frac{b}{a}}$$

ist. Die yz-Spurlinie hat die Gleichung

$$x = 0, \quad z = \frac{y^2}{2b};$$

sie ist. also die gleiche Parabel wie im Falle 1. Die xz-Spurlinie hat
die Gleichung

$$y = 0, \qquad z = -\frac{x^2}{2\,a}\,;$$

sie ist also kongruent mit Parabel von 1, nur nach der negativen
z-Achse geöffnet. Die zu $z = z_0$ gehörige Schichtlinie hat die Gleichung

$$z = z_0, \qquad -\frac{x^2}{2\,a\,z_0} + \frac{y^2}{2\,b\,z_0} = 1.$$

Für $z_0 > 0$ ist sie eine Hyperbel, deren Mittelpunkt O' auf der z-Achse
gelegen ist und deren reelle Achse parallel zur y-Achse läuft; ihre
Scheitel $V(0\,|\,\sqrt{2\,b\,z_0}\,|\,z_0)$ und $V'(0\,|-\sqrt{2\,b\,z_0}\,|\,z_0)$ liegen auf der yz-Spur-
parabel. Für $z_0 < 0$ ist sie eine Hyperbel, deren Mittelpunkt O' ebenfalls
auf der z-Achse liegt, deren reelle Achse dagegen parallel zur x-Achse
läuft und deren Scheitel $U(\sqrt{-2\,a\,z_0}\,|\,0\,|\,z_0)$ und $U'(-\sqrt{-2\,a\,z_0}\,|\,0\,|\,z_0)$
auf der xz-Spurparabel liegen. Die Asymptoten jeder Schichtlinie
sind parallel zu den beiden xy-Spurgeraden, wie man leicht durch
Rechnung findet. Die Fläche wird demnach von einer Hyperbel beschrieben, die — beständig parallel zur xy-Ebene — unter Beibehaltung
ihrer Asymptoten sich so bewegt, daß ihre Scheitel auf den Spurparabeln
gleiten. Die Fläche wird das **hyperbolische Paraboloid** genannt.

Im Sonderfalle $a = \infty$ lautet seine Gleichung — in Übereinstimmung
mit dem Falle 1. — $z = \dfrac{y^2}{2\,b}$; die Fläche ist also der gleiche parabolische
Zylinder. Wir haben damit auch für diese beiden anscheinend ganz
verschiedenartigen Flächen einen Übergang gefunden.

Wir wollen schließlich durch
eine Koordinatentransformation
dem hyperbolischen Paraboloid
eine andere Gleichung zuordnen.
Als ξ-Achse wollen wir die eine
und als η-Achse die andere
Spurgerade des Paraboloids in
der xy-Ebene wählen, während
die ζ-Achse mit der z-Achse zusammenfallen möge. Die z-Ko-
ordinate bleibt demnach völlig
unberührt; es ist also $z = \zeta$. Die
Transformationsformeln für x
und y ergeben sich aus Abb. 245

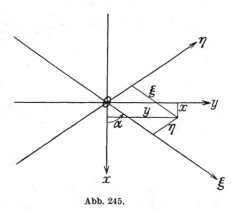

Abb. 245.

zu:

$$x = (\xi - \eta)\cos\alpha \qquad \text{und} \qquad y = (\zeta + \eta)\sin\alpha$$

[vgl. **(112)** S. 305]. Dadurch geht Gleichung 13) über in

$$\zeta = (\xi + \eta)^2\,\frac{\sin^2\alpha}{2\,b} - (\xi - \eta)^2\,\frac{\cos^2\alpha}{2\,a}\,.$$

Da aber
$$\operatorname{tg}\alpha = \sqrt{\frac{b}{a}},$$
also
$$\sin\alpha = \frac{\sqrt{b}}{\sqrt{a+b}}, \qquad \cos\alpha = \frac{\sqrt{a}}{\sqrt{a+b}}$$

ist, so erhalten wir weiter
$$\zeta = (\xi^2 + \eta^2)\left(\frac{\sin^2\alpha}{2b} - \frac{\cos^2\alpha}{2a}\right) + 2\xi\eta\left(\frac{\sin^2\alpha}{2b} + \frac{\cos^2\alpha}{2a}\right)$$
oder
$$\zeta = (\xi^2 + \eta^2)\left(\frac{1}{2(a+b)} - \frac{1}{2(a+b)}\right) + 2\xi\eta\left(\frac{1}{2(a+b)} + \frac{1}{2(a+b)}\right),$$
$$\xi\eta = \frac{a+b}{2}\zeta, \qquad \xi\eta = c\zeta. \qquad\qquad 13')$$

Gleichung 13') ist nun aber technisch von größter Bedeutung (Gay-Lussacsches Gesetz usw.); ihr Bild ist also ein hyperbolisches Paraboloid.

§ 2. Strecken und Winkel im räumlichen rechtwinkligen Koordinatensysteme.

(152) Ein Punkt P (Abb. 246) mit den Koordinaten $x|y|z$ habe von O den Abstand r; $OP = r$ schließe mit den Koordinatenachsen die

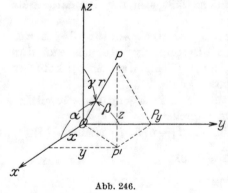

Abb. 246.

Winkel $\sphericalangle(xr) = \alpha$, $\sphericalangle(yr) = \beta$, $\sphericalangle(zr) = \gamma$ ein. α, β, γ sind die Richtungswinkel, r ist der Betrag des Vektors $OP = \mathfrak{r}$. Da
$$\overline{OP'}^2 = x^2 + y^2$$
und
$$\overline{OP}^2 = \overline{OP'}^2 + z^2$$
ist, so ist
$$\left.\begin{array}{l} r^2 = x^2 + y^2 + z^2 \\[2mm] \text{oder} \\[2mm] r = \sqrt{x^2 + y^2 + z^2}. \end{array}\right\} \; 14\text{a})$$

Ferner folgt aus dem bei P_y rechtwinkligen Dreieck OP_yP die Beziehung $\cos\beta = \frac{y}{r}$, und mithin besteht die Formelgruppe
$$\cos\alpha = \frac{x}{r}, \qquad \cos\beta = \frac{y}{r}, \qquad \cos\gamma = \frac{z}{r}. \qquad 14\text{b})$$

Formel 14a) gibt den Betrag des durch P bestimmten Vektors $\mathfrak{r}$, 14b) seine Richtungswinkel, ausgedrückt durch die Koordinaten von P.

Sind andererseits Betrag r und die Richtungswinkel α, β, γ des in O beginnenden Vektors $\mathfrak{r}$ gegeben, so folgt für die Koordinaten seines Endpunktes P

$$x = r \cos\alpha, \qquad y = r \cos\beta, \qquad z = r \cos\gamma. \tag{15}$$

Setzen wir diese Werte in Gleichung 14a) ein, so erhalten wir nach Division durch r^2 die Beziehung

$$\cos^2\alpha + \cos^2\beta + \cos^2\gamma = 1. \tag{16}$$

Gleichung 16) sagt aus, daß die drei Richtungswinkel nicht voneinander unabhängig sind, sondern daß durch (irgend) zwei derselben der dritte — abgesehen von dem Quadranten — bestimmt ist.

Weiterhin folgt aus den Gleichungen 16) mit Hilfe von 15) die Formel

$$r = x \cos\alpha + y \cos\beta + z \cos\gamma. \tag{17}$$

Formel 17) wird als der Projektionssatz des Raumes bezeichnet. Da nämlich $x \cos\alpha$ die Projektion der x-Koordinate von P auf den Vektor $\mathfrak{r}$ ist, so sagt er aus:

Projiziert man die drei Koordinaten des Endpunktes eines in O beginnenden Vektors auf diesen, so ergibt die Summe dieser Projektionen den Betrag des Vektors.

Da man x, y, z als die Projektionen des Vektors $\mathfrak{r}$ auf drei zueinander senkrechte Gerade auffassen kann, so läßt sich der Projektionssatz auch folgendermaßen aussprechen:

Projiziert man einen Vektor auf drei zueinander senkrechte Achsen und diese Projektionen wiederum auf den Vektor, so ist die Summe der letzten drei Projektionen gleich dem Betrage des Vektors.

Anwendung auf Zusammensetzung und Zerlegung von räumlichen Kräften, die in demselben Punkte angreifen!

Beispiele. Hat P die Koordinaten $2 \mid -4 \mid 5$, so ist nach 14)

$$r = 3 \sqrt{5} = 6{,}7082,$$

$$\alpha = 72°39'15'', \qquad \beta = 126°36'14'', \qquad \gamma = 41°48'32''. \quad \text{(Modell!)}$$

Sind gegeben $r = 51$, $\alpha = 38°19'$, $\beta = 105°17'$, und soll γ stumpf sein, so berechnet sich γ aus Formel 16) zu $\gamma = 124°8'$, und aus Formeln 15):

$$x = 40{,}015, \quad y = -13{,}443, \quad z = -28{,}621. \quad \text{(Modell!)}$$

Liegt der Anfangspunkt des Vektors $\mathfrak{r}$ nicht in O, sondern in einem beliebigen Punkte $P_1(x_1 \mid y_1 \mid z_1)$ (freier Vektor), und der Endpunkt in

$P_2(x_2 \mid y_2 \mid z_2)$ (s. Abb. 247), so berechnen wir den Betrag r und die Richtungswinkel α, β, γ in folgender Weise. Wir verschieben das Koordinatensystem, so daß sein Nullpunkt im Anfangspunkte P_1 des Vektors liegt und die neuen Achsen, die ξ-, η-, ζ-Achse, parallel der x-, y-, z-Achse sind. Dann sind die Koordinaten von P_2 im neuen Systeme

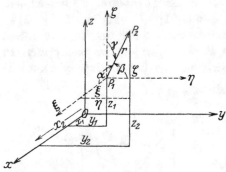

Abb. 247.

$$\xi = x_2 - x_1, \qquad \eta = y_2 - y_1,$$
$$\zeta = z_2 - z_1.$$

Im $\xi\eta\zeta$-Systeme fällt aber der Anfangspunkt des Vektors in den Nullpunkt, folglich gelten die Formeln 14); es ist

$$r = \sqrt{\xi^2 + \eta^2 + \zeta^2}, \qquad \cos\alpha = \frac{\xi}{r}, \qquad \cos\beta = \frac{\eta}{r}, \qquad \cos\gamma = \frac{\zeta}{r}$$

oder

$$\left. \begin{array}{c} r = \sqrt{(x_2 - x_1)^2 + (y_2 - y_1)^2 + (z_2 - z_1)^2}, \\[2mm] \cos\alpha = \dfrac{x_2 - x_1}{r}, \qquad \cos\beta = \dfrac{y_2 - y_1}{r}, \qquad \cos\gamma = \dfrac{z_2 - z_1}{r}. \end{array} \right\} \quad 18)$$

Die Formeln 18) berechnen den Betrag und die Richtungswinkel des freien Vektors aus den Koordinaten seines Anfangs- und seines Endpunktes. Wir verstehen dabei unter den Richtungswinkeln eines freien Vektors die Winkel, die er mit den durch seinen Anfangspunkt gezogenen Parallelen zu den Koordinatenachsen einschließt.

$x_2 - x_1, y_2 - y_1, z_2 - z_1$ sind die Projektionen des freien Vektors auf drei zueinander senkrechte Gerade; sie ergeben sich aus dem Betrage r und den Richtungswinkeln α, β, γ des Vektors mittels der Formeln

$$x_2 - x_1 = r\cos\alpha, \qquad y_2 - y_1 = r\cos\beta, \qquad z_2 - z_1 = r\cos\gamma. \quad 19)$$

Beispiele: Der durch die beiden Punkte $A(13 \mid -8 \mid 4)$ und $B(5 \mid 1 \mid 9)$ bestimmte Vektor hat den Betrag

$$r = \sqrt{(5 - 13)^2 + (1 + 8)^2 + (9 - 4)^2} = \sqrt{170}$$

und die Richtungskosinus

$$\cos\alpha = -\frac{8}{\sqrt{170}}, \qquad \cos\beta = \frac{9}{\sqrt{170}}, \qquad \cos\gamma = \frac{5}{\sqrt{170}},$$

woraus sich die Richtungswinkel

$$\alpha = 127°\,50'\,45'', \qquad \beta = 46°\,20'\,55'', \qquad \gamma = 67°\,27'\,0''$$

ergeben.

Die beiden Punkte $A\,(13\,|-8\,|\,4)$ und $B\,(5\,|\,1\,|\,9)$ mögen zwei Eckpunkte eines Tetraeders sein, das wir in der Folge ständig benutzen werden; wir wollen es als unser **Tetraeder T** bezeichnen. Die beiden anderen Ecken sollen sein $C\,(21\,|-7\,|-11)$ und $D\,(1\,|-2\,|\,4)$. Der Leser stelle sich ein Koordinatenmodell her und lege in dieses das Tetraeder T hinein, um die Rechnungsergebnisse nachprüfen zu können. — Berechne Länge und Richtung der übrigen Tetraederkanten!

(153) Zwei von O ausgehende Strahlen mögen durch ihre Richtungswinkel

$$(\alpha_1\,|\,\beta_1\,|\,\gamma_1) \quad \text{und} \quad (\alpha_2\,|\,\beta_2\,|\,\gamma_2)$$

gegeben sein (s. Abb. 248); wir wollen den Winkel ϑ bestimmen, den sie miteinander einschließen. Zu diesem Zwecke wählen wir auf dem einen Strahle einen beliebigen Punkt P_1 durch $OP_1 = r_1$ und auf

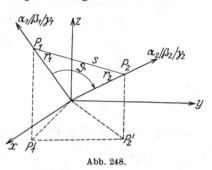

Abb. 248.

dem anderen Strahle einen beliebigen Punkt P_2 durch $OP_2 = r_2$. Die Länge $s = P_1 P_2$ ergibt sich aus dem Dreieck $OP_1 P_2$ nach dem Kosinussatze zu $s^2 = r_1^2 + r_2^2 - 2\,r_1 r_2 \cos\vartheta$. Sind $x_1\,|\,y_1\,|\,z_1$ und $x_2\,|\,y_2\,|\,z_2$ die Koordinaten von P_1 bzw. P_2, so ist

$$r_1^2 = x_1^2 + y_1^2 + z_1^2, \qquad r_2^2 = x_2^2 + y_2^2 + z_2^2$$

und nach 18)

$$s^2 = (x_2 - x_1)^2 + (y_2 - y_1)^2 + (z_2 - z_1)^2.$$

Setzen wir dies oben ein, so erhalten wir

$$x_2^2 - 2\,x_1 x_2 + x_1^2 + y_2^2 - 2\,y_1 y_2 + y_1^2 + z_2^2 - 2z_1 z_2 + z_1^2$$
$$= x_1^2 + y_1^2 + z_1^2 + x_2^2 + y_2^2 + z_2^2 - 2\,r_1 r_2 \cos\vartheta$$

und hieraus

$$r_1 r_2 \cos\vartheta = x_1 x_2 + y_1 y_2 + z_1 z_2 .$$

Da nach 15)

$$x_1 = r_1 \cos\alpha_1, \qquad y_1 = r_1 \cos\beta_1, \qquad z_1 = r_1 \cos\gamma_1,$$
$$x_2 = r_2 \cos\alpha_2, \qquad y_2 = r_2 \cos\beta_2, \qquad z_2 = r_2 \cos\gamma_2$$

ist, so folgt nach Dividieren durch $r_1 r_2$

$$\cos\vartheta = \cos\alpha_1 \cos\alpha_2 + \cos\beta_1 \cos\beta_2 + \cos\gamma_1 \cos\gamma_2. \qquad 20)$$

Mit Gleichung 20) ist die gestellte Aufgabe gelöst. Dabei können wir uns noch von einigen anfangs gemachten Annahmen frei machen. Erstens nämlich gilt Gleichung 20) auch dann noch, wenn die beiden Strahlen nicht von O, sondern von einem ganz beliebigen Punkte P ausgehen, da die Ableitungen die gleichen bleiben, wenn man die Parallelverschiebung des Koordinatensystems nach P vorgenommen hat. Und zweitens gilt sie auch noch für den Winkel zweier sich kreuzender Strahlen; hierunter versteht man den Winkel, den zwei von irgendeinem Punkte P aus gezogene Parallelen zu den Strahlen miteinander einschließen. Zu beachten ist dabei aber stets, daß zwischen den drei Winkeln α_1, β_1, γ_1 und ebenso zwischen den drei Winkeln α_2, β_2, γ_2 die Beziehung 16) bestehen muß.

Beispiele. a) Welchen Winkel schließen die beiden Strahlen $(60°\,|\,45°\,|\,120°)$ und $(30°\,|\,60°\,|\,90°)$ miteinander ein? Es ist

$$\cos\vartheta = \tfrac{1}{2}\cdot\tfrac{1}{2}\sqrt{3} + \tfrac{1}{2}\sqrt{2}\cdot\tfrac{1}{2} + (-\tfrac{1}{2})\cdot 0 = \tfrac{1}{4}\left(\sqrt{3}+\sqrt{2}\right);$$

$$\vartheta = 38°\,8'\,54''.$$

b) In unserem Tetraeder T hat die Kante AB (s. oben) die Richtungskosinus

$$-\frac{8}{\sqrt{170}}, \qquad \frac{9}{\sqrt{170}}, \qquad \frac{5}{\sqrt{170}},$$

die Kante AC die Richtungskosinus

$$\frac{8}{\sqrt{290}}, \qquad \frac{1}{\sqrt{290}}, \qquad -\frac{15}{\sqrt{290}}.$$

Folglich ist der Winkel ϑ, den beide miteinander einschließen, bestimmt durch

$$\cos\vartheta = \frac{-64 + 9 - 75}{\sqrt{290}\cdot\sqrt{170}} = -\frac{13}{\sqrt{29\cdot 17}}$$

und daher $\vartheta = 125°\,50'\,17''$. — Unter welchem Winkel kreuzen sich die Kanten AD und BC? AD hat die Richtungskosinus $-\dfrac{2}{\sqrt{5}}\left|\dfrac{1}{\sqrt{5}}\right|0$, BC dagegen $\dfrac{4}{3\sqrt{5}}\left|-\dfrac{2}{3\sqrt{5}}\right|-\dfrac{5}{3\sqrt{5}}$; also ist

$$\cos\vartheta = \frac{-8-2}{15} = \frac{-2}{3} \qquad \text{und} \qquad \vartheta = 131°\,48'\,39''.$$

Bestimme die übrigen Neigungswinkel der Tetraederkanten gegen einander!

c) Liegt OP_1 in der xz-Ebene, so daß $\beta_1 = 90°$, $\gamma_1 = 90° - \alpha_1$ ist, und OP_2 in der xy-Ebene, so daß $\beta_2 = 90° - \alpha_2$, $\gamma_2 = 90°$ ist, so ist nach 20)

$$\cos\vartheta = \cos\alpha_1 \cos\alpha_2. \qquad\qquad 21)$$

Formel 21) sagt aus: In jeder rechtwinkligen dreiseitigen Ecke ist der Kosinus der Hypotenuse gleich dem Produkte aus den Kosinus der beiden Katheten.

Multiplizieren wir Gleichung 20) mit r_2, so erhalten wir unter Berücksichtigung der Formeln 15) die neue Gleichung

$$r_2 \cos\vartheta = x_2 \cos\alpha_1 + y_2 \cos\beta_1 + z_2 \cos\gamma_1, \qquad\qquad 22)$$

die als die verallgemeinerte Projektionsgleichung bezeichnet wird. Sie sagt aus:

Eine Strecke r_2 wird auf eine Richtung $(\alpha_1 | \beta_1 | \gamma_1)$ projiziert, indem man ihre zu drei beliebigen untereinander senkrechten Richtungen gehörigen Komponenten x_2, y_2, z_2 auf diese Richtung projiziert und diese Projektionen addiert.

Durch zwei von einem Punkte ausgehende Strahlen ist eine Ebene bestimmt; diese schließe mit den Koordinatenebenen, der yz-, der zx- und der xy-Ebene der Reihe nach die drei Winkel A, B, Γ ein. Sie heißen die Stellungswinkel der Ebene und sind gleich den Winkeln, welche irgendeine Normale zur Ebene mit der x-, der y- und der z-Achse bildet. Es muß möglich sein, die Stellungswinkel A, B, Γ der Ebene aus den Richtungswinkeln der die Ebene bestimmenden beiden Strahlen zu berechnen; hierzu wollen wir nun übergehen.

Wir verlegen zu diesem Zwecke den Anfangspunkt der beiden Strahlen in den Koordinatennullpunkt (s. Abb. 248) und wählen auf ihnen je einen beliebigen Punkt P_1 bzw. P_2; ihre xy-Projektionen seien P_1' und P_2'. Nun ist der Flächeninhalt des Dreiecks OP_1P_2 nach dem Sinussatze

$$F = \tfrac{1}{2} r_1 r_2 \cdot \sin \vartheta;$$

demnach ist der Inhalt seiner xy-Projektion, also des Dreiecks $OP_1'P_2'$:

$$F' = \tfrac{1}{2} r_1 r_2 \cdot \sin \vartheta \cdot \cos \Gamma.$$

Da aber der Inhalt von $OP_1'P_2'$ nach Formel 12) in **(108)** auch durch

$$F' = \tfrac{1}{2} (x_1 y_2 - x_2 y_1)$$

wiedergegeben wird, so ist mit Berücksichtigung der Formeln 15)

$$\tfrac{1}{2} r_1 r_2 \sin \vartheta \cos \Gamma = \tfrac{1}{2} r_1 r_2 (\cos \alpha_1 \cos \beta_2 - \cos \alpha_2 \cos \beta_1)$$

und demnach

$$\sin \vartheta \cos \Gamma = \cos \alpha_1 \cos \beta_2 - \cos \alpha_2 \cos \beta_1,$$

zu der sich durch zyklische Vertauschung noch zwei weitere Formeln gesellen, so daß wir die Formelgruppe erhalten:

$$\left. \begin{aligned} \sin \vartheta \cos \mathsf{A} &= \cos \beta_1 \cos \gamma_2 - \cos \beta_2 \cos \gamma_1, \\ \sin \vartheta \cos \mathsf{B} &= \cos \gamma_1 \cos \alpha_2 - \cos \gamma_2 \cos \alpha_1, \\ \sin \vartheta \cos \Gamma &= \cos \alpha_1 \cos \beta_2 - \cos \alpha_2 \cos \beta_1. \end{aligned} \right\} \qquad 23)$$

Da durch Formel 20) der Winkel ϑ bestimmt ist, liefern uns die Formeln 23) die Stellungswinkel A, B, Γ der zu den beiden Strahlen $(\alpha_1 | \beta_1 | \gamma_1)$ und $(\alpha_2 | \beta_2 | \gamma_2)$ und damit auch untereinander parallelen Ebenen; damit ist die oben gestellte Aufgabe gelöst.

Beispiele. a) Welches sind die Stellungswinkel der Ebenen, welche den beiden 'Strahlen $(60° | 45° | 120°)$ und $(30° | 60° | 90°)$ parallel sind? Da in diesem Falle (s. oben)

$$\cos\vartheta = \tfrac{1}{4}\big(\sqrt{3} + \sqrt{2}\big),$$

also $\vartheta = 38° 8' 54''$ und

$$\sin\vartheta = \frac{\sqrt{11 - 2\sqrt{6}}}{4}$$

ist, so ist

$$\sin\vartheta \cos A = \tfrac{1}{2}\sqrt{2}\cdot 0 - \tfrac{1}{2}\cdot(-\tfrac{1}{2}) = \tfrac{1}{4},$$

$$\sin\vartheta \cos B = -\tfrac{1}{2}\cdot\tfrac{1}{2}\sqrt{3} - 0\cdot\tfrac{1}{2} = -\tfrac{1}{4}\sqrt{3},$$

$$\sin\vartheta \cos\Gamma = \tfrac{1}{2}\cdot\tfrac{1}{2} - \tfrac{1}{2}\sqrt{3}\cdot\tfrac{1}{2}\sqrt{2} = \tfrac{1}{4}(1 - \sqrt{6})$$

und daher

$$\cos A = \frac{1}{\sqrt{11 - 2\sqrt{6}}}, \quad \cos B = -\frac{\sqrt{3}}{\sqrt{11 - 2\sqrt{6}}}, \quad \cos\Gamma = -\frac{\sqrt{6} - 1}{\sqrt{11 - 2\sqrt{6}}},$$

also

$$A = 66° 7' 4'', \quad B = 134° 31' 32'', \quad \Gamma = 125° 56' 0''.$$

b) Die Stellungswinkel der Seitenfläche ABC unseres Tetraeders T berechnen sich, da $\cos BAC = \cos\vartheta = -\dfrac{13}{\sqrt{493}}$, demnach $\sin\vartheta = \dfrac{18}{\sqrt{493}}$ ist, zu

$$\cos A = -\tfrac{7}{9}, \quad \cos B = -\tfrac{4}{9}, \quad \cos\Gamma = -\tfrac{4}{9};$$

es ist also

$$A = 141° 3' 30'', \quad B = \Gamma = 116° 23' 17''.$$

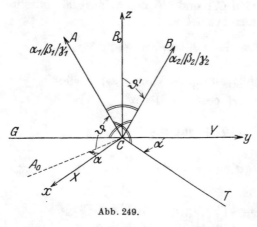

Abb. 249.

(154) Anwendung: In Abb. 249 soll die in der xy-Ebene gelegene Gerade CT, welche mit der y-Achse den Winkel α einschließt, eine Welle darstellen; mit ihr ist rechtwinklig verbunden eine Gerade CA ($\sphericalangle TCA = 1R$). Ferner soll die in der y-Achse liegende Gerade CG eine Welle darstellen, mit welcher rechtwinklig die Gerade CB verbunden ist ($\sphericalangle GCB = 1 R$). Schließlich sind die beiden Geraden CA und CB ebenfalls in der Weise starr miteinander verbunden, daß sie in jeder Lage aufeinander senkrecht stehen. Fassen wir die Welle CT als treibende Welle auf, so ist die Welle CG die getriebene Welle, da

infolge der geschilderten Verbindungen die Drehung um CT eine ganz bestimmte Drehung um CG zur Folge haben muß. Liegt im Sonderfalle CA in der xy-Ebene in der Lage CA_0, so muß CB in der Lage CB_0 auf die z-Achse zu liegen kommen.

Im allgemeinen Falle möge CA mit der xy-Ebene den Winkel $\vartheta = A_0CA$ einschließen; dies hat zur Folge, daß CB mit der z-Achse den Winkel $\vartheta' = B_0CB$ bildet. Es soll unsere erste Aufgabe sein, den Zusammenhang zwischen den beiden Winkeln ϑ und ϑ' zu untersuchen.

In der allgemeinen Lage mögen dem Strahle CA die Richtungswinkel α_1, β_1, γ_1 zukommen. Da die x-Achse, CA und CA_0 die Kanten einer an der Kante CA rechtwinkligen dreiseitigen Ecke bilden, deren Katheten $XCA_0 = \alpha$ und $A_0CA = \vartheta$ sind, so ist die Hypotenuse $XCA = \alpha_1$ nach 21) bestimmt durch $\cos\alpha_1 = \cos\alpha\cos\vartheta$. Ferner ist, wie man aus der von den Kanten CA_0, CA und der y-Achse gebildeten, an der Kante CA_0 rechtwinkligen dreiseitigen Ecke — ihre Katheten sind $A_0CA = \vartheta$ und $YCA_0 = 90° + \alpha$ — erkennt,

$$\cos YCA = \cos\beta_1 = -\sin\alpha\cos\vartheta.$$

Schließlich ist

$$\gamma_1 = 90° - \vartheta = B_0CA.$$

Der Strahl CB möge die Richtungswinkel α_2, β_2, γ_2 haben, wobei, wie man leicht erkennt,

$$\alpha_2 = 90° + \vartheta', \qquad \beta_2 = 90°, \qquad \gamma_2 = \vartheta'$$

ist. Da nun die beiden Strahlen CA und CB den Winkel $90°$ miteinander einschließen, so folgt aus Formel 20):

$$\cos 90° = \cos\alpha_1\cos\alpha_2 + \cos\beta_1\cos\beta_2 + \cos\gamma_1\cos\gamma_2$$

oder

$$0 = \cos\alpha\cos\vartheta\cdot\cos(90° + \vartheta') + (-\sin\alpha\cos\vartheta)\cdot\cos 90°$$
$$+ \cos(90 - \vartheta)\cos\vartheta'$$

oder

$$-\cos\alpha\cos\vartheta\sin\vartheta' + \sin\vartheta\cos\vartheta' = 0,$$

d. h.

$$\operatorname{tg}\vartheta = \cos\alpha\operatorname{tg}\vartheta' \quad \text{oder} \quad \operatorname{ctg}\vartheta' = \cos\alpha\cdot\operatorname{ctg}\vartheta \quad \text{oder} \quad \operatorname{tg}\vartheta' = \frac{\operatorname{tg}\vartheta}{\cos\alpha}.$$

So ist beispielsweise

für $\alpha = 30°$: $\quad \operatorname{ctg}\vartheta' = \tfrac{1}{2}\sqrt{3}\cdot\operatorname{ctg}\vartheta, \quad \operatorname{tg}\vartheta' = \tfrac{2}{3}\sqrt{3}\operatorname{tg}\vartheta;$

für $\alpha = 60°$: $\quad \operatorname{ctg}\vartheta' = \tfrac{1}{2}\operatorname{ctg}\vartheta', \quad \operatorname{tg}\vartheta' = 2\operatorname{tg}\vartheta.$

Die nachfolgende Tabelle enthält die Zusammenstellung zueinandergehöriger Werte ϑ und ϑ' und ihrer Differenzen: a) für $\alpha = 30°$, b) für $\alpha = 60°$.

	$\vartheta =$	0°	45°	90°	135°	180°	225°	270°	315°
$\alpha = 30°$	$\vartheta' =$	0°	49° 6′24″	90°	130°53′36″	180°	229° 6′24″	270°	310°53′36″
	$\vartheta' - \vartheta =$	0°	4° 6′24″	0°	−4° 6′24″	0°	4° 6′24″	0°	−4° 6′24″
$\alpha = 60°$	$\vartheta' =$	0°	63°26′ 6″	90°	116°33′54″	0°	243°26′ 6″	270°	296°33′54″
	$\vartheta' - \vartheta =$	0°	18°26′ 6″	0°	−18°26′ 6″	0°	18°26′ 6″	0°	−18°26′ 6″

Wir erkennen, daß die Differenz $\vartheta' - \vartheta$ bei einer Umdrehung der Wellen hin und her schwankt; sie muß demnach für bestimmte Stellungen einen Größtwert annehmen, den wir jetzt bestimmen wollen.

$\vartheta' - \vartheta$ wird gleichzeitig mit $\operatorname{tg}(\vartheta' - \vartheta)$ ein Maximum. Nun ist

$$\operatorname{tg}(\vartheta' - \vartheta) = \frac{\operatorname{tg}\vartheta' - \operatorname{tg}\vartheta}{1 + \operatorname{tg}\vartheta'\operatorname{tg}\vartheta} = \frac{\dfrac{\operatorname{tg}\vartheta}{\cos\alpha} - \operatorname{tg}\vartheta}{1 + \dfrac{\operatorname{tg}^2\vartheta}{\cos\alpha}} = \frac{\operatorname{tg}\vartheta(1 - \cos\alpha)}{\operatorname{tg}^2\vartheta + \cos\alpha}.$$

Dieser Ausdruck wird ein Maximum, wenn sein Differentialquotient nach $\operatorname{tg}\vartheta$ gleich Null wird. Es muß demnach sein:

$$\frac{(\operatorname{tg}^2\vartheta + \cos\alpha) - \operatorname{tg}\vartheta \cdot 2\operatorname{tg}\vartheta}{(\operatorname{tg}^2\vartheta + \cos\alpha)^2}(1 - \cos\alpha) = 0, \quad \operatorname{tg}^2\vartheta = \cos\alpha, \quad \operatorname{tg}\vartheta = \sqrt{\cos\alpha},$$

$$\operatorname{tg}\vartheta' = \frac{1}{\sqrt{\cos\alpha}}, \qquad [\operatorname{tg}(\vartheta' - \vartheta)]_{\max} = \frac{1 - \cos\alpha}{2\sqrt{\cos\alpha}}.$$

So wird für $\alpha = 30°$ diese Differenz am größten, wenn

$$\operatorname{tg}\vartheta = 0{,}930\,62, \qquad \vartheta = 42°56′30″, \qquad \vartheta' = 47°3′30″,$$

also

$$(\vartheta' - \vartheta)_{\max} = 4°7′0″.$$

ist. Für $\alpha = 60°$ sind die entsprechenden Werte

$$\vartheta = 35°15′53″, \qquad \vartheta' = 54°44′7″,$$

also

$$(\vartheta' - \vartheta)_{\max} = 19°28′15″.$$

Unter dem Übersetzungsverhältnis ψ ist das Verhältnis der Umlaufszahl der getriebenen und der treibenden Welle, also das Verhältnis ihrer Winkelgeschwindigkeiten zu verstehen. Ist ω die Winkelgeschwindigkeit der treibenden, ω' die der getriebenen Welle, so ist $\psi = \dfrac{\omega'}{\omega}$. Nun ist

$$\omega = \frac{d\vartheta}{dt}, \qquad \omega' = \frac{d\vartheta'}{dt},$$

also

$$\psi = \frac{d\vartheta'}{d\vartheta}.$$

Da

$$\operatorname{tg}\vartheta' = \frac{\operatorname{tg}\vartheta}{\cos\alpha}.$$

ist, so ist

$$\psi = \frac{d \arctg \dfrac{\operatorname{tg}\vartheta}{\cos\alpha}}{d\vartheta} = \frac{1}{\left(1 + \dfrac{\operatorname{tg}^2\vartheta}{\cos^2\alpha}\right)\cos\alpha\cos^2\vartheta} = \frac{\cos\alpha}{\cos^2\alpha\cos^2\vartheta + \sin^2\vartheta} = \frac{\cos\alpha}{1 - \sin^2\alpha\cos^2\vartheta}\,.$$

Da nach einem vollen Umlauf der treibenden Welle auch die getriebene Welle einen vollen Umlauf ausgeführt hat, das Übersetzungsverhältnis aber mit ϑ veränderlich ist, so schwankt das Übersetzungsverhältnis ψ zwischen Werten, die kleiner, und solchen, die größer als 1 sind. Für einen bestimmten Wert von ϑ wird $\psi = 1$ sein, d. h. es werden beide Wellen gleiche Winkelgeschwindigkeiten $\omega' = \omega$ haben; für einen anderen Wert wird ψ einen kleinsten, für einen dritten ψ einen größten Wert annehmen. Wir wollen auch diese Winkel ϑ noch bestimmen.

Damit $\psi = 1$ wird, muß

$$1 - \sin^2\alpha\cos^2\vartheta = \cos\alpha\,,$$

also

$$\cos^2\vartheta = \frac{1 - \cos\alpha}{\sin^2\alpha} = \frac{1}{1 + \cos\alpha}\,,$$

demnach

$$\cos\vartheta = \frac{1}{\sqrt{1 + \cos\alpha}} \quad \text{oder} \quad \operatorname{tg}\vartheta = \sqrt{\cos\alpha}$$

sein. ϑ ist mithin derselbe Winkel, für den die Differenz $\vartheta' - \vartheta$ ein Maximum ist (s. oben), ein Ergebnis, das völlig einleuchtend ist.

Damit ψ am größten bzw. am kleinsten wird, muß $1 - \sin\alpha\cos^2\vartheta$ am kleinsten bzw. am größten oder $\sin^2\alpha\cos^2\vartheta$ und damit $\cos^2\vartheta$ am größten bzw. am kleinsten sein. Es ergibt sich, daß für $\vartheta = 0°$ und $\vartheta = 180°$ ψ am größten und für $\vartheta = 90°$ und $\vartheta = 270°$ ψ am kleinsten wird; und zwar ist

für $\vartheta = 0°$	90°	180°	270°	360°
$\psi = \dfrac{1}{\cos\alpha}$	$\cos\alpha$	$\dfrac{1}{\cos\alpha}$	$\cos\alpha$	$\dfrac{1}{\cos\alpha}$.

Demnach schwankt das Übersetzungsverhältnis zwischen den Werten $\cos\alpha$ und $\dfrac{1}{\cos\alpha}$;

für $\alpha = 30°$ ist also $\quad 0{,}86603 \le \psi \le 1{,}15470$,

für $\alpha = 60°$ $\qquad\qquad\quad 0{,}5000 \le \psi \le 2{,}0000$.

§ 3. Die Ebene und die räumliche Gerade.

(155) **A. Die Ebene.** In (148) haben wir gefunden, daß jede lineare Gleichung in x, y, z die Gleichung einer Ebene ist:

$$A x + B y + C z + D = 0. \qquad 4)$$

Andererseits sind jeder Ebene unendlich viele lineare Gleichungen zugeordnet; kennen wir eine von ihnen, so ergeben sich die übrigen, indem wir die gegebene Gleichung mit irgendeiner von x, y, z unabhängigen Größe multiplizieren. Daß andererseits eine Ebene stets eine lineare Gleichung haben muß, erkennen wir folgendermaßen:

Wir wissen, daß eine Ebene durch drei nicht in einer Geraden liegende Punkte $P_1(x_1|y_1|z_1)$, $P_2(x_2|y_2|z_2)$, $P_3(x_3|y_3|z_3)$ bestimmt ist. Nun lassen sich stets drei Verhältnisse $\dfrac{A}{D}$, $\dfrac{B}{D}$, $\dfrac{C}{D}$ ermitteln, für welche

$$\frac{A}{D}x_1 + \frac{B}{D}y_1 + \frac{C}{D}z_1 + 1 = 0, \qquad \frac{A}{D}x_2 + \frac{B}{D}y_2 + \frac{C}{D}z_2 + 1 = 0,$$

$$\frac{A}{D}x_3 + \frac{B}{D}y_3 + \frac{C}{D}z_3 + 1 = 0$$

ist. Wir brauchen nur diese drei linearen Gleichungen nach den drei Unbekannten $\dfrac{A}{D}$, $\dfrac{B}{D}$, $\dfrac{C}{D}$ aufzulösen. Dann wird also die lineare Gleichung

$$\frac{A}{D}x + \frac{B}{D}y + \frac{C}{D}z + 1 = 0 \qquad \text{oder} \qquad A x + B y + C z + D = 0$$

von den Koordinaten der drei Punkte P_1, P_2, P_3 erfüllt; da sie aber linear ist, ist sie die Gleichung einer Ebene; folglich ist sie die Gleichung der durch die drei Punkte P_1, P_2, P_3 gehenden Ebene. Der Beweis versagt allerdings, wenn die Ebene durch O geht, da in diesem Falle $D = 0$ sein muß. Da jedoch wenigstens eine der anderen drei Größen A, B, C, z. B. A, von Null verschieden sein muß, so finden wir dann drei lineare Bestimmungsgleichungen mit den drei Unbekannten $\dfrac{B}{A}$, $\dfrac{C}{A}$, $\dfrac{D}{A}$; die Schlüsse sind im übrigen genau die gleichen wie vorher.

Wir haben weiter gefunden, daß, falls die Ebene O nicht enthält, aus 4) nach Division durch $-D$ die Abschnittsgleichung

$$\frac{x}{a} + \frac{y}{b} + \frac{z}{c} = 1 \qquad 5)$$

folgt, wobei a, b, c die Abschnitte sind, die die Ebene auf der x-, y-, z-Achse bildet. Da die Achsenabschnitte eine leichte räumliche Vorstellung der Ebene gestatten, ist die Abschnittsgleichung überaus wertvoll.

Beispiele. Bestimme die Gleichungen und die Achsenabschnitte der vier Ebenen unseres Tetraeders T!

Anleitung: Da $B(5 \,|\, 1 \,|\, 9)$, $C(21 \,|\, -7 \,|\, -11)$, $D(1 \,|\, -2 \,|\, 4)$ ist, so muß sein

$$5A + B + 9C + D = 0, \qquad 21A - 7B - 11C + D = 0,$$
$$A - 2B + 4C + D = 0.$$

Hieraus folgt

$$A = -\tfrac{1}{33}D, \qquad B = \tfrac{8}{33}D, \qquad C = -\tfrac{4}{33}D,$$

so daß die Gleichung der Ebene $\mathsf{A} \equiv BCD$ lautet:

$$x - 8y + 4z - 33 = 0,$$

und die Achsenabschnitte dieser Ebene sind:

$$a = 33, \qquad b = -\tfrac{33}{8}, \qquad c = \tfrac{33}{4}.$$

Die Gleichungen der Ebenen $\mathsf{B} \equiv ACD$, $\mathsf{\Gamma} \equiv ABD$, $\mathsf{\Delta} \equiv ABC$ lauten:

B) $\quad 3x + 6y + 2z + 1 = 0, \qquad$ Γ) $\quad x + 2y - 2z + 11 = 0,$
Δ) $\quad 7x + 4y + 4z - 75 = 0.$

(156) Gegeben sei im rechtwinkligen Koordinatensystem eine Ebene E mit den Stellungswinkeln α, β, γ, welche vom Nullpunkt den Abstand d haben möge, außerdem ein Punkt P mit den Koordinaten $x \,|\, y \,|\, z$; welches ist der Abstand n, den P von E hat? (Abb. 250.)

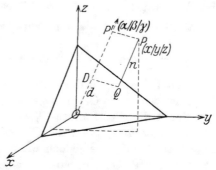

Abb. 250.

Wir verbinden O mit P und projizieren OP auf das von O auf E gefällte Lot OD. Nach dem verallgemeinerten Projektionssatze [Formel 22)] ist die Länge OP' dieser Projektion, da OP' als Lot zu E die Richtungswinkel $(\alpha \,|\, \beta \,|\, \gamma)$ haben muß:

$$OP' = d + n = x\cos\alpha + y\cos\beta + z\cos\gamma.$$

Hieraus folgt

$$n = x\cos\alpha + y\cos\beta + z\cos\gamma - d. \qquad 24)$$

Mit Formel 24) ist die gestellte Aufgabe gelöst.

Ist $d + n > d$, also $n > 0$, so lehrt die Abbildung, daß O und P voneinander durch E getrennt werden; ist dagegen $d + n < d$, also $n < 0$, so liegen O und P auf der gleichen Seite von E. Somit entscheidet das Vorzeichen von n über die Lage von P bezüglich E. Ist schließlich im Grenzfalle $n = 0$, so muß P auf E liegen; dann müssen aber die Koordinaten von P die Gleichung erfüllen:

$$x\cos\alpha + y\cos\beta + z\cos\gamma - d = 0. \qquad 25)$$

Diese Gleichung heißt die Stellungsgleichung der Ebene, da sie außer dem Abstande d von O die Stellungswinkel der Ebene verwendet.

Kennt man demnach die Stellungsgleichung einer Ebene, so kann man den Abstand, den ein beliebiger Punkt von dieser Ebene hat, einfach dadurch finden, daß man in die linke Seite von 25) die Koordinaten des Punktes an Stelle von x, y, z setzt. Der sich ergebende, im allgemeinen von Null verschiedene Wert von n ist dann der gesuchte Abstand, und zwar entscheidet das n anhaftende Vorzeichen im oben angeführten Sinne über die Lage von P zu E.

Um die allgemeine Gleichung der Ebene 4) in die Stellungsgleichung 25) überzuführen, hat man zu bedenken, daß die Beiwerte der drei Veränderlichen in 25) die Bedingung erfüllen müssen:

$$\cos^2\alpha + \cos^2\beta + \cos^2\gamma = 1. \qquad 16)$$

Wir werden daher 4) mit einer noch zu bestimmenden Größe R multiplizieren, um zu erhalten

$$ARx + BRy + CRz + DR = 0;$$

soll dies die Stellungsgleichung sein, so muß nach 16)

$$A^2R^2 + B^2R^2 + C^2R^2 = 1$$

sein, woraus sich der Reduktionsfaktor

$$R = \frac{1}{\pm\sqrt{A^2+B^2+C^2}} \qquad 26)$$

ergibt. Hierbei ist, da $R \cdot D = -d$ sein muß, wobei d eine absolute Größe ist, das Vorzeichen der Wurzel in 26) so zu bestimmen, daß es dem von D entgegengesetzt ist. Dann geht die allgemeine Gleichung über in die Stellungsgleichung

$$\frac{A}{\pm\sqrt{A^2+B^2+C^2}}x + \frac{B}{\pm\sqrt{A^2+B^2+C^2}}y + \frac{C}{\pm\sqrt{A^2+B^2+C^2}}z + \frac{D}{\pm\sqrt{A^2+B^2+C^2}} = 0,$$

und es ist

$$\left.\begin{array}{ll} \cos\alpha = \dfrac{A}{\pm\sqrt{A^2+B^2+C^2}}, & \cos\beta = \dfrac{B}{\pm\sqrt{A^2+B^2+C^2}}, \\[2mm] \cos\gamma = \dfrac{C}{\pm\sqrt{A^2+B^2+C^2}}, & d = \dfrac{D}{\mp\sqrt{A^2+B^2+C^2}}. \end{array}\right\} \qquad 27)$$

Die Gleichungen 27) gestatten, die Stellungswinkel der Ebene und ihren Abstand vom Nullpunkt aus den Konstanten der allgemeinen Ebenen-Gleichung 4) zu berechnen.

Beispiele. Die Gleichung der Ebene A unseres Tetraeders T ist $x - 8y + 4z - 33 = 0$; ihr Reduktionsfaktor ist

$$R = +\sqrt{1^2 + 8^2 + 4^2} = +9;$$

die Stellungsgleichung von A lautet demnach

$$\tfrac{1}{9}x + (-\tfrac{8}{9})y + \tfrac{4}{9}z - \tfrac{33}{9} = 0\,.$$

Aus ihr können wir ablesen, daß für die Stellungswinkel α, β, γ dieser Ebene die Gleichungen bestehen:

$$\cos\alpha = \tfrac{1}{9}, \qquad \cos\beta = -\tfrac{8}{9}, \qquad \cos\gamma = \tfrac{4}{9},$$

woraus sich $\alpha = 83° 37' 14''$, $\beta = 152° 44' 2''$, $\gamma = 63° 36' 43''$ ergeben, und daß die Ebene A von O einen Abstand $d = \tfrac{33}{9}$ hat. Ferner läßt sich jetzt der Abstand des Eckpunktes $A\,(13\,|-8\,|4)$ von A, also die zu A gehörige Höhe des Tetraeders ermitteln; es ist

$$h_a = \tfrac{1}{9}\cdot 13 + (-\tfrac{8}{9})\cdot(-8) + \tfrac{4}{9}\cdot 4 - \tfrac{33}{9} = +\tfrac{20}{3}\,.$$

(Das positive Vorzeichen sagt aus, daß die Ebene A zwischen den Punkten O und A hindurchgeht.) (Im Anschluß hieran sei erwähnt, daß wir jetzt auch den Rauminhalt des Tetraeders berechnen können. Da nämlich $B'(5\,|1\,|0)$, $C'(21\,|-7\,|0)$, $D'(1\,|-2\,|0)$ die xy-Projektionen der Ecken B, C, D sind, so ist nach 13) in **(108)** der Inhalt des Dreiecks $B'C'D'$ gleich

$$\tfrac{1}{2}[5(-7 + 2) + 21(-2 - 1) + 1(1 + 7)] = -40;$$

also ist der Inhalt der Grundfläche BCD des Tetraeders gleich

$$\frac{-40}{\cos\gamma} = -90\,,$$

und demnach der Inhalt des Tetraeders gleich

$$\tfrac{1}{3}\cdot(-90)\cdot\tfrac{20}{3} = -200\,,$$

sein absoluter Betrag daher 200 Raumeinheiten. Dieses Ergebnis läßt verschiedene Nachprüfungen zu, da man zur Berechnung des Inhaltes des Dreiecks BCD auch die anderen Projektionen benutzen kann.)

Bestimme die Stellungsgleichungen der übrigen Tetraederflächen, die Stellungswinkel, die Abstände von O, die Höhen des Tetraeders und seinen Rauminhalt!

Wir können die Stellungsgleichung noch benutzen zur Bestimmung der beiden Ebenen W_1 und W_2, welche die von den Ebenen E_1 und E_2 eingeschlossenen Winkel halbieren. Diese Ebenen sind der Ort aller Punkte, welche von E_1 und E_2 gleichen Abstand haben. Sind

$$x\cos\alpha_1 + y\cos\beta_1 + z\cos\gamma_1 - d_1 = 0$$

und

$$x\cos\alpha_2 + y\cos\beta_2 + z\cos\gamma_2 - d_2 = 0$$

die Stellungsgleichungen von E_1 und E_2, so sind

$$n_1 = x\cos\alpha_1 + y\cos\beta_1 + z\cos\gamma_1 - d_1$$

und

$$n_2 = x\cos\alpha_2 + y\cos\beta_2 + z\cos\gamma_2 - d_2$$

die Abstände, die ein beliebiger Punkt $P(x|y|z)$ von beiden Ebenen hat. Sollen diese einander gleich sein, so muß entweder $n_1 = n_2$ oder $n_1 = -n_2$ sein (inwiefern?). Folglich müssen die Koordinaten von P entweder die Gleichung

$$x \cos \alpha_1 + y \cos \beta_1 + z \cos \gamma_1 - d_1 = x \cos \alpha_2 + y \cos \beta_2 + z \cos \gamma_2 - d_2$$

erfüllen oder die Gleichung

$$x \cos \alpha_1 + y \cos \beta_1 + z \cos \gamma_1 - d_1 = -(x \cos \alpha_2 + y \cos \beta_2 + z \cos \gamma_2 - d_2).$$

Die beiden Gleichungen lassen sich in die Form bringen:

$$\left. \begin{aligned} & x \cdot (\cos \alpha_1 - \cos \alpha_2) + y \cdot (\cos \beta_1 - \cos \beta_2) + z \cdot (\cos \gamma_1 - \cos \gamma_2) - (d_1 - d_2) = 0 \\ \text{und} \\ & x \cdot (\cos \alpha_1 + \cos \alpha_2) + y \cdot (\cos \beta_1 + \cos \beta_2) + z \cdot (\cos \gamma_1 + \cos \gamma_2) - (d_1 + d_2) = 0. \end{aligned} \right\} \quad 28)$$

Beide Gleichungen sind linear, also die Gleichungen von Ebenen, nämlich die der obenerwähnten winkelhalbierenden Ebenen W_1 und W_2.

Beispiele. Unser Tetraeder T besitzt sechs Paare winkelhalbierender Ebenen; ihre Gleichungen sind zu ermitteln! Anleitung: Die Stellungsgleichung von A ist

$$\frac{x}{9} - \frac{8}{9} y + \frac{4}{9} z - \frac{33}{9} = 0,$$

die von B ist

$$-\tfrac{3}{7} x - \tfrac{6}{7} y - \tfrac{2}{7} z - \tfrac{1}{7} = 0;$$

folglich sind die Gleichungen von W_{AB} bzw. W'_{AB}:

$$(\tfrac{1}{9} + \tfrac{3}{7}) x + (-\tfrac{8}{9} + \tfrac{6}{7}) y + (\tfrac{4}{9} + \tfrac{2}{7}) z - (\tfrac{33}{9} - \tfrac{1}{7}) = 0$$

und

$$(\tfrac{1}{9} - \tfrac{3}{7}) x + (-\tfrac{8}{9} - \tfrac{6}{7}) y + (\tfrac{4}{9} - \tfrac{2}{7}) z - (\tfrac{33}{9} + \tfrac{1}{7}) = 0,$$

die sich auf die einfachen Formen bringen lassen:

$$W_{AB})\ 2x + 11y - z + 24 = 0 \quad \text{und} \quad W'_{AB})\ 17x - y + 23z - 111 = 0.$$

Bestimme die Achsenabschnitte, die Stellungswinkel und die Abstände dieser Ebenen von O! (Nachprüfung am Modell!)

(157) Bei der Behandlung von mehreren Ebenen wird besonders die gegenseitige Lage zweier Ebenen von Bedeutung sein, vornehmlich die Frage nach ihrer Schnittgeraden und nach dem Winkel, den sie miteinander einschließen; insbesondere werden die Bedingungen aufzustellen sein, welche ihre Gleichungen erfüllen müssen, damit die Ebenen zueinander parallel oder zueinander senkrecht sind. Wir wollen auch bei Behandlung dieser Fragen ein rechtwinkliges Parallelkoordinatensystem voraussetzen, obgleich einige Ergebnisse auch für ein schiefwinkliges System richtig bleiben.

Sind $A_1 x + B_1 y + C_1 z + D_1 = 0$ und $A_2 x + B_2 y + C_2 z + D_2 = 0$ die Gleichungen der beiden Ebenen E_1 und E_2, also die Kosinus ihrer Stellungswinkel nach 27) gegeben durch

$$\cos \alpha_1 = A_1 R_1, \quad \cos \beta_1 = B_1 R_1, \quad \cos \gamma_1 = C_1 R_1,$$
$$\cos \alpha_2 = A_2 R_2, \quad \cos \beta_2 = B_2 R_2, \quad \cos \gamma_2 = C_2 R_2,$$

wobei

$$R_1 = \pm \sqrt{A_1^2 + B_1^2 + C_1^2}, \quad R_2 = \pm \sqrt{A_2^2 + B_2^2 + C_2^2}$$

ist, so finden wir die Größe des von ihnen eingeschlossenen Winkels ϑ durch die Überlegung, daß ϑ zugleich auch der Winkel ist, den zwei Normalen $n_1 \perp \mathsf{E}_1$ und $n_2 \perp \mathsf{E}_2$ miteinander einschließen, daß aber andererseits die Richtungswinkel von n_1 bzw. von n_2 gleich den Stellungswinkeln $\alpha_1|\beta_1|\gamma_1$ und $\alpha_2|\beta_2|\gamma_2$ von E_1 bzw. E_2 sein müssen. Folglich erhalten wir mittels 20) für ϑ die Gleichung

oder
$$\left. \begin{aligned} \cos\vartheta &= (A_1 A_2 + B_1 B_2 + C_1 C_2) \cdot R_1 R_2 \\ \cos\vartheta &= \frac{A_1 A_2 + B_1 B_2 + C_1 C_2}{\sqrt{A_1^2 + B_1^2 + C_1^2} \cdot \sqrt{A_2^2 + B_2^2 + C_2^2}}. \end{aligned} \right\} \qquad 29)$$

Sollen insbesondere beide Ebenen aufeinander senkrecht stehen $\mathsf{E}_1 \perp \mathsf{E}_2$, also $\vartheta = 90°$ sein, so folgt hieraus

$$A_1 A_2 + B_1 B_2 + C_1 C_2 = 0. \qquad 30)$$

Sollen ferner beide Ebenen parallel zueinander sein, so muß $\vartheta = 0°$, also $\cos\vartheta = 1$ sein; es ergibt sich aus 29):

$$\sqrt{A_1^2 + B_1^2 + C_1^2} \cdot \sqrt{A_2^2 + B_2^2 + C_2^2} = A_1 A_2 + B_1 B_2 + C_1 C_2$$

und nach beiderseitigem Quadrieren

$$A_1^2 A_2^2 + A_1^2 B_2^2 + A_1^2 C_2^2 + B_1^2 A_2^2 + B_1^2 B_2^2 + B_1^2 C_2^2 + C_1^2 A_2^2 + C_1^2 B_2^2 + C_1^2 C_2^2$$
$$= A_1^2 A_2^2 + B_1^2 B_2^2 + C_1^2 C_2^2 + 2 A_1 B_1 A_2 B_2 + 2 A_1 C_1 A_2 C_2 + 2 B_1 C_1 B_2 C_2.$$

Diese Gleichung läßt sich vereinfachen zu

$$(A_1 B_2 - A_2 B_1)^2 + (B_1 C_2 - B_2 C_1)^2 + (C_1 A_2 - C_2 A_1)^2 = 0.$$

Nun kann eine Summe von Quadraten nur dann den Wert Null haben, wenn jedes Quadrat und damit jede Basis einzeln gleich Null ist. Wir erhalten aus der letzten Gleichung demnach die drei folgenden

$$A_1 B_2 - A_2 B_1 = 0, \quad B_1 C_2 - B_2 C_1 = 0, \quad C_1 A_2 - C_2 A_1 = 0,$$

die sich auch schreiben lassen in der Form

$$A_1 : A_2 = B_1 : B_2, \quad B_1 : B_2 = C_1 : C_2, \quad C_1 : C_2 = A_1 : A_2.$$

Eine von diesen drei Gleichungen ist eine Folge der beiden anderen. Für die Parallelität von E_1 und E_2 sind also nur zwei voneinander unabhängige Bedingungen zu erfüllen; wir können sie in den beiden folgenden Formen schreiben:

$$\frac{A_1}{A_2} = \frac{B_1}{B_2} = \frac{C_1}{C_2} \quad \text{oder} \quad A_1 : B_1 : C_1 = A_2 : B_2 : C_2 . \qquad 31)$$

In einfacherer Weise gelangt man zu den Gleichungen 31) durch die folgenden Erwägungen. Wenn $\mathsf{E}_1 \parallel \mathsf{E}_2$ sein soll, so müssen sie beide gegen die Koordinatenebenen gleiche Stellung haben, d. h. ihre Stellungswinkel müssen einander entsprechend gleich sein:

$$\alpha_1 = \alpha_2, \qquad \beta_1 = \beta_2, \qquad \gamma_1 = \gamma_2 .$$

Hieraus folgt:

$$A_1 R_1 = A_2 R_2, \quad B_1 R_1 = B_2 R_2, \quad C_1 R_1 = C_2 R_2$$

oder wenn wir nach $\frac{R_1}{R_2}$ auflösen,

$$\frac{R_2}{R_1} = \frac{A_1}{A_2} = \frac{B_1}{B_2} = \frac{C_1}{C_2}$$

in Übereinstimmung mit 31).

Beispiele. a) Bestimme die Kantenwinkel unseres Tetraeders T! Anleitung: Die Stellungsgleichung von A ist $\frac{x}{9} - \frac{8}{9}y + \frac{4}{9}z - \frac{11}{3} = 0$, die von B ist $-\frac{3}{7}x - \frac{6}{7}y - \frac{2}{7}z - \frac{1}{7} = 0$; demnach ist nach 29):

$$\cos (\mathsf{AB}) = +\tfrac{1}{9} \cdot (-\tfrac{3}{7}) + (-\tfrac{8}{9}) \cdot (-\tfrac{6}{7}) + \tfrac{4}{9}(-\tfrac{2}{7}) = \tfrac{37}{63},$$

$$\sphericalangle (\mathsf{AB}) = 54°2'3''.$$

b) Bestimme die Winkel, welche eine winkelhalbierende Ebene mit den Seitenflächen des Tetraeders T einschließt! Anleitung:

$$A) \ \frac{x}{9} - \frac{8}{9}y + \frac{4}{9}z - \frac{11}{3} = 0, \quad \mathsf{W_{AB}}) \ 2x + 11y - z + 24 = 0;$$

demnach ist

$$\cos (\mathsf{AW_{AB}}) = \frac{1 \cdot 2 - 8 \cdot 11 - 4 \cdot 1}{9 \sqrt{126}} = -\frac{10}{3 \sqrt{14}}$$

und

$$\sphericalangle (\mathsf{AW_{AB}}) = 152°58'58''$$

oder bei Beschränkung auf spitze Winkel

$$\sphericalangle (\mathsf{AW_{AB}}) = 27°1'2'';$$

das ist in der Tat die Hälfte von $\sphericalangle (\mathsf{AB})$.

$$\mathsf{W'_{AB}}) \ 17x - y + 23z - 111 = 0,$$

also

$$\cos (\mathsf{AW'_{AB}}) = \frac{1 \cdot 17 + 8 \cdot 1 + 4 \cdot 23}{9 \cdot \sqrt{819}} = \frac{13}{3 \sqrt{91}}$$

und

$$\sphericalangle (\mathsf{AW'_{AB}}) = 62°58'58''$$

in Übereinstimmung mit der Tatsache, daß

$$\sphericalangle(\mathsf{A}\mathsf{W}_{\mathsf{AB}}) + \sphericalangle(\mathsf{A}\mathsf{W}'_{\mathsf{AB}}) = 90°$$

sein muß. Es ist

$$\text{B)} \quad -\frac{3}{7}x - \frac{6}{7}y - \frac{2}{7}z - \frac{1}{7} = 0,$$

also

$$\cos(\mathsf{B}\mathsf{W}_{\mathsf{AB}}) = \frac{-6 - 66 + 2}{7 \cdot \sqrt{126}} = -\frac{10}{3\sqrt{14}} = \cos(\mathsf{A}\mathsf{W}_{\mathsf{AB}})$$

und

$$\cos(\mathsf{B}\mathsf{W}'_{\mathsf{AB}}) = \frac{-51 + 6 - 46}{7\sqrt{819}} = -\frac{13}{3\sqrt{91}} = -\cos(\mathsf{A}\mathsf{W}'_{\mathsf{AB}}),$$

zur Bestätigung der Eigenschaften von W_{AB} und $\mathsf{W}'_{\mathsf{AB}}$ als der winkelhalbierenden Ebene zu A und B.

c) Zeige, daß die beiden winkelhalbierenden Ebenen zu zwei Ebenen
stets aufeinander senkrecht stehen! Wenden wir die Bedingung 30)
auf die Gleichungen 28) an, so ergibt sich unter Benutzung von 16)

$$(\cos\alpha_1 - \cos\alpha_2)(\cos\alpha_1 + \cos\alpha_2) + (\cos\beta_1 - \cos\beta_2)(\cos\beta_1 + \cos\beta_2)$$
$$+ (\cos\gamma_1 - \cos\gamma_2)(\cos\gamma_1 + \cos\gamma_2)$$
$$= \cos^2\alpha_1 - \cos^2\alpha_2 + \cos^2\beta_1 - \cos^2\beta_2 + \cos^2\gamma_1 - \cos^2\gamma_2 = 1 - 1 \equiv 0;$$

damit ist der Beweis erbracht. — Prüfe insbesondere dieses Ergebnis
an den winkelhalbierenden Ebenen des Tetraeders T nach!

d) Wie heißt die Gleichung der durch eine Ecke des Tetraeders T
parallel zur gegenüberliegenden Seitenfläche gelegten Ebene? Anleitung: A) $x - 8y + 4z - 33 = 0$. Demnach muß jede zu A
parallele Ebene eine Gleichung von der Form haben $x - 8y + 4z + D = 0$.
Da diese Gleichung von den Koordinaten des Punktes $A(13|-8|4)$
erfüllt werden soll, erhalten wir für D die Bestimmungsgleichung
$13 + 64 + 16 + D = 0$, also $D = -93$, und die Gleichung der gesuchten Ebene lautet $x - 8y + 4z - 93 = 0$.

e) Wie lautet die Gleichung der Ebene, die durch die Kante AB
des Tetraeders T geht und auf der Ebene A senkrecht steht? Die
Ebene möge die Gleichung haben $Ax + By + Cz + D = 0$; da sie
durch $A(13|-8|4)$ und durch $B(5|1|9)$ gehen soll, müssen die beiden
Gleichungen bestehen

$$13A - 8B + 4C + D = 0 \quad \text{und} \quad 5A + B + 9C + D = 0.$$

Da sie ferner auf A) $x - 8y + 4z - 33 = 0$ senkrecht stehen soll,
muß nach 30) $A - 8B + 4C = 0$ sein. Aus den drei gefundenen
linearen Gleichungen ergibt sich

$$B = \tfrac{37}{16}A, \qquad C = \tfrac{55}{16}A, \qquad D = -12A,$$

also als Gleichung der verlangten Ebene

$$76x + 37y + 55z - 912 = 0.$$

Stelle die Gleichungen der übrigen senkrecht zu den Seitenflächen
durch die Kanten des Tetraeders T gelegten Ebenen auf!

Die letzte Aufgabe läßt sich leichter behandeln, wenn wir uns mit
dem Wesen des Ebenenbüschels befaßt haben. Es möge zur Abkürzung der Ausdruck $A_1 x + B_1 y + C_1 z + D_1$ mit E_1 bezeichnet
werden, so daß $\mathsf{E}_1 = 0$ die Gleichung der Ebene E_1 ist; desgleichen
soll $A_2 x + B_2 y + C_2 z + D_2$ durch E_2 abgekürzt werden und also
$\mathsf{E}_2 = 0$ die Gleichung der Ebene E_2 sein. Dann ist $\mathsf{E}_1 + \lambda \mathsf{E}_2 = 0$,
welchen Wert auch die von x, y, z unabhängige Größe λ annehmen
möge, wiederum eine lineare Gleichung, nämlich die abgekürzte Schreibweise für

$$\mathsf{E}_3 \equiv (A_1 + \lambda A_2) x + (B_1 + \lambda B_2) y + (C_1 + \lambda C_2) z + (D_1 + \lambda D_2) = 0.$$

Demnach ist sie die Gleichung einer Ebene E_3. Diese Ebene E_3 geht
durch die Schnittgerade g der beiden ursprünglichen Ebenen E_1 und E_2.
Ist nämlich $P(x|y|z)$ ein Punkt von g, so müssen seine Koordinaten
die Gleichung $\mathsf{E}_1 = 0$ erfüllen, da ja P auf E_1 liegt; aus dem gleichen
Grunde müssen sie auch die Gleichung $\mathsf{E}_2 = 0$ erfüllen. Dann erfüllen
sie aber notwendig auch die Gleichung $\mathsf{E}_1 + \lambda \mathsf{E}_2 = 0$, d. h. P liegt
auch auf E_3. Diese Eigenschaft haben nun alle Punkte von g; demnach muß E_3 die Gerade g enthalten. Jedem Werte λ entspricht nun
eine solche durch g gehende Ebene; die Gesamtheit dieser Ebenen
heißt ein Ebenenbüschel, die Gerade g ihr Träger.

$$\mathsf{E}_1 + \lambda \mathsf{E}_2 = 0 \qquad\qquad 32)$$

ist die Gleichung dieses Ebenenbüschels. In diesem Büschel sind
sowohl die Ebene E_1 als auch die Ebene E_2 als Sonderfälle enthalten,
und zwar erhalten wir die Gleichung von E_1, wenn wir $\lambda = 0$ setzen,
und die Gleichung von E_2, wenn wir $\lambda = \infty$ setzen. (Im letzteren
Falle dividiert man die Gleichung $\mathsf{E}_1 + \lambda \mathsf{E}_2 = 0$ vorher durch λ!)

Wie sehr die ·Verwendung der Eigenschaften des Ebenenbüschels
häufig die Lösung von Aufgaben erleichtert, sei an einer Anzahl von
Beispielen gezeigt.

a) Sind $\mathsf{E}_1 = 0$ und $\mathsf{E}_2 = 0$ die Stellungsgleichungen der beiden
Ebenen E_1 und E_2, so erhalten wir für $\lambda = -1$ und $\lambda = +1$ die folgenden beiden Ebenen des durch E_1 und E_2 bestimmten Büschels:

$$\mathsf{E}_1 - \mathsf{E}_2 = 0 \qquad \text{und} \qquad \mathsf{E}_1 + \mathsf{E}_2 = 0.$$

Beide sagen aber aus [s. (156)], daß sie Punkte enthalten, welche von
E_1 und E_2 gleichen Abstand haben; sie sind demnach die Gleichungen
der zu E_1 und E_2 gehörigen winkelhalbierenden Ebenen. Damit ist u. a.
der Beweis erbracht, daß die winkelhalbierenden Ebenen zu zwei Ebenen
die Schnittgerade der letzteren enthalten müssen.

b) Durch die Schnittgerade AB der beiden Ebenen Γ und Δ unseres Tetraeders T ist die Ebene zu legen, die O enthält. Die Gleichungen von Γ und Δ sind

$$\Gamma)\; x + 2y - 2z + 11 = 0, \qquad \Delta)\; 7x + 4y + 4z - 75 = 0;$$

folglich ist die Gleichung des Büschels $(\Gamma\,\Delta)$

$$(1 + 7\lambda)x + (2 + 4\lambda)y + (-2 + 4\lambda)z + (11 - 75\lambda) = 0.$$

Da für die gesuchte Ebene das Absolutglied gleich Null sein muß, besteht die Gleichung $11 - 75\lambda = 0$, woraus $\lambda = \frac{11}{75}$ folgt. Setzen wir diesen Wert in die Büschelgleichung ein, so erhalten wir nach einfachen Umformungen als Gleichung der durch A, B und O bestimmten Ebene $76x + 97y - 53z = 0$. — Lege ebenso durch die übrigen Kanten des Tetraeders die durch O gehenden Ebenen.

c) Durch dieselbe Kante ist die Ebene zu legen, welche durch den Mittelpunkt der Kante CD geht. Der Mittelpunkt von CD hat die Koordinaten $(11\,|-\frac{9}{2}\,|-\frac{7}{2})$; diese müssen die Gleichung des Büschels erfüllen. Folglich erhalten wir zur Bestimmung von λ die Gleichung

$$(1 + 7\lambda)\cdot 11 + (2 + 4\lambda)\left(-\tfrac{9}{2}\right) + (-2 + 4\lambda)\left(-\tfrac{7}{2}\right) + (11 - 75\lambda) = 0,$$

aus der sich $\lambda = \frac{2}{3}$ und daher als Gleichung der verlangten Ebene $17x + 14y + 2z - 117 = 0$ ergibt. — Lege in gleicher Weise durch die übrigen Kanten und die Mittelpunkte der Gegenkanten die Ebenen!

d) Durch die nämliche Kante ist die Ebene zu legen, welche auf der Ebene A senkrecht steht [s. Aufgabe e) S. 471]. Wir machen Gebrauch von Formel 30) und bekommen zur Bestimmung des Parameters λ die Gleichung

$$(1 + 7\lambda)\cdot 1 + (2 + 4\lambda)\cdot(-8) + (-2 + 4\lambda)\cdot 4 = 0,$$

woraus folgt $\lambda = -\frac{23}{9}$. Demnach ist die Gleichung der gewünschten Ebene $76x + 37y + 55z - 912 = 0$ wie oben. — Erweitere diese Aufgabe auf die übrigen Kanten und Flächen des Tetraeders T!

e) Durch die gleiche Kante sind die zu den Koordinatenachsen parallelen Ebenen zu legen. Damit eine Ebene auf der xy-Ebene senkrecht steht (zur z-Achse parallel ist), darf ihre Gleichung die Veränderliche z nicht enthalten [s. (148) S. 441]; es muß also in unserem Falle $-2 + 4\lambda = 0$, d. h. $\lambda = \frac{1}{2}$ sein. Die durch die Kante AB parallel zur z-Achse gelegte Ebene hat folglich die Gleichung $9x + 8y - 53 = 0$. Die Gleichungen der durch AB parallel zur x-Achse bzw. y-Achse gelegten Ebenen lauten

$$(\lambda = -\tfrac{1}{7})\; 5y - 9z + 76 = 0 \quad \text{und} \quad (\lambda = -\tfrac{1}{2})\; 5x + 8z - 97 = 0.$$

Behandle in gleicher Weise die übrigen Kanten des Tetraeders T!

(158) B. Die räumliche Gerade. Die letzten Aufgaben leiten zur Behandlung der Geraden über. Liegt nämlich ein Punkt P zugleich auf zwei Ebenen E_1 und E_2, so muß er ein Punkt der Schnittgeraden beider Ebenen sein, und seine Koordinaten müssen die beiden Gleichungen $E_1 = 0$ und $E_2 = 0$ erfüllen. Umgekehrt: wenn seine Koordinaten diese beiden Gleichungen erfüllen, so ist er notwendig ein Punkt der Schnittgeraden. Folglich können wir die beiden linearen Gleichungen $E_1 = 0$ und $E_2 = 0$ als die **Gleichung der Schnittgeraden dieser beiden Ebenen** ansehen. Wollen wir demnach eine räumliche Gerade g analytisch festlegen, so stellen wir die Gleichungen irgend zweier sie enthaltenden Ebenen auf. Allerdings enthält dieses Verfahren insofern eine große Unbestimmtheit, als man durch g unendlich viele Ebenen legen kann, so daß die Gleichung von g durch unendlich viele Paare linearer Gleichungen wiedergegeben werden kann. Einige dieser Paare, die von besonderer Bedeutung sind, wollen wir eingehender behandeln.

Eliminieren wir aus den beiden linearen Gleichungen $E_1 = 0$ und $E_2 = 0$ die Veränderliche z, so erhalten wir eine Gleichung, die wir nach y auflösen und in der Form schreiben können: $y = \mathsf{M} x + m$. Diese Gleichung ist die Gleichung derjenigen Ebene des durch E_1 und E_2 bestimmten Büschels, die parallel zur z-Achse ist. Diese Ebene projiziert die Gerade g auf die xy-Ebene. Die beiden Gleichungen

$$z = 0, \qquad y = \mathsf{M} x + m$$

sind demnach die Gleichung der xy-Projektion von g. In gleicher Weise können wir y eliminieren und erhalten $z = \mathsf{N} x + n$ als die Gleichung derjenigen Ebene, welche die durch g gelegten Parallelstrahlen zur y-Achse enthält, jener Ebene also, die g auf die xy-Ebene projiziert. Folglich stellt das Gleichungspaar

$$y = 0, \qquad z = \mathsf{N} x + n$$

die xz-Projektion von g dar. Das Gleichungspaar

$$y = \mathsf{M} x + m, \qquad z = \mathsf{N} x + n \tag{33}$$

bezeichnet man daher als die **Projektionsgleichung der Geraden** g.

Beispiele. Stelle die Projektionsgleichungen der Kanten des Tetraeders T auf! Anleitung: Γ hat die Gleichung

$$x + 2y - 2z + 11 = 0,$$

Δ die Gleichung

$$7x + 4y + 4z - 75 = 0.$$

Eliminieren wir aus beiden z, so bekommen wir $9x + 8y - 53 = 0$; eliminieren wir y, so ergibt sich $5x + 8z - 97 = 0$ [vgl. Beispiel e) auf S. 473]. Also ist die Projektionsgleichung der Kante AB:

$$y = -\tfrac{9}{8}x + \tfrac{53}{8}, \qquad z = -\tfrac{5}{8}x + \tfrac{97}{8}.$$

Aufgabe: Wie heißt die Gleichung der Geraden, die durch den gegebenen Punkt $P_0(x_0|y_0|z_0)$ geht und die gegebenen Richtungswinkel $\alpha|\beta|\gamma$ hat?

Ist (Abb. 251) $P(x|y|z)$ der Punkt auf der gesuchten Geraden g, welcher von P_0 die Entfernung s hat, so bestehen nach Formel 18) S. 456 die Beziehungen

$$\cos\alpha = \frac{x-x_0}{s}, \qquad \cos\beta = \frac{y-y_0}{s}, \qquad \cos\gamma = \frac{z-z_0}{s};$$

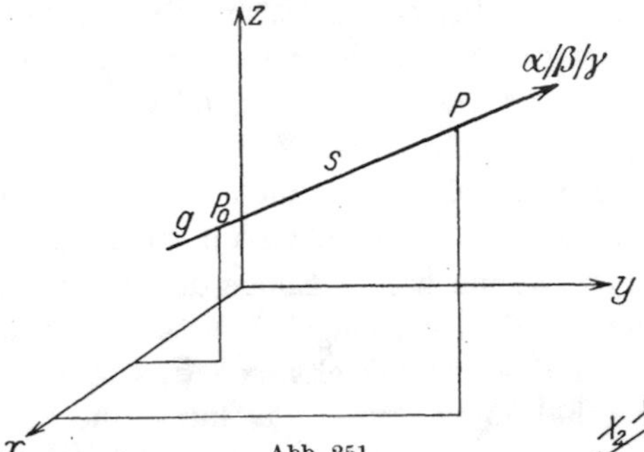

Abb. 251. 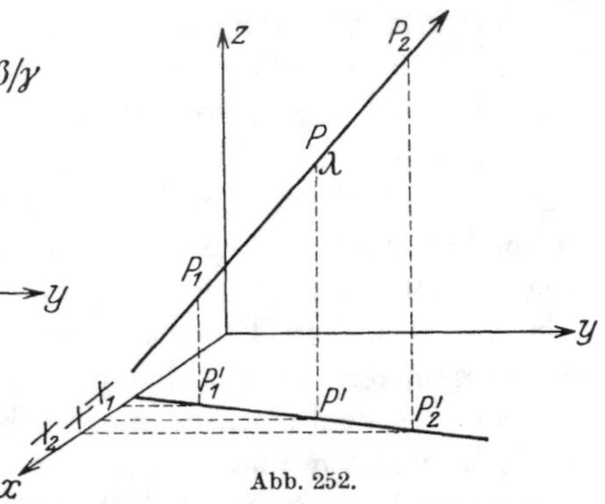   Abb. 252.

folglich ist

$$x = x_0 + s\cos\alpha, \qquad y = y_0 + s\cos\beta, \qquad z = z_0 + s\cos\gamma. \qquad 34)$$

Die Gleichungen 34) berechnen demnach die Koordinaten des Punktes P auf g, der von P_0 den Abstand s hat. Läßt man s von $-\infty$ bis $+\infty$ alle Werte durchlaufen, so durchläuft P alle Punkte von g, und die Gleichungen 34) geben damit die Koordinaten eines jeden Punktes von g als Funktionen von s. Die Größe s hat mithin die Eigenschaft eines Parameters, und die Gesamtheit der Gleichungen 34) ist daher eine Parameterdarstellung der Geraden g. Lösen wir alle drei Gleichungen nach s auf und setzen sodann die gefundenen Werte einander gleich, so erhalten wir die parameterfreie Lösung der gestellten Aufgabe und als Gleichung der gesuchten Geraden

$$\frac{x-x_0}{\cos\alpha} = \frac{y-y_0}{\cos\beta} = \frac{z-z_0}{\cos\gamma}. \qquad 35)$$

Gleichungssystem 35) wird als die Richtungsgleichung der räumlichen Geraden bezeichnet.

Eine weitere wichtige Aufgabe ist die folgende

Aufgabe: Wie lautet die Gleichung der Geraden, welche durch die beiden Punkte $P_1(x_1|y_1|z_1)$ und $P_2(x_2|y_2|z_2)$ bestimmt ist?

Aus Abb. 252 lesen wir die folgenden Beziehungen ab: Ist λ das Teilverhältnis des Punktes P der Geraden $g \equiv P_1 P_2$ bezüglich der beiden Punkte P_1 und P_2, so ist

$$\lambda = \frac{P_1 P}{P P_2} = \frac{P_1' P'}{P' P_2'} = \frac{X_1 X}{X X_2} = \frac{x-x_1}{x_2-x};$$

entsprechend lassen sich die Formeln finden

$$\lambda = \frac{y - y_1}{y_2 - y} \quad \text{und} \quad \lambda = \frac{z - z_1}{z_2 - z}.$$

Lösen wir diese Gleichungen nach den Koordinaten von P auf, so erhalten wir die Gleichungen:

$$x = \frac{x_1 + \lambda x_2}{1 + \lambda}, \qquad y = \frac{y_1 + \lambda y_2}{1 + \lambda}, \qquad z = \frac{z_1 + \lambda z_2}{1 + \lambda}. \qquad 36)$$

Die Gleichungen 36) geben wiederum eine **Parameterdarstellung der Geraden** g; Parameter ist das Teilverhältnis λ. Lösen wir diese Gleichungen nach λ auf, so erhalten wir durch Gleichsetzen der gewonnenen Werte die **parameterfreie Darstellung der Geraden**

$$\frac{x - x_1}{x_2 - x} = \frac{y - y_1}{y_2 - y} = \frac{z - z_1}{z_2 - z}. \qquad 37)$$

Gleichungssystem 37) ist die Lösung der gestellten Aufgabe.

Gleichung 37) läßt sich noch etwas vereinfachen, indem wir durch korrespondierende Addition [Zähler: (Zähler + Nenner)] die Veränderliche aus dem Nenner fortschaffen. Wir erhalten dadurch das Gleichungssystem

$$\frac{x - x_1}{x_2 - x_1} = \frac{y - y_1}{y_2 - y_1} = \frac{z - z_1}{z_2 - z_1}. \qquad 37')$$

Beispiele. Es sind die Gleichungen der Kante des Tetraeders T aufzustellen. Anleitung: Die durch $A(13 \mid -8 \mid 4)$ und $B(5 \mid 1 \mid 9)$ gehende Kante hat nach 37') die Gleichung

$$\frac{x - 13}{5 - 13} = \frac{y + 8}{1 + 8} = \frac{z - 4}{9 - 4} \quad \text{oder} \quad AB) \quad \frac{x - 13}{-8} = \frac{y + 8}{9} = \frac{z - 4}{5} \quad \text{usf.}$$

Während 37) bzw. 37') die am häufigsten auftretende Aufgabe über die Gerade löst, ist die Projektionsgleichung 33) die gebräuchlichste Form, die man der Gleichung der Geraden gibt; die Richtungsgleichung 35) wird man zweckmäßig verwenden, um die Richtungswinkel der Geraden zu ermitteln. Hierbei erweist es sich als notwendig, eine gegebene Form der Gleichung einer Geraden in eine andere überzuführen; besonders bedeutungsvoll ist einmal die Ermittlung der Projektionsgleichung und dann die Überführung in die Richtungsgleichung oder wenigstens die Ermittlung der Kosinus der Richtungswinkel. Die Lösung der ersten Aufgabe ist schon oben gegeben worden; insbesondere macht der Übergang von Gleichung 37') in die Gleichung 33) gar keine Schwierigkeiten. Fassen wir nämlich in 37') den zweiten und den ersten Ausdruck zusammen, so erhalten wir durch Auflösen nach y die erste und beim Zusammenfassen des dritten und des ersten

Teils durch Auflösen nach z die zweite Gleichung der Projektionsgleichung der Geraden:

$$y = \frac{y_2 - y_1}{x_2 - x_1} x - \frac{x_1 y_2 - x_2 y_1}{x_2 - x_1}, \qquad z = \frac{z_2 - z_1}{x_2 - x_1} x - \frac{x_1 z_2 - x_2 z_1}{x_2 - x_1}.$$

Wollen wir nun aus einer beliebigen Geradengleichung die Richtungswinkel der Geraden auffinden, so können wir statt der beliebigen Gleichung auch die Projektionsgleichung als Ausgangsgleichung wählen. Nun verlangt die Richtungsgleichung einen bestimmten Punkt P_0 der Geraden als Ausgangspunkt, wobei dieser Punkt jedoch ganz willkürlich gewählt werden kann. Wir wollen daher den Spurpunkt der Geraden in der yz-Ebene wählen, für den sich aus 33) die Koordinaten ergeben:

$$x_0 = 0, \qquad y_0 = m, \qquad z_0 = n.$$

Die Gleichung 33) läßt sich dann überführen in die Form

$$\frac{x - 0}{1} = \frac{y - m}{\mathsf{M}} = \frac{z - n}{\mathsf{N}}.$$

Indessen haben wir damit noch nicht die Richtungsgleichung gewonnen, da ja die Nenner von 35) als Kosinus der Richtungswinkel die Bedingung $\cos^2\alpha + \cos^2\beta + \cos^2\gamma = 1$ erfüllen müssen. Um das zu erreichen, dividieren wir die gefundene Gleichung durch eine noch zu bestimmende Größe R; sie nimmt damit die Gestalt an:

$$\frac{x - 0}{1 \cdot R} = \frac{y - m}{\mathsf{M} \cdot R} = \frac{z - n}{\mathsf{N} \cdot R}.$$

Diese Gleichung wird zur Richtungsgleichung, wenn

$$(1 \cdot R)^2 + (\mathsf{M} \cdot R)^2 + (\mathsf{N}R)^2 = 1 \qquad \text{oder} \qquad R = \frac{1}{\sqrt{1 + \mathsf{M}^2 + \mathsf{N}^2}} \qquad 38)$$

ist. 38) gibt den Wert des Reduktionsfaktors R; das Vorzeichen der Wurzel ist beliebig, da eine Änderung des Vorzeichens von R, wie man sich leicht überzeugt, nur die Umkehrung der Richtung in die entgegengesetzte zur Folge hat, die Lage der Geraden also gar nicht berührt. Durch Vergleich mit 35) erhalten wir mithin als Kosinus der Richtungswinkel der durch ihre Projektionsgleichung 33) gegebenen Geraden:

$$\left. \cos\alpha = \frac{1}{\sqrt{1 + \mathsf{M}^2 + \mathsf{N}^2}}, \qquad \cos\beta = \frac{\mathsf{M}}{\sqrt{1 + \mathsf{M}^2 + \mathsf{N}^2}}, \atop \cos\gamma = \frac{\mathsf{N}}{\sqrt{1 + \mathsf{M}^2 + \mathsf{N}^2}}. \right\} \qquad 39)$$

Beispiele. Bestimme von den Kanten des Tetraeders T die Spurpunkte in den Koordinatenebenen und die Richtungswinkel! Anleitung: Die Gleichung der Kante AB ist (s. oben)

$$\frac{x - 13}{-8} = \frac{y + 8}{9} = \frac{z - 4}{5};$$

also die Projektionsgleichung

$$y = -\tfrac{9}{8}x + \tfrac{53}{8}, \qquad z = -\tfrac{5}{8}x + \tfrac{97}{8},$$

in Übereinstimmung mit den Ergebnissen von S. 474. Die Koordinaten des xy-Spurpunktes von AB sind

$$z = 0, \qquad x = \tfrac{97}{5}, \qquad y = -\tfrac{76}{5},$$

die des xz-Spurpunktes

$$y = 0, \qquad x = \tfrac{53}{9}, \qquad z = \tfrac{76}{9},$$

die des yz-Spurpunktes schließlich

$$x = 0, \qquad y = \tfrac{53}{8}, \qquad z = \tfrac{97}{8}.$$

Die Teilverhältnisse dieser Spurpunkte bezüglich der Punkte A und B sind nun

$$\lambda_{xy} = \frac{z - z_A}{z_B - z} = \frac{0 - 4}{9 - 0} = -\frac{4}{9}, \qquad \lambda_{xz} = \frac{y - y_A}{y_B - y} = \frac{0 + 8}{1 - 0} = 8,$$

$$\lambda_{yz} = \frac{x - x_A}{x_B - x} = \frac{0 - 13}{5 - 0} = -\frac{13}{5}.$$

Die Richtungskosinus von AB sind schließlich nach 39)

$$\cos\alpha = \frac{1}{\sqrt{1 + \left(\frac{-9}{8}\right)^2 + \left(\frac{-5}{8}\right)^2}} = \frac{8}{\sqrt{170}}, \qquad \cos\beta = -\frac{9}{\sqrt{170}}, \qquad \cos\gamma = -\frac{5}{\sqrt{170}};$$

demnach ist

$$\alpha = 52°\,9'\,4'', \qquad \beta = 133°\,39'\,5'', \qquad \gamma = 112°\,33'\,0''.$$

Kennt man die Spurpunkte der Geraden, so kann man sich ohne Mühe an einem Modell den räumlichen Verlauf der Geraden veranschaulichen.

(159) Von den Fragen, die bei Betrachtung von mehreren Geraden von Belang sind, ist die wesentlichste die nach dem Winkel, den zwei Gerade g_1 und g_2 miteinander bilden. Wir benutzen zu ihrer Beantwortung die Formel 20) in **(153)** S. 457. Ist

$$y = \mathsf{M}_1 x + m_1, \qquad z = \mathsf{N}_1 x + n_1$$

die Gleichung von g_1 und

$$y = \mathsf{M}_2 x + m_2, \qquad z = \mathsf{N}_2 x + n_2$$

die Gleichung von g_2, so ist unter Verwendung der Gleichungen 39)

$$\cos\vartheta = \frac{1 + \mathsf{M}_1\mathsf{M}_2 + \mathsf{N}_1\mathsf{N}_2}{\sqrt{1 + \mathsf{M}_1^2 + \mathsf{N}_1^2} \cdot \sqrt{1 + \mathsf{M}_2^2 + \mathsf{N}_2^2}}, \qquad\qquad 40)$$

wenn mit ϑ der Winkel der beiden Geraden bezeichnet wird. Aus 40) ergeben sich als Sonderfälle

$$1 + \mathsf{M}_1\mathsf{M}_2 + \mathsf{N}_1\mathsf{N}_2 = 0 \qquad\qquad 40')$$

als Bedingung für das Senkrechtstehen beider Geraden und

$$M_2 = M_1, \quad N_2 = N_1 \qquad 40'')$$

als Bedingung für das Parallellaufen beider Geraden.

Damit ferner zwei Gerade sich im Raume schneiden, muß es einen Punkt S geben, dessen Koordinaten x_s, y_s, z_s die Gleichung beider Geraden erfüllen; es muß demnach

$$y_s = M_1 x_s + m_1 = M_2 x_s + m_2, \quad \text{also} \quad x_s = -\frac{m_1 - m_2}{M_1 - M_2},$$

aber auch

$$z_s = N_1 x_s + n_1 = N_2 x_s + n_2, \quad \text{also} \quad x_s = -\frac{n_1 - n_2}{N_1 - N_2}$$

sein. Daher ist

$$\frac{m_1 - m_2}{M_1 - M_2} = \frac{n_1 - n_2}{N_1 - N_2} \qquad 41)$$

die Bedingung dafür, daß g_1 und g_2 einander schneiden, also in einer Ebene liegen.

Beispiele. a) Welche Winkel bilden die Kanten des Tetraeders T miteinander? Anleitung: Die Gleichung der Kante AB ist

$$y = -\tfrac{9}{8}x + \tfrac{53}{8}, \qquad z = -\tfrac{5}{8}x + \tfrac{97}{8},$$

die der Kante AC

$$y = \frac{x}{8} - \frac{77}{8}, \qquad z = -\frac{15}{8}x + \frac{227}{8};$$

folglich ist

$$\cos BAC = \frac{1 + (-\tfrac{9}{8})\cdot\tfrac{1}{8} + (-\tfrac{5}{8})(-\tfrac{15}{8})}{\sqrt{1 + (-\tfrac{9}{8})^2 + (-\tfrac{5}{8})^2}\,\sqrt{1 + (\tfrac{1}{8})^2 + (-\tfrac{15}{8})^2}} = \frac{13}{\sqrt{17 \cdot 29}},$$

$$\sphericalangle\, BAC = 54°\,9'\,43''$$

bzw. die Flachergänzung hierzu.

b) Unter welchem Winkel kreuzen sich zwei Gegenkanten des Tetraeders T? Anleitung:

$$AB) \quad y = -\tfrac{9}{8}x + \tfrac{53}{8}, \qquad z = -\tfrac{5}{8}x + \tfrac{97}{8};$$

$$CD) \quad y = -\frac{x}{4} - \frac{7}{4}, \qquad z = -\frac{3}{4}x + \frac{19}{4};$$

$$\cos\vartheta = \frac{1 + (-\tfrac{9}{8})(-\tfrac{1}{4}) + (-\tfrac{5}{8})(-\tfrac{3}{4})}{\sqrt{1 + (-\tfrac{9}{8})^2 + (-\tfrac{5}{8})^2}\cdot\sqrt{1 + (-\tfrac{1}{4})^2 + (-\tfrac{3}{4})^2}} = \frac{28}{\sqrt{85 \cdot 13}};$$

$$\vartheta = 32°\,36'\,47''.$$

c) Von einem Eckpunkte des Tetraeders T ist auf eine ihn nicht enthaltende Kante das Lot zu fällen. — Anleitung: Um von $A\,(13\,|\,-8\,|\,4)$ das Lot l auf die Kante BC, deren Gleichung

$$y = -\frac{x}{2} + \frac{7}{2}, \qquad z = -\frac{5}{4}x + \frac{61}{4}$$

ist, zu fällen, nehmen wir an, daß die Gleichungen von l lauten

$$y = \mathsf{M}x + m, \quad z = \mathsf{N}x + n.$$

Die vier Größen M, N, m, n sind so zu bestimmen, daß die Gleichung von l durch die Koordinaten von A erfüllt wird, daß ferner l und BC sich schneiden [Gleichung 41)], und daß sie schließlich aufeinander senkrecht stehen [Gleichung 40′)]. Es müssen demnach die vier Gleichungen bestehen

$$-8 = 13\mathsf{M} + m, \qquad 4 = 13\mathsf{N} + n,$$

$$\frac{m - \frac{7}{2}}{\mathsf{M} + \frac{1}{2}} = \frac{n - \frac{61}{4}}{\mathsf{N} + \frac{5}{4}}, \qquad 1 - \frac{1}{2}\mathsf{M} - \frac{5}{4}\mathsf{N} = 0;$$

aus ihnen folgt

$$\mathsf{M} = -1\tfrac{7}{4}, \qquad \mathsf{N} = \tfrac{5}{2}, \qquad m = 1\tfrac{89}{4}, \qquad n = -5\tfrac{7}{2},$$

so daß die Gleichung von l lautet:

$$y = -1\tfrac{7}{4}x + 1\tfrac{89}{4}, \qquad z = \tfrac{5}{2}x - 5\tfrac{7}{2}.$$

Der Fußpunkt F des Lotes hat als Schnittpunkt von BC und l die Koordinaten

$$x_F = \tfrac{35}{3}, \qquad y_F = -\tfrac{7}{3}, \qquad z_F = \tfrac{2}{3},$$

und die Länge des Lotes ist nach **(152)** S. 456

$$AF = \sqrt{(13 - \tfrac{35}{3})^2 + (-8 + \tfrac{7}{3})^2 + (4 - \tfrac{2}{3})^2} = 3 \cdot \sqrt{5}.$$

d) Es sind die gemeinsamen Lote zu je zwei sich kreuzenden Kanten des Tetraeders **T** zu bestimmen. — Anleitung: Die Kante AB hat die Gleichungen

$$y = -\tfrac{9}{8}x + \tfrac{53}{8}, \qquad z = -\tfrac{5}{8}x + \tfrac{97}{8},$$

die Kante CD die Gleichungen

$$y = -\frac{x}{4} - \frac{7}{4}, \qquad z = -\frac{3}{4}x + \frac{19}{4}.$$

Die Gleichung des gemeinsamen Lotes l sei

$$y = \mathsf{N}x + m, \quad z = \mathsf{N}x + n.$$

Nach Gleichung 40′) müssen M und N die beiden Bedingungen erfüllen:

$$1 - \tfrac{9}{8}\mathsf{M} - \tfrac{5}{8}\mathsf{N} = 0 \quad \text{und} \quad 1 - \tfrac{1}{4}\mathsf{M} - \tfrac{3}{4}\mathsf{N} = 0,$$

aus denen sich ergibt

$$\mathsf{M} = \tfrac{2}{11}, \qquad \mathsf{N} = 1\tfrac{4}{11}.$$

Da l und AB sich schneiden sollen, so muß nach 41) sein

$$\frac{m - \frac{53}{8}}{\frac{2}{11} + \frac{9}{8}} = \frac{n - \frac{97}{8}}{\frac{14}{11} + \frac{5}{8}};$$

und da l und CD sich ebenfalls schneiden sollen, muß sein

$$\frac{m + \frac{7}{4}}{\frac{2}{11} + \frac{1}{4}} = \frac{n - \frac{19}{4}}{\frac{14}{11} + \frac{3}{4}}.$$

Die beiden Gleichungen lassen sich auf die einfacheren Formen bringen:

$$167m - 115n = -288; \quad 89m - 19n = -246,$$

aus denen sich ergibt

$$m = -\tfrac{3803}{1177}, \quad n = -\tfrac{2575}{1177}.$$

Die Gleichung von l heißt somit

$$y = \tfrac{2}{11} x - \tfrac{3803}{1177}, \quad z = \tfrac{14}{11} x - \tfrac{2575}{1177};$$

die Koordinaten des Schnittpunktes G von l mit AB sind

$$x_G = \tfrac{807}{107}, \quad y_G = -\tfrac{199}{107}, \quad z_G = \tfrac{793}{107},$$

die des Schnittpunktes H von l mit CD sind

$$x_H = \tfrac{367}{107}, \quad y_H = -\tfrac{279}{107}, \quad z_H = \tfrac{233}{107}.$$

Hieraus ergibt sich als Abstand der beiden Kanten AB und CD:

$$GH = \sqrt{(\tfrac{367}{107} - \tfrac{807}{107})^2 + (-\tfrac{279}{107} + \tfrac{199}{107})^2 + (\tfrac{233}{107} - \tfrac{793}{107})^2} = \tfrac{40}{107}\sqrt{321}.$$

Wenden wir uns schließlich den Beziehungen zu, die zwischen einer Geraden g und einer Ebene E bestehen, so wird uns in erster Linie die Frage nach dem Schnittpunkte beider und nach dem Neigungswinkel von g gegen E von Bedeutung sein. Ist $y = \mathsf{M} x + m$, $z = \mathsf{N} x + n$ die Gleichung von g und $A x + B y + C z + D = 0$ die Gleichung von E, so wird die erste Frage einfach dadurch gelöst, daß wir diese drei in x, y, z linearen Gleichungen auflösen, um die Koordinaten des Durchstoßpunktes von g durch E zu ermitteln. Wir erhalten

also
$$A x + B(\mathsf{M} x + m) + C(\mathsf{N} x + n) + D = 0,$$

$$x = -\frac{Bm + Cn + D}{A + B\mathsf{M} + C\mathsf{N}}, \qquad y = \frac{Am + C(\mathsf{N}m - \mathsf{M}n) - D\mathsf{M}}{A + B\mathsf{M} + C\mathsf{N}}$$

und damit
$$z = \frac{An + B(\mathsf{M}n - \mathsf{N}m) - D\mathsf{N}}{A + B\mathsf{M} + C\mathsf{N}}. \tag{42}$$

Der Neigungswinkel ν einer Geraden g gegen eine Ebene E ist die Rechtergänzung (das Komplement) zu dem Winkel ϑ, den g mit einem Lote l zu E einschließt. Ist $y = \mathsf{M} x + m$, $z = \mathsf{N} x + n$ die Gleichung von g, so sind die Richtungswinkel α_g, β_g, γ_g von g durch die Gleichungen 39) bestimmt, während die Stellungswinkel α_E, β_E, γ_E von E, die zugleich die Richtungswinkel von l sind, durch die Gleichungen 27) bestimmt sind. Aus Gleichung 20) erhalten wir mithin für den Kosinus von ϑ bzw. für den Sinus von ν die Gleichung

$$\sin\nu = \frac{A + B\mathsf{M} + C\mathsf{N}}{\sqrt{1 + \mathsf{M}^2 + \mathsf{N}^2} \cdot \sqrt{A^2 + B^2 + C^2}}. \qquad 43)$$

Soll insbesondere die Gerade g senkrecht zur Ebene E sein, so muß $\nu = 90°$ sein; hierfür folgt aus 43) die Bedingung [s. Ableitung der Formel 31) S. 469f.]:

$$A : B : C = 1 : \mathsf{M} : \mathsf{N}. \qquad 43')$$

Soll aber die Gerade g parallel zur Ebene E sein, so muß $\nu = 0°$ sein; hierfür folgt aus 43) die Bedingung

$$A + B\mathsf{M} + C\mathsf{N} = 0. \qquad 43'')$$

Soll schließlich g ganz in E liegen, so müssen die Koordinaten eines jeden Punktes von g die Gleichung von E erfüllen. Setzen wir

$$y = \mathsf{M}x + m, \quad z = \mathsf{N}x + n$$

in die Ebenengleichung ein, so erhalten wir

$$(A + B\mathsf{M} + C\mathsf{N})\,x + (Bm + Cn + D) \equiv 0.$$

Diese Gleichung muß für jeden beliebigen Wert von x erfüllt werden, da zu jedem beliebigen Werte von x ein Punkt von g gehört; dies ist aber nur dann möglich, wenn sowohl $A + B\mathsf{M} + C\mathsf{N}$ als auch $Bm + Cn + D$ für sich verschwinden. Die beiden Gleichungen

$$A + B\mathsf{M} + C\mathsf{N} = 0 \quad \text{und} \quad Bm + Cn + D = 0 \qquad 44)$$

sind demnach der analytische Ausdruck dafür, daß g in E liegt. Die erste dieser beiden Gleichungen ist insofern selbstverständlich, als sie nach 43'') die Bedingung für die Parallelität zwischen g und E ist, eine Bedingung, die ja auch dann erfüllt sein muß, wenn g in E liegt.

   Beispiele. a) Welche Neigungswinkel bilden im Tetraeder T die Kanten gegen die Seitenflächen? — Anleitung: Die Kante AB hat die Gleichungen

$$y = -\tfrac{9}{8}x + \tfrac{53}{8}, \quad z = -\tfrac{5}{8}x + \tfrac{97}{8},$$

die Ebene A die Gleichung $x - 8y + 4z - 33 = 0$. Es ist also

$$\sin\nu = \frac{1 + (-8)\cdot(-\tfrac{9}{8}) + 4\cdot(-\tfrac{5}{8})}{\sqrt{1 + (-\tfrac{9}{8})^2 + (-\tfrac{5}{8})^2} \cdot \sqrt{1 + (-8)^2 + 4^2}} = \frac{20}{3\sqrt{170}}; \qquad \nu = 30°\,45'\,6''.$$

   b) Zeige mit Hilfe der Formeln 44), daß die Kante AB in der Ebene Γ liegt!

$$AB)\; y = -\tfrac{9}{8}x + \tfrac{53}{8}, \quad z = -\tfrac{5}{8}x + \tfrac{97}{8}, \quad \Gamma)\; x + 2y - 2z + 11 = 0.$$

Es ist

$$1 + 2\cdot(-\tfrac{9}{8}) + (-2)\cdot(-\tfrac{5}{8}) \equiv 0 \quad \text{und} \quad 2\cdot\tfrac{53}{8} + (-2)\cdot\tfrac{97}{8} + 11 \equiv 0,$$

c) Fälle von einer Ecke des Tetraeders T das Lot auf die gegenüberliegende Seitenfläche! Anleitung:

$$A)\ (13\,|-8\,|\,4),\quad \mathsf{A})\ x-8y+4z-33=0.$$

$y=\mathsf{M}x+m,\ z=\mathsf{N}x+n$ sei die Gleichung des von A auf A gefällten Lotes. Nach 43′) ist $\mathsf{M}=-8$, $\mathsf{N}=4$; durch Einsetzen der Koordinaten von A in l erhält man

$$-8=-8\cdot13+m,\quad 4=4\cdot13+n,\quad \text{also}\quad m=96,\quad n=-48,$$

so daß die Gleichung von l lautet:

$$y=-8x+96,\quad z=4x-48.$$

Um die Koordinaten des Fußpunktes F des Lotes in A zu erhalten, setzen wir für y und z die durch die Gleichung von l gegebenen Werte in A ein und erhalten:

$$x-8\cdot(-8x+96)+4\cdot(4x-48)-33=0,$$

woraus sich $x=12\tfrac{7}{27}$ und mit Hilfe der Gleichungen von l

$$y=-\tfrac{56}{27},\quad z=\tfrac{28}{27}$$

ergibt, so daß die Koordinaten von F

$$x=12\tfrac{7}{27},\quad y=-\tfrac{56}{27},\quad z=\tfrac{28}{27}$$

sind. Den Abstand $h_a=AF$ des Punktes A von A erhält man dann mit Formel 18) in (152) zu

$$h_a=\sqrt{(13-12\tfrac{7}{27})^2+(-8+\tfrac{56}{27})^2+(4-\tfrac{28}{27})^2}=6\tfrac{2}{3},$$

ein Wert, den wir in (156) S. 467 mit Hilfe der Stellungsgleichung von A auf viel einfachere Weise gefunden haben.

d) Lege durch die Ecken des Tetraeders T die Normalebenen zu den Kanten! Anleitung: Um durch $A(13\,|-8\,|\,4)$ die Normalebene $\mathsf{N})\ Ax+By+Cz+D=0$ zur Kante $BC)\ y=-\dfrac{x}{2}+\dfrac{7}{2}$, $z=-\tfrac{5}{4}x+\tfrac{61}{4}$ zu legen, bedenken wir, daß nach 43′) $B=-\tfrac{1}{2}A$, $C=-\tfrac{5}{4}A$ sein muß. Da die Gleichung von N ferner durch die Koordinaten von A erfüllt werden muß, ist weiterhin

$$13A-\tfrac{1}{2}A\cdot(-8)-\tfrac{5}{4}A\cdot4+D=0,$$

also $D=-12A$, und die Gleichung von N lautet somit

$$4x-2y-5z-48=0.$$

Der Durchstoßpunkt von BC durch N hat die Koordinaten

$$x=11\tfrac{2}{3},\quad y=-2\tfrac{1}{3},\quad z=\tfrac{2}{3},$$

und damit wird die Länge des von A auf BC gefällten Lotes

$$l = \sqrt{(13 - \tfrac{35}{3})^2 + (-8 + \tfrac{7}{3})^2 + (4 - \tfrac{2}{3})^2} = 3\sqrt{5},$$

in Übereinstimmung mit dem auf S. 480 gefundenen Ergebnisse.

e) Wie heißt die Gleichung der mittelsenkrechten Ebenen einer Kante unseres Tetraeders T (der Ebene, die durch den Mittelpunkt einer Kante geht und auf dieser senkrecht steht)? Anleitung: Der Mittelpunkt von AB hat die Koordinaten $(9\,|-\tfrac{7}{2}\,|\tfrac{13}{2})$; AB hat die Richtungsfaktoren $\mathsf{M} = -\tfrac{9}{8}$, $\mathsf{N} = -\tfrac{5}{8}$. Folglich ist nach 43') die Gleichung einer Normalebene zu AB

$$A\,x - \tfrac{9}{8}A\,y - \tfrac{5}{8}A\,z + D = 0;$$

da unsere Ebene durch den Mittelpunkt von AB gehen soll, muß die Gleichung bestehen

$$9A + \tfrac{63}{16}A - \tfrac{65}{16}A + D = 0;$$

also ist $D = -\tfrac{71}{8}A$. Die Gleichung der gesuchten Ebene ist mithin $8x - 9y - 5z - 71 = 0$. Zeige, daß die sechs mittelsenkrechten Ebenen des Tetraeders T sämtlich durch den gleichen Punkt $(\tfrac{25}{2}\,|\,6\,|-5)$ gehen, den Mittelpunkt der dem Tetraeder umbeschriebenen Kugel. Wie groß ist der Halbmesser dieser Kugel? $\left(\tfrac{1}{2}\sqrt{1109}\right)$. — Gibt es Kugeln, die alle vier Seitenflächen des Tetraeders T berühren (ein- und anbeschriebene Kugeln)? Wie viele? Wie kann man ihre Mittelpunkte und ihre Halbmesser finden?

§ 4. Besondere Gruppen von Flächen und Raumkurven.

(160) Wir wenden uns nun einigen besonderen Gruppen von Flächen und Kurven zu: den Zylinder-, den Kegel- und den Umdrehungsflächen sowie der Schraubenfläche und der Schraubenlinie. Das Wichtigste von diesen Gebilden sei hier zusammenfassend dargelegt.

Wir haben in (148) S. 441 auseinandergesetzt, daß eine Zylinderfläche, deren Mantellinien parallel der z-Achse sind, von der Gleichung ist

$$f(x, y) = 0, \qquad\qquad 45)$$

wobei $z = 0$, $f(x, y) = 0$ die Gleichung der xy-Spurlinie dieser Zylinderfläche ist. Wir wollen hier darauf verzichten, die allgemeine Gleichung einer Zylinderfläche aufzustellen, deren Mantellinien irgendwelche räumliche Richtung haben, ebenso darauf, die allgemeine Zylinderfläche von Gleichung 45) noch weiter zu untersuchen. Wir wollen uns vielmehr darauf beschränken, aus der Gleichung der geraden Kreiszylinderfläche (rechtwinkliges Koordinatensystem), deren Achse mit der z-Achse zusammenfallen möge, einige ihrer Eigenschaften abzuleiten. Hat der Grundkreis den Halbmesser a, so lautet die Gleichung der Zylinderfläche $x^2 + y^2 - a^2 = 0$ (Abb. 253). Die Fläche werde mit irgendeiner Ebene E geschnitten, welche gegen die Zylinderachse unter dem Winkel α geneigt sein möge. Da sowohl eine Parallelverschiebung der schneidenden Ebene E als auch eine Drehung derselben um die Zylinderachse wohl die Lage der Schnittfigur ändert, aber auf ihre Größe und Gestalt ohne Einfluß ist, ist es für letztere ohne Belang, wenn wir zur xy-Spurlinie der schneidenden Ebene E die x-Achse selbst wählen. Um nun die Gestalt der Schnittkurve zu bestimmen, führen wir ein Koordinatensystem $x' - y' - z'$ derart ein, daß wir die x-Achse zur x'-Achse, die Schnittgerade von E mit der yz-Ebene zur y'-Achse und die z-Achse zur z'-Achse wählen. Ein beliebiger Raumpunkt P, der im $x - y - z$-System die Koordinaten $OX' = x$,

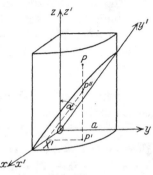

Abb. 253.

$X'P' = y$, $P'P = z$ hat, hat im $x' - y' - z'$-System die Koordinaten $OX' = x'$, $X'P'' = y'$, $P''P = z'$, und zwar besteht zwischen beiden Systemen der Zusammenhang

$$x = x', \quad y = y' \sin \alpha, \quad z = y' \cos \alpha + z',$$

wie man aus Abb. 253 erkennt. Die Gleichung der Zylinderfläche heißt demnach im neuen System

$$x'^2 + y'^2 \sin^2 \alpha - a^2 = 0.$$

Fügen wir hierzu noch die Gleichung $z' = 0$, so erhalten wir die Gleichung der $x'y'$-Spurlinie der Zylinderfläche, d. h. die Gleichung der gesuchten Schnittkurve. Bringen wir sie durch Division mit a^2 auf die Form

$$\frac{x'^2}{a^2} + \frac{y'^2}{\left(\dfrac{a}{\sin \alpha}\right)^2} = 1 ,$$

so erkennen wir [s. (136) S. 374], daß die Schnittkurve eine Ellipse ist, deren kleine Halbachse, in der x'-Achse gelegen, die Länge a, und deren große Halbachse, in der y'-Achse gelegen, die Länge $\dfrac{a}{\sin \alpha}$ hat. Wir bekommen als Ergebnis:

Jeder ebene Schnitt durch einen geraden Kreiszylinder ist eine Ellipse.

Daß auch jeder ebene Schnitt durch einen schiefen Kreiszylinder eine Ellipse ist, sei hier nur erwähnt; der Beweis soll unterbleiben.

, Um auch ein einfaches Beispiel der Behandlung einer Raumkurve anzuführen, wollen wir uns die folgende Aufgabe stellen:

Eine gerade Kreiszylinderfläche, deren Achse in die z-Achse fällt, habe den Grundkreishalbmesser a, eine andere, deren Achse in die y-Achse fällt, den Grundkreishalbmesser b; die Durchdringungskurve beider ist zu untersuchen (Abb. 254: Grundriß, Aufriß, Seitenriß).

Die Gleichung der ersten Zylinderfläche lautet $x^2 + y^2 - a^2 = 0$, die der zweiten Zylinderfläche $x^2 + z^2 - b^2 = 0$. Die Koordinaten der Punkte der Schnittkurve müssen beide Gleichungen erfüllen; folglich ist die Gleichung dieser Schnittkurve

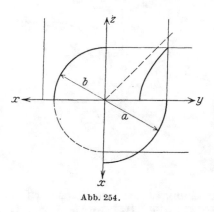

Abb. 254.

$$x^2 + y^2 - a^2 = 0, \quad x^2 + z^2 - b^2 = 0.$$

Erstere können wir auch auffassen als die Gleichung der Zylinderfläche, welche die Raumkurve auf die xy-Ebene, letztere als die Gleichung der Fläche, welche die Raumkurve auf die xz-Ebene projiziert. Wenn wir nun nach der Zylinderfläche fragen, welche die Raumkurve auf die yz-Ebene projiziert, also Mantellinien hat, die parallel zur x-Achse laufen, so müssen wir die beiden Gleichungen so miteinander verbinden, daß die neue Gleichung die Veränderliche x nicht mehr enthält. Dies können wir in unserem Falle einfach dadurch erreichen, daß wir beide Gleichungen voneinander subtrahieren; wir erhalten

$$y^2 - z^2 = a^2 - b^2.$$

Folglich hat die yz-Projektion unserer Kurve die Gleichung

$$x = 0, \quad y^2 - z^2 = a^2 - b^2.$$

Da wir letztere auch auf die Form bringen können

$$\frac{y^2}{a^2 - b^2} - \frac{z^2}{a^2 - b^2} = 1,$$

so erkennen wir, daß die yz-Projektion unserer Raumkurve eine gleich seitige Hyperbel ist, deren reelle Achse (für $a > b$) die y-Achse, deren imaginäre Achse die z-Achse ist, und deren reelle Halbachse die Länge $\sqrt{a^2 - b^2}$ hat. Für den Fall $a < b$ kehren sich die Verhältnisse entsprechend um [vgl. (137) S. 380 ff.!].

(161) Auch bei den Kegelflächen, denen wir uns nunmehr zuwenden, machen wir eine Einschränkung; wir wollen nur solche Kegelflächen behandeln, deren Spitze im Koordinatenanfangspunkte liegt.

Ferner wählen wir als Leitlinie (Abb. 255) eine Kurve, die in einer zur xy-Ebene parallelen x_0y_0-Ebene von der Gleichung $z = z_0$ liegt. Ist $P_0(x_0|y_0|z_0)$ irgendein Punkt dieser Kurve, welche die Gleichung $f(x_0, y_0) = 0$ haben möge, so muß jeder Punkt $P(x|y|z)$, der auf der Verbindungsgeraden OP_0 liegt, auch ein Punkt der Kegelfläche sein. Nun müssen aber für die Koordinaten von P die Proportionen bestehen

$$OX : OX_0 = XP' : X_0P_0' = P'P : P_0'P_0,$$

d. h.

$$x : x_0 = y : y_0 = z : z_0,$$

aus denen folgt

$$x_0 = \frac{x}{z} z_0, \qquad y_0 = \frac{y}{z} z_0.$$

Setzen wir diese Werte in die Gleichung der Leitlinie ein, so erhalten wir die Gleichung

$$f\left(\frac{x}{z} \cdot z_0, \ \frac{y}{z} \cdot z_0\right) = 0, \qquad 46)$$

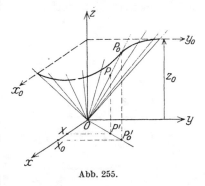

Abb. 255.

die von den Koordinaten eines jeden Punktes der Kegelfläche erfüllt werden muß. Folglich ist Gleichung 46) die Gleichung der allgemeinsten Kegelfläche, die ihre Spitze in O hat. In ihr ist z_0 eine Konstante; die Veränderlichen x, y, z treten nur in der Verbindung $\frac{x}{z}$, $\frac{y}{z}$ auf; es ist also nur ihr Verhältnis maßgebend. Eine Gleichung, die diese Eigenschaft hat, heißt eine in diesen Größen homogene Gleichung. Die Gleichung einer Kegelfläche, deren Spitze in O liegt, ist also stets eine in den Veränderlichen homogene Gleichung. Andererseits hat eine Gleichung, die in den Veränderlichen $x|y|z$ homogen ist, im rechtwinkligen Koordinatensystem stets eine Kegelfläche zum Bilde, deren Spitze in O liegt. Ist nämlich $f\left(\frac{x}{z}, \frac{y}{z}\right) = 0$ diese Gleichung und ist $P_0(x_0|y_0|z_0)$ ein Punkt dieser Fläche, so daß $f\left(\frac{x_0}{z_0}, \frac{y_0}{z_0}\right) \equiv 0$ ist, so ist auch $P(\lambda x_0|\lambda y_0|\lambda z_0)$ ein Punkt dieser Fläche, da

$$\frac{\lambda x_0}{\lambda z_0} = \frac{x_0}{z_0}, \qquad \frac{\lambda y_0}{\lambda z_0} = \frac{y_0}{z_0}$$

ist, also auch

$$f\left(\frac{\lambda x_0}{\lambda z_0}, \frac{\lambda y_0}{\lambda z_0}\right) \equiv 0$$

ist. Da fernerhin P auf der Geraden OP_0 liegen muß, erfüllen die Koordinaten eines jeden Punktes von OP die Gleichung der Fläche, mithin liegt die Gerade OP_0 selbst völlig auf der Fläche. Die Fläche enthält also alle Geraden, welche die Punkte irgendeiner auf ihr liegenden Kurve mit O verbinden. Damit ist der Beweis erbracht.

Wir wollen nunmehr den ebenen Schnitt durch einen **geraden Kreiskegel** untersuchen, den man kurzweg einen **Kegelschnitt** nennt. Zu diesem Zwecke wählen wir die z-Achse zur Achse der Kegelfläche; ihre Schichtlinie (Abb. 256) im Abstande c von der xy-Ebene ist ein Kreis, der den Halbmesser a haben möge. Wir schneiden die Kegelfläche mit einer Ebene E, welche gegen die Kegelachse unter dem Winkel α geneigt ist und von dieser im Punkte M durchstoßen wird. Drehen wir sie unter Beibehaltung von M um die z-Achse, so bleibt die Gestalt und Größe der Schnittfigur die gleiche, nur ihre Lage ändert sich; wir können daher der Ebene E die für unsere Rechnung besonders bequeme Lage geben, in der die xz-Spurlinie parallel der x-Achse ist. Um die Gleichung der Kegelfläche abzuleiten, wählen wir auf dem Schichtkreise einen Punkt $P_0(x_0|y_0|c)$,

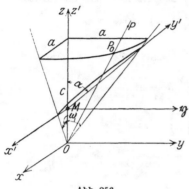

Abb. 256.

wobei $x_0^2 + y_0^2 = a^2$ sein muß. Wir verbinden P_0 mit O und greifen auf dieser Kegelmantellinie OP_0 einen Punkt $P(x|y|z)$ heraus. Es muß nun sein

$$x_0 : x = y_0 : y = c : z, \qquad \text{also} \qquad x_0 = \frac{x}{z}\, c, \quad y_0 = \frac{y}{z}\, c,$$

und daher ist

$$\left(\frac{x}{z}\, c\right)^2 + \left(\frac{y}{z}\, c\right)^2 = a^2 \qquad \text{oder} \qquad c^2(x^2 + y^2) - a^2 z^2 = 0 \qquad 47)$$

die Gleichung der Kegelfläche. Führen wir den Öffnungswinkel ω des Kegels in die Gleichung ein, wobei

$$\operatorname{tg} \omega = \frac{a}{c}$$

ist, so können wir der Gleichung der Kegelfläche auch die Form geben:

$$x^2 + y^2 - z^2 \operatorname{tg}^2 \omega = 0. \qquad 47')$$

E schneide die xz-Ebene in einer Geraden x', die yz-Ebene in einer Geraden y', welche mit der z-Achse den Winkel α bilden muß. Wir nehmen jetzt eine Umformung des räumlichen $x - y - z$-Systems in das $x' - y' - z'$-System, wobei die z'-Achse mit der z-Achse zusammenfallen soll. Ist $OM = h$, so lauten die Transformationsformeln, wie man bei Einführung der durch M gezogenen Parallelen $\mathfrak{y}$ zur y-Achse leicht erkennt:

$$x = x', \quad y = y' \sin \alpha, \quad z = h + z' + y' \cos \alpha.$$

Die Gleichung der Kegelfläche lautet also im $x'y'z'$-System

$$x'^2 + y'^2 \sin^2 \alpha - (h + y' \cos \alpha + z')^2 \operatorname{tg}^2 \omega = 0.$$

Unser Kegelschnitt ist aber nichts anderes als die $x'y'$-Spurlinie der Kegelfläche; setzen wir also $z' = 0$ in die eben gewonnene Gleichung ein, so erhalten wir die Gleichung des Kegelschnittes. Sie lautet

$$x'^2 + y'^2 \sin^2 \alpha - (h + y' \cos \alpha)^2 \operatorname{tg}^2 \omega = 0$$

oder

$$x'^2 + y'^2 (\sin^2 \alpha - \cos^2 \alpha \operatorname{tg}^2 \omega) - 2 h y' \cos \alpha \operatorname{tg}^2 \omega - h^2 \operatorname{tg}^2 \omega = 0,$$

$$x'^2 + \left(y' \sin \alpha \sqrt{1 - \operatorname{ctg}^2 \alpha \operatorname{tg}^2 \omega} - h \frac{\operatorname{ctg} \alpha \operatorname{tg}^2 \omega}{\sqrt{1 - \operatorname{ctg}^2 \alpha \operatorname{tg}^2 \omega}} \right)^2$$
$$= h^2 \cdot \operatorname{tg}^2 \omega \left(1 + \frac{\operatorname{ctg}^2 \alpha \operatorname{tg}^2 \omega}{1 - \operatorname{ctg}^2 \alpha \operatorname{tg}^2 \omega} \right),$$

$$x'^2 + \sin^2 \alpha \, (1 - \operatorname{ctg}^2 \alpha \operatorname{tg}^2 \omega) \left(y' - h \frac{\operatorname{ctg}^2 \alpha \operatorname{tg}^2 \omega}{\cos \alpha \, (1 - \operatorname{ctg}^2 \alpha \operatorname{tg}^2 \omega)} \right)^2$$
$$= h^2 \frac{\operatorname{tg}^2 \omega}{1 - \operatorname{ctg}^2 \alpha \operatorname{tg}^2 \omega}.$$

Setzen wir

$$x' = \xi, \quad y' - h \frac{\operatorname{ctg}^2 \alpha \operatorname{tg}^2 \omega}{\cos \alpha \, (1 - \operatorname{ctg}^2 \alpha \operatorname{tg}^2 \omega)} = \eta,$$

was einer Verschiebung des Anfangspunktes von M aus auf der y'-Achse um das Stück

$$h \frac{\operatorname{ctg}^2 \alpha \operatorname{tg}^2 \omega}{\cos \alpha \, (1 - \operatorname{ctg}^2 \alpha \operatorname{tg} \omega)}$$

gleichkommt, so können wir die Gleichung des Kegelschnittes schließlich schreiben:

$$\frac{\xi^2}{\left(h \cdot \dfrac{\operatorname{tg} \omega}{\sqrt{1 - \operatorname{ctg}^2 \alpha \operatorname{tg}^2 \omega}} \right)^2} + \frac{\eta^2}{\left(h \cdot \dfrac{\operatorname{tg} \omega}{\sin \alpha \, (1 - \operatorname{ctg}^2 \alpha \operatorname{tg}^2 \omega)} \right)^2} = 1.$$

Wir sehen, daß der so definierte Kegelschnitt identisch ist mit der Kurve, welche wir in **(145)** S. 422 als Kegelschnitt bezeichnet haben. Und zwar ist der Nenner des ersten Gliedes der linken Seite unserer Gleichung positiv, wenn $\operatorname{ctg} \alpha \cdot \operatorname{tg} \omega < 1$, also $\operatorname{tg} \alpha > \operatorname{tg} \omega$ oder $\alpha > \omega$ ist; er ist gleich Null, wenn $\alpha = \omega$ ist, und negativ, wenn $\alpha < \omega$ ist. Im ersten Falle schneidet die Ebene aus der Kegelfläche demnach eine Ellipse, im zweiten eine Parabel, im dritten eine Hyperbel aus. Steht die Ebene E auf der Kegelachse senkrecht, so wird die **Ellipse** zum Kreise, geht E durch die Spitze des Kegels, so artet der Kegelschnitt für $\alpha < \omega$ in ein sich in O schneidendes Geradenpaar, für $\alpha = \omega$ in eine doppelt zu zählende Gerade, für $\alpha > \omega$ in einen Punkt aus. — Daß übrigens ein ebener Schnitt durch einen schiefen Kreiskegel die nämliche Kurvengruppe Ellipse, Parabel, Hyperbel mit ihren Sonderfällen liefert wie der durch einen geraden Kreiskegel, sei hier ohne Beweis erwähnt.

In Abb. 257 ist ein gerader Kreiskegel angedeutet, der mit einer Ebene E geschnitten ist. Es lassen sich nun zwei Kugeln K und K′

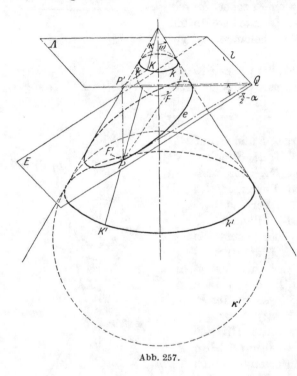

Abb. 257.

finden, welche sowohl E als auch den Kegel berühren. K möge E im Punkte F und den Kegel längs des Kreises k, K′ erstere in F', letzteren längs des Kreises k' berühren. Die Ebene Λ von k möge die Ebene E in der Geraden l schneiden. Wir ziehen nun eine Kegelmantellinie, die k in K, k' in K' und den in E gelegenen Kegelschnitt e in P schneiden möge. Fällen wir von P das Lot PP' auf Λ, und legen wir durch dieses die zu l normale Ebene, welche l in Q schneide, so ist $PP'Q$ ein bei P' rechtwinkliges Dreieck, dessen bei P gelegener spitzer Winkel gleich dem Neigungswinkel α der Kegelachse gegen E ist. Ebenso ist $PP'K$ ein bei P' rechtwinkliges Dreieck, in welchem $\sphericalangle P'PK = \omega$, d. h. gleich dem Öffnungswinkel des Kegels ist. Da ferner $PF = PK$ sein muß, da beide Strecken Tangenten von P an die Kugelfläche K sind, so ist $PP' = PK\cos\omega = PF\cos\omega$. Ferner ist $PP' = PQ \cdot \cos\alpha$, wie sich aus dem rechtwinkligen Dreieck $PP'Q$ ergibt. Wir erhalten mithin die Gleichung

$$PF\cos\omega = PQ\cos\alpha \qquad \text{oder} \qquad PF : PQ = \cos\alpha : \cos\omega\,.$$

Nun sind α und ω von der Wahl des Punktes P des Kegelschnittes unabhängig, folglich ist $\cos\alpha : \cos\omega$ eine konstante Größe. Da PQ der

Abstand des Punktes P von der Geraden l ist, haben wir gefunden, daß der ebene Schnitt durch den geraden Kreiskegel die Eigenschaft haben muß, daß für jeden beliebigen Punkt P der Kurve das Verhältnis seines Abstandes von dem in der Schnittebene E gelegenen festen Punkte F zu seinem Abstande von der in der gleichen Ebene gelegenen Geraden l konstant ist. Auf diese Eigenschaft haben wir oben [s. **(145)** S. 419] die Definition des Kegelschnittes gegründet. Damit ist ein rein geometrischer Beweis für die Identität der jetzt eingeführten Kurven mit den früher behandelten gewonnen.

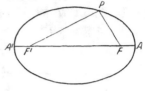

Abb. 258.

Weiterhin ist in Abb. 257 — der Kegelschnitt ist dort eine Ellipse, da $\alpha > \omega$ ist — $PF' = PK'$. Infolgedessen ist

$$PF + PF' = PK + PK' = KK'.$$

Da aber die beiden Kreise k und k' auf jeder Mantellinie des Kegels Strecken von der gleichen Länge KK' abschneiden, so ist für jeden Punkt P der Ellipse e die Summe der Verbindungsstrecken mit den beiden Punkten F und F' gleich KK'. Man nennt die beiden Festpunkte F und F' die **Brennpunkte** der Ellipse und die beiden Strecken FP und $F'P$ die beiden **Brennstrahlen** des Ellipsenpunktes P. Wir erhalten also den Satz:

Für jeden Punkt einer Ellipse ist die Summe der Brennstrahlen konstant. Dies gilt insbesondere auch für den Hauptscheitel A. Nun ist aber (Abb. 258)

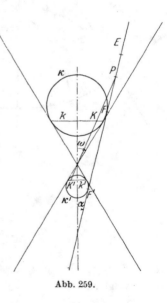

Abb. 259.

$$FA + F'A = A'F' + F'A = AA' = 2a.$$

Wir erhalten demnach: **Die Summe der Brennstrahlen ist für jeden Ellipsenpunkt gleich der Hauptachse der Ellipse.**

Ist $\alpha < \omega$, so entsteht als Kegelschnitt eine Hyperbel; die beiden Kugeln K und K', welche Kegelfläche und Ebene E berühren, liegen, wie aus Abb. 259 ersichtlich ist, zu verschiedenen Seiten der Kegelspitze. Es ist jetzt

$$PF' - PF = PK' - PK = KK'.$$

Für die Hyperbel ist die Differenz der Brennstrahlen konstant, nämlich gleich der Länge der reellen Achse (Abb. 260).

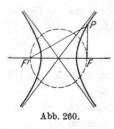

Abb. 260.

(162) Wir kommen nunmehr zu den **Umdrehungs- (Dreh-, Rotations-) Flächen.** Auch hier wollen wir uns auf die analytische Behandlung der Fälle beschränken, in denen die **Dreh- (Rotations-) Achse mit einer Koordinatenachse zusammenfällt.** In Abb. 261 ist die z-Achse zur Drehachse gewählt. Durch sie ist eine Ebene gelegt, welche die xy-Ebene in der Geraden u und die Drehfläche in einer Kurve, der Meridiankurve der Drehfläche, schneidet. Alle Meridiankurven einer Drehfläche sind untereinander kongruent. Ist P ein Punkt dieser Meridiankurve, so hat er im uz-System die Koordinaten $OP_u = u$, $P_u P = z$, die die Gleichung $f(u, z)$ der Meridiankurve erfüllen müssen. Erwägt man nun, daß bei der Rotation der Meridiankurve P den Abstand von der z-Achse unverändert beibehält, daß demnach auch $OP_u = u$ einen konstanten Wert hat, so müssen die räumlichen Koordinaten $OP_x = x$ und $P_x P_u = y$ von P die Bedingung erfüllen $x^2 + y^2 = u^2$, aus welcher $u = \sqrt{x^2 + y^2}$ folgt. Setzen wir diesen Ausdruck in die

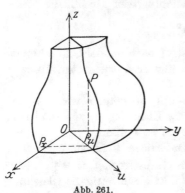

Abb. 261.

Gleichung der Meridiankurve ein, so erhalten wir eine Gleichung zwischen x, y, z, die von den Koordinaten eines jeden Punktes der Drehfläche erfüllt werden muß, d. h. die **Gleichung der Drehfläche.** Sie lautet mithin

$$f\left(\sqrt{x^2 + y^2},\, z\right) = 0 \quad \text{oder} \quad F(x^2 + y^2,\, z) = 0. \qquad 48')$$

Bemerkenswert ist an ihr, daß die Veränderlichen x und y nur in der Verbindung $\sqrt{x^2 + y^2}$ oder unter Weglassung des Wurzelzeichens in der Verbindung $x^2 + y^2$ auftreten. Wir haben somit gefunden:

Eine Gleichung zwischen den drei Veränderlichen x, y, z, in der die beiden Veränderlichen x und y nur in der Verbindung $x^2 + y^2$ auftreten, ist im rechtwinkligen räumlichen Koordinatensystem die Gleichung einer Umdrehungsfläche, deren Drehachse die z-Achse ist.

Fragen: a) Wie lautet die Gleichung einer Drehfläche, deren Drehachse die x-Achse, die y-Achse ist?

b) Welche Besonderheit hat die Gleichung einer Drehfläche im zylindrischen Polarkoordinatensystem, wenn die z-Achse die Drehachse ist? [$f(\varrho, z) = 0$; s. **(147)** S. 434.]

c) Welche Besonderheit hat die Gleichung einer Kegelfläche im sphärischen Polarkoordinatensystem, wenn ihre Spitze in O liegt? [$f(\lambda, \varphi) = 0$; s. **(147)** S. 435.]

Sonderfälle. A. Die um die z-Achse rotierende Kurve sei eine Gerade g. Sie kann zur z-Achse verschiedene Lagen einnehmen, die einzeln behandelt werden sollen:

1. Ist $g \parallel z$-Achse, so lautet die Gleichung der Meridiankurve $u = a$, wenn a der Abstand zwischen g und der z-Achse ist. Setzen wir

$$u = \sqrt{x^2 + y^2},$$

so erhalten wir nach Quadrieren die Gleichung der Drehfläche

$$x^2 + y^2 = a^2,$$

die wir von früher her [s. **(150)** S. 447] als die Gleichung der Umdrehungszylinderfläche kennen, ein Ergebnis, das mit dem erwarteten übereinstimmt.

2. Schneidet g die Drehachse rechtwinklig, so können wir, ohne die Allgemeinheit zu beeinträchtigen, g in die xy-Ebene legen; g ist wiederum Meridiankurve, und ihre Gleichung $f(u, z) = 0$ nimmt jetzt die besondere Form an: $z = 0$. Da die Veränderliche u in ihr überhaupt nicht enthalten ist, so kann auch die Substitution $u = \sqrt{x^2 + y^2}$ die Gleichung nicht beeinflussen, und $z = 0$ ist gleichzeitig die Gleichung der entstehenden Drehfläche; diese selbst ist die xy-Ebene, d. h. im allgemeinen eine zur z-Achse senkrechte Ebene, wie vorauszusehen war.

3. Schneidet die Gerade g die Drehachse unter einem Winkel ω, so können wir — wieder ohne Beeinträchtigung der Allgemeinheit — den Schnittpunkt in die xy-Ebene verlegen; die Meridiankurve hat also die Gleichung $u = z \cdot \operatorname{tg}\omega$. Wir erhalten daher für die Drehfläche die Gleichung

$$x^2 + y^2 - z^2 \cdot \operatorname{tg}^2\omega = 0;$$

diese stimmt mit Gleichung 47') S. 488 überein. Die Drehfläche ist also die Fläche eines geraden Kreiskegels, dessen Öffnungswinkel ω ist, ein ebenfalls vorauszusehendes Ergebnis.

4. Kreuzt schließlich g die Drehachse, so ist g nicht mehr Merdiankurve der Fläche; wir müssen somit zur Ableitung der Gleichung dieser Drehfläche einen anderen Weg einschlagen: Wir legen die xy-Ebene so, daß sie das gemeinsame Lot der z-Achse und der Geraden g enthält; letzteres schneidet demnach die z-Achse in O, während der Schnittpunkt mit g K heißen möge, und es sei $OK = a$ die Länge des Ab-

standes der beiden zueinander windschiefen Geraden (s. Abb. 262).
Schließlich werde der Winkel, den g mit der z-Achse bildet, mit γ bezeichnet. Ist P ein beliebiger Punkt auf der Geraden g in irgendeiner von ihr
bei der Umdrehung eingenommenen Lage und $P'P = z$ seine z-Koordi-
nate, so läßt sich sein Abstand $P_z P = u$ von der z-Achse leicht ermitteln. Es ist nämlich auch $OP' = u$, und KP' die in K an den von
K bei der Rotation beschriebenen Kreis gelegte Tangente, folglich OKP'
ein bei K rechtwinkliges Dreieck, also $u^2 = a^2 + \overline{KP'}^2$. Da ferner
in dem rechtwinkligen Dreieck $KP'P \sphericalangle KPP' = \gamma$ ist, so ist

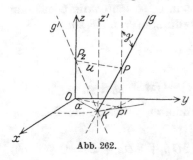

Abb. 262.

$$KP' = P'P \operatorname{tg}\gamma = z \operatorname{tg}\gamma$$

und also

$$u^2 = a^2 + z^2 \operatorname{tg}^2\gamma.$$

Bei der Rotation beschreibt nun P
einen Kreis um P_z; seine x- und seine
y-Koordinate müssen daher in jeder
Lage von P die Gleichung erfüllen
$x^2 + y^2 = u^2$. Setzen wir dies in die
obige Gleichung ein, so erhalten wir
die Gleichung der Drehfläche; sie lautet

$$x^2 + y^2 - z^2 \operatorname{tg}^2\gamma = a^2.$$

Setzen wir $a \operatorname{ctg}\gamma = c$, so können wir sie auch schreiben:

$$\frac{x^2 + y^2}{a^2} - \frac{z^2}{c^2} = 1.$$

Das ist aber nach **(150)** S. 448 die Gleichung des **einschaligen Umdrehungshyperboloids**. Rotiert demnach eine Gerade um eine sie
kreuzende Achse, so beschreibt sie ein einschaliges Umdrehungshyperboloid. Diese Fläche besitzt also eine Schar von Geraden, nämlich
die, mit welchen g sich bei der Rotation deckt. Sie enthält jedoch
noch eine weitere Schar von Geraden; denn die zu g in der Ebene KPP'
bezüglich der Geraden KP' symmetrische Gerade g' muß in allen ihren
bei der Umdrehung eingenommenen Lagen aus Symmetriegründen ebenfalls auf der Fläche liegen. — Überdies kommt diese Eigenschaft
nicht dem einschaligen Umdrehungshyperboloid allein zu; auch das
allgemeine einschalige Hyperboloid besitzt zwei Scharen von Geraden
derart, daß sich durch jeden Punkt seiner Oberfläche zwei Geraden
ziehen lassen, die in ihrer ganzen Ausdehnung in ihr liegen [s. **(207)**
S. 691].

　　B. Die um die z-Achse rotierende Kurve sei ein **Kreis** k, und zwar
soll er Meridiankurve sein, d. h. seine Ebene soll die z-Achse enthalten.
Ist die z-Achse sogar Durchmesser des Kreises, so ist die Drehfläche

eine Kugelfläche. Legen wir die xy-Ebene durch den Mittelpunkt des Meridiankreises, so daß dieser und damit der Kugelmittelpunkt Koordinatenanfangspunkt wird, so lautet die Gleichung des Meridiankreises $u^2 + z^2 = r^2$, wobei r der Halbmesser des Meridiankreises ist. Also ist die Gleichung der Kugeloberfläche

$$x^2 + y^2 + z^2 = r^2, \qquad\qquad 49)$$

in Übereinstimmung mit den in **(150)** S. 447 gewonnenen Ergebnissen. 49) heißt die **Mittelpunktsgleichung der Kugelfläche.** Liegt der Mittelpunkt M der Kugelfläche nicht in O, so lautet die Gleichung der Kugelfläche, wenn $x_0 | y_0 | z_0$ die Koordinaten von M sind,

$$(x - x_0)^2 + (y - y_0)^2 + (z - z_0)^2 = r^2$$

oder

$$x^2 + y^2 + z^2 - 2(x_0 \cdot x + y_0 \cdot y + z_0 \cdot z) + (x_0^2 + y_0^2 + z_0^2 - r^2) = 0.$$

Umgekehrt ist im rechtwinkligen Koordinatensystem jede Gleichung von der Form

$$A(x^2 + y^2 + z^2) + 2Bx + 2Cy + 2Dz + E = 0 \qquad 50)$$

die Gleichung einer Kugelfläche; ihr Mittelpunkt M hat die Koordinaten

$$x_0 = -\frac{B}{A}, \qquad y_0 = -\frac{C}{A}, \qquad z_0 = -\frac{D}{A},$$

ihr Halbmesser hat die Länge

$$r = \sqrt{\frac{B^2}{A^2} + \frac{C^2}{A^2} + \frac{D^2}{A^2} - \frac{E}{A}}.$$

50) ist die **allgemeine Gleichung der Kugelfläche;** in ihr treten die fünf Konstanten A, B, C, D, E auf, von denen jedoch nur die Verhältnisse wesentlich sind. Da sich hierdurch vier voneinander unabhängige Bestimmungsstücke, z. B.

$$\frac{B}{A}, \frac{C}{A}, \frac{D}{A}, \frac{E}{A}$$

ergeben, so folgt, daß man einer Kugelfläche geometrisch vier voneinander unabhängige Bedingungen auferlegen kann; insbesondere ergibt sich, daß man durch vier beliebig im Raume gelegene Punkte stets eine Kugelfläche legen kann.

Beispiele. a) Es ist die dem Teatreder T umbeschriebene Kugel gesucht, d. h. die Kugel, welche die vier Ecken des Tetraeders enthält. Die Gleichung dieser Kugelfläche möge heißen

$$A(x^2 + y^2 + z^2) + 2Bx + 2Cy + 2Dz + E = 0;$$

sie muß erfüllt werden von den Koordinaten der vier Eckpunkte $A(13|-8|4)$, $B(5|1|9)$, $C(21|-7|-11)$, $D(1|-2|4)$. Wir erhalten folglich die vier Gleichungen:

$$249A + 26B - 16C + 8D + E = 0, \quad 107A + 10B + 2C + 18D + E = 0,$$
$$611A + 42B - 14C - 22D + E = 0, \quad 21A + 2B - 4C + 8D + E = 0.$$

Aus ihnen ergibt sich

$$B = -\tfrac{25}{2}A, \quad C = -6A, \quad D = 5A, \quad E = -60A,$$

so daß die Gleichung der umbeschriebenen Kugel lautet ($A = 1$):

$$x^2 + y^2 + z^2 - 25x - 12y + 10z - 60 = 0.$$

Schreiben wir sie in der Form

$$\left(x - \frac{25}{2}\right)^2 + (y - 6)^2 + (z + 5)^2 = \left(\frac{\sqrt{1109}}{2}\right)^2,$$

so erkennen wir, daß der Mittelpunkt der umbeschriebenen Kugel die Koordinaten $\tfrac{25}{2}|6|-5$ hat, und der Halbmesser gleich $\tfrac{1}{2}\sqrt{1109}$ ist (s. a. S. 484).

b) Der Punkt $(\tfrac{7}{2}|-2|9)$ hat von allen vier Seitenflächen des Tetraeders T den gleichen Abstand $\tfrac{5}{2}$ (nachprüfen!); er ist also der Mittelpunkt einer alle Seitenflächen berührenden Kugel vom Halbmesser $\tfrac{5}{2}$. Die Gleichung dieser Kugel lautet folglich

$$(x - \tfrac{7}{2})^2 + (y + 2)^2 + (z - 9)^2 = (\tfrac{5}{2})^2$$

bzw.

$$x^2 + y^2 + z^2 - 7x + 4y - 18z + 91 = 0.$$

Es gibt noch sieben weitere die vier Seitenflächen berührende Kugeln; ihre Gleichungen sind aufzustellen. —

Enthält die Drehachse den Mittelpunkt des Meridiankreises nicht, sondern haben beide den Abstand a, so beschreibt der Kreis bei der Rotation die **Kreisringfläche** (Abb. 263). Legen wir die xy-Ebene wieder durch den Mittelpunkt M des Meridiankreises, so lautet seine Gleichung

$$(u - a)^2 + z^2 = r^2;$$

ersetzen wir u durch

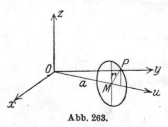

Abb. 263.

$$u = \sqrt{x^2 + y^2},$$

so erhalten wir als Gleichung der Kreisringfläche

$$\left(\sqrt{x^2 + y^2} - a\right)^2 + z^2 = r^2$$

oder umgeformt

$$(x^2 + y^2 + z^2)^2 - 2a^2(x^2 + y^2 - z^2) - 2r^2(x^2 + y^2 + z^2) + (a^2 - r^2)^2 = 0$$

bzw. $\qquad (x^2 + y^2 + z^2 + a^2 - r^2)^2 - 4a^2(x^2 + y^2) = 0. \qquad 51)$

Die Gleichung ist in x, y, z vom vierten Grade; die **Kreisringfläche ist daher eine Fläche vierter Ordnung.**

(163) Eine Schraubenlinie wird von einem Punkte beschrieben, der um eine Gerade, die Schraubenachse, mit konstanter Winkelgeschwindigkeit rotiert und sich gleichzeitig parallel zur Schraubenachse mit konstanter Geschwindigkeit verschiebt. Er bewegt sich demnach auf der Oberfläche eines geraden Kreiszylinders, dessen Achse mit der Schraubenachse zusammenfällt, und dessen Grundkreishalbmesser gleich dem Abstande a des die Schraubenlinie beschreibenden Punktes von der Schraubenachse ist. Zur analytischen Behandlung wählen wir die Schraubenachse zur z-Achse eines rechtwinkligen Koordinatensystems und legen die xy-Ebene so, daß der Grundrißspurpunkt der Schraubenlinie auf die x-Achse zu liegen kommt. Wird der Verschraubungswinkel, den OP' mit der x-Achse bildet, gleich φ gesetzt (Abb. 264), so ist für einen beliebigen Punkt P

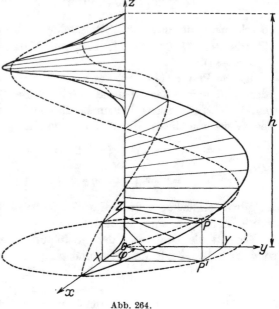

$$OX = x = a \cdot \cos\varphi,$$

$$XP' = y = a \sin\varphi,$$

$$P'P = z = \frac{h}{2\pi}\,\varphi,$$

wobei die **Ganghöhe** h die Strecke ist, um welche sich P nach Ausführung einer vollen Umdrehung in Richtung der Schraubenachse verschoben hat. Die drei Gleichungen

Abb. 264.

$$x = a\cos\varphi, \qquad y = a\sin\varphi, \qquad z = \frac{h}{2\pi}\,\varphi \qquad 52)$$

sind eine **Parameterdarstellung der Schraubenlinie,** Parameter ist der Verschraubungswinkel φ. Eliminieren wir φ aus den beiden ersten Gleichungen (Quadrieren und Addieren), so erhalten wir die Gleichung

$x^2 + y^2 = a^2$ als Gleichung der Zylinderfläche, welche die Schraubenlinie auf die xy-Ebene projiziert; die xy-Projektion der Schraubenlinie ist demnach ein Kreis mit dem Mittelpunkte O und dem Halbmesser a, ein Ergebnis, das vorauszusehen war. Um die xz-Projektion
zu erhalten, eliminieren wir φ aus der ersten und dritten Gleichung 52);
es ergibt sich

$$x = a \cos \frac{2\pi}{h} z .$$

Das ist eine Kosinuslinie, deren Periode h, deren Amplitude a und deren
Achse die z-Achse ist. In gleicher Weise finden wir als Gleichung der
yz-Projektion

$$y = a \sin \frac{2\pi}{h} z ;$$

die yz-Projektion ist folglich eine Sinuslinie, die kongruent ist mit
der xz-Projektion, nur um die Strecke $\frac{h}{4}$ im Sinne der z-Achse verschoben ist.

    Eine Schraubenfläche entsteht, wenn eine Kurve eine Schrauben-
bewegung ausführt. Wir wollen hier nur den einfachsten Fall betrachten,
daß die sich verschraubende Kurve eine Gerade ist, welche die Schraubenachse unter einem rechten Winkel schneidet. Die dadurch entstehende Schraubenfläche ist die gerade geschlossene Regel-
schraubenfläche. Da die Gerade ZP, die auf dieser Schraubenfläche
liegen muß, die Gleichung

$$\frac{y}{x} = \mathrm{tg}\,\varphi , \qquad z = \frac{h}{2\pi}\,\varphi$$

hat, erhalten wir durch Elimination des Parameters φ als Gleichung
der Schraubenfläche:

$$\frac{y}{x} = \mathrm{tg}\,\frac{2\pi}{h} z \qquad \text{oder} \qquad z = \frac{h}{2\pi}\,\mathrm{arctg}\,\frac{y}{x} . \qquad\qquad 53)$$

    Wir wollen die Behandlung von Schraubenlinie und Schrauben-
fläche mit der Aufgabe abschließen: Eine Schraubenfläche von der
Gleichung

$$z = \frac{h}{2\pi}\,\mathrm{arctg}\,\frac{x}{y}$$

soll von der Fläche eines geraden Kreiszylinders durchdrungen werden,
dessen Achse parallel der Schraubenachse läuft, und zwar so, daß
letztere gleichzeitig eine Mantellinie der Zylinderfläche ist; welches ist
die Durchdringungskurve? Ist a der Grundkreishalbmesser der Zylinderfläche und befindet sich die Zylinderachse in der xz-Ebene, so lautet
die Gleichung der Zylinderfläche $(x - a)^2 + y^2 = a^2$. Wir verschieben

das Koordinatensystem nach dem xy-Spurpunkt M der Zylinderachse; dies hat die Transformationsformeln zur Folge:

$$x = \mathfrak{x} + a\,, \qquad y = \mathfrak{y}\,, \qquad z = \mathfrak{z}\,.$$

Die Gleichung der Schraubenfläche lautet nun

$$\mathfrak{z} = \frac{h}{2\pi}\, \operatorname{arctg} \frac{\mathfrak{y}}{\mathfrak{x} + a}\,,$$

die der Zylinderfläche

$$\mathfrak{x}^2 + \mathfrak{y}^2 = a^2\,.$$

Letztere können wir unter Einführung des Parameters φ (s. Abb. 265) schreiben $\mathfrak{x} = a \cos\varphi$, $\mathfrak{y} = a \sin\varphi$. Setzen wir diese Werte in die Gleichung der Schraubenfläche ein, so ergibt sich

$$\mathfrak{z} = \frac{h}{2\pi}\, \operatorname{arctg} \frac{a \sin\varphi}{a + a \cos\varphi} = \frac{h}{2\pi}\, \operatorname{arctg} \frac{\sin\varphi}{1 + \cos\varphi} = \frac{h}{2\pi}\, \operatorname{arctg}\left(\operatorname{tg} \frac{\varphi}{2}\right)$$

oder schließlich

$$\mathfrak{z} = \frac{h}{2\pi} \cdot \frac{\varphi}{2}\,.$$

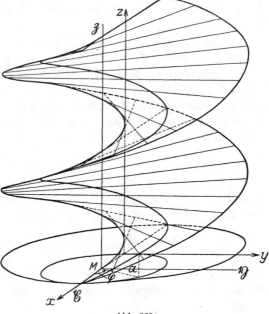

Nun sind aber die drei Gleichungen

$$\mathfrak{x} = a \cos\varphi\,,$$
$$\mathfrak{y} = a \sin\varphi\,,$$
$$\mathfrak{z} = \frac{h}{4\pi} \cdot \varphi$$

nach 52) die Gleichungen einer Schraubenlinie, deren Achse die $\mathfrak{z}$-Achse, deren Halbmesser a und deren Ganghöhe $\frac{h}{2}$ ist. Folglich ist die Durchdringungskurve zwischen unserer Zylinderfläche und der Schraubenfläche

Abb. 265.

eine Schraubenlinie, deren Ganghöhe halb so groß ist wie die der Schraubenfläche.

Wir haben in diesem Paragraphen die einfachsten Flächen und Raumkurven untersucht. Die analytische Ausdrucksform dieser Gebilde sind Gleichungen zwischen drei Veränderlichen, die wir zumeist mit x, y, z bezeichnet haben, also von der Gestalt $F(x, y, z) = 0$. Dieser allgemeinen Gleichung können wir dadurch eine etwas einfachere Gestalt geben, daß wir sie nach einer der Veränderlichen, beispielsweise nach z, auflösen; dann erscheint sie in der Form $z = f(x, y)$. In dieser Form ist die Veränderliche z als von x und y abhängig dargestellt; sie ist eine **Funktion der beiden Veränderlichen** x und y. Damit sind wir zu **Funktionen von mehreren unabhängigen Veränderlichen gelangt.** Befaßten sich die Untersuchungen dieses und des vorangehenden Paragraphen mit der Anwendung der **endlichen** Rechenoperationen auf diese Funktionen, so wollen wir in den nächsten Paragraphen die **infinitesimalen** Rechenoperationen auf Funktionen mehrerer Veränderlichen anwenden.

§ 5. Die partielle Differentiation.

(164) Wir erweitern zunächst den Begriff des Differentialquotienten auf eine Funktion zweier Veränderlichen $z = f(x, y)$. Geben wir den beiden unabhängigen Veränderlichen bestimmte Werte x und y, so erhält auch die abhängige Veränderliche einen bestimmten Wert $z = f(x, y)$. Wir behalten nun den gewählten Wert y bei, während wir der anderen Unabhängigen x einen Zuwachs Δx erteilen. Dadurch erfährt auch der Funktionswert z einen Zuwachs, den wir mit $\Delta_x z$ bezeichnen wollen, und es ist

$$z + \Delta_x z = f(x + \Delta x, y), \quad \text{also} \quad \Delta_x z = f(x + \Delta x, y) - f(x, y)$$

Bilden wir den Differenzenquotienten, so bekommen wir

$$\frac{\Delta_x z}{\Delta x} = \frac{f(x + \Delta x, y) - f(x, y)}{\Delta x}.$$

Lassen wir schließlich den Zuwachs Δx sich dem Werte Null nähern, so wird der Differenzenquotient sich im allgemeinen einem bestimmten Grenzwerte nähern. Man nennt ihn den **partiellen Differentialquotienten oder die partielle Ableitung der Funktion** $z = f(x, y)$ **nach der Veränderlichen** x und bezeichnet ihn — zum Unterschiede von dem bisher betrachteten Differentialquotienten einer Funktion einer Veränderlichen — symbolisch durch $\frac{\partial z}{\partial x}$, also unter Verwendung des **runden** ∂ statt des bisher benutzten **geraden** d. Es ist demnach

$$\frac{\partial z}{\partial x} = \frac{\partial f(x, y)}{\partial x} = \lim_{\Delta x \to 0} \frac{\Delta_x z}{\Delta x} = \lim_{\Delta x \to 0} \frac{f(x + \Delta x, y) - f(x, y)}{\Delta x} = f'_x(x, y). \quad 54)$$

Es ist nun ohne weiteres verständlich, wie wir zu dem partiellen Differentialquotienten der Funktion $z = f(x, y)$, nach y genommen, gelangen. Wir halten den gewählten Wert der unabhängigen Veränderlichen x

fest, erteilen dagegen der unabhängigen Veränderlichen y einen Zuwachs Δy, berechnen den Zuwachs, den hierdurch die Funktion $z = f(x, y)$ erfährt:

$$\Delta_y z = f(x, y + \Delta y) - f(x, y),$$

dividieren diesen durch den Zuwachs Δy und lassen Δy sich dem Grenzwerte Null nähern. Der Grenzwert, den hierbei $\frac{\Delta_y z}{\Delta y}$ erfährt, ist der gesuchte partielle Differentialquotient:

$$\frac{\partial z}{\partial y} = \frac{\partial f(x, y)}{\partial y} = \lim_{\Delta y \to 0} \frac{\Delta_y z}{\Delta y} = \lim_{\Delta y \to 0} \frac{f(x, y + \Delta y) - f(x, y)}{\Delta y} = f'_y(x, y). \quad 54')$$

Zu beachten ist hierbei, daß bei der partiellen Differentiation nach einer Veränderlichen die andere als konstant anzusehen ist!

Beispiele. a) Ist $z = x^2 \cdot y$, so ist

$$\frac{\partial z}{\partial x} = 2xy \quad \text{und} \quad \frac{\partial z}{\partial y} = x^2.$$

b) Ist

$$z = \frac{x^2}{2a} + \frac{y^2}{2b}, \quad \text{so ist} \quad \frac{\partial z}{\partial x} = \frac{x}{a}, \quad \frac{\partial z}{\partial x} = \frac{y}{b}.$$

c) Ist

$$z = \frac{h}{2\pi} \operatorname{arctg} \frac{y}{x}, \quad \text{so ist} \quad \frac{\partial z}{\partial x} = \frac{h}{2\pi} \cdot \frac{1}{1 + \left(\frac{y}{x}\right)^2} \cdot \left(-\frac{y}{x^2}\right) = -\frac{h}{2\pi} \frac{y}{x^2 + y^2},$$

$$\frac{\partial z}{\partial y} = \frac{h}{2\pi} \cdot \frac{1}{1 + \left(\frac{y}{x}\right)^2} \cdot \frac{1}{x} = \frac{h}{2\pi} \cdot \frac{x}{x^2 + y^2}.$$

Wir bekommen am einfachsten eine Vorstellung von dem Wesen und der Bedeutung der partiellen Differentialquotienten einer Funktion zweier Veränderlichen, wenn wir das geometrische Bild einer solchen Funktion zu Hilfe nehmen. Wir wissen aus dem Vorangehenden, daß im rechtwinkligen Koordinatensystem $z = f(x, y)$ die Gleichung einer Fläche ist; Abb. 266 möge einen Teil derselben andeuten. Wir wählen ein bestimmtes Wertepaar $x \mid y$; diesem entspricht in der xy-Ebene ein ganz bestimmter Punkt P'. Zu diesem Wertepaare $x \mid y$ gehört infolge der Gleichung $z = f(x, y)$ ein bestimmter Wert von z. Die Wertegruppe $x \mid y \mid z$ liefert die Koordinaten eines Punktes P, der auf

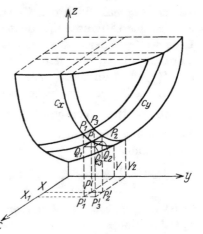

Abb. 266.

der Fläche von der Gleichung $z = f(x, y)$ liegen muß. Wenn wir unter
Beibehaltung des Wertes y dem x einen Zuwachs $\varDelta x$ erteilen, so erhalten wir in der xy-Ebene den Punkt P_1' mit den Koordinaten $x + \varDelta x \mid y$,
der mit P' auf der gleichen Parallelen zur x-Achse liegt, und zwar so,
daß $P'P_1' = XX_1 = \varDelta x$ ist. Errichten wir in P_1' auf der xy-Ebene
das Lot, so möge dieses die Fläche von der Gleichung $z = f(x, y)$
in einem Punkte P_1 schneiden; die Koordinaten von P_1 sind dann

$$x + \varDelta x, \quad y, \quad z + \varDelta_x z = f(x + \varDelta x, y).$$

Den Zuwachs $\varDelta_x z$, den die z-Koordinate erfährt, wenn wir uns auf der
Fläche vom Punkte P nach dem Punkte P_1 begeben, können wir uns
in einfacher Weise geometrisch veranschaulichen. Wir ziehen durch
P die Parallele zur x-Achse, welche $P_1'P_1$ in Q_1 schneiden möge; dann ist

$$Q_1 P_1 = P_1' P_1 - P_1' Q_1 = P_1' P_1 - P' P = z + \varDelta_x z - z = \varDelta_x z,$$
also ·
$$Q_1 P_1 = \varDelta_x z.$$

Die Punkte P, Q_1, P_1, P', P_1' liegen alle in der durch P parallel zur
xz-Ebene gelegten Ebene; diese schneidet die Fläche $z = f(x, y)$ in
einer Kurve c_x. Die beiden Punkte P und P_1 sind nun Punkte von c_x,
und die Gerade PP_1 ist folglich eine zu P gehörige Sekante dieser
Kurve. $\sphericalangle P_1 P Q_1 = \varphi_x$ ist der Neigungswinkel dieser Sekante . gegen
die x-Achse, und zwar folgt aus dem rechtwinkligen Dreieck $P Q_1 P_1$
die Beziehung

$$\operatorname{tg} \varphi_x = \frac{Q_1 P_1}{P Q_1} = \frac{\varDelta_x z}{\varDelta x},$$
da ja
$$P Q_1 = P' P_1' = XX_1 = \varDelta x$$
ist. Es ist also
$$\frac{f(x + \varDelta x, y) - f(x, y)}{\varDelta x} = \operatorname{tg} \varphi_x.$$

In dem Maße nun, als sich $\varDelta x$ dem Grenzwerte Null nähert, nähert
sich P_1' dem Punkte P' und folglich P_1 dem Punkte P, und zwar so, daß
der Punkt P_1 auf der Kurve c_x wandern muß. Die Sekante PQ wird
auf diese Weise zur Tangente an c_x in P, der Winkel φ_x wird zum
Neigungswinkel ϑ_x dieser Tangente gegen die x-Achse; es ist demnach

$$\operatorname{tg} \vartheta_x = \lim_{\varDelta x \to 0} \frac{f(x + \varDelta x, y) - f(x, y)}{\varDelta x} = \frac{\partial f(x, y)}{\partial x} = \frac{\partial z}{\partial x} \quad \text{oder} \quad \frac{\partial z}{\partial x} = \operatorname{tg} \vartheta_x.$$

Der partielle Differentialquotient $\dfrac{\partial z}{\partial x}$ ist gleich dem Tangenswert des Winkels ϑ_x, den die im Flächenpunkt P
an die Kurve c_x gezogene Tangente mit der x-Achse einschließt; dabei ist c_x die Kurve, welche die durch P gelegte

Parallelebene zur xz-Ebene auf der Fläche von der Gleichung $z = f(x, y)$ ausschneidet. — Wir können gleich fortfahren:
Der partielle Differentialquotient $\dfrac{\partial z}{\partial y}$ ist gleich dem Tangenswert des Winkels ϑ_y, den die im Flächenpunkt P
an die Kurve c_y gezogene Tangente mit der y-Achse einschließt; dabei ist c_y die Kurve, welche die durch P gelegte Parallelebene zur yz-Ebene auf der Fläche von der
Gleichung $z = f(x, y)$ ausschneidet.

Wir sehen die Richtigkeit des letzten Satzes an Hand der Abb. 266
ohne weiteres ein: Behalten wir nämlich jetzt den einmal gewählten
Wert für x unverändert bei, geben aber dem y einen Zuwachs $\varDelta y$, so
erhalten wir in der xy-Ebene den Punkt $P_2'(x \,|\, y + \varDelta y)$; zu diesem
gehört auf der Fläche von der Gleichung $z = f(x, y)$ ein Punkt P_2,
dessen z-Koordinate den Wert $z + \varDelta_y z = f(x, y + \varDelta y)$ hat. Durch
P, P', P_2, P_2' ist die durch P gehende Parallelebene zur yz-Ebene bestimmt; diese möge auf der Fläche die Kurve c_y ausschneiden, auf
der die Punkte P und P_2 liegen müssen. Die durch P gelegte Parallele
zur y-Achse möge $P_2'P_2$ in Q_2 schneiden, und der Winkel $\varphi_y = \sphericalangle Q_2PP_2$,
den die Kurvensekante PP_2 mit der y-Achse einschließt, ist, da

$$Q_2P_2 = \varDelta_y z = f(x, y + \varDelta y) - f(x, y) \quad \text{und} \quad PQ_2 = \; P'P_2' = YY_2$$

ist, durch die Gleichung bestimmt

$$\operatorname{tg} \varphi_y = \frac{\varDelta_y z}{\varDelta y} = \frac{f(x, y + \varDelta x) - f(x, y)}{\varDelta y}\,.$$

Nähert sich nun $\varDelta y$ dem Grenzwerte Null, so nähert sich P_2 auf c_y
dem Punkte P, die Sekante PP_2 wird zu der in P an c_y gelegten Tangente, und φ_y geht in den Winkel ϑ_y über, den diese Tangente mit
der y-Achse einschließt. Es ist demnach

$$\operatorname{tg} \vartheta_y = \lim_{\varDelta y \to 0} \frac{\varDelta_y z}{\varDelta y} = \lim_{\varDelta y \to 0} \frac{f(x, y + \varDelta y) - f(x, y)}{\varDelta y} = \frac{\partial z}{\partial y} = \frac{\partial f(x, y)}{\partial y}\,.$$

Diese soeben gewonnene geometrische Deutung der partiellen Differentialquotienten einer Funktion zweier Veränderlichen $z = f(x, y)$
gestattet uns, noch eine weitere Folgerung zu ziehen. Wir knüpfen
zu diesem Zwecke wieder an Abb. 266 an. Wir können die beiden
Punkte P_1 und P_2 als dem Punkte P unendlich naheliegend, als Nachbarpunkte von P auf der Fläche betrachten. Nun besitzt aber der
Punkt P auf dieser Fläche nicht nur diese beiden Nachbarpunkte,
sondern unendlich viele, die um P herumgelagert sind; alle diese Nachbarpunkte von P haben im allgemeinen die Eigenschaft, daß sie auf einer
Ebene liegen, die man als die Tangentialebene an die Fläche
$z = f(x, y)$ in P bezeichnet, während P der Berührungspunkt

dieser Ebene genannt wird. Um zu einem beliebigen Nachbarpunkte P_3 von P zu gelangen, wobei P_3 also auf der zu P gehörigen Tangentialebene liegen muß, müssen wir sowohl der x- als auch der y-Koordïnate von P einen Zuwachs $P'P_1' = P_2'P_3' = \varDelta x$ bzw. $P'P_2' = P_1'P_3' = \varDelta y$ geben. Dadurch erhält die z-Koordinate einen Zuwachs

$$P_3'P_3 - P'P = Q_3P_3 = \varDelta z,$$

wenn wir mit Q_3 denjenigen Punkt bezeichnen, in welchem die durch P gelegte Parallelebene zur xy-Ebene die Gerade $P_3'P_3$ schneidet. In Abb. 267 ist das Rechteck $PQ_1Q_3Q_2$ und das darüber befindliche

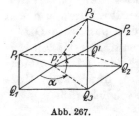

Abb. 267.

Stück $PP_1P_3P_2$ der Tangentialebene in vergrößertem Maßstabe gezeichnet. Ziehen wir durch P_1 die Parallele zu Q_1Q_3, die Q_3P_3 in Q' schneiden möge, so ist $P_1Q_1Q_3Q'$ ein Rechteck, folglich $Q_3Q' = Q_1P_1$; ferner sind die beiden rechtwinkligen Dreiecke P_1Q_1P und $Q'Q_3Q_2$ kongruent, da sie in zwei Seiten (Q_1P_1 $= Q_3Q'$, $Q_2Q_3 = PQ_1$) und dem eingeschlos-

senen rechten Winkel übereinstimmen. Folglich ist Q_2Q' gleich und parallel gelegen zu PP_1 und demnach auch zu P_2P_3; also ist das Viereck $P_2Q_2Q'P_3$ ein Parallelogramm, da ja auch $Q'P_3$ parallel Q_2P_2 ist; mithin ist $Q'P_3 = Q_2P_2$. Es ist also $Q_3P_3 = Q_1P_1 + Q_2P_2$ oder $\varDelta z = \varDelta_x z + \varDelta_y z$; d. h. der Zuwachs, den z erfährt, wenn x um $\varDelta x$ und y um $\varDelta y$ zunimmt, ist gleich der Summe der Zuwüchse, die z erfahren würde, wenn x allein um $\varDelta x$ und y allein um $\varDelta y$ zunähme. Dieses Ergebnis gilt streng nur unter der von uns gemachten Voraussetzung, daß P_1, P_2 und folglich auch P_3 dem Punkte P unendlich benachbart sind, da sonst diese Punkte nicht mehr in der zu P gehörigen Tangentialebene liegen würden. In diesem Falle ist also auch

$$\frac{\varDelta z}{\varDelta x} = \frac{\varDelta_x z}{\varDelta x} + \frac{\varDelta_y z}{\varDelta x} = \frac{\varDelta_x z}{\varDelta x} + \frac{\varDelta_y z}{\varDelta y} \cdot \frac{\varDelta y}{\varDelta x}$$

und im Grenzfalle demnach

$$\lim_{\varDelta x \to 0} \frac{\varDelta z}{\varDelta x} = \frac{\partial z}{\partial x} + \frac{\partial z}{\partial y} \cdot \lim_{\varDelta x \to 0} \frac{\varDelta y}{\varDelta x}.$$

Nun ist aber

$$\lim_{\varDelta x \to 0} \frac{\varDelta y}{\varDelta x} = \operatorname{tg}\alpha = \operatorname{tg} P_1'P'P_3' = \frac{dy}{dx},$$

d. h. gleich dem Tangenswert desjenigen Winkels, den die Richtung $P'P_3'$ bzw. PQ_3 mit der x-Achse einschließt. Die obige Formel gibt demnach das Verhältnis des Zuwachses an, den z erfährt, zu dem Zuwachs, den x erfährt, wenn sich P gerade in der durch α festgelegten Richtung nach seinem Nachbarpunkte P_3 auf der Fläche bewegt. Man nennt den Ausdruck $\lim\limits_{\Delta x \to 0} \dfrac{\Delta z}{\Delta x}$ den totalen Differentialquotienten von z nach x und führt für ihn die von früher gewohnte Bezeichnung $\dfrac{dz}{dx}$ ein. Die obige Formel schreibt sich nun

$$\frac{dz}{dx} = \frac{\partial z}{\partial x} + \frac{\partial z}{\partial y} \cdot \frac{dy}{dx}, \qquad\qquad 55\,\mathrm{a)}$$

d. h. man bekommt den totalen Differentialquotienten einer Funktion zweier Veränderlichen nach der einen unabhängigen Veränderlichen, indem man den partiellen Differentialquotienten nach dieser Veränderlichen um ein Produkt vermehrt, dessen einer Faktor der partielle Differentialquotient der Funktion nach der anderen Veränderlichen ist, während der zweite Faktor der Differentialquotient der zweiten Veränderlichen nach der ersten Veränderlichen ist. Auf Grund dieser Regel ist folglich auch

$$\frac{dz}{dy} = \frac{\partial z}{\partial y} \cdot \frac{dx}{dy} + \frac{\partial z}{\partial y}. \qquad\qquad 55\,\mathrm{b)}$$

Die beiden Formeln 55 a) und 55 b) lassen sich zu e i n e r vereinigen, wenn man sich der symbolischen Schreibweise der Differentiale bedient. Multiplizieren wir nämlich formell (denn nur um eine formelle Multiplikation kann es sich ja bei unendlich kleinen Größen handeln) Gleichung 55 a) mit dx oder Gleichung 55 b) mit dy, so erhalten wir beide Male die Formel

$$dz = \frac{\partial z}{\partial x}\,dx + \frac{\partial z}{\partial y}\,dy \quad \text{oder} \quad df(x,y) = \frac{\partial f(x,y)}{\partial x}\,dx + \frac{\partial f(x,y)}{\partial y}\,dy. \quad 55)$$

$\dfrac{\partial z}{\partial x}\,dx$ wird das partielle Differential der Funktion bezüglich x, $\dfrac{\partial z}{\partial y}\,dy$ das partielle Differential der Funktion bezüglich y, beide gemeinsam die partiellen Differentiale der Funktion, $dz = df(x,y)$ das totale oder vollständige Differential der Funktion genannt. Unter Benutzung dieser Bezeichnungen können wir Formel 55) in dem Satze aussprechen:

Das totale Differential einer Funktion zweier Veränderlichen ist gleich der Summe ihrer beiden partiellen Differentiale.

Es ist leicht, diesen Satz und die Formel 55) zu erweitern: Ist $y = f(x_1, x_2, x_3, \ldots, x_n)$ eine Funktion der n unabhängigen Veränderlichen $x_1, x_2, x_3, \ldots, x_n$, so ist das vollständige Differential dieser Funktion die Summe aller partiellen Differentiale. Also:

$$dy = \frac{\partial y}{\partial x_1}\,dx_1 + \frac{\partial y}{\partial x_2}\,dx_2 + \frac{\partial y}{\partial x_3}\,dx_3 + \cdots + \frac{\partial y}{\partial x_n}\,dx_n. \qquad 55')$$

Zwar kommt den Formeln 55) und 55′), wie schon erwähnt, nur symbolischer Wert zu; doch können sie sich als Annäherungsformeln bei **Fehlerabschätzungen** als recht zweckmäßig erweisen, wie an einigen einfachen Beispielen gezeigt werden möge.

a) Der Inhalt eines zylindrischen Gefäßes wird nach der Formel berechnet $J = \pi r^2 h$, wobei r der Halbmesser des Grundkreises und h die Höhe des Gefäßes ist. Ist beispielsweise $r = 12{,}5$ cm und $h = 26{,}4$ cm, so ist $J = 12959$ cm³. Sind r und h hierbei auf einen Millimeter genau gemessen, so heißt dies, daß ein Fehler von $\pm 0{,}05$ cm bei beiden Maßzahlen noch möglich ist. Welchen Einfluß würde nun dieser Fehler auf die Berechnung von J ausüben? Nach Formel 55) können wir den Zuwachs dJ, den J erfährt, wenn wir r um dr und h um dh vermehren, schreiben:

$$dJ = \pi \cdot 2 r h\, dr + \pi r^2\, dh = \pi r\, (2 h\, dr + r\, dh).$$

Diese Formel gilt genau nur dann, wenn dr und dh unendlich klein sind, gibt aber auch noch brauchbare Werte, wenn dr und dh zwar endlich, aber wie in unserem Beispiel gegenüber r und h sehr klein sind. Wir bekommen mithin

$$dJ = \pi \cdot 12{,}5\,(52{,}8 \cdot 0{,}05 + 12{,}5 \cdot 0{,}05)\ \text{cm}^3 = 128\ \text{cm}^3.$$

Um diesen Betrag von 128 cm³ kann demnach im ungünstigsten Falle der errechnete Wert vom wahren Werte abweichen. Dann hat es aber keinen Sinn, den Rauminhalt des Gefäßes, wie wir es oben getan haben, bis auf Kubikzentimeter genau auszurechnen; denn addieren und subtrahieren wir diesen möglichen Fehler von dem errechneten J, so bekommen wir die beiden Werte 13087 cm³ und 12831 cm³; innerhalb dieser Grenzen liegt bei der angenommenen Genauigkeit der Längenmessung der Inhalt des Gefäßes. Es hätte demnach genügt, wenn wir den Inhalt auf dm³ genau zu $J = 13{,}0$ dm angegeben hätten, ein Ergebnis, das sich überdies mit einem wesentlich geringeren Aufwand von Arbeit und Zeit finden läßt. dJ heißt der **absolute Fehler**; der Quotient $\dfrac{dJ}{J}$ wird der **relative Fehler** genannt; er ist in unserem Falle

$$\frac{dJ}{J} = 2\frac{dr}{r} + \frac{dh}{h},$$

wie sich durch Division mit $J = \pi r^2 h$ ergibt. In unserem Zahlenbeispiele würde er

$$2 \cdot \frac{0{,}05}{12{,}5} + \frac{0{,}05}{26{,}4} = 0{,}0099 = 0{,}99\%$$

betragen; und in der Tat ist 0,128 dm³ ungefähr 0,99% von 13,0 dm³.

b) Nach einer Erfahrungsformel ist die Erdbeschleunigung

$$g = 980{,}6\,(1 - 0{,}0026 \cos 2\varphi - 0{,}2 \cdot 10^{-6} h),$$

wobei φ die geographische Breite des Beobachtungsortes und h seine in Metern ausgedrückte Höhe über Normal-Null ist. Eine Änderung des Beobachtungsortes um die Breite $d\varphi$ und die Höhe dh würde demnach eine Änderung der Erdbeschleunigung zur Folge haben, die sich errechnet zu

$$dg = 980,6\,(2 \cdot 0,0026 \sin 2\varphi \cdot d\varphi - 0,2 \cdot 10^{-6} \cdot dh).$$

(165) Aus unseren bisherigen Betrachtungen und aus den Beispielen von S. 501 können wir ersehen, daß die beiden partiellen Differentialquotienten $\dfrac{\partial z}{\partial x}$ und $\dfrac{\partial z}{\partial y}$ einer Funktion zweier Veränderlichen $z = f(x, y)$ im allgemeinen wieder Funktionen dieser beiden Veränderlichen sind. Wir können daher diese von neuem als Ausgangsfunktionen nehmen und von ihnen die partiellen Differentialquotienten bilden; diese werden dann die **partiellen Differentialquotienten zweiter Ordnung** der ursprünglichen Funktion $z = f(x, y)$ genannt, während $\dfrac{\partial z}{\partial x}$ und $\dfrac{\partial z}{\partial y}$ zum Unterschiede hiervon die **partiellen Differentialquotienten erster Ordnung** heißen. So können wir fortfahren und Differentialquotienten dritter, vierter, ... Ordnung bilden. Befassen wir uns zunächst mit den partiellen Differentialquotienten **zweiter Ordnung!**

Nach unserer Begriffsbestimmung erhalten wir sie, wenn wir sowohl $\dfrac{\partial z}{\partial x}$ als auch $\dfrac{\partial z}{\partial y}$ einmal nach x, das andere Mal nach y differenzieren. Die zweiten partiellen Differentialquotienten werden folgendermaßen bezeichnet. Es ist

$$\frac{\partial \frac{\partial z}{\partial x}}{\partial x} = \frac{\partial^2 z}{\partial x^2},\qquad \frac{\partial \frac{\partial z}{\partial x}}{\partial y} = \frac{\partial^2 z}{\partial x\,\partial y},\qquad \frac{\partial \frac{\partial z}{\partial y}}{\partial x} = \frac{\partial^2 z}{\partial y\,\partial x},\qquad \frac{\partial \frac{\partial z}{\partial y}}{\partial y} = \frac{\partial^2 z}{\partial y^2}.\qquad 56)$$

Für die in **(164)** S. 501 angeführten Beispiele ist somit

a) $z = x^2 y$:

$$\frac{\partial^2 z}{\partial x^2} = 2y,\qquad \frac{\partial^2 z}{\partial x\,\partial y} = 2x,\qquad \frac{\partial^2 z}{\partial y\,\partial x} = 2x,\qquad \frac{\partial^2 z}{\partial y^2} = 0;$$

b) $z = \dfrac{x^2}{2a} + \dfrac{y^2}{2b}$:

$$\frac{\partial^2 z}{\partial x^2} = \frac{1}{a},\qquad \frac{\partial^2 z}{\partial x\,\partial y} = 0,\qquad \frac{\partial^2 z}{\partial y\,\partial x} = 0,\qquad \frac{\partial^2 z}{\partial y^2} = \frac{1}{b};$$

c) $z = \dfrac{h}{2\pi}\operatorname{arctg}\dfrac{y}{x}$:

$$\frac{\partial^2 z}{\partial x^2} = \frac{h}{\pi}\cdot\frac{xy}{(x^2+y^2)^2},\qquad \frac{\partial^2 z}{\partial x\,\partial y} = -\frac{h}{2\pi}\frac{x^2-y^2}{(x^2+y^2)^2},$$

$$\frac{\partial^2 z}{\partial x\,\partial y} = \frac{h}{2\pi}\frac{y^2-x^2}{(x^2+y^2)^2},\qquad \frac{\partial^2 z}{\partial y^2} = -\frac{h}{\pi}\frac{xy}{(x^2+y^2)^2}.$$

Auffallend ist bei allen diesen Beispielen, daß

$$\frac{\partial^2 z}{\partial x\,\partial y} = \frac{\partial^2 z}{\partial y\,\partial x}$$

ist; d. h. daß die Reihenfolge des Differenzierens ohne Einfluß auf
das Endergebnis ist, und es erhebt sich die Frage, ob diese Erscheinung
eine Eigentümlichkeit der obigen Beispiele oder ob sie ein allgemein
gültiges Gesetz darstellt. Daß letzteres der Fall ist, können wir folgendermaßen beweisen. Es ist

$$\frac{\partial z}{\partial x} = \lim_{\Delta x \to 0} \frac{f(x + \Delta x,\, y) - f(x,\, y)}{\Delta x}$$

[Formel 54)] eine Funktion von x und y. Behalten wir den einmal gewählten Wert für x bei und ändern wir y, so können wir nach Formel 54')
bilden:

$$\frac{\partial^2 z}{\partial x\,\partial y} = \frac{\partial \frac{\partial z}{\partial x}}{\partial y} = \lim_{\Delta y \to 0} \frac{\lim\limits_{\Delta x \to 0} \frac{f(x+\Delta x,\, y+\Delta y)-f(x,\, y+\Delta y)}{\Delta x} - \lim\limits_{\Delta x \to 0} \frac{f(x+\Delta x,\, y)-f(x,\, y)}{\Delta x}}{\Delta y}.$$

Anstatt nun die beiden Grenzübergänge $\Delta x \to 0$ in den zwei Gliedern
des Zählers getrennt vorzunehmen, können wir auch, ohne das Ergebnis
zu ändern, erst die beiden Glieder im Zähler vereinigen und nachträglich
Δx nach Null konvergieren lassen; der Ausdruck würde sich dann
schreiben:

$$\frac{\partial^2 z}{\partial x\,\partial y} = \lim_{\Delta y \to 0} \frac{\lim\limits_{\Delta x \to 0} \frac{f(x + \Delta x,\, y + \Delta y) - f(x,\, y + \Delta y) - f(x + \Delta x,\, y) + f(x,\, y)}{\Delta x}}{\Delta y}.$$

Da nun Δy auf die Bildung des Grenzüberganges $\Delta x \to 0$ ohne Einfluß
ist, können wir die Division durch Δy auch schon vor diesem vornehmen; wir erhalten somit:

$$\frac{\partial^2 z}{\partial x\,\partial y} = \lim_{\Delta y \to 0}\left\{ \lim_{\Delta x \to 0} \frac{f(x + \Delta x,\, y + \Delta y) - f(x,\, y + \Delta y) - f(x + \Delta x,\, y) + f(x,\, y)}{\Delta x \cdot \Delta y} \right\}.$$

Wegen der gegenseitigen Unabhängigkeit der Zuwüchse Δx und Δy
kann ferner auch die Reihenfolge der Grenzübergänge nicht von Einfluß auf das Endergebnis sein, so daß wir auch schreiben können:

$$\frac{\partial^2 z}{\partial x\,\partial y} = \lim_{\Delta y \to 0} \lim_{\Delta x \to 0} \frac{f(x + \Delta x,\, y + \Delta y) - f(x,\, y + \Delta y) - f(x + \Delta x,\, y) + f(x,\, y)}{\Delta x \cdot \Delta y}$$

$$= \lim_{\Delta x \to 0} \lim_{\Delta y \to 0} \frac{f(x + \Delta x,\, y + \Delta y) - f(x,\, y + \Delta y) - f(x + \Delta x,\, y) + f(x,\, y)}{\Delta x \cdot \Delta y}.$$

Nun sind aber die letzten beiden Ausdrücke einerseits in x und y,
andererseits in Δx und Δy vollkommen symmetrisch gebaut; wenn

wir also z erst partiell nach y und den erhaltenen Differentialquotienten partiell nach x differenziert, d. h. $\dfrac{\partial^2 z}{\partial y\,\partial x}$ gebildet hätten, so hätten wir einen mit dem ebenen erhaltenen völlig gleichen Ausdruck bekommen. (Der Leser möge die Mühe nicht scheuen, dieses nachzuprüfen.) Damit ist aber der Beweis erbracht, daß

$$\frac{\partial^2 z}{\partial x\,\partial y} = \frac{\partial^2 z}{\partial y\,\partial x} \quad \text{ist.} \qquad\qquad 57)$$

Die Reihenfolge der Differentiation ist beliebig.

Dadurch wird die Anzahl der partiellen Differentialquotienten zweiter Ordnung von vier auf drei vermindert.

Auf dieselbe Weise erkennt man, daß es nicht acht, sondern nur vier partielle Differentialquotienten dritter Ordnung gibt; denn es ist gleichgültig, ob wir beispielsweise erst zweimal hintereinander nach x und dann nach y, oder erst nach x, dann nach y, dann nach x, oder erst nach y, dann zweimal hintereinander nach x differenzieren. Die vier partiellen Differentialquotienten dritter Ordnung sind:

$$\frac{\partial^3 z}{\partial x^3}\,; \qquad \frac{\partial^3 z}{\partial x^2\,\partial y} = \frac{\partial^3 z}{\partial x\,\partial y\,\partial x} = \frac{\partial^3 z}{\partial y\,\partial x^2}\,;$$

$$\frac{\partial^3 z}{\partial x\,\partial y^2} = \frac{\partial^3 z}{\partial y\,\partial x\,\partial y} = \frac{\partial^3 z}{\partial y^2\,\partial x}\,; \qquad \frac{\partial^3 z}{\partial y^3}\,.$$

Setzen wir dies fort, so erhalten wir das Ergebnis, daß es nicht 2^n, sondern nur $n+1$ Differentialquotienten $n$ter Ordnung gibt. Für die oben behandelten Beispiele ergibt sich:

a) $z = x^2\,y$:

$$\frac{\partial^3 z}{\partial x^3} = 0\,, \qquad \frac{\partial^3 z}{\partial x^2\,\partial y} = 2\,, \qquad \frac{\partial^3 z}{\partial x\,\partial y^2} = 0\,, \qquad \frac{\partial^3 z}{\partial y^3} = 0\,;$$

b) $z = \dfrac{x^2}{2\,a} + \dfrac{y^2}{2\,b}$:

$$\frac{\partial^3 z}{\partial x^3} = \frac{\partial^3 z}{\partial x^2\,\partial y} = \frac{\partial^3 z}{\partial x\,\partial y^2} = \frac{\partial^3 z}{\partial y^3} = 0\,;$$

c) $z = \dfrac{h}{2\,\pi}\,\operatorname{arctg}\dfrac{y}{x}$:

$$\frac{\partial^3 z}{\partial x^3} = \frac{h}{\pi}\,\frac{y^3 - 3\,x^2\,y}{(x^2 + y^2)^3}\,; \qquad \frac{\partial^3 z}{\partial x^2\,\partial y} = \frac{h}{\pi}\,\frac{x^3 - 3\,x\,y^2}{(x^2 + y^2)^3}\,;$$

$$\frac{\partial^3 z}{\partial x\,\partial y^2} = \frac{h}{\pi}\,\frac{3\,x^2\,y - y^3}{(x^2 + y^2)^3}\,; \qquad \frac{\partial^3 z}{\partial y^3} = \frac{h}{\pi}\,\frac{3\,x\,y^2 - y^3}{(x^2 + y^2)^3}\,.$$

Eine Anwendung der partiellen Differentialquotienten zweiter Ordnung, die uns später bei der Behandlung der Differentialgleichungen gute Dienste leisten wird, möge diese Betrachtungen abschließen. Wir haben den Ausdruck

$$dz = \frac{\partial z}{\partial x}\,dx + \frac{\partial z}{\partial y}\,dy \qquad\qquad 55)$$

das vollständige Differential der Funktion $z = f(x, y)$ genannt. So ist das vollständige Differential von

a) $z = x^2 y$: $\qquad 2xy \cdot dx + x^2 \, dy$;

b) $z = \dfrac{x^2}{2a} + \dfrac{y^2}{2b}$: $\qquad \dfrac{x}{a} \, dx + \dfrac{y}{b} \, dy$;

c) $z = \dfrac{h}{2\pi} \operatorname{arctg} \dfrac{y}{x}$: $\qquad -\dfrac{h}{2\pi} \cdot \dfrac{y}{x^2 + y^2} \, dx + \dfrac{h}{2\pi} \cdot \dfrac{x}{x^2 + y^2} \, dy$.

Andererseits ist ein Ausdruck von der Form

$$\varphi(x, y) \cdot dx + \psi(x, y) \cdot dy,$$

wobei $\varphi(x, y)$ und $\psi(x, y)$ beliebige Funktionen von x und y sind, nur dann ein vollständiges Differential, wenn es eine Funktion $z = f(x, y)$ gibt, für die

$$\varphi(x, y) = \frac{\partial f(x, y)}{\partial x} \qquad \text{und} \qquad \psi(x, y) = \frac{\partial f(x, y)}{\partial y}$$

ist. Es erheben sich daher sofort die Fragen: Wie kann man erkennen, ob der Ausdruck

$$\varphi(x, y) \cdot dx + \psi(x, y) \cdot dy$$

ein vollständiges Differential ist und wie findet man zu dem vollständigen Differential

$$\varphi(x, y) \cdot dx + \psi(x, y) \cdot dy$$

die Ursprungsfunktion?

Die erste Frage ist leicht beantwortet. Da nämlich

$$\varphi(x, y) = \frac{\partial f(x, y)}{\partial x} \qquad \text{und} \qquad \psi(x, y) = \frac{\partial f(x, y)}{\partial y}$$

sein muß und

$$\frac{\partial^2 f}{\partial x \, \partial y} \equiv \frac{\partial^2 f}{\partial y \, \partial x}$$

ist, so ist der Ausdruck

$$\varphi(x, y) \cdot dx + \psi(x, y) \cdot dy$$

dann und nur dann ein vollständiges Differential, wenn

$$\frac{\partial \varphi}{\partial y} \equiv \frac{\partial \psi}{\partial x} \qquad\qquad 58)$$

ist. Man prüfe die Ausdrücke

$$2xy \cdot dx + x^2 \cdot dy, \qquad \frac{x}{a} \, dx + \frac{y}{b} \, dy ;$$

$$-\frac{h}{2\pi} \cdot \frac{y}{x^2 + y^2} \, dx + \frac{h}{2\pi} \cdot \frac{x}{x^2 + y^2} \, dy$$

darauf, ob sie vollständige Differentiale sind.

Zur Antwort auf die zweite Frage gelangen wir durch die folgende Überlegung. Da

$$\varphi(x, y) = \frac{\partial f(x, y)}{\partial x}$$

ist, $\varphi(x, y)$ also erhalten wird, wenn man in der Funktion $f(x, y)$ die Veränderliche y als Konstante behandelt und $f(x, y)$ nach der anderen Veränderlichen x differenziert, so muß man umgekehrt aus $\varphi(x, y)$ die Funktion $f(x, y)$ erhalten, indem man — y als Konstante behandelnd — $\varphi(x, y)$ nach x integriert. Es muß demnach sein:

$$f(x, y) = \int \varphi(x, y)\, dx + C_1(y)\,.$$

Hierbei ist $C_1(y)$ die Integrationskonstante, die aber nur bezüglich der Veränderlichen x konstant zu sein braucht, d. h. x nicht enthalten darf, während sie andererseits sehr wohl eine Funktion der Veränderlichen y sein kann. — Da ferner

$$\psi(x, y) = \frac{\partial f(x, y)}{\partial y}$$

ist, so muß ganz entsprechend auch

$$f(x, y) = \int \psi(x, y)\, dy + C_2(x)$$

sein. Wir haben damit zwei Ausdrücke für $f(x, y)$ gewonnen und brauchen nur noch die beiden willkürlichen Funktionen $C_1(y)$ und $C_2(x)$ so zu bestimmen, daß diese beiden Ausdrücke einander identisch gleich werden:

$$\int \varphi(x, y)\, dx + C_1(y) = \int \psi(x, y)\, dy + C_2(x)\,.$$

Damit ist die Funktion $f(x, y)$ gefunden, deren vollständiges Differential der Ausdruck

$$\int(x, y)\, dx + \psi(x, y)\, dy \quad \text{ist.}$$

Beispiele. a) $2\,x\,y\,dx + x^2\,dy$. Es ist

$$f(x, y) = \int 2\,x\,y\,dx + C_1(y) = x^2\,y + C_1(y)\,,$$

andererseits

$$f(x, y) = \int x^2\,dy + C_2(x) = x^2\,y + C_2(x)\,.$$

Damit nun

$$x^2 y + C_1(y) \equiv x^2 y + C_2(x)$$

ist, brauchen wir hier nur

$$C_1(y) = C_2(x) = c$$

zu setzen. Wir erhalten somit

$$f(x, y) = x^2 y + c\,.$$

6*

b) $\dfrac{x}{a}\,dx + \dfrac{y}{b}\,dy$:

$$f(x,y) = \int \frac{x}{a}\,dx + C_1(y) = \frac{x^2}{2a} + C_1(y)\,,$$

andererseits

$$f(x,y) = \int \frac{y}{b}\,dy + C_2(x) = \frac{y^2}{2b} + C_2(x)\,.$$

Setzen wir

$$C_1(y) = \frac{y^2}{2b} + c \quad \text{und} \quad C_2(x) = \frac{x^2}{2a} + c\,,$$

so erhalten wir

$$f(x,y) = \frac{x^2}{2a} + \frac{y^2}{2b} + c\,.$$

c) $-\dfrac{h}{2\pi}\,\dfrac{y}{x^2+y^2}\,dx + \dfrac{h}{2\pi}\,\dfrac{x}{x^2+y^2}\,dy$:

$$f(x,y) = -\frac{h}{2\pi}\int \frac{y}{x^2+y^2}\,dx + C_1(y) = +\frac{h}{2\pi}\operatorname{arctg}\frac{y}{x} + C_1(y)\,,$$

andererseits

$$f(x,y) = \frac{h}{2\pi}\int \frac{x}{x^2+y^2}\,dy + C_2(x) = \frac{h}{2\pi}\operatorname{arctg}\frac{y}{x} + C_2(x)\,.$$

Setzen wir $C_1(y) = C_2(x) = c$, so erhalten wir

$$f(x,y) = \frac{h}{2\pi}\operatorname{arctg}\frac{y}{x} + c\,.$$

d) $(1 + y\,e^{-x})\,dx - (1 + e^{-x})\,dy$ ist ein vollständiges Differential; denn es ist

$$\frac{\partial (1 + y\,e^{-x})}{\partial y} = +e^{-x} = \frac{\partial(-1 - e^{-x})}{\partial x}\,.$$

Die Ausgangsfunktion berechnet sich zu

$$f(x,y) = \int (1 + y\,e^{-x})\,dx + C_1(y) = x - y\,e^{-x} + C_1(y)$$

und zu

$$f(x,y) = \int (-1 - e^{-x})\,dy + C_2(x) = -y - y\,e^{-x} + C_2(x)\,.$$

Setzen wir $C_1(y) = -y + c$ und $C_2(x) = x + c$, so erhalten wir schließlich

$$f(x,y) = x - y - y\,e^{-x} + c\,.$$

§ 6. Die ebene Kurve mit unentwickelter Gleichung.

(166) Wir wollen nun die im vorangehenden Paragraphen erworbenen Kenntnisse der partiellen Differentialquotienten auf verschiedenen Gebieten anwenden. In erster Linie ist an dieser Stelle ein bisher zurück-

gestelltes Problem nachzuholen, nämlich die Behandlung der **ebenen Kurven**, deren Gleichung uns in der **unentwickelten (impliziten) Form**

$$f(x, y) = 0 \qquad\qquad 59)$$

gegeben ist; ihre infinitesimale Behandlung wird durch Verwendung der partiellen Differentialquotienten wesentlich erleichtert, ja in den meisten Fällen überhaupt erst ermöglicht. Um beispielsweise an eine derartig gegebene Kurve in einem bestimmten Punkte die Tangente zu legen, müssen wir den Differentialquotienten $\dfrac{dy}{dx}$ bilden; das setzt aber nach den früheren Untersuchungen voraus, daß die Gleichung der Kurve in der nach y aufgelösten Form $y = f(x)$ gegeben ist. Wenn sich also die Gleichung $f(x, y) = 0$ nicht nach einer der beiden Veränderlichen auflösen läßt, so wird unser früheres Verfahren versagen. Wie sich in diesem Falle der Differentialquotient $\dfrac{dy}{dx}$ gewinnen läßt, zeigt die folgende Betrachtung.

Wir können die Kurve von der Gleichung $f(x, y) = 0$ in Beziehung setzen zu der Fläche von der Gleichung $z = f(x, y)$; die Kurve ist nämlich die xy-Spurlinie dieser Fläche, wie man sofort erkennt, wenn man $z = 0$ setzt. Nun ist nach 55a)

$$\frac{dz}{dx} = \frac{df(x, y)}{dx} = \frac{\partial f}{\partial x} + \frac{\partial f}{\partial y} \cdot \frac{dy}{dx}\,.$$

Da wir aber jetzt nur solche Punkte der Fläche betrachten, die in der xy-Ebene liegen, für welche also $z = 0$ ist, so muß auch die Zunahme $\varDelta z$, die die z-Koordinate erleidet, wenn die x-Koordinate um $\varDelta x$ vermehrt wird, gleich Null sein, da andernfalls der Nachbarpunkt — im Widerspruch zur Voraussetzung — die xy-Ebene verlassen würde. Folglich ist auch $\dfrac{\varDelta z}{\varDelta x}$ und damit auch $\dfrac{dz}{dx} = 0$. Wir erhalten demnach als Bedingung, die für alle Kurvenpunkte gelten muß:

$$\frac{\partial f}{\partial x} + \frac{\partial f}{\partial y} \cdot \frac{dy}{dx} = 0 \quad\text{ oder }\quad \frac{dy}{dx} = - \frac{\dfrac{\partial f}{\partial x}}{\dfrac{\partial f}{\partial y}}\,. \qquad 60)$$

Damit haben wir den gewünschten Differentialquotienten erhalten. Einige **Beispiele** mögen dieses Verfahren erläutern.

a) Die Gleichung $y^2 - 2px = 0$ ist die Scheitelgleichung der Parabel [s. **(38)** S. 89]. Es ist

$$\frac{\partial f}{\partial x} = -2p, \quad \frac{\partial f}{\partial y} = -2y, \quad\text{ also }\quad \frac{dy}{dx} = \frac{p}{y}\,,$$

in Übereinstimmung mit dem früheren Ergebnis.

b) Die Mittelpunktsgleichung des Kreises ist $x^2 + y^2 - a^2 = 0$. Demnach ist

$$\frac{dy}{dx} = - \frac{2x}{2y} = - \frac{x}{y}$$

(wie früher).

Allerdings ist hierbei ein wichtiger Umstand stets im Auge zu behalten. Die Formel 60) liefert den Differentialquotienten in Abhängigkeit sowohl von der Abszisse x als auch von der Ordinate y des Kurvenpunktes, da

$$\frac{\partial f(x, y)}{\partial x} \quad \text{und} \quad \frac{\partial f(x, y)}{\partial y}$$

im allgemeinen Funktionen von x und y sein werden. Dabei muß aber zwischen x und y, soll anders der Punkt auf der Kurve liegen, die Beziehung 59) bestehen.

Wir wollen unsere Betrachtungen an einem bestimmten Beispiele erläutern und wählen dazu die **Cartesisches Blatt (Folium Cartesii)** genannte Kurve. Sie hat die Gleichung

$$x^3 + y^3 - 3axy = 0 \qquad\qquad 61)$$

und ist in Abb. 268 dargestellt. Gleichzeitig seien die Koordinaten einiger Punkte dieser Kurve mitgeteilt, wobei es einer späteren Er-

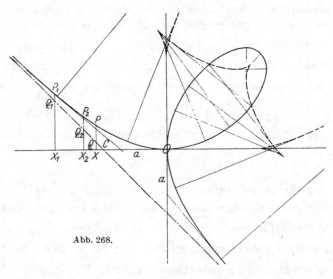

Abb. 268.

örterung überlassen bleiben mag, wie wir zu ihnen gelangt sind; durch Einsetzen in 61) überzeuge man sich, daß die Punkte wirklich auf der Kurve liegen:

$x =$	0	$\frac{3}{2}a$	$\frac{2}{3}a$	$\frac{9}{28}a$	$\frac{12}{65}a$	$\frac{6}{7}a$	$\frac{9}{26}a$	$\frac{4}{21}a$
$y =$	0	$\frac{3}{2}a$	$\frac{4}{3}a$	$\frac{27}{28}a$	$\frac{48}{65}a$	$-\frac{12}{7}a$	$-\frac{27}{26}a$	$-\frac{16}{21}a$

Da bei Vertauschung von x und y Gleichung 61) in sich selbst übergeht, erhält man die Koordinaten weiterer Punkte, indem man in
dieser Tabelle die Abszissen und die Ordinaten vertauscht. Zugleich
ergibt sich daraus für das Cartesische Blatt die Eigenschaft, daß
es die 45°-Linie zur Symmetrielinie hat. Setzen wir

$$f(x, y) \equiv x^3 + y^3 - 3axy,$$

so ist

$$\frac{\partial f}{\partial x} = 3(x^2 - ay), \qquad \frac{\partial f}{\partial y} = 3(y^2 - ax),$$

folglich

$$\frac{dy}{dx} = -\frac{x^2 - ay}{y^2 - ax}.$$

Somit bekommen wir für die Tangenten der oben angeführten Punkte
der Reihe nach die folgenden Richtungsfaktoren

$$\tfrac{0}{0}, \quad -1, \quad +\tfrac{4}{5}, \quad +\tfrac{75}{53}, \quad +\tfrac{218}{127}, \quad -\tfrac{20}{17}, \quad -\tfrac{87}{55}, \quad -\tfrac{88}{43}.$$

Es haben also alle diese Punkte eine ganz bestimmte Tangentenrichtung,
mit Ausnahme des auch auf der Kurve liegenden Nullpunktes, für den
sie in der unbestimmten Form $\tfrac{0}{0}$ erscheint; hierüber weiter unten mehr.
Für die Spiegelpunkte dieser Punkte bezüglich der 45°-Linie liegen die
Tangenten ebenfalls spiegelbildlich zur 45°-Linie. Wir können nun u. a.
auch leicht den Punkt des Cartesischen Blattes ermitteln, für welchen
die Tangentenrichtung horizontal verläuft, also den höchstgelegenen
Punkt. Da für ihn $\frac{dy}{dx} = 0$ sein muß, so muß der Zähler $x^2 - ay$
von $\frac{dy}{dx}$ verschwinden. Wir haben sonach zur Bestimmung der Koordinaten des Höchstpunktes die beiden Gleichungen

$$x^3 + y^3 - 3axy = 0, \qquad x^2 - ay = 0.$$

Eliminieren wir aus ihnen y, so ergibt sich für x die Gleichung

$$\frac{x^6}{a^3} - 2x^3 = 0,$$

aus der wir die beiden reellen Werte $x = 0$ und $x = a \cdot \sqrt[3]{2}$ erhalten;
die zugehörigen Ordinaten sind $y = 0$ und $y = a \cdot \sqrt[3]{4}$. Zwar ver-
schwindet auch für den Punkt $0 \,|\, 0$ der Zähler von $\frac{dy}{dx}$; da jedoch
auch der Nenner verschwindet, erhalten wir für $\frac{dy}{dx}$ in diesem Punkte,
wie schon erwähnt, einen unbestimmten Wert; der Nullpunkt braucht
daher durchaus kein Höchst- oder Tiefstpunkt zu sein, kommt dem-
nach hier nicht in Betracht. Dagegen ist für den Punkt $a\sqrt[3]{2} \,|\, a\sqrt[3]{4}$ in
der Tat $\frac{dy}{dx} = 0$, da der Nenner den von Null verschiedenen Wert
$a^2 \sqrt[3]{2}$ annimmt, und demnach ist es, wie auch die Abbildung lehrt,
ein Höchstpunkt, und zwar der einzige des Cartesischen Blattes.

Verallgemeinern wir die in diesem Beispiele gefundenen Ergebnisse, so können wir sagen:

Um die Koordinaten des Höchst- oder Tiefstpunktes einer Kurve von der Gleichung $f(x, y) = 0$ zu erhalten, lösen wir die beiden Gleichungen $f(x, y) = 0$ und $\frac{\partial f}{\partial x} = 0$ nach den beiden Unbekannten x und y auf; ist für das Lösungspaar $\frac{\partial f}{\partial y}$ von Null verschieden, so liefert dieses Lösungspaar die Koordinaten des gesuchten Punktes. Die Entscheidung, ob ein Höchst- oder ein Tiefstpunkt vorliegt, kann erst mit Hilfe des zweiten Differentialquotienten $\frac{d^2 y}{d x^2}$ getroffen werden, zu dessen Ableitung wir nunmehr übergehen wollen.

Wir erhalten $\frac{d^2 y}{d x^2}$, indem wir $\frac{dy}{dx}$ nochmals nach x differenzieren. Nun ist aber $\frac{dy}{dx}$, wie unsere Beispiele bestätigen, im allgemeinen eine Funktion der zwei Veränderlichen x und y, die als solche total nach x zu differenzieren ist. Wir verwenden daher Formel 55 a) und erhalten

$$\frac{d^2 y}{d x^2} = \frac{\partial \frac{dy}{dx}}{\partial x} + \frac{\partial \frac{dy}{dx}}{\partial y} \cdot \frac{dy}{dx}$$

oder, wenn wir uns unserer früheren Abkürzungen bedienen,

$$y'' = \frac{\partial y'}{\partial x} + \frac{\partial y'}{\partial y} \cdot y', \qquad 62)$$

eine bequem im Gedächtnis zu behaltende Formel, die sich übrigens leicht auch auf die höheren Differentialquotienten ausdehnen läßt. Ihre Verallgemeinerung lautet

$$y^{(n)} = \frac{\partial y^{(n-1)}}{\partial x} + \frac{\partial y^{(n-1)}}{\partial y} \cdot y'. \qquad 62')$$

Für unser Cartesisches Blatt wird nach dieser Formel

$$y'' = -\frac{(y^2-ax)\cdot 2x-(x^2-ay)(-a)}{(y^2-ax)^2} - \frac{(y^2-ax)(-a)-(x^2-ay)\cdot 2y}{(y^2-ax)^2} \cdot \left(-\frac{x^2-ay}{y^2-ax}\right)$$

$$= -\frac{ax^2 - 2xy^2 + a^2 y}{(y^2-ax)^2} + \frac{(x^2-ay)(ay^2 - 2x^2 y + a^2 x)}{(y^2-ax)^3}$$

$$= -\frac{-2x^4 y - 2xy^4 + 6ax^2 y^2 - 2a^3 xy}{(y^2-ax)^3} = +\frac{2xy}{(y^2-ax)^3}(x^3+y^3-3axy-a^3).$$

Häufig lassen sich die für die Differentialquotienten gewonnenen Ausdrücke einfacher gestalten, wenn man bedenkt, daß x und y die Gleichung $f(x, y) = 0$ erfüllen müssen. So läßt sich der zweite Differential-

quotient unseres Beispieles, da $x^3 + y^3 - 3\,a\,x = 0$ sein muß, zusammenziehen zu dem Ausdrucke

$$y'' = - \frac{2\,a^3\,x\,y}{(y^2 - a\,x)^3}.$$

Allerdings ist mit dieser Eigentümlichkeit bisweilen auch der Nachteil
verbunden, daß sich ein solcher Differentialquotient auf unendlich
vielfache Weise schreiben läßt und es sich wohl auch dann nicht immer
ohne weiteres erkennen läßt, daß zwei solche der Form nach verschiedene
Ausdrücke denselben Inhalt haben.

Die Formeln 62) und 62′) können aber trotz der schon angeführten
Vorzüge nicht recht befriedigen, weil sie zur Ableitung des $n$ten Differentialquotienten die Kenntnis der vorangehenden Differentialquotienten
voraussetzen. Wir wollen daher dem zweiten Differentialquotienten
noch eine andere Form geben. Da

$$y' = - \frac{\partial f}{\partial x} : \frac{\partial f}{\partial y}$$

ist, so ist nach der Quotientenregel

$$\frac{\partial y'}{\partial x} = - \frac{\dfrac{\partial f}{\partial y} \cdot \dfrac{\partial^2 f}{\partial x^2} - \dfrac{\partial f}{\partial x} \cdot \dfrac{\partial^2 f}{\partial x\,\partial y}}{\left(\dfrac{\partial f}{\partial y}\right)^2} \quad \text{und} \quad \frac{\partial y'}{\partial y} = - \frac{\dfrac{\partial f}{\partial y} \cdot \dfrac{\partial^2 f}{\partial x\,\partial y} - \dfrac{\partial f}{\partial x} \cdot \dfrac{\partial^2 f}{\partial y^2}}{\left(\dfrac{\partial f}{\partial y}\right)^2};$$

daher wird

$$y'' = - \frac{\dfrac{\partial f}{\partial y} \cdot \dfrac{\partial^2 f}{\partial x^2} - \dfrac{\partial f}{\partial x} \cdot \dfrac{\partial^2 f}{\partial x\,\partial y}}{\left(\dfrac{\partial f}{\partial y}\right)^2} - \frac{\dfrac{\partial f}{\partial y} \cdot \dfrac{\partial^2 f}{\partial x\,\partial y} - \dfrac{\partial f}{\partial x} \cdot \dfrac{\partial^2 f}{\partial y^2}}{\left(\dfrac{\partial f}{\partial y}\right)^2} \cdot \left(- \frac{\dfrac{\partial f}{\partial x}}{\dfrac{\partial f}{\partial y}}\right),$$

$$y'' = - \frac{\dfrac{\partial^2 f}{\partial x^2} \cdot \left(\dfrac{\partial f}{\partial y}\right)^2 - 2 \dfrac{\partial^2 f}{\partial x\,\partial y} \cdot \dfrac{\partial f}{\partial x} \cdot \dfrac{\partial f}{\partial y} + \dfrac{\partial^2 f}{\partial y^2} \cdot \left(\dfrac{\partial f}{\partial x}\right)^2}{\left(\dfrac{\partial f}{\partial y}\right)^3}. \qquad 63)$$

Formel 63) enthält nur noch die partiellen Differentialquotienten. Für
unser Beispiel ist

$$f(x, y) \equiv x^3 + y^3 - 3\,a\,x\,y; \qquad \frac{\partial f}{\partial x} = 3\,(x^2 - a\,y); \qquad \frac{\partial f}{\partial y} = 3\,(y^2 - a\,x);$$

$$\frac{\partial^2 f}{\partial x^2} = 6\,x; \qquad \frac{\partial^2 f}{\partial x\,\partial y} = -3\,a; \qquad \frac{\partial^2 f}{\partial y^2} = 6\,y;$$

also wird

$$y'' = - \frac{6\,x \cdot 9\,(y^2 - a\,x)^2 - 2\,(-3\,a) \cdot 9\,(x^2 - a\,y)\,(y^2 - a\,x) + 6\,y \cdot 9\,(x^2 - a\,y)^2}{27\,(y^2 - a\,x)^3}$$

$$= - \frac{2\,x\,y\,(x^3 + y^3 - 3\,a\,x\,y + a^3)}{(y^2 - a\,x)^3} = - \frac{2\,a^3\,x\,y}{(y^2 - a\,x)^3},$$

in Übereinstimmung mit dem obigen Ergebnisse.

Die zweiten Differentialquotienten für die in der Tabelle S. 514 verzeichneten Punkte des Cartesischen Blattes sind der Reihe nach

$$\frac{0}{0}, \quad -\frac{32}{3a}, \quad -\frac{162}{125a}, \quad -\frac{1229312}{446631a}, \quad -\frac{17850625}{6145149a},$$

$$+\frac{9604}{14739a}, \quad +\frac{913952}{499125a}, \quad +\frac{388962}{79507a}.$$

also mit Ausnahme des Ausdrucks für den Nullpunkt bestimmte Werte. Wir können sie verwenden, um die Krümmungsmittelpunkte und Krümmungshalbmesser dieser Punkte zu bestimmen. Wir erhalten danach für den Punkt $\frac{3}{2}a \mid \frac{3}{2}a$ als Koordinaten des Krümmungsmittelpunktes mittels der Formeln 43a), 43b) in **(130)**

$$\xi = 2\tfrac{1}{16}a, \qquad \eta = 2\tfrac{1}{16}a,$$

und als Krümmungshalbmesser

$$\varrho = \tfrac{3}{16}a\sqrt{2}.$$

Ferner können wir nun auch analytisch entscheiden, ob der Punkt $a\sqrt[3]{2} \mid a\sqrt[3]{4}$, in dem die Tangente parallel der x-Achse ist, ein Höchst- oder ein Tiefstpunkt ist; es ist für ihn $y'' = -\dfrac{2}{a}$, also negativ. Mithin ist nach den Lehren von **(129)** S. 346 dieser Punkt ein **Höchstpunkt**; sein Krümmungshalbmesser ist $\dfrac{a}{2}$.

Zur Bildung des **dritten** Differentialquotienten gelangen wir, wenn wir den Ausdruck 63) total nach x differenzieren; wir erhalten mittels der Formel

$$y''' = \frac{\partial y''}{\partial x} + \frac{\partial y''}{\partial y} \cdot y'$$

einen Ausdruck, der sich aus den partiellen Differentialquotienten erster bis dritter Ordnung der Funktion $f(x, y)$ zusammensetzt. Seine Bildung sei dem Leser überlassen. Einfacher kommen wir in unserem Beispiele des **Cartesischen Blattes** zum Ziele, wenn wir den Ausdruck

$$y'' = -\frac{2a^3xy}{(y^2 - ax)^3}$$

unmittelbar total nach x differenzieren. Wir erhalten

$$y''' = -2a^3 \cdot \frac{(y^2-ax)^3 \cdot y - xy \cdot 3(y^2-ax)^2 \cdot (-a) + [(y^2-ax)^3 \cdot x - xy \cdot 3(y^2-ax)^2 \cdot 2y] \cdot \dfrac{-(x^2-ay)}{(y^2-ax)}}{(y^2-ax)^6}$$

$$= -2a^3 \frac{y^5 + 5x^3y^2 - 4axy^3 + ax^4 - 3a^2x^2y}{(y^2-ax)^5}.$$

Durch geeignete Umformung erhalten .wir hieraus ein einfacheres Ergebnis; ersetzen wir nämlich in y^5 den Faktor y^3 durch $3\,a\,x\,y - x^3$,
so erhalten wir

$$y''' = -2\,a^3 \frac{3\,a\,x\,y^3 - x^3\,y^2 + 5\,x^3\,y^2 + a\,x^4 - 4\,a\,x\,y^3 - 3\,a^2\,x^2\,y}{(y^2 - a\,x)^5}$$

$$= -2\,a^3\,x\,\frac{4\,x^2\,y^2 + a\,x^3 - a\,y^3 - 3\,a^2\,x\,y}{(y^2 - a\,x)^5}\,;$$

ersetzt man hierin weiter x^3 durch $3\,a\,x\,y - y^3$, so erhält man

$$y''' = -2\,a^3\,x\,\frac{4\,x^2\,y^2 + 3\,a^2\,x\,y - a\,y^3 - a\,y^3 - 3\,a^2\,x\,y}{(y^2 - a\,x)^5}$$

und schließlich

$$y''' = -\frac{4\,a^3\,x\,y^2(2\,x^2 - a\,y)}{(y^2 - a\,x)^5}\,.$$

Der Leser bilde selbständig die Differentialquotienten der folgenden
impliziten Funktionen:

$$y^2 - a\,x = 0 \;\text{(Parabel)}, \qquad x^2 + y^2 - a^2 = 0 \;\text{(Kreis)},$$

$$\frac{x^2}{a^2} \pm \frac{y^2}{b^2} - 1 = 0 \;\text{(Ellipse, Hyperbel)},$$

$$x^3 + (x - a)\,y^2 = 0 \;\text{(Kissoide)},$$

$$(x^2 + y^2)^2 + 2\,a\,x\,(x^2 + y^2) - a^2\,y^2 = 0 \;\text{(Kardioide)},$$

$$(x^2 + y^2)^2 - a^2(x^2 - y^2) = 0 \;\text{(Lemniskate)}.$$

(167) Gestattet also die Bildung der partiellen Differentialquotienten
die Untersuchung impliziter Funktionen, so scheint diese Methode
zu versagen in Fällen, wie sie beim Kartesischen Blatte der Punkt 0|0
darstellt, für den sich sämtliche Differentialquotienten in der unbestimmten Form $\frac{0}{0}$ ergeben. Doch läßt sich das Verfahren für diese
Fälle umgestalten.

Die Ursache für die Unbestimmtheit von y', y'', y''',... ist, daß
für diesen Punkt sowohl $\frac{\partial f}{\partial x}$ als auch $\frac{\partial f}{\partial y}$ verschwindet. Man nennt
einen Punkt, dessen Koordinaten sowohl die Gleichung $f(x, y) = 0$ als
auch die beiden Gleichungen $\frac{\partial f}{\partial x} = 0$ und $\frac{\partial f}{\partial y} = 0$ erfüllen, einen **singulären Punkt** der Kurve $f(x, y) = 0$. Differenzieren wir die Gleichung
$f(x, y) = 0$ total nach x, so erhalten wir die Gleichung

$$\frac{\partial f}{\partial x} + \frac{\partial f}{\partial y} \cdot y' = 0\,.$$

Die linke Seite der neugefundenen Gleichung enthält die drei Größen x,
y und y'; die ersten beiden sind in den beiden partiellen Differential-
quotienten $\frac{\partial f}{\partial x}$ und $\frac{\partial f}{\partial y}$ enthalten, während y' nur als Faktor des

letzten Gliedes auftritt. Die linke Seite der erwähnten Gleichung kann sonach als eine Funktion der drei Größen x, y und y' aufgefaßt werden. Wir wollen sie nun vollständig nach x differenzieren; bezeichnen wir sie zur Abkürzung mit $\varphi(x, y, y')$, so ist das totale Differential nach der Formel zu bilden

$$d\varphi(x, y, y') = \frac{\partial\varphi}{\partial x} \cdot dx + \frac{\partial\varphi}{\partial y} \cdot dy + \frac{\partial\varphi}{\partial y'} \cdot dy'.$$

Also ist der totale Differentialquotient nach x, da $\dfrac{dy}{dx} = y'$ und $\dfrac{dy'}{dx} = y''$ ist:

$$\frac{d\varphi(x, y, y')}{dx} = \frac{\partial\varphi}{\partial x} + \frac{\partial\varphi}{\partial y} \cdot y' + \frac{\partial\varphi}{\partial y'} \cdot y''.$$

Da ferner $\varphi(x, y, y')$ gleich Null sein soll, muß auch $\dfrac{d\varphi}{dx}$ gleich Null sein. Führen wir die totale Differentiation von

$$\varphi = \frac{\partial f}{\partial x} + \frac{\partial f}{\partial y} \cdot y' = 0$$

nach x wirklich aus, so erhalten wir, da

$$\frac{\partial\varphi}{\partial x} = \frac{\partial^2 f}{\partial x^2} + \frac{\partial^2 f}{\partial x\,\partial y} y', \qquad \frac{\partial\varphi}{\partial y} = \frac{\partial^2 f}{\partial x\,\partial y} + \frac{\partial^2 f}{\partial y^2} y', \qquad \frac{\partial\varphi}{\partial y'} = \frac{\partial f}{\partial y} \text{ ist:}$$

$$\frac{\partial^2 f}{\partial x^2} + \frac{\partial^2 f}{\partial x\,\partial y} y' + \left(\frac{\partial^2 f}{\partial x\,\partial y} + \frac{\partial^2 f}{\partial y^2} y'\right) \cdot y' + \frac{\partial f}{\partial y} \cdot y'' = 0$$

oder

$$\frac{\partial^2 f}{\partial x^2} + 2 \cdot \frac{\partial^2 f}{\partial x\,\partial y} \cdot y' + \frac{\partial^2 f}{\partial y^2} \cdot y'^2 + \frac{\partial f}{\partial y} \cdot y'' = 0. \qquad 64')$$

Nun soll aber der zugrunde gelegte Punkt ein **singulärer** Punkt sein, d. h. es soll $\dfrac{\partial f}{\partial y} = 0$ sein; für einen solchen Punkt geht mithin diese Gleichung in die folgende über:

$$\frac{\partial^2 f}{\partial x^2} + 2 \frac{\partial^2 f}{\partial x\,\partial y} \cdot y' + \frac{\partial^2 f}{\partial y^2} \cdot y'^2 = 0. \qquad 64)$$

Gleichung 64) ist nunmehr die Bestimmungsgleichung für den gesuchten Differentialquotienten y' in dem singulären Punkte. Da 64) in y' vom zweiten Grade ist, so hat die Kurve in dem singulären Punkte zwei Richtungen. Dabei sind drei Fälle auseinanderzuhalten. Erstens können die beiden Lösungen der Gleichung zweiten Grades reell und verschieden, zweitens können sie reell und gleich, drittens aber können sie konjugiert komplex sein. Für den singulären Punkt bedeutet das:

a) Sind die beiden Werte von y' reell und verschieden, so hat die Kurve in dem singulären Punkte zwei wirkliche Richtungen; die Kurve überschneidet sich in ihm; der singuläre Punkt heißt dann ein **Doppelpunkt**.

b) Sind die beiden Werte von y' reell, aber gleich, so besitzt die Kurve in dem singulären Punkte zwei zusammenfallende Richtungen; die Kurve kehrt in ihm um; der singuläre Punkt heißt dann ein **Rückkehrpunkt** oder eine **Spitze**.

c) Sind die beiden Lösungen von 64) konjugiert komplex, so hat die Kurve in dem singulären Punkte überhaupt keine wirkliche Richtung; der Punkt gehört also zwar der Kurve an, besitzt aber keinen Nachbarpunkt, liegt folglich getrennt von den übrigen Kurvenpunkten; er heißt ein **isolierter Punkt**, ein **Einsiedler**.

Zum Verständnis dieser Ergebnisse werde die sog. **Konchoide** (= Muschellinie) behandelt, die wir uns auf folgende Weise entstanden denken können: Ge-

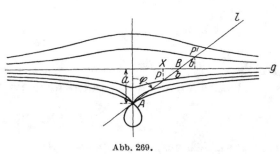

Abb. 269.

geben seien (Abb. 269) eine Gerade g und ein Punkt A, der von g den Abstand a haben möge. Eine Gerade l soll sich so bewegen, daß sie beständig durch den Pol A geht, und daß ein bestimmer Punkt B von ihr auf g gleitet. Ferner möge sich auf l ein Punkt P befinden, der von B den konstanten Abstand b hat; es gibt zwei derartige Punkte (in der Abbildung mit P und P' bezeichnet), die auf l zu beiden Seiten von B liegen. Die Bahn, die P bei der oben beschriebenen Bewegung der Geraden l beschreibt, heißt **Konchoide**.

Um die Gleichung der Konchoide aufzustellen, wählen wir g als x-Achse und das von A auf g gefällte Lot als y-Achse eines rechtwinkligen Koordinatensystems. Bildet l mit der y-Achse den Winkel φ, so sind die Koordinaten von P bzw. P'

$$x = OB + BX, \qquad y = XP$$

oder

$$x = a\,\mathrm{tg}\,\varphi - \varepsilon b \sin\varphi, \qquad y = -\varepsilon b \cos\varphi,$$

wobei ε für P gleich $+1$ und für P' gleich -1 zu setzen ist. Eliminiert man aus diesen beiden Gleichungen den Parameter φ — am einfachsten geschieht dies so, daß man die letzte Gleichung auflöst:

$$\cos\varphi = -\frac{y}{\varepsilon b}, \qquad \text{hieraus} \qquad \sin\varphi = \frac{\sqrt{b^2 - y^2}}{\varepsilon b}$$

berechnet und diese Werte in die erste Gleichung einsetzt:

$$x = \left(\frac{a}{\cos\varphi} - \varepsilon b\right)\sin\varphi = \left(\frac{-a\,\varepsilon\,b}{y} - \varepsilon b\right)\frac{\sqrt{b^2 - y^2}}{\varepsilon b}$$

und dann quadriert —, so erhält man schließlich als Gleichung der Konchoide

$$x^2y^2 + (y + a)^2 (y^2 - b^2) = 0.$$
(65)

Ohne näher auf die Konchoide einzugehen (ihre Untersuchung — Wendepunkte! — sei dem Leser überlassen), möge hier hervorgehoben sein, daß der Pol A auf ihr liegt; denn seine Koordinaten $0 \mid -a$ erfüllen, wie man sich leicht überzeugt, die Gleichung 65), wie groß auch die Strecke b gewählt sein möge. Wir wollen nun im Pole A an die Konchoide die Tangente legen. Setzen wir die linke Seite von 65) gleich $f(x, y)$, so erhalten wir

$$\frac{\partial f}{\partial x} = 2x\,y^2 \qquad \frac{\partial f}{\partial y} = 2x^2\,y + 2(y + a)(y^2 - b^2) + 2y(y + a)^2 .$$

Beide werden aber für $x = 0$, $y = -a$ gleich Null. Demnach ist der Pol A ein singulärer Punkt der Konchoide. Zur Bestimmung der Tangentenrichtung müssen wir also zu den partiellen Differentialquotienten zweiter Ordnung greifen. Es ist

$$\frac{\partial^2 f}{\partial x^2} = 2y^2 , \qquad \frac{\partial^2 f}{\partial x\,\partial y} = 4x\,y , \qquad \frac{\partial^2 f}{\partial y^2} = 2x^2 + 12y^2 + 12ay + 2a^2 - 2b^2 .$$

Für den Pol A nehmen sie die Werte an

$$\left(\frac{\partial^2 f}{\partial x^2}\right)_A = 2a^2 , \qquad \left(\frac{\partial^2 f}{\partial x\,\partial y}\right)_A = 0 , \qquad \left(\frac{\partial^2 f}{\partial y^2}\right)_A = 2(a^2 - b^2) ,$$

so daß sich für $\frac{dy}{dx}$ nach Formel 64) die Gleichung ergibt:

$$2a^2 + 2(a^2 - b^2)y'^2 = 0.$$

Aus ihr folgt

$$y_1' = + \frac{a}{\sqrt{b^2 - a^2}} , \qquad y_2' = - \frac{a}{\sqrt{b^2 - a^2}} .$$

Diese Werte lassen erkennen, daß die Beschaffenheit des Punktes A von dem Größenverhältnis von a und b abhängt:

a) $b > a$, $\sqrt{b^2 - a^2}$ reell; A ist ein Doppelpunkt, die Konchoide hat eine Schleife;

b) $b = a$, $\sqrt{b^2 - a^2} = 0$, $y_1' = y_2' = \infty$; A ist eine Spitze, deren Tangente mit der y-Achse zusammenfällt;

c) $b < a$, $\sqrt{b^2 - a^2}$ imaginär, also auch y_1' bzw. y_2'; A ist ein isolierter Punkt.

Es gibt also drei Arten von Konchoiden; sie sind in Abb. 269 dargestellt.

Für den singulären Punkt $0 \mid 0$ des Cartesischen Blattes, zu dem wir nunmehr zurückkehren, ergibt sich ähnlich

$$\frac{\partial f}{\partial x} = 0 , \qquad \frac{\partial f}{\partial y} = 0 \qquad \text{(s. S. 515 ff.).}$$

$$\left(\frac{\partial^2 f}{\partial x^2}\right)_0 = 0 , \qquad \left(\frac{\partial^2 f}{\partial x\,\partial y}\right)_0 = -3a , \qquad \left(\frac{\partial^2 f}{\partial y^2}\right)_0 = 0 .$$

Also lautet die Gleichung 64) für ihn

$$0 + 2 \cdot (-3a) \cdot y' + 0 \cdot y'^2 = 0.$$

In dieser in y' quadratischen Gleichung ist nun sowohl das Absolut-glied als auch der Beiwert des quadratischen Gliedes gleich Null. Daher hat eine Lösung den Wert Null — $y_1' = 0$ —, die andere Lösung da-gegen den Wert unendlich — $y_2' = \infty$. Der Nullpunkt ist folglich ein Doppelpunkt des Cartesischen Blattes, und zwar fallen seine beiden Tangenten mit den Koordinatenachsen zusammen, eine Eigen-schaft, die mit der Symmetrie der Kurve zur 45°-Linie im Einklange steht.

Wenn wir nun für den Nullpunkt des Cartesischen Blattes die Krümmungsverhältnisse bestimmen wollen, so bedürfen wir hierzu des zweiten Differentialquotienten $\frac{d^2y}{dx^2}$. Er ist

$$y'' = -\frac{2a^3 x y}{(y^2 - ax)^3};$$

aber auch er nimmt, wie schon oben erwähnt, für den Nullpunkt den unbestimmten Ausdruck $\frac{0}{0}$ an. Dies gilt übrigens, wie Formel 63) lehrt, ganz allgemein für den zweiten Differentialquotienten eines singulären Punktes, da wegen

$$\frac{\partial f}{\partial x} = 0, \qquad \frac{\partial f}{\partial y} = 0$$

63) stets in der unbestimmten Form $\frac{0}{0}$ erscheint. Um den zweiten Differentialquotienten dennoch zu ermitteln, bedienen wir uns der Gleichung 64'). Ihre linke Seite ist eine Funktion der vier Veränder-lichen x, y, y', y'', von denen die beiden ersten in den partiellen Diffe-rentialquotienten enthalten sind. Da der Ausdruck der linken Seite von 64') gleich Null sein soll, muß auch der totale Differentialquotient nach x den Wert Null haben. Bezeichnen wir die linke Seite von 64') mit $\psi(x, y, y', y'')$, so ist nach 55')

$$\frac{d\psi}{dx} = \frac{\partial \psi}{\partial x} + \frac{\partial \psi}{\partial y} \cdot \frac{dy}{dx} + \frac{\partial \psi}{\partial y'} \cdot \frac{dy'}{dx} + \frac{\partial \psi}{\partial y''} \cdot \frac{dy''}{dx}.$$

Nun ist aber

$$\frac{\partial \psi}{\partial x} = \frac{\partial^3 f}{\partial x^3} + 2 \cdot \frac{\partial^3 f}{\partial x^2 \partial y} \cdot y' + \frac{\partial^3 f}{\partial x \partial y^2} y'^2 + \frac{\partial^2 f}{\partial x \partial y} y'',$$

$$\frac{\partial \psi}{\partial y} = \frac{\partial^3 f}{\partial x^2 \partial y} + 2 \cdot \frac{\partial^3 f}{\partial x \partial y^2} y' + \frac{\partial^3 f}{\partial y^3} y'^2 + \frac{\partial^2 f}{\partial y^2} y'',$$

$$\frac{\partial \psi}{\partial y'} = 2 \cdot \frac{\partial^2 f}{\partial x \partial y} + 2 \cdot \frac{\partial^2 f}{\partial y^2} y', \qquad \frac{\partial \psi}{\partial y''} = \frac{\partial f}{\partial y}.$$

Da ferner

$$\frac{dy}{dx} = y', \qquad \frac{dy'}{dx} = y'', \qquad \frac{dy''}{dx} = y'''$$

ist, so ist, wie man durch Einsetzen findet,

$$\frac{d\psi}{dx} = \frac{\partial^3 f}{\partial x^3} + 3\frac{\partial^3 f}{\partial x^2\,\partial y}\cdot y' + 3\frac{\partial^3 f}{\partial x\,\partial y^2}\cdot y'^2 + \frac{\partial^3 f}{\partial y^3}\cdot y'^3 + 3\frac{\partial^2 f}{\partial x\,\partial y}\cdot y''$$
$$+ 3\frac{\partial^2 f}{\partial y^2}\cdot y'\,y'' + \frac{\partial f}{\partial y}\cdot y'''.$$

Bedenken wir nun, daß für einen singulären Punkt $\dfrac{\partial f}{\partial y} = 0$ ist, so erhalten wir die Gleichung

$$\frac{\partial^3 f}{\partial x^2} + 3\frac{\partial^3 f}{\partial x^2\,\partial y}y' + 3\frac{\partial^3 f}{\partial x\,\partial y^2}y'^2 + \frac{\partial^2 f}{\partial y^3}y'^3 + 3\frac{\partial^2 f}{\partial x\,\partial y}y'' + 3\frac{\partial^2 f}{\partial y^2}y'y'' = 0. \quad 66)$$

Da wir die partiellen Differentialquotienten und den Differential-quotienten y' für den singulären Punkt kennen, haben wir in 66) eine Gleichung für den zweiten Differentialquotienten y'' im singulären Punkte gewonnen.

So ist für den singulären Punkt des Cartesischen Blattes, da

$$\frac{\partial^3 f}{\partial x^3} = \frac{\partial^3 f}{\partial y^3} = 6 \qquad \text{und} \qquad \frac{\partial^3 f}{\partial x^2\,\partial y} = \frac{\partial^3 f}{\partial x\,\partial y^2} = 0$$

ist, wenn wir von den beiden hier vorhandenen Tangentenrichtungen $y' = 0$ und $y' = \infty$ die erstere wählen, der zweite Differentialquotient durch die Gleichung bestimmt

$$6 - 9ay'' = 0, \qquad \text{also} \qquad y'' = \frac{2}{3\,a}.$$

Hieraus ergibt sich der Krümmungshalbmesser nach der Formel

$$\varrho = \frac{(1 + y'^2)^{\frac{3}{2}}}{y''} \qquad \text{zu} \qquad \varrho = \frac{3}{2}\,a.$$

(Wie groß ist der zu $y' = \infty$ gehörige Krümmungshalbmesser?)

Es ist sehr wohl möglich, daß für einen Punkt $P(x\,|\,y)$ einer Kurve $f(x, y) = 0$ der Reihe nach die Differentialquotienten

$$\frac{\partial f}{\partial x}, \qquad \frac{\partial f}{\partial y}, \qquad \frac{\partial^2 f}{\partial x^2}, \qquad \frac{\partial^2 f}{\partial x\,\partial y}, \qquad \frac{\partial^2 f}{\partial y^2}$$

sämtlich verschwinden. In diesem Falle würde die Gleichung 64) zur Bestimmung von y' versagen; man müßte zur Gleichung 66) greifen, welche dann in die Gleichung übergeht:

$$\frac{\partial^3 f}{\partial x^3} + 3\frac{\partial^3 f}{\partial x^2\,\partial y}y' + 3\frac{\partial^3 f}{\partial x\,\partial y^2}y'^2 + \frac{\partial^3 f}{\partial y^3}y'^3 = 0.$$

In diesem Punkte hätte also die Kurve drei Tangentenrichtungen; der Punkt wäre ein singulärer Punkt zweiter Ordnung. Verschwinden auch alle partiellen Differentialquotienten dritter Ordnung, so wird y' durch eine Gleichung vierten Grades bestimmt; in dem singulären Punkte dritter Ordnung hat die Kurven vier Tangenten usw.

(168) Um die Untersuchung des Cartesischen Blattes zu vervollständigen, sei noch folgendes bemerkt:

Ziehen wir durch den singulären Punkt des Cartesischen Blattes eine gerade Linie, welche mit der x-Achse einen Winkel ϑ einschließt, so daß der Richtungsfaktor $\operatorname{tg}\vartheta = \mathsf{A}$ ist, so ist die Gleichung dieser Geraden $y = \mathsf{A} \cdot x$. Setzen wir diesen Wert in die Gleichung 61) ein, so erhalten wir für die Koordinaten eines beliebigen Punktes des Cartesischen Blattes die Gleichungen

$$x = 3a \cdot \frac{\mathsf{A}}{1 + \mathsf{A}^3}, \qquad y = 3a \cdot \frac{\mathsf{A}^2}{1 + \mathsf{A}^3}. \qquad 61')$$

Die Gleichungen 61') geben eine Parameterdarstellung des Cartesischen Blattes, wobei der Richtungsfaktor A die Rolle des Parameters übernimmt; mit ihr sind die oben (S. 514) angegebenen Koordinaten von Punkten des Cartesischen Blattes gefunden worden.

Es ist

$$\frac{dx}{d\mathsf{A}} = 3a \cdot \frac{1 - 2\mathsf{A}^3}{(1 + \mathsf{A}^3)^2}, \qquad \frac{dy}{d\mathsf{A}} = 3a \frac{\mathsf{A}(2 - \mathsf{A}^3)}{(1 + \mathsf{A}^3)^2}, \qquad \text{also} \qquad \frac{dy}{dx} = \frac{\mathsf{A}(2 - \mathsf{A}^3)}{1 - 2\mathsf{A}^3}.$$

Die Gleichung der Tangente in P lautet demnach [s. **(114)** S. 311, Formel 24)]

$$y - 3a \cdot \frac{\mathsf{A}^2}{1 + \mathsf{A}^3} = \left(x - 3a\frac{\mathsf{A}}{1 + \mathsf{A}^3}\right) \cdot \frac{\mathsf{A}(2 - \mathsf{A}^3)}{1 - 2\mathsf{A}^3},$$

oder umgeformt

$$\mathsf{A} \cdot (2 - \mathsf{A}^3)\, x - (1 - 2\mathsf{A}^3)\, y = 3a\,\mathsf{A}^2.$$

Für $\mathsf{A} = 1$ ist $x = \tfrac{3}{2}\mathsf{A}$, $y = \tfrac{3}{2}\mathsf{A}$, und die Gleichung der Tangente wird $x + y = 3a$; die zugehörige Tangente ist also eine Gerade, die auf den beiden Koordinatenachsen das Stück $3a$ abschneidet. Für $\mathsf{A} = 0$ ist $x = 0$, $y = 0$, die Gleichung der Tangente $y = 0$, die Tangente folglich die x-Achse. Um die Verhältnisse für $\mathsf{A} = \infty$ zu untersuchen, setzen wir $\mathsf{A} = \frac{1}{\mathsf{A}'}$ und A' dann gleich 0. Wir erhalten

$$x = 3a \cdot \frac{\mathsf{A}'^2}{1 + \mathsf{A}'^3}, \qquad y = 3a\frac{\mathsf{A}'}{1 + \mathsf{A}'^3}$$

und als Tangentengleichung

$$(2\mathsf{A}'^2 - 1)\, x - \mathsf{A}'(\mathsf{A}'^3 - 2)\, y = 3a\,\mathsf{A}'^2;$$

hieraus ergibt sich für $\mathsf{A}' = 0$ die Tangentengleichung $x = 0$, als Tangente also die y-Achse. Der Doppelpunkt der Kurve also wird in der Parameterdarstellung in die beiden Punkte aufgelöst, die zu den Parametern $\mathsf{A} = 0$ und $\mathsf{A} = \infty$ gehören. Setzen wir schließlich $\mathsf{A} = -1$, so wird $x = \infty$, $y = \infty$; das Cartesische Blatt besitzt also einen im Unendlichen gelegenen Punkt; die Gleichung der Tangente in diesem

Punkte lautet $x + y + a = 0$. Wir finden also als Ergebnis: Das Cartesische Blatt besitzt eine Asymptote; sie läßt sich leicht zeichnen; denn sie schneidet auf den beiden Koordinaten das Stück $-a$ ab.

Der Flächeninhalt, der von dem Cartesischen Blatt, der x-Achse und den beiden zu A_1 und A_2 gehörigen Ordinaten begrenzt wird, ist nach Formel 49) in (135) S. 371 gleich

$$F_{A_1}^{A_2} = \int_{A_1}^{A_2} 3a \frac{A^2}{A^3+1} \cdot 3a \frac{1-2A^3}{(A^3+1)^2} \, dA = -9a^2 \int_{A_1}^{A_2} \frac{(2A^3-1) \cdot A^2}{(A^3+1)^3} \, dA \,.$$

Um $\int \frac{(2A^3-1)A^2}{(A^3+1)^3} \, dA$ auszuwerten, setzen wir $A^3 + 1 = u$, also $A^2 dA = \frac{1}{3} du$, wodurch das Integral übergeht in

$$\frac{1}{3} \int \frac{2u-3}{u^3} \, du = \frac{1}{3} \left[-\frac{2}{u} + \frac{3}{2u^2} \right] = \frac{1}{6} \frac{3-4u}{u^2} = -\frac{1}{6} \frac{4A^3+1}{(A^3+1)^2} \,,$$

so daß

$$F_{A_1}^{A_2} = \frac{3}{2} a^2 \left[\frac{4A^3+1}{(A^3+1)^2} \right]_{A_1}^{A_2}$$

ist. Den Flächeninhalt der Schleife erhalten wir, wenn wir $A_1 = \infty$, $A_2 = 0$ setzen. Für die obere Grenze $A_2 = 0$ nimmt die [ ] Klammer den Wert 1, für die untere Grenze $A_1 = \infty$ dagegen den Wert Null an — man setze $A = \frac{1}{A'}$, und $A' = 0$. Es ist demnach der Inhalt der Schleife $F_\infty^0 = \frac{3}{2} a^2$. Auch die sich zwischen der Kurve und ihrer Asymptote nach beiden Seiten ins Unendliche erstreckende Fläche hat einen endlichen Inhalt; um zu ihm zu gelangen, können wir folgendermaßen verfahren.

In Abb. 268 ist $QP = XP - XQ$; nun ist

$$XQ = XC = XO + OC = -x - a \,;$$

also ist $QP = y + x + a$. Demnach ist, wenn P_1 und P_2 die Parameter A_1 bzw. A_2 haben, der Inhalt des von dem Cartesischen Blatte, der Asymptote und den beiden Strecken $Q_1 P_1$ und $Q_2 P_2$ begrenzten Flächenstückes $Q_1 P_1 P_2 Q_2$:

$$F_{A_2}^{'A_1} = \int_{x_1}^{x_2} (y + x + a) \, dx = \int_{A_1}^{A_2} \left[3a \frac{A^2}{A^3+1} + 3a \frac{A}{A^3+1} + a \right] \cdot 3a \frac{1-2A^3}{(A^3+1)^2} \, dA$$

$$= -3a^2 \int_{A_1}^{A_2} \frac{(A+1)^3 (2A^3-1)}{(A^3+1)^3} \, dA = -3a^2 \int_{A_1}^{A_2} \frac{2A^3-1}{(A^2-A+1)^3} \, dA \,.$$

Nun ist nach den in (74) S. 193 entwickelten Verfahren

$$\int \frac{2A^3-1}{(A^2-A+1)^3} \, dA = -\frac{2A^2+1}{2(A^2-A+1)^2} \,;$$

folglich ist

$$F'^{A_2}_{A_1} = \frac{3}{2} a^2 \left[\frac{2A^2 + 1}{(A^2 - A + 1)^2} \right]^{A_2}_{A_1}.$$

Wir zerlegen nun die zwischen Asymptote und **Cartesischem Blatt** gelegene Fläche durch die y-Achse in zwei Teile; der erste, links gelegene Teil hat als untere Grenze $A_1 = -1$, als obere Grenze $A_2 = 0$, der andere Teil dagegen als untere Grenze $A_1 = \infty$, als obere $A_2 = -1$. Mithin ist für die beiden Teile

$$F'^{A_2}_{A_1} = \tfrac{3}{2} a^2 [1 - \tfrac{1}{3}] \quad \text{bzw.} \quad = \tfrac{3}{2} a^2 [\tfrac{1}{3} - 0].$$

Also ist $F' = \tfrac{3}{2} a^2$; d. h. das Flächenstück hat den gleichen Inhalt wie die Schleife.

Nach den Ausführungen von **(132)** S. 354 ff. ergibt sich, da

$$\frac{dy}{dx} = \frac{2A - A^4}{1 - 2A^3}, \qquad \frac{d^2y}{dx^2} = \frac{2(A^3 + 1)^4}{3a(1 - 2A^3)^3}$$

und

$$\varrho^2 = \frac{9}{4} a^2 \frac{(A^8 + 4A^6 - 4A^5 - 4A^3 + 4A^2 + 1)^3}{(A^3 + 1)^3}$$

ist, mittels $\frac{d\varrho^2}{dA} = 0$ zur Bestimmung der Scheitel des Kartesischen Blattes die Gleichung

$$2A^8 - 5A^7 - 11A^5 + 11A^4 + 5A^2 - 2A = 0,$$

welche die reellen Lösungen $A = 0$, 1, ∞, 2,91499, 0,34305 hat. Also sind die Koordinaten der fünf Scheitel und ihre Krümmungshalbmesser:

$x =$	0	0	$\tfrac{3}{2} a$	$0{,}9892\,a$	$0{,}3394\,a$
$y =$	0	0	$\tfrac{3}{2} a$	$0{,}3394\,a$	$0{,}9892\,a$
$\varrho =$	$\tfrac{3}{2} a$	$\tfrac{3}{2} a$	$\tfrac{3}{16} a \sqrt{2}$	$1{,}891\,a$	$1{,}891\,a$

Die **Evolute** hat (s. Abb. 268) an den entsprechenden Stellen Spitzen.

(169) Am Ende unserer Betrachtungen über **Kurven** in **unentwickelter Darstellung** wollen wir uns mit der allgemeinsten unentwickelten Funktion zweiten Grades in x und y befassen [s. a. **(110)** S. 297]. Die allgemeinste Gleichung zweiten Grades in x und y läßt sich in der Form schreiben:

$$a_{20} x^2 + 2a_{11} xy + a_{02} y^2 + 2a_{10} x + 2a_{01} y + a_{00} = 0. \qquad \text{a)}$$

Die zu ihr gehörige **Kurve zweiter Ordnung** hat, wenn nur

$$a_{20} a_{02} - a_{11}^2 \neq 0 \qquad \text{b)}$$

ist, einen Mittelpunkt, sie ist dann eine **Mittelpunktskurve zweiter Ordnung**. Ihre Gleichung läßt sich durch Parallelverschiebung des

Koordinatensystems nach dem Mittelpunkte, wenn die Veränderlichen auch im neuen System x und y genannt werden, umformen in

$$a_{20} x^2 + 2 a_{11} x y + a_{02} y^2 = c. \qquad\qquad \text{c)}$$

c) heißt die **Mittelpunktsgleichung der Kurve zweiter Ordnung**. Nimmt man eine Drehung des Koordinatensystems um den Winkel ϑ vor und bezeichnet die neuen Achsen als die $\mathfrak{x}$- und die $\mathfrak{y}$-Achse, so ist

$$x = \mathfrak{x} \cos\vartheta - \mathfrak{y} \sin\vartheta, \qquad y = \mathfrak{y} \cos\vartheta + \mathfrak{x} \sin\vartheta.$$

Die Gleichung der Kurve im $\mathfrak{x}\mathfrak{y}$-System lautet dann

$$a_{20} (\mathfrak{x} \cos\vartheta - \mathfrak{y} \sin\vartheta)^2 + 2 a_{11} (\mathfrak{x} \cos\vartheta - \mathfrak{y} \sin\vartheta)(\mathfrak{x} \sin\vartheta + \mathfrak{y} \cos\vartheta)$$
$$+ a_{02} (\mathfrak{x} \sin\vartheta + \mathfrak{y} \cos\vartheta)^2 = c$$

oder

$$\mathfrak{x}^2 \cdot (a_{20} \cos^2\vartheta + 2 a_{11} \cos\vartheta \sin\vartheta + a_{02} \sin^2\vartheta) + 2 \mathfrak{x} \mathfrak{y} \, (-a_{20} \sin\vartheta \cos\vartheta$$
$$+ a_{11} (\cos^2\vartheta - \sin^2\vartheta) + a_{02} \sin\vartheta \cos\vartheta)$$
$$+ \mathfrak{y}^2 (a_{20} \sin^2\vartheta - 2 a_{11} \sin\vartheta \cos\vartheta + a_{02} \cos^2\vartheta) = c.$$

Führen wir den doppelten Winkel 2ϑ ein, indem wir setzen

$$\cos^2\vartheta = \tfrac{1}{2} (1 + \cos 2\vartheta), \qquad \sin^2\vartheta = \tfrac{1}{2} (1 - \cos 2\vartheta),$$
$$2 \sin\vartheta \cos\vartheta = \sin 2\vartheta,$$

so läßt sich die Gleichung auch schreiben

$$\left(\frac{a_{20} + a_{02}}{2} + \frac{a_{20} - a_{02}}{2} \cos 2\vartheta + a_{11} \sin 2\vartheta \right) \mathfrak{x}^2$$
$$+ (2 a_{11} \cos 2\vartheta - (a_{20} - a_{02}) \sin 2\vartheta) \, \mathfrak{x} \mathfrak{y}$$
$$+ \left(\frac{a_{20} + a_{02}}{2} - \frac{a_{20} - a_{02}}{2} \cos 2\vartheta - a_{11} \sin 2\vartheta \right) \mathfrak{y}^2 = c.$$

Wir wollen nun über den Drehwinkel ϑ so verfügen, daß der Faktor von $\mathfrak{x}\mathfrak{y}$ verschwindet; dann muß

$$2 a_{11} \cos 2\vartheta - (a_{20} - a_{02}) \sin 2\vartheta = 0,$$

also

$$\operatorname{tg} 2\vartheta = \frac{2 a_{11}}{a_{20} - a_{02}} = \frac{a_{11}}{\dfrac{a_{20} - a_{02}}{2}} \qquad\qquad \text{d)}$$

sein. Beschränken wir uns für 2ϑ auf den Bereich von 0 bis 2π, so erhalten wir zwei Winkel 2ϑ, die sich um π unterscheiden, also zwei Winkel ϑ, die sich um $\frac{\pi}{2}$ unterscheiden; der eine Winkel ϑ liegt im ersten, der andere im zweiten Quadranten. Für den ersten Winkel ist demnach $\sin 2\vartheta$ stets positiv; legen wir diesen zugrunde, so erhalten wir

$$\sin 2\vartheta = \frac{a_{11}}{\sqrt{\left(\dfrac{a_{20} - a_{02}}{2}\right)^2 + a_{11}^2}}, \qquad \cos 2\vartheta = \frac{\dfrac{a_{20} - a_{02}}{2}}{\sqrt{\left(\dfrac{a_{20} - a_{02}}{2}\right)^2 + a_{11}^2}}.$$

Mithin lautet die Gleichung der Kurve dann

$$\left[\frac{a_{20} + a_{02}}{2} + \frac{\left(\dfrac{a_{20} - a_{02}}{2}\right)^2 + a_{11}^2}{\sqrt{\left(\dfrac{a_{20} - a_{02}}{2}\right)^2 + a_{11}^2}}\right] \mathfrak{x}^2 + \left[\frac{a_{20} + a_{02}}{2} - \frac{\left(\dfrac{a_{20} - a_{02}}{2}\right)^2 + a_{11}^2}{\sqrt{\left(\dfrac{a_{20} - a_{02}}{2}\right)^2 + a_{11}^2}}\right] \mathfrak{y}^2 = c$$

oder

$$\left[\frac{a_{20} + a_{02}}{2} + \sqrt{\left(\dfrac{a_{20} - a_{02}}{2}\right)^2 + a_{11}^2}\right] \mathfrak{x}^2 + \left[\frac{a_{20} + a_{02}}{2} - \sqrt{\left(\dfrac{a_{20} - a_{02}}{2}\right)^2 + a_{11}^2}\right] \mathfrak{y}^2 = c.$$

Setzen wir

$$\left[\frac{a_{20} + a_{02}}{2} + \sqrt{\left(\dfrac{a_{20} - a_{02}}{2}\right)^2 + a_{11}^2}\right] = \lambda_1,$$

$$\left[\frac{a_{20} + a_{02}}{2} - \sqrt{\left(\dfrac{a_{20} - a_{02}}{2}\right)^2 + a_{11}^2}\right] = \lambda_2,$$

wobei je nach der Art der Größen a_{20}, a_{11}, a_{02} sowohl λ_1 als auch λ_2 positiv oder negativ sein können, so erhält die Kurvengleichung im $\mathfrak{x}\,\mathfrak{y}$-System die endgültige Form

$$\frac{\mathfrak{x}^2}{\left(\sqrt{\dfrac{c}{\lambda_1}}\right)^2} + \frac{\mathfrak{y}^2}{\left(\sqrt{\dfrac{c}{\lambda_2}}\right)^2} = 1. \qquad \qquad \text{e)}$$

e) stellt, wie wir wissen, die **Achsengleichung des Mittelpunktskegelschnittes** dar [s. (145) S. 422]. Der Kegelschnitt ist eine **Ellipse** mit den beiden Halbachsen $\sqrt{\dfrac{c}{\lambda_1}}$ und $\sqrt{\dfrac{c}{\lambda_2}}$, wenn $\dfrac{c}{\lambda_1} > 0$, $\dfrac{c}{\lambda_2} > 0$ ist; er ist eine **Hyperbel** mit der reellen Halbachse $\sqrt{\dfrac{c}{\lambda_1}}$ und der imaginären Halbachse $\sqrt{\dfrac{-c}{\lambda_2}}$, wenn $\dfrac{c}{\lambda_1} > 0$, $\dfrac{c}{\lambda_2} < 0$ ist; er ist eine **Hyperbel** mit der reellen Halbachse $\sqrt{\dfrac{c}{\lambda_2}}$ und der imaginären Halbachse $\sqrt{\dfrac{-c}{\lambda_1}}$, wenn $\dfrac{c}{\lambda_1} < 0$, $\dfrac{c}{\lambda_2} > 0$ ist; er wird zu einem **imaginären Kegelschnitt** (d. h. zu einem Kegelschnitt, der überhaupt keine reellen Punkte hat), wenn $\dfrac{c}{\lambda_1} < 0$ und $\dfrac{c}{\lambda_2} < 0$ ist.

Zusammenfassend erhalten wir das Ergebnis: Die **Mittelpunkts-kurven zweiter Ordnung sind identisch mit den Mittelpunkts-kegelschnitten.**

Ist in Gleichung a) die Bedingung erfüllt

$$a_{20} a_{02} - a_{11}^2 = 0, \qquad a_{11} = \sqrt{a_{20} a_{02}}, \qquad\qquad \text{b')}$$

so hat die Kurve zweiter Ordnung keinen Mittelpunkt. In diesem Falle läßt sich die Gleichung a) schreiben

$$\left(\sqrt{a_{20}}\, x + \sqrt{a_{02}}\, y\right)^2 + 2 a_{10} x + 2 a_{01} y + a_{00} = 0, \qquad\qquad \text{a')}$$

d. h. die quadratischen Glieder bilden ein vollständiges Quadrat. Drehen wir auch in diesem Falle das Koordinatensystem um den Winkel ϑ, wobei ebenfalls

$$\operatorname{tg} 2\vartheta = \frac{2 a_{11}}{a_{20} - a_{02}}, \qquad \text{also jetzt} \qquad \operatorname{tg} 2\vartheta = \frac{2\sqrt{a_{20} a_{02}}}{a_{20} - a_{02}},$$

demnach

$$\sin 2\vartheta = \frac{2\sqrt{a_{20} a_{02}}}{a_{20} + a_{02}}, \qquad \cos 2\vartheta = \frac{a_{20} - a_{02}}{a_{20} + a_{02}},$$

$$\sin \vartheta = \sqrt{\frac{a_{02}}{a_{20} + a_{02}}}, \qquad \cos \vartheta = \sqrt{\frac{a_{20}}{a_{20} + a_{02}}}$$

st, so lauten die Transformationsformeln

$$x = \mathfrak{x} \cdot \sqrt{\frac{a_{20}}{a_{20} + a_{02}}} - \mathfrak{y} \cdot \sqrt{\frac{a_{02}}{a_{20} + a_{02}}}, \qquad y = \mathfrak{x} \cdot \sqrt{\frac{a_{02}}{a_{20} + a_{02}}} + \mathfrak{y} \cdot \sqrt{\frac{a_{20}}{a_{20} + a_{02}}},$$

mithin die Gleichung der Kurve

$$(a_{20} + a_{02}) \cdot \mathfrak{x}^2 + 2 \frac{a_{10}\sqrt{a_{20}} + a_{01}\sqrt{a_{02}}}{\sqrt{a_{20} + a_{02}}} \mathfrak{x} + 2 \frac{a_{01}\sqrt{a_{20}} - a_{10}\sqrt{a_{02}}}{\sqrt{a_{20} + a_{02}}} \mathfrak{y} + a_{00} = 0.$$

Die Kurve a') ist demnach eine **Parabel** [s. **(15)** S. 24 ff.], deren Achse mit der y-Achse den Winkel ϑ einschließt, wobei $\operatorname{tg} \vartheta = \sqrt{\frac{a_{20}}{a_{02}}}$ ist. Daß die Parabel im Sonderfalle zur doppelt zu zählenden Geraden ausarten kann, sei der Vollständigkeit halber erwähnt.

Damit ist gezeigt, daß **jede Kurve zweiter Ordnung** von der Gleichung a) **ein Kegelschnitt ist.**

Der Leser bestimme selbständig Art und Lage der Kegelschnitte

$$29 x^2 + 24 x y + 36 y^2 + 92 x - 24 y - 76 = 0$$

und

$$25 x^2 + 120 x y + 144 y^2 - 572 x - 494 y + 338 = 0\,!$$

Einige Anregungen zur Untersuchung weiterer Kurven sollen diesen Abschnitt beschließen.

a) Untersuche die Kurve von der Gleichung

$$x^2 y + y^3 - 2y^2 - 2x + 2 = 0!$$

Zeige insbesondere, daß sie die x-Achse zur Asymptote hat, daß der Punkt $(1 \mid 1)$ eine Spitze mit dem Tangentenwinkel $-45°$ gegen die x-Achse, und daß der Punkt $(-1\frac{3}{5} \mid -\frac{4}{5})$ ein Wendepunkt mit der Kurvenrichtung $-\frac{2}{11}$ ist, ferner daß die Kurve einen tiefsten Punkt an der Stelle $(-1 \mid -1)$ hat. An welcher Stelle ist ihre Tangente parallel der y-Achse? $(1{,}13489 \mid 0{,}5437.)$

b) Die Kurve $2x^3 - 3axy + ay^2 = 0$ ist zu untersuchen! Zeige, daß der Nullpunkt ein Doppelpunkt mit den beiden Richtungen 0 und 3 und den beiden Krümmungshalbmessern $\frac{3}{4}a$ und $\frac{2}{2}5 a\sqrt{10}$ ist, daß die Kurve ihre höchste Stelle im Punkte $(a \mid 2a)$ und hier den Krümmungshalbmesser $\frac{a}{12}$ hat. Zeige weiter, daß die Kurve im Punkte $\left(\frac{9}{8}a \mid \frac{27}{16}a\right)$ parallel zur y-Achse läuft und hier den Krümmungshalbmesser $\frac{16}{9}a$ hat, daß das Gleichungspaar

$$x = \frac{a}{2}\mathsf{A}(3 - \mathsf{A}), \qquad y = \frac{a}{2}\mathsf{A}^2(3 - \mathsf{A})$$

eine Parameterdarstellung der Kurve ist, und daß der Flächeninhalt der Schleife, die sie bildet, $\frac{81}{80}a^2$ beträgt!

c) Die Kissoide hat die Gleichung $y^2(a - x) = x^3$; der Nullpunkt ist eine Spitze.

d) Die Kurve $x^3 + y^3 - 3axy + a^3 = 0$ hat im Punkte $(a \mid a)$ einen Einsiedlerpunkt. Verschiebe das Koordinatensystem nach diesem und zeige, daß alle übrigen Punkte der Kurve auf einer Geraden liegen! Suche eine Parametergleichung der Kurve!

e) Die Evolute der Kurve $y = \frac{x^4}{p^3}$, die in (131) S. 354 angeführt ist, und deren Gestalt in Abb. 201 b wiedergegeben ist, hat in den beiden Punkten Σ und Σ' Spitzen und in den drei Punkten D_1, D_2, D_2' Doppelpunkte. Für diese Punkte gilt folgendes:

die Koordinaten von Σ sind $\left(\frac{2\sqrt{2}}{7\sqrt[6]{7}}p \mid \frac{\sqrt[4]{7}}{4}p\right)$, die Richtung ist $-\frac{\sqrt{7}}{\sqrt{2}}$;

die Koordinaten von D_1 sind $\left(0 \mid \frac{3}{4}p\right)$, die beiden Richtungen sind $\pm\frac{\sqrt{2}}{2}$;

die Koordinaten von D_2 sind $\left(\frac{2}{7}p \, \frac{\sqrt{5\sqrt{7}-11}}{\sqrt[6]{14(3+\sqrt{7})}} \mid \frac{p}{8}(\sqrt{7}-1)\sqrt[3]{14+3\sqrt{7}}\right)$

oder $(0{,}57246p \mid 0{,}88288p)$; die beiden Richtungen sind

$$\frac{\varepsilon}{8} \cdot \sqrt{7(3+\sqrt{7})\left[11\sqrt{7}+27 - 3\varepsilon(2+\sqrt{7})\sqrt{6\sqrt{7}}\right]},$$

wobei $\varepsilon^2 = 1$ ist, die beiden Richtungswinkel $30°\,45'\,13''$ bzw. $96°\,52'\,4''$.

Wir schließen hiermit vorläufig die Lehre von den partiellen Differentialquotienten ab und gehen im nächsten Paragraphen zur Anwendung der Integralrechnung auf die Funktionen mehrerer Veränderlichen über.

§ 7. Die mehrfachen Integrale; Volumenberechnung.

(170) A. Rechtwinkliges Koordinatensystem. In (90) S. 239 ff. haben wir uns bereits mit der Ermittlung von Rauminhalten von

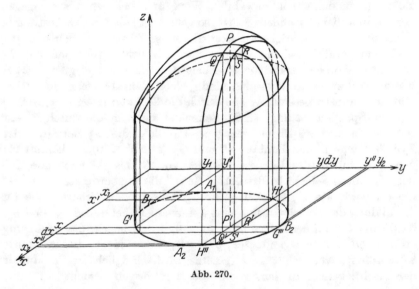

Abb. 270.

Körpern befaßt. War uns der Flächeninhalt $f(x)$ eines im Abstande x parallel zur Grundfläche des Körpers gelegten Schnittes bekannt, so fanden wir, daß der Rauminhalt V durch das Integral

$$V = \int\limits_0^h f(x)\, dx$$

bestimmt wird. Dieses Verfahren versagt jedoch, sobald sich die Flächeninhalte dieser Parallelschnitte nicht mehr ohne weiteres angeben lassen. In Abb. 270 ist ein Körper angedeutet, an dessen Abgrenzung drei verschiedene Flächen beteiligt sind: 1. die xy-Ebene; 2. eine Zylinderfläche, deren Mantellinien parallel der z-Achse sind und deren Gleichung $\varphi(x, y) = 0$ laute; 3. eine krumme Oberfläche von der Gleichung $z = f(x, y)$. Ein Punkt $P'(x\,|\,y\,|\,0)$ in der xy-Ebene sei die xy-Projektion eines Punktes P der krummen Oberfläche, dessen Koordinaten $(x\,|\,y\,|\,z = f(x, y))$ sind. An den Punkt P' schließen wir in der xy-Ebene das Rechteck $P'Q'S'R'$ an, dessen Seiten $P'Q' = dx$ und $P'R' = dy$ als unendlich klein und parallel der x- bzw. der y-Achse angenommen werden sollen. Über diesem Rechteck sei eine Säule errichtet, deren Kanten parallel der z-Achse laufen und die krumme Fläche von der Gleichung $z = f(x, y)$ in den Punkten P, Q, S, R durchstoßen. Der Inhalt dieser Säule $P'Q'S'R'PQSR$ ist, da wir sie im Grenzfalle $(dx \to 0,\ dy \to 0)$ als einen Quader von den Kantenlängen dx, dy, z ansprechen können,

$$dV = z \cdot dx \cdot dy = f(x, y) \cdot dx \cdot dy.$$

Behalten wir den einmal gewählten Wert für x bei, geben wir dagegen der Veränderlichen y andere Werte, so gehört zu jedem y eine bestimmte Säule der eben beschriebenen Art; alle diese Säulen erfüllen eine der yz-Ebene parallele Schicht, welche von den beiden zu x und $x + dx$ gehörigen Parallelebenen zur yz-Ebene aus dem vorgelegten Körper herausgeschnitten wird. Dabei sind jedoch dem Bereiche des y bestimmte Grenzen gesetzt, welche durch die Zylinderfläche $\varphi(x, y)$ und ihre xy-Spurlinie bedingt sind. Schneidet nämlich die durch P' zur y-Achse in der xy-Ebene gezogene Parallele die xy-Spurlinie der Zylinderfläche in den Punkten G' und G'' (s. Abb. 270), so kommt für den Rauminhalt des Körpers nur der von G' bis G'' reichende Teil der erwähnten Schicht in Betracht. Hat G' die y-Koordinate y' und G'' die y-Koordinate y'', so sind y' und y'' die beiden Grenzen, die für die Bildung der Schicht in Betracht kommen. Dabei müssen y' und y'', da G' und G'' auf der Kurve $\varphi(x, y) = 0$, $z = 0$ liegen, die Bedingung erfüllen $\varphi(x, y') = 0$ und $\varphi(x, y'') = 0$, wenn für x die konstante x-Koordinate von P' bzw. P gesetzt wird. Folglich ist der Inhalt der beschriebenen, zu dem gewählten x gehörigen Schicht

$$dV = \int\limits_{y=y'}^{y''} f(x, y)\, dy\, dx.$$

Lassen wir nun auch x sich ändern, so erhalten wir für jeden Wert von x eine solche zur yz-Ebene parallele Schicht. Dabei sind auch der Änderung des x Grenzen gesetzt, die ebenfalls durch die Zylinderfläche $\varphi(x, y) = 0$ bestimmt sind, und zwar erhalten wir sie zeichnerisch, indem wir an die xy-Spurlinie der Zylinderfläche parallel zur y-Achse die Tangenten legen (s. Abb. 270). Sind A_1 und A_2 ihre Berührungspunkte, und haben A_1 und A_2 die x-Koordinaten x_1 bzw. x_2, so sind diese die unterste bzw. die oberste Grenze, innerhalb deren sich y bewegen darf. Addieren wir alle diese Schichten von der Dicke dx, in welche der Körper hierdurch zerlegt wird, so erhalten wir schließlich den Rauminhalt des vorgelegten Körpers; er wird mithin analytisch dargestellt durch das **Doppelintegral**

$$V = \int\limits_{x=x_1}^{x_2} \int\limits_{y=y'}^{y''} f(x, y)\, dy\, dx. \qquad 67)$$

Formel 67) faßt die folgenden vier Operationen zusammen: 1. unbestimmte Integration nach y; 2. die Grenzen von y aus $\varphi(x, y) = 0$ berechnen und einsetzen; y ist aus dem Integral beseitigt; 3. nach x integrieren; 4. die Grenzen von x einsetzen.

Aus den vorstehenden Betrachtungen ergibt sich durch Vertauschung der Rollen der beiden Veränderlichen x und y noch ein zweiter Weg, um zum Rauminhalte des vorgelegten Körpers zu gelangen. Wenn wir nämlich alle Säulen vom Rauminhalte $f(x, y)\, dx\, dy$ unter Beibehaltung des einmal gewählten Wertes der Veränderlichen y innerhalb des Körpers summieren, so erhalten wir eine zur xz-Ebene parallele Schicht. Sie findet durch die beiden Punkte H' und H'' der Abb. 270 ihre Grenzen, in denen die zur x-Achse durch P' gezogene Parallele die xy-Spurlinie der Zylinderfläche $\varphi(x, y) = 0$ schneidet. Dabei sind die x-Koordinaten x' und x'' von H' und H'' die untere bzw. die obere Grenze für x. Somit ist der Rauminhalt dieser Schicht

$$dV = \int\limits_{x=x'}^{x''} f(x, y)\, dx \cdot dy\,.$$

Ist diese Integration ausgeführt, so enthält der Ausdruck

$$\int\limits_{x=x'}^{x''} f(x, y)\, dx \cdot dy$$

nur noch die eine Veränderliche y, da x' und x'' infolge der Gleichungen $\varphi(x', y) = 0$ und $\varphi(x'', y) = 0$ durch y ausgedrückt werden. Nun haben wir noch alle die Schichten zu addieren, in welche der Körper durch Parallelebenen zur xz-Ebene zerlegt wird. Es geschieht dies analytisch, indem wir nochmals, und zwar jetzt über y, integrieren. Die beiden Grenzen sind geometrisch als die y-Koordinaten y_1 und y_2 der Punkte B_1 und B_2 bestimmt, in welchen die zur x-Achse parallelen Tangenten an die xy-Spurlinie der Zylinderfläche $\varphi(x, y) = 0$ diese berühren. Somit ist jetzt

$$V = \int\limits_{y=y_1}^{y_2} \int\limits_{x=x'}^{x''} f(x, y)\, dx\, dy\,. \qquad 67')$$

Aus den beiden Gleichungen 67) und 67') läßt sich der Schluß ziehen, daß die Reihenfolge der Integration ohne Einfluß auf das Ergebnis ist, wenn nur der Zusammenhang zwischen den beiden Integrationsveränderlichen beachtet wird.

(171) Zur Erläuterung des Verfahrens wollen wir ein bestimmtes Beispiel ausführlich behandeln. Wir nehmen als begrenzende krumme Fläche das elliptische Paraboloid von der Gleichung

$$z = \frac{x^2}{2a} + \frac{y^2}{2b} \quad \text{[s. (151) S. 451].} \qquad \text{a)}$$

Dadurch, daß wir den begrenzenden Zylinder in verschiedener Weise wählen und dabei vom einfachsten zu immer verwickelteren Fällen fortschreiten, werden wir in das Wesen des Doppelintegrals am ˙besten eindringen können.

a) Als ersten Fall behandeln wir den Körper, der außer vom elliptischen ·Paraboloide und der xy-Ebene noch durch die xz-, die yz-Ebene und die beiden zu diesen durch P' und Q' gelegten Parallelebenen begrenzt wird (s. Abb. 271). P' habe die Koordinaten $(p|0|0)$ und Q' die Koordinaten $(0|q|0)$, P und Q selbst haben also die Koordinaten

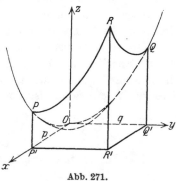

$$\left(p\,|\,0\,|\,\frac{p^2}{2a}\right) \qquad \text{bzw.} \qquad \left(0\,|\,q\,|\,\frac{q^2}{2b}\right).$$

Eine Elementarsäule hat den Rauminhalt $z \cdot dx\,dy$, in unserem Falle also

$$\left(\frac{x^2}{2a} + \frac{y^2}{2b}\right) dx\,dy\,.$$

Abb. 271.

Summieren wir diese Säulen zunächst über y unter Beibehaltung des Wertes für x, so müssen wir für jeden x-Wert als untere Grenze $y = 0$, als obere $y = q$ wählen, um den Inhalt einer Schicht, die parallel der yz-Ebene ist, zu erhalten. Ihr Inhalt ist demnach

$$\int\limits_{y=0}^{q}\left(\frac{x^2}{2a} + \frac{y^2}{2b}\right) dy\,dx\,.$$

Schließlich müssen wir alle diese Schichten summieren, wobei wir als untere Grenze $x = 0$, als obere Grenze $x = p$ zu setzen haben, so daß also der Rauminhalt des Körpers ist:

$$V = \int\limits_{x=0}^{p} \int\limits_{y=0}^{q}\left(\frac{x^2}{2a} + \frac{y^2}{2b}\right) dy\,dx\,.$$

Wir werten dieses Doppelintegral unserer Entwicklung gemäß aus. Es ist also

$$V = \int\limits_{x=0}^{p}\left[\frac{x^2 y}{2a} + \frac{y^3}{6b}\right]_{y=0}^{q} dx = \int\limits_{x=0}^{p}\left[\frac{q x^2}{2a} + \frac{q^3}{6b}\right] dx = \left[\frac{q x^3}{6a} + \frac{q^3 x}{6b}\right]_{0}^{p} = \frac{p^3 q}{6a} + \frac{p q^3}{6b}$$

$$= \frac{1}{3}\,p\,q\left(\frac{p^2}{2a} + \frac{q^2}{2b}\right),$$

$$V = \frac{1}{3}\,p\,q \cdot h_{(p\,|\,q)},$$

wenn $h_{(p\,|\,q)} = R'R = \dfrac{p^2}{2a} + \dfrac{q^2}{2b}$ die zu dem Punkte $R'(p\,|\,q)$ gehörige Höhe des Körpers ist. Da der Ausdruck für V .ind p und q Symmetrie aufweist, erkennt man, daß wir das gleiche Ergebnis erhalten hätten, wenn wir erst die Integration nach x und darauf die nach y durchgeführt hätten. Der Leser möge aber trotzdem die Mühe nicht scheuen, sich durch unmittelbares Ausrechnen hiervon zu überzeugen.

Der soeben besprochene Fall liegt insofern überaus einfach, als die Grenzen für y völlig unabhängig von der Wahl des Wertes x sind. Wie die Rechnung verläuft, wenn eine solche Abhängigkeit besteht, zeigen die folgenden Fälle.

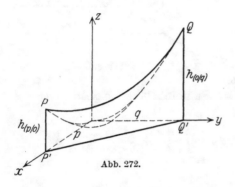

Abb. 272.

b) Der Körper möge außer dem elliptischen Paraboloid, der xy-Ebene, der xz- und der yz-Ebene die Ebene $P'PQQ'$ (s. Abbildung 272) zur Begrenzung haben. Da die Gerade $P'Q'$ der xy-Ebene die Gleichung

$$\varphi(x, y) \equiv \frac{x}{p} + \frac{y}{q} - 1 = 0$$

hat, so müssen wir, wenn wir zuerst über y integrieren wollen, für einen bestimmten Wert von x als untere Grenze von y wieder Null, als obere Grenze dagegen den sich aus $\varphi = 0$ ergebenden Wert $\dfrac{a}{p}(p - x)$ wählen. Für die zweite Integration bleiben dagegen die beiden Grenzen $x = 0$ und $x = p$ erhalten. Da der Rauminhalt einer Elementarsäule wieder wie bei a) $\left(\dfrac{x^2}{2a} + \dfrac{y^2}{2b}\right) dx\,dy$ ist, so erhalten wir für das Volumen unseres Körpers

$$V = \int\limits_{x=0}^{p} \int\limits_{y=0}^{\frac{q}{p}(p-x)} \left(\frac{x^2}{2a} + \frac{y^2}{2b}\right) dx\,dy = \int\limits_{x=0}^{p} \left[\frac{x^2 y}{2a} + \frac{y^3}{6b}\right]_{y=0}^{\frac{q}{p}(p-x)} \cdot dx$$

$$= \int\limits_{x=0}^{p} \left[\frac{x^2}{2a} \cdot \frac{q}{p}(p - x) + \frac{q^3}{p^3 \cdot 6b}(p - x)^3\right] dx$$

$$= \left[\frac{q}{6a} x^3 - \frac{q}{8ap} x^4 - \frac{q^3}{24bp^3}(p - x)^4\right]_{0}^{p}$$

$$= \frac{p^3 q}{24a} + \frac{p q^3}{24b} = \frac{pq}{12}\left[\frac{p^2}{2a} + \frac{q^2}{2b}\right] = \frac{1}{12} p q [h_{(p\,|\,0)} + h_{(0\,|\,q)}],$$

wobei $h_{(p\,|\,0)} = P'P$, $h_{(0\,|\,q)} = Q'Q$ ist.

c) Schneiden wir das elliptische Paraboloid mit einer Kreiszylinderfläche vom Grundkreishalbmesser r, dessen Achse in die z-Achse fällt,
so berechnet sich der Rauminhalt des durch den Zylindermantel, die
xy-Ebene und das Paraboloid be-
grenzten Körpers, von dem Abbildung 273 den vierten Teil zeigt,
in folgender Weise. Integrieren wir
erst über y, so sind die beiden Integrationsgrenzen, da

$$\varphi(x, y) \equiv x^2 + y^2 - r^2 = 0$$

ist:

$$-\sqrt{r^2 - x^2} \quad \text{und} \quad +\sqrt{r^2 - x^2},$$

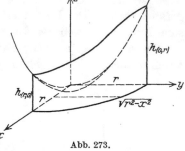

Abb. 273.

während die Grenzen der zweiten
Integration $-r$ und $+r$ sind. Der Rauminhalt ist folglich

$$V = \int\limits_{x=-r}^{+r} \int\limits_{y=-\sqrt{r^2-x^2}}^{+\sqrt{r^2-x^2}} \left(\frac{x^2}{2a} + \frac{y^2}{2b}\right) dx\, dy = \int\limits_{x=-r}^{+r} \left[\frac{x^2 y}{2a} + \frac{y^3}{6b}\right]_{y=-\sqrt{r^2-x^2}}^{+\sqrt{r^2-x^2}} dx$$

$$= 2 \int\limits_{x=-r}^{+r} \left[\frac{x^2}{2a}\sqrt{r^2 - x^2} + \frac{(r^2 - x^2)}{6b}\sqrt{r^2 - x^2}\right] dx$$

$$= \frac{1}{3ab} \int\limits_{x=-r}^{+r} (a\, r^2 + (3b - a)\, x^2)\sqrt{r^2 - x^2}\, dx$$

$$= \frac{1}{3ab} \int\limits_{x=-r}^{+r} \frac{a\, r^4 + (3b - 2a)\, r^2 x^2 + (a - 3b)\, x^4}{\sqrt{r^2 - x^2}}\, dx.$$

Setzen wir

$$A = (a - 3b), \quad B = (3b - 2a)r^2, \quad C = ar^4,$$

so haben wir zunächst das unbestimmte Integral auszuwerten

$$\int \frac{A x^4 + B x^2 + C}{\sqrt{r^2 - x^2}}\, dx = (\alpha x^3 + \beta x)\sqrt{r^2 - x^2} + \gamma \int \frac{dx}{\sqrt{r^2 - x^2}};$$

die Konstanten α, β, γ ermitteln sich hierbei nach dem in (77) S. 201
angegebenen Verfahren zu

$$\alpha = -\frac{A}{4} = \frac{3b - a}{4}, \qquad \beta = -\frac{B}{2} - \frac{3}{8} A r^2 = \frac{5a - 3b}{8} r^2,$$

$$\gamma = C + \frac{B}{2} r^2 + \frac{3}{8} A r^4 = \frac{3}{8}(a + b) r^4.$$

Es wird also $V = \dfrac{1}{3\,ab}\Big[(\alpha\,x^3 + \beta x)\,\sqrt{r^2 - x^2} + \gamma \arcsin \dfrac{x}{r}\Big]_{-r}^{+r} = \dfrac{1}{3\,ab}\cdot \gamma \cdot \pi$

$$= \frac{\pi(a+b)}{8\,ab}\,r^4 = \frac{\pi}{4}\,r^2\Big(\frac{r^2}{2a} + \frac{r^2}{2b}\Big) = \frac{F}{4}\,\big(h_{(r\,|\,0)} + h_{(0\,|\,r)}\big)$$

wobei F der Inhalt des Grundkreises und $h_{(r\,|\,0)}$ und $h_{(0\,|\,r)}$ die kürzeste bzw. die längste Zylindermantellinie sind. Zeige durch Rechnung, daß sich der gleiche Wert ergibt, wenn man statt des geraden Kreiszylinders die elliptische Zylinderfläche

$$\varphi(x,\,y) \equiv \frac{x^2}{p^2} + \frac{y^2}{q^2} - 1 = 0$$

nimmt!

d) Liegt die Achse des geraden Kreiszylinders vom Grundkreishalbmesser r parallel zur z-Achse, sonst aber beliebig — die Koordinaten des xy-Spurpunktes der Achse seien $x = p$, $y = q$ —, so ist der Rauminhalt des von der xy-Ebene, der Zylinderfläche und dem Paraboloid begrenzten Körpers

$$V = \pi r^2 \big(h_{(p\,|\,q)} + h_{(\frac{r}{2}\,|\,\frac{r}{2})}\big);$$

$h_{(p\,|\,q)}$ ist das Stück der Zylinderachse, das von der xy-Ebene bis zum Paraboloid reicht, und $h_{(\frac{r}{2}\,|\,\frac{r}{2})}$ die zum Punkte $x = \dfrac{r}{2}$, $y = \dfrac{r}{2}$ gehörige z-Koordinate des Paraboloids. Man prüfe dies durch Rechnung nach!

Als weitere Beispiele mögen die folgenden beiden behandelt werden.

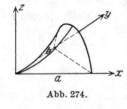

Abb. 274.

e) Die Gleichung $cz = xy$ ist nach **(151)** S. 454 die Gleichung des hyperbolischen Paraboloids, dem die x- und die y-Achse in ihrer ganzen Erstreckung angehören. Wir wollen den Rauminhalt des Körpers berechnen, der von dieser Fläche, der xy-Ebene und a) den beiden Ebenen $x = a$ und $y = b$, b) der Ebene $\dfrac{x}{a} + \dfrac{y}{b} = 1$, c) der Zylinderfläche $x^2 + y^2 - r^2 = 0$ begrenzt wird. Abb. 274 zeigt das Bild für den Fall b). Im Falle a) ist

$$V = \int\limits_{x=0}^{a} \int\limits_{y=0}^{b} \frac{xy}{c}\,dx\,dy = \int\limits_{x=0}^{a} \Big[\frac{xy^2}{2c}\Big]_{y=0}^{b}\,dx = \frac{b^2}{2c}\int\limits_{x=0}^{a} x\,dx = \frac{a^2 b^2}{4c}.$$

Im Falle b) ist

$$V = \int\limits_{x=0}^{a} \int\limits_{y=0}^{\frac{b}{a}(a-x)} \frac{xy}{c}\,dx\,dy = \int\limits_{x=0}^{a} \frac{1}{2c}\,x\,[y^2]_{y=0}^{\frac{b}{a}(a-x)}\,dx = \frac{1}{2c}\int\limits_{x=0}^{a} \frac{b^2}{a^2}(a^2 - 2ax + x^2)\,x\,dx$$

$$= \frac{b^2}{2a^2 c}\Big[\frac{a^2 x^2}{2} - \frac{2}{3}\,ax^3 + \frac{x^4}{4}\Big]_{0}^{a} = \frac{a^2 b^2}{24c}.$$

Im Falle c) ist

$$V = \int\limits_{x=0}^{r} \int\limits_{y=0}^{\sqrt{r^2-x^2}} \frac{xy}{c}\, dx\, dy = \frac{1}{2c}\int\limits_{x=0}^{r} x\,[y^2]_0^{\sqrt{r^2-x^2}}\, dx = \frac{1}{2c}\int\limits_{x=0}^{r} (r^2 x - x^3)\, dx$$

$$= \frac{1}{2c}\left[\frac{r^2 x^2}{2} - \frac{x^4}{4}\right]_0^r = \frac{r^4}{8c}\,.$$

Unter einem **Zylinderhuf** versteht man einen Körper, der von dem Mantel eines geraden Kreiszylinders, seiner Grundfläche und einer Ebene begrenzt wird, welche durch den Mittelpunkt des Grundkreises geht. Es sei a der Grundkreishalbmesser und h die längste Mantellinie des Zylinderhufes (Abb. 275). Um zu seinem Rauminhalte zu gelangen, zerlegen wir den Körper durch Parallelebenen sowohl zur xz-Ebene als auch zur yz-Ebene in eine Schar von Säulen, deren Grundfläche nach den Ausführungen von **(170)** $dx \cdot dy$ ist, und deren Höhe z sich aus den ähnlichen Dreiecken $XP'P \backsim OA'A$ der Abb. 275 durch die Proportion $z:y = h:a$ zu $\frac{h}{a}\,y$ ergibt; ihr Inhalt ist also

$$\frac{h}{a}\,y\, dx\, dy\,.$$

Summieren wir diese zunächst über y, so sind die Integrationsgrenzen $y = 0$ und $XU = y = \sqrt{a^2 - x^2}$, während für die Summation der dadurch entstehenden, parallel zur yz-Ebene gestellten Schichten die Integrationsgrenzen $x = -a$ und $x = +a$ sind. Wir erhalten somit

$$V = \int\limits_{x=-a}^{+a} \int\limits_{y=0}^{\sqrt{a^2-x^2}} \frac{h}{a}\,y\, dy\, dx = \frac{h}{a}\int\limits_{x=-a}^{+a} \left[\frac{y^2}{2}\right]_0^{\sqrt{a^2-x^2}}\, dx$$

$$= \frac{h}{2a}\int\limits_{x=-a}^{+a} (a^2 - x^2)\, dx = \frac{h}{2a}\left[a^2 x - \frac{x^3}{3}\right]_{-a}^{+a} = \frac{2}{3}\,a^2 h\,.$$

Summieren wir dagegen die Elementarsäulen zunächst über x, so sind die Integrationsgrenzen $x = -\sqrt{a^2 - y^2}$ für Q' und $x = +\sqrt{a^2 - y^2}$ für Q'' und für die Summation der dadurch entstandenen, parallel zur xz-Ebene gestellten Schichten $y = 0$ und $y = OA' = a$. Wir erhalten jetzt für den Inhalt des Zylinderhufes

$$V = \int\limits_{y=0}^{a} \int\limits_{x=-\sqrt{a^2-y^2}}^{+\sqrt{a^2-y^2}} \frac{h}{a}\,y\, dx\, dy = \int\limits_{y=0}^{a} \frac{h}{a}\,y\,[x]_{-\sqrt{a^2-y^2}}^{+\sqrt{a^2-y^2}}\, dy$$

$$= 2\frac{h}{a}\int\limits_{y=0}^{a} y\,\sqrt{a^2 - y^2}\, dy = \frac{-2}{3}\frac{h}{a}\left[\sqrt{a^2 - y^2}^{\,3}\right]_0^c\,,$$

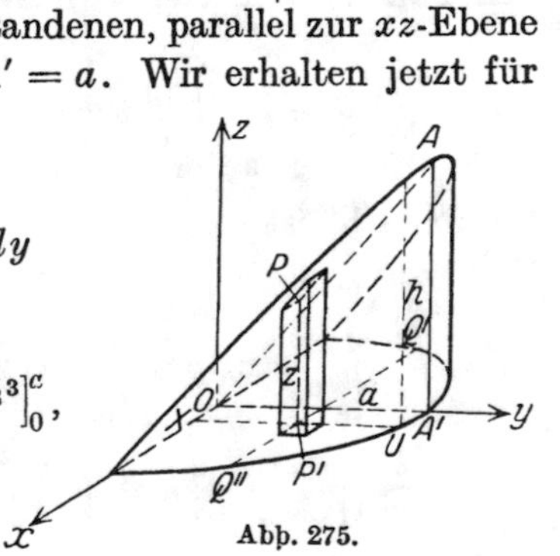

Abb. 275.

also ebenfalls $V = \frac{2}{3}\,a^2 h\,.$

(172) Fassen wir zusammen, so können wir sagen: Der Rauminhalt eines Körpers wird durch das Doppelintegral $V = \int\int z\, dx\, dy$ berechnet, wobei die Integrationsgrenzen durch die Art der Begrenzung des Körpers bestimmt sind. Wir sind zu diesem Ergebnis dadurch gelangt, daß wir den Körper durch Parallelebenen zur yz-Ebene in **Elementarschichten** und diese wiederum durch Parallelebenen zur xz-Ebene in **Elementarsäulen** zerlegt haben, welche parallel zur z-Achse sind; ihre Höhe ist z und ihre Grundfläche $dx \cdot dy$. Wir können nun auch diese Elementarsäulen noch teilen, indem wir sie durch eine dritte Schar von Ebenen parallel zur xy-Ebene und in **Elementarquader** von den Kantenlängen dx, dy, dz zerlegen. Indem wir nun diese Elementarquader vom Inhalte $dx\, dy\, dz$ wieder summieren, erhalten wir den Inhalt des Körpers. In welcher Reihenfolge dies geschieht, ist hierbei gleichgültig; wir werden durch Integration über eine der drei Veränderlichen x, y, z die Elementarquader zu Elementarsäulen, diese durch Integration über eine zweite Veränderliche zu Elementarschichten und diese schließlich durch Integration über die dritte Veränderliche zum Körper vereinigen. Wir erkennen somit, daß der Rauminhalt eines Körpers durch das **dreifache Integral**

$$V = \int\int\int dx\, dy\, dz \qquad\qquad 68)$$

ausgedrückt werden kann, wobei sich die Integrationsgrenzen durch die Begrenzung des Körpers ergeben. In Formel 68) treten im Gegensatze zu 67) die drei Veränderlichen gleichberechtigt auf, das hat den Vorteil, daß nicht unbedingt die xy-Ebene einen Teil der Begrenzung bilden muß.

Zur Erläuterung dieser Ausführungen wollen wir nochmals den Inhalt des **Zylinderhufes** (s. S. 539, Abb. 275) berechnen. Es ist

$$V = \int\int\int dx\, dy\, dz\, .$$

Wenn wir zuerst die Elementarquader in Richtung der z-Achse zur Elementarsäule summieren, so erhalten wir

$$V = \int\int [z]_0^{\frac{h}{a}y}\, dx\, dy = \int\int \frac{h}{a} y\, dx\, dy\, ,$$

das führt also auf den oben beschrittenen Weg. Addieren wir dagegen die Elementarquader zu Säulen, welche parallel der x-Achse sind, so müssen wir als untere Grenze wählen $x = -\sqrt{a^2 - y^2}$, als obere $x = +\sqrt{a^2 - y^2}$, und wir erhalten

$$V = \int\int\int dx\, dy\, dz = \int\int [x]_{-\sqrt{a^2-y^2}}^{+\sqrt{a^2-y^2}}\, dy\, dz = 2\int\int \sqrt{a^2 - y^2}\, dy\, dz\, .$$

Nun bieten sich zwei Wege dar: wir summieren entweder zu Elementarschichten, die parallel der xz- oder parallel der xy-Ebene sind. Im ersten

Falle würden wir für z als untere Grenze $z = 0$, als obere $z = \dfrac{h}{a} y$ zu setzen haben, so daß sich ergibt

$$V = 2\int \left[\sqrt{a^2 - y^2} \cdot z\right]_{z=0}^{\frac{h}{a}y} dy = 2\frac{h}{a}\int y\sqrt{a^2 - y^2}\, dy$$

in Übereinstimmung mit dem Ergebnisse von S. 539. Schlagen wir dagegen den zweiten Weg ein, den der Integration über y, so müssen wir als untere Grenze $y = \dfrac{a}{h}z$, als obere $y = a$ wählen, und da nach T II 13)

$$\int \sqrt{a^2 - y^2}\, dy = \frac{a^2}{2}\arcsin\frac{y}{a} + \frac{y}{2}\sqrt{a^2 - y^2}$$

ist, so ergibt sich

$$V = 2\int \left[\frac{a^2}{2}\arcsin\frac{y}{a} + \frac{y}{2}\sqrt{a^2 - y^2}\right]_{\frac{a}{h}z}^{a} dz$$

$$= \int \left[\frac{\pi}{2}a^2 - a^2\arcsin\frac{z}{h} - \frac{a}{h}z\sqrt{a^2 - \frac{a^2}{h^2}z^2}\right] dz$$

$$= \int \left(\frac{\pi}{2}a^2 - a^2\arcsin\frac{z}{h} - \frac{a^2}{h^2}z\sqrt{h^2 - z^2}\right) dz,$$

wobei der Integrand der Inhalt der der xy-Ebene parallelen Schicht ist. Um diese Schichten noch zu summieren, müssen wir zuletzt noch das Integral nach z in den Grenzen $z = 0$ bis $z = h$ auswerten; wir erhalten mit Hilfe der Formel T III 18), und da

$$\int z\sqrt{h^2 - z^2}\, dz = -\tfrac{1}{3}\sqrt{h^2 - z^2}^3 \quad \text{ist,}$$

$$V = \left[\frac{\pi}{2}a^2 z - a^2 z\arcsin\frac{z}{h} - a^2\sqrt{h^2 - z^2} + \frac{a^2}{3h^2}\sqrt{h^2 - z^2}^3\right]_0^h$$

$$= \left(\frac{\pi}{2}a^2 h - \frac{\pi}{2}a^2 h + a^2 h - \frac{1}{3}a^2 h\right) = \frac{2}{3}a^2 h$$

in Übereinstimmung mit dem Ergebnis von S. 539.

Eine Integration in der Reihenfolge x, y, z führt, wie man sich leicht überzeugt, zu dem gleichen Ergebnisse.

Das Beispiel des Zylinderhufes zeigt, daß die Reihenfolge der Integrationen zwar ohne Einfluß auf das endgültige Ergebnis der Volumenberechnung ist, aber die Ausführung der Integration durch den Weg mitunter stark beeinflußt wird. Für die Berechnung ist es also durchaus nicht gleichgültig, welche Reihenfolge man wählt. Häufig wird die Durchführung der Integration auch dadurch wesentlich erleichtert, daß man das rechtwinklige Koordinatensystem überhaupt verläßt und zu einem anderen, beispielsweise einem räumlichen Polarkoordinatensystem übergeht.

(173) B. Volumenberechnung im zylindrischen Koordinatensystem.
Sind ϱ, φ, z die zylindrischen Koordinaten eines Punktes (s. Abbildung 276), und gibt man diesen je einen Zuwachs $d\varrho$, $d\varphi$, dz, so
schließt sich an den Punkt P ein Körperelement an, das begrenzt wird
von zwei zur xy-Ebene parallelen Ebenen vom Abstande z und $z + dz$
von der xy-Ebene, also dem gegenseitigen Abstande dz, ferner von
zwei die z-Achse enthaltenden Ebenen, die mit der xz-Ebene die Winkel φ
bzw. $\varphi + d\varphi$, gegenseitig also den Winkel $d\varphi$ einschließen, und schließlich von den Mänteln zweier gerader Kreiszylinder, deren Achse die

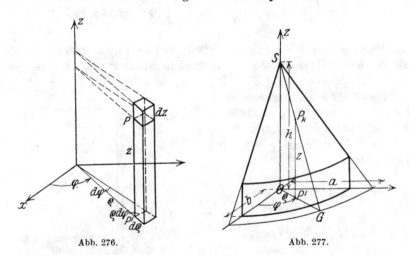

Abb. 276.   Abb. 277.

z-Achse ist und deren Grundkreishalbmesser ϱ und $\varrho + d\varrho$ sind. Das
Körperelement kann bei den unendlich kleinen Ausdehnungen, die es
hat, als ein unendlich kleiner Quader angesehen werden, dessen Kanten
$d\varrho$, $\varrho \cdot d\varphi$ und dz sind, dessen Rauminhalt also $\varrho\, d\varphi\, d\varrho\, dz$ ist. Durch
dreifache Summierung dieser Quader, also durch dreifache Integration
nach ϱ, φ, z, erhält man den Rauminhalt eines Körpers; die Integrationsgrenzen sind dabei jeweilig durch die Begrenzung des Körpers be-
stimmt. Die Formel für den Rauminhalt des Körpers lautet demnach
in zylindrischen Polarkoordinaten

$$V = \int\int\int \varrho\, d\varrho\, d\varphi\, dz.\qquad 69)$$

Einige einfache Beispiele sollen die Verwendung dieser Formel erläutern.

a) In Abb. 277 ist ein Umdrehungskegel von der Höhe h und dem
Grundkreishalbmesser a gezeichnet, dessen Achse mit der z-Achse zusammenfällt und dessen Grundfläche auf der xy-Ebene liegt, ferner
ein gleichachsiger Zylinder vom Grundkreishalbmesser $b < a$. Der
Inhalt des beiden Körpern gemeinsamen Stückes soll berechnet werden.

Es ist nach 69) $V = \int\int\int \varrho\, d\varrho\, d\varphi\, dz$. Dabei ist die Reihenfolge des Integrierens beliebig. Integrieren wir beispielsweise erst über z, so heißt das geometrisch, daß wir die Elementarquader zu Säulen summieren, die parallel zur z-Achse sind. Diese Säulen reichen von der xy-Ebene bis zum Kegelmantel; die untere Grenze ist daher $z = 0$, die obere $z = \dfrac{a - \varrho}{a} h$. (Vgl. die Ähnlichkeit der Dreiecke OGS und $P'GP_K$.) Da weiter $\int dz = z$ ist, so ist

$$V = \int\int \varrho\, d\varrho\, d\varphi \cdot [z]_0^{\frac{a-\varrho}{a}h} = \frac{h}{a}\int\int (a - \varrho)\,\varrho\, d\varrho\, d\varphi\,.$$

Behalten wir nun φ konstant bei, verändern also ϱ, so summieren wir alle Säulen, welche zwischen den beiden durch φ und $\varphi + d\varphi$ bestimmten Ebenen liegen. Die Summe dieser Säulen ist eine nach der z-Achse keilförmig zulaufende Schicht. Die untere Grenze für ϱ ist $\varrho = 0$, die obere $\varrho = b$, und wir erhalten

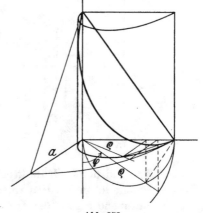

$$V = \frac{h}{a}\int \left[\frac{a\,\varrho^2}{2} - \frac{\varrho^3}{3} \right]_0^b d\varphi$$

$$= \int \frac{h\,b^2}{6a}(3a - 2b)\, d\varphi$$

$$= \frac{h\,b^2}{6a}(3a - 2b)\int d\varphi\,.$$

Schließlich haben wir noch alle diese Schichten zu summieren; dies

geschieht durch Integration über φ, wobei die untere Grenze $\varphi = 0$, die obere $\varphi = 2\pi$ ist. Es ist also

$$V = \frac{h\,b^2}{6a}(3a - 2b)\,[\varphi]_0^{2\pi} = \frac{\pi}{3}\,\frac{h\,b^2}{a}(3a - 2b)\,.$$

b) Ist der Grundkreisdurchmesser des Zylinders gleich dem Grundkreishalbmesser des Kegels, also $2b = a$, und die Kegelachse zugleich Zylindermantellinie, so erhält man den Inhalt des beiden Körpern gemeinsamen Stückes, von dem Abb. 278 die eine Hälfte zeigt, in folgender Weise. Integriert man wiederum erst über z, so hat man ebenso wie in a) als untere Grenze $z = 0$, also obere $z = \dfrac{a - \varrho}{a} h$ zu setzen. Integriert man sodann über ϱ, so muß man als untere Grenze

$\varrho = 0$, als obere dagegen $\varrho = a \sin \varphi$ (s. Abb.!) wählen, während die Grenzen von $\varphi\, 0$ und π sind. Es ist mithin

$$V = \int\limits_{\varphi=0}^{\pi} \int\limits_{\varrho=0}^{a\sin\varphi} \int\limits_{z=0}^{\frac{a-\varrho}{a}h} \varrho\, d\varrho\, d\varphi\, dz = \int\limits_{\varphi=0}^{\pi} \int\limits_{\varrho=0}^{a\sin\varphi} [z]_0^{\frac{a-\varrho}{a}h}\, \varrho\, d\varrho\, d\varphi$$

$$= \frac{h}{a} \int\limits_{\varphi=0}^{\pi} \int\limits_{\varrho=0}^{a\sin\varphi} (a - \varrho)\, \varrho\, d\varrho\, d\varphi = \frac{h}{a} \int\limits_{\varphi=0}^{\pi} \left[\frac{a\varrho^2}{2} - \frac{\varrho^3}{3}\right]_0^{a\sin\varphi} d\varphi$$

$$= \frac{a^2 h}{6} \int\limits_{\varphi=0}^{\pi} (3 \sin^2 \varphi - 2 \sin^3 \varphi)\, d\varphi$$

$$= \frac{a^2 h}{6} \left[\frac{3}{2} \varphi - \frac{3}{2} \sin \varphi \cos \varphi + 2 \cos \varphi - \frac{2}{3} \cos^3 \varphi\right]_0^{\pi},$$

$$V = \frac{a^2 h}{6} \left[\frac{3}{2} \pi - 2 + \frac{2}{3} - 2 + \frac{2}{3}\right] = \frac{a^2 h}{36} (9 \pi - 16).$$

Da der Zylinder von der Höhe h und dem Grundkreishalbmesser $\frac{a}{2}$ den Inhalt $\frac{\pi}{4}\, a^2 h$ hat, so hat der aus dem Kegel herausragende Teil des Zylinders den Inhalt

$$V' = \tfrac{4}{9}\, a^2 h.$$

c) Es ist der Rauminhalt des Körpers zu berechnen, den zwei Zylinder gemeinsam haben, deren Achsen sich unter einem rechten Winkel schneiden (s. Abb. 279). Der eine Zylinder habe seine Achse in der y-Achse und den Grundkreishalbmesser a, der andere habe sie in der z-Achse und den Grundkreishalbmesser $b < a$. Integrieren wir zuerst über z, so haben wir als untere Grenze $z = 0$, als obere $z = \sqrt{a^2 - \varrho^2 \cos^2 \varphi}$ zu setzen; letzteres erkennt man aus dem Schnitte $MCPD$ in Abbildung 279, in welchem

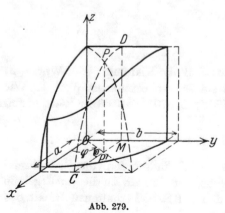

Abb. 279.

$$P'P = \sqrt{\overline{MP}^2 - \overline{MP'}^2}$$
$$= \sqrt{a^2 - \varrho^2 \cos^2 \varphi}$$

ist. Sodann ist über ϱ zu integrieren; die untere Grenze ist $\varrho = 0$, die obere $\varrho = b$. Schließlich wird über φ zwischen den Grenzen

$\varphi = 0$ und $\varphi = \dfrac{\pi}{2}$ integriert. Damit haben wir aber erst den Inhalt des achten Teiles des gemeinsamen Körperstücks berechnet. Es ist mithin

$$V = 8 \int\limits_{\varphi=0}^{\frac{\pi}{2}} \int\limits_{\varrho=0}^{b} \int\limits_{z=0}^{\sqrt{a^2 - \varrho^2 \cos^2\varphi}} \varrho \, d\varrho \, d\varphi \, dz = 8 \int\limits_{\varphi=0}^{\frac{\pi}{2}} \int\limits_{\varrho=0}^{b} [z]_0^{\sqrt{a^2 - \varrho^2 \cos^2\varphi}} \varrho \, d\varrho \, d\varphi$$

$$= 8 \int\limits_{\varphi=0}^{\frac{\pi}{2}} \int\limits_{\varrho=0}^{b} \sqrt{a^2 - \varrho^2 \cos^2\varphi} \; \varrho \, d\varrho \, d\varphi = -\frac{8}{3} \int\limits_{\varphi=0}^{\frac{\pi}{2}} \frac{1}{\cos^2\varphi} \Big[\sqrt{a^2 - \varrho^2 \cos^2\varphi}^{\,3} \Big]_0^b \, d\varphi$$

$$= \frac{8}{3} \int\limits_{\varphi=0}^{\frac{\pi}{2}} \left(\frac{a^3 - \sqrt{a^2 - b^2 \cos^2\varphi}^{\,3}}{\cos^2\varphi} \right) d\varphi \, .$$

Das letzte Integral läßt sich in dieser allgemeinen Form mit unseren bisherigen Mitteln nicht auswerten. Beschränken wir uns jedoch auf den Sonderfall, daß beide Zylinder den gleichen Grundkreishalbmesser a haben, so geht das Integral über in

$$V = \frac{8}{3} a^3 \int\limits_{\varphi=0}^{\frac{\pi}{2}} \frac{1 - \sin^3\varphi}{\cos^2\varphi} \, d\varphi = \frac{8}{3} a^3 \left| \int \frac{1}{\cos^2\varphi} \, d\varphi - \int d\cos\varphi + \int \frac{d\cos\varphi}{\cos^2\varphi} \right]_{\varphi=0}^{\frac{\pi}{2}}$$

$$= \frac{8}{3} a^3 \left[\operatorname{tg}\varphi - \cos\varphi - \frac{1}{\cos\varphi} \right]_0^{\frac{\pi}{2}},$$

$$V = \frac{8}{3} a^3 \left[\frac{\sin\varphi - \cos^2\varphi - 1}{\cos\varphi} \right]_0^{\frac{\pi}{2}} .$$

Setzen wir die untere Grenze ein, so erhält die Klammer [ ] den Wert -2; für die obere Grenze dagegen hat sie den unbestimmten Wert $\frac{0}{0}$. Wir werden jedoch später sehen [s. (202) S. 670], daß dieser Wert gleich Null ist, so daß wir erhalten:

$$V = \tfrac{16}{3} a^3 \, .$$

Da in diesem Falle der Körper aus acht Zylinderhufen vom Grundkreishalbmesser a und der Höhe a besteht, konnten wir zu diesem Ergebnis auch dadurch gelangen, daß wir den auf S. 539 erhaltenen Inhalt des Zylinderhufes mit 8 multiplizierten.

d) Gegeben sei eine Umdrehungszylinderfläche vom Grundkreisdurchmesser a; um einen Punkt einer Mantellinie werde die Kugelfläche vom Halbmesser a geschlagen. Der vom Zylindermantel und

der Kugelfläche begrenzte Körper, von dem Abb. 280 ein Viertel darstellt, hat einen Rauminhalt, der sich berechnet zu

$$V = 4 \int\limits_{\varphi=0}^{\frac{\pi}{2}} \int\limits_{\varrho=0}^{a\sin\varphi} \int\limits_{z=0}^{\sqrt{a^2-\varrho^2}} \varrho\, d\varrho\, dz\, d\varphi = \tfrac{2}{9} a^3 (3\pi - 4)\,.$$

Der Restkörper, der sich ergibt, wenn man aus der Halbkugel den
soeben berechneten zylindrischen Körper ausbohrt, hat mithin einen

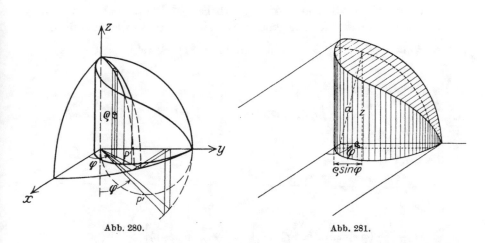

Abb. 280. Abb. 281.

Inhalt $V = \tfrac{8}{9} a^3$, ist also gleich dem eines Quaders, dessen Höhe der
Durchmesser $2a$ der Kugel und dessen Grundfläche ein Quadrat von
der Seitenlänge $\tfrac{2}{3} a$ ist. Man prüfe das Ergebnis nach!

e) Tritt an die Stelle der Kugel der Aufgabe d) eine Umdrehungs-
zylinderfläche, deren Grundkreishalbmesser gleich a ist, und deren
Achse den Mantel der ersten Zylinderfläche berührt, wobei sich die
Achsen beider Flächen unter einem rechten Winkel kreuzen, so um-
schließen beide einen Körper, von dem Abb. 281 ein Viertel andeutet.
Sein Inhalt ergibt sich zu

$$V = 4 \int\limits_{\varphi=0}^{\frac{\pi}{2}} \int\limits_{\varrho=0}^{a\sin\varphi} \int\limits_{z=0}^{\sqrt{a^2-\varrho^2\sin^2\varphi}} \varrho\, d\varrho\, d\varphi\, dz\,.$$

Der Leser bemühe sich selbst um die Auswertung dieses Integrals.

$$\left[V = \frac{a^3}{6}\left(11\sqrt{2} - 9\,\mathfrak{Ar}\,\mathfrak{Sin}\,1\right) = 1{,}2707\, a^3 \right]$$

f) Es soll der Inhalt des Körpers berechnet werden, der von der xy-Ebene, der Zylinderfläche von der Gleichung $x^2 + y^2 = r^2$ oder $\varrho = r$ und dem hyperbolischen Paraboloid von der Gleichung

$$z = \frac{x^2}{2a} - \frac{y^2}{2b}$$

begrenzt wird (s. a. Aufg. S. 538, Abb. 274!). Es ist, da

$$x = .\varrho \cos\varphi, \quad y = \varrho \sin\varphi$$

ist, und da die xy-Spurlinie des hyperbolischen Paraboloids aus zwei zur x-Achse symmetrisch liegenden Geraden besteht, welche mit ihr den Winkel $\pm \operatorname{arctg}\sqrt{\dfrac{a}{b}}$ einschließen [s. **(151)** S. 452].

$$V = 2\int\limits_{\varphi=0}^{\operatorname{arctg}\sqrt{\frac{b}{a}}} \int\limits_{\varrho=0}^{r} \int\limits_{z=0}^{\varrho^2\left(\frac{\cos^2\varphi}{2a} - \frac{\sin^2\varphi}{2b}\right)} \varrho\, d\varrho\, dz\, d\varphi = 2\int\limits_{\varphi=0}^{\operatorname{arctg}\sqrt{\frac{b}{a}}} \int\limits_{\varrho=0}^{r} \varrho^3\left(\frac{\cos^2\varphi}{2a} - \frac{\sin^2\varphi}{2b}\right) d\varrho\, d\varphi$$

$$= \int\limits_{\varphi=0}^{\operatorname{arctg}\sqrt{\frac{b}{a}}} \left[\frac{\varrho^4}{4}\left(\frac{\cos^2\varphi}{a} - \frac{\sin^2\varphi}{b}\right)\right]_0^r d\varphi$$

$$= \frac{r^4}{4}\left[\frac{1}{2a}(\varphi + \sin\varphi\cos\varphi) - \frac{1}{2b}(\varphi - \sin\varphi\cos\varphi)\right]_0^{\operatorname{arctg}\sqrt{\frac{b}{a}}}$$

$$= \frac{r^4}{8ab}\left[(b-a)\operatorname{arctg}\sqrt{\frac{b}{a}} + (b+a)\frac{\sqrt{ab}}{a+b}\right],$$

$$V = \frac{r^4}{8ab}\left[\sqrt{ab} + (b-a)\operatorname{arctg}\sqrt{\frac{b}{a}}\right].$$

Für $b = a = c$ ergibt sich hieraus die in **(171)** S. 539 gewonnene Formel

$$V = \frac{r^4}{8c}.$$

(174)   C. Volumenberechnung im sphärischen Koordinatensystem. Wir haben gesehen, daß die Verwendung der zylindrischen Koordinaten besonders dann von Wert ist, wenn zur Begrenzung des Körpers der Mantel eines geraden Kreiszylinders gehört. Ganz entsprechend wird die Benützung der sphärischen Koordinaten dann angebracht sein, wenn Teile einer Kugelfläche an der Begrenzung teilhaben. — Ein Punkt ist durch seine sphärischen Koordinaten $(r\,|\,\lambda\,|\,\varphi)$ bestimmt; gibt man diesen die Zuwüchse dr, $d\lambda$, $d\varphi$, so werden sieben weitere Punkte bestimmt, nämlich die Punkte mit den Koordinaten

$$(r|\lambda|\varphi + d\varphi)\,, \quad (r|\lambda + d\lambda|\varphi)\,, \quad (r|\lambda + d\lambda|\varphi + d\varphi)\,,$$
$$(r + dr|\lambda|\varphi)\,, \quad (r + dr|\lambda|\varphi + d\varphi)\,, \quad (r + dr|\lambda + d\lambda|\varphi)\,,$$
$$(r + dr|\lambda + d\lambda|\varphi + d\varphi)\,.$$

Die acht Punkte bilden die Ecken eines in Abb. 282 dargestellten Körperelementes, das man, da dr, $d\varphi$, $d\lambda$ unendlich kleine Größen darstellen, als einen Quader mit unendlich kleinen Längenausdehnungen auffassen kann; die Kanten dieses Elementarquaders haben die Längen

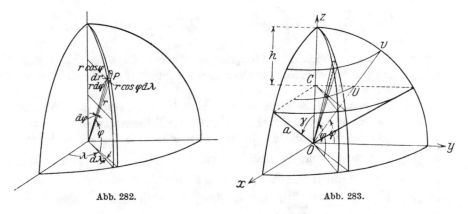

Abb. 282.   Abb. 283.

dr, $r \cdot d\varphi$, $r\cos\varphi \cdot d\lambda$, so daß sein Rauminhalt ist $r^2\cos\varphi\, dr\, d\varphi\, d\lambda$. Durch Integration erhält man dann den Rauminhalt eines vorgelegten Körpers mittels der Formel

$$V = \int\int\int r^2 \cos\varphi\, dr\, d\varphi\, d\lambda\,, \qquad 70)$$

wobei sich wieder die Integrationsgrenzen aus der Art der Begrenzung des Körpers ergeben. Auch die Reihenfolge der Integrationen ist wieder ohne Belang für das Ergebnis; sie sagt nur aus, in welcher Weise die Elementarquader zum Körper vereinigt werden. Integriert man beispielsweise erst über r, so würde das, da λ und φ unverändert bleiben, geometrisch eine Vereinigung der Elementarquader zu einer vierseitigen Elementarpyramide bedeuten, deren Spitze in O liegt und deren Grundfläche ein Rechteck mit den Seiten $r \cdot d\varphi$ und $r\cos\varphi \cdot d\lambda$ ist. Integriert man sodann über φ, so bedeutet dies geometrisch die Vereinigung solcher Elementarpyramiden zu einer keilförmig zulaufenden Elementarschicht, deren Schneide in der z-Achse liegt. Die Integration über λ schließlich bedeutet geometrisch die Summation dieser Schichten zum Körper. Der Leser möge sich selbst darüber klar werden, welche geometrische Bedeutung den übrigen fünf Integrationsfolgen zukommt.

a) Ist beispielsweise der **Rauminhalt des Kugelausschnittes** vom Öffnungswinkel γ in der Kugel (Abb. 283) vom Halbmesser a zu berechnen, so hat man als Grenzen für $r: r = 0$ und $r = a$, als Grenzen für $\varphi: \varphi = \dfrac{\pi}{2} - \gamma$ und $\varphi = \dfrac{\pi}{2}$, als Grenzen für $\lambda: \lambda = 0$ und $\lambda = 2\pi$ zu setzen. Es ergibt sich mithin

$$V = \int\limits_{\lambda=0}^{2\pi} \int\limits_{\varphi=\frac{\pi}{2}-\gamma}^{\frac{\pi}{2}} \int\limits_{r=0}^{a} r^2 \cos\varphi \, dr \, d\varphi \, d\lambda = \int\limits_{\lambda=0}^{2\pi} \int\limits_{\varphi=\frac{\pi}{2}-\gamma}^{\frac{\pi}{2}} \left[\frac{r^3}{3}\right]_0^a \cos\varphi \, d\varphi \, d\lambda$$

$$= \frac{a^3}{3} \int\limits_{\lambda=0}^{2\pi} [\sin\varphi]_{\frac{\pi}{2}-\gamma}^{\frac{\pi}{2}} \, d\lambda = \frac{a^3}{3} \cdot (1 - \cos\gamma) \cdot [\lambda]_0^{2\pi} = \frac{2}{3}\pi a^3 (1 - \cos\gamma)\,.$$

Da $a(1 - \cos\gamma)$ gleich der Höhe der zu diesem Kugelausschnitt gehörigen Kappe ist, so erhält man für den Rauminhalt des Ausschnittes die bekannte Formel $V = \frac{2}{3}\pi a^2 h$.

b) Will man den **Rauminhalt des Kugelabschnittes** berechnen, so hat man, wenn man ihn nicht einfacher als Differenz zwischen Ausschnitt und Kegel ermitteln will, als untere Grenze für r den Wert $a \cdot \dfrac{\cos\gamma}{\sin\varphi}$ zu setzen; denn in Abb. 283 stellt OU die untere Grenze des zu einem bestimmten φ gehörigen r, OV die obere Grenze dar, und es ist $OU = \dfrac{OC}{\sin\varphi} = a\dfrac{\cos\gamma}{\sin\varphi}$. Die übrigen Grenzen bleiben dieselben wie in a. Man erhält mithin

$$V = \int\limits_{\lambda=0}^{2\pi} \int\limits_{\varphi=\frac{\pi}{2}-\gamma}^{\frac{\pi}{2}} \int\limits_{r=a\frac{\cos\gamma}{\sin\varphi}}^{a} r^2 \cos\varphi \, dr \, d\varphi \, d\gamma = \int\limits_{\lambda=0}^{2\pi} \int\limits_{\varphi=\frac{\pi}{2}-\gamma}^{\frac{\pi}{2}} \left[\frac{r^3}{3}\right]_{a\frac{\cos\gamma}{\sin\varphi}}^{a} \cos\varphi \, dr \, d\varphi \, d\gamma$$

$$= \frac{a^3}{3} \int\limits_{\lambda=0}^{2\pi} \int\limits_{\varphi=\frac{\pi}{2}-\gamma}^{\frac{\pi}{2}} \left(1 - \frac{\cos^3\gamma}{\sin^3\varphi}\right) \cos\varphi \, d\varphi \, d\gamma = \frac{a^3}{3} \int\limits_{\lambda=0}^{2\pi} \left[\sin\varphi + \frac{\cos^3\gamma}{2\sin^2\varphi}\right]_{\frac{\pi}{2}-\gamma}^{\frac{\pi}{2}} d\lambda$$

$$= \frac{a^3}{3} \int\limits_{\lambda=0}^{2\pi} \left(1 + \frac{\cos^3\gamma}{2} - \cos\gamma - \frac{\cos\gamma}{2}\right) d\lambda = \frac{1}{3}\pi a^3 (2 - 3\cos\gamma + \cos^3\gamma)$$

oder

$$V = \frac{\pi}{3} a^3 (1 - \cos\gamma)^2 (2 + \cos\gamma) = \frac{\pi}{3} h^2 (3a - h)\,.$$

Die **Berechnung krummer Oberflächen**, die ebenfalls auf Doppelintegrale führt, sei auf ein späteres Kapitel aufgeschoben, da sie mit

der erst später zu behandelnden Frage der Tangentialebenen aufs engste
zusammenhängt. Hier sollen einige technische Anwendungen der mehrfachen Integrale folgen.

§ 8. Mehrfache Integrale: Schwerpunkt, Trägheitsmoment von Körpern; resultierende Kräfte.

(175) **A. Schwerpunkt von Körpern.** Wir haben uns schon in **(92)**
bis **(94)** mit der Ermittlung des Schwerpunktes befaßt; die dort entwickelte Lehre soll jetzt auf Körper erweitert werden. Während wir
jedoch bei den ebenen Flächen und Kurven die zur Ermittlung der
Lage des Schwerpunktes erforderlichen statischen Momente auf Gerade
bezogen, die in der Ebene des betreffenden Gebildes lagen, die sog.
Momentenachsen, müssen wir jetzt bei räumlichen Gebilden die
statischen Momente auf Ebenen, die Momentenebenen, beziehen.

Wir zerlegen demgemäß den Körper von der Masse V in Körperelemente dV, bestimmen, wenn wir als Momentenebene die xy-Ebene
wählen, das statische Moment des Elementes dV bezüglich der xy-Ebene,
indem wir dV mit seinem Abstande z von der xy-Ebene multiplizieren,
und bilden sodann die Summe der statischen Momente aller dV; diese
ist das statische Moment des Körpers V bezüglich der xy-Ebene. Der
analytische Ausdruck hierfür ist demnach

$$M_{xy} = \int z \cdot dV.$$

Hat nun der Schwerpunkt S dieses Körpers von der xy-Ebene den
Abstand ζ, so muß nach unseren früheren Ausführungen sein

$$M_{xy} = \zeta \cdot V,$$

so daß sich für ζ der Wert ergibt:

$$\zeta = \frac{\int z \cdot dV}{V}.$$

Sind fernerhin ξ und η die Abstände von S von der yz- bzw. von der
xz-Ebene, so erhält man entsprechende Formeln für diese, und es ist
mithin

$$\xi = \frac{\int x \cdot dV}{V}, \qquad \eta = \frac{\int y \cdot dV}{V}, \qquad \zeta = \frac{\int z \cdot dV}{V}; \qquad 71)$$

womit die Lage des Schwerpunktes völlig bestimmt ist.

a) Wir sehen von den ganz einfachen Fällen des Prismas und des
Zylinders ab und beginnen gleich mit dem Schwerpunkte der Pyramide und des Kegels. Greifen wir auf **(90)** und Abb. 112, S. 239
zurück, so finden wir, wenn wir als Momentenebene die durch die
Spitze parallel zur Grundfläche gelegte Ebene wählen, für das im

Abstande x von dieser liegende Volumenelement $dV = \frac{g_2}{u^2} x^2\, dx$ des Pyramidenstumpfes das Moment

$$dM = x \cdot dV = \frac{g_2}{u^2} x^3\, dx \,.$$

Für den ganzen Pyramidenstumpf wird also das Moment

$$M = \int_{x_2}^{x_1} x\, dV = \frac{g_2}{u^2} \left[\frac{x^4}{4}\right]_{x_2}^{x_1} = \frac{g_2}{4 u^2} (x_1^4 - x_2^4)$$

und da

$$u = x_2 = h \frac{\sqrt{g_2}}{\sqrt{g_1} - \sqrt{g_2}}, \qquad x_1 = h \frac{\sqrt{g_1}}{\sqrt{g_1} - \sqrt{g_2}} \quad \text{ist,}$$

$$M = \frac{g_2 \left(\sqrt{g_1} - \sqrt{g_2}\right)^2}{4 h^2 g_2} \cdot h^4 \frac{g_1^2 - g_2^2}{\left(\sqrt{g_1} - \sqrt{g_2}\right)^4} = \frac{h^2}{4} \frac{(g_1 + g_2)\left(\sqrt{g_1} + \sqrt{g_2}\right)}{\sqrt{g_1} - \sqrt{g_2}} \,.$$

Demnach ist der Abstand ξ des Schwerpunktes des Pyramidenstumpfes von der Momentenebene

$$\xi = \frac{M}{V} = \frac{3}{4} h \cdot \frac{(g_1 + g_2)\left(\sqrt{g_1} + \sqrt{g_2}\right)}{\left(\sqrt{g_1} - \sqrt{g_2}\right)\left(g_1 + \sqrt{g_1 g_2} + g_2\right)} \,,$$

also der Abstand des Schwerpunktes von der Grundfläche g_1:

$$\xi_1 = x_1 - \xi = h \cdot \frac{\sqrt{g_1}}{\sqrt{g_1} - \sqrt{g_2}} - \frac{3}{4} h \frac{(g_1 + g_2)\left(\sqrt{g_1} + \sqrt{g_2}\right)}{\left(\sqrt{g_1} - \sqrt{g_2}\right)\left(g_1 + \sqrt{g_1 g_2} + g_2\right)}$$

$$= \frac{h}{4} \frac{g_1 + 2\sqrt{g_1 g_2} + 3 g_2}{g_1 + \sqrt{g_1 g_2} + g_2} \,.$$

Im Falle der Vollpyramide ist $g_2 = 0$, und wir erhalten für den Abstand des Schwerpunktes der Pyramide (und des Kegels) von der Grundfläche $\xi_1 = \frac{h}{4}$.

b) Zylinderhuf. Wir knüpfen an die Ausführungen von (171) S. 539 und Abb. 275 an. Die dort eingeführte Elementarsäule hat den Inhalt

$$dV = \frac{h}{a} y\, dx\, dy \,,$$

also bezüglich der xy-Ebene das statische Moment

$$dM_{xy} = \frac{1}{2} \frac{h}{a} y \cdot \frac{h}{a} y\, dx\, dy = \frac{h^2}{2 a^2} y^2\, dx\, dy \,.$$

Sonach ist das statische Moment des gesamten Zylinderhufes

$$M_{xy} = \frac{h^2}{2 a^2} \int_{x=-a}^{+a} \int_{y=0}^{\sqrt{a^2 - x^2}} y^2\, dx\, dy = \frac{h^2}{6 a^2} \int_{x=-a}^{+a} \left[y^3\right]_0^{\sqrt{a^2 - x^2}} dx = \frac{h^2}{6 a^2} \int_{-a}^{+a} \frac{(a^2 - x^2)^2}{\sqrt{a^2 - x^2}}\, dx \,.$$

Nun ist nach den Ausführungen von (77) S. 201

$$\int \frac{x^4 - 2a^2 x^2 + a^4}{\sqrt{a^2 - x^2}}\, dx = \frac{1}{8}\left(-2x^3 + 5a^2 x\right)\sqrt{a^2 - x^2} + \frac{3}{8}\,a^4 \arcsin \frac{x}{a},$$

so daß

$$M_{xy} = \frac{h^2}{6a^2}\cdot\frac{3}{4}\,a^4 \cdot \frac{\pi}{2} = \frac{\pi}{16}\,a^2 h^2$$

wird. Da weiter

$$V = \tfrac{2}{3}a^2 h,$$

ist, so wird

$$\zeta = \tfrac{3}{32}\pi h.$$

Um den Abstand η des Schwerpunktes von der xz-Ebene zu berechnen, müssen wir die Momente der Elementarsäulen bezüglich dieser Ebene summieren. Ein solches Moment ist gleich $y \cdot \dfrac{h}{a}\,y\,dx\,dy$; es ist mithin

$$M_{xz} = \frac{h}{a}\int\limits_{x=-a}^{+a}\int\limits_{y=0}^{\sqrt{a^2-x^2}} y^2\, dx\, dy = \frac{\pi}{8}\,a^3 h, \qquad \text{also}\qquad \eta = \frac{3}{16}\,\pi a.$$

Da der Schwerpunkt des Zylinderhufes aus Symmetriegründen auf der yz-Ebene liegen muß, so ist er nun völlig bestimmt; er hat die Koordinaten $(0\,|\,\tfrac{3}{16}\pi a\,|\,\tfrac{3}{32}\pi h)$. Anders liegt der Fall, wenn wir nur die eine durch die yz-Ebene begrenzte, etwa die der positiven x-Achse zugehörige Hälfte des Zylinderhufes in Betracht ziehen. Zwar haben η und ζ die gleichen Werte; für ξ aber würde sich ergeben

$$\frac{2}{3}\,a^2 h \cdot \xi = \int\limits_{x=0}^{a}\int\limits_{y=0}^{\sqrt{a^2-x^2}} x \cdot \frac{h}{a}\,y\,dx\,dy = \frac{h}{a}\int\limits_{x=0}^{a} x \cdot \left[\frac{y^2}{2}\right]_0^{\sqrt{a^2-x^2}} dx$$

$$= \frac{h}{2a}\int\limits_{0}^{a}(a^2 x - x^3)\, dx = \frac{h}{2a}\left[a^2\,\frac{x^2}{2} - \frac{x^4}{4}\right]_0^{a} = \frac{a^3 h}{8},$$

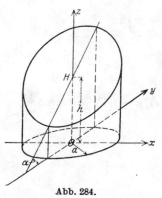

also $\xi = \tfrac{3}{16}a$. Die Koordinaten sind also $(\tfrac{3}{16}a\,|\,\tfrac{3}{16}\pi a\,|\,\tfrac{3}{32}\pi h)$.

c) Schief abgeschnittener gerader Kreiszylinder (siehe Abb. 284). Durch den geraden Kreiszylinder vom Grundkreishalbmesser a möge parallel zur x-Achse eine Ebene unter dem Winkel α gegen die xy-Ebene gelegt werden, welche auf der Zylinderachse die Strecke $OH = h$ abschneidet; der Schwerpunkt S des Körpers soll ermittelt werden. S liegt aus Gründen der Symmetrie in der yz-Ebene,

Abb. 284.

so daß also $\xi = 0$ ist. Zur Bestimmung von η und ζ führen wir parallel zur z-Achse gerichtete Elementarsäulen ein; ihre Grundfläche ist $dx\,dy$, ihre Höhe $h + y\,\mathrm{tg}\,\alpha$. Der Rauminhalt ist also $(h + y\,\mathrm{tg}\,\alpha) \cdot dx\,dy$ und das statische Moment bezüglich der xz-Ebene $y \cdot (h + y\,\mathrm{tg}\,\alpha)\,dx\,dy$, bezüglich der xy-Ebene

$$\tfrac{1}{2}(h + y\,\mathrm{tg}\,\alpha) \cdot (h + y\,\mathrm{tg}\,\alpha)\,dx\,dy.$$

Demnach ist, da $V = \pi a^2 h$ ist,

$$\pi a^2 h \cdot \eta = \int\limits_{x=-a}^{+a} \int\limits_{y=-\sqrt{a^2-x^2}}^{+\sqrt{a^2-x^2}} y\,(h + y\,\mathrm{tg}\,\alpha)\,dx\,dy = \int\limits_{x=-a}^{+a} \left[\frac{hy^2}{2} + \frac{y^3}{3}\,\mathrm{tg}\,\alpha\right]_{-\sqrt{a^2-x^2}}^{+\sqrt{a^2-x^2}} dx$$

$$= \frac{2}{3}\int\limits_{x=-a}^{+a} \mathrm{tg}\,\alpha \cdot (a^2 - x^2)\sqrt{a^2 - x^2}\,dx$$

$$= \frac{2}{3}\,\mathrm{tg}\,\alpha \cdot \left[\frac{1}{8}(-2x^3 + 5a^2x)\sqrt{a^2-x^2} + \frac{3}{8}a^4 \arcsin\frac{x}{a}\right]_{-a}^{+a} = \frac{\pi a^4}{4}\,\mathrm{tg}\,\alpha,$$

also

$$\eta = \frac{a^2}{4h}\,\mathrm{tg}\,\alpha$$

und

$$\pi a^2 h \cdot \zeta = \frac{1}{2}\int\limits_{x=-a}^{+a} \int\limits_{y=-\sqrt{a^2-x^2}}^{+\sqrt{a^2-x^2}} (h^2 + 2hy\,\mathrm{tg}\,\alpha + y^2\,\mathrm{tg}^2\,\alpha)\,dx\,dy$$

$$= \frac{1}{2}\int\limits_{x=-a}^{+a} \left[h^2 y + hy^2\,\mathrm{tg}\,\alpha + \frac{y^3}{3}\,\mathrm{tg}^2\,\alpha\right]_{-\sqrt{a^2-x^2}}^{+\sqrt{a^2-x^2}} dx$$

$$= \int\limits_{x=-a}^{+a} \left(h^2\sqrt{a^2 - x^2} + \frac{\mathrm{tg}^2\,\alpha}{3} \cdot (a^2 - x^2)\sqrt{a^2 - x^2}\right) dx$$

$$= \left[\frac{h^2}{2}\left(a^2 \arcsin\frac{x}{a} + x\sqrt{a^2 - x^2}\right) \right.$$
$$\left. + \frac{\mathrm{tg}^2\,\alpha}{3}\left(\frac{1}{8}(-2x^3 + 5a^2x)\sqrt{a^2-x^2} + \frac{3}{8}a^4 \arcsin\frac{x}{a}\right)\right]_{-a}^{+a}$$

$$= \frac{h^2}{2} \cdot a^2\pi + \frac{a^4}{8} \cdot \pi \cdot \mathrm{tg}^2\,\alpha,$$

also

$$\zeta = \frac{h}{2} + \frac{a^2}{8h}\,\mathrm{tg}^2\,\alpha.$$

Würde man auch hier nur die durch die yz-Ebene abgetrennte zur positiven x-Achse gehörige Hälfte des Körpers betrachten, so würden die η- und die ζ-Koordinate von S unverändert bleiben, dagegen würde die ξ-Koordinate sich aus der Gleichung bestimmen:

$$\frac{\pi}{2}\,a^2 h \cdot \xi = \int\limits_{x=0}^{+a} \int\limits_{y=-\sqrt{a^2-x^2}}^{+\sqrt{a^2-x^2}} x\,(h+y\,\mathrm{tg}\,\alpha)\,dx\,dy = \int\limits_{x=0}^{a} x\left[hy + \frac{y^2}{2}\,\mathrm{tg}\,\alpha\right]_{-\sqrt{a^2-x^2}}^{+\sqrt{a^2-x^2}} dx$$

$$= 2\int\limits_{x=0}^{a} hx\sqrt{a^2-x^2}\,dx = -\frac{2}{3}\,h\left[\sqrt{a^2-x^2}^{\,3}\right]_0^a = \frac{2}{3}\,a^3 h\,,$$

also

$$\xi = \frac{4}{3\pi}\,a\,.$$

d) **Schwerpunkt des einer Halbkugel und einem Zylinder gemeinsamen Raumteiles** [s. Beispiel d), S. 545 f., Abb. 280]. Aus Symmetriegründen muß $\xi = 0$ sein. Um η zu bestimmen, müssen wir das Körperelement $\varrho\,d\varrho\,dz\,d\varphi$ mit seinem Abstande von der xz-Ebene, d. h. mit $\varrho \cdot \sin\varphi$ multiplizieren, so daß sein statisches Moment bezüglich dieser Ebene gleich $\varrho^2\sin\varphi d\varrho\,dz\,d\varphi$ ist. Das des ganzen Körpers wird daher:

$$M_{xz} = 2\int\limits_{\varphi=0}^{\frac{\pi}{2}} \int\limits_{\varrho=0}^{a\sin\varphi} \int\limits_{z=0}^{\sqrt{a^2-\varrho^2}} \varrho^2 \sin\varphi\,d\varrho\,dz\,d\varphi = 2\int\limits_{\varphi=0}^{\frac{\pi}{2}} \int\limits_{\varrho=0}^{a\sin\varphi} \varrho^2 \sin\varphi \cdot \sqrt{a^2-\varrho^2}\,d\varrho\,d\varphi$$

$$= 2\int\limits_{\varphi=0}^{\frac{\pi}{2}} \sin\varphi \cdot \frac{1}{8}\left[(2\varrho^3 - a^2\varrho)\sqrt{a^2-\varrho^2} + a^4 \arcsin\frac{\varrho}{a}\right]_{\varrho=0}^{a\sin\varphi} d\varphi$$

$$= \frac{a^4}{4}\int\limits_{\varphi=0}^{\frac{\pi}{2}} ((2\sin^4\varphi - \sin^2\varphi)\cos\varphi + \varphi\sin\varphi)\,d\varphi$$

$$= \frac{a^4}{4}\left[\frac{2}{5}\sin^5\varphi - \frac{1}{3}\sin^3\varphi - \varphi\cos\varphi + \sin\varphi\right]_0^{\frac{\pi}{2}} = \frac{a^4}{4}\left[\frac{2}{5} - \frac{1}{3} + 1\right] = \frac{4}{15}a^4\,.$$

Also ist, da

$$V = \frac{2}{9}\,a^3(3\pi - 4)\ \text{ist}, \qquad \eta = \frac{6}{5}\,\frac{a}{3\pi-4} \approx 0{,}2212\,a\,.$$

Zur Bestimmung von ζ bilden wir das statische Moment des Körpers bezüglich der xy-Ebene; es ist

$$M_{xy} = 2 \int\limits_{\varphi=0}^{\frac{\pi}{2}} \int\limits_{\varrho=0}^{a\sin\varphi} \int\limits_{z=0}^{\sqrt{a^2-\varrho^2}} z\varrho \, d\varrho \, dz \, d\varphi = \int\limits_{\varphi=0}^{\frac{\pi}{2}} \int\limits_{\varrho=0}^{a\sin\varphi} \varrho\,(a^2 - \varrho^2) \, d\varrho \, d\varphi$$

$$= \int\limits_{\varphi=0}^{\frac{\pi}{2}} \left[\frac{a^2}{2}\varrho^2 - \frac{\varrho^4}{4}\right]_0^{a\sin\varphi} d\varphi = \frac{a^4}{4} \int\limits_{\varphi=0}^{\frac{\pi}{2}} (2\sin^2\varphi - \sin^4\varphi) \, d\varphi$$

$$= \frac{a^4}{4}\left[\frac{1}{4}\sin^3\varphi\cos\varphi - \frac{5}{8}\sin\varphi\cos\varphi + \frac{5}{8}\varphi\right]_0^{\frac{\pi}{2}} = \frac{5}{64}\pi a^4,$$

also

$$\zeta = \frac{45}{128} \cdot \frac{\pi}{3\pi - 4} \, a \approx 0{,}2036 \, a\,.$$

Man befasse sich in entsprechender Weise mit den übrigen in **(173)** behandelten Körpern!

e) Schließlich mögen noch die Schwerpunkte der Teile der **Kugel**, und zwar unter Verwendung von sphärischen Koordinaten, berechnet werden. Wir beginnen mit dem **Kugelausschnitt**; sein Öffnungswinkel sei γ (s. Abb. 283); seine Achse falle mit der z-Achse zusammen, der Mittelpunkt der Kugel in den Nullpunkt, der Halbmesser sei a. Der Schwerpunkt liegt auf der z-Achse; das statische Moment des Volumenteilchens $r^2\cos\varphi \, dr \, d\varphi \, d\lambda$ bezüglich der xy-Ebene ist, da sein Abstand von dieser gleich $r\sin\varphi$ ist, $r^3\sin\varphi\cos\varphi \, dr \, d\varphi \, d\lambda$, folglich das Moment des ganzen Ausschnittes

$$M_{xy} = \int\limits_{\lambda=0}^{2\pi} \int\limits_{\varphi=\frac{\pi}{2}-\gamma}^{\frac{\pi}{2}} \int\limits_{r=0}^{a} r^3\sin\varphi\cos\varphi \, dr \, d\varphi \, d\lambda = \int\limits_{\lambda=0}^{2\pi} \int\limits_{\varphi=\frac{\pi}{2}-\gamma}^{\frac{\pi}{2}} \frac{a^4}{4}\sin\varphi\cos\varphi \, d\varphi \, d\lambda$$

$$= \frac{-a^4}{4} \int\limits_{\lambda=0}^{2\pi} \left[\frac{\cos 2\varphi}{4}\right]_{\frac{\pi}{2}-\gamma}^{\frac{\pi}{2}} d\lambda = \frac{a^4}{16} \int\limits_{\lambda=0}^{2\pi} (1 - \cos 2\gamma) \, d\lambda = \frac{\pi}{8} a^4 (1 - \cos 2\gamma)\,.$$

Demnach ist

$$\zeta = \frac{3}{16} a \, \frac{1 - \cos 2\gamma}{1 - \cos\gamma}\,.$$

Setzt man wieder

$$\cos\gamma = \frac{a - h}{a}\,,$$

wobei h die Höhe der Kappe des Ausschnittes ist, so wird

$$\zeta = \tfrac{3}{8}(2a - h).$$

Folglich hat der Schwerpunkt der **Halbkugel** ($h = a$) vom Mittelpunkte den Abstand $\zeta = \tfrac{3}{8}a$.

Für den **Kugelabschnitt** [s. Aufg. b) in **(174)** S. 549] hat man als untere Grenze von r zu setzen $r = a\dfrac{\cos\gamma}{\sin\varphi}$, während die übrigen Grenzen unverändert bleiben. Es ergibt sich demnach

$$M_{xy} = \int\limits_{\lambda=0}^{2\pi} \int\limits_{\varphi=\frac{\pi}{2}-\gamma}^{\frac{\pi}{2}} \int\limits_{r=a\frac{\cos\gamma}{\sin\varphi}}^{a} r^3 \sin\varphi \cos\varphi \, dr \, d\varphi \, d\lambda = \frac{a^4}{4}\int\limits_{\lambda=0}^{2\pi} \int\limits_{\varphi=\frac{\pi}{2}-\gamma}^{\frac{\pi}{2}} \left(1 - \frac{\cos^4\gamma}{\sin^4\varphi}\right)\sin\varphi \cos\varphi \, d\varphi \, d\lambda$$

$$= \frac{a^4}{4}\int\limits_{\lambda=0}^{2\pi}\left[-\frac{\cos 2\varphi}{4} + \frac{\cos^4\gamma}{2\sin^2\varphi}\right]_{\frac{\pi}{2}-\gamma}^{\frac{\pi}{2}} d\lambda = \frac{a^4}{4}\int\limits_{\lambda=0}^{2\pi}\left(\frac{\cos^4\gamma}{2} + \frac{1}{4} - \frac{\cos 2\gamma}{4} - \frac{\cos^2\gamma}{2}\right) d\lambda$$

$$= \frac{\pi}{8} a^4 (2\cos^4\gamma + 1 - 2\cos^2\gamma + 1 - 2\cos^2\gamma)$$

$$= \frac{\pi}{4} a^4 (1 - \cos^2\gamma)^2 = \frac{\pi}{4} a^4 \sin^4\gamma = \frac{\pi}{4} (a^2 - (a-h)^2)^2$$

$$= \frac{\pi}{4} h^2 (2a - h)^2.$$

Also ist

$$\zeta = \frac{3}{4}\frac{(2a-h)^2}{3a-h};$$

für die Halbkugel ($h = a$) wird $\zeta = \tfrac{3}{8}a$ w. o. Beiläufig sei bemerkt, daß die Ermittlung des Momentes des Kugelabschnittes einfacher ist, wenn man wie in **(90)** den Körper durch Normalebenen zur z-Achse in unendlich dünne Scheiben vom Inhalte $\pi(a^2 - z^2)dz$ zerlegt, deren Momente $z \cdot \pi(a^2 - z^2)dz$ sind. Als Moment des Abschnittes ergibt sich dann

$$M_{xy} = \pi\int\limits_{z=a-h}^{a} z(a^2 - z^2)\, dz = \pi\left[\frac{a^2}{2}z^2 - \frac{z^4}{4}\right]_{a-h}^{a} = \frac{\pi}{4}h^2(2a - h)^2 \quad \text{w. o.}$$

(176) B. Trägheitsmomente von Körpern. Wir knüpfen an die Ausführungen in **(95)** und **(96)** S. 254 ff. an, müssen jedoch jetzt auch den Fall in Betracht ziehen, daß das Bezugsgebilde eine Ebene, die Momentenebene, ist. Hat das Körperelement dV von dem Bezugsgebilde den Abstand r, so ist sein Trägheitsmoment gleich $r^2 dV$ und mithin das Trägheitsmoment des ganzen Körpers gleich

$$J = \int r^2 \, dV, \qquad\qquad 72)$$

wobei das Integral über alle Körperelemente zu erstrecken ist. Je nachdem das Bezugsgebilde ein Punkt, eine Gerade oder eine Ebene ist, heißt das Trägheitsmoment ein **polares**, ein **axiales**, ein **ebenes** (**Planmoment**). Kennt man die Trägheitsmomente

$$J_{E_1} = r_1^2 \, dV \quad \text{und} \quad J_{E_2} = r_2^2 \, dV$$

von dV bezüglich zweier aufeinander senkrechter Ebenen E_1 und E_2, so ist das axiale Trägheitsmoment von dV bezüglich der Schnittgeraden a:

$$J_a = r^2 \, dV = (r_1^2 + r_2^2) \, dV = J_{E_1} + J_{E_2}.$$

Kennt man sie bezüglich dreier aufeinander senkrechter Ebenen E_1, E_2, E_3 $J_{E_1} = r_1^2 \, dV, \qquad J_{E_2} = r_2^2 \, dV, \qquad J_{E_3} = r_3^2 \, dV,$

so ist das **polare** Trägheitsmoment bezüglich des Schnittpunktes O der drei Ebenen

$$J_o = r_o^2 \, dV = (r_1^2 + r_2^2 + r_3^2) \, dV = J_{E_1} + J_{E_2} + J_{E_3}.$$

Die beiden Formeln

$$J_a = J_{E_1} + J_{E_2} \quad \text{und} \quad J_o = J_{E_1} + J_{E_2} + J_{E_3} \qquad 73)$$

gelten nicht nur für das Körperelement dV, sondern, wie man durch Integrieren erkennt, für den ganzen Körper.

Die Summe der beiden Trägheitsmomente eines Körpers bezüglich zweier aufeinander senkrecht stehenden Ebenen ist gleich dem axialen Trägheitsmomente des Körpers bezüglich der Schnittgeraden beider Ebenen.

Die Summe der drei Trägheitsmomente eines Körpers bezüglich dreier aufeinander senkrecht stehenden Ebenen ist gleich dem polaren Trägheitsmomente dieses Körpers bezüglich des Schnittpunktes dieser drei Ebenen.

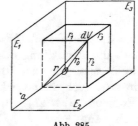

Abb. 285.

Legen wir zur Bezugsebene E die Parallelebene E_S durch den Schwerpunkt S des Körpers, und haben E und E_S den Abstand a voneinander, so hat das Volumenelement dV, das von E den Abstand r hat, von E_S den Abstand $r_S = r \pm a$. Demnach ist das Trägheitsmoment

$$dJ_E = r^2 \cdot dV = (r_S \mp a)^2 \cdot dV = r_S^2 \, dV \mp 2a \, r_S \cdot dV + a^2 \cdot dV$$

oder

$$dJ_E = dJ_{E_S} \mp 2a \cdot r_S \cdot dV + a^2 \cdot dV.$$

Bilden wir nun durch Summation über alle Volumenelemente das Trägheitsmoment des ganzen Körpers, so ist $\int r_S \cdot dV = 0$ als das statische Moment des Körpers bezüglich einer durch den Schwerpunkt gehenden Ebene [s. a. (92) S. 248], und es wird

$$J_\mathsf{E} = J_{\overline{\mathsf{E}}S} + a^2 \cdot V.$$ 74)

Da $a^2 V$ positiv ist, so folgt aus 74)

Unter allen Parallelebenen hat die durch den Schwerpunkt eines Körpers gehende Ebene das kleinste Trägheitsmoment dieses Körpers.

Aus diesem Satze folgen in Verbindung mit den Formeln 73) die beiden weiteren Sätze:

Unter allen parallelen Geraden hat die durch den Schwerpunkt eines Körpers gehende Gerade das kleinste axiale Trägheitsmoment dieses Körpers.

Der Schwerpunkt eines Körpers hat dessen kleinstes polares Trägheitsmoment.

(177) Beispiele. a) Der Quader möge die Kantenlängen a, b, c haben; im rechtwinkligen Koordinatensystem (s. Abb. 286) hat ein Volumenelement den Inhalt $dx\,dy\,dz$, bezüglich der xy-Ebene demnach das Trägheitsmoment $z^2\,dx\,dy\,dz$. Mithin ist das Trägheitsmoment des ganzen Quaders

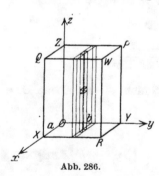

Abb. 286.

$$J_{xy} = \int\limits_{x=0}^{a} \int\limits_{y=0}^{b} \int\limits_{z=0}^{c} z^2\,dx\,dy\,dz = \frac{a\,b\,c^3}{3} = \frac{V}{3} \cdot c^2.$$

Ebenso ist

$$J_{yz} = \frac{V}{3} a^2, \qquad J_{xz} = \frac{V}{3} b^2.$$

Da der Schwerpunkt S die Koordinaten $\left(\frac{a}{2} \middle| \frac{b}{2} \middle| \frac{c}{2}\right)$ hat, ist nach Formel 74)

$$J_{xy_S} = \frac{V}{12} c^2, \qquad J_{yz_S} = \frac{V}{12} b^2, \qquad J_{zx_S} = \frac{V}{12} c^2.$$

Nach Formel 73) sind die axialen Trägheitsmomente bezüglich der Kanten

$$J_a = \frac{V}{3}(b^2 + c^2), \qquad J_b = \frac{V}{3}(c^2 + a^2), \qquad J_c = \frac{V}{3}(a^2 + b^2)$$

und bezüglich der durch den Schwerpunkt gehenden Parallelen zu den Kanten

$$J_{a_S} = \frac{V}{12}(b^2 + c^2), \qquad J_{b_S} = \frac{V}{12}(c^2 + a^2), \qquad J_{c_S} = \frac{V}{12}(a^2 + b^2).$$

Ferner wird das polare Trägheitsmoment bezüglich einer Ecke des Quaders

$$J_O = \frac{V}{3} (a^2 + b^2 + c^2)$$

und bezüglich des Schwerpunktes

$$J_S = \frac{V}{12} (a^2 + b^2 + c^2).$$

Um das Trägheitsmoment des Quaders bezüglich der Diagonalebene $XYPQ$ (s. Abb. 286) zu errechnen, müssen wir den Abstand irgendeines Punktes $(x|y|z)$ von dieser Ebene ermitteln; zu diesem Zwecke brauchen wir die Stellungsgleichung der Ebene [s. **(156)** S. 466]. Da

$$\frac{x}{a} + \frac{y}{b} - 1 = 0$$

ihre Abschnittsgleichung ist, so ist die Stellungsgleichung

$$\frac{b}{\sqrt{a^2 + b^2}} x + \frac{a}{\sqrt{a^2 + b^2}} \cdot y - \frac{ab}{\sqrt{a^2 + b^2}} = 0.$$

Also hat der Punkt $(x|y|z)$ von ihr den Abstand

$$n = \frac{b}{\sqrt{a^2 + b^2}} x + \frac{a}{\sqrt{a^2 + b^2}} \cdot y - \frac{ab}{\sqrt{a^2 + b^2}}$$

und demnach das Volumenelement dV bezüglich dieser Ebene das Trägheitsmoment

$$dJ = n^2 \cdot dV$$
$$= \frac{1}{a^2 + b^2} (b^2 x^2 + 2abxy + a^2 y^2 - 2ab^2 x - 2a^2 b y + a^2 b^2)\, dx\, dy\, dz.$$

Das gesuchte Trägheitsmoment wird demnach:

$$J = \int\limits_{x=0}^{a} \int\limits_{y=0}^{b} \int\limits_{z=0}^{c} \frac{1}{a^2 + b^2} (b^2 x^2 + 2abxy + a^2 y^2 - 2ab^2 x - 2a^2 b y + a^2 b^2)\, dx\, dy\, dz$$

$$= \frac{c}{a^2 + b^2} \int\limits_{x=0}^{a} \left[b^2 x^2 y + abx y^2 + \frac{a^3}{3} y^3 - 2ab^2 xy - a^2 b y^2 + a^2 b^2 y \right]_0^b dx$$

$$= \frac{c}{a^2 + b^2} \left[\frac{b^3 x^3}{3} + \frac{ab^3 x^2}{2} + \frac{a^2 b^3 x}{3} - ab^3 x^2 - a^2 b^3 x + a^2 b^3 x \right]_0^a = \frac{a^3 b^3 c}{6(a^2 + b^2)}$$

$$= \frac{V}{6} \frac{a^2 b^2}{a^2 + b^2} = \frac{V}{6} \frac{1}{\dfrac{1}{a^2} + \dfrac{1}{b^2}}.$$

Welches ist das Trägheitsmoment des Quaders bezüglich der Ebene XYZ?

$$J = \frac{V}{2}\,\frac{a^2b^2c^2}{a^2b^2 + a^2c^2 + b^2c^2} = \frac{V}{2}\cdot\frac{1}{\dfrac{1}{a^2} + \dfrac{1}{b^2} + \dfrac{1}{c^2}}\,.$$

b) Der **Umdrehungszylinder** von der Höhe h und dem Grundkreishalbmesser a hat bezüglich seiner Achse ein Trägheitsmoment, das sich in zylindrischen Polarkoordinaten schreiben läßt

$$J_h = \int\limits_{\varphi=0}^{2\pi}\int\limits_{\varrho=0}^{a}\int\limits_{z=0}^{h}\varrho^2\cdot\varrho\,d\varrho\,d\varphi\,dz = h\int\limits_{\varphi=0}^{2\pi}\cdot\int\limits_{\varrho=0}^{a}\varrho^3\,d\varrho\,d\varphi$$

$$= h\int\limits_{\varphi=0}^{2\pi}\left[\frac{\varrho^4}{4}\right]_0^a d\varphi = \frac{\pi}{2}\,a^4\,h = \frac{V}{2}\,a^2\,.$$

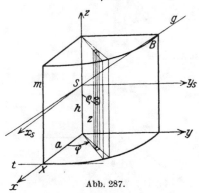

Abb. 287.

Da nach Formel 73)

$$J_h = J_{xz} + J_{yz}$$

und aus Symmetriegründen $J_{xz}=J_{yz}$ ist, so ist das Trägheitsmoment bezüglich der yz-Ebene, also einer die Zylinderachse enthaltenden Ebene:

$$J_{yz} = \frac{V}{4}\,a^2\,.$$

Weiterhin ist das Trägheitsmoment bezüglich der Grundfläche gegeben durch das Integral

$$J_{xy} = \int\limits_{\varphi=0}^{2\pi}\int\limits_{\varrho=0}^{a}\int\limits_{z=0}^{h}\cdot z^2\cdot\varrho\,d\varrho\,d\varphi\,dz = \frac{h^3}{3}\int\limits_{\varphi=0}^{2\pi}\int\limits_{\varrho=0}^{a}\varrho\,d\varrho\,d\varphi$$

$$= \frac{h^3a^2}{6}\int\limits_{\varphi=0}^{2\pi}d\varphi = \frac{\pi}{3}\,a^2\,h^3 = \frac{V}{3}\,h^2\,.$$

Demnach ist das Trägheitsmoment bezüglich der durch den Schwerpunkt gehenden Parallelebene zur Grundfläche nach 74)

$$J_{xy_s} = J_{xy} - \frac{h^2}{4}\,V = \frac{V}{12}\,h^2\,.$$

Weiterhin folgt aus 73) für das axiale Trägheitsmoment bezüglich eines Durchmessers der Grundfläche

$$J_y = J_{xy} + J_{yz} = \frac{V}{12}\,(3a^2 + 4h^2)\,,$$

bezüglich einer durch den Schwerpunkt gehenden, auf der Achse senkrecht stehenden Geraden

$$J_{y_S} = J_{xy_S} + J_{yz} = \frac{V}{12}\left(3a^2 + h^2\right),$$

bezüglich einer Tangente des Grundkreises

$$J_t = J_y + a^2 \cdot V = \frac{V}{12}\left(15a^2 + 4h^2\right),$$

bezüglich einer Mantellinie

$$J_m = J_h + a^2 V = \tfrac{3}{2}\,a^2 V.$$

Schließlich ist das polare Trägheitsmoment bezüglich des Schwerpunktes

$$J_S = J_h + J_{xy_S} = \frac{V}{12}\left(6a^2 + h^2\right),$$

bezüglich des Mittelpunktes des Grundkreises

$$J_0 = J_S + \left(\frac{h}{2}\right)^2 V = \frac{V}{6}\left(3a^2 + 2h^2\right),$$

bezüglich eines Punktes X auf dem Umfange des Grundkreises

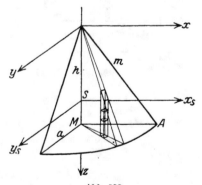

Abb. 288.

$$J_X = J_S + \left(a^2 + \left(\frac{h}{2}\right)^2\right) V$$

$$= \frac{V}{6}(9a^2 + 2h^2).$$

c) Der gerade Kreiskegel von der Höhe h und dem Grundkreishalbmesser a hat nach Abbildung 288 bezüglich der Achse das Trägheitsmoment

$$J_h = \int\limits_{\varphi=0}^{2\pi}\int\limits_{\varrho=0}^{a}\int\limits_{z=\frac{h}{a}\varrho}^{h}\varrho^2\cdot\varrho\,d\varrho\,d\varphi\,dz = \frac{h}{a}\int\limits_{\varphi=0}^{2\pi}\int\limits_{\varrho=0}^{a}(a-\varrho)\,\varrho^3\,d\varrho\,d\varphi$$

$$= \frac{h}{a}\int\limits_{\varphi=0}^{2\pi}\left[\frac{a\varrho^4}{4} - \frac{\varrho^5}{5}\right]_0^a d\varphi = \frac{h\,a^4}{20}\cdot 2\pi = \frac{\pi}{10}a^4 h = \frac{3}{10}a^2 V;$$

bezüglich der durch die Spitze gelegten Parallelebene zur Grundfläche
ist das Trägheitsmoment

$$
J_{xy} = \int\limits_{\varphi=0}^{2\pi} \int\limits_{\varrho=0}^{a} \int\limits_{z=\frac{h}{a}\varrho}^{h} z^2 \cdot \varrho\, d\varrho\, d\varphi\, dz = \frac{1}{3} \int\limits_{\varphi=0}^{2\pi} \int\limits_{\varrho=0}^{a} [z^3]_{\frac{h}{a}\varrho}^{h}\, \varrho\, d\varrho\, d\varphi
$$

$$
= \frac{h^3}{3a^3} \int\limits_{\varphi=0}^{2\pi} \int\limits_{\varrho=0}^{a} (a^3 - \varrho^3)\, \varrho\, d\varrho\, d\varphi = \frac{h^3}{3a^3} \int\limits_{\varphi=0}^{2\pi} \left[\frac{a^3 \varrho^2}{2} - \frac{\varrho^5}{5}\right]_0^a d\varphi
$$

$$
= \frac{h^3 a^2}{30} \cdot 3 \cdot 2\pi = \frac{\pi}{5} h^3 a^2 = \frac{3}{5} V h^2 .
$$

Nach 73) ist $J_{xz} + J_{yz} = J_h$, und weil $J_{xz} = J_{yz}$ sein muß, das
Trägheitsmoment des Kegels bezüglich irgendeiner die Achse enthaltenden Ebene

$$
J_{xz} = \tfrac{1}{2} J_h = \tfrac{3}{20} a^2 V .
$$

Da der Schwerpunkt des Kegels die rechtwinkligen Koordinaten $(0\,|\,0\,|\,\tfrac{3}{4}h)$
hat, so ist nach 74) das Trägheitsmoment bezüglich der durch S gelegten Parallelebene zur Grundfläche

$$
J_{xy_S} = J_{xy} - (\tfrac{3}{4}h)^2 V = \tfrac{3}{80} V h^2,
$$

also das Trägheitsmoment bezüglich der Grundfläche selbst

$$
J_G = J_{xy_S} + \left(\frac{h}{4}\right)^2 V = \frac{1}{10} V h^2,
$$

Ferner sind nach 73) und 74) die axialen Trägheitsmomente bezüglich
einer durch die Spitze gelegten Normalen zur Achse

$$
J_x = J_{xy} + J_{xz} = \tfrac{3}{20} V(a^2 + 4h^2),
$$

bezüglich einer durch den Schwerpunkt gehenden Normalen zur Achse

$$
J_{x_S} = J_x - (\tfrac{3}{4}h)^2 \cdot V = \tfrac{3}{80} V(4a^2 + h^2),
$$

bezüglich eines Grundkreisdurchmessers

$$
J_{x_G} = J_{x_S} + \left(\frac{h}{4}\right)^2 V = \frac{V}{20}(3a^2 + 2h^2) .
$$

Schließlich sind die polaren Trägheitsmomente bezüglich der Spitze

$$
J_O = J_{xy} + J_h = \tfrac{3}{10} V(2h^2 + a^2),
$$

bezüglich des Schwerpunktes

$$
J_S = J_O - (\tfrac{3}{4}h)^2 V = \tfrac{3}{80} V(8a^2 + h^2),
$$

bezüglich des Grundkreismittelpunktes

$$
J_M = J_S + \left(\frac{h}{4}\right)^2 V = \frac{V}{10}(3a^2 + h^2),
$$

bezüglich eines Punktes auf dem Umfange des Grundkreises

$$J_A = J_S + \left(a^2 + \frac{h^2}{16}\right)V = \frac{V}{10}(13a^2 + h^2).$$

d) Zur Behandlung der Trägheitsmomente von Teilen der Kugel benutzen wir Abb. 283, · S. 548. Wählen wir die Symmetrieachse z als Momentenachse, so hat das Volumenelement dV von ihr den Abstand $r\cos\varphi$, so daß das axiale Trägheitsmoment des Ausschnittes ist

$$J_z = \int\limits_{\lambda=0}^{2\pi} \int\limits_{\varphi=\frac{\pi}{2}-\gamma}^{\frac{\pi}{2}} \int\limits_{r=0}^{a} r^2\cos^2\varphi \cdot r^2\cos\varphi \, dr \, d\varphi \, d\lambda$$

$$= \frac{a^5}{5}\int\limits_{\lambda=0}^{2\pi} \int\limits_{\varphi=\frac{\pi}{2}-\gamma}^{\frac{\pi}{2}} \cos^3\varphi \, d\varphi \, d\lambda = \frac{a^5}{5}\int\limits_{\lambda=0}^{2\pi}[\sin\varphi - \tfrac{1}{3}\sin^3\varphi]_{\frac{\pi}{2}-\gamma}^{\frac{\pi}{2}} \, d\lambda$$

$$= \frac{a^5}{5}\cdot\left(\frac{2}{3} - \cos\gamma + \frac{1}{3}\cos^3\gamma\right)\cdot 2\pi = \frac{2}{15}\pi a^5(2 - 3\cos\gamma + \cos^3\gamma)$$

$$= \frac{2}{15}\pi h^2 a^2(3a - h) = \frac{1}{5}Vh(3a - h).$$

Demnach ist das Trägheitsmoment bezüglich irgendeiner die Achse enthaltenden Ebene

$$J_{xz} = J_{yz} = \frac{V}{10}h(3a - h).$$

Für das Trägheitsmoment des Kugelausschnittes bezüglich der xy-Ebene erhalten wir, da der Abstand des Volumenelements von der xy-Ebene gleich $r \cdot \sin\varphi$ ist

$$J_{xy} = \int\limits_{\lambda=0}^{2\pi} \int\limits_{\varphi=\frac{\pi}{2}-\gamma}^{\frac{\pi}{2}} \int\limits_{r=0}^{a} r^2\sin^2\varphi \cdot r^2\cos\varphi \, dr \, d\varphi \, d\lambda$$

$$= \frac{a^5}{5}\int\limits_{\lambda=0}^{2\pi} \int\limits_{\varphi=\frac{\pi}{2}-\gamma}^{\frac{\pi}{2}} \sin^2\varphi \cos\varphi \, d\varphi \, d\lambda = \frac{a^5}{15}\int\limits_{\lambda=0}^{2\pi}[\sin^3\varphi]_{\frac{\pi}{2}-\gamma}^{\frac{\pi}{2}} \, d\lambda$$

$$= \frac{2}{15}\pi a^5(1 - \cos^3\gamma) = \frac{2}{15}\pi a^2 h(3a^2 - 3ah + h^2) = \frac{V}{5}(3a^2 - 3ah + h^2).$$

Da der Schwerpunkt S des Kugelausschnittes nach (175) Beispiel e), S. 556 vom Mittelpunkte der Kugel den Abstand $\zeta = \tfrac{3}{8}(2a - h)$ hat, so ist das Trägheitsmoment bezüglich der durch S parallel zur xy-Ebene gelegten Ebene

$$J_{xy_S} = J_{xy} - \left(\frac{3}{8}(2a-h)\right)^2 \cdot V = \frac{V}{5}(3a^2 - 3ah + h^2) - \left(\frac{3}{8}(2a-h)\right)^2 \cdot V$$
$$= \frac{V}{320}(12a^2 - 12ah + 19h^2),$$

das Trägheitsmoment bezüglich der durch den Scheitel gelegten Tangentialebene T

$$J_\mathsf{T} = J_{xy_S} + \left(\frac{1}{8}(2a+3h)\right)^2 \cdot V = \frac{V}{20}(2a^2 + 3ah + 4h^2)$$

und das Trägheitsmoment bezüglich der Grundkreisebene Γ der Kugelkappe, da Γ von S den Abstand $a - h - \frac{3}{8}(2a-h) = \frac{1}{8}(2a-5h)$ hat,

$$J_\Gamma = J_{xy_S} + \left(\frac{1}{8}(2a-5h)\right)^2 \cdot V = \frac{V}{20}(2a^2 - 7ah + 9h^2).$$

Das axiale Trägheitsmoment des Kugelausschnittes bezüglich einer im Mittelpunkte der Kugel auf der Ausschnittsachse senkrecht stehenden Geraden, z. B. der x-Achse, ist nach 73)

$$J_x = J_{xz} + J_{xy} = \frac{V}{10}(6a^2 - 3ah + h^2).$$

Demnach ist das axiale Trägheitsmoment bezüglich der durch den Schwerpunkt gehenden Normalen zur Achse

$$J_{x_S} = J_x - \left(\frac{3}{8}(2a-h)\right)^2 V = \frac{V}{320}(12a^2 + 84ah - 13h^2),$$

bezüglich einer Scheiteltangente t

$$J_t = J_{x_S} + \left(\frac{1}{8}(2a+3h)\right)^2 \cdot V = \frac{V}{20}(2a^2 + 9ah + 2h^2)$$

und bezüglich eines Durchmessers d des Grenzkreises der Kugelkappe da ein solcher vom Schwerpunkt den Abstand $(a - h - \frac{3}{8}(2a-h)) = \frac{1}{8}(2a-5h)$ (s. oben) hat,

$$J_d = J_{x_S} + \left(\frac{1}{8}(2a-5h)\right)^2 \cdot V = \frac{V}{20}(2a^2 - ah + 7h^2).$$

Schließlich wird das polare Trägheitsmoment des Kugelausschnittes bezüglich des Kugelmittelpunktes O mittels 73)

$$J_O = J_{xy} + J_z = \tfrac{3}{5}Va^2,$$

bezüglich des Schwerpunktes

$$J_S = J_O - (\tfrac{3}{8}(2a-h))^2 V = \tfrac{3}{320}V(4a^2 + 60ah - 15h^2),$$

bezüglich des Scheitels A

$$J_A = J_S + \left(\frac{1}{8}(2a+3h)\right)^2 V = \frac{V}{20}a(2a+15h),$$

bezüglich des Mittelpunktes M des Grenzkreises der Kappe

$$J_M = J_S + \left(\frac{1}{8}\,(2a - 5h)\right)^2 V = \frac{V}{20}\,(2a^2 + 5a\,h + 5h^2)\,,$$

bezüglich eines Punktes U auf dem Umfange dieses Kreises, da der Halbmesser dieses Kreises $\sqrt{h\,(2a - h)}$ und demnach der Abstand des Punktes U von S gleich

$$\sqrt{(\tfrac{1}{8}\,(2a - 5h))^2 + h\,(2a - h)} = \tfrac{1}{8}\,\sqrt{4a^2 + 108a\,h - 39h^2}\quad\text{ist,}$$

$$J_U = J_S + \frac{V}{64}\,(4a^2 + 108a\,h - 39h^2) = \frac{V}{20}\,(2a^2 + 45a\,h - 15h^2)\,.$$

Für die **Halbkugel** ($h = a$) ergeben sich hieraus die Formeln

$$J_{xz} = J_{yz} = J_{xy} = J_\Gamma = \frac{V}{5}\,a^2\,,\qquad J_{xy_S} = \frac{19}{320}\,Va^2\,,\qquad J_\top = \frac{9}{20}\,Va^2\,,$$

$$J_z = J_x = J_y = J_d = \frac{2}{5}\,Va^2\,,\qquad J_{x_S} = \frac{83}{320}\,Va^2\,,\qquad J_t = \frac{13}{20}\,Va^2\,,$$

$$J_O = J_M = \frac{3}{5}\,Va^2\,,\qquad J_S = \frac{147}{320}\,Va^2\,,\qquad J_A = \frac{17}{20}\,Va^2\,,\qquad J_U = \frac{8}{5}\,Va^2\,.$$

Für die **Vollkugel** ($h = 2a$) folgt weiter

$$J_{xz} = J_{yz} = J_{xy} = J_{xy_S} = \frac{V}{5}\,a^2\,,\qquad J_\Gamma = J_\top = \frac{6}{5}\,Va^2\,,$$

$$J_x = J_y = J_z = J_{x_S} = \frac{2}{5}\,Va^2\,,\qquad J_t = J_d = \frac{7}{5}\,Va^2\,,$$

$$J_O = J_S = \frac{3}{5}\,Va^2\,,\qquad J_A = J_U = \frac{8}{5}\,Va^2\,.$$

Zur Berechnung der Trägheitsmomente des **Kugelabschnittes** wollen wir uns nicht des sphärischen Koordinatensystems bedienen, sondern ein einfacheres Verfahren anwenden. Wir zerlegen (s. Abb. 289) den Abschnitt durch Parallelebenen zur Grundfläche in Schichten, die wir als Zylinder ansehen können; die im Abstande z vom Mittelpunkte gelegte Schicht hat den Grundkreishalbmesser

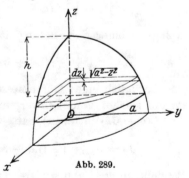

Abb. 289.

$\sqrt{a^2 - z^2}$, die Höhe dz, also das Volumen $\pi\,(a^2 - z^2)dz$. Da alle ihre Massenteilchen von der xy-Ebene den Abstand z haben, ist das Trägheitsmoment dieser Schicht bezüglich der xy-Ebene $z^2 \cdot \pi(a^2 - z^2)dz$, demnach das des Kugelabschnittes

$$J_{xy} = \pi \int\limits_{a-h}^{a} z^2\,(a^2 - z^2)\,dz = \pi\left[\frac{a^2 z^3}{3} - \frac{z^5}{5}\right]_{a-h}^{a}$$

$$= \frac{\pi}{15}\,h^2(15a^3 - 25a^2 h + 15a h^2 - 3h^3) = \frac{V}{5} \cdot \frac{15a^3 - 25a^2 h + 15a h^2 - 3h^3}{3a - h}\,.$$

Wählen wir die z-Achse als Momentenachse, so ist, da das Trägheitsmoment eines Zylinders bezüglich seiner Achse nach Beispiel b), S. 560, gleich $\frac{V}{2} \cdot a^2$ (a Grundkreishalbmesser) ist,

$$J_z = \frac{\pi}{2} \int\limits_{a-h}^{a} (a^2 - z^2) \cdot (a^2 - z^2)\, dz = \frac{\pi}{2} \left[a^4 z - \frac{2}{3} a^2 z^3 + \frac{z^5}{5} \right]_{a-h}^{a}$$

$$= \frac{\pi}{30} h^3 (20 a^2 - 15 a h + 3 h^2) = \frac{V}{10} h \frac{20 a^2 - 15 a h + 3 h^2}{3a - h}.$$

Es ist demnach

$$J_{xz} = J_{yz} = \frac{\pi}{60} h^3 (20 a^2 - 15 a h + 3 h^2)$$

und damit

$$J_x = J_y = J_{xy} + J_{xz} = \frac{\pi}{60} h^2 (60 a^3 - 80 a^2 h + 45 a h^2 - 9 h^3)$$

und

$$J_O = J_z + J_{xy} = \frac{\pi}{10} h^2 (10 a^3 - 10 a^2 h + 5 a h^2 - h^3).$$

Da nach (175) Beispiel e), S. 556, der Schwerpunkt des Kugelabschnittes vom Mittelpunkte der Kugel den Abstand

$$\zeta = \frac{3}{4} \frac{(2a - h)^2}{3a - h}$$

hat, lassen sich die übrigen Trägheitsmomente nun in gleicher Weise berechnen wie beim Kugelausschnitte; die Ausführung sei dem Leser überlassen.

Weiteren Übungsstoff bietet das Kapitel „Volumenberechnung" (170) bis (174). Im folgenden soll die

(178) C. Theorie des Trägheitsmomentes noch weiter ausgebaut werden. Wir sind zwar auf Grund der in (95) und (176) angegebenen Ableitungen in der Lage, aus dem Trägheitsmoment eines Körpers bezüglich eines Gebildes (Ebene, Gerade, Punkt) dasjenige bezüglich eines hierzu parallelen Gebildes zu berechnen, falls der Schwerpunkt des Körpers bekannt ist. Unerörtert ist aber die Frage geblieben, wie man das Trägheitsmoment bezüglich eines beliebig gelagerten Gebildes findet. Zur Behandlung dieses Problems genügt es, wenn man sich auf axiale Trägheitsmomente beschränkt, denn das Planmoment läßt sich ja auf das axiale Moment zurückführen. So ist z. B., wie sich aus den Gleichungen 73) als Folgerung ergibt,

$$J_{xy} = \tfrac{1}{2} (J_x + J_y - J_z),$$

wenn x, y, z drei aufeinander senkrecht stehende Raumgeraden sind. Und das polare Trägheitsmoment bezüglich eines beliebigen Poles läßt sich stets mittels der Formeln 73) und 74) aus dem polaren Trägheitsmoment bezüglich des Schwerpunktes berechnen, wenn man nur den Abstand des Poles vom Schwerpunkte kennt.

Unsere Aufgabe nimmt damit die folgende Gestalt an (s. Abb. 290): Gegeben seien drei aufeinander senkrecht stehende Geraden x, y, z, die sich in O schneiden mögen; sie sollen die Achsen eines räumlichen rechtwinkligen Ko-ordinatensystems bilden. Durch den Schnitt-punkt O werde jetzt die Gerade g gezogen, welche mit den Koordinatenachsen die Winkel α, β, γ ($\cos^2\alpha + \cos^2\beta + \cos^2\gamma = 1$!) ein-schließen möge. Irgendein Punkt P habe die Koordinaten $(x\,|\,y\,|\,z)$. Dann ist nach dem ver-allgemeinerten Projektionssatze [s. (153) S. 459] die Projektion OQ von OP auf g ge-geben durch $OQ = x\cos\alpha + y\cos\beta + z\cos\gamma$. Demnach ist, da $\triangle OPQ$ bei Q rechtwinklig ist, der Abstand PQ des Punktes P von der Geraden g gegeben durch die Beziehung

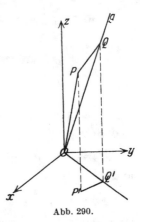

Abb. 290.

$$r = PQ = \sqrt{\overline{OP}^2 - \overline{OQ}^2} = \sqrt{x^2 + y^2 + z^2 - (x\cos\alpha + y\cos\beta + z\cos\gamma)^2}\,,$$

also

$$r = \sqrt{x^2(1-\cos^2\alpha) + y^2(1-\cos^2\beta) + z^2(1-\cos^2\gamma) - 2xy\cos\alpha\cos\beta - 2xz\cos\alpha\cos\gamma - 2yz\cos\beta\cos\gamma}$$

oder, da $1 - \cos^2\alpha = \cos^2\beta + \cos^2\gamma$, ... ist,

$$r = \sqrt{(y^2+z^2)\cos^2\alpha + (z^2+x^2)\cos^2\beta + (x^2+y^2)\cos^2\gamma - 2xy\cos\alpha\cos\beta - 2yz\cos\beta\cos\gamma - 2zx\cos\gamma\cos\alpha}$$

Ist nun P der Träger des Massenelementes dm eines Körpers, so ist sein Trägheitsmoment bezüglich g gleich $dJ_g = r^2 dm$, folglich das Trägheitsmoment des ganzen Körpers $J_g = \int r^2 dm$, wobei das Integral über alle Massenelemente des Körpers zu erstrecken ist. Es ist demnach, da α, β, γ bezüglich des Körpers unveränderlich sind:

$$J_g = \cos^2\alpha \cdot \int (y^2 + z^2)\,dm + \cos^2\beta \cdot \int (z^2 + x^2)\,dm + \cos^2\gamma \cdot \int (x^2 + y^2)\,dm$$
$$- 2\cos\alpha\cos\beta \int xy\,dm - 2\cos\beta\cos\gamma \int yz\,dm - 2\cos\gamma\cos\alpha \int zx\,dm\,.$$

Nun ist

$$\int (y^2 + z^2)\,dm = \int y^2\,dm + \int z^2\,dm = J_{zz} + J_{xy} = J_x\ \text{[s. 73)]},$$
$$\int (x^2 + z^2)\,dm = J_y\,, \qquad \int (x^2 + y^2)\,dm = J_z\,,$$

wobei J_x, J_y, J_z die Trägheitsmomente des Körpers bezüglich der Achsen sind. Setzt man ferner zur Abkürzung

$$\int xy\,dm = C_{xy}\,, \qquad \int yz\,dm = C_{yz}\,, \qquad \int zx\,dm = C_{zx}\,, \qquad 75)$$

wobei C_{xy}, C_{yz}, C_{zx} die **Zentrifugalmomente** des Körpers bezüglich der xy-, yz-, zx-Ebene genannt werden, so läßt sich die obige Gleichung schreiben:

$$J_g = J_x \cos^2\alpha + J_y \cos^2\beta + J_z \cos^2\gamma - 2\,C_{xy} \cos\alpha\,\cos\beta \\ \left. - 2\,C_{yz} \cos\beta\,\cos\gamma - 2\,C_{zx} \cos\gamma\,\cos\alpha \, . \right\} \quad 76)$$

Gleichung 76) lehrt, das **Trägheitsmoment eines Körpers in bezug auf irgendeine Achse** g **zu berechnen; bekannt müssen dazu sein die Trägheitsmomente bezüglich dreier Achsen** x, y, z, **die aufeinander senkrecht stehen, sich mit** g **in dem gleichen Punkte** O **schneiden, und die Winkel** α, β, γ, **die die Achsen mit** g **einschließen; ferner muß man die Zentrifugalmomente bezüglich der** xy-, yz-, zx-**Ebene kennen.**

Von einer näheren Untersuchung der Größen C_{xy}, C_{yz}, C_{zx} und ihrer Bezeichnung als Zentrifugalmomente sei hier abgesehen. Es genügt für das Folgende, daß sie durch 75) definiert sind.

Zur Klärung des Ausgeführten wollen wir einige Beispiele behandeln.

a) **Trägheitsmoment des in (177) S. 558, Abb. 286 behandelten Quaders bezüglich der Raumdiagonale.** Für dieses Beispiel ist

$$\cos\alpha = \frac{a}{d}, \qquad \cos\beta = \frac{b}{d}, \qquad \cos\gamma = \frac{c}{d},$$

wobei $d = \sqrt{a^2 + b^2 + c^2}$ die Länge der Raumdiagonale OW ist. Ferner ist

$$J_x = \frac{V}{3}\,(b^2 + c^2), \qquad J_y = \frac{V}{3}\,(c^2 + a^2), \qquad J_z = \frac{V}{3}\,(a^2 + b^2)\,.$$

Das Zentrifugalmoment C_{xy} ist durch das Integral gegeben:

$$C_{xy} = \int\limits_{x=0}^{a} \int\limits_{y=0}^{b} \int\limits_{z=0}^{c} xy\,dx\,dy\,dz = \frac{a^2 b^2 c}{4} = \frac{V}{4}\,ab;$$

ebenso ist

$$C_{yz} = \frac{V}{4}\,bc, \qquad C_{zx} = \frac{V}{4}\,ca\,.$$

Wir erhalten somit

$$J_d = \frac{V}{3}\left[\frac{(b^2+c^2)\,a^2}{d^2} + \frac{(c^2+a^2)\,b^2}{d^2} + \frac{(a^2+b^2)\,c^2}{d^2}\right] - \frac{V}{2}\left[\frac{a^2 b^2}{d^2} + \frac{b^2 c^2}{d^2} + \frac{c^2 a^2}{d^2}\right]$$
$$= \frac{V}{6} \cdot \frac{a^2 b^2 + b^2 c^2 + c^2 a^2}{a^2 + b^2 + c^2}\,.$$

b) **Trägheitsmoment des Zylinders von Aufg. (177) b) Abb. 287 bezüglich der durch den Schwerpunkt** S **und den Punkt** B **des oberen Grundkreises gehenden, in der** yz-**Ebene liegenden Geraden** g. Es ist

$$\cos\alpha = 0, \qquad \cos\beta = \frac{2a}{\sqrt{4a^2 + h^2}}, \qquad \cos\gamma = \frac{h}{\sqrt{4a^2 + h^2}};$$

ferner ist

$$J_{x_S} = J_{y_S} = \frac{V}{12}(3a^2 + h^2), \qquad J_{z_S} = J_z = \frac{V}{2}a^2.$$

Weiterhin ist

$$C_{xy_S} = \int\limits_{\varphi=0}^{2\pi} \int\limits_{\varrho=0}^{a} \int\limits_{z=-\frac{h}{2}}^{+\frac{h}{2}} \varrho\cos\varphi \cdot \varrho\sin\varphi\,\varrho\,d\varrho\,d\varphi\,dz = h \cdot \int\limits_{\varphi=0}^{2\pi} \left[\frac{\varrho^4}{4}\right]_0^a \cos\varphi\sin\varphi\,d\varphi$$

$$= \frac{a^4 h}{4} \cdot \left[\frac{\sin^2\varphi}{2}\right]_0^{2\pi} = 0,$$

$$C_{xz_S} = \int\limits_{\varphi=0}^{2\pi} \int\limits_{\varrho=0}^{a} \int\limits_{z=-\frac{h}{2}}^{+\frac{h}{2}} z\,\varrho\cos\varphi \cdot \varrho\,d\varrho\,d\varphi\,dz = 0 = C_{yz_S}.$$

Also ist

$$J_g = \frac{V}{12}(3a^2 + h^2)\frac{4a^2}{4a^2 + h^2} + \frac{V}{2}a^2\frac{h^2}{4a^2 + h^2} = \frac{V}{6}a^2 \cdot \frac{6a^2 + 5h^2}{4a^2 + h^2}.$$

c) Unter Verwendung von Abb. 288 erhalten wir zur Berechnung des Trägheitsmomentes des Kegels bezüglich der in der xz-Ebene gelegenen Mantellinie m die folgenden Beziehungen:

$$\cos\alpha = \frac{a}{\sqrt{a^2 + h^2}}, \qquad \cos\beta = 0, \qquad \cos\gamma = \frac{h}{\sqrt{a^2 + h^2}},$$

$$J_x = J_y = \tfrac{3}{20}V(a^2 + 4h^2), \qquad J_z = \tfrac{3}{10}Va^2,$$

$$C_{xy} = \int\limits_{\varphi=0}^{2\pi} \int\limits_{\varrho=0}^{a} \int\limits_{z=\frac{h}{a}\varrho}^{h} \varrho\cos\varphi\,\varrho\sin\varphi \cdot \varrho\,d\varrho\,d\varphi\,dz = 0,$$

$$C_{xz} = \int\limits_{\varphi=0}^{2\pi} \int\limits_{\varrho=0}^{a} \int\limits_{z=\frac{h}{a}\varrho}^{h} \varrho\cos\varphi \cdot z\,\varrho\,d\varrho\,d\varphi\,dz = 0 = C_{xz};$$

also ist

$$J_m = \frac{3}{20}V(a^2 + 4h^2)\frac{a^2}{a^2 + h^2} + \frac{3}{10}Va^2\frac{h^2}{a^2 + h^2} = \frac{3}{20}Va^2\frac{a^2 + 6h^2}{a^2 + h^2}.$$

(179) Das durch Gleichung 76) dargestellte Ergebnis läßt sich in folgender Weise verallgemeinern. Tragen wir von O aus auf der Geraden g die Strecke $O\varGamma = \varrho = \dfrac{1}{\sqrt{J_g}}$ ab, so hat der Endpunkt $\varGamma$ die Koordinaten

$$\xi = \varrho\cos\alpha = \frac{\cos\alpha}{\sqrt{J_g}}, \qquad \eta = \frac{\cos\beta}{\sqrt{J_g}}, \qquad \zeta = \frac{\cos\gamma}{\sqrt{J_g}};$$

diese Koordinaten erfüllen die Gleichung

$$J_x \cdot \xi^2 + J_y \cdot \eta^2 + J_z \cdot \zeta^2 - 2C_{xy} \cdot \xi\eta - 2C_{yz} \cdot \eta\zeta - 2C_{zx} \cdot \zeta\xi = 1. \qquad 77)$$

Denken wir uns durch O alle die unendlich vielen Achsen gezeichnet und auf diesen die Punkte Γ konstruiert, so liegen diese auf einer Fläche, deren Gleichung durch 77) wiedergegeben wird. Es ist eine Mittelpunktsfläche zweiter Ordnung, und zwar stets ein Ellipsoid, wie hier nicht weiter ausgeführt werden soll, und heißt das Trägheitsellipsoid des Körpers bezüglich des Punktes O. So lautet die Gleichung des Trägheitsellipsoids des Quaders bezüglich eines Eckpunktes O:

$$\frac{V}{3} (b^2 + c^2) \xi^2 + \frac{V}{3} (c^2 + a^2) \eta^2 + \frac{V}{3} (a^2 + b^2) \zeta^2 - \frac{V}{2} ab\, \xi\eta$$

$$- \frac{V}{2} bc\, \eta\zeta - \frac{V}{2} ca\, \zeta\xi = 1.$$

Suchen wir dagegen das Trägheitsellipsoid bezüglich des Schwerpunktes auf, so ist jetzt

$$J_{x_S} = \frac{V}{12} (b^2 + c^2), \qquad J_{y_S} = \frac{V}{12} (c^2 + a^2), \qquad J_{z_S} = \frac{V}{12} (a^2 + b^2),$$

während

$$C_{xy_S} = \int\limits_{x=-\frac{a}{2}}^{+\frac{a}{2}} \int\limits_{y=-\frac{b}{2}}^{+\frac{b}{2}} \int\limits_{z=-\frac{c}{2}}^{+\frac{c}{2}} xy \cdot dx\, dy\, dz = 0 = C_{yz_S} = C_{zx_S}$$

ist. Mithin ist die Gleichung des zum Schwerpunkte gehörigen Trägheitsellipsoids

$$\frac{V}{12} (b^2 + c^2) \xi^2 + \frac{V}{12} (c^2 + a^2) \eta^2 + \frac{V}{12} (a^2 + b^2) \zeta^2 = 1.$$

Das Trägheitsellipsoid für eine Masse bezüglich des Schwerpunktes heißt das Zentralellipsoid; da die Trägheitsmomente für Achsen, die durch den Schwerpunkt gehen, kleiner sind als für alle zu ihnen parallelen Achsen, so ist das Zentralellipsoid das größte unter allen Trägheitsellipsoiden eines Körpers. Im Falle des Quaders sind die Koordinatenachsen zugleich die Achsen des Zentralellipsoids, da $C_{xy} = C_{yz} = C_{zx} = 0$ ist, also nur die rein quadratischen Glieder mit ξ^2, η^2, ζ^2 auftreten. Jedes Ellipsoid hat drei Achsen; die Trägheitsmomente bezüglich der Achsen des Trägheitsellipsoids heißen die Hauptträgheitsmomente, ihre Achsen die Hauptträgheitsachsen. Aus Gründen der Symmetrie folgt, daß für einen Umdrehungskörper das Trägheitsmoment bezüglich irgendeines Punktes der Drehachse ein Umdrehungsellipsoid sein muß, dessen Drehachse mit der des Umdrehungskörpers zusammenfällt, daß also die Drehachse stets eine Hauptträgheitsachse sein muß.

Wählen wir auf der Drehachse des Umdrehungszylinders von dem Grundkreishalbmesser a und der Höhe h denjenigen Punkt C der Achse als Mittelpunkt, der vom Schwerpunkt den Abstand c hat, so sind die Trägheitsmomente bezüglich jeder durch diesen Punkt gehenden Normalen zur Achse

$$J_n = \frac{V}{12}(3a^2 + h^2) + Vc^2$$

(s. S. 561). Wählen wir also eine dieser Normalen als ξ-Achse, eine andere auf ihr senkrecht stehende als η-Achse und die Zylinderachse als ζ-Achse, so lautet die Gleichung des Trägheitsellipsoids

$$\frac{V}{12}(3a^2 + h^2 + 12c^2)\xi^2 + \frac{V}{12}(3a^2 + h^2 + 12c^2)\eta^2 + \frac{V}{2}a^2\zeta^2 = 1\,.$$

Dieses Trägheitsellipsoid wird zur **Trägheitskugel**, wenn

$$\frac{V}{12}(3a^2 + h^2 + 12c^2) = \frac{V}{2}a^2\,,$$

also wenn

$$c = \pm\frac{1}{2}\sqrt{a^2 - \frac{h^2}{3}}$$

ist. Es gibt demnach auf der Achse des Umdrehungszylinders zwei Punkte, für welche die Trägheitsmomente bezüglich jeder durch sie gehenden Achse gleich groß sind, nämlich gleich $\frac{V}{2}a^2$; die beiden **Fest-punkte** haben vom Schwerpunkt den Abstand $\frac{1}{2}\sqrt{a^2 - \frac{h^2}{3}}$. Ist $h = a\sqrt{3}$ so fallen die Festpunkte in den Schwerpunkt selbst, und das Zentral-ellipsoid wird zur Zentralkugel; ist $h > a\sqrt{3}$, so werden die Festpunkte imaginär.

(180) In der Technik sind von be-sonderer Bedeutung die **Trägheits-momente von ebenen Figuren.** Wir können sie leicht aus den bis jetzt entwickelten Formeln ableiten, indem wir eine der drei Dimen-sionen, etwa die z-Richtung, ver-nachlässigen.   Den Einfluß der Parallelverschiebung der Momenten-achse auf die Größe des Trägheits-momentes sowie den Zusammenhang zwischen axialem   und   polarem

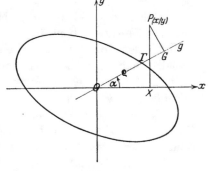

Abb. 291.

Trägheitsmoment haben wir schon früher — in (95) — behandelt. Wir brauchen nur noch die Veränderung zu verfolgen, die das Trägheits-moment erfährt durch **Drehung** der Momentenachse. Ist — Abb. 291 —

die durch O gehende Momentenachse g gegen die x-Achse unter dem Winkel α geneigt, so hat der beliebige Punkt $P\,(x|y)$ von g einen Abstand r, der sich nach dem Projektionssatze [s. (107) S. 293] — die beiden Linienzüge OXP und OGP werden auf GP projiziert — aus der Gleichung berechnet

$$r = x \cos\left(\frac{\pi}{2} + \alpha\right) + y \cos\alpha = y \cos\alpha - x \sin\alpha \,.$$

Demnach ist das Trägheitsmoment eines in P befindlichen Flächenelementes df bezüglich g gleich $(y\cos\alpha - x\sin\alpha)^2 \cdot df$ und das Trägheitsmoment der gesamten Fläche

$$J_g = \int (y\cos\alpha - x\sin\alpha)^2 \cdot df \,,$$

wobei das Integral über alle Elemente der zugrunde gelegten Fläche zu erstrecken ist. Es ist demnach

$$J_g = \cos^2\alpha \cdot \int y^2\, df - 2\cos\alpha \sin\alpha \cdot \int xy\, df + \sin^2\alpha \cdot \int x^2\, df \,.$$

Nun sind

$$\int y^2\, df = J_x, \quad \int x^2\, df = J_y, \quad \int xy\, df = C_{xy}$$

die Trägheitsmomente bezüglich der x- und der y-Achse bzw. das Zentrifugalmoment der Fläche. Wir erhalten also

$$\left.\begin{array}{l} J_g = J_x \cos^2\alpha - 2\,C_{xy} \sin\alpha \cos\alpha + J_y \sin^2\alpha \\[1mm] \quad = \dfrac{J_x + J_y}{2} + \dfrac{J_x - J_y}{2} \cos 2\alpha - C_{xy} \sin 2\alpha \,. \end{array}\right\} \qquad 78)$$

Kennt man demnach für zwei zueinander senkrechte Achsen die Trägheitsmomente und für die gleichen Achsen das Zentrifugalmoment einer Fläche, so erhält man das Trägheitsmoment für eine beliebige durch den Schnittpunkt dieser Achsen gehende neue Achse nach Formel 78).

Tragen wir wieder von O aus auf g die Strecke $O\Gamma = \varrho = \dfrac{1}{\sqrt{J_g}}$ ab, und denken wir uns für alle durch O gehenden Geraden die nämliche Konstruktion durchgeführt, so liegen alle Punkte Γ auf einer Kurve, deren Gleichung wir erhalten, wenn wir

$$\xi = \varrho \cos\alpha, \quad \eta = \varrho \sin\alpha$$

in 78) einsetzen, wobei ξ und η die rechtwinkligen Koordinaten von Γ sind. Diese Gleichung lautet:

$$J_x \cdot \xi^2 - 2\,C_{xy} \cdot \xi\eta + J_y \cdot \eta^2 = 1 \,.$$

Die Kurve ist somit eine Ellipse, deren Mittelpunkt in O liegt; sie heißt die **Trägheitsellipse** der Fläche f für den Punkt O [s. a. (169) S. 528]. Ihre beiden Achsen x_0 und y_0 sind die **Hauptträgheitsachsen**, die zu ihnen gehörigen Momente die **Hauptträgheitsmomente**.

Auf die Hauptträgheitsachsen — x_0- und y_0-Achse — bezogen, lautet folglich die Gleichung der Trägheitsellipse

$$J_{x_0} \cdot \xi^2 + J_{y_0} \cdot \eta^2 = 1 \; ;$$

für sie ist $C_{x_0 y_0} = 0$. Der Winkel α_0, um welchen man das $\xi\eta$-System drehen muß, damit es in die Hauptträgheitsachsen fällt, bestimmt sich nach **(169)** S. 528 aus der Gleichung

$$\operatorname{tg} 2\alpha_0 = \frac{2 C_{xy}}{J_y - J_x} \;.$$

Ist der Bezugspunkt O gleichzeitig der Schwerpunkt der Fläche, so wird die Trägheitselipse zur Zentralellipse.

(181) Als Beispiel wollen wir das Profil eines Winkeleisens von den in Abb. 292 angegebenen Maßen zugrunde legen. Der Schwerpunkt S hat die Koordinaten $x_s = 3$, $y_s = 5$, wie man leicht durch Zerlegung des Profils in die beiden kongruenten Rechtecke $ABCC'$ und $C'DEF$ erkennt. Es wird (Zerlegung in die beiden Rechtecke $AE'EF$ und $E'BCD$ und Verwendung der für das Rechteck in **(96)** S. 261 abgeleiteten Formel $J_a = \dfrac{a b^3}{3}$)

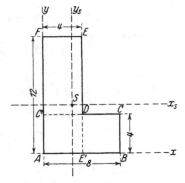

Abb. 292.

$$J_x = \tfrac{1}{3}(4 \cdot 12^3 + 4 \cdot 4^3) = \tfrac{7168}{3} = 2389,3 \,,$$

ferner (Zerlegung in die Rechtecke $ABCC'$ und $C'DEF$)

$$J_y = \tfrac{1}{3}(4 \cdot 8^3 + 8 \cdot 4^3) = \tfrac{2560}{3} = 853,33 \,.$$

Um C_{xy} zu berechnen, zerlegen wir in die Rechtecke $ABCC'$ und $C'DEF$ und erhalten

$$C_{xy} = \int\limits_{x=0}^{8} \int\limits_{y=0}^{4} xy \, dx \, dy + \int\limits_{x=0}^{4} \int\limits_{y=4}^{12} xy \, dx \, dy$$

$$= \int\limits_{x=0}^{8} x \left[\frac{y^2}{2}\right]_0^4 dx + \int\limits_{x=0}^{4} x \left[\frac{y^2}{2}\right]_4^{12} dx = \left[\int\limits_0^8 8x \, dx + \int\limits_0^4 64 x \, dx\right]$$

$$= 8 \cdot \left[\frac{x^2}{2}\right]_0^8 + 64 \left[\frac{x^2}{2}\right]_0^4 = 256 + 512 = 768 \,.$$

Demnach ist für eine beliebige durch A gehende Gerade g

$$J_g = \tfrac{7168}{3} \cos^2\alpha - 1536 \sin\alpha \cos\alpha + \tfrac{2560}{3} \sin^2\alpha$$
$$= \tfrac{256}{3}(19 + 9\cos 2\alpha - 9\sin 2\alpha)$$
$$= \tfrac{512}{3}(14\cos^2\alpha - 9\sin\alpha\cos\alpha + 5\sin^2\alpha)$$

und die Gleichung der zu A gehörigen Trägheitsellipse

$$\tfrac{7168}{3}\,\xi^2 - 1536\,\xi\eta + \tfrac{2560}{3}\,\eta^2 = 1\,.$$

Der Winkel α_0, den die Hauptträgheitsachsen mit der x- bzw. mit der y-Achse einschließen, ist bestimmt durch

$$\operatorname{tg} 2\alpha_0 = \frac{1536\cdot 3}{-4608} = -1\,, \qquad \text{d. h·} \;\; \alpha_0 = 67\tfrac{1}{2}°\,.$$

Die Achsengleichung der Ellipse lautet

$$\tfrac{256}{3}\bigl(19 - 9\sqrt{2}\bigr)\xi_0^2 + \tfrac{256}{3}\bigl(19 + 9\sqrt{2}\bigr)\eta_0^2 = 1\,,$$

und die Hauptträgheitsmomente sind für $\sin 2\alpha = \dfrac{\sqrt{2}}{2}$, $\qquad \cos 2\alpha = -\dfrac{\sqrt{2}}{2}$

$$J_{\min} = \tfrac{256}{3}\bigl(19 - 9\sqrt{2}\bigr) = 535{,}2\,,$$

für $\sin 2\alpha = -\dfrac{\sqrt{2}}{2}$, $\qquad \cos 2\alpha = \dfrac{\sqrt{2}}{2}$

$$J_{\max} = \tfrac{256}{3}\bigl(19 + 9\sqrt{2}\bigr) = 2707{,}5\,.$$

Die Trägheitsellipse läßt sich bequem zeichnen, wenn wir einen Maßstab für die Trägheitsmomente entwerfen. Da nämlich der zur Achse g

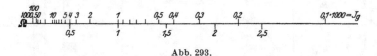

Abb. 293.

gehörige Ellipsenhalbmesser $\varrho = \dfrac{1}{\sqrt{J_g}}$ ist, tragen wir nach Abb. 293 auf einem Strahle von seinem Anfangspunkt Ω aus die Strecken $\dfrac{1}{\sqrt{J_g}}$ unter Zugrundelegung einer bestimmten Maßeinheit ab und beziffern den Endpunkt mit J_g. Wir bekommen damit eine **Leiter (Skala) der reziproken Werte der Quadratwurzeln von** J_g, die uns gestattet, die Länge ϱ des zu g gehörigen Ellipsenhalbmessers unmittelbar abzugreifen, und die andererseits auch ermöglicht, auf ihr das zu einer beliebigen Trägheitsachse g gehörige Trägheitsmoment. J_g durch Messen des entsprechenden Ellipsenhalbmessers ϱ abzulesen.

Um also die zum Punkte A in Abb. 292 gehörige Trägheitsellipse zu konstruieren, tragen wir nach beiden Seiten auf der x-Achse den zu $J_x = 2389{,}3$, auf der y-Achse den zu $J_y = 853{,}33$ gehörigen Trägheitshalbmesser ab (s. Abb. 294). Sodann ziehen wir unter $\alpha_0 = 67\tfrac{1}{2}°$ gegen die x-Achse die Geraden x_0 und senkrecht zu dieser die Gerade y_0; auf ersterer tragen wir nach beiden Seiten $J_{x_0} = 535{,}2$, auf letzterer $J_{y_0} = 2707{,}5$ ab. Die x_0- und die y_0-Achse sind die Achsen der Trägheitsellipse, die nun mit beliebig großer Genauigkeit gezeichnet werden kann. Sie dient dazu, das Trägheitsmoment für eine beliebige durch A gehende Achse zu bestimmen. Ziehen wir beispielsweise die 45°-Linie, so schneidet diese die Ellipse in einem Punkte P; messen wir die Strecke OP auf unserer Leiter Abb. 293 ab, so erhalten wir $J \approx 830$; das zur 45°-Linie gehörige Trägheitsmoment ist sonach etwa 830. Die Trägheitsellipse dient aber andererseits auch dazu, diejenige durch A gehende Achse zu ermitteln, für welche das Trägheitsmoment einen gegebenen Wert J hat. Setzen wir beispielsweise $J = 1000$, so entnehmen wir aus der Leiter in Abb. 293 die zu $J = 1000$ gehörige Strecke und schlagen um A mit dieser den Kreis, der die Ellipse in Q, Q', Q'', Q''' schneiden möge. Dann sind $Q''AQ$ und $Q'''AQ'$ die beiden gesuchten Achsen.

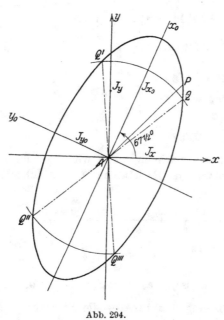

Abb. 294.

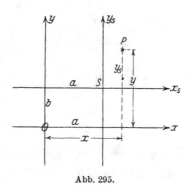

Abb. 295.

Bestimmung der Zentralellipse unseres Profils. Es seien die durch $S(3|5)$ parallel zur x- bzw. zur y-Achse gelegten Achsen als x_S- und y_S bezeichnet. Dann ist nach Formel 58) S. 257 in Abschnitt II

$$J_{x_S} = J_x - 5^2 \cdot f = \tfrac{7168}{3} - 25 \cdot 64 = \tfrac{2368}{3} = 789{,}3 \,,$$

$$J_{y_S} = J_y - 3^2 \cdot f = \tfrac{2560}{3} - 9 \cdot 64 = \tfrac{832}{3} = 277{,}3 \,.$$

Außerdem bedürfen wir noch des Zentrifugalmomentes für die beiden Schwerpunktsachsen x_S und y_S. Dieses können wir aus dem für die x- und y-Achse ebenso einfach berechnen wie die Trägheitsmomente J_{x_S} und J_{y_S} aus J_x und J_y. Haben nämlich die beiden Achsen x_S und x den Abstand b, die beiden Achsen y_S und y den Abstand a voneinander (s. Abb. 295), so ist der Abstand des Punktes $P(x|y)$ als des Trägers des Massenteilchens df von der x_S-Achse: $y_S = y - b$, sein Abstand

10*

von der y_S-Achse: $x_S = x - a$. Demnach ist das Zentrifugalmoment von df bezüglich des xy-Systems gleich $xy \cdot df = (x_S + a)(y_S + b) \cdot df$, mithin das Zentrifugalmoment der ganzen Fläche f $C_{xy} = \int xy\, df$, wobei das Integral über alle Flächenteile zu erstrecken ist. Wir erhalten

$$C_{xy} = \int (x_S + a)(y_S + b)\, df = \int x_S y_S\, df + a \int y_S\, df + b \int x_S\, df + a\, b \int df\,.$$

Nun ist $\int df = f$, $\int x_S\, df = \int y_S\, df = 0$ als statische Momente bezüglich einer Schwereachse, $\int x_S y_S\, df = C_{x_S y_S}$ (Zentrifugalmoment bezüglich der Schwereachsen x_S und y_S); also wird

$$C_{xy} = C_{x_S y_S} + ab \cdot f\,. \qquad\qquad 79)$$

Mit Hilfe der Formel 79) können wir das Zentrifugalmoment einer Fläche bezüglich irgend zweier zueinander senkrechten Achsen berechnen, wenn es bezüglich der zu ihnen parallelen Schwereachsen gegeben ist, und umgekehrt.

Da in unserem Beispiele $a = 3$ und $b = 5$, ferner $f = 64$ und $C_{xy} = 768$ ist, so ist nach 79)

$$C_{x_S y_S} = 768 - 3 \cdot 5 \cdot 64 = -192;$$

also ist nach 78) für irgendeine Schwereachse g_s, die mit x_s den Winkel α einschließt,

$$J_{g_s} = J_{x_s} \cos^2\alpha - 2 C_{x_s y_s} \sin\alpha \cos\alpha + J_{y_s} \sin^2\alpha\,,$$

in unserem Falle

$$J_{g_s} = \tfrac{2368}{3}\cos^2\alpha + 384 \sin\alpha \cos\alpha + \tfrac{832}{3}\sin^2\alpha$$

$$= \tfrac{1600}{3} + 256\cos 2\alpha + 192 \sin 2\alpha = \tfrac{64}{3}(25 + 12\cos 2\alpha + 9\sin 2\alpha)$$

$$= \tfrac{64}{3}(37\cos^2\alpha + 18\sin\alpha\cos\alpha + 13\sin^2\alpha)\,.$$

Die Gleichung der Zentralellipse lautet

$$\tfrac{2368}{3}\xi_S^2 + 384\,\xi_S\eta_S + \tfrac{832}{3}\eta_S^2 = 1\,.$$

J_{g_s} wird ein Maximum bzw. Minimum, wenn

$$\frac{dJ_{g_s}}{d\,2\alpha} = 0\,,$$

ist; dann ist

$$\operatorname{tg} 2\alpha = \tfrac{192}{256} = \tfrac{3}{4}\,,$$

also entweder

$$\sin 2\alpha = \tfrac{3}{5}\,, \qquad \cos 2\alpha = \tfrac{4}{5} \qquad \text{oder} \qquad \sin 2\alpha = -\tfrac{3}{5}\,, \qquad \cos 2\alpha = -\tfrac{4}{5};$$

im ersten Falle ist

$$J_{g_{s\,\max}} = \tfrac{2560}{3} = 853{,}3\,,$$

im zweiten

$$J_{g_{s\,\min}} = \tfrac{640}{3} = 213{,}3\,.$$

Nun sind wir imstande, für jeden Punkt der Ebene die Trägheitsellipse zu konstruieren und zu berechnen; wir wollen dies für die Eckpunkte B, C, D, E, F unseres Profils tun. Für B ist der Abstand a der Abb. 295 $a = -5$, $b = +5$; folglich ist

$$J_{x_B} = J_{x_S} + (-5)^2 \cdot 64 = \tfrac{7168}{3} = \tfrac{512}{3} \cdot 14\,,$$

$$J_{y_B} = J_{y_S} + (+5)^2 \cdot 64 = \tfrac{5632}{3} = \tfrac{512}{3} \cdot 11\,,$$

$$C_{x_B y_B} = C_{x_S y_S} + (-5)\cdot(+5)\cdot 64 = -\tfrac{5376}{3} = -\tfrac{256}{3} \cdot 21\,.$$

Es ist demnach

$$J_{g_B} = \tfrac{512}{3}(14\cos^2\alpha + 21\sin\alpha\cos\alpha + 11\sin^2\alpha)$$
$$= \tfrac{256}{3}(25 + 3\cos 2\alpha + 21\sin 2\alpha)\,,$$

die Gleichung der Trägheitsellipse also

$$\tfrac{512}{3}(14\xi_B^2 + 21\xi_B\eta_B + 11\eta_B^2) = 1\,.$$

Die Achsen der Ellipse sind bestimmt durch $\operatorname{tg} 2\alpha_B = 7$; und es ist für

$$\sin 2\alpha_B = \frac{7\sqrt{2}}{10}\,, \qquad \cos 2\alpha_B = \frac{\sqrt{2}}{10}$$

$$J_{g_{B\,\text{max}}} = \tfrac{256}{3}\big(25 + 15\sqrt{2}\big) = 3943,7\,,$$

für $\quad \sin 2\alpha_B = -\dfrac{7\sqrt{2}}{10}\,, \quad \cos 2\alpha_B = -\dfrac{\sqrt{2}}{10}$

$$J_{g_{B\,\text{min}}} = \tfrac{256}{3}\big(25 - 15\sqrt{2}\big) = 322,9\,.$$

Für C ist $a = -5$, $b = 1$;

$$J_{g_C} = \tfrac{256}{3}(10\cos^2\alpha + 12\sin\alpha\cos\alpha + 22\sin^2\alpha)$$
$$= \tfrac{256}{3}(16 - 6\cos 2\alpha + 6\sin 2\alpha)\,,$$

$$\operatorname{tg} 2\alpha_C = -1; \qquad J_{g_{C\,\text{max}}} = \tfrac{256}{3}\big(16 + 6\sqrt{2}\big) = 2089,4$$

für

$$\sin 2\alpha_C = +\tfrac{1}{2}\sqrt{2}\,, \qquad \cos 2\alpha_C = -\tfrac{1}{2}\sqrt{2};$$

$$J_{g_{C\,\text{min}}} = \tfrac{256}{3}\big(16 - 6\sqrt{2}\big) = 641,3$$

für

$$\sin 2\alpha_C = -\tfrac{1}{2}\sqrt{2}\,, \qquad \cos 2\alpha_C = +\tfrac{1}{2}\sqrt{2}\,.$$

Für D ist $a = -1$, $b = 1$;

$$J_{g_D} = \tfrac{256}{3}(10\cos^2\alpha + 6\sin\alpha\cos\alpha + 4\sin^2\alpha) = \tfrac{256}{3}(7 + 3\cos 2\alpha + 3\sin 2\alpha)\,,$$

$$\operatorname{tg} 2\alpha_D = 1; \qquad J_{g_{D\,\text{max}}} = \tfrac{256}{3}\big(7 + 3\sqrt{2}\big) = 959,4\,,$$

für

$$\sin 2\alpha_D = \cos 2\alpha_D = \tfrac{1}{2}\sqrt{2};$$

$$J_{g_{D\min}} = \tfrac{256}{3}\left(7 - 3\sqrt{2}\right) = 235,3$$

für

$$\sin 2\alpha_D \doteq \cos 2\alpha_D = -\tfrac{1}{2}\sqrt{2}\,.$$

Für E ist $a = -1$, $b = -7$;

$$J_{g_E} = \tfrac{256}{3}\left(46\cos^2\alpha - 6\sin\alpha\cos\alpha + 4\sin^2\alpha\right)$$
$$= \tfrac{256}{3}\left(25 + 21\cos 2\alpha - 3\sin 2\alpha\right),$$

$$\operatorname{tg}2\alpha_E = -\tfrac{1}{7}; \quad J_{g_{E\min}} = \tfrac{256}{3}\left(25 - 15\sqrt{3}\right) = 323,1$$

für

$$\sin 2\alpha_E = \frac{1}{\sqrt{50}}, \qquad \cos 2\alpha_E = -\frac{1}{\sqrt{50}}\,;$$

$$J_{g_{E\max}} = \tfrac{256}{3}\left(25 + 15\sqrt{3}\right) = 3943,5$$

für

$$\sin 2\alpha_E = -\frac{1}{\sqrt{50}}, \qquad \cos 2\alpha_E = \frac{1}{\sqrt{50}}\,.$$

Für F ist $a = 3$, $b = -7$;

$$J_{g_F} = \tfrac{256}{3}\left(46\cos^2\alpha + 36\sin\alpha\cos\alpha + 10\sin^2\alpha\right)$$
$$= \tfrac{256}{3}\left(28 + 18\cos 2\alpha + 18\sin 2\alpha\right),$$

$$\operatorname{tg}2\alpha_F = 1; \quad J_{g_{F\max}} = \tfrac{256}{3}\left(28 + 18\sqrt{2}\right) = 4561,6$$

für

$$\sin 2\alpha_F = \cos 2\alpha_F = \tfrac{1}{2}\sqrt{2}\,;$$

$$J_{g_{F\min}} = \tfrac{256}{3}\left(28 - 18\sqrt{2}\right) = 217,1$$

für

$$\sin 2\alpha_F = \cos 2\alpha_F = -\tfrac{1}{2}\sqrt{2}\,.$$

(182) Es gibt nun in der Ebene zwei Punkte, für welche die Trägheits-ellipse zum Trägheitskreise wird; man nennt sie die **Festpunkte**. Für alle durch einen Festpunkt gehenden Achsen sind also die Träg-heitsmomente einander gleich. Wir finden die Festpunkte auf folgendem Wege. Wir verlegen den Koordinatenanfangspunkt in den Schwerpunkt S so, daß die Koordinatenachsen ξ und η mit den Hauptträgheitsachsen der Zentralellipse zusammenfallen, und zwar möge $J_\xi > J_\eta$ sein. Der Festpunkt F möge die Koordinaten $(u|v)$ haben; heißen die durch ihn parallel zur ξ- und η-Achse gehenden Geraden ξ' und η', so ist, wenn f die Fläche der ebenen Figur ist,

$$J_{\xi'} = J_\xi + v^2 \cdot f, \quad J_{\eta'} = J_\eta + u^2 \cdot f, \quad C_{\xi'\eta'} = 0 + uv \cdot f.$$

Also ist für eine beliebige durch F gehende Gerade g', die mit der ξ'-Achse den Winkel α bildet,

$$J_{g'} = J_{\xi'}\cos^2\alpha - 2C_{\xi'\eta'}\sin\alpha\cos\alpha + J_{\eta'}\sin^2\alpha$$
$$= (J_\xi + v^2 \cdot f)\cos^2\alpha - 2uvf\sin\alpha\cos\alpha + (J_\eta + u^2 f)\sin^2\alpha$$
$$= \tfrac{1}{2}[J_\xi + J_\eta + (u^2 + v^2)f] + \tfrac{1}{2}[J_\xi - J_\eta - (u^2 - v^2)f]\cdot\cos 2\alpha - uvf\cdot\sin 2\alpha\,.$$

Nun soll $J_{g'}$ für jede durch F gehende Gerade g' den gleichen Wert haben, $J_{g'}$ also von α unabhängig sein; dies tritt aber dann und nur dann ein, wenn die Faktoren von $\cos 2\alpha$ und $\sin 2\alpha$ beide gleich Null sind. Wir erhalten daher zur Bestimmung von u und v die beiden Gleichungen

$$J_\xi - J_\eta - (u^2 - v^2)f = 0 \quad \text{und} \quad uv = 0.$$

Auf Grund der letzten Gleichung muß entweder $u = 0$ oder $v = 0$ sein. Für $u = 0$ folgt aus der ersten Gleichung

$$v^2 = \frac{J_\eta - J_\xi}{f},$$

eine Unmöglichkeit, da $J_\xi > J_\eta$ sein soll. Demnach sind die Koordinaten der beiden Festpunkte

$$F_1\left(+\sqrt{\frac{J_\xi - J_\eta}{f}} \,\middle|\, 0\right)$$

und

$$F_2\left(-\sqrt{\frac{J_\xi - J_\eta}{f}} \,\middle|\, 0\right).$$

Die beiden Festpunkte liegen also auf der Nebenachse der Zentralellipse und haben vom Schwerpunkte den Abstand

$$\pm\sqrt{\frac{J_\xi - J_\eta}{f}};$$

das Trägheitsmoment

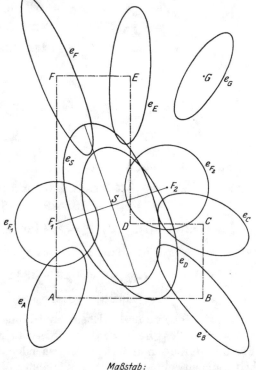

Maßstab:
$J_g = 100 \times 50$

Abb. 296.

selbst ist für alle durch die Festpunkte gehenden Achsen $J_{g'} = J_\xi$. Für den Fall unseres Profils ist die Nebenachse der Zentralellipse unter einem Winkel α gegen AB geneigt, für den (s. S. 576)

$$\sin 2\alpha = \tfrac{3}{5}, \quad \cos 2\alpha = \tfrac{4}{5}, \quad \text{also} \quad \operatorname{tg}\alpha = \tfrac{1}{3}$$

ist; u ist

$$\pm\sqrt{\frac{\frac{2560}{3} - \frac{640}{3}}{64}} = \pm\sqrt{10};$$

die Projektion von SF_1 bzw. SF_2 auf die Kante AB ist mithin

$$\pm\sqrt{10}\cdot\cos\alpha = \pm 3.$$

Der eine Festpunkt hat demnach in dem in Abb. 292 eingeführten Koordinatensystem die Koordinaten $x_{F_1} = 0$, $y_{F_1} = 4$, der andere die Koordinaten $x_{F_2} = 6$, $y_{F_2} = 6$. Siehe Abb. 296, in der die zu den

Eckpunkten A, B, C, D, E, F, S gehörigen, außerdem eine weitere zu einem Punkte G gehörige Trägheitsellipse, ferner die Festpunkte F_1 und F_2 mit ihren Trägheitskreisen eingezeichnet sind.

Trägheitskreis von Mohr-Land. Eine andere zeichnerische Ermittlung von Trägheitsmomenten ist die folgende. Sind von einer Trägheitsellipse die beiden Achsen x und y mit ihren Hauptträgheitsmomenten J_x und J_y gegeben, so daß also das Zentrifugalmoment $C_{xy} = \int xy\,df = 0$ ist, so können wir für zwei beliebige andere aufeinander senkrecht stehende Achsen ξ und η die Trägheitsmomente J_ξ und J_η und das Zentrifugalmoment $C_{\xi\eta}$ sehr leicht konstruieren. Geht das $\xi\eta$-Kreuz aus dem xy-Kreuz durch Drehung um den Winkel α hervor, so ist für einen Punkt P, der im xy-System die Koordinaten $(x|y)$, im $\xi\eta$-System die Koordinaten $(\xi|\eta)$ hat, nach **(112)** S. 302

$$\xi = x \cos\alpha + y \sin\alpha\,, \qquad \eta = y \cos\alpha - x \sin\alpha\,.$$

Also wird

$$
\begin{aligned}
C_{\xi\eta} = \int \xi\eta\,df &= \int (x \cos\alpha + y \sin\alpha)(y \cos\alpha - x \sin\alpha)\,df \\
&= \int xy\,df \cdot (\cos^2\alpha - \sin^2\alpha) + \left(\int y^2\,df - \int x^2\,df\right)\sin\alpha\cos\alpha \\
&= \tfrac{1}{2}(J_x - J_y)\sin 2\alpha\,.
\end{aligned}
$$

Ferner ist nach Formel 78)

$$J_\xi = J_x \cos^2\alpha + J_y \sin^2\alpha\,, \qquad J_\eta = J_x \sin^2\alpha + J_y \cos^2\alpha\,,$$

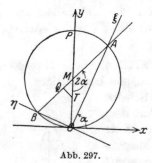

Abb. 297.

also das polare Trägheitsmoment

$$J_p = J_\xi + J_\eta = J_x + J_y\,.$$

Wir tragen nun (Abb. 297) auf der y-Achse von O aus die Strecke $OT = J_y$, ferner hieran die Strecke $TP = J_x$ ab, so daß $OP = J_p$ ist; dann schlagen wir über OP als Durchmesser den Kreis, welcher die ξ- bzw. η-Achse in A und B schneiden möge. Fällt man schließlich von T aus auf AB das Lot TQ, so ist $TQ = C_{\xi\eta}$, $BQ = J_\xi$, $AQ = J_\eta$.

Es ist nämlich, wenn der Mittelpunkt des **Trägheitskreises** mit M bezeichnet wird, $\sphericalangle OMA = 2\alpha$, da $\sphericalangle (xOA) = \alpha$ ist. Ferner ist $OP = J_x + J_y$, also

$$TM = OM - OT = \tfrac{1}{2}(J_x - J_y)\,, \qquad OM = \tfrac{1}{2}(J_x + J_y)\,,$$

demnach

$$TQ = \tfrac{1}{2}(J_x - J_y)\sin 2\alpha = C_{\xi\eta}\,;$$
$$MQ = \tfrac{1}{2}(J_x - J_y)\cos 2\alpha\,,$$

mithin

$$AQ = AM - QM = \tfrac{1}{2}(J_x + J_y) - \tfrac{1}{2}(J_x - J_y)\cos 2\alpha$$

oder

$$AQ = J_x \sin^2\alpha + J_y \cos^2\alpha = J_\eta,$$
$$BQ = BM + QM = \tfrac{1}{2}(J_x + J_y) + \tfrac{1}{2}(J_x - J_y)\cos 2\alpha$$
$$= J_x \cos^2\alpha + J_y \sin^2\alpha = J_\xi.$$

T heißt der **Trägheitshauptpunkt**.

Sind — in Verallgemeinerung dieses Verfahrens — die Trägheitsmomente J_ξ und J_η und das Zentrifugalmoment $C_{\xi\eta}$ für irgend zwei
aufeinander senkrecht stehende Achsen ξ
und η gegeben, so kann man die entspre-
chenden Momente $J_{\xi'}$, $J_{\eta'}$, $C_{\xi'\eta'}$ für irgend
zwei andere aufeinander senkrechte Achsen
ξ' und η' folgendermaßen finden (Abb. 298).
Man trägt auf der η-Achse $OQ = J_\eta$,
$QB = J_\xi$ ab und errichtet in Q auf OB
das Lot $QT = C_{\xi\eta}$; dann schlägt man über
OB als Durchmesser den Kreis, der die
ξ'-Achse in E, die η'-Achse in F schneidet;
das von T auf den Durchmesser EF gefällte

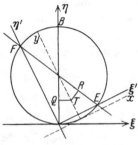

Abb. 298.

Lot möge EF in R treffen. Dann ist
$TR = C_{\xi'\eta'}$, $ER = J_{\eta'}$, $FR = J_{\xi'}$. Der Beweis folgt aus der Tatsache, daß nach obigen Darlegungen der durch T gehende Durchmesser
die Hauptträgheitsmomente enthalten muß, aus denen sich dann nach
der in Abb. 297 niedergelegten Konstruktion die Trägheits- und
Zentrifugalmomente für die ξ- und η- bzw. für die ξ'- und η'-Achse
ergeben.

(183) D. Ermittlung von **resultierenden Kräften** bei **Massen-
anziehungen.** Es sollen uns hier nur zwei Probleme beschäftigen.

a) Gegeben ist eine homogene kreisförmige Scheibe
von der Dichte μ und dem Halbmesser a. Auf dem
in ihrem Mittelpunkte M auf ihr errichteten Lote
befindet sich in der Entfernung e von ihr ein Massenpunkt A von der Masse m. Welche Anziehungskraft
übt die Scheibe auf den Punkt A aus? Zugrunde
gelegt sei hierbei das **Newton**sche Anziehungsgesetz
(s. Abb. 299).

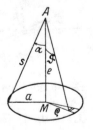

Abb. 299.

Wir zerlegen die Scheibe mittels Polarkoordinaten
in Elemente vom Inhalte $\varrho\, d\varrho\, d\varphi$, also der Masse
$\mu\,\varrho\, d\varrho\, d\varphi$. Die Entfernung eines solchen Massenelementes von A ist
$\sqrt{e^2 + \varrho^2}$; demnach ist die von ihm auf die Masse m ausgeübte Anziehungskraft

$$dK = k\frac{\mu\, m\, \varrho\, d\varrho\, d\varphi}{e^2 + \varrho^2},$$

wobei k eine Konstante bedeutet. Es kommt aber nur der Teil der Anziehungskraft zur Wirkung, der in die Richtung MA fällt, da die andere Komponente durch das symmetrisch zu ihr liegende Massenteilchen aufgehoben wird. Wir müssen demnach dK noch mit

$$\cos\vartheta = \frac{e}{\sqrt{e^2 + \varrho^2}}$$

multiplizieren. Da mithin alle wirksamen Komponenten die gleiche Richtung AM haben, können sie unmittelbar addiert werden; wir erhalten mithin für die Gesamtwirkung der Scheibe

$$K = \int\limits_{\varrho=0}^{a} \int\limits_{\varphi=0}^{2\pi} \frac{k\,\mu\,m\,\varrho\,d\varrho\,d\varphi \cdot e}{\sqrt{e^2 + \varrho^2}^3} = k\,\mu\,m\,e \int\limits_{\varrho=0}^{a} \frac{\varrho\,d\varrho}{\sqrt{e^2 + \varrho^2}^3} \cdot [\varphi]_0^{2\pi}$$

$$= 2\pi\,k\,\mu\,m\,e \left[-\frac{1}{\sqrt{e^2 + \varrho^2}}\right]_0^a = 2\pi\,k\,\mu\,m\,e \left(\frac{1}{e} - \frac{1}{s}\right).$$

Führen wir die Masse der Scheibe

$$\mu \cdot \pi\,a^2 = m', \qquad \text{also} \qquad \mu = \frac{m'}{\pi\,a^2}$$

ein, so wird

$$K = 2k\,\frac{m\,m'}{a^2}\left(1 - \frac{e}{s}\right).$$

Wir können durch Einführung des Winkels α, unter welchem der Halbmesser der Scheibe von A aus erscheint, K in der Form schreiben

$$K = 2k\,\frac{m\,m'}{a^2}\,(1 - \cos\alpha) = k\,\frac{m\,m'}{\left(\dfrac{a}{2\sin\dfrac{\alpha}{2}}\right)^2}.$$

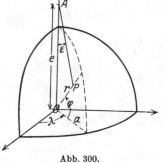

Abb. 300.

Demnach müßte m von m' den Abstand

$$e' = \frac{a}{2\sin\dfrac{\alpha}{2}}$$

haben, wenn zwischen beiden die nämliche Anziehungskraft bestehen soll, wie zwischen m und der Scheibe, wobei aber m' nicht auf der Scheibe verteilt, sondern ebenfalls wie m in einem Punkte vereinigt zu denken ist.

b) Es soll die Anziehung einer homogenen Kugel vom Halbmesser a und der Massendichte μ auf einen Punkt A von der Masse m ermittelt werden, wobei A vom Mittelpunkte O der Kugel den Abstand e haben soll (Abb. 300). Wir zerlegen die Kugel durch sphärische Polarkoordinaten in Elemente von der Größe $r^2 \cos\varphi\, dr\, d\varphi\, d\lambda$. Ein solches Element hat von A den Abstand $\sqrt{e^2 + r^2 - 2er\sin\varphi}$; mithin ist die Anziehung eines solchen Kugelelementes auf die Masse m

$$dK = k \cdot \frac{m\,\mu\,r^2\cos\varphi\,dr\,d\varphi\,d\lambda}{e^2 + r^2 - 2\,e\,r\sin\varphi}.$$

Da jedoch auch hier wie in Beispiel a) nur die in die Richtung AO fallende Komponente zur Wirkung kommt, so müssen wir dK noch mit $\cos\varepsilon$ multiplizieren. Nun ist

$$\operatorname{tg}\varepsilon = \frac{r\cos\varphi}{e - r\sin\varphi}, \quad \text{also} \quad \cos\varepsilon = \frac{e - r\sin\varphi}{\sqrt{e^2 + r^2 - 2\,e\,r\sin\varphi}}.$$

Da ferner alle diese Komponenten die nämliche Richtung haben, bekommen wir die Gesamtanziehung der Kugel auf die Masse m durch Summierung aller · Einzelkomponenten. Es ergibt sich

$$K = km\mu \int\limits_{r=0}^{a} \int\limits_{\varphi=-\frac{\pi}{2}}^{+\frac{\pi}{2}} \int\limits_{\lambda=0}^{2\pi} \frac{r^2(e - \sin\varphi)\cos\varphi}{\sqrt{e^2 - 2\,r\sin\varphi + r^2}^{\,3}} dr\,d\varphi\,d\lambda$$

$$= 2\pi\,k\,m\,\mu \int\limits_{r=0}^{a} \int\limits_{\varphi=-\frac{\pi}{2}}^{+\frac{\pi}{2}} r^2 \frac{(e - r\sin\varphi)\cos\varphi\,dr\,d\varphi}{\sqrt{e^2 - 2\,e\,r\sin\varphi + r^2}^{\,3}}.$$

Nun ist

$$\int \frac{(e - r\sin\varphi)\cos\varphi\,d\varphi}{\sqrt{e^2 - 2\,e\,r\sin\varphi + r^2}^{\,3}} = \frac{e\sin\varphi - r}{e^2\sqrt{e^2 - 2\,e\,r\sin\varphi + r^2}},$$

wie man mittels der Substitution

$$e^2 - 2\,e\,r\sin\varphi + r^2 = u^2, \quad \sin\varphi = \frac{e^2 + r^2 - u^2}{2\,e\,r}, \quad \cos\varphi\,d\varphi = -\frac{u\,du}{e\,r}$$

findet. Demnach ist

$$K = 2\pi\,k\,m\,\mu \int\limits_{r=0}^{a} \frac{r^2}{e^2} \left[\frac{e\sin\varphi - r}{\sqrt{e^2 - 2\,e\,r\sin\varphi + r^2}} \right]_{\varphi=-\frac{\pi}{2}}^{+\frac{\pi}{2}} dr$$

$$= 2\pi\,k\,m\,\mu \int\limits_{r=0}^{a} \frac{r^2}{e^2} \left(\frac{e - r}{e - r} - \frac{-e - r}{e + r} \right) dr = \frac{4\pi\,k\,m\,\mu}{e^2} \left[\frac{r^3}{3} \right]_0^a,$$

$$K = \frac{4}{3}\pi\,a^3\,\mu \cdot \frac{km}{e^2} = k\,\frac{m\,m'}{e^2}.$$

Eine Kugel übt auf einen außerhalb gelegenen Massenpunkt die gleiche Anziehung aus, als ob die Masse der Kugel in ihrem Mittelpunkte vereinigt wäre.

Bisher haben wir Funktionen stets durch Einführung ebener oder räumlicher Koordinatensysteme veranschaulicht. Dieses Verfahren der

„analytischen Geometrie" ist aber nicht das einzig mögliche, um funktionale Beziehungen darzustellen. Vielmehr sind gerade für die Praxis des Ingenieurs andere Verfahren von größtem Werte; sie sollen in dem folgenden Kapitel über „Nomographie" erläutert werden.

§ 9. Nomographie.

(184) Aus früheren Erörterungen wissen wir, daß wir jeden in der Form $f(x, y) = 0$ gegebenen gesetzmäßigen Zusammenhang durch eine

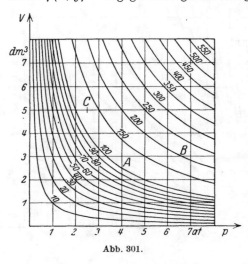

Abb. 301.

Kurve in einem rechtwinkligen Koordinatensystem ausdrücken können. Für die Funktion 80) $pv = cT$ z. B. geschieht dies bei konstantem Wert für T, indem wir die eine Achse zur p-Achse, die andere zur v-Achse machen. Der Zusammenhang zwischen p und v wird dann [s. (31) S. 68] durch eine gleichseitige Hyperbel dargestellt, für welche die Koordinatenachsen zugleich die Asymptoten sind.

Nimmt man auch T als veränderlich an, so würde die Funktion 80) der drei Veränderlichen p, v, T als Fläche in einem räumlichen rechtwinkligen Koordinatensystem dargestellt werden können, und zwar würden wir [s. (151) S. 454] ein hyperbolisches Paraboloid erhalten.

Indessen ist eine solche räumliche Darstellung zum praktischen Gebrauch wenig geeignet, viel zweckmäßiger sind Darstellungen in der Ebene. Es kommt hinzu, daß die Praxis es häufig mit Beziehungen zwischen mehr als drei Veränderlichen zu tun hat, für die das Verfahren der analytischen Geometrie versagt. An seine Stelle treten andere Verfahren der Veranschaulichung, die die beiden Forderungen erfüllen: Beschränkung auf die Ebene und Möglichkeit, auch funktionale Beziehungen von mehr als drei Veränderlichen darzustellen. Wie das möglich ist, soll unter Zugrundelegung des Beispiels der Gleichung 80) gezeigt werden. In dem pv-Koordinatensystem ergibt sich für verschiedene Werte der Veränderlichen T eine Schar von gleichseitigen Hyperbeln; zu jedem bestimmten Werte von T gehört eine der Hyperbeln Die Hyperbelschar überdeckt die pv-Ebene in der Weise, wie es Abb. 301 zum Ausdruck bringt, in der an jeder Hyperbel der zugehörige Wert von T angeschrieben steht (die Konstante c ist gleich 0,1 gesetzt). Zieht man noch die Parallelen zu den Achsen in gleichem Abstand voneinander, so wird die Zeichenebene mit einem Netze von sich rechtwinklig schneidenden Geraden und von Hyperbeln bedeckt. Durch jeden Punkt der Ebene geht eine Hyperbel und je eine Parallele zu den beiden Achsen; man bezeichnet eine solche Zeichnung als eine Netztafel. Wir können mit ihrer Hilfe — Formel 80) gibt ja das Mariotte-Gay-Lussacsche Gesetz wieder — von einer gegebenen Gasmenge für jeden beliebigen Zustand die drei zusammengehörigen Werte p, v, T finden. Jedem Punkte der Ebene entspricht nämlich ein solcher Zustand; die drei zu ihm gehörigen Werte von p, v, T werden durch die drei sich in ihm schneidenden Angehörigen der drei Netzscharen gegeben. Unsere Abb. 301 ist für eine Gasmenge entworfen, welche bei einer absoluten Tem-

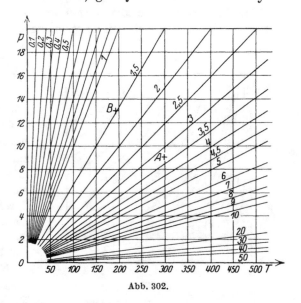

Abb. 302.

peratur von 100° und bei einem Drucke von 4 at einen Raum von $2\frac{1}{2}$ dm³ einnimmt (s. Punkt A der Abbildung). Würde man die Temperatur auf 200° erhöhen und die Gasmenge auf 3 dm³] bringen, so würde sie unter einem Drucke von $6\frac{2}{3}$ at stehen (s. Punkt B). Bei einiger Übung ist man dann auch bald imstande zu interpolieren, d. h. auch solche Punkte aufzusuchen oder abzulesen, die zwischen zwei Netzlinien fallen. So sagt Punkt C aus, daß zu dem Drucke $2\frac{1}{2}$ at und dem Gasvolumen 5 dm³ eine absolute Temperatur von 125° gehört.

Derartige Netztafeln kann man stets entwerfen, solange es sich um Beziehungen zwischen drei Veränderlichen handelt; wie man bei noch mehr Veränderlichen verfährt, werden wir später sehen.

Abb. 301 ist nicht die einzige Möglichkeit, das durch Gleichung 80) ausgedrückte Gesetz in einer Netztafel darzustellen. In Abb. 301 entspricht den T-Werten eine Hyperbelschar, deren genaue Zeichnung viel Zeit und Mühe erfordert. Erinnern wir uns an die Tatsache, daß $y = \mathsf{A}\,x$ im rechtwinkligen Koordinatensystem eine Gerade durch den Anfangspunkt darstellt, so können wir leicht alle drei Veränderliche durch Geradenscharen ausdrücken. Wir schreiben Gleichung 80) in der Form $p = \frac{c}{v} T$ und wählen T als Abszisse und p als Ordinate. Jedem Werte von v entspricht dann eine bestimmte Gerade durch den Ursprung des Tv-Systems. Die Netztafel Abb. 302 zeigt diese Darstellung. In ihr entspricht jeder Veränderlichen eine Geradenschar. Den T-Werten entspricht eine Schar von Parallelen zur p-Achse, den p-Werten eine Schar von Parallelen zur T-Achse, den v-Werten ein durch O gehendes Geradenbüschel. Wählen wir beispielsweise $T = 300$, $p = 9$, so erhalten wir den Punkt A der Ebene; durch ihn geht eine v-Gerade, welche schätzungsweise die Bezifferung 3,3 trägt; folglich bilden $T = 300$ $p = 9$, $v = 3,3$ eine zusammengehörige Wertegruppe. Dem Wertepaare $p = 13$, $v = 1,5$ entspricht der Punkt B mit der p-Koordinate 13 auf der v-Geraden 1,5; seine T-Koordinate ist etwa 195; $T = 195$, $p = 13$, $v = 1,5$ sind wiederum zusammengehörige Werte. Man überzeugt sich leicht mittels der Formel 80) von der Richtigkeit der Ergebnisse. Gegen die Verwendung dieser Netztafeln nicht nur zur raschen Orientierung über den funktionalen Zusammenhang der Veränderlichen, sondern auch zur zahlenmäßigen Berechnung einzelner Werte kann der Einwand gemacht werden, daß diese Berechnung aus der Formel unmittelbar, mit beliebiger Genauigkeit sogar nur aus ihr, möglich ist. Die praktische Erfahrung hat aber gezeigt, daß bei sorgfältigem Gebrauche die Genauigkeit der Netztafeln in den meisten Fällen durchaus hinreicht. Die Mühe der sorgfältigen Herstellung einer Netztafel macht sich deshalb sicher bezahlt, wo eine große Anzahl von Einzelwerten aus ein und derselben Gleichung zu bestimmen ist. An die Stelle einer umfangreichen, zeitraubenden Rechenarbeit treten dann bei genügender Übung rasch und sicher auszuführende Ablesungsreihen. Deshalb haben diese Nomogramme in technischen Bureaus usw. vielfach Eingang gefunden.

Die Netztafel 302 läßt sich, da sie keine Schar krummer Linien enthält, rascher und bequemer entwerfen als die Netztafel 301. Aus diesem Grunde gibt man, solange hieraus nicht Nachteile entstehen, die diesen Vorteil überwiegen, im allgemeinen Netztafeln den Vorzug, die nur Scharen von Geraden und Kreisen enthalten. Dies kann, wie wir später sehen werden, auf mannigfache Weise erreicht werden. Zuvor soll jedoch an einem einfachen Beispiele gezeigt werden, wie man durch Aneinanderfügen solcher Netztafeln auch Beziehungen zwischen vier und mehr Veränderlichen in der Ebene darstellen kann.

Beispiel[1]): Die Beanspruchung einer Feder erfolgt nach der Gleichung

$$P = \frac{\pi \cdot d^3 k_d}{1600 r}, \qquad \text{a)}$$

---

[1]) Siehe Dobbeler: Rechentafeln mit Geradenscharen. Betrieb Jg. 1, S. 345 ff.

wobei P die Zugkraft der Feder in kg, d der Drahtdurchmesser in mm, k_d die Beanspruchung in kg/cm² und r der Krümmungshalbmesser

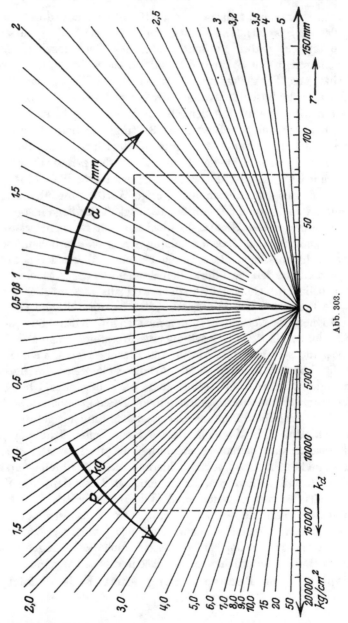

Abb. 303.

der Federwindungen ist. Gleichung a) vermittelt den Zusammenhang zwischen den vier Größen d, k_d, r, P; durch je drei von ihnen

ist die vierte bestimmt. Wir zerlegen die Gleichung a) durch Einführung einer Zwischengröße n in zwei Beziehungen zwischen je drei
Größen, indem wir z. B.

$$n = \frac{r}{d^3} \quad \text{und} \quad n = \frac{\pi}{1600} \cdot \frac{k_d}{P}$$

setzen. Wählen wir in der Gleichung

$$n = \frac{r}{d^3}$$

r als Abszisse, n als Ordinate, so stellt die Gleichung

$$n = \frac{r}{d^3}$$

für jeden Wert von d eine bestimmte Gerade durch den Anfangspunkt
des rn-Systems dar. Ebenso stellt die Gleichung

$$n = \frac{\pi}{1600} \cdot \frac{k_d}{P},$$

wenn wir k_d als Abszisse wählen — die k_d-Achse sei abweichend vom
sonstigen Gebrauche nach links gerichtet —, für jeden Wert von P
eine durch O gehende Gerade dar. Fügen wir die beiden auf diese
Weise erhaltenen Netztafeln so aneinander, daß die zwei n-Achsen
und die zwei Anfangspunkte sich decken, wie in Abb. 303 ausgeführt,
so erhalten wir eine Netztafel, welche die Beziehung zwischen den vier
Größen d, k_d, r, P vermittelt. Ist beispielsweise $r = 77$ mm,
$d = 1,85$ mm gegeben, so findet man aus der Netztafel rechts $n = 12,15$.
Mit $n = 12,15$ und $k_d = 14300$ kg/cm² erhält man aus der Netztafel
links einen Punkt, durch welchen die zu $P = 2,31$ kg gehörige Gerade
des P-Püschels geht, und damit ist die vierte Größe aus den drei gegebenen bestimmt. Dabei ist es übrigens nicht nötig, den Wert der
Zwischengröße n überhaupt abzulesen, wie Abb. 303 zeigt, in der das
obige Beispiel durch den gestrichelten Linienzug angedeutet ist. Da
n nur eine Hilfsgröße ist, erübrigt sich sogar eine Bezifferung der n-Achse.
　Dieses Verfahren läßt sich auch auf Zusammenhänge zwischen mehr
als vier Veränderlichen ausdehnen. Andere Wege, die dem gleichen
Zwecke dienen, können an dieser Stelle nicht eingehend behandelt
werden.

(185)　Versuchen wir jetzt die trinomische Gleichung

$$x^r + a\,x^s + b = 0 \qquad\qquad 81)$$

nomographisch darzustellen! Erteilen wir x einen bestimmten Wert x_0,
so drückt die Gleichung $x_0^r + a\,x_0^s + b = 0$ die Beziehung aus, die
zwischen den Größen a und b bestehen muß, damit x_0 eine Lösung
von 81) ist. Führen wir ein rechtwinkliges Koordinatensystem ein,

dessen eine Achse die a-Achse, dessen andere Achse die b-Achse ist,
so ist $x_0^r + a x_0^s + b = 0$ die Gleichung einer Geraden, die die Bezifferung x_0 tragen möge. (Hierbei sind jetzt a und b die Veränderlichen.)
Durch Verändern des Wertes von x_0 wird die ab-Ebene mit einer Schar

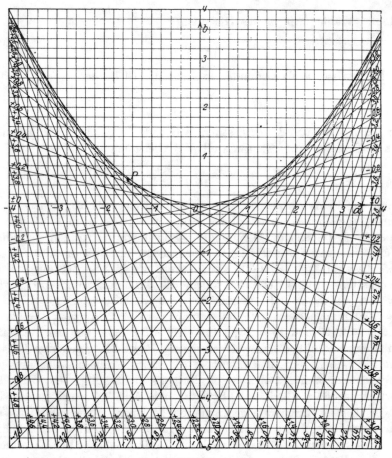

Abb. 304.

von Geraden überdeckt. Abb. 304 stellt das Bild dar für die Gleichung
$x^2 + a x + b = 0$. Setzen wir $x = 0$, so ergibt sich die Geradengleichung
$b = 0$, also die a-Achse, die also die Bezifferung 0 erhält. Setzen wir
$x = 1$, so ergibt sich die Gleichung $a + b + 1 = 0$, deren Bild eine
Gerade ist, welche auf beiden Achsen das Stück -1 abschneidet (Gerade 1
der Figur). Die Gerade 0,5 hat die Gleichung $0,25 + 0,5a + b = 0$;
die Gerade -2 die Gleichung $4 - 2a + b = 0$; die Gerade $-0,4$ die
Gleichung $0,16 - 0,4a + b = 0$. Die Geraden selbst lassen sich auf

Grund dieser Gleichungen leicht einzeichnen. Die zu x gehörige Geradenschar ist jetzt nicht ein Büschel durch den Anfangspunkt. Wählen wir nun einen bestimmten Punkt der Ebene, beispielsweise den Punkt P mit den Koordinaten $a = -1,5$, $b = +0,5$, so erkennen wir, daß durch ihn die Gerade 1 geht. Hieraus folgt aber, daß die Gleichung $x^2 - 1,5x + 0,5 = 0$ durch den Wert $x = 1$ erfüllt wird, da die Koordinaten $(a \mid b)$ eines jeden Punktes auf der Geraden x_0 die Gleichung $x_0^2 + ax_0 + b = 0$ befriedigen. Folglich ist $x = 1$ eine Lösung der Gleichung $x^2 - 1,5x + 0,5 = 0$. Da ferner durch P auch die Gerade 0,5 geht, so ist $x = 0,5$ die andere Lösung der vorgelegten Gleichung $x^2 - 1,5x + 0,5 = 0$.

Fassen wir zusammen! Haben wir auf diese Weise die Netztafel für die trinomische Gleichung $x^r + ax^s + b = 0$ entworfen, so finden wir die Lösungen dieser Gleichung für ein bestimmtes Wertepaar $(a \mid b)$ folgendermaßen: Wir suchen den Punkt P, dessen Koordinaten die beiden gegebenen Werte a und b sind, und ermitteln diejenigen Geraden der Schar, welche durch P gehen, wenn nötig durch Interpolieren. Die Bezifferungen dieser Geraden sind die Lösungen der vorgelegten Gleichung. Es ist erklärlich, daß auf diesem Wege nur die reellen Lösungen erfaßt werden können; da jedoch die Praxis wohl ausschließlich nach diesen fragt, bedeutet dies im allgemeinen keine Einschränkung des Wertes eines solchen Nomogrammes. Abb. 304 zeigt weiter, daß nicht die ganze Ebene von den Geraden überdeckt wird. Sie zerfällt vielmehr in zwei Teile; die Punkte des einen werden von Geraden getroffen, die des anderen nicht. Die Grenze zwischen beiden bildet eine Kurve, für welche jede der Geraden Tangente ist; die Kurve ist, wie wir später sehen werden [s. (232) S. 814], eine Parabel von der Gleichung $a^2 = 4b$. Dieser Umstand findet sein algebraisches Gegenstück in der Tatsache, daß eine quadratische Gleichung $x^2 + ax + b = 0$ nur dann zwei reelle und voneinander verschiedene Lösungen hat, wenn $a^2 > 4b$ ist. Für $a^2 < 4b$ sind die beiden Lösungen konjugiert komplex, während im Grenzfalle $a^2 = 4b$ (Parabel!) die beiden Lösungen einander gleich sind. — Abb. 305 zeigt das Nomogramm für die reduzierte kubische Gleichung $x^3 + ax + b = 0$. Man sieht deutlich, daß auch in diesem Falle die Ebene in zwei Teile zerlegt ist; in dem einen Teile gehen durch jeden Punkt drei Geraden, in dem anderen dagegen nur eine. Es entspricht dies der Tatsache, daß eine kubische Gleichung entweder drei oder nur eine reelle Lösung hat. Die Kurve, die beide Teile der Ebene voneinander trennt, ist die Neilsche Parabel [s. (89) S. 238] von der Gleichung

$$\left(\frac{b}{2}\right)^2 + \left(\frac{a}{3}\right)^3 = 0$$

Siehe auch Gleichung dritten Grades [s. (26) S. 55 ff.].

Die Gleichung für zusammengesetzte Festigkeit lautet

$$M_i = 0{,}35\,M + 0{,}65\,\sqrt{M^2 + (\alpha_0\,M_d)^2}\,;\qquad\qquad\text{a)}$$

hierbei ist α_0 ein vom Werkstoff abhängiger Faktor, M das Biegungsmoment, M_d das Drehungsmoment und M_i das unter Einfluß der beiden

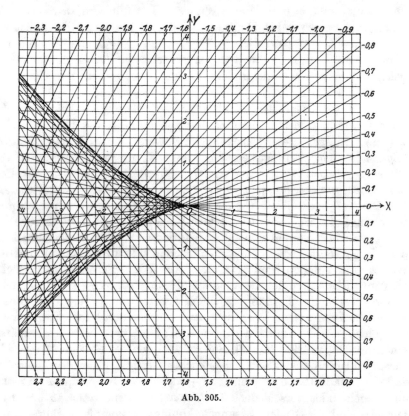

Abb. 305.

letzteren sich ergebende ideelle Biegungsmoment. Hier wird man zweckmäßig eine Schar von Kreisen in das Nomogramm hineinnehmen. [Vgl. die Ähnlichkeit von $M^2 + (\alpha_0 M_d)^2$ mit der Gleichung des Kreises.] Aus Gleichung a) folgt durch eine einfache Umformung

$$(0{,}65\,\alpha_0\,M_d)^2 + \left(\sqrt{0{,}3}\,M + \frac{0{,}35}{\sqrt{0{,}5}}\,M_i\right)^2 - \left(\frac{0{,}65}{\sqrt{0{,}3}}\,M_i\right)^2 = 0\,.\qquad\text{b)}$$

Setzen wir jetzt

$$0{,}65\,\alpha_0\,M_d = x\,,\qquad \sqrt{0{,}3}\,M = y\,,\qquad \frac{0{,}35}{\sqrt{0{,}3}}\,M_i = -q\,,\quad \frac{0{,}65}{\sqrt{0{,}3}}\,M_i = r\,,$$

so geht Gleichung b) über in die neue Gleichung

$$x^2 + (y - q)^2 - r^2 = 0\,.\qquad\qquad\text{c)}$$

11*

Dies ist aber in einem rechtwinkligen xy-System nach (123) S. 330 die Gleichung eines Kreises, dessen Mittelpunkt die Koordinaten $0|q$ hat und dessen Halbmesser gleich r ist. Da $q \approx -0{,}639\,M_i$, $r \approx 1{,}187\,M_i$ ist, ist dieser Kreis einzig durch M_i bestimmt. Er läßt sich zeichnen, wenn M_i gegeben ist, und soll die Bezifferung von M_i tragen. Ist

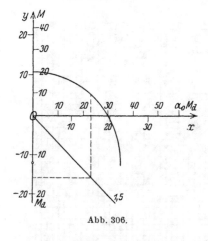

beispielsweise $M_i = 20$, so ergibt sich $q = -12{,}8$, $r = 23{,}7$ (s. Abb. 306). Die Koordinaten $x|y$ eines jeden Punktes dieses Kreises 20 erfüllen mithin die Gleichung

$$x^2 + (y + 12{,}8)^2 - 23{,}7^2 = 0.$$

Da nun

$$x = 0{,}65\,\alpha_0 M_d$$

und $y = \sqrt{0{,}3}\,M \approx 0{,}548\,M$,

Abb. 306.

also $\alpha_0 M_d = \dfrac{x}{0{,}65} \approx 1{,}54\,x$

und $M = \dfrac{y}{\sqrt{0{,}3}} \approx 1{,}83\,y$

ist, so brauchen wir auf der Abszissenachse statt der Teilung für x nur die für $\alpha_0 \cdot M_d$ und auf der Ordinatenachse statt der Teilung für y die für M durch Vermittlung der eben aufgestellten Gleichungen abzutragen, um die Beziehungen zwischen den drei Größen $\alpha_0 M_d$, M_i, M unmittelbar ablesen zu können. Dabei machen wir zugleich die Entdeckung, daß der Kreis mit der Bezifferung M_i auf der Ordinatenachse die Ordinate $M = M_i$ abschneidet, ein Ergebnis, das aus Gleichung a) sofort folgt, wenn wir die Abszisse $\alpha_0 M_d = 0$ setzen. Die Bezifferung des Kreises M_i ist also identisch mit der Bezifferung, die er auf der positiven M-Achse ausschneidet, so daß wir uns die Bezifferung der Kreise ersparen können.

Solange es sich stets um den nämlichen Werkstoff handelt, also die Werkstoffkennzahl α_0 die gleiche ist, bedarf der Entwurf der Netztafel keiner weiteren Erörterung. Anders wird es, wenn das Nomogramm für verschiedene Werkstoffe verwendbar sein soll, wenn es also darauf ankommt, aus einem beliebigen Werte von M_d und einem beliebigen Werte von α_0 die Größe $\alpha_0 M_d$ zeichnerisch zu ermitteln. Diese Aufgabe ist aber (s. o.) leicht zu lösen. Wir fügen nämlich an die eben entworfene Netztafel eine andere an, welche die gleiche $\alpha_0 M_d$-Achse hat, während eine dazu senkrechte M_d-Achse nach unten gerichtet ist und die gleichmäßige Teilung der M_d-Leiter trägt. Wählen wir z. B. $\alpha_0 = 1{,}5$, so liegen alle Punkte mit den Koordinaten M_d und $1{,}5\,M_d$ bei veränderlichem M_d auf einer durch den Anfangspunkt gehenden leicht konstruierbaren Geraden, die mit 1,5 beziffert werden möge (s. Abb. 306). Ist also das Drehmoment $M_d = 16$, das Biegungsmoment $M = 9,5$, die Werkstoff-Kennzahl $\alpha_0 = 1,5$, so finden wir das ideelle Moment M_i auf folgendem Wege: Wir gehen von dem Werte $M_d = 16$ der M_d-Achse parallel zur $\alpha_0 M_d$-Achse bis zum Schnittpunkte mit

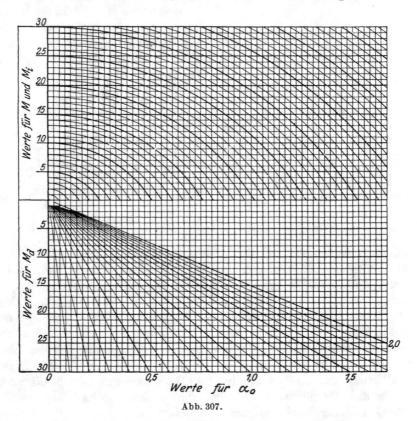

Abb. 307.

der Geraden $\alpha_0 = 1,5$, von da parallel zur M-Achse, ebenso von dem Werte $M = 9,5$ auf der M-Achse parallel zur $\alpha_0 M_d$-Achse. Durch den Punkt, in dem beide sich schneiden, geht der Kreis mit der Bezifferung $M_i = 20$. Folglich ist das zu diesen gegebenen Werten gehörige ideelle Biegungsmoment $M_i = 20$. Abb. 307 zeigt die vollständige Netztafel.

(186) Kehren wir nochmals zu unserem Ausgangsbeispiel

$$p \cdot v = c \cdot T \qquad\qquad 80)$$

zurück, so können wir noch auf eine ganz andere Art dafür eine nur aus geraden Linien bestehende Netztafel entwerfen. Logarithmieren

wir beide Seiten der Gleichung 80), so erhalten wir die neue
Gleichung

$$\log p + \log v = \log(c\,T).\qquad\qquad 82)$$

Führen wir nun $x = \log p$ und $y = \log v$ ein, so geht Gleichung 82)
über in

$$x + y = \log(c\,T).\qquad\qquad 83)$$

Wählen wir jetzt für die absolute Temperatur T einen bestimmten
Wert, so daß die rechte Seite $\log c\,T$ eine Konstante ist, so können
wir Gleichung 83) als die Gleichung einer Geraden in einem rechtwinkligen xy-Koordinatensystem deuten. Sie besitzt die beiden Achsen-
abschnitte $\log(c\,T)$; die Koordinaten $x\,|\,y$ eines jeden Punktes der Geraden
erfüllen die Gleichung 83). Wir brauchen nun zu x und y nur die zu-
gehörigen Numeri aufzuschlagen, um ein Wertepaar $p\,|\,v$ zu erhalten,
welches die Gleichung 80) erfüllt. Noch einfacher wird die Ablesung,
wenn wir an die Koordinatenachsen nicht die Werte für x und y, sondern
gleich ihre Numeri selbst anschreiben; wir können dann die Werte
für p und v unmittelbar ablesen. Allerdings unterscheidet sich die
hierdurch bedingte Teilung der Koordinatenachsen wesentlich von der
uns bisher geläufigen; während nämlich bisher die Teilung gleichförmig war, d. h. gleichen Zwischenräumen gleiche Größenzunahmen
entsprachen, ist dies jetzt nicht mehr der Fall; die Teilung ist ungleichförmig geworden. Diese Ungleichförmigkeit der Achsenteilung ist eins
der wichtigen Hilfsmittel der Nomographie; es soll deshalb näher erörtert werden.

Eine Gerade, die Trägerin von Teilungen ist, wird eine Leiter
(Skala) genannt. Über die gleichförmige Leiter dürfte kaum noch
etwas anzuführen sein; beispielsweise sind Thermometer- und die
Barometerskalen in den meisten Fällen gleichförmig. Ihnen stehen
ungleichförmige gegenüber, wie sie gewöhnlich die Amperemeter
und die Voltmeter enthalten. Auch die Leiter, die zum Ablesen der
Trägheitsmomente aus den Trägheitshalbmessern diente, war ungleichförmig [s. (181) S. 574]; wir trugen damals auf der Geraden nicht die
Werte der Trägheitsmomente selbst auf, sondern die reziproken Werte
ihrer Quadratwurzeln, welche den Ellipsenhalbmessern proportional
sind. Diese Leiter kann als die Leiter der reziproken Quadratwurzeln bezeichnet werden. Sie ist ein Abbild der Funktion

$$y = \frac{l}{\sqrt{x}},\qquad\qquad 84)$$

wobei x die Bezifferung eines Punktes ist, y sein Abstand von einem
auf der Leiter gewählten festen Punkte, den wir als Anfangspunkt O
bezeichnen wollen, l ist eine Strecke von bestimmter Länge, die 10 cm
betragen möge. Um also die Punkte mit den Bezifferungen

$$x = 0{,}25,\quad 0{,}5,\quad 1,\quad 2,\quad 4,\quad 10,\;\ldots$$

auf der Leiter anzubringen, tragen wir von O aus die Strecken y ab, die sich ergeben, wenn wir jene x-Werte in Gleichung 184) einsetzen, d. h. die Strecken

$$y = 20, \quad 14,14, \quad 10, \quad 7,07, \quad 5,$$
$$3,16, \ldots \text{cm}.$$

Wir erhalten die in Abb. 308 wiedergegebene Leiter.

Wie zur Funktion $y = \dfrac{l}{\sqrt{x}}$ kann man zu jeder beliebigen Funktion $f(x)$ eine solche Funktionsleiter entwerfen; man wählt eine bestimmte Längeneinheit l ($= 10$ cm) (Einheitsstrecke), berechnet für eine Reihe runder x-Werte die Werte $y = l \cdot f(x)$, trägt von dem festen Anfangspunkte O diese Strecken y ab und beziffert ihre Endpunkte mit dem zugehörigen Werte von x. Der Leser entwerfe hiernach die folgenden Funktionsleitern:

$$y = \frac{l}{x}, \quad l \cdot x^2, \quad l \cdot \sin x, \quad l \cdot \log x,$$
$$l \cdot \log \sin x, \ldots$$

Anleitung: Um die Leiter für $\log \sin x$ zu finden, gehen wir aus von der Gleichung

$$\log \sin 90° = \log 1 = 0.$$

Wir schreiben daher an den Anfangspunkt die Bezifferung 90°. Da

$$\log \sin 80° = -0,00665$$

ist, bezeichnen wir den Punkt P der Leiter, für welchen

$$OP = -0,00665\,l = -0,0665 \text{ cm}$$

ist, mit 80°; ebenso erhält der Punkt P, für welchen

$$OP = -0,02565\,l = -0,2565 \text{ cm}$$

ist, die Bezifferung 70° usw. Wir erkennen, daß die logsin-Leiter sich nur nach der negativen Richtung erstreckt, und daß sie sich in dieser Richtung bis ins Unendliche ausdehnen würde; denn $\log \sin 0 = -\infty$ (s. Abb. 309). Im

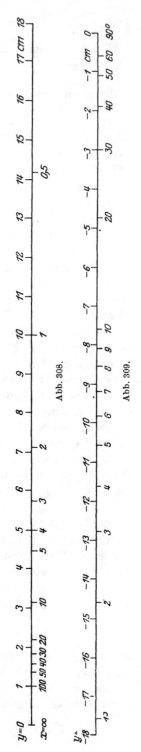

Abb. 308.

Abb. 309.

Gegensatze hierzu erstreckt sich beispielsweise die log tg-Leiter für spitze Winkel nach beiden Seiten ins Unendliche; man entwerfe sie.

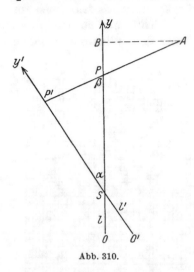

Abb. 310.

Man kann aus einer gegebenen Funktionsleiter auf geometrischem Wege neue Funktionsleitern ableiten. Eines der einfachsten Verfahren ist das durch projektive Strahlenbüschel; die neue Leiter heißt in diesem Falle die zur ursprünglichen projektive Leiter. Der Vorgang selbst ist folgender: In Abb. 310 seien die Geraden y und y' die beiden Leitern, die sich in S schneiden und miteinander den Winkel α einschließen. Der Anfangspunkt auf y sei O, der auf y' sei O', so daß $OS = l$, $O'S = l'$ gegeben sind. Der Pol A der projektiven Beziehung sei bezüglich der Leiter y festgelegt, und zwar habe A von y den Abstand $BA = b$, während $OB = a$ ist. Zu einem Punkte P auf y erhält man den projektiven Punkt P' auf y', indem man AP mit y' zum Schnitte bringt. Es soll nun die Strecke $OP = y$ und die Strecke $O'P' = y'$ sein. Unsere Aufgabe ist es, die Größe y' durch y und die gegebenen Größen auszudrücken. Es ist $PB = OB - OP = a - y$, also

$$\operatorname{tg} BPA = \operatorname{tg} SPP' = \operatorname{tg}\beta = \frac{b}{a - y};$$

ferner ist $SP = OP - OS = y - l$, $SP' = O'P' - O'S = y' - l'$. Aus dem Dreiecke $P'SP$ ergibt sich nach dem Sinussatze

$$\frac{y' - l'}{y - l} = \frac{\sin\beta}{\sin(\alpha + \beta)} = \frac{1}{\dfrac{\sin\alpha}{\operatorname{tg}\beta} + \cos\alpha} = \frac{1}{\dfrac{a - y}{b}\sin\alpha + \cos\alpha}$$

$$= \frac{b}{a\sin\alpha + b\cos\alpha - y\sin\alpha}.$$

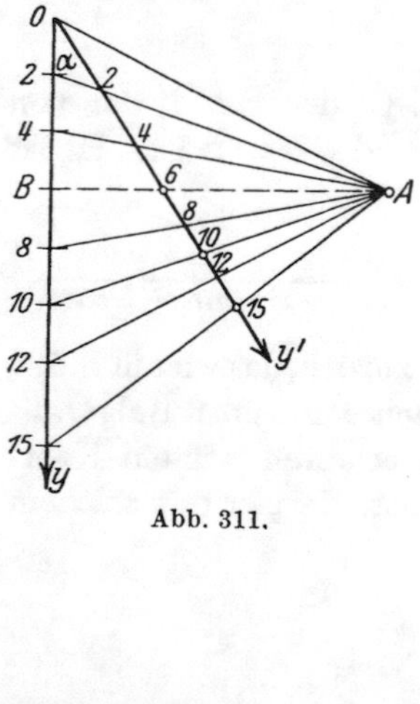

Also ist

$$y' = \frac{(al'\sin\alpha + bl'\cos\alpha - bl) - y(l'\sin\alpha - b)}{(a\sin\alpha + b\cos\alpha) - y\sin\alpha}$$

oder allgemein

$$y' = \frac{A + By}{C + Dy}. \qquad 85)$$

Ist $y = f(x)$, so ist also

$$y' = \frac{A + B \cdot f(x)}{C + D \cdot f(x)},$$

Abb. 311.

wobei die Größen A, B, C, D durch die gegenseitige Lage der Leitern und ihrer Anfangspunkte bestimmt sind.

Ein Beispiel, auf das wir später zurückkommen werden, diene zur Erläuterung (Abb. 311). Die y-Leiter sei gleichförmig, so daß $y = x$ ist; die y'-Leiter schneide die y-Leiter unter dem Winkel α in ihrem

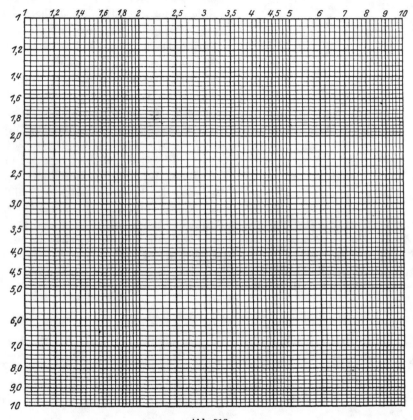

Abb. 312.

gemeinsamen Nullpunkte. Außerhalb beider liege der Pol A, der von der y-Leiter den Abstand $AB = b$ habe, während $OB = a$ ist. Es ist dann für einen Punkt P' der y'-Leiter

$$OP' = y' = \frac{by}{(a - y)\sin\alpha + b\cos\alpha} \qquad \text{oder} \qquad y' = \frac{bx}{(a - x)\sin\alpha + b\cos\alpha}.$$

Wir kehren nun zu unserem Beispiele $pv = cT$ zurück, das wir auf S. 594 verlassen haben. Wählen wir jetzt als Abszissenachse und ebenso als Ordinatenachse die logarithmische Leiter, so erhalten wir ein Koordinatennetz, wie es in Abb. 312 wiedergegeben ist. Papier mit solchem

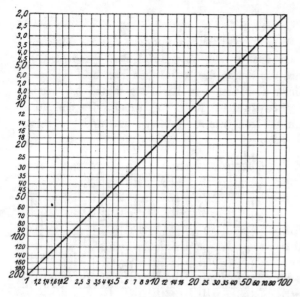

Abb. 313.

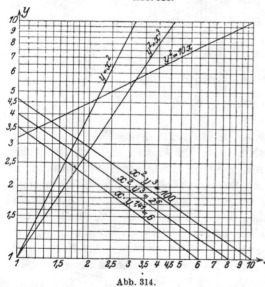

Abb. 314.

Netz ist im Handel als doppeltlogarithmisches Papier oder als Potenzpapier zu haben[1]). Wählen wir für $c \cdot T$ einen bestimmten Wert, beispielsweise 200, so geht Gleichung 83) (S. 594) über in die Gleichung $x + y = \log 200$ oder $\log p + \log v = \log 200$. Die zugehörige Gerade läßt sich jetzt in das Logarithmenpapier leicht einzeichnen (Abb. 313). Jedem Werte cT entspricht eine Gerade, und alle diese Geraden sind untereinander parallel. Da die Bezifferung der Achsenabschnitte der Geraden identisch ist mit cT, so erübrigt sich in unserem Falle eine Bezifferung der Geraden selbst.

Das Logarithmenpapier wird stets dann gute Dienste leisten, wenn es gilt, Gesetze von der Form

$$z = x^a \cdot y^b$$

nomographisch zu erfassen; durch Logarithmieren erhalten wir nämlich $a \cdot \log x + b \cdot \log y = \log z$, also wenn wir $\log x = \mathfrak{x}$, $\log y = \mathfrak{y}$ setzen, $a\mathfrak{x} + b\mathfrak{y} = \log z$, d. h. die Gleichung einer Geraden. Insbesondere lassen sich also die in der Technik wichtigen Potenzfunktionen jetzt durch Geraden statt durch die Potenzkurven darstellen. Abb. 314 gibt

---

[1]) Firma Schleicher & Schüll, Düren-Rheinland.

einige Fälle hierfür: An Stelle der Parabeln $y = \dfrac{x^2}{2\,p}$ tritt eine Schar
paralleler Geraden vom Richtungsfaktor 2, von denen die der Gleichung
$y = x^2$ entsprechende als Ersatz für eine Tafel der Quadratzahlen
dienen kann. Ebenso wird die Schar der Neilschen Parabeln $p\,y^2 = x^3$
durch eine Schar paralleler Geraden vom Richtungsfaktor 1,5 wiedergegeben. Auch die polytropischen Kurven, welche die Gleichung
$x^a \cdot y^b = c$ haben, liefern bei konstanten Werten von a und b parallele
Geraden vom Richtungs-

faktor $-\dfrac{a}{b}$; insbesondere
sei auf die Darstellung der
Adiabaten $x \cdot y^{1,41} = c$ hingewiesen.

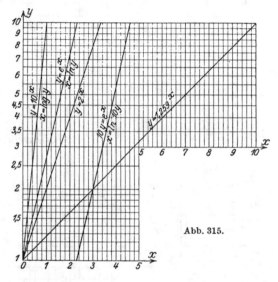

Abb. 315.

Wählt man als Ab-
szissenachse die gleichförmige Leiter, als Ordinatenachse die logarithmische
Leiter, so daß also $\mathfrak{x} = x$,
$\mathfrak{y} = \log y$ ist, so ist jede
Gerade $a\mathfrak{x} + b\mathfrak{y} = \log c$ das
Bild einer Funktion

$$a \cdot x + b \cdot \log y = \log c$$

oder $\quad A^x \cdot y^b = c$

bzw. $\quad y = C \cdot A^{-\frac{x}{b}}$,

also der allgemeinsten Exponentialfunktion. Eine Tafel von dieser
Art wird eine halblogarithmische Tafel genannt; Abb. 315 zeigt
eine solche und in ihr die Bilder einiger wichtiger Funktionen.

Mit diesen Beispielen ist selbstverständlich die Fülle der Netztafeln
bei weitem nicht erschöpft; durch Einbeziehung weiterer Funktionsleitern, wie beispielsweise der Sinus-, Logarithmussinus-Leitern usf.
kann man weitere Tafeln bilden, die andere Gesetze in einfacher Form
zur Darstellung zu bringen gestatten. Beispiele dieser Art finden sich
zahlreich im Fachschrifttum, auf das hier verwiesen werden muß.

(187)   Den Netztafeln haftet der Nachteil an, daß man in dem Maße,
wie man den Grad der Genauigkeit der Ablesung erhöhen will, die
Anzahl der einzuzeichnenden Parallelen zu den Koordinatenachsen ver-
größern muß; hierdurch wirkt aber das Bild verwirrend, da die
Übersicht beeinträchtigt wird. Man greift daher gern zu einer anderen
Art nomographischer Darstellung, den **Fluchtentafeln**; ihr allgemeiner
Grundgedanke ist der folgende.

Ordnet man drei Funktionsleitern in bestimmter Weise in der Ebene an, so schneidet jede beliebige Gerade, die Flucht, die Leitern in drei Punkten. Die diesen Punkten entsprechenden Funktionswerte müssen mithin, da die Flucht schon durch zwei der Punkte bestimmt ist, eine Gleichung erfüllen, die durch die gegenseitige Lage der drei Leitern bedingt. ist. Gehen wir von dem einfachsten Falle aus, daß (s. Abb. 316) die drei Leitern $\mathfrak{x}$, $\mathfrak{y}$, $\mathfrak{z}$ zueinander parallel und gleichförmig sind; ihre drei Anfangspunkte mögen auf einer Geraden liegen, und die $\mathfrak{z}$-Leiter möge von der $\mathfrak{x}$-Leiter den Abstand a, von der $\mathfrak{y}$-Leiter den Abstand b haben. Irgendeine Flucht schneide die drei Leitern in den Punkten X, Y, Z, so daß $O_x X = \mathfrak{x}$, $O_y Y = \mathfrak{y}$, $O_z Z = \mathfrak{z}$ ist. Es besteht somit die Proportion $(\mathfrak{z} - \mathfrak{x}):(\mathfrak{y} - \mathfrak{z}) = a:b$, aus der sich die Gleichung ergibt:

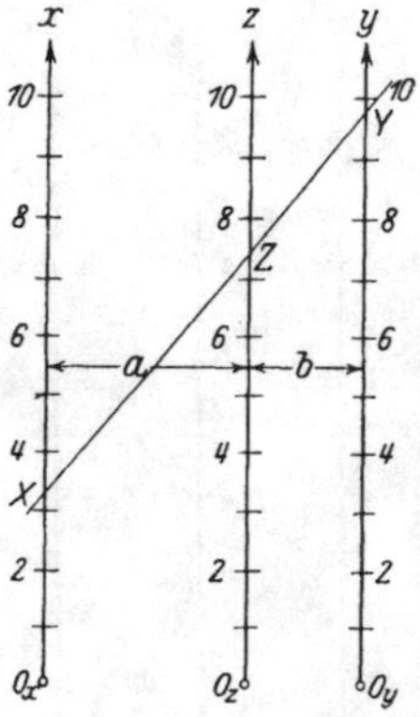

$$b\mathfrak{x} + a\mathfrak{y} = (b + a)\,\mathfrak{z}. \qquad 86)$$

Sind statt der gleichförmigen Teilungen auf den Leitern andere angebracht, welche die Bilder von irgend drei Funktionen

Abb. 316.

$$\mathfrak{x} = \frac{f_1(x)}{b}, \qquad \mathfrak{y} = \frac{f_2(y)}{a}, \qquad \mathfrak{z} = + \frac{f_3(z)}{a+b}$$

sind, so besteht demnach zwischen den drei in einer Flucht liegenden Ablesungen die Beziehung

$$f_1(x) + f_2(y) = f_3(z). \qquad 87)$$

Umgekehrt lassen sich alle Gesetze zwischen drei Größen x, y, z, welche die Form der Gleichung 87) haben, durch eine Fluchtentafel mit drei parallelen Leitern nomographisch darstellen. Der Vorzug dieser Fluchtentafeln gegenüber den Netztafeln ist ganz augenscheinlich; denn hier ist das Bild nur durch drei Geraden mit ihrer Bezifferung belastet, da sich die Flucht selbst durch einen gespannten Faden ersetzen läßt, also nicht eingezeichnet zu werden braucht.

Einige einfache Beispiele führen am besten in das Wesen der Fluchtentafeln mit drei parallelen Leitern ein.

Wir wählen als Leitern drei gleichförmige in gleichem Maßstabe; die Anfangspunkte sollen auf einer Geraden liegen; es sei außerdem $b = a$ (Abb. 317). In diesem Falle ist $\mathfrak{z} - \mathfrak{x} = \mathfrak{y} - \mathfrak{z}$, also, da $\mathfrak{x} = x$, $\mathfrak{y} = y$, $\mathfrak{z} = z$ ist,

$$z = \frac{x + y}{2};$$

es ist die Fluchtentafel des arithmetischen Mittels.

Wir können sie mannigfaltig abändern. Wählen wir die Längeneinheiten der x- und der y-Leiter einander gleich, die der z-Leiter da-

gegen nur halb so groß, so daß also die Bezifferung auf dieser doppelt
so dicht ist als auf den beiden ersten, so ist

$$\mathfrak{x} = x, \qquad \mathfrak{y} = y, \qquad \mathfrak{z} = \frac{z}{2}$$

zu setzen, und es ergibt sich $z = x + y$; die Fluchtentafel ist zur
Additionstafel geworden (Abb. 318). Sind alle drei Maßstäbe verschieden, etwa so, daß

$$\mathfrak{x} = \alpha x, \qquad \mathfrak{y} = \beta y, \qquad \mathfrak{z} = \frac{z}{2}$$

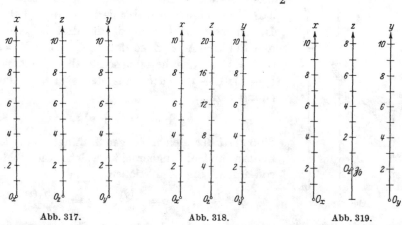

Abb. 317.   Abb. 318.   Abb. 319.

ist, so erhalten wir die Fluchtentafel zur zeichnerischen Lösung der
Aufgaben

$$z = \alpha x + \beta y . \tag{88}$$

Versetzen wir den Anfangspunkt der z-Achse um die Strecke $\mathfrak{z}_0$ aus
der Verbindungsgeraden der beiden anderen Anfangspunkte heraus,
so heißt dies, daß wir an Stelle der bisherigen Größe $\mathfrak{z}$ die Größe $\mathfrak{z} + \mathfrak{z}_0$
zu setzen haben, und die Beziehung zwischen $\mathfrak{x}$, $\mathfrak{y}$, $\mathfrak{z}$ lautet jetzt

$$\mathfrak{z} + \mathfrak{z}_0 - \mathfrak{x} = \mathfrak{y} - \mathfrak{z} - \mathfrak{z}_0 \qquad \text{oder} \qquad \mathfrak{z} = \frac{\mathfrak{x} + \mathfrak{y}}{2} - \mathfrak{z}_0 \quad \text{(s. Abb. 319).}$$

Geben wir einer der Achsen, z. B. der $\mathfrak{z}$-Achse, die entgegengesetzte
Richtung, so ist dies gleichbedeutend mit der Ersetzung von $\mathfrak{z}$ durch $-\mathfrak{z}$,
und Abb. 319 würde beispielsweise in das Nomogramm für die Gleichung

$$\mathfrak{z} = \mathfrak{z}_0 - \frac{\mathfrak{x} + \mathfrak{y}}{2}$$

übergehen.

Eine einfache Anwendung ist die Fluchtentafel des schon mehrfach
behandelten **Mariotte-Gay-Lussacschen Gesetzes**. Es ist

$$p \cdot v = c\,T, \qquad \text{also} \qquad \log c\,T = \log p + \log v .$$

Wir führen für alle drei Veränderlichen logarithmische Leitern ein, und zwar so, daß die p- und die v-Leiter im gleichen, die in ihrer Mitte parallel zu ihnen verlaufende cT-Leiter im halben Maßstabe gezeichnet werden, und die drei Anfangspunkte auf einer Flucht liegen (Abb. 320).

Ein weiteres Beispiel ist der Sinussatz der Ebene:

$$2\,r = \frac{a}{\sin\alpha}\,.$$

Es ist

$$\log a + \log\frac{1}{\sin\alpha} = \log 2\,r\,.$$

Die a-Leiter (s. Abb. 321) ist die (vom Rechenschieber her bekannte) logarithmische Leiter; $\log 10 = 1$ entspricht eine bestimmte Länge l.

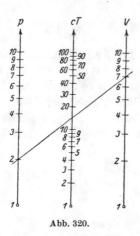

Abb. 320.

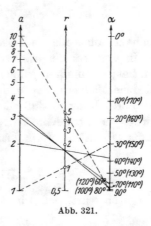

Abb. 321.

Auf der zu ihr parallelen α-Leiter tragen wir von einem bestimmten Nullpunkte die Werte $\log\dfrac{1}{\sin\alpha}$ in gleichem Maßstabe ab; beispielsweise ist für $\alpha = 30°$ $\log\dfrac{1}{\sin\alpha} = \log 2$, d. h. der Abstand gleich $0{,}301\,l$ zu wählen; der Endpunkt wird unmittelbar mit α ($= 30°$) beziffert. Da für $\alpha = 90°$ $a = 2r$ ist, so muß die durch $90°$ gehende Flucht auf der in der Mitte zwischen der a- und der α-Leiter verlaufenden r-Leiter einen Punkt ausschneiden, der die Bezifferung $r = \dfrac{a}{2}$ zu tragen hat. Auf diese Weise läßt sich die r-Leiter aus der a-Leiter durch Projektion von $90°$ aus finden, wobei allerdings als Bezifferung der r-Leiter der halbe Wert der entsprechenden Bezifferung der a-Leiter zu wählen ist. Diese Halbierung kommt in Wegfall, wenn wir als Projektionszentrum $30°$ wählen, da $\sin 30° = \frac{1}{2}$, also für diesen Winkel unmittelbar $r = a$ ist. — Der Gebrauch dieser Tafel leuchtet ohne weiteres ein.

Ist der Umkreishalbmesser r gegeben, so schneidet jede Flucht, die durch den zu ihm gehörigen Teilpunkt der r-Leiter geht, auf der a- und der α-Leiter zwei Werte aus, die die Länge a einer Sehne und die Größe α des zu ihr gehörigen Umfangswinkels in dem Kreise vom Halbmesser r liefern. Sind andererseits zwei Seiten a und b und der der ersteren gegenüberliegende Winkel α gegeben, so braucht man nur die durch a und α bestimmte Flucht mit der r-Leiter zu schneiden und durch diesen Punkt die zur Größe b gehörige Flucht zu legen; diese schneidet dann auf der α-Leiter den b gegenüberliegenden Winkel β aus. Durch einfache Rechnung läßt sich dann der dritte Winkel γ finden und hierzu mittels einer durch den gleichen Punkt der r-Leiter gelegten Flucht die Seite c. Die Ablesung von r ist hierbei überhaupt nicht nötig, so daß für diese Aufgabe auch die Bezifferung dieser Leiter wegfallen kann. Beispiel (s. Abb. 321):

$$a = 30, \quad b = 20, \quad \alpha = 67°, \quad \beta = 39°, \quad \gamma = 74°, \quad c = 31 .$$

Wir haben oben für die Formel $\mathfrak{z} = \alpha \mathfrak{x} + \beta \mathfrak{y}$ ein Nomogramm entworfen, in welchem die $\mathfrak{z}$-Leiter gleichen Abstand von den beiden anderen hat; wir mußten jedoch zu diesem Zwecke für die drei Leitern verschiedene Maßstäbe zugrunde legen. Wir können die Lösung auch in eine Form bringen, daß die Maßstäbe der Leitern gleich sind; nur werden dann die Abstände der Leitern verschieden. Wir können Gleichung 86) in die Form bringen:

$$\mathfrak{z} = \frac{b}{a+b} \mathfrak{x} + \frac{a}{a+b} \mathfrak{y} .$$

Der Vergleich lehrt, daß wir

$$\alpha = \frac{b}{a+b} \quad \text{und} \quad \beta = \frac{a}{a+b}$$

zu setzen, d. h. daß wir den Abstand der $\mathfrak{x}$- von der $\mathfrak{y}$-Leiter im umgekehrten Verhältnisse der Beiwerte α und β zu teilen haben ($b:a = \alpha:\beta$); haben also die $\mathfrak{x}$- und die $\mathfrak{y}$-Leiter den gegenseitigen Abstand e, so ist

$$a = \frac{\beta}{\alpha+\beta} \cdot e \quad \text{und} \quad b = \frac{\alpha}{\alpha+\beta} \cdot e .$$

Hierdurch ist die Lage der z-Leiter bestimmt. Da $a + b = e$ ist, geht unsere Gleichung über in die Gleichung

$$(\alpha + \beta)\mathfrak{z} = \alpha \mathfrak{x} + \beta \mathfrak{y} ,$$

die wir schließlich noch in die Gleichung

$$\mathfrak{z} = \alpha \mathfrak{x} + \beta \mathfrak{y}$$

überzuführen haben. Zu diesem Zwecke verkürzen wir einfach den
Maßstab der $\mathfrak{z}$-Achse im Verhältnis $1:(\alpha + \beta)$. Abb. 322 stellt den Fall
$\mathfrak{z} = 3\mathfrak{x} + 2\mathfrak{y}$ dar. Die $\mathfrak{x}$-
und die $\mathfrak{y}$-Leiter haben
gleichen Maßstab; die
$\mathfrak{z}$-Leiter teilt den Abstand der beiden anderen
im Verhältnis $2:3$. Set-
zen wir $\mathfrak{x} = 0$, so wird
$\mathfrak{z} = 2\mathfrak{y}$; d. h. alle von O_x
ausgehenden Fluchten
schneiden auf der $\mathfrak{z}$-Lei-

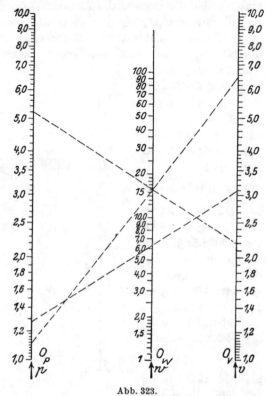

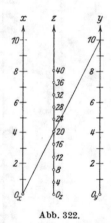

Abb. 322.　　　　　　　　　　　Abb. 323.

ter die doppelte Bezifferung der $\mathfrak{y}$-Leiter aus, womit uns ein einfaches
Mittel an die Hand gegeben ist, die $\mathfrak{z}$-Leiter zu beziffern. Setzen wir
$\mathfrak{y} = 0$, so ist $\mathfrak{z} = 3\mathfrak{x}$; d. h. alle von O_y ausgehenden Fluchten schneiden
auf der $\mathfrak{z}$-Leiter die dreifache Bezifferung der $\mathfrak{x}$-Leiter aus. Wir erkennen
ohne weiteres, daß ganz allgemein auf der $\mathfrak{z}$-Leiter von jeder durch O_x gehenden Flucht die β fache Bezifferung der $\mathfrak{y}$-Leiter und von jeder durch O_y
gehenden Flucht die α fache Bezifferung der $\mathfrak{y}$-Leiter ausgeschnitten wird.

　　Wir wollen die erläuterten Verfahren an einigen praktischen Fälle
anwenden:

　　a) Für a d i a b a t i s c h e V o r g ä n g e gilt die Formel $p\,v^k = w$[1]),
wobei p den Druck, v das Volumen eines Gases bedeutet und w eine Konstante ist, die von der Größe der jeweiligen Gasmenge abhängt. Das
Gesetz läßt sich in der Form schreiben:

$$\log w = \log p + k \cdot \log v,$$

---

[1]) Siehe Runge: Graphische Methoden, S. 80.

ist also, wenn wir $\xi = \log p$, $\mathfrak{y} = \log v$, $\mathfrak{z} = \log w$ setzen, von der Form 88). Wählen wir für p und für r logarithmische Leitern von gleichem Maßstab, so sind die gegenseitigen Abstände der drei Leitern gegeben durch die Gleichung $O_p O_w : O_w O_v = k : 1$. Da für $v = 1$ $\log w = \log p$, also $w = p$ ist, so erhält man die Bezifferung der w-Leiter aus derjenigen der p-Leiter, indem man diese von O_v aus auf die w-Leiter projiziert.

Abb. 323 zeigt das Nomogramm für $k = 1{,}41$, also für den eigentlichen adiabatischen Vorgang. Aus ihm läßt sich beispielsweise ablesen, daß

$$1{,}28 \cdot 3{,}1^{1{,}41} = 6{,}3$$

ist. Übrigens ist die Bezifferung der w-Leiter nicht nötig, wenn es sich nur darum handelt, zu einem gegebenen Wertepaare p_0, v_0 ein anderes p, v zu finden, für welches die Gleichung besteht

$$p v^k = p_0 v_0^k \, ;$$

man schneidet in diesem Falle die w-Leiter mit der zu p_0, v_0 gehörigen Flucht; jede andere durch diesen Schnittpunkt gehende Flucht schneidet dann

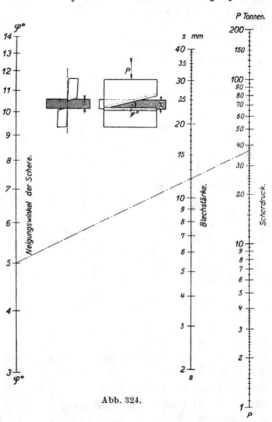

Abb. 324.

ein Wertepaar p, v aus, welches die obige Bedingung erfüllt. So ist beispielsweise (s. Abb. 323)

$$1{,}12 \cdot 6{,}55^{1{,}41} = 5{,}2 \cdot 2{,}2^{1{,}41} \, .$$

b) Für die Berechnung des Scherdrucks[1]) bei Blechscheren gilt die Formel $P = \dfrac{s^2 \cdot \sigma_\omega}{2 \operatorname{tg} \varphi}$; für Flußeisenblech ist $\sigma_\omega = 4500 \, \mathrm{kg \, cm}^{-2}$, während der Scherdruck $\cdot P$, die Blechstärke s und der Scherwinkel φ veränderlich sind. Logarithmieren ergibt

$$\log s = \frac{1}{2} \log \frac{2P}{\sigma_\omega} + \frac{1}{2} \log \operatorname{tg} \varphi \, ,$$

---

[1]) Tama: Graphisches Rechnen. Werkstatttechnik XI, 1, S. 1 ff.

also ebenfalls ein Gesetz von der Form $\mathfrak{z} = \alpha\mathfrak{x} + \beta\mathfrak{y}$. Die s- und die P-Achse tragen logarithmische Leitern, die φ-Leiter ist eine nach der Logarithmustangensfunktion fortschreitende Leiter. Wählen wir die gegenseitigen Abstände der parallelen Leitern willkürlich,. so können wir nur noch über die Längeneinheit l einer der Leitern verfügen; die der beiden anderen sind damit von selbst festgelegt, und zwar im allgemeinen voneinander und von l verschieden. Es möge die Be-

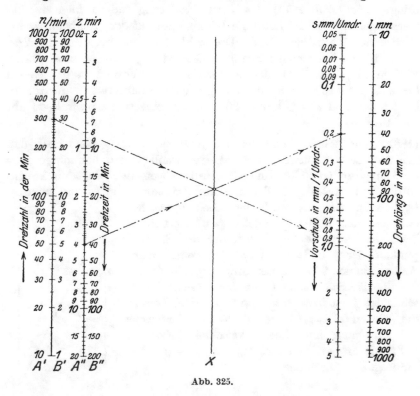

Abb. 325.

zifferung der logarithmischen P-Leiter gegeben sein, außerdem auf der φ-Leiter der Punkt 45°. Da $\log \operatorname{tg} 45° = 0$ ist, so schneidet jede durch 45° gehende Flucht auf der s-Leiter einen Wert ab, für den

$$\log s = \frac{1}{2}\log\frac{2P}{\sigma_\omega} \qquad \text{oder} \qquad s = \sqrt{\frac{2P}{\sigma_\omega}}$$

ist, wobei P der von der Flucht auf der P-Leiter ausgeschnittene Wert ist; die s-Leiter läßt sich sonach leicht beziffern. Zieht man nun durch den Punkt $P = \frac{\sigma_\omega}{2}$ der P-Leiter eine Flucht, so verbindet diese zwei Werte s und φ miteinander, für welche $\log \operatorname{tg} \varphi = 2\log s$ oder $\operatorname{tg} \varphi = s^2$ ist; dadurch ist eine Möglichkeit der Bezifferung der φ-Leiter gegeben.

Abb. 324 gibt eine Fluchtentafel für dieses Gesetz. In der willkürlichen Wahl der gegenseitigen Abstände der Leitern hat der Fachmann ein Mittel in der Hand, um Wertbereiche der Größen, die besonders praktische Bedeutung haben, an zeichnerisch günstige Stellen zu bringen.

c) Eine Vereinigung von mehreren Fluchtentafeln zu einer einzigen, die Beziehungen zwischen mehr als drei Veränderlichen zum Ausdruck bringt, zeigt Abb. 325 [1]). Zu ihrer Erklärung mögen folgende Bemerkungen dienen: Ist l mm die Länge eines auf der Drehbank zu bearbeitenden Werkstückes, n die Drehzahl in der Minute, s mm der Vorschub für eine Umdrehung, z min die Schnittzeit, so ist $l = zns$. Durch Einführung einer Hilfsgröße X zerfällt diese Formel in die beiden $l = nX$, $X = zs$, womit Abb. 325 genügend erläutert sein dürfte. In ihr ist der Fall $l = 240$, $n = 30$, $s = 0,2$ eingetragen; wir lesen ab: $z = 40$.

(188) Wir verlassen nun den bis jetzt behandelten Sonderfall, daß alle drei Leitern zueinander parallel sein sollen, und betrachten kurz noch einige andere Fälle. Im ersten Falle mögen zwei Leitern zueinander parallel sein und von einer dritten geschnitten werden (Abb. 326). Hat das Stück der $\mathfrak{z}$-Leiter, welches zwischen den beiden parallelen $\mathfrak{x}$- und $\mathfrak{y}$-Leitern liegt, die Länge $OO' = l$, ist ferner der Schnittpunkt O der $\mathfrak{x}$- und der $\mathfrak{z}$-Leiter ihr gemeinsamer Anfangspunkt, während der Anfangspunkt O' der $\mathfrak{y}$-Leiter ihr Schnittpunkt mit der $\mathfrak{z}$-Leiter ist, so schneidet irgendeine Flucht auf den drei Leitern die Stücken $OX = \mathfrak{x}$, $OZ = \mathfrak{z}$, $O'Y = \mathfrak{y}$ ab, für welche sich aus den ähnlichen Dreiecken OXZ und $O'YZ$ die Proportion ergibt $\mathfrak{x} : \mathfrak{z} = \mathfrak{y} : (l - \mathfrak{z})$. Aus ihr folgt die Gleichung

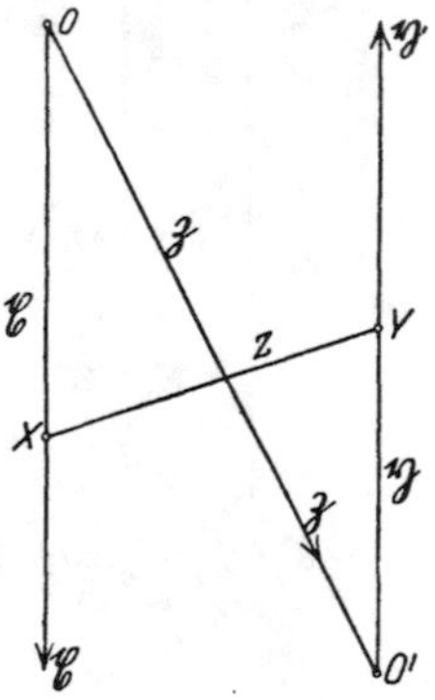

$$\mathfrak{x} = \mathfrak{y} \cdot \frac{\mathfrak{z}}{l - \mathfrak{z}}.$$

Abb. 326.

Hierbei sind alle drei Leitern gleichförmige Leitern von der gleichen Längeneinheit. Würden wir aber statt der $\mathfrak{z}$-Bezifferung eine $\mathfrak{z}'$-Bezifferung derart einfügen, daß $\mathfrak{z}' = \frac{\mathfrak{z}}{l - \mathfrak{z}}$ ist, so würde die durch das Nomogramm vermittelte Gleichung lauten: $\mathfrak{x} = \mathfrak{y} \cdot \mathfrak{z}'$, es würde also die eine Veränderliche einfach das Produkt der beiden anderen sein. Nun ist aber die Gleichung $\mathfrak{z}' = \frac{\mathfrak{z}}{l - \mathfrak{z}}$ nach Formel 85) S. 596 der Ausdruck dafür, daß die $\mathfrak{z}'$-Leiter zur $\mathfrak{z}$-Leiter projektiv ist. Drehen

---

[1]) Tama: Graphische Rechentafeln. Werkstattstechnik XI, 17, S. 35.

wir mithin die $\mathfrak{z}$-Leiter um O, bis sie in die $\mathfrak{x}$-Leiter fällt, so decken sich, da beide gleiche Einheiten haben, auch ihre Teilungen; und wir brauchen nur noch einen geeigneten Projektionsmittelpunkt zu suchen und aus ihm die Bezifferung der $\mathfrak{x}$-Leiter auf die schräge $\mathfrak{z}'$-Leiter zu projizieren. Da nun $\mathfrak{x} = \mathfrak{y} \cdot \mathfrak{z}'$ ist, so wählen wir einfach den Punkt 1 der $\mathfrak{y}$-Leiter als Projektionszentrum; denn jede durch ihn gehende Flucht muß auf der $\mathfrak{x}$- und auf der $\mathfrak{z}'$-Leiter Bezifferungen ausschneiden, für welche die Beziehung besteht $\mathfrak{x} = \mathfrak{z}'$. Abb. 327 zeigt das Verfahren. Wir haben damit eine Flächentafel gewonnen, welche zur

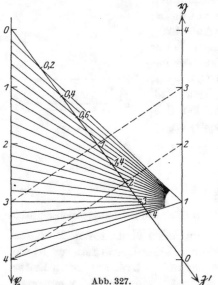

Abb. 327.

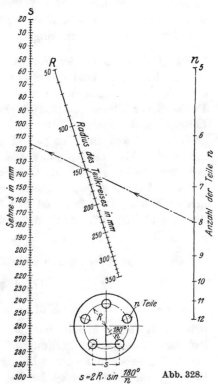

$$s = 2R \cdot \sin \frac{180°}{n}$$ Abb. 328.

zeichnerischen Ausführung von Multiplikationen und mithin auch von Divisionen verwendet werden kann. Vor den dem gleichen Zwecke dienenden Fluchtentafeln mit drei parallelen Leitern hat sie den Vorzug, daß bei jenen logarithmische Leitern verwendet werden müssen, während hier nur gleichförmige Leitern und eine mühelos aus ihnen abzuleitende projektive Leiter auftreten.

Wir greifen zu einem einfachen Beispiele[1]). Auf einem Teilkreise vom Halbmesser R sollen in gleichen Abständen s n Bohrungen vorgenommen werden (s. Abb. 328). Es gilt die Beziehung

$$s = 2R \cdot \sin \frac{180°}{n}.$$

---

[1]) Tama: Graphische Rechentafeln. Werkstattstechnik XII, 11, S. 123.

Wir setzen $\qquad \mathfrak{x} = s\,, \qquad \mathfrak{y} = \sin \dfrac{180°}{n}\,, \qquad \mathfrak{z}' = 2\,R\,,$

schreiben selbstverständlich an die $\mathfrak{y}$-Leiter unmittelbar die Werte n an und erhalten die Bezifferung der $\mathfrak{z}'$-Leiter, indem wir die $\mathfrak{x}$-Leiter vom Punkte $n = 6$ $\left(\dfrac{180°}{6} = 30°,\ \sin 30° = \tfrac{1}{2},\ \text{also wird für } n = 6\right.$ $s = R$) aus auf die $\mathfrak{z}'$-Leiter projizieren. Irgendeine Flucht schneidet sodann auf den drei Leitern Werte ab, die der geforderten Beziehung genügen (Beispiel $n = 8$, $R = 150$ mm, $s = 116$ mm). In Abb. 328 ist nur der Teil der Leitern eingetragen, der praktisch von Wert ist.

(189)   Halten wir an der Forderung fest, daß die $\mathfrak{x}$- und die $\mathfrak{y}$-Leiter zueinander parallel sind, so bestehen zwischen den Größen $\mathfrak{x}$ und $\mathfrak{y}$, die von einer beliebigen durch einen bestimmten Punkt Z der Ebene gelegten Flucht auf diesen Leitern ausgeschnitten werden (Abb. 329), gewisse Beziehungen. Die $\mathfrak{x}$- und die $\mathfrak{y}$-Leiter mögen den Abstand $O_x O_y = e$ voneinander haben, der Punkt Z durch die Größen $O_x Z' = a$, $Z'Z = b$ festgelegt sein. Zwischen den Größen $O_x X = \mathfrak{x}$, $O_y Y = \mathfrak{y}$ und den beiden Größen a und b besteht dann die Proportion

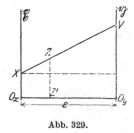

Abb. 329.

$$(b - \mathfrak{x}) : (\mathfrak{y} - \mathfrak{x}) = a : e\,,$$

die sich in der Form schreiben läßt

$$(\varepsilon - 1)\,\mathfrak{x} + \mathfrak{y} - \varepsilon\,b = 0\,, \qquad\qquad 89)$$

wobei $\varepsilon = \dfrac{e}{a}$ gesetzt ist. Man kann nun über die beiden Größen ε und b beliebig verfügen; erteilt man jeder von ihnen einen festen Wert, so legt man damit einen bestimmten Punkt Z der Ebene fest, und jede durch ihn gehende Flucht schneidet auf der $\mathfrak{x}$- bzw. auf der $\mathfrak{y}$-Leiter Werte $\mathfrak{x}$ und $\mathfrak{y}$ aus, welche der Bedingung 89) unterliegen. Wenn man andererseits die Forderung stellt, daß die Größen ε und b selbst Funktionen einer Veränderlichen $\mathfrak{z}$ sind [$\varepsilon = \varepsilon(\mathfrak{z})$, $b = b(\mathfrak{z})$], so wird für jeden Wert von $\mathfrak{z}$ ein Punkt Z der Ebene festgelegt, und diese unendlich vielen Punkte fügen sich zu einer Kurve zusammen, die man als den Träger der Veränderlichen $\mathfrak{z}$, also ebenfalls als eine Funktionsleiter ansehen kann, nur daß diese im allgemeinen nicht eine Gerade, sondern eine krumme Linie ist. Jetzt erscheinen die bisher betrachteten Fälle, daß zwei Leitern zueinander parallel sind, während die dritte Leiter entweder eine ebenfalls zu diesen parallele oder eine sie schneidende Gerade ist, als Sonderfälle des eben entwickelten viel allgemeineren Falles. Setzen wir zur Abkürzung

$$\varepsilon(\mathfrak{z}) - 1 = f_1(\mathfrak{z})\,, \qquad \varepsilon(\mathfrak{z}) \cdot b(\mathfrak{z}) = f_2(\mathfrak{z})\,,$$

so können wir zusammenfassend sagen, daß für jede Gleichung von der Form

$$f_1(\mathfrak{z}) \cdot \mathfrak{x} + \mathfrak{y} - f_2(\mathfrak{z}) = 0 \qquad\qquad 90)$$

eine Fluchtentafel gefunden werden kann, in der die $\mathfrak{x}$- und $\mathfrak{y}$-Leitern parallele geradlinige gleichförmige Leitern von gleicher Längeneinheit sind, während die $\mathfrak{z}$-Leiter eine durch die Funktionen $f_1(\mathfrak{z})$ und $f_2(\mathfrak{z})$ bedingte Kurve ist. Schließlich können wir auch die Beschränkung fallen lassen, daß die parallelen Leitern gleichförmig sind, indem wir statt $\mathfrak{x}$ und $\mathfrak{y}$ neue Veränderliche x und y durch die Gleichungen $\mathfrak{x} = a(x)$, $\mathfrak{y} = b(y)$ einführen. Wir erkennen dann, daß jede Beziehung zwischen drei Größen x, y, z, welche von der Form

$$a(x) \cdot f_1(z) + b(y) + f_2(z) = 0$$

ist, durch eine Fluchtentafel wiedergegeben werden kann, in der zwei Leitern geradlinig-parallel sind.

Wir wollen dieses Ergebnis auf die **trinomische Gleichung**

$$z^r + p z^s + q = 0$$

anwenden. Wir setzen $\mathfrak{x} = p$, $\mathfrak{y} = q$; die p- und die q-Leiter sind mithin parallele gleichförmige und damit einfach zu zeichnende geradlinige Leitern. Legen wir beispielsweise die allgemeinste quadratische Gleichung $z^2 + p z + q = 0$ zugrunde, so ist $f_1(z) = z$, $f_2(z) = -z^2$ zu setzen, um in Übereinstimmung mit 90) zu kommen. Die z-Leiter für die quadratische Gleichung können wir folgendermaßen konstruieren: Die beiden quadratischen Gleichungen

$$z^2 - z_0 z = 0 \quad\text{und}\quad z^2 - (z_0 - 1)z - z_0 = 0$$

haben die Lösung $z = z_0$ gemeinsam. Für die erste ist $p = -z_0$, $q = 0$, ihre Flucht ist also die Verbindungsgerade des Punktes $-z_0$ der p-Leiter mit dem Anfangspunkte der q-Leiter. Für die zweite ist $p = -(z_0 - 1)$, $q = -z_0$, ihre Flucht ist also die Verbindungsgerade des Punktes $-(z_0 - 1)$ der p-Leiter mit dem Punkte $-z_0$ der q-Leiter. Beide Fluchten schneiden einander in dem mit z_0 zu beziffernden Punkte der z-Leiter. Die z-Leiter ist somit der Ort der Schnittpunkte der Strahlen eines vom Anfangspunkte der q-Leiter ausgehenden Strahlenbüschels mit den entsprechenden Geraden einer Schar von Parallelen. Abb. 330 zeigt den Verlauf der z-Leiter. Die gezeichnete z-Leiter umfaßt nur die positiven Werte von z. Der Träger der negativen Werte von z dagegen ist als überflüssig fortzulassen. Liegt nämlich eine Gleichung

$$z^2 + p z + q = 0$$

vor, welche nur zwei negative Lösungen z_1 und z_2 hat, in welcher also nach der Lehre der quadratischen Gleichungen p und q positiv sein müssen, so muß die Gleichung $z^2 - p z + q = 0$ die beiden Lösungen

$-z_1$ und $-z_2$ haben, deren Werte also positiv und entgegengesetzt gleich denen der ursprünglichen Gleichung sind. Man wird daher diese Gleichung nomographisch lösen, die entgegengesetzt gleichen Werte ihrer Lösungen sind die Lösungen der gegebenen Gleichung. Ebenso verfährt man, um die negativen Wurzeln der quadratischen Gleichung für den Fall $q < 0$ zu finden. (Siehe Abb. 330: $z^2 + 6{,}7z - 6{,}2 = 0$; $z_1 = 0{,}83$, $z_2 = -7{,}53$.)

Der Leser entwerfe Fluchtentafeln für die Gleichungen

$$x^3 + px + q = 0,$$
$$x^4 + px + q = 0 \ldots$$

Wie Netztafel und Fluchtentafel vereinigt werden können, sei zum Schlusse an einem Beispiele gezeigt. Die go-

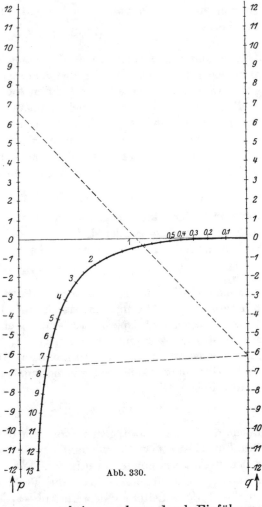

Abb. 330.

niometrische Gleichung $a\cos x + b\sin x = c$ kann durch Einführung eines Hilfswinkels φ auf folgende Weise gelöst werden. Wir dividieren die Gleichung durch a und erhalten

$$\cos x + \frac{b}{a}\sin x = \frac{c}{a}.$$

Setzen wir $\dfrac{b}{a} = \operatorname{tg}\varphi$, wodurch stets ein Winkel $0° \le \varphi \le 180°$ bestimmt ist, und erweitern die Gleichung mit $\cos\varphi$, so geht sie über in die Gleichung

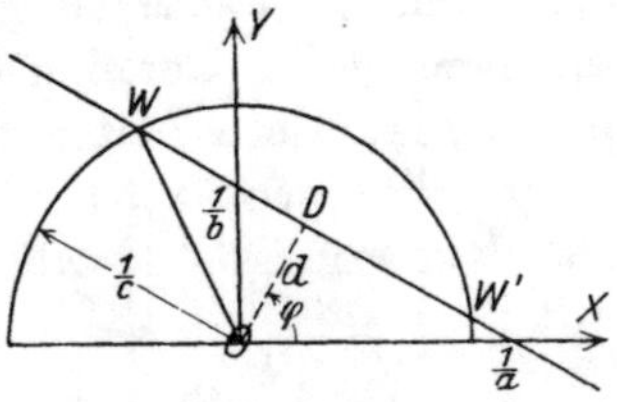

Abb. 331.

$$\cos x \cos\varphi + \sin x \sin\varphi = \frac{c}{a}\cos\varphi \quad \text{oder} \quad \cos(x - \varphi) = \frac{c}{a}\cos\varphi .$$

Tragen wir nun (Abb. 331) auf zwei zueinander senkrechten Achsen von ihrem Schnittpunkte O aus die Werte $\mathfrak{x} = \dfrac{1}{a}$ und $\mathfrak{y} = \dfrac{1}{b}$ ab, so ist

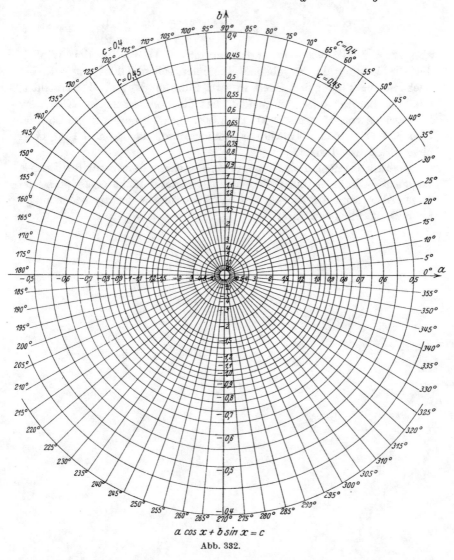

$$a \cos x + b \sin x = c$$

Abb. 332.

durch die Endpunkte eine Flucht bestimmt; sie hat von O einen Abstand $OD = d$, der mit der $\mathfrak{x}$-Achse den Winkel φ einschließt, da sein Tangenswert, wie leicht ersichtlich ist, gleich $\dfrac{b}{a}$ ist. Der Abstand d hat folglich den Wert

$$d = \frac{1}{a} \cos \varphi = \frac{1}{b} \sin \varphi .$$

Schneiden wir nun die Flucht mit dem um O geschlagenen Kreise vom Halbmesser $\frac{1}{c}$ im Punkte W, so ist

$$\cos DOW = d : \frac{1}{c} = \frac{c}{a} \cos \varphi = \cos (x - \varphi);$$

also ist $\sphericalangle DOW = x - \varphi$ und demnach $\sphericalangle XOW = x$ der Winkel, der die Lösung der gegebenen goniometrischen Gleichung ist. Je nachdem die Flucht den Kreis in zwei Punkten W und W' schneidet, oder ihn berührt oder ihn meidet, hat die goniometrische Gleichung im Bereiche von $0° < x < 360°$ zwei Lösungen, eine oder keine Lösung. Abb. 332 zeigt das vollständige Nomogramm, das wohl kaum noch einer Erklärung bedarf.

Die Erörterungen über Nomogramme — durch den Zweck des Buches begrenzt — können und sollen den Gegenstand nicht erschöpfen, genügen aber wohl als Einführung in dieses für die Praxis bedeutungsvolle Darstellungsverfahren.

Von den Reihen.

§ 1. Die Taylorsche Reihe.

(190) Die Notwendigkeit der sog. Reihenentwicklung der Funktionen, die den Gegenstand dieses Abschnittes bildet, ergibt sich bei der Erörterung der Frage: Wie kann man z. B. den Wert $\sin x$ zu dem gegebenen Winkel x berechnen, d. h. durch einfachere Operationen, etwa die vier Grundrechnungsarten, aus x und bekannten Zahlen mit gegebener Genauigkeit herstellen? Dabei kann eine völlig genaue Berechnung des Sinuswertes für ein beliebiges x von vornherein nicht gefordert werden, da sonst $\sin x$ einer rationellen Funktion gleich wäre, was ihrer Eigenschaft als einer transzendenten Funktion widersprechen würde. Die der näherungsweisen Berechnung zugrunde liegende rationale Funktion ist gewissermaßen als eine Ersatzfunktion der Sinusfunktion anzusprechen, deren Wert darin liegt, daß sie im Gegensatz zu der „transzendenten" Funktion $\sin x$ der Rechnung zugänglich ist.

Somit kommt die Frage nach der Berechnung solcher Funktionswerte darauf hinaus, eine rationale Funktion zu finden, welche die Sinusfunktion für einen bestimmten Wertebereich von x bis zu einem gegebenen Genauigkeitsgrade ersetzt. Es leuchtet ohne weiteres ein, daß die rationale Funktion sehr einfach sein kann, wenn an die Genauigkeit nur geringe Anforderungen gestellt werden, daß sie aber im allgemeinen um so verwickelter werden wird, je größer die geforderte Genauigkeit ist. — Die Wege, rationale Funktionen als Ersatzfunktionen zu schaffen, sind mannigfaltig; wir wollen nur den einen gehen, der zu dem Taylorschen Satze führt.

Wir knüpfen unsere Erörterungen gleich an die allgemeine Funktion an und stellen an die Ersatzfunktion $\varphi(h)$ die folgenden Anforderungen:

1. Zwischen der Veränderlichen x und dem festen Werte x_0 von ihr soll die Beziehung bestehen

$$x = x_0 + h \qquad \text{oder} \qquad h = x - x_0$$

(h entspricht dem früher mit $\varDelta x$ bezeichneten Zuwachs von x).

2. $\varphi(h)$ soll eine ganze rationale Funktion, also von der Form sein:

$$\varphi(h) = c_0 + c_1 h + c_2 h^2 + \cdots + c_n h^n \,.$$

3. Die Ersatzfunktion soll für den bestimmten Wert $x = x_0$, für den also $h = 0$ ist, mit der gegebenen Funktion den Wert der Funktion und die Werte der n ersten Differentialquotienten gemeinsam haben.

Ein ganz einfaches Beispiel möge das Gesagte erläutern.

Gegeben sei die Funktion $y = x^4$; sie soll ersetzt werden durch eine ganze rationale Funktion dritten Grades $y_3 = c_0 + c_1 h + c_2 h^2 + c_3 h^3$, welche für $x = 1$ mit der gegebenen Funktion $y = x^4$ den Funktionswert und die Werte der drei ersten Differentialquotienten gemeinsam hat. Nun hat $y = x^4$ die folgenden Ableitungen

$$y' = 4x^3, \quad y'' = 12x^2, \quad y''' = 24x \,,$$

also ist für $x = 1$:

$$y = 1, \quad y' = 4, \quad y'' = 12, \quad y''' = 24 \,.$$

Die Ersatzfunktion hat dagegen die Ableitungen

$$c_1 + 2c_2 h + 3c_3 h^2, \quad 2c_2 + 6c_3 h, \quad 6c_3 \,,$$

also sind für $x = 1 (h = 0)$ der Funktionswert und die Ableitungen $c_1, 2c_2, 6c_3$. Wir erhalten mithin für die vier Größen c_0, c_1, c_2, c_3 die vier Gleichungen

$$c_0 = 1, \quad c_1 = 4, \quad 2c_2 = 12, \quad 6c_3 = 24 \,.$$

Aus ihnen ergibt sich

$$c_0 = 1, \quad c_1 = 4, \quad c_2 = 6, \quad c_3 = 4 \,;$$

und die Ersatzfunktion lautet daher:

$$y_3 = 1 + 4h + 6h^2 + 4h^3 \,.$$

Würden wir als Ersatzfunktion eine ganze rationale Funktion gewählt haben, die nur vom zweiten Grade ist, so hätten wir gefunden

$$y_2 = 1 + 4h + 6h^2 \,.$$

Die Ersatzfunktion vom ersten Grade hätte gelautet

$$y_1 = 1 + 4h \,,$$

die vom nullten Grade $y_0 = 1$, während die Ersatzfunktion vierten Grades

$$y = 1 + 4h + 6h^2 + 4h^3 + h^4 = (1 + h)^4 = x^4 \,,$$

also identisch mit der Ausgangsfunktion ist.

Abb. 333 zeigt die Bilder der gegebenen Funktion und der einzelnen Ersatzfunktionen im rechtwinkligen Koordinatensystem. Wir sehen aus ihr, daß die Einführung der Veränderlichen h statt der Veränderlichen x einer Verschiebung des Koordinatensystems vom Anfangspunkte O_x zum Anfangspunkte O_h entspricht, wobei O_h auf der Abszissenachse liegt und $O_x O_h = 1$ ist. Ferner haben die y-Kurve und die y_0-Kurve nur den Punkt $P_0(x = 1\,(h = 0)\,|\,y = 1)$ miteinander gemein-

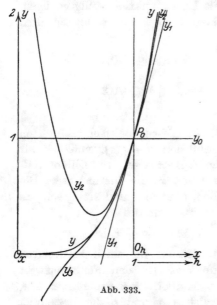

Abb. 333.

sam, während sie im übrigen stark voneinander abweichen. Zwischen der y- und der y_1-Kurve dagegen besteht eine wesentlich bessere Übereinstimmung; die letztere ist die Tangente an die y-Kurve im Punkte P_0, so daß also beide Kurven auch in der Nachbarschaft dieses Punktes sich eng aneinander anschmiegen; die Kurve y_2, eine Parabel, hat mit der Kurve y sogar außerdem den Krümmungskreis im Punkte P_0 gemeinsam. Die Kurve y_3 schmiegt sich an die Kurve y in P_0 noch enger an, und die Kurve y_4 endlich ist identisch mit der Kurve y.

Wir können hieraus schließen, daß die Ersatzfunktionen die eigentlichen Funktionswerte auch in der Umgebung des Punktes P_0 „ersetzen" können, und zwar mit um so größerer Genauigkeit und in um so weiterem Bereiche, je mehr Anforderungen man an die Ersatzfunktion stellt. Die nachstehende Tabelle soll diese Verhältnisse noch deutlicher machen. Es ist für

$x =$	1,0	δ	1,1	δ	1,2	δ	1,3	δ
$h =$	0		0,1		0,2		0,3	
$y =$	1,0000		1,4641		2,0736		2,8561	
$y_0 =$	1,0000	0	1,0000	$-0{,}4641$	1,0000	$-1{,}0736$	1,0000	$-1{,}8561$
$y_1 =$	1,0000	0	1,4000	$-0{,}0641$	1,8000	$-0{,}2736$	2,2000	$-0{,}6561$
$y_2 =$	1,0000	0	1,4600	$-0{,}0041$	2,0400	$-0{,}0336$	2,7400	$-0{,}1161$
$y_3 =$	1,0000	0	1,4640	$-0{,}0001$	2,0720	$-0{,}0016$	2,8480	$-0{,}0081$

$x =$	0,9	δ	0,8	δ	0,7	δ
$h =$	$-0{,}1$		$-0{,}2$		$-0{,}3$	
$y =$	0,6561		0,4096		0,2401	
$y_0 =$	1,0000	$+0{,}3439$	1,0000	$+0{,}5904$	1,0000	$+0{,}7599$
$y_1 =$	0,6000	$-0{,}0561$	0,2000	$-0{,}2096$	$-0{,}2000$	$-0{,}4401$
$y_2 =$	0,6600	$+0{,}0039$	0,4400	$+0{,}0304$	$+0{,}3400$	$+0{,}0999$
$y_3 =$	0,6560	$-0{,}0001$	0,4080	$-0{,}0016$	$+0{,}2320$	$-0{,}0081$

Hierbei bedeutet δ die Abweichung des Wertes der betreffenden Ersatzfunktion von der gegebenen Funktion. Ist also ein Fehler bis $\delta = 0,1$ gestattet, so würde die Funktion y_1 in dem Bereiche von

$$0,9 \leq x \leq 1,1 \quad \text{bzw.} \quad -0,1 \leq h \leq +0,1,$$

y_2 in einem Bereiche

$$0,7 \leq x \leq 1,2 \quad \text{bzw.} \quad -0,3 \leq h \leq +0,2,$$

y_3 in einem noch größeren Bereiche als Ersatzfunktion völlig genügen. Ist nur ein Fehler δ von 0,01 zugelassen, so würde y_1 ausscheiden, während y_2 für Werte

$$0,9 \leq x \leq 1,1 \quad \text{bzw.} \quad -0,1 \leq h \leq +0,1,$$

y_3 für Werte

$$0,7 \leq x \leq 1,3 \quad \text{bzw.} \quad -0,3 \leq h \leq +0,3$$

als Ersatz für y dienen könnte usw.

(191) Wir verallgemeinern nun den in diesem Beispiel erläuterten Gedanken. Gegeben ist irgendeine Funktion $y = f(x)$, von der wir nur die Voraussetzungen machen wollen, daß sie samt ihren Differentialquotienten in dem Bereiche der Werte von x, die wir in unsere Betrachtungen einbeziehen, überall endlich, eindeutig und stetig sei. Es soll nun eine ganze rationale Funktion $n$ten Grades

$$\varphi(h) = c_0 + c_1 h + c_2 h^2 + c_3 h^3 + \cdots + c_n h^n$$

gesucht werden von der Eigenschaft, daß sie für einen bestimmten Wert $x = x_0$ mit der gegebenen Funktion $f(x)$ den Funktionswert und die Werte der n ersten Differentialquotienten gemeinsam hat, wobei zwischen den beiden Veränderlichen x und h die Beziehung bestehen soll:

$$x = x_0 + h \quad \text{bzw.} \quad h = x - x_0.$$

Da für $x = x_0$ $h = 0$ wird, sollen also die Gleichungen bestehen:

$$\varphi(0) = f(x_0), \quad \varphi'(0) = f'(x_0), \quad \varphi''(0) = f''(x_0), \ldots, \quad \varphi^{(n)}(0) = f^{(n)}(x_0).$$

Hierbei erhält man den Ausdruck $f^{(k)}(x_0)$, indem man die Funktion $f(x)$ k mal nach x differenziert und in diesem $k$ten Differentialquotienten für x den gegebenen Wert x_0 einsetzt, in entsprechender Weise ist $\varphi^{(k)}(0)$ zu deuten.

Nun ist

$$\varphi(h) = c_0 + c_1 \cdot h + c_2 \cdot h^2 + c_3 \cdot h^3 + \cdots + c_n \cdot h^n$$
$$\varphi'(h) = \quad 1 \cdot c_1 + 2 \cdot c_2 \cdot h + 3 \cdot c_3 h^2 + \cdots + n \cdot c_n h^{n-1}$$
$$\varphi''(h) = \quad\quad\quad 1 \cdot 2 c_2 + 2 \cdot 3 c_3 h + \cdots + (n-1) n c_n h^{n-2}$$
$$\varphi'''(h) = \quad\quad\quad\quad\quad 1 \cdot 2 \cdot 3 c_3 + \cdots + (n-2)(n-1) n c_n h^{n-3}$$
$$\cdots \cdots \cdots \cdots \cdots \cdots \cdots \cdots \cdots \cdots$$
$$\varphi^{(n)}(h) = \quad\quad\quad\quad\quad\quad\quad\quad 1 \cdot 2 \cdots (n-2)(n-1) n c_n.$$

Demnach ist

$$\varphi(0) = c_0, \qquad \varphi'(0) = 1! \cdot c_1, \qquad \varphi''(0) = 2! \cdot c_2,$$
$$\varphi'''(0) = 3! \cdot c_3, \qquad \ldots, \; \varphi^{(n)}(0) = n! \, c_n$$

oder

$$c_0 = \varphi(0) = f(x_0); \qquad c_1 = \frac{\varphi'(0)}{1!} = \frac{f'(x_0)}{1!}; \qquad c_2 = \frac{\varphi''(0)}{2!} = \frac{f''(x_0)}{2!};$$

$$c_3 = \frac{\varphi'''(0)}{3!} = \frac{f'''(x_0)}{3!}; \qquad \ldots; \; c_n = \frac{\varphi^{(n)}(0)}{n!} = \frac{f^{(n)}(x_0)}{n!}.$$

Also wird

$$\varphi(h) = f(x_0) + \frac{f'(x_0)}{1!} h + \frac{f''(x_0)}{2!} h^2 + \frac{f'''(x_0)}{3!} h^3 + \cdots + \frac{f^{(n)}(x_0)}{n!} h^n. \qquad 1)$$

Das ist die ganze rationale Funktion $n$ten Grades, welche mit der Funktion $f(x) = f(x_0 + h)$ für den Wert $x = x_0$ bzw. $h = 0$ den Funktionswert und die Werte der n ersten Differentialquotienten gemeinsam hat. Hiermit ist die anfangs gestellte Aufgabe gelöst.

Wir werden nun auch hier, wie in dem durchgeführten Beispiele, berechtigt sein, die Funktion $\varphi(h)$ auch in der Umgebung des Wertes $x = x_0$ bzw. $h = 0$ zur Berechnung der Funktionswerte $f(x) = f(x_0 + h)$ zu benützen, nur müssen wir uns auch stets dessen bewußt sein, daß die Ersatzfunktion (außer an der Stelle $x = x_0$ bzw. $h = 0$) den Funktionswert $f(x) = f(x_0 + h)$ nicht vollkommen genau liefern kann, sondern nur mit größerer oder geringerer Genauigkeit. Der Fehler R_n, den wir hierbei begehen, wird sowohl von der Größe h als auch von n abhängig sein. Es gilt dann die Gleichung:

$$f(x_0 + h) = f(x_0) + \frac{f'(x_0)}{1!} h + \frac{f''(x_0)}{2!} h^2 + \frac{f'''(x_0)}{3!} h^3 + \cdots + \frac{f^{(n)}(x_0)}{n!} h^n + R_n. \qquad 2)$$

Formel 2) bezeichnet man als den **Taylorschen Satz**, R_n heißt das **Restglied**.

Gelingt es, den Fehler R_n durch unbegrenztes Wachsen von n unter jeden noch so kleinen Wert herabzudrücken, so daß also $\lim\limits_{n \to \infty} R_n = 0$ ist, so geht die rechte Seite von 2) in eine Summe von unendlich vielen Gliedern, in eine unendliche Reihe über; diese ist dann mit der Funktion $f(x_0 + h)$ identisch. Wenn überhaupt, so kann also eine beliebige Funktion $f(x) = f(x_0 + h)$ im allgemeinen nur dann vollwertig durch eine ganze rationale Funktion ersetzt werden, wenn deren Gliederzahl unendlich groß ist. Nur ist sie dann keine ganze rationale Funktion im eigentlichen Sinne mehr, sondern eine unendliche Reihe, die nach steigenden Potenzen der Veränderlichen h fortschreitet. Sie ist eine **Potenzreihe**

$$f(x_0 + h) = f(x_0) + \frac{f'(x_0)}{1!} h + \frac{f''(x_0)}{2!} h^2 + \cdots + \frac{f^{(n)}(x_0)}{n!} h^n + \cdots \qquad 3)$$

und heißt die **Taylorsche Reihe**. Sie kann selbstverständlich nur so lange zur Berechnung der Funktionswerte von $f(x_0 + h)$ verwendet werden, als sie konvergent ist, d. h. trotz der unendlich großen Gliederzahl eine endliche Summe hat. Es bedarf also stets einer besonderen Untersuchung, ob die gefundene Potenzreihe konvergent ist oder nicht. Wir wollen im Rahmen dieses Buches die Konvergenzuntersuchungen auf ein Mindestmaß beschränken; doch werden die in den folgenden Zeilen gebotenen Auseinandersetzungen in den allermeisten Fällen genügen, um den Entscheid über Konvergenz oder Divergenz einer Potenzreihe zu treffen.

(192) Wir gehen von der **geometrischen Reihe** aus. Bei ihrer Behandlung können wir uns deshalb kurz fassen, weil sie — der elementaren Mathematik zugehörig — dem Leser vertraut ist. Eine geometrische Reihe ist eine Folge von Gliedern, in welcher der Quotient q je zweier aufeinanderfolgender Glieder konstant ist; dieser Quotient wird der Quotient der geometrischen Reihe genannt. Ist das erste Glied a_1, so ist also das zweite $a_1 \cdot q$, das dritte $a_1 \cdot q^2$, ..., das $n$te $a_1 \cdot q^{n-1}$. n heißt die Anzahl der Glieder. Unter der Summe einer geometrischen Reihe versteht man die Summe ihrer Glieder; bezeichnen wir sie mit s_n, so ist

$$s_n = a_1 + a_1 q + a_1 q^2 + \cdots + a_1 q^{n-1} = a_1 (1 + q + q^2 + \cdots + q^{n-1}).$$

Dieser Ausdruck läßt sich wesentlich zusammenziehen; multiplizieren wir nämlich die Summe mit dem Quotienten, so erhalten wir

$$s_n \cdot q = a_1 q + a_1 q^2 + a_1 q^3 + \cdots + a_1 q^n.$$

Wenn wir diese Gleichung von der obigen subtrahieren, so heben sich alle Glieder der rechten Seiten weg, mit Ausnahme des ersten Gliedes der ersten und des letzten Gliedes der zweiten, und wir erhalten

$$s_n - s_n q = a_1 - a_1 q^n,$$

woraus sich ergibt:

$$s_n = a_1 \frac{1 - q^n}{1 - q}.$$

Wir wollen nun zwei Fälle unterscheiden: Ist $|q|$, der absolute Betrag von q, eine ganze Zahl oder ein unechter Bruch, ist also $|q| > 1$, so wachsen die absoluten Beträge der Glieder der Reihe; die Reihe heißt eine **steigende geometrische Reihe**. Ist dagegen $|q| < 1$, so nehmen die absoluten Beträge der Glieder ab; wir haben es jetzt mit einer **fallenden geometrischen Reihe** zu tun. Für diese wird auch $|q^n|$ mit wachsendem n kleiner und kleiner, und es ist

$$\lim_{n \to \infty} |q^n| = 0.$$

Im Falle $n \to \infty$ geht aber die geometrische Reihe in eine unendliche geometrische Reihe über. Es ist klar, daß die Summe einer steigenden unendlichen geometrischen Reihe — wegen der Zunahme der absoluten Beträge ihrer Glieder — über alle Grenzen hinaus wächst, so daß von einer eigentlichen Summe einer steigenden unendlichen geometrischen Reihe überhaupt nicht gesprochen werden kann; eine steigende unendliche geometrische Reihe ist divergent. Anders ist es bei der fallenden unendlichen geometrischen Reihe; da q^n sich hier dem Werte Null nähert, so ist

$$\lim_{n \to \infty} s_n = \lim_{n \to \infty} a_1 \frac{1 - q^n}{1 - q} = a_1 \cdot \frac{1}{1 - q} = \frac{a_1}{1 - q};$$

d. h. eine fallende unendliche geometrische Reihe hat trotz der unendlich großen Anzahl von Gliedern eine endliche Summe; sie ist konvergent. Ihre Summe ist

$$s = \frac{a_1}{1 - q}. \qquad\qquad 4)$$

Dieses Ergebnis ist so überraschend, daß es angebracht erscheint, einige Beispiele von fallenden geometrischen Reihen näher zu untersuchen. Setzen wir in den folgenden Beispielen der Einfachheit halber $a_1 = 1$ — das bedeutet keine Einschränkung der Allgemeinheit, da in 4) a_1 nur als Faktor von $\frac{1}{1 - q}$ erscheint, man also andernfalls das Ergebnis nur noch mit a_1 zu multiplizieren hätte —, so ergibt sich

$$s = \frac{1}{1 - q}.$$

Wählen wir $q = \frac{1}{3}$, so lautet die unendliche Reihe

$$1 + \tfrac{1}{3} + \tfrac{1}{9} + \tfrac{1}{27} + \cdots;$$

ihre Summe ist nach 4)

$$s = \frac{1}{1 - \frac{1}{3}} = \frac{3}{2} = 1,5.$$

Um den Wert nachzuprüfen, berechnen wir eine Anzahl der Glieder der Reihe. Es ist

$1 = 1{,}000\,000\,000$	$(\tfrac{1}{3})^7 = 0{,}000\,457\,247$	$(\tfrac{1}{3})^{14} = 0{,}000\,000\,209$
$\tfrac{1}{3} = 0{,}333\,333\,333$	$(\tfrac{1}{3})^8 = 0{,}000\,152\,416$	$(\tfrac{1}{3})^{15} = 0{,}000\,000\,070$
$(\tfrac{1}{3})^2 = 0{,}111\,111\,111$	$(\tfrac{1}{3})^9 = 0{,}000\,050\,805$	$(\tfrac{1}{3})^{16} = 0{,}000\,000\,023$
$(\tfrac{1}{3})^3 = 0{,}037\,037\,037$	$(\tfrac{1}{3})^{10} = 0{,}000\,016\,935$	$(\tfrac{1}{3})^{17} = 0{,}000\,000\,008$
$(\tfrac{1}{3})^4 = 0{,}012\,345\,679$	$(\tfrac{1}{3})^{11} = 0{,}000\,005\,645$	$(\tfrac{1}{3})^{18} = 0{,}000\,000\,003$
$(\tfrac{1}{3})^5 = 0{,}004\,115\,226$	$(\tfrac{1}{3})^{12} = 0{,}000\,001\,882$	$(\tfrac{1}{3})^{19} = 0{,}000\,000\,001$
$(\tfrac{1}{3})^6 = 0{,}001\,371\,742$	$(\tfrac{1}{3})^{13} = 0{,}000\,000\,627$	$(\tfrac{1}{3})^{20} = 0{,}000\,000\,000$
$\quad 1{,}499\,314\,128$	$+\,0{,}000\,685\,557$	$+\,0{,}000\,000\,314$
$= 1{,}500\,000\,00$		

also in der Tat die berechnete Summe.

Setzen wir $q = -0,3$, so lautet die Reihe

$$1 - 0,3 + 0,09 - 0,0027 + \cdots$$

ihre Summe muß nach 4)

$$s = \frac{1}{1 + 0,3} = 0,769\,230\,8$$

betragen; und es ist in der Tat

1	$-0,3$
$+0,09$	$-0,027$
$+0,008\,1$	$-0,002\,43$
$+0,000\,729$	$-0,000\,218\,7$
$+0,000\,065\,61$	$-0,000\,019\,68$
$+0,000\,005\,90$	$-0,000\,001\,77$
$+0,000\,000\,53$	$-0,000\,000\,16$
$+0,000\,000\,05$	$-0,000\,000\,01$
$1,098\,901\,09$	$-0,329\,670\,32 = 0,769\,2307$

es besteht also eine Übereinstimmung bis auf sechs Dezimalen.

Auch geometrisch können wir uns leicht von der Tatsache überzeugen, daß eine fallende geometrische Reihe eine endliche Summe hat. Es werde in Abb. 334 von O aus nach rechts eine s-Achse gezogen, ferner

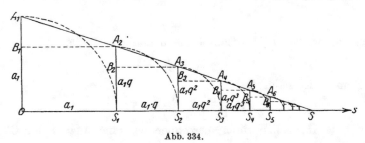

Abb. 334.

in O auf dieser das Lot $OA_1 = a_1$ errichtet; dann trage man auf der s-Achse die Strecke $OS_1 = a_1$ ab und errichte auf ihr das Lot $S_1A_2 = a_1 q$, wobei $1 > q > 0$ vorausgesetzt werde. Die beiden Punkte A_1 und A_2 werden durch eine Gerade miteinander verbunden, welche, da $a_1 q < a_1$ ist, sich in der Richtung $\overrightarrow{A_1 A_2}$ nach der s-Achse neigen muß; sie möge die s-Achse in S schneiden. Nun trage man auf der s-Achse weiterhin die Strecke $S_1 S_2 = a_1 q$ ab und errichte wiederum in S_2 auf ihr das Lot $S_2 A_3$, wobei A_3 sein Schnittpunkt mit $A_1 S$ ist. Da sich infolge der Ähnlichkeit der Dreiecke $A_1 B_1 A_2$ und $A_2 B_2 A_3$ — B_1 und B_2 sind die Schnittpunkte der durch A_2 bzw. A_3 gezogenen Parallelen zur s-Achse mit OA_1 bzw. $S_1 A_2$ — $A_1 B_1 : B_1 A_2$ wie $A_2 B_2 : B_2 A_3$ verhalten muß, so ist $(a_1 - a_1 q) : a_1 = (a_1 q - S_2 A_3) : a_1 q$, also $S_2 A_3 = a_1 q^2$, d. h. das Lot $S_2 A_3$ ist das Bild des dritten Gliedes der geometrischen Reihe. Man fährt nun so fort, indem man $S_2 S_3 = a_1 q^2$ auf der s-Achse abträgt und in S_3 auf ihr das Lot $S_3 A_4$ errichtet, wobei $S_3 A_4 = a_1 q^3$ ist usw. Setzt man dies unendlich oft fort, so kommt man dem Punkte S der s-Achse beliebig nahe und erkennt, daß die Summe der unendlich vielen Strecken $O S_1 + S_1 S_2 + S_2 S_3 + \cdots$ endlich, nämlich gleich $O S$ ist. Da nun $OS : OA_1 = B_1 A_2 : B_1 A_1$ ist, so ist

d. h.
$$OS = \frac{a_1 \cdot a_1}{a_1 - a_1 q} = \frac{a_1}{1 - q},$$

$$a_1 + a_1 q + a_1 q^2 + \cdots = \frac{a_1}{1 - q},$$

in Übereinstimmung mit 4). Ist $-1 < q < 0$, so gibt Abb. 334a die zugehörige Figur. Da jetzt $a_1 q$ negativ ist, so muß die Strecke $S_1 A_2$

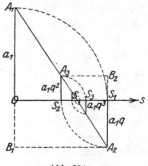

Abb. 334a.

in der der Strecke $O S_1$ entgegengesetzten Richtung abgetragen werden usf. Eine weitere Erklärung der Abb. 334a dürfte sich erübrigen.

Wir haben also gefunden, daß eine unendliche geometrische Reihe stets dann, aber auch nur dann konvergent ist, d. h. eine unendliche Summe besitzt, wenn der absolute Betrag ihres Quotienten ein echter Bruch ist. Wenn wir nun von einer anderen unendlichen Reihe nachweisen können, daß die absoluten Werte ihrer Glieder — von einem bestimmten Gliede an — sämtlich nicht größer sind als die entsprechenden Glieder einer konvergenten geometrischen Reihe, dann ist die Summe der absoluten Beträge der gegebenen Reihe kleiner, im äußersten Falle gleich der Summe der geometrischen Reihe, also jedenfalls endlich; d. h. die gegebene Reihe selbst muß konvergent sein.

Wir können dieses Cauchysche Konvergenzkriterium noch anders fassen. Hat die Reihe $a_1 + a_2 + a_3 + a_4 + \cdots$ die Eigenschaft, daß die absoluten Beträge der Quotienten von je zwei aufeinanderfolgenden Gliedern

$$\left| \frac{a_2}{a_1} \right|, \qquad \left| \frac{a_3}{a_3} \right|, \qquad \left| \frac{a_4}{a_3} \right|, \qquad \ldots, \qquad \left| \frac{a_{n+1}}{a_n} \right|, \qquad \ldots$$

sämtlich kleiner oder höchstens gleich einem echten Bruche $g < 1$ sind, so ist die Reihe auf jeden Fall konvergent. Denn es ist

$$|a_2| \leqq |a_1| g, \quad |a_3| \leqq |a_2| g, \quad |a_4| \leqq |a_3| g, \quad \ldots, \quad |a_{n+1}| \overset{\cdot}{\leqq} |a_n| g, \quad \ldots$$

Nehmen wir nun den ungünstigsten Fall an, daß allenthalben die Gleichheitszeichen zu Recht bestünden, so würde die Reihe $a_1, a_2, \ldots, a_n, \ldots$ eine geometrische Reihe sein, deren Quotient den absoluten Betrag g hat, die also, da $|g|$ ein echter Bruch ist, konvergent ist. Das trifft natürlich erst recht zu, je häufiger in den obigen Formeln nicht das $=$-Zeichen, sondern das $<$-Zeichen gilt; die Summe der Reihe kann dadurch nur kleiner werden.

Wir haben in dem soeben abgeleiteten Konvergenzkriterium ein Mittel, das in den meisten praktisch in Frage kommenden Fällen ausreicht, um über Konvergenz und Divergenz einer unendlichen Reihe zu entscheiden. Wenden wir es auf die nach steigenden Potenzen von h fortschreitende unendliche Reihe an, welche die rechte Seite der Gleichung 3) (S. 618) bildet, so können verschiedene Fälle auftreten, je nach der Art der Ausgangsfunktion $f(x)$. Die Potenzreihe kann für jeden beliebigen Wert von h konvergieren. Sie kann auch für jeden divergieren (diese Fälle sind natürlich praktisch wertlos). Sie kann aber auch für einen Bereich $|h| < h_0$ konvergieren, während sie für Werte $|h| > h_0$ divergiert. Der Grenzwert h_0 gehört dabei zuweilen dem Konvergenzbereich an, in anderen Fällen dagegen nicht. Hier gilt es dann, genau die Konvergenzgrenze h_0 zu bestimmen. (Vgl. die späteren Anwendungen.)

Um also eine Funktion $f(x)$ in der Umgebung des Wertes $x = x_0$ in eine nach steigenden Potenzen von $h = x - x_0$ fortschreitende Reihe zu entwickeln, haben wir die Taylorsche Reihe 3) zu verwenden, nachdem wir sie auf ihre Konvergenz untersucht haben. Indessen ist auch dann noch nicht ohne weiteres selbstverständlich, daß die Potenzreihe wirklich die Funktion $f(x_0 + h)$ wiedergibt. Es ist möglich, daß die gewonnene Potenzreihe ganz andere Funktionswerte ergibt, als sie durch die Ausgangsfunktion $f(x)$ bedingt sind. Der Beweis, daß die Potenzreihe und die gegebene Funktion wirklich identisch sind, ist erst dann erbracht, wenn nachgewiesen ist, daß das Restglied R_n der Formel 2) sich mit wachsendem Werte von n wirklich der Null nähert. Um zu untersuchen, ob dies der Fall ist, müssen wir erst einmal für R_n einen Ausdruck zu gewinnen suchen, der seine Abhängigkeit von n zeigt, und müssen feststellen, ob wirklich $\lim_{n \to \infty} R_n = 0$ ist. Da diese Restbetrachtungen für das Verständnis der folgenden Anwendungen nicht unbedingt nötig sind, kann sie der Leser überschlagen oder später nachholen.

(193) Gegeben sei eine Funktion $\psi(x)$; sie sei für jeden Wert x in dem Bereiche $x = a$ bis $x = b$ $(a < b)$ stetig, endlich, eindeutig und differenzierbar; außerdem sei $\psi(a) = 0$ und $\psi(b) = 0$. Dann muß es mindestens einen Wert $a < x < b$ geben, für welchen $\psi'(x) = 0$

ist. Der Beweis folgt sofort aus Abb. 335; denn da $\psi(a) = 0$ und $\psi(b) = 0$ sein soll, muß die Kurve $y = \psi(x)$ die x-Achse in den Punkten $A(a\,|\,0)$ und $B(b\,|\,0)$ schneiden. Da ferner $\psi(x)$ überall für $a \leq x \leq b$ endlich sein soll, muß die Kurve zwischen A und B ganz im Endlichen verlaufen. Da für $a \leq x \leq b$ $\psi(x)$ stetig sein soll, so macht die Kurve zwischen A und B nirgends einen Sprung. Da weiter $\psi(x)$ für $a \leq x \leq b$ überall differenzierbar sein soll, so muß die Kurve in jedem Punkte zwischen A und B eine und nur eine Tangente haben. Da schließlich für $a \leq x \leq b$ $\psi(x)$ eindeutig ist, so gehört zwischen A und B zu jeder Abszisse nur ein Punkt der Kurve. Die Kurve wird sich mithin in A von der x-Achse entfernen; da sie jedoch die x-Achse in B wieder erreichen muß, muß sie in irgendeinem Punkte $P(x'\,|\,0)$ zwischen A und B eine horizontale Tangente haben, d. h. für diesen Wert x' muß der Differentialquotient $\dfrac{d\psi(x)}{dx}$ verschwinden, es ist $(\psi'(x))_{x=x'} = 0$. Die

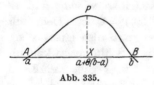

Abb. 335.

Abszisse x' läßt sich in der Form schreiben $x' = a + \Theta \cdot (b - a)$, wobei Θ ein positiver echter Bruch ist: $0 \leq \Theta \leq 1$. Es muß sich also auf Grund dieser Schreibweise ein positiver echter Bruch Θ finden lassen, für welchen

$$\psi'(a + \Theta(b - a)) = 0$$

ist. Den hier abgeleiteten Satz bezeichnet man als den **einfachen Mittelwertssatz.**

Wir bilden uns nun die Funktion

$$F(\eta) = [f(x_0 + \eta) - \varphi(\eta)] - [f(x_0 + h) - \varphi(h)] \cdot \left(\frac{\eta}{h}\right)^{n+1}, \qquad 5)$$

wobei $\varphi(h)$ bzw. $\varphi(\eta)$ durch Gleichung 1) bestimmt und $f(x)$ die gegebene Funktion von den in **(191)** S. 617 angeführten Eigenschaften ist. Die Veränderliche η möge sich in den Grenzen $0 \leq \eta \leq h$ bewegen, wobei h bezüglich der Funktion $F(\eta)$ als eine Konstante anzusehen ist. Wir bilden jetzt der Reihe nach die Differentialquotienten von $F(\eta)$; es ist

$$\left.\begin{aligned}
F'(\eta) &= [f'(x_0 + \eta) - \varphi'(\eta)] - [f(x_0 + h) - \varphi(h)] \cdot \frac{(n+1)\,\eta^n}{h^{n+1}} \\[2mm]
F''(\eta) &= [f''(x_0 + \eta) - \varphi''(\eta)] - [f(x_0 + h) - \varphi(h)] \cdot \frac{(n+1)\cdot n \cdot \eta^{n-1}}{h^{n+1}} \\
&\;\cdot \\
F^{(n)}(\eta) &= [f^{(n)}(x_0 + \eta) - \varphi^{(n)}(\eta)] - [f(x_0 + h) - \varphi(h)] \cdot \frac{(n+1)\cdot n \ldots 2 \cdot \eta}{h^{n+1}} \\[2mm]
F^{(n+1)}(\eta) &= [f^{(n+1)}(x_0 + \eta) - \varphi^{(n+1)}(\eta)] - [f(x_0 + h) - \varphi(h)] \cdot \frac{(n+1)!}{h^{n+1}}
\end{aligned}\right\} \quad 6)$$

Da nun nach 1) $\varphi(\eta)$ eine ganze rationale Funktion von nur $n$tem Grade ist, ist $\varphi^{(n+1)}(\eta) = 0$, und die letzte Formel vereinfacht sich zu

$$F^{(n+1)}(\eta) = f^{(n+1)}(x_0 + \eta) - [f(x_0 + \dot{h}) - \varphi(h)] \cdot \frac{(n+1)!}{h^{n+1}} . \qquad 7)$$

Da die Funktion $\varphi(h)$ in (191) so gewählt worden ist, daß sie samt ihren Differentialquotienten für $h = 0$ mit der Funktion $f(x_0 + h)$ identisch ist, so ist für $\eta = 0$, wie man aus den Formeln 5) und 6) erkennt, der Reihe nach

$$F(0) = 0, \quad F'(0) = 0, \quad F''(0) = 0, \quad \ldots, \quad F^{(n)}(0) = 0 .$$

Nach 5) ist aber für $\eta = h$ auch $F(h) = 0$. Also verschwindet die Funktion $F(\eta)$ für die beiden Werte $\eta = 0$ und $\eta = h$; daher muß es nach dem Mittelwertssatze einen Wert $0 < \eta_1 < h$ geben, für den der Differentialquotient $F'(\eta) = 0$ ist. Demnach verschwindet die Funktion $F'(\eta)$ für $\eta = 0$ und $\eta = \eta_1$. Daraus folgt wieder, daß es einen Wert $0 < \eta_2 < \eta_1$ gibt, für welchen $F''(\eta) = 0$ ist. Demnach verschwindet $F''(\eta)$ für $\eta = 0$ und $\eta = \eta_2$; es muß also einen Wert $0 < \eta_3 < \eta_2$ geben, für den $F'''(\eta) = 0$ ist. Diese Schlußweise können wir fortsetzen; wir finden so, daß es einen Wert η_{n+1} geben muß, so daß $0 < \eta_{n+1} < \eta_n$, also auch $0 < \eta_{n+1} < h$ ist, für welchen $F^{(n+1)}(\eta) = 0$ ist; d. h. es muß nach 7) sein:

$$0 = f^{(n+1)}(x_0 + \eta_{n+1}) - [f(x_0 + h) - \varphi(h)] \cdot \frac{(n+1)!}{h^{n+1}} .$$

Die Größe η_{n+1} läßt sich nun schreiben als $\Theta \cdot h$, wobei $0 < \Theta < 1$, also Θ ein echter Bruch ist; ferner ist nach 1) und 2) der Inhalt der [ ] unser Restglied R_n, so daß wir die letzte Formel auch schreiben können:

$$R_n = f^{(n+1)}(x_0 + \Theta h) \cdot \frac{h^{n+1}}{(n+s)!} . \qquad 8)$$

Man bezeichnet 8) als die **Lagrangesche Restformel**.

Wir haben hiermit dem Reste R_n eine Gestalt gegeben, die es gegebenenfalls ermöglicht, den Fehler abzuschätzen, den man begeht, wenn man statt der beliebigen Funktion $f(x)$ die ganze rationale Funktion $\varphi(h)$ setzt. Die **Lagrange**sche Restformel ist übrigens nicht die einzige Restdarstellung; sie ist aber die gebräuchlichste [s. (200) S. 654].

Wird nun $\lim\limits_{n \to \infty} R_n = 0$, so geht die rechte Seite von 2) in eine konvergente Potenzreihe von h über, welche ein vollwertiger Ersatz für die Funktion $f(x_0 + h)$ ist; es ist also dann

$$f(x_0 + h) \equiv f(x_0) + f'(x_0) \cdot \frac{h}{1!} + f''(x_0) \cdot \frac{h^2}{2!} + \ldots + f^{(n)}(x_0) \cdot \frac{h^n}{n!} + \cdots \quad 9\,\text{a})$$

Wir können sie, wenn wir $x_0 + h = x$, also $h = x - x_0$ setzen, auch in einer Form schreiben, welche nach Potenzen von $x - x_0$ fortschreitet:

$$\left.\begin{aligned} f(x) = f(x_0) + f'(x_0) \cdot \frac{x - x_0}{1!} + f''(x_0) \cdot \frac{(x - x_0)^2}{2!} + \cdots \\ + f^{(n)}(x_0) \cdot \frac{(x - x_0)^n}{n!} + \cdots \end{aligned}\right\} \quad 9\,\text{b)}$$

Einen besonderen Fall erhalten wir, wenn wir nicht wie bisher die Funktion $f(x)$ in der Umgebung des beliebigen Wertes $x = x_0$ in eine Potenzreihe entwickeln, sondern wenn wir $x_0 = 0$ setzen, also für den Wert $x = 0$ entwickeln. Diese Reihe wird die **Maclaurinsche Reihe** genannt und lautet

$$f(x) = f(0) + f'(0) \cdot \frac{x}{1!} + f''(0) \cdot \frac{x^2}{2!} + \cdots + f^{(n)}(0) \cdot \frac{x^n}{n!} + \cdots ; \quad 10)$$

das Lagrangesche Restglied nimmt in diesem besonderen Falle die Form an:

$$R_n = f^{(n+1)}(\Theta x) \cdot \frac{x^{n+1}}{(n+1)!} . \qquad 8\,\text{a)}$$

Die Entwicklung einiger wichtiger Funktionen kann nunmehr im nächsten Paragraphen durchgeführt werden.

§ 2. Die Exponentialreihe und die goniometrischen Reihen.

(194) Gegeben sei die Exponentialfunktion $f(x) = e^x$; ihre Differentialquotienten sind

$$f'(x) = e^x, \quad f''(x) = e^x, \quad \ldots, \quad f^{(n)}(x) = e^x, \quad \ldots$$

Wir entwickeln e^x nach der Maclaurinschen Formel 10). Es ist

$$f(0) = f'(0) = f''(0) = \cdots = f^{(n)}(0) = \cdots = 1,$$

also

$$e^x = 1 + \frac{x}{1!} + \frac{x^2}{2!} + \frac{x^3}{3!} + \cdots + \frac{x^n}{n!} + R_n . \qquad 11\,\text{a)}$$

Lassen wir n über alle Grenzen wachsen, so ergibt sich die Potenzreihe

$$1 + \frac{x}{1!} + \frac{x^2}{2!} + \frac{x^3}{3!} + \cdots + \frac{x^{n-1}}{(n-1)!} + \frac{x^n}{n!} + \cdots \qquad 11)$$

Um diese unendliche Reihe auf ihre Konvergenz zu untersuchen, wenden wir das in **(192)** abgeleitete Cauchysche Konvergenzkriterium an und bilden die Quotienten von je zwei aufeinanderfolgenden Gliedern; sie lauten der Reihe nach

$$\frac{x}{1!} : 1 = \frac{x}{1}; \quad \frac{x^2}{2!} : \frac{x}{1!} = \frac{x}{2}; \quad \frac{x^3}{3!} : \frac{x^2}{2!} = \frac{x}{3}; \quad \ldots; \quad \frac{x^n}{n!} : \frac{x^{n-1}}{(n-1)!} = \frac{x}{n}, \ldots$$

In der Reihe dieser Quotienten

$$\frac{x}{1}, \quad \frac{x}{2}, \quad \frac{x}{3}, \quad \ldots, \quad \frac{x}{n}, \quad \ldots$$

erkennen wir eine bestimmte Gesetzmäßigkeit: Ist irgendein endlicher Wert für x gegeben, so werden die Quotienten ihrem absoluten Betrage nach von Glied zu Glied kleiner; ihr Wert nähert sich mit wachsendem n der Null, da der Dividend beständig den Wert x beibehält, der Divisor dagegen, die Reihe der natürlichen Zahlen durchlaufend, wächst. Wählen wir beispielsweise n so, daß es die erste ganze Zahl ist, die größer ist als $2x$, so werden die Quotienten von dieser Stelle ab sämtlich ihrem absoluten Betrage nach kleiner als $\frac{1}{2}$. Wir können somit die unendliche Reihe 11) in zwei Teile zerlegen. Der erste Teil enthält die n Glieder von 1 bis $\frac{x^{n-1}}{(n-1)!}$; da er aus einer endlichen Anzahl von endlichen Gliedern besteht, hat er eine endliche Summe. Der zweite Teil hat zwar unendlich viele Glieder; da aber die absoluten Beträge der Quotienten von je zwei aufeinanderfolgenden Gliedern sämtlich kleiner als der echte Bruch $\frac{1}{2}$ sind, so hat auch er eine endliche Summe; er ist also konvergent. Damit hat aber auch die Reihe 11) selbst eine endliche Summe; d. h. die Reihe 11) ist für jeden endlichen Wert von x konvergent, sie ist unbegrenzt konvergent.

Das Gesagte möge durch ein Zahlenbeispiel erläutert werden. Wählen wir $x = \pi = 3{,}1416$, so lautet die Reihe

$$1 + \frac{\pi}{1!} + \frac{\pi^2}{2!} + \frac{\pi^3}{3!} + \cdots;$$

die Reihe der Quotienten lautet:

$$\frac{\pi}{1} = 3{,}1416, \quad \frac{\pi}{2} = 1{,}5708, \quad \frac{\pi}{3} = 1{,}0472, \quad \frac{\pi}{3} = 0{,}7854;$$

$$\frac{\pi}{5} = 0{,}6283, \quad \frac{\pi}{6} = 0{,}5236, \quad \frac{\pi}{7} = 0{,}4488, \quad \frac{\pi}{8} = 0{,}3927 \ldots$$

Da von $\frac{\pi}{7}$ an die Quotienten sämtlich kleiner als $\frac{1}{2}$ sind, zerspalten wir die Reihe in die Gliedersumme

$$1 + \frac{\pi}{1!} + \frac{\pi^2}{2!} + \frac{\pi^3}{3!} + \frac{\pi^4}{4!} + \frac{\pi^5}{5!} + \frac{\pi^6}{6!},$$

die als Summe einer endlichen Anzahl endlicher Größen sicher einen endlichen Wert hat, und in die unendliche Reihe

$$\frac{\pi^7}{7!} + \frac{\pi^8}{8!} + \frac{\pi^9}{9!} + \cdots$$

In dieser ist der Quotient von je zwei aufeinanderfolgenden Gliedern stets kleiner als $\frac{1}{2}$; ihre Summe muß daher kleiner sein als die der geometrischen Reihe $\quad \dfrac{\pi^7}{7!}\left(1 + \dfrac{1}{2} + \dfrac{1}{2^2} + \dfrac{1}{2^3} + \cdots\right),$

d. h. kleiner als $2 \cdot \dfrac{\pi^7}{7!}$.

Um den Beweis zu erbringen, daß die Potenzreihe 11) wirklich
die Exponentialfunktion e^x wiedergibt, müssen wir nun noch zeigen,
daß der Rest R_n in 11a) sich mit wachsendem n wirklich dem Werte Null
nähert. Nach der Lagrangeschen Restformel 8a) ist für unser Beispiel

$$R_n = e^{\Theta x} \cdot \frac{x^{n+1}}{(n+1)!},$$

wobei $0 < \Theta < 1$ ist. Wählen wir den für uns ungünstigsten Fall,
der eintritt, wenn wir — positives x vorausgesetzt — $\Theta = 1$ setzen,
da unter allen Werten $e^{\Theta x}$ der Wert e^x der größte ist, so finden wir,
daß auf jeden Fall

$$R_n \leqq e^x \cdot \frac{x^{n+1}}{(n+1)!}$$

ist. Ist mithin ein fester Wert x gegeben, so wird R_n mit wachsendem
Werte von n, d. h. mit wachsender Gliederzahl, beständig nach Null
abnehmen. Denn es ist

$$\frac{x^{n+1}}{(n+1)!} = \frac{x}{1} \cdot \frac{x}{2} \cdot \frac{x}{3} \cdot \frac{x}{4} \cdot \frac{x}{5} \cdots \frac{x}{k} \cdot \frac{x}{k+1} \cdots \frac{x}{n+1};$$

von einem bestimmten $k > |x|$ an werden alle folgenden Faktoren
echte Brüche, die mit wachsendem n nach Null konvergieren; damit
nähert sich aber auch $\frac{x^{n+1}}{(n+1)!}$ der Null. Es wird daher

$$\lim_{n \to \infty} R_n = 0.$$

Damit ist der Beweis erbracht, daß die Reihe 11) den Wert e^x haben
muß.

$$e^x = 1 + \frac{x}{1!} + \frac{x^2}{2!} + \frac{x^3}{3!} + \cdots + \frac{x^n}{n!} + \cdots = 1 + \sum_{n=1}^{\infty} \frac{x^n}{n!}. \qquad 11b)$$

11b) heißt die Exponentialreihe; sie dient dazu, jede beliebige
Potenz von e zu berechnen.

Bemerkt sei noch, daß für negative Werte von x die Fehler-
abschätzung sich etwas ändert; da hier $e^x < e^0$ wird, haben wir, um
sicher zu gehen, $\Theta = 0$ zu setzen, so daß

$$|R_n| < \frac{|x^{n+1}|}{(n+1)!}$$

wird.

Anwendungen. a) Für $x = 1$ erhält man

$$e = 1 + \frac{1}{1!} + \frac{1}{2!} + \frac{1}{3!} + \frac{1}{4!} + \cdots.$$

also die Reihe, die wir in (52) S. 134 zur Berechnung von e verwendet
haben. Wir können nun auch den Fehler angeben, den wir begehen,

wenn wir nach einer bestimmten Anzahl von Gliedern die Reihe abbrechen. Ist nämlich $n = 1$, so ist

$$e \approx 1 + \frac{1}{1} = 2 \quad \text{und} \quad R_1 < \frac{e}{2!} = 1.36;$$

ist $n = 2$, so ist

$$e \approx 1 + \frac{1}{1!} + \frac{1}{2!} = 2{,}50 \quad \text{und} \quad R_2 < \frac{e}{3!} = 0{,}453;$$

ist $n = 3$, so ist

$$e \approx 1 + \frac{1}{1!} + \frac{1}{2!} + \frac{1}{3!} = 2{,}667 \quad \text{und} \quad R_3 < \frac{e}{4!} = 0{,}113;$$

ist $n = 4$, so ist

$$e \approx 1 + \frac{1}{1!} + \frac{1}{2!} + \frac{1}{3!} + \frac{1}{4!} = 2{,}7083 \quad \text{und} \quad R_4 < \frac{e}{5!} = 0{,}0227;$$

ist $n = 5$, so ist

$$e \approx 1 + \frac{1}{1!} + \frac{1}{2!} + \frac{1}{3!} + \frac{1}{4!} + \frac{1}{5!} = 2{,}71667 \quad \text{und} \quad R_5 < \frac{e}{6!} = 0{,}00378;$$

ist $n = 6$, so ist

$$e \approx 1 + \frac{1}{1!} + \frac{1}{2!} + \frac{1}{3!} + \frac{1}{4!} + \frac{1}{5!} + \frac{1}{6!} = 2{,}718056$$

und

$$R_6 < \frac{e}{7!} = 0{,}000539;$$

ist $n = 7$, so ist

$$e \approx 1 + \frac{1}{1!} + \frac{1}{2!} + \frac{1}{3!} + \frac{1}{4!} + \frac{1}{5!} + \frac{1}{6!} + \frac{1}{7!} = 2{,}718254$$

und

$$R_7 < \frac{e}{8!} = 0{,}0000674$$

usw. D. h. bei Benutzung von

2, 3, 4, 5, 6, 7, 8, ... Gliedern der Reihe hat man e auf

0, 0, 0, 1, 2, 3, 4, ... Dezimalen genau ermittelt.

b) Für $x = 3$ wird

$$e^3 = 1 + \frac{3}{1!} + \frac{3^2}{2!} + \frac{3^3}{3!} + \cdots$$

Die Berechnung können wir nach folgendem Schema vornehmen. Wir schreiben das erste Glied hin   1,000000,

multiplizieren mit 3: 3,000000,

dividieren durch 1, um das zweite Glied zu erhalten: 3,000000,

multiplizieren mit 3: 9,000000,

dividieren durch 2, um das dritte Glied zu erhalten: 4,500000,

multiplizieren mit 3: 13,500000,

dividieren durch 3, um das vierte Glied zu erhalten: 4,500000,

     multiplizieren mit 3: 13,500000,

dividieren durch 4, um das fünfte Glied zu erhalten: 3,375000,

     multiplizieren mit 3: 10,125000

usf. Es mögen nur noch die Werte der weiteren Glieder angegeben werden; sie lauten:

2,025000	0,162723	0,004438	0,000055
1,012500	0,054241	0,001110	0,000011
0,433929	0,016272	0,000259	0,000002

Die Summe ergibt $e^3 = 20,08554$; der Fehler ist, wie man sich überzeugen kann, erst in der sechsten Dezimale bemerkbar.

    c) Für $x = \frac{1}{3}$ wird

$$\sqrt[3]{e} = 1 + \frac{1}{3 \cdot 1!} + \frac{1}{3^2 \cdot 2!} + \frac{1}{3^3 \cdot 3!} + \cdots;$$

die Berechnung ergibt nach dem nun ohne weiteres verständlichen Schema:

1,00000000	0,33333333
0,33333333	0,11111111
0,05555556	0,01851852
0,00617284	0,00205761
0,00051440	0,00017147
0,00003439	0,00001146
0,00000191	0,00000064
0,00000009	0,00000003
0,00000000	
$\overline{1,39561252}$	$= \sqrt[3]{e}$

Der Leser möge selbst den verbleibenden Fehler berechnen.

    d) Um

$$\frac{1}{e^3} = e^{-3} = 1 - \frac{3}{1!} + \frac{3^2}{2!} - \frac{3^3}{3!} + \frac{3^4}{4!} = \cdots$$

zu ermitteln, können wir die in b) berechneten Glieder verwenden; nur müssen wir ihnen abwechselndes Vorzeichen geben. Es ergibt sich

$$\frac{1}{e^3} = 10,067662 - 10,017878 = 0,04978. \text{ (Fehler ?)}$$

Berechne:

$$e^2 = 7,3890560 9573, \qquad e^{-1} = 0,367879441171,$$

$$\frac{1}{e^2} = 0,135335283, \qquad \sqrt{e} = 1,648721270,$$

$$\sqrt[5]{e} = 1{,}221\,462\,8\,, \qquad \sqrt[3]{e^2} = e^{\frac{2}{3}} = 1{,}947\,734\,041\,,$$

$$\frac{1}{\sqrt[3]{e^2}} = 0{,}513\,417\,119\,, \qquad \frac{1}{\sqrt{e}} = 0{,}606\,530\,659\,7 \text{ usf.}$$

Berechne ferner den Ausdruck $e^{\mu\alpha}$ für $\mu = 0{,}2$ und $\alpha = 108°$! (Seilreibung! $\alpha = 1{,}885$, $e^{\mu\alpha} = 1{,}458$.)

(195) Wir wenden uns der Reihenentwicklung der **goniometrischen Funktionen** zu und beginnen mit $f(x) = \sin x$. Es ist

$$f'(x) = \cos x\,, \qquad f''(x) = -\sin x\,,$$

$$f'''(x) = -\cos x\,, \qquad f''''(x) = \sin x\,, \quad \dots;$$

also wird

$$f(0) = 0\,, \quad f'(0) = 1\,, \quad f''(0) = 0\,, \quad f'''(0) = -1\,, \quad f''''(0) = 0\,, \quad \dots,$$

allgemein

$$f^{(2n)}(0) = 0\,, \qquad f^{(2n+1)}(0) = (-1)^n\,.$$

Folglich ist nach der **Maclaurin**schen Formel 10)

$$\sin x = \frac{x}{1!} - \frac{x^3}{3!} + \frac{x^5}{5!} \mp \cdots + (-1)^n \frac{x^{2n+1}}{(2n+1)!} + R_{2n+1};$$

$$\left| R_{2n+1} \right| \text{ ist dabei } = \left| \sin \Theta x \cdot \frac{x^{2n+2}}{(2n+2)!} \right| \le \left| \frac{x^{2n+2}}{(2n+2)!} \right|,$$

da $|\sin\Theta x| < 1$ ist. Auch hier nähert sich R_{2n+1}, welchen endlichen Wert x auch haben möge, mit wachsendem n, dem Grenzwerte Null. (Der Beweis hierfür ist entsprechend dem bei der Exponentialreihe gegebenen.) Es ist daher

$$\sin x = \frac{x}{1!} - \frac{x^3}{3!} + \frac{x^5}{5!} - \frac{x^7}{7!} + \cdots \qquad \textbf{Sinusreihe.} \qquad 12)$$

Die Potenzreihe ist hierbei für jeden beliebigen endlichen Wert konvergent, eine Eigenschaft, die wir auch mit Hilfe des **Cauchy**schen Konvergenzkriteriums gefunden hätten, da von einem bestimmten Werte $2n > |x|$ sämtliche Quotienten je zweier aufeinanderfolgenden **Glieder**

$$\frac{|x^2|}{2n \cdot (2n+1)} = \frac{|x|}{2n} \cdot \frac{|x|}{2n+1} < 1$$

sind.

Die Reihenentwicklung der Funktion $f(x) = \cos x$ läßt sich ganz entsprechend durchführen. Es ist

$$f^{(2n)}(x) = (-1)^n \cos x\,, \qquad f^{(2n+1)}(x) = (-1)^{n+1} \sin x\,,$$

also

$$f^{(2n)}(0) = (-1)^n\,, \qquad f^{(2n+1)}(0) = 0$$

und mithin

$$\cos x = 1 - \frac{x^2}{2!} + \frac{x^4}{4!} - \frac{x^6}{6!} + \cdots + (-1)^n \frac{x^{2n}}{(2n)!} + R_{2n}\,,$$

wobei
$$|R_{2n}| = \left|\sin\Theta\, x \cdot \frac{x^{2n+1}}{(2n+1)!}\right| \leqq \frac{|x^{2n+1}|}{(2n+1)!}$$

ist. Mit wachsendem Werte von n, d. h. mit wachsender Gliederzahl, nähert sich R_{2n} wiederum unbegrenzt der Null. Folglich ist die Kosinusreihe

$$\cos x = 1 - \frac{x^2}{2!} + \frac{x^4}{4!} - \frac{x^6}{6!} + \cdots \qquad 13)$$

für jeden endlichen Wert von x konvergent, eine Eigenschaft, die mittels des Cauchyschen Konvergenzkriteriums, also ohne Restbetrachtungen, nachzuweisen, dem Leser überlassen bleibe.

Wir haben in den beiden soeben gewonnenen goniometrischen Reihen 12) und 13) ein Mittel gewonnen, um den Sinus und den Kosinus irgendeines Winkels wirklich zu berechnen; der Winkel ist selbstverständlich in Bogenmaß auszudrücken. Wir wollen einige derartige Berechnungen durchführen.

a) Ist $x = 1$ $(57° 17' 45'')$, so ist

$1 = 1,0000000$	$\frac{1}{1!} = 1,0000000$	$\frac{1}{2!} = 0,5000000$	$\frac{1}{3!} = 0,1666667$
$\frac{1}{4!} = 0,0416667$	$\frac{1}{5!} = 0,0083333$	$\frac{1}{6!} = 0,0013889$	$\frac{1}{7!} = 0,0001984$
$\frac{1}{8!} = 0,0000248$	$\frac{1}{9!} = 0,0000028$	$\frac{1}{10!} = 0,0000003$	$\frac{1}{11!} = 0,0000000$
$s_1 = 1,0416915$	$s_2 = 1,0083361$	$s_3 = 0,5013892$	$s_4 = 0,1668651$

Also ist

$$\sin 1 = s_2 - s_4 = 0,841471 \quad \text{und} \quad \cos 1 = s_1 - s_3 = 0,540302.$$

b) $\sin 30°$ und $\cos 30°$; $\operatorname{arc} 30° = \frac{\pi}{6} = 0,523599$.

Die Glieder sind, wie man durch Berechnung der Potenzen von $\frac{\pi}{6}$ findet, der Reihe nach

$1 = 1,000000$	$\frac{x}{1!} = 0,523599$	$\frac{x^2}{2!} = 0,137078$	$\frac{x^3}{3!} = 0,023925$
$\frac{x^4}{4!} = 0,003132$	$\frac{x^5}{5!} = 0,000328$	$\frac{x^6}{6!} = 0,000029$	$\frac{x^7}{7!} = 0,000002$
$s_1 = 1,003132$	$s_2 = 0,523927$	$s_3 = 0,137107$	$s_4 = 0,023927$

Hieraus ergibt sich

$$\sin 30° = s_2 - s_4 = 0,500000 \quad \text{und} \quad \cos 30° = s_1 - s_3 = 0,866025.$$

Der Leser überzeuge sich durch weitere Beispiele $\left(x = \frac{\pi}{4}, \frac{\pi}{2}, \cdots\right)$ von der Verwendbarkeit der Reihen; er prüfe auch die Periodizität der goniometrischen Funktionen an einigen Zahlenbeispielen nach

$$\left(\sin\frac{\pi}{3} = \sin\left(\frac{\pi}{3} + 2\pi\right), \ \cdots\right).$$

Diese Berechnungen sind wohl etwas mühevoll, da man für verhältnismäßig große Werte von x auch eine größere Anzahl von Gliedern verwenden muß, die zudem unbequem zu ermitteln sind, weil Potenzen der transzendenten Zahl π auftreten. Doch können wir uns das Zahlenrechnen wesentlich erleichtern, wenn wir uns gewisser Eigenschaften der goniometrischen Funktion erinnern. Es ist z. B.

$$\sin\left(\frac{\pi}{2} + x\right) = \cos x, \qquad \cos\left(\frac{\pi}{2} + x\right) = -\sin x\,;$$

mit Hilfe dieser Formeln können wir die Berechnung für Winkel, die größer sind als $\frac{\pi}{2}$, zurückführen auf solche, die im ersten Quadranten liegen. Ferner ist

$$\sin x = \cos\left(\frac{\pi}{2} - x\right), \qquad \cos x = \sin\left(\frac{\pi}{2} - x\right);$$

diese Formeln erlauben uns eine weitere Einschränkung auf Werte von x, die zwischen 0 und $\frac{\pi}{4}$ liegen. Wir können uns mithin auf Werte von x beschränken, die kleiner als 0,8, also echte Brüche sind. Und brauchten wir schon in Beispiel a) nur je 6 Glieder, um den Sinus bzw. den Kosinus von 1 auf sechs Dezimalen zu berechnen, so werden die Verhältnisse bei dieser Einschränkung noch günstiger, da die Glieder noch rascher abnehmen. Das lehren auch die Restbetrachtungen. Setzen wir im äußersten Falle $x = 0{,}8$, so wird

$$|R_{2n}| < \frac{0{,}8^{2n+1}}{(2n+1)!} \qquad \text{und} \qquad |R_{2n+1}| < \frac{0{,}8^{2n+2}}{(2n+2)!}\,.$$

Wenn wir also zur Berechnung der Sinusfunktion bzw. der Kosinusfunktion 1, 2, 3, 4, 5, ... Glieder verwenden, so ist der Rest in entsprechender Reihenfolge kleiner als

$$0{,}32, \quad 0{,}017, \quad 0{,}00036, \quad 0{,}0000042, \quad 0{,}00000003, \quad \ldots$$

bei der Sinusfunktion und kleiner als

$$0{,}8, \quad 0{,}085, \quad 0{,}0027, \quad 0{,}000042, \quad 0{,}0000004, \quad \ldots$$

bei der Kosinusfunktion. Für eine vierstellige Genauigkeit genügen demnach stets vier Glieder, für eine sechsstellige stets fünf Glieder. Hiernach sind $\sin x$ und $\cos x$, durch die viergliedrigen Ausdrücke

$$\frac{x}{1!} - \frac{x^3}{3!} + \frac{x^5}{5!} - \frac{x^7}{7!} \qquad \text{bzw.} \qquad 1 - \frac{x^2}{2!} + \frac{x^4}{4!} - \frac{x^6}{6!}$$

berechnet, mit Fehlern behaftet, die kleiner sind als die Hälfte der fünften Dezimalstelle.

Hat man den Sinus und den Kosinus eines Winkels auf diesem Wege gefunden, so kann man auch die anderen Funktionen leicht durch Division berechnen, da ja

$$\operatorname{tg} x = \frac{\sin x}{\cos x} \quad \text{und} \quad \operatorname{ctg} x = \frac{\cos x}{\sin x}$$

ist. Man könnte aber auch der Frage nähertreten, ob man nicht $\operatorname{tg} x$ und $\operatorname{ctg} x$ ebenfalls mit Hilfe der Maclaurinschen Formel in eine Potenzreihe entwickeln kann. Diese Frage ist für $\operatorname{tg} x$ zu bejahen, und der Leser möge wenigstens einige Glieder dieser Reihe berechnen. Er wird allerdings bald erkennen, daß die Koeffizienten nicht mehr einem so einfachen Gesetze gehorchen; ferner werden ihm auch die Konvergenzuntersuchungen Schwierigkeiten bereiten. Die Funktion $\operatorname{ctg} x$ in eine Potenzreihe entwickeln zu wollen, muß jedoch schon deshalb zu einem Mißerfolge führen, weil sie für $x = 0$ mit ihren sämtlichen Differentialquotienten unendlich groß wird. Dagegen ist die Reihenentwicklung für die Funktion $x \cdot \operatorname{ctg} x$ möglich, aus der wir durch nachträgliches Dividieren durch x eine Reihe für $\operatorname{ctg} x$ finden können.

Welche tiefen Zusammenhänge durch die Reihenentwicklung aufgedeckt werden, dafür sei nur ein Beispiel angeführt: Im rechtwinkligen sphärischen Dreieck seien die Hypotenuse γ, die beiden Katheten α und β; es ist dann bekanntlich $\cos \gamma = \cos \alpha \cdot \cos \beta$. Bezeichnen wir die Länge der Seiten des sphärischen Dreiecks mit a, b und c (s. Abb. 336), so ist

$$\alpha = \frac{a}{r}, \qquad \beta = \frac{b}{r}, \qquad \gamma = \frac{c}{r},$$

wobei r der Halbmesser der Kugel ist. Also wird

$$\cos \frac{c}{r} = \cos \frac{a}{r} \cdot \cos \frac{b}{r}.$$

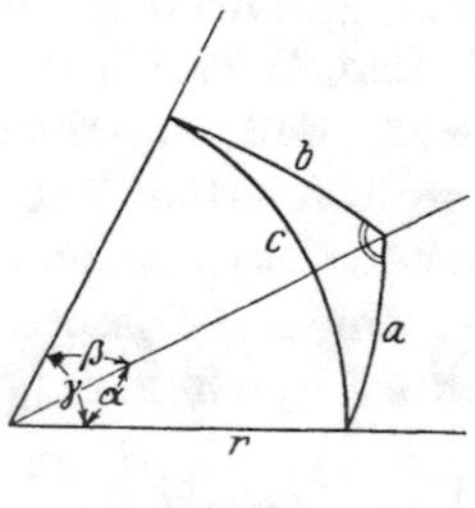

Abb. 336.

Entwickeln wir jeden Kosinus in eine Reihe, so erhalten wir

$$\left(1 - \left(\frac{c}{r}\right)^2 \cdot \frac{1}{2!} + \left(\frac{c}{r}\right)^4 \cdot \frac{1}{4!} - \cdots\right)$$
$$= \left(1 - \left(\frac{a}{r}\right)^2 \cdot \frac{1}{2!} + \left(\frac{a}{r}\right)^4 \cdot \frac{1}{4!} - \cdots\right)\left(1 - \left(\frac{b}{r}\right)^2 \cdot \frac{1}{2!} + \left(\frac{b}{r}\right)^4 \cdot \frac{1}{4!} - \cdots\right).$$

Durch Ausmultiplizieren und Ordnen nach fallenden Potenzen von r ergibt sich

$$1 - \left(\frac{c}{r}\right)^2 \cdot \frac{1}{2!} + \left(\frac{c}{r}\right)^4 \cdot \frac{1}{4!} - \cdots$$
$$= 1 - \frac{a^2 + b^2}{r^2} \cdot \frac{1}{2!} + \frac{a^4 + 6a^2 b^2 + b^4}{r^4} \cdot \frac{1}{4!} - \cdots.$$

Die Zahl 1 hebt sich; multipliziert man dann die Gleichung mit $-2!\,.\,r^2$, so nimmt sie die folgende einfachere Form an

$$c^2 - \frac{1}{12}\frac{c^4}{r^2} + \cdots = a^2 + b^2 - \frac{1}{12}\frac{a^4 + 6a^2 b^2 + b^4}{r^2} + \cdots.$$

Wenn nun der Kugelhalbmesser r über alle Grenzen hinaus wächst, wobei jedoch die Bögen a, b, c endlich bleiben sollen, so geht das sphärische Dreieck in ein rechtwinkliges ebenes Dreieck mit den drei geradlinigen Seiten a, b, c über, in dem ebenfalls a und b die Katheten sind und c die Hypotenuse ist. Dieser Grenzübergang vollzieht sich analytisch dadurch, daß wir in der obigen Gleichung $r = \infty$, also $\frac{1}{r} = 0$ setzen. Die Gleichung geht damit über in den **Pythagoreischen Lehrsatz** des ebenen rechtwinkligen Dreiecks $c^2 = a^2 + b^2$; damit ist der innere Zusammenhang zwischen den beiden äußerlich ganz verschiedenen Formeln $\cos\gamma = \cos\alpha\,\cos\beta$ und $c^2 = a^2 + b^2$ dargetan.

Die Sinusreihe enthält nur ungerade Potenzen von x; aus dieser Eigenschaft folgt die bekannte Formel $\sin(-x) = -\sin x$ und die Berechtigung, die Sinusfunktion als **ungerade Funktion** zu bezeichnen. Die Kosinusreihe enthält im Gegensatze hierzu nur gerade Potenzen von x; also ist $\cos(-x) = +\cos x$. Die Kosinusfunktion wird daher mit Recht eine **gerade Funktion** genannt.

(196) Die Exponentialreihe 11) einerseits und die goniometrischen Reihen 12) und 13) andererseits zeigen in dem Aufbau ihrer Glieder so viele Ähnlichkeit, daß der Gedanke naheliegt, daß zwischen der Exponentialfunktion und der Sinus- und Kosinusfunktion enge Beziehungen bestehen müssen. Daß dem tatsächlich so ist, erkennen wir, wenn wir die Veränderlichen komplexe Werte annehmen lassen. Definieren wir mittels der Reihe 11) die Funktion e^{ix} durch

$$e^{ix} = 1 + \frac{ix}{1!} + \frac{(ix)^2}{2!} + \frac{(ix)^3}{3!} + \frac{(ix)^4}{4!} + \cdots,$$

so kommen wir zu den folgenden Ergebnissen. Da

$$i^2 = -1, \quad i^3 = -i, \quad i^4 = +1, \ldots, \quad i^{4n-3} = i, \quad i^{4n-2} = -1,$$

$$i^{4n-1} = -i, \quad i^{4n} = 1$$

ist, so wird

$$e^{ix} = 1 + i\frac{x}{1!} - \frac{x^2}{2!} - i\frac{x^3}{3!} + \frac{x^4}{4!} + \cdots \qquad \text{11 c)}$$

oder, wenn wir die reellen Glieder der rechten Seite und ebenso die imaginären Glieder für sich zusammenfassen:

$$e^{ix} = \left(1 - \frac{x^2}{2!} + \frac{x^4}{4!} - \frac{x^6}{6!} + \cdots\right) + i\left(\frac{x}{1!} - \frac{x^3}{3!} + \frac{x^5}{5!} - \frac{x^7}{7!} + \cdots\right).$$

Mit Verwendung der Formeln 12) und 13) wird hieraus:

$$e^{ix} = \cos x + i \sin x. \tag{14}$$

Setzt man hierin $-x$ statt x, so ergibt sich

$$e^{-ix} = \cos(-x) + i\sin(-x) \quad \text{oder} \quad e^{-ix} = \cos x - i\sin x. \tag{14a}$$

14) und 14a) lassen sich verwenden, um $\cos x$ und $\sin x$ durch die Exponentialfunktion auszudrücken. Wir erhalten durch Addition bzw. Subtraktion

$$\cos x = \frac{e^{ix} + e^{-ix}}{2} \quad \text{und} \quad \sin x = \frac{e^{ix} - e^{-ix}}{2i}. \tag{15}$$

Hier fällt sofort die Ähnlichkeit mit den Formeln auf, durch die wir früher die hyperbolischen Funktionen $\mathfrak{Cof}\, x$ und $\mathfrak{Sin}\, x$ eingeführt haben [s. **(58)** S. 148], ein weiterer Beleg für die Berechtigung, diesen ebenfalls die Bezeichnung „Kosinus" und „Sinus" zu geben. Die Verwandtschaft wird noch augenscheinlicher, wenn wir diese hyperbolischen Funktionen in unendliche Reihen entwickeln. Da

$$\mathfrak{Cof}\, x = \frac{e^x + e^{-x}}{2} \quad \text{und} \quad \mathfrak{Sin}\, x = \frac{e^x - e^{-x}}{2}$$

ist, so ergibt sich unter Verwendung der Reihe 11) und der aus ihr abgeleiteten Reihe

$$e^{-x} = 1 - \frac{x}{1!} + \frac{x^2}{2!} - \frac{x^3}{3!} + \frac{x^4}{4!} - \cdots$$

$$\mathfrak{Cof}\, x = 1 + \frac{x^2}{2!} + \frac{x^4}{4!} + \frac{x^6}{6!} + \cdots \quad \text{und} \quad \mathfrak{Sin}\, x = \frac{x}{1!} + \frac{x^3}{3!} + \frac{x^5}{5!} + \cdots . \tag{16}$$

Hieraus folgt weiter mittels 12) und 13)

bzw.

$$\left.\begin{array}{ll} \mathfrak{Cof}\, x = \cos i x, & \mathfrak{Sin}\, x = \dfrac{1}{i}\sin i x \\[2mm] \cos x = \mathfrak{Cof}\, i x, & \sin x = \dfrac{1}{i}\,\mathfrak{Sin}\, i x. \end{array}\right\} \tag{17}$$

Wie sich die enge Verwandtschaft zwischen den goniometrischen und den hyperbolischen Funktionen auch in weiteren Formeln, den Zusammenhängen zwischen den einzelnen Funktionen und den Additionstheoremen wiederspiegelt, ist schon in **(58)** S. 150f. ausgeführt worden.

Es soll noch gezeigt werden, wie man mittels der über das Gebiet der komplexen Zahlen gehenden Beziehungen zwischen den goniometrischen Funktionen und der Exponentialfunktion gewisse goniometrische Formeln bequem ableiten kann.

a) Es ist nach 14)

$$\cos m\,\alpha + i\sin m\,\alpha = e^{im\alpha} = (e^{i\alpha})^m = (\cos\alpha + i\sin\alpha)^m;$$

nach dem binomischen Satze [s. **(36)** S. 82 ff.] ist weiter

$$(\cos\alpha + i\sin\alpha)^m = \cos^m\alpha + \binom{m}{1}i\cos^{m-1}\alpha\sin\alpha$$

$$+ \binom{m}{2}i^2\cos^{m-2}\alpha\sin^2\alpha + \cdots + \binom{m}{k}i^k\cos^{m-k}\alpha\sin^k\alpha \cdots$$

Trennen wir rechts Reelles und Imaginäres, so erhalten wir

$$\cos m\,\alpha + i\sin m\,\alpha = \left[\cos^m\alpha - \binom{m}{2}\cos^{m-2}\alpha\sin^2\alpha\right.$$

$$+ \binom{m}{4}\cos^{m-4}\alpha\sin^4\alpha - \cdots\right]$$

$$+ i\left[\binom{m}{1}\cos^{m-1}\alpha\sin\alpha - \binom{m}{3}\cos^{m-3}\alpha\sin^3\alpha\right.$$

$$+ \binom{m}{5}\cos^{m-5}\alpha\sin^5\alpha - \cdots\right].$$

Nach der Lehre von den komplexen Zahlen können aber zwei solche Zahlen nur dann einander gleich sein, wenn sowohl ihre reellen Teile als auch ihre imaginären Teile einander gleich sind. Es folgen daher aus dieser Gleichung die beiden neuen:

$$\left.\begin{aligned}\cos m\,\alpha &= \cos^m\alpha - \binom{m}{2}\cos^{m-2}\alpha\sin^2\alpha + \binom{m}{4}\cos^{m-4}\alpha\sin^4\alpha - \cdots, \\ \sin m\,\alpha &= \binom{m}{1}\cos^{m-1}\alpha\sin\alpha - \binom{m}{3}\cos^{m-3}\alpha\sin^3\alpha + \binom{m}{5}\cos^{m-5}\alpha\sin^5\alpha - \cdots.\end{aligned}\right\} \quad 18)$$

Setzen wir für m die Werte 2, 3, 4, 5, ..., so erhalten wir

$$\cos 2\alpha = \cos^2\alpha - \sin^2\alpha, \qquad \cos 3\alpha = \cos^3\alpha - 3\cos\alpha\sin^2\alpha,$$

$$\sin 2\alpha = 2\cos\alpha\sin\alpha, \qquad\quad \sin 3\alpha = 3\cos^2\alpha\sin\alpha - \sin^3\alpha,$$

$$\cos 4\alpha = \cos^4\alpha - 6\cos^2\alpha\sin^2\alpha + \sin^4\alpha,$$

$$\sin 4\alpha = 4\cos^3\alpha\sin\alpha - 4\cos\alpha\sin^3\alpha,$$

$$\cos 5\alpha = \cos^5\alpha - 10\cos^3\alpha\sin^2\alpha + 5\cos\alpha\sin^4\alpha, \ldots,$$

$$\sin 5\alpha = 5\cos^4\alpha\sin\alpha - 10\cos^2\alpha\sin^3\alpha + \sin^5\alpha, \ldots$$

Die Formeln 18) lehren, die Funktionen eines ganzen Vielfachen eines Winkels durch die Funktionen des einfachen Winkels auszudrücken.

b) Es ist nach 15) unter Verwendung des binomischen Satzes und Zusammenfassen von je zwei gleich weit von den Enden entfernten Gliedern:

$$2^m\cos^m x = [e^{ix} + e^{-ix}]^m$$

$$= (e^{imx} + e^{-imx}) + \binom{m}{1}(e^{i(m-2)x} + e^{-i(m-2)x})$$

$$+ \binom{m}{2}(e^{i(m-4)x} + e^{-i(m-4)x}) + \cdots,$$

also

$$\cos^m x = \frac{1}{2^{m-1}}\left[\cos m\,x + \binom{m}{1}\cos(m-2)\,x + \binom{m}{2}\cos(m-4)\,x + \cdots\right].$$

Für gerades $m = 2n$ ergibt sich

$$\cos^{2n} x = \frac{1}{2^{2n-1}}\Big[\cos 2nx + \binom{2n}{1}\cos 2(n-1)x$$
$$+ \binom{2n}{2}\cos 2(n-2)x + \cdots + \frac{1}{2}\cdot\binom{2n}{n}\Big]{}^1), \Bigg\}\ 19\,a)$$

für ungerades $m = 2n + 1$ dagegen

$$\cos^{2n+1} x = \frac{1}{2^{2n}}\Big[\cos(2n+1)x + \binom{2n+1}{1}\cos(2n-1)x$$
$$+ \binom{2n+1}{2}\cos(2n-3)x + \cdots + \binom{2n+1}{n}\cos x\Big]. \Bigg\}\ 19\,b)$$

Weiter ist

$$(2i)^{2n}\sin^{2n} x = (e^{ix} - e^{-ix})^{2n}$$
$$= (e^{i\cdot 2nx} + e^{-i\cdot 2nx}) - \binom{2n}{1}(e^{i(2n-2)x} + e^{-i(2n-2)x})$$
$$+ \binom{2n}{2}e^{i(2n-4)x} + e^{-i(2n-4)x}) - \cdots,$$

also

$$\sin^{2n} x = \frac{(-1)^n}{2^{2n-1}}\Big[\cos 2nx - \binom{2n}{1}\cos 2(n-1)x$$
$$+ \binom{2n}{2}\cos 2(n-2)x - \cdots + \frac{1}{2}\cdot(-1)^n\cdot\binom{2n}{n}\Big]{}^1). \Bigg\}\ 19\,c)$$

Schließlich ist

$$(2i)^{2n+1}\sin^{2n+1} x = (e^{ix} - e^{-ix})^{2n+1}$$
$$= (e^{i(2n+1)x} - e^{-i(2n+1)x}) - \binom{2n+1}{1}(e^{i(2n-1)x} - e^{-i(2n-1)x})$$
$$+ \binom{2n+1}{2}(e^{i(2n-3)x} - e^{-i(2n-3)x}) \cdots,$$

also

$$\sin^{2n+1} x = \frac{(-1)^n}{2^{2n}}\Big[\sin(2n+1)x - \binom{2n+1}{1}\sin(2n-1)x$$
$$+ \binom{2n+1}{2}\sin(2n-3)x - \cdots + (-1)^n\binom{2n+1}{n}\sin x\Big]. \Bigg\}\ 19\,d)$$

Die Formeln 19) lehren, die $n$te Potenz einer Winkelfunktion für den Fall, daß der Exponent eine natürliche Zahl ist, durch eine Summe von Funktionen des Vielfachen des ursprünglichen Winkels darzustellen.

${}^1)$ Der Faktor $\frac{1}{2}$ in dem letzten Gliede der Formeln 19a) und 19c) ergibt sich aus dem Umstande, daß bei geradem n die Entwicklung nach dem binomischen Satze eine ungerade Anzahl von Gliedern aufweist und im mittleren Glied, welches in 19a) und 19c) als das letzte erscheint, die vorgenommene Division durch $2n$ voll in Erscheinung tritt.

Beispiele.

$$\cos^2 x = \tfrac{1}{2}[\cos 2\,x + 1], \qquad\qquad \sin^2 x = -\tfrac{1}{2}(\cos 2\,x - 1),$$
$$\cos^3 x = \tfrac{1}{4}[\cos 3\,x + 3\cos x], \qquad \sin^3 x = -\tfrac{1}{4}[\sin 3\,x - 3\sin x],$$
$$\cos^4 x = \tfrac{1}{8}[\cos 4\,x + 4\cos 2\,x + 3], \quad \sin^4 x = \tfrac{1}{8}[\cos 4\,x - 4\cos 2\,x + 3],$$
$$\cos^5 x = \tfrac{1}{16}[\cos 5\,x + 5\cos 3\,x + 10\cos x],$$
$$\sin^5 x = \tfrac{1}{16}[\sin 5\,x - 5\sin 3\,x + 10\sin x] \ldots$$

c) Aus Gleichung 14) folgt

$$e^{i\frac{\pi}{2}} = i, \quad e^{i\pi} = -1, \quad e^{\frac{3}{2}i\pi} = -i, \quad e^{2i\pi} = +1, \quad \cdots,$$

$$e^{i\frac{\pi}{4}} = \tfrac{1}{2}\sqrt{2}\,(1 + i)\ldots$$

Wir können ferner mittels Gleichung 14) jede beliebige komplexe Zahl als Potenz von e schreiben. Ist nämlich $z = x + iy$ die komplexe Zahl, wobei x und y reelle Zahlen sind, so setzen wir

$$x = r\cos\varphi, \quad y = r\sin\varphi;$$

dadurch wird

$$r = \sqrt{x^2 + y^2} \quad \text{und} \quad \varphi = \operatorname{arctg}\frac{y}{x}.$$

[Vorzeichen sowohl von x als auch von y für die Bestimmung des Quadranten von φ beachten! Siehe **(106)** S. 289!]. Mithin ist

$$z = r\cdot(\cos\varphi + i\sin\varphi) = r\cdot e^{i\varphi} = \sqrt{x^2 + y^2}\,e^{\,i\operatorname{arctg}\frac{y}{x}}$$

oder

$$x + iy = \sqrt{x^2 + y^2}\cdot e^{\,i\cdot\operatorname{arctg}\frac{y}{x}}.$$

Beispiele.

$$+3 = 3\cdot e^{\,i\cdot\operatorname{arctg}\frac{0}{+3}} = 3\cdot e^{i\cdot 0} = 3;\quad -3 = 3\cdot e^{\,i\cdot\operatorname{arctg}\frac{0}{-3}} = 3\cdot e^{i\pi} = 3\cdot(-1);$$

$$5i = 5\cdot e^{\,i\cdot\operatorname{arctg}\frac{5}{0}} = 5\cdot e^{i\frac{\pi}{2}}, \quad 4 - 3i = 5\cdot e^{\,\operatorname{arctg}\frac{-3}{4}}, \quad \ldots$$

Schließlich können wir jetzt auch jeden Ausdruck von der Form $(a + bi)^{c+di}$ in eine komplexe Zahl von der Form $x + iy$ verwandeln; damit ist der Nachweis geliefert, daß die Anwendung der sieben Rechenoperationen (Addieren, Subtrahieren, Multiplizieren, Dividieren, Potenzieren, Radizieren und Logarithmieren) auf komplexe Zahlen wiederum zu komplexen Zahlen führt, und daß somit außer den komplexen Zahlen keine anderen Zahlen denkbar sind. Wir schreiben $a + bi$ in der Form

$$\sqrt{a^2 + b^2}\,e^{\,i\operatorname{arctg}\frac{b}{a}} = e^{\left(\ln\sqrt{a^2+b^2}\,+\,i\cdot\operatorname{arctg}\frac{b}{a}\right)};$$

dann wird

$$(a + bi)^{c+di} = e^{\left(\ln\sqrt{a^2+b^2}\,+\,i\operatorname{arctg}\frac{b}{a}\right)(c+di)} = e^{u+vi},$$

14*

wobei zur Abkürzung

$$c \cdot \ln\sqrt{a^2 + b^2} - d \cdot \operatorname{arctg} \frac{b}{a} = u, \qquad c \cdot \operatorname{arctg} \frac{b}{a} + d \cdot \ln\sqrt{a^2 + b^2} = v$$

gesetzt ist. Somit ist

$$(a + bi)^{c+di} = e^u (\cos v + i \cdot \sin v) = e^u \cos v + i \cdot e^u \sin v,$$

was zu beweisen war. Bemerkt sei noch, daß infolge der Periodizität der arctg-Funktion — es ist

$$\operatorname{arctg} \frac{b}{a} = \left| \operatorname{arctg} \frac{b}{a} \right| + k \cdot \pi$$

$$\left(-\frac{\pi}{2} \leq \left| \operatorname{arctg} \frac{b}{a} \right| \leq +\frac{\pi}{2}; \; k \text{ eine ganze Zahl} \right) -$$

der Ausdruck $(a + bi)^{c+di}$ unendlich viele Werte hat. Doch wollen wir hier nicht näher auf die Lehre von den komplexen Rechenoperationen eingehen. Als einzige Anwendung wollen wir den Ausdruck i^i berechnen. Da $i = e^{i\frac{\pi}{2}}$ ist, so ist $i^i = e^{-\frac{\pi}{2}} = 0,20788$.

d) Mit Hilfe der Gleichung 14) lassen sich gewisse Integrale bequemer auswerten als auf dem früheren Wege; wir wollen das an den beiden Integralen

$$C = \int e^{ax} \cos bx \, dx \quad \text{und} \quad S = \int e^{ax} \sin bx \, dx$$

zeigen. Es ist

$$C + iS = \int e^{ax} (\cos bx + i \sin bx) \, dx = \int e^{ax} e^{ibx} \, dx = \int e^{(a+ib)x} \, dx = \frac{e^{(a+ib)x}}{a + ib}$$

$$= \frac{(a - ib) e^{ax} \cdot e^{ibx}}{a^2 + b^2} = \frac{e^{ax}(a - ib)(\cos bx + i \sin bx)}{a^2 + b^2}$$

$$= \frac{e^{ax}}{a^2 + b^2} [(a \cos bx + b \sin bx) + i(a \sin bx - b \cos bx)].$$

Durch Gleichsetzen der reellen Teile einerseits, der imaginären Teile andererseits erhält man

$$C = \int e^{ax} \cos bx \, dx = \frac{e^{ax}}{a^2 + b^2} (a \cos bx + b \sin bx);$$

$$S = \int e^{ax} \sin bx \, dx = \frac{e^{ax}}{a^2 + b^2} (a \sin bx - b \cos bx),$$

in Übereinstimmung mit den in (69) S. 182 gewonnenen Ergebnissen.

e) Die Abb. 337 soll auf zeichnerischem Wege dartun, daß die Funktion e^x angenähert durch die ganze rationale Funktion

$$1 + \frac{x}{1!} + \frac{x^2}{2!} + \cdots + \frac{x^n}{n!}$$

ersetzt werden kann, und daß die Annäherung um so besser ist, je höher der Grad n der rationalen Funktion ist. Die Kurven k_1, k_2, k_3, $\ldots$ sind die Parabeln von den Gleichungen

$$y = \frac{x}{1!}\,; \qquad \frac{x^2}{2!}\,, \qquad \frac{x^3}{3!}\,, \qquad \ldots$$

Indem wir sie übereinanderlagern, d. h. die zu einer bestimmten Abszisse gehörigen Ordinaten addieren, erhalten wir die Ordinaten der zu diesem x gehörigen Punkte der Parabeln höherer Ordnung g_0, g_1, g_2, g_3, deren Gleichungen lauten:

$$g_0)\ \ 1\,; \qquad g_1)\ \ 1 + \frac{x}{1!}\,; \qquad g_2)\ \ 1 + \frac{x}{1!} + \frac{x^2}{2!}\,; \qquad g_3)\ \ 1 + \frac{x}{1!} + \frac{x^2}{2!} + \frac{x^3}{3!}\,; \qquad \ldots$$

Wir erkennen deutlich, daß die Parabeln g_n mit wachsendem n auf immer längere Strecken dichter und dichter zusammenrücken, und zwar so, daß sie sich dabei der durch — · — · — bezeichneten Exponentialkurve nähern. — Der Leser entwerfe selbständig die Näherungsparabeln für die Kurven

$$y = \sin x, \quad \cos x,$$

$$\mathfrak{Sin}\, x, \quad \mathfrak{Cof}\, x.$$

f) Für sehr kleine Werte $x = \varepsilon$ gelten unter Weglassung der Glieder höherer Ordnung in erster Annäherung die folgenden, sich aus den betreffenden Reihen ergebenden, Formeln:

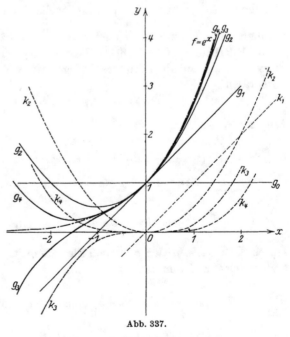

Abb. 337.

$$e^\varepsilon = 1 + \varepsilon + \frac{\varepsilon^2}{2}, \qquad \sin\varepsilon = \varepsilon - \frac{\varepsilon^3}{6}, \qquad \cos\varepsilon = 1 - \frac{\varepsilon^2}{2},$$

$$\mathfrak{Sin}\,\varepsilon = \varepsilon, \qquad \mathfrak{Cof}\,\varepsilon = 1 + \frac{\varepsilon^2}{2}.$$

Hierfür mögen einige Anwendungen aus der Trigonometrie gebracht werden.

Der Inhalt des **Kreisabschnittes** mit dem Halbmesser r und dem Mittelpunktswinkel α ist

$$F = \frac{r^2}{2}\,(\alpha - \sin\alpha);^{\scriptscriptstyle 2}$$

also ist in erster Annäherung für kleine Winkel α:

$$F \approx \frac{r^2}{12}\,\alpha^3.$$

Die **Bogenhöhe** h ist

$$h = r\left(1 - \cos\frac{\alpha}{2}\right);$$

also ist in erster Annäherung

$$h \approx r\left(1 - 1 + \frac{\alpha^2}{8}\right), \qquad h \approx \frac{r}{8}\,\alpha^2.$$

Die Länge der **Sehne** ist

$$s = 2r\sin\frac{\alpha}{2};$$

also ist angenähert

$$s \approx 2r\left(\frac{\alpha}{2} - \frac{\alpha^3}{48}\right) \approx r\,\alpha\left(1 - \frac{\alpha^2}{24}\right),$$

oder bei Vernachlässigung auch der dritten Potenz von α

$$s \approx r\,\alpha.$$

Mit Hilfe der für h und s gefundenen Ausdrücke ergibt sich

$$F \approx \tfrac{2}{3}\,s\,h.$$

Weiter ist

$$s^2 = 4r^2\sin^2\frac{\alpha}{2} = 2r^2(1 - \cos\alpha) \approx 2r^2\left(1 - 1 + \frac{\alpha^2}{2} - \frac{\alpha^4}{24}\right)$$

oder

$$s^2 \approx r^2\alpha^2\left(1 - \frac{\alpha^2}{12}\right), \qquad h^2 \approx \frac{r^4}{64}\,\alpha^4;$$

da $b^2 = r^2\alpha^2$ ist, so wird also

$$b^2 \approx s^2 + \tfrac{16}{3}\,h^2.$$

Man leite entsprechende Näherungsformeln zur Berechnung des Schwerpunktsabstandes eines Kreisbogens bzw. eines Kreisabschnittes und eines Kreisausschnittes vom Kreismittelpunkte ab.

§ 3. Reihenentwicklung weiterer Funktionen.

(197)   A. Die logarithmische Reihe. Bei dem Problem, die logarithmische Funktion in eine unendliche Reihe nach der Maclaurinschen Formel 10) zu entwickeln, scheidet zunächst die Funktion $y = \ln x$ aus. Denn für $x = 0$ ist sowohl $\ln x$ als auch seine sämtlichen Ableitungen ∞. Wir versuchen es daher mit der Funktion $\ln(1 + x)$. Ihre Differentialquotienten sind

$$y' = \frac{1}{1+x}, \qquad y'' = -\frac{1!}{(1+x)^2}, \qquad y''' = +\frac{2!}{(1+x)^3},$$

$$y'''' = -\frac{3!}{(1+x)^4}, \qquad \cdots, \qquad y^{(n)} = (-1)^{n-1}\frac{(n-1)!}{(1+x)^n}.$$

Jetzt wird für $x = 0$

$$y = 0, \quad y' = 1, \quad y'' = -1!, \quad y''' = +2!,$$

$$y'''' = -3!, \quad \cdots, \quad y^n = (-1)^{n-1}(n-1)!, \quad \cdots$$

Folglich gibt die Entwicklung nach der **Maclaurinschen** Formel

$$0 + \frac{1}{1!}x - \frac{1!}{2!}x^2 + \frac{2!}{3!}x^3 - \frac{3!}{4!}x^4 + \cdots + (-1)^{n-1}\frac{(n-1)!}{n!}x^n + \cdots$$

oder

$$\frac{x}{1} - \frac{x^2}{2} + \frac{x^3}{3} - \frac{x^4}{4} + \cdots + (-1)^n\frac{x^n}{n} + \cdots. \qquad\qquad 20)$$

Um diese Reihe auf ihre Konvergenz zu untersuchen, verwenden wir das **Cauchysche Konvergenzkriterium** [s. **(192)** S. 622]. Die Reihe der absoluten Werte der Quotienten von je zwei aufeinanderfolgenden Gliedern lautet

$$\tfrac{1}{2}|x|, \quad \tfrac{2}{3}|x|, \quad \tfrac{3}{4}|x|, \quad \tfrac{4}{5}|x|, \quad \cdots, \quad \frac{n-1}{n}|x|, \quad \cdots$$

Da

$$\lim_{n \to \infty} \frac{n-1}{n} = \lim_{n \to \infty}\left(1 - \frac{1}{n}\right) = 1$$

ist, so nähern sich mit wachsendem n die Quotienten dem Werte x, und zwar so, daß die absoluten Werte der Quotienten — weil $\frac{n-1}{n} < 1$ ist — sämtlich kleiner als $|x|$ sind. Nun müssen aber nach dem Konvergenzkriterium von **Cauchy** die absoluten Werte dieser Quotienten — von einem bestimmten Gliede an — sämtlich **kleiner als ein echter Bruch** sein, damit die Reihe konvergent ist. Diese Bedingung wird in unserem Falle bestimmt dann erfüllt, wenn

$$|x| < 1 \qquad \text{oder} \qquad -1 < x < +1$$

ist. Ist dagegen $|x| > 1$, so werden die Quotienten von einer bestimmten Stelle ab ihrem absoluten Werte nach größer als 1 sein, d. h. die absoluten Werte der einzelnen Glieder wachsen, die Reihe muß divergent sein. Wir haben somit gefunden: Die Reihe

$$\frac{x}{1} - \frac{x^2}{2} + \frac{x^3}{3} - \frac{x^4}{4} + \cdots \qquad\qquad 20)$$

ist für Werte x, welche die Ungleichung $-1 < x < +1$ erfüllen, **konvergent**, für Werte von x dagegen, für welche $|x| > 1$ ist, **divergent**.

Es bleibt noch zu erörtern, wie sich die Reihe 20) für die beiden Werte $x = +1$ und $x = -1$ verhält, die bis jetzt von der Betrachtung ausgeschlossen waren. Für sie sind die absoluten Werte der Quotienten sämtlich kleiner als 1; dennoch gibt das Cauchysche Konvergenzkriterium keine Entscheidung, da für sie

$$\lim_{n \to \infty} \left[\left(1 - \frac{1}{n}\right) x \right] = 1$$

ist. Wir müssen daher die Entscheidung auf einem anderen Wege suchen. Dazu bietet sich hier der zeichnerische Weg dar.

Ist $x = 1$, so nimmt die Reihe 20) die Form an:

$$\tfrac{1}{1} - \tfrac{1}{2} + \tfrac{1}{3} - \tfrac{1}{4} + \tfrac{1}{5} - \tfrac{1}{6} + \cdots . \qquad 21)$$

Wir wählen auf einem Strahle mit dem Anfangspunkte O (Abb. 338) einen Punkt P_1 so, daß OP_1 gleich einer gegebenen Längeneinheit l

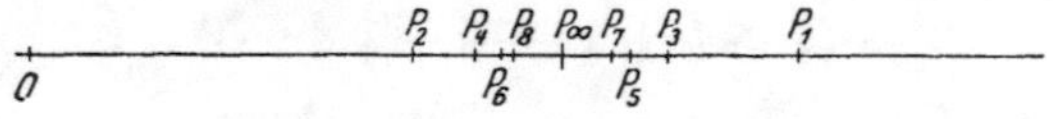

Abb. 338.

wird. Dann tragen wir von P_1 aus in der Richtung nach O die Strecke $P_1 P_2 = \frac{l}{2}$ ab; der Endpunkt P_2 muß dabei, da $\frac{l}{2} < l$ ist, zwischen O und P_1 fallen, und es ist

$$OP_2 = \frac{l}{1} - \frac{l}{2} = l\left(1 - \frac{1}{2}\right).$$

Dann gehen wir in der ursprünglichen Richtung von P_2 aus auf dem Strahle um die Strecke $P_2 P_3 = \frac{l}{3}$ vorwärts; da $\frac{l}{3} < \frac{l}{2}$ ist, so muß P_3 zwischen P_1 und P_2 zu liegen kommen, und es ist $OP_3 = l(1 - \tfrac{1}{2} + \tfrac{1}{3})$. Wir fahren so fort und tragen von den jeweils neugewonnenen Endpunkten aus in abwechselnder Richtung die Strecken $\frac{l}{4}, \frac{l}{5}, \frac{l}{6}, \ldots$ ab; der Endpunkt P_n einer solchen Strecke muß, da $\frac{l}{n+1} < \frac{l}{n}$ ist, stets zwischen die beiden zuletzt erhaltenen Punkte fallen. Dadurch werden die Zwischenräume zwischen den Punkten immer enger, und die Punkte nähern sich mehr und mehr einem ganz bestimmten im Endlichen (nämlich zwischen O und P_1) gelegenen Punkte P_∞, so daß also $OP_\infty < l$ ist. Da nun

$$OP_\infty = l.(\tfrac{1}{1} - \tfrac{1}{2} + \tfrac{1}{3} - \tfrac{1}{4} + \cdots)$$

ist, so folgt, daß die Reihe $\tfrac{1}{1} - \tfrac{1}{2} + \tfrac{1}{3} - \tfrac{1}{4} + \cdots$ eine endliche, zwischen 0 und 1 gelegene Summe hat, d. h. konvergent ist.

Ein rein analytischer Beweis für die Konvergenz der Reihe 21) ist der folgende. Wir können die Reihe in der Form schreiben:

$$(1 - \tfrac{1}{2}) + (\tfrac{1}{3} - \tfrac{1}{4}) + (\tfrac{1}{5} - \tfrac{1}{6}) + (\tfrac{1}{7} - \tfrac{1}{8}) + \cdots .$$

Der Inhalt jeder Klammer ist positiv, also ist auch die ganze Summe positiv, und zwar $> 1 - \frac{1}{2}$ oder $> \frac{1}{2}$. Schreiben wir dagegen die Reihe in der Form

$$1 - [(\tfrac{1}{2} - \tfrac{1}{3}) + (\tfrac{1}{4} - \tfrac{1}{5}) + (\tfrac{1}{6} - \tfrac{1}{7}) + \cdots],$$

so ist, da auch hier der Inhalt jeder runden Klammer positiv und daher der Inhalt der eckigen Klammer ebenfalls positiv ist, die Summe der Reihe kleiner als 1. Die Summe der Reihe muß also zwischen den Werten $\frac{1}{2}$ und 1 liegen, ist also endlich; mithin ist die Reihe konvergent.

Die Ermittlung des Summenwertes dieser Reihe durch gliedweise Berechnung ist praktisch fast unmöglich, da wegen der langsamen Abnahme der Glieder — „schwache Konvergenz" — eine überaus große Anzahl von Gliedern nötig ist, um auch nur eine bescheidene Genauigkeit zu erzielen. Wie wir den Wert der Reihe mit guter Annäherung kürzer ermitteln können, wird sich bald zeigen.

Ist $x = -1$, so nimmt die Reihe 20) die Form an

$$-(\tfrac{1}{1} + \tfrac{1}{2} + \tfrac{1}{3} + \tfrac{1}{4} + \tfrac{1}{5} + \cdots).$$

Wir betrachten die Reihe

$$\tfrac{1}{1} + \tfrac{1}{2} + \tfrac{1}{3} + \tfrac{1}{4} + \cdots$$

und fassen die Glieder in der folgenden Weise zusammen:

$$1 + \frac{1}{2} + \left(\frac{1}{3} + \frac{1}{4}\right) + \left(\frac{1}{5} + \frac{1}{6} + \frac{1}{7} + \frac{1}{8}\right) + \left(\frac{1}{9} + \cdots + \frac{1}{16}\right)$$
$$+ \left(\frac{1}{17} + \cdots + \frac{1}{32}\right) + \cdots + \left(\frac{1}{2^{n-1}+1} + \cdots + \frac{1}{2^n}\right) + \cdots.$$

Setzen wir statt $\frac{1}{3}$ in der ersten Klammer $\frac{1}{4}$, so wird der Inhalt dieser Klammer $= 2 \cdot \frac{1}{4} = \frac{1}{2}$, was sicher kleiner ist als $\frac{1}{3} + \frac{1}{4}$. Ähnlich verfahren wir in allen folgenden Klammern, indem wir überall alle Glieder gleich dem letzten in jeder Klammer wählen. Der Inhalt jeder Klammer wird dann, wie man leicht sieht, gleich $\frac{1}{2}$; und zwar ist auch jetzt dieser Wert stets kleiner als der der zugehörigen ursprünglichen Klammer. Wir kommen demnach zu dem Ergebnis, daß die Summe der Reihe $1 + \frac{1}{2} + \frac{1}{3} + \frac{1}{4} + \cdots$ größer ist als $1 + \frac{1}{2} + \frac{1}{2} + \frac{1}{2} + \frac{1}{2} + \cdots$; da aber $\lim\limits_{n \to \infty} \left(1 + \frac{n}{2}\right)$ über alle Grenzen hinaus wächst, so ist um so mehr unsere Reihe divergent.

Zusammenfassend gilt also, daß die Reihe 20) für $-1 < x \leq +1$ konvergent, für jeden anderen Wert dagegen divergent ist; die Grenze -1 liegt außerhalb, die Grenze $+1$ innerhalb des Konvergenzbereiches.

Noch ist aber die Frage nicht beantwortet, ob die Reihe 20) auch wirklich die Potenzreihe für $\ln(1 + x)$ ist. Jedenfalls ist aber

$$\ln(1 + x) = \frac{x}{1} - \frac{x^2}{2} + \frac{x^3}{3} - \cdots + (-1)^{n-1}\frac{x^n}{n} + R_n.$$

Der Rest läßt sich nach der Lagrangeschen Restformel 8a) S. 626 seinem absoluten Betrage nach für unsere Funktion in der Form schreiben

$$|R_n| = \frac{n!}{|1 + \Theta x|^{n+1}} \cdot \frac{|x|^{n+1}}{(n+1)!} = \frac{1}{n+1} \left| \frac{x}{1 + \Theta x} \right|^{n+1}.$$

Beschränken wir uns auf Werte von x, die der Ungleichung $0 \leq x \leq 1$ genügen, so ist $\frac{x}{1 + \Theta x}$, da der Nenner größer als 1 ist, ein echter Bruch, folglich

$$\lim_{n \to \infty} \left(\frac{x}{1 + \Theta x} \right)^{n+1} = 0,$$

und damit auch $\lim_{n \to \infty} R_n = 0$. Damit ist gezeigt, daß für $0 \leq x \leq 1$ die Beziehung besteht:

$$\ln(1 + x) = \frac{x}{1} - \frac{x^2}{2} + \frac{x^3}{3} - \frac{x^4}{4} + \cdots. \qquad 22)$$

Diese Restuntersuchung versagt allerdings, wenn $-1 < x \leq 0$, wenn x also negativ ist; denn dann ist auch der Nenner $1 + \Theta x$ ein echter Bruch, und $\left| \frac{x}{1 + \Theta x} \right|$ kann sehr wohl größer als 1 sein und damit $\left| \frac{x}{1 + \Theta x} \right|^{n+1}$ über alle Grenzen hinaus wachsen. Es lassen sich jedoch, wie nur erwähnt sei, andere Restformeln als die Lagrangesche finden, die auch in diesem Falle die Gültigkeit der Formel 22) dartun [s. (200) S. 656]. Die Reihe 20) wird die logarithmische Reihe genannt.

Wir können nun auch den Wert der Reihe 21) angeben. Setzen wir nämlich $x = 1$, so geht 22) über in

$$\tfrac{1}{1} - \tfrac{1}{2} + \tfrac{1}{3} - \tfrac{1}{4} + \tfrac{1}{5} - \cdots = \ln 2,$$

einen Wert, den wir weiter unten zu 0,69315 finden werden. Daß zur Berechnung von $\ln 2$ mittels dieser Reihe sehr viele Glieder nötig sind, erkennen wir an der Restuntersuchung; für $x = 1$ wird nämlich $|R_n| < \frac{1}{n+1}$; um also $\ln 2$ mit einer Genauigkeit von zwei Dezimalen zu berechnen, würde man 100 Glieder benötigen, und erst bei Verwendung von 1000 Gliedern wurde die Richtigkeit der dritten Dezimale verbürgt sein.

Das folgende Bild zeigt für die logarithmische Reihe zeichnerisch die Annäherung der verschiedenen Ersatzfunktionen an den wahren Wert.

Wir zeichnen in Abb. 339 die Parabeln k_1, k_2, k_3, ... von den Gleichungen

$$y = + \frac{x}{1}, \qquad - \frac{x^2}{2}, \qquad + \frac{x^3}{3}, \qquad \cdots$$

und finden durch Übereinanderlagerung wiederum die Näherungs-parabeln g_1, g_2, g_3, ... von den Gleichungen

$$y = \frac{x}{1}, \qquad \frac{x}{1} - \frac{x^2}{2}, \qquad \frac{x}{1} - \frac{x^2}{2} + \frac{x^3}{3}, \qquad \ldots$$

Sie nähern sich mehr und mehr der Kurve l von der Gleichung

$$y = \ln(1 + x).$$

Wir erkennen auch deutlich, daß dieses zunehmende An-schmiegen der Kur-ven g_n für wachsen-des n nur in dem Intervalle von

$$x = -1 \text{ bis } +1$$

stattfindet, während außerhalb desselben bei wachsendem n ein um so schrofferes Abwenden eintritt, als Kennzeichen der

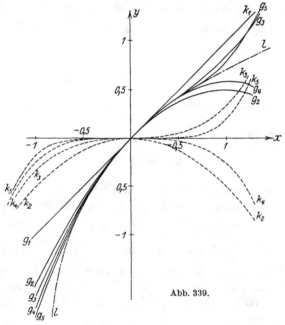

Abb. 339.

Divergenz der Reihe außerhalb des Gebietes $-1 < x < +1$.

(198) Die Reihe für $\ln(1 + x)$ wird (wie leicht einzusehen ist), um so rascher konvergieren, je näher x dem Werte Null liegt. Wählen wir z. B. $x = 0,1$, so erhalten wir

$$\ln 1,1 = \frac{0,1}{1} - \frac{0,1^2}{2} + \frac{0,1^3}{3} - \cdots$$

oder

0,10000000	− 0,00500000
+ 0,00033333	− 0,00002500
+ 0,00000200	− 0,00000017
+ 0,00000001	
$s_1 = 0,10033504$	$s_2 = 0,00502517$

Es ist $\ln 1,1 = s_1 - s_2 = 0,09530987$. Für $x = -0,1$ folgt ohne weiteres $\ln 0,9 = -s_1 - s_2 = -0,10536021$.

Setzen wir in 22) $-x$ statt x, so ergibt sich

$$\ln(1 - x) = -\frac{x}{1} - \frac{x^2}{2} - \frac{x^3}{3} - \frac{x^4}{4} - \cdots. \qquad 22')$$

Durch Subtraktion der Gleichungen 22) und 22') folgt

$$\ln \frac{1 + x}{1 - x} = 2 \left(\frac{x}{1} + \frac{x^3}{3} + \frac{x^5}{5} + \cdots \right). \qquad 23)$$

Formel 23) läßt sich verwenden zur Berechnung von $\ln 3$; setzen wir nämlich $x = \frac{1}{2}$, so wird

$$\ln 3 = 2 \left(\frac{0{,}5}{1} + \frac{0{,}5^3}{3} + \frac{0{,}5^5}{5} + \cdots \right).$$

Berechnung der einzelnen Glieder:

$0{,}5^{2n+1}$	$\dfrac{0{,}5^{2n+1}}{2n+1}$
0,5	0,5
0,125	0,041 666 667
0,031 25	0,006 250 000
0,007 812 5	0,001 116 071
0,001 953 125	0,000 217 014
0,000 488 281	0,000 044 389
0,000 122 070	0,000 009 390
0,000 030 518	0,000 002 035
0,000 007 629	0,000 000 449
0,000 001 907	0,000 000 100
0,000 000 477	0,000 000 023
0,000 000 119	0,000 000 005
0,000 000 030	0,000 000 001
0,000 000 008	0,000 000 000

Durch Summation der letzten Spalte folgt

$$\ln 3 = 2 \cdot 0{,}549 306 144, \qquad \ln 3 = 1{,}098 612 29.$$

Setzen wir in 23) $x = 0{,}2$, so erhalten wir

$$\ln \frac{3}{2} = 2 \left(\frac{0{,}2}{1} + \frac{0{,}2^3}{3} + \frac{0{,}2^5}{5} + \cdots \right)$$

$0{,}2^{2n+1}$	$\dfrac{0{,}2^{2n+1}}{2n+1}$
0,2	0,2
0,008	0,002 666 666 7
0,000 32	0,000 064 000 0
0,000 012 8	0,000 001 828 6
0,000 000 512	0,000 000 056 9
0,000 000 020 5	0,000 000 001 9
0,000 000 000 8	0,000 000 000 1

$$\ln \tfrac{3}{2} = 2 \cdot 0{,}202 732 554 2 = 0{,}405 465 108.$$

Da $\ln 2 = \ln 3 - \ln \frac{3}{2}$ ist, so wird

$$\ln 2 = 1{,}0986\,1229 - 0{,}4054\,6511\,, \qquad \ln 2 = 0{,}6931\,4718\,.$$

Eine noch vorteilhaftere Formel zur Berechnung des Logarithmus einer Zahl erhält man aus 23), wenn man

$$\frac{1+x}{1-x} = \frac{y+z}{y}$$

setzt; es ist dann

$$x = \frac{z}{z+2y}\,,$$

und die Reihe wird

$$\ln(y+z) = \ln y + 2 \cdot \left[\left(\frac{z}{z+2y}\right) + \frac{1}{3}\left(\frac{z}{z+2y}\right)^3 + \frac{1}{5}\left(\frac{z}{z+2y}\right)^5 + \cdots\right]. \quad 24)$$

Durch zweckmäßige Wahl der Größen y und z kann man es erreichen, daß der Quotient $\dfrac{z}{z+2y}$ möglichst nahe der Null kommt, so daß die Reihe in der [ ] sehr rasch konvergiert, und man nur eine sehr geringe Anzahl von Gliedern zur Berechnung benötigt. Man hat nur für y eine Zahl zu wählen, deren Logarithmus schon bekannt ist. Da

$$-1 < x < +1$$

sein muß, so muß auch

$$-1 < \frac{z}{2\,y+z} < +1$$

sein, eine Bedingung, die stets erfüllt wird, wenn sowohl y als auch $y+z$ positiv ist.

Der Leser berechne nach Formel 24)

a) $\ln 2$ für $y=1$, $z=1$, $\dfrac{z}{z+2y} = \dfrac{1}{3}$

und daraus $\ln 4 = 2\ln 2$, $\ln 8$, $\ldots$;

b) $\ln 3$ für $y=2$, $z=1$, $\dfrac{z}{z+2y} = \dfrac{1}{5}$

und daraus $\ln 9 = 2\ln 3$;

c) $\ln 10$ für $y=9$, $z=1$, $\dfrac{z}{z+2y} = \dfrac{1}{19}$

und daraus $\ln 5 = \ln 10 - \ln 2$;

d) $\ln 49$ für $y=50$, $z=-1$, $\dfrac{z}{z+2y} = -\dfrac{1}{99}$

und daraus $\ln 7 = \frac{1}{2}\ln 49$;

e) $\ln 11$ für $y=9$, $z=2$, $\dfrac{z}{z+2y} = \dfrac{1}{10}$.

Hat man die Logarithmen aller Primzahlen ermittelt, so werden die Logarithmen der übrigen ganzen Zahlen durch Addieren der Logarithmen ihrer Primfaktoren gefunden. Kennt man auf diese Weise die Logarithmen aller Primzahlen bis 13 auf sieben Dezimalen, so genügt zur siebenstelligen Berechnung des Logarithmus irgendeiner Zahl u die Formel

$$\ln u = \frac{1}{2}\left[\ln(u+1) + \ln(u-1)\right] + \frac{1}{2\,u^2-1}\,.$$

Denn aus 23) folgt, wenn man

$$\frac{1+x}{1-x} = \frac{u^2}{u^2-1}, \qquad \text{also} \qquad x = \frac{1}{2u^2-1}$$

setzt,

$$\ln u = \frac{1}{2}\left[\ln(u+1) + \ln(u-1)\right]$$
$$+ \left[\frac{1}{2u^2-1} + \frac{1}{3}\left(\frac{1}{2u^2-1}\right)^3 + \frac{1}{5}\left(\frac{1}{2u^2-1}\right)^5 + \cdots\right].$$

Wählt man $u = 13$, so ist

$$\frac{1}{2u^2-1} = \frac{1}{337} = 0,00296736, \qquad \left(\frac{1}{2u^2-1}\right)^3 = 0,00000003,$$

demnach das zweite Glied und um so mehr die folgenden Glieder der Reihe ohne Einfluß. Dies gilt erst recht, wenn $u > 13$ ist, und damit ist die obige Formel erwiesen.

Nach ihr ist beispielsweise auf sieben Dezimalen genau

$$\ln 19 = \tfrac{1}{2}[\ln 20 + \ln 18] + \tfrac{1}{721} = \tfrac{1}{2}[3 \cdot \ln 2 + \ln 5 + 2\ln 3] + 0,0013870$$
$$= \tfrac{1}{2}[2,0794415 + 1,6094379 + 2,1972246] + 0,0013870$$
$$= \tfrac{1}{2} \cdot 5,8861040 + 0,0013870 = 2,9444390.$$

Für das praktische Rechnen sind die Briggsschen Logarithmen von besonderer Bedeutung. Nun ist

$$\log x = \frac{\ln x}{\ln 10}$$

[s. **(53)** S. 136]; wir können also aus den natürlichen Logarithmen die Briggsschen Logarithmen dadurch erhalten, daß wir diese durch $\ln 10$ dividieren. Wegen seiner Bedeutung soll daher $\ln 10$ hier noch berechnet werden. Es ist

$$\ln 10 = 2\ln 3 + 2\left[\frac{1}{19} + \frac{1}{3}\cdot\frac{1}{19^3} + \frac{1}{5}\cdot\frac{1}{19^5} + \cdots\right].$$

Die unendliche Reihe berechnen wir nach dem folgenden Schema:

n	$\left(\dfrac{1}{19}\right)^n$	$\dfrac{1}{n}\cdot\dfrac{1}{19^n}$
1	0,052631579	0,052631579
2	0,002770083	
3	0,000145794	0,000048598
4	0,000007673	
5	0,000000404	0,000000081
6	0,000000021	
7	0,000000001	0,000000000

$$s = 0,052680258$$
$$2s = 0,105360516$$
$$2\ln 3 = 2,197224577$$
$$\ln 10 = 2,30258509$$

Hieraus ergibt sich

$$M = \frac{1}{\ln 10} = \log e = 0{,}434\,294\,48\,.$$

Formel 22) lehrt, daß für kleine Werte ε in erster Annäherung die Formel gilt

$$\ln(1 + \varepsilon) \approx \varepsilon; \quad \text{daher wird} \quad \log(1 + \varepsilon) \approx 0{,}434\,\varepsilon\,. \qquad 22'')$$

(199) B. Die binomische Reihe. Unter der binomischen Reihe versteht man die Entwicklung der Funktion $y = (1 + x)^m$ in eine Potenzreihe. Für ganze positive Exponenten m haben wir in **(36)** S. 82 ff. das Problem schon in dem binomischen Satze behandelt. Hier wollen wir uns mit dem allgemeinen Falle befassen, daß m irgendeine (positive, negative, ganze, gebrochene usw.) Zahl sei. Es ist

$$y' = m \cdot (1 + x)^{m-1}, \qquad y'' = m(m-1)(1 + x)^{m-2},$$

$$y''' = m(m-1)(m-2)(1 + x)^{m-3}, \quad \ldots,$$

$$y^{(n)} = m \cdot (m-1)(m-2)\ldots(m-n+1)(1 + x)^{m-n}, \quad \ldots$$

Für $x = 0$ ergibt sich also

$$y = 1, \quad y' = m, \quad y'' = m(m-1), \quad y''' = m(m-1)(m-2), \quad \ldots,$$

$$y^{(n)} = m(m-1)(m-2)\ldots(m-n+1), \quad \ldots$$

und die Maclaurinsche Reihe 10) liefert

$$\left.\begin{aligned}
(1 + x)^m &= 1 + \frac{m}{1}x + \frac{m(m-1)}{1 \cdot 2}x^2 + \frac{m(m-1)(m-2)}{1 \cdot 2 \cdot 3}x^3 + \cdots \\
&+ \frac{m(m-1)(m-2)\ldots(m-n+1)}{1 \cdot 2 \cdot 3 \ldots n}x^n + R_n\,.
\end{aligned}\right\} 25)$$

Wächst n über alle Grenzen hinaus, so geht die rechte Seite von 25) über in die Potenzreihe

$$1 + \frac{m}{1}x + \frac{m(m-1)}{1 \cdot 2}x^2 + \frac{m(m-1)(m-2)}{1 \cdot 2 \cdot 3}x^3 + \cdots; \qquad 26)$$

die Reihe der Quotienten von je zwei aufeinanderfolgenden Gliedern ist

$$\frac{m}{1}x, \qquad \frac{m-1}{2}x, \qquad \frac{m-2}{3}x, \qquad \ldots, \qquad \frac{m-n+1}{n}x, \qquad \ldots$$

Da

$$\lim_{n \to \infty} \frac{m-n+1}{n} = \lim_{n \to \infty}\left(\frac{m+1}{n} - 1\right) = -1\,,$$

also

$$\left|\lim_{n \to \infty} \frac{m-n+1}{n}x\right| = |x|$$

ist, so ist nach dem Cauchyschen Konvergenzkriterium [**(192)** S. 622] die Reihe 26) sicher konvergent, solange $-1 < x < +1$ ist. Es soll hier unerörtert bleiben, ob und unter·welchen Bedingungen die beiden Grenzen $x = -1$ und $x = +1$ dem Konvergenzbereiche angehören.

Zur Untersuchung von R_n benutzen wir Formel 8a); sie liefert

$$R_n = \frac{m(m-1)(m-2)\dots(m-n)}{(n+1)!}(1 + \Theta x)^{m-n-1}x^{n+1},$$

was wir auch schreiben können

$$R_n = \frac{m}{1}\cdot\frac{m-1}{2}\cdot\frac{m-2}{3}\cdots\frac{m-n}{n+1}\cdot(1+\Theta x)^m\cdot\left(\frac{x}{1+\Theta x}\right)^{n+1}$$

$$= \left(\frac{m}{1}\frac{x}{1+\Theta x}\right)\cdot\left(\frac{m-1}{2}\frac{x}{1+\Theta x}\right)\cdot\left(\frac{m-2}{3}\frac{x}{1+\Theta x}\right)\cdots\left(\frac{m-n}{n+1}\frac{x}{1+\Theta x}\right)\cdot(1+\Theta x)^m.$$

Nun ist

$$\frac{m-n}{n+1} = \frac{\dfrac{m}{n}-1}{1+\dfrac{1}{n}}$$

ein Bruch, dessen absoluter Betrag wegen

$$\lim_{n\to\infty}\frac{m}{n} = 0 \qquad \text{und} \qquad \lim_{n\to\infty}\frac{1}{n} = 0$$

sich dem Werte 1 nähert. Ferner ist, p o s i t i v e s x vorausgesetzt,

$$\left|\frac{x}{1+\Theta x}\right| < x < 1;$$

folglich nähert sich der Ausdruck

$$\frac{m-n}{n+1}\cdot\frac{x}{1+\Theta x}$$

mit wachsendem n der Größe x, d. h. einem echten Bruche. Also nähert sich das Produkt

$$\left(\frac{m}{1}\frac{x}{1+\Theta x}\right)\cdot\left(\frac{m}{2}\frac{x}{1+\Theta x}\right)\cdot\left(\frac{m}{2}\frac{x}{1+\Theta x}\right)\cdots\left(\frac{m-n}{n+1}\frac{n}{1+\Theta x}\right),$$

da von einem bestimmten Faktor an alle folgenden echte Brüche sein müssen, mit wachsendem n dem Grenzwerte Null. Weil schließlich $(1 + \Theta x)^m$, als von n unabhängig, einen bestimmten endlichen Wert hat, so ist $\lim\limits_{n\to\infty} R_n = 0$. Daher ist die b i n o m i s c h e R e i h e

$$(1+x)^m = 1 + \frac{m}{1}x + \frac{m(m-1)}{1\cdot 2}x^2 + \frac{m(m-1)(m-2)}{1\cdot 2\cdot 3}x^3 + \cdots, \quad 27)$$

für $-1 < x < +1$ ein vollgültiger Ersatz für die $m$te Potenz des Binoms $(1 + x)$. Zwar versagt die obige Beweisführung bei $-1 < x < 0$; daß auch dann Formel 27) richtig ist, wird weiter unten (S. 656) gezeigt.

Ist m eine positive ganze Zahl, so wird im $(m + 2)$ten und in allen folgenden Gliedern im Zähler der Faktor $m - m \equiv 0$ auftreten; folglich verschwinden das $(m + 2)$te und alle folgenden Glieder. Die Entwicklung $(1 + x)^m$ ist dann eine endliche Summe von $m + 1$ Gliedern und identisch mit dem in **(36)** Formel 67) und 70) gefundenen binomischen Satze.

Beispiele.

$$m = -1, \qquad \frac{1}{1 + x} = 1 - x + x^2 - x^3 + x^4 - \cdots.$$

Vertauschen wir x mit $-x$, so folgt

$$\frac{1}{1 - x} = 1 + x + x^2 + x^3 + x^4 + \cdots$$

[unendliche geometrische Reihe **(192)**]. Setzen wir x^2 statt x, so folgt

$$\frac{1}{1 + x^2} = 1 - x^2 + x^4 - x^6 + x^8 - \cdots.$$

$$m = -2, \qquad \frac{1}{(1 + x)^2} = 1 + \frac{-2}{1} x + \frac{(-2)(-3)}{1 \cdot 2} x^2 + \frac{(-2)(-3)(-4)}{1 \cdot 2 \cdot 3} x^3 + \cdots$$

oder

$$\frac{1}{(1 + x)^2} = 1 - 2x + 3x^2 - 4x^3 + 5x^4 - \cdots;$$

ebenso

$$m = -3, \qquad \frac{1}{(1 + x)^3} = \frac{1}{2!}(1 \cdot 2 - 2 \cdot 3x + 3 \cdot 4x^2 - 4 \cdot 5x^3 + \cdots).$$

$$m = \frac{1}{2}, \qquad (1 + x)^{\frac{1}{2}} = \sqrt{1 + x} = 1 + \frac{\frac{1}{2}}{1} x + \frac{\frac{1}{2}\left(-\frac{1}{2}\right)}{1 \cdot 2} x^2$$

$$+ \frac{\frac{1}{2}\left(-\frac{1}{2}\right)\left(-\frac{3}{2}\right)}{1 \cdot 2 \cdot 3} x^3 + \frac{\frac{1}{2}\left(-\frac{1}{2}\right)\left(-\frac{3}{2}\right)\left(-\frac{5}{2}\right)}{1 \cdot 2 \cdot 3 \cdot 4} x^4 + \cdots$$

oder

$$\sqrt{1 + x} = 1 + \frac{1}{2} x - \frac{1}{2 \cdot 4} x^2 + \frac{1 \cdot 3}{2 \cdot 4 \cdot 6} x^3 - \frac{1 \cdot 3 \cdot 5}{2 \cdot 4 \cdot 6 \cdot 8} x^4 + \cdots$$

$$+ (-1)^{n-1} \frac{1 \cdot 3 \ldots (2n - 3)}{2 \cdot 4 \ldots 2n} x^n + \cdots.$$

Hieraus

$$\sqrt{1 - x} = 1 - \frac{1}{2} x - \frac{1}{2 \cdot 4} x^2 - \frac{1 \cdot 3}{2 \cdot 4 \cdot 6} x^3 - \cdots - \frac{1 \cdot 3 \ldots (2n - 3)}{2 \cdot 4 \ldots 2n} x^n + \cdots$$

Diese Formeln lassen sich zur Berechnung der Quadratwurzel aus einer Zahl verwenden. Es ist beispielsweise

$$\sqrt{2} = \frac{3}{2} \sqrt{1 - \frac{1}{9}}$$

$$= \frac{3}{2}\left[1 - \frac{1}{2} \cdot \frac{1}{9} - \frac{1}{2 \cdot 4} \cdot \frac{1}{9^2} - \frac{1 \cdot 3}{2 \cdot 4 \cdot 6} \cdot \frac{1}{9^3} - \frac{1 \cdot 3 \cdot 5}{2 \cdot 4 \cdot 6 \cdot 8} \cdot \frac{1}{9^4} - \cdots\right],$$

$$\sqrt{2} = \tfrac{3}{2} \cdot 0{,}942809041 = 1{,}414213562.$$

Statt dieser Zerlegung lassen sich noch die folgenden verwenden

$$\sqrt{2} = \tfrac{7}{5}\sqrt{1+\tfrac{1}{49}} = \tfrac{17}{12}\sqrt{1-\tfrac{1}{289}} = \tfrac{24}{17}\sqrt{1+\tfrac{1}{288}} = \tfrac{10}{7}\sqrt{1-\tfrac{2}{100}}\,.$$

Man wird im allgemeinen Entwicklungen vorziehen, in denen x möglichst nahe der Null kommt, da dann wenige Glieder der Reihe zur Berechnung genügen.

$$m = -\tfrac{1}{2}, \qquad \frac{1}{\sqrt{1+x}} = 1 - \tfrac{1}{2}x + \frac{1\cdot 3}{2\cdot 4}x^2 - \frac{1\cdot 3\cdot 5}{2\cdot 4\cdot 6}x^3 + \cdots$$
$$+ (-1)^n\cdot\frac{1\cdot 3\ldots(2n-1)}{2\cdot 4\ldots 2n}x^n + \cdots\,;$$

$$\frac{1}{\sqrt{1-x}} = 1 + \tfrac{1}{2}x + \frac{1\cdot 3}{2\cdot 4}x^2 + \frac{1\cdot 3\cdot 5}{2\cdot 4\cdot 6}x^3 + \cdots$$
$$+ \frac{1\cdot 3\ldots(2n-1)}{2\cdot 4\ldots 2n}x^n + \cdots\,;$$

$$m = \tfrac{1}{3}, \qquad \sqrt[3]{1+x} = 1 + \tfrac{1}{3}x - \frac{2}{3\cdot 6}x^2 + \frac{2\cdot 5}{3\cdot 6\cdot 9}x^3$$
$$- \frac{2\cdot 5\cdot 8}{3\cdot 6\cdot 9\cdot 12}x^4 + \cdots$$
$$+ (-1)^{n-1}\cdot\frac{2\cdot 5\ldots(3n-4)}{3\cdot 6\ldots 3n}x^n + \cdots\,.$$

Man entwickle

$$\sqrt[3]{5} = \tfrac{5}{3}\sqrt[3]{1+\tfrac{2}{25}}\,.$$

Was gibt

$$\sqrt[3]{1-x}, \qquad \sqrt[3]{(1+x)^2}, \qquad \frac{1}{\sqrt[3]{1+x}}, \qquad \ldots\,?$$

Für kleine Werte $x = \varepsilon$ folgt aus 27) unter Vernachlässigung von höheren Potenzen von x in erster Annäherung die Formel

$$(1+\varepsilon)^m = 1 + m\varepsilon. \tag{27'}$$

Es ist also

$$(1\pm\varepsilon)^2 = 1\pm 2\varepsilon, \qquad (1\pm\varepsilon)^3 = 1\pm 3\varepsilon, \qquad \ldots,$$
$$\sqrt{1\pm\varepsilon} = 1\pm\frac{\varepsilon}{2}, \qquad \frac{1}{\sqrt{1\pm\varepsilon}} = 1\mp\frac{\varepsilon}{2}, \qquad \ldots.$$

(200) Sowohl für die logarithmische als auch für die binomische Reihe versagte die Lagrangesche Formel der Restuntersuchung. Beide Lücken können mit Hilfe eines anderen Restausdruckes, der Restformel von Cauchy, ausgefüllt werden; um Vollständigkeit zu erzielen, möge diese Restformel daher noch abgeleitet werden. Wir schreiben die Taylorsche Reihe 2) in der Form

$$f(x_0+h) = f(x_0) + \frac{f'(x_0)}{1!}h + \frac{f''(x_0)}{2!}h^2 + \cdots + \frac{f^{(n)}(x_0)}{n}h^n + h\cdot Q_n, \tag{2'}$$

so daß also das Restglied R_n in der Gestalt auftritt $R_n = h \cdot Q_n$. Weiter führen wir die Hilfsfunktion ein

$$F(\eta) \doteq f(x_0 + h)$$
$$- \left[f(\eta) + \frac{f'(\eta)}{1!}(x_0 + h - \eta) + \frac{f''(\eta)}{2!}(x_0 + h - \eta)^2 + \cdots \right.$$
$$\left. + \frac{f^{(n)}(\eta)}{n!}(x_0 + h - \eta)^n + (x_0 + h - \eta) \cdot Q \right].$$

Für $\eta = x_0$ und $\eta = (x_0 + h)$ verschwindet die Hilfsfunktion

$$F(x_0) = 0 \quad \text{und} \quad F(x_0 + h) = 0.$$

Folglich verschwindet nach dem Mittelwertssatze [s. (193) S. 624] für einen Wert $x_0 < \eta_1 < x_0 + h$ der Differentialquotient $F'(\eta)$. Nun ist aber

$$F'(\eta) = -f'(\eta) + \frac{f'(\eta)}{1!} - \frac{f''(\eta)}{1!}(x_0 + h - \eta) + \frac{f''(\eta)}{1!}(x_0 + h - \eta)$$
$$- \frac{f'''(\eta)}{2!}(x_0 + h - \eta)^2 + \cdots + \frac{f^{(n)}(\eta)}{(n-1)!}(x_0 + h - \eta)^{n-1}$$
$$- \frac{f^{(n+1)}(\eta)}{n!}(x_0 + h - \eta)^n + Q,$$

wie man durch gliedweise Differentiation und Anwendung der Produktregel findet; der Ausdruck für $F'(\eta)$ zieht sich, da sich Glieder paarweise fortheben, zusammen zu

$$F'(\eta) = -\frac{f^{(n+1)}(\eta)}{n!}(x_0 + h - \eta)^n + Q.$$

Also ist

$$-\frac{f^{(n+1)}(\eta_1)}{n!}(x_0 + h - \eta_1)^n + Q = 0 \quad \text{oder} \quad Q = \frac{f^{(n+1)}(\eta_1)}{n!}(x_0 + h - \eta_1)^n.$$

Setzen wir nun $\eta_1 = x_0 + \Theta h$, wobei Θ ein positiver echter Bruch ist, so ist

$$Q = \frac{f^{(n+1)}(x_0 + \Theta h)}{n!} \cdot h^n (1 - \Theta)^n$$

und also

$$R_n = \frac{h^{n+1}}{n!}(1 - \Theta)^n f^{(n+1)}(x_0 + \Theta h) \quad \text{Cauchysche Restformel.} \quad 28)$$

Führen wir $x_0 = 0$, $h = x$ ein, so erhalten wir ihre für die Maclaurinsche Reihe gültige Gestalt

$$R_n = \frac{x^{n+1}}{n!} \cdot (1 - \Theta)^n \cdot f^{(n+1)}(\Theta x). \quad 28')$$

Da nun

$$\left| \frac{d^{(n+1)} \ln(1 + x)}{d\,x^{n+1}} \right| = \frac{n!}{(1 + x)^{n+1}}$$

ist, gibt das Cauchysche Restglied für die logarithmische Reihe

$$|R_n| = \frac{|x^{n+1}|}{n!} \cdot \frac{n!}{(1 + \Theta x)^{n+1}} \cdot (1 - \Theta)^n = \left| \frac{x}{1 + \Theta x} \cdot \left(\frac{(1 - \Theta)x}{1 + \Theta x}\right)^n \right|.$$

Setzen wir $-1 < x < 0$ voraus, also gerade den Fall, für den wir die Restuntersuchung noch nicht durchgeführt haben [s. **(197)** S. 646], so ist der absolute Betrag von

$$\frac{(1 - \Theta)x}{1 + \Theta x} \qquad \text{gleich} \qquad \frac{|x| - \Theta \cdot |x|}{1 - \Theta \cdot |x|},$$

und da $|x| < 1$ ist, der Zähler kleiner als der Nenner, mithin

$$\left| \frac{(1 - \Theta)x}{1 + \Theta x} \right| < 1, \qquad \text{also} \qquad \lim_{n \to \infty} \left| \left(\frac{(1 - \Theta)x}{1 + \Theta x}\right)^n \right| = 0.$$

Da ferner $\frac{x}{1 + \Theta x}$ von n unabhängig ist, so ist $\lim\limits_{n \to \infty} |R_n| = 0$, und damit die Gültigkeit der logarithmischen Reihe auch für **negative echt gebrochene Zahlen** nachgewiesen.

Für die **binomische Reihe** schreibt sich das **Cauchysche** Restglied in der Form

$$R_n = \frac{x^{n+1}}{n!}(1 - \Theta)^n \cdot m \cdot (m - 1) \ldots (m - n)(1 + \Theta x)^{m-n-1}$$

$$= mx \cdot (1 + \Theta x)^{m-1} \cdot \frac{m-1}{1} x \cdot \frac{m-2}{2} x \cdots \frac{m-n}{n} x \cdot \left(\frac{1 - \Theta}{1 + \Theta x}\right)^n.$$

Nun ist

$$\lim_{n \to \infty} \left| \left(\frac{m-n}{n}\right) \right| = \lim_{n \to \infty} \left| \left(\frac{m}{n} - 1\right) \right| = 1, \qquad \text{also} \qquad \lim_{n \to \infty} \left| \frac{m-n}{n} x \right| = |x|;$$

also konvergiert für $|x| < 1$ das Produkt

$$\frac{m-1}{1} x \cdot \frac{m-2}{2} x \cdots \frac{m-n}{n} x$$

für über alle Grenzen wachsendes n gegen Null; ferner ist, wenn $|x| < 1$ ist, auch $\frac{1 - \Theta}{1 + \Theta x} < 1$, demnach auch

$$\lim_{n \to \infty} \left(\frac{1 - \Theta}{1 + \Theta x}\right)^n = 0.$$

Da nun $mx \cdot (1 + \Theta x)^{m-1}$ einen endlichen, festen, d. h. von der Veränderung von n unabhängigen Wert hat, so ist $\lim\limits_{n \to \infty} R_n = 0$ und damit die Gültigkeit der binomischen Reihe auch für **negative** echt gebrochene Werte von x nachgewiesen [s. **(199)** S. 652].

(201)　C. Integration unendlicher Reihen. Nach dem Taylorschen Satze ist [s. Formel 2) bzw. 9b)]

$$f(x) = f(x_0) + f'(x_0)\frac{x - x_0}{1!} + f''(x_0)\frac{(x - x_0)^2}{2!} + \cdots + f^{(n)}(x_0)\frac{(x - x_0)^n}{n!} + R_n.$$

Integrieren wir beide Seiten dieser Formel in den Grenzen $x = x_0$ und $x = x$, so erhalten wir

$$F(x) = \int_{x_0}^{x} f(x)\, dx = f(x_0)\frac{x - x_0}{1!} + f'(x_0)\frac{(x - x_0)^2}{2!} + f''(x_0)\frac{(x - x_0)^3}{3!} + \cdots$$
$$+ f^{(n)}(x_0)\frac{(x - x_0)^{n+1}}{(n+1)!} + \int_{x_0}^{x} R_n\, dx. \qquad 29)$$

R_n ist eine Funktion von x, und es sei A_n der größte Wert, den $|R_n|$ im Bereiche von $x = x_0$ bis $x = x$ annimmt. Teilen wir das Intervall von $x = x_0$ bis $x = x$ in k gleiche Teile

$$\varDelta x = \frac{x - x_0}{k},$$

berechnen für jeden der n Werte

$$x_0, \quad x_0 + \varDelta x, \quad x_0 + 2\varDelta x, \quad \ldots, \quad x_0 + (k-1)\varDelta x$$

die Größe R_n, multiplizieren jedesmal mit $\varDelta x$ und bilden schließlich die Summe dieser k Produkte

$$\sum_{x = x_0}^{x_0 + (k-1)\varDelta x} R_n \cdot \varDelta x,$$

so ist diese Summe ihrem absoluten Betrage nach sicherlich kleiner als $A \cdot (x - x_0)$, da A der größte Wert sein sollte, den R_n zwischen $x = x_0$ und $x = x$ annimmt:

$$\left| \sum_{x = x_0}^{x_0 + (k-1)\varDelta x} R_n \cdot \varDelta x \right| < A_n \cdot (x - x_0).$$

Setzen wir die Unterteilung des Intervalles bis ins Unendliche fort $(k \to \infty,\ \lim_{k \to \infty} \varDelta x = dx = 0)$, so geht die Summe $\sum_{x = x_0}^{x_0 + (k-1)\varDelta x}$ in das bestimmte Integral über, während der Ausdruck $A_n(x - x_0)$ unverändert bleibt; wir erhalten also

$$\left| \int_{x_0}^{x} R_n\, dx \right| < A_n(x - x_0).$$

Ist nun die ursprüngliche Reihe konvergent, so ist $\lim_{n \to \infty} R_n = 0$; also ist auch $\lim_{n \to \infty} A_n = 0$, da A_n der Höchstwert sein sollte, den R_n in dem vorgeschriebenen Bereiche annimmt. Da der Faktor $x - x_0$

von n, also auch von dem letzten Grenzübergange völlig unabhängig ist, so ist auch

$$\lim_{n \to \infty} \left| \int_{x_0}^{x} R_n \, dx \right| = 0$$

und ebenso

$$\lim_{n \to \infty} \int_{x_0}^{x} R_n \, dx = 0 \, .$$

Damit haben wir den Satz erhalten:

Eine konvergente Potenzreihe läßt sich innerhalb des Konvergenzbereiches gliedweise integrieren.

Dieser Satz leistet gute Dienste bei der Auswertung von bestimmten Integralen, die einer unmittelbaren Integration nur schwer oder überhaupt nicht zugänglich sind. Eine Reihe von Beispielen soll die Anwendung dieses Satzes zeigen:

a) Es ist

$$\frac{1}{1+x} = 1 - x + x^2 - x^3 + x^4 - \cdots, \quad \text{Konvergenzbereich } -1 < x < +1 \, .$$

Durch Integration folgt hieraus

$$\int_0^x \frac{1}{1+x} \, dx = \frac{x}{1} - \frac{x^2}{2} + \frac{x^3}{3} - \frac{x^4}{4} + \frac{x^5}{5} - \cdots \qquad -1 < x < +1 \, .$$

Nun ist

$$\int_0^1 \frac{dx}{1+x} = \ln(1+x) \, ;$$

wir erhalten damit die schon in **(197)** Formel 22) gewonnene **logarithmische Reihe**.

b) Nach einem Beispiele von S. 653 ist

$$\frac{1}{1+x^2} = 1 - x^2 + x^4 - x^6 + x^8 - \cdots \qquad -1 < x < +1 \, .$$

Da

$$\int_0^x \frac{dx}{1+x^2} = \operatorname{arctg} x$$

ist [s. T I 3], so ist

$$\operatorname{arctg} x = \frac{x}{1} - \frac{x^3}{3} + \frac{x^5}{5} - \frac{x^7}{7} + \frac{x^9}{9} - \cdots \qquad -1 < x < +1 \, . \qquad 30)$$

30) ist die **Arcustangensreihe**; sie ist auch für die beiden Grenzen $x = -1$ und $x = +1$ konvergent, wie man ähnlich dem auf S. 644f.

in **(197)** für die Reihe 21) geführten Beweise dartun kann. Für $x = +1$ lautet die Reihe

$$\operatorname{arctg} 1 = \frac{\pi}{4} = \frac{1}{1} - \frac{1}{3} + \frac{1}{5} - \frac{1}{7} + \frac{1}{9} - \cdots; \qquad 31)$$

sie heißt die **Leibnizsche Reihe.** Da sie viel zu schwach konvergiert, eignet sie sich nicht zur Berechnung von $\frac{\pi}{4}$ bzw. von π. Trotzdem läßt sich die Reihe 30) zur Berechnung von π verwenden. Setzt man nämlich $x = \dfrac{1}{\sqrt{3}}$ so wird

$$\operatorname{arctg} \frac{1}{\sqrt{3}} = \frac{\pi}{6} = \frac{1}{\sqrt{3}}\left(1 - \frac{1}{3}\cdot\frac{1}{3} + \frac{1}{5}\cdot\frac{1}{3^2} - \frac{1}{7}\cdot\frac{1}{3^3} + \cdots\right).$$

Die in der Klammer stehende unendliche Reihe berechnen wir hierbei nach dem beifolgenden Schema:

n	$\left(\dfrac{1}{3}\right)^n$	$\dfrac{1}{2n+1}\cdot\dfrac{1}{3^n}$	
0	1,000 000 000 0	1,000 000 000 0	
1	0,333 333 333 3		0,111 111 111 1
2	0,111 111 111 1	0,022 222 222 2	
3	0,037 037 037 0		0,005 291 005 3
4	0,012 345 679 0	0,001 371 742 1	
			0,000 374 111 5

usf.; es ergeben sich als weitere Glieder

	0,000 105 518 6	
		0,000 030 483 2
	0,000 008 965 6	
		0,000 002 674 0
	0,000 000 806 4	
		0,000 000 245 4
	0,000 000 075 3	
		0,000 000 023 2
	0,000 000 007 2	
		0,000 000 002 3
	0,000 000 000 7	
		0,000 000 000 2
	0,000 000 000 1	
	$s_1 = 1,023\,709\,338\,2$	$s_2 = 0,116\,809\,656\,2$

$$s_1 - s_2 = 0,906\,899\,682,$$

also

$$\pi = 2\cdot\sqrt{3}\cdot 0,906\,899\,682 = 1,813\,799\,364\cdot 1,732\,050\,807,$$

$$\pi = 3,141\,592\,653.$$

Noch bequemer ist die Berechnung von π auf Grund der Beziehung

$$\frac{\pi}{4} = \operatorname{arctg} \frac{1}{2} + \operatorname{arctg} \frac{1}{3},$$

die sich ergibt aus

$$1 = \operatorname{tg} \frac{\pi}{4} = \operatorname{tg}\left(\operatorname{arctg} \frac{1}{2} + \operatorname{arctg} \frac{1}{3}\right) = \frac{\frac{1}{2} + \frac{1}{3}}{1 - \frac{1}{2} \cdot \frac{1}{3}} = 1.$$

Oder da

$$\operatorname{tg}\left(\operatorname{arctg} \frac{1}{5} + \operatorname{arctg} \frac{1}{8}\right) = \frac{\frac{1}{5} + \frac{1}{8}}{1 - \frac{1}{5} \cdot \frac{1}{8}} = \frac{1}{3},$$

also

$$\operatorname{arctg} \tfrac{1}{3} = \operatorname{arctg} \tfrac{1}{5} + \operatorname{arctg} \tfrac{1}{8}$$

ist, so ist auch

$$\frac{\pi}{4} = \operatorname{arctg} \frac{1}{2} + \operatorname{arctg} \frac{1}{5} + \operatorname{arctg} \frac{1}{8}.$$

Ferner ist

$$\frac{\pi}{4} = 4 \cdot \operatorname{arctg} \frac{1}{5} - \operatorname{arctg} \frac{1}{239};$$

denn

$$\operatorname{tg}\left(4 \operatorname{arctg} \frac{1}{5} - \operatorname{arctg} \frac{1}{239}\right) = \frac{\operatorname{tg}\left(4 \operatorname{arctg} \tfrac{1}{5}\right) - \frac{1}{239}}{1 + \frac{1}{239} \cdot \operatorname{tg}\left(4 \operatorname{arctg} \tfrac{1}{5}\right)}.$$

Nun ist aber

$$\operatorname{tg}\left(2 \operatorname{arctg} \frac{1}{5}\right) = \frac{2 \cdot \frac{1}{5}}{1 - \frac{1}{25}} = \frac{5}{12},$$

also

$$\operatorname{tg}\left(4 \operatorname{arctg} \frac{1}{5}\right) = \frac{2 \operatorname{tg}\left(2 \operatorname{arctg} \tfrac{1}{5}\right)}{1 - \operatorname{tg}^2\left(2 \operatorname{arctg} \tfrac{1}{5}\right)} = \frac{\frac{5}{6}}{1 - \frac{25}{144}} = \frac{120}{119}.$$

Mithin wird

$$\operatorname{tg}\left(4 \operatorname{arctg} \frac{1}{5} - \operatorname{arctg} \frac{1}{239}\right) = \frac{\frac{120}{119} - \frac{1}{239}}{1 + \frac{120}{119 \cdot 239}} = \frac{28680 - 119}{28441 + 120}$$

$$= \frac{28561}{28561} = 1 = \operatorname{tg} \frac{\pi}{4}.$$

Die Werte

$$\operatorname{arctg} \tfrac{1}{2}, \quad \operatorname{arctg} \tfrac{1}{3}, \quad \operatorname{arctg} \tfrac{1}{5}, \quad \operatorname{arctg} \tfrac{1}{8}, \quad \operatorname{arctg} \tfrac{1}{239}$$

lassen sich mit Hilfe der Reihe 30) sehr rasch berechnen, und zwar mit einer um so geringeren Gliederzahl, je kleiner x ist; der Leser lege selbst einen dieser Ausdrücke der Ermittlung von π zugrunde.

c) Die binomische Reihe 27) lehrt die Richtigkeit der Formel

$$\frac{1}{\sqrt{1 - x^2}} = 1 + \frac{1}{2} x^2 + \frac{1 \cdot 3}{2 \cdot 4} x^4 + \frac{1 \cdot 3 \cdot 5}{2 \cdot 4 \cdot 6} x^6 + \frac{1 \cdot 3 \ldots (2n - 1)}{2 \cdot 4 \ldots 2n} x^{2n} + \cdots,$$

$$-1 < x < +1.$$

Durch Integration zwischen den Grenzen Null und x ergibt sich aus ihr

$$\left. \begin{aligned} \arcsin x &= \frac{x}{1} + \frac{1}{2} \cdot \frac{x^3}{3} + \frac{1 \cdot 3}{2 \cdot 4} \cdot \frac{x^5}{5} + \frac{1 \cdot 3 \cdot 5}{2 \cdot 4 \cdot 6} \cdot \frac{x^7}{7} + \cdots \\ &+ \frac{1 \cdot 3 \ldots (2n-1)}{2 \cdot 4 \ldots 2n} \cdot \frac{x^{2n+1}}{2n+1} + \cdots, \\ & \qquad\qquad\qquad\qquad -1 < x < +1. \end{aligned} \right\} \quad 32)$$

32) ist die Arcussinusreihe; man benutze sie, um π zu berechnen

$$\left(\frac{\pi}{6} = \arcsin \frac{1}{2} \right).$$

d) Um $\int\limits_1^x \frac{e^x}{x} dx$ zu berechnen, verwandelt man erst $\frac{e^x}{x}$ in eine Potenzreihe. Es ist

$$e^x = 1 + \frac{x}{1!} + \frac{x^2}{2!} + \frac{x^3}{3!} + \cdots;$$

also ist

$$\frac{e^x}{x} = \frac{1}{x} + \frac{1}{1!} + \frac{x}{2!} + \frac{x^2}{3!} + \cdots + \frac{x^n}{(n+1)!} + \cdots.$$

Daher wird:

$$\int\limits_1^x \frac{e^x}{x} dx = \left[\ln x + \frac{x}{1 \cdot 1!} + \frac{x^2}{2 \cdot 2!} + \frac{x^3}{3 \cdot 3!} + \cdots + \frac{x^{n+1}}{(n+1) \cdot (n+1)!} + \cdots \right]_1^x$$

$$= \ln x + \frac{x}{1 \cdot 1!} + \frac{x^3}{2 \cdot 2!} + \frac{x^3}{3 \cdot 3!} + \cdots + \frac{x^n}{n \cdot n!} + \cdots$$

$$- \left(\frac{1}{1 \cdot 1!} + \frac{1}{2 \cdot 2!} + \frac{1}{3 \cdot 3!} + \cdots + \frac{1}{n \cdot n!} + \cdots \right).$$

Der Inhalt der () ist eine Konstante, deren Wert 1,3179026 sich leicht erreichen läßt.

e) Da

$$\frac{\sin x}{x} = \frac{1}{1!} - \frac{x^2}{3!} + \frac{x^4}{5!} - \frac{x^6}{7!} + \cdots$$

ist, so ist

$$\int\limits_0^x \frac{\sin x}{x} dx = \frac{x}{1 \cdot 1!} - \frac{x^3}{3 \cdot 3!} + \frac{x^5}{5 \cdot 5!} - \frac{x^7}{7 \cdot 7!} + \cdots. \qquad \text{[S. a. (88) S. 233.]}$$

Man stelle Reihen für

$$\int\limits_1^x \frac{\cos x}{x} dx, \qquad \int\limits_0^x \frac{\mathfrak{Sin}\, x}{x} dx, \qquad \int\limits_1^x \frac{\mathfrak{Cos}\, x}{x} dx, \qquad \ldots$$

auf.

f) In **(144)** S. 415 f. haben wir uns mit der **Lemniskate** befaßt; ihre Gleichung ist in Polarkoordinaten $r = a\sqrt{\cos 2\vartheta}$. Wir wollen jetzt die Länge ihres Bogens berechnen. Es ist

$$\frac{dr}{d\vartheta} = -\frac{a\sin 2\vartheta}{\sqrt{\cos 2\vartheta}},$$

also [s. **(141)** S. 403]

$$ds = \sqrt{r^2 + \left(\frac{dr}{d\vartheta}\right)^2}\,d\vartheta = \sqrt{r^2 + \frac{a^2\sin^2 2\vartheta}{\cos 2\vartheta}}\;d\vartheta.$$

Wir formen um; da

$$\cos 2\vartheta = \frac{r^2}{a^2}$$

ist, so ist

$$\frac{dr}{d\vartheta} = -\frac{a^2\sqrt{1 - \dfrac{r^4}{a^4}}}{r} = -\frac{\sqrt{a^4 - r^4}}{r},$$

also

$$d\vartheta = -\frac{r\,dr}{\sqrt{a^4 - r^4}}$$

und daher

$$ds = -\sqrt{\frac{r^4}{a^4 - r^4} + 1}\,dr = -\frac{a^2}{\sqrt{a^4 - r^4}}\,dr.$$

Somit bekommen wir für einen bis zum Doppelpunkt reichenden Lemniskatenbogen

$$s = -\int\limits_{\vartheta}^{\frac{\pi}{4}}\sqrt{r^2 + \left(\frac{dr}{d\vartheta}\right)^2} = -a\int\limits_{r}^{0}\frac{d\left(\dfrac{r}{a}\right)}{\sqrt{1 - \left(\dfrac{r}{a}\right)^4}}.$$

Nun ist

$$\frac{1}{\sqrt{1 - u^4}} = 1 + \frac{1}{2}\cdot u^4 + \frac{1\cdot 3}{2\cdot 4}u^8 + \frac{1\cdot 3\cdot 5}{2\cdot 4\cdot 6}u^{12} + \cdots,$$

also ist

$$\int\limits_{0}^{u}\frac{1\cdot}{\sqrt{1 - u^4}}\,du = \frac{u}{1} + \frac{1}{2}\frac{u^5}{5} + \frac{1\cdot 3}{2\cdot 4}\frac{u^9}{9} + \frac{1\cdot 3\cdot 5}{2\cdot 4\cdot 6}\frac{u^{13}}{13} + \cdots,$$

Der Lemniskatenbogen wird demnach

$$s = a\left[\frac{r}{a} + \frac{1}{2\cdot 5}\left(\frac{r}{a}\right)^5 + \frac{1\cdot 3}{2\cdot 4\cdot 9}\left(\frac{r}{a}\right)^9 + \frac{1\cdot 3\cdot 5}{2\cdot 4\cdot 6\cdot 13}\left(\frac{r}{a}\right)^{13} + \cdots\right].$$

So ist beispielsweise der von $\vartheta = \frac{\pi}{6}$ bis $\vartheta = \frac{\pi}{4}$ reichende Lemniskatenbogen $\left(r_{\frac{\pi}{6}} = \dfrac{a}{\sqrt{2}}\right)$

$$s = \frac{a}{\sqrt{2}}\left[1 + \frac{1}{2\cdot 5\cdot 4} + \frac{1\cdot 3}{2\cdot 4\cdot 9\cdot 16} + \frac{1\cdot 3\cdot 5}{2\cdot 4\cdot 6\cdot 13\cdot 64} + \cdots\right] = 0{,}72693\,a.$$

Ist ϑ wenig von Null, also r wenig von a verschieden, so konvergiert die Reihe äußerst schwach, und die Berechnung der Länge eines Viertelbogens der Lemniskate (Grenzen $r = 0$ und $r = a$) würde auf diese Weise äußerst mühsam werden. Hier hilft eine Umformung. Es ist

$$ds = \sqrt{a^2 \cos 2\vartheta + \frac{a^2 \sin^2 2\vartheta}{\cos 2\vartheta}}\, d\vartheta = \frac{a}{\sqrt{\cos 2\vartheta}}\, d\vartheta = \frac{a}{\sqrt{1 - 2\sin^2\vartheta}}\, d\vartheta,$$

also

$$s = a \int\limits_0^\vartheta \frac{d\vartheta}{\sqrt{1 - 2\sin^2\vartheta}}.$$

Da ϑ zwischen 0 und $\frac{\pi}{4}$, also $\sin\vartheta$ zwischen 0 und $\frac{\sqrt{2}}{2}$ liegt, so kann man setzen $\sqrt{2}\sin\vartheta = \sin\varphi$, wobei φ zwischen 0 und $\frac{\pi}{2}$ liegen muß. Da ferner

$$\sqrt{2}\cos\vartheta\, d\vartheta = \cos\varphi\, d\varphi, \quad \text{also} \quad d\vartheta = \frac{\cos\varphi}{\sqrt{2}\sqrt{1 - \frac{1}{2}\sin^2\varphi}}\, d\varphi$$

ist, so wird

$$s = \frac{a}{\sqrt{2}} \int\limits_0^\varphi \frac{d\varphi}{\sqrt{1 - \frac{1}{2}\sin^2\varphi}}.$$

Wir entwickeln jetzt $\dfrac{1}{\sqrt{1 - \frac{1}{2}\sin^2\varphi}}$ nach dem binomischen Satze und erhalten

$$\frac{1}{\sqrt{1 - \frac{1}{2}\sin^2\varphi}} = 1 + \frac{1}{2}\frac{\sin^2\varphi}{2} + \frac{1\cdot 3}{2\cdot 4}\frac{\sin^4\varphi}{4} + \frac{1\cdot 3\cdot 5}{2\cdot 4\cdot 6}\frac{\sin^6\varphi}{8} + \cdots.$$

Also ist

$$s = \frac{a}{\sqrt{2}} \int\limits_0^\varphi \left[1 + \frac{1}{2}\frac{\sin^2\varphi}{2} + \frac{1\cdot 3}{2\cdot 4}\frac{\sin^4\varphi}{4} + \frac{1\cdot 3\cdot 5}{2\cdot 4\cdot 6}\frac{\sin^6\varphi}{8} + \cdots\right] d\varphi.$$

Es sind also lauter Integrale von der Gestalt auszuwerten

$$\int \sin^{2n}\varphi\, d\varphi.$$

Nach Formel T III 28) ist

$$\int \sin^2\varphi\, d\varphi = -\frac{1}{2}\sin\varphi\cos\varphi + \frac{\varphi}{2},$$

$$\int \sin^4\varphi\, d\varphi = -\frac{1}{4}\sin^3\varphi\cos\varphi - \frac{3}{4\cdot 2}\sin\varphi\cos\varphi + \frac{3\cdot 1}{4\cdot 2}\varphi,$$

$$\int \sin^6\varphi\, d\varphi = -\frac{1}{6}\sin^5\varphi\cos\varphi - \frac{5}{6\cdot 4}\sin^3\varphi\cos\varphi$$

$$- \frac{5\cdot 3}{6\cdot 4\cdot 2}\sin\varphi\cos\varphi + \frac{5\cdot 3\cdot 1}{6\cdot 4\cdot 2}\varphi\cdots$$

Wählen wir $\vartheta = \dfrac{\pi}{6}$, also $\sin\varphi = \dfrac{1}{\sqrt{2}}$, $\cos\varphi = \dfrac{1}{\sqrt{2}}$, $\varphi = \dfrac{\pi}{4}$, so wird

$$\int_0^{\frac{\pi}{4}} \sin^2\varphi\, d\varphi = -\frac{1}{4} + \frac{\pi}{8} = 0{,}142699\,,$$

$$\int_0^{\frac{\pi}{4}} \sin^4\varphi\, d\varphi = -\frac{1}{16} - \frac{3}{16} + \frac{3}{32}\,\pi = 0{,}044524\,,$$

$$\int_0^{\frac{\pi}{4}} \sin^6\varphi\, d\varphi = -\frac{1}{48} - \frac{5}{96} - \frac{15}{96} + \frac{5}{64}\,\pi = 0{,}016270\,,$$

$$\int_0^{\frac{\pi}{4}} \sin^8\varphi\, d\varphi = -\frac{1}{128} - \frac{7}{384} - \frac{35}{768} - \frac{35}{256} + \frac{35}{512}\,\pi = 0{,}006424\,,$$

Demnach ist

$$s = \frac{a}{\sqrt{2}}\,[0{,}785398 + 0{,}035675 + 0{,}004174 + 0\,000646 + 0{,}000110]$$

oder $s = 0{,}58407\,a$ die Länge des von $\vartheta = 0$ bis $\vartheta = \dfrac{\pi}{6}$ reichenden Lemniskatenbogens. Da wir den von $\vartheta = \dfrac{\pi}{6}$ bis $\vartheta = \dfrac{\pi}{4}$ reichenden Bogen zu $0{,}72693\,a$ gefunden haben, erhalten wir für die Viertellemniskate $1{,}3110\,a$ und demnach für den ganzen Lemniskatenumfang $l = 5{,}2440\,a$.

g) Die Gleichung der Ellipse lautet in Parameterdarstellung [s. (136) S. 373]

$$x = a\cos\vartheta\,, \qquad y = b\sin\vartheta\,.$$

Führen wir den Winkel

$$\varphi = \frac{\pi}{2} - \vartheta$$

ein, so erhalten wir [s. (136) S. 378]

$$ds = a\,\sqrt{1 - \varepsilon^2 \sin^2\varphi}\; d\varphi\,.$$

Da $\varepsilon < 1$ und $|\sin\varphi| < 1$ ist, so ist auch $\varepsilon\sin\varphi < 1$; die Wurzel läßt sich daher nach der **binomischen Reihe** entwickeln. **Wir erhalten**

$$ds = a\left(1 - \frac{1}{2}\,\varepsilon^2\sin^2\varphi - \frac{1}{2\cdot 4}\,\varepsilon^4\sin^4\varphi - \frac{1\cdot 3}{2\cdot 4\cdot 6}\,\varepsilon^6\sin^6\varphi - \cdots\right) d\varphi\,.$$

Also ist der von $\varphi = 0$ bis $\varphi = \varphi$ reichende Ellipsenbogen

$$s = a \int\limits_{0}^{\varphi} \left[1 - \frac{1}{2}\, \varepsilon^2 \sin^2\varphi - \frac{1}{2 \cdot 4}\, \varepsilon^4 \sin^4\varphi - \frac{1 \cdot 3}{2 \cdot 4 \cdot 6}\, \varepsilon^6 \sin^6\varphi - \cdots\right] d\varphi.$$

Auch hier sind wie in Beispiel f) Integrale von der Form $\int \sin^{2n}\varphi\, d\varphi$ auszuwerten. Wollen wir die Länge des Ellipsenquadranten berechnen, so müssen wir als obere Grenze $\varphi = \frac{\pi}{2}$ setzen. Da nach Formel T III 28)

$$\int \sin^{2n}\varphi\, d\varphi = -\frac{1}{2n} \sin^{2n-1}\varphi \cos\varphi - \frac{2n-1}{2n \cdot (2n-2)} \sin^{2n-3}\varphi \cos\varphi$$

$$- \frac{(2n-1)(2n-3)}{2n(2n-2)(2n-4)} \sin^{2n-5}\varphi \cos\varphi - \cdots$$

$$- \frac{(2n-1)(2n-3)\ldots 3}{2n(2n-2)\ldots 2} \sin\varphi \cos\varphi + \frac{(2n-1)\ldots 3 \cdot 1}{2n(2n-2)\ldots 2}\, \varphi$$

ist, so verschwinden beim Einsetzen der unteren Grenze $\varphi = 0$ alle Glieder und beim Einsetzen der oberen Grenze $\varphi = \frac{\pi}{2}$ alle Glieder mit Ausnahme des letzten, das den Wert

$$\frac{(2n-1)(2n-3)\ldots 3 \cdot 1}{2n \cdot (2n-2)\ldots 2} \cdot \frac{\pi}{2}$$

annimmt. Die Länge des Ellipsenumfanges ergibt also

$$l = 2\pi a\left[1 - \left(\frac{1}{2}\right)^2 \varepsilon^2 - \frac{1}{3}\left(\frac{1 \cdot 3}{2 \cdot 4}\right)^2 \varepsilon^4 - \frac{1}{5}\left(\frac{1 \cdot 3 \cdot 5}{2 \cdot 4 \cdot 6}\right)^2 \varepsilon^6\right.$$

$$\left. - \frac{1}{7}\left(\frac{1 \cdot 3 \cdot 5 \cdot 7}{2 \cdot 4 \cdot 6 \cdot 8}\right)^2 \varepsilon^8 - \cdots\right].$$

Für den Meridianschnitt des Erdsphäroids ist $\varepsilon = 0{,}081\,690\,6$, die Länge des Erdquadranten ist $10\,000{,}853$ km. Man berechne hieraus die Länge der großen und der kleinen Halbachse eines Meridianschnittes ($a = 6377{,}397$ km, $b = 6356{,}079$ km).

§ 4. Unbestimmte Ausdrücke.

(202) Wir sind im Laufe unserer Betrachtungen an verschiedenen Stellen Funktionen begegnet, welche für gewisse Werte der unabhängigen Veränderlichen zunächst Werte von „unbestimmter Form" annahmen, von denen wir jedoch durch besondere Betrachtungen nachweisen konnten, daß sie in Wahrheit völlig bestimmt waren. Es sei nur erinnert an den Grenzwert, dem sich $\frac{x^n - a^n}{x - a}$ nähert, wenn sich x dem Werte a nähert [s. (18) S. 36]; setzen wir unmittelbar a an Stelle von x, so nimmt dieser Bruch die Form $\frac{0}{0}$ an; dieser Ausdruck kann

an sich jeden beliebigen Wert haben. Wenn wir jedoch — unter der Voraussetzung, daß n eine natürliche Zahl ist — zuerst die Division $(x^n - a^n):(x - a)$ ausführen, die unter der eben gemachten Voraussetzung stets aufgeht, und dann erst den Grenzübergang vornehmen, so erhalten wir den bestimmten Wert $n \cdot a^{n-1}$. Es ist

$$\lim_{x \to a} \frac{x^n - a^n}{x - a} = n \cdot a^{n-1}.$$

Weiter sind wir in **(44)** S. 109 auf den Ausdruck $\dfrac{\sin x}{x}$ gestoßen; er nimmt, wenn wir in ihm $x = 0$ setzen, ebenfalls die unbestimmte Form $\frac{0}{0}$ an. Geometrische Betrachtungen lieferten das Ergebnis

$$\lim_{x \to 0} \frac{\sin x}{x} = 1.$$

Schließlich erinnern wir uns an den Ausdruck $\lim\limits_{n \to \infty} \left(1 + \dfrac{1}{n}\right)^n$ von **(52)** S. 133, der für $n = \infty$ die ebenfalls unbestimmte Form 1^∞ annimmt; hier zeigten umständliche Betrachtungen, daß dieser Ausdruck gleich der endlichen Zahl $e = 2{,}71828\ldots$ ist;

$$\lim_{n \to \infty} \left(1 + \frac{1}{n}\right)^n = e.$$

Die Ermittlung gerade dieser drei Grenzwerte läßt sich für die Entwicklung der Differentiation und mithin der Infinitesimalrechnung überhaupt nicht umgehen.

Auch bei der Untersuchung der Kurven, deren Gleichung in der unentwickelten Darstellung $f(x, y) = 0$ gegeben ist, sind wir gelegentlich der Ermittlung des Differentialquotienten $\dfrac{dy}{dx}$ auf solche unbestimmte Ausdrücke gestoßen; wir wurden dadurch auf eine ganz besondere Art von Kurvenpunkten, die singulären Punkte, geführt.

Wir wollen nun diese unbestimmten Ausdrücke einer systematischen Behandlung unterziehen und wenden uns zuerst den Ausdrücken $\frac{0}{0}$ zu. Es sei $y = \dfrac{f(x)}{\varphi(x)}$ der Quotient zweier Funktionen $f(x)$ und $\varphi(x)$, und zwar möge für $x = x_0$ sowohl $f(x_0) = 0$ als auch $\varphi(x_0) = 0$ sein, so daß also

$$y_{x_0} = \left(\frac{f(x)}{\varphi(x)}\right)_{x_0} = \frac{0}{0}$$

ist. Wir wollen nun beide Funktionen nach dem **Taylorschen Satze** entwickeln $f(x) = f(x_0 + h)$, $\varphi(x) = \varphi(x_0 + h)$; wir erhalten dadurch

$$y = \frac{f(x_0) + \dfrac{f'(x)}{1!}h + \dfrac{f''(x_0)}{2!}h^2 + \cdots}{\varphi(x_0) + \dfrac{\varphi'(x_0)}{1!}h + \dfrac{\varphi''(x_0)}{2!}h^2 + \cdots}.$$

Dieser Ausdruck vereinfacht sich infolge der soeben gemachten Voraussetzungen zu

$$y = \frac{\dfrac{f'(x_0)}{1!}\,h + \dfrac{f''(x_0)}{2!}\,h^2 + \cdots}{\dfrac{\varphi(x_0)}{1!}\,h + \dfrac{\varphi''(x_0)}{2!}\,h^2 + \cdots}.$$

Der Bruch läßt sich jetzt durch h kürzen, woraus sich ergibt

$$y = \frac{\dfrac{f'(x_0)}{1!} + \dfrac{f''(x_0)}{2!}\,h + \cdots}{\dfrac{\varphi'(x_0)}{1!} + \dfrac{\varphi''(x_0)}{2!}\,h + \cdots}.$$

Setzen wir jetzt $h = 0$, so bleibt vom Zähler des letzten Bruches einzig $f'(x_0)$, vom Nenner nur $\varphi'(x_0)$ übrig, so daß also

$$y_{x_0} = \frac{f'(x_0)}{\varphi'(x_0)}$$

wird. Wir finden demnach den Satz:

Nehmen für einen bestimmten Wert $x = x_0$ **die beiden Funktionen** $f(x)$ **und** $\varphi(x)$ **den Wert 0 an, so nimmt ihr Quotient den Wert** $\dfrac{f'(x_0)}{\varphi'(x_0)}$ **an, wobei** $f'(x)$ **und** $\varphi'(x)$ **die Differentialquotienten dieser Funktionen nach** x **sind.**

Sollten auch $f'(x_0)$ und $\varphi'(x_0)$ beide gleich 0 sein, so müssen wir unseren Satz auf den Quotienten $\dfrac{f'(x)}{\varphi'(x)}$ anwenden. Es ist also dann

$$y_{x_0} = \frac{f''(x_0)}{\varphi''(x_0)} \cdots$$

Beispiele.

a) $y = \dfrac{x^3 + x^2 - 4x - 4}{x^4 + 2x^3 - 3x^2 - 8x - 4}$. Für $x = -1$ werden Zähler und Nenner gleich Null. Wir differenzieren beide; dadurch erhalten wir den Bruch

$$\frac{3x^2 + 2x - 4}{4x^3 + 6x^2 - 6x - 8}.$$

Er ergibt für $x = -1$ den Wert $\dfrac{-3}{0} = \infty$. Es ist also $y_{-1} = \infty$. Für $x = +2$ verschwinden ebenfalls Zähler und Nenner; unter Verwendung des Quotienten aus den Differentialquotienten erhalten wir $y_{+2} = \frac{12}{36} = \frac{1}{3}$. Man zeige, daß für $x = -2$ sich ergibt $y_{-2} = -1$. (Wir können zu diesen Werten auf Grund folgender Erwägungen auch auf elementarem Wege gelangen. Sowohl der Zähler als auch der Nenner sind ganze rationale Funktionen von x; da Zähler und Nenner für $x = -1$ den Wert 0 annehmen, müssen beide den Faktor $x + 1$ enthalten, durch den sich also der Bruch kürzen läßt; er nimmt dann die Form

$$\frac{x^2 - 4}{x^3 + x^2 - 4x - 4}$$

an; setzt man hier $x = -1$, so ergibt sich unmittelbar $y_{-1} = \dfrac{-3}{0} = \infty$.
Da ferner der ursprüngliche Zähler und ebenso der ursprüngliche Nenner
auch noch für die beiden Werte $x = +2$ und $x = -2$ verschwinden,
so müssen beide die zwei Faktoren $(x - 2)$ und $(x + 2)$ enthalten;
d. h. der Bruch läßt sich durch Kürzen mit $(x + 2)(x - 2)$ noch weiter
vereinfachen, wodurch er die einfachste Form erhält $y = \dfrac{1}{x + 1}$. Aus
ihr ergeben sich die beiden Werte $y_{+2} = \tfrac{1}{3}$ und $y_{-2} = -1$ unmittelbar.
Offenbar ist dieser elementare Weg immer gangbar, wenn die Funktionen
im Zähler und im Nenner eine Faktorenzerlegung gestatten.)

b) $y = \dfrac{\sqrt{x} - \sqrt{a} + \sqrt{x - a}}{\sqrt{x^2 - a^2}}$ wird für $x = a$ unbestimmt $\tfrac{0}{0}$. Wir differenzieren Zähler und Nenner:

$$\frac{\left(\dfrac{1}{2\sqrt{x}} + \dfrac{1}{2\sqrt{x - a}}\right)\sqrt{x^2 - a^2}}{x} = \frac{\sqrt{x^2 - a^2} + \sqrt{(x + a)x}}{2x\sqrt{x}}.$$

Setzen wir nun $x = a$, so erhalten wir

$$y_a = \frac{\sqrt{2a^2}}{2a\sqrt{a}} = \frac{1}{\sqrt{2a}}.$$

c) $y = \dfrac{(1 - \cos x)}{\sin^2 x}$ wird für $x = 0$ unbestimmt $\tfrac{0}{0}$. Wir differenzieren
Zähler und Nenner:

$$\frac{+\sin x}{2\sin x \cos x} = \frac{1}{2\cos x}.$$

Dieser Ausdruck wird für $x = 0$ $y_0 = \tfrac{1}{2}$. Einfacher wird die Wert-
bestimmung durch die Erwägung, daß sich y durch Kürzen mit $1 - \cos x$
von vornherein auf die einfachere Form $y = \dfrac{1}{1 + \cos x}$ bringen läßt,
die für $x = 0$ unmittelbar $y_0 = \tfrac{1}{2}$ liefert.

d) $y = \dfrac{x^x - x}{1 - x + \ln x}$ wird für $x = 1$ unbestimmt $\tfrac{0}{0}$. Wir differenzieren
Zähler und Nenner:

$$\frac{x^x(\ln x + 1) - 1}{-1 + \dfrac{1}{x}} = \frac{x^{x+1}\ln x + x^{x+1} - x}{1 - x}.$$

Dieser Ausdruck wird für $x = 1$ wiederum unbestimmt; wir wiederholen daher das Verfahren

$$\frac{x^{x+1}\left(\ln x + 1 + \dfrac{1}{x}\right)(\ln x + 1) + x^x - 1}{-1}.$$

Setzen wir hier $x = 1$, so erhalten wir

$$y_1 = \frac{2 + 1 - 1}{-1} = -2 \, .$$

Etwas kürzer wären wir zum Ziele gelangt durch die folgende Erwägung. y läßt sich schreiben in der Form

$$x \, \frac{x^{x-1} - 1}{1 - x + \ln x},$$

und da der Faktor x für $x = 1$ von Null verschieden ist, muß

$$y = x \cdot \frac{x^{x-1} - 1}{1 - x + \ln x}$$

für $x = 1$ den gleichen Wert haben wie

$$z = \frac{x^{x-1} - 1}{1 - x + \ln x} \, .$$

Hier gestaltet sich die Differentiation des Zählers einfacher; sie ergibt $x^{x-1}\left(\ln x + 1 - \dfrac{1}{x}\right)$, und wir untersuchen nun den Bruch

$$\frac{x^{x-1}\left(\ln x + 1 - \dfrac{1}{x}\right)}{\dfrac{1}{x} - 1} \, .$$

Sondern wir aus dem gleichen Grunde den Faktor x^{x-1}, der ja den Wert 1 annimmt, ab, so brauchen wir nur den Bruch

$$\frac{\ln x + 1 - \dfrac{1}{x}}{\dfrac{1}{x} - 1}$$

zu untersuchen. Da er für $x = 1$ ebenfalls von der Form $\frac{0}{0}$ ist, so haben wir nochmals zu differenzieren. Wir erhalten

$$\frac{\dfrac{1}{x} + \dfrac{1}{x^2}}{-\dfrac{1}{x^2}} = \frac{x + 1}{-1} \, ,$$

woraus sich für $x = 1$ der Wert -2 ergibt. Also ist $y_1 = -2$.

     e) $y = \dfrac{e^x - e^{\sin x}}{x - \sin x}$ wird für $x = 0$ unbestimmt $\frac{0}{0}$. Die Differentiation ergibt

$$\frac{e^x - \cos x \, e^{\sin x}}{1 - \cos x},$$

also für $x = 0$ wiederum $\frac{0}{0}$. Die nochmalige Differentiation gibt

$$\frac{e^x + \sin x \, e^{\sin x} - \cos^2 x \, e^{\sin x}}{\sin x} \, ,$$

also wiederum $\frac{0}{0}$. Eine dritte Differentiation liefert schließlich

$$\frac{e^x + \cos x\, e^{\sin x} + 3 \sin x \cos x\, e^{\sin x} - \cos^3 x\, e^{\sin x}}{\cos x},$$

und hieraus folgt für $x = 0$ $y_0 = 1$.

f) [Siehe **(173)** Beispiel c) S. 545.] Es ist

$$\left(\frac{\sin \varphi - \cos^2 \varphi - 1}{\cos \varphi}\right)_{\frac{\pi}{2}} = \frac{0}{0} = \left(\frac{\cos \varphi + 2 \sin \varphi \cos \varphi}{-\sin \varphi}\right)_{\frac{\pi}{2}} = 0\,.$$

(203) Die weiteren unbestimmten Ausdrücke, die einer Untersuchung bedürfen, sind von der Form $\frac{\infty}{\infty}$, $\infty - \infty$, $0 \cdot \infty$, 0^0, ∞^0. 1^∞. Daß $\frac{\infty}{\infty}$ an sich unbestimmt ist, leuchtet ohne weiteres ein, wenn man bedenkt, daß das Produkt irgendeiner endlichen Größe a mit ∞ unendlich groß, also $a \cdot \infty = \infty$ ist. Mithin ist $\frac{\infty}{\infty} = a$, wobei a einen beliebigen Wert haben kann. Da ferner $a + \infty = \infty$ ist, so ist $\infty - \infty = a$, wobei a beliebig ist. Die Unbestimmtheit von $0 \cdot \infty$ folgt u. a. aus dem Umstande, daß $\infty = \frac{1}{0}$ ist, wodurch $0 \cdot \infty$ auf die Form $\frac{0}{0}$ gebracht wird. Da bei positivem Exponenten n $0^n = 0$, bei negativem Exponenten $0^n = \infty$ ist, ergibt sich leicht die Unbestimmtheit von 0^n für den Grenzfall $n = 0$; hierzu kommt noch, daß man mit gleicher Berechtigung wegen der für jede beliebige Grundzahl a geltenden Gleichung $a^0 = 1$ darauf schließen könnte, daß auch $0^0 = 1$ sein müßte. Welcher von den drei Werten 0, 1, ∞ der richtige ist oder ob gar ein weiterer in Betracht kommt, muß für jeden einzelnen Fall entschieden werden. Die Unbestimmtheit von ∞^0 wird augenscheinlich aus der Tatsache, daß $\infty = \frac{1}{0}$, also $\infty^0 = \frac{1}{0^0}$ ist, wobei die Unbestimmtheit des Nenners soeben festgestellt worden ist. Schließlich ist auch der Ausdruck 1^∞ unbestimmt. Aus der Tatsache, daß für jedes endliche n $1^n = 1$ ist, könnte man zunächst vermuten, daß auch $1^\infty = \lim_{n \to \infty} 1^n = 1$ ist. Da andererseits für jede Basis $a > 1$ $a^\infty = \infty$, für $a < 1$ $a^\infty = 0$ ist, so könnte man mit gleicher Begründung die Werte ∞ und 0 für 1^∞ für richtig halten.

Beginnen wir mit dem Falle $\frac{\infty}{\infty}$! Gegeben seien die zwei Funktionen $f(x)$ und $\varphi(x)$, welche für einen bestimmten Wert $x = x_0$ beide unendlich groß werden mögen. Schreiben wir y in der Form $\frac{1 : \varphi(x)}{1 : f(x)}$, so nimmt y für $x = x_0$ die Formel $\frac{0}{0}$ an. Wir können daher y jetzt nach dem in **(202)** entwickelten Verfahren behandeln; d. h. wir differenzieren sowohl den Zähler $\frac{1}{\varphi(x)}$ als auch den Nenner $\frac{1}{f(x)}$ nach x. Der Differentialquotient des Zählers ergibt $-\dfrac{\varphi'(x)}{(\varphi(x))^2}$, der des Nenners $-\dfrac{f'(x)}{(f(x))^2}$, und es wird

$$y_{x_0} = \left(\frac{f(x_0)}{\varphi(x_0)}\right)^2 \frac{\varphi'(x_0)}{f'(x_0)}.$$

Da nun $\dfrac{f(x_0)}{\varphi(x_0)} = y_{x_0}$ ist, so folgt hieraus

$$y_{x_0} = y_{x_0}^2 \cdot \frac{\varphi'(x_0)}{f'(x_0)}$$

und aus dieser

$$y_{x_0} = \frac{f'(x_0)}{\varphi'(x_0)}.$$

Nehmen für einen bestimmten Wert $x = x_0$ die beiden Funktionen $f(x)$ und $\varphi(x)$ den Wert unendlich an, so nimmt ihr Quotient den Wert $\dfrac{f'(x_0)}{\varphi'(x_0)}$ an, wobei $f'(x)$ und $\varphi'(x)$ die nach x genommenen Differentialquotienten dieser Funktionen sind.

Der Fall $\dfrac{\infty}{\infty}$ ist also genau so zu behandeln wie der Fall $\dfrac{0}{0}$.

Beispiele. a) $y = \dfrac{\ln x}{x}$ wird für $x = \infty$ unbestimmt $\dfrac{\infty}{\infty}$; die Regel ergibt

$$y_\infty = \frac{1}{x} : 1 = 0.$$

b) $y = \dfrac{\ln(x-1) + \operatorname{tg}\dfrac{\pi}{2}x}{\operatorname{ctg}\pi x}$ wird für $x = 1$ unbestimmt $\dfrac{\infty}{\infty}$; nach der Regel ist

$$y_1 = \left[\frac{\dfrac{1}{x-1} + \dfrac{\pi}{2\cos^2\dfrac{\pi}{2}x}}{-\dfrac{\pi}{\sin^2\pi x}}\right]_{x=1} = \left[\frac{2\sin^2\pi x \cos^2\dfrac{\pi}{2}x + \pi(x-1)\sin^2\pi x}{2\pi(x-1)\cos^2\dfrac{\pi}{2}x}\right]_{x=1}$$

$$= \left[\frac{1 + \frac{1}{2}\cos\pi x - \cos 2\pi x - \frac{1}{2}\cos 3\pi x + \pi x - \pi - \pi x \cos 2\pi x + \pi \cos 2\pi x}{2\pi(x - 1 + x\cos\pi x - \cos\pi x)}\right]_{x=1} = \frac{0}{0}.$$

Wiederholtes Differenzieren führt zu dem Ergebnis $y_1 = -2$. Einfacher ist der folgende ohne weitere Erklärung verständliche Weg:

$$y_1 = \left[\frac{\ln(x-1)}{\operatorname{ctg}\pi x} + \frac{\operatorname{tg}\dfrac{\pi}{2}x}{\operatorname{ctg}\pi x}\right]_1 = \left[-\frac{\sin^2\pi x}{(x-1)\pi} - \frac{\sin^2\pi x}{2\cos^2\dfrac{\pi}{2}x}\right]_1$$

$$= \left[-\frac{2\sin\pi x\cos\pi x}{1} - \frac{4\sin^2\dfrac{\pi}{2}x\cos^2\dfrac{\pi}{2}x}{2\cos^2\dfrac{\pi}{2}x}\right]_1 = 0 - 2 = -2.$$

$\infty - \infty$. Die beiden Funktionen $f(x)$ und $\varphi(x)$ mögen für $x = x_0$ die Werte ∞ annehmen. Dann wird die Funktion $y = f(x) - \varphi(x)$ für $x = x_0$ unbestimmt $\infty - \infty$. Führen wir statt $f(x)$ und $\varphi(x)$ durch die Gleichungen

$$f(x) = \frac{1}{g(x)} \qquad \text{und} \qquad \varphi(x) = \frac{1}{h(x)}$$

zwei neue Funktionen $g(x)$ und $h(x)$ ein, so werden diese für $x = x_0$ beide gleich Null. Die Funktion y läßt sich sodann in der Form schreiben

$$y = \frac{1}{g(x)} - \frac{1}{h(x)} = \frac{h(x) - g(x)}{g(x) \cdot h(x)},$$

und diese nimmt für $x = x_0$ die Form $\frac{0}{0}$ an; damit ist unsere Aufgabe auf die von **(202)** zurückgeführt. Beispielsweise wird für $x = \frac{\pi}{2}$ der Ausdruck

$$y = x \operatorname{tg} x - \frac{\pi}{2 \cos x}$$

gleich $\infty - \infty$; wir können jedoch für y auch setzen

$$y = x \cdot \frac{\sin x}{\cos x} - \frac{\pi}{2 \cos x} = \frac{2x \sin x - \pi}{2 \cos x},$$

und hier ergibt die Differentiation von Zähler und Nenner

$$\frac{2 \sin x + 2x \cos x}{- 2 \sin x}$$

für $x = \frac{\pi}{2}$ den Wert $y_{\frac{\pi}{2}} = -1$.

$0 \cdot \infty$. Nimmt für $x = x_0$ die Funktion $f(x)$ den Wert Null, die Funktion $\varphi(x)$ den Wert ∞ an, so führt die Substitution $\varphi(x) = \frac{1}{h(x)}$ die Funktion $y = f(x) \cdot \varphi(x)$, welche für $x = x_0$ unbestimmt, nämlich $0 \cdot \infty$ wird, über in die Form $y = \frac{f(x)}{h(x)}$, die für $x = x_0$ die Form $\frac{0}{0}$ zeigt, die wiederum nach **(202)** weiter zu behandeln ist. So ergibt sich beispielsweise für $x = 1$

$$y = (1 - x) \cdot \operatorname{tg} \frac{\pi}{2} x$$

zu

$$y_1 = \left[\frac{(1 - x) \sin \frac{\pi}{2} x}{\cos \frac{\pi}{2} x} \right]_{x=1} = \left[\frac{- \sin \frac{\pi}{2} x + \frac{\pi}{2} \cos \frac{\pi}{2} x - \frac{\pi}{2} x \cos \frac{\pi}{2} x}{- \frac{\pi}{2} \sin \frac{\pi}{2} x} \right]_{x=1} = \frac{2}{\pi}.$$

Berechne

$$\left[x \cdot \ln\left(1 + \frac{1}{x}\right) \right]_{x = \infty}, \qquad [x \ln x]_{x=0} ! \qquad \text{(Ergebnisse: 1, 0.)}$$

Um die Ausdrücke 0^0, ∞^0, 1^∞ zu behandeln, betrachten wir die Funktion $y = (f(x))^{\varphi(x)}$; ist nämlich für einen bestimmten Wert $x = x_0$

a) $f(x) = 0$, $\quad \varphi(x) = 0$, so nimmt y die Form 0^0,

b) $f(x) = \infty$, $\quad \varphi(x) = 0$, ,, ,, ,, ,, ,, ∞^0,

c) $f(x) = 1$, $\quad \psi(x) = \infty$, ,, ,, ,, ,, ,, 1^∞ an.

Logarithmieren wir y, so erhalten wir $z = \ln y = \varphi(x) \cdot \ln f(x)$, und z erscheint in allen drei Fällen in der Form $0 \cdot \infty$, die wir soeben behandelt haben.

Beispiele. a) Um für $x = 0$ $\;y = x^x$ zu untersuchen, bilden wir

$$z = \ln y = x \ln x = \frac{\ln x}{\dfrac{1}{x}}.$$

Differentiation von Zähler und Nenner ergibt

$$\frac{\dfrac{1}{x}}{-\dfrac{1}{x^2}} = -x;$$

also ist $z_1 = 0$, demnach

$$y = e^z = 1 \quad \text{oder} \quad [x^x]_0 = 1.$$

b) $\left[\sqrt[x]{x}\right]_{x=\infty} = \left[x^{\frac{1}{x}}\right]_{x=\infty} = \infty^0$, $\qquad \left[\dfrac{1}{x}\ln x\right]_{x=\infty} = \dfrac{\infty}{\infty} = \left[\dfrac{\dfrac{1}{x}}{1}\right]_\infty = 0$;

also

$$\left[\sqrt[x]{x}\right]_{x=\infty} = 1.$$

c) $\left[\sqrt[x-1]{x}\right]_{x=1} = \left[x^{\frac{1}{x-1}}\right]_{x=1} = 1^\infty$, $\qquad \left[\dfrac{1}{x-1}\ln x\right]_{x=1} = \dfrac{\infty}{\infty} = \left[\dfrac{\dfrac{1}{x}}{1}\right]_{x=1} = 1$,

also

$$\left[\sqrt[x-1]{x}\right]_{x=1} = e.$$

(204) Anwendungen. a) Wir haben in (136) S. 380 für die Oberfläche des abgeplatteten Umdrehungsellipsoids die Formel gefunden:

$$O = 2\pi\left[a^2 + \frac{b^2}{\varepsilon}\ln\left\{(1 + \varepsilon)\frac{a}{b}\right\}\right];$$

hierbei sind a die große, b die kleine Halbachse der rotierenden Ellipse und $\varepsilon = \dfrac{\sqrt{a^2 - b^2}}{a}$ ihre numerische Exzentrizität. Wird $b = a$, so wird $\varepsilon = 0$, und der Ausdruck

$$\frac{b^2}{\varepsilon}\ln\left\{(1 + \varepsilon)\frac{a}{b}\right\}$$

unbestimmt. Zur Ermittlung des wirklichen Wertes setzen wir

$$b = a\sqrt{1 - \varepsilon^2},$$

wodurch der Ausdruck übergeht in

$$a^2 \frac{1-\varepsilon^2}{\varepsilon} \ln\left(\frac{1+\varepsilon}{\sqrt{1-\varepsilon^2}}\right);$$

er ist für $\varepsilon = 0$ von der Form

$$\frac{a^2}{2} \cdot \frac{(1-\varepsilon^2)\,(\ln(1+\varepsilon) - \ln(1-\varepsilon))}{\varepsilon} = \frac{0}{0}.$$

Differenzieren von Zähler und Nenner nach ε ergibt

$$\frac{a^2}{2} \frac{-2\varepsilon\left(\ln\frac{1+\varepsilon}{1-\varepsilon}\right) + (1-\varepsilon^2)\left(\frac{1}{1+\varepsilon} + \frac{1}{1-\varepsilon}\right)}{1} = \frac{a^2}{2}\left[2 - 2\varepsilon\ln\frac{1+\varepsilon}{1-\varepsilon}\right];$$

und dieser Ausdruck wird für $\varepsilon = 0$ gleich a^2, so daß die Oberfläche O den Wert annimmt $2\pi[a^2 + a^2] = 4\pi a^2$; in der Tat geht für $b = a$ das Umdrehungsellipsoid in die Kugel vom Halbmesser a über. Der Leser weise selbständig nach, daß der Ausdruck für die Oberfläche des gestreckten Umdrehungsellipsoids

$$O = 2\pi\left[b^2 + ab\,\frac{\arcsin\varepsilon}{\varepsilon}\right]$$

für $\varepsilon = 0$ ebenfalls in den Ausdruck $O = 4\pi a^2$ übergeht [s. **(136)** S. 380].

    b) **Bei Behandlung des Falles im lufterfüllten Raume** sind wir [s. **(60)** S. 153ff.] auf die Formeln gestoßen

$$v = \frac{\sqrt{g}}{a} \cdot \mathfrak{Tg}(a\sqrt{g}\,t), \qquad s = \frac{1}{a^2}\ln\mathfrak{Coj}(a\sqrt{g}\,t), \qquad v = v_1\sqrt{1 - e^{-2\frac{gs}{v_1^2}}};$$

hierbei ist a eine Konstante, die von der durch die Luft hervorgerufenen Dämpfung abhängt, während v_1 die endliche Geschwindigkeit ist, der sich der fallende Körper nähert, ohne sie zu erreichen; zwischen a und v_1 besteht dabei die Beziehung $a \cdot v_1 = \sqrt{g}$. Bietet die Luft keinen Widerstand, so ist $a = 0$ bzw. $v_1 = \infty$; die drei Größen v, s, v der obigen Formeln nehmen damit aber die unbestimmten Formen $\frac{0}{0}$, $\frac{0}{0}$, $\infty \cdot 0$ an, die jetzt näher untersucht werden sollen. Es ist

$$v = \sqrt{g} \cdot \frac{\mathfrak{Tg}(a\sqrt{g}\,t)}{a};$$

differenzieren wir Zähler und Nenner nach a, so erhalten wir

$$[v]_{a=0} = \sqrt{g} \cdot \left[\frac{\sqrt{g}\cdot t}{\mathfrak{Coj}^2(a\sqrt{g}\,t)}\right]_{a=0} = g \cdot t.$$

Ferner ist

$$s = \frac{\ln\mathfrak{Coj}(a\sqrt{g}\,t)}{a^2};$$

differenzieren wir hier Zähler und Nenner nach a, so erhalten wir

$$[s]_{a=0} = \left[\frac{\mathfrak{Sin}(a\sqrt{g}\,t)\cdot\sqrt{g}\,t}{2a\cdot\mathfrak{Coj}(a\sqrt{g}\,t)}\right]_{a=0},$$

einen Ausdruck, der wieder die unbestimmte Form $\frac{0}{0}$ hat. Ein weiteres Differenzieren von Zähler und Nenner führt zu dem Ausdrucke

$$[s]_{a=0} = \frac{1}{2}\sqrt{g}\cdot t\left[\frac{\mathfrak{Coj}(a\sqrt{g}\,t)\cdot\sqrt{g}\,t}{\mathfrak{Coj}(a\sqrt{g}\,t)+a\,\mathfrak{Sin}(a\sqrt{g}\,t)\cdot\sqrt{g}\,t}\right]_{a=0} = \frac{1}{2}\sqrt{g}\,t\cdot\frac{\sqrt{g}\cdot t}{1}$$

oder

$$[s]_{a=0} = \frac{1}{2}g\,t^2.$$

Schließlich ist, wenn wir $v_1 = \frac{1}{u}$ setzen, für $v_1 = \infty$ bzw. $u = 0$

$$[v]_{u=0} = \left[\frac{\sqrt{1-e^{-2gsu^2}}}{u}\right]_{u=0} = \left[\frac{e^{-2gsu^2}\cdot 4gs\cdot u}{2\sqrt{1-e^{-2gsu^2}}}\right]_{u=0}$$

$$= [2gs\,e^{-2gsu^2}]_{u=0} : \left[\frac{\sqrt{1-e^{-2gsu^2}}}{u}\right]_{u=0}.$$

Also ist

$$\left\{\left[\frac{\sqrt{1-e^{-2gsu^2}}}{u}\right]_{u=0}\right\}^2 = [2gs\,e^{-2gsu^2}]_{u=0} = 2gs$$

oder

$$[v]_{u=0} = \left[\frac{\sqrt{1-e^{-2gsu^2}}}{u}\right]_{u=0} = \sqrt{2gs}.$$

Durch diese Grenzübergänge gehen aus den für den Fall im lufterfüllten Raume geltenden Formeln die bekannten Fallformeln für den luftleeren Raum $v = gt$, $s = \frac{1}{2}gt^2$, $v = \sqrt{2gs}$ hervor.

Für den senkrecht nach oben gerichteten Wurf im lufterfüllten Raum gelten, wie später [s. (236) S. 846] nachgewiesen werden wird, die Formeln

$$v = v_1\cdot\frac{v_0 - v_1\cdot\operatorname{tg}\dfrac{g\,t}{v_1}}{v_1 + v_0\cdot\operatorname{tg}\dfrac{g\,t}{v_1}}, \qquad s = \frac{v_1^2}{2g}\ln\frac{v_1^2+v_0^2}{v_1^2+v^2}$$

$$s = \frac{v_1^2}{g}\ln\frac{v_1\cos\dfrac{g\,t}{v_1}+v_0\sin\dfrac{g\,t}{v_1}}{v_1}.$$

Hierbei ist v_0 die dem Körper zur Zeit $t = 0$ erteilte Anfangsgeschwindigkeit und v_1 eine von dem Luftwiderstande abhängige Größe (asymptotische Geschwindigkeit), welche, falls der Luftwiderstand gleich Null ist (Wurf im luftleeren Raume), unendlich groß wird. Es sollen jetzt die Größen $[v]_{v_1=\infty}$, $[s]_{v_1=\infty}$ bestimmt werden. Es ist

$$[v]_{v_1=\infty} = \left[\frac{v_0 - v_1\operatorname{tg}\dfrac{g\,t}{v_1}}{1+\dfrac{v_0}{v_1}\operatorname{tg}\dfrac{g\,t}{v_1}}\right]_{v_1=\infty} = v_0 - \left[v_1\operatorname{tg}\frac{g\,t}{v_1}\right]_{v_1=\infty};$$

setzen wir $v_1 = \frac{1}{u}$, so ist

$$[v]_{u=0} = v_0 - \left[\frac{\operatorname{tg}g\,t\,u}{u}\right]_{u=0} = v_0 - \left[\frac{g\,t}{\cos^2 g\,t\,u}\right]_{u=0} = v_0 - g\,t.$$

Ferner ist bei der gleichen Substitution

$$[s]_{u=0} = \frac{1}{2g}\left[\frac{\ln\dfrac{1+u^2v_0^2}{1+u^2v^2}}{u^2}\right]_{u=0} = \frac{1}{2g}\left[\frac{\dfrac{2uv_0^2}{1+u^2v_0^2}-\dfrac{2uv^2}{1+u^2v^2}}{2u}\right]_{u=0}$$

$$= \frac{1}{2g}\left[\frac{v_0^2-v^2}{(1+u^2v^2)(1+u^2v_0^2)}\right]_{u=0} = \frac{1}{2g}(v_0^2-v^2).$$

Schließlich ist ebenso

$$[s]_{u=0} = \frac{1}{g}\left[\frac{\ln\{\cos g t u + v_0 u \sin g t u\}}{u^2}\right]_{u=0}$$

$$= \frac{1}{g}\left[\frac{-g t \sin g t u + v_0 \sin g t u + v_0 g t u \cos g t u}{2u(\cos g t u + v_0 u \sin g t u)}\right]_{u=0} = \frac{0}{0}$$

$$= \frac{1}{2g}\left[\frac{-g^2 t^2 \cos g t u + 2 v_0 g t \cos g t u - v_0 g^2 t^2 u \sin g t u}{\cos g t u + 2 v_0 u \sin g t u - g t u \sin g t u + v_0 g t u^2 \cos g t u}\right]_{u=0}$$

$$= \frac{1}{2g}\frac{2 v_0 g t - g^2 t^2}{1}, \qquad \text{also } [s]_{u=0} \equiv [s]_{v_1=\infty} = v_0 t - \tfrac{1}{2} g t^2.$$

Die Formeln

$$v = v_0 - g t, \qquad s = \frac{1}{2g}(v_0^2 - v^2),$$

$$s = v_0 t - \frac{1}{2} g t^2$$

sind in der Tat die für den senkrecht
nach oben gerichteten Wurf im luftleeren Raume geltenden.

c) Man zeichne im Endpunkte des um M mit dem Halbmesser a
geschlagenen Kreises die Tangente t (s. Abb. 340); den zum Mittelpunktswinkel α gehörigen Bogen AU trage man von A aus auf t ab,
so daß $AV = \widehat{AU}$ ist. Verbindet man V mit U, so schneidet diese
Gerade den Durchmesser in einem Punkte W. Die Lage des Punktes W
und damit die Länge s der Strecke AW ist von der Größe von α abhängig. Betrachten wir den Durchmesser AW als die x-Achse und die
Tangente t als die y-Achse eines rechtwinkligen Koordinatensystems,
so kommen dem Punkte U die Koordinaten $a - a\cos\alpha\,|\,a\sin\alpha$, dem
Punkte V die Koordinaten $0\,|\,a\,\alpha$ zu. Mithin ist die Gleichung der
Geraden VU [s. (113) S. 307]

$$\frac{y - a\alpha}{x} = \frac{a\sin\alpha - a\alpha}{a - a\cos\alpha}.$$

Setzen wir hierin $y = 0$, so muß $x = s$ werden, und es ergibt sich somit
für s der Wert

$$s = a\alpha\frac{1 - \cos\alpha}{\alpha - \sin\alpha}.$$

Je kleiner α wird, um so näher rücken die Punkte U und V zusammen,
um im Grenzfalle $\alpha \to 0$ einander unendlich nahe zu kommen. Da

dann UV mit AM zusammenfällt, so wird die Lage von W unbestimmt; denn

$$[s]_{\alpha=0} = a \left[\frac{\alpha - \alpha \cos\alpha}{\alpha - \sin\alpha}\right]_{\alpha=0} = a \cdot \frac{0}{0}.$$

Hierfür ergibt sich aber

$$[s]_{\alpha=0} = a \cdot \left[\frac{1 - \cos\alpha + \alpha \sin\alpha}{1 - \cos\alpha}\right]_{\alpha=0} = a \cdot \frac{0}{0} = a \cdot \left[\frac{2\sin\alpha + \alpha \cos\alpha}{\sin\alpha}\right]_{\alpha=0}$$

$$= a \cdot \frac{0}{0} = a \left[\frac{3\cos\alpha - \alpha \sin\alpha}{\cos\alpha}\right]_{\alpha=0}$$

oder

$$[s]_{\alpha=0} = 3a.$$

Der Punkt W_0 ist also in diesem Grenzfalle von A um das Dreifache des Halbmessers entfernt.

Wir können uns dieses Ergebnis in der folgenden Weise zunutze machen. Wenn wir W_0 mit irgendeinem Punkte U des Kreises verbinden, so wird diese Gerade auf t einen Punkt V_0 ausschneiden, und es wird AV_0 ungefähr gleich dem Bogen AU sein; und zwar wird der Fehler um so geringer sein, je kleiner α ist. Um die Strecke $AV_0 = b_0$ zu berechnen, legen wir die Gerade durch $U(a(1 - \cos\alpha) \,|\, a\sin\alpha)$ und $W_0(3a|0)$; ihre Gleichung lautet

$$\frac{y}{x - 3a} = -\frac{\sin\alpha}{2 + \cos\alpha};$$

für $x = 0$ wird

$$y = b_0 = 3a \frac{\sin\alpha}{2 + \cos\alpha},$$

während die wahre Länge des Bogens $AV = b = a \cdot \alpha$ ist. Über die bei verschiedenen Winkeln α sich ergebenden Differenzen gibt die folgende Tabelle Aufschluß:

α	10°	20°	30°	40°	50°
b	$a \cdot 0{,}17453$	$a \cdot 0{,}34907$	$a \cdot 0{,}52360$	$a \cdot 0{,}69813$	$a \cdot 0{,}87226$
b_0	$a \cdot 0{,}17453$	$a \cdot 0{,}34904$	$a \cdot 0{,}52337$	$a \cdot 0{,}69716$	$a \cdot 0{,}86959$
Fehler $(b - b_0)$	$a \cdot 0{,}00000$	$a \cdot 0{,}00003$	$a \cdot 0{,}00023$	$a \cdot 0{,}00097$	$a \cdot 0{,}00267$
relativer Fehler $\frac{b - b_0}{b}$	$0{,}00000$	$0{,}1\,{}^0/_{00}$	$0{,}44\,{}^0/_{00}$	$1{,}39\,{}^0/_{00}$	$3{,}06\,{}^0/_{00}$

Also noch bei 50° ist der Fehler so gering, daß er zeichnerisch überhaupt nicht zur Wirkung kommt. Bei 60° beträgt er 0,8%, bei 90° 4,5%. Um demnach einen Kreisbogen AU zu strecken, wählt man auf dem zu einem Endpunkt A gehörigen Durchmesser einen Punkt W_0, der von A den dreifachen Abstand des Halbmessers hat. Die Verbindungslinie W_0U schneidet dann auf der zu A gehörigen Tangente t die Strecke AV_0 ab, die mit großer Annäherung gleich dem Bogen AU ist. Bei größeren Winkeln α kann man sich dadurch helfen, daß man den Bogen in zwei bzw. vier ... Teile teilt und einen dieser Teile auf die angegebene Weise streckt.

d) Die Kurve von der Gleichung $y = \mathfrak{T}\mathfrak{g}\,x$ hat den in ·Abb. 341 angegebenen Verlauf; die Gerade $y = 1$ ist Asymptote, an die sich die Kurve ziemlich rasch und dicht anschmiegt. Es ist zu vermuten, daß der Inhalt der Fläche, welche von der Kurve, der y-Achse und dieser Asymptote begrenzt wird, endlich ist, obgleich sich die Fläche selbst bis ins Unendliche erstreckt. Um ihn zu bestimmen, teilen wir die Fläche durch Parallelen zur y-Achse in Streifen von der Breite dx; ihre Höhe ist $1 - \mathfrak{T}\mathfrak{g}\,x$, so daß der Inhalt eines solchen Streifens gleich

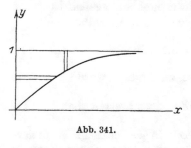

Abb. 341.

$(1 - \mathfrak{T}\mathfrak{g}\,x)\,dx$, und damit der Inhalt der Fläche selbst durch das Integral gegeben wird:

$$F = \int\limits_0^\infty (1 - \mathfrak{T}\mathfrak{g}\,x)\,dx = [x - \ln \mathfrak{Coj}\,x]_0^\infty.$$

Setzen wir die untere Grenze ein, so ergibt sich der Wert Null; für die obere Grenze nimmt der Ausdruck dagegen die unbestimmte Form $\infty - \infty$ an. Das oben entwickelte Verfahren zu seiner Berechnung versagt hier; wir formen daher den Ausdruck um, indem wir, da

$$\mathfrak{Coj}\,x = \frac{e^x + e^{-x}}{2}$$

ist, schreiben

$$x - \ln \mathfrak{Coj}\,x = \ln e^x - \ln\frac{e^x + e^{-x}}{2} = \ln\frac{2\,e^x}{e^x + e^{-x}} = \ln\frac{2}{1 + e^{-2x}}.$$

Da nun $[e^{-2x}]_{x=\infty} = 0$ ist, so folgt ohne irgendwelche Differentiation, daß $[x - \ln \mathfrak{Coj}\,x]_{x=\infty} = \ln 2$ ist; mithin ist der Flächeninhalt $F = \ln 2 = 0{,}69315$.

Um einen Maßstab dafür zu haben, wie eng sich die $\mathfrak{T}\mathfrak{g}$-Linie an die Asymptote anschmiegt, wollen wir den Inhalt der von $x = 3$ bis $x = \infty$ reichenden Fläche berechnen. Es ist $F_3^\infty = F_0^\infty - F_0^3$; ferner ist

$$F_0^3 = 3 - \ln \mathfrak{Coj}\,3 = 3 - 2{,}3026 \cdot \log \mathfrak{Coj}\,3 = 3 - 1{,}0029 \cdot 2{,}3026$$
$$= 3 - 2{,}3093 = 0{,}6907.$$

Also ist $F_3^\infty = 0{,}0025$. Demnach fällt auf den Bereich von $x = 3$ bis $x = \infty$ nur $\frac{0{,}0025}{0{,}6932} = 0{,}36\,\%$ der gesamten Fläche.

Es ist zu vermuten, daß auch der Schwerpunkt der soeben behandelten Fläche im Endlichen liegt. Jeder der oben eingeführten Flächenstreifen ist die Differenz aus einem zwischen der x-Achse und der Asymptote liegenden Flächenstreifen vom Inhalte $1 \cdot dx$ und einem zwischen der x-Achse und der Kurve liegenden Flächenstreifen vom Inhalte $\mathfrak{T}\mathfrak{g}\,x \cdot dx$. Ersterer hat bezüglich der x-Achse das statische

Moment $\frac{1}{2} \cdot 1 \cdot dx$, letzterer das Moment $\frac{1}{2} \cdot \mathfrak{Tg}\, x \cdot \mathfrak{Tg}\, x\, dx$, so daß das statische Moment des in Betracht kommenden Flächenstreifens ist:

$$d\,\mathfrak{M}_x = \tfrac{1}{2}\,(1 - \mathfrak{Tg}^2 x)\, dx\,.$$

Das statische Moment der gesamten Fläche wird also

$$\mathfrak{M}_x = \frac{1}{2}\int\limits_0^\infty (1 - \mathfrak{Tg}^2 x)\, dx = \frac{1}{2}\int\limits_0^\infty \frac{dx}{\mathfrak{Cof}^2 x} = \frac{1}{2}\,[\mathfrak{Tg}\, x]_0^\infty = \frac{1}{2}\,.$$

Demnach ist, da die Ordinate η des Schwerpunktes gegeben ist durch die Gleichung $\eta \cdot F = \mathfrak{M}_x$, $\eta \cdot \ln 2 = \frac{1}{2}$, woraus sich ergibt

$$\eta = \frac{1}{2\ln 2} = \frac{1}{1{,}386\,29} = 0{,}721\,35\,.$$

Um die Abszisse des Schwerpunktes zu finden, würde man das bestimmte Integral $\mathfrak{M}_y = \int\limits_0^\infty x\,(1 - \mathfrak{Tg}\, x)\, dx$ auszuwerten haben. Da wir jedoch nicht in der Lage sind, $\int x\,\mathfrak{Tg}\, x\, dx$ in geschlossener Form darzustellen, so sind wir auf Näherungsformeln angewiesen. Indessen würde ein weiteres Eingehen hierauf den Rahmen des Buches überschreiten.

Wir schließen hiermit diesen Paragraphen ab und wenden uns nun der Aufgabe zu, den **Taylorschen Satz** auf Funktionen von mehreren Veränderlichen auszudehnen. In dieser Form eignet sich der Satz zur Behandlung räumlicher Probleme, insbesondere zur Auffindung der Tangentialebene und des Flächeninhaltes sowie der Höchst- und Tiefstpunkte krummer Oberflächen. Schließlich können wir dann auch die Funktionen mehrerer Veränderlichen auf Maxima' und Minima untersuchen.

§ 5. Der Taylorsche Satz für Funktionen mehrerer Veränderlichen und seine Anwendungen auf die Geometrie.

(205) A. Um eine Funktion zweier Veränderlichen $z = f(x, y)$ nach dem **Taylorschen Satze** gleichzeitig nach den beiden Veränderlichen zu entwickeln, betrachten wir vorläufig die eine Veränderliche, beispielsweise y, als konstant und setzen $x = x_0 + h$, wobei also $h = x - x_0$ ist und x_0 den Wert von x darstellt, für den uns z und seine Ableitungen nach x:

$$\frac{\partial z}{\partial x} = \frac{\partial f}{\partial x}\,, \qquad \frac{\partial^2 z}{\partial x^2} = \frac{\partial^2 f}{\partial x^2}\,, \qquad \cdots$$

gegeben sind. Wir erhalten dann

$$z = f(x, y) = f(x_0, y) + \frac{1}{1!}\left(\frac{\partial f}{\partial x}\right)_{x_0} \cdot (x - x_0) + \frac{1}{2!}\left(\frac{\partial^2 f}{\partial x^2}\right)_{x_0} \cdot (x - x_0)^2$$
$$+ \frac{1}{3!}\left(\frac{\partial^3 f}{\partial x^3}\right)_{x_0} (x - x_0)^3 + \cdots\,.$$

Dabei bedeutet $\left(\dfrac{\partial^k f}{\partial x^k}\right)_{x_0}$ einen Ausdruck, den wir erhalten, wenn wir zuerst den $k$ten partiellen Differentialquotienten von z nach x bilden und nachträglich in diesen für die Veränderliche x den konstanten Wert x_0 setzen. Es ist also $\left(\dfrac{\partial^k f}{\partial x^k}\right)_{x_0}$ nur noch eine Funktion von y allein. Wir können folglich $\left(\dfrac{\partial^k f}{\partial x^k}\right)_{x_0}$ wiederum nach dem Taylorschen Satze für den Wert $y = y_0$ in eine Reihe entwickeln; wir erhalten dadurch

$$f(x_0, y) = f(x_0, y_0) + \frac{1}{1!}\left(\frac{\partial f}{\partial y}\right)_{x_0, y_0} (y - y_0) + \frac{1}{2!}\left(\frac{\partial^2 f}{\partial y^2}\right)_{x_0 y_0} (y - y_0)^2$$
$$+ \frac{1}{3!}\left(\frac{\partial^3 f}{\partial y^3}\right)_{x_0 y_0} (y - y_0)^3 + \cdots,$$

$$\left(\frac{\partial f}{\partial x}\right)_{x_0} = \left(\frac{\partial f}{\partial x}\right)_{x_0 y_0} + \frac{1}{1!}\left(\frac{\partial^2 f}{\partial x \, \partial y}\right)_{x_0 y_0} (y - y_0) + \frac{1}{2!}\left(\frac{\partial^3 f}{\partial x \, \partial y^2}\right)_{x_0 y_0} (y - y_0)^2 + \cdots,$$

$$\left(\frac{\partial^2 f}{\partial x^2}\right)_{x_0} = \left(\frac{\partial^2 f}{\partial x^2}\right)_{x_0 y_0} + \frac{1}{1!}\left(\frac{\partial^3 f}{\partial x^2 \, \partial y}\right)_{x_0 y_0} (y - y_0) + \cdots,$$

$$\left(\frac{\partial^3 f}{\partial x^3}\right)_{x_0} = \left(\frac{\partial^3 f}{\partial x^3}\right)_{x_0 y_0} + \cdots.$$

Hierbei entspricht die Bedeutung von $\left(\dfrac{\partial^k f}{\partial x^l \partial y^{k-l}}\right)_{x_0 y_0}$ der oben für $\left(\dfrac{\partial^k f}{\partial x^k}\right)_{x_0}$ angegebenen.

Führen wir diese Werte in die Formel für z ein, so erhalten wir nach Zusammenfassung gleich hoher Differentialquotienten

$$\begin{aligned}
f(x, y) = f(x_0, y_0) &+ \frac{1}{1!}\left[\left(\frac{\partial f}{\partial x}\right)_{x_0 y_0} (x - x_0) + \left(\frac{\partial f}{\partial y}\right)_{x_0 y_0} (y - y_0)\right] \\
&+ \frac{1}{2!}\left[\left(\frac{\partial^2 f}{\partial x^2}\right)_{x_0 y_0} (x - x_0)^2 + 2\left(\frac{\partial^2 f}{\partial x \partial y}\right)_{x_0 y_0} (x - x_0)(y - y_0)\right. \\
&\quad + \left.\left(\frac{\partial^2 f}{\partial y^2}\right)_{x_0 y_0} (y - y_0)^2\right] \\
&+ \frac{1}{3!}\left[\left(\frac{\partial^3 f}{\partial x^3}\right)_{x_0 y_0} (x - x_0)^3 + 3\left(\frac{\partial^3 f}{\partial x^2 \partial y}\right)_{x_0 y_0} (x - x_0)^2 (y - y_0)\right. \\
&\quad + \left. 3\left(\frac{\partial^3 f}{\partial x \partial y^2}\right)_{x_0 y_0} (x - x_0)(y - y_0)^2 + \left(\frac{\partial^3 f}{\partial y^3}\right)_{x_0 y_0} (y - y_0)^3\right] + \cdots \\
&+ \frac{1}{k!}\left[\left(\frac{\partial^k f}{\partial x^k}\right)_{x_0 y_0} (x - x_0)^k + \cdots\right. \\
&\quad + \binom{k}{l}\left(\frac{\partial^k f}{\partial x^l \partial y^{k-l}}\right)_{x_0 y_0} (x - x_0)^l (y - y_0)^{k-l} + \cdots \\
&\quad + \left.\left(\frac{\partial^k f}{\partial y^k}\right)_{x_0 y_0} (y - y_0)^k\right] + \cdots;
\end{aligned}$$

33)

denn es ist
$$\frac{1}{l!} \cdot \frac{1}{(k-l)!} = \frac{1}{k!}\binom{k}{l},$$

wobei $\binom{k}{l}$ der $l$te Binomialkoeffizient in der $k$ten Reihe ist [s. **(36)** S. 83].

Formel 33) ist die **Taylorsche Reihe** für zwei Veränderliche.

Durch entsprechende Betrachtungen lassen sich nun auch die **Taylorschen Reihen für mehr als zwei Veränderliche** gewinnen; so lautet die **Taylorsche Reihe für drei Veränderliche**

$$
\begin{aligned}
f(x,y,z) = {}& f(x_0,y_0,z_0) + \frac{1}{1!}\left[\left(\frac{\partial f}{\partial x}\right)_{x_0 y_0 z_0}(x-x_0) + \left(\frac{\partial f}{\partial y}\right)_{x_0 y_0 z_0}(y-y_0)\right. \\
& + \left.\left(\frac{\partial f}{\partial z}\right)_{x_0 y_0 z_0}(z-z_0)\right] \\
& + \frac{1}{2!}\left[\left(\frac{\partial^2 f}{\partial x^2}\right)_{x_0 y_0 z_0}(x-x_0)^2 + \left(\frac{\partial^2 f}{\partial y^2}\right)_{x_0 y_0 z_0}(y-y_0)^2\right. \\
& + \left(\frac{\partial^2 f}{\partial z^2}\right)_{x_0 y_0 z_0}(z-z_0)^2 + 2\left(\frac{\partial^2 f}{\partial x\,\partial y}\right)_{x_0 y_0 z_0}(x-x_0)(y-y_0) \\
& + 2\left(\frac{\partial^2 f}{\partial x\,\partial z}\right)_{x_0 y_0 z_0}(x-x_0)(z-z_0) + 2\left.\left(\frac{\partial^2 f}{\partial y\,\partial z}\right)_{x_0 y_0 z_0}(y-y_0)(z-z_0)\right] \\
& + \frac{1}{3!}\left[\left(\frac{\partial^3 f}{\partial x^3}\right)_{x_0 y_0 z_0}(x-x_0)^3 + \left(\frac{\partial^3 f}{\partial y^3}\right)_{x_0 y_0 z_0}(y-y_0)^3\right. \\
& + \left(\frac{\partial^3 f}{\partial z^3}\right)_{x_0 y_0 z_0}(z-z_0)^3 + 3\left(\frac{\partial^3 f}{\partial x^2\,\partial y}\right)_{x_0 y_0 z_0}(x-x_0)^2(y-y_0) \\
& + 3\left(\frac{\partial^3 f}{\partial x^2\,\partial z}\right)_{x_0 y_0 z_0}(x-x_0)^2(z-z_0) + 3\left(\frac{\partial^2 f}{\partial x\,\partial y^2}\right)_{x_0 y_0 z_0}(x-x_0)(y-y_0)^2 \\
& + 6\left(\frac{\partial^3 f}{\partial x\,\partial y\,\partial z}\right)_{x_0 y_0 z_0}(x-x_0)(y-y_0)(z-z_0) \\
& + 3\left(\frac{\partial^3 f}{\partial x\,\partial z^2}\right)_{x_0 y_0 z_0}(x-x_0)(z-z_0)^2 + 3\left(\frac{\partial^3 f}{\partial y^2\,\partial z}\right)_{x_0 y_0 z_0}(y-y_0)^2(z-z_0) \\
& + 3\left.\left(\frac{\partial^3 f}{\partial y\,\partial z^2}\right)_{x_0 y_0 z_0}(y-y_0)(z-z_0)^2\right] + \cdots.
\end{aligned}
\tag{34}
$$

Beispiele. a) Zur Entwicklung der Funktion $z = \sin x \cdot \cos y$ für $x_0 = 0$, $y_0 = 0$ nach Potenzen von x und y erhalten wir

$$\frac{\partial f}{\partial x} = \cos x \cos y, \qquad \frac{\partial f}{\partial y} = -\sin x \sin y;$$

$$\frac{\partial^2 f}{\partial x^2} = -\sin x \cos y, \qquad \frac{\partial^2 f}{\partial x\,\partial y} = -\cos x \sin y, \qquad \frac{\partial^2 f}{\partial y^2} = -\sin x \cos y;$$

$$\frac{\partial^3 f}{\partial x^3} = -\cos x \cos y, \qquad \frac{\partial^3 f}{\partial x^2\,\partial y} = +\sin x \sin y.$$

$$\frac{\partial^3 f}{\partial x\,\partial y^2} = -\cos x \cos y, \qquad \frac{\partial^3 f}{\partial y^3} = +\sin x \sin y;$$

$$\frac{\partial^4 f}{\partial x^4} = +\sin x \cos y, \qquad \frac{\partial^4 f}{\partial x^3\,\partial y} = +\cos x \sin y, \qquad \frac{\partial^4 f}{\partial x^2\,\partial y^2} = +\sin x \cos y,$$

$$\frac{\partial^4 f}{\partial x\,\partial y^3} = +\cos x \sin y, \qquad \frac{\partial^4 f}{\partial y^4} = +\sin x \cos y; \quad \dots$$

Für das Wertepaar $0\,|\,0$ ist somit $z = 0$, und für die Differentialquotienten ergeben sich der Reihe nach die Werte:

$$1,\ 0;\quad 0,\ 0,\ 0;\quad -1,\ 0,\ -1,\ 0;$$
$$0,\ 0,\ 0,\ 0,\ 0;\quad +1,\ 0,\ +1,\ 0,\ +1,\ 0;\quad \ldots$$

Also lauten die ersten Glieder der Entwicklung

$$\sin x \cos y = x - \frac{x^3}{3!} - \frac{x y^2}{2!} - \frac{x^5}{5!} + \frac{10}{5!} x^3 y^2 + \frac{5}{5!} x y^4 + \cdots.$$

Diese Reihe können wir auch auf folgende Weise finden:

$$\sin x \cos y = \frac{1}{2}\left[\sin(x+y) + \sin(x-y)\right]$$
$$= \frac{1}{2}\left[\frac{x+y}{1!} - \frac{(x+y)^3}{3!} + \frac{(x+y)^5}{5!} - \cdots\right.$$
$$\left. + \frac{x-y}{1!} - \frac{(x-y)^3}{3!} + \frac{(x-y)^5}{5!} - \cdots\right]$$
$$= x - \frac{x^3 + 3x y^2}{3!} + \frac{x^5 + 10 x^3 y^2 + 5 x y^4}{5!}$$
$$- \frac{x^7 + 21 x^5 y^2 + 35 x^3 y^4 + 7 x y^6}{7!} + \cdots$$

oder dadurch, daß wir $\sin x$ und $\cos y$ einzeln in Reihen entwickeln und diese dann gliedweise miteinander multiplizieren.

b) Es sei

$$f(x,\,y) = \operatorname{arctg} \frac{y}{x};$$

dann ist

$$\frac{\partial f}{\partial x} = -\frac{y}{x^2 + y^2}, \qquad \frac{\partial f}{\partial y} = \frac{x}{x^2 + y^2};$$

$$\frac{\partial^2 f}{\partial x^2} = \frac{2xy}{(x^2 + y^2)^2}, \qquad \frac{\partial^2 f}{\partial x\,\partial y} = \frac{y^2 - x^2}{(x^2 + y^2)^2}, \qquad \frac{\partial^2 f}{\partial y^2} = \frac{-2xy}{(x^2 + y^2)^2};$$

$$\frac{\partial^3 f}{\partial x^3} = \frac{-6 x^2 y + 2 y^3}{(x^2 + y^2)^3}, \qquad \frac{\partial^3 f}{\partial x^2\,\partial y} = \frac{2 x^3 - 6 x y^2}{(x^2 + y^2)^3},$$

$$\frac{\partial^3 f}{\partial x\,\partial y^2} = \frac{6 x^2 y - 2 y^3}{(x^2 + y^2)^3}, \qquad \frac{\partial^3 f}{\partial y^3} = \frac{-2 x^3 + 6 x y^2}{(x^2 + y^2)^3}; \qquad \ldots$$

Setzen wir $x_0 = a$, $y_0 = 0$, so erhalten wir die Reihe

$$\operatorname{arctg} \frac{y}{x} = \frac{y}{a} - \frac{1}{2!} \cdot \frac{2(x-a)y}{a^2} + \frac{1}{3!}\left(\frac{3 \cdot 2}{a^3}(x-a)^2 y - \frac{2}{a^3} y^3\right) - \cdots$$
$$= \frac{y}{a} - \frac{(x-a)y}{a^2} + \frac{1}{a^3}(x-a)^2 y - \frac{y^3}{3 a^3} - \cdots.$$

(206) Anwendung der Taylorschen Reihe für zwei Veränderliche auf unentwickelte Funktionen. Es sei $f(x, y) = 0$ die Gleichung einer Kurve in unentwickelter Form; verwandeln wir $f(x, y)$ in der

Umgebung des Punktes $P_0(x_0\,|\,y_0)$ der Kurve $- f(x_0, y_0) \equiv 0 -$ nach Formel 33) in eine Reihe, so erhalten wir

$$0 = \frac{1}{1!}\left[\left(\frac{\partial f}{\partial x}\right)_{x_0 y_0}(x - x_0) + \left(\frac{\partial f}{\partial x}\right)_{x_0 y_0}(y - y_0)\right] + \frac{1}{2!}\left[\left(\frac{\partial^2 f}{\partial x^2}\right)_{x_0 y_0}(x - x_0)^2\right.$$

$$\left. + 2\left(\frac{\partial^2 f}{\partial x \partial y}\right)_{x_0 y_0}(x - x_0)(y - y_0) + \left(\frac{\partial^2 f}{\partial y^2}\right)_{x_0 y_0}(y - y_0)^2\right] + \cdots.$$

Die Gleichung wird streng erfüllt von den Koordinaten $x\,|\,y$ aller Punkte P der Kurve. Betrachten wir einen solchen Punkt P, der nahe genug an P_0 liegt, so daß die Differenzen $x - x_0\,|\,y - y_0$ genügend klein sind, um höhere Potenzen ihnen gegenüber zu vernachlässigen, so läßt sich für diese Punkte P die Kurvengleichung in erster Annäherung ersetzen durch die Gleichung

$$\left(\frac{\partial f}{\partial x}\right)_{x_0 y_0}(x - x_0) + \left(\frac{\partial f}{\partial y}\right)_{x_0 y_0}(y - y_0) = 0.$$

Das ist aber die Gleichung einer Geraden. Die Punkte P der Kurve in unmittelbarster Nachbarschaft des Kurvenpunktes P_0 bestimmen also eine Gerade; man nennt sie Tangente. Die Gleichung

$$\left(\frac{\partial f}{\partial x}\right)_{x_0 y_0}(x - x_0) + \left(\frac{\partial f}{\partial y}\right)_{x_0 y_0}(y - y_0) = 0$$

ist mithin die Gleichung der im Punkte $P_0(x_0\,|\,y_0)$ an die Kurve von der Gleichung $f(x, y) = 0$ gelegten Tangente. Der Richtungsfaktor der Tangente und damit der Differentialquotient $\dfrac{dx}{dy}$ der Funktion $f(x, y) = 0$ für das Wertepaar $x_0\,|\,y_0$ ist also gleich

$$\frac{dy}{dx} = -\left(\frac{\partial f}{\partial x} : \frac{\partial f}{\partial y}\right)_{x_0 y_0},$$

übereinstimmend mit dem in **(166)** S. 513 gewonnenen Ergebnis.

Ist sowohl

$$\left(\frac{\partial f}{\partial x}\right)_{x_0 y_0} = 0 \qquad \text{als auch} \qquad \left(\frac{\partial f}{\partial y}\right)_{x_0 y_0} = 0,$$

so verkürzt sich die Taylorsche Reihe auf die Glieder:

$$0 = \frac{1}{2!}\left[\left(\frac{\partial^2 f}{\partial x^2}\right)_{x_0 y_0}(x - x_0)^2 + 2\left(\frac{\partial^2 f}{\partial x \partial y}\right)_{x_0 y_0}(x - x_0)(y - y_0) + \left(\frac{\partial^2 f}{\partial y^2}\right)_{x_0 y_0}(y - y_0)^2\right]$$

$$+ \frac{1}{3!}[+\cdots].$$

In diesem Falle liegen also die P_0 benachbarten Punkte der Kurve, da höhere als zweite Potenzen der Differenzen $x - x_0$ und $y - y_0$ diesen gegenüber vernachlässigt werden können, auf einer Kurve, deren Gleichung

$$\left(\frac{\partial^2 f}{\partial x^2}\right)_{x_0 y_0}(x - x_0)^2 + 2\left(\frac{\partial^2 f}{\partial x \partial y}\right)_{x_0 y_0}(x - x_0)(y - y_0) + \left(\frac{\partial^2 f}{\partial y^2}\right)_{x_0 y_0}(y - y_0)^2 = 0$$

lautet. Die Gleichung läßt sich auch schreiben

$$\left(\frac{\partial^2 f}{\partial y^2}\right)_{x_0 y_0}\left(\frac{y-y_0}{x-x_0}\right)^2 + 2\left(\frac{\partial^2 f}{\partial x\,\partial y}\right)_{x_0 y_0}\cdot\frac{y-y_0}{x-x_0} + \left(\frac{\partial^2 f}{\partial x^2}\right)_{x_0 y_0} = 0;$$

d. h. sie ist eine quadratische Gleichung für das Verhältnis $\frac{y-y_0}{x-x_0}$ und besitzt zwei Lösungen, die mit A_1 und A_2 bezeichnet werden mögen. Nun ist aber $\frac{y-y_0}{x-x_0} = A$ die Gleichung einer durch $P_0(x_0\,|\,y_0)$ gehenden Geraden vom Richtungsfaktor A. Wir finden also:

Ist für einen Punkt $P_0(x_0\,|\,y_0)$ der Kurve von der Gleichung $f(x,y)=0$ sowohl $\frac{\partial f}{\partial x}=0$ als auch $\frac{\partial f}{\partial y}=0$, so schmiegt sich in diesem Punkte an die Kurve ein Geradenpaar an; die Richtungsfaktoren A_1 und A_2 der Geraden ergeben sich aus der Gleichung

$$A^2\left(\frac{\partial^2 f}{\partial y^2}\right)_{x_0 y_0} + 2A\left(\frac{\partial^2 f}{\partial x\,\partial y}\right)_{x_0 y_0} + \left(\frac{\partial^2 f}{\partial x^2}\right)_{x_0 y_0} = 0.$$

Die Kurve hat demnach in einem solchen Punkte zwei Richtungen; der Punkt heißt ein singulärer Punkt. Je nachdem die beiden Lösungen A reell und voneinander verschieden, reell und gleich oder konjugiert komplex sind, heißt der Kurvenpunkt ein Doppelpunkt, ein Rückkehrpunkt (eine Spitze) oder ein isolierter Punkt (ein Einsiedler).

Wir sind somit durch die Taylorsche Reihe zu Ergebnissen gelangt, die mit den in (167) S. 520 gewonnenen identisch sind. Die Taylorsche Reihe läßt uns aber darüber hinaus leicht das Verhalten einer Kurve in einem Punkte P_0 erkennen, der eine noch höhere Singularität aufweist, für den beispielsweise außerdem noch die zweiten Differentialquotienten

$$\left(\frac{\partial^2 f}{\partial x^2}\right)_{x_0 y_0} = 0, \qquad \left(\frac{\partial^2 f}{\partial x\,\partial y}\right)_{x_0 y_0} = 0, \qquad \left(\frac{\partial^2 f}{\partial y^2}\right)_{x_0 y_0} = 0$$

sind. In diesem Falle würde die Kurve, die sich in ihm am engsten an die gegebene Kurve anschmiegt, von der Gleichung sein müssen:

$$\left(\frac{\partial^3 f}{\partial x^3}\right)_{x_0 y_0}(x-x_0)^3 + 3\left(\frac{\partial^3 f}{\partial x^2\,\partial y}\right)_{x_0 y_0}(x-x_0)^2(y-y_0)$$

$$+ 3\left(\frac{\partial^3 f}{\partial x\,\partial y^2}\right)_{x_0 y_0}(x-x_0)(y-y_0)^2 + \left(\frac{\partial^3 f}{\partial y^3}\right)_{x_0 y_0}(y-y_0)^3 = 0.$$

Die Schmiegungskurve zerfällt in drei Geraden; d. h. die gegebene Kurve von der Gleichung $f(x,y)=0$ hat in P_0 drei Richtungen A, die sich aus der Gleichung dritten Grades

$$\left(\frac{\partial^3 f}{\partial y^3}\right)_{x_0 y_0}A^3 + 3\left(\frac{\partial^3 f}{\partial x\,\partial y^2}\right)_{x_0 y_0}A^2 + 3\left(\frac{\partial^3 f}{\partial x^2\,\partial y}\right)_{x_0 y_0}A + \left(\frac{\partial^3 f}{\partial x^3}\right)_{x_0 y_0} = 0$$

ergeben usw.

(207)   B. Tangentialebenen und Normalen krummer Oberflächen. Das geometrische Bild der Gleichung

$$z = f(x, y) \qquad\qquad 35)$$

ist im rechtwinkligen räumlichen Koordinatensysteme eine Fläche; einer ihrer Punkte sei $P_0(x_0|y_0|z_0)$, so daß also $z_0 \equiv f(x_0, y_0)$ ist. Ein weiterer Punkt der Fläche möge $P(x|y|z)$ sein; es ist also auch $z \equiv f(x, y)$. Wenden wir auf die Funktion z bezüglich der Koordinaten des Punktes P_0 die **Taylorsche Entwicklung** 33) an, so erhalten wir

$$z - z_0 = \frac{1}{1!}\left[\left(\frac{\partial f}{\partial x}\right)_{x_0 y_0}(x - x_0) + \left(\frac{\partial f}{\partial y}\right)_{x_0 y_0}(y - y_0)\right]$$

$$+ \frac{1}{2!}\left[\left(\frac{\partial^2 f}{\partial x^2}\right)_{x_0 y_0}(x - x_0)^2 + 2\left(\frac{\partial^2 f}{\partial x \, \partial y}\right)_{x_0 y_0}(x - x_0)(y - y_0)\right.$$

$$\left. + \left(\frac{\partial^2 f}{\partial y^2}\right)_{x_0 y_0}(y - y_0)^2\right] + \cdots .$$

Wie oben können wir jetzt schließen: Ist $P(x|y|z)$ dem Punkte $P_0(x_0|y_0|z_0)$ auf der Fläche eng benachbart, so sind die Differenzen $x - x_0$, $y - y_0$, $z - z_0$ sehr klein, ihre höheren Potenzen also erst recht klein, so daß wir sie in erster Annäherung gegenüber den Gliedern erster Ordnung der **Taylorschen Reihe** vernachlässigen können. Die in unmittelbarer Nachbarschaft von P_0 liegenden Punkte der Fläche sind also so angeordnet, daß ihre Koordinaten $x|y|z$ die Gleichung erfüllen:

$$z - z_0 = \left(\frac{\partial f}{\partial x}\right)_{x_0 y_0}(x - x_0) + \left(\frac{\partial f}{\partial y}\right)_{x_0 y_0}(y - y_0) . \qquad 36)$$

Diese Gleichung ist aber in x, y, z linear; folglich ist 36) die Gleichung einer Ebene, und zwar der Ebene, die mit der Fläche von der Gleichung $z = f(x, y)$ außer P_0 auch noch die unendlich benachbarten Punkte gemeinsam hat. Diese Ebene ist die **Tangentialebene** an die Fläche in P_0.

Nicht immer ist jedoch die Gleichung der Fläche in der entwickelten Form $z = f(x, y)$ gegeben; besonders häufig ist vielmehr der Fall, daß die Gleichung in den drei Koordinaten $x|y|z$ in unentwickelter Form auftritt, also von der Gestalt

$$f(x, y, z) = 0 \qquad\qquad 35')$$

ist. Dann können wir zur Gleichung der Tangentialebene gelangen, wenn wir einen ähnlichen Weg einschlagen wie oben bei den ebenen Kurven mit unentwickelter Gleichung. Setzen wir nämlich $u = f(x, y, z)$ und entwickeln u nach der **Taylorschen Formel** 34) für einen Punkt $P_0(x_0|y_0|z_0)$, der auf der Fläche liegt, so daß also $f(x_0|y_0|z_0) \equiv 0$

ist, so lautet für alle Punkte $P(x|y|z)$, die ebenfalls der Fläche angehören, für die also $u \equiv f(x, y, z) \equiv 0$ ist, die Reihe

$$0 = \frac{1}{1!}\left[\left(\frac{\partial f}{\partial x}\right)_{x_0 y_0 z_0}(x - x_0) + \left(\frac{\partial f}{\partial y}\right)_{x_0 y_0 z_0}(y - y_0) + \left(\frac{\partial f}{\partial z}\right)_{x_0 y_0 z_0}(z - z_0)\right]$$

$$+ \frac{1}{2!}\left[\left(\frac{\partial^2 f}{\partial x^2}\right)_{x_0 y_0 z_0}(x - x_0)^2 + \cdot + \cdot + 2\left(\frac{\partial^2 f}{\partial x\,\partial y}\right)_{x_0 y_0 z_0}(x - x_0)(y - y_0) + \cdot + \cdot\right] + \cdots.$$

Betrachten wir nur solche Punkte der Fläche, welche in unmittelbarer Nachbarschaft von P_0 liegen, so können wir die Glieder höherer Ordnung vernachlässigen; die Koordinaten dieser Punkte erfüllen daher die Gleichung

$$\left(\frac{\partial f}{\partial x}\right)_{x_0 y_0 z_0}(x - x_0) + \left(\frac{\partial f}{\partial y}\right)_{x_0 y_0 z_0}(y - y_0) + \left(\frac{\partial f}{\partial z}\right)_{x_0 y_0 z_0}(z - z_0) = 0 . \quad 36')$$

36') ist die Gleichung einer Ebene; diese Ebene ist die Tangentialebene der Fläche von der Gleichung $f(x, y, z) = 0$ im Punkte $P_0(x_0|y_0|z_0)$.

Die Gleichung der in P_0 auf der Tangentialebene senkrecht stehenden Geraden, der zur Fläche in P_0 gehörigen Normalen, muß nach Formel 43') in (159) lauten:

für die Fläche von der Gleichung $z = f(x, y)$

$$\frac{x - x_0}{\left(\dfrac{\partial f}{\partial x}\right)_{x_0 y_0}} = \frac{y - y_0}{\left(\dfrac{\partial f}{\partial y}\right)_{x_0 y_0}} = - (z - z_0) , \quad 37)$$

für die Fläche von der Gleichung $f(x, y, z) = 0$

$$\frac{x - x_0}{\left(\dfrac{\partial f}{\partial x}\right)_{x_0 y_0 z_0}} = \frac{y - y_0}{\left(\dfrac{\partial f}{\partial y}\right)_{x_0 y_0 z_0}} = \frac{z - z_0}{\left(\dfrac{\partial f}{\partial z}\right)_{x_0 y_0 z_0}} . \quad 37')$$

Die Stellungswinkel der Tangentialebene und damit zugleich die Richtungswinkel der Normale im Punkte P_0 sind nach 27) in (155) bzw. 39) in (158) gegeben im ersten Falle durch

$$\cos\alpha = \pm\frac{\left(\dfrac{\partial f}{\partial x}\right)_{x_0 y_0}}{R} , \qquad \cos\beta = \pm\frac{\left(\dfrac{\partial f}{\partial y}\right)_{x_0 y_0}}{R} , \qquad \cos\gamma = \mp\frac{1}{R} , \quad 38)$$

wobei

$$R = \sqrt{\left(\left(\frac{\partial f}{\partial x}\right)_{x_0 y_0 z_0}\right)^2 + \left(\left(\frac{\partial f}{\partial y}\right)_{x_0 y_0 z_0}\right)^2 + 1}$$

ist, im zweiten Falle durch

$$\cos\alpha = \frac{\left(\dfrac{\partial f}{\partial x}\right)_{x_0 y_0 z_0}}{R_1} , \qquad \cos\beta = \frac{\left(\dfrac{\partial f}{\partial y}\right)_{x_0 y_0 z_0}}{R_1} , \qquad \cos\gamma = \frac{\left(\dfrac{\partial f}{\partial z}\right)_{x_0 y_0 z_0}}{R_1} , \quad 38')$$

wobei

$$R_1 = \sqrt{\left(\left(\frac{\partial f}{\partial x}\right)_{x_0 y_0 z_0}\right)^2 + \left(\left(\frac{\partial f}{\partial y}\right)_{x_0 y_0 z_0}\right)^2 + \left(\left(\frac{\partial f}{\partial z}\right)_{x_0 y_0 z_0}\right)^2}$$

ist. Einige Beispiele mögen die erhaltenen Formeln erläutern:

a) Das **Paraboloid** hat nach **(151)** S. 451 die Gleichung

$$z = \frac{x^2}{2a} + \frac{y^2}{2b};$$

sind dabei a und b von gleichem Vorzeichen, so ist die Fläche ein **elliptisches**, im anderen Falle ein **hyperbolisches Paraboloid**. Es ist

$$\frac{\partial z}{\partial x} = \frac{x}{a}, \qquad \frac{\partial z}{\partial y} = \frac{y}{b};$$

folglich lautet die Gleichung der Tangentialebene in $P_0(x_0 \,|\, y_0)$

$$z - z_0 = \frac{x_0}{a}(x - x_0) + \frac{y_0}{b}(y - y_0).$$

Da

$$z_0 = \frac{x_0^2}{2a} + \frac{y_0^2}{2b}$$

ist, läßt sie sich auch schreiben

$$z + z_0 = \frac{x\,x_0}{a} + \frac{y\,y_0}{b}.$$

Die Gleichung der Normale ist

$$\frac{a}{x_0}(x - x_0) + \frac{b}{y_0}(y - y_0) = -(z - z_0).$$

Insbesondere ist für den Punkt $P_0(a \,|\, b)$

$$z_0 = \frac{a}{2} + \frac{b}{2};$$

also wird die Gleichung der Tangentialebene

$$x + y - z = \frac{a+b}{2};$$

d. h. die Tangentialebene schneidet auf den Achsen die Strecken

$$\frac{a+b}{2}, \qquad \frac{a+b}{2}, \qquad -\frac{a+b}{2}$$

ab. Ihre Stellungswinkel folgen aus den Gleichungen

$$\cos\alpha = \frac{1}{\sqrt{3}} = \cos\beta = -\cos\gamma,$$

so daß also $\alpha = \beta = 54°\,44'\,7''$, $\gamma = 125°\,15'\,53''$ ist. — Beschränken wir uns auf das **hyperbolische Paraboloid**, dessen Gleichung wir jetzt schreiben wollen

$$z = \frac{x^2}{2a} - \frac{y^2}{2b},$$

wobei a und b positive Strecken sein sollen, so lautet die Gleichung der Tangentialebene in P_0

$$z + z_0 = \frac{x\,x_0}{a} - \frac{y\,y_0}{b},$$

wobei

$$z_0 = \frac{x_0^2}{2\,a} - \frac{y_0^2}{2\,b}$$

ist. Die Tangentialebene durchsetzt das hyperbolische Paraboloid; sie schneidet es, wie schon der Augenschein lehrt, in einer Kurve. Um diese zu untersuchen, wollen wie die Gleichung der xy-Projektion der Schnittkurve aufstellen; wir erhalten sie, indem wir aus der Gleichung des Paraboloids und der Tangentialebene die Veränderliche z eliminieren. Wir brauchen hierzu nur beide Gleichungen zu subtrahieren und erhalten unter Vertauschung beider Seiten

$$\frac{x^2}{2\,a} - \frac{x\,x_0}{a} - \frac{y^2}{2\,b} + \frac{y\,y_0}{b} = -z_0$$

oder

$$\frac{x^2}{2\,a} - \frac{x\,x_0}{a} - \frac{y^2}{2\,b} + \frac{y\,y_0}{b} = -\frac{x_0^2}{2\,a} + \frac{y_0^2}{2\,b};$$

hierfür schreiben wir

$$\frac{1}{2\,a}(x - x_0)^2 = \frac{1}{2\,b}(y - y_0)^2 \qquad \text{oder} \qquad \frac{y - y_0}{x - x_0} = \pm\sqrt{\frac{b}{a}}.$$

Die Gleichung der xy-Projektion der Schnittkurve zwischen dem hyperbolischem Paraboloid und einer seiner Tangentialebenen zerfällt somit in zwei lineare Gleichungen; die xy-Projektion besteht also aus zwei Geraden, deren Richtungsfaktoren gegen die x-Achse

$$+\sqrt{\frac{b}{a}} \qquad \text{bzw.} \qquad -\sqrt{\frac{b}{a}}$$

sind. Hieraus folgt mit Notwendigkeit, daß die Schnittkurve zwischen Paraboloid und Tangentialebene selbst ein Geradenpaar sein muß, da nur eine in der Tangentialebene gelegene Gerade wieder eine Gerade zur xy-Projektion haben kann. Weiter folgt, daß sich durch jeden Punkt P_0 des hyperbolischen Paraboloids zwei Gerade ziehen lassen, die mit allen ihren Punkten dem Paraboloide angehören, eben die zwei, in welchen die Tangentialebene zu P_0 das Paraboloid schneidet. Da die Richtungsfaktoren der xy-Projektion dieser Geraden

$$+\sqrt{\frac{b}{a}} \qquad \text{bzw.} \qquad -\sqrt{\frac{b}{a}},$$

also völlig unabhängig von dem Paraboloidpunkte P_0 sind, so ergibt sich, daß die unendlich vielen auf dem Paraboloide liegenden Geraden in zwei Scharen zerfallen; die Geraden der einen Schar sind sämtlich parallel zu der Ebene mit der Gleichung

$$y = +\sqrt{\frac{b}{a}}\,x\,,$$

die Geraden der anderen Schar sämtlich parallel der Ebene von der Gleichung

$$y = -\sqrt{\frac{b}{a}}\,x\,.$$

Wir wissen aus (151) S. 452, daß die xy-Spurlinie des hyperbolischen Paraboloids ein Geradenpaar von der Gleichung $z = 0$

$$y = \pm\sqrt{\frac{b}{a}}\,x$$

ist; die durch dieses Geradenpaar und die z-Achse gelegten Ebenen sind gerade die beiden Ebenen, zu denen die Paraboloidgeraden parallel sind.

b) Die Mittelpunktsfläche zweiter Ordnung kann ein Ellipsoid, ein einschaliges Hyperboloid oder ein zweischaliges Hyperboloid sein; ihre Gleichungen sind

$$\frac{x^2}{a^2} + \frac{y^2}{b^2} + \frac{z^2}{c^2} = 1\,, \qquad \frac{x^2}{a^2} + \frac{y^2}{b^2} - \frac{z^2}{c^2} = 1\,, \qquad -\frac{x^2}{a^2} - \frac{y^2}{b^2} + \frac{z^2}{c^2} = 1\,.$$

[s. a. (150) S. 445 ff.]. Um die Gleichung der Tangentialebene des Ellipsoids aufzustellen, setzen wir

$$f(x, y, z) = \frac{x^2}{a^2} + \frac{y^2}{b^2} + \frac{z^2}{c^2} - 1 = 0$$

und bilden

$$\frac{\partial f}{\partial x} = \frac{2x}{a^2}\,, \qquad \frac{\partial f}{\partial y} = \frac{2y}{b^2}\,, \qquad \frac{\partial f}{\partial z} = \frac{2z}{c^2}\,.$$

Damit der Berührungspunkt $P_0(x_0|y_0|z_0)$ auf dem Ellipsoid liegt, muß sein

$$f(x_0\,y_0\,z_0) \equiv \frac{x_0^2}{a^2} + \frac{y_0^2}{b^2} + \frac{z_0^2}{c^2} - 1 = 0\,,$$

die Gleichung der Tangentialebene im Punkte P_0 lautet daher nach 36′)

$$\frac{x_0}{a^2}(x - x_0) + \frac{y_0}{b^2}(y - y_0) + \frac{z_0}{c^2}(z - z_0) = 0$$

oder

$$\frac{x_0\,x}{a^2} + \frac{y_0\,y}{b^2} + \frac{z_0\,z}{c^2} = \frac{x_0^2}{a^2} + \frac{y_0^2}{b^2} + \frac{z_0^2}{c^2}\,,$$

und da P_0 ein Punkt des Ellipsoids ist,

$$\frac{x_0\,x}{a^2} + \frac{y_0\,y}{b^2} + \frac{z_0\,z}{c^2} = 1\,.$$

Beispielsweise liegt $P_0(\frac{2}{11}a\,|\,\frac{6}{11}b\,|\,\frac{9}{11}c)$ auf dem Ellipsoid, wie man sich leicht überzeugt; die Tangentialebene hat in diesem Falle die Gleichung

$$\frac{2x}{11a} + \frac{6y}{11b} + \frac{9z}{11c} = 1\,,$$

ihre Achsenabschnitte sind demnach $\frac{11}{2}a$, $\frac{11}{6}b$, $\frac{11}{9}c$. Dieser Fall ist in Abb. 342 eingezeichnet, ebenso die Tangentialebene zum Berührungs-punkte $(\frac{8}{17}a\,|\,\frac{12}{17}b\,|\,\frac{9}{17}c)$, für welche der Leser die Rechnung selbst durch-

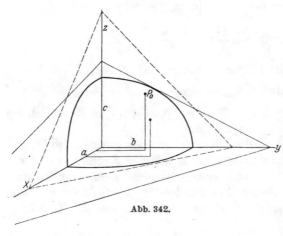

Abb. 342.

führen möge. Ist $a = b = c = r$, so geht das Ellipsoid in die Kugel über; die Gleichung der Tangentialebene an diese lautet somit

$$x_0 x + y_0 y + z_0 z = r^2.$$

Die Tangentialebenen an das einschalige bzw. an das zwei-schalige Hyperboloid haben, wie man nun leicht selbständig ab-leiten kann, die Glei-chungen

$$\frac{x_0 x}{a^2} + \frac{y_0 y}{b^2} - \frac{z_0 z}{c^2} = 1 \qquad \text{bzw.} \qquad -\frac{x_0 x}{a^2} - \frac{y_0 y}{b^2} + \frac{z_0 z}{c^2} = 1\,.$$

Der Leser behandle rechnerisch und zeichnerisch den Fall, daß der Berührungspunkt beim einschaligen Hyperboloid die Koordinaten

$$\frac{a}{3}\,\Big|\,\frac{3}{2}b\,\Big|\,\frac{7}{6}c\,,$$

beim zweischaligen Hyperboloid die Koordinaten

$$\frac{3}{4}a\,\Big|\,\frac{2}{3}b\,\Big|\,\frac{17}{12}c \quad \text{hat.}$$

Die Gleichung der Normale lautet nach 37') für das Ellipsoid

$$\frac{a^2}{x_0}(x - x_0) = \frac{b^2}{y_0}(y - y_0) = \frac{c^2}{z_0}(z - z_0)\,,$$

für das einschalige Hyperboloid und das zweischalige

$$\frac{a^2}{x_0}(x - x_0) = \frac{b^2}{y_0}(y - y_0) = -\frac{c^2}{z_0}(z - z_0)\,.$$

Die Spurpunkte in den Koordinatenebenen haben demnach die Koordinaten für das **Ellipsoid**

$$\left(\frac{a^2-c^2}{a^2}\,x_0\,\Big|\,\frac{b^2-c^2}{b^2}\,y_0\,\Big|\,0\right),\qquad \left(\frac{a^2-b^2}{a^2}\,x_0\,\Big|\,0\,\Big|\,\frac{c^2-b^2}{c^2}\,z_0\right),$$

$$\left(0\,\Big|\,\frac{b^2-a^2}{b^2}\,y_0\,\Big|\,\frac{c^2-a^2}{c^2}\,z_0\right);$$

für das **Hyperboloid**

$$\left(\frac{a^2+c^2}{a^2}\,x_0\,\Big|\,\frac{b^2+c^2}{b^2}\,y_0\,\Big|\,0\right),\qquad \left(\frac{a^2-b^2}{a^2}\,x_0\,\Big|\,0\,\Big|\,\frac{c^2+b^2}{c^2}\,z_0\right),$$

$$\left(0\,\Big|\,\frac{b^2-a^2}{b^2}\,y_0\,\Big|\,\frac{c^2+a^2}{c^2}\,z_0\right).$$

So ist die Gleichung der Ellipsoidnormale für $(\tfrac{2}{11}a\,|\,\tfrac{6}{11}b\,|\,\tfrac{9}{11}c)$

$$\tfrac{11}{2}a\,(x-\tfrac{2}{11}a)=\tfrac{11}{6}b\,(y-\tfrac{6}{11}b)=\tfrac{11}{9}c\,(z-\tfrac{9}{11}c).$$

Man stelle für die Normalen im Punkte $(\tfrac{8}{17}a\,|\,\tfrac{12}{17}b\,|\,\tfrac{9}{17}c)$ die Gleichung auf und entwerfe das zugehörige Bild.

Die Tangentialebenen an das Ellipsoid und das zweischalige Hyperboloid haben, wie der Augenschein lehrt, mit der Fläche nur den Berührungspunkt gemeinsam. Andererseits ist ohne weiteres ersichtlich, daß jede Tangentialebene an das einschalige Hyperboloid diese Fläche schneidet; wir wollen jetzt die Schnittkurve bestimmen. Die Gleichung der Fläche lautet

$$\frac{x^2}{a^2}+\frac{y^2}{b^2}-\frac{z^2}{c^2}=1\,,\qquad\qquad\text{a)}$$

die der Tangentialebene

$$\frac{x_0 x}{a^2}+\frac{y_0 y}{b^2}-\frac{z_0 z}{c^2}=1\,,\qquad\qquad\text{b)}$$

wobei

$$\frac{x_0^2}{a^2}+\frac{y_0^2}{b^2}-\frac{z_0^2}{c^2}\equiv 1\qquad\qquad\text{c)}$$

sein muß. Die Koordinaten $x\,|\,y\,|\,z$ eines jeden Punktes P der Schnittkurve müssen die beiden ersten Gleichungen erfüllen; wir erhalten die Gleichung der xy-Projektion der Schnittkurve, indem wir z eliminieren. Addieren wir die erste und die letzte Gleichung und ziehen von der Summe das Doppelte der zweiten Gleichung ab, so ergibt sich

$$\frac{(x-x_0)^2}{a^2}+\frac{(y-y_0)^2}{b^2}=\frac{(z-z_0)^2}{c^2}\,;\qquad\qquad\text{d)}$$

die Gleichung der Tangentialebene läßt sich schreiben

$$\frac{x_0(x-x_0)}{a^2}+\frac{y_0(y-y_0)}{b^2}=\frac{z_0(z-z_0)}{c^2}$$

oder auch

$$\frac{c}{z_0}\left[\frac{x_0(x-x_0)}{a^2}+\frac{y_0(y-y_0)}{b^2}\right]=\frac{z-z_0}{c}\,;\qquad\qquad\text{e)}$$

Nun quadrieren wir Gleichung e) und. ziehen sie von d) ab; dadurch fällt z heraus, und wir bekommen als Gleichung der xy-Projektion der Schnittkurve

$$\frac{(x - x_0)^2}{a^2} + \frac{(y - y_0)^2}{b^2} - \frac{c^2}{z_0^2}\left[\frac{x_0(x - x_0)}{a^2} + \frac{y_0(y - y_0)}{b^2}\right]^2 = 0. \qquad \text{f)}$$

Diese Gleichung ist homogen vom zweiten Grade in den Differenzen $x - x_0$ und $y - y_0$; dividieren wir sie durch $(x - x_0)^2$, so erhalten wir eine quadratische Gleichung für die Unbekannte $\dfrac{y - y_0}{x - x_0}$; sie möge die beiden Lösungen A_1 und A_2 haben. Die Gleichung f) zerfällt also in das Produkt

$$\left(\frac{y - y_0}{x - x_0} - A_1\right)\left(\frac{y - y_0}{x - x_0} - A_2\right) = 0, \qquad \text{g)}$$

und Gleichung g) wird befriedigt, wenn einer der beiden Faktoren verschwindet. Also besteht die xy-Projektion der Schnittkurve zwischen einschaligem Hyperboloid und Tangentialebene aus zwei Geraden; dann muß aber auch die Schnittkurve selbst aus zwei Geraden bestehen, da sie in einer Ebene, nämlich der Tangentialebene, liegt. Wir erkennen gleichzeitig, daß sich durch jeden Punkt des einschaligen Hyperboloids zwei Gerade legen lassen, die in ihrem ganzen Verlaufe dem Hyperboloid angehören; es sind die beiden Geraden, in welchen die zu diesem Punkte gehörige Tangentialebene das Hyperboloid schneidet. Im Falle des Umdrehungshyperboloids ist uns dies nichts Neues, da wir diese Fläche in (162) S. 493 f. durch Rotieren einer Geraden erzeugt haben.

c) In (163) haben wir als Gleichung der geraden geschlossenen Schraubenfläche gefunden [s. Gleichung 53) S. 498]

$$z = \frac{h}{2\pi} \operatorname{arctg} \frac{y}{x};$$

es ist

$$\frac{\partial z}{\partial x} = -\frac{h}{2\pi} \cdot \frac{y}{x^2 + y^2} \qquad \text{und} \qquad \frac{\partial z}{\partial y} = \frac{h}{2\pi} \cdot \frac{x}{x^2 + y^2}.$$

Also lautet die Gleichung der Tangentialebene in einem Punkte $P_0(a \,|\, 0 \,|\, 0)$ nach 36)

$$z = \frac{h}{2\pi a} \cdot y.$$

Sie enthält demnach die x-Achse, also diejenige Gerade, auf der der Berührungspunkt P_0 liegt. Ganz allgemein muß demnach die Tangentialebene an die geschlossene gerade Schraubenfläche durch die Erzeugende gehen, die den Berührungspunkt enthält. Die Gleichung der Normalen lautet nach 37)

$$\frac{x - a}{0} = \frac{2\pi a}{h} y = -z, \qquad \text{also} \qquad x = a, \quad z = -\frac{2\pi a}{h} y;$$

sie ist also parallel zur yz-Ebene. Lassen wir a sich ändern, so erhalten wir die Gleichungen sämtlicher die x-Achse schneidenden Normalen der Schraubenfläche; wir können die beiden Gleichungen

$$x = a, \qquad z = -2\pi \frac{a}{h} y$$

dann als die Parameterdarstellung (Parameter a) der Fläche ansehen, die durch alle diese Normalen gebildet wird. Eliminieren wir a, so erhalten wir als unmittelbare Gleichung dieser Fläche

$$z = -\frac{2\pi}{h} \cdot xy.$$

Aus Formel 13′) in (151) S. 454 wissen wir aber, daß dies die Gleichung eines hyperbolischen Paraboloids ist: **Der Ort der längs einer Erzeugenden auf einer geraden geschlossenen Schraubenfläche errichteten Normalen ist ein hyperbolisches Paraboloid.**

(208) Ist die Gleichung einer Fläche in unentwickelter Form gegeben: $f(x, y, z) = 0$, und liegt auf ihr ein Punkt P_0 $(x_0|y_0|z_0)$ von der Eigenschaft, daß für ihn außer $f(x_0, y_0, z_0) \equiv 0$ auch noch die drei Gleichungen

$$\left(\frac{\partial f}{\partial x}\right)_{x_0 y_0 z_0} = 0, \qquad \left(\frac{\partial f}{\partial y}\right)_{x_0 x_0 z_0} = 0, \qquad \left(\frac{\partial f}{\partial z}\right)_{x_0 y_0 z_0} = 0$$

erfüllt sind, so heißt er ein **singulärer Punkt** der Fläche. In der Taylorschen Entwicklung 34) fallen dann aber alle linearen Glieder fort; die niedrigsten Glieder sind also die vom zweiten Grade, und die Punkte P der Fläche, welche in unmittelbarer Nähe von P_0 liegen, befinden sich zugleich auf einer Fläche, welche die Gleichung hat

$$\left.\begin{aligned} &\left(\frac{\partial^2 f}{\partial x^2}\right)_{x_0 y_0 z_0} (x - x_0)^2 + \left(\frac{\partial^2 f}{\partial y^2}\right)_{x_0 y_0 z_0} (y - y_0)^2 + \left(\frac{\partial^2 f}{\partial z^2}\right)_{x_0 y_0 z_0} (z - z_0)^2 \\ &+ 2\left(\frac{\partial^2 f}{\partial x \partial y}\right)_{x_0 y_0 z_0} (x - x_0)(y - y_0) + 2\left(\frac{\partial^2 f}{\partial x \partial z}\right)_{x_0 y_0 z_0} (x - x_0)(z - z_0) \\ &+ 2\left(\frac{\partial^2 f}{\partial y \partial z}\right)_{x_0 y_0 z_0} (y - y_0)(z - z_0) = 0. \end{aligned}\right\} \quad 39)$$

39) ist homogen vom zweiten Grade in den Differenzen $x - x_0$, $y - y_0$, $z - z_0$. Nehmen wir eine Parallelverschiebung des Koordinatensystems nach P_0 vor mittels der Transformationsgleichungen

$$x - x_0 = \xi, \qquad y - y_0 = \eta, \qquad z - z_0 = \zeta,$$

so lautet die Gleichung der Näherungsfläche:

$$\left(\frac{\partial^2 f}{\partial x^2}\right)_{x_0 y_0 z_0} \xi^2 + \left(\frac{\partial^2 f}{\partial y^2}\right)_{x_0 y_0 z_0} \eta^2 + \left(\frac{\partial^2 f}{\partial z^2}\right)_{x_0 y_0 z_0} \zeta^2$$
$$+ 2\left(\frac{\partial^2 f}{\partial x \partial y}\right)_{x_0 y_0 z_0} \xi\eta + 2\left(\frac{\partial^2 f}{\partial x \partial z}\right)_{x_0 y_0 z_0} \xi\zeta + 2\left(\frac{\partial^2 f}{\partial y \partial z}\right)_{x_0 y_0 z_0} \eta\zeta = 0.$$

Das ist nach **(161)** S. 486f. die Gleichung einer **Kegelfläche zweiter
Ordnung**, deren Spitze in P_0 liegt. Wir erhalten sonach das Ergebnis:

Ein singulärer Punkt $P_0(x_0\,|\,y_0\,|\,z_0)$ einer Fläche von der
Gleichung $f(x, y, z) = 0$ ist ein Punkt, für welchen die vier
Gleichungen

$$f(x_0, y_0, z_0) = 0, \quad \left(\frac{\partial f}{\partial x}\right)_{x_0 y_0 z_0} = 0, \quad \left(\frac{\partial f}{\partial y}\right)_{x_0 y_0 z_0} = 0, \quad \left(\frac{\partial f}{\partial z}\right)_{x_0 y_0 z_0} = 0 \quad 40)$$

bestehen; in ihm besitzt die Fläche keine Tangentialebene,
sondern einen Berührungskegel zweiter Ordnung, dessen
Spitze dieser Punkt P_0 ist.

Es ist hier nicht der Ort, näher auf die Untersuchung des singulären
Punktes einzugehen oder die Singularitäten höherer Ordnung zu behandeln, die eintreten, wenn für P_0 auch alle Differentialquotienten
zweiter Ordnung verschwinden. Ein einfaches Beispiel soll diese Betrachtungen abschließen.

In **(162)** haben wir die **Kreisringfläche** kennengelernt; ihre
Gleichung lautet

$$f(x, y, z) \equiv (x^2 + y^2 + z^2 + a^2 - r^2)^2 - 4a^2(x^2 + y^2) = 0,$$

wobei r der Halbmesser des rotierenden Kreises und a der Abstand
seines Mittelpunktes von der Drehachse ist. Der Punkt $P_0\big(0\,|\,0\,|\,\sqrt{r^2 - a^2}\big)$
liegt, wie man sich leicht überzeugt, auf der Fläche. Ferner ist

$$\frac{\partial f}{\partial x} = 2(x^2 + y^2 + z^2 + a^2 - r^2) \cdot 2x - 8a^2 x, \quad \text{also} \quad \left(\frac{\partial f}{\partial x}\right)_{P_0} \equiv 0,$$

$$\frac{\partial f}{\partial y} = 2(x^2 + y^2 + z^2 + a^2 - r^2) \cdot 2y - 8a^2 y, \quad \text{,,} \quad \left(\frac{\partial f}{\partial y}\right)_{P_0} \equiv 0,$$

$$\frac{\partial f}{\partial z} = 2(x^2 + y^2 + z^2 + a^2 - r^2) \cdot 2z, \quad\quad\quad \text{,,} \quad \left(\frac{\partial f}{\partial z}\right)_{P_0} \equiv 0.$$

Der Punkt P_0 ist demnach ein singulärer Punkt. Weiterhin ist

$$\frac{\partial^2 f}{\partial x^2} = 12x^2 + 4(y^2 + z^2 - a^2 - r^2), \quad \text{also} \quad \left(\frac{\partial^2 f}{\partial x^2}\right)_{P_0} \equiv -8a^2,$$

$$\frac{\partial^2 f}{\partial y^2} = 12y^2 + 4(x^2 + z^2 - a^2 - r^2), \quad \text{,,} \quad \left(\frac{\partial^2 f}{\partial y^2}\right)_{P_0} \equiv -8a^2,$$

$$\frac{\partial^2 f}{\partial z^2} = 12z^2 + 4(x^2 + y^2 + a^2 - r^2), \quad \text{,,} \quad \left(\frac{\partial^2 f}{\partial z^2}\right)_{P_0} \equiv 8(r^2 - a^2),$$

$$\frac{\partial^2 f}{\partial x\, \partial y} = 8xy, \quad\quad\quad\quad\quad\quad\quad\quad \text{,,} \quad \left(\frac{\partial^2 f}{\partial x\, \partial y}\right)_{P_0} \equiv 0,$$

$$\frac{\partial^2 f}{\partial x\, \partial z} = 8xz, \quad\quad\quad\quad\quad\quad\quad\quad \text{,,} \quad \left(\frac{\partial^2 f}{\partial x\, \partial z}\right)_{P_0} \equiv 0,$$

$$\frac{\partial^2 f}{\partial y\, \partial z} = 8yz, \quad\quad\quad\quad\quad\quad\quad\quad \text{,,} \quad \left(\frac{\partial^2 f}{\partial y\, \partial z}\right)_{P_0} \equiv 0.$$

Folglich lautet die Gleichung des Berührungskegels im Punkte P_0

$$-8a^2 x^2 - 8a^2 y^2 + 8(r^2 - a^2)\big(z - \sqrt{r^2 - a^2}\big)^2 = 0.$$

Setzen wir zur Abkürzung $\sqrt{r^2 - a^2} = z_0$, so können wir die Gleichung auch schreiben:

$$\frac{x^2 + y^2}{z_0^2} - \frac{(z - z_0)^2}{a^2} = 0.$$

Es ist also ein **Umdrehungskegel**, dessen Achse die z-Achse ist. Aus $z_0 = \sqrt{r^2 - a^2}$ ergibt sich, daß die Kreisringfläche nur dann einen reellen singulären Punkt hat, wenn $r > a$ ist, in Übereinstimmung mit der Anschauung. In diesem Falle schneidet nämlich der Meridiankreis die Drehachse (s. Abbildung 343) in P_0, und es ist ohne weiteres ersichtlich, daß es in P_0 keine Tangentialebene geben kann, sondern nur einen Berührungskegel, der zugleich ein Umdrehungskegel sein muß; die in P_0 an den Meridiankreis gezogene Tangente ist die Mantellinie

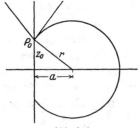

Abb. 343.

dieses Kegels. Ihre Gleichung lautet $u:(z - z_0) = z_0:a$; wenn wir $u = \sqrt{x^2 + y^2}$ setzen, erhalten wir als Gleichung des Berührungskegels

$$\frac{x^2 + y^2}{z_0^2} = \frac{(z - z_0)^2}{a^2}$$

wie oben.

Mit dieser Untersuchung der krummen Flächen haben wir eine Lücke des IV. Abschnittes ausgefüllt. Es sollen im Anschlusse hieran im folgenden Paragraphen noch einige weitere, freilich nur lose mit der **Taylor**schen Reihe zusammenhängende Fragen der analytischen Geometrie des Raumes behandelt und damit die analytische Geometrie des Raumes überhaupt zum Abschlusse gebracht werden.

§ 6. Berechnung von Inhalt, Schwerpunkt und Trägheitsmoment einer krummen Fläche. Die Raumkurven.

(209) A. Die krumme Fläche. Ist die Gleichung einer Fläche in der entwickelten Form $z = f(x, y)$ gegeben, so zerlegen wir sie gemäß dem in **(170)** entwickelten Verfahren (Abb. 270, S. 532) durch Parallelebenen zur xz- und zur yz-Ebene in unendlich kleine Flächenteile $PQSR$; die Projektion $P'Q'S'R'$ eines solchen auf die xy-Ebene hat den Inhalt $dx \cdot dy$. Da wir das Flächenelement $PQSR$ selbst als eben ansehen können, und zwar als ein unendlich kleines Stück der in P an die Fläche gelegten Tangentialebene, so bekommen wir den Inhalt von $PQSR$, indem wir $P'Q'S'R'$ durch den Kosinus des Winkels dividieren, den die Ebene $PQSR$ mit der xy-Ebene einschließt, d. h. also des Stellungswinkels γ der Tangentialebene zur xy-Ebene. Da nun nach 38)

$$\cos\gamma = \frac{1}{\sqrt{1 + \left(\dfrac{\partial f}{\partial x}\right)^2 + \left(\dfrac{\partial f}{\partial y}\right)^2}}$$

ist, so ergibt sich für den Inhalt von $PQSR$

$$dF = \sqrt{1 + \left(\frac{\partial f}{\partial x}\right)^2 + \left(\frac{\partial f}{\partial y}\right)^2} \cdot dx\,dy$$

und demnach für den Inhalt der gesamten Fläche

$$F = \iint \sqrt{1 + \left(\frac{\partial f}{\partial x}\right)^2 + \left(\frac{\partial f}{\partial y}\right)^2}\, dx\,dy\,, \qquad 41)$$

wobei das Doppelintegral nach den in **(170)** S. 532 ff. angegebenen Grundsätzen über alle Elemente der Fläche zu erstrecken ist.

Ist die Gleichung der Fläche in der unentwickelten Form $f(x, y, z) = 0$ gegeben, so ist nach Formel 38') für $\cos\gamma$ zu setzen

$$\frac{\dfrac{\partial f}{\partial z}}{\sqrt{\left(\dfrac{\partial f}{\partial x}\right)^2 + \left(\dfrac{\partial f}{\partial y}\right)^2 + \left(\dfrac{\partial f}{\partial z}\right)^2}},$$

so daß der Inhalt der Fläche durch das Doppelintegral

$$F = \iint \frac{\sqrt{\left(\dfrac{\partial f}{\partial x}\right)^2 + \left(\dfrac{\partial f}{\partial y}\right)^2 + \left(\dfrac{\partial f}{\partial z}\right)^2}}{\dfrac{\partial f}{\partial z}}\, dx\,dy \qquad 41')$$

bestimmt ist.

Beispiele. a) Die Fläche des geraden Kreiskegels hat nach **(161)** S. 488 die Gleichung

$$z = \frac{h}{r}\sqrt{x^2 + y^2}\,.$$

Die Spitze liegt hierbei in O, die Drehachse ist die z-Achse, und die Fläche wird von der zur xy-Ebene parallelen Ebene $z = h$ begrenzt, von der auf ihr ein Kreis vom Halbmesser r ausgeschnitten wird. Es ist

$$\frac{\partial z}{\partial x} = \frac{h}{r}\frac{x}{\sqrt{x^2 + y^2}}\,, \qquad \frac{\partial z}{\partial y} = \frac{h}{r}\frac{y}{\sqrt{x^2 + y^2}}\,,$$

also

$$\sqrt{1 + \left(\frac{\partial z}{\partial x}\right)^2 + \left(\frac{\partial z}{\partial y}\right)^2} = \sqrt{1 + \frac{h^2}{r^2}}\,.$$

Demnach ist

$$F = \int\limits_{x=-r}^{+r} \int\limits_{y=-\sqrt{r^2-x^2}}^{+\sqrt{r^2-x^2}} \sqrt{1 + \frac{h^2}{r^2}}\, dx\, dy = \int\limits_{x=-r}^{+r} \sqrt{1 + \frac{h^2}{r^2}} \cdot [y]_{-\sqrt{r^2-x^2}}^{+\sqrt{r^2-x^2}}\, dx$$

$$= 2\sqrt{1 + \frac{h^2}{r^2}} \int\limits_{x=-r}^{+r} \sqrt{r^2 - x^2}\, dx$$

$$= 2\sqrt{1 + \frac{h^2}{r^2}} \cdot \left[\frac{x}{2}\sqrt{r^2 - x^2} + \frac{r^2}{2}\arcsin\frac{x}{r}\right]_{-r}^{+r} = \pi r^2 \sqrt{1 + \frac{h^2}{r^2}} = \pi r s\,,$$

wobei $s = \sqrt{h^2 + r^2}$ die Mantellinie des Kegels ist. Zu diesem Ergebnis können wir — abgesehen von dem in der elementaren Mathematik eingeschlagenen einfachsten Wege — einfacher durch folgende Betrachtung gelangen. Es ist in unserem Falle

$$\cos\gamma = \frac{1}{\sqrt{\left(\dfrac{\partial z}{\partial x}\right)^2 + \left(\dfrac{\partial z}{\partial y}\right)^2 + 1}} = \frac{r}{\sqrt{r^2 + h^2}} = \frac{r}{s}\,.$$

also für jedes Flächenelement konstant, d. h. jedes Flächenelement hat gegen die xy-Ebene den gleichen Stellungswinkel γ, wie auch die Anschauung ergibt. Dann müssen wir aber den Inhalt eines beliebigen Teiles einer solchen Kegelfläche erhalten, indem wir seine xy-Projektion durch $\cos\gamma$ dividieren, also mit $\frac{s}{r}$ multiplizieren. Da nun die Projektion des Mantels eines geraden Kreiskegels auf eine durch die Spitze gelegte Parallelebene zur Grundfläche oder auf die Grundfläche diese selbst ergeben muß, also den Inhalt πr^2 hat, so ist der Inhalt des Mantels gleich $\pi r s$, in Übereinstimmung mit dem obigen Ergebnis.

b) Die **Kugelfläche** hat die Gleichung

$$f(x, y, z) \equiv x^2 + y^2 + z^2 - a^2 = 0\,;$$

es ist demnach Formel 41') zu verwenden. Nach dieser ist

$$\frac{\partial f}{\partial x} = 2x\,, \qquad \frac{\partial f}{\partial y} = 2y\,, \qquad \frac{\partial f}{\partial z} = 2z\,,$$

also

$$F = \iint \frac{2\sqrt{x^2 + y^2 + z^2}}{2z}\, dx\, dy = \iint \frac{a}{\sqrt{a^2 - x^2 - y^2}}\, dx\, dy\,.$$

Wollen wir jetzt beispielsweise die Oberfläche der oberhalb der xy-Ebene befindlichen **Halbkugel** berechnen, so ist $z = +\sqrt{a^2 - x^2 - y^2}$, und die begrenzende Kurve ist der in der xy-Ebene liegende Hauptkreis

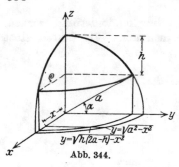

Abb. 344.

von der Gleichung $x^2 + y^2 - a^2 = 0$; die Integrationsgrenzen lauten also

$$y = -\sqrt{a^2 - x^2} \quad \text{bzw.} \quad +\sqrt{a^2 - x^2}$$

und

$$x = -a \quad \text{bzw.} \quad +a \quad \text{(s. Abb. 344)}.$$

Also ist die Oberfläche der Halbkugel gegeben durch das bestimmte Doppelintegral

$$F_H = \int\limits_{x=-a}^{+a} \int\limits_{y=-\sqrt{a^2-x^2}}^{+\sqrt{a^2-x^2}} \frac{a}{\sqrt{a^2-x^2-y^2}}\, dx\, dy = a \int\limits_{x=-a}^{+a} \left[\arcsin \frac{y}{\sqrt{a^2-x^2}} \right]_{-\sqrt{a^2-x^2}}^{+\sqrt{a^2-x^2}} dx$$

$$= a \int\limits_{x=-a}^{+a} \pi \cdot dx = \pi\, a\, [x]_{-a}^{+a} = 2\pi\, a^2 .$$

Soll dagegen nur die Oberfläche der **Kugelhaube** berechnet werden, deren Höhe h ist, und die von einer zur xy-Ebene parallelen Ebene begrenzt wird, so ist der die Fläche begrenzende Zylinder ein gerader Kreiszylinder, dessen Grundkreishalbmesser $\varrho = \sqrt{h(2a-h)}$ ist, dessen Grundkreis folglich die Gleichung hat

$$x^2 + y^2 - h(2a - h) = 0 .$$

Jetzt lauten die Integrationsgrenzen

$$y = -\sqrt{h(2a-h) - x^2} \quad \text{bzw.} \quad y = +\sqrt{h(2a-h) - x^2}$$

und

$$x = -\sqrt{h(2a-h)} \quad \text{bzw.} \quad x = +\sqrt{h(2a-h)},$$

und die Oberfläche der Kugelhaube wird durch das Doppelintegral wiedergegeben:

$$H = a \int\limits_{x=-\sqrt{h(2a-h)}}^{+\sqrt{h(2a-h)}} \int\limits_{y=-\sqrt{h(2a-h)-x^2}}^{+\sqrt{h(2a-h)-x^2}} \frac{dx\, dy}{\sqrt{a^2-x^2-y^2}} = a \int\limits_{x=-\sqrt{h(2a-h)}}^{+\sqrt{h(2a-h)}} \left[\arcsin \frac{y}{\sqrt{a^2-x^2}} \right]_{-\sqrt{h(2a-h)-x^2}}^{+\sqrt{h(2a-h)-x^2}} dx$$

$$= 2a \int\limits_{x=-\sqrt{h(2a-h)}}^{+\sqrt{h(2a-h)}} \arcsin \sqrt{\frac{2ah - h^2 - x^2}{a^2 - x^2}}\, dx = 2a \int\limits_{x=-\sqrt{h(2a-h)}}^{+\sqrt{h(2a-h)}} \arccos \frac{a-h}{\sqrt{a^2-x^2}}\, dx .$$

Das Integral

$$\int \arccos \frac{a-h}{\sqrt{a^2-x^2}}\, dx,$$

auf das wir hier stoßen, erfordert zu seiner Auswertung eine Reihe von Umformungen; obgleich wir bald einen viel bequemeren Weg zur

Ermittlung der Oberfläche der Kugelhaube kennenlernen werden, wollen wir trotzdem diese Integration vornehmen. Wir führen statt $a - h$ die Größe b ein. Dann erhalten wir

$$J = \int \arccos \frac{b}{\sqrt{a^2 - x^2}}\, dx\,.$$

Setzen wir

$$\arccos \frac{b}{\sqrt{a^2 - x^2}} = u\,,$$

so wird

$$x = \sqrt{a^2 - \frac{b^2}{\cos^2 u}}\,, \qquad dx = -b^2 \frac{\sin u}{\cos^3 u \cdot \sqrt{a^2 - \dfrac{b^2}{\cos^2 u}}}\, du\,,$$

und wir erhalten

$$J = -b^2 \int u \cdot \frac{\sin u}{\cos^2 u \cdot \sqrt{a^2 \cos^2 u - b^2}}\, du\,.$$

Dieses Integral behandeln wir weiter nach der Methode der partiellen Integration, indem wir

$$\frac{dv}{du} = \frac{\sin u}{\cos^2 u \sqrt{a^2 \cos^2 u - b^2}}$$

setzen, so daß

$$v = \int \frac{\sin u\, du}{\cos^2 u \sqrt{a^2 \cos^2 u - b^2}}$$

ist. Ersetzen wir hier $\cos u$ durch $\dfrac{1}{z}$, dann wird

$$\sin u\, du = \frac{dz}{z^2}$$

und

$$v = \int \frac{z\, dz}{\sqrt{a^2 - b^2 z^2}} = -\frac{1}{b^2} \sqrt{a^2 - b^2 z^2} = -\frac{1}{b^2} \sqrt{a^2 - \frac{b^2}{\cos^2 u}}\,.$$

Wir erhalten daher:

$$J = -b^2 \left[-\frac{1}{b^2} \sqrt{a^2 - \frac{b^2}{\cos^2 u}} \cdot u + \frac{1}{b^2} \int \sqrt{a^2 - \frac{b^2}{\cos^2 u}}\, du \right]$$

$$= u \cdot \sqrt{a^2 - \frac{b^2}{\cos^2 u}} - \int \sqrt{a^2 - \frac{b^2}{\cos^2 u}}\, du\,.$$

Um schließlich das Integral

$$J' = \int \sqrt{a^2 - \frac{b^2}{\cos^2 u}}\, du$$

auszuwerten, setzen wir $a \cos u = w$, also

$$du = -\frac{dw}{\sqrt{a^2 - w^2}}\,;$$

dann wird

$$J' = -\int \frac{\sqrt{a^2 - \dfrac{a^2 b^2}{w^2}}}{\sqrt{a^2 - w^2}}\, dw\,,$$

und die Substitution $w^2 = z$, $2w\,dw = dz$ führt dieses wiederum über in

$$J' = -\frac{a}{2}\int \sqrt{\frac{z - b^2}{a^2 - z}} \cdot \frac{dz}{z}.$$

Setzt man schließlich nach **(75)** S. 196 Formel 26)

$$\sqrt{\frac{z - b^2}{a^2 - z}} = \vartheta,$$

so wird $\quad z = \dfrac{a^2\,\vartheta^2 + b^2}{1 + \vartheta^2}, \qquad dz = 2(a^2 - b^2)\dfrac{\vartheta}{(1 + \vartheta^2)^2}\,d\vartheta$

und daher

$$J' = -\left(\frac{a^2 - b^2}{a^2}\right)\int \frac{\vartheta^2}{\left(\vartheta^2 + \left(\dfrac{b}{a}\right)^2\right)(\vartheta^2 + 1)}\,d\vartheta.$$

Da nun, wie man leicht durch Zerlegung in Teilbrüche findet [s. **(73)** S. 192 ff.],

$$\frac{\vartheta^2}{\left(\vartheta^2 + \left(\dfrac{b}{a}\right)^2\right)(\vartheta^2 + 1)} = \frac{1}{\left(1 - \left(\dfrac{b}{a}\right)^2\right)}\left[\frac{1}{\vartheta^2 + 1} - \frac{\left(\dfrac{b}{a}\right)^2}{\vartheta^2 + \left(\dfrac{b}{a}\right)^2}\right]$$

ist, so ist nach Formel T I 7)

$$J' = -a\left(\operatorname{arctg}\vartheta - \frac{b}{a}\operatorname{arctg}\left(\frac{a}{b}\,\vartheta\right)\right) = b\cdot\operatorname{arctg}\left(\frac{a}{b}\sqrt{\frac{z - b^2}{a^2 - z}}\right) - a\operatorname{arctg}\sqrt{\frac{z - b^2}{a^2 - z}}$$

$$= b\operatorname{arctg}\left(\frac{a}{b}\sqrt{\frac{w^2 - b^2}{a^2 - w^2}}\right) - a\operatorname{arctg}\sqrt{\frac{w^2 - b^2}{a^2 - w^2}}$$

$$= b\cdot\operatorname{arctg}\left(\frac{\sqrt{a^2\cos^2 u - b^2}}{b\sin u}\right) - a\cdot\operatorname{arctg}\frac{\sqrt{a^2\cos^2 u - b^2}}{a\sin u}$$

$$= b\cdot\operatorname{arccos}\left(\frac{b}{\sqrt{a^2 - b^2}}\operatorname{tg}u\right) - a\cdot\operatorname{arccos}\left(\frac{a}{\sqrt{a^2 - b^2}}\sin u\right).$$

Also wird

$$J = u\cdot\sqrt{a^2 - \frac{b^2}{\cos^2 u}} - b\cdot\operatorname{arccos}\left(\frac{b}{\sqrt{a^2 - b^2}}\operatorname{tg}u\right) + a\cdot\operatorname{arccos}\left(\frac{a}{\sqrt{a^2 - b^2}}\sin u\right)$$

$$= x\cdot\operatorname{arccos}\frac{b}{\sqrt{a^2 - x^2}} - b\cdot\operatorname{arccos}\left(\frac{b}{\sqrt{a^2 - b^2}}\cdot\frac{\sqrt{a^2 - b^2 - x^2}}{b}\right)$$

$$\qquad\qquad + a\cdot\operatorname{arccos}\left(\frac{a}{\sqrt{a^2 - b^2}}\cdot\frac{\sqrt{a^2 - b^2 - x^2}}{\sqrt{a^2 - x^2}}\right)$$

$$= x\cdot\operatorname{arccos}\frac{b}{\sqrt{a^2 - x^2}} - b\operatorname{arcsin}\frac{x}{\sqrt{a^2 - b^2}} + a\operatorname{arcsin}\frac{b\,x}{\sqrt{(a^2 - b^2)(a^2 - x^2)}};$$

und folglich ist

$$\dot{H} = 2a\left[x \cdot \arccos\frac{b}{\sqrt{a^2-\dot{x}^2}} - b\arcsin\frac{x}{\sqrt{a^2-b^2}} + a\arcsin\frac{bx}{\sqrt{(a^2-b^2)(a^2-x^2)}}\right]_{-\sqrt{a^2-b^2}}^{+\sqrt{a^2-b^2}}$$

$$= 2a\left[0 - 2 \cdot b \cdot \frac{\pi}{2} + 2 \cdot a \cdot \frac{\pi}{2}\right] = 2a\pi(a-b) = 2\pi ah.$$

Viel einfacher erhalten wir die Oberfläche der Kugelhaube, wenn wir aus den rechtwinkligen in die zylindrischen Koordinaten übergehen; in diesen lautet die Gleichung der Kugeloberfläche einfach $\varrho^2 + z^2 - a^2 = 0$. Die Projektion eines Flächenelements [s. Abb. 276 in (173) S. 542] auf die xy-Ebene hat den Inhalt $\varrho\,d\varrho\,d\varphi$; sein Stellungswinkel γ gegen die xy-Ebene ist bei der Kugelfläche gleich dem Neigungswinkel des zu diesem Elemente gehörigen Kugelhalbmessers gegen die z-Achse; also ist $\operatorname{tg}\gamma = \frac{\varrho}{z}$, und demnach ist der Inhalt des Flächenelementes selbst gleich

$$\varrho\,d\varrho\,d\varphi : \cos\gamma = \frac{\sqrt{\varrho^2+z^2}}{z}\,\varrho\,d\varrho\,d\varphi = \frac{a\varrho}{\sqrt{a^2-\varrho^2}}\,d\varrho\,d\varphi.$$

Mithin wird die Oberfläche der Kugelhaube, wenn b der Abstand der sie begrenzenden Ebene von der xy-Ebene ist,

$$H = a\int_{\varphi=0}^{2\pi}\int_{\varrho=0}^{\sqrt{a^2-b^2}}\frac{\varrho\,d\varrho}{\sqrt{a^2-\varrho^2}}\,d\varphi = a\int_{\varphi=0}^{2\pi}\left[+\sqrt{a^2-\varrho^2}\right]_{\sqrt{a^2-b^2}}^{0}d\varphi = a(a-b)\cdot 2\pi = 2\pi ah.$$

Besonders zweckmäßig werden für die Kugeloberfläche die sphärischen Koordinaten zu verwenden sein. Die beiden zu den geographischen Längen λ und $\lambda + d\lambda$ gehörigen Meridiane sowie die bei den geographischen Breiten φ und $\varphi + d\varphi$ gehörigen Parallelkreise schneiden auf der Kugeloberfläche vom Halbmesser a ein Element aus, dessen Inhalt gleich $a^2\cos\varphi\,d\varphi\,d\lambda$ ist [s. Abb. 282 in (174) S. 548]. Folglich ist in sphärischen Koordinaten ein Teil der Kugeloberfläche bestimmt durch das Doppelintegral $a^2\iint\cos\varphi\,d\varphi\,d\lambda$. Im Falle der Kugelhaube sind die Integrationsgrenzen für λ: 0 und 2π, für φ: α und $\frac{\pi}{2}$, wobei α die geographische Breite des Grenzkreises der Haube ist. Es ist demnach

$$H = a^2\int_{\lambda=\varphi}^{2\pi}\int_{\varphi=\alpha}^{\frac{\pi}{2}}\cos\varphi\,d\varphi\,d\lambda = a^2\int_{\lambda=0}^{2\pi}[\sin\varphi]_{\alpha}^{\frac{\pi}{2}}\,d\lambda = a^2(1-\sin\alpha)\cdot 2\pi$$

$$= 2\pi a(a-b) = 2\pi ah.$$

Wollen wir den Teil der Kugeloberfläche berechnen, der, wie in Aufgabe d) von (173) S. 546 Abb. 280, aus ihr durch einen geraden Kreiszylinder von den dort angegebenen Abmessungen ausgeschnitten wird, so erhalten wir unter Zugrundelegung von zylindrischen Koordinaten für diesen das Doppelintegral

$$O = 2a \int\limits_{\varphi=0}^{\frac{\pi}{2}} \int\limits_{\varrho=0}^{a\sin\varphi} \frac{\varrho}{\sqrt{a^2-\varrho^2}}\, d\varrho\, d\varphi = 2a \int\limits_{\tau=0}^{\frac{\pi}{2}} \left[-\sqrt{a^2-\varrho^2}\right]_0^{a\sin\varphi} d\varphi$$

$$= 2a^2 \int\limits_{\varphi=0}^{\frac{\pi}{2}} (1-\cos\varphi)\, d\varphi = 2a^2[\varphi - \sin\varphi]_0^{\frac{\pi}{2}} = a^2(\pi-2).$$

In sphärischen Koordinaten würde sich die Berechnung folgendermaßen gestalten. Sind φ und ϑ die geographische Länge und Breite irgendeines Punktes der Grenzkurve, so muß zwischen ihnen die Beziehung bestehen (s. Abb. 280): $OP' = a\sin\varphi = a\cos\vartheta$, so daß also $\vartheta = \frac{\pi}{2}-\varphi$ die Gleichung der Schnittkurve zwischen Zylinder und Kugel im sphärischen Polarkoordinatensystem ist. Hierauf gründet sich für den zu ermittelnden Teil der Kugeloberfläche die Formel

$$O = 2a^2 \int\limits_{\tau=0}^{\frac{\pi}{2}} \int\limits_{\vartheta=\frac{\pi}{2}-\varphi}^{\frac{\pi}{2}} \cos\vartheta\, d\vartheta\, d\varphi = 2a^2 \int\limits_{\varphi=0}^{\frac{\pi}{2}} [\sin\vartheta]_{\frac{\pi}{2}-\tau}^{\frac{\pi}{2}}\, d\varphi$$

$$= 2a^2 \int\limits_{\varphi=0}^{\frac{\pi}{2}} (1-\cos\varphi)\, d\varphi = 2a^2[\varphi - \sin\varphi]_0^{\frac{\pi}{2}} = a^2(\pi-2)$$

wie oben.

Es sei noch nach der Größe der Gesamtoberfläche des dem Zylinder und der Kugel gemeinsamen Kernkörpers gefragt. Der auf die Kugel entfallende Teil hat die Oberfläche $O_1 = 2a^2(\pi-2)$. Um den auf den Zylindermantel entfallenden Teil O_2 zu berechnen, schneiden wir diesen längs der den Kugeldurchmesser bildenden Mantellinie auf. Der von O bis P' reichende Grundkreisbogen hat bei Verwendung der für die sphärischen Koordinaten eingeführten Bezeichnung die Länge $s = a \cdot \varphi$, wie Abb. 280 lehrt. Die Länge der zu P' gehörigen Mantellinie ist $z = a \cdot \sin\vartheta = a \cdot \cos\varphi$, so daß für die mit dem Zylindermantel ausgebreitete Schnittkurve die Gleichung besteht

$$z = a\cos\frac{s}{a}.$$

Demnach ist

$$O_2 = 4a \int\limits_{s=0}^{\frac{\pi}{2}a} \cos\frac{s}{a}\, ds = 4a^2\left[\sin\frac{s}{a}\right]_0^{\frac{\pi}{2}a} = 4a^2.$$

Folglich ist die gesamte Oberfläche des Kernkörpers $O = 2\pi a^2$, also gleich der Oberfläche der Halbkugel.

Weiter wollen wir das folgende Beispiel behandeln. In Abb. 345 wird die Kugel vom Halbmesser r von zwei Ebenen geschnitten, von denen die eine im Abstande $OA' = a$ zur yz-Ebene, die andere im Abstande $OB' = b$ zur xz-Ebene parallel läuft. Es soll der von diesen und von der xz- und der yz-Ebene ausgeschnittene Teil $CADB$ der Kugeloberfläche berechnet werden. Wir zerlegen ihn durch die Meridiandiagonale CD in die beiden Teile CAD und CBD; haben wir den einen Teil, beispielsweise CAD, berechnet, so ergibt sich der Inhalt von CBA durch Vertauschung von a und b. Es ist nun

$$dO = r^2 \cos\varphi\, d\lambda\, d\varphi,$$

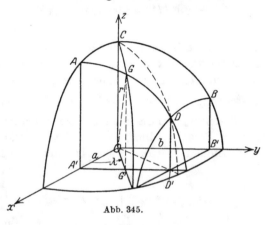

Abb. 345.

wobei λ und φ die geographische Länge und die Breite des Flächenelements sind. Wir brauchen nur noch die Grenzen von φ und λ zu bestimmen. Wählen wir einen bestimmten Wert für λ, so gehört zu ihm ein Meridianbogen GC (s. Abb. 345). Die Breite von C ist $\varphi = \frac{\pi}{2}$. Um die Breite von G zu bekommen, nehmen wir den Punkt G' zu Hilfe; aus dem bei A' rechtwinkligen Dreiecke $OA'G'$ folgt $OG' = \frac{a}{\cos\lambda}$, aus dem bei G' rechtwinkligen Dreieck $OG'G$ $OG' = r\cos\varphi$. Demnach ist $\frac{a}{\cos\lambda} = r\cos\varphi$ oder als untere Grenze $\varphi = \arccos\frac{a}{r\cos\lambda}$. Für λ ist die untere Grenze $\lambda = 0$, die obere Grenze $\lambda = \sphericalangle A'OD' = \operatorname{arctg}\frac{b}{a}$. Mithin ist

$$O_{CAD} = O_1 = r^2 \int\limits_{\lambda=0}^{\operatorname{arctg}\frac{b}{a}} \int\limits_{\varphi=\arccos\frac{a}{r\cos\lambda}}^{\frac{\pi}{2}} \cos\varphi\, d\lambda\, d\varphi = r^2 \int\limits_{\lambda=0}^{\operatorname{arctg}\frac{b}{a}} \left[\sin\varphi\right]_{\arccos\frac{a}{r\cos\lambda}}^{\frac{\pi}{2}} d\lambda$$

$$= r^2 \int\limits_{\lambda=0}^{\operatorname{arctg}\frac{b}{a}} \left(1 - \sqrt{1 - \frac{a^2}{r^2\cos^2\lambda}}\right) d\lambda.$$

Wir haben oben (s. S. 699f.) gefunden, daß

$$\int \sqrt{a^2 - \frac{b^2}{\cos^2 u}}\, du = b\arccos\left(\frac{b}{\sqrt{a^2-b^2}}\operatorname{tg}u\right) - a\arccos\left(\frac{a}{\sqrt{a^2-b^2}}\sin u\right)$$

18*

ist; folglich ist

$$\int \sqrt{1 - \frac{a^2}{r^2 \cos^2 \lambda}}\, d\lambda = \frac{a}{r} \arccos\left(\frac{a}{\sqrt{r^2 - a^2}} \operatorname{tg} \lambda\right) - \arccos\left(\frac{r}{\sqrt{r^2 - a^2}} \sin \lambda\right).$$

Daher wird

$$O_1 = r\left[r\lambda + r \arccos\left(\frac{r}{\sqrt{r^2 - a^2}} \sin \lambda\right) - a \arccos\left(\frac{a}{\sqrt{r^2 - a^2}} \operatorname{tg} \lambda\right)\right]_0^{\operatorname{arctg}\frac{b}{a}}$$

$$= r\left[r \operatorname{arctg}\frac{b}{a} + r \arccos\left(\frac{r}{\sqrt{r^2 - a^2}} \cdot \frac{b}{\sqrt{a^2 + b^2}}\right) - a \arccos\frac{b}{\sqrt{r^2 - a^2}}\right.$$

$$\left. - r \cdot \frac{\pi}{2} + a \cdot \frac{\pi}{2}\right]$$

$$= r\left[r \operatorname{arctg}\frac{b}{a} - r \arcsin\frac{br}{\sqrt{a^2 + b^2}\sqrt{r^2 - a^2}} + a \arcsin\frac{b}{\sqrt{r^2 - a^2}}\right]$$

$$= r\left[r \operatorname{arctg}\frac{b}{a} - r \operatorname{arctg}\frac{br}{a\sqrt{r^2 - a^2 - b^2}} + a \arcsin\frac{b}{\sqrt{r^2 - a^2}}\right].$$

Also ist

$$O = O_1 + O_2$$

$$= r\left[r\left(\operatorname{arctg}\frac{b}{a} + \operatorname{arctg}\frac{a}{b}\right) - r\left(\operatorname{arctg}\frac{br}{a\sqrt{r^2 - a^2 - b^2}} + \operatorname{arctg}\frac{ar}{b\sqrt{r^2 - a^2 - b^2}}\right)\right.$$

$$\left. + a \arcsin\frac{b}{\sqrt{r^2 - a^2}} + b \arcsin\frac{a}{\sqrt{r^2 - a^2}}\right]$$

$$= r\left[-\frac{\pi}{2}r - r\operatorname{arctg}\frac{\dfrac{br}{a\sqrt{r^2 - a^2 - b^2}} + \dfrac{ar}{b\sqrt{r^2 - a^2 - b^2}}}{1 - \dfrac{r^2}{r^2 - a^2 - b^2}} + a\arcsin\frac{b}{\sqrt{r^2 - a^2}} + b\arcsin\frac{a}{\sqrt{r^2 - a^2}}\right]$$

$$= r\left[-\frac{\pi}{2}r + r \operatorname{arctg}\frac{r\sqrt{r^2 - a^2 - b^2}}{ab} + a\arcsin\frac{b}{\sqrt{r^2 - a^2}} + b\arcsin\frac{a}{\sqrt{r^2 - a^2}}\right]$$

$$= r\left[-\frac{\pi}{2}r + r \arccos\frac{ab}{\sqrt{r^2 - a^2}\sqrt{r^2 - b^2}} + a\arcsin\frac{b}{\sqrt{r^2 - a^2}} + b\arcsin\frac{a}{\sqrt{r^2 - a^2}}\right]$$

oder

$$O = r\left[a \cdot \arcsin\frac{b}{\sqrt{r^2 - a^2}} + b \cdot \arcsin\frac{a}{\sqrt{r^2 - b^2}} - r \cdot \arcsin\frac{ab}{\sqrt{r^2 - a^2}\sqrt{r^2 - b^2}}\right].$$

(210)   Schließlich soll noch an einigen Beispielen gezeigt werden, wie man das statische Moment, den Schwerpunkt und das Trägheitsmoment von krummen Flächen bestimmt.

a) Der Mantel des geraden Kreiskegels. Der Kegel habe die Höhe h und den Öffnungswinkel α. Wir zerlegen ihn (s. Abb. 346) durch Parallelebenen zur Grundfläche in elementare Kegelstumpfmäntel von der Höhe dz und der Mantellinie $ds = \dfrac{dz}{\cos\alpha}$; in der Höhe z (Halbmesser $\varrho = z \cdot \text{tg}\,\alpha$) ist dann der Mantel $2\pi \cdot z\,\text{tg}\,\alpha \cdot \dfrac{dz}{\cos\alpha}$. Da sein Schwerpunkt mit dem Mittelpunkte des Grundkreises zusammenfällt, also von der xy-Ebene den Abstand z hat, ist das statische Moment bezüglich der xy-Ebene gleich $2\pi z^2\,\text{tg}\,\alpha \cdot \dfrac{dz}{\cos\alpha}$; das statische Moment des gesamten Kegelmantels wird also

$$M_{xy} = 2\pi\,\frac{\text{tg}\,\alpha}{\cos\alpha}\int\limits_0^h z^2\,dz = \frac{2}{3}\,\pi\,h^3\,\frac{\text{tg}\,\alpha}{\cos\alpha}\,.$$

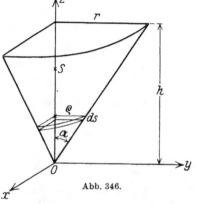

Abb. 346.

Hat der Schwerpunkt, der ja auf der Kegelachse liegen muß, von der xy-Ebene den Abstand ζ, so muß sein:

$$\pi\,r\,s \cdot \zeta = \frac{2}{3}\,\pi\,h^3\,\frac{\text{tg}\,\alpha}{\cos\alpha}$$

oder, da $s = \dfrac{h}{\cos\alpha}$, $\;r = h\,\text{tg}\,\alpha$ ist:

$$\zeta = \tfrac{2}{3}\,h\,.$$

Das Trägheitsmoment des Kegelmantels bezüglich der xy-Ebene ist

$$J_{xy} = \int\limits_0^h \frac{2\pi\,\text{tg}\,\alpha}{\cos\alpha}\,z^3\,dz = \frac{\pi}{2}\,h^4\,\frac{\text{tg}\,\alpha}{\cos\alpha} = \frac{\pi}{2}\,r\,s \cdot h^2 = \frac{M}{2}\,h^2\,,$$

wenn M der Mantel des Kegels ist. Das Trägheitsmoment bezüglich der z-Achse erhalten wir durch Summation der Trägheitsmomente der elementaren Kegelstumpfmäntel bezüglich der z-Achse; ein solches ist gleich $2\pi\varrho\,ds \cdot \varrho^2$, wenn ds die Mantellinie und ϱ der Halbmesser des Grundkreises ist. Da nun

$$\varrho = z\,\text{tg}\,\alpha\,, \qquad ds = \frac{dz}{\cos\alpha}$$

ist, so ist

$$J_z = 2\pi\int\limits_0^h z^3\,\text{tg}^3\,\alpha \cdot \frac{dz}{\cos\alpha} = \frac{\pi}{2}\,h^4\,\frac{\text{tg}^3\,\alpha}{\cos\alpha} = \frac{\pi}{2}\,r^3\,s = \frac{M}{2}\,r^2\,.$$

Demnach ist

$$J_{xz} = J_{yz} = \frac{M}{4}\,r^2\,, \qquad J_x = \frac{M}{4}\,(r^2 + 2h^2) = J_y\,, \qquad J_0 = \frac{M}{2}\,(r^2 + h^2)\,.$$

Berechne die Trägheitsmomente des Kegelmantels bezüglich Ebenen und Achsen, die durch den Schwerpunkt gehen! Ferner bezüglich einer Mantellinie!

b) Für die **Kugelhaube** (s. Abb. 344) ist das statische Moment des Flächenelementes $a^2 \cos\varphi\, d\varphi\, d\vartheta$ bezüglich der xy-Ebene gleich

$$a^2 \cos\varphi\, d\varphi\, d\vartheta \cdot a \sin\varphi\,,$$

also das der Haube selbst gleich

$$M_{xy} = a^3 \int\limits_{\vartheta=0}^{2\pi} \int\limits_{\varphi=\alpha}^{\frac{\pi}{2}} \sin\varphi \cos\varphi\, d\varphi\, d\vartheta = \frac{a^3}{2} \cdot 2\pi \cdot [\sin^2\varphi]_{\alpha}^{\frac{\pi}{2}} = \pi\, a^3 \cos^2\alpha\,,$$

wobei α die geographische Breite des Grenzkreises ist. Da nun die Haube selbst den Inhalt $H = 2\pi a^2 (1 - \sin\alpha)$ hat, so folgt für den Schwerpunktsabstand ζ der Haube vom Mittelpunkte der Kugel

$$2\pi a^2 (1 - \sin\alpha) \cdot \zeta = \pi a^3 \cos^2\alpha\,,$$

also

$$\zeta = \frac{a}{2}(1 + \sin\alpha) = \frac{1}{2}(a + a - h) = a - \frac{h}{2}\,,$$

wobei h die Höhe der Haube ist. Der Schwerpunkt liegt demnach gleich weit von der Ebene des Grenzkreises und vom Scheitel der Haube entfernt. Insbesondere ist der Abstand des Schwerpunktes der Halbkugelfläche vom Mittelpunkte gleich der Hälfte des Halbmessers.

Das **Trägheitsmoment** der Haube bezüglich der xy-Ebene ist gegeben durch das Integral

$$J_{xy} = \int\limits_{\lambda=0}^{2\pi} \int\limits_{\varphi=\alpha}^{\frac{\pi}{2}} a^2 \cos\varphi\, d\varphi\, d\lambda \cdot a^2 \sin^2\varphi = 2\pi \cdot \frac{a^4}{3} [\sin^3\varphi]_{\alpha}^{\frac{\pi}{2}}$$

$$= \frac{2}{3}\pi a^4 (1 - \sin^3\alpha) = \frac{a^2}{3} H (1 + \sin\alpha + \sin^2\alpha)\,;$$

$$J_{xy} = \frac{H}{3}(a^2 + a(a-h) + (a-h)^2) = \frac{H}{3}(3a^2 - 3ah + h^2)\,.$$

Folglich ist das Trägheitsmoment der Haube bezüglich der durch den Schwerpunkt gehenden Parallelebene zum Grundkreise

$$J_{xy_s} = J_{xy} - H \cdot \left(a - \frac{h}{2}\right)^2$$

$$= \frac{H}{3}\left(3a^2 - 3ah + h^2 - 3a^2 + 3ah - \frac{3}{4}h^2\right) = \frac{H}{12}h^2\,,$$

bezüglich der Grundkreisebene und der zum Scheitel gehörenden Tangentialebene

$$J_{xy} = J_{xy_s} + H \cdot \left(\frac{h}{2}\right)^2 = \frac{H}{3} \cdot h^2\,.$$

Das axiale Trägheitsmoment bezüglich des Schwerpunktshalbmessers ist

$$J_z = \int\limits_{\lambda=0}^{2\pi} \int\limits_{\varphi=\alpha}^{\frac{\pi}{2}} a^2 \cos\varphi \, d\varphi \, d\lambda \cdot a^2 \cos^2\varphi = 2\pi a^4 \int\limits_{q=\alpha}^{\frac{\pi}{2}} \cos^3\varphi \, d\varphi$$

$$= 2\pi a^4 \int\limits_{\varphi=\alpha}^{\frac{\pi}{2}} (1 - \sin^2\varphi) \, d(\sin\varphi) = 2\pi a^4 \left[\sin\varphi - \frac{\sin^3\varphi}{3} \right]_{\alpha}^{\frac{\pi}{2}}$$

$$= \frac{2}{3}\pi a^4 (2 - 3\sin\alpha + \sin^3\alpha) = \frac{2}{3}\pi a^4 (1 - \sin\alpha)(2 - \sin\alpha - \sin^2\alpha)$$

$$= \frac{2}{3}\pi a h (2 a^2 - a(a-h) - (a-h)^2) = \frac{H}{3} h (3a - h).$$

Hieraus folgt

$$J_{xz} = J_{yz} = \frac{H}{6} h (3a - h), \qquad J_S = J_{xy_S} + J_z = \frac{H}{12} h (6a - h) \quad \text{usf.}$$

Neben den krummen Oberflächen erfordern auch die räumlichen Kurven die Anwendung der Infinitesimalrechnung zu ihrer Untersuchung. Hierzu seien noch einige kurze Andeutungen gemacht.

(211) B. Die Raumkurven. Wir haben in früheren Abschnitten verschiedene analytische Darstellungen der Raumkurve im rechtwinkligen Koordinatensystem kennengelernt. Fassen wir die Raumkurve als Schnittlinie zweier krummen Flächen von den Gleichungen $f_1(x, y, z) = 0$ und $f_2(x, y, z) = 0$ auf, so müssen die Koordinaten eines jeden Punktes der Kurve beide Gleichungen erfüllen; somit stellen die beiden Gleichungen $f_1(x, y, z) = 0$ und $f_2(x, y, z)$ die Raumkurve dar. Fassen wir dagegen die Raumkurve als die Bahn eines Punktes P auf, so erscheint die Lage von P als abhängig von der Zeit t, und wir können seine Koordinaten x, y, z als Funktionen von t in der Form darstellen:

$$x = \varphi(t), \quad y = \psi(t), \quad z = \chi(t). \qquad 42)$$

Die drei Gleichungen 42) geben eine **Parameterdarstellung** der Raumkurve. Der Parameter ist die bisher als Zeit gedeutete Veränderliche t. (Es bedarf kaum eines Wortes, daß t auch irgendeine andere Bedeutung als die der Zeit haben kann.) Wir haben von der Parameterdarstellung bei der Behandlung der Raumgeraden schon Sonderfälle kennengelernt. Da sie sich besonders zur Untersuchung von Raumkurven eignet, wollen wir im folgenden von ihr Gebrauch machen.

Zur Erläuterung behandeln wir die Raumkurve, deren Parameterdarstellung $\quad x = (t-1)^2, \quad y = (t+1)^2, \quad z = \frac{1}{3}t^3 - t$

ist; in der folgenden Tabelle sind für verschiedene Werte des Parameters t die Koordinaten der zugehörigen Punkte zusammengestellt:

t	0	1	2	3	4	5	6	-1	-2	-3	-4	-5	-6
x	1	0	1	4	9	16	25	4	9	16	25	36	49
y	1	4	9	16	25	36	49	0	1	4	9	16	25
z	0	$-\frac{2}{3}$	$\frac{2}{3}$	6	$17\frac{1}{3}$	$36\frac{2}{3}$	66	$\frac{2}{3}$	$-\frac{2}{3}$	-6	$-17\frac{1}{3}$	$-36\frac{2}{3}$	-66

Eigenschaften dieser Raumkurve: Da x und y stets positiv sein müssen, verläuft die Kurve nur in den beiden vorn rechts liegenden Oktanten; die xy-Ebene wird in dem Punkte $(1|1|0)$ durchstoßen, die xz-Ebene in dem Punkte $(4|0|\frac{2}{3})$, die yz-Ebene in dem Punkte $(0|4|-\frac{2}{3})$ berührt. Durch Elimination von t aus den beiden ersten Gleichungen ergibt sich die Gleichung der xy-Projektion der Kurve zu

$$(x-y)^2 - 8(x+y) + 16 = 0;$$

die xy-Projektion ist demnach eine Parabel, deren Scheitel die Koordinaten $(1|1|0)$ hat und deren Achse den Winkel zwischen der positiven x- und der positiven y-Achse halbiert. Um die Gleichung der xz-Projektion zu finden, muß man aus $x = (t-1)^2$ und $z = \frac{1}{3}t^3 - t$ den Parameter eliminieren; man erhält $x^3 - (3(x-z)-2)^2 = 0$. Für die Gleichung der yz-Projektion ergibt sich schließlich $y^3 - (3(y+z)-2)^2 = 0$.

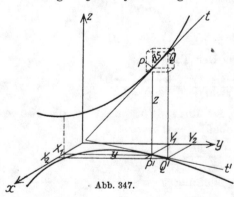

Abb. 347.

Zu einem bestimmten Werte des Parameters t gehört ein ganz bestimmter Punkt $P(x|y|z)$ der Raumkurve (s. Abb. 347). Wird t ein Zuwachs dt erteilt, so nehmen die Koordinaten die Werte

$$x + dx = \varphi(t + dt),$$
$$y + dy = \psi(t + dt),$$
$$z + dz = \lambda(t + dt)$$

an; durch diese ist der dem Punkte P benachbarte Punkt Q der Raumkurve festgelegt. Die beiden Punkte P und Q bestimmen die Gerade PQ, welche als Verbindungslinie der beiden unendlich benachbarten Punkte P und Q die Tangente an die Raumkurve in P genannt wird. Das unendlich kleine Kurvenstück $PQ = ds$ kann als geradlinig angesehen werden; seine Projektionen auf die x-, die y- und die z-Achse sind gleich den Differenzen der entsprechenden Koordinaten von P und Q, d. h.

$$X_1 X_2 = dx, \qquad Y_1 Y_2 = dy, \qquad Z_1 Z_2 = dz.$$

Es ist
$$ds = \sqrt{(dx)^2 + (dy)^2 + (dz)^2}.$$

Bildet die Tangente t mit den Achsen die Winkel α, β, γ, so muß sein

$$\cos\alpha = \frac{dx}{ds}, \qquad \cos\beta = \frac{dy}{ds}, \qquad \cos\gamma = \frac{dz}{ds} \text{ [s. übrigens (152) S. 456].}$$

Um zur Gleichung der Tangente zu gelangen, wollen wir die Koordinaten des Berührungspunktes P mit $x_0|y_0|z_0$ bezeichnen; die laufenden Koordinaten der Tangente mögen, wie gewöhnlich, $x|y|z$ heißen. Dann lautet nach Gleichung 35) in (158) S. 475 die Gleichung der Tangente

$$\frac{x-x_0}{\left(\frac{dx}{ds}\right)_0} = \frac{y-y_0}{\left(\frac{dy}{ds}\right)_0} = \frac{z-z_0}{\left(\frac{dz}{ds}\right)_0}$$

oder, wenn wir diese mit $\left(\frac{dt}{ds}\right)_0$ erweitern,

$$\frac{x-x_0}{\left(\frac{dx}{dt}\right)_0} = \frac{y-y_0}{\left(\frac{dy}{dt}\right)_0} = \frac{z-z_0}{\left(\frac{dz}{dt}\right)_0}$$

oder schließlich unter Einführung von φ, ψ, χ,

$$\frac{x-\varphi(t)}{\varphi'(t)} = \frac{y-\psi(t)}{\psi'(t)} = \frac{z-\chi(t)}{\chi'(t)} . \qquad 43)$$

Dies ist die Tangentengleichung für den zum Parameterwert t gehörigen Berührungspunkt.

In unserem Beispiele ist

$$\varphi'(t) = 2(t-1), \qquad \psi'(t) = 2(t+1), \qquad \chi'(t) = t^2-1;$$

also ist die allgemeine Gleichung der Tangente

$$\frac{x-(t-1)^2}{2(t-1)} = \frac{y-(t+1)^2}{2(t+1)} = \frac{z-(\frac{1}{3}t^3-t)}{t^2-1} .$$

Insbesondere ist die Gleichung der im xy-Spurpunkt an die Kurve gelegten Tangente, für den (s. oben) $t=0$ ist:

$$\frac{x-1}{-2} = \frac{y-1}{2} = \frac{z}{-1}$$

oder in Gestalt der Projektionsgleichung $y = -x + 2$, $z = \frac{x}{2} - \frac{1}{2}$. Ihre Spurpunkte in der xz- und der yz-Ebene sind $(2|0|\frac{1}{2})$ und $(0|2|-\frac{1}{2})$, aus denen man bequem den Verlauf der Tangente feststellen kann. Sie hat die Richtungskosinus

$$\cos\alpha = \frac{-2}{\sqrt{2^2+2^2+1^2}} = -\frac{2}{3}, \qquad \cos\beta = +\frac{2}{3}, \qquad \cos\gamma = -\frac{1}{3},$$

woraus sich ergibt

$$\alpha = 131°\,48'\,39'', \qquad \beta = 48°\,11'\,21'', \qquad \gamma = 109°\,28'\,17''.$$

Der Leser bestimme weitere Tangenten der Kurve. Gibt es Tangenten, die auf den Koordinatenebenen senkrecht stehen? ($\perp xz$-Ebene: $t=1$,

$x = 0$, $z = -\frac{2}{3}$; $\perp$ yz-Ebene: $t = -1$, $y = 0$, $z = \frac{2}{3}$). Welches ist der Ort der xy-Spurpunkte der Tangenten?

$$\left(x = \frac{(t-1)^3 + 4}{3(t+1)}, \qquad y = \frac{(t+1)^3 - 4}{3(t-1)}\right) \text{ usw. } -$$

Die auf der Tangente im Berührungspunkte senkrecht stehende Ebene heißt die zu diesem Kurvenpunkte gehörige **Normalebene** der Kurve; ihre Gleichung ist nach Formel 43') in **(159)** S. 482:

$$(x - \varphi(t)) \cdot \varphi'(t) + (y - \psi(t)) \cdot \psi'(t) + (z - \chi(t))\chi'(t) = 0. \qquad 44)$$

Demnach lautet die Gleichung der zum xy-Spurpunkt gehörenden Normalebene unserer Raumkurve ($t = 0$)

$$-2(x - 1) + 2(y - 1) - z = 0 \qquad \text{oder} \qquad 2x - 2y + z = 0.$$

Der Leser möge die Gleichungen weiterer Normalebenen unserer Kurve aufstellen.

Da das Bogenelement durch

$$ds = \sqrt{(dx)^2 + (dy)^2 + (dz)^2} = \sqrt{\left(\frac{dx}{dt}\right)^2 + \left(\frac{dy}{dt}\right)^2 + \left(\frac{dz}{dt}\right)^2}\, dt$$

gegeben ist, so ist die **Länge** des vom Punkte P_1 bis zum Punkte P_2 reichenden **Kurvenstücks** durch das bestimmte Integral zu berechnen:

$$s = \int\limits_{t_1}^{t_2} \sqrt{(\varphi'(t))^2 + (\psi'(t))^2 + (\chi'(t))^2}\, dt. \qquad 45)$$

Für unsere Raumkurve ist beispielsweise

$$s = \int\limits_{t_1}^{t_2} \sqrt{(2(t-1))^2 + (2(t+1))^2 + (t^2-1)^2}\, dt = \int\limits_{t_1}^{t_2} \sqrt{t^4 + 6t^2 + 9}\, dt$$

$$= \int\limits_{t_1}^{t_2} (t^2 + 3)\, dt = \left[\tfrac{1}{3}t^3 + 3t\right]_{t_1}^{t_2}.$$

Das Kurvenstück, das vom Punkte $t = 0$ (xy-Spurpunkt) bis zum Punkte $t = 1$ (Berührungspunkt der Kurve mit der yz-Ebene) reicht, ist also gleich $3\frac{1}{3}$ Längeneinheiten.

(212) Wir haben gesehen, daß ein Punkt P der Raumkurve mit seinem Nachbarpunkte Q eine Gerade, die Tangente an die Kurve, bestimmt; nehmen wir hierzu noch den Nachbarpunkt R des Punktes Q, so haben wir drei einander unendlich nahe gelegene Punkte der Kurve, nämlich die Punkte P, Q, R. Drei Punkte bestimmen im allgemeinen eine Ebene; die durch die drei Punkte P, Q, R bestimmte Ebene nennt man die zu P gehörige **Schmiegungsebene** der Raumkurve. Um uns eine Vorstellung von der gegenseitigen Lage von Raumkurve und

Schmiegungsebene in P zu verschaffen, wollen wir die drei Kurvenpunkte P, Q, R zunächst in endlicher Entfernung voneinander wählen.
Dann wird im allgemeinen die Kurve die durch P, Q, R bestimmte
Ebene zum ersten Male bei P durchsetzen, d. h. in P von der einen
Seite der Ebene auf die andere übertreten, bei Q wird sie dann von dieser
wieder auf die ursprüngliche Seite und bei R schließlich wie bei P
auf die zweite Seite übertreten; das Endergebnis ist also, daß die Kurve
bei P an die Ebene von der einen Seite herantritt und sie bei R auf
der anderen Seite verläßt. An diesem Ergebnis kann sich nichts ändern,
wenn sowohl Q als auch R unendlich nahe an P heranrücken; d. h.
die Kurve durchsetzt die Schmiegungsebene, diese dabei in dem Kurvenpunkte berührend. Da
im Grenzfalle PQ und
QR zu Tangenten an
die Kurve in P und in
dem Nachbarpunkte Q
werden, können wir die
zu P gehörige Schmie-
gungsebene auch auf-
fassen als bestimmt
durch die zu P gehörige
Tangente und ihre
Nachbartangente. Ab-
bildung 348 soll zur

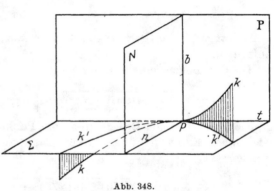

Abb. 348.

Erläuterung des Ausgeführten dienen. In ihr ist k die Raumkurve,
von der zur anschaulichen Darstellung k' die Projektion auf die Schmiegungsebene Σ sein soll. P ist ein Punkt von k, t die Tangente an k
in P, N die Normalebene zu k in P, Σ die Schmiegungsebene zu k in P.

Der Punkt P habe den Parameter t, seine Koordinaten sind also
$x_0 = \varphi(t)$, $y_0 = \psi(t)$, $z_0 = \chi(t)$. Der Punkt Q hat als Nachbarpunkt
von P den Parameter $t_1 = t + dt$, seine Koordinaten sind

$$x_1 = x_0 + dx_0 = \varphi(t + dt), \qquad y_1 = y_0 + dy_0 = \psi(t + dt),$$
$$z_1 = z_0 + dz_0 = \chi(t + dt).$$

Der Punkt R hat schließlich als Nachbarpunkt von Q den Parameter

$$t_2 = t_1 + dt_1 = t + dt + d(t + dt)$$

und die Koordinaten

$$x_2 = x_1 + dx_1 = \varphi(t_1 + dt_1), \qquad y_2 = y_1 + dy_1 = \psi(t_1 + dt_1),$$
$$z_2 = z_1 + dz_1 = \chi(t_1 + dt_1).$$

Da die Schmiegungsebene durch P gehen soll, muß ihre Gleichung
die Form haben

$$A(x - x_0) + B(y - y_0) + C(z - z_0) = 0;$$

da sie ferner durch Q gehen soll, muß auch die Gleichung bestehen:

$$A(x - x_1) + B(y - y_1) + C(z - z_1) = 0.$$

Ziehen wir beide Gleichungen voneinander ab, so erhalten wir für A, B, C die Gleichung

$$A(x_1 - x_0) + B(y_1 - y_0) + C(z_1 - z_0) = 0$$

oder

$$A[\varphi(t + dt) - \varphi(t)] + B[\psi(t + dt) - \psi(t)] + C[\chi(t + dt) - \chi(t)] = 0.$$

Nach Division durch dt ergibt sich hieraus

$$A \cdot \varphi'(t) + B \cdot \psi'(t) + C \cdot \chi'(t) = 0$$

als Bedingung dafür, daß die Ebene durch den Punkt P mit dem Parameter t und seinen Nachbarpunkt geht. Da sie aber auch durch den Punkt Q vom Parameter $t_1 = t + dt$ und dessen Nachbarpunkt gehen soll, müssen A, B, C auch der Bedingung genügen:

$$A \cdot \varphi'(t + dt) + B \cdot \psi'(t + dt) + C \cdot \chi'(t + dt) = 0.$$

Ziehen wir diese Gleichung von der obigen ab, so erhalten wir

$$A[\varphi'(t + dt) - \varphi'(t)] + B[\psi'(t + dt) - \psi'(t)] + C[\chi'(t + dt) - \chi'(t)] = 0$$

und nach Division durch dt:

$$A \cdot \varphi''(t) + B \cdot \psi''(t) + C \cdot \chi''(t) = 0.$$

Aus den beiden Gleichungen

$$A\varphi'(t) + B\psi'(t) + C\chi'(t) = 0 \quad \text{und} \quad A\varphi''(t) + B\psi''(t) + C\chi''(t) = 0$$

folgt nunmehr für das Verhältnis

$$A : B : C \quad \text{der Wert} \quad (\psi'\chi'' - \chi'\psi'') : (\chi'\varphi'' - \varphi'\chi'') : (\varphi'\psi'' - \psi'\varphi''),$$

so daß die Gleichung der Schmiegungsebene lautet:

$$(\psi'\chi'' - \chi'\psi'')(x - \varphi) + (\chi'\varphi'' - \varphi'\chi'')(y - \psi) + (\varphi'\psi'' - \psi'\varphi'')(z - \chi) = 0. \quad 46)$$

Die Schmiegungsebene und die Normalebene eines Punktes schneiden einander in der zu P gehörigen Hauptnormale n der Kurve (siehe Abb. 348). Um ihre Gleichung aufzustellen, brauchen wir nur Gleichungen 44) und 46), denen ja die Koordinaten eines jeden Punktes der Hauptnormale genügen müssen, als homogene Gleichungen mit den Unbekannten $x - \varphi$, $y - \psi$, $z - \chi$ aufzufassen und deren Verhältnisse aus ihnen zu bestimmen. Es ergibt sich

$$(x - \varphi) : (y - \psi) : (z - \chi) = [\psi'(\varphi'\psi'' - \psi'\varphi'') - \chi'(\chi'\varphi'' - \varphi'\chi'')]$$
$$: [\chi'(\psi'\chi'' - \chi'\psi'') - \varphi'(\varphi'\psi'' - \psi'\varphi'')] : [\varphi'(\chi'\varphi'' - \varphi'\chi'') - \psi'(\psi'\chi'' - \chi'\psi'')].$$

Es ist nun der Inhalt der ersten [ ] gleich

$$\varphi'\psi'\psi'' - \psi'^2\varphi'' - \chi'^2\varphi'' + \varphi'\chi'\chi''$$
$$= \varphi'(\varphi'\varphi'' + \psi'\psi'' + \chi'\chi'') - \varphi''(\varphi'^2 + \psi'^2 + \chi'^2).$$

Aus

$$\left(\frac{ds}{dt}\right)^2 = \left(\frac{dx}{dt}\right) + \left(\frac{dy}{dt}\right)^2 + \left(\frac{dz}{dt}\right)^2 = \varphi'^2 + \psi'^2 + \chi'^2 = s'^2$$

erhalten wir durch Differenzieren nach t

$$2s's'' = 2(\varphi'\varphi'' + \psi'\psi'' + \chi'\chi'').$$

Wir können daher für den Inhalt der [ ] schreiben $\varphi's's'' - \varphi''s'^2$, und es wird nach einfacher Umformung

$$(x - \varphi):(y - \psi):(z - \chi) = (\varphi's'' - s'\varphi''):(\psi's'' - s'\psi''):(\chi's'' - s'\chi''),$$

wofür wir schließlich als Gleichung der **Hauptnormalen** schreiben können:

$$\frac{x - \varphi}{s'\varphi'' - \varphi's''} = \frac{y - \psi}{s'\psi'' - \psi's''} = \frac{z - \chi}{s'\chi'' - \chi's''}. \qquad 47)$$

Die im Kurvenpunkte P auf der Schmiegungsebene Σ senkrecht stehende Gerade b heißt die zu P gehörige **Binormale** der Kurve; ihre Gleichung ist nach **(159)** S. 482

$$\frac{x - \varphi}{\psi'\chi'' - \chi'\psi''} = \frac{y - \psi}{\chi'\varphi'' - \varphi'\chi''} = \frac{z - \chi}{\varphi'\psi'' - \psi'\varphi''}. \qquad 48)$$

Die auf der Hauptnormale n in P senkrecht stehende Ebene P wird die zu P gehörende **rektifizierende Ebene** der Kurve genannt; ihre Gleichung ist nach **(159)** S. 482

$$(s'\varphi'' - \varphi's'')(x - \varphi) + (s'\psi'' - \psi's'')(y - \psi) + (s'\chi'' - \chi's'')(z - \chi) = 0. \cdot 49)$$

Für unser Beispiel ist

$$\varphi = (t - 1)^2, \quad \psi = (t + 1)^2, \quad \chi = \tfrac{1}{3}t^3 - t;$$

demnach ist

$$\varphi' = 2(t - 1), \quad \psi' = 2(t + 1), \quad \chi' = t^2 - 1,$$
$$\varphi'' = 2, \quad \psi'' = 2, \quad \chi'' = 2t, \quad s' = t^2 + 3, \quad s'' = 2t.$$

Für den xy-Spurpunkt unserer Raumkurve ($t = 0$) ist demnach

$$\varphi' = -2, \quad \psi' = +2, \quad \chi' = -1, \quad \varphi'' = 2, \quad \psi'' = 2, \quad \chi'' = 0,$$
$$s' = 3, \quad s'' = 0.$$

Somit werden die Gleichung der Schmiegungsebene

$$x - y - 4z = 0,$$

die Gleichung der Hauptnormale

$$y = x, \quad z = 0,$$

die Gleichung der Binormale

$$y = -x + 2, \quad z = -4x + 4,$$

die Gleichung der rektifizierenden Ebene

$$x + y - 2 = 0.$$

(213) Anwendungen. a) Die zylindrische Schraubenlinie hat nach Formel 52) in **(163)** S. 497 die Gleichungen

$$x = a \cos t, \quad y = a \sin t, \quad z = \frac{h}{2\pi} t,$$

wobei t der Verschraubungswinkel, a der Halbmesser des Zylindergrundkreises und h die Ganghöhe ist. Es ist somit für diese Kurve

$$\varphi' = -a \sin t, \quad \psi' = a \cos t, \quad \chi' = \frac{h}{2\pi},$$

$$\varphi'' = -a \cos t, \quad \psi'' = -a \sin t, \quad \chi'' = 0.$$

Für einen beliebigen Punkt P lautet die Gleichung der Tangente

$$\frac{x - a \cos t}{-a \sin t} = \frac{y - a \sin t}{a \cos t} = \frac{z - \frac{h}{2\pi} t}{\frac{h}{2\pi}}.$$

Für $z = 0$ folgt hieraus

$$x = a t \sin t + a \cos t, \quad y = -a t \cos t + a \sin t;$$

das ist aber nach **(140)** S. 400 die Gleichung der Kreisevolvente. Der Ort der Grundrißspurpunkte für die Tangenten der zylindrischen Schraubenlinie ist demnach eine Kreisevolvente. Ferner ist

$$s' = \sqrt{a^2 \sin^2 t + a^2 \cos^2 t + \left(\frac{h}{2\pi}\right)^2} = \sqrt{a^2 + \left(\frac{h}{2\pi}\right)^2},$$

also ist die vom Grundrißspurpunkte $(t = 0)$ bis zu einem Punkte $P(t = t)$ gemessene Länge der Schraubenlinie

$$s = \int_0^t s' dt = \sqrt{a^2 + \left(\frac{h}{2\pi}\right)^2} \cdot t.$$

Da $s'' = 0$ ist, so ergibt sich für die Gleichung der Hauptnormale

$$y = x \cdot \operatorname{tg} t, \quad z = \frac{h}{2\pi} t.$$

Die Hauptnormale der Schraubenlinie schneidet demnach die Schraubenachse und steht senkrecht auf ihr; ihr geometrischer Ort ist also die zur Schraubenlinie gehörige gerade geschlossene Schraubenfläche [s. **(163)** S. 498].

b) Die konische Schraubenlinie wird von einem Punkte beschrieben, der auf dem Mantel eines geraden Kreiskegels umläuft und dabei in Richtung der Kegelachse im gleichen Verhältnis mit dem Umlaufe fortschreitet. Die Spitze möge im Koordinatenanfangspunkt liegen, die Kegelachse mit der z-Achse zusammenfallen; der Öffnungswinkel des Kegels sei α (Abb. 349). Ist der Verschraubungswinkel t und die Höhe eines Schraubenganges h, so ist

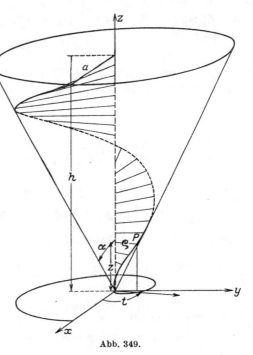

$$z = \frac{h}{2\pi} t \,.$$

Ist ferner ϱ der Abstand eines beliebigen Punktes der Schraubenlinie von der Achse, so ist $\varrho = \frac{a}{2\pi} t$, wobei a der Abstand von der Achse ist, nachdem der Punkt einen vollen

Abb. 349.

Schraubengang zurückgelegt hat. Beginnt der Punkt seine Bahn auf der in die xz-Ebene fallenden Kegelmantellinie, so sind seine Koordinaten $x = \varrho \cos t$, $y = \varrho \sin t$; folglich ist die Gleichung dieser konischen Schraubenlinie

$$x = \frac{a}{2\pi} t \cos t \,, \qquad y = \frac{a}{2\pi} t \sin t \,, \qquad z = \frac{h}{2\pi} t \,.$$

Aus ihr folgt, daß die xy-Projektion die Archimedische Spirale von der Gleichung

$$\varrho = \frac{a}{2\pi} t$$

ist. Da

$$\varphi' = \frac{a}{2\pi} [\cos t - t \sin t] \,, \qquad \psi' = \frac{a}{2\pi} [\sin t + t \cos t] \,, \qquad \chi' = \frac{h}{2\pi}$$

ist, so ergibt sich

$$\frac{ds}{dt} = \frac{1}{2\pi} \sqrt{(a^2 + h^2) + a^2 t^2} = \frac{a}{2\pi} \sqrt{\frac{1}{\sin^2 \alpha} + t^2} \,.$$

Demnach ist unter Verwendung der Formel T II 15′ die Länge des von der Spitze bis zum Verschraubungswinkel t reichenden Bogens

$$s = \int_0^t \frac{a}{2\pi} \sqrt{\frac{1}{\sin^2\alpha} + t^2}\, dt = \frac{a}{4\pi}\left[t\sqrt{\frac{1}{\sin^2\alpha} + t^2} + \frac{1}{\sin^2\alpha}\,\mathfrak{Ar}\,\mathfrak{Sin}\,(t\sin\alpha)\right]_0^t.$$

Beispielsweise ist, wenn der Öffnungswinkel des Kegels $\alpha = \dfrac{\pi}{4}$ ist, die Länge des ersten Schraubenganges $(t = 2\pi)$

$$s = \frac{a}{4\pi}\left[2\pi\sqrt{4\pi^2 + 2} + 2\,\mathfrak{Ar}\,\mathfrak{Sin}\,\pi\sqrt{2}\,\right]$$

$$= \frac{a}{2}\left(\sqrt{4\pi^2 + 2} + \frac{1}{\pi}\,\mathfrak{Ar}\,\mathfrak{Sin}\,\pi\sqrt{2}\,\right) = 3{,}5698\,a = 2{,}5243\,m,$$

wobei $m = \sqrt{a^2 + h^2}$ die Länge der zu einer Ganghöhe gehörigen Mantellinie ist.

Der Neigungswinkel γ der Schraubenlinie gegen die z-Achse ist gegeben durch

$$\cos\gamma = \frac{dz}{ds} = \frac{dz}{dt} : \frac{ds}{dt}\,;$$

in unserem Falle ist

$$\cos\gamma = \frac{h \cdot 2\pi\sin\alpha}{2\pi \cdot a\sqrt{1 + t^2\sin^2\alpha}} = \frac{\cos\alpha}{\sqrt{1 + t^2\sin^2\alpha}},$$

da

$$\frac{h}{a} = \operatorname{ctg}\alpha$$

ist. Ist nun ν der Neigungswinkel gegen die xy-Ebene, so muß $\nu + \gamma = 90°$ sein, also ist

$$\sin\nu = \frac{\cos\alpha}{\sqrt{1 + t^2\sin^2\alpha}}.$$

Wir sehen hieraus, daß der Neigungswinkel der Schraubenlinie gegen die xy-Ebene sich von Punkt zu Punkt ändert; er ist am größten für $t = 0$, nämlich $\nu = 90° - \alpha$; da $\sqrt{1 + t^2\sin^2\alpha}$ mit wachsendem Werte von t wächst, so wird er immer kleiner, d. h. die konische Schraubenlinie verläuft mit wachsender Höhe flacher und flacher.

Es gibt auch eine konische Schraubenlinie, welche unter konstantem Winkel γ gegen die z-Achse, also auch unter konstantem Winkel gegen die xy-Ebene, unter konstanter „Neigung" verläuft. Diese muß auch alle Mantellinien des Kegels unter konstantem Winkel schneiden; ihre xy-Projektion muß also alle von O ausgehenden Strahlen unter dem konstanten Winkel β schneiden. Dann ist aber die xy-Projektion nach den Ausführungen von **(143)** S. 409 ff. eine logarithmische Spirale; sie hat also die Gleichung

$$r = a \cdot e^{b\vartheta},$$

wobei $b = \mathrm{ctg}\,\beta$ ist. Da wir den Leitstrahl als den Abstand des Schraubenlinienpunktes von der z-Achse mit ϱ und die Amplitude als den Parameter mit t bezeichnen, hat die xy-Projektion unserer Schraubenlinie die Gleichung

$$\varrho = a \cdot e^{t \cdot \mathrm{ctg}\,\beta}.$$

Demnach ist, da $x = \varrho \cos t,\ \ y = \varrho \sin t,\ \ z = \varrho \,\mathrm{ctg}\,\alpha$ sein muß, die Gleichung der konischen Schraubenlinie von konstanter Neigung

$$x = a \cdot e^{t\,\mathrm{ctg}\,\beta}\cos t, \quad y = a \cdot e^{t\,\mathrm{ctg}\,\beta}\sin t, \quad z = a \cdot e^{t\,\mathrm{ctg}\,\beta} \cdot \mathrm{ctg}\,\alpha.$$

Hierbei ist a der Abstand, den der zum Winkel $t = 0$ gehörige Schraubenlinienpunkt von der Schraubenachse hat. Es wird jetzt

$$\varphi' = a\,e^{t\,\mathrm{ctg}\,\beta}(\mathrm{ctg}\,\beta\cos t - \sin t), \quad \psi' = a\,e^{t\,\mathrm{ctg}\,\beta}(\mathrm{ctg}\,\beta\sin t + \cos t),$$

$$\chi' = a\,e^{t\,\mathrm{ctg}\,\beta}\,\mathrm{ctg}\,\alpha\,\mathrm{ctg}\,\beta$$

oder

$$\varphi' = \frac{a}{\sin\beta}\,e^{t\,\mathrm{ctg}\,\beta}\cos(t+\beta), \quad \psi' = \frac{a}{\sin\beta}\,e^{t\,\mathrm{ctg}\,\beta}\sin(t+\beta),$$

$$\chi' = \frac{a}{\sin\beta}\,e^{t\,\mathrm{ctg}\,\beta}\,\mathrm{ctg}\,\alpha\,\cos\beta$$

und mithin

$$\frac{ds}{dt} = \frac{a}{\sin\beta}\,e^{t\,\mathrm{ctg}\,\beta}\sqrt{\cos^2(t+\beta) + \sin^2(t+\beta) + \mathrm{ctg}^2\alpha\,\cos^2\beta}$$

$$= \frac{a}{\sin\beta}\,e^{t\,\mathrm{ctg}\,\beta} \cdot \sqrt{1 + \mathrm{ctg}^2\alpha\,\cos^2\beta}.$$

Der Winkel γ, den die Schraubenlinie mit der Achse einschließt, ist demnach durch die Gleichung bestimmt

$$\cos\gamma = \frac{dz}{ds} = \frac{dz}{dt} : \frac{ds}{dt} = \frac{\mathrm{ctg}\,\alpha\,\cos\beta}{\sqrt{1 + \mathrm{ctg}^2\alpha\,\cos^2\beta}} \qquad \text{oder} \qquad \mathrm{ctg}\,\gamma = \mathrm{ctg}\,\alpha\,\cos\beta,$$

also in der Tat konstant.

Diese konische Schraubenlinie nähert sich (für $t < 0$) in immer engeren Windungen der Kegelspitze, welche sie aber erst für $t = -\infty$, also nach unendlich vielen Windungen, erreicht. Dennoch hat die Schraubenlinie von der Kegelspitze bis zu einem beliebigen Punkte P eine endliche Länge; denn es ist

$$s = \int\limits_{-\infty}^{t} \frac{a}{\sin\beta}\,e^{t\,\mathrm{ctg}\,\beta}\sqrt{1 + \mathrm{ctg}^2\alpha\,\cos^2\beta}\,dt = \frac{a \cdot \sqrt{1 + \mathrm{ctg}^2\alpha\,\cos^2\beta}}{\sin\beta \cdot \mathrm{ctg}\,\beta}\,\big[e^{t\,\mathrm{ctg}\,\beta}\big]_{-\infty}^{t}$$

$$= \frac{a}{\cos\beta\,\sin\gamma}\,e^{t\,\mathrm{ctg}\,\beta}$$

oder

$$s = \frac{\varrho}{\cos\beta\,\sin\gamma},$$

wobei ϱ der Abstand des Endpunktes P von der Schraubenachse ist.

§ 7. Maxima und Minima von Funktionen mehrerer Veränderlicher.

(214) Gegeben sei eine Funktion zweier Veränderlicher $z = f(x, y)$; ihr geometrisches Bild ist im rechtwinkligen xyz-System eine Fläche. Soll für eine Wertepaar $x_0 | y_0 | z_0$ ein Höchst- zw. Tiefstwert der Funktion sein, so muß die Fläche in dem Punkte, der die Koordinaten $x_0 | y_0 | z_0$ hat, eine Tangentialebene besitzen, weche zur xy-Ebene parallel ist, da ja unter allen seinen Nachbarpunkten dieser Punkt der höchste bzw. der tiefste Punkt der Fläche ist. Nun lautet nach Formel 36) in **(207)** S. 685 die Gleichung der Tangentialebene

$$z - z_0 = \left(\frac{\partial f}{\partial x}\right)_{x_0 y_0} (x - x_0) + \left(\frac{\partial f}{\partial y}\right)_{x_0 y_0} (y - y_0) ;$$

ferner hat die Gleichung einer zur xy-Ebene parallelen Ebene die Form $z - z_0 = 0$. Damit beide Gleichungen identisch sind, muß das **Wertepaar** $x_0 | y_0$, für welches $f(x_0, y_0)$ **Maximum** oder **Minimum** ist, **die beiden Gleichungen erfüllen**

$$\left(\frac{\partial f}{\partial x}\right)_{x_0 y_0} = 0 \quad \text{und} \quad \left(\frac{\partial f}{\partial y}\right)_{x_0 y_0} = 0 . \qquad \text{50)}$$

Indessen ist nicht jeder Punkt einer Fläche, in welchem die Tangentialebene horizontal verläuft, ein Höchst- oder Tiefstpunkt. Erinnern wir uns beispielsweise des **hyperbolischen Paraboloids**! [Siehe **(151)** S. 452 und **(207)** S. 687.] Für dieses ist die Tangentialebene im Punkte $(0 | 0 | 0)$ die xy-Ebene selbst; indessen ist dieser Punkt weder ein Höchstnoch ein Tiefstpunkt, da in seiner Umgebung die Fläche sowohl abfällt als auch ansteigt. Einen solchen Punkt nennt man einen **Sattelpunkt** der Fläche. Wir müssen also noch untersuchen, ob ein Funktionswert, dessen unabhängigen Veränderlichen die Bedingungen 50) erfüllen, ein Höchst- oder Tiefst- oder ein Sattelwert ist. Nun geht Formel 33) in **(205)** S. 680 auf Grund der Bedingungen 50) über in

$$f(x, y) - f(x_0, y_0) = \frac{1}{2!} \left[\left(\frac{\partial^2 f}{\partial x^2}\right)_{x_0 y_0} (x - x_0)^2 + 2 \left(\frac{\partial^2 f}{\partial x \, \partial y}\right)_{x_0 y_0} (x - x_0)(y - y_0) \right.$$
$$\left. + \left(\frac{\partial^2 f}{\partial y^2}\right)_{x_0 y_0} (y - y_0)^2 \right] + \cdots . \qquad \text{a)}$$

Die niedrigsten Glieder, die an einer solchen Stelle auftreten, sind also die Glieder zweiter Ordnung. Für alle Nachbarpunkte des zu $x_0 | y_0$ gehörigen Punktes der Fläche sind nun die Differenzen $x - x_0$ und $y - y_0$ sehr klein. Man wird daher die Glieder der **Taylor**schen Entwicklung, die höhere Potenzen oder Produkte von $x - x_0$ und $y - y_0$ enthalten, gegenüber Gliedern mit $(x - x_0)^2$, $(y - y_0)^2$ und $(x - x_0)(y - y_0)$ vernachlässigen können. Das Verhalten der Funktion in der Nähe

eines Punktes $x_0|y_0$, in welchem die Tangentialebene horizontal ver-
läuft, wird also im wesentlichen bestimmt sein durch den Ausdruck
zweiter Ordnung

$$\left(\frac{\partial^2 f}{\partial x^2}\right)_{x_0 y_0}(x - x_0)^2 + 2\left(\frac{\partial^2 f}{\partial x\,\partial y}\right)_{x_0 y_0}(x - x_0)(y - y_0) + \left(\frac{\partial^2 f}{\partial y^2}\right)_{x_0 y_0}(y - y_0)^2 . \quad \text{b)}$$

Läßt sich nun nachweisen, daß dieser für jedes beliebige Wertepaar der
Differenzen $x - x_0$ und $y - y_0$ positiv (negativ) ist, so ist nach a)
$f(x, y) \gtrless f(x_0, y_0)$, d. h. $f(x_0, y_0)$ ist ein Minimum (Maximum). Ist
dagegen für gewisse Wertepaare $x - x_0$, $y - y_0$ der Ausdruck b) positiv,
für andere negativ, so muß $f(x_0, y_0)$ ein Sattelwert der Funktion $f(x, y)$
sein. Zur Untersuchung dieser Fälle formen wir b) in den folgenden
mit ihm identischen Ausdruck um:

$$\left\{\left[\left(\frac{\partial^2 f}{\partial x^2}\right)_{x_0 y_0}(x - x_0) + \left(\frac{\partial^2 f}{\partial x\,\partial y}\right)_{x_0 y_0}(y - y_0)\right]^2 \right.$$
$$\left. + \left[\left(\frac{\partial^2 f}{\partial x^2}\right)_{x_0 y_0}\cdot\left(\frac{\partial^2 f}{\partial y^2}\right)_{x_0 y_0} - \left(\frac{\partial^2 f}{\partial x\,\partial y}\right)_{x_0 y_0}^2\right](y - y_0)^2 \right\} : \left(\frac{\partial^2 f}{\partial x^2}\right)_{x_0 y_0}. \quad \text{c)}$$

Er ist ein Quotient; der Dividend $\{\}$ ist eine Summe aus zwei Gliedern.
Das erste Glied ist als ein Quadrat für jedes beliebige Wertepaar $x - x_0$
und $y - y_0$ positiv; das Vorzeichen des zweiten Gliedes hängt, da
sein zweiter Faktor $(y - y_0)^2$ stets positiv ist, von dem Vorzeichen
des ersten Faktors

$$\left(\frac{\partial^2 f}{\partial x^2}\right)_{x_0 y_0}\cdot\left(\frac{\partial^2 f}{\partial y^2}\right)_{x_0 y_0} - \left(\frac{\partial^2 f}{\partial x\,\partial y}\right)_{x_0 y_0}^2 \quad \text{d)}$$

ab. Ist dieser Ausdruck positiv, so muß also der ganze Dividend positiv
sein, und das Vorzeichen des Quotienten c) ist demnach identisch mit
dem Vorzeichen des Divisors $\left(\frac{\partial^2 f}{\partial x^2}\right)_{x_0 y_0}$; der Quotient c) ist also positiv,
wenn $\left(\frac{\partial^2 f}{\partial x^2}\right)_{x_0 y_0}$ positiv ist, und negativ, wenn $\left(\frac{\partial^2 f}{\partial x^2}\right)_{x_0 y_0}$ negativ ist. Im
ersteren Falle ist also $f(x_0 y_0)$ ein Minimum, im zweiten Falle ein
Maximum.

Es ist nun noch zu zeigen, daß sich, falls d) negativ ist, gewisse
Wertepaare $x - x_0$ und $y - y_0$ finden lassen, für welche der Dividend
in c) positiv wird, und andere Wertepaare, für welche er negativ wird.
So ist beispielsweise für jeden beliebigen Wert von x, wenn nur $y = y_0$
ist, der Dividend in c) positiv. Nehmen wir dagegen solche Werte x
und y, für welche der Quotient

$$(y - y_0):(x - x_0) = -\left(\frac{\partial^2 f}{\partial x^2}\right)_{x_0 y_0}:\left(\frac{\partial^2 f}{\partial x\,\partial y}\right)_{x_0 y_0}$$

ist, so verschwindet das erste Glied des Dividenden von c); er wird
also negativ. Deuten wir diese Ergebnisse geometrisch, so haben wir
gefunden: Die durch P_0 gelegte Parallelebene zur xz-Ebene $(y = y_0)$

schneidet die Fläche in einer Kurve, für die der Dividend von c) positiv ist, die also, falls $\left(\dfrac{\partial^2 f}{\partial x^2}\right)_{x_0 y_0} > 0$ ist, in P_0 ein Minimum hat. Dagegen schneidet die durch P_0 gelegte Parallelebene zur z-Achse von der Gleichung

$$(y - y_0):(x - x_0) = -\left(\frac{\partial^2 f}{\partial x^2}\right)_{x_0 y_0} : \left(\frac{\partial^2 f}{\partial x\,\partial y}\right)_{x_0 y_0}$$

die Fläche in einer Kurve, die für $\left(\dfrac{\partial^2 f}{\partial x^2}\right)_{x_0 y_0} > 0$ in P_0 ein Maximum hat. Damit ist gezeigt, daß P_0 ein Sattelpunkt der Fläche, also $f(x_0, y_0)$ ein Sattelwert der Funktion ist. Zusammenfassend können wir den Satz aussprechen:

Um die Höchst- oder Tiefstwerte der Funktion $z = f(x, y)$ zu bestimmen, löse man die beiden Gleichungen $\dfrac{\partial f}{\partial x} = 0$ und $\dfrac{\partial f}{\partial y} = 0$ nach x und y auf. Ist für das Lösungspaar x, y der Ausdruck

$$\frac{\partial^2 f}{\partial x^2} \cdot \frac{\partial^2 f}{\partial y^2} - \left(\frac{\partial^2 f}{\partial x\,\partial y}\right)^2$$

positiv, so ist für dieses der Wert $f(x, y)$ ein Höchstwert, wenn gleichzeitig $\dfrac{\partial^2 f}{\partial x^2}$ negativ ist, dagegen ein Tiefstwert, wenn $\dfrac{\partial^2 f}{\partial x^2}$ positiv ist. Ist dagegen der Ausdruck

$$\frac{\partial^2 f}{\partial x^2} \cdot \frac{\partial^2 f}{\partial y^2} - \left(\frac{\partial^2 f}{\partial x\,\partial y}\right)^2$$

negativ, so ist $f(x, y)$ weder ein Höchst- noch ein Tiefstwert, sondern ein Sattelwert.

Einige Beispiele mögen das Verfahren erläutern.

a) Damit die Funktion $z = x^3 + y^3 - 3axy$ ein Maximum oder Minimum wird, muß

$$\frac{\partial z}{\partial x} \equiv 3x^2 - 3ay = 0 \qquad \text{und} \qquad \frac{\partial z}{\partial y} \equiv 3y^2 - 3ax = 0$$

sein. Aus diesen beiden Gleichungen ergeben sich die Wertepaare $x = 0$, $y = 0$ und $x = a$, $y = a$. Für das erste ist $z = 0$, für das zweite ist $z = -a^3$. Um die Art dieser Funktionswerte zu untersuchen, bilden wir den Ausdruck

$$\frac{\partial^2 z}{\partial x^2} \cdot \frac{\partial^2 z}{\partial y^2} - \left(\frac{\partial^2 z}{\partial x\,\partial y}\right)^2 \equiv 6x \cdot 6y - (-3a)^2 \equiv 36xy - 9a^2.$$

Er ist für das erste Paar gleich $-9a^2$, also negativ; folglich ist für $x = 0$, $y = 0$ der Wert $z = 0$ ein Sattelwert. Für das zweite Wertepaar ist er gleich $+27a^2$; da für dieses

$$\frac{\partial^2 z}{\partial x^2} \equiv 6x = +6a$$

positiv ist, so ist für $x = a$, $y = a$ der Wert $z = -a^3$ ein Tiefstwert.

b) Ein rechteckiger Streifen von der Breite a soll in seiner Längs-
richtung so gebrochen werden, daß der Querschnitt der entstehenden
Mulde ein gleichschenkliges Trapez von möglichst
großem Flächeninhalt wird (s. Abb. 350). Hat der
Schenkel die Länge s, so hat die Grundlinie die Länge
$a - 2s$; ist der Schenkel unter dem Winkel ϑ gegen
die Grundlinie geneigt, so ist die Höhe des Trapezes
gleich $s \cdot \sin \vartheta$ und die Mittelparallele gleich $a - 2s + s \cos \vartheta$. Demnach ist der Inhalt des Trapezes

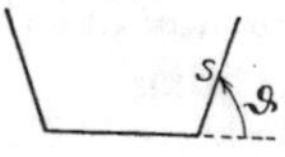

Abb. 350.

$$F = (a - 2s + s \cos \vartheta) \cdot s \sin \vartheta.$$

F ist als Funktion der beiden Veränderlichen s und ϑ dargestellt. Nun ist

$$\frac{\partial F}{\partial s} = (a - 4s + 2s \cos \vartheta) \sin \vartheta,$$

$$\frac{\partial F}{\partial \vartheta} = s(a \cos \vartheta - 2s \cos \vartheta + s \cos^2 \vartheta - s \sin^2 \vartheta).$$

Setzen wir beide Ausdrücke gleich Null, so erhalten wir die beiden
Gleichungen:

$$(a - 4s + 2s \cos \vartheta) \cdot \sin \vartheta = 0, \quad s(a \cos \vartheta - 2s \cos \vartheta + 2s \cos^2 \vartheta - s) = 0.$$

Die erste Gleichung wird erfüllt durch $\sin \vartheta = 0$, also durch $\vartheta = 0°$
bzw. $= 180°$; beide Winkel sind praktisch nicht verwendbar, da in
diesem Falle das Trapez den Inhalt Null hat, eine Lösung, die nicht
im Sinne der gestellten Aufgabe ist. Die erste Gleichung wird aber
auch durch $a - 4s + 2s \cos \vartheta = 0$ erfüllt; aus ihr ergibt sich

$$\cos \vartheta = 2 - \frac{a}{2s}.$$

Setzen wir diesen Wert in die zweite Gleichung ein, so ergibt sich für
s die Gleichung $s(3s - a) = 0$; sie hat die beiden Lösungen $s = 0$
und $s = \frac{a}{3}$. Die erste ist wiederum nicht im Sinne der gestellten Aufgabe, da für sie der Inhalt des Trapezes gleich Null ist; aus der zweiten
ergibt sich $\cos \vartheta = \frac{1}{2}$, also $\vartheta = 60°$ ($\vartheta = 300°$ ist unbrauchbar).
Folglich ist der zugehörige Flächeninhalt $F = \frac{a^2}{12} \sqrt{3}$; das Trapez ist
die Hälfte eines regelmäßigen Sechsecks von der Seite $\frac{a}{3}$. Daß dieser
Wert von F wirklich ein Höchstwert ist, folgt aus der Art der Aufgabe,
läßt sich aber auch analytisch nachprüfen: Es ist

$$\frac{\partial^2 F}{\partial s^2} = (-4 + 2 \cos \vartheta) \sin \vartheta, \quad \frac{\partial^2 F}{\partial s \partial \vartheta} = a \cos \vartheta - 4s \cos \vartheta + 4s \cos^2 \vartheta - 2s,$$

$$\frac{\partial^2 F}{\partial \vartheta^2} = -s(a \sin \vartheta - 2s \sin \vartheta + 4s \sin \vartheta \cos \vartheta);$$

also wird für unser Wertepaar $s = \dfrac{a}{3}$, $\vartheta = 60°$:

$$\frac{\partial^2 F}{\partial s^2} = -\frac{3}{2}\sqrt{3} < 0\,, \qquad \frac{\partial^2 F}{\partial s\,\partial\vartheta} = -\frac{a}{2}\,, \qquad \frac{\partial^2 F}{\partial\vartheta^2} = -\frac{a^2}{6}\sqrt{3}$$

und damit

$$\frac{\partial^2 F}{\partial s^2}\cdot\frac{\partial^2 F}{\partial\vartheta^2} - \left(\frac{\partial^2 F}{\partial s\,\partial\vartheta}\right)^2 = \frac{a^2}{2} > 0\,,$$

womit der Beweis erbracht ist.

c) Aus einem quadratischen Stück Pappe sollen nach Abb. 351 Ecken herausgeschnitten werden, so daß die aus dem Reste zu bildende

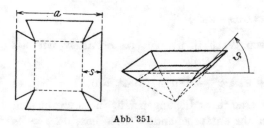

Abb. 351.

Schale (Pyramidenstumpf) einen möglichst großen Rauminhalt hat. Ist a die Seite des Quadrats, ist ferner s die Höhe eines Seitenflächentrapezes und ϑ der Neigungswinkel einer Seitenfläche gegen die Grundfläche, so ist die Höhe des Pyramidenstumpfes gleich $s\sin\vartheta$, die Seite seiner unteren Grundfläche gleich $a - 2s$ und die Seite seiner oberen Grundfläche gleich $a - 2s + 2s\cos\vartheta$. Demnach ist der Flächeninhalt der beiden Grundflächen gleich $(a - 2s)^2$ bzw. $(a - 2s + 2s\cos\vartheta)^2$, also der Rauminhalt des Pyramidenstumpfes

$$V = \tfrac{1}{3} s \sin\vartheta \cdot [(a - 2s)^2 + (a - 2s)(a - 2s + 2s\cos\vartheta) + (a - 2s + 2s\cos\vartheta)^2]$$

$$= \tfrac{1}{3} s \sin\vartheta \cdot [3a^2 - 12as + 6as\cos\vartheta + 12s^2 - 12s^2\cos\vartheta + 4s^2\cos^2\vartheta]\,.$$

Um das Maximum von V zu bestimmen, bilden wir die Differentialquotienten $\dfrac{\partial V}{\partial s}$ und $\dfrac{\partial V}{\partial \vartheta}$ und setzen sie gleich Null; wir erhalten dadurch nach einigen Umformungen die beiden Gleichungen

$$4s^2\cos^2\vartheta - 12s^2\cos\vartheta + 12s^2 + 4as\cos\vartheta - 8as + a^2 = 0$$

und

$$12s^2\cos^3\vartheta - 24s^2\cos^2\vartheta + 4s^2\cos\vartheta + 12s^2 + 12as\cos^2\vartheta$$
$$- 12as\cos\vartheta - 6as + 3a^2\cos\vartheta = 0\,.$$

Sie gehen, wenn wir $2s\cos\vartheta = u$ setzen, über in

$$u^2 - 6su + 12s^2 + 2au - 8as + a^2 = 0$$

und

$$3u^3 - 12su^2 + 4s^2u + 24s^3 + 6au^2 - 12asu - 12as^2 + 3a^2u = 0\,.$$

Setzen wir noch $2s = v$, so entsteht das Gleichungspaar

$$u^2 - 3uv + 3v^2 + 2au - 4av + a^2 = 0\,, \qquad\qquad \text{a)}$$

$$3u^3 - 6u^2v + uv^2 + 3v^3 + 6au^2 - 6auv - 3av^2 + 3a^2u = 0\,. \quad \text{b)}$$

Aus diesen beiden Gleichungen läßt sich leicht u eliminieren; multiplizieren wir nämlich die erste mit $-3u$ und addieren sie sodann zur zweiten, so erhalten wir nach Division durch den für unseren Fall praktisch belanglosen Faktor v

$$3u^2 - 8uv + 3v^2 + 6au - 3av = 0. \qquad\qquad \text{c)}$$

Multiplizieren wir weiterhin a) mit -3 und addieren sie sodann zu c), so ergibt sich die Gleichung

$$uv - 6v^2 + 9av - 3a^2 = 0,$$

aus der sich

$$u = 6v - 9a + \frac{3a^2}{v} \qquad\qquad \text{d)}$$

berechnet. Setzen wir diesen Wert in a) ein, so erhalten wir als Gleichung für v

$$21v^4 - 73av^3 + 91a^2v^2 - 48a^3v + 9a^4 = 0. \qquad\qquad \text{e)}$$

Wie man erkennt, ist $v_1 = a$ eine ihrer Lösungen; für diese ergibt sich aus d) der Wert $u_1 = 0$. Die ihr entsprechende Schale hat, da $v = 2s$ und $\cos\vartheta = \dfrac{u}{2s}$ ist, die Grundfläche Null und den Winkel $\vartheta = 90°$, also den Rauminhalt Null. Diese Lösung kommt demnach praktisch nicht in Betracht. Nach Absonderung der Lösung $v = a$ reduziert sich Gleichung e) auf die kubische Gleichung

$$21v^3 - 52av^2 + 39a^2v - 9a^3 = 0;$$

diese hat die Lösungen

$v_2 = 0,46434a,$ $v_3 = 0,70770a,$ $v_4 = 1,30415a;$ aus ihnen folgt

$s_2 = 0,23217a,$ $s_3 = 0,35385a,$ $s_4 = 0,65208a$ und nach d)

$u_2 = 0,24684a,$ $u_3 = -0,51471a,$ $u_4 = 1,12524a,$ schließlich aus $\cos\vartheta = \dfrac{u}{v}$

$\cos\vartheta_2 = 0,53160,$ $\cos\vartheta_3 = -0,72731,$ $\cos\vartheta_4 = 0,86281$ und

$\vartheta_2 = 57° 53' 12'',$ $\vartheta_3 = 136° 39' 35'',$ $\vartheta_4 = 30° 22' 0''.$

Der Fall 3) kommt deshalb als ein Maximum nicht in Betracht, weil $\vartheta_3 = 136° 39' 35'' > 90°$, also die Seitenflächen der Schale nach innen geschlagen sind, das Volumen daher einen Höchstwert nicht darstellen kann. Der Fall 4) scheidet ebenfalls aus, weil $2s_4 = v_4 = 1,30415a > a$ ist, was praktisch undurchführbar ist, da $2s < a$ sein muß. Die einzige in Betracht kommende Lösung ist daher Fall 2), in welchem

$$s = 0,23217a \quad \text{und} \quad \vartheta = 57° 53' 12''$$

ist; zu ihm gehört der maximale Rauminhalt $V_{\text{max}} = 0,08642a^3$.

(215) Ist eine Funktion von mehreren Veränderlichen gegeben, in der jedoch diese Veränderlichen nicht völlig voneinander unabhängig,

sondern durch eine Anzahl von Bedingungsgleichungen miteinander verknüpft sind, so gestaltet sich die Ermittlung des Maximums
der Funktion etwas anders. Da sich eine erschöpfende Behandlung
dieses Problems im Rahmen des Buches verbietet, wollen wir uns
auf den Fall beschränken, daß z eine Funktion von zwei Veränderlichen
x und y ist, $z = f(x, y)$, wobei x und y die Gleichung $\varphi(x, y) = 0$
erfüllen sollen. Wir können diesen Fall auf ein uns geläufiges Problem
zurückführen, wenn wir die Bedingungsgleichung $\varphi(x, y) = .0$ nach
einer der beiden Größen x oder y auflösen und den erhaltenen Ausdruck $y = \psi(x)$ in die Gleichung $z = f(x, y)$ einsetzen, wodurch sich
z als Funktion einer einzigen Veränderlichen x darstellt: $z = f(x, \psi(x))$,
deren Höchst- und Tiefstwerte wir nach den Auseinandersetzungen
in (129) S. 346 ermitteln können. Dieses Verfahren setzt jedoch voraus,
daß es möglich ist, die Bedingungsgleichung $\varphi(x, y) = 0$ nach einer
Veränderlichen aufzulösen. Ist dies nicht möglich, so führt der folgende
Weg zum Ziele. Infolge der Bedingungsgleichung $\varphi(x, y) = 0$ ist z
in Wirklichkeit eine Funktion von nur einer Veränderlichen, beispielsweise von x; dann muß aber, falls ein Maximum bzw. Minimum vor-
liegen soll, $\frac{dz}{dx} = 0$ sein. Nun ist der totale Differentialquotient $\frac{dz}{dx}$
nach 55a) in (164) S. 505 gegeben durch

$$\frac{df}{dx} = \frac{\partial f}{\partial x} + \frac{\partial f}{\partial y} \cdot \frac{dy}{dx}.$$

Für das Maximum oder Minimum von z besteht also die notwendige
Bedingung

$$\frac{\partial f}{\partial x} + \frac{\partial f}{\partial y} \cdot \frac{dy}{dx} = 0. \qquad \text{a)}$$

Den totalen Differentialquotienten $\frac{dy}{dx}$ können wir aber leicht mit
Hilfe der Bedingungsgleichung $\varphi(x, y) = 0$ ermitteln; es ist nämlich
nach 60) in (166) S. 513

$$\frac{dy}{dx} = -\frac{\partial \varphi}{\partial x} : \frac{\partial \varphi}{\partial y}.$$

Setzen wir diesen Wert in a) ein, so erhalten wir zur Bestimmung des
Höchst- (Tiefst-) Wertes von z die Bedingung

$$\frac{\partial f}{\partial x} \cdot \frac{\partial \varphi}{\partial y} - \frac{\partial f}{\partial y} \frac{\partial \varphi}{\partial x} = 0; \qquad \text{51)}$$

diese vereint mit der Bedingungsgleichung $\varphi(x, y) = 0$ liefert zwei
Bestimmungsgleichungen, aus denen man das Wertepaar x, y ermitteln
kann, für welches z Höchst- oder Tiefstwert ist.

Beispiele. a) Das Umdrehungsparaboloid von der Gleichung

$$z = (x - 3)^2 + (y - 4)^2$$

wird von dem Zylinder von der Gleichung

$$\varphi(x, y) = x^2 - y^2 - 6x + 8y - 7 = 0$$

in einer Raumkurve geschnitten; ihre höchsten bzw. tiefsten Punkte sind zu ermitteln.

Hier läßt sich eine der beiden Veränderlichen leicht beseitigen; dieses Verfahren möge dem Leser überlassen bleiben. Wir wollen dagegen den eben entwickelten Gedankengang verfolgen. Wir bilden

$$\frac{\partial z}{\partial x} = 2(x - 3), \quad \frac{\partial z}{\partial y} = 2(y - 4), \quad \frac{\partial \varphi}{\partial x} = 2x - 6, \quad \frac{\partial \varphi}{\partial y} = -2y + 8;$$

also ergibt 51) die Gleichung

$$2(x - 3)(-2y + 8) - 2(y - 4)(2x - 6) = 0,$$

die sich zur Gleichung $(x - 3)(y - 4) = 0$ vereinfachen läßt. Aus ihr folgt $x = 3$ und daher mittels der Bedingungsgleichung $y = 4$, und ferner $y = 4$ und daher mittels der Bedingungsgleichung $x = 3$, also dasselbe Wertepaar wie zuvor. Setzen wir dieses in die gegebene Funktion ein, so erhalten wir als Kleinstwert $z = 0$. Der Punkt mit den Koordinaten $3|4|0$ ist demnach der tiefste Punkt der Raumkurve; er fällt mit dem Scheitel des Paraboloids zusammen.

b) Die Fläche von der Gleichung $z = x^3 + y^3 - 3axy$ wird von dem Kreiszylinder $(x - a)^2 + y^2 = a^2$ in einer Kurve geschnitten; es sind die höchsten und tiefsten Punkte dieser Raumkurve zu ermitteln. Hier ist

$$f(x, y) = x^3 + y^3 - 3axy, \quad \varphi(x, y) = x^2 + y^2 - 2ax = 0.$$

Also ist

$$\frac{\partial f}{\partial x} = 3x^2 - 3ay, \quad \frac{\partial f}{\partial y} = 3y^2 - 3ax,$$

$$\frac{\partial \varphi}{\partial x} = 2x - 2a, \quad \frac{\partial \varphi}{\partial y} = 2y,$$

und Bedingung 51) gibt $x^2y - xy^2 + ax^2 - a^2y = 0$. Diese Gleichung vereinigen wir wieder mit $\varphi(x, y) = 0$, um y zu eliminieren; multiplizieren wir $\varphi(x, y)$ mit x und addieren die so gewonnene Gleichung zur eben gefundenen, so erhalten wir die Gleichung

$$x^3 + x^2y - ax^2 - a^2y = 0,$$

die sich auch schreiben läßt $(x - a)(x^2 + y(x + a)) = 0$. Setzen wir den ersten Faktor gleich Null, so bekommen wir $x - a = 0$, also mit Hilfe von $\varphi(x, y) = 0$ die zwei Wertegruppen

$$x_1 = a, \quad y_1 = a, \quad z_1 = -a^3 \quad \text{und} \quad x_2 = a, \quad y_2 = -a, \quad z_2 = 3a^3.$$

Setzen wir den zweiten Faktor gleich Null, so erhalten wir

$$y = -\frac{x^2}{x+a},$$

und dieser Wert, in $\varphi(x, y) = 0$ eingeführt, liefert für x die Gleichung

$$2x^4 - 3a^2x^2 - 2a^3x = 0.$$

Eine Lösung dieser Gleichung ist $x = 0$; aus ihr ergibt sich die Werte-

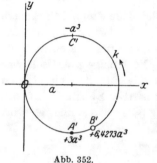

gruppe $x = 0$, $y = 0$, $z = 0$. Damit wird die Gleichung auf die reduzierte kubische Gleichung $2x^3 - 3a^2x - 2a^3 = 0$ zurückgeführt, die als einzige reelle Lösung

$$x = \frac{a}{2}\left[\sqrt[3]{4 + 2\sqrt{2}} + \sqrt[3]{4 - 2\sqrt{2}}\right] = 1{,}47569a$$

besitzt. Aus dieser ergibt sich die Wertegruppe

$$x = 1{,}47569a, \quad y = -0{,}87962a,$$

Abb. 352.

$$z = 6{,}4273a^3.$$

Die Anordnung der vier gefundenen Wertegruppen läßt sich aus Abb. 353 erkennen, welche die xy-Ebene wiedergibt. In ihr bedeutet der Kreis die xy-Spur der Zylinderfläche $x^2 + y^2 - 2ax = 0$, auf der die

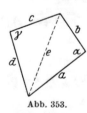

xy-Projektionen der vier Punkte der Raumkurve angegeben sind, in welchen die Tangenten parallel der xy-Ebene verlaufen; die Größe der z-Koordinate ist in jedem dieser Punkte angeschrieben. Durchlaufen wir die Kurve in der Pfeilrichtung, so finden wir, daß der Punkt B der höchste Punkt der Kurve ist; von ihm ab fällt sie bis zu C, wo sie ihre tiefste Lage er-

Abb. 353.

reicht; dann steigt sie nach O, einem Terrassenpunkte, und weiter nach A, einem zweiten Terrassenpunkte, um schließlich, weiter steigend, den höchsten Punkt B wieder zu erreichen.

c) Aus den vier gegebenen Seiten a, b, c, d soll ein Viereck konstruiert werden, das einen möglichst großen Flächeninhalt hat. Es seien (s. Abb. 353) α der von a und b, und γ der von c und d eingeschlossene Winkel; die Diagonale e ist dann nach dem Kosinussatze gegeben durch die beiden Gleichungen

$$e^2 = a^2 - 2ab\cos\alpha + b^2 \quad \text{und} \quad e^2 = c^2 - 2cd\cos\gamma + d^2,$$

so daß also die Beziehung besteht

$$\varphi(\alpha, \gamma) \equiv a^2 + b^2 - c^2 - d^2 - 2ab\cos\alpha + 2cd\cos\gamma = 0.$$

Der Flächeninhalt beträgt

$$F = \tfrac{1}{2}[ab\sin\alpha + cd\sin\gamma].$$

Nach 51) muß für das Maximum von F die Gleichung erfüllt werden

$$\tfrac{1}{2}\, a\, b \cos\alpha \cdot (-2\, c\, d \sin\gamma) - \tfrac{1}{2}\, c\, d \cos\gamma \cdot (2\, a\, b \sin\alpha) = 0\,;$$

aus ihr ergibt sich

$$\sin(\gamma + \alpha) = 0\,,$$

also

$$(\gamma + \alpha)_1 = 0, \qquad (\gamma + \alpha)_2 = \pi, \qquad (\gamma + \alpha)_3 = 2\,\pi\,.$$

Die erste Lösung $\gamma = -\alpha$ hat keine praktische Bedeutung, da negative Winkel nach Lage der Dinge ausgeschlossen sind; ebensowenig kommt die letzte Lösung in Betracht, da für die Summe der beiden anderen Winkel der Wert Null übrigbleiben würde. Die einzige praktisch verwertbare Lösung ist also $\gamma + \alpha = \pi$. D. h. das aus den vier Seiten gebildete Viereck vom größten Flächeninhalt ist das Sehnenviereck. Da $\gamma = \pi - \alpha$ ist, so ist $\sin\gamma = \sin\alpha$, $\cos\gamma = -\cos\alpha$, und es wird

$$\cos\alpha = -\cos\gamma = \frac{a^2 + b^2 - c^2 - d^2}{2(ab + cd)}\,,$$

also

$$\sin\alpha = \sin\gamma = \sqrt{1 - \cos^2\alpha} = \sqrt{(1 + \cos\alpha)\,(1 - \cos\alpha)}$$

$$= \frac{1}{2(ab + cd)}\,\sqrt{((a + b)^2 - (c - d)^2)\,((c + d)^2 - (a - b)^2)}$$

$$= \frac{1}{2(ab + cd)}\,\sqrt{(a + b + c - d)(a + b - c + d)(a - b + c + d)(-a + b + c + d)}\,;$$

es ergibt sich also

$$F_{\max} = \tfrac{1}{4}\,\sqrt{(a + b + c - d)(a + b - c + d)(-a + b + c + d)(a - b + c + d)}$$

$$= \sqrt{(s - a)\,(s - b)\,(s - c)\,(s - d)}\,,$$

wobei $s = \tfrac{1}{2}(a + b + c + d)$ den halben Umfang bedeutet.

(216) Die Betrachtungen über Maxima und Minima von Funktionen mehrerer Veränderlichen wollen wir mit der folgenden Aufgabe abschließen: Gegeben ist in der Ebene eine endliche Anzahl von Punkten P_k welche durch ihre rechtwinkligen Koordinaten $x_k \,|\, y_k$ bestimmt sind. Für welchen Punkt $P(x\,|\,y)$ in der Ebene ist die Summe der Quadrate der Entfernungen von den Punkten P_k ein Minimum? Der Punkt P hat von P_k einen Abstand e_k, dessen Quadrat sich nach der Formel

$$e_k^2 = (x - x_k)^2 + (y - y_k)^2$$

berechnet; folglich ist die Summe der Quadrate der Abstände von allen Punkten P_k gleich

$$\sum e_k^2 = \sum \{(x - x_k)^2 + (y - y_k)^2\}\,,$$

wobei die Summation über alle Werte k von $k = 1$ bis $k = n$ auszuführen ist, wenn n die Anzahl der Punkte P_k ist. Es ist nun

$$\sum_{k=1}^{n} e_k^2 = n(x^2 + y^2) - 2 \cdot \sum_{k=1}^{n} x_k \cdot x - 2 \cdot \sum_{k=1}^{n} y_k \cdot y + \sum_{k=1}^{n} (x_k^2 + y_k^2).$$

Damit $\sum_{k=1}^{n} e_k^2$ ein Minimum wird, muß

$$\frac{\partial \sum e_k^2}{\partial x} = 0 \quad \text{und} \quad \frac{\partial \sum e_k^2}{\partial y} = 0,$$

also

$$2nx - 2 \cdot \sum x_k = 0 \quad \text{und} \quad 2ny - 2 \cdot \sum y_k = 0$$

sein. Der Punkt P hat demnach die Koordinaten

$$x = \frac{\sum_{k=1}^{n} x_k}{n} \quad \text{und} \quad y = \frac{\sum_{k=1}^{n} y_k}{n};$$

sie sind die arithmetischen Mittel der entsprechenden Koordinaten der gegebenen Punkte. Daß wirklich für diesen Punkt ein Minimum vorliegt, erkennt man nach **(214)** S. 720 leicht daran, daß

$$\frac{\partial^2 \sum e_k^2}{\partial x^2} = 2n, \qquad \frac{\partial^2 \sum e_k^2}{\partial y^2} = 2n, \qquad \frac{\partial^2 \sum e_k^2}{\partial x \, \partial y} = 0,$$

also

$$\frac{\partial^2 \sum e_k^2}{\partial x^2} \cdot \frac{\partial^2 \sum e_k^2}{\partial y^2} - \left(\frac{\partial^2 \sum e_k^2}{\partial x \, \partial y} \right)^2 \equiv 4n^2 > 0$$

ist. Denken wir uns die einzelnen Punkte P_k sämtlich mit der Masse 1 belegt, so ist der soeben errechnete Punkt P nach den Lehren der Statik der **Massenmittelpunkt** oder **Schwerpunkt** des Punktsystems, d. h. der Punkt, der mit der Masse n belegt, statisch für das Punktsystem gesetzt werden kann. Wir haben also gefunden, daß für diesen Ersatzpunkt die Summe der Quadrate der Abstände von den einzelnen Massenpunkten ein Minimum ist. Indessen ist dieses **Prinzip der kleinsten Summe von Quadraten** nicht auf das soeben entwickelte geometrisch-statische Problem beschränkt; es findet vielmehr in der Theorie der **Ausgleichung der Beobachtungsfehler** als die **Methode der kleinsten Quadrate**, wie es kurz bezeichnet wird, die ausgedehnteste Verwendung. So bezeichnet man unter einer Anzahl von Beobachtungen s_k des gleichen Vorganges (Messen einer bestimmten Strecke usw.), die infolge der Unzulänglichkeit der Sinne und Meßwerkzeuge naturgemäß voneinander abweichen, als den **wahrscheinlichsten** Wert das arithmetische Mittel s aus den beobachteten Werten s_k: $s = \frac{\sum s_k}{n}$. Bildet man nämlich die Differenzen $s - s_k$, die sog. **Beobachtungsfehler**, so findet man nach den obigen Ausführungen, daß die Summe der Quadrate der Beobachtungsfehler für diesen Mittelwert am kleinsten ist. Es ist hier nicht der Ort, auf die Theorie der Ausgleichung der Beobachtungsfehler näher einzugehen; nur ein Anwendungsgebiet soll noch kurz gestreift werden:

Es möge zu einer Anzahl von Größen x_1, x_2, x_3, $\ldots$, x_n eine Anzahl von Beobachtungen y_1, y_2, y_3, $\ldots$, y_n gehören; man will die Abhängigkeit der Größen y von den Größen x in ein Gesetz bringen, das durch die Gleichung $y = f(x)$, beispielsweise

$$y = a_r\, x^r + a_{r-1}\, x^{r-1} + \cdots + a_1\, x + a_0\,;$$

dargestellt werden soll. Ist die Anzahl n der Beobachtungen gerade gleich $r + 1$, so erhält man durch Einsetzen der Wertepaare $x_1\, y_1$, $x_2\, y_2$, $\ldots$, $x_n\, y_n$ die notwendige und genügende Anzahl von linearen Gleichungen, um die noch unbekannten Beiwerte a_r, a_{r-1}, $\ldots$, a_1, a_0 so zu bestimmen, daß die Bedingungen erfüllt sind. Ist $n < r + 1$, so reichen die n Gleichungen nicht aus, um die r Größen a_r, $\ldots$, a_n zu bestimmen; es gibt in diesem Falle unendlich viele Funktionen von der gewünschten Eigenschaft. Ist dagegen — und das ist naturgemäß der am häufigsten vorliegende Fall — $n > r + 1$, so erhält man eine Anzahl von Gleichungen, die größer ist als die Anzahl der zu bestimmenden Größen a_r, $\ldots$, a_0; und die Wahrscheinlichkeit, daß trotzdem eine eindeutige Ermittlung dieser Größen möglich ist, ist überaus gering. Hier handelt es sich nun darum, gerade die Werte a_r, $\ldots$, a_0 zu finden, für welche die Summe der Quadrate der Differenzen zwischen dem berechneten und dem beobachteten Werte am kleinsten ist. Für $x = x_k$ ist der berechnete Wert $f(x_k)$, der beobachtete y_k, also ihre Differenz

$$\delta_k = f(x_k) - y_k\,.$$

Die Summe der Quadrate der Beobachtungsfehler

$$F = \sum (f(x_k) - y_k)^2 = \sum \delta_k^2 \qquad\qquad 52)$$

ist also eine Funktion der Größen a_r, $\ldots$, a_0. Damit F möglichst klein wird, muß

$$\frac{\partial F}{\partial a_r} = 0\,, \qquad \frac{\partial F}{\partial a_{r-1}} = 0\,, \qquad \ldots, \qquad \frac{\partial F}{\partial a_0} = 0 \qquad 53)$$

sein; das gibt $r + 1$ lineare Gleichungen mit den $r + 1$ Unbekannten a_r, $\ldots$, a_0, die sich aus ihnen ermitteln lassen. An einem Beispiele soll der Gedankengang durchgeführt werden.

Nach Kohlrausch beträgt die spezifische Wärme c des Wassers, wenn sie bei der Temperatur $t = 15°$ gleich 1 gesetzt wird, für die Temperaturen

$t =$	0°	5°	10°	15°	20°	25°	30°	50°
$c =$	1,0065	1,0044	1,0017	1,0000	0,9988	0,9984	0,9986	1,003

Sie ist also eine Funktion von t und nimmt anfänglich bei steigender Temperatur ab, um von einer zwischen 25° und 30° gelegenen Temperatur an wieder zu wachsen. Wählt man deshalb als Bild der Funktion eine Parabel, so haben wir die quadratische Funktion

$$c = a_0 + a_1 t + a_2 t^2$$

zu suchen, der sich die oben gegebenen Funktionswerte am besten anpaßt. Wir müssen also nach drei Gleichungen für die drei noch unbekannten Beiwerte a_0, a_1, a_2 suchen; allerdings muß die Funktion für $t = 15$ genau den Wert $c = 1$ liefern, da wir die Zahlen der spezifischen Wärme auf diese Angabe von vornherein bezogen haben. Wir können uns die Arbeit wesentlich erleichtern, indem wir statt der unabhängigen Veränderlichen t die Veränderliche $u = t - 15$ und statt der abhängigen Veränderlichen c die Veränderliche $v = c - 1$ einführen; wir bekommen dadurch die folgende Tabelle. Es wird für

$u =$	-15	-10	-5	0	$+5$	$+10$	$+15$	$+35$
$v =$	$+0{,}0065$	$+0{,}0044$	$+0{,}0017$	$\pm 0{,}0000$	$-0{,}0012$	$-0{,}0016$	$-0{,}0014$	$+0{,}003$

Da die u-Angaben von 5 zu 5 fortschreiten, und die Größen v Dezimalzahlen sind, empfiehlt es sich weiterhin, statt der unabhängigen Veränderlichen u die Veränderliche $x = \dfrac{u}{5}$ einzuführen, und zur Vermeidung der für die Rechnung lästigen Dezimalstellen eine neue Veränderliche $y = 10\,000\,v$ an die Stelle von v zu setzen. Wir erhalten nunmehr die Tabelle:

$x =$	-3	-2	-1	0	$+1$	$+2$	$+3$	$+7$
$y =$	$+65$	$+44$	$+17$	0	-12	-16	-14	$+30$

Da für $x = 0$ auch $y = 0$ wird, nimmt die gesuchte quadratische Funktion die Form an

$$y = f(x) = b_1 x + b_2 x^2 \,;$$

es treten also nur noch zwei zu bestimmende Größen b_1 und b_2 auf. (Derartige Umformungen, wie wir sie hier vorgenommen haben, wird man stets, ehe man an die Anwendung der Methode der kleinsten Quadrate herangeht, ausführen, um die Zahlenrechnung bequemer zu gestalten.) Wir finden nun für die Fehler $\delta_k = f(x_k) - y_k$ die folgenden Werte:

$x_k =$	-3	-2	-1	0
$f(x_k) =$	$-3b_1 + 9b_2$	$-2b_1 + 4b_2$	$-b_1 + b_2$	0
$\delta_k =$	$-3b_1 + 9b_2 - 65$	$-2b_1 + 4b_2 - 44$	$-b_1 + b_2 - 17$	0

$x_k =$	$+1$	$+2$	$+3$	$+7$
$f(x_k) =$	$+b_1 + b_2$	$+2b_1 + 4b_2$	$+3b_1 + 9b_2$	$+7b_1 + 49b_2$
$\delta_k =$	$+b_1 + b_2 + 12$	$+2b_1 + 4b_2 + 16$	$+3b_1 + 9b_2 + 14$	$+7b_1 + 49b_2 - 30$

Demnach ist nach 52) die Summe der Fehlerquadrate

$$F \equiv (-3b_1 + 9b_2 - 65)^2 + (-2b_1 + 4b_2 - 44)^2 + (-b_1 + b_2 - 17)^2$$
$$+ (b_1 + b_2 + 12)^2 + (2b_1 + 4b_2 + 16)^2 + (3b_1 + 9b_2 + 14)^2$$
$$+ (7b_1 + 49b_2 - 30)^2$$

als Funktion der beiden Größen b_1 und b_2 dargestellt. F läßt sich noch zusammenziehen zu dem Ausdrucke

$$F \equiv 77b_1^2 + 686b_1b_2 + 2597b_2^2 + 352b_1 - 4092b_2 + 7946.$$

Damit F ein Minimum wird, muß nach 53)

$$\frac{\partial F}{\partial b_1} = 0 \quad \text{und} \quad \frac{\partial F}{\partial b_2} = 0$$

sein; wir bekommen mithin nach unwesentlicher Vereinfachung zur Bestimmung von b_1 und b_2 die beiden linearen Gleichungen

$$77b_1 + 343b_2 + 176 = 0 \quad \text{und} \quad 343b_1 + 2597b_2 - 2046 = 0,$$

aus denen sich ergibt

$$b_1 = -14{,}0774, \quad b_2 = +2{,}64711.$$

Es ist also
$$y = 2{,}64711\,x^2 - 14{,}0774\,x$$

oder
$$v = 0{,}0000105\,8844\,u^2 - 0{,}000281\,548\,u$$

oder schließlich

$$c = 0{,}0000105884\,t^2 - 0{,}000599\,201\,t + 1{,}006\,605\,62. \qquad \text{a)}$$

Die spezifische Wärme ist ein Minimum, wenn $\frac{dc}{dt} = 0$ ist; dies tritt ein für $t = 28{,}3°$, und zwar ist $c_{\min} = 0{,}99813$ [s. a. **(17)** S. 33]. Setzen wir in die gefundene Formel a) für t die Werte

$$0° \qquad 5° \qquad 10° \qquad 15° \qquad 20° \qquad 25° \qquad 30° \qquad 50°$$

ein, so erhalten wir

$c = 1{,}00661 \quad 1{,}00388 \quad 1{,}00167 \quad 1{,}00000 \quad 0{,}99856 \quad 0{,}99824 \quad 0{,}99816 \quad 1{,}00317.$

Abb. 354 gibt die beobachteten Werte und die Aus-
gleichkurve; diese läßt das
Anschmiegen an erstere
deutlich erkennen. —

Zur selbständigen Be-
handlung sei die folgende
Aufgabe vorgeschlagen: Bei
einer Turbine hat man in

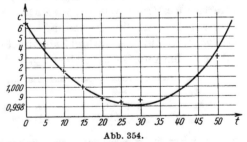

Abb. 354.

zehn Beobachtungen für verschiedene Umlaufszahlen n einerseits die jeweilige Leistung N, andererseits den jeweiligen Wagedruck P festgestellt. Es sollen Formeln gefunden werden, die N bzw. P als Funktionen von n liefern, und zwar sollen diese die Gestalt haben

$$N = an^2 + bn, \qquad P = a_1 n^2 + b_1 n + c_1.$$

$k=$	1	2	3	4	5	6	7	8	9	10
$n_k=$	147	154,5	169	175,7	188	192,3	206,3	213	222,3	230
$N_k=$	44,24	45,79	46,01	49,55	45,78	51,47	52,25	50,89	49,92	48,35
$P_k=$	103,6	102	93,6	97	83,6	92	87	82	77	72

Es finden sich

$$N = -0{,}001\,034\,4\,n^2 + 0{,}455\,43\,n$$

und

$$P = -0{,}001\,036\,728\,n^2 + 0{,}037\,723\,n + 119{,}92$$

[s. a. (17) S. 32]. Zeichnung!

Bisher haben wir uns in diesem Abschnitte über Reihenentwicklung ausschließlich mit den Potenzreihen befaßt und dazu die Taylorsche Reihe als Grundlage benutzt. Dieses Verfahren ist jedoch nicht das einzige, um einen Ersatz für eine gegebene Funktion zu schaffen. Im folgenden Paragraphen dieses Abschnittes sei kurz einer von der bisherigen grundverschiedenen Reihenentwicklung einer Funktion gedacht, der Entwicklung nach periodischen Funktionen; sie findet besonders dort Anwendung, wo es gilt, einem periodisch sich wiederholenden, aber verwickelten Vorgange eine analytisch faßbare Form zu geben, wie es beispielsweise in der Theorie des elektrischen Wechselstroms zweckmäßig ist.

§ 8. Die Fourierschen Reihen.

(217) Es möge eine beliebige Funktion $y = f(t)$ gegeben sein, die die folgenden Eigenschaften habe: Sie sei in dem Bereiche von $t = 0$ bis zu dem beliebigen Werte $t = T$ überall endlich und — bis auf eine endliche Anzahl von Werten t — überall stetig; ferner habe sie in diesem Intervalle nur eine endliche Anzahl von Höchst- und Tiefstwerten. Erfüllt sie diese Eigenschaften, so läßt sie sich durch die folgende unendliche Summe von periodischen Funktionen darstellen:

$$\left.\begin{aligned}
f(t) = a &+ b_1 \sin\frac{2\pi}{T}t + b_2 \sin\left(2 \cdot \frac{2\pi}{T}t\right) + \cdots + b_n \sin\left(n \cdot \frac{2\pi}{T}t\right) + \cdots \\
&+ c_1 \cos\frac{2\pi}{T}t + c_2 \cos\left(2 \cdot \frac{2\pi}{T}t\right) + \cdots + c_n \cos\left(n \cdot \frac{2\pi}{T}t\right) + \cdots,
\end{aligned}\right\} \quad 54)$$

wobei

$$a = \frac{1}{T}\int\limits_0^T f(t)\,dt\,, \qquad b_n = \frac{2}{T}\int\limits_0^T f(t)\cdot\sin\left(n\cdot\frac{2\pi}{T}t\right)\cdot dt\,,$$

$$c_n = \frac{2}{T}\int\limits_0^T f(t)\,\cos\left(n\cdot\frac{2\pi}{T}t\right)dt$$

$$\left.\begin{array}{c}\\[3em]\end{array}\right\} \quad 54')$$

ist. Reihe 54) heißt eine **Fouriersche Reihe**; ihre Glieder sind periodische Funktionen, und zwar sind die Perioden der Reihe nach T, $\frac{T}{2}$, $\frac{T}{3}$, ... Von allen diesen Perioden ist die Periode T ein ganzes Vielfaches, so daß T die Periode der ganzen Reihe ist. Es besteht demnach die Beziehung

$$f(t+T) = f(t)\,. \qquad\qquad 55)$$

Dem Beweise des in den Formeln 54) und 54') ausgedrückten Satzes seien einige Formeln vorausgeschickt. Es ist

$$\sin\alpha\sin\beta = \tfrac{1}{2}[\cos(\alpha-\beta) - \cos(\alpha+\beta)]\,,$$
$$\cos\alpha\cos\beta = \tfrac{1}{2}[\cos(\alpha-\beta) + \cos(\alpha+\beta)]\,,$$
$$\sin\alpha\cos\beta = \tfrac{1}{2}[\sin(\alpha-\beta) + \sin(\alpha+\beta)]\,,$$
$$\sin^2\alpha = \tfrac{1}{2}(1-\cos 2\alpha)\,, \qquad \cos^2\alpha = \tfrac{1}{2}(1+\cos 2\alpha)\,,$$
$$\sin\alpha\cos\alpha = \tfrac{1}{2}\sin 2\alpha\,.$$

Durch Integration erhalten wir

a) $\displaystyle\int\limits_0^T \sin\left(k\frac{2\pi}{T}t\right)dt = \frac{T}{2\pi k}\left[-\cos\left(k\frac{2\pi}{T}t\right)\right]_0^T = 0\,,$

b) $\displaystyle\int\limits_0^T\cos\left(k\frac{2\pi}{T}t\right)dt = \frac{T}{2\pi k}\left[\sin\left(k\frac{2\pi}{T}t\right)\right]_0^T = 0\,,$

c) $\displaystyle\int\limits_0^T \sin\left(k\frac{2\pi}{T}t\right)\sin\left(l\frac{2\pi}{T}t\right)dt = \frac{1}{2}\int\limits_0^T\left[\cos(k-l)\frac{2\pi}{T}t - \cos(k+l)\frac{2\pi}{T}t\right]dt$

$$= \frac{T}{4\pi}\left[\frac{\sin(k-l)\frac{2\pi}{T}t}{k-l} - \frac{\sin(k+l)\frac{2\pi}{T}t}{k+l}\right]_0^T = 0\,,$$

d) $\displaystyle\int\limits_0^T\cos\left(k\frac{2\pi}{T}t\right)\cos\left(l\frac{2\pi}{T}t\right)dt = \frac{1}{2}\int\limits_0^T\left[\cos(k-l)\frac{2\pi}{T}t + \cos(k+l)\frac{2\pi}{T}t\right]dt$

$$= \frac{T}{4\pi}\left[\frac{\sin(k-l)\frac{2\pi}{T}t}{k-l} + \frac{\sin(k+l)\frac{2\pi}{T}t}{k+l}\right]_0^T = 0\,,$$

$$\text{e) } \int\limits_0^T \sin\left(k\frac{2\pi}{T}t\right)\cos\left(l\frac{2\pi}{T}t\right)dt = \frac{1}{2}\int\limits_0^T\left[\sin(k-l)\frac{2\pi}{T}t + \sin(k+l)\frac{2\pi}{T}t\right]dt$$

$$= \frac{T}{4\pi}\left[-\frac{\cos(k-l)\frac{2\pi}{T}t}{k-l} - \frac{\cos(k+l)\frac{2\pi}{T}t}{k+l}\right]_0^T = 0,$$

$$\text{f) } \int\limits_0^T \sin^2\left(k\frac{2\pi}{T}t\right)dt = \frac{1}{2}\int\limits_0^T\left[1-\cos\left(k\frac{4\pi}{T}t\right)\right]dt = \frac{1}{2}\left[t - \frac{T}{4\pi k}\sin\left(k\frac{4\pi}{T}t\right)\right]_0^T = \frac{T}{2},$$

$$\text{g) } \int\limits_0^T \cos^2\left(k\frac{2\pi}{T}t\right)dt = \frac{1}{2}\int\limits_0^T\left[1+\cos\left(k\frac{4\pi}{T}t\right)\right]dt = \frac{1}{2}\left[t + \frac{T}{4\pi k}\sin\left(k\frac{4\pi}{T}t\right)\right]_0^T = \frac{T}{2},$$

$$\text{h) } \int\limits_0^T \sin\left(k\frac{2\pi}{T}t\right)\cos\left(k\frac{2\pi}{T}t\right)dt = \frac{1}{2}\int\limits_0^T\sin\left(k\frac{4\pi}{T}t\right)dt = -\frac{T}{8\pi k}\left[\cos\left(k\frac{4\pi}{T}t\right)\right]_0^T = 0;$$

in den Formeln a) bis h) sind k und l ganze Zahlen.

Soll nun der Ansatz 54) richtig sein, so muß er auch gelten, wenn man beide Seiten mit der gleichen Größe multipliziert und das beiderseits erhaltene Produkt zwischen den gleichen Grenzen integriert. Es muß also insbesondere sein:

$$\int\limits_0^T f(t)\sin\left(n\frac{2\pi}{T}t\right)dt = a\int\limits_0^T\sin\left(n\frac{2\pi}{T}t\right)dt + \sum_{r=1}^{\infty}b_r\int\limits_0^T\sin\left(r\frac{2\pi}{T}t\right)\sin\left(n\frac{2\pi}{T}t\right)dt$$

$$+ \sum_{r=1}^{\infty}c_r\int\limits_0^T\cos\left(r\frac{2\pi}{T}t\right)\sin\left(n\frac{2\pi}{T}t\right)dt.$$

Nun verschwindet aber nach a) der Faktor von a, ebenso nach c) der Faktor von b_r, und nach e) und h) der Faktor von c_r bzw. c_n, und somit alle Glieder der rechten Seite bis auf das Glied

$$b_n\int\limits_0^T \sin^2\left(n\frac{2\pi}{T}t\right)dt,$$

das nach f) gleich $b_n \cdot \dfrac{T}{2}$ ist. Folglich ist

$$\int\limits_0^T f(t)\sin\left(n\frac{2\pi}{T}t\right)dt = b_n \cdot \frac{T}{2} \qquad \text{oder} \qquad b_n = \frac{2}{T}\int\limits_0^T f(t)\sin\left(n\frac{2\pi}{T}t\right)dt.$$

Ebenso muß sein

$$\int\limits_0^T f(t)\cos\left(n\frac{2\pi}{T}t\right)dt = a\int\limits_0^T \cos\left(n\frac{2\pi}{T}t\right)dt + \sum_{r=1}^{\infty} b_r \int\limits_0^T \sin\left(r\frac{2\pi}{T}t\right)\cos\left(n\frac{2\pi}{T}t\right)dt$$

$$+ \sum_{r=1}^{\infty} c_r \int\limits_0^T \cos\left(r\frac{2\pi}{T}t\right)\cos\left(n\frac{2\pi}{T}t\right)dt;$$

die rechte Seite schrumpft infolge der Formeln b) d) e) g) h) auf das Glied $c_n \cdot \dfrac{T}{2}$ zusammen, und es ergibt sich

$$c_n = \frac{2}{T}\int\limits_0^T f(t)\cos\left(n\frac{2\pi}{T}t\right)dt.$$

Schließlich muß sein

$$\int\limits_0^T f(t)\,dt = a\int\limits_0^T dt + \sum_{r=1}^{\infty} b_r \int\limits_0^T \sin\left(r\frac{2\pi}{T}t\right)dt + \sum_{r=1}^{\infty} c_r \int\limits_0^T \cos\left(r\frac{2\pi}{T}t\right)dt;$$

infolge der Formeln a) und b) zieht sich die rechte Seite auf das Glied

$$a\int\limits_0^T dt = a\cdot T$$

zusammen, und es ergibt sich

$$a = \frac{1}{T}\int\limits_0^T f(t)\,dt.$$

Damit sind die Formeln 54′) sämtlich bewiesen.

Zur Erläuterung der entwickelten Theorie möge das folgende Beispiel dienen: Die Funktion $y = t$ soll in dem Intervalle von $t = 0$ bis $t = 1$ in eine Fouriersche Reihe entwickelt werden. In unserem Falle ist

$$a = \int\limits_0^1 t\,dt = \left[\frac{t^2}{2}\right]_0^1 = \frac{1}{2},$$

$$b_n = 2\int\limits_0^1 t\sin 2n\pi t\,dt = 2\left[-\frac{t}{2\pi n}\cos 2\pi n t + \frac{1}{(2\pi n)^2}\sin 2\pi n t\right]_0^1 = -\frac{1}{\pi n},$$

$$c_n = 2\int\limits_0^1 t\cos 2n\pi t\,dt = 2\left[\frac{t}{2\pi n}\sin 2\pi n t + \frac{1}{(2\pi n)^2}\cos 2\pi n t\right]_0^1 = 0,$$

20*

wie sich aus den Formeln T III 32) ergibt. Also ist

$$t = \frac{1}{2} - \frac{1}{\pi}\left\{\frac{\sin 2\pi t}{1} + \frac{\sin 4\pi t}{2} + \frac{\sin 6\pi t}{3} + \frac{\sin 8\pi t}{4} + \cdots\right\}.\qquad 56)$$

Es wird gut sein, sich durch die Zeichnung von dem Sinne des gewonnenen Ergebnisses ein Bild zu verschaffen. In Abb. 355 bedeuten die Kurven k_0, k_1, k_2, ... die Bilder der Funktionen

$$y = \frac{1}{2}, \qquad y = -\frac{1}{\pi}\frac{\sin 2\pi t}{1}, \qquad y = -\frac{1}{\pi}\frac{\sin 4\pi t}{2}, \qquad \cdots$$

und die Kurven s_1, s_2 ... Bilder der Funktionen

$$y = \frac{1}{2} - \frac{1}{\pi}\left(\frac{\sin 2\pi t}{1}\right), \qquad y = \frac{1}{2} - \frac{1}{\pi}\left(\frac{\sin 2\pi t}{1} + \frac{\sin 4\pi t}{2}\right), \qquad \cdots,$$

die man durch Übereinanderlagerung der Kurven k_0 und k_1 bzw. k_0, k_1 und k_2, ... erhält. Man erkennt deutlich, daß sich die Summenkurven s_k

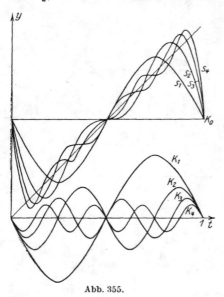

mit wachsendem k immer enger an die Gerade $y = t$ anschmiegen, daß also in der Tat die Fouriersche Reihe ein Ersatz für diese einfache Funktion darstellt, daß sie mit anderen Worten die Funktion in eine unendlich große Anzahl von Sinusfunktionen auflöst. Setzt man in die Reihe für t Werte ein, die größer sind als 1, so weicht allerdings der durch die

Abb. 355.

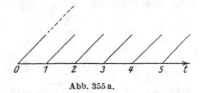

Abb. 355 a.

Reihe vermittelte Funktionswert ab von dem Werte $y = t$; infolge der Periodizität der harmonischen Funktionen $\sin 2\pi t$, $\sin 4\pi t$, ..., die alle die gemeinsame Periode 1 haben, ist $f(t + 1) = f(t)$. Das geometrische Bild ist also eine periodische Folge von Streckenzügen, wie sie in verkleinertem Maßstabe Abb. 355a zeigt, während die Funktion $y = t$ eine ununterbrochene Gerade gibt, die sich nur im Bereiche $t = 0$ bis $t = 1$ mit dem Bilde der Fourierschen Reihe deckt. Der Linienzug der Fourierschen Reihe hat, wie Abb. 355a zeigt, an den Stellen $t = 0, 1, 2, \ldots$ einen Sprung; von links kommend, nähert sich die Ordinate dem Werte 1, von rechts kommend dem Werte 0. In diesem Falle — und diese Eigenschaft kommt, wie hier nicht näher erörtert werden kann, allen Fourierschen Entwicklungen an derartigen Unstetigkeitsstellen zu — ergibt die Fouriersche Reihe stets das arithmetische Mittel der beiden Werte, in unserem Falle also den Wert $\frac{1}{2}$. Man überzeugt sich hiervon leicht, indem man $t = 1$ setzt.

Auf eine praktische Seite der Fourierschen Reihe möge noch kurz an der Hand unseres Beispieles hingewiesen werden. Sie kann verwendet werden, um den Wert gewisser schwach konvergierender Reihen zu ermitteln. Setzen wir beispielsweise $t = \frac{1}{4}$, so ergibt die Reihe 56)

$$\frac{1}{4} = \frac{1}{2} - \frac{1}{\pi}\left\{1 - \frac{1}{3} + \frac{1}{5} - \frac{1}{7} + \cdots\right\},$$

also ist

$$s_1 = \frac{1}{1} - \frac{1}{3} + \frac{1}{5} - \frac{1}{7} + \cdots = \frac{\pi}{4},$$

Leibnizsche Reihe; s. a. (201) S. 659.

Setzen wir $t = \frac{1}{8}$, so erhalten wir

$$\frac{1}{8} = \frac{1}{2} - \frac{1}{\pi}\left\{\frac{1}{1}\cdot\frac{1}{2}\sqrt{2} + \frac{1}{2} + \frac{1}{3}\cdot\frac{1}{2}\sqrt{2} - \frac{1}{5}\cdot\frac{1}{2}\sqrt{2}\right.$$
$$\left. - \frac{1}{6} - \frac{1}{7}\cdot\frac{1}{2}\sqrt{2} + \frac{1}{9}\cdot\frac{1}{2}\sqrt{2} + \frac{1}{10} + \frac{1}{11}\cdot\frac{1}{2}\sqrt{2} - \cdots\right\}$$

oder

$$\frac{3\pi}{8} = \frac{1}{2}\sqrt{2}\left(\frac{1}{1} + \frac{1}{3} - \frac{1}{5} - \frac{1}{7} + \frac{1}{9} + \frac{1}{11} - \cdots\right)$$
$$+ \frac{1}{2}\left(\frac{1}{1} - \frac{1}{3} + \frac{1}{5} - \cdots\right),$$

also mit Hilfe der soeben gewonnenen Reihe

$$s_2 = \frac{1}{1} + \frac{1}{3} - \frac{1}{5} - \frac{1}{7} + \frac{1}{9} + \frac{1}{11} - \cdots$$
$$+ (-1)^n\left(\frac{1}{4n+1} + \frac{1}{4n+3}\right) + \cdots = \frac{\pi}{4}\sqrt{2}.$$

Addieren wir s_2 und s_1, so erhalten wir

$$s_3 = \frac{1}{2}(s_1 + s_2) = \frac{1}{1} - \frac{1}{7} + \frac{1}{9} - \frac{1}{15} + \frac{1}{17} + \cdots$$
$$- \frac{1}{8n-1} + \frac{1}{8n+1} - \cdots = \frac{\pi}{8}(\sqrt{2} + 1).$$

Durch Subtrahieren erhalten wir

$$s_4 = \frac{1}{2}(s_2 - s_1) = \frac{1}{3} - \frac{1}{5} + \frac{1}{11} - \frac{1}{13} + \cdots$$
$$- \frac{1}{8n-3} + \frac{1}{8n+3} - \cdots = \frac{\pi}{8}(\sqrt{2} - 1).$$

Setzen wir $t = \frac{1}{3}$, so ergibt sich

$$\frac{1}{3} = \frac{1}{2} - \frac{1}{\pi} \left\{ \frac{1}{1} - \frac{1}{2} + \frac{1}{4} - \frac{1}{5} + \frac{1}{7} - \frac{1}{8} + \cdots \right.$$
$$\left. - \frac{1}{3n-1} + \frac{1}{3n+1} - \cdots \right\} \cdot \frac{1}{2} \sqrt{3},$$

also

$$s_5 = \frac{1}{1} - \frac{1}{2} + \frac{1}{4} - \frac{1}{5} + \cdots - \frac{1}{3n-1} + \frac{1}{3n+1} - \cdots = \frac{\pi}{9} \sqrt{3}.$$

$t = \frac{1}{6}$ gibt

$$s_6 = \frac{1}{1} + \frac{1}{2} - \frac{1}{4} - \frac{1}{5} + \cdots + (-1)^n \left(\frac{1}{3n+1} + \frac{1}{3n+3} \right) + \cdots$$
$$= \frac{2}{9} \pi \sqrt{3}.$$

Weiter wird

$$s_7 = \frac{1}{2}(s_5 + s_6) = \frac{1}{1} - \frac{1}{5} + \frac{1}{7} - \frac{1}{11} + \cdots - \frac{1}{6n-1} + \frac{1}{6n+1} - \cdots$$
$$= \frac{\pi}{6} \sqrt{3}.$$

Man bestimme die Werte der Reihen, die sich für $t = \frac{1}{12}$, $\frac{5}{12}$, $\frac{7}{12}$, $\frac{11}{12}$, $\frac{1}{16}$, $\frac{3}{16}$, $\ldots$ ergeben.

(218) Anwendungen. a) Eine Funktion $f(t)$ sei dadurch definiert, daß in dem Bereiche $0 < t < \pi$: $f(t) = 1$ und im Bereiche $\pi < t < 2\pi$: $f(t) = -1$ ist; die Funktion soll in eine Fouriersche Reihe entwickelt werden. Es ist hier $T = 2\pi$, also nach 54')

$$a = \frac{1}{2\pi} \left[\int_0^\pi 1 \cdot dt + \int_\pi^{2\pi} (-1) \cdot dt \right] = \frac{1}{2\pi} [\pi - 0 - 2\pi + \pi] = 0,$$

$$b_n = \frac{2}{2\pi} \left[\int_0^\pi \sin n t \, dt + \int_\pi^{2\pi} (-\sin n t) \, dt \right] = \frac{1}{\pi} \left\{ -\frac{1}{n} [\cos n t]_0^\pi + \frac{1}{n} [\cos n t]_\pi^{2\pi} \right\}$$
$$= \frac{1}{n\pi} \left\{ -(-1)^n + 1 + 1 - (-1)^n \right\} = \frac{2}{n\pi} \{ 1 - (-1)^n \},$$

$$c_n = \frac{2}{2\pi} \left[\int_0^\pi \cos n t \, dt + \int_\pi^{2\pi} (-\cos n t) \, dt \right] = \frac{1}{\pi} \left\{ \frac{1}{n} [\sin n t]_0^\pi - \frac{1}{n} [\sin n t]_\pi^{2\pi} \right\} = 0.$$

Die Fouriersche Reihe für diese Funktion lautet also

$$\frac{4}{\pi} \left\{ \frac{\sin t}{1} + \frac{\sin 3t}{3} + \frac{\sin 5t}{5} + \cdots \right\}.$$

Für jeden Wert $0 < t < \pi$ ist also

$$\frac{\sin t}{1} + \frac{\sin 3t}{3} + \frac{\sin 5t}{5} + \cdots = \frac{\pi}{4},$$

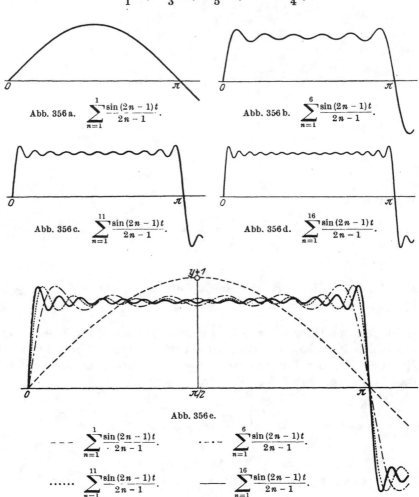

Abb. 356 a. $\sum_{n=1}^{1} \frac{\sin (2n-1)t}{2n-1}$.

Abb. 356 b. $\sum_{n=1}^{6} \frac{\sin (2n-1)t}{2n-1}$.

Abb. 356 c. $\sum_{n=1}^{11} \frac{\sin (2n-1)t}{2n-1}$.

Abb. 356 d. $\sum_{n=1}^{16} \frac{\sin (2n-1)t}{2n-1}$.

Abb. 356 e.

$--- \sum_{n=1}^{1} \frac{\sin (2n-1)t}{2n-1}.$ $-\cdot- \sum_{n=1}^{6} \frac{\sin (2n-1)t}{2n-1}.$

$\cdots\cdots \sum_{n=1}^{11} \frac{\sin (2n-1)t}{2n-1}.$ $--- \sum_{n=1}^{16} \frac{\sin (2n-1)t}{2n-1}.$

für jeden Wert $\pi < t < 2\pi$ dagegen

$$\frac{\sin t}{1} + \frac{\sin 3t}{3} + \frac{\sin 5t}{5} + \cdots = -\frac{\pi}{4}.$$

Die Abb. 356a—e lassen das Anschmiegen der harmonischen Kurven an die Gerade $y = \frac{\pi}{4}$ im Bereiche $0 < t < \pi$ deutlich erkennen[1]).

---

[1]) Die Diapositive dieser Abbildungen sind in dem Verlage von Martin Schilling, Leipzig, erschienen.

b) Eine Funktion $f(t)$ sei durch das in Abb. 357 dargestellte Gesetz gegeben. Es sei für $0 < t < \pi$ $f(t) = -\dfrac{\pi}{2} + t$

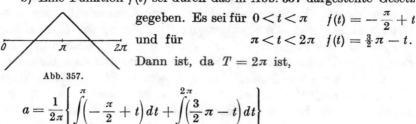

und für $\pi < t < 2\pi$ $f(t) = \frac{3}{2}\pi - t$.

Dann ist, da $T = 2\pi$ ist,

Abb. 357.

$$a = \frac{1}{2\pi}\left\{\int\limits_0^\pi\left(-\frac{\pi}{2} + t\right)dt + \int\limits_\pi^{2\pi}\left(\frac{3}{2}\pi - t\right)dt\right\}$$

$$= \frac{1}{2\pi}\left\{\left[-\frac{\pi}{2}t + \frac{t^2}{2}\right]_0^\pi + \left[\frac{3}{2}\pi t - \frac{t^2}{2}\right]_\pi^{2\pi}\right\} = 0,$$

$$b_n = \frac{1}{\pi}\left\{\int\limits_0^\pi\left(-\frac{\pi}{2} + t\right)\sin n t\, dt + \int\limits_\pi^{2\pi}\left(\frac{3}{2}\pi - t\right)\sin n t\, dt\right\}$$

$$= \frac{1}{\pi}\left\{\left[+\frac{\pi}{2n}\cos n t - \frac{1}{n}t\cos n t + \frac{1}{n^2}\sin n t\right]_0^\pi\right.$$

$$\left. + \left[-\frac{3}{2n}\pi\cos n t + \frac{1}{n}t\cos n t - \frac{1}{n^2}\sin n t\right]_\pi^{2\pi}\right\} = 0,$$

$$c_n = \frac{1}{\pi}\left\{\int\limits_0^\pi\left(-\frac{\pi}{2} + t\right)\cos n t\, dt + \int\limits_\pi^{2\pi}\left(\frac{3}{2}\pi - t\right)\cos n t\, dt\right\}$$

$$= \frac{1}{\pi}\left\{\left[-\frac{\pi}{2n}\sin n t + \frac{1}{n}t\sin n t + \frac{1}{n^2}\cos n t\right]_0^\pi\right.$$

$$\left. + \left[\frac{3}{2n}\pi\sin n t - \frac{1}{n}t\sin n t - \frac{1}{n^2}\cos n t\right]_\pi^{2\pi}\right\} = \frac{2}{n^2\pi}\left((-1)^n - 1\right).$$

Demnach lautet die **Fouriersche** Reihe dieser Funktion

$$-\frac{4}{\pi}\left\{\frac{\cos t}{1^2} + \frac{\cos 3t}{3^2} + \frac{\cos 5t}{5^2} + \cdots\right\}.$$

Da für $t = \pi$ $f(t) = \dfrac{\pi}{2}$ ist, so erhalten wir die Reihe

$$s_1 = \frac{1}{1^2} + \frac{1}{3^2} + \frac{1}{5^2} + \cdots = \frac{\pi^2}{8}.$$

Setzen wir

$$\frac{1}{1^2} + \frac{1}{2^2} + \frac{1}{3^2} + \frac{1}{4^2} + \cdots = s_2,$$

so ist

$$s_2 - s_1 = \frac{1}{2^2}\cdot s_2, \qquad \text{also} \qquad \frac{3}{4}s_2 = s_1$$

oder

$$s_2 = \frac{1}{1^2} + \frac{1}{2^2} + \frac{1}{3^2} + \cdots = \frac{\pi^2}{6}.$$

Es wird auffallen, daß in der Anwendung a) die Fouriersche Reihe nur Sinusfunktionen, in der Anwendung b) nur Kosinusfunktionen enthält. Nun hat aber die Funktion $f(t)$ im Falle a) die Eigenschaft, daß sie der Gleichung $f(\pi + t) = -f(\pi - t)$ genügt, während $f(t)$ im Falle b) der Gleichung $f(\pi + t) = f(\pi - t)$ genügt. Die erste Gleichung wird nun auch von der Sinusfunktion, die zweite von der Kosinusfunktion erfüllt, da $\sin(\pi + t) = -\sin(\pi - t)$, $\cos(\pi + t) = \cos(\pi - t)$ ist, womit sich die Eigentümlichkeit der beiden Reihen erklärt. Wir können dies verallgemeinern. Ist in dem Bereiche $0 < t < T$ eine Funktion $f(t)$ gegeben, für welche

$$f\left(\frac{T}{2} + t\right) = -f\left(\frac{T}{2} - t\right)$$

ist, so enthält die Fouriersche Reihe nur Glieder mit Sinusfunktionen; gilt dagegen die Gleichung

$$f\left(\frac{T}{2} + t\right) = f\left(\frac{T}{2} - t\right),$$

so enthält sie nur Kosinusfunktionen. Ist nun im ersten Falle außerdem

$$f\left(\frac{T}{4} + t\right) = f\left(\frac{T}{4} - t\right),$$

so müssen auch noch alle Beiwerte b_{2n} verschwinden, und nur die Beiwerte b_{2n-1} sind von Null verschieden, da ja

$$\sin 2n\left(\frac{\pi}{2} + t\right) = -\sin 2n\left(\frac{\pi}{2} - t\right),$$

dagegen

$$\sin(2n - 1)\left(\frac{\pi}{2} + t\right) = \sin(2n + 1)\left(\frac{\pi}{2} - t\right)$$

ist. Ist dagegen

$$f\left(\frac{T}{4} + t\right) = -f\left(\frac{T}{4} - t\right),$$

so verschwinden aus dem gleichen Grunde alle Beiwerte $2n - 1$, während nur Beiwerte $2n$ von Null verschieden sind. Ganz entsprechende Betrachtungen kann man für den zweiten Fall anstellen. Durch derartige Erwägungen kann man sich die Aufstellung der Fourierschen Reihen ganz wesentlich erleichtern, da die Ermittlung der Beiwerte b_n bzw. c_n immerhin umständlich ist.

Das Beispiel c) soll einen Fall behandeln, in welchem keine dieser Gesetzmäßigkeiten eintritt, in welchem die Fourier-Reihe also sowohl Sinus- als auch Kosinusglieder enthält.

c) Es sei

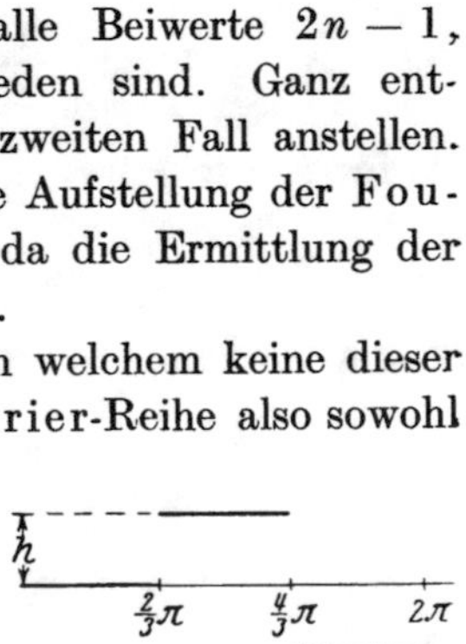

für $0 < t < \frac{2}{3}\pi$: $f(t) = 0$,

„ $\frac{2}{3}\pi < t < \frac{4}{3}\pi$: $f(t) = h$,

„ $\frac{4}{3}\pi < t < 2\pi$: $f(t) = -h$.   (S. Abb. 358.)

Abb. 358.

Dann ist $a = \dfrac{1}{2\pi}\left\{\displaystyle\int\limits_{0}^{\frac{2}{3}\pi} 0\cdot dt + \int\limits_{\frac{2}{3}\pi}^{\frac{4}{3}\pi} h\,dt + \int\limits_{\frac{4}{3}\pi}^{2\pi}(-h)\,dt\right\}, \qquad a = 0.$

$$b_n = \frac{2}{2\pi}\left\{\int\limits_{0}^{\frac{2}{3}\pi} 0\cdot \sin nt\,dt + \int\limits_{\frac{2}{3}\pi}^{\frac{4}{3}\pi} h\sin nt\,dt + \int\limits_{\frac{4}{3}\pi}^{2\pi}(-h)\sin nt\,dt\right\}$$

$$= \frac{1}{\pi}\left\{h\left[-\frac{1}{n}\cos nt\right]_{\frac{2}{3}\pi}^{\frac{4}{3}\pi} - h\left[-\frac{1}{n}\cos nt\right]_{\frac{4}{3}\pi}^{2\pi}\right\}$$

$$= +\frac{h}{n\pi}\left\{-\cos\frac{4}{3}n\pi + \cos\frac{2}{3}n\pi + 1 - \cos\frac{4}{3}n\pi\right\}.$$

Also ist

$$= \frac{h}{\pi}\left\{1 - \frac{1}{2} + 1\right\} = \frac{3h}{2\pi}, \qquad b_2 = \frac{h}{2\pi}\left\{1 - \frac{1}{2} + 1\right\} = \frac{3h}{4\pi},$$

$$= \frac{h}{3\pi}\{1 + 1 - 2\} = 0, \qquad b_4 = \frac{3h}{8\pi}, \qquad b_5 = \frac{3h}{10\pi}, \qquad b_6 = 0,\ldots,$$

$$= \frac{2}{2\pi}\left\{\int\limits_{0}^{\frac{2}{3}\pi} 0\cdot \cos nt\,dt + \int\limits_{\frac{2}{3}\pi}^{\frac{4}{3}\pi} h\cos nt\,dt + \int\limits_{\frac{4}{3}\pi}^{2\pi}(-h)\cos nt\,dt\right\}$$

$$= \frac{1}{\pi}\left\{\frac{h}{n}[\sin nt]_{\frac{2}{3}\pi}^{\frac{4}{3}\pi} - \frac{h}{n}[\sin nt]_{\frac{4}{3}\pi}^{2\pi}\right\} = \frac{h}{\pi n}\left\{\sin\frac{4}{3}n\pi - \sin\frac{2}{3}n\pi - 0 + \sin\frac{4}{3}n\pi\right\}.$$

Also ist

$$c_1 = \frac{h}{\pi}\left\{-\sqrt{3} - \frac{1}{2}\sqrt{3}\right\} = -\frac{3h}{2\pi}\sqrt{3},$$

$$c_2 = \frac{h}{2\pi}\left\{\sqrt{3} + \frac{1}{2}\sqrt{3}\right\} = \frac{3h}{4\pi}\sqrt{3}, \qquad c_3 = 0,$$

$$c_4 = -\frac{3h}{8\pi}\sqrt{3}, \qquad c_5 = \frac{3h}{10\pi}\sqrt{3}, \qquad c_6 = 0,\ldots.$$

Die Fouriersche Reihe der Funktion ergibt somit

$$\frac{3h}{2\pi}\left\{\frac{\sin t}{1} + \frac{\sin 2t}{2} + \frac{\sin 4t}{4} + \frac{\sin 5t}{5} + \cdots + \frac{\sin(3n+1)t}{3n+1} + \frac{\sin(3n+2)t}{3n+2} + \cdots\right.$$

$$- \sqrt{3}\left(\frac{\cos t}{1} - \frac{\cos 2t}{2} + \frac{\cos 4t}{4} - \frac{\cos 5t}{5} + \cdots\right.$$

$$\left.\left. + \frac{\cos(3n+1)t}{3n+1} - \frac{\cos(3n+2)t}{3n+2} + \cdots\right)\right\}.$$

d) Die Funktion $y = e^{at}$ soll im Bereiche von $0 < t < 2\pi$ in eine Fouriersche Reihe entwickelt werden. Nach Formeln T III 24) und 25) ist

$$a = \frac{1}{2\pi}\int\limits_{0}^{2\pi} e^{at}\,dt = \frac{1}{2\pi a}\,[e^{at}]_0^{2\pi} = \frac{e^{2\pi a}-1}{2\pi a}\,,$$

$$b_n = \frac{1}{\pi}\int\limits_{0}^{2\pi} e^{at}\sin nt\,dt = \frac{1}{\pi}\Big[\frac{1}{a^2+n^2}e^{at}(a\sin nt - n\cos nt)\Big]_0^{2\pi} = -\frac{e^{2\pi a}-1}{\pi}\cdot\frac{n}{a^2+n^2}\,,$$

$$c_n = \frac{1}{\pi}\int\limits_{0}^{2\pi} e^{at}\cos nt\,dt = \frac{1}{\pi}\Big[\frac{1}{a^2+n^2}e^{at}(a\cos nt + n\sin nt)\Big]_0^{2\pi} = \frac{a(e^{2\pi a}-1)}{\pi}\cdot\frac{1}{a^2+n^2}\,.$$

Folglich ist für den Bereich $0 < t < 2\pi$

$$e^{at} = \frac{e^{2\pi a}-1}{\pi}\Big\{\frac{1}{2a} - \Big(\frac{1}{a^2+1^2}\sin t + \frac{2}{a^2+2^2}\sin 2t + \frac{3}{a^2+3^2}\sin 3t + \cdots\Big)$$
$$+ a\Big(\frac{\cos t}{a^2+1^2} + \frac{\cos 2t}{a^2+2^2} + \frac{\cos 3t}{a^2+3^2} + \cdots\Big)\Big\}.$$

Hierbei sind die Grenzen $t=0$ und $t=2\pi$ ausgeschlossen; denn an diesen Stellen ist, wie Abb. 359 lehrt, die Funktion unstetig; die Fouriersche Reihe gibt also den Mittelwert zwischen $e^0 = 1$ und $e^{2\pi a}$, also den Wert $\frac{1}{2}(e^{2\pi a} + 1)$. Es ist demnach

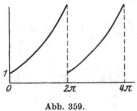

Abb. 359.

$$\frac{1}{2}(e^{2\pi a} + 1) = \frac{e^{2\pi a}-1}{\pi}\Big\{\frac{1}{2a} + a\Big(\frac{1}{a^2+1^2} + \frac{1}{a^2+2^2} + \frac{1}{a^2+3^2} + \cdots\Big)\Big\}$$

oder

$$\frac{1}{a^2+1^2} + \frac{1}{a^2+2^2} + \frac{1}{a^2+3^2} + \cdots = \frac{e^{2\pi a}(\pi a - 1) + (\pi a + 1)}{2a^2(e^{2\pi a} - 1)}\,. \qquad \text{a)}$$

Ferner folgt für $t = \pi$:

$$e^{\pi a} = \frac{e^{2\pi a}-1}{\pi}\cdot\Big\{\frac{1}{2a} - a\Big(\frac{1}{a^2+1^2} - \frac{1}{a^2+2^2} + \frac{1}{a^2+3^2} - \cdots\Big)\Big\},$$

also

$$\frac{1}{a^2+1^2} - \frac{1}{a^2+2^2} + \frac{1}{a^2+3^2} - \cdots = \frac{e^{2\pi a} - 1 - 2\pi a\,e^{\pi a}}{2a^2(e^{2\pi a} - 1)}\,. \qquad \text{b)}$$

Aus diesen Reihen ergibt sich wiederum für $a = \frac{1}{\pi}$

$$\frac{1}{1+\pi^2} + \frac{1}{1+(2\pi)^2} + \frac{1}{1+(3\pi)^2} + \cdots = \frac{1}{e^2-1}\,,$$

$$\frac{1}{1+\pi^2} - \frac{1}{1+(2\pi)^2} + \frac{1}{1+(3\pi)^2} - \cdots = \frac{e^2 - 2e - 1}{2(e^2 - 1)}\,.$$

Setzen wir in a) und b) $a = 0$, so gehen die Reihen über in

$$\frac{1}{1^2} + \frac{1}{2^2} + \frac{1}{3^2} + \cdots \qquad \text{bzw.} \qquad \frac{1}{1^2} - \frac{1}{2^2} + \frac{1}{3^2} - \cdots,$$

während die rechten Seiten die unbestimmte Form $\frac{0}{0}$ annehmen. Zu ihrer Bestimmung wenden wir das in (202) S. 667 abgeleitete Verfahren an. Wir erhalten für a)

$$\left[\frac{\pi a\, e^{2\pi a} - e^{2\pi a} + \pi a + 1}{2 a^2\, e^{2\pi a} - 2 a^2}\right]_{a=0} = \left[\frac{-\pi e^{2\pi a} + 2\pi^2 a\, e^{2\pi a} + \pi}{4 a\, e^{2\pi a} + 4\pi a^2 e^{2\pi a} - 4 a}\right]_{a=0}$$

$$= \left[\frac{4\pi^3 a\, e^{2\pi a}}{4 e^{2\pi a} + 16\pi a\, e^{2\pi a} + 8\pi^2 a^2 e^{2\pi a} - 4}\right]_{a=0} = \left[\frac{\pi^3 e^{2\pi a} + 2\pi^4 a\, e^{2\pi a}}{6\pi e^{2\pi a} + 12\pi^2 a\, e^{2\pi a} + 4\pi^3 a^2 e^{2\pi a}}\right]_{a=0} = \frac{\pi^2}{6},$$

in Übereinstimmung mit dem in Anwendung b) S. 740 gewonnenen Ergebnisse. Noch rascher bekommen wir den Grenzwert, wenn wir Zähler und Nenner der rechten Seite von a) nach dem Maclaurinschen Satze in Reihen entwickeln; es ist nämlich nach Formel 11) in (194) S. 626

$$\frac{\pi a\, e^{2\pi a} - e^{2\pi a} + \pi a + 1}{2 a^2 (e^{2\pi a} - 1)}$$

$$= \frac{\pi a\left(1 + \frac{2\pi a}{1} + \frac{4\pi^2 a^2}{2} + \frac{8\pi^3 a^3}{6} - \cdots\right) - \left(1 + \frac{2\pi a}{1} + \frac{4\pi^2 a^2}{2} + \frac{8\pi^3 a^3}{6} + \frac{16\pi^4 a^4}{24} + \cdots\right) + \pi a + 1}{2 a^2\left(1 + \frac{2\pi a}{1} + \frac{4\pi^2 a^2}{2} + \frac{8\pi^3 a^3}{6} + \cdots - 1\right)}$$

$$= \frac{\frac{2}{3}\pi^3 a^3 + \frac{2}{3}\pi^4 a^4 + \cdots}{4\pi a^3 + 4\pi^2 a^4 + \cdots} = \frac{\frac{2}{3}\pi^2 + \frac{2}{3}\pi^3 a + \cdots}{4 + 4\pi a + \cdots}\,.$$

Setzen wir hierin $a = 0$, so erhalten wir $\frac{\pi^2}{6}$ wie oben.

Im Falle b) gibt die Reihenentwicklung der rechten Seite

$$\frac{1 + \frac{2\pi a}{1} + \frac{4\pi^2 a^2}{2} + \frac{8\pi^3 a^3}{6} + \frac{16\pi^4 a^4}{24} + \cdots - 1 - 2\pi a\left(1 + \frac{\pi a}{1} + \frac{\pi^2 a^2}{2} + \frac{\pi^3 a^3}{6} + \cdots\right)}{2 a^2\left(1 + \frac{2\pi a}{1} + \frac{4\pi^2 a^2}{2} + \frac{8\pi^3 a^3}{6} + \cdots - 1\right)}$$

$$= \frac{\frac{1}{3}\pi^3 a^3 + \frac{1}{3}\pi^4 a^4 + \cdots}{4\pi a^3 + 4\pi^2 a^4 + \cdots} = \frac{\frac{1}{3}\pi^2 + \frac{1}{3}\pi^3 a + \cdots}{4 + 4\pi a + \cdots}\,.$$

also für $a = 0$ $\frac{\pi^2}{12}$. Es ist demnach

$$\frac{1}{1^2} - \frac{1}{2^2} + \frac{1}{3^2} - \frac{1}{4^2} + \cdots = \frac{\pi^2}{12}\,.$$

Lösen wir die für e^{at} gefundene Reihe nach der Sinusreihe auf, so erhalten wir

$$\frac{1}{a^2 + 1^2}\sin t + \frac{2}{a^2 + 2^2}\sin 2t + \frac{3}{a^2 + 3^2}\sin 3t + \cdots$$

$$= + a\left(\frac{\cos t}{a^2 + 1^2} + \frac{\cos 2t}{a^2 + 2^2} + \cdots\right) + \frac{e^{2\pi a} - 1 - 2\pi a\, e^{at}}{2 a (e^{2\pi a} - 1)}\,.$$

Setzen wir hier $a = 0$, so geht die linke Seite über in

$$\frac{\sin t}{1} + \frac{\sin 2t}{2} + \frac{\sin 3t}{3} + \cdots,$$

während das erste Glied der rechten Seite verschwindet und das zweite Glied wieder die unbestimmte Form $\frac{0}{0}$ annimmt; wir bestimmen seinen Wert durch Reihenentwicklung. Es ist

$$\frac{e^{2\pi a} - 1 - 2\pi a e^{at}}{2a(e^{2\pi a} - 1)}$$

$$= \frac{1 + \dfrac{2\pi a}{1} + \dfrac{4\pi^2 a^2}{2} + \dfrac{8\pi^3 a^3}{6} + \cdots - 1 - 2\pi a\left(1 + \dfrac{at}{1} + \dfrac{a^2 t^2}{2} + \cdots\right)}{2a\left(1 + \dfrac{2\pi a}{1} + \dfrac{4\pi^2 a^2}{2} + \cdots - 1\right)}$$

$$= \frac{2\pi^2 a^2 + \dfrac{4}{3}\pi^3 a^3 + \cdots - 2\pi a^2 t - \pi a^3 t^2 + \cdots}{4\pi a^2 + 4\pi^2 a^3 + \cdots} = \frac{\pi + \dfrac{2}{3}\pi^2 a + \cdots - t - \dfrac{1}{2}a t^2 - \cdots}{2 + 2\pi a + \cdots}.$$

Für $a = 0$ ist der Wert dieses Ausdruckes gleich $\frac{\pi}{2} - \frac{t}{2}$, und wir erhalten die neue Reihe

$$\frac{\sin t}{1} + \frac{\sin 2t}{2} + \frac{\sin 3t}{3} + \cdots = \frac{\pi}{2} - \frac{t}{2}.$$

Wir hätten sie auch aus Formel 56) S. 736 bekommen, wenn wir in dieser

$$2\pi t = t', \quad \text{also} \quad t = \frac{t'}{2\pi}$$

gesetzt hätten.

Der Leser möge nun selbständig die in den Abb. 360a—c dargestellten Funktionen in Fouriersche Reihen entwickeln. Sie sind sämtlich von der Art, daß

$$f\left(\frac{T}{2} + t\right) = -f\left(\frac{T}{2} - t\right) \quad \text{und} \quad f\left(\frac{T}{4} + t\right) = f\left(\frac{T}{4} - t\right)$$

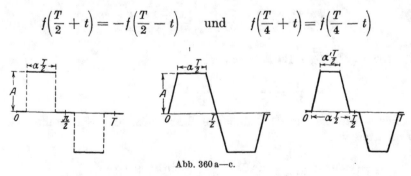

Abb. 360 a—c.

ist; es treten demnach nur die Glieder mit den Beiwerten b_{2n-1} auf, während alle übrigen Beiwerte gleich Null sind. Als Ergebnis erhält man

Abb. 360 a:

$$\frac{4A}{\pi}\left\{\frac{1}{1}\sin\frac{\pi}{2}\,\alpha\cdot\sin\left(\frac{2\pi}{T}\,t\right)-\frac{1}{3}\sin 3\frac{\pi}{2}\,\alpha\cdot\sin\left(3\,\frac{2\pi}{T}\,t\right)\right.$$
$$\left.+\frac{1}{5}\sin 5\frac{\pi}{2}\,\alpha\cdot\sin\left(5\,\frac{2\pi}{T}\,t\right)-\cdots\right\};$$

Abb. 360 b:

$$\frac{8A}{\pi^2(1-\alpha)}\left\{\frac{1}{1^2}\cos\frac{\pi}{2}\,\alpha\cdot\sin\left(\frac{2\pi}{T}\,t\right)-\frac{1}{3^2}\cos 3\frac{\pi}{2}\,\alpha\cdot\sin\left(3\,\frac{2\pi}{T}\,t\right)\right.$$
$$\left.+\frac{1}{5^2}\sin 5\frac{\pi}{2}\,\alpha\cdot\sin\left(5\,\frac{2\pi}{T}\,t\right)-\cdots\right\};$$

Abb. 360 c:

$$\frac{8A}{\pi^2(\alpha-\alpha')}\left\{\frac{1}{1^2}\left[\cos\frac{\pi}{2}\,\alpha'-\cos\frac{\pi}{2}\,\alpha\right]\sin\left(\frac{2\pi}{T}\,t\right)\right.$$
$$\left.-\frac{1}{3^2}\left[\cos 3\frac{\pi}{2}\,\alpha-\cos 3\frac{\pi}{2}\,\alpha'\right]\sin\left(3\,\frac{2\pi}{T}\,t\right)+\cdots\right\}.$$

Hiermit wollen wir die Ausführungen über die Fourierschen Reihen abbrechen. Wir haben gesehen, daß, falls die Funktion $f(t)$ in einem Bereiche algebraisch gegeben ist, es theoretisch stets möglich ist, die ihr zugehörige Reihe zu ermitteln. Praktisch sind dem jedoch bald Grenzen gesetzt, da die Auswertung der bestimmten Integrale

$$\int_0^T f(t)\sin n\,t\,dt\quad\text{und}\quad\int_0^T f(t)\cos n\,t\,dt$$

schon bei verhältnismäßig einfachen Funktionen $f(t)$ Schwierigkeiten bereitet, bei anderen rein mathematisch überhaupt unmöglich wird. Die mathematisch-theoretische Ermittlung der Beiwerte b_n und c_n versagt völlig, wenn die Funktion $f(t)$ auf empirischem Wege gefunden ist, etwa durch eine mechanisch gezeichnete Kurve (Indikatordiagramm, Wechselstromdiagramm), wenn also eine mathematische Formulierung von $f(t)$ überhaupt nicht gegeben ist. In allen diesen Fällen ist man auf Annäherungsverfahren angewiesen, auf die einzugehen hier unmöglich ist. Es sei daher auf das Fachschrifttum hingewiesen (z. B. Strecker, Hilfsbuch für die Elektrotechnik, Berlin: Julius Springer).

Wir schließen damit den Abschnitt über Reihenentwicklung überhaupt ab und wenden uns dem letzten größeren Abschnitte zu, der das überaus wichtige Gebiet der Differentialgleichungen behandeln soll.

Die Differentialgleichungen.

§ 1. Gewöhnliche Differentialgleichungen erster Ordnung ersten Grades.

(219) Gegeben sei die Gleichung

$$x^2 + 2y + \frac{dy}{dx} = 0\,, \qquad\qquad 1)$$

also eine Gleichung, die zwei Veränderliche x und y und außerdem ihren Differentialquotienten $\frac{dy}{dx}$ enthält; aus der Form des Differentialquotienten geht hervor, daß x als unabhängige, y als abhängige Veränderliche aufgefaßt werden soll. Eine Gleichung, die Differentialquotienten enthält, heißt Differentialgleichung. Die obige Differentialgleichung ist eine solche einfachster Art. Um eine allgemeine Form der Differentialgleichung zu erhalten, denke man sich $x_1, x_2, \ldots, x_n$ als unabhängige Veränderliche; y sei eine von diesen abhängige Veränderliche. Ferner seien

$$\frac{\partial y}{\partial x_1}, \qquad \frac{\partial y}{\partial x_2}, \qquad \ldots, \qquad \frac{\partial y}{\partial x_k};$$

$$\frac{\partial^2 y}{\partial x_1^2}, \quad \frac{\partial^2 y}{\partial x_1 \partial x_2}, \quad \ldots, \quad \frac{\partial^2 y}{\partial x_1 \partial x_k}, \quad \ldots, \quad \frac{\partial^2 y}{\partial x_k^2}; \quad \frac{\partial^3 y}{\partial x_1^3}, \quad \ldots \quad \frac{\partial^n y}{\partial x_k^n}$$

die partiellen Differentialquotienten bis zur $n$ten Ordnung von y nach den Veränderlichen $x_1, x_2, \ldots, x_k$. Dann heißt eine Gleichung, die diese Veränderlichen und die angeführten Differentialquotienten, sonst aber nur konstante Größen enthält, die also von der Form

$$\left.\begin{array}{l} F\Big(x_1,\ x_2,\ \ldots, x_k;\ y;\ \dfrac{\partial y}{\partial x_1},\ \dfrac{\partial y}{\partial x_2},\ \ldots,\ \dfrac{\partial y}{\partial x_k}; \\[2mm] \dfrac{\partial^2 y}{\partial x_1^2},\ \dfrac{\partial^2 y}{\partial x_1 \partial x_2},\ \ldots,\ \dfrac{\partial^2 y}{\partial x_1 \partial x_k},\ \ldots,\ \dfrac{\partial^2 y}{\partial x_k^2};\ \ldots,\ \dfrac{\partial^n y}{\partial x_k^n}\Big) = 0 \end{array}\right\} \quad 2)$$

ist, eine **Differentialgleichung** zwischen den Veränderlichen $x_1, x_2, \ldots, x_k, y$. Da sie mehr als eine unabhängige Veränderliche, also partielle Differentialquotienten enthält, wird sie eine **partielle Differential-**

gleichung genannt. Eine Differentialgleichung, in welcher die abhängige
Veränderliche y nur von **einer** unabhängigen Veränderlichen x abhängt, die also nur **totale** Differentialquotienten

$$\frac{dy}{dx}, \qquad \frac{d^2y}{dx^2}, \qquad \dots, \qquad \frac{d^ny}{dx^n}$$

enthält,

$$F\left(x,\, y,\, \frac{dy}{dx},\, \frac{d^2y}{dx^2},\, \dots,\, \frac{dy^n}{dx^n}\right) = 0, \qquad\qquad 3)$$

wird im Gegensatze zur obigen eine **gewöhnliche Differentialgleichung**
genannt. Ist der höchste in ihr auftretende Differentialquotient von
$n$ter Ordnung, so ist sie eine gewöhnliche Differentialgleichung
$n$ter Ordnung. Wenn wir von dem Falle $n = 0$ absehen, in welchem 3)
in die bekannte Gleichung mit zwei Unbekannten $f(x,\, y) = 0$ übergeht — im Gegensatze zur „Differential"gleichung wollen wir sie
als **endliche Gleichung** bezeichnen —, so ist die einfachste Differentialgleichung die gewöhnliche Differentialgleichung **erster Ordnung**;
sie hat die Form

$$F\left(x,\, y,\, \frac{dy}{dx}\right) = 0. \qquad\qquad 4)$$

Besondere Bedeutung haben in der Technik die gewöhnlichen Differentialgleichungen **zweiter Ordnung**, also Gleichungen von der Form

$$F\left(x,\, y,\, \frac{dy}{dx},\, \frac{d^2y}{dx^2}\right) = 0. \qquad\qquad 5)$$

Es ist aber selbstverständlich, daß ihrer Behandlung eine ausführliche
Erörterung der Differentialgleichungen erster Ordnung vorausgehen
muß, zumal da die Gleichungen zweiter Ordnung zumeist auf solche
erster Ordnung zurückgeführt werden können.

Vom Beispiel 1) für eine Differentialgleichung erster Ordnung
können wir uns, wie von jeder Gleichung erster Ordnung, ein anschauliches **geometrisches Bild** verschaffen. Lösen wir eine solche
Gleichung 4) nach $\frac{dy}{dx}$ auf, so daß sie die Form annimmt

$$\frac{dy}{dx} = f(x,\, y), \qquad\qquad 6)$$

so können wir mittels dieser Gleichung jedem Punkte P der Ebene
mit den rechtwinkligen Koordinaten $x\,|\,y$ einen Wert $\frac{dy}{dx}$ zuordnen,
den wir [s. **(113)** S. 308] als einen **Richtungsfaktor** deuten können.
Zeichnen wir durch jeden Punkt P eine kleine Strecke, welche die
durch 6) bestimmte Richtung $\frac{dy}{dx}$ besitzt, so überdecken wir die ganze
Ebene mit solchen kleinen Strecken; in dem Grenzfalle, daß die Punkte P
unendlich dicht aufeinanderfolgen, und wir uns die Richtungsstrecken
unendlich klein gezeichnet denken — „**Linienelemente**" —, schließen

sich diese Strecken zu Kurven zusammen. Die Gesamtheit der Linienelemente kann dann als geometrische Abbildung der Differentialgleichung erster Ordnung 4) gelten.

Ist Gleichung 4) eine in $\frac{dy}{dx}$ algebraische Gleichung, d. h. enthält sie nur Potenzen von $\frac{dy}{dx}$ mit positiven ganzzahligen Exponenten, und ist n der höchste Exponent, so heißt die Gleichung eine Diffe-

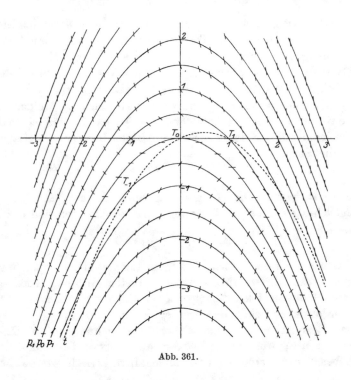

Abb. 361.

rentialgleichung erster Ordnung **nten Grades.** Die einfachste Differentialgleichung erster Ordnung ist mithin die vom ersten Grade. Sie läßt sich besonders einfach nach $\frac{dy}{dx}$ auflösen und liefert für jedes Wertepaar $x \mid y$ stets einen, aber auch nur einen Wert $\frac{dy}{dx}$; ihr geometrisches Bild ist demnach von der Art, daß zu jedem Punkte der Ebene stets ein, aber auch nur ein Linienelement gehört, daß sich also durch jeden Punkt der Ebene eine und nur eine Kurve legen läßt, und daß diese Schar von unendlich vielen Kurven die ganze Ebene überdeckt.

Abb. 361 gibt das geometrische Bild unseres Beispiels 1), nach dem

$$\frac{dy}{dx} = -x^2 - 2y$$

ist. Es sind einige Linienelemente eingezeichnet. Da für alle Punkte der Ebene, die Linienelemente von der gleichen Richtung $\frac{dy}{dx} = \mathsf{A}$ haben, die Gleichung bestehen muß

$$y = -\frac{x^2}{2} - \frac{\mathsf{A}}{2},$$

so liegen diese Punkte auf einer Parabel, deren Achse die y-Achse, deren Parameter gleich -1 ist und deren Scheitel die Ordinate $-\frac{\mathsf{A}}{2}$ hat. Einige dieser Parabeln p_A sind, um die Anschaulichkeit zu erhöhen, in Abb. 361 eingetragen. Auf jeder dieser Parabeln p_A gibt es einen Punkt T_A, dessen Linienelement die Parabel p_A berührt; der Ort der Punkte T_A läßt sich leicht ermitteln. Es ist nämlich für jeden Punkt der Parabel p_A $y' = -x$, da aber für T_A $y' = \mathsf{A}$ sein soll, so muß $\mathsf{A} = -x$ sein. Eliminieren wir A, so erhalten wir als Gleichung des Ortes der Punkte T_A

$$y = -\frac{x^2}{2} + \frac{x}{2} \quad \text{oder} \quad y = -\frac{1}{2}\Big(x - \frac{1}{2}\Big)^2 + \frac{1}{8},$$

also wiederum eine Parabel t; ihre Achse ist parallel zur y-Achse, ihr Parameter ist gleich -1, ihr Scheitel hat die Koordinaten $\frac{1}{2} \mid \frac{1}{8}$. Alle Parabeln p_A und die Parabel t sind untereinander kongruent. Die Kurven, zu denen sich die Linienelemente zusammenschließen, haben ihre Maxima und Minima auf der Parabel p_0, da auf ihr die Linienelemente horizontal sind; ferner müssen sie die Parabeln p_A in den Schnittpunkten mit t berühren, da in diesen Punkten die Linienelemente der p_A zugleich Linienelemente der betr. Kurven sind.

(220) Eine Differentialgleichung integrieren heißt für die abhängige Veränderliche y eine solche Funktion der unabhängigen Veränderlichen x_1, x_2, ..., x_k suchen, welche mit ihrem Differentialquotienten die Differentialgleichung in eine identische Gleichung überführt. (Da durch diese Definition dem Worte „Integrieren" ein ganz bestimmter neuer Sinn beigelegt wird, so wird auf dem Gebiete der Differentialgleichungen die bisher als Integrieren bezeichnete Tätigkeit, die das Ermitteln einer Funktion bedeutet, von der der Differentialquotient bekannt ist, als eine Quadratur bezeichnet.) Die Funktion, welche obige Eigenschaft erfüllt, heißt eine Lösung oder ein Integral der Differentialgleichung. Läßt sich die Lösung y nicht unmittelbar als eine Funktion der Veränderlichen x_1, x_2, ..., x_3 ausdrücken, läßt sich aber eine Gleichung zwischen diesen Veränderlichen und der Lösung y finden $L(x_1, x_2, ..., x_k, y) = 0$, so heißt diese eine Integralgleichung der vorgelegten Differentialgleichung.

Die Lösung der gewöhnlichen Differentialgleichung $n$ter Ordnung wird daher zunächst die einzige unabhängige Veränderliche x und die schon in der Differentialgleichung selbst enthaltenen konstanten Größen enthalten, daneben aber, wie sich zeigen wird, noch n willkürliche Konstanten; sie heißen die **Integrationskonstanten**. Werden sie mit $c_1, c_2, \ldots, c_n$ bezeichnet, so hat die Lösung dieser Differentialgleichung die Form

$$y = l(x, c_1, c_2, \ldots, c_n); \qquad\qquad 7\,\text{a})$$

die Integralgleichung läßt sich

$$L(x, y, c_1, c_2, \ldots, c_n) = 0 \qquad\qquad 7\,\text{b})$$

schreiben. Sind in der Lösung bzw. in der Integralgleichung alle n Integrationskonstanten enthalten, so heißt sie ein **vollständiges Integral** bzw. eine **vollständige Integralgleichung**. Erteilt man gewissen dieser Konstanten bestimmte Werte, so geht sie über in ein **partikuläres Integral** bzw. in eine **partikuläre Integralgleichung**. Es kann aber auch der Fall eintreten, daß eine Differentialgleichung eine Lösung besitzt, welche nicht alle n Integrationskonstanten enthält, aber trotzdem keinen Sonderfall der vollständigen Lösung darstellt; eine solche wird ein **singuläres Integral** dieser Differentialgleichung genannt.

Die vollständige Lösung einer Differentialgleichung **erster Ordnung 4)** hat mithin die Form

$$y = l(x, c). \qquad\qquad 8)$$

So ist die vollständige Lösung der Differentialgleichung 1)

$$y = c \cdot e^{-2x} - \frac{x^2}{2} + \frac{x}{2} - \frac{1}{4}; \qquad\qquad 9)$$

denn es ist

$$y' = -2c e^{-2x} - x + \tfrac{1}{2},$$

also

$$x^2 + 2y + y' = x^2 + 2c e^{-2x} - x^2 + x - \tfrac{1}{2} - 2c e^{-2x} - x + \tfrac{1}{2} \equiv 0,$$

welchen Wert man auch der Integrationskonstanten c erteilen mag. Erteilt man der Konstanten c einen bestimmten Wert, so erhält man aus 9) partikuläre Integrale; beispielsweise wird für $c = 0$

$$y = -\frac{x^2}{2} + \frac{x}{2} - \frac{1}{4}.$$

Nun ist im rechtwinkligen Koordinatensystem das Bild einer Gleichung $y = l(x, c)$ für einen konstanten Wert von c eine Kurve; läßt man c sich ändern, so ergibt sich für jedes c eine andere Kurve. Folglich ist 8) die Gleichung einer Schar von unendlich vielen Kurven. Jede einzelne Kurve heißt eine **Integralkurve** der Differentialgleichung 6). Das Bild eines partikulären Integrals einer Differentialgleichung erster Ordnung ist demnach eine ebene Kurve, und das Bild eines vollständigen

Integrals eine Kurvenschar. Eine solche Kurve möge durch den Punkt $P(x \mid y)$ gehen; ihr Richtungsfaktor ist in diesem durch den Differentialquotienten y' gegeben. Da aber die Gleichung der Kurve der Bedingung unterliegt, daß ihr Differentialquotient Gleichung 4) erfüllt und dieser die Richtung des zu P gehörigen Linienelementes darstellt, so bestimmt das Linienelement die Tangente im Punkte P an die Kurve. Die Integralkurven sind demnach identisch mit den Kurven, zu denen sich

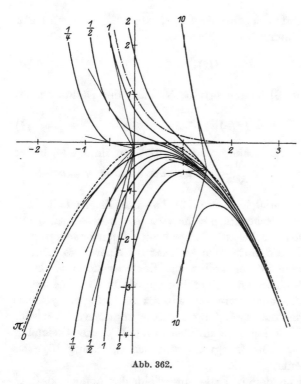

die Linienelemente zusammenschließen. Unser Beispiel 9) bzw. 1) wird uns dies bestätigen.

Um irgendeine Integralkurve zu bestimmen, setzen wir in 9)

$$y_1 = -\tfrac{1}{2}(x - \tfrac{1}{2})^2 - \tfrac{1}{8}$$

und

$$y_2 = e^{-2x};$$

dann können wir 9) schreiben

$$y = y_1 + c\,y_2,$$

d. h. wir erhalten die zu c gehörige Integralkurve, indem wir die beiden Kurven y_1 und $c\,y_2$ übereinanderlagern. Zu diesem Zwecke entwerfen wir zunächst die

Abb. 362.

beiden Kurven selbst (s. Abb. 362). Addieren wir die zu einem bestimmten x gehörigen Ordinaten y_1 und $c \cdot y_2$, so erhalten wir die zu diesem x gehörige Ordinate der dem gewählten Werte von c entsprechenden Integralkurve. Auf diese Weise sind die Kurven der Abb. 362 entstanden, die sich in der Tat den Linienelementen der Abb. 361 völlig anschmiegen.

(221) Wenden wir uns nun ausschließlich den Differentialgleichungen erster Ordnung und ihren Integralen zu, so sei gleich von vornherein bemerkt, daß es unmöglich ist, selbst für diese Gleichung niedrigster Ordnung in ihrer allgemeinen Gestalt 4) die Lösung allgemein anzugeben. Vielmehr ist nur eine begrenzte Anzahl von besonderen Arten

von Differentialgleichungen integrabel; die wichtigsten Fälle sollen hier behandelt werden. Insbesondere sollen in diesem Paragraphen nur Differentialgleichungen der Form 6), also nach $\frac{dy}{dx}$ auflösbare, betrachtet werden.

Vorausgeschickt sei, daß eine Differentialgleichung als gelöst gelten soll, wenn wir sie auf eine Quadratur oder eine Anzahl solcher zurückgeführt haben; denn deren Ausführung ist als von der Integralrechnung erledigt anzusehen.

A. Ein besonders einfacher Fall liegt vor, wenn $\frac{dy}{dx}$ von x allein abhängig ist; hier nimmt 6) die Form an:

$$\frac{dy}{dx} = f(x).\qquad\qquad 10)$$

Die Funktion, die diese Gleichung erfüllt, ist nach der Definition des Integrals

$$y = \int f(x)\,dx + c;\qquad\qquad 11)$$

und sie stellt demnach die Lösung von 10) dar. In ihr ist auch der Sonderfall, daß y' konstant ist $\left(\frac{dy}{dx} = a \text{ mit der Lösung } y = ax + c\right)$, enthalten.

Das Bild der Differentialgleichung 10) hat die Eigenschaft, daß alle Punkte der Ebene, welche die gleiche Abszisse x haben, also auf einer Parallelen zur y-Achse liegen, Träger von Linienelementen von gleicher Richtung sind, so daß die Kurvenschar bei einer Verschiebung in Richtung der y-Achse in sich selbst zur Deckung kommt. Dann müssen aber auch die einzelnen Integralkurven dadurch auseinander hervorgehen, daß man irgendeine von ihnen in der Richtung der y-Achse verschiebt; jede so erhaltene neue Lage der Ausgangskurve ist wieder eine Integralkurve. Dies lehrt auch Gleichung 11), die Gleichung der Integralkurvenschar. Die Integralkurven der Gleichung 10) sind untereinander kongruent.

B. Dem soeben behandelten Falle entspricht der andere, daß $\frac{dy}{dx}$ eine Funktion von y allein, die Gleichung also von der Form

$$\frac{dy}{dx} = f(y)\qquad\qquad 12)$$

ist. Indem man die Rollen der unabhängigen und der abhängigen Veränderlichen vertauscht, folgt aus 12)

$$\frac{dx}{dy} = \frac{1}{f(y)},$$

und daraus entsprechend Fall **A.** die Lösung

$$x = \int \frac{dy}{f(y)} + c.\qquad\qquad 13)$$

Wir erkennen sofort nach den in **A.** angestellten Betrachtungen, daß das Bild von 12) die Eigenschaft hat, daß alle Punkte, die auf einer Parallelen zur x-Achse liegen, parallele Linienelemente haben; man kann somit aus einer Integralkurve alle übrigen durch Parallelverschiebung der ersten in Richtung der x-Achse ableiten. Die Integralkurven sind auch hier einander kongruent. — Hierher gehören die Differentialgleichungen, die in **(115)** S. 314 und **(120)** S. 325 behandelt worden sind. Drei weitere Anwendungen mögen noch folgen.

a) Eine Säule soll eine Last Q kg tragen. Wie muß sie konstruiert werden, damit sie in allen horizontalen Querschnitten gleichmäßig auf Druck beansprucht wird, und zwar so, daß diese Druckbeanspruchung p kgcm^{-2} beträgt? Der Querschnitt in der Tiefe x (gerechnet von der oberen Fläche aus) möge y cm^2 sein; auf diesem lastet einmal das Gewicht Q, außerdem aber das Gewicht des Teiles T der Säule, der sich über diesem Querschnitte befindet. Ist γ das spezifische Gewicht des Werkstoffes, so beträgt das Gewicht von T

Abb. 363.

$P = \gamma \int\limits_0^x y\,dx$, mithin das gesamte auf y lastende Gewicht $K = Q + P = Q + \gamma \int\limits_0^x y\,dx$. Also kommt auf einen Kubikzentimeter das Gewicht

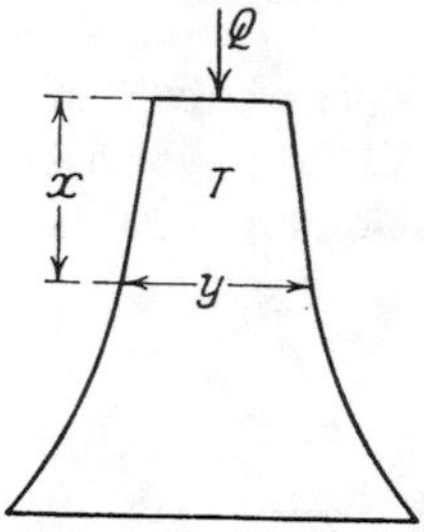

$$\frac{1}{y}\left(Q + \gamma \int\limits_0^x y\,dx\right);$$

dieses muß gleich der Druckbeanspruchung p sein. Demnach erhalten wir die Gleichung

$$\frac{1}{y}\left(Q + \gamma \int\limits_0^x x\,dy\right) = p$$

oder

$$py = Q + \gamma \int\limits_0^x y\,dx. \tag{a}$$

Um y so zu bestimmen, daß es der Gleichung a) Genüge leistet, differenzieren wir zunächst beide Seiten von a) nach x; es ergibt sich

$$p \cdot \frac{dy}{dx} = \gamma \cdot y,$$

also eine Differentialgleichung von der Form 12). Wir integrieren sie, indem wir schreiben

$$\frac{dx}{dy} = \frac{p}{\gamma} \cdot \frac{1}{y};$$

ihr Integral ist

$$x = \frac{p}{\gamma} \ln y + c,$$

aus welchem folgt

$$y = e^{\frac{\gamma}{p}(x-c)} = C e^{\frac{\gamma}{p}x},\qquad\qquad \text{b)}$$

wobei statt der Integrationskonstanten c die Integrationskonstante $C = e^{-\frac{\gamma}{p}c}$ gesetzt ist. Diese Konstante können wir jedoch nicht willkürlich wählen; denn der zur Tiefe $x = 0$ gehörende Querschnitt y_0 soll die Last Q tragen. Also muß für $x = 0$

$$y_0 \cdot p = Q \qquad \text{oder} \qquad y_0 = \frac{Q}{p}$$

sein. Setzen wir diese Werte in b) ein, so erhalten wir $\frac{Q}{p} = C$, so daß zwischen der Tiefe x und dem zu ihr gehörigen Querschnitt die endgültige Gleichung bestehen muß:

$$y = \frac{Q}{p} e^{\frac{\gamma}{p}x}.\qquad\qquad \text{c)}$$

Wenn also die Säule die Form eines Umdrehungskörpers haben soll, so daß $y = \pi r^2$ ist, wobei r der Halbmesser des zur Tiefe x gehörigen Parallelkreises ist, so muß zwischen r und x die Gleichung bestehen

$$r = \sqrt{\frac{Q}{\pi p}}\, e^{\frac{1}{2}\frac{\gamma}{p}x};$$

d. h. die Meridiankurve muß eine Exponentialkurve sein.

   b) Es soll die Formel für barometrische Höhenmessung abgeleitet werden. Es sei v das Volumen der Gewichtseinheit, s das Gewicht der Volumeneinheit des Gases, so daß also $v \cdot s = 1$ ist. In der Gasschicht zwischen den beiden horizontalen Ebenen in den Höhen z bzw. $z + dz$ herrscht Gleichgewicht, wenn (s. Abb. 364) $p + dp + s\,dz = p$ ist, wobei p der atmosphärische Druck in der Höhe z ist. Es muß demnach $\frac{dp}{dz} = -s$

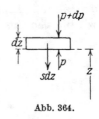

Abb. 364.

sein. Nun ist $p \cdot v = R \cdot \Theta$, wobei R eine Konstante und Θ die absolute Temperatur bedeutet. Demnach ist bei einer isothermen Gassäule (Gassäule von überall gleicher Temperatur)

$$p v = \frac{p}{s} = \frac{1}{k},$$

wobei k eine Konstante ist. Man erhält also $\frac{dp}{dz} = -k p$, eine Differentialgleichung von der Form 12). Aus ihr ergibt sich

$$\frac{dz}{dp} = -\frac{1}{kp}, \qquad z = -\frac{1}{k}\ln p + c \qquad \text{oder} \qquad \ln p = -k z + C,$$

wenn man $C = kc$ setzt. Zur Bestimmung der Integrationskonstanten sei angenommen, daß der Druck am Boden der Gassäule ($z = 0$) $p = p_0$ betragen soll; dann wird $\ln p_0 = C$, also

$$\ln \frac{p}{p_0} = -kz \qquad \text{oder} \qquad p = p_0\, e^{-kz}.$$

Herrscht demnach in der Höhe z_1 der Druck p_1 und in der Höhe z_2 der Druck p_2, so ergibt sich der Höhenunterschied $h = z_2 - z_1$ zu

$$h = \frac{1}{k}\ln\frac{p_1}{p_2} = \frac{1}{kM}\log\frac{p_1}{p_2},$$

wobei $M = 0{,}43429$ der Modul des natürlichen Logarithmensystems ist. Nun ist bei einem Barometerstande von 760 mm der Luftdruck $p_0 = 76 \cdot 13{,}596\ \mathrm{g\,cm^{-2}}$ (13,596 g cm^{-3} spezifisches Gewicht des Quecksilbers); andererseits hat bei diesem Luftdrucke und einer Celsius-Temperatur t die Luft das spezifische Gewicht

$$s_0 = \frac{0{,}001\,293}{1 + \dfrac{t}{273}}\ \mathrm{g\,cm^{-3}}.$$

Folglich ist

$$\frac{1}{k} = \frac{p_0}{s_0} = \frac{(1 + 0{,}004\,03\,t) \cdot 76 \cdot 13{,}596}{0{,}001\,293}\ \mathrm{cm} = 7{,}992 \cdot 10^5 \cdot (1 + 0{,}004\,03\,t)\ \mathrm{cm}$$

und folglich

$$\frac{1}{kM} = 18401\,(1 + 0{,}004\,03\,t)\ \mathrm{m}.$$

Mißt man den Druck durch den Barometerstand b, so erhält man die endgültige Formel

$$h = 18401 \cdot (1 + 0{,}004\,03\,t) \cdot \log\frac{b_1}{b_2}\ \mathrm{m}.$$

c) **Die Fallbewegung in der Luft.** Es sei $Q = m \cdot g$ das Gewicht des Körpers; ferner möge der Luftwiderstand W proportional dem Quadrate der Geschwindigkeit des fallenden Körpers gesetzt werden:

$$W = \frac{m\,g \cdot v^2}{k^2},$$

wobei k eine im wesentlichen von der Gestalt des fallenden Körpers abhängige Konstante ist. Die Gesamtkraft K, die auf den Körper wirkt, ist mithin $K = Q - W$. Da $K = mb$ ist

$$\left(b\ \text{Beschleunigung}, \qquad b = \frac{dv}{dt}\right),$$

so ergibt sich die Gleichung

$$\frac{dv}{dt} = \frac{g}{k^2}\,(k^2 - v^2);$$

das ist wieder eine Differentialgleichung erster Ordnung und ersten Grades von der Form 12). Schreiben wir sie in der Form

$$\frac{dt}{dv} = \frac{-k^2}{g} \cdot \frac{1}{v^2 - k^2},$$

so ist nach Formel T18)

$$t = -\frac{k^2}{g} \cdot \left(-\frac{1}{k}\right) \mathfrak{Ar}\,\mathfrak{Tg}\,\frac{v}{k} + c \qquad\qquad \text{a)}$$

oder

$$t = \frac{k}{g} \mathfrak{Ar}\,\mathfrak{Tg}\,\frac{v}{k} + c$$

oder, wenn die Integrationskonstante c mit t_0 bezeichnet wird,

$$v = k \cdot \mathfrak{Tg}\,\frac{g}{k}\,(t - t_0). \qquad\qquad \text{b)}$$

Rechnen wir die Zeit von dem Augenblick des Beginns der Fallbewegung an, dann ist für $t = 0$ auch $v = 0$; und daher wird die Konstante t_0 ebenfalls gleich 0. Die Geschwindigkeitsgleichung lautet dann

$$v = k \cdot \mathfrak{Tg}\,\frac{g}{k}\,t. \qquad\qquad \text{c)}$$

Wir können nun auch die Bedeutung der Konstanten k erkennen. Da nämlich $\mathfrak{Tg}\,x$ stets ein echter Bruch ist, der sich mit wachsendem x asymptotisch dem Werte 1 nähert, so nähert sich v mit wachsender Zeit t unbegrenzt dem Werte k, erreicht ihn jedoch theoretisch erst nach unendlich langer Zeit; k ist demnach die **asymptotische Geschwindigkeit** v_1, d. h. die Geschwindigkeit, der der fallende Körper zustrebt. Für einen Körper, der im lufterfüllten Raume fällt, wächst also die Geschwindigkeit nicht wie im luftleeren Raume über alle Grenzen hinaus, sondern sie nähert sich einem festen endlichen Werte $k = v_1$, der im wesentlichen von der Gestalt des Körpers abhängt. Vgl. auch **(60)** S. 155 und **(236)** S. 844.

Wählen wir die Anfangsbedingungen anders als oben, etwa so, daß der Körper zur Zeit $t = 0$ schon eine Anfangsgeschwindigkeit v_0 hat (Wurf senkrecht abwärts im lufterfüllten Raume mit der Anfangsgeschwindigkeit v_0), so bestimmt sich die Integrationskonstante c aus der Gleichung a)

$$0 = \frac{k}{g} \mathfrak{Ar}\,\mathfrak{Tg}\,\frac{v_0}{k} + c \qquad \text{zu} \qquad c = -\frac{k}{g} \mathfrak{Ar}\,\mathfrak{Tg}\,\frac{v_0}{k},$$

so daß die Geschwindigkeit-Zeit-Gleichung jetzt lautet

$$v = k \cdot \mathfrak{Tg}\left(\frac{g}{k}\,t + \mathfrak{Ar}\,\mathfrak{Tg}\,\frac{v_0}{k}\right). \qquad\qquad \text{d)}$$

Da nun

$$\mathfrak{Tg}\,(x + y) = \frac{\mathfrak{Tg}\,x + \mathfrak{Tg}\,y}{1 + \mathfrak{Tg}\,x\,\mathfrak{Tg}\,y}$$

ist, läßt sich diese Gleichung auch schreiben

$$v = k \cdot \frac{v_0 + k \operatorname{\mathfrak{Tg}} \frac{g}{k} t}{k + v_0 \operatorname{\mathfrak{Tg}} \frac{g}{k} t}.$$ e)

Während Gleichung d) für $v_0 > k$ versagt, da $\operatorname{\mathfrak{Tg}} x$ stets kleiner als 1 ist, also $\operatorname{\mathfrak{Ar Tg}} \frac{v_0}{k}$ nicht existiert, läßt sich Gleichung e) auch für den Fall anwenden, daß die Anfangsgeschwindigkeit des Körpers größer ist als seine asymptotische Geschwindigkeit. Nur ist dann die Bewegung eine verzögerte, die Geschwindigkeit nimmt bis zum Werte $v = k$ für $t = \infty$ ab. Ist die Anfangsgeschwindigkeit gleich der asymptotischen $v_0 = k$, so folgt aus e) $v = k$; die Bewegung des fallenden Körpers ist eine gleichförmige.

Der Leser möge nun selbständig die Frage beantworten: Wie bewegt sich ein Körper unter dem Einflusse der Schwere, wenn der Widerstand proportional der Geschwindigkeit ist? Wie bewegt er sich, wenn der Widerstand proportional der dritten Potenz der Geschwindigkeit ist?

C. Die Trennung der Veränderlichen. Läßt sich die Differentialgleichung in der Form schreiben

$$\frac{dy}{dx} = \varphi(x) \cdot \psi(y),$$ 14)

d. h. als Produkt zweier Funktionen, von denen die eine nur von x, die andere nur von y abhängt, so lassen sich die beiden Veränderlichen trennen. Denn Gleichung 14) kann übergeführt werden in die folgende

$$\varphi(x) \cdot dx = \frac{1}{\psi(y)} \cdot dy,$$

welche die Gleichheit zweier Differentiale ausdrückt. Sind aber die Differentiale einander gleich, so sind es — von einer Integrationskonstanten abgesehen — auch ihre Integrale; es ist also

$$\int \varphi(x)\, dx = \int \frac{dy}{\psi(y)} + c \qquad \text{oder} \qquad \int \varphi(x)\, dx - \int \frac{dy}{\psi(y)} = c \quad 15)$$

die Integralgleichung zu 14).

Eine Differentialgleichung erster Ordnung und ersten Grades tritt häufig auch in der Gestalt

$$f_1(x, y) \cdot dx + f_2(x, y)\, dy = 0,$$ 16)

also als Summe von zwei Differentialen, auf. Daß 16) wirklich eine Differentialgleichung erster Ordnung und ersten Grades ist, erkennt man leicht, wenn man wieder zur Schreibweise des Differentialquotienten übergeht; es folgt dann aus 16)

$$\frac{dy}{dx} = -\frac{f_1(x, y)}{f_2(x, y)} = f(x, y),$$

in Übereinstimmung mit 6). Sind nun die beiden Funktionen f_1 und f_2 Produkte aus einer Funktion von x und einer solchen von y,

$$f_1(x, y) = \varphi_1(x) \cdot \psi_1(y) \cdot \quad \text{und} \quad f_2(x, y) = \varphi_2(x) \cdot \psi_2(y),$$

so ist die Trennung der Veränderlichen stets möglich. Es ist, wie sich mittels Division durch $\varphi_2(x) \cdot \psi_1(y)$ ergibt, dann

$$\frac{\varphi_1(x)}{\varphi_2(x)} \, dx + \frac{\psi_2(y)}{\psi_1(y)} \, dy = 0 \qquad\qquad 14')$$

und damit

$$\int \frac{\varphi_1(x)}{\varphi_2(x)} \, dx + \int \frac{\psi_2(y)}{\psi_1(y)} \, dy = c \qquad\qquad 15')$$

die vollständige Integralgleichung von 14').

Beispiele. a) $\dfrac{dy}{dx} = xy$; Trennung der Veränderlichen ergibt

$$x \, dx = \frac{dy}{y} \,;$$

durch Integration entsteht

$$\frac{x^2}{2} = \ln y + c \qquad \text{oder} \qquad y = C \cdot e^{\frac{x^2}{2}}$$

als vollständiges Integral. Probe:

$$\frac{dy}{dx} \equiv C \cdot x \, e^{\frac{x^2}{2}} \equiv x \, y.$$

b) $\sqrt{1 - y^2} \, dx + \sqrt{1 - x^2} \, dy = 0$. Trennung der Veränderlichen durch Division mit $\sqrt{1 - x^2} \sqrt{1 - y^2}$:

$$\frac{dx}{\sqrt{1 - x^2}} + \frac{dy}{\sqrt{1 - y^2}} = 0.$$

Integration liefert die Integralgleichung

$$\operatorname{arcsin} x + \operatorname{arcsin} y = c. \qquad\qquad \text{a)}$$

Auflösen nach y ergibt

$$y = \sin(c - \operatorname{arcsin} x) \quad \text{oder} \quad y = \sin c \cdot \cos(\operatorname{arcsin} x) - \cos c \cdot \sin(\operatorname{arcsin} x)$$

oder

$$y = \sqrt{1 - x^2} \cdot \sin c - x \cdot \cos c. \qquad\qquad \text{b)}$$

Das Integral ist also eine algebraische Funktion von x, und nicht, wie man aus Gleichung a) hätte vermuten können, eine transzendente Funktion. Beseitigt man aus b) durch Erheben ins Quadrat die Wurzel, so erhält man für die Integralgleichung die Form

$$x^2 - 2 x y \cos c + y^2 = \sin^2 c,$$

und man erkennt, daß die Integralkurven Mittelpunktskegelschnitte sind, deren Mittelpunkte in O liegen.

c) $\dfrac{dx}{x^2+1} + \dfrac{dy}{y^2+1} = 0$. Hier sind die Veränderlichen schon getrennt; die Integration ergibt

$$\operatorname{arctg} x + \operatorname{arctg} y = \operatorname{arctg} c$$

oder

$$\frac{x+y}{1+xy} = c \qquad \text{oder} \qquad \left(x + \frac{1}{c}\right)\left(y + \frac{1}{c}\right) = 1 + \frac{1}{c^2}.$$

Weitere Übungen:

$$x^2\,dy + (y+a)\,dx = 0; \qquad x + y y' = 0; \qquad x\,dy + y\,dx = 0.$$

Lösungen:

$$y = -a + c\,e^{\frac{1}{x}}; \qquad x^2 + y^2 = a^2; \qquad xy = c.$$

Man versäume auch nicht, die Probe zu machen; sie würde sich im
ersten Beispiele folgendermaßen gestalten: Da

$$y = -a + c\,e^{\frac{1}{x}}$$

ist, so ist

$$dy = c\,e^{\frac{1}{x}} \cdot \left(-\frac{1}{x^2}\right) dx;$$

also ist

$$x^2 \cdot dy + (y+a)\,dx \equiv -c\,e^{\frac{1}{x}}\,dx + \left(-a + c\,e^{\frac{1}{x}} + a\right) dx \equiv 0.$$

(222) D. Die homogene Differentialgleichung. Ist der Differentialquotient eine Funktion des Verhältnisses $\frac{y}{x}$, also die Differentialgleichung von der Form

$$\frac{dy}{dx} = f\left(\frac{y}{x}\right), \qquad\qquad 17)$$

so heißt sie eine **homogene Differentialgleichung**. Ihr geometrisches Bild hat die besondere Eigenschaft, daß alle Punkte der
Ebene, deren Koordinaten die Gleichung $\frac{y}{x} = A$ erfüllen, die also auf
der durch O gehenden Geraden vom Richtungsfaktor A liegen, Linienelemente von der gleichen Richtung, nämlich der Richtung $f(A)$, haben
(s. Abb. 365, die das Beispiel

$$\frac{dy}{dx} = -1 - \frac{y}{x}$$

erläutert). Man erkennt sofort, daß die Integralkurven der homogenen
Differentialgleichung untereinander ähnlich und ähnlich gelegen sind,
und daß der Ähnlichkeitspunkt der Koordinatenanfangspunkt ist.

Die homogene Differentialgleichung läßt sich auch in der Form

$$\varphi\left(\frac{y}{x}\right) \cdot dx + \psi\left(\frac{y}{x}\right) \cdot dy = 0 \qquad\qquad 17')$$

schreiben.

Um 17) zu integrieren, führt man statt des Verhältnisses $\frac{y}{x}$ eine neue Veränderliche z ein: $\frac{y}{x} = z$. Es ergibt sich dann

$$y = z \cdot x, \qquad \frac{dy}{dx} = z + x \cdot \frac{dz}{dx}.$$

Setzt man dies in 17) ein, so erhält man

$$z + x \cdot \frac{dz}{dx} = f(x),$$

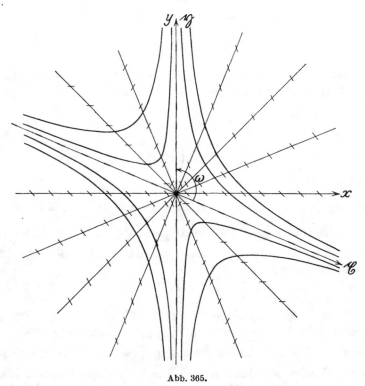

Abb. 365.

eine Differentialgleichung erster Ordnung und ersten Grades zwischen x und z, in der sich die Veränderlichen leicht trennen lassen. Es ist

$$x\,dz + (z - f(z))\,dx = 0, \qquad \text{also} \qquad \frac{dx}{x} + \frac{dz}{z - f(z)} = 0; \qquad 18)$$

und hieraus folgt

$$\ln x + \int \frac{dz}{z - f(z)} = c.$$

Nach Ausführung der Quadratur braucht man nur statt z wieder $\frac{y}{x}$ zu setzen, um die Integralgleichung der homogenen Differentialgleichung 17) zu erhalten.

Beispiele. a) Die Gleichung $(x + y)dx + x\,dy = 0$ ist eine homogene Differentialgleichung; denn sowohl der Faktor von dx als auch der von dy sind homogene Funktionen gleichen (nämlich ersten) Grades von x und y. Wir können sie mittels Division durch x auf die Form 17') bringen:

$$\left(1 + \frac{y}{x}\right)dx + dy = 0.$$

Setzen wir $y = zx$, also

$$\frac{dy}{dx} = z + x\frac{dz}{dx} \qquad \text{oder} \qquad dy = z\,dx + x\,dz$$

in diese ein, so erhalten wir

$$(1 + z)\,dx + z\,dx + x\,dz = 0 \qquad \text{oder} \qquad (1 + 2z)\,dx + x\,dz = 0.$$

Die Trennung der Veränderlichen ergibt

$$\frac{dx}{x} + \frac{dz}{1 + 2z} = 0,$$

und die Integralgleichung hierzu ist

$$\ln x + \tfrac{1}{2}\ln(1 + 2z) = \tfrac{1}{2}\ln c \qquad \text{oder} \qquad x\sqrt{1 + 2z} = \sqrt{c}.$$

Führen wir wieder $\frac{y}{x}$ statt z ein, so erhalten wir (nachdem wir beide Seiten ins Quadrat erhoben haben) $x^2 + 2xy - c = 0$ als Integralgleichung der ursprünglichen Differentialgleichung. Daß sie wirklich diese erfüllt, können wir leicht nachprüfen. Lösen wir nämlich nach y auf, so erhalten wir

$$y = \frac{c}{2x} - \frac{x}{2};$$

folglich ist

$$\frac{dy}{dx} = -\frac{c}{2x^2} - \frac{1}{2}, \qquad dy = -\left(\frac{c}{2x^2} + \frac{1}{2}\right)dx;$$

die linke Seite der Differentialgleichung geht unter Berücksichtigung dieser Werte für y und dy über in

$$\left(x + \frac{c}{2x} - \frac{x}{2}\right)dx - x\left(\frac{c}{2x^2} + \frac{1}{2}\right)dx = \left(\frac{x}{2} + \frac{c}{2x} - \frac{c}{2x} - \frac{x}{2}\right)dx \equiv 0.$$

Noch einfacher wird der Beweis, wenn wir von der oben angegebenen Integralgleichung das vollständige Differential [nach **(164)** S. 505] bilden; es ist

$$(2x + 2y)\,dx + 2x\,dy = 0 \qquad \text{oder} \qquad (x + y)\,dx + x\,dy = 0.$$

Wir erhalten auf diesem Wege die Ausgangsdifferentialgleichung wieder, womit der Nachweis erbracht ist. — Die Integralkurven sind Mittelpunktskegelschnitte, deren Mittelpunkt in O liegt [s. **(169)** S. 528], und zwar sind es sämtlich Hyperbeln mit gemeinsamen Asymptoten,

wie wir noch zeigen wollen. Abb. 365 ist das Bild unserer Differentialgleichung. Wir sehen aus ihm, daß es zwei durch O gehende Geraden
gibt, für deren Punkte die Linienelemente in diese Geraden fallen; es
sind die y-Achse und die Gerade $2y + x = 0$. Wir wollen sie als neue
Koordinatenachsen nach Abb. 365 wählen. Die Formeln zur Koordinatentransformation sind nach **(111)** S. 299

$$x = \mathfrak{x} \sin\omega, \qquad y = \mathfrak{y} + \mathfrak{x} \cos\omega,$$

wobei ω der Koordinatenwinkel und $\operatorname{tg}\omega = -\tfrac{1}{2}$ ist. In dem $\mathfrak{x}\mathfrak{y}$-System
lautet demnach die Gleichung der Integralkurve

$$\mathfrak{x}^2 \sin^2\omega + 2\mathfrak{x}\sin\omega\,(\mathfrak{y} + \mathfrak{x}\cos\omega) = c$$

oder

$$\mathfrak{x}^2 \sin\omega \cos\omega\,(2 + \operatorname{tg}\omega) + 2\mathfrak{x}\mathfrak{y}\sin\omega = c.$$

Da $\operatorname{tg}\omega = -\dfrac{1}{2}$, also $\sin\omega = +\dfrac{1}{\sqrt{5}}$ ist, so geht sie über in $\mathfrak{x}\mathfrak{y} = \dfrac{c}{2}\,\sqrt{5} = C$;

und das ist in der Tat die Asymptotengleichung einer Hyperbel.

  b) Es soll ein Drehkörper
von der Eigenschaft bestimmt
werden, daß alle zur Drehachse parallelen Strahlen von
seiner Oberfläche nach demselben
Punkte der Achse zurück-
geworfen werden. Wählen wir

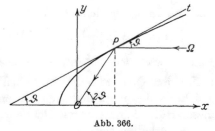

Abb. 366.

diesen Punkt zum Anfangspunkt und die Drehachse zur x-Achse eines
ebenen rechtwinkligen Koordinatensystems, dessen Ebene die Drehfläche demnach in einer Meridiankurve schneidet, so müssen die Koordinaten $x \mid y$ eines beliebigen Punktes P der Meridiankurve die folgenden
Bedingungen erfüllen (s. Abb. 366): Der Strahl $P\Omega$ bildet mit der
Tangente t in P einen Winkel ϑ, und zwar muß $\operatorname{tg}\vartheta = \dfrac{dy}{dx}$ sein; den
gleichen Winkel muß aber nach dem Gesetze von der Reflexion der
Lichtstrahlen auch der Strahl OP mit t bilden. Daraus folgt, daß OP
mit der x-Achse den Winkel 2ϑ einschließen muß. Es ist demnach

$$\frac{y}{x} = \operatorname{tg} 2\vartheta = \frac{2\operatorname{tg}\vartheta}{1 - \operatorname{tg}^2\vartheta} = \frac{2 \cdot \dfrac{dy}{dx}}{1 - \left(\dfrac{dy}{dx}\right)^2}.$$

Wir erhalten somit für $\dfrac{dy}{dx}$ eine Gleichung zweiten Grades, deren Lösung

$$\frac{dy}{dx} = \sqrt{\left(\frac{x}{y}\right)^2 - 1} - \frac{x}{y}$$

ist. Sie ist eine homogene Differentialgleichung erster Ordnung. Die Substitution $y = xz$ führt auf die Differentialgleichung

$$z + x\frac{dz}{dx} = \frac{\sqrt{z^2+1}-1}{z} \qquad \text{oder} \qquad x\frac{dz}{dx} = \frac{\sqrt{z^2+1}-(z^2+1)}{z}.$$

Setzen wir weiter $\sqrt{1+z^2} = u$, $z\,dz = u\,du$, so geht die Gleichung über in

$$\frac{dx}{x} = \frac{du}{1-u}.$$

Also ist

$$\ln x + \ln(1-u) = \ln(-c), \qquad x(1-u) = -c,$$

$$x\left(1 - \sqrt{1+z^2}\right) = -c, \qquad x - \sqrt{x^2+y^2} = -c,$$

$$x^2 + y^2 = x^2 + 2cx + c^2, \qquad y^2 = +2c\left(x + \frac{c}{2}\right).$$

Die Meridiankurve ist mithin eine **Parabel**, deren Brennpunkt der Sammelpunkt der zurückgeworfenen Strahlen und deren Achse die Drehachse ist; der Drehkörper also ein Umdrehungsparaboloid.

Der Leser behandle selbständig die folgenden Aufgaben:

     c) $(x^2 + y^2)\,dy + xy\,dx = 0$;

     d) $(8y + 10x)\,dx + (5y + 7x)\,dy = 0$.

e) Bestimme eine Kurve so, daß jede Tangente [f) Normale] auf der x-Achse ein Stück abschneidet, welches gleich der Entfernung des Berührungspunktes vom Anfangspunkte ist.

Lösungen:

     c) $y^4 + 2x^2y^2 = c$;   d) $(y + x)^2(y + 2x)^3 = c$;

e) und f) Parabeln, deren Brennpunkt in O liegt.

g) Aus einem durchsichtigen, das Licht einfach brechenden Körper soll ein Drehkörper geschliffen werden, welcher die Lichtstrahlen, die

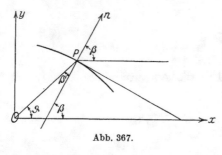

Abb. 367.

in der Richtung seiner Achse auffallen, nach einem bestimmten Punkte der Achse bricht. Welche Form muß der Meridianschnitt haben? Wir wählen wieder wie in b) diesen Punkt zum Anfangspunkt, die Achse des Meridianschnittes zur x-Achse eines rechtwinkligen Koordinatensystems (s. Abb. 367). Der Einfallswinkel sei β, der Brechungswinkel β'. Die Kurvennormale n schließt also mit der x-Achse den Winkel β, folglich die Kurventangente mit ihr den Winkel $\frac{\pi}{2} + \beta$ ein; es ist demnach

$$y' = \frac{dy}{dx} = -\operatorname{ctg}\beta.$$

Der Winkel zwischen OP und n ist β', also ist der Winkel

$$xOP \equiv \vartheta = \beta - \beta'.$$

Wir erhalten mithin

$$\frac{y}{x} = \operatorname{tg}\vartheta = \operatorname{tg}(\beta - \beta') = \frac{\operatorname{tg}\beta - \operatorname{tg}\beta'}{1 + \operatorname{tg}\beta \operatorname{tg}\beta'} = \frac{-\dfrac{1}{y'} - \operatorname{tg}\beta'}{1 - \dfrac{\operatorname{tg}\beta'}{y'}} = \frac{y'\operatorname{tg}\beta' + 1}{\operatorname{tg}\beta' - y'},$$

also

$$\operatorname{tg}\beta' = \frac{x + yy'}{y - xy'}.$$

Nach dem Snelliusschen Brechungsgesetz ist nun

$$\sin\beta : \sin\beta' = n\,,$$

wobei n die Brechungszahl bedeutet. Da

$$\sin\beta = \frac{\operatorname{tg}\beta}{\sqrt{1 + \operatorname{tg}^2\beta}} = -\frac{1}{\sqrt{1 + y'^2}}$$

und

$$\sin\beta' = \frac{\operatorname{tg}\beta'}{\sqrt{1 + \operatorname{tg}^2\beta'}} = \frac{x + yy'}{\sqrt{(x^2 + y^2)(1 + y'^2)}}$$

ist, so wird

$$\sqrt{x^2 + y^2} = -n(x + yy').$$

Das ist eine homogene Differentialgleichung. Setzen wir in diesem Falle $\dfrac{x}{y} = z$, so geht sie über in die Gleichung

$$\left(nyz + y\sqrt{1 + z^2}\right)(y\,dz + z\,dy) + ny\,dy = 0\,.$$

Wir trennen die Veränderlichen

$$\frac{nz + \sqrt{z^2 + 1}}{n(z^2 + 1) + z\sqrt{z^2 + 1}}\,dz + \frac{dy}{y} = 0\,.$$

Zur Behandlung des Integrals

$$\int \frac{nz + \sqrt{z^2 + 1}}{n(z^2 + 1) + z\sqrt{z^2 + 1}}\,dz$$

setzen wir zuerst $z = \operatorname{ctg}\vartheta$, wobei ϑ die Amplitude des Punktes P ist; dann wird

$$\sqrt{z^2 + 1} = \frac{1}{\sin\vartheta}\,, \qquad dz = -\frac{d\vartheta}{\sin^2\vartheta}\,,$$

und das Integral geht über in

$$-\int \frac{1 + n\cos\vartheta}{(n + \cos\vartheta)\sin\vartheta}\,d\vartheta\,.$$

Durch die Substitution $\cos\vartheta = u$, $-\sin\vartheta\,d\vartheta = du$ erhalten wir weiter

$$\int \frac{1 + nu}{(n + u)(1 - u^2)}\,du\,,$$

das wir nach der Methode der Zerlegung in Teilbrüche auswerten können [s. **(70)** S. 184ff.]. Wir erhalten

$$\int \frac{1 + nu}{(n + u)(1 - u^2)}\, du = \ln(n + u) - \frac{1}{2}\ln(1 + u) - \frac{1}{2}\ln(1 - u)$$

$$= \frac{1}{2}\ln \frac{(n + u)^2}{1 - u^2} = \frac{1}{2}\ln \frac{(n + \cos\vartheta)^2}{\sin^2\vartheta} = \ln \frac{n + \cos\vartheta}{\sin\vartheta}.$$

Folglich ist die Integralgleichung unserer Differentialgleichung und damit die Gleichung der Meridiankurve

$$\ln y + \ln \frac{n + \cos\vartheta}{\sin\vartheta} = \ln c \qquad \text{oder} \qquad y \cdot \frac{n + \cos\vartheta}{\sin\vartheta} = c.$$

Gehen wir zu **Polarkoordinaten** über, indem wir $y = r\sin\vartheta$ setzen, so lautet die Gleichung der Meridiankurve

$$r = \frac{c}{n + \cos\vartheta},$$

die wir auch schreiben können

$$r = \frac{p}{1 + \varepsilon \cos\vartheta},$$

wenn wir $p = \dfrac{c}{n}$ und $\varepsilon = \dfrac{1}{n}$ einführen. Durch Vergleich mit den in **(145)** S. 419 gewonnenen Formeln erkennen wir, daß die Meridiankurve ein Kegelschnitt ist, dessen einer Brennpunkt der Koordinatenanfangspunkt ist und dessen Achse mit der Achse der Drehachse zusammenfällt.

Die Meridiankurve ist eine $\left\{\begin{array}{l}\text{Ellipse}\\\text{Parabel}\\\text{Hyperbel}\end{array}\right\}$, je nachdem die Brechungszahl $n \gtreqless 1$ ist.

(223) Auf die homogene Differentialgleichung läßt sich leicht jede Differentialgleichung zurückführen, in der der **Differentialquotient eine gebrochene lineare Funktion von x und y ist**, jede Differentialgleichung also, die von der Form ist

$$y' = \frac{a_1 x + b_1 y + c_1}{a_2 x + b_2 y + c_2}. \tag{19}$$

Das für die Lösung einzuschlagende Verfahren wird uns ohne weiteres klar, wenn wir die geometrische Anschauung zu Hilfe nehmen.

$$a_1 x + b_1 y + c_1 = 0 \qquad \text{und} \qquad a_2 x + b_2 y + c_2 = 0$$

sind die Gleichungen von zwei Geraden g_1 und g_2, die sich im Punkte S schneiden mögen. Verschieben wir das Koordinatensystem nach diesem Schnittpunkte, so lauten die Gleichungen der beiden Geraden

$$a_1 \xi + b_1 \eta = 0 \qquad \text{und} \qquad a_2 \xi + b_2 \eta = 0,$$

wenn wir die neuen, zu den alten parallelen Koordinatenachsen als ξ- und η-Achse bezeichnen. Im neuen Systeme ist aber der Bruch

$$\frac{a_1\,\xi + b_1\,\eta}{a_2\,\xi + b_2\,\eta}$$

in ξ und η homogen. Dies gibt uns einen Fingerzeig, wie wir der Differentialgleichung 19) beikommen können. Wir ersetzen die Veränderlichen x und y durch zwei neue Veränderliche ξ und η, indem wir setzen

$$x = \xi + m, \quad y = \eta + n \qquad\qquad 20)$$

[Parallelverschiebung des Koordinatensystems; s. **(110)** S. 297, Formeln 14a, b)], und bestimmen die beiden Konstanten m und n so, daß im Zähler und im Nenner der rechten Seite von 19) die Absolutglieder fortfallen, der Bruch also in ξ und η homogen wird. m und n sind dabei nichts anderes als die Koordinaten des Schnittpunktes der beiden Geraden g_1 und g_2 bezüglich des xy-Systems. Setzen wir nun die beiden Werte für x und y wirklich in Zähler und Nenner von 19) ein, so bekommen wir für das Verschwinden der Absolutglieder die beiden Bestimmungsgleichungen

$$a_1 m + b_1 n + c_1 = 0 \quad \text{und} \quad a_2 m + b_2 n + c_2 = 0, \qquad 21)$$

wie man sich leicht überzeugt; aus ihnen folgt

$$m = \frac{b_1\,c_2 - b_2\,c_1}{a_1\,b_2 - a_2\,b_1}, \qquad n = \frac{a_1\,c_2 - a_2\,c_1}{b_1\,a_2 - b_2\,a_1}. \qquad 21\,\text{a})$$

Außerdem folgt aus 20), daß $dx = d\xi$, $dy = d\eta$ wird; damit ist die Differentialgleichung 19) in die homogene Differentialgleichung umgeformt:

$$\frac{d\eta}{d\xi} = \frac{a_1\,\xi + b_1\,\eta}{a_2\,\xi + b_2\,\eta}, \qquad\qquad 22)$$

die nun nach den in **(222)** S. 760 ff. entwickelten Verfahren gelöst werden kann.

Beispiele. a) Die Differentialgleichung möge lauten

$$2(x - 2y + 1)\,dx + (5x - y - 4)\,dy = 0.$$

Daß sie von der Form 19) ist, erkennt man leicht, wenn man statt der Differentiale den Differentialquotienten setzt; sie geht dadurch über in

$$y' = -\frac{2(x - 2y + 1)}{5x - y - 4}.$$

Wir setzen nun die Gleichungen 20) ein und erhalten für den Zähler

$$\xi - 2\eta + m - 2n + 1,$$

für den Nenner

$$5\xi - \eta + 5m - n - 4.$$

Setzen wir beide Absolutglieder gleich Null, so erhalten wir die Gleichungen

$$m - 2n + 1 = 0, \quad 5m - n - 4 = 0,$$

deren Lösungen

$$m = +1, \quad n = +1$$

sind, so daß also

$$x = \xi + 1, \quad y = \eta + 1$$

ist. Die neue Differentialgleichung lautet daher

$$\frac{d\eta}{d\xi} = \frac{-2\xi + 4\eta}{5\xi - \eta}.$$

In ihr setzen wir

$$\eta = \xi\zeta, \quad \frac{d\eta}{d\xi} = \zeta + \xi\frac{d\zeta}{d\xi}$$

und erhalten

$$\zeta + \xi\frac{d\zeta}{d\xi} = \frac{-2 + 4\zeta}{5 - \zeta}, \quad \text{aiso} \quad \xi\frac{d\zeta}{d\xi} = \frac{\zeta^2 - \zeta - 2}{5 - \zeta}.$$

Die Trennung der Veränderlichen ergibt

$$\frac{\zeta - 5}{\zeta^2 - \zeta - 2}d\zeta + \frac{d\xi}{\xi} = 0,$$

und das Integral ist

$$2\ln(\zeta + 1) - \ln(\zeta - 2) + \ln\xi = \ln(-c) \quad \text{oder} \quad \frac{(\zeta + 1)^2\,\xi}{\zeta - 2} = -c.$$

Also ist

$$\frac{(\xi + \eta)^2}{\eta - 2\xi} = -c$$

und schließlich

$$(x + y - 2)^2 = c(2x - y - 1).$$

Was sagt uns das geometrische Bild unserer Differentialgleichung und ihrer Lösung? Zieht man durch den Punkt 1|1 irgendeine Gerade, so haben alle ihre Punkte Linienelemente von gleicher Richtung (siehe Abb. 368). Drehen wir das $\xi\eta$-System ferner um den Winkel 45° mittels der Formeln

$$\xi = \tfrac{1}{2}\sqrt{2}(\mathfrak{x} - \mathfrak{y}), \quad \eta = \tfrac{1}{2}\sqrt{2}(\mathfrak{x} + \mathfrak{y}),$$

so lautet die Gleichung der Schar von Integralkurven

$$\mathfrak{x}^2 = \frac{c}{4}\sqrt{2}(\mathfrak{x} - 3\mathfrak{y});$$

die Integralkurven sind demnach Parabeln, deren Achsen parallel der $\mathfrak{y}$-Achse sind. Ersetzen wir ferner die Integrationskonstante c durch eine andere Konstante p mit Hilfe der Gleichung

$$c = -\tfrac{4}{3}p\sqrt{2},$$

so läßt sich die Gleichung der Kurvenschar schreiben

$$\left(\mathfrak{x} + \frac{p}{3}\right)^2 = 2p\left(\mathfrak{y} + \frac{p}{18}\right).$$

Aus ihr erkennen wir, daß der Scheitel der Parabel vom Parameter p bezüglich des $\mathfrak{x}$-$\mathfrak{y}$-Systems die Koordinaten $-\frac{p}{3}\ \bigg|\ -\frac{p}{18}$ hat. Die Parabeln gehen sämtlich durch den Punkt $x = 1$, $y = 1$; ihre Scheitel

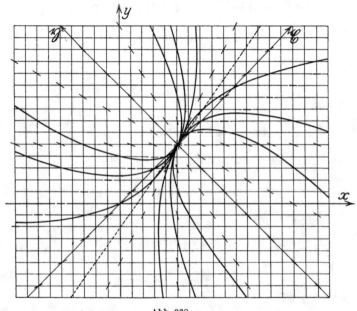

Abb. 368.

liegen auf der Geraden $7x - 5y - 2 = 0$, dem Träger der Linienelemente von der Richtung 1.

b) Der Leser behandle selbständig die Differentialgleichung

$$y' + \frac{2x - y + 1}{2y - x + 1} = 0$$

und untersuche das geometrische Bild!

(Integralgleichung: $x^2 - xy + y^2 + x + y - c = 0$.)

c) $y' = \dfrac{x - 2y + 1}{2x - y - 1}$; $(x - y)^2 + 2(x - xy + y) = c$.

d) $(3y - 7x + 7)dx + (7y - 3x + 3)dy = 0$; $(y - x + 1)^2(y + x - 1)^5 = c$.

Sind die beiden Geraden der Gleichung 21) einander parallel, so ergeben sich die beiden Größen m und n als unendlich groß. Es ist in diesem Falle $a_1 : b_1 = a_2 : b_2$. Hier versagt unser soeben entwickeltes

Verfahren; doch gestaltet sich die Lösung der Differentialgleichung viel einfacher als vorher. Die Differentialgleichung 19) läßt sich nämlich in diesem Falle, da $b_2 = \dfrac{a_2}{a_1} b_1$ ist, schreiben

$$y' = \frac{(a_1 x + b_1 y) + c_1}{\dfrac{a_2}{a_1}(a_1 x + b_1 y) + c_2} . \qquad\qquad 19\,\mathrm{a)}$$

Setzen wir jetzt $a_1 x + b_1 y = z$, also

$$a_1 + b_1 \cdot \frac{dy}{dx} = \frac{dz}{dx},$$

so bekommen wir aus 19a) die neue Differentialgleichung

$$\frac{dz}{dx} = a_1 + b_1 \frac{z + c_1}{\dfrac{a_2}{a_1} z + c_2},$$

in der der Differentialquotient nur noch eine Funktion von z ist. Es wird also

$$a_1\,dx = \frac{a_2 z + a_1 c_2}{(a_2 + b_1)\,z + (a_1 c_2 + b_1 c_1)}\,dz, \qquad\qquad 23)$$

eine Gleichung, die sich leicht weiter behandeln läßt.

    Beispiel.

$$(x - 2y + 9)\,dx - (3x - 6y + 19)\,dy = 0.$$

Diese Differentialgleichung ist von der besonderen Form, daß

$$a_1 : b_1 = a_2 : b_2$$

ist. Wir setzen $x - 2y = z$; damit wird sie übergeführt in

$$(z + 9)\,dx - \tfrac{1}{2}(3z + 19)(dx + dz) = 0$$

oder

$$\left(-\frac{z}{2} - \frac{1}{2}\right)dx - \left(\frac{3}{2}z + \frac{19}{2}\right)dz = 0,$$

$$dx + \frac{3z + 19}{z + 1}\,dz = 0, \qquad dx + \left(3 + \frac{16}{z + 1}\right)dz = 0.$$

Ihre Integralgleichung ist

$$x + 3z + 16\ln(z + 1) = 2c, \qquad 4x - 6y + 16\ln(x - 2y + 1) = 2c,$$

$$x - 3y + 8\ln(x - 2y + 1) = c.$$

    Man suche das Integral der Differentialgleichung

$$y' = \frac{2x + 3y - 1}{4x + 6y + 1}! \qquad 7x - 14y - 3\ln(14x + 21y - 1) = c.$$

(224) E. Die lineare Differentialgleichung. Unter einer linearen Differentialgleichung erster Ordnung versteht man eine Differentialgleichung, in der der Differentialquotient eine lineare Funktion der abhängigen Veränderlichen ist; die Gleichung ist also von der Form

$$y' = P(x) \cdot y + Q(x).$$ 24)

Der Faktor von y und das Absolutglied Q sind im allgemeinen Funktionen der unabhängigen Veränderlichen x. Ehe wir zur Lösung von 24) übergehen, wollen wir — zum leichteren Verständnis des allgemeinen Falles — den Sonderfall behandeln, daß $Q = 0$, die Differentialgleichung also von der Form

$$y' = P(x) \cdot y$$ 24')

ist. Hier lassen sich die Veränderlichen leicht trennen, und wir erhalten

$$\frac{dy}{y} = P(x)\, dx,$$

also als Integral

$$\ln y = \int P(x)\, dx + \ln c$$

oder

$$y = c\, e^{\int P(x)\, dx}.$$ 25)

Gleichung 24') wird die **reduzierte lineare Gleichung** genannt; Gleichung 25) ist ihr Integral.

Um nun den allgemeinen Fall 24) zu behandeln, können wir verschiedene Wege einschlagen. Wir können von der Annahme ausgehen, daß auch ihr Integral wie das der reduzierten Gleichung von der Form 25) ist; nur kann dann c nicht konstant, sondern muß eine Funktion von x sein. Ob dies allerdings möglich ist, können wir nicht von vornherein behaupten; es muß sich aus der Probe durch Einsetzen in 24) ergeben. Unsere Frage lautet demnach: Ist es möglich, in 25) die Größe c so als Funktion von x zu bestimmen, daß 25) die Lösung von 24) wird, und wie heißt in diesem Falle die betreffende Funktion von x? Wenn wir $y = c(x) \cdot e^{\int P(x)\, dx}$ nach x differenzieren, so erhalten wir nach der Produktregel

$$y' = c'(x) \cdot e^{\int P(x)\, dx} + c(x) \cdot e^{\int P(x)\, dx} \cdot P(x).$$

Führen wir diesen Ausdruck in 24) ein, so bekommen wir

$$c'(x)\, e^{\int P(x)\, dx} + c(x) \cdot e^{\int P(x)\, dx} \cdot P(x) = P(x) \cdot c(x)\, e^{\int P(x)\, dx} + Q(x)$$

oder

$$c'(x)\, e^{\int P(x)\, dx} = Q(x), \quad c'(x) = Q(x) \cdot e^{-\int P(x)\, dx}$$

und hieraus

$$c(x) = \int Q(x)\, e^{-\int P(x)\, dx}\, dx + C.$$

Demnach wird

$$y = e^{\int P(x)\, dx} \left\{ \int Q\, e^{-\int P(x)\, dx}\, dx + C \right\}$$ 26)

die vollständige Lösung der linearen Differentialgleichung 24). Der hier für die Ableitung eingeschlagene Weg, eine Konstante der Lösung einer vereinfachten Differentialgleichung so als Funktion von x zu bestimmen, daß man die Lösung einer allgemeineren Differentialgleichung erhält, wird als die **Methode der Variation der Konstanten** bezeichnet; wir werden ihr später wieder begegnen.

Ein anderer Weg der Ableitung bietet sich dar, wenn wir y als ein Produkt zweier anderen Funktionen von x annehmen: $y = u \cdot v$; das scheint umständlicher zu sein, aber es gibt uns die Möglichkeit, durch passende Wahl der einen Funktion die Bestimmung der anderen Funktion bequemer zu gestalten. Ist $y = u \cdot v$, dann ist $y' = u'v + uv'$; setzen wir dies in 24) ein, so ergibt sich

$$u'v + uv' = uv \cdot P + Q \quad \text{oder} \quad u(v' - vP) + vu' = Q.$$

Wir verfügen nun über v so, daß der Faktor von u verschwindet; das ergibt für v die Differentialgleichung

$$v' - vP = 0.$$

Dann bestimmt sich u aus der weiteren Differentialgleichung

$$vu' = Q.$$

Aus der Gleichung für v ergibt sich

$$\frac{dv}{v} = P\,dx, \quad \ln v = \int P\,dx, \quad v = e^{\int P dx};$$

die zweite Gleichung lautet dann

$$u' = \frac{Q}{v} = Q\,e^{-\int P dx};$$

ihre Lösung ist

$$u = \int Q\,e^{-\int P dx}\,dx + C.$$

Demnach ist w. o. die Lösung von 24)

$$y = e^{\int P dx}\left\{\int Q\,e^{-\int P dx}\,dx + C\right\}.$$

Ehe wir uns Beispielen zuwenden, möge noch kurz auf eine geometrische Eigenschaft der linearen Differentialgleichung hingewiesen werden (s. Abb. 369). Gleichung 26) ist die Gleichung einer Kurvenschar; zu jedem Werte von C gehört eine der Kurven. Setzen wir

$$y_1 = e^{\int P dx}\int Q\,e^{-\int P dx}\,dx, \quad y_2 = e^{\int P d \cdot},$$

so läßt sich schreiben

$$y = y_1 + C y_2.$$

Zeichnen wir also die beiden Grundkurven y_1 und y_2, so bekommen wir die zu einem bestimmten Werte von C gehörige Kurve der Schar, indem wir zu den Ordinaten der ersten Grundkurve jedesmal die C fachen Ordinaten der zweiten addieren. Daraus ergibt sich aber folgende geometrische Ei-

genschaft der Kurvenschar. Zeichnet man in dem zu einer bestimmten Abszisse x gehörigen Punkte P_C der Kurve y_C die Tangente an diese, und läßt die Konstante C sich ändern, so gehen

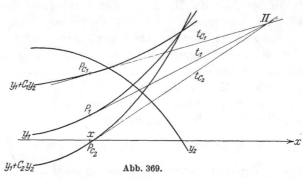

Abb. 369.

die Tangenten, die zu allen diesen Punkten P_C gehören, durch ein und denselben Punkt Π. Anders ausgedrückt: Schneidet man die Schar der Integralkurven einer linearen Differentialgleichung erster Ordnung mit einer Parallelen zur y-Achse, so bilden die Tangenten an die Kurven in diesen Punkten ein Geradenbüschel. Zur Abszisse x gehört auf der zu $C = 0$ gehörigen Kurve $y = y_1$ der Punkt $P_0(x\,|\,y_1)$; die in ihm an y_1 gelegte Tangente t hat die Gleichung $\eta - y_1 = y_1'(\xi - x)$. Auf der zu $C = C$ gehörigen Kurve $y = y_1 + C\,y_2$ gehört zur Abszisse x der Punkt $P(x\,|\,y_C = y_1 + C\,y_2)$; die in ihm an diese Kurve gelegte Tangente t_C hat die Gleichung

$$\eta - y_C = (y_1' + C\,y_2')\,(\xi - x).$$

Um die Koordinaten des Schnittpunktes $\Pi(\xi\,|\,\eta)$ der beiden Tangenten zu ermitteln, müssen wir die beiden Gleichungen

$$\eta - y_1 = y_1'\,(\xi - x) \quad\text{und}\quad \eta - y_1 - C\,y_2 = (y_1' + C\,y_2')\,(\xi - x)$$

nach ξ und η auflösen; wir erhalten

$$\xi = x - \frac{y_2}{y_2'}, \qquad \eta = y_1 - \frac{y_2}{y_2'}\,y_1'.$$

Die Koordinaten von Π sind demnach von der Konstanten C völlig unabhängig; d. h. die Tangenten in den zur Abszisse x gehörigen Punkten sämtlicher Integralkurven gehen durch den Punkt Π. Da

$$\frac{y_2}{y_2'} = \frac{1}{P} \quad\text{und}\quad y_1' = Q + P\,e^{\int P\,dx}\!\int Q\,e^{-\int P\,dx}\,dx = Q + P\,y_1$$

ist, so ist im Falle der linearen Differentialgleichung

$$\xi = x - \frac{1}{P(x)}, \qquad \eta = y_1 - \frac{1}{P}\,(Q + P\,y_1) = -\frac{Q(x)}{P(x)}.$$

In den beiden Gleichungen

$$\xi = x - \frac{1}{P(x)}, \qquad \eta = -\frac{Q(x)}{P(x)} \qquad\qquad 27)$$

haben wir die Parameterdarstellung des geometrischen Ortes der Punkte Π, wobei x der Parameter ist.

(225) Wir erinnern uns hierbei an das eingangs dieses Paragraphen angeführte Beispiel (s. S. 747)

$$x^2 + 2y + \frac{dy}{dx} = 0$$

und seine Integralkurven (s. Abb. 362). Diese Differentialgleichung ist in der Tat linear, in ihr ist nach Formel 24) $P(x) = -2$, $Q(x) = -x^2$. Demnach ist nach Formel 26) die vollständige Lösung

$$y = e^{\int (-2)\,dx}\left\{\int (-x^2)\,e^{-\int (-2)\,dx}\,dx + C\right\} = e^{-2x}\left\{-\int x^2 e^{2x}\,dx + C\right\}$$

$$= e^{-2x}\left\{-e^{2x}\left(\frac{x^2}{2} - \frac{x}{2} + \frac{1}{4}\right) + C\right\}$$

[s. Formel T III 26)]. Also ist

$$y = C\,e^{-2x} - \left(\frac{x^2}{2} - \frac{x}{2} + \frac{1}{4}\right),$$

in Übereinstimmung mit Formel 9). Wir erkennen nun auch, daß die in **(220)** S. 752 Abb. 362 ausgeführte Konstruktion der Integralkurven dieser Differentialgleichung durch Übereinanderlagerung der beiden Kurven

$$y_1 = -\left(\frac{x^2}{2} - \frac{x}{2} + \frac{1}{4}\right) \quad \text{und} \quad y_2 = C\,e^{-2x}$$

ein Sonderfall der Konstruktion für die Integralkurven der allgemeinen linearen Differentialgleichung ist. Demnach müssen sich auch alle zu einer gegebenen Abszisse x gehörigen Tangenten der Abb. 362 in einem gemeinsamen Punkte schneiden; der Ort aller dieser Schnittpunkte, die sich bei Veränderung der Abszisse x ergeben, hat nach 27) die Gleichung

$$\xi = x + \frac{1}{2}, \qquad \eta = -\frac{x^2}{2}$$

oder in parameterfreier Darstellung $\eta = -\frac{1}{2}(\xi - \frac{1}{2})^2$. Er ist also eine Parabel π, die in Abb. 362 durch ... angedeutet ist.

Als weitere Beispiele behandle der Leser die Differentialgleichungen:

a) $2xy' - y = \frac{3}{2}x^2$,

b) $y' = my + n$,

c) $y' + y\cos y - \frac{1}{2}\sin 2x = 0$,

d) $y' = \frac{ay}{1+x^2} + \frac{b}{1+x^2}$.

Die Lösungen sind:

a) $y = \dfrac{1}{2}\, x^2 + C\sqrt{x}$, b) $y = -\dfrac{n}{m} + C\, e^{mx}$,

c) $y = \sin x - 1 + C\, e^{-\sin x}$, d) $y = c\, e^{a\,\mathrm{arctg}\,x} - \dfrac{b}{a}$.

Dabei sei bemerkt, daß sich b) auch nach dem in **B.** ausgeführten Verfahren integrieren läßt, und daß man im Falle d) auch nach **C.** verfahren kann. Zu a) möge das geometrische Bild entworfen und der Ort der Tangentenschnittpunkte im Sinne des Beispiels ermittelt werden.

Anwendungen. a) In einem elektrischen Stromkreise sei E die Spannung zur Zeit t, i die Stromstärke zu dieser Zeit, R der Widerstand und L die Induktivität. Nach der Lehre von der Elektrizität besteht zwischen diesen Größen die Beziehung

$$E = iR + L\,\frac{di}{dt},$$

aus der sich ergibt

$$\frac{di}{dt} = -\frac{R}{L}\, i + \frac{E}{L}. \qquad\qquad \text{a)}$$

Hierbei sind R und L Konstante, während E und i von der Zeit t abhängen. Kennt man das Gesetz der Abhängigkeit der Spannung E von der Zeit, mit anderen Worten, ist die Funktion $E = E(t)$ bekannt, so ist a) eine lineare Differentialgleichung für die Stromstärke i. Ihre Lösung ist nach 26)

$$i = e^{-\frac{R}{L}t}\left\{\frac{1}{L}\int E\, e^{\frac{R}{L}t}\, dt + A\right\}. \qquad\qquad \text{b)}$$

Wir betrachten nun bestimmte Einzelfälle.

1. Es möge zur Zeit $t = 0$ die Spannung E plötzlich von dem bisherigen konstanten Werte E_1 auf einen anderen konstanten Wert E_2 übergehen (plötzliche Einschaltung bzw. Ausschaltung eines Teiles des Widerstandes im Stromkreise); dann ist für $t > 0$ nach b)

$$i = e^{-\frac{R}{L}t}\left\{\frac{E_2}{L}\cdot\frac{L}{R}\, e^{\frac{R}{L}t} + A\right\} = \frac{E_2}{R} + A\, e^{-\frac{R}{L}t}. \qquad\qquad \text{c)}$$

Zur Bestimmung der Integrationskonstanten A berücksichtigen wir, daß bis zur Zeit $t = 0$:

$$i = \frac{E_1}{R}$$

ist. Demnach folgt aus c) für A die Bestimmungsgleichung

$$\frac{E_1}{R} = \frac{E_2}{R} + A \qquad \text{oder} \qquad A = \frac{E_1 - E_2}{R},$$

so daß sich für unsere Annahme die Stromstärke nach dem Gesetze ändert:

$$i = \frac{1}{R}\left\{ \dot{E}_2 + (E_1 - E_2)\, e^{-\frac{R}{L}t} \right\}. \qquad \text{d)}$$

Ist $E_1 = 0$ (plötzliches Schließen des Stromkreises), so ist

$$i = \frac{E_2}{R}\left(1 - e^{-\frac{R}{L}t} \right). \qquad \text{e)}$$

Der Strom kommt also nicht sofort auf die endgültige Stärke $\frac{E_2}{R}$, sondern erreicht sie theoretisch erst nach unendlich langer Zeit, praktisch nach einem Zeitraum, der um so größer ist, je stärker die Induktivität L ist. Ist beispielsweise $E_2 = 100\,\text{V}$, $\text{R} = 1\,\Omega$, $L = 1\,\text{Henry}$, so ist $i = 100 \cdot (1 - e^{-t})$ Amp., also

Zur Zeit $t =$	0	1	2	3	4	sec
Die Stromstärke $i =$	0	63,2	86,5	95,0	98,2	Amp.
Die Abweichung $\dfrac{i_\infty - i}{i_\infty} =$	100	36,8	13,5	5,0	1,8	%

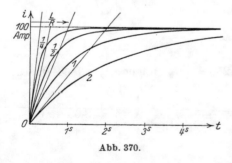

Abb. 370.

Abb. 370 zeigt den Verlauf von i für verschiedene Werte von L. Die Größe $\frac{L}{R}$ heißt die Zeitkonstante; sie ist um so kleiner, je rascher sich i dem asymptotischen Werte $\frac{E_2}{R}$ nähert, und findet ihren zeichnerischen Ausdruck in dem Abschnitte, den die in O an die Strom-Zeit-Kurve gelegte Tangente auf der Asymptote dieser Kurve bildet (s. Abb. 370).

2. Zur Zeit $t = 0$ möge eine elektromotorische Kraft einsetzen, welche sich sinusartig ändert:

$$E = E_0 \sin \omega t .$$

Dann wird unter Verwendung von Formel T III 24)

$$i = e^{-\frac{R}{L}t}\left\{ \frac{E_0}{L}\int e^{\frac{R}{L}t}\sin \omega t\, dt + A \right\} = e^{-\frac{R}{L}t}\left\{ \frac{E_0}{L}\frac{\frac{R}{L}\sin \omega t - \omega \cos \omega t}{\left(\frac{R}{L}\right)^2 + \omega^2}e^{\frac{R}{L}t} + A \right\}.$$

Setzen wir noch

$$\frac{L}{R}\omega = \operatorname{tg}\alpha ,$$

so können wir schließlich schreiben

$$i = A e^{-\frac{R}{L}t} + \frac{E_0}{\sqrt{R^2 + \omega^2 L^2}} \sin(\omega t - \alpha) = A e^{-\frac{R}{L}t} + \frac{E_0}{\sqrt{R^2 + \omega^2 L^2}} \sin \omega (t - t_0),$$

wobei $\omega t_0 = \alpha$ ist.

Zahlenbeispiel: In einem Wechselstromkreise sei $E_0 = 100\,\mathrm{V}$, $R = 10\,\Omega$, $\omega = 100\,\pi\,\sec^{-1}$ ($T = 0{,}02\,\sec$), $L = 0{,}1\,\mathrm{Henry}$. Dann gilt für die Phasenverschiebung α zwischen Spannung E und Stromstärke i:

$$\operatorname{tg}\alpha = \frac{0{,}1}{10} \cdot 100\,\pi = \pi = 3{,}142;$$

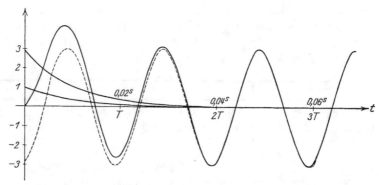

Abb. 371.

demnach $\alpha^\circ = 72^\circ\,21'$, $\arc\alpha = 1{,}263 = \omega t_0$, folglich $t_0 = 0{,}004\,02\,\sec$. Ferner ist

$$\frac{R}{L} = 100\,\sec^{-1}, \qquad \frac{E_0}{\sqrt{R^2 + \omega^2 L^2}} = \frac{100}{\sqrt{100 + (10\,\pi)^2}}\,\mathrm{Amp.} = 3{,}03\,\mathrm{Amp.}$$

Die Gleichung lautet also

$$i = \{ A e^{-100t} + 3{,}03 \cdot \sin[100\,\pi(t - 0{,}004)] \}\,\mathrm{Amp.}$$

Wird der Stromkreis zur Zeit $t = 0$ geschlossen, so daß für $t = 0$ auch $i = 0$ ist, so bestimmt sich die Integrationskonstante A aus der Gleichung

$$0 = A + 3{,}03 \cdot \sin(-0{,}4\,\pi)$$

zu

$$A = 3{,}03 \cdot \sin 72^\circ = 3{,}03 \cdot 0{,}951 = 2{,}88\,\mathrm{Amp.}$$

Dieser Fall ist in Abb. 371 dargestellt; sie zeigt die beiden Grundkurven

$$y_1 = e^{-100t} \qquad \text{und} \qquad y_2 = 3{,}03 \sin[100\pi(t - 0{,}004)],$$

außerdem noch die Kurve $A \cdot y_1 = 2{,}88 e^{-100t}$; aus Übereinanderlagerung der beiden Kurven $A y_1$ und y_2 ist dann die endgültige Kurve

$$y = y_1 + A y_2, \quad \text{d. h.} \quad y = \{2{,}88 e^{-100t} + 3{,}03 \sin[100(t - 0{,}004)]\}\,\mathrm{Amp.}$$

gewonnen worden. Sie läßt deutlich erkennen, daß die Stromstärke anfangs von dem reinen Sinusgesetze sehr abweicht, sich ihm jedoch bald so sehr nähert, daß man nach Verlauf einiger Zeit (in unserem Falle nach etwa 0,1 sec) das Stromgesetz unter Vernachlässigung der Exponentialfunktion mit großer Genauigkeit durch die Formel

$$y = 3{,}03 \sin[100\pi(t - 0{,}004)] \text{ Amp.}$$

ausdrücken kann.

b) Eine radioaktive Substanz[1]) besteht zur Zeit $t = 0$ aus N_0 Atomen; zur Zeit t sind von ihr nur noch $N = N_0 e^{-\lambda_1 t}$ Atome übrig, wobei λ_1 die der Substanz eigentümliche Zerfallskonstante ist [s. a. (57) S. 142]. Die Zerfallsgeschwindigkeit ist demnach

$$\frac{dN}{dt} = -\lambda_1 N_0 e^{-\lambda_1 t} = -\lambda_1 N,$$

d. h. es scheiden aus der ursprünglichen Substanz von der Beschaffenheit A im Zeitelement dt $\lambda_1 N dt$ Atome aus, die irgendeine andere Beschaffenheit B annehmen. Ist diese unveränderlich, so vermehrt sich die Substanz von der Beschaffenheit B in dem Maße, als die Substanz von der Beschaffenheit A abnimmt. Ist die zweite Substanz dagegen selbst wieder radioaktiv von der Zerfallskonstanten λ_2, so verliert sich, wenn sie zur Zeit t aus M Atomen besteht, in der Zeit dt $\lambda_2 M dt$ Atome. Da sie jedoch gleichzeitig aus der alten Substanz $\lambda_1 N dt$ Atome empfängt, so vermehrt sie sich in diesem Zeitelement um $dM = (\lambda_1 N - \lambda_2 M) dt$ Atome. Es ist demnach

$$\frac{dM}{dt} = \lambda_1 N - \lambda_2 M$$

oder

$$\frac{dM}{dt} = -\lambda_2 M + \lambda_1 N_0 e^{-\lambda_1 t};$$

die Abhängigkeit der Atomzahl M der zweiten Substanz von der Zeit t ist also durch eine lineare Differentialgleichung festgelegt. Ihr Integral ist

$$M = e^{-\int \lambda_2 dt} \left\{ \int \lambda_1 N_0 e^{-\lambda_1 t} e^{\int \lambda_2 dt} dt + C \right\},$$

$$M = e^{-\lambda_2 t} \left\{ \lambda_1 N_0 \frac{e^{(\lambda_2 - \lambda_1) t}}{\lambda_2 - \lambda_1} + C \right\}, \qquad M = \frac{\lambda_1}{\lambda_2 - \lambda_1} N_0 e^{-\lambda_1 t} + C e^{-\lambda_2 t}.$$

Sind von der zweiten Substanz zur Zeit $t = 0$ M_0 Atome vorhanden, so muß sein

$$M_0 = \frac{\lambda_1}{\lambda_2 - \lambda_1} N_0 + C,$$

also lautet für diese Annahme die vollständige Lösung der Differentialgleichung

$$M = \frac{\lambda_1}{\lambda_2 - \lambda_1} N_0 (e^{-\lambda_1 t} - e^{-\lambda_2 t}) + M_0 e^{-\lambda_2 t}.$$

---

[1]) Aus M. Lindow, Differentialgleichungen. Leipzig: B. G. Teubner.

c) Ein materieller Punkt werde auf einer vertikalen Kreisbahn vom Halbmesser a bewegt; er finde auf seiner Bahn einen Reibungswiderstand von der Reibungszahl μ. Die Bewegung ist zu untersuchen.

Bewegt sich der Punkt aufwärts, so muß auf dem Wege PP' (s. Abb. 372) zur Überwindung der Erdschwere mg eine Arbeit

$$mg \cdot PQ = mg \cdot a \cdot d\varphi \cdot \sin\varphi$$

geleistet werden. Die Masse m des Punktes übt auf die Bahn einen Normaldruck N aus, der sich aus der Komponente $mg\cos\varphi$ des Gewichtes und der Fliehkraft $m \cdot \dfrac{v^2}{a}$ zusammensetzt, also insgesamt

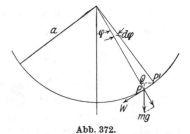

$$mg\cos\varphi + m\frac{v^2}{a}$$

beträgt. Folglich ist die zu überwindende Reibungskraft

$$W = \mu\,m\left(g\cos\varphi + \frac{v^2}{a}\right).$$

Abb. 372.

Diese wirkt in der Richtung der Kreistangente in P der Bewegung entgegengesetzt; folglich ist zu ihrer Überwindung auf dem Bahnelement PP' die weitere Arbeit zu leisten

$$W \cdot PP' = \mu\,m\left(g\cos\varphi + \frac{v^2}{a}\right) \cdot a\,d\varphi.$$

Die Gesamtarbeit ist also

$$dA = m\left[g\left(\sin\varphi + \mu\cos\varphi\right) + \mu\frac{v^2}{a}\right]a\,d\varphi.$$

Diese muß nach dem Satze von der Erhaltung der Energie entgegengesetzt gleich der auf der Bahn PP' geleisteten Bewegungsenergie $d\left(\dfrac{m}{2}v^2\right)$ sein, so daß wir für die Aufwärtsbewegung die Differentialgleichung erhalten

$$\frac{d\left(\dfrac{m}{2}v^2\right)}{d\varphi} = -m\left\{\frac{ag}{\cos\varrho}\sin(\varphi + \varrho) + \mu v^2\right\},$$

wobei $\operatorname{tg}\varrho = \mu$ gesetzt ist und ϱ den Reibungswinkel bedeutet. Das ist aber eine lineare Differentialgleichung mit der unabhängigen Veränderlichen φ und der abhängigen Veränderlichen $\dfrac{v^2}{2}$

$$\frac{d\dfrac{v^2}{2}}{d\varphi} = -2\mu \cdot \frac{v^2}{2} - \frac{ag}{\cos\varrho}\sin(\varphi + \varrho). \qquad \text{a)}$$

Ihr Integral ist nach 26)

$$\frac{v^2}{2} = e^{-2\mu\varphi}\left\{-\frac{ag}{\cos\varrho}\int e^{2\mu\varphi}\sin(\varphi+\varrho)\,d\varphi + C\right\}.$$

Nach Formel T III 24) ist

$$\int e^{2\mu\varphi}\sin(\varphi+\varrho)\,d\varphi = e^{-2\mu\varrho}\int e^{2\mu(\varphi+\varrho)}\sin(\varphi+\varrho)\,d(\varphi+\varrho)$$

$$= e^{-2\mu\varrho}\cdot e^{2\mu(\varphi+\varrho)}\cdot\frac{2\mu\sin(\varphi+\varrho)-\cos(\varphi+\varrho)}{(2\mu)^2+1}$$

oder, wenn wir setzen $2\mu = \mathrm{tg}\,\varrho'$:

$$-e^{2\mu\varphi}\cos(\varphi+\varrho+\varrho')\cos\varrho';$$

daher wird

$$\frac{1}{2}v^2 = e^{-2\mu\varphi}\left\{\frac{ag}{\cos\varrho}e^{2\mu\varphi}\cos(\varphi+\varrho+\varrho')\cos\varrho' + C\right\}$$

oder

$$\frac{1}{2}v^2 = ag\cdot\frac{\cos\varrho'}{\cos\varrho}\cdot\cos(\varphi+\varrho+\varrho') + Ce^{-2\mu\varphi}. \qquad \text{b)}$$

Hat demnach der Punkt in seiner tiefsten Lage ($\varphi = 0$) die Geschwindigkeit v_0, so ist

$$\frac{1}{2}v_0^2 = ag\frac{\cos\varrho'}{\cos\varrho}\cos(\varrho+\varrho') + C,$$

also

$$\frac{1}{2}v^2 = ag\cdot\frac{\cos\varrho'}{\cos\varrho}\left[\cos(\varphi+\varrho+\varrho') - e^{-2\mu\varphi}\cos(\varrho+\varrho')\right] + \frac{1}{2}v_0^2 e^{-2\mu\varphi}.$$

Für die höchste Lage des Punktes P muß $v = 0$ sein; zwischen dem zu ihr gehörigen Winkel $\varphi = \alpha$ und der Geschwindigkeit v_0 beim Durchgange durch die Ruhelage besteht folglich die Gleichung

$$\frac{1}{2}v_0^2 = ag\cdot\frac{\cos\varrho'}{\cos\varrho}\left[\cos(\varrho+\varrho') - e^{2\mu\alpha}\cos(\alpha+\varrho+\varrho')\right]. \qquad \text{c)}$$

Bewegt sich dagegen der Punkt abwärts, so ist die Arbeit, die durch die Erdanziehung geleistet wird, gleich $g\cdot a\,d\varphi\sin\varphi$, die zur Überwindung der Reibung dienende gleich

$$\mu m\left(g\cos\varphi + \frac{v^2}{a}\right)\cdot a\,d\varphi.$$

Die Differenz beider, welche die tatsächlich geleistete Arbeit darstellt, ist dann

$$dA = m\left[g(\sin\varphi - \mu\cos\varphi) - \mu\frac{v^2}{a}\right]a\,d\varphi;$$

und wir erhalten jetzt nach dem Satze von der Erhaltung der Energie die Gleichung

$$\frac{d\left(\frac{m}{2}v^2\right)}{d\varphi} = -m\left\{\frac{ag}{\cos\varrho}\sin(\varphi-\varrho) - \mu v^2\right\},$$

wobei wiederum $\operatorname{tg}\varrho = \mu$ gesetzt ist. Wir können sie wieder als lineare Differentialgleichung zwischen φ und $\frac{v^2}{2}$ schreiben:

$$\frac{d\frac{v^2}{2}}{d\varphi} = +2\,\mu \cdot \frac{v^2}{2} - \frac{ag}{\cos\varrho}\sin(\varphi - \varrho)\,. \qquad\qquad \text{a')}$$

Ihre vollständige Lösung erhält man auf dem gleichen Wege wie oben zu

$$\frac{v^2}{2} = ag\,\frac{\cos\varrho'}{\cos\varrho}\cos(\varphi - \varrho - \varrho') + C\,e^{2\mu\varphi}\,, \qquad\qquad \text{b')}$$

wobei $\operatorname{tg}\varrho' = 2\mu$ ist. Bei der Abwärtsbewegung ergibt sich demnach zwischen dem zur Höchstlage des Punktes ($v = 0$) gehörigen Winkel $\varphi = \alpha$ und der Durchgangsgeschwindigkeit v_0 durch die tiefste Lage ($\varphi = 0$), da jetzt

$$0 = ag\,\frac{\cos\varrho'}{\cos\varrho}\cos(\alpha - \varrho - \varrho') + C\,e^{2\mu\alpha}$$

und

$$\frac{v_0^2}{2} = ag\,\frac{\cos\varrho'}{\cos\varrho}\cos(\varrho + \varrho') + C$$

sein muß (Elimination von C aus beiden Gleichungen), die Beziehung

$$\frac{1}{2}v_0^2 = ag\,\frac{\cos\varrho'}{\cos\varrho}[\cos(\varrho + \varrho') - e^{-2\mu\alpha}\cos(\alpha - \varrho - \varrho')]\,. \qquad \text{c')}$$

Der materielle Punkt gelangt also nicht mit der gleichen Geschwindigkeit wieder in der Tiefstlage an, mit der er sie bei der Aufwärtsbewegung durchlaufen hatte; der Unterschied der Quadrate der Geschwindigkeiten ergibt sich aus c) und c') vielmehr zu

$$\frac{1}{2}(v_{0\uparrow}^2 - v_{0\downarrow}^2) = ag\,\frac{\cos\varrho'}{\cos\varrho}[e^{-2\mu\alpha}\cos(\alpha - \varrho - \varrho') - e^{2\mu\alpha}\cos(\alpha + \varrho + \varrho')]\,.$$

Auf die lineare Differentialgleichung läßt sich auch die **Bernoullische Differentialgleichung** zurückführen; sie ist von der Gestalt

$$y' = Py + Qy^n\,, \qquad\qquad\qquad 28)$$

wobei n eine beliebige Zahl ist. Setzen wir nämlich

$$y^{-n+1} = z\,, \quad \text{also} \quad (-n + 1)\,y^{-n} \cdot \frac{dy}{dx} = \frac{dy}{dx}$$

ein, so geht sie über in

$$\frac{dz}{dx} \cdot z^{-\frac{n}{-n+1}} \cdot \frac{1}{-n+1} = P\,z^{-\frac{1}{-n+1}} + Q\,z^{-\frac{n}{-n+1}}$$

oder

$$\frac{dz}{dx} = (1 - n)\,Pz + (1 - n)\,Q\,, \qquad\qquad 28')$$

die sich nach dem Verfahren von **(224)** Formel 26) weiter behandeln läßt.

Ist beispielsweise die Gleichung

$$y' + \frac{y}{x+1} + \frac{(x+1)^3}{2}\, y^3 = 0$$

gegeben, so setzen wir

$$y^{-2} = z\,, \qquad -2y^{-3}\frac{dy}{dx} = \frac{dz}{dx}\,;$$

die Gleichung geht dadurch über in

$$-\frac{y^3}{2}\frac{dz}{dx} + \frac{y}{x+1} + \frac{(x+1)^3}{2}\, y^3 = 0$$

bzw. in

$$\frac{dz}{dx} = \frac{2}{x+1}\, z + (x+1)^3.$$

Aus ihr ergibt sich die Lösung

$$z = e^{2\ln(x+1)}\left\{\int (x+1)^3\, e^{-2\ln(x+1)}\, dx + C\right\}, \qquad z = (x+1)^2\left\{\frac{(x+1)^2}{2} + \frac{1}{2}\,C\right\}$$

und hieraus

$$(x+1)^2\left\{(x+1)^2 + C\right\} y^2 = 2\,.$$

Man behandle selbständig die Gleichung

$$y' + a\, y \sin x + b\, y^2 \sin x = 0\,.$$

Ihre Lösung ist

$$y = \frac{a}{a\, C\, e^{-a\cos x} - b}\,.$$

(226) F. Das vollständige Differential; der Eulersche Multiplikator.

Ist eine Funktion $F(x, y)$ gegeben, so ist nach (164) S. 505 ihr vollständiges Differential

$$\frac{\partial F}{\partial x}\cdot dx + \frac{\partial F}{\partial y}\cdot dy\,.$$

Setzen wir dieses gleich Null, so erhalten wir eine Differentialgleichung
erster Ordnung und ersten Grades in der Form

$$\varphi(x, y)\, dx + \psi(x, y)\, dy = 0, \qquad\qquad 29)$$

wobei

$$\varphi(x, y) \equiv \frac{\partial F}{\partial x} \qquad \text{und} \qquad \psi(x, y) \equiv \frac{\partial F}{\partial y} \qquad\qquad 30)$$

gesetzt ist. Wir überzeugen uns leicht, daß die vollständige Integralgleichung der Differentialgleichung 29) lauten muß

$$F(x, y) = c\,; \qquad\qquad 31)$$

bilden wir nämlich beiderseits das vollständige Differential, so geht
31) in 29) über. Können wir demnach feststellen, daß die linke Seite
einer Differentialgleichung 29) ein vollständiges Differential ist, so
brauchen wir nur die Funktion $F(x, y)$, von der sie das vollständige

Differential ist, gleich einer Konstanten zu setzen, um die vollständige Integralgleichung der Differentialgleichung 29) zu erhalten. Wir haben aber in **(165)** S. 510 ein Mittel kennengelernt, um zu entscheiden, ob ein Ausdruck von der Form

$$\varphi(x, y)\, dx + \psi(x, y)\, dy \qquad\qquad 32)$$

ein vollständiges Differential ist; es muß dann die Identität bestehen:

$$\frac{\partial \varphi}{\partial y} \equiv \frac{\partial \psi}{\partial x}. \qquad\qquad 33)$$

Ist diese Bedingung erfüllt, so handelt es sich darum, die Funktion $F(x, y)$ zu finden, für welche 32) das vollständige Differential ist. Da nun nach 30)

$$\varphi(x, y) \equiv \frac{\partial F}{\partial x}$$

sein muß, so muß einmal

$$F(x, y) = \int \varphi(x, y)\, dx + C_1(y) \qquad\qquad 34)$$

sein, wobei, wie angedeutet, C_1 zwar bezüglich x eine Konstante, die Veränderliche aber y enthalten kann; das Integral in 34) ist dabei so auszuwerten, daß y als Konstante behandelt wird. Durch Zurückdifferenzieren überzeugt man sich ohne Mühe von der Richtigkeit von 34). Wir können $F(x, y)$ aber auch aus der zweiten Bedingungsgleichung 30)

$$\psi(x, y) \equiv \frac{\partial F}{\partial y}$$

erhalten; es ergibt sich auf die nämliche Weise wie vorher

$$F(x, y) = \int \psi(x, y)\, dy + C_2(x), \qquad\qquad 34')$$

wobei während der Integration x als Konstante zu behandeln ist und die Integrationskonstante C_2 sehr wohl eine Funktion von x sein kann. Da die beiden für $F(x, y)$ gewonnenen Ausdrücke 34) und 34') einander identisch gleich sein müssen, ergibt sich die Beziehung

$$\int \varphi(x, y)\, dx + C_1(y) \equiv \int \psi(x, y)\, dy + C_2(x); \qquad\qquad 35)$$

aus ihr bestimmen sich ohne Schwierigkeiten die Funktionen

$$C_1(y) \qquad \text{bzw.} \qquad C_2(x).$$

Haben wir auf diese Weise $F(x, y)$ gefunden, so ist, wie schon erwähnt, $F(x, y) = c$ die vollständige Lösung von 29). Wir wollen uns einem Beispiele zuwenden.

Es sei die Differentialgleichung gegeben

$$(x^2 - a y)\, dx + (y^2 - a x)\, dy = 0. \qquad\qquad \text{a)}$$

Hier ist

$$\varphi(x, y) \equiv x^2 - a y, \qquad \psi(x, y) \equiv y^2 - a x;$$

ferner ist
$$\frac{\partial \varphi}{\partial y} \equiv - a, \qquad \frac{\partial \psi}{\partial x} \equiv - a,$$

also in der Tat
$$\frac{\partial \varphi}{\partial y} \equiv \frac{\partial \psi}{\partial x}.$$

Demnach ist die linke Seite von a) ein vollständiges Differential. Um nun die Funktion $F(x, y)$ zu finden, von der sie das vollständige Differential ist, setzen wir einerseits
$$\frac{\partial F}{\partial x} \equiv x^2 - a\,y,$$

andererseits
$$\frac{\partial F}{\partial y} \equiv y^2 - a\,x.$$

Aus
$$\frac{\partial F}{\partial x} \equiv x^2 - a\,y$$

folgt
$$F(x,\,y) = \frac{x^3}{3} - a\,x\,y + C_1(y),$$

aus
$$\frac{\partial F}{\partial y} \equiv y^2 - a\,x$$

dagegen
$$F(x,\,y) = \frac{y^3}{3} - a\,x\,y + C_2(x).$$

Es muß demnach die Identität bestehen
$$\frac{x^3}{3} - a\,x\,y + C_1(y) \equiv \frac{y^3}{3} - a\,x\,y + C_2(x);$$

sie wird erreicht, wenn wir
$$C_1(y) \equiv \frac{y^3}{3} \qquad \text{und} \qquad C_2(x) \equiv \frac{x^3}{3}$$

setzen. Es ist also
$$F(x,\,y) \equiv \frac{x^3}{3} - a\,x\,y + \frac{y^3}{3} \qquad \text{b)}$$

die Funktion, von der die linke Seite von a) das vollständige Differential ist. Also ist
$$\frac{x^3}{3} - a\,x\,y + \frac{y^3}{3} = c$$

eine vollständige Integralgleichung von a), und damit ist die Differentialgleichung integriert.

Weitere Beispiele. (Es ist stets zuerst zu untersuchen, ob wirklich ein vollständiges Differential vorliegt!)

a) $\left(3 - 2\,\dfrac{x}{y}\right) dx + \dfrac{1 + x^2}{y^2}\, dy = 0\,;$

b) $\{2x \cos(x^2 + y) + \ln y\}\, dx + \left\{\cos(x^2 + y) + \dfrac{x}{y}\right\} dy = 0\,;$

c) $x\,y^2\,dx + (2\,y^3 + 3\,b\,y^2 + b^2\,y - a^2\,y + x^2\,y - a^2\,b)\,dy = 0$;

d) $y^2\,dx + x^2\,dy = 0$.

Integralgleichungen:

a) $3x - \dfrac{x^2}{y} - \dfrac{1}{y} = c$ oder $3\,x\,y - (1 + x^2) - c\,y = 0$;

b) $\sin(x^2 + y) + x\ln y = c$;

c) $\tfrac{1}{2}(x^2 y^2 + y^4 + 2\,b\,y^3 - a^2 y^2 + b^2 y^2 - 2\,a^2\,b\,y) = c$;

d) $x + y - c\,x\,y = 0$.

Die Gleichungen a) und c) können auch als **Bernoullische Diffe-**
rentialgleichungen behandelt werden, letztere bezüglich $\dfrac{dx}{dy}$. Die
linke Seite von Gleichung d) ist **kein vollständiges Differential**; wie
läßt sie sich integrieren?

Anwendung: In **(139)** S. 397 ist die Aufgabe gestellt worden, die
Kurve des Gewichtes P so zu bestimmen, daß die Klappe vom Gewichte G
in jeder Lage im Gleichgewicht ist. Unter Bezugnahme auf Abb. 217
zerlegen wir P in zwei Seitenkräfte, von denen die eine senkrecht zur
Bahn, die andere, S genannt, in die Richtung des Leitstrahles r des
Kurvenpunktes fällt. Schließt r mit der Bahntangente t den Winkel φ
ein, so muß nach **(141)** S. 403 Formel 58)

$$\operatorname{tg}\varphi = \frac{r}{r'}$$

sein; ferner ist der Winkel

$$\sphericalangle\,(P\,t) = \vartheta + \varphi\,,$$

also, da

$$P\cos(\vartheta + \varphi) = S\cos\varphi$$

sein muß, die Spannkraft des Seiles

$$S = P\,\frac{\cos(\vartheta + \varphi)}{\cos\varphi} = P(\cos\vartheta - \sin\vartheta\operatorname{tg}\varphi) = P\!\left(\cos\vartheta - \sin\vartheta\cdot\frac{r}{r'}\right).$$

Da $P = \dfrac{G}{2}\sqrt{2}$ ist und das Moment von S bezüglich des Drehpunktes A
bei Gleichgewicht gleich dem von G sein muß, so ergibt sich die Gleichung

$$G\cdot\frac{a}{2}\sin 2\varepsilon = \frac{G}{2}\sqrt{2}\left(\cos\vartheta - \sin\vartheta\cdot\frac{r}{r'}\right)\cdot a\cos\varepsilon\,.$$

Da ferner

$$\sin\varepsilon = \frac{b - r}{b\sqrt{2}}$$

ist, so erhält man die weitere Gleichung

$$\frac{b - r}{b} = \cos\vartheta - \frac{r}{r'}\sin\vartheta\,,$$

eine Differentialgleichung zwischen r und ϑ, die sich auch in der Form schreiben läßt:

$$(b - r - b\cos\vartheta)\,dr + b\,r\sin\vartheta\,d\vartheta = 0\,.$$

Die linke Seite der letzteren ist, wie man sich leicht überzeugt, ein **vollständiges Differential**, und zwar von

$$F(r,\,\vartheta) = b\,r - \frac{r^2}{2} - b\,r\cos\vartheta\,.$$

Daher ist das vollständige Integral der Differentialgleichung

$$b\,r - \tfrac{1}{2}\,r^2 - b\,r\cos\vartheta = c\,.$$

Bedenkt man, daß auf Grund der Aufgabe für $\vartheta = 0$ auch $r = 0$ sein muß, so ergibt sich $c = 0$ und hieraus als einzig verwendbare Lösung $r = 2b(1 - \cos\vartheta)$, in Übereinstimmung mit dem Ergebnis von **(139)** S. 398.

(227) Ist die Bedingung 33) nicht erfüllt, also die linke Seite von 29) kein vollständiges Differential, so läßt sich das soeben entwickelte Verfahren nicht ohne weiteres verwenden. Indessen kann man sich die Frage vorlegen, ob man eine **Funktion** $R(x,\,y)$ finden kann von **der Eigenschaft, daß ihr Produkt mit Gleichung 29) die linke Seite derselben zu einem vollständigen Differential umwandelt.** So ist z. B. in dem oben unter d) angeführten Beispiele $y^2\,dx + x^2\,dy = 0$ die linke Seite zwar kein vollständiges Differential; wenn wir die Gleichung aber mit $\dfrac{1}{x^2 y^2}$ multiplizieren, so nimmt sie die Form

$$\frac{dx}{x^2} + \frac{dy}{y^2} = 0$$

an; und in dieser ist die linke Seite ein vollständiges Differential, wie man sich leicht überzeugt. Ihre Integralgleichung ist

$$-\frac{1}{x} - \frac{1}{y} = +c$$

oder wie oben

$$x + y - c\,x\,y = 0\,.$$

An diesem Beispiele erkennen wir, daß es sehr wohl eine Funktion $R(x,\,y)$ von der verlangten Eigenschaft geben kann; man nennt sie einen **Eulerschen Multiplikator** oder **integrierenden Faktor** der gegebenen Differentialgleichung. Er führt Gleichung 29) über in

$$R(x,\,y)\,\varphi(x,\,y)\,dx + R(x,\,y)\,\psi(x,\,y)\,dy = 0\,. \qquad 36)$$

Daß die neu entstandene Differentialgleichung 36) durch die gleiche Integralgleichung befriedigt wird wie 29), folgt aus der Tatsache, daß

$$R(x,\,y)\,\varphi(x,\,y)\,dx + R(x,\,y)\,\psi(x,\,y)\,dy$$
$$\equiv R(x,\,y)\,(\varphi(x,\,y)\,dx + \psi(x,\,y)\,dy)$$

ist; jede Funktion $F(x, y)$, die 29) erfüllt, macht den Klammerausdruck der rechten Seite und damit den ganzen Ausdruck gleich Null.

Es fragt sich nun, wie man den **Eulerschen Multiplikator** finden kann. Damit 36) ein vollständiges Differential ist, muß nach 33)

$$\frac{\partial (R \cdot \varphi)}{\partial y} = \frac{\partial (R \cdot \psi)}{\partial x}$$

sein; dies gibt die Gleichung

$$R \cdot \frac{\partial \varphi}{\partial y} + \varphi \cdot \frac{\partial R}{\partial y} = R \cdot \frac{\partial \psi}{\partial x} + \psi \cdot \frac{\partial R}{\partial x}$$

oder

$$\varphi \cdot \frac{\partial R}{\partial y} - \psi \cdot \frac{\partial R}{\partial x} = R \cdot \left(\frac{\partial \psi}{\partial x} - \frac{\partial \varphi}{\partial y}\right). \qquad 37)$$

Die letzte Gleichung ist eine **partielle** Differentialgleichung für R; die Behandlung einer solchen überschreitet den Rahmen dieses Buches. Aus der Theorie der partiellen Differentialgleichungen sei ohne Beweis an dieser Stelle nur angeführt, daß es stets unendlich viele Lösungen einer solchen Gleichung gibt. Wir wollen hiervon Gebrauch machen; dann müssen sich stets unendlich viele **Eulersche** Multiplikatoren zu einem gegebenen Ausdruck finden lassen. Zur Ableitung einer weiteren Eigenschaft formen wir 37) um, indem wir schreiben

$$\frac{1}{R} \cdot \frac{\partial R}{\partial y} \cdot \varphi - \frac{1}{R} \cdot \frac{\partial R}{\partial x} \cdot \psi = \frac{\partial \psi}{\partial x} - \frac{\partial \varphi}{\partial y}.$$

Da nach der Kettenregel

$$\frac{\partial \ln R}{\partial x} = \frac{1}{R} \cdot \frac{\partial R}{\partial x} \qquad \text{und} \qquad \frac{\partial \ln R}{\partial y} = \frac{1}{R} \cdot \frac{\partial R}{\partial y}$$

ist, so kann die letzte Gleichung auch in die Form gebracht werden:

$$\varphi \cdot \frac{\partial \ln R}{\partial y} - \psi \cdot \frac{\partial \ln R}{\partial x} = \frac{\partial \psi}{\partial x} - \frac{\partial \varphi}{\partial y}. \qquad 38)$$

Sind nun R_1 und R_2 zwei Eulersche Multiplikatoren des Ausdruckes $\varphi \cdot dx + \psi \cdot dy$, so müssen nach 38) die beiden Bedingungen bestehen:

$$\varphi \cdot \frac{\partial \ln R_1}{\partial y} - \psi \cdot \frac{\partial \ln R_1}{\partial x} = \frac{\partial \psi}{\partial x} - \frac{\partial \varphi}{\partial y} \quad \text{und} \quad \varphi \cdot \frac{\partial \ln R_2}{\partial y} - \psi \cdot \frac{\partial \ln R_2}{\partial x} = \frac{\partial \psi}{\partial x} - \frac{\partial \varphi}{\partial y}.$$

Aus ihnen folgt aber

$$\varphi \cdot \frac{\partial \ln R_1}{\partial y} - \psi \cdot \frac{\partial \ln R_1}{\partial x} = \varphi \cdot \frac{\partial \ln R_2}{\partial x} - \psi \cdot \frac{\partial \ln R_2}{\partial x}$$

oder

$$\varphi \cdot \left(\frac{\partial \ln R_1}{\partial y} - \frac{\partial \ln R_2}{\partial y}\right) = \psi \cdot \left(\frac{\partial \ln R_1}{\partial x} - \frac{\partial \ln R_2}{\partial x}\right)$$

bzw.

$$\varphi \cdot \frac{\partial \ln \dfrac{R_1}{R_2}}{\partial y} = \psi \cdot \frac{\partial \ln \dfrac{R_1}{R_2}}{\partial x}.$$

Es muß sich also

$$\frac{\partial \ln \frac{R_1}{R_2}}{\partial x} : \frac{\partial \ln \frac{R_1}{R_2}}{\partial y} = \varphi : \psi \qquad 39)$$

verhalten. Ist nun andererseits $F(x, y) = c$ eine Integralgleichung von 29), so muß sich $\frac{\partial F}{\partial x} : \frac{\partial F}{\partial y}$ ebenfalls wie $\varphi : \psi$ verhalten, da ja

$$\frac{dy}{dx} = - \frac{\partial F}{\partial x} : \frac{\partial F}{\partial y} \qquad 40)$$

ist und sich aus 29)

$$\frac{dy}{dx} = - \varphi : \psi$$

ergibt. Es folgt daher aus der Vergleichung von 39) mit 40), daß

$$\ln \frac{R_1}{R_2} = c$$

und damit auch $\frac{R_1}{R_2} = C$ eine vollständige Integralgleichung von 29) ist. **Kennt man demnach von einer Differentialgleichung 29) zwei Eulersche Multiplikatoren R_1 und R_2, so ist der Ausdruck $\frac{R_1}{R_2} = C$ eine vollständige Integralgleichung von 29).**

Wir haben gesehen, daß der Eulersche Multiplikator einer Differentialgleichung 29) durch eine partielle Differentialgleichung 37) bestimmt ist. Wenn wir diese auch nicht allgemein integrieren können, so doch in einigen bestimmten Sonderfällen, die wir jetzt behandeln wollen.

a) Wir legen uns die Frage vor, ob eine gegebene Differentialgleichung 29) einen Eulerschen Multiplikator hat, der von x allein abhängig, also von der Form $R(x)$ ist; in diesem Falle muß

$$\frac{\partial R}{\partial y} = 0 \qquad \text{und} \qquad \frac{\partial R}{\partial x} = \frac{dR}{dx}$$

sein, und 37)' geht über in

$$\psi \cdot \frac{dR}{dx} + R \left(\frac{\partial \psi}{\partial x} - \frac{\partial \varphi}{\partial y} \right) = 0 \qquad \text{bzw.} \qquad \frac{dR}{R} + \frac{1}{\psi} \left(\frac{\partial \psi}{\partial x} - \frac{\partial \varphi}{\partial y} \right) dx = 0 \,.$$

Wenn der Ausdruck

$$\frac{1}{\psi} \left(\frac{\partial \psi}{\partial x} - \frac{\partial \varphi}{\partial y} \right)$$

nur x allein enthält, aber frei von y ist, so ist diese Gleichung eine gewöhnliche Differentialgleichung erster Ordnung und ersten Grades für R. Sie läßt sich leicht integrieren. Denn es ist dann

$$\ln R = \int \left(\frac{\partial \varphi}{\partial y} - \frac{\partial \psi}{\partial x} \right) \cdot \frac{dx}{\psi} \qquad \text{bzw.} \qquad R = e^{\int \left(\frac{\partial \varphi}{\partial y} - \frac{\partial \psi}{\partial x} \right) \frac{dx}{\psi}}$$

ein Eulerscher Multiplikator von der gewünschten Eigenschaft. Wir haben gefunden: **Ist der Ausdruck**

$$\frac{\dfrac{\partial \varphi}{\partial y} - \dfrac{\partial \psi}{\partial x}}{\psi} = \Phi(x)$$

von y unabhängig, so hat die Differentialgleichung 29) einen Eulerschen Multiplikator R, der eine Funktion von x allein ist, und zwar ist $R = e^{\int \Phi(x)\,dx}$.

b) Auf ähnliche Weise läßt sich zeigen, daß, wenn der Ausdruck

$$\frac{\dfrac{\partial \psi}{\partial x} - \dfrac{\partial \varphi}{\partial y}}{\varphi} = \Psi(y)$$

von x unabhängig ist, die Differentialgleichung 29) einen Multiplikator R hat, der eine Funktion von y allein ist; er ist durch die Gleichung $R = e^{\int \Psi(y)\,dy}$ bestimmt.

c) Soll R eine Funktion der Summe $x + y$, also von der Form $R(x + y)$ sein, so muß, da

$$\frac{\partial R}{\partial x} = \frac{dR}{d(x + y)} \cdot \frac{\partial(x + y)}{\partial x} \quad \text{und} \quad \frac{\partial(x + y)}{\partial x} = 1$$

ist,

$$\frac{dR}{d(x + y)} = \frac{\partial R}{\partial x} = \frac{\partial R}{\partial y}$$

sein; dann geht 37) über in

$$\frac{dR}{R} + \frac{\dfrac{\partial \varphi}{\partial y} - \dfrac{\partial \psi}{\partial x}}{\varphi - \psi} \cdot d(x + y) = 0.$$

Es muß dann der Ausdruck

$$\frac{\dfrac{\partial \varphi}{\partial y} - \dfrac{\partial \psi}{\partial x}}{\varphi - \psi} = \Phi(x + y)$$

eine Funktion von $(x + y)$ sein. Ist diese Bedingung erfüllt, so ist der Eulersche Multiplikator $R = e^{-\int \Phi(x+y)\,d(x+y)}$. — Welche Bedingung muß bestehen, damit der Eulersche Multiplikator eine Funktion der Verbindung $(x - y)$ ist, und wie lautet er dann?

d) Damit R eine Funktion des **Produktes** $x \cdot y - R(x \cdot y) -$, also

$$\frac{\partial R}{\partial x} = \frac{dR}{d(x y)} \cdot \frac{\partial(x y)}{\partial x} = \frac{dR}{d(x y)} \cdot y \quad \text{und} \quad \frac{\partial R}{\partial y} = \frac{dR}{d(x y)} \cdot \frac{\partial(x y)}{\partial y} = \frac{dR}{d(x y)} \cdot x$$

ist, muß nach 37)

$$(x \cdot \varphi - y \cdot \psi) \cdot \frac{dR}{d(x\,y)} = R \cdot \left(\frac{\partial \psi}{\partial x} - \frac{\partial \varphi}{\partial y}\right)$$

oder

$$\frac{dR}{R} = \frac{\frac{\partial \psi}{\partial x} - \frac{\partial \varphi}{\partial y}}{x \cdot \varphi - y \cdot \psi} \cdot d(x\,y)\,,$$

d. h. der Ausdruck

$$\frac{\frac{\partial \psi}{\partial x} - \frac{\partial \varphi}{\partial y}}{x \cdot \varphi - y \cdot \psi} = \Phi(x\,y)$$

muß eine Funktion des Produktes $x \cdot y$ sein. Es ergibt sich dann

$$R = e^{\int \Phi(x \cdot y)\, d(x \cdot y)}\,.$$

e) Damit R eine Funktion des Ausdruckes $x^2 + y^2 - R(x^2 + y^2) -$, also

$$\frac{\partial R}{\partial x} = \frac{dR}{d(x^2 + y^2)} \cdot \frac{\partial(x^2 + y^2)}{\partial x} = \frac{dR}{d(x^2 + y^2)} \cdot 2x$$

und

$$\frac{\partial R}{\partial y} = \frac{dR}{d(x^2 + y^2)} \cdot \frac{\partial(x^2 + y^2)}{\partial y} = \frac{dR}{d(x^2 + y^2)} \cdot 2y$$

ist, muß nach 37)

$$2(y \cdot \varphi - x \cdot \psi) \cdot \frac{dR}{d(x^2 + y^2)} = R \cdot \left(\frac{\partial \psi}{\partial x} + \frac{\partial \varphi}{\partial y}\right)$$

oder

$$\frac{dR}{R} = \frac{\frac{\partial \psi}{\partial x} - \frac{\partial \varphi}{\partial y}}{2(y\varphi - x\psi)} \cdot d(x^2 + y^2)\,,$$

d. h. der Ausdruck

$$\frac{\frac{\partial \psi}{\partial x} - \frac{\partial \varphi}{\partial y}}{2(y\varphi - x\psi)} = \Phi(x^2 + y^2)$$

muß eine Funktion der Verbindung $(x^2 + y^2)$ sein. Es ergibt sich dann

$$R = e^{\int \Phi(x^2 + y^2)\, d(x^2 + y^2)}\,.$$

Man stelle weitere Sonderfälle zusammen und entwickle insbesondere die Bedingungen, unter welchen der Eulersche Multiplikator eine Funktion der Verbindungen $\frac{x}{y}$, $x^2 + y$, $x^2 - y^2$, $x^2 y$, $\frac{x^2}{y}$, $\ldots$ ist, und gebe den Eulerschen Multiplikator an.

Beispiele. a) Gegeben sei die Differentialgleichung

$$(x^2 y + y + 1)\, dx + (x + x^3)\, dy = 0;$$

ihre linke Seite ist kein vollständiges Differential. Wir wollen untersuchen, ob sie einen Eulerschen Multiplikator $R(x)$ hat, der von x allein abhängt. Es muß dann

$$R \cdot (x^2 y + y + 1)\, dx + R \cdot (x + x^3)\, dy = 0$$

ein vollständiges Differential, also nach 33)

$$R \cdot (x^2 + 1) = R \cdot (3x^2 + 1) + (x^3 + x)\frac{dR}{dx}$$

sein. Hieraus folgt $\dfrac{dR}{R} = -\dfrac{2x}{x^2+1}\,dx\,.$

Da diese Gleichung y überhaupt nicht mehr enthält, ist unsere Annahme richtig, und wir erhalten

$$\ln R = -\ln(x^2 + 1)\,, \qquad R = \frac{1}{x^2 + 1}\,.$$

Das vollständige Differential, in welcher die linke Seite der gegebenen Differentialgleichung übergeht, lautet demnach

$$\left(y + \frac{1}{x^2 + 1}\right) dx + x\,dy\,;$$

seine Ausgangsfunktion ist $xy + \operatorname{arctg} x$. Demnach ist $xy + \operatorname{arctg} x = C$ die vollständige Integralgleichung der gegebenen Differentialgleichung. Übrigens läßt sich die Differentialgleichung auch als lineare Differentialgleichung nach **E.** integrieren.

b) Gegeben sei die Differentialgleichung

$$(x^2 + y^2 + 2x)\,dx + 2y\,dy = 0\,.$$

Sie hat einen nur von x abhängigen Multiplikator $R_1(x)$; denn der Ausdruck

$$\frac{\dfrac{\partial \varphi}{\partial y} - \dfrac{\partial \psi}{\partial x}}{\psi} \equiv \frac{2y - 0}{2y} \equiv 1$$

enthält die Veränderliche y nicht. Es ist also $R_1 \cdot (x^2 + y^2 + 2x) + R_1 \cdot 2y$ ein vollständiges Differential und folglich nach 33)

$$2R_1 y = 2y\frac{dR_1}{dx} \qquad \text{oder} \qquad \frac{dR_1}{R_1} = dx\,, \qquad \ln R_1 = x\,, \qquad R_1 = e^x\,.$$

Dieselbe Differentialgleichung hat aber auch einen Multiplikator $R_2(x^2 + y^2)$, der eine Funktion der Verbindung $x^2 + y^2$ ist; denn der Ausdruck

$$\frac{\dfrac{\partial \psi}{\partial x} - \dfrac{\partial \varphi}{\partial y}}{2(y\varphi - x\psi)} \equiv \frac{0 - 2y}{2 \cdot (y(x^2 + y^2 + 2x) - 2xy)} \equiv -\frac{1}{x^2 + y^2}$$

ist ebenfalls eine Funktion von $x^2 + y^2$. Demnach ist

$$R_2 \cdot (x^2 + y^2 + 2x) + R_2 \cdot 2y$$

ein vollständiges Differential und folglich nach 33)

$$R_2 \cdot 2y + (x^2 + y^2 + 2x) \cdot \frac{dR_2}{d(x^2 + y^2)} \cdot 2y = 2y \cdot \frac{dR_2}{d(x^2 + y^2)} \cdot 2x$$

oder

$$\frac{dR_2}{R_2} = -\frac{d(x^2 + y^2)}{x^2 + y^2}\,,$$

also
$$\ln R_2 = -\ln(x^2 + y^2)\,, \qquad R_2 = \frac{1}{x^2 + y^2}$$

Wir kennen somit zwei **Euler**sche Multiplikatoren unserer Differentialgleichung
$$R_1 = e^x \qquad \text{und} \qquad R_2 = \frac{1}{x^2 + y^2}\,;$$

ihr Quotient ist $(x^2 + y^2)e^x$. Demnach muß $(x^2 + y^2)e^x = c$ eine vollständige Integralgleichung unserer Differentialgleichung sein. Man behandle diese Differentialgleichung auch als **Bernoulli**sche Differentialgleichung.

c) Man zeige, daß die Differentialgleichung
$$y^2(x - y)\,dx + (1 - xy^2)\,dy = 0$$

einen **Euler**schen Multiplikator hat, der nur von y abhängt, bestimme diesen und ermittle die vollständige Integralgleichung:
$$\frac{1}{2}x^2 - xy - \frac{1}{y} = C\,.$$

Anwendung: Die Methode des integrierenden Faktors ermöglicht uns, eine dritte Ableitung des Integrals einer linearen Differentialgleichung zu bringen. Ist $y' = P(x) \cdot y + Q(x)$ die lineare Differentialgleichung, die wir jetzt in der Form schreiben wollen
$$(P \cdot y + Q) \cdot dx - dy = 0,$$

und ist $R(x)$ ein nur von x abhängiger integrierender Faktor, so muß
$$R(x) \cdot \big(P(x) \cdot y + Q(x)\big)\,dx + \big(-R(x)\big)\,dy$$

ein vollständiges Differential, d. h. es muß
$$R \cdot P = -\frac{dR}{dx}$$

sein. Aus dieser Gleichung ergibt sich
$$\frac{dR}{R} = -P\,dx\,, \qquad \ln R = -\int P\,dx\,, \qquad R = e^{-\int P\,dx}\,.$$

Der Ausdruck
$$e^{-\int P\,dx}(P \cdot y + Q)\,dx + \big(-e^{-\int P\,dx}\big)\,dy$$

ist also ein vollständiges Differential. Die Ursprungsfunktion ergibt sich zu
$$\int e^{-\int P\,dx}(Py + Q)\,dx + C_1(y) = -y\,e^{-\int P\,dx} + \int Q\,e^{-\int P\,dx}\,dx + C_1(y),$$

bzw. zu
$$-\int e^{-\int P\,dx}\,dy + C_2(x) = -y\,e^{-\int P\,dx} + C_2(x)\,.$$

Der Vergleich lehrt, daß
$$C_1(y) = 0 \qquad \text{und} \qquad C_2(x) = \int Q\,e^{-\int P\,dx}\,dx$$

zu setzen ist; die Ursprungsfunktion lautet also

$$-y\,e^{-\int P\,dx} + \int Q\,e^{-\int P\,dx}\,dx\,.$$

Demnach ist

$$-y\,e^{-\int P\,dx} + \int Q\,e^{-\int P\,dx}\,dx = -c$$

eine vollständige Integralgleichung, also

$$y = e^{\int P\,dx}\left\{\int Q\,e^{-\int P\,dx} + c\right\}$$

das vollständige Integral der vorgelegten linearen Differentialgleichung, in Übereinstimmung mit Formel 26).

Wir haben hiermit die wesentlichsten Verfahren zur Integration einer Differentialgleichung erster Ordnung und ersten Grades behandelt und damit die Grundlage für weitere Betrachtungen geschaffen. Im nächsten Paragraphen wollen wir uns mit Differentialgleichungen erster Ordnung befassen, die nicht vom ersten Grade sind.

§ 2. Differentialgleichungen erster Ordnung, die nicht vom ersten Grade sind.

(228) Ist die Differentialgleichung erster Ordnung von der allgemeinen Form

$$F(x, y, y') = 0, \tag{41}$$

und gelingt es, sie nach y' aufzulösen, so läßt sich ihre Lösung leicht auf die einer Differentialgleichung erster Ordnung und ersten Grades zurückführen. Wählen wir als einfaches Beispiel die Differentialgleichung erster Ordnung zweiten Grades

$$y'^2 - 3y' - 4 = 0!$$

Ihre Auflösung nach y' ergibt die beiden Werte $y'_1 = 4$ und $y'_2 = -1$. Geometrisch heißt dies, daß jeder Punkt P der Ebene Träger von zwei Linienelementen ist; das eine hat in unserem Falle die Richtung $A_1 = 4$, das andere die Richtung $A_2 = -1$. Abb. 373 gibt das Bild der

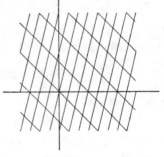

Abb. 373.

Differentialgleichung und zugleich die Integralkurven; sie sind in diesem Falle zwei Scharen paralleler Geraden mit den Richtungsfaktoren 4 und -1. Wir können die Richtigkeit dieses geometrischen Bildes auch rechnerisch bestätigen; denn aus $y' = 4$ folgt $y = 4x + c$ als Gleichung der ersten Kurvenschar und aus $y' = -1$ ebenso $y = -x + c$ als Gleichung der zweiten Kurvenschar. Die Gleichung der ersten Schar läßt sich schreiben $y - 4x - c = 0$, die der zweiten Schar $y + x - c = 0$. Also ist die Gleichung

$$(y - 4x - c)\,(y + x - c) = 0$$

die vollständige Integralgleichung der vorgelegten Differentialgleichung.

Hat — um zur allgemeinen Behandlung überzugehen — die Gleichung 41) für y' die n Lösungen $y' = \varphi_k(x, y)$, $(k = 1, 2, \ldots, n)$, und ist $f_k(x, y) = c$ das vollständige Integral der Differentialgleichung ersten Grades $y' = \varphi_k(x, y)$, dann muß

$$(f_1(x, y) - c) \cdot (f_2(x, y) - c) \ldots (f(x, y) - c) \ldots (f(x, y) - c) = 0 \quad 42)$$

die vollständige Integralgleichung von 41) sein. Denn Gleichung 41) läßt sich schreiben

$$(y' - \varphi_1(x, y)) \cdot (y' - \varphi_2(x, y)) \ldots (y' - \varphi_k(x, y)) \ldots (y' - \varphi_n(x, y)) = 0. \ 41')$$

Da nun $f_k(x, y) = c$ das Integral von $y' = \varphi_k(x, y)$ sein soll, so wird durch Einsetzen von $f_k(x, y) = c$ der Faktor $y' - \varphi_k(x, y)$ der Gleichung 41') und damit die linke Seite von 41') selbst identisch gleich Null; da fernerhin auch der Faktor $f_k(x, y) - c$ in 42) verschwindet, wird 42) selbst erfüllt.

Anwendungen. a) Gegeben sei die Differentialgleichung

$$y'^2 + 2ay' - bx = 0; \qquad\qquad \text{a)}$$

ihre Auflösung nach y' ergibt

$$y' = -a + \varepsilon \sqrt{a^2 + bx},$$

wobei $\varepsilon^2 = 1$ ist. Das vollständige Integral dieser Differentialgleichung ersten Grades ist aber

$$y = -ax + \frac{2\varepsilon}{3b}\sqrt{a^2 + bx}^3 + c.$$

Hieraus ergibt sich durch Beseitigen der Wurzel die vollständige Integralgleichung von a)

$$(y + ax - c)^2 - \frac{4}{9b^2}(a^2 + bx)^3 = 0. \qquad\qquad \text{b)}$$

Die Probe bestätigt die Richtigkeit. Bilden wir nämlich von b) das vollständige Differential, so erhalten wir

$$2(y + ax - c) \cdot dy + \left[2a(y + ax - c) - \frac{4}{9b^2} \cdot 3b(a^2 + bx)^2\right] dx = 0;$$

aus ihm folgt

$$y + ax - c = \frac{2(a^2 + bx)^2}{3b(y' + a)}.$$

Setzen wir zur Elimination der Integrationskonstanten diesen Wert für $y + ax - c$ in b) ein, so erhalten wir die Gleichung

$$\frac{4(a^2 + bx)^4}{9b^2(y' + a)^2} - \frac{4}{9b^2}(a^2 + bx)^3 = 0,$$

welche nach einfachen Umformungen zur Ausgangsdifferentialgleichung a) zurückführt.

b) Die Differentialgleichung laute $y = b(1 + y'^2)^m$; ihre Auflösung nach y' ergibt

$$y' = \sqrt{\left(\frac{y}{b}\right)^{\frac{1}{m}} - 1}.$$

Diese Differentialgleichung läßt sich nun zwar nicht allgemein integrieren, wohl aber für gewisse bestimmte Werte von m. So ist beispielsweise für $m = 1$

$$y' = \sqrt{\frac{y}{b} - 1},$$

also

$$\frac{dy}{\sqrt{\frac{y}{b} - 1}} = dx \qquad \text{oder} \qquad x - x_0 = 2b\sqrt{\frac{y}{b} - 1};$$

daher wird

$$(x - x_0)^2 - 4b(y - b) = 0$$

die vollständige Integralgleichung. Andere Sonderfälle, deren sorgfältige Durchführung dem Leser überlassen sei, sind

$$m = -\frac{1}{2}; \quad \text{vollständige Integralgleichung } (x - x_0)^2 + y^2 - b^2 = 0;$$

$$m = \frac{1}{2}; \qquad y = \frac{b}{2}\operatorname{\mathfrak{Cos}}\frac{x - x_0}{b};$$

$$m = -1; \qquad x - x_0 = b \arcsin\sqrt{\frac{y}{b}} - \sqrt{by - y^2}.$$

Setzt man in der letzten

$$y = \frac{b}{2}(1 - \cos\varphi),$$

so geht die vollständige Integralgleichung in die Parameterform (Parameter φ) über

$$x - x_0 = \frac{b}{2}(\varphi - \sin\varphi), \qquad y = \frac{b}{2}(1 - \cos\varphi).$$

c) Für welche Kurven hat die Normale die konstante Länge a? Da die Länge n der Normalen nach (120) S. 325 durch die Formel

$$n = y\sqrt{1 + y'^2}$$

gegeben ist, erhält man die Differentialgleichung

$$y^2 + y^2 y'^2 = a^2,$$

die sich auch schreiben läßt

$$\left(y' - \frac{\sqrt{a^2 - y^2}}{y}\right)\left(y' + \frac{\sqrt{a^2 - y^2}}{y}\right) = 0.$$

Also ist ihre vollständige Integralgleichung

$$\left(\sqrt{a^2 - y^2} + (x - x_0)\right)\left(\sqrt{a^2 - y^2} - (x - x_0)\right) = 0$$

oder $(x - x_0)^2 + y^2 = a^2.$

Die Kurve ist demnach ein Kreis vom Halbmesser a, dessen Mittelpunkt auf der Abzissenachse liegt.

d) Die Differentialgleichung

$$x^2 y'^2 - 4(y - h) x y' + x^2 + 4 y^2 - 4 h y = 0$$

ergibt, nach y' aufgelöst:

$$x y' = 2(y - h) + \varepsilon \sqrt{4 h^2 - 4 h y - x^2} \quad [\varepsilon^2 = 1].$$

Um diese neu gewonnene Differentialgleichung ersten Grades zu integrieren, setzen wir

$$\varepsilon \sqrt{4 h^2 - 4 h y - x^2} = z,$$

also

$$y = h - \frac{x^2 + z^2}{4 h} \quad \text{und} \quad y' = - \frac{x + z z'}{2 h}.$$

Dadurch wird die Differentialgleichung

$$- \frac{x^2 + x z z'}{2 h} = - \frac{x^2 + z^2}{2 h} + z,$$

aus der sich mittels einfacher Umformungen ergibt

$$x z' - z + 2 h = 0.$$

Diese Gleichung gestattet die Trennung der Veränderlichen:

$$\frac{d z}{z - 2 h} = \frac{d x}{x}.$$

Hieraus folgt

$$\ln (z - 2 h) = \ln x + c, \quad z - 2 h = - C x, \quad \sqrt{4 h^2 - 4 h y - x^2} = - C x + 2 h$$

und nach Quadrieren

$$y = + C x - \frac{C^2 + 1}{4 h} x^2.$$

Die Integralkurven sind Parabeln, die sämtlich durch den Anfangspunkt gehen und deren Achsen parallel zur y-Achse sind. Es sind, wie wir noch sehen werden, diejenigen Parabeln, die ein Massenpunkt beschreibt, wenn er mit der gleichen Anfangsgeschwindigkeit, aber verschiedener Anfangsrichtung vom Anfangspunkte aus bewegt wird und der in Richtung der negativen y-Achse wirkenden Schwerkraft unterworfen ist. [Schar von Wurfparabeln; die Ausgangsgleichung ist die Differentialgleichung dieser Schar; s. (231) S. 807ff.] — Das Beispiel zeigt, worauf noch besonders hingewiesen werden möge, daß es durch Einführung einer neuen Veränderlichen bisweilen gelingt,

verwickeltere Differentialgleichungen auf eine der im vorigen Paragraphen behandelten Formen zu bringen und auf diesem Wege eine
Integration zu ermöglichen.

(229) Ist es nicht möglich, Gleichung 41) nach y' aufzulösen, so ver-
suche man die gegebene Differentialgleichung nach einer der beiden
Veränderlichen x oder y aufzulösen. Nehmen wir zuerst an, die
Gleichung 41) sei nach y auflösbar, so kann man schreiben

$$y = f(x, y').\qquad 43)$$

Wenn wir beide Seiten nach x differenzieren, so erhalten wir aus 43)

$$y' = \frac{\partial f}{\partial x} + \frac{\partial f}{\partial y'} \cdot \frac{dy'}{dx}.\qquad 44)$$

$\frac{\partial f}{\partial x}$ und $\frac{\partial f}{\partial y'}$ sind angebbare, also bekannte Ausdrücke, und zwar im
allgemeinen Funktionen der beiden Veränderlichen x und y'. In 44)
tritt die Veränderliche y überhaupt nicht mehr auf, dagegen der Differentialquotient $\frac{dy'}{dx}$, also ist 44) eine Differentialgleichung erster Ordnung
und ersten Grades zwischen den beiden Veränderlichen x und y'. Sie
ist demnach nach den im vorigen Paragraphen aufgeführten Verfahren
weiter zu behandeln. Ist es möglich, ihr vollständiges Integral

$$y' = \varphi(x, c)\qquad 45)$$

anzugeben, so brauchen wir dieses nur in 43) einzusetzen, um das vollständige Integral von 43) zu erhalten; es lautet

$$y = f(x, \varphi(x, c)).\qquad 46)$$

Daß 46) wirklich ein Integral von 43) ist, ergibt sich aus der Bestimmung
der Funktion $\varphi(x, c)$; daß es das vollständige Integral ist, folgt aus dem
Umstande, daß es die Integrationskonstante c enthält.

Es sei beispielsweise die Gleichung

$$5y = x^2 + 5xy' + y'^2$$

gegeben. Differenzieren wir beide Seiten nach x, so erhalten wir

$$5y' = 2x + 5y' + (5x + 2y')\frac{dy'}{dx} \quad \text{bzw.} \quad 2x + (5x + 2y')\frac{dy'}{dx} = 0,$$

eine homogene Differentialgleichung zwischen x und y'. Wir setzen
$x = y' \cdot z$, also

$$\frac{dx}{dy'} = z + y'\frac{dz}{dy'},$$

wodurch die Differentialgleichung übergeht in

$$\frac{2z}{2z^2 + 5z + 2}\,dz + \frac{dy'}{y'} = 0.$$

Ihre Integration führt auf die vollständige Integralgleichung

$$\frac{(z+2)^4 y'^3}{2z+1} = c \qquad \text{bzw.} \qquad \frac{(x+2y')^4}{(2x+y')} = c \,.$$

Könnten wir diese mit elementaren algebraischen Hilfsmitteln nach y' auflösen, so brauchen wir den für y' gewonnenen Ausdruck nur in die Ausgangsdifferentialgleichung einzusetzen, um ihre vollständige Integralgleichung zu erhalten. Da das nicht möglich ist, bildet das Gleichungspaar

$$(x+2y')^4 - c(2x+y') = 0 \quad \text{und} \quad 5y - x^2 - 5xy' - y'^2 = 0$$

die vollständige Integralgleichung, wobei wir y' als Parameter anzusehen haben.

Anwendungen. a) Wir haben in **(228)** unter b) die Differentialgleichung

$$y = b(1 + y'^2)^m \qquad \text{a)}$$

behandelt; sie ist von der Form 43). Integrieren wir sie nach unserem jetzigen Verfahren, so erhalten wir

$$y' = bm(1 + y'^2)^{m-1} \cdot 2y' \cdot \frac{dy'}{dx}\,. \qquad \text{b)}$$

Diese Differentialgleichung zwischen x und y' wird durch den Wert $y' = 0$ befriedigt; setzen wir ihn in die ursprüngliche Gleichung ein, so erhalten wir die Lösung

$$y = b\,. \qquad \text{c)}$$

Gleichung b) vereinfacht sich dadurch zu

$$2bm(1 + y'^2)^{m-1}\frac{dy'}{dx} - 1 = 0\,,$$

aus der sich ergibt

$$x - x_0 = 2mb\int (1 + y'^2)^{m-1}\,dy'\,. \qquad \text{d)}$$

Gleichung d) in Verbindung mit a) ist die vollständige Integralgleichung von a), und zwar in Parameterdarstellung. [Der Parameter ist y', durch dessen Elimination sich unter Umständen die vollständige Integralgleichung in der gewöhnlichen Form gewinnen läßt.) Wir haben also zwei Lösungen von a) gewonnen, nämlich c) und a) d)]. Die erstere enthält keine Integrationskonstante, sie läßt sich andererseits auch nicht aus a) d) durch Spezialisieren der Integrationskonstanten x_0 gewinnen. Demnach ist nach unseren Auseinandersetzungen in **(220)** $y = b$ eine **singuläre Lösung** von a). An der Hand der geometrischen Deutung der schon in **(228)** aufgeführten Sonderfälle werden wir über diese Verhältnisse Klarheit gewinnen. Da nämlich die Länge der Normalen einer Kurve nach **(120)** S. 325

$$n = y\sqrt{1 + y'^2}, \quad \text{also} \quad \sqrt{1 + y'^2} = \frac{n}{y}$$

ist, so sagt unsere Ausgangsdifferentialgleichung aus: Wir sollen eine Kurve suchen, für welche in jedem Punkte

$$b \cdot n^{2m} = y^{2m+1} \qquad\qquad \text{e)}$$

ist, d. h. für die der Quotient aus der $(2m + 1)$ten Potenz der Ordinate jedes Punktes und der $(2m)$ten Potenz der zu diesem Punkte gehörigen Normale gleich der konstanten Strecke b ist.

Setzen wir $m = \frac{1}{2}$, so ist nach der Kurve gefragt, für welche in jedem Punkte das Quadrat über der Ordinate gleich dem Rechtecke aus der Länge der Normalen und der Strecke b ist: $y^2 = b \cdot n$. Die zugehörige Differentialgleichung ist $y = b\sqrt{1 + y'^2}$. Beiderseitiges Differenzieren nach x ergibt

$$y' - \frac{b y'}{\sqrt{1 + y'^2}} \frac{dy'}{dx} = 0;$$

aus ihr folgt 1) $y' = 0$, also $y = b$, und

2) $$\frac{b \cdot dy'}{\sqrt{1 + y'^2}} - dx = 0,$$

also

$$x - x_0 = b\,\mathfrak{Ar}\mathfrak{Sin}\, y' \qquad \text{oder} \qquad y' = \mathfrak{Sin}\frac{x - x_0}{b}.$$

Setzt man diesen Wert in die ursprüngliche Differentialgleichung ein, so ergibt sich

$$y = b\sqrt{1 + \mathfrak{Sin}^2\frac{x - x_0}{b}} \qquad \text{bzw.} \qquad y = b\,\mathfrak{Cof}\frac{x - x_0}{b}.$$

Das ist aber die Gleichung der Kettenlinie, deren Scheitel die Koordinaten $(x_0 \,|\, b)$ hat und deren Parameter gleich b ist. Die Schar der Integralkurven besteht demnach aus kongruenten Kettenlinien, die auseinander dadurch hervorgehen, daß man irgendeine parallel zur x-Achse verschiebt. Daß für eine Kettenlinie von der Gleichung

$$y = b\,\mathfrak{Cof}\frac{x}{b}$$

wirklich in jedem Punkte das Quadrat über der Ordinate gleich dem Rechteck aus der Länge der Normalen und der Strecke b ist, ist in (133) S. 359 ausgeführt. Das geometrische Bild der singulären

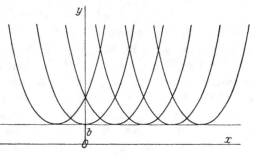

Abb. 374.

Lösung $y = b$ ist die im Abstande b parallel zur x-Achse gezogene Gerade; da für sie in jedem Punkte $y = n = b$ ist, so erfüllt auch sie die Bedingung $y^2 = bn$. Sie ist eine einzelne Kurve, die allerdings alle Kurven der Schar berührt. Abb. 374 gibt das geometrische Bild. —

Das hier ausgeführte Integrationsverfahren hat vor dem von **(228)** den Vorzug, daß es auch die singuläre Lösung gibt, die uns dort völlig verlorengegangen ist. — Wie gestaltet sich die Integration für die Fälle $m = 1, -\frac{1}{2}, -1$? Welches sind die zugehörigen geometrischen Bilder?

[a) $(x - x_0)^2 - 4by + 4b^2 = 0$ Parabelschar;

b) $(x - x_0)^2 + y^2 = b^2$ Kreisschar;

c) $y' = \operatorname{ctg}\dfrac{\vartheta}{2}$; $x - x_0 = \dfrac{b}{2}(\vartheta - \sin\vartheta)$; $y = \dfrac{b}{2}(1 - \cos\vartheta)$

Zykloidenschar.]

b) Eine geometrisch bedeutungsvolle Differentialgleichung, die uns später nochmals begegnen wird [s. **(233)** S. 823, Anwendung c)], ist die folgende:

$$y'^2 + \frac{x^2 - y^2 - c^2}{xy}\,y' - 1 = 0. \qquad\qquad \text{a)}$$

Sie ist in y' vom zweiten Grade; also gehören zu jedem Wertepaare $(x\,|\,y)$ zwei Werte y'. Da das Absolutglied gleich -1 ist, so ist das Produkt der beiden Werte y' für jedes Wertepaar $(x\,|\,y)$ gleich -1. Das heißt aber nach den Ausführungen von **(119)** S. 322, daß jeder Punkt der Ebene Träger zweier Linienelemente ist, welche aufeinander senkrecht stehen. — Nun ist zwar Gleichung a) in der gegebenen Form nicht ohne weiteres integrierbar, wohl aber, wenn man neue Veränderliche einführt. Setzen wir nämlich

$$x^2 = z \quad \text{und} \quad y^2 + c^2 = u, \qquad\qquad \text{b)}$$

so wird

$$dx = \frac{dz}{2x} \quad \text{und} \quad dy = \frac{du}{2y},$$

also

$$\frac{dy}{dx} = y' = \frac{x}{y}\frac{du}{dz} = \frac{x}{y}u';$$

die Gleichung geht dann über in

$$z u'^2 + (z - u)u' - (u - c^2) = 0.$$

Ihre Auflösung nach u ergibt

$$u = z \cdot u' + \frac{c^2}{1 + u'}. \qquad\qquad \text{c)}$$

Differenzieren wir jetzt beide Seiten nach z, so erhalten wir

$$u' = u' + \left(z - \frac{c^2}{(1 + u')^2}\right)\frac{du'}{dz}.$$

Aus dieser Gleichung folgt $\dfrac{du'}{dz} = 0$, also $u' = C$ und mittels c)

$$u = Cz + \frac{c^2}{C + 1}, \qquad\qquad \text{d)}$$

und hieraus mittels b)

$$y^2 + c^2 = Cx^2 + \frac{c^2}{C+1} \qquad \text{bzw.} \qquad \frac{x^2}{\frac{c^2}{C+1}} - \frac{y^2}{C\frac{c^2}{C+1}} = 1 \,.$$

Setzen wir noch

$$\frac{c^2}{C+1} = p^2 \,,$$

so geht diese Gleichung über in

$$\frac{x^2}{p^2} + \frac{y^2}{p^2 - c^2} = 1 \,, \qquad\qquad \text{e)}$$

in die Gleichung der **konfokalen Kegelschnitte**. Also ist a) die **Differentialgleichung der konfokalen Kegelschnitte**.

c) Eine besondere Gattung der nach y auflösbaren Differentialgleichungen bilden die Differentialgleichungen von der Form

$$y = x \cdot y' + \psi(y') ; \qquad\qquad 47)$$

man nennt sie die **Clairautsche Differentialgleichung.** In ihr ist y eine lineare Funktion von x, und zwar ist der Faktor von x einfach y', während das Absolutglied eine beliebige Funktion von y' ist. Differenzieren nach x ergibt

$$y' = y' + \left(x + \frac{d\psi}{dy'}\right)\frac{dy'}{dx} \qquad \text{bzw.} \qquad \left(x + \frac{d\psi}{dy'}\right)\cdot\frac{dy'}{dx} = 0 \,. \qquad 48)$$

Gleichung 48) zerfällt in die beiden Bedingungen

$$x + \frac{d\psi}{dy'} = 0 \qquad \text{und} \qquad \frac{dy'}{dx} = 0 \,.$$

Aus der ersten folgt $x = -\dfrac{d\psi}{dy'}$, und dies gibt in Verbindung mit 47) die **singuläre Lösung** von 47) in der Parameterdarstellung (Parameter y')

$$x = -\frac{d\psi}{dy'}, \quad y = xy' + \psi \qquad \text{bzw.} \qquad x = -\frac{d\psi}{dy'}, \quad y = \psi - y'\frac{d\psi}{dy'} \,. \qquad 49)$$

Aus der zweiten Bedingung $\dfrac{dy'}{dx} = 0$ folgt andererseits $y' = c$, also mittels 47) die **vollständige Lösung** von 47)

$$y = cx + \psi(c) \,. \qquad\qquad 50)$$

Die Schar der Integralkurven 50) besteht demnach aus Geraden, während die zur singulären Lösung 49) gehörige Integralkurve die Kurve ist, zu der die Geradenschar die Tangenten darstellt. Aus 49) folgt nämlich

$$\frac{dy}{dx} = \frac{dy}{dy'} : \frac{dx}{dy'} = \left(\frac{d\psi}{dy'} - \frac{d\psi}{dy'} - y'\frac{d^2\psi}{dy'^2}\right) : \left(-\frac{d^2\psi}{dy'^2}\right) = y' \,.$$

Greifen wir nun die Tangénte an 49) mit dem Richtungsfaktor $y' = c$ heraus, so muß nach 49) der Berührungspunkt die Koordinaten

$$x = -\frac{d\psi(c)}{dc}, \qquad y = \psi(c) - c\frac{d\psi}{dc}$$

haben; also lautet die Gleichung der Tangente

$$\left(y - \psi(c) + c\frac{d\psi}{dc}\right) : \left(x + \frac{d\psi}{dc}\right) = c \qquad \text{bzw.} \qquad y = cx + \psi'(c),$$

in Übereinstimmung mit 50).

Es sei beispielsweise $y = xy' - y'^2$; dann ist die singuläre Lösung $x = 2y'$; $y = y'^2$. Hier läßt sich der Parameter y' leicht eliminieren, und wir erhalten die parameterfreie singuläre Lösung $y = \frac{x^2}{4}$. Die vollständige Lösung dagegen ist

$$y = cx - c^2.$$

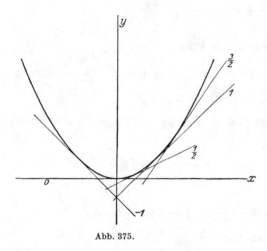

Abb. 375.

Abb. 375 zeigt die singuläre Integralkurve, eine Parabel, und eine Anzahl der partikulären Kurven, die Tangenten an diese Parabel sind. —

Lassen wir in 47) die Einschränkung fallen, daß der Faktor von x gleich y' sein soll, und betrachten den Fall, daß er eine beliebige Funktion von y' ist, dann stellt sich y als allgemeinste lineare Funktion von x dar, ist also von der Form:

$$y = x \cdot \varphi(y') + \psi(y'). \qquad\qquad 51)$$

Dann können wir ebenfalls die Integralgleichung noch angeben. Differenzieren wir nämlich beide Seiten von 51) nach x, so erhalten wir

$$y' = \varphi + (x\varphi'(y') + \psi'(y'))\frac{dy'}{dx} \qquad \text{bzw.} \qquad (\varphi - y')dx + (x\varphi' + \psi')dy' = 0.$$

Für letzteren Ausdruck können wir leicht einen nur von y' abhängigen integrierenden Faktor $R(y')$ finden. Er muß nach den Ausführungen von (227) S. 789 die Bedingung erfüllen

$$R \cdot (\varphi' - 1) + R'(\varphi - y') = R\varphi';$$

aus ihr folgt

$$\frac{dR}{R} = \frac{dy'}{\varphi - y'}, \qquad \text{also} \qquad R = e^{\int \frac{dy'}{\varphi - y'}}.$$

Damit ist die Aufgabe auf die von (227) zurückgeführt. Hat man die Ursprungsfunktion $F(x, y') = c$ des vollständigen Differentials

$$(\varphi - y') \, e^{\int \frac{dy'}{\varphi - y'}} \, dx + (x\,\varphi' + \psi') \, e^{\int \frac{dy'}{\varphi - y'}} \, dy = 0 \qquad 52)$$

ermittelt, so gibt

$$F(x, y') = c, \quad y = x\,\varphi + \psi \qquad 53)$$

die Parameterdarstellung des vollständigen Integrals von 51).

Es sei beispielsweise

$$y = x\,y'^2 + y'^3. \qquad \text{a)}$$

Dann ist

$$y' = y'^2 + (2x\,y' + 3y'^2) \frac{dy'}{dx}$$

oder

$$y'[(y' - 1)\,dx + (2x + 3y')\,dy'] = 0.$$

Aus $y' = 0$ folgt die triviale singuläre Lösung $y = 0$. Der Ausdruck

$$(y' - 1)\,dx + (2x + 3y')\,dy'$$

wird durch Multiplizieren mit dem Faktor $(y' - 1)$ zum vollständigen Integrale

$$(y'^2 - 2y' + 1)\,dx + (3y'^2 + 2x\,y' - 3y' - 2x)\,dy' \qquad \text{(nachprüfen!)}.$$

Die Differentialgleichung

$$(y'^2 - 2y' + 1)\,dx + (3y'^2 + 2xy' - 3y' - 2x)\,dy' = 0$$

besitzt andererseits die vollständige Integralgleichung

$$x(y'^2 - 2y' + 1) + y'^3 - \tfrac{3}{2}\,y'^2 = c. \qquad \text{b)}$$

Demnach ist

$$x = \frac{2c + 3y'^2 - 2y'}{2(y' - 1)^2}, \qquad y = \frac{-y'^4 + 2y'^3 + 2c\,y'^2}{2(y' - 1)^2}$$

das vollständige Integral von a) in Parameterform.

(230) Läßt sich umgekehrt die Differentialgleichung 41) leicht nach x auflösen, so daß sie auf die Form gebracht werden kann

$$x = f(y, y'), \qquad 54)$$

so kommen wir zum Ziele, wenn wir beide Seiten nach y differenzieren; wir erhalten dadurch

$$\frac{dx}{dy} = \frac{\partial f}{\partial y} + \frac{\partial f}{\partial y'} \cdot \frac{dy'}{dy}.$$

Da nun

$$\frac{dx}{dy} = 1 : \frac{dy}{dx} = \frac{1}{y'}$$

ist, so wird diese übergeführt in

$$\frac{\partial f}{\partial y'} \cdot \frac{dy'}{dy} = \frac{1}{y'} - \frac{\partial f}{\partial y}$$

oder

$$\left(\frac{\partial f}{\partial y} - \frac{1}{y'}\right) dy + \frac{\partial f}{\partial y'} \cdot dy' = 0 \,. \tag{55}$$

55) ist aber, da $\frac{\partial f}{\partial y}$ und $\frac{\partial f}{\partial y}$ bekannte Funktionen der beiden Veränderlichen y und y' sind, eine Differentialgleichung erster Ordnung und ersten Grades zwischen y und y'. Ist $y' = \varphi(y, c)$ ihr vollständiges Integral, so ist mittels 54) in

$$x = f(y, \varphi(y, c)) \tag{56}$$

das vollständige Integral von 54) gefunden.

    Beispiele. a) Aus der Differentialgleichung $x = 1 + y' + y'^2$ folgt durch Differenzieren nach y

$$\frac{1}{y'} = (1 + 2y')\frac{dy'}{dy} \,,$$

eine Differentialgleichung zwischen y und y', die eine Trennung der Veränderlichen zuläßt:

$$dy = (y' + 2y'^2)dy' \,.$$

Ihr Integral ist

$$y = \frac{y'^2}{2} + \frac{2}{3}\,y'^3 + c \,.$$

Demnach ist die vollständige Integralgleichung der gegebenen Differentialgleichung in Parameterform

$$x = 1 + y' + y'^2 \,, \qquad y = c + \frac{y'^2}{2} + \frac{2}{3}\,y'^3 \,.$$

    b) Gegeben sei die Differentialgleichung

$$y\,y'^2 - 2xy' + y = 0 \qquad \text{bzw.} \qquad x = y \cdot \frac{y'^2 + 1}{2y'} \,.$$

Differenzieren nach y ergibt

$$\frac{1}{y'} = \frac{y'^2 + 1}{2y'} + y \cdot \frac{y'^2 - 1}{2y'^2} \cdot \frac{dy'}{dy} \,,$$

eine Differentialgleichung zwischen y und y', in der die Trennung der Veränderlichen möglich ist:

$$(y'^2 - 1)\left(\frac{dy}{y} + \frac{dy'}{y'}\right) = 0 \,.$$

Diese Gleichung zerfällt in zwei weitere Gleichungen. Aus $y'^2 = 1$ folgt $y' = \pm 1$, also mittels der Ausgangsgleichung $y = \pm\,x$ (singuläre Lösung). Ferner

$$\frac{dy}{y} + \frac{dy'}{y'} = 0 \,, \qquad \ln y + \ln y' = \ln c \,, \qquad y\,y' = c \qquad \text{oder} \qquad y' = \frac{c}{y} \,.$$

Setzt man dieses Ergebnis in die Ausgangsgleichung ein, so erhält man ihr vollständiges Integral

$$x = y \cdot \frac{\left(\dfrac{c}{y}\right)^2 + 1}{2 \cdot \dfrac{c}{y}}$$

oder
$$2cx = c^2 + y^2, \qquad y^2 = c(2x - c).$$

c) Gegeben sei die Differentialgleichung

$$x = \frac{y^3 \cdot y'}{a^3 + y^2 y'^2};$$ \hfill a)

sie ist schon nach x aufgelöst, könnte also ohne weiteres nach dem hier angegebenen Verfahren behandelt werden. Wir können die Differentialgleichung aber auch noch einfacher gestalten, indem wir setzen

$$y^2 = u;$$ \hfill b)

dann wird $2yy' = u'$, wobei $u' = \dfrac{du}{dx}$ ist. a) geht dadurch über in

$$x = \frac{2uu'}{4a^2 + u'^2}.$$ \hfill c)

Differenzieren wir beide Seiten nach u, so erhalten wir

$$\frac{1}{u'} = 2\frac{u'}{4a^2 + u'^2} + 2u\frac{4a^2 - u'^2}{(4a^2 + u'^2)^2} \cdot \frac{du'}{du}$$

oder
$$\frac{4a^2 - u'^2}{u'(4a^2 + u'^2)} - 2u\frac{4a^2 - u'^2}{(4a^2 + u'^2)^2} \cdot \frac{du'}{du} = 0.$$

Durch Multiplizieren mit dem Hauptnenner $u'(4a^2 + u'^2)^2$ und Faktorenzerlegung ergibt sich

$$(4a^2 - u'^2)\left\{4a^2 + u'^2 - 2uu'\frac{du'}{du}\right\} = 0.$$ \hfill d)

Aus d) folgt erstens, daß $4a^2 - u'^2 = 0$, also $u' = \pm 2a$ sein muß. Setzen wir diesen Wert in c) ein, so erhalten wir $x = \pm\dfrac{u}{2a}$ und mittels b) die beiden **singulären Lösungen** $y^2 = +2ax$ und $y^2 = -2ax$. Ferner folgt aus d) die weitere Differentialgleichung

$$4a^2 + u'^2 - 2uu'\frac{du'}{du} = 0,$$ \hfill e)

in der die Trennung der Veränderlichen möglich ist; sie ergibt

$$\frac{2u'\,du'}{4a^2 + u'^2} = \frac{du}{u}.$$

Ihr vollständiges Integral ist mithin

$$\ln(4a^2 + u'^2) = \ln u + \ln 2c$$

oder
$$4a^2 + u'^2 = 2cu.$$ \hfill f)

Durch Einführung dieses Wertes in c) erhalten wir

$$x = \frac{u'}{c}, \qquad \text{also} \qquad u' = cx.$$

Setzen wir schließlich diesen Wert wiederum in c) oder f) ein, so ergibt sich als vollständiges Integral von c)

$$4a^2 + c^2x^2 = 2cu, \qquad\qquad\qquad \text{g)}$$

das durch die Substitution b) endlich in das vollständige Integral von a) übergeführt wird. Aus diesem wird nach einigen einfachen Umformungen die Gleichung

$$\frac{y^2}{\left(a\sqrt{\frac{2}{c}}\right)^2} - \frac{x^2}{\left(\frac{2a}{c}\right)^2} = 1. \qquad\qquad\qquad \text{h)}$$

Wir sehen, daß die Schar der Integralkurven eine Schar von Hyperbeln ist, deren Mittelpunkt in O liegt, deren reelle Achse die y-Achse und deren imaginäre Achse die x-Achse ist; ihre reelle Halbachse ist $a\sqrt{\frac{2}{c}}$ und ihre imaginäre Halbachse $\frac{2a}{c}$. Die singuläre Integralkurve dagegen besteht aus zwei zueinander symmetrisch bezüglich der y-Achse gelegenen Parabeln, die den gemeinsamen Scheitel O, den gleichen Parameter a und die Abszissenachse zur Parabelachse haben. Man entwerfe das Bild.

§ 3. Kurvenscharen.

(231)   Die Differentialgleichung erster Ordnung

$$F(x, y, y') = 0 \qquad\qquad\qquad 41)$$

und ihre vollständige Integralgleichung

$$\Phi(x, y, c) = 0 \qquad\qquad\qquad 57)$$

haben, wie wir schon wissen, bestimmte geometrische Bedeutung. Bei bestimmter Wahl von c ist Gleichung 57) die Gleichung einer Kurve, also stellt 57) die Gleichung einer Schar von unendlich vielen Kurven dar. Andererseits ist das geometrische Bild von 41) die gleiche Kurvenschar. Der geometrische Unterschied von 41) und 57) besteht nur darin, daß durch 57) jede einzelne Kurve als eine gesetzmäßige Folge ihrer Punkte, durch 41) dagegen als gesetzmäßige Folge ihrer Richtungen (Linienelemente!) definiert ist. 41) ist die Differentialgleichung der Kurvenschar, 57) ist im Unterschied hierzu die sog. endliche Gleichung der Kurvenschar. Beide Gleichungen gehören eng zusammen; die eine ist der vollgültige Ersatz der anderen. Bisher haben wir die Aufgabe von der Seite angefaßt, daß wir aus der Differentialgleichung die endliche Gleichung der Kurvenschar errechnet haben.

Wir können aber auch, wenn ihre endliche Gleichung 57) gegeben ist, umgekehrt ihre Differentialgleichung 41) ermitteln. Wir beginnen mit einem Beispiel (s. Abb. 376).

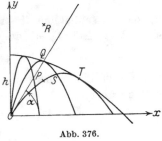

Abb. 376.

Wird ein Massenpunkt unter einem Winkel α gegen die Horizontale mit einer Anfangsgeschwindigkeit v_0 bewegt, so beschreibt er unter Einwirkung der Erdschwere eine krumme Bahn (Wurfparabel). DieBewegung möge unter Ausschluß sonstiger Bewegungsstörungen, wie Reibung, Luftwiderstand, vor sich gehen. Der Massenpunkt gelangt nach Verlauf der Zeit t in eine Lage P, deren Koordinaten durch die Gleichungen

$$x = v_0\, t \cos\alpha\,, \qquad y = v_0\, t \sin\alpha - \frac{g}{2}\cdot t^2 \qquad\qquad \text{a)}$$

bestimmt sind. Die Gleichungen a) können auch angesehen werden als die Parameterdarstellung der Punktbahn, wobei t der Parameter ist. Durch Elimination von t erhalten wir die parameterfreie Bahngleichung

$$y = x \operatorname{tg}\alpha - \frac{g}{2\,v_0^2 \cos^2\alpha}\cdot x^2\,. \qquad\qquad \text{b)}$$

Setzen wir zur Abkürzung noch

$$\frac{v_0^2}{g} = 2h\,, \qquad\qquad \text{c)}$$

so geht sie über in

$$y = x\operatorname{tg}\alpha - \frac{x^2}{4h\cos^2\alpha} \qquad \text{bzw.} \qquad y = x\operatorname{tg}\alpha - \frac{x^2}{4h}\left(1 + \operatorname{tg}^2\alpha\right)\,. \qquad \text{d)}$$

Die Bahnkurve ist also eine Parabel, deren Achse parallel zur y-Achse ist. Sie ist wesentlich bestimmt durch den Winkel α, unter welchem der Massenpunkt von dem Anfangspunkt O der Bewegung aus geworfen wird. Ändert sich dieser, so ändert sich auch die Bahn. Gleichung d) stellt demnach, wenn man α als veränderlich auffaßt, die Gleichung einer Parabelschar dar, und zwar die endliche Gleichung. Um ihre Differentialgleichung zu finden, brauchen wir nur d) nach x zu differenzieren, wodurch wir erhalten:

$$y' = \operatorname{tg}\alpha - \frac{x}{2h\cos^2\alpha} \qquad \text{bzw.} \qquad y' = \operatorname{tg}\alpha - \frac{x}{2h}\left(1 + \operatorname{tg}^2\alpha\right)\,. \qquad \text{e)}$$

Aus d) und e) läßt sich eine Gleichung herstellen, die α nicht mehr enthält, sondern eine Beziehung nur zwischen x, y, y' ist. Berechnen wir aus d) $\operatorname{tg}\alpha$ und aus e) $\dfrac{1}{\cos^2\alpha} = 1 + \operatorname{tg}^2\alpha$, so erhalten wir

$$\operatorname{tg}\alpha = 2\frac{y}{x} - y' \qquad \text{und} \qquad 1 + \operatorname{tg}^2\alpha = \frac{4h}{x^2}\left(y - x\,y'\right)\,.$$

Also wird

$$1 + \left(2\,\frac{y}{x} - y'\right)^2 = \frac{4\,h}{x^2}\,(y - x\,y')$$

oder nach Multiplikation mit x^2 und zweckmäßiger Ordnung der Glieder

$$x^2 y'^2 + 4\,(h - y)\,x\,y' + x^2 + 4y^2 - 4h\,y = 0. \qquad \text{f)}$$

Das ist in der Tat die Differentialgleichung der Schar der Wurfparabeln, die wir in Beispiel d) von (228) S. 796 schon behandelt haben. Wir überzeugen uns, daß auch unsere endliche Gleichung d) mit der dort gefundenen Integralgleichung identisch ist; wir brauchen nur $C = \operatorname{tg}\alpha$ zu setzen, um die Übereinstimmung herbeizuführen.

Die vorstehenden Überlegungen gelten allgemein. Die Differentialgleichung der durch Gleichung 57) definierten Kurvenschar erhält man dadurch, daß man aus 57) den Differentialquotienten

$$y' = - \frac{\dfrac{\partial \Phi}{\partial x}}{\dfrac{\partial \Phi}{\partial y}} \qquad \qquad 58)$$

berechnet und aus den beiden Gleichungen 57) und 58) die Konstante c eliminiert.

In Abb. 376 ist eine Anzahl Parabeln der Schar eingetragen; wir erkennen, daß die Parabeln nicht die ganze Ebene überdecken, d. h. daß es Punkte R der Ebene gibt, durch welche keine Parabel der Schar hindurchgeht. Ferner gibt es Punkte S der Ebene, durch welche je zwei Parabeln der Schar hindurchgehen, die zu verschiedenen Werten von α gehören. Die Punkte R der ersten Art und die Punkte S der zweiten Art werden durch eine Kurve voneinander getrennt, deren Punkte T eine Art Grenzübergang zwischen den beiden Gruppen darstellen. Jeder Punkt der Grenzkurve kann aufgefaßt werden als Schnittpunkt der Parabel α mit der ihr unendlich benachbarten, deren Winkel sich von α nur um einen unendlich kleinen Wert $d\alpha$ unterscheidet. Man sagt, die Grenzkurve ist der Ort der Schnittpunkte je zweier unendlich benachbarter Parabeln der Schar. Führen wir in Anlehnung an S. 796 für $\operatorname{tg}\alpha$ die Konstante C ein, so daß die Gleichung der Parabel lautet

$$y = C x - \frac{1 + C^2}{4\,h}\,x^2\,, \qquad \qquad \text{g)}$$

so müssen wir also, um den auf dieser Parabel gelegenen Punkt der Grenzkurve zu erhalten, diese Parabel zum Schnitt bringen mit der Parabel, welche zur Konstanten $C + dC$ gehört. Ihre Gleichung lautet

$$y = (C + dC)\,x - \frac{1 + (C + dC)^2}{4\,h}\,x^2\,. \qquad \qquad \text{h)}$$

Da die Koordinaten $(x\,|\,y)$ des gesuchten Punktes T sowohl g) als auch h) erfüllen müssen, befriedigen sie auch die durch Subtraktion beider Gleichungen entstehende Gleichung. Diese lautet aber

$$dC \cdot x - \frac{2C \cdot dC + (dC)^2}{4h}\, x^2 = 0\,,$$

aus der durch Division mit dC die neue hervorgeht

$$x - \frac{2C + dC}{4h}\, x^2 = 0\,.$$

Da wir hier das Differential dC gegenüber der endlichen Größe $2C$ vernachlässigen können, folgt schließlich die Gleichung

$$x - \frac{C}{2h}\, x^2 = 0\,.$$

Aus ihr ergibt sich die Abszisse

$$x = \frac{2h}{C}$$

und mittels g) die Ordinate

$$y = \frac{C^2 - 1}{C^2}\, h\,.$$

Beide Gleichungen zusammen sind die Parameterdarstellung der Grenzkurve; durch Elimination von C ergibt sich ihre parameterfreie Gleichung

$$y = -\frac{x^2}{4h} + h\,. \qquad\qquad \text{i)}$$

Die Grenzkurve ist also eine P a r a b e l, deren Achse die y-Achse ist, deren Scheitel die Koordinaten $(0\,|\,h)$ hat und die im Sinne der negativen y-Achse geöffnet ist; ihr Brennpunkt liegt in O.

Diese Grenzkurve trennt, wie schon erwähnt, den Teil der Ebene, welcher von den Parabeln erfüllt wird, von dem parabelfreien Teile; sie hüllt die Parabelschar ein und heißt aus diesem Grunde die **Hüllkurve** oder **Enveloppe** der Parabelschar.

Verallgemeinern wir wieder, so kommen wir zu den folgenden Schlüssen. Ist 57) $\Phi(x, y, c) = 0$ die Gleichung der Kurvenschar, so erhalten wir die Koordinaten des Schnittpunktes der Kurve c mit der Nachbarkurve $c + dc$, indem wir die beiden Gleichungen

$$\Phi(x, y, c) = 0 \quad\text{und}\quad \Phi(x, y, c + dc) = 0$$

nach x und y auflösen. Da diese Koordinaten aber auch die Gleichung

$$\Phi(x, y, c + dc) - \Phi(x, y, c) = 0\,,$$

also auch die Gleichung

$$\frac{\Phi(x, y, c + dc) - \Phi(x, y, c)}{dc} \equiv \frac{\partial \Phi(x, y, c)}{\partial c} = 0$$

erfüllen müssen, so ergibt sich:

Um die Gleichung der Hüllkurve der Kurvenschar von der Gleichung $\quad \Phi(x, y, c) = 0$

zu ermitteln, eliminiere man aus dieser und der Gleichung

$$\frac{\partial \Phi(x, y, c)}{\partial c} = 0$$

die Größe c. Würde man nämlich die beiden Gleichungen

$$\Phi(x, y, c) = 0 \quad \text{und} \quad \frac{\partial \Phi(x, y, c)}{\partial c} = 0$$

erst nach x und y auflösen, so erhielte man die Koordinaten $x = \varphi(c)$, $y = \psi(c)$ des auf der Kurve c gelegenen Punktes der Hüllkurve als Funktionen des Parameters c. Durch Elimination von c aus diesen beiden würde man die Gleichung der Hüllkurve selbst erhalten, ein Verfahren, das sich aber vereinfachen läßt, indem man c unmittelbar aus

$$\Phi(x, y, c) = 0 \quad \text{und} \quad \frac{\partial \Phi(x, y, c)}{\partial c} = 0$$

eliminiert.

Da die Hüllkurve sämtliche Kurven der Schar berührt, hat sie mit ihnen in den gemeinsamen Punkten auch die Richtung, d. h. das Linienelement gemeinsam. Sie ist demnach ebenfalls eine Integralkurve der Differentialgleichung der Kurvenschar, ihre Gleichung also eine Integralgleichung derselben. Wir überzeugen uns hiervon an unserem Beispiel. Aus Gleichung i) folgt $y' = -\dfrac{x}{2h}$; setzt man diesen Wert und den von y aus i) in f) ein, so wird die Differentialgleichung der Parabelschar erfüllt. Nun wird aber im allgemeinen die Hüllkurve keine Kurve der Schar sein, wie auch unser Beispiel zeigt; folglich ist die Gleichung der Hüllkurve im allgemeinen eine singuläre Lösung der Differentialgleichung der Kurvenschar. Wir haben hiermit einen Weg gefunden, um auf systematische Weise zu der singulären Lösung einer Differentialgleichung 41) — wenn sie eine solche überhaupt hat — zu gelangen. Wir suchen zuerst ihre vollständige Integralgleichung 57) $\Phi(x, y, c) = 0$, gesellen ihr die Gleichung $\frac{\partial \Phi}{\partial c} = 0$ zu und eliminieren aus beiden die Größe c. Das Ergebnis ist die singuläre Lösung von 41).

Wir machen hierbei zur Ermittlung der singulären Lösung allerdings den Umweg über die vollständige Integralgleichung, und es drängt sich die Frage auf, ob wir nicht die singuläre Lösung unmittelbar aus der gegebenen Differentialgleichung 41) finden können. Daß dem in der Tat so ist, davon wollen wir uns wieder erst an der Hand unseres Beispiels überzeugen, ehe wir den allgemeinen Fall behandeln. Wir greifen zu diesem Zwecke auf Abb. 376 zurück. Jeder Punkt S der Ebene ist Träger von zwei Linienelementen, deren Richtungen reell und voneinander verschieden sind; jeder Punkt R dagegen ist Träger von zwei Linienelementen, deren Richtungen komplex sind. Jeder Punkt T der Hüllkurve schließlich ist als Schnittpunkt zweier Nachbarkurven c und $c + dc$ Träger zweier Linienelemente, deren Richtungen sich nur um eine unendlich kleine Größe unterscheiden; ist die eine Richtung y', so ist die andere $y' + dy'$. Demnach müssen die Koordinaten $(x\,|\,y)$ von T sowohl die Gleichung 41) $F(x, y, y') = 0$ als auch die Gleichung $F(x, y, y' + dy') = 0$ erfüllen; dann müssen sie aber auch die sich aus beiden durch Subtraktion ergebende Gleichung

$$F(x, y, y' + dy') - F(x, y, y') = 0$$

und folglich auch die aus ihr durch Division mit dy' folgende Gleichung

$$\frac{\partial F}{\partial y'} \equiv \frac{F(x, y, y' + dy') - F(x, y, y')}{dy'} = 0$$

erfüllen. Die beiden Gleichungen

$$F(x, y, y') = 0 \quad \text{und} \quad \frac{\partial F(x, y, y')}{\partial y'} = 0 \qquad 59)$$

sind bei gegebenem y' aufzufassen als zwei Bestimmungsgleichungen für die Koordinaten $(x\,|\,y)$ desjenigen Punktes T der Hüllkurve, in welchem diese die gegebene Richtung y' hat, also als eine Parametergleichung der Hüllkurve (Parameter y'). Durch Elimination von y' erhalten wir demnach die unmittelbare Gleichung der Hüllkurve, d. h. die singuläre Lösung von 41). Wir fassen zusammen:

Um die singuläre Lösung der Differentialgleichung 41) $F(x, y, y') = 0$ zu finden, eliminiert man aus den beiden Gleichungen

$$F(x, y, y') = 0 \quad \text{und} \quad \frac{\partial F(x, y, y')}{\partial y'} = 0$$

die Größe y'.

Bemerkenswert ist hierbei, daß wir das singuläre Integral der Differentialgleichung nicht durch Integrieren, sondern durch Differenzieren gewinnen.

Wie gestaltet sich diese Rechnung nun bei unserem Beispiel? Gleichung f) S. 808 ist die gegebene Differentialgleichung

$$x^2 y'^2 + 4(h - y)\,x y' + x^2 + 4 y^2 - 4 h y = 0.$$

Partielles Differenzieren nach y' ergibt

$$2 x^2 y' + 4(h - y)\,x = 0.$$

Aus dieser Gleichung folgt

$$y' = 2\frac{y-h}{x}.$$

Setzen wir diesen Wert für y' in f) ein, so erhalten wir

$$4(y-h)^2 - 8(y-h)^2 + x^2 + 4y^2 - 4hy = 0$$

und nach einfachen Umformungen

$$y = -\frac{x^2}{4h} + h,$$

also in der Tat die singuläre Lösung i) S. 809.

(232) Wir wollen uns nun mit einigen Anwendungen der Lehre von den singulären Lösungen und den Hüllkurven befassen. Als solche können diejenigen Beispiele des vorigen Paragraphen benutzt werden, in denen wir auf singuläre Lösungen gestoßen sind; der Leser möge sich der Mühe unterziehen, diese von den jetzt gewonnenen Gesichtspunkten aus nochmals zu behandeln. Es sei hier nur eines herausgegriffen, die Clairautsche Differentialgleichung

$$0 = y - xy' - \psi(y'). \qquad\qquad 47)$$

Für die singuläre Lösung muß die Gleichung bestehen $+ x + \psi'(y') = 0$; also lautet ihre Gleichung in Parameterform

$$x = -\psi'(y'), \quad y = \psi(y') - y' \cdot \psi'(y'),$$

in Übereinstimmung mit 49).

Weitere Anwendungen sind die folgenden.

a) Eine sich kreisförmig ausbreitende Wellenbewegung schreite mit der Geschwindigkeit c fort; der Halbmesser des Wellenkreises ist also zur Zeit t $r = ct$. Gleichzeitig bewegt sich der Mittelpunkt des Kreises mit der konstanten Geschwindigkeit c_1 auf einer Geraden, so daß er also zur Zeit t die Entfernung $e = c_1 t$ vom Ausgangspunkte hat. Der Wellenkreis ändert demnach nicht nur seine Größe, sondern auch seine Lage. Wählen wir den Ausgangspunkt als Nullpunkt, die Bahn des Mittelpunktes als x-Achse eines rechtwinkligen Koordinatensystems, so hat der Kreis zur Zeit t die Gleichung

$$\Phi(x, y, t) \equiv (x - c_1 t)^2 + y^2 - (ct)^2 = 0. \qquad\qquad \text{a)}$$

Ein anschauliches Bild (s. Abb. 377) von der Gesamtheit der zu den verschiedenen Zeitpunkten bestehenden Kreise kann man sich dadurch verschaffen, daß man in ein mit der Geschwindigkeit c_1 fließendes Gewässer beständig an einer bestimmten Stelle Wassertropfen fallen läßt; jeder ist Erreger eines sich mit der Geschwindigkeit c ausbreitenden und mit der Geschwindigkeit c_1 davonschwimmenden Kreises. Die Gleichung dieser Kreisschar ist die obige Gleichung a). Wir wollen die Hüllkurve dieser Kreisschar untersuchen. Zu diesem Zwecke bilden wir $\frac{\partial \Phi}{\partial t} = 0$; denn jeder einzelne Kreis ist durch Wahl eines festen Wertes t bestimmt, t vertritt demnach die Stelle der Größe c in Gleichung 57). Wir erhalten

$$-2(x - c_1 t) \cdot c_1 - 2c^2 t = 0 \, . \hspace{3cm} \text{b)}$$

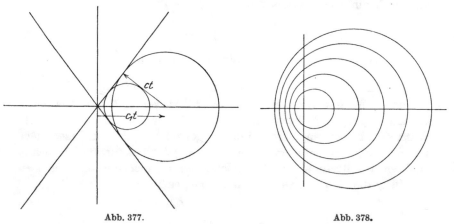

Abb. 377.   Abb. 378.

Eliminieren wir nun t aus a) und b), so erhalten wir die Gleichung der Hüllkurve; sie lautet

$$(c_1^2 - c^2)\, y^2 - c^2\, x^2 = 0 \hspace{3cm} \text{c)}$$

oder

$$y = \pm \frac{c}{\sqrt{c_1^2 - c^2}}\, x \, .$$

Die Hüllkurve besteht also, solange $c_1 > c$ ist, aus zwei durch O gehenden, zur x-Achse symmetrisch gelegenen Geraden, ein Ergebnis, das ohne weiteres einleuchtet. Ist $c_1 < c$, so heißt dies, daß die Ausbreitungsgeschwindigkeit der Welle größer ist als die Geschwindigkeit ihres Mittelpunktes. Die Kreise können sich dann nicht überschneiden, folglich ist auch keine Hüllkurve vorhanden (s. Abb. 378). Wir können auch die Differentialgleichung der Kreisschar aufstellen. Differenzieren wir nämlich Gleichung a) total nach x, so erhalten wir

$$2(x - c_1 t) + 2 y y' = 0; \hspace{3cm} \text{d)}$$

hieraus folgt

$$t = \frac{x - y y'}{c_1} \, .$$

Setzen wir diesen Wert in a) ein, so ergibt sich die gesuchte Differentialgleichung

$$F(x, y, y') \equiv c_1^2\, y^2 (1 + y'^2) - c^2 (x - y y')^2 = 0 \, . \hspace{2cm} \text{e)}$$

Ihre singuläre Lösung erhalten wir, wenn wir aus e) und der Gleichung $\frac{\partial F}{\partial y'} = 0$ y' eliminieren. Wir bekommen

$$y' = \frac{-c^2 x}{(c_1^2 - c^2)y} \, ;$$

setzen wir dies in e) ein, so ergibt sich wiederum die Gleichung der Hüllkurve. [Der Leser unterlasse nicht, zur Übung die vollständige Integralgleichung von e) aufzustellen; er kommt am bequemsten zum Ziele, wenn er setzt $y^2 = u$, $yy' = \frac{u'}{2} \cdot$]

b) Gegeben sei. die Differentialgleichung

$$yy'^2 - 2xy' + y = 0;$$

gesucht ist ihr singuläres Integral. Es ist

$$2yy' - 2x = 0, \quad \text{also} \quad y' = \frac{x}{y},$$

demnach

$$y\left(\frac{x}{y}\right)^2 - 2x\frac{x}{y} + y = 0 \quad \text{bzw.} \quad y^2 - x^2 = 0$$

die singuläre Lösung. Wie lautet die vollständige Integralgleichung? Wie sieht das geometrische Bild aus?

c) Man untersuche die Differentialgleichung

$$a(x + yy') - y^2(1 + y'^2) = 0$$

in gleicher Weise!

d) [Siehe (185) S. 590.] Die Gleichung

$$x^2 + ax + b = 0 \tag{a}$$

ist in einem Koordinatensysteme mit den beiden Veränderlichen a und b bei konstantem x die Gleichung einer Geraden. Bei veränderlichem x ergibt sich eine Schar von unendlich vielen Geraden, deren Einhüllende bestimmt werden soll. Differenzieren wir beide Seiten von a) nach dem Parameter x, so erhalten wir $2x + a = 0$ und hieraus $x = -\frac{a}{2}$. Einsetzen in a) ergibt die Gleichung der Hüllkurve $\frac{a^2}{4} - b = 0$. Die Einhüllende ist also eine Parabel, deren Achse die b-Achse, deren Scheiteltangente die a-Achse ist (s. a. Abb. 304).

e) Die Gleichung a) $y = a \operatorname{\mathfrak{Cof}} \frac{x}{a}$ stellt bei veränderlichem Werte von a eine Schar von Kettenlinien dar; ihre Hüllkurve und ihre Differentialgleichung sollen ermittelt werden. Wir bilden

$$0 = \frac{\partial y}{\partial a} = \operatorname{\mathfrak{Cof}} \frac{x}{a} - \frac{x}{a} \operatorname{\mathfrak{Sin}} \frac{x}{a},$$

also ist

$$x = \frac{a}{\operatorname{\mathfrak{Tg}} \dfrac{x}{a}} \, .$$

Demnach ist

$$\frac{y}{x} = \mathfrak{Sin}\,\frac{x}{a} \qquad \text{oder} \qquad \frac{x}{a} = \mathfrak{Ar\,Sin}\,\frac{y}{x} \qquad \text{bzw.} \qquad a = \frac{x}{\mathfrak{Ar\,Sin}\,\dfrac{y}{x}}.$$

Setzen wir diese Werte in a) ein, so erhalten wir als Gleichung der Hüllkurve

$$\frac{y}{x}\,\mathfrak{Ar\,Sin}\,\frac{y}{x} - \sqrt{1 + \left(\frac{y}{x}\right)^2} = 0. \qquad \text{b)}$$

Gleichung b) läßt sich als Gleichung für die Unbekannte $\frac{y}{x}$ auffassen; setzen wir zu ihrer Auflösung

$$\frac{y}{x} = \mathfrak{Sin}\,z, \qquad \text{c)}$$

so geht b) über in

$$z \cdot \mathfrak{Tg}\,z = 1. \qquad \text{d)}$$

Wir logarithmieren sie und erhalten

$$\log z + \log \mathfrak{Tg}\,z = 0, \qquad \text{e)}$$

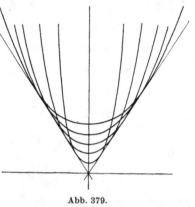

Abb. 379.

eine Gleichung, die sich bequem mit Hilfe einer $\log\mathfrak{Tg}$-Tafel, wie sie jedes Hilfsbuch für Ingenieure[1]) aufweist, auf dem Wege der Annäherung lösen läßt:

$z =$	1,0000	2,0000	1,3000	1,2000	1,199
$\log z =$	0,0000	0,3010	0,1139	0,0792	0,0788
$\log \mathfrak{Tg}\,z =$	$-\,0,1183$	$-\,0,0159$	$-\,0,0646$	$-\,0,0790$	0,0792
$\log z + \log \mathfrak{Tg}\,z =$	$+\,0,1183$	$+\,0,2851$	$+\,0,0493$	$+\,0,0002$	$-\,0,0004$

Die Hüllkurve besteht aus zwei durch O gehenden Geraden von der Steigung $\pm 1,5090$ ($56^\circ\,27'\,53''$). Zur Aufstellung der Differentialgleichung der Kettenlinienschar differenzieren wir a) nach x. Wir erhalten $y' = \mathfrak{Sin}\,\frac{x}{a}$; also ist

$$\frac{x}{a} = \mathfrak{Ar\,Sin}\,y', \qquad \mathfrak{Cof}\,\frac{x}{a} = \sqrt{1 + y'^2}, \qquad a = \frac{x}{\mathfrak{Ar\,Sin}\,y'}.$$

Setzen wir alle diese Werte in a) ein, so erhalten wir die gewünschte Differentialgleichung; sie lautet nach einigen Umformungen

$$x\sqrt{1 + y'^2} - y\,\mathfrak{Ar\,Sin}\,y' = 0. \qquad \text{f)}$$

Wir könnten diese wieder zum Ausgange nehmen, um die Gleichung der Hüllkurve und die vollständige Integralgleichung zu finden; doch sei dies dem Leser überlassen.

---

[1]) Freytags Hilfsbuch f. d. Maschinenbau, 7. Aufl. Berlin: Julius Springer.

(233) Wir wollen die Kurvenscharen noch von einem anderen Gesichtspunkte aus betrachten.

Ist eine Kurvenschar gegeben entweder durch ihre endliche Gleichung 57) $\Phi(x, y, c) = 0$ oder durch ihre Differentialgleichung 41) $F(x, y, y') = 0$, so können wir sie mit unendlich vielen anderen Kurvenscharen in mannigfaltigster Weise in Verbindung setzen. Insbesondere können wir nach der Schar fragen, deren sämtliche Kurven jede Kurve der gegebenen Schar unter einem bestimmten Winkel α schneiden. Eine solche Kurve wird eine **Trajektorie** und die Gesamtheit aller dieser Kurven eine **Trajektorienschar** der gegebenen Kurvenschar genannt. Ist α ein rechter Winkel, so heißt die Schar eine **orthogonale Trajektorienschar.** Es leuch-

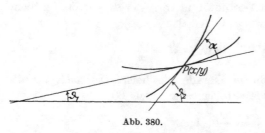

Abb. 380.

tet ohne weiteres ein, daß diese Beziehung umkehrbar ist: Ist eine Kurvenschar orthogonale Trajektorienschar zu einer zweiten Schar, so ist letztere auch orthogonale Trajektorienschar zur ersteren. Den orthogonalen Trajektorien kommt eine technisch wichtige Bedeutung zu: Die Schar der Kraftlinien und die der Niveaulinien eines ebenen Kräftefeldes schneiden sich gegenseitig unter rechten Winkeln, sind also zwei Scharen orthogonaler Trajektorien.

Wir wollen die Trajektorienscharen analytisch untersuchen. In einem Punkte $P(x \mid y)$ der Ebene (s. Abb. 380) habe das Linienelement auf Grund von Gleichung 41) die Richtung $y' = f(x, y) = \operatorname{tg}\vartheta_1$. Da das Linienelement der durch P gehenden Trajektorie mit dem ersten den Winkel α einschließen soll, muß es mit der Abszissenachse den Winkel $\vartheta_2 = \vartheta_1 + \alpha$ bilden; sein Richtungsfaktor ist also durch die Gleichung

$$\operatorname{tg}\vartheta_2 = \operatorname{tg}(\vartheta_1 + \alpha) = \frac{f(x, y) + \operatorname{tg}\alpha}{1 - f(x, y) \cdot \operatorname{tg}\alpha}$$

gegeben. $\operatorname{tg}\vartheta_2$ muß aber gleich dem zum Punkte P gehörigen Differentialquotienten y' der Trajektorienschar sein; wir erhalten also für diese die Differentialgleichung

$$y' = \frac{f(x, y) + \operatorname{tg}\alpha}{1 - f(x, y) \cdot \operatorname{tg}\alpha}. \qquad 60)$$

Fassen wir zusammen, so können wir sagen:

Ist $y' = f(x, y)$ die Differentialgleichung einer Kurvenschar, so ist

$$y' = \frac{f(x, y) + \operatorname{tg}\alpha}{1 - f(x, y) \cdot \operatorname{tg}\alpha}$$

die Differentialgleichung der Trajektorienschar, die die erste Schar unter dem Winkel α schneidet.

Insbesondere gilt für $\alpha = 90°$:

Die Differentialgleichung der zur Kurvenschar von der Differentialgleichung $y' = f(x, y)$ orthogonalen Trajektorienschar lautet

$$y' = - \frac{1}{f(x, y)}. \qquad\qquad 61)$$

Anwendungen. a) Es soll die Schar der Kurven bestimmt werden, welche alle durch den Koordinatenanfangspunkt gehenden Geraden unter dem Winkel α schneiden. Die Gleichung einer durch O gehenden Geraden ist $y = A\,x$; durch Veränderung von A erhalten wir sämtliche Geraden dieser Art. Nun ist $y' = A$, also

$$y = y'x \qquad \text{bzw.} \qquad y' = \frac{y}{x}$$

die Differentialgleichung dieses Geradenbüschels. Demnach ist die Differentialgleichung der Trajektorienschar nach 60)

$$y' = \frac{\dfrac{y}{x} + \mathrm{tg}\,\alpha}{1 - \dfrac{y}{x}\,\mathrm{tg}\,\alpha}. \qquad\qquad \text{a)}$$

Dies ist eine homogene Differentialgleichung, die sich nach dem in § 1 entwickelten Verfahren [s. (222) S. 760] integrieren läßt. Setzen wir

$$\frac{y}{x} = z, \qquad y' = xz' + z,$$

so geht a) über in

$$(xz' + z)(1 - z\,\mathrm{tg}\,\alpha) = z + \mathrm{tg}\,\alpha,$$

$$xz' = \frac{z + \mathrm{tg}\,\alpha}{1 - z\,\mathrm{tg}\,\alpha} - z, \qquad \frac{1 - z\,\mathrm{tg}\,\alpha}{1 + z^2}\,dz = \frac{dx}{x}\cdot \mathrm{tg}\,\alpha.$$

Die Integration ergibt

$$\ln x \cdot \mathrm{tg}\,\alpha = \mathrm{arctg}\,z - \tfrac{1}{2}\ln(1 + z^2)\cdot \mathrm{tg}\,\alpha + c$$

oder

$$\ln x \cdot \mathrm{tg}\,\alpha = \mathrm{arctg}\,\frac{y}{x} - \frac{1}{2}\ln \frac{x^2 + y^2}{x^2}\,\mathrm{tg}\,\alpha + c$$

bzw.

$$\ln \sqrt{x^2 + y^2} \cdot \mathrm{tg}\,\alpha = c + \mathrm{arctg}\,\frac{y}{x}.$$

Gehen wir zu Polarkoordinaten über

$$\left(\sqrt{x^2 + y^2} = r, \qquad \mathrm{arctg}\,\frac{y}{x} = \vartheta\right),$$

so erhalten wir

$$\ln r \cdot \operatorname{tg}\alpha = c + \vartheta, \qquad r = e^{(c+\vartheta)\operatorname{ctg}\alpha} \quad \text{oder} \quad r = C \cdot e^{\vartheta \operatorname{ctg}\alpha}.$$

Durch Vergleich mit **(143)** S. 409 ff. erkennen wir, daß die Schar der Trajektorien eine Schar kongruenter logarithmischer Spiralen ist, die auseinander hervorgehen, indem man eine von ihnen um den Anfangspunkt dreht. Wir erkennen auch nachträglich, daß dieses Ergebnis zu erwarten war, da wir an der angeführten Stelle gefunden hatten, daß gerade die logarithmische Spirale von der Gleichung

$$r = C\, e^{\vartheta \operatorname{ctg}\alpha}$$

alle Leitstrahlen, d. h. alle von O ausgehenden Geraden unter dem Winkel α schneidet, also die Eigenschaft erfüllt, die wir an die gesuchte Kurve gestellt haben.

In Verallgemeinerung dieses Beispiels soll das Problem der Trajektorien einer Schar von Parabeln höherer Ordnung $y = \mathsf{A}\, x^m$ kurz gestreift werden. Die Differentialgleichung der Schar lautet, da $y' = \mathsf{A}\, m\, x^{m-1}$ ist,

$$y' = m \cdot \frac{y}{x}.$$

Also ist die Differentialgleichung der Trajektorienschar, wenn zur Abkürzung $\operatorname{tg}\alpha = k$ geschrieben wird,

$$y' = \frac{m \cdot \dfrac{y}{x} + k}{1 - k\, m\, \dfrac{y}{x}}.$$

Die Aufgabe führt mithin ganz allgemein auf eine homogene Differentialgleichung. Ist beispielsweise $m = -1$, so stellt

$$y = \frac{\mathsf{A}}{x} \qquad \text{bzw.} \qquad y' = -\frac{y}{x}$$

die Schar gleichseitiger Hyperbeln dar, deren Asymptoten die Koordinatenachsen sind. Die Differentialgleichung ihrer Trajektorienschar ist

$$y' = \frac{k - \dfrac{y}{x}}{k\,\dfrac{y}{x} + 1}.$$

Setzen wir wieder $\dfrac{y}{x} = z$, so geht sie über in

$$(z + x\, z')(k\, z + 1) + z - k = 0.$$

Trennen wir die Veränderlichen, so erhalten wir

$$\frac{k\, z + 1}{k\, z^2 + 2z - k}\, dz + \frac{dx}{x} = 0$$

und daraus das Integral

$$\ln(k\, z^2 + 2z - k) + \ln x^2 = \ln c \qquad \text{oder} \qquad y^2 + 2\, x\, y \operatorname{ctg}\alpha - x^2 = c.$$

Drehen wir das Ko-
ordinatensystem
um den Winkel $\frac{\alpha}{2}$
[s. **(112)** S. 301],
so geht diese Glei-
chung über in
$\mathfrak{x}\,\mathfrak{y} = C$. Die Trajektorien der Schar
gleichseitiger Hy-
perbeln mit ge-
meinsamen Asym-
ptoten ist also eine
zu ihr kongruente
Schar gleichseiti-
ger Hyperbeln, die
man aus der ur-
sprünglichen
durch Drehung um
den Winkel $\frac{\alpha}{2}$ erhält (s. Abb. 381).

b) Unter einem
K r e i s b ü s c h e l
versteht man die
Schar aller durch
zwei feste Punkte
gehenden Kreise.
Sind in Abb. 382
A_1 und A_2 die bei-
den festen Punkte,
die den gegenseiti-
gen Abstand $2a$
haben mögen, so
ist der Ort der
Mittelpunkte aller
dieser Kreise die
Mittelsenkrechte
zu $A_1 A_2$. Wir wäh-
len $A_1 A_2$ zur y-
Achse, die Mittel-
senkrechte zur x-
Achse eines recht-
winkligen Koordi-

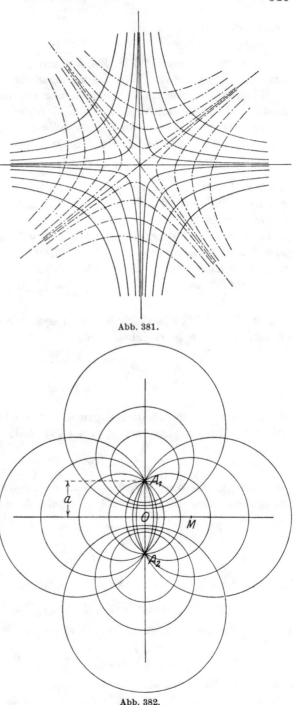

Abb. 381.

Abb. 382.

natensystems. Ist $M(c\,|\,0)$ der Mittelpunkt eines Büschelkreises, so lautet die Gleichung dieses Kreises

$$(x - c)^2 + y^2 = a^2 + c^2 \qquad \text{bzw.} \qquad x^2 + y^2 - 2cx - a^2 = 0\,; \qquad \text{a)}$$

sie kann, wenn c als veränderlich betrachtet wird, als die endliche Gleichung des Kreisbüschels gelten. Differenzieren wir a) nach x, so ergibt sich $2(x - c) + 2yy' = 0$ und durch Elimination von c aus dieser Gleichung und der Gleichung a) die Differentialgleichung des Büschels

$$x^2 - y^2 + a^2 + 2xyy' = 0 \qquad \text{bzw.} \qquad y' = \frac{y^2 - x^2 - a^2}{2xy}. \qquad \text{b)}$$

Nach 61) ist die Differentialgleichung der **orthogonalen Trajektorien des Kreisbüschels**

$$y' = \frac{2xy}{x^2 - y^2 + a^2}. \qquad \text{c)}$$

Zu ihrer Integration wollen wir verschiedene Wege einschlagen, von denen jeder besondere Erwägungen erfordert. Zugleich sollen sie Anregungen geben, wie man gegebenenfalls verfahren kann, wenn keine der im vorigen Paragraphen entwickelten Methoden unmittelbar anwendbar ist. c) ist eine Differentialgleichung erster Ordnung und ersten Grades, aber nicht ohne weiteres integrierbar.

1. Weg: Wir setzen

$$x^2 + a^2 = u\,, \qquad y^2 = v\,;$$

dann wird

$$2x\,dx = du\,, \qquad 2y\,dy = dv\,;$$

und die Differentialgleichung geht über in

$$\frac{2x\,dv}{2y\,du} = \frac{2xy}{u - v} \qquad \text{bzw.} \qquad \frac{du}{dv} = \frac{u - v}{2y^2} \qquad \text{oder} \qquad \frac{du}{dv} = \frac{u - v}{2v}\,,$$

eine Differentialgleichung, die man entweder als homogene oder als lineare behandeln kann. Ihr Integral ist $u = -v + 2c\sqrt{v}$. Setzen wir x und y wieder ein, so erhalten wir als vollständige Integralgleichung von c)

$$x^2 + y^2 - 2cy + a^2 = 0. \qquad \text{d)}$$

Die **orthogonalen Trajektorien des Kreisbüschels** sind wieder Kreise; sie gehen sämtlich durch die beiden Punkte $(ia\,|\,0)$ und $(-ia\,|\,0)$. Die Kreise bilden also wieder ein **Kreisbüschel**; nur liegen die Festpunkte jetzt auf der x-Achse und sind imaginär; die Kreise schneiden sich also nicht in reellen Punkten. Der zu $c = a$ gehörige Kreis des Trajektorienbüschels hat die Gleichung $x^2 + (y - a)^2 = 0$; er wird nur von einem reellen Wertepaar, nämlich $x = 0$, $y = a$ erfüllt. Dieser Kreis ist demnach zu einem Punkte, und zwar zum Punkte A_1 der Abb. 382 zusammengeschrumpft; für $c = -a$ ergibt sich A_2 als Büschel-

kreis. Die Kreise des orthogonalen Trajektorienbüschels schließen sich
also gegenseitig ein und gruppieren sich um die beiden Festpunkte A_1
und A_2 des ursprünglichen Kreisbüschels.

2. Weg: Schreiben wir Gleichung c) in der Form

$$\frac{dx}{dy} = \frac{x}{2y} - \frac{y^2 - a^2}{2xy},$$

so können wir sie als eine Bernoullische Differentialgleichung ansprechen [s. 28) in (225) S. 781]. Wir brauchen nur

$$n = -1, \qquad P = \frac{1}{2y}, \qquad Q = \frac{a^2 - y^2}{2y}$$

zu setzen. Führen wir $x^2 = z$, also

$$2x\frac{dx}{dy} = \frac{dz}{dy}$$

ein, so geht c) über in

$$\frac{dz}{dy} = \frac{z}{y} - \frac{y^2 - a^2}{y},$$

eine lineare Differentialgleichung, deren Integral sich nach (225)
S. 771 ergibt zu $z = -y^2 - a^2 + 2cy$; durch Einsetzen von x erhalten
wir wieder Gleichung d).

3. Weg: Schreiben wir Gleichung c) in der Form

$$2xy\,dx + (y^2 - x^2 - a^2)\,dy = 0, \qquad\qquad\qquad \text{e)}$$

so können wir nach einem integrierenden Faktor R suchen; in der Tat
läßt sich ein solcher $R(y)$ finden, der nur von y abhängig ist. Er muß
die Bedingung erfüllen

$$R \cdot (-2x) = R \cdot 2x + 2xy \cdot R'$$

oder

$$2R + y\frac{dR}{dy} = 0, \qquad 2\frac{dy}{y} + \frac{dR}{R} = 0, \qquad \ln R = -\ln y^2, \qquad R = \frac{1}{y^2}.$$

Multiplizieren wir Gleichung e) mit diesem Werte von R, so geht sie
über in

$$2\frac{x}{y}\,dx + \left(1 - \frac{x^2}{y^2} - \frac{a^2}{y^2}\right)dy = 0,$$

deren linke Seite nun ein vollständiges Differential ist. Die Ursprungsfunktion ist auf dem in (226) entwickelten Wege leicht zu finden; sie ist

$$y + \frac{x^2 + a^2}{y}.$$

Demnach ist die vollständige Integralgleichung von e)

$$y + \frac{x^2 + a^2}{y} = 2c \qquad \text{bzw.} \qquad x^2 + y^2 - 2cy + a^2 = 0,$$

in Übereinstimmung mit d).

4. Weg: Vertauschen wir in der Differentialgleichung c) die Veränderlichen und ihre Differentiale miteinander und setzen gleichzeitig $-a^2$ an Stelle von a^2, so geht c) über in

$$\frac{dx}{dy} = \frac{2\,xy}{y^2 - x^2 - a^2}$$

oder

$$\frac{dy}{dx} = \frac{y^2 - x^2 - a^2}{2\,xy}\,.$$

Dieses ist aber die Differentialgleichung b). Da b) nun die Gleichung eines Kreisbüschels ist, dessen Festpunkte, auf der y-Achse liegend, von O die Abstände $\pm a$ haben, und dessen endliche Gleichung

$$x^2 + y^2 - 2\,c\,x - a^2 = 0$$

ist, so muß c) die Differentialgleichung eines Kreisbüschels sein, dessen Festpunkte, auf der x-Achse liegend, von O die Abstände $\pm i\,a$ haben, und dessen endliche Gleichung daher

$$x^2 + y^2 - 2\,c\,y + a^2 = 0$$

ist, in Übereinstimmung mit d).

5. Weg: Wir können das Problem des Kreisbüschels auch mit Hilfe von Polarkoordinaten in Angriff nehmen. Die Gleichung des um M geschlagenen Kreises lautet dann

$$r^2 - 2\,c\,r\cos\vartheta - a^2 = 0 \qquad\qquad \text{f)}$$

[s. **(126)** Gleichung 41) S. 337]. Durch Variation von c ergeben sich alle Kreise des Büschels; folglich ist f) die endliche Gleichung des Kreisbüschels in Polarkoordinaten. Differenzieren wir f) nach ϑ, so erhalten wir

$$2\,(r - c\cos\vartheta)\,\frac{dr}{d\vartheta} + 2\,c\,r\sin\vartheta = 0\,;$$

durch Elimination von c aus dieser Gleichung und aus f) folgt die Differentialgleichung des Kreisbüschels in Polarkoordinaten

$$\frac{d\vartheta}{dr} = \frac{a^2 + r^2}{r\,(a^2 - r^2)}\,\operatorname{ctg}\vartheta\,. \qquad\qquad \text{g)}$$

Demnach ist die Richtung des Linienelementes gegen den Leitstrahl im Punkte $r\,|\,\vartheta$ nach Formel 58) in **(141)** S. 403

$$r\cdot\frac{d\vartheta}{dr} = \frac{a^2 + r^2}{a^2 - r^2}\,\operatorname{ctg}\vartheta\,,$$

also die Richtung des auf ihm senkrecht stehenden Linienelementes

$$r\,\frac{d\vartheta}{dr} = \frac{r^2 - a^2}{r^2 + a^2}\,\operatorname{tg}\vartheta\,, \qquad\qquad \text{h)}$$

womit zugleich die Differentialgleichung der orthogonalen Trajektorien des Kreisbüschels in Polarkoordinaten gewonnen ist. Wir können hier leicht die Veränderlichen trennen und erhalten

$$\operatorname{ctg}\vartheta \cdot d\vartheta = \frac{r^2 - a^2}{r(r^2 + a^2)}\, dr\,;$$

die Integration ergibt

$$\ln \sin\vartheta + \ln r - \ln(r^2 + a^2) = C$$

bzw.

$$2\,c\,r \sin\vartheta = r^2 + a^2.$$

Beim Übergang in das rechtwinklige Koordinatensystem entsteht die Gleichung d)

$$x^2 + y^2 - 2\,c\,y + a^2 = 0.$$

c) In Abb. 383 seien $F_1(-c\,|\,0)$ und $F_2(+c\,|\,0)$ gegeben als Brenn-

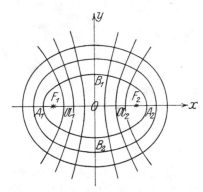

Abb. 383.

punkte einer Ellipse; die große Halbachse sei $OA_1 = OA_2 = a$. Dann ist die kleine Halbachse $OB_1 = OB_2 = b = \sqrt{a^2 - c^2}$, also die Achsengleichung dieser Ellipse

$$\frac{x^2}{a^2} + \frac{y^2}{a^2 - c^2} = 1\,. \qquad\qquad \text{a)}$$

Nun gibt es unendlich viele Ellipsen, die die beiden Brennpunkte F_1 und F_2 gemeinsam haben; man erhält sie, indem man der großen Halbachse a alle möglichen Werte erteilt. Man nennt solche Ellipsen konfokale Ellipsen, und a) stellt ihre endliche Gleichung dar, wenn a als veränderlich aufgefaßt wird. Differenzieren wir a) nach x, so bekommen wir die Gleichung

$$\frac{2\,x}{a^2} + \frac{2\,y}{a^2 - c^2}\, y' = 0\,.$$

Durch Eliminieren von a^2 ergibt sich die Differentialgleichung der konfokalen Ellipsen

$$y'^2 + \frac{x^2 - y^2 - c^2}{x\,y}\, y' - 1 = 0\,. \qquad\qquad \text{b)}$$

Nun sind F_1 und F_2 gleichzeitig auch die Brennpunkte einer Schar von Hyperbeln; ist ihre reelle Halbachse $O\mathfrak{A}_1 = O\mathfrak{A}_2 = a$, so ist ihre imaginäre gleich $\sqrt{c^2 - a^2}$, also die endliche Gleichung der konfokalen Hyperbelschar

$$\frac{x^2}{a^2} - \frac{y^2}{c^2 - a^2} = 1\,. \qquad\qquad \text{c)}$$

Da a) und c) identisch sind, ist a) die endliche Gleichung der konfokalen Kegelschnitte und also b) die Differentialgleichung der konfokalen Kegelschnitte überhaupt. Es ist nur zu beachten, daß Gleichung a) im Falle $a > c$ eine Ellipse, im Falle $a < c$ eine Hyperbel darstellt. Die Schar der konfokalen Ellipsen durchschneidet die Schar der zu den gleichen Brennpunkten gehörigen konfokalen Hyperbeln unter rechtem Winkel, da das Absolutglied der in y' quadratischen Gleichung b) den Wert -1 hat. Die beiden Kurvenscharen sind also

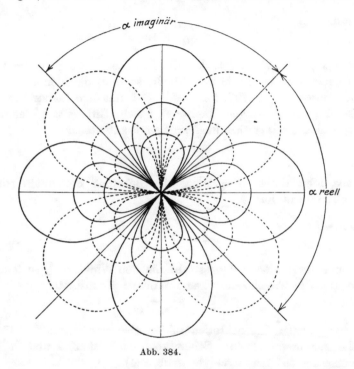

Abb. 384.

zueinander orthogonale Trajektorienscharen. Im übrigen sei auf die Anwendung b) in **(229)** S. 800 verwiesen.

d) In **(144)** S. 415ff. haben wir die **Lemniskate** behandelt; ihre Gleichung ist in Polarkoordinaten

$$r = a \sqrt{\cos 2 \vartheta} \, . \qquad \qquad \text{a)}$$

Lassen wir a sich ändern, so erhalten wir eine Schar von Lemniskaten, die sämtlich durch O gehen und in diesem Punkte die Tangenten gemeinsam haben. Wir können a auch imaginäre Werte annehmen lassen. Für einen reellen Wert von a erstreckt sich nämlich die Lemniskate durch jene beiden von den durch O gehenden Tangenten gebildeten Felder der Ebene, welche den Anfangsstrahl und seine Verlängerung enthalten, für einen imaginären Wert von a durch die beiden anderen Felder. Abb. 384 deutet diese Verhältnisse an. Gleichung a) gibt die endliche Gleichung der Lemniskatenschar. Aus a) folgt durch Differenzieren

$$\frac{dr}{d\vartheta} = -a\,\frac{\sin 2\vartheta}{\sqrt{\cos 2\vartheta}}\,;$$

eliminieren wir die Größe a, so erhalten wir die Differentialgleichung der Lemniskatenschar

$$r \cdot \frac{d\vartheta}{dr} = -\operatorname{ctg} 2\vartheta\,. \qquad\qquad \text{b)}$$

Da nun

$$r \cdot \frac{d\vartheta}{dr} = \operatorname{tg}\varphi$$

ist, wobei φ der Winkel ist, den die Lemniskatentangente im Punkte $P(r|\vartheta)$ mit dem Leitstrahl einschließt, so muß die hierzu senkrechte Gerade durch P den Winkel $\psi = 90° + \varphi$ mit dem Leitstrahle bilden. Es ist also $\operatorname{tg}\psi = -\operatorname{ctg}\varphi$. Demnach ist die Differentialgleichung der orthogonalen Trajektorien unserer Lemniskatenschar

$$r\frac{d\vartheta}{dr} = \operatorname{tg} 2\vartheta\,. \qquad\qquad \text{c)}$$

Hieraus folgt durch Integrieren als Gleichung der **orthogonalen Trajektorienschar**

$$r = \sqrt{a \sin 2\vartheta}\,. \qquad\qquad \text{d)}$$

Setzen wir

$$\vartheta = \frac{\pi}{4} + \Theta\,.$$

d. h. drehen wir den Anfangsstrahl um den Winkel $45°$, so lautet die Gleichung der Trajektorienschar im neuen Koordinatensystem

$$r = \sqrt{a \cos 2\Theta}\,. \qquad\qquad \text{e)}$$

Die orthogonalen Trakjektorien bilden also eine Schar Lemniskaten, welche zur ursprünglichen Schar kongruent ist und aus ihr durch Drehung um $45°$ hervorgeht (s. Abb. 384).

Hiermit schließen wir den Abschnitt über die Differentialgleichungen erster Ordnung. Die in diesen drei Paragraphen angestellten Untersuchungen werden uns wertvolle Dienste leisten bei Behandlung der Differentialgleichungen höherer Ordnung, zu denen wir nunmehr übergehen.

§ 4. Integrierbare Differentialgleichungen zweiter Ordnung.

(234) Wie erwähnt, ist es nicht möglich, die allgemeine Differentialgleichung erster Ordnung

$$F(x, y, y') = 0 \qquad\qquad \text{41)}$$

zu integrieren. Die Schwierigkeiten häufen sich naturgemäß mit steigender Ordnung der Differentialgleichung. Wenn wir uns daher jetzt den Differentialgleichungen höherer Ordnung zuwenden, so werden wir uns noch mehr als bei denen erster Ordnung auf ganz bestimmte Gattungen beschränken müssen. So werden wir uns im allgemeinen nur mit Differentialgleichungen zweiter Ordnung befassen und auf solche höherer Ordnung nur dann eingehen, wenn sich ihre Integrationsmethoden zwanglos durch Verallgemeinerung aus denen für Differentialgleichungen zweiter Ordnung ergeben. Im vorliegenden Paragraphen werden wir zudem nur solche Differentialgleichungen zweiter Ordnung untersuchen, die sich ohne Mühe auf Differentialgleichungen der ersten Ordnung zurückführen, also nach den bisher entwickelten Verfahren integrieren lassen. Von sonstigen Differentialgleichungen soll im folgenden Paragraphen überhaupt nur eine besondere Art, die lineare Differentialgleichung, behandelt werden.

Die allgemeinste Differentialgleichung zweiter Ordnung ist von der Form

$$F(x, y, y', y'') = 0 \qquad 62)$$

oder, wenn sie nach y'' auflösbar ist,

$$y'' = f(x, y, y'). \qquad 63)$$

Diese wollen wir allen unseren Betrachtungen zugrunde legen. Gewisse Sonderfälle derselben lassen sich leicht behandeln; zu ihnen wollen wir jetzt übergehen.

I. Ist y'' weder von x noch von y, noch von y' abhängig, die Differentialgleichung also von der Gestalt

$$y'' = a, \qquad 64)$$

wobei a eine Konstante bedeutet, so setzen wir

$$y'' = \frac{dy'}{dx}, \qquad 65)$$

wodurch sie in die neue Differentialgleichung übergeht

$$\frac{dy'}{dx} = a.$$

Diese ist aber eine Differentialgleichung erster Ordnung zwischen den beiden Veränderlichen x und y', und zwar von ganz besonders einfacher Gestalt. Ihre Integration ergibt $y' = ax + c_1$. Ersetzen wir y' wieder durch $\frac{dy}{dx}$, so erhalten wir die Gleichung

$$\frac{dy}{dx} = ax + c_1,$$

eine Differentialgleichung erster Ordnung zwischen den beiden Veränderlichen x und y, die sich ebenfalls in einfacher Weise integrieren läßt. Ihre vollständige Lösung und damit die vollständige Lösung von 64) ist

$$y = \frac{a}{2}x^2 + c_1 x + c_2.\qquad\qquad 66)$$

Als vollständiges Integral einer Differentialgleichung zweiter Ordnung enthält sie — in Übereinstimmung mit den Ausführungen von (220) — zwei Integrationskonstanten c_1 und c_2.

Das klassische Beispiel der Mechanik hierfür ist der vertikale nach oben gerichtete Wurf im luftleeren Raume; er ist dadurch gekennzeichnet, daß seine Beschleunigung b den konstanten Wert $-g = -9{,}81\ \mathrm{ms}^{-2}$ hat. Da nun $b = \frac{d^2 s}{dt^2}$ ist, so ergibt sich für ihn die Differentialgleichung

$$\frac{d^2 s}{dt^2} = -g;$$

ihr vollständiges Integral ist nach 66)

$$s = -\frac{g}{2}t^2 + c_1 t + c_2.$$

Die Integrationskonstanten ergeben sich aus den „Anfangsbedingungen". Wird beispielsweise die Wurfhöhe s von der Erdoberfläche aus gemessen, wird ferner die Zeit t vom Beginne des Wurfes an gerechnet, der in der Höhe $s = s_0$ mit der Anfangsgeschwindigkeit $v = v_0$ ausgeführt wird, so ergibt sich, wenn wir $t = 0$ setzen, $s_0 = c_2$. Da ferner die Geschwindigkeit

$$v = \frac{ds}{dt} = g t + c_1$$

ist, so muß auf Grund der Anfangsbedingungen $v_0 = c_1$ sein, so daß der vertikale Wurf bei Berücksichtigung dieser Anfangsbedingungen durch die Gleichung

$$s = -\frac{g}{2}t^2 + v_0 t + s_0$$

beschrieben wird.

Gleichung 64) führt ungezwungen auf die allgemeine Gleichung

$$\frac{d^n y}{dx^n} = a,\qquad\qquad 67)$$

also eine Differentialgleichung $n$ter Ordnung; sie besagt, daß der $n$te Differentialquotient gleich einer konstanten Größe a sein soll. Ihr Integral ist, wie man durch wiederholtes Integrieren findet, die ganze rationale Funktion $n$ten Grades

$$y = \frac{a}{n!}x^n + c_1 x^{n-1} + c_2 x^{n-2} + \cdots + c_n;\qquad 68)$$

von der Richtigkeit überzeugt man sich leicht durch Differenzieren. Die n Größen $c_1, c_2, \ldots, c_n$ sind die n Integrationskonstanten.

II. Der zweite Differentialquotient möge nur von x abhängig sein, die Differentialgleichung also lauten

$$y'' = f(x) .\qquad 69)$$

Setzen wir wieder

$$y'' = \frac{dy'}{dx} ,\qquad 65)$$

so erhalten wir die Differentialgleichung erster Ordnung zwischen x und y'

$$\frac{dy'}{dx} = f(x) ,$$

deren vollständiges Integral

$$y' = \frac{dy}{dx} = \int f(x)\, dx + c_1$$

ist. Die damit erhaltene Differentialgleichung erster Ordnung zwischen x und y hat ihrerseits das vollständige Integral

$$y = \int \int f(x)\, dx\, dx + c_1 x + c_2 .\qquad 70)$$

In entsprechender Weise läßt sich die Differentialgleichung $n$ter Ordnung

$$\frac{d^n y}{dx^n} = f(x)$$

integrieren. Ihre vollständige Lösung ist

$$y = \underbrace{\int \int \cdots \int}_{n} f(x)\, \underbrace{dx\, dx \ldots dx}_{n} + c_1 x^{n-1} + c_2 x^{n-2} + \cdots + c_n .$$

Anwendungen.

a) $y'' = x \cdot \sin x = \dfrac{dy'}{dx} , \qquad y' = -x\cos x + \sin x + c ,$

$y = -x\sin x - 2\cos x + c_1 x + c_2 .$

b) $y''' = \dfrac{1}{x^2} , \qquad y'' = -\dfrac{1}{x} + 2c_1 , \qquad y' = -\ln x + 2c_1 x + c_2 ,$

$y = -x\ln x + c_1 x^2 + c_2 x + c_3 .$

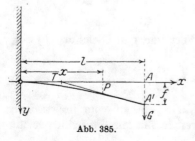

Abb. 385.

c) Ein elastischer Stab ragt in der Länge l wagerecht aus einer Wand heraus; er ist einer Belastung unterworfen und biegt sich infolgedessen nach einer bestimmten Linie, der elastischen Linie (siehe Abb. 385). Besitzt der Stab allenthalben den gleichen Querschnitt, und ist dessen

Trägheitsmoment bezüglich der wagerechten Schwereachse des Querschnittes gleich J, ist ferner E das Elastizitätsmaß (in kgcm^{-2}) des Stabmaterials, so besteht für die elastische Linie mit großer Genauigkeit die Differentialgleichung

$$y'' = \frac{M(x)}{EJ}, \qquad\qquad \text{a)}$$

wobei $M(x)$ das statische Moment der auf das Stabstück PA fallenden Belastung ist. Einige Sonderfälle mögen zeigen, wie sich die Gestalt der elastischen Linie bestimmen läßt.

α) Wird der Stab nur durch eine an seinem Endpunkte A angreifende Kraft G beansprucht, so ruft diese an der Stelle P des Stabes ein Moment hervor, das sich, da der Momentenarm $PA = l = x$ ist, zu $M = G(l - x)$ ergibt. Man erhält demnach für die elastische Linie aus a) die Differentialgleichung

$$y'' = \frac{G}{EJ}(l - x);$$

aus ihr erhält man durch zweimaliges Integrieren

$$y' = \frac{G}{EJ}\left(lx - \frac{x^2}{2}\right) + c_1, \qquad y = \frac{G}{EJ}\left(\frac{l}{2}x^2 - \frac{x^3}{6}\right) + c_1 x + c_2.$$

Wir haben nun noch die Integrationskonstanten c_1 und c_2 aus Anfangsbedingungen zu bestimmen. Diese ergeben sich aus dem Umstande, daß der Stab wagerecht eingespannt sein soll, und daß diese Einspannstelle als Anfangspunkt unseres rechtwinkligen Koordinatensystems gewählt worden ist; die x-Achse haben wir wagerecht gelegt, die y-Achse ist nach unten gerichtet. Demnach gehören zu $x = 0$ die Werte $y = 0$ und $y' = 0$. Dann folgt aber $c_1 = 0$ und $c_2 = 0$. Die Gleichung der elastischen Linie lautet mithin für unseren Belastungsfall

$$y = \frac{G l^3}{6 EJ}\left(3\left(\frac{x}{l}\right)^2 - \left(\frac{x}{l}\right)^3\right). \qquad\qquad \text{b)}$$

Sie stellt eine Parabel dritter Ordnung dar. Der Stab erfährt durch die Belastung an seinem Ende eine Verschiebung aus der Ruhelage $AA' = f$, welche sich aus Gleichung b) zu

$$f = \frac{G l^3}{3 EJ} \qquad\qquad \text{c)}$$

ergibt (für $x = l$). Führen wir diesen Wert von f in Gleichung b) ein, so schreibt sie sich

$$y = \frac{f}{2}\left(3\left(\frac{x}{l}\right)^2 - \left(\frac{x}{l}\right)^3\right). \qquad\qquad \text{d)}$$

Diese Gleichungsform der elastischen Linie verdient vom praktischen Standpunkte aus den Vorzug vor b), weil in ihr nur die beiden leicht meßbaren Strecken l und f als Konstanten auftreten. Man kann auch aus der durch Messung gefundenen Verschiebung f mittels c) die Größe

$$\frac{G}{EJ} = 3\,\frac{f}{l^3}$$

finden: da G bekannt ist und J aus dem Querschnitte berechnet werden kann, so läßt sich aus G, J, l und f das Elastizitätsmaß bestimmen:

$$E = \frac{G l^3}{3 f J},$$

Aus d) ergibt sich weiter

$$y' = \frac{3}{2}\,\frac{f}{l}\left(2\,\frac{x}{l} - \left(\frac{x}{l}\right)^2\right).$$

Demnach bildet am Stabende die Tangente mit der Horizontalen einen Winkel α, für den sich ($x = l$) die Gleichung $\operatorname{tg}\alpha = \frac{3}{2}\,\frac{f}{l}$ ergibt. Suchen wir also auf der x-Achse Punkt T, für den $OT = \frac{1}{3}l$ ist, so ist TA' die zum Endpunkt A' gehörige Tangente an die elastische Linie. Durch diese Angaben ist die Gestalt des Stabes genügend genau bestimmt.

β) Ist auf dem Stabe in seiner ganzen Länge eine Last G gleichmäßig verteilt, so daß auf die Längeneinheit eine Belastung $\gamma = \frac{G}{l}$ wirkt, so ist der zur Abszisse x gehörige Stabquerschnitt einem Momente M unterworfen, das die zu dem Stabstück PA gehörige Belastung $\gamma \cdot (l - x)$ auf ihn ausübt. Da der Schwerpunkt dieser Belastung von P den Abstand $\frac{PA}{2} = \frac{l-x}{2}$ hat, so ist das Moment $M = \frac{\gamma}{2}(l - x)^2$, also die Differentialgleichung der sich hier ergebenden elastischen Linie nach a)

$$y'' = \frac{\gamma}{2\,EJ}(l - x)^2.$$

Die zweimalige Integration ergibt

$$y' = \frac{\gamma}{2\,EJ}\left(l^2 x - l\,x^2 + \frac{x^3}{3}\right) + c_1,$$

$$y = \frac{\gamma}{2\,EJ}\left(\frac{l^2 x^2}{2} - \frac{l\,x^3}{3} + \frac{x^4}{12}\right) + c_1 x + c_2.$$

Da wiederum für $x = 0$ auch $y = 0$ und $y' = 0$ sein muß, läßt sich die Gleichung der elastischen Linie schreiben ($\gamma l = G$):

$$y = \frac{G l^3}{24\,EJ}\left(6\left(\frac{x}{l}\right)^2 - 4\left(\frac{x}{l}\right)^3 + \left(\frac{x}{l}\right)^4\right).$$

Die elastische Linie ist demnach eine Parabel vierter Ordnung. Beträgt die Verschiebung aus der Ruhelage am Ende des Stabes $AA' = f$, so muß sein

$$f = \frac{G l^3}{8\,EJ};$$

dadurch wird die Gleichung der elastischen Linie

$$y = \frac{f}{3}\left(6\left(\frac{x}{l}\right)^2 - 4\left(\frac{x}{l}\right)^3 + \left(\frac{x}{l}\right)^4\right).$$

γ) Ist auf dem Stabe von der Länge l eine Last G so verteilt, daß die Belastung für die Längeneinheit von dem Werte 0 in O bis zu einem Werte γ' in A stetig und gleichmäßig zunimmt, so daß sie in P den Betrag $\gamma_x = \frac{\gamma'}{l} x$ hat (s. Abb. 386), so beträgt die Gesamtbelastung

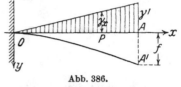

$$G = \int\limits_0^l \gamma_x\, dx = \frac{\gamma'}{l}\int\limits_0^l x\, dx = \frac{\gamma' l}{2}.$$

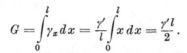

Abb. 386.

Der zu P gehörige Stabquerschnitt ist einem Momente unterworfen, das sich aus der zur Stabstrecke PA gehörigen Belastung zu

$$M = \int\limits_x^l (\xi - x)\cdot\gamma_\xi\, d\xi = \frac{\gamma'}{l}\int\limits_x^l (\xi - x)\,\xi\, d\xi = \frac{\gamma'}{l}\left[\frac{\xi^3}{3} - \frac{\xi^2}{2} x\right]_x^l$$

$$= \frac{\gamma'}{6l}\left[x^3 - 3l^2 x + 2l^3\right]$$

ergibt. Demnach lautet die Differentialgleichung der dieser Belastung entsprechenden elastischen Linie

$$y'' = \frac{\gamma'}{6EJl}(x^3 - 3l^2 x + 2l^3),$$

aus der durch Integration folgt

$$y' = \frac{\gamma'}{6EJl}\left(\frac{x^4}{4} - \frac{3}{2}l^2 x^2 + 2l^3 x\right) + c_1$$

und

$$y = \frac{\gamma'}{6EJl}\left(\frac{x^5}{20} - \frac{l^2}{2} x^3 + l^3 x^2\right) + c_1 x + c_2.$$

Auch hier muß für $x = 0$:

$$y = 0 \quad\text{und}\quad y' = 0,$$

also

$$c_1 = 0 \quad\text{und}\quad c_2 = 0$$

sein. Die Gleichung vereinfacht sich mithin zu

$$y = \frac{Gl^3}{60EJ}\left(\left(\frac{x}{l}\right)^5 - 10\left(\frac{x}{l}\right)^3 + 20\left(\frac{x}{l}\right)^2\right).$$

Die elastische Linie ist also eine Parabel fünfter Ordnung. Die Verschiebung des Endpunktes aus der Ruhelage beträgt hier

$$f = \frac{11}{60}\frac{Gl^3}{EJ} \qquad\text{[s. a. (28) S. 61].}$$

26*

δ) Der elastische Stab ruhe mit seinen Enden auf zwei gleich hohen Trägern A und B (s. Abb. 387); in seinem Mittelpunkte C wirke auf ihn die Last G. Die Stützkräfte in A und B betragen demnach je $\frac{G}{2}$. An dem Querschnitt P wirkt das Moment der in A wirksamen Stütz-

kraft $\frac{G}{2}$; da der Hebelarm gleich x ist, so ist

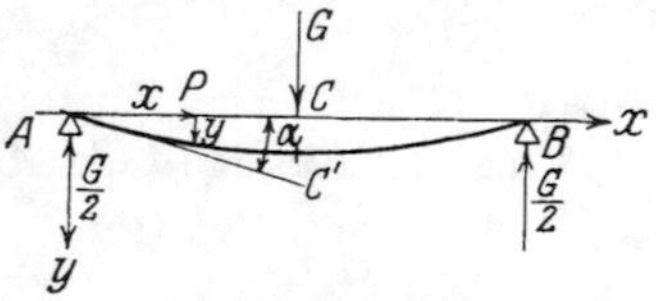

$$M = -\frac{G}{2}\, x\,.$$

Abb. 387.

[Das Minuszeichen erklärt sich daraus, daß $\frac{G}{2}$ in dem für unser Koordinatensystem negativen Sinne zu drehen sucht.] Also lautet die Differentialgleichung der elastischen Linie

$$y'' = \frac{-G}{2\,EJ}\, x$$

und somit die endliche Gleichung

$$y = \frac{G}{2\,EJ}\left(\frac{-x^3}{6} + c_1\, x + c_2\right).$$

Die Anfangsbedingungen sind hier andere als in den bisherigen Fällen. Wohl muß für $x = 0$ auch $y = 0$ sein, woraus sich $c_2 = 0$ ergibt; aber die Linie läuft jetzt nicht mehr im Anfangspunkte horizontal, sondern in dem Punkte C', in den sich der Mittelpunkt C infolge der Belastung G verschoben hat; für ihn ist $x = \frac{l}{2}$. Da nun hier

$$y' = \frac{G}{2\,EJ}\left(-\frac{x^2}{2} + c_1\right)$$

gleich 0 sein muß, so folgt

$$\frac{G}{2\,EJ}\left(-\frac{l^2}{8} + c_1\right) = 0\,, \qquad \text{also} \qquad c_1 = +\frac{l^2}{8}\,.$$

Die Gleichung der elastischen Linie ist demnach

$$y = \frac{G l^3}{48\,EJ}\left(-4\left(\frac{x}{l}\right)^3 + 3\,\frac{x}{l}\right).$$

Sie gilt allerdings nur für den von A bis C' reichenden Teil. Für den von C' bis B reichenden Teil kommt die in B wirkende Stützkraft $\frac{P}{2}$ in Betracht; es wird also die elastische Linie dieses Teiles symmetrisch zu der eben ermittelten. Die Verschiebung des Punktes C' aus der Ruhelage ist

$$\left(x = \frac{l}{2}\right) \qquad f = \frac{G l^3}{48\,EJ}\,;$$

mit ihr gestaltet sich die Gleichung der elastischen Linie zu

$$y = f \cdot \left(3 \frac{x}{l} - 4 \left(\frac{x}{l} \right)^3 \right).$$

Ihr Differentialquotient ist

$$y' = \frac{3f}{l} \left(1 - 4 \left(\frac{x}{l} \right)^2 \right).$$

Demnach bestimmt sich der Neigungswinkel α an der Auflagestelle A aus der Gleichung

$$\operatorname{tg} \alpha = \frac{3f}{l}.$$

Weitere Beispiele bilde sich der Leser selbst[1]).

(235) III. Der zweite Differentialquotient möge nur von y abhängig sein, die Differentialgleichung also lauten:

$$y'' = f(y). \qquad\qquad 71)$$

Setzt man in diesem Falle

$$y'' = \frac{dy'}{dx} = \frac{dy'}{dy} \cdot \frac{dy}{dx},$$

also

$$y'' = y' \cdot \frac{dy'}{dy}, \qquad\qquad 72)$$

so geht 71) über in

$$y' \cdot \frac{dy'}{dy} = f(y), \qquad\qquad 73)$$

eine Differentialgleichung erster Ordnung und ersten Grades zwischen y und y', in der sich die Veränderlichen bequem trennen lassen. Es ist nämlich

$$y' \, dy' = f(y) \, dy,$$

also

$$\frac{y'^2}{2} = \int f(y) \, dy + \frac{c_1}{2}$$

und somit

$$y' = \sqrt{2 \int f(y) \, dy + c_1}. \qquad\qquad 74)$$

Eine zweite Integration ergibt schließlich aus

$$\frac{dy}{\sqrt{2 \int f(y) \, dy + c_1}} = dx$$

als die vollständige Integralgleichung von 71)

$$\int \frac{dy}{\sqrt{2 \int f(y) \, dy + c_1}} = x + c_2. \qquad\qquad 75)$$

---

[1]) Vgl. u. a. Freytags Hilfsbuch für den Maschinenbau, 7. Aufl., S. 230 ff, Berlin: Julius Springer 1924.

Anwendungen. a) $y'' = \frac{3}{2} y^2$. Mittels 72) erhalten wir

$$y' \frac{dy'}{dy} = \frac{3}{2} y^2 \qquad \text{bzw.} \qquad y' \, dy' = \frac{3}{2} y^2 \, dy \,,$$

also $y'^2 = y^3 + c_1$. Hieraus folgt

$$\frac{dy}{dx} = \sqrt{y^3 + c_1} \,, \qquad \text{also} \qquad x = \int \frac{dy}{\sqrt{y^3 + c_1}} + c_2 \,.$$

Für $c_1 = 0$ ergibt sich das **partikuläre** Integral

$$x = - \frac{2}{\sqrt{y}} + c_2 \qquad \text{oder} \qquad (x - c_2)^2 \, y = 4 \,.$$

b) Die harmonische Bewegung ist dadurch gekennzeichnet, daß
der sich bewegende Massenpunkt einer Beschleunigung unterworfen
ist, die beständig nach einem festen Punkte, dem **Mittelpunkte**
oder der **Ruhelage** der Bewegung hin
gerichtet ist, und daß sie stets proportional
der augenblicklichen Entfernung s des bewegten Punktes von der Ruhelage ist. In
Abb. 388 sei O der Mittelpunkt der Bewe-

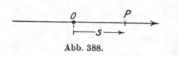

Abb. 388.

gung; im Augenblicke t befinde sich der Massenpunkt an der Stelle P, und
es sei $OP = s$. Die Beschleunigung b ist stets nach O gerichtet; wirkt
also stets in dem dem Vorzeichen von s entgegengesetzten Sinne. Da
sie proportional s ist, muß sie dem Gesetze genügen: $b = - k^2 s$.
Die Konstante k ist hierbei im wesentlichen durch die die Bewegung
verursachenden Umstände bestimmt. Beispielsweise wird in sehr großer
Annäherung eine harmonische Bewegung von einem Massenpunkte
beschrieben, der an einer Spiralfeder befestigt, durch diese im luftleeren Raume zu einer auf- und abwärtsgehenden Bewegung gezwungen
wird; in diesem Falle ist k durch die Elastizität der Spiralfeder bedingt.
Da nun $b = \frac{d^2 s}{d t^2}$ ist, so ergibt sich

$$b = \frac{d^2 s}{d t^2} = - k^2 s \,, \qquad\qquad \text{a)}$$

die **Differentialgleichung der harmonischen Bewegung.** Bezeichnen wir mit v die augenblickliche Geschwindigkeit, wobei

$$v = \frac{ds}{dt} \cdot \quad \text{und} \quad b = \frac{dv}{dt}$$

ist, so ist

$$\frac{d^2 s}{d t^2} = \frac{dv}{dt} = \frac{dv}{ds} \cdot \frac{ds}{dt} \,,$$

also

$$\frac{d^2 s}{d t^2} = v \frac{dv}{ds} \,.$$

Aus Differentialgleichung a) ergibt sich mithin

$$v \frac{dv}{ds} = -k^2 s$$

und durch Integrieren

$$\frac{v^2}{2} = \frac{1}{2} c_1 - \frac{k^2 s^2}{2};$$

also ist

$$v = \sqrt{c_1 - k^2 s^2} = \frac{ds}{dt}. \qquad \text{b)}$$

Trennt man in dieser Differentialgleichung die Veränderlichen, so erhält man

$$dt = \frac{ds}{\sqrt{c_1 - k^2 s^2}},$$

woraus man das vollständige Integral erhält:

$$t = \frac{1}{k} \arcsin\left(\frac{ks}{\sqrt{c_1}}\right) + c_2.$$

Lösen wir schließlich noch nach s auf, so bekommen wir die endgültige Gleichung

$$s = \frac{\sqrt{c_1}}{k} \sin k\,(t - c_2). \qquad \text{c)}$$

Aus c) folgt durch Differenzieren

$$v = \sqrt{c_1} \cos k\,(t - c_2); \qquad \text{d)}$$

ferner aus a) und c)

$$b = -k\sqrt{c_1} \sin k\,(t - c_2) \qquad \text{e)}$$

und aus b) und c)

$$v = \sqrt{c_1 - \frac{b^2}{k^2}}. \qquad \text{f)}$$

a) gibt die Beschleunigung-Weg-Beziehung, b) die Geschwindigkeit-Weg-Beziehung, c) die Weg-Zeit-Beziehung, d) die Geschwindigkeit-Zeit-Beziehung, e) die Beschleunigung-Zeit-Beziehung und f) die Geschwindigkeit-Beschleunigung-Beziehung der harmonischen Bewegung. Die Integrationskonstanten c_1 und c_2 ergeben sich aus den Anfangsbedingungen der Bewegung. Zwei besonders wichtige Fälle wollen wir eingehender behandeln.

1. Der Massenpunkt möge im Augenblicke $t = 0$ mit der Geschwindigkeit $v = v_0$ durch die Ruhelage gehen; dann ist zur Zeit $t = 0$: $v = v_0$ und $s = 0$. Aus c) ergibt sich sofort $c_2 = 0$ und aus b) weiterhin $c_1 = v_0^2$, so daß sich für unseren Sonderfall Gleichung c) umwandelt in

$$s = \frac{v_0}{k} \sin k\,t. \qquad \text{c')}$$

Der Massenpunkt beschreibt also eine pendelnde Bewegung; eine Schwingung ist vollendet, wenn die Zeit $T = \frac{2\pi}{k}$ verflossen ist.

T ist die **Schwingungsdauer** oder die Periode der harmonischen Bewegung; sie ist einzig durch k (die Elastizität der Spiralfeder) bedingt. Unter Verwendung von T schreibt sich die Gleichung c') in der Form

$$s = \frac{v_0 T}{2\pi} \sin\frac{2\pi}{T} t \,.$$

Nach Verlauf der Viertelperiode erreicht der Massenpunkt seinen größten Abstand a von der Ruhelage, und zwar ist

$$a = \frac{v_0 T}{2\pi} \,.$$

Durch Einführung von a in c') bekommt die Weg-Zeit-Gleichung die endgültige Gestalt:

$$s = a \sin\frac{2\pi}{T} t \,. \qquad\qquad\text{c'')}$$

Da sich nun T und a leicht durch Beobachtung feststellen lassen, kann man die Materialkonstante $k = \frac{2\pi}{T}$ und die Geschwindigkeit $v_0 = \frac{2\pi a}{T}$ leicht durch Rechnung ermitteln. Die Formeln b), d), e) und f) gehen unter Einführung der Größen v_0, a und T über in die folgenden:

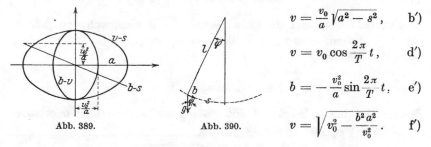

$$v = \frac{v_0}{a}\sqrt{a^2 - s^2}\,, \qquad\text{b')}$$

$$v = v_0 \cos\frac{2\pi}{T} t\,, \qquad\text{d')}$$

$$b = -\frac{v_0^2}{a}\sin\frac{2\pi}{T} t\,, \qquad\text{e')}$$

$$v = \sqrt{v_0^2 - \frac{b^2 a^2}{v_0^2}}\,. \qquad\text{f')}$$

Abb. 389.   Abb. 390.

Im übrigen vgl. zu diesem Beispiele **(46)** S. 109 ff.; Abb. 389 zeigt das $v - s$-, das $b - s$- und das $v - b$-Diagramm der harmonischen Bewegung.

2. Hat der Massenpunkt zur Zeit $t = 0$ die Geschwindigkeit $v = 0$ und den Abstand $s = a$ von der Ruhelage, so ist nach b) $c_1 = k^2 a^2$ und nach c)

$$a = -a \sin k c_2\,, \quad\text{also}\quad k c_2 = -\frac{\pi}{2}\,, \quad c_2 = -\frac{\pi}{2k}\,.$$

Daraus folgt aber

$$s = a\cos kt\,, \quad v = -ak\sin kt\,, \quad b = -ak^2\cos kt \quad\text{usw.}$$

Wir kommen auf dieselben Gleichungen wie bei 1.), nur daß der Anfangspunkt der Zeitrechnung jetzt um $\frac{T}{4} = \frac{\pi}{2k}$ später liegt.

c) Für die Bewegung des **mathematischen Pendels** gelten die folgenden Betrachtungen (s. Abb. 390): Die in die Bahn fallende Beschleunigung ist $b = g\sin\varphi$, wobei φ der Ausschlag des Pendels aus der Ruhelage ist. Nun ist, wenn l die konstante Länge des Pendels ist, $s = l \cdot \varphi$, also

$$v = \frac{ds}{dt} = l \cdot \frac{d\varphi}{dt} \qquad \text{und} \qquad b = \frac{d^2 s}{dt^2} = l \frac{d^2 \varphi}{dt^2}\,.$$

Ferner wirkt auch hier wie im Beispiele b) die Beschleunigung nach der Ruhelage zu, hat also das dem Wege s entgegengesetzte Vorzeichen. Fassen wir dies alles zusammen, so erhalten wir die Differentialgleichung

$$\frac{d^2 \varphi}{dt^2} = -\frac{g}{l}\sin\varphi\,. \qquad\qquad \text{a)}$$

Ist $\omega = \frac{d\varphi}{dt}$ die Winkelgeschwindigkeit, so können wir schreiben, da

$$\frac{d^2 \varphi}{dt^2} = \frac{d\omega}{dt} = \frac{d\omega}{d\varphi}\frac{d\varphi}{dt} = \omega\frac{d\omega}{d\varphi}$$

ist,

$$\omega\, d\omega = -\frac{g}{l}\sin\varphi\, d\varphi\,,$$

woraus durch Integration folgt

$$\omega = \sqrt{2\frac{g}{l}\cos\varphi + c_1}\,.$$

Das Pendel möge durch die Ruhelage mit der Winkelgeschwindigkeit ω_0 schwingen; dann muß für $\varphi = 0$: $\omega = \omega_0$ werden. Es besteht demnach die Gleichung

$$\omega_0 = \sqrt{2\frac{g}{l} + c_1} \qquad \text{bzw.} \qquad c_1 = \omega_0^2 - 2\frac{g}{l}\,.$$

Setzen wir diesen Wert der Integrationskonstanten ein, so erhalten wir zwischen ω und φ die Beziehung

$$\omega = \sqrt{\omega_0^2 - 2\frac{g}{l}(1 - \cos\varphi)}\,.$$

Zur Vereinfachung wollen wir noch

$$1 - \cos\varphi = 2\sin^2\frac{\varphi}{2}$$

und

$$\frac{4g}{l\,\omega_0^2} = k^2 \qquad\qquad \text{b)}$$

setzen; dann läßt sich die ω-φ-Beziehung schreiben:

$$\omega = \omega_0\sqrt{1 - k^2\sin^2\frac{\varphi}{2}}\,. \qquad\qquad \text{c)}$$

Führen wir noch den halben Ausschlagwinkel $\psi = \frac{\varphi}{2}$ in die Rechnung ein, so folgt aus c) weiter

$$\frac{d\psi}{dt} = \frac{1}{2}\,\omega_0\sqrt{1 - k^2\sin^2\psi}\,,$$

also durch Integration

$$\frac{1}{2}\,\omega_0\,t = \int\limits_0^{\psi} \frac{d\psi}{\sqrt{1 - k^2 \sin^2\psi}}\,. \qquad\qquad \text{d)}$$

Hierbei sind die Integrationsgrenzen so bestimmt, daß das Pendel gerade zur Zeit $t = 0$ durch die Ruhelage geht; denn aus d) folgt für $\psi = 0$ auch $t = 0$. Die rechte Seite von d) ist ein **elliptisches Integral**, dem wir nur durch Reihenentwicklung beikommen können. Dazu müssen wir drei Fälle unterscheiden.

1. Es sei $k^2 < 1$, also $\omega_0 > 2\sqrt{\dfrac{g}{l}}$; dann ist auch $k^2 \sin^2\psi < 1$, also nach c) ω stets von Null verschieden, d. h. das Pendel kehrt niemals um, sondern vollführt umlaufende Bewegungen. $(1 - k^2\sin^2\psi)^{-\frac{1}{2}}$ läßt sich nach dem binomischen Satze in eine Reihe entwickeln [s. **(201)** S. 663]; es ist

$$(1 - k^2\sin^2\psi)^{-\frac{1}{2}} = 1 + \frac{1}{2}k^2\sin^2\psi + \frac{1\cdot 3}{2\cdot 4}k^4\sin^4\psi + \frac{1\cdot 3\cdot 5}{2\cdot 4\cdot 6}k^6\sin^6\psi + \cdots.$$

Zur Ermittlung von t sind also Integrale von der Gestalt $\int \sin^n\psi\,d\psi$ auszuwerten, was mit Hilfe von Formel T III 28) geschehen kann. Beschränken wir uns auf die Ermittlung der Zeit T, die zu einem vollen Umlaufe des Pendels nötig ist (von $\varphi = 0$ bis $\varphi = 2\pi$ bzw. $\psi = 0$ bis $\psi = \pi$), so erhalten wir

$$\left.\begin{aligned} T &= \frac{2}{\omega_0}\int\limits_0^{\pi}(1 - k^2\sin^2\psi)^{-\frac{1}{2}}\,d\psi \\ &= \frac{2\pi}{\omega_0}\left\{1 + \left(\frac{1}{2}\right)^2 k^2 + \left(\frac{1\cdot 3}{2\cdot 4}\right)^2 k^4 + \left(\frac{1\cdot 3\cdot 5}{2\cdot 4\cdot 1}\right)^2 k^6 + \cdots\right\} = T\,. \end{aligned}\right\} \quad \text{e)}$$

2. Es sei $k^2 > 1$; dann kann nach c) die Winkelgeschwindigkeit ω den Wert $\omega = 0$ annehmen; und zwar tritt dies ein, wenn

$$\sin\frac{\varphi}{2} = \pm\frac{1}{k}\,,$$

also

$$\varphi = \pm 2\arcsin\frac{1}{k} = \pm 2\arcsin\frac{\omega_0}{2}\sqrt{\frac{l}{g}}$$

ist. Der größte Ausschlagwinkel α bestimmt sich also aus der Gleichung

$$\alpha = 2\arcsin\frac{\omega_0}{2}\sqrt{\frac{l}{g}}\,. \qquad\qquad \text{f)}$$

Da sich nun α durch Beobachtung finden läßt, kann Formel f) umgekehrt benutzt werden, um die Winkelgeschwindigkeit ω_0 beim Durchgange durch die Ruhelage zu berechnen; sie ergibt sich zu

$$\omega_0 = 2\sqrt{\frac{g}{l}}\sin\frac{\alpha}{2}\,.$$

Führen wir statt der Veränderlichen $\psi = \frac{\varphi}{2}$ in d) eine neue Veränderliche x durch die Gleichung

$$\sin x = k \sin \psi \qquad\qquad \text{g)}$$

ein, so daß

$$\cos x \, dx = k \cos \psi \, d\psi$$

wird, so geht Gleichung d) über in

$$\frac{1}{2}\,\omega_0\, t = \int\limits_0^x \frac{\cos x \, dx}{k \cos \psi \sqrt{1 - \sin^2 x}} = \frac{1}{k} \int\limits_0^x \frac{dx}{\sqrt{1 - \frac{1}{k^2}\sin^2 x}}. \qquad \text{d')}$$

Die Bewegung ist in diesem Falle ein Pendeln; die Zeit T, die das Pendel benötigt, um den gleichen Zustand wieder zu erreichen (d. h. gleichen Ausschlag φ und gleiche und gleichgerichtete Winkelgeschwindigkeit ω), heißt die Schwingungsdauer. Den vierten Teil von ihr, also $\frac{T}{4}$, braucht das Pendel von der Ruhelage bis zum größten Ausschlag α. Da für

$$\varphi = \alpha \qquad \text{bzw.} \qquad \psi = \frac{\alpha}{2}$$

$$\sin x = k \sin \frac{\alpha}{2} = k \cdot \frac{\omega_0}{2}\sqrt{\frac{l}{g}} = 1\,, \qquad \text{also} \qquad x = \frac{\pi}{2}$$

wird, bestimmt sich nach d') T aus der Gleichung

$$T = \frac{4}{k\,\omega_0} \int\limits_0^{\frac{\pi}{2}} \frac{dx}{\sqrt{1 - \frac{1}{k^2}\sin x}}$$

$$= \frac{4}{k\,\omega_0} \int\limits_0^{\frac{\pi}{2}} \left[1 + \frac{1}{2}\,\frac{\sin^2 x}{k^2} + \frac{1 \cdot 3}{2 \cdot 4}\,\frac{\sin^4 x}{k^4} + \frac{1 \cdot 3 \cdot 5}{2 \cdot 4 \cdot 6}\,\frac{\sin^6 x}{k^6} + \cdots \right] dx\,.$$

Das ergibt

$$T = 2\pi \sqrt{\frac{l}{g}} \left\{ 1 + \left(\frac{1}{2}\right)^2 \frac{1}{k^2} + \left(\frac{1 \cdot 3}{2 \cdot 4}\right)^2 \cdot \frac{1}{k^4} + \left(\frac{1 \cdot 3 \cdot 5}{2 \cdot 4 \cdot 6}\right)^2 \cdot \frac{1}{k^6} + \cdots \right\}$$

oder

$$T = 2\pi \sqrt{\frac{l}{g}} \left\{ 1 + \left(\frac{1}{2}\right)^2 \sin^2 \frac{\alpha}{2} + \left(\frac{1 \cdot 3}{2 \cdot 4}\right)^2 \sin^4 \frac{\alpha}{2} \right.$$
$$\left. + \left(\frac{1 \cdot 3 \cdot 5}{2 \cdot 4 \cdot 6}\right)^2 \sin^6 \frac{\alpha}{2} + \cdots \right\}. \qquad\qquad \text{e')}$$

Für kleine Ausschläge α ist demnach angenähert

$$T = 2\pi \sqrt{\frac{l}{g}}\,;$$

noch bei $\alpha = 8°$ ist die Abweichung nicht größer als

$$2\pi \sqrt{\frac{l}{g}} \cdot 0,0012\,.$$

Legen wir das **Sekundenpendel** zugrunde, dessen Länge sich aus der Gleichung

$$2\pi \sqrt{\frac{l}{g}} = 1 \sec$$

bestimmt, das also nach e') für sehr kleine Ausschläge eine Schwingungsdauer von genau 1 sec hat, so würde dieses bei einem Ausschlage von

8°	30°	60°	90°	120°

eine Schwingungsdauer von

1,0012 sec	1,017 sec	1,073 sec	1,17 sec	1,31 sec

haben, wie man sich aus Formel e') berechnen kann.

3. Ist schließlich $k^2 = 1$, also

$$\omega_0 = 2\sqrt{\frac{g}{l}}\,,$$

so nimmt nach c) die Winkelgeschwindigkeit ω den Wert Null an, wenn $\frac{\varphi}{2} = 90°$ ist. Der größte Ausschlagswinkel ist mithin in diesem Grenzfalle $\alpha = 180°$. Die Formel d) liefert dann

$$t = \sqrt{\frac{l}{g}} \int_0^{\psi} \frac{d\psi}{\cos\psi} = \sqrt{\frac{l}{g}} \, \mathrm{lntg}\left(\frac{\pi}{4} + \frac{\psi}{2}\right),$$

$$t = \sqrt{\frac{l}{g}} \, \mathrm{lntg}\, \frac{\pi + \varphi}{4}\,. \qquad \text{d''})$$

Lösen wir nach φ auf, so ergibt sich

$$\varphi = 4\,\mathrm{arctg}\, e^{\sqrt{\frac{g}{l}}\,t} - \pi\,,$$

eine Formel, die für jeden Zeitpunkt t den Winkel φ zu berechnen gestattet. Setzen wir in d'') $\varphi = \pi$, so wird $t = \infty$. Das Pendel strebt also zwar der höchsten Lage zu, die Winkelgeschwindigkeit nimmt aber in dem Maße ab, daß diese erst nach unendlich langer Zeit erreicht wird.

d) Es soll die Bewegung eines Körpers untersucht werden, dessen Bahn unter Zugrundelegung des Newtonschen Anziehungsgesetzes geradlinig nach der Erde hin bzw. von ihr wegführt. Hat der Körper vom Erdmittelpunkte den Abstand s, ist ferner r der Halbmesser der Erde, so ist die Beschleunigung b, die ihm durch die Erde erteilt wird, nach dem Newtonschen Gesetze bestimmt durch die Proportion $b:g = r^2:s^2$, also

$$b = \frac{r^2}{s^2} g \, . \tag{a}$$

Da ihre Richtung mit der negativen Richtung von s zusammenfällt, so ergibt sich die Differentialgleichung

$$\frac{d^2 s}{dt^2} = -\frac{r^2}{s^2} g \, , \tag{b}$$

also eine Gleichung von der Form 71). Ist $v = \dfrac{ds}{dt}$ die Geschwindigkeit, so können wir b) überführen in

$$v \frac{dv}{ds} = -\frac{r^2}{s^2} g \, ,$$

aus der mittels Integrieren die Gleichung gewonnen wird

$$v = \sqrt{2 \frac{r^2 g}{s} + c_1} \, . \tag{c}$$

Der Körper möge mit der Geschwindigkeit v_0 auf der Erdoberfläche auftreffen, es sei also $v = v_0$ für $s = r$. Die Integrationskonstante c_1 ergibt sich aus dieser Anfangsbedingung mittels c) zu $c_1 = v_0^2 - 2gr$, so daß

$$v = \sqrt{2 \frac{r^2 g}{s} + v_0^2 - 2gr} = \frac{ds}{dt} \tag{c'}$$

ist. Um diese Differentialgleichung erster Ordnung in s und t zu integrieren, trennen wir die Veränderlichen und erhalten

$$t = \int \frac{ds}{\sqrt{2 \dfrac{gr^2}{s} + v_0^2 - 2gr}} + c_2 \, . \tag{d}$$

Das Integral fällt nun verschieden aus, je nachdem $v_0^2 - 2gr \gtreqless 0$ ist.

1. Beginnen wir mit dem Grenzfalle $v_0^2 = 2gr$! Dann folgt aus Gleichung c')

$$v = r \sqrt{2 \frac{g}{s}} \, ,$$

und wir erkennen, daß für $s = \infty$ $v = 0$ wird. Demnach ist $v_0 = \sqrt{2gr}$ die Geschwindigkeit, mit welcher ein Körper auf der Erdoberfläche auftrifft, der von einer unendlich fernen Stelle des Weltalls auf sie fällt. Sie beträgt, wenn wir $g = 9,81\ m\mathrm{sek}^{-2}$, $r = 6371\ \mathrm{km}$ annehmen:

$$v_0 = 11,18\ \mathrm{km\,sec}^{-1} \, ,$$

wobei von allen Störungen, wie Luftwiderstand usw., abgesehen ist. Eine größere Endgeschwindigkeit als $11,18\ \mathrm{km\,sek}^{-1}$ ist also für einen auf die Erde fallenden Körper überhaupt nicht denkbar. Würde man umgekehrt einen Körper mit dieser Geschwindigkeit von der Erdoberfläche fortbewegen, so würde er erst im Unendlichen zur Ruhe kommen

— bei der nämlichen Voraussetzung wie oben —; er würde also niemals zur Erde zurückfallen können. Formel d) gibt für unseren Fall die Weg-Zeit-Beziehung

$$r\sqrt{2g} \cdot t = \tfrac{2}{3} s\sqrt{s} + c_2.$$ e)

Denken wir uns den Körper bei Beginn der Zeitmessung mit $v_0 = 11{,}18$ km sek^{-1}-Geschwindigkeit von der Erdoberfläche fortbewegt, so daß für $t = 0$ $s = r$ ist, so ist $c_2 = -\tfrac{2}{3} r\sqrt{r}$, und der Körper hat nach der Zeit t eine Entfernung s vom Erdmittelpunkte, die sich aus e) ergibt zu

$$s = \left(r\sqrt{r} - \tfrac{3}{2} r\sqrt{2g} \cdot t\right)^{\frac{2}{3}};$$ f)

bzw. er braucht, um die Entfernung s vom Erdmittelpunkte zu erreichen, die Zeit

$$t = \frac{2\left(s\sqrt{s} - r\sqrt{r}\right)}{3\,r\sqrt{2g}}.$$ g)

Um also eine Strecke von 384 400 km (Entfernung Erde—Mond) zurückzulegen, bedarf es einer Zeit von 2 Tagen 3 Stunden, und zwar langt der Körper mit einer Geschwindigkeit von 1,44 km sek^{-1} am Endpunkte an.

2. Nehmen wir jetzt an, daß $v_0^2 > 2gr$ ist, daß also der Körper von der Erde mit einer Anfangsgeschwindigkeit fortbewegt wird, die größer ist als diejenige, mit der er, aus dem Unendlichen auf die Erde fallend auf deren Oberfläche anlangen würde.

Aus c') erkennen wir, daß, da nur positive Werte von s in Frage kommen können, v niemals den Wert Null annehmen, der Körper also in bezug auf die Erde niemals zur Ruhe kommen und demnach seine Bewegungsrichtung auch niemals umkehren kann; wird er von der Erde fortgeschleudert, so kehrt er niemals wieder zu ihr zurück. Schreiben wir zur Abkürzung $v_0^2 - 2gr = v_\infty^2$, da $\sqrt{v_0^2 - 2gr}$ die Geschwindigkeit ist, die der Körper im Unendlichen erreicht, so läßt sich Gleichung d) auf die Form bringen:

$$t = \int \frac{s\,ds}{\sqrt{2g\,r^2 s + v_\infty^2\,s^2}} + c_z.$$

Nach den in **(68)** S. 176 ff. entwickelten Verfahren ergibt sich

$$t = \frac{1}{v_\infty^3}\left[v_\infty \cdot \sqrt{v_\infty^2 s^2 + 2g\,r^2 s} - g\,r^2\,\mathfrak{Ar}\,\mathfrak{Cof}\,\frac{v_\infty^2\,s + g\,r^2}{g\,r^2}\right] + c_2.$$

3. Ist schließlich $v_0^2 < 2gr$, so nimmt nach Formel c') die Geschwindigkeit einmal den Wert Null an, nämlich in einer Entfernung a vom Erdmittelpunkte, die sich aus c') zu

$$a = \frac{2g\,r^2}{2g\,r - v_0^2}$$ h)

berechnet. Wird also der Körper von der Erdoberfläche aus mit der Geschwindigkeit v_0 senkrecht nach oben geschleudert, so erreicht er in der Entfernung a vom Erdmittelpunkte, d. h. nach einer Steighöhe

$$h = a - r = \frac{v_0^2\, r}{2\,g\,r - v_0^2} \qquad\qquad \text{i)}$$

den höchsten Punkt und kehrt sodann zur Erde zurück. Unter Einführung von a statt v_0 läßt sich Formel d) schreiben:

$$t = \frac{\sqrt{a}}{\sqrt{2g\,r^2}} \int \frac{s}{\sqrt{a\,s - s^2}}\, ds + c_2 = \frac{\sqrt{a}}{2r\sqrt{2g}}\left[a \arcsin\frac{2s - a}{a} - 2\sqrt{a\,s - s^2} \right] + c_2\,.$$

Unter Benutzung dieser Formel findet man beispielsweise, daß der Mond ($a = 384400$ km) 4 Tage 20 Stunden brauchen würde, um auf die Erde zu fallen, und daß er mit einer Geschwindigkeit von $11{,}087\ \mathrm{km\,sec^{-1}}$ auf der Erdoberfläche auftreffen würde.

(236) IV. Der zweite Differentialquotient möge nur von y' abhängen, die Differentialgleichung also lauten:

$$y'' = f(y')\,. \qquad\qquad 76)$$

Zu ihrer Integration können wir drei verschiedene Wege einschlagen. Setzen wir

$$y'' = \frac{dy'}{dx}\,, \qquad\qquad 65)$$

so erhalten wir

$$\frac{dy'}{dx} = f(y')\,,$$

also

$$x = \int \frac{dy'}{f(y')} + C\,. \qquad\qquad 77)$$

Gelingt es, diese Gleichung nach y' aufzulösen, also auf die Form zu bringen

$$y' = \varphi(x) = \frac{dy}{dx}\,,$$

so führt eine weitere Integration zu dem gewünschten Ziele. — Setzen wir zweitens

$$y'' = y'\frac{dy'}{dy}\,, \qquad\qquad 72)$$

so geht 76) über in

$$y'\frac{dy'}{dy} = f(y')\,,$$

deren vollständiges Integral lautet:

$$y = \int \frac{y'}{f(y')}\, dy' + C'\,. \qquad\qquad 78)$$

Können wir diese Gleichung nach y' auflösen:

$$y' = \psi(y) = \frac{dy}{dx},$$

so ist

$$x = \int \frac{dy}{\psi(y)} + C_2',$$

die vollständige Integralgleichung von 76). — Drittens ist aber das aus 77) und 78) gebildete Gleichungspaar

$$x = \int \frac{dy'}{f(y')} + C \qquad \text{und} \qquad y = \int \frac{y'\,dy'}{f(y')} + C \qquad\qquad 79)$$

selbst schon die vollständige Integralgleichung in **Parameterform**, und zwar sind x und y als Funktionen des Parameters y' dargestellt.

Anwendungen. a) Fall im lufterfüllten Raume [s. a. **(60)** S. 153 ff.]. Der fallende Körper erleide eine Verzögerung durch den Luftwiderstand, welche dem Quadrate der Geschwindigkeit proportional sein soll. Es wirken also auf den fallenden Körper zwei Kräfte, die Erdanziehung $m \cdot g$ und der Luftwiderstand $m \cdot a^2 v^2$, wobei m die Masse des Körpers und a^2 eine von der Luftbeschaffenheit abhängige positive Konstante ist. Da die erste Kraft die Richtung des Falles, die zweite aber die entgegengesetzte Richtung hat, ist die Resultierende die Differenz beider, und es ist $K = m \cdot g - m \cdot a^2 v^2$. Nun ist

$$K = m \cdot \frac{d^2 s}{dt^2}, \qquad \text{ferner} \qquad v = \frac{ds}{dt};$$

folglich lautet die **Differentialgleichung des Falles im luft-erfüllten Raume**

$$\frac{d^2 s}{dt^2} = g - a^2 \left(\frac{ds}{dt}\right)^2. \qquad\qquad \text{a)}$$

Wir setzen $\frac{ds}{dt} = v$ und bekommen

$$\frac{dv}{dt} = g - a^2 v^2, \qquad \text{also} \qquad dt = \frac{dv}{g - a^2 v^2}.$$

Die Integration ergibt nach Formel T18)

$$t = \frac{1}{a \sqrt{g}} \operatorname{Ar} \mathfrak{Tg} \frac{a v}{\sqrt{g}} + c_1.$$

Zur Bestimmung der Integrationskonstanten setzen wir als Anfangsbedingung fest, daß zur Zeit $t = 0$ der Fall beginnen, also $v = 0$ sein möge; wir erhalten dann $c_1 = 0$, und es wird

$$t = \frac{1}{a \sqrt{g}} \operatorname{Ar} \mathfrak{Tg} \frac{a v}{\sqrt{g}} \qquad\qquad \text{b)}$$

oder

$$v = \frac{\sqrt{g}}{a} \cdot \mathfrak{Tg}\left(a \sqrt{g}\, t\right). \qquad\qquad \text{c)}$$

Wächst t über alle Grenzen hinaus, so wird $\mathfrak{Tg}\big(a\sqrt{g}\,t\big)=1$; v nähert sich also einem bestimmten endlichen Werte $v_1 = \dfrac{\sqrt{g}}{a}$, der sog. stationären Geschwindigkeit, deren Größe von a, d. h. von der Beschaffenheit der Luft abhängt. Führen wir an Stelle der Konstanten die stationäre Geschwindigkeit ein, so geht c) über in

$$v = v_1 \cdot \mathfrak{Tg}\,\frac{g\,t}{v_1}\,. \qquad\qquad \text{c')}$$

Eine weitere Integration ergibt

$$s = \frac{v_1^2}{g}\ln\mathfrak{Cof}\,\frac{g\,t}{v_1} + c_2\,.$$

Ist zur Zeit $t = 0$ auch $s = 0$, so ist $c_2 = 0$ und die Weg-Zeit-Beziehung lautet

$$s = \frac{v_1^2}{g}\ln\mathfrak{Cof}\,\frac{g\,t}{v_1} \qquad \text{bzw.} \qquad t = \frac{v_1}{g}\,\mathfrak{ArCof}\,e^{\frac{g\,s}{v_1^2}}\,. \qquad \text{d)}$$

Im übrigen vergleiche die Ausführungen in **(60)** S. 155 ff.

b) **Vertikal nach oben gerichteter Wurf im lufterfüllten Raume.** Hat a die gleiche Bedeutung wie in a), so lautet jetzt die Differentialgleichung

$$\frac{d^2 s}{d t^2} = -g - a^2 v^2\,; \qquad\qquad \text{e)}$$

aus ihr ergibt sich durch Integration

$$t = -\frac{1}{a\sqrt{g}}\arctan\frac{a\,v}{\sqrt{g}} + c_1\,.$$

Wird zur Zeit $t = 0$ der Körper mit der Anfangsgeschwindigkeit $v = v_0$ nach oben geworfen, so ist

$$c_1 = \frac{1}{a\sqrt{g}}\arctan\frac{a\,v_0}{\sqrt{g}}\,, \qquad \text{also} \qquad t = \frac{1}{a\sqrt{g}}\left(\arctan\frac{a\,v_0}{\sqrt{g}} - \arctan\frac{a\cdot v}{\sqrt{g}}\right).$$

Setzen wir wiederum $v_1 = \dfrac{\sqrt{g}}{a}$, so läßt sich diese Gleichung schreiben

$$t = \frac{v_1}{g}\left(\arctan\frac{v_0}{v_1} - \arctan\frac{v}{v_1}\right). \qquad\qquad \text{f)}$$

Aus Gleichung e) läßt sich durch die Substitution

$$\frac{d^2 s}{d t^2} = v\,\frac{d v}{d s}$$

auch noch das Integral gewinnen

$$s = -\frac{1}{2 a^2}\ln\left(a^2 v^2 + g\right) + c_2\,.$$

Ist für $v = v_r$ $s = 0$, bedeutet also s die zur Zeit t erreichte Steighöhe des Körpers, so ist

$$s = \frac{1}{2 a^2}\ln\frac{a^2 v_0^2 + g}{a^2 v^2 + g}$$

oder unter Einführung von v_1

$$s = \frac{v_1^2}{2g} \ln \frac{v_0^2 + v_1^2}{v^2 + v_1^2}. \hspace{3cm} \text{g)}$$

Der aufwärts geworfene Körper steigt, bis $v = 0$ ist; dann ergibt sich aus f) die gesamte Steigzeit zu

$$T = \frac{v_1}{g} \operatorname{arctg} \frac{v_0}{v_1} \hspace{3cm} \text{f')}$$

und aus g) die größte erreichbare Steighöhe zu

$$h = \frac{v_1^2}{2g} \ln\left(1 + \frac{v_0^2}{v_1^2}\right). \hspace{3cm} \text{g')}$$

Knüpfen wir an das in (60) S. 153 angeführte Zahlenbeispiel an, so finden wir, daß eine gußeiserne Kugel vom Halbmesser 10 cm zum Durchfallen von 3000 m 29 sec braucht und eine Endgeschwindigkeit von 159,3 m sec^{-1} erreicht. Wird der Körper mit dieser Geschwindigkeit von der Erde aufwärts geschleudert, so braucht er zur Erreichung des höchsten Punktes seiner Bahn eine Zeit T, die sich nach f') zu

$$T = \frac{171,3}{9.81} \cdot \operatorname{arctg} \frac{159,3}{171,3} = 13,1 \text{ sec}$$

berechnet, während die erzielte Höhe nach g')

$$h = \frac{171,3^2}{19,62} \cdot \ln\left(1 + \left(\frac{159,3}{171,3}\right)^2\right) = 932 \text{ m}$$

beträgt. Soll der Körper andererseits die Höhe 3000 m erreichen, so muß er mit einer sich aus g') ergebenden Anfangsgeschwindigkeit

$$v_0 = v_1 \sqrt{e^{\frac{2gh}{v_1^2}} - 1} = 434,4 \text{ m sec}^{-1}$$

emporgeworfen werden, wobei er eine Steigzeit

$$T = \frac{171,3}{9,81} \cdot \operatorname{arctg} \frac{434,4}{171,3} = 20,9 \text{ sec}$$

benötigt.

Lösen wir f) nach v auf, so erhalten wir

$$v = \frac{ds}{dt} = v_1 \cdot \operatorname{tg}\left[\operatorname{arctg} \frac{v_0}{v_1} - \frac{gt}{v_1}\right] = v_1 \frac{\dfrac{v_0}{v_1} - \operatorname{tg}\dfrac{gt}{v_1}}{1 + \dfrac{v_0}{v_1} \cdot \operatorname{tg}\dfrac{gt}{v_1}} = v_1 \frac{v_0 - v_1 \operatorname{tg}\dfrac{gt}{v_1}}{v_1 + v_0 \operatorname{tg}\dfrac{gt}{v_1}}$$

und durch nochmaliges Integrieren die Weg-Zeit-Gleichung

$$s = \frac{v_1^2}{g} \cdot \ln\cos\left[\operatorname{arctg} \frac{v_0}{v_1} - \frac{gt}{v_1}\right]. \hspace{3cm} \text{h)}$$

c) Die Kettenlinie ist die Kurve, in welcher sich ein vollkommen biegsamer Faden, der an zwei Punkten A und B aufgehängt ist, infolge seiner Schwere durchbiegt. Das Element PQ der Kurve in Abb. 391 wird durch drei Kräfte in seiner Lage gehalten. Die eine, dG, ist das Gewicht des Kurvenelements PQ und senkrecht nach unten gerichtet, während die beiden anderen an den Endpunkten P und Q angreifen und die durch den Einfluß der Kettenstücke AP bzw. QB in PQ bewirkten Spannkräfte darstellen; sie wirken daher in der Richtung der Tangenten in P und Q an die Kettenlinie. Die in P angreifende sei K und ihr Winkel mit der Abszissenachse φ. Dann unterscheidet sich die in Q angreifende nach Größe und Richtung nur um unendlich wenig von ihr; ihre Größe ist also $K + dK$ und ihr Winkel mit der x-Achse $\varphi + d\varphi$. Da die drei Kräfte dG, K, $K + dK$ einander das

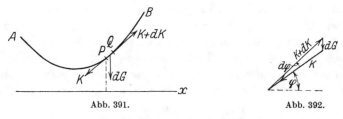

Abb. 391.   Abb. 392.

Gleichgewicht halten, bilden sie nach Abb. 392 ein geschlossenes Dreieck. Projizieren wir sie einmal auf die x-Achse, das andere Mal auf die y-Achse, so erhalten wir die beiden Bedingungsgleichungen

$$K\cos\varphi = (K + dK) \cdot \cos(\varphi + d\varphi),$$
$$dG + K\sin\varphi = (K + dK) \cdot \sin(\varphi + d\varphi).$$

Ersetzen wir $\cos d\varphi$ durch 1, $\sin d\varphi$ durch $d\varphi$ und vernachlässigen wir die unendlich kleinen Glieder höherer Ordnung, so ergibt sich aus ihnen durch Differenzieren

$$K\cos\varphi \cdot d\varphi + dK \cdot \sin\varphi = dG, \quad -K \cdot \sin\varphi \cdot d\varphi + dK \cdot \cos\varphi = 0. \quad \textbf{a)}$$

Aus der letzten Gleichung folgt

$$\frac{dK}{K} - \mathrm{tg}\,\varphi\, d\varphi = 0,$$

also $\ln K + \ln\cos\varphi = \ln H$ oder

$$K\cos\varphi = H. \qquad\qquad \textbf{b)}$$

Formel b) sagt aus, daß die **Horizontalprojektion der Spannkraft an jeder Stelle der Kette** den **nämlichen konstanten Wert H** hat, H also gleich der Spannkraft im tiefsten Punkte der Kettenlinie ist. Aus b) und der zweiten Gleichung von a) folgt weiter

$$dK = K\,\mathrm{tg}\,\varphi \cdot d\varphi = H \cdot \frac{\sin\varphi}{\cos^2\varphi}\,d\varphi.$$

Setzen wir diese Ausdrücke in die erste Gleichung von a) ein, so erhalten wir die Differentialgleichung

$$H \cdot \frac{d\varphi}{\cos^2 \varphi} = dG \, .$$

Um zu einer bestimmten Kettenlinie zu gelangen, müssen wir Näheres über das Gewicht dG des Kurvenelementes $PQ = ds$ wissen. Ist das spezifische Gewicht der Kette an der Stelle PQ gleich γ, so ist $dG = \gamma \cdot ds$, und c) geht über in

$$H \cdot \frac{d\varphi}{\cos^2 \varphi} = \gamma \cdot ds \, . \qquad\qquad \text{c')}$$

Formel c') hat eine außergewöhnliche Form; in ihr treten nicht, wie bisher stets, die Koordinaten der Kurvenpunkte bzw. ihre Differentiale auf. Wir können jedoch auch für c') die uns geläufige Form finden. Da nämlich $\operatorname{tg}\varphi = y'$ ist, so ist

$$\frac{d\varphi}{\cos^2 \varphi} = dy' \, ;$$

ferner ist $ds = \sqrt{1 + y'^2} \cdot dx$. Damit geht c') über in die **Differentialgleichung der allgemeinen Kettenlinie**

$$H \cdot y'' = \gamma \cdot \sqrt{1 + y'^2} \, . \qquad\qquad \text{d)}$$

Das Gesetz, nach welchem sich γ längs der Kette ändert, bestimmt über die Gestalt der Kettenlinie. Wir wollen zwei Sonderfälle herausgreifen.

1. Es sei γ konstant; d. h. die Kette sei homogen. Dann stellt d) eine Differentialgleichung von der Gestalt 76) dar, die wir nach den dort gegebenen Vorschriften integrieren wollen. Setzen wir $\frac{H}{\gamma} = a$, wobei a die Bedeutung einer Strecke hat, so läßt sich d) schreiben

$$a \frac{dy'}{\sqrt{1 + y'^2}} = dx \, ;$$

die Integration ergibt

$$a \cdot \operatorname{Ar \, Sin} y' = x + c_1 \, . \qquad\qquad \text{e)}$$

Andererseits läßt sich d) auch in die Form bringen

$$a \cdot \frac{y' \, dy'}{\sqrt{1 + y'^2}} = dy \, ,$$

deren Integral ist

$$a \sqrt{1 + y'^2} = y + c_2 \, . \qquad\qquad \text{f)}$$

e) und f) stellen die Parameterform der gesuchten Kettenlinie dar; Parameter ist y'. Lösen wir e) nach y' auf, so erhalten wir

$$y' = \operatorname{Sin} \frac{x + c_1}{a} \, , \qquad \text{also} \qquad \sqrt{1 + y'^2} = \operatorname{Cof} \frac{x + c_1}{a} \, .$$

Folglich ist die parameterfreie Gleichung unsere Kettenlinie

$$y + c_2 = a \, \mathfrak{Cof} \, \frac{x + c_1}{a}, \qquad \qquad \text{g)}$$

ein Ergebnis, das wir auch erhalten hätten, wenn wir

$$\frac{dy}{dx} = \mathfrak{Sin} \, \frac{x + c_1}{a}$$

oder [nach Auflösung von f) nach y']

$$\frac{dy}{dx} = \sqrt{\left(\frac{y + c_2}{a}\right)^2 - 1}$$

integriert hätten. Es leuchtet uns nun auch die geometrische Bedeutung der Integrationskonstanten c_1 und c_2 in g) ein. Setzen wir nämlich $c_1 = c_2 = 0$, so erhalten wir das partikuläre Integral

$$y = a \, \mathfrak{Cof} \, \frac{x}{a}, \qquad \qquad \text{g')}$$

also die Gleichung der in (133) ausführlich behandelten **gemeinen Kettenlinie**; wir erkennen nun auch die Berechtigung des Namens dieser Kurve. Der Scheitel der Kettenlinie von der Gleichung g') ist $0\,|\,a$. Nehmen wir eine Parallelverschiebung des Koordinatensystems von Gleichung g) mittels der Formeln $x = \xi - c_1$, $y = \eta - c_2$ vor, so lautet diese

$$\eta = a \, \mathfrak{Cof} \, \frac{\xi}{a},$$

ist also identisch mit g'). Also ist g) die Gleichung einer zur Kettenlinie g') kongruenten Kettenlinie; die Koordinaten des Scheitels sind $(-c_1\,|\,a - c_2)$, und die Achse ist parallel zur y-Achse. Über die Eigenschaften der gemeinen Kettenlinie und ihre rechnerische Behandlung vergleiche man die Ausführungen in (133) S. 358 ff.

2. Es soll die Gestalt derjenigen Kettenlinie ermittelt werden, die an jeder Stelle des Querschnittes die gleiche Festigkeit hat, für welche also die Größe des Querschnittes proportional der dort herrschenden Spannung K (s. Abb. 391) ist. Da nach b) $K = \dfrac{H}{\cos \varphi}$ ist, so ist der Querschnitt

$$q = \alpha \cdot \frac{H}{\cos \varphi},$$

wobei α ein Proportionalitätsfaktor ist, also

$$dG = \gamma \cdot q \, ds = \frac{\alpha \cdot H \cdot \gamma}{\cos \varphi} \, ds \, ;$$

c) nimmt jetzt die Form an

$$H \, \frac{d\varphi}{\cos^2 \varphi} = \frac{\alpha \, \gamma \, H}{\cos \varphi} \, ds \qquad \text{oder} \qquad d\varphi = \alpha \, \gamma \cos \varphi \, ds \, .$$

Setzen wir

$$\cos\varphi = \frac{1}{\sqrt{1+y'^2}}, \qquad d\varphi = \frac{dy'}{1+y'^2}, \qquad ds = \sqrt{1+y'^2}\,dx,$$

so erhalten wir als Differentialgleichung der Kettenlinie von kon-stanter Festigkeit

$$a y'' = 1 + y'^2; \tag{h}$$

hier ist $\alpha \cdot \gamma = a$ gesetzt, wobei a wiederum die Bedeutung einer Strecke hat. h) ist wieder von der Form 76). Die Integration ergibt

$$a \frac{dy'}{1+y'^2} = dx;$$

$$x = a \cdot \operatorname{arctg} y' + c_1, \tag{i}$$

$$a \cdot \frac{y'\,dy'}{1+y'^2} = dy,$$

$$y = \frac{a}{2}\ln(1+y'^2) + c_2. \tag{k}$$

Die Gleichungen i) und k) geben die Parameterdarstellung der Ketten-linie; die unmittelbare Beziehung zwischen x und y ist

$$y - c_2 = -a \cdot \ln\cos\frac{x-c_1}{a}. \tag{l}$$

Die Bedeutung der Integrationskonstanten ist die entsprechende wie in Beispiel 1). Die sämtlichen Integralkurven sind untereinander kon-gruent und gehen aus der zu $c_1 = c_2 = 0$ gehörigen Integralkurve

$$y = -a \ln\cos\frac{x}{a}$$

dadurch hervor, daß diese um die Strecke $+c_1$ im Sinne der x-Achse und um die Strecke $+c_2$ im Sinne der y-Achse verschoben wird. Die weitere Untersuchung der Kurve, die viel Reizvolles bietet (Krümmung, Kurvenlänge usw.), sei dem Leser überlassen.

d) Über zwei Seilscheiben sei ein Seil gelegt; es soll untersucht werden, welche Gestalt der durchhängende Teil des Seiles annimmt, 1. wenn das Seil in Ruhe ist, 2. wenn das Seil infolge der Drehung der Scheiben läuft.

1. Der Fall der Ruhe ist schon in der Anwendung c) 1. behandelt; das Seil hängt in der Kettenlinie von der Gleichung

$$y = a \cdot \mathfrak{Cos}\,\frac{x}{a}$$

durch.

2. Läuft das Seil, so tritt zu den Seilspannungen S, $S + dS$ und dem Gewichte $q \cdot ds$ des Seilelements $PP_1 = ds$ in Abb. 393 noch die Zentrifugalkraft, der PP_1 jetzt unterworfen ist, hinzu. Ist v die Geschwindigkeit, mit der das Seil läuft, so ist, da $q\,ds$ das Gewicht, also $\frac{q}{g}ds$ die Masse von PP_1, ferner $\frac{ds}{\varrho} = d\varphi$ ist, die Zentrifugalkraft gleich

$$\frac{q}{g}\,ds \cdot \frac{v^2}{\varrho} = \frac{q}{g} \cdot v^2 \cdot d\varphi \,,$$

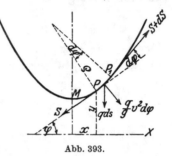

die Richtung der Zentrifugalkraft ist normal zu PP_1. Damit die vier Kräfte S, $S + dS$, $q\,ds$, $\frac{q}{g}v^2 d\varphi$ im Gleichgewichte sind, ist nötig, daß ihre Projektionen auf jede Richtung einander aufheben. Projizieren wir sie einmal auf die Tangente, das andere Mal auf die

Abb. 393.

Normale in P, so ergeben sich die zwei Gleichgewichtsbedingungen

und
$$\left.\begin{array}{l} -dS + q \cdot ds \cdot \sin\varphi = 0 \\[2mm] -S d\varphi + q \cdot ds \cdot \cos\varphi + \frac{q}{g} v^2\, d\varphi = 0 \,. \end{array}\right\} \qquad \text{a)}$$

Durch Elimination von ds erhalten wir zwischen S und φ die Differentialgleichung

$$\left(S - \frac{q}{g}v^2\right)\operatorname{tg}\varphi = \frac{dS}{d\varphi}\,. \qquad \text{b)}$$

Ihr Integral ist

$$S = \frac{H}{\cos\varphi} + \frac{q}{g}v^2\,, \qquad \text{c)}$$

wobei die Integrationskonstante H entsprechend der Anwendung c) die Spannung der Kettenlinie im tiefsten Punkte im Falle der Ruhe der Seilscheibe ($v = 0$) ist. Gleichung c) sagt aus, daß die Spannkraft der Bewegung sich von der Spannkraft der Ruhe in jedem Punkte um den gleichen konstanten Betrag $\frac{q}{g}v^2$ unterscheidet. Setzen wir c) in die zweite Gleichung a) ein, so ergibt sich zwischen s und φ die Differentialgleichung

$$ds = \frac{H}{q}\frac{d\varphi}{\cos^2\varphi}\,, \qquad \text{d)}$$

die identisch ist mit der Differentialgleichung c′) in Anwendung c). Hieraus folgt aber, daß das mit konstanter Geschwindigkeit v laufende Seil nach derselben Kettenlinie durchhängt wie das ruhende Seil. (Friedmann: Z. 1894, S. 891 f.; Bach, Maschinenelemente.)

(237) Va. Der zweite Differentialquotient sei eine Funktion von x und y' allein, also von y unabhängig; die Differentialgleichung hat in diesem Falle die Form

$$y'' = f(x, y').\qquad 80)$$

Die Substitution 65) führt 80) in die Differentialgleichung erster Ordnung zwischen x und y' über:

$$\frac{dy'}{dx} = f(x, y')\,.\qquad 81)$$

Ist ihr Integral $y' = \varphi(x, c_1)$, so ist das vollständige Integral von 80)

$$y = \int \varphi(x, c_1)\, dx + c_2\,.\qquad 82)$$

Vb. Ist der zweite Differentialquotient eine Funktion von y und y' allein, also von x unabhängig, so hat die Differentialgleichung die Form

$$y'' = f(y, y'),\qquad 83)$$

und es ergibt sich unter Verwendung der Substitution 72) die Differentialgleichung erster Ordnung zwischen y und y':

$$\frac{dy'}{dy} = \frac{f(y, y')}{y'}\,,$$

deren Integral $\qquad\qquad y' = \psi(y, c_1)\qquad\qquad\qquad 84)$

sein möge. Dann ist das vollständige Integral von 83)

$$x = \int \frac{dy}{\psi(y,\,c_1)} + c_2\,.\qquad 85)$$

Anwendungen. a) $y'' + \dfrac{y'}{x} = 0$. Das Verfahren Va lehrt:

$$\frac{dy'}{dx} + \frac{y'}{x} = 0\,, \qquad \ln y' + \ln x = \ln c_1\,, \qquad y' = \frac{c_1}{x} = \frac{dy}{dx}\,,$$

$$y = c_1 \ln x + c_2\,.$$

b) Auf einen Massenpunkt wirken in gleicher Richtung zwei Kräfte, von denen die eine proportional der augenblicklichen Geschwindigkeit, die andere proportional der verflossenen Zeit ist; in der Anfangslage sei $t = 0$, $v = 0$ und $s = 0$; wie bewegt sich der Punkt? Zur Zeit t ist

$$\frac{d^2 s}{dt^2} = a \cdot t + b \cdot v,$$

wobei a und b zwei gegebene Konstanten sind. Wir setzen

$$\frac{d^2 s}{dt^2} = \frac{dv}{dt}$$

und erhalten die lineare Differentialgleichung erster Ordnung zwischen v und t

$$\frac{dv}{dt} = b\,v + a\,t\,.$$

Ihr vollständiges Integral ist

$$v = c_1 e^{bt} - \frac{a}{b} t - \frac{a}{b^2} \, .$$

Da zur Zeit $t = 0$ auch $v = 0$ sein soll, so ist $c_1 = \frac{a}{b^2}$, und die Geschwindigkeit-Zeit-Gleichung lautet

$$v = \frac{a}{b^2} (e^{bt} - b\,t - 1) \, .$$

Erneutes Integrieren führt zu

$$s = \frac{a}{b^2} \left[\frac{1}{b} e^{bt} - \frac{1}{2} b\,t^2 - t + c_2 \right] .$$

Da für $t = 0$ auch $s = 0$ sein soll, so ergibt sich für die Weg-Zeit-Beziehung die Gleichung

$$s = \frac{a}{2 b^3} [2 e^{bt} - b^2 t^2 - 2 b t - 2] \, .$$

c) Für welche Kurve ist in jedem Punkte der Krümmungshalbmesser das $k$fache der Normalen? Nach Formel 44) in **(130)** S. 349 ist

$$\varrho = \frac{(1 + y'^2)^{\frac{3}{2}}}{y''} \, ;$$

ferner ist nach Formel 37) in **(120)** S. 325 $n = y \sqrt{1 + y'^2}$. Folglich muß die Kurve die Differentialgleichung erfüllen

$$\frac{(1 + y'^2)^{\frac{3}{2}}}{y''} = k\,y\,\sqrt{1 + y'^2} \qquad \text{bzw.} \qquad y'' = \frac{1 + y'^2}{k\,y} \, ;$$

sie ist vom Typ 83). Aus

$$y' \cdot \frac{dy'}{dy} = \frac{1 + y'^2}{k\,y}$$

folgt durch Trennung der Veränderlichen

$$k \, \frac{y'\,dy'}{1 + y'^2} = \frac{dy}{y}$$

und nach Integration $y = b \cdot (1 + y'^2)^{\frac{k}{2}}$, wobei b die Integrationskonstante ist. Wir sind damit auf eine Differentialgleichung erster Ordnung gestoßen, die wir schon **(228)** Anwendung b) und **(229)** Anwendung a) behandelt haben, wenn wir dort statt m die Größe $\frac{k}{2}$ einführen. Wir haben dort gefunden, daß für $m = \frac{1}{2}$, also $k = 1$ die gesuchte Kurve die Kettenlinie ist; d. h. für jeden Punkt der Kettenlinie ist der Krümmungshalbmesser gleich der Normalen, eine Eigenschaft der Kettenlinie, die wir schon in **(133)** S. 359 festgestellt haben. Desgleichen folgt aus den angeführten Stellen, daß sich für $m = -\frac{1}{2}$, also $k = -1$ der Kreis ergibt, dessen Mittelpunkt auf der Abszissenachse liegt; er ist also die Kurve, für welche in jedem Punkte der Krümmungshalbmesser entgegengesetzt gleich der Normalen ist, so daß die Kurve ihre hohle Seite der Abszissenachse zuwendet. Dort sind ebenso die Fälle $m = 1$ und $m = -1$, also $k = 2$ und $k = -2$ behandelt; die geometrische Deutung **und** die Bestimmung der Kurven sei dem Leser überlassen.

d) Gibt es Kurven, von denen jeder Punkt ein Scheitel ist? Nach Gleichung 45) in **(132)** S. 356 ist die Bedingung für das Vorhandensein eines Scheitels die Gleichung

$$3y'y''^2 = (1 + y'^2)y'''. \qquad \text{a)}$$

Damit nun jeder Punkt ein Scheitel ist, muß diese Gleichung von den Koordinaten eines jeden Punktes der Kurve erfüllt werden; sie ist also die Differentialgleichung der Kurve, und zwar eine Differentialgleichung dritter Ordnung. Setzen wir $y' = z$, dann wird $y'' = z'$ und $y''' = z''$; dadurch wird die Gleichung auf die Differentialgleichung zweiter Ordnung von der Art 83) zurückgeführt

$$3zz'^2 = (1 + z^2)z'', \qquad \text{b)}$$

welche durch die Substitution

$$z'' = z'\frac{dz'}{dz}$$

in die Differentialgleichung erster Ordnung zwischen z und z' übergeht:

$$3zz'^2 = (1 + z^2)z'\frac{dz'}{dz}. \qquad \text{c)}$$

Sehen wir von der Lösung $z' = 0$ ab, aus der $z = y' = c$, $y = c_1 x + c_2$, also die Gleichung der Geraden von allgemeinster Lage folgt, so erhalten wir durch die Trennung der Veränderlichen aus c)

$$\frac{dz'}{z'} = 3\frac{z\,dz}{1 + z^2},$$

deren vollständiges Integral lautet

$$c_1 z' = (1 + z^2)^{\frac{3}{2}}. \qquad \text{d)}$$

Demnach ist, wie wir durch eine zweite Integration finden (Substitution $z = \operatorname{tg}\varphi$),

$$x = c_1\int\frac{dz}{(1 + z^2)^{\frac{3}{2}}} + c_2 = c_1\frac{z}{\sqrt{1 + z^2}} + c_2 = x. \qquad \text{e)}$$

Da aber auch

$$z' = \frac{dz}{dy}\cdot\frac{dy}{dx} = z\cdot\frac{dz}{dy}$$

ist, führt Gleichung d) zu der Gleichung

$$c_1 z\cdot\frac{dz}{dy} = (1 + z^2)^{\frac{3}{2}}$$

und damit zu dem Integrale (Substitution $z = \operatorname{tg}\varphi$)

$$y = c_1 \int \frac{z\,dz}{(1+z^2)^{\frac{3}{2}}} + c_3 = -\frac{c_1}{\sqrt{1+z^2}} + c_3 . \qquad \text{f)}$$

Die beiden Gleichungen e) und f)

$$x - c_2 = c_1 \cdot \frac{z}{\sqrt{1+z^2}}, \qquad y - c_3 = -c_1 \cdot \frac{1}{\sqrt{1+z^2}}$$

bilden die Parameterdarstellung der Kurve, von der jeder Punkt ein Scheitel ist. Durch Quadrieren und Addieren der beiden Gleichungen erhalten wir die parameterfreie Gleichung der gesuchten Kurve; sie lautet

$$(x - c_2)^2 + (y - c_3)^2 = c_1^2 . \qquad \text{g)}$$

Die Kurve ist also der **Kreis**, dessen Mittelpunktskoordinaten $(c_2 \mid c_3)$ und dessen Halbmesser c_1 ist. Da c_1, c_2, c_3 die willkürlichen Integrationskonstanten sind, so ist g) die Gleichung des allgemeinsten Kreises und demnach die Differentialgleichung dritter Ordnung b) die **Diffe-rentialgleichung des allgemeinsten Kreises.**

VI. Auch die Gleichung

$$y'' = f(x, y, y') \qquad \text{63)}$$

läßt sich in gewissen Sonderfällen in eine Differentialgleichung erster Ordnung überführen.

Gegeben sei die Differentialgleichung zweiter Ordnung

$$x\,y\,y'' + y\,y' - x\,y'^2 = 0 . \qquad \text{a)}$$

Die Auflösung nach y'' ergibt

$$y'' = \frac{x\,y'^2 - y\,y'}{x\,y} ;$$

sie führt zu keinem Ergebnis. Lösen wir dagegen a) nach x auf, so erhalten wir

$$x = \frac{y\,y'}{y'^2 - y\,y''} ;$$

hier kann uns der Nenner $y'^2 - y\,y''$ einen Fingerzeig für die weitere Behandlung geben. Wenn wir nämlich den Quotienten

$$u = \frac{y}{y'} \qquad \text{b)}$$

nach x differenzieren, so ergibt sich

$$u' = \frac{y'^2 - y\,y''}{y'^2} ,$$

also im Zähler gerade der oben angeführte Ausdruck. Es ist mithin

$$x \cdot y'^2 \cdot u' = y\,y',$$

woraus nach Division durch y'^2 mit Hilfe der Substitution b) die Differentialgleichung erster Ordnung zwischen x und u folgt

$$x \cdot u' = u. \qquad \text{c)}$$

Ihr vollständiges Integral ist $c_1 u = x$ oder unter Verwendung von b) $c_1 y = x y'$. Diese neugewonnene Differentialgleichung erster Ordnung zwischen x und y läßt sich ebenso leicht integrieren und führt auf das vollständige Integral $y = c_2 x^{c_1}$ oder unter Wahl von anderen Bezeichnungen für die Integrationskonstanten

$$y = a \cdot x^n.. \qquad \text{d)}$$

Gleichung a) ist also die Differentialgleichung aller Kurven von der Gleichung d), welche Werte auch die Größen a und n annehmen mögen.

Ein anderer Weg zur Integration von a) ist der folgende: Dividieren wir a) durch das Produkt $x y y'$, so ergibt sich

$$\frac{y''}{y'} + \frac{1}{x} - \frac{y'}{y} = 0,$$

also durch Integrieren

$$\ln y' + \ln x - \ln y = \ln n \qquad \text{bzw.} \qquad \frac{y'}{y} = \frac{n}{x}$$

und hieraus durch nochmaliges Integrieren

$$\ln y = n \ln x + \ln a \qquad \text{oder} \qquad y = a \cdot x^n \qquad \text{w. o.}$$

Bisher haben wir aus einer gegebenen Differentialgleichung das Integral errechnet oder, geometrisch gesprochen, die endliche Gleichung der Kurvenschar ermittelt, deren Differentialgleichung uns gegeben war. Wir können selbstverständlich auch den umgekehrten Weg einschlagen: Ist beispielsweise die Gleichung d) $y = a \cdot x^n$ gegeben, so entspricht ihr für jedes bestimmte Wertepaar a und n eine ganz bestimmte Kurve. Da sowohl a als auch n unzählig viele verschiedene Werte annehmen können, so umfaßt Gleichung d) unendlich viele verschiedene Kurven. Differenzieren wir nun Gleichung d), so erhalten wir

$$y' = a \cdot n \cdot x^{n-1}; \qquad \text{e)}$$

eine nochmalige Differentiation ergibt

$$y'' = a n (n - 1) x^{n-2}. \qquad \text{f)}$$

Aus den drei Gleichungen d), e) und f) können wir nun durch Elimination der beiden „Parameter" a und n eine von diesen freie Gleichung herstellen. Es ist nämlich

$$\frac{y'}{y} = \frac{n}{x}, \qquad \frac{y''}{y'} = \frac{n-1}{x}, \qquad \text{also} \qquad n = x \frac{y'}{y}, \qquad n - 1 = x \frac{y''}{y'}$$

und folglich

$$x \frac{y'}{y} - x \frac{y''}{y'} = 1 \qquad \text{oder} \qquad x y'^2 - x y y'' - y y' = 0,$$

eine Differentialgleichung zweiter Ordnung, die mit der Ausgangsgleichung a) identisch ist. ·

Ein weiteres Beispiel sei das folgende. Die allgemeinste Exponentialkurve, deren Asymptote die Abszissenachse ist, hat die Gleichung

$$y = a \cdot e^{bx};$$

durch Änderung der beiden voneinander unabhängigen Konstanten a
und b erhält man alle die ∞^2 verschiedenen Kurven von der vorgeschriebenen Eigenschaft. Um ihre Differentialgleichung zu finden,
differenzieren wir wieder zweimal nach x und erhalten die beiden
Gleichungen

$$y' = a b e^{bx} \quad \text{und} \quad y'' = a b^2 e^{bx}.$$

Sie genügen nebst der Ausgangsgleichung, um eine von a und b freie
Gleichung herzustellen. Es ist

$$b = \frac{y'}{y} = \frac{y''}{y'}$$

und daher $y y'' - y'^2 = 0$ die Differentialgleichung der gegebenen
Kurvenschar.

Allgemein führt die Gleichung einer Kurvenschar, welche k willkürliche Konstanten (Parameter) enthält, auf eine Differentialgleichung
$k$ter Ordnung, wie sich auf Grund der angeführten Beispiele ohne weiteres
erkennen läßt. Der Leser möge selbst die Differentialgleichung der
allgemeinsten Parabel, deren endliche Gleichung im rechtwinkligen
Koordinatensystem

$$(a x + b y)^2 + 2 c x + 2 e y + f = 0$$

[s. (169) S. 530] lautet, aufstellen. Es möge nur bemerkt werden, daß
in der gegebenen Gleichung zwar fünf willkürliche Konstanten a, b, c, e, f
auftreten, daß von ihnen jedoch nur vier wesentlich sind; denn da nicht
alle gleichzeitig den Wert Null annehmen können, läßt sich die Gleichung
durch irgendeine dieser Größen dividieren, ohne daß die Kurve eine
andere wird. Mithin enthält die Gleichung nur vier wesentliche Parameter; also ist die Differentialgleichung der allgemeinsten Parabel von
vierter Ordnung. Sie lautet $3 y'' \cdot y'''' - 5 y'''^2 = 0$.

§ 5. Die linearen Differentialgleichungen höherer Ordnung.

(238) Während wir in §4 stets danach gestrebt haben, die Differentialgleichungen zweiter Ordnung auf solche erster Ordnung zurückzuführen,
können wir die linearen Differentialgleichungen, soweit sie überhaupt
integrierbar sind, unmittelbar integrieren, d. h. ohne erst auf solche
erster Ordnung zurückzugreifen.

Unter einer linearen Differentialgleichung $n$ter Ordnung versteht man eine Differentialgleichung von der Form

$$y^{(n)} + P_{n-1} \cdot y^{(n-1)} + P_{n-2} \cdot y^{(n-2)} + \cdots + P_2 \cdot y'' + P_1 \cdot y' + P_0 y = Q. \quad 86)$$

Hierin bedeutet $y^{(k)}$ die Abkürzung für $\dfrac{d^k y}{d x^k}$; ferner sind P_k und Q beliebige Funktionen von x. Ist $Q = 0$, so heißt die Gleichung eine homogene oder verkürzte lineare Differentialgleichung; mit dieser wollen wir uns zunächst befassen. Sie lautet also

$$y^{(n)} + P_{n-1} y^{(n-1)} + \cdots + P_2 y'' + P_1 y' + P_0 y = 0. \quad 87)$$

Sind die Größen $P_{n-1}, P_{n-2}, \ldots, P_2, P_1, P_0$ nicht, wie anfangs vorausgesetzt, Funktionen von x, sondern gegebene konstante Größen, so gestaltet sich die Integration besonders einfach. Setzen wir nämlich

$$y = e^{rx}, \quad 88)$$

so daß

$$y' = r e^{rx}, \quad y'' = r^2 e^{rx}, \quad \ldots, \quad y^{(n-1)} = r^{n-1} e^{rx}, \quad y^{(n)} = r^n e^{rx}$$

ist, so geht 87) über in

$$e^{rx}(r^n + P_{n-1} r^{n-1} + P_{n-2} r^{n-2} + \cdots + P_2 r^2 + P_1 r + P_0) = 0.$$

Die linke Seite dieser Gleichung ist ein Produkt aus zwei Faktoren; da sie den Wert Null haben soll, so muß einer der beiden Faktoren gleich Null sein. Der Faktor e^{rx} kann nicht in Frage kommen, da die Lösung der Differentialgleichung 87) nach 88) dann $y = 0$ lauten müßte. Es bleibt also nur der zweite Faktor übrig. Wir finden demnach, daß $y = e^{rx}$ dann ein Integral der homogenen linearen Differentialgleichung 87) mit konstanten Beiwerten ist, wenn r eine Lösung der algebraischen Gleichung $n$ten Grades

$$r^n + P_{n-1} r^{n-1} + P_{n-2} r^{n-2} + \cdots + P_2 r^2 + P_1 r + P_0 = 0 \quad 89)$$

ist. Wenn aber $y = e^{rx}$ die Gleichung 87) befriedigt, so muß auch $y = c \cdot e^{rx}$ eine Lösung von 87) sein, wobei c eine willkürliche Konstante ist. Denn jedes Glied der linken Seite von 87) und damit die linke Seite selbst erhält dadurch nur noch den Faktor c, was an der obigen Schlußfolgerung nichts ändert. Nun hat die Gleichung 89) nach den Lehren der Algebra n Lösungen $r_1, r_2, \ldots, r_n$. Folglich sind alle Ausdrücke

$$y_1 = c_1^{r_1 x}, \quad y_2 = c_2 e^{r_2 x}, \quad \ldots, \quad y_n = c_n e^{r_n x}$$

Lösungen der Differentialgleichung 87), wobei $c_1, c_2, \ldots, c_n$ n willkürliche, voneinander völlig unabhängige Integrationskonstanten sind. Dann muß aber die Funktion

also
$$\left. \begin{aligned} y &= y_1 + y_2 + y_3 + \cdots + y_n, \\ y &= c_1 e^{r_1 x} + c_2 e^{r_2 x} + c_3 e^{r_3 x} + \cdots + c_n e^{r_n x} \end{aligned} \right\} \quad 90)$$

ebenfalls eine Lösung der Differentialgleichung 87) sein. Denn bilden wir die Differentialquotienten der Funktion 90), und setzen wir diese in 87) .ein, so können wir die Glieder der linken Seite nach folgender Ordnung zusammenfassen:

$$c_1 e^{r_1 x}(r_1^n + P_{n-1} r_1^{n-1} + \cdots + P_1 r_1 + P_0) + \cdots$$
$$+ c_k e^{r_k x}(r_k^n + P_{n-1} r_k^{n-1} + \cdots + P_1 r_k + P_0) + \cdots$$
$$+ c_n e^{r_n x}(r_n^n + P_{n-1} r_n^{n-1} + \cdots + P_1 r_n + P_0).$$

Da nun $r_1, \ldots, r_k, \ldots, r_n$ sämtlich Lösungen der algebraischen Gleichung 89) sind, so verschwinden in diesem Ausdrucke alle Klammerinhalte und damit der Ausdruck selbst; d. h. die Funktion 90) ist ein Integral der Differentialgleichung 87). Da ferner 90) die n willkürlichen Konstanten $c_1, c_2, \ldots, c_n$ enthält, ist 90) das vollständige Integral von 87).

Wir fassen zusammen: Um die vollständige Lösung der homogenen linearen Differentialgleichung $n$ter Ordnung

$$y^{(n)} + P_{n-1} y^{(n-1)} + \cdots + P_2 y'' + P_1 y' + P_0 = 0,$$

in der die Beiwerte $P_{n-1}, \ldots, P_2, P_1, P_0$ von x und y unabhängige Konstanten sind, zu integrieren, bestimme man die n Lösungen $r_1, r_2, \ldots, r_n$ der algebraischen Gleichung $n$ten Grades

$$r^n + P_{n-1} r^{n-1} + \cdots + P_2 r^2 + P_1 r + P_0 = 0;$$

sind sie sämtlich voneinander verschieden, so ist die Funktion

$$y = c_1 e^{r_1 x} + c_2 e^{r_2 x} + \cdots + c_n e^{r_n x},$$

in der $c_1, c_2, \ldots, c_n$ die n willkürlichen Integrationskonstanten sind, die gesuchte vollständige Lösung.

Beispiel. Gegeben sei die lineare Differentialgleichung dritter Ordnung

$$y''' - 7 y' + 6 y = 0.$$

Damit $y = e^{rx}$ eine ihrer Lösungen ist, muß, da

$$y' = r e^{rx}, \quad y'' = r^2 e^{rx}, \quad y''' = r^3 e^{rx}$$

ist,

$$r^3 e^{rx} - 7 r e^{rx} + 6 e^{rx} \equiv e^{rx}(r^3 - 7 r + 6) = 0$$

sein. Der Faktor $r^3 - 7 r + 6$ verschwindet für $r_1 = 1$, $r_2 = 2$, $r_3 = -3$; folglich sind

$$y_1 = e^x, \quad y_2 = e^{2x}, \quad y_3 = e^{-3x},$$

also auch

$$y_1 = c_1 e^x, \quad y_2 = c_2 e^{2x}, \quad y_3 = c_3 e^{-3x},$$

Lösungen der gegebenen Differentialgleichung, wovon man sich auch leicht durch Einsetzen überzeugt. Das vollständige Integral ist mithin

$$y = c_1 e^x + c_2 e^{2x} + c_3 e^{-3x}.$$

In der Tat ist

$$y' = c_1 e^x + 2 c_2 e^{2x} - 3 c_3 e^{-3x},$$

$$y'' = c_1 e^x + 4 c_2 e^{2x} + 9 c_3 e^{-3x},$$

$$y''' = c_1 e^x + 8 c_2 e^{2x} - 27 c_3 e^{-3x};$$

setzen wir diese Ausdrücke in die Differentialgleichung ein, so erhalten wir nach Ordnen der Einzelglieder

$$c_1 e^x (1 - 7 + 6) + c_2 e^{2x}(8 - 14 + 6) + c_3 e^{3x}(-27 + 21 + 6),$$

einen Ausdruck, der wirklich identisch gleich Null ist.

Nun kann es vorkommen, daß unter den Lösungen von Gleichung 89) eine Anzahl untereinander gleich sind; beispielsweise möge

$$r_1 = r_2 = \cdots = r_k$$

sein. In diesem Falle würde sich der Ausdruck 90) verwandeln in

$$y = (c_1 + c_2 + \cdots + c_k) e^{r_1 x} + c_{k+1} e^{r_{k+1} x} + \cdots + c_n e^{r_n x}.$$

Da wir aber für $c_1 + c_2 + \cdots + c_k$ eine neue Konstante c_1' setzen können, würde diese Lösung in Wirklichkeit nur noch $n + 1 - k$ an Stelle von n willkürlichen Konstanten enthalten; sie würde also nicht die vollständige, sondern nur eine partikuläre Lösung sein. Da gilt nun der Satz:

Ist r_1 eine $k$fache Lösung der Gleichung 89), so daß

$$r_1 = r_2 = \cdots = r_k$$

ist, so tritt in dem vollständigen Integrale 90) an die Stelle des Ausdruckes

$$c_1 e^{r_1 x} + c_2 e^{r_2 x} + \cdots + c_k e^{r_k x}$$

der Ausdruck

$$e^{r_1 x}(c_1 + c_2 x + \cdots + c_k x^{k-1}).$$

Der Beweis hierfür soll übergangen werden, da er zu tief in die Theorie der algebraischen Gleichungen hineinführt; wir wollen uns nur an einigen Beispielen von der Richtigkeit des Satzes überzeugen.

a) $y'' + 6 y' + 9 y = 0$; die hierzu gehörige Gleichung

$$r^2 + 6 r + 9 = 0$$

hat die Doppellösung $r_1 = r_2 = -3$. Folglich ist nach unserem Satze $y = e^{-3x}(c_1 + c_2 x)$ das vollständige Integral. Wir überzeugen uns durch die Probe. Es ist

$$y' = e^{-3x}(c_2 - 3 c_1 - 3 c_2 x), \qquad y'' = e^{-3x}(-6 c_2 + 9 c_1 + 9 c_2 x);$$

durch Einsetzen in die gegebene Differentialgleichung erhalten wir

$$e^{-3x}(-6c_2 + 9c_1 + 9c_2 x + 6c_2 - 18c_1 - 18c_2 x + 9c_1 + 9c_2 x),$$

einen Ausdruck, der in der Tat den Wert Null hat.

b) $y''' - 3y'' + 4y = 0$; $r_1 = -1$, $r_2 = r_3 = 2$; also ist das vollständige Integral

$$y = c_1 e^{-x} + (c_2 + c_3 x)e^{2x}.$$

Probe:

$$y' = -c_1 e^{-x} + (2c_2 + c_3 + 2c_3 x)e^{2x},$$

$$y'' = c_1 e^{-x} + (4c_2 + 4c_3 + 4c_3 x)e^{2x},$$

$$y''' = -c_1 e^{-x} + (8c_2 + 12c_3 + 8c_3 x)e^{2x}.$$

Einsetzen bestätigt wiederum die Richtigkeit.

c) $y''' - 6y'' + 12y' - 8y = 0$, $r_1 = r_2 = r_3 = 2$; das vollständige Integral ist

$$y = (c_1 + c_2 x + c_3 x^2)e^{2x}.$$

Der Leser führe die Probe selbst durch.

Bemerkenswert ist noch der Fall, daß Gleichung 89) **konjugiert komplexe Lösungen** hat. Wie hier trotzdem das vollständige Integral in eine vom Imaginären freie Form gebracht werden kann, möge an dem Beispiele

$$y''' + y'' - y' + 15y = 0$$

gezeigt werden. Die zu ihm gehörige Gleichung

$$r^3 + r^2 - r + 15 = 0$$

hat die Lösungen

$$r_1 = -3, \quad r_2 = 1 + 2i, \quad r_3 = 1 - 2i.$$

Demnach ist das vollständige Integral

$$y = c_1 e^{-3x} + c_2 e^{(1+2i)x} + c_3 e^{(1-2i)x} = c_1 e^{-3x} + e^x(c_2 e^{2ix} + c_3 e^{-2ix}).$$

Da aber nach **(196)** S. 636

$$e^{i\alpha} = \cos\alpha + i\sin\alpha$$

ist, so ist

$$y = c_1 e^{-3x} + e^x[c_2(\cos 2x + i\sin 2x) + c_3(\cos 2x - i\sin 2x)],$$

$$y = c_1 e^{-3x} + e^x[(c_2 + c_3)\cos 2x + i(c_2 - c_3)\sin 2x].$$

Führen wir an Stelle der beiden Integrationskonstanten c_2 und c_3 mittels der Gleichungen $c_2 + c_3 = C_2$, $i(c_2 - c_3) = C_3$ zwei neue C_2 und C_3 ein, so nimmt das vollständige Integral die Form an

$$y = c_1 e^{-3x} + e^x(C_2 \cos 2x + C_3 \sin 2x).$$

Die Probe überzeugt von der Richtigkeit der Lösung; denn es ist

$$y' = -3c_1 e^{-3x} + e^x [(C_2 + 2C_3)\cos 2x + (C_3 - 2C_2)\sin 2x],$$

$$y'' = 9c_1 e^{-3x} + e^x [(4C_3 - 3C_2)\cos 2x + (-4C_2 - 3C_3)\sin 2x],$$

$$y''' = -27c_1 e^{-3x} + e^x [(-11C_2 - 2C_3)\cos 2x + (2C_2 - 11C_3)\sin 2x].$$

Einsetzen ergibt

$$-27c_1 e^{-3x} + e^x [(-11C_2 - 2C_3)\cos 2x + (2C_2 - 11C_3)\sin 2x]$$

$$+ 9c_1 e^{-3x} + e^x [(4C_3 - 3C_2)\cos 2x + (-4C_2 - 3C_3)\sin 2x]$$

$$+ 3c_1 e^{-3x} - e^x [(C_2 + 2C_3)\cos 2x + (C_3 - 2C_2)\sin 2x] + 15c_1 e^{-3x}$$

$$+ e^x (15C_2 \cos 2x + 15C_3 \sin 2x)$$

$$= c_1 e^{-3x} (-27 + 9 + 3 + 15)$$

$$+ e^x [(-11C_2 - 2C_3 + 4C_3 - 3C_2 - C_2 - 2C_3 + 15C_2)\cos 2x$$

$$+ (+2C_2 - 11C_3 - 4C_2 - 3C_3 - C_3 + 2C_2 + 15C_3)\sin 2x] \equiv 0.$$

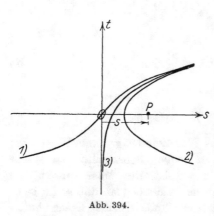

Abb. 394.

(239) **Anwendungen.** a) Eine horizontale Röhre sei an einer vertikalen, sie schneidenden Achse drehbar angebracht; in ihr bewege sich reibungslos ein Massenpunkt. Es soll untersucht werden, nach welchen Gesetzen er sich bewegt, wenn die Röhre mit konstanter Winkelgeschwindigkeit rotiert. Zur Zeit t möge der Massenpunkt vom Aufhängepunkt O der Röhre um die Strecke s entfernt sein (s. Abb. 394). Seine Bewegung wird einzig von der durch die Umdrehung der Röhre erzeugten Fliehkraft $K = m \cdot s\omega^2$ bestimmt, wobei m die Masse des Punktes und ω die konstante Winkelgeschwindigkeit der Röhre ist. Da

$$K = m \cdot \frac{d^2 s}{d t^2}$$

ist, so ergibt sich für die Bewegung des Massenpunktes die Differentialgleichung

$$\frac{d^2 s}{d t^2} - s\omega^2 = 0. \qquad\qquad \text{a)}$$

a) ist eine homogene lineare Differentialgleichung zweiter Ordnung zwischen s und t; da die Lösungen der quadratischen Gleichung $r^2 - \omega^2 = 0$:

$$r_1 = +\omega, \quad r_2 = -\omega$$

sind, so lautet das vollständige Integral von a)

$$s = c_1 e^{\omega t} + c_2 e^{-\omega t}.$$ b)

Ferner wird die Geschwindigkeit-Zeit-Beziehung

$$v = \omega (c_1 e^{\omega t} - c_2 e^{-\omega t}).$$ c)

Die Konstanten c_1 und c_2 bestimmen sich wie in den früheren Anwendungen aus den Anfangsbedingungen; drei typische Fälle wollen wir eingehender behandeln.

1) Zur Zeit $t = 0$ möge der Massenpunkt den Aufhängepunkt O der Röhre mit der Geschwindigkeit v_0 durchlaufen; die Anfangsbedingungen lauten dann für $t = 0$: $s = 0$, $v = v_0$. Aus b) und c) folgen jetzt für die beiden Integrationskonstanten die zwei Bedingungsgleichungen

$$c_1 + c_2 = 0, \quad \omega (c_1 - c_2) = v_0,$$

also für c_1 und c_2 die Werte

$$c_1 = \frac{v_0}{2\omega}, \quad c_2 = -\frac{v_0}{2\omega},$$

so daß die Weg-Zeit-Gleichung

$$s = \frac{v_0}{2\omega} (e^{\omega t} - e^{-\omega t}) = \frac{v_0}{\omega} \operatorname{\mathfrak{Sin}} \omega t$$ b')

und die Geschwindigkeit-Zeit-Gleichung

$$v = \frac{v_0}{2} (e^{\omega t} + e^{-\omega t}) = v_0 \operatorname{\mathfrak{Cof}} \omega t$$ c')

lautet. Kurve *1)* in Abb. 394 gibt das Weg-Zeit-Diagramm (Weg-Achse wagerecht, Zeit-Achse senkrecht). Der soeben behandelte Fall 1) hat das Bemerkenswerte, daß niemals $v = 0$ ist, der Massenpunkt also niemals zur Ruhe kommt. Er bewegt sich vielmehr so, daß er ($v_0 > 0$) von links sich dem Punkte O der Röhre nähernd, in seiner Geschwindigkeit gebremst wird, bis er in O selbst die Mindestgeschwindigkeit v_0 erreicht, um sich nun nach rechts mit wieder wachsender Geschwindigkeit von O zu entfernen. Die relative Bahn des Massenpunktes bezüglich der Röhre ist geradlinig; da sich jedoch die Röhre mit der Winkelgeschwindigkeit ω dreht, so daß sie zur Zeit t den Winkel $\vartheta = \omega t$ beschrieben hat, so ist die absolute Bahn eine Spirale. Ihre Gleichung lautet in Polarkoordinaten

$$s = \frac{v_0}{\omega} \operatorname{\mathfrak{Sin}} \vartheta,$$

wie sich aus b') ergibt. Sie möge für verschiedene Werte von $\frac{v_0}{\omega}$ gezeichnet werden.

2. Zur Zeit $t = 0$ möge der Massenpunkt sich in Ruhe befinden und von O den Abstand s_0 haben; die Anfangsbedingungen lauten

dann für $t = 0$: $s = s_0$, $v = 0$. Wir erhalten jetzt für die Integrations-konstanten die beiden Gleichungen $c_1 + c_2 = s$, $c_1 - c_2 = 0$, also

$$c_1 = c_2 = \frac{s_0}{2}.$$

Mithin ergibt sich die Weg-Zeit-Gleichung

$$s = s_0 \operatorname{\mathfrak{Cof}} \omega t \qquad\qquad\qquad \text{b''})$$

[s. Kurve 2) in Abb. 394] und die Geschwindigkeit-Zeit-Gleichung

$$v = s_0 \omega \operatorname{\mathfrak{Sin}} \omega t. \qquad\qquad\qquad \text{c''})$$

Die Bewegung zeichnet sich dadurch aus, daß s niemals Null werden, der Massenpunkt also niemals die Lage O einnehmen kann. Sie voll-zieht sich so, daß ($s_0 > 0$) der Punkt sich mit abnehmender Geschwindig-keit von rechts nach O zu bewegt, bis seine Geschwindigkeit durch die Fliehkraft aufgebraucht ist ($s = s_0$), dann umkehrt und sich mit wachsender Geschwindigkeit von O entfernt. Die Gleichung der ab-soluten Bahn lautet in Polarkoordinaten

$$s = s_0 \operatorname{\mathfrak{Cof}} \vartheta. \quad \text{(Zeichnen!)}$$

3. Die beiden voneinander grundverschiedenen Fälle 1 und 2 gehen ineinander über in dem Grenzfalle, den wir jetzt behandeln wollen; er zeichnet sich dadurch aus, daß zugleich mit $\lim s = 0$ auch $\lim v = 0$ wird. Um ihn analytisch zu erfassen, gehen wir von einem beliebigen Bewegungszustande $t = 0$, $s = s_0$, $v = v_0$ aus; es ergeben sich dann, wie man leicht einsieht, aus b) und c) die beiden Gleichungen

$$s = \frac{\omega s_0 + v_0}{2\omega} e^{\omega t} + \frac{\omega s_0 - v_0}{2\omega} e^{-\omega t}, \qquad v = \frac{\omega s_0 + v_0}{2} e^{\omega t} - \frac{\omega s_0 - v_0}{2} e^{-\omega t}.$$

Eliminiert man ferner aus b) und c) die Zeit t, so erhält man die Ge-schwindigkeit-Weg-Beziehung

$$s^2 - \frac{v^2}{\omega^2} = 4 c_1 c_2,$$

in unserem Falle

$$s^2 - \frac{v^2}{\omega^2} = s_0^2 - \frac{v_0^2}{\omega^2}. \qquad\qquad\qquad \text{d)}$$

Da nun zu einem — uns noch nicht bekannten — Zeitpunkte $s = 0$ und $v = 0$ sein soll, so muß nach d) zwischen der Anfangsgeschwindig-keit v_0 und dem Anfangswege s_0 die Beziehung bestehen

$$v_0 = \pm \omega s_0. \qquad\qquad\qquad \text{e)}$$

Damit gehen aber die obigen Gleichungen über in

$$s = s_0 e^{\omega t} \quad [\text{Kurve } 3)], \qquad\qquad\qquad \text{b'''})$$

$$v = v_0 e^{\omega t}. \qquad\qquad\qquad \text{c'''})$$

Der Massenpunkt bewegt sich also derart, daß ($s_0 > 0$, $v_0 > 0$) er vor unendlich langer Zeit sich aus der O-Lage allmählich losgelöst hat, zur Zeit $t = 0$ von ihr den Abstand s_0 und die Geschwindigkeit $v_0 = \omega s_0$ erreicht und sich mit wachsender Geschwindigkeit immer weiter von O entfernt. Anschaulicher ist die Vorstellung, daß ($v_0 < 0$) sich der Punkt nach O hinbewegt, seine Geschwindigkeit sich also ihrem absoluten Betrage nach vermindert; da jedoch $v_0 = -\omega s_0$ ist, kann nach Formel b''') und c''') O in endlicher Zeit nicht erreicht werden, obgleich die Geschwindigkeit stets die Richtung beibehält und stets von Null verschieden ist. — Die Gleichung der absoluten Bahn lautet in Polarkoordinaten $s = s_0\,e^\vartheta$, die absolute Bahn ist also eine **logarithmische Spirale**.

b) **Die gedämpfte Schwingung** ist ein physikalisch-technisch überaus wichtiger Vorgang. Ein Massenpunkt bewegt sich unter dem Einflusse einer harmonischen Kraft, die seiner Entfer-

Abb. 395.

nung s von der Ruhelage O proportional und nach dieser hin gerichtet ist in einem Mittel (Luft usw.), das dieser Bewegung einen seiner Geschwindigkeit v proportionalen Widerstand einer **Dämpfungskraft** entgegensetzt. Er beschreibt dann eine Bewegung, die als **gedämpfte Schwingung** bezeichnet wird. Die auf den Punkt P mit der Masse m einwirkende Kraft setzt sich aus zwei Einzelkräften zusammen; die eine, die **harmonische Kraft H** (s. Abb. 395), hat in jeder Lage des Punktes P die entgegengesetzte Richtung von s und besitzt die Größe $H = -m k^2 s$ (k^2 ein konstanter Proportionalitätsfaktor); die andere, die **Dämpfungskraft D**, arbeitet der Bewegungsrichtung entgegen, hat also ein der Geschwindigkeit v entgegengesetztes Vorzeichen. Ihre Größe ist $D = -2 m w v$, wobei w ebenfalls ein konstanter Proportionalitätsfaktor ist. Demnach ist die Resultierende

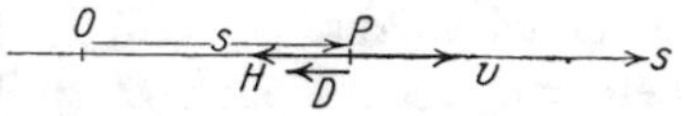

$$K = -m \cdot k^2 \cdot s - 2 m \cdot w \cdot v.$$

Setzen wir

$$K = m \cdot \frac{d^2 s}{dt^2}, \qquad v = \frac{ds}{dt},$$

so erhalten wir die **Differentialgleichung der gedämpften Schwingung**

$$\frac{d^2 s}{dt^2} + 2 w \cdot \frac{ds}{dt} + k^2 s = 0. \qquad\qquad \text{a)}$$

(Als Beispiel für eine derartige Schwingung sei das **Drehspulen-Galvanometer** angeführt, dessen Schwingungen durch die der Winkelgeschwindigkeit proportionale Induktionswirkung des elektrischen Stromes gedämpft werden; die die Schwingungen bestimmende Differentialgleichung lautet

$$J \cdot \frac{d^2 \alpha}{dt^2} + K \cdot \frac{d\alpha}{dt} + \vartheta \cdot \alpha = 0.$$

Hierbei bedeuten: J das Trägheitsmoment der Spule, ϑ das Torsionsmoment des Aufhängefadens, K das Induktionsmoment der Spule für $\frac{d\alpha}{dt} = 1$, α den Ausschlagswinkel.) Gleichung a) ist eine homogene lineare Differentialgleichung zweiter Ordnung; zu ihrer Integration bedarf es der Auflösung der quadratischen Gleichung

$$r^2 + 2wr + k^2 = 0. \qquad\qquad \text{b)}$$

Die beiden Wurzeln sind

$$r = -w \pm \sqrt{w^2 - k^2}.$$

Dieser Ausdruck schließt drei Fälle in sich; je nachdem $w \gtrless k$, d. h. die eingeführte Dämpfungskonstante größer, gleich oder kleiner als die harmonische Konstante ist. Vorausgeschickt sei noch, daß wir für alle drei Fälle gleichmäßig als Anfangsbedingung $t = 0$, $s = 0$, $v = v_0$ wählen wollen.

1. $w > k$. Setzen wir zur Abkürzung $\sqrt{w^2 - k^2} = \varrho$, so ist nach 90) das vollständige Integral von a)

$$s = c_1 e^{-wt} e^{\varrho t} + c_2 e^{-wt} e^{-\varrho t}$$

und somit

$$v = (-w + \varrho) c_1 e^{-wt} e^{\varrho t} + (-w - \varrho) c_2 e^{-wt} e^{-\varrho t}.$$

Unter Berücksichtigung der Anfangsbedingungen ergibt sich mit geringer Mühe

$$s = \frac{v_0}{\varrho} e^{-wt} \operatorname{\mathfrak{Sin}} \varrho\, t, \qquad\qquad \text{c')}$$

$$v = \frac{v_0}{\varrho} e^{-wt} (\varrho \operatorname{\mathfrak{Cof}} \varrho\, t - w \operatorname{\mathfrak{Sin}} \varrho\, t). \qquad\qquad \text{d')}$$

Über den Bewegungsvorgang sei folgendes bemerkt. Es gibt einen Zeitpunkt t, in welchem $v = 0$ ist, der Massenpunkt also seine größte Entfernung von O hat und die Bewegung sich umkehrt. Für ihn muß nach d') die Gleichung bestehen

$$\varrho \operatorname{\mathfrak{Cof}} \varrho\, t_0 - w \operatorname{\mathfrak{Sin}} \varrho\, t_0 = 0,$$

also ist

$$t_0 = \frac{1}{\varrho} \operatorname{\mathfrak{Ar} \mathfrak{Tg}} \frac{\varrho}{w} = \frac{1}{2\varrho} \ln \frac{w + \varrho}{w - \varrho}.$$

[s. (59) S. 152, Formel 106'')]. Da hiernach

$$\operatorname{\mathfrak{Sin}} \varrho\, t = \frac{\varrho}{\sqrt{w^2 - \varrho^2}} = \frac{\varrho}{k}$$

ist, so ist der größte Ausschlag

$$s_{\max} = \frac{v_0}{k} e^{-\frac{w}{\varrho} \operatorname{\mathfrak{Ar} \mathfrak{Tg}} \frac{\varrho}{w}} = \frac{v_0}{k} \cdot \left(\frac{w - \varrho}{w + \varrho}\right)^{\frac{w}{2\varrho}}.$$

Für das Zahlenbeispiel, das wir zur Erläuterung in der Folge benützen wollen, sei $w = 5\,\mathrm{sec}^{-1}$, $k = 3\,\mathrm{sec}^{-1}$, also $\varrho = 4\,\mathrm{sec}^{-1}$; demnach ist

$$t_0 = \tfrac{1}{4}\,\mathfrak{Ar}\,\mathfrak{Tg}\,0{,}8 = 0{,}2747\,\mathrm{sec}$$

und

$$s_{\max} = \frac{v_0}{3}\cdot e^{-1{,}25\,\cdot\,\mathfrak{Ar}\,\mathfrak{Tg}\,0{,}8} = 0{,}0844\,v_0\,.$$

Für $t > t_0$ wird also $v < 0$; der absolute Betrag von v nimmt zu bis zu einem Werte $v_{\max}$, der sich aus $\dfrac{dv}{dt} = 0$ ergibt. Um ihn zu ermitteln, formen wir d') um; setzen wir nämlich

$$\frac{w}{k} = \mathfrak{Cof}\,\varrho\,\tau, \qquad \frac{\varrho}{k} = \mathfrak{Sin}\,\varrho\,\tau,$$

wobei also

$$\tau = \frac{1}{\varrho}\,\mathfrak{Ar}\,\mathfrak{Tg}\,\frac{\varrho}{w} = t_0$$

ist, so geht d') über in

$$v = v_0 \cdot \frac{k}{\varrho}\,e^{-wt}\,\mathfrak{Sin}\,\varrho\,(t - t_0)\,.$$

v ist also eine Funktion von t von der nämlichen Form wie s, wir brauchen nur in c') $\dfrac{v_0 k}{\varrho}$ statt $\dfrac{v_0}{\varrho}$ und $t - t_0$ statt t zu setzen. Dann folgt aber, daß $|v|$ am größten wird, wenn $t - t_0 = t_0$, also $t = 2t_0$ wird. Von nun an nimmt $|v|$ wiederum ab. — Noch unerörtert ist die Frage nach dem Werte, dem sich s nähert, wenn t über alle Grenzen hinaus wächst. Nun ist

$$s = \frac{v_0}{2\varrho}\,e^{-wt}(e^{\varrho t} - e^{-\varrho t}) = \frac{v_0}{2\varrho}\,[e^{-(w-\varrho)t} - e^{-(w+\varrho)t}]\,.$$

Da $w > \varrho$ ist, so sind die beiden Exponenten negativ, also ist sowohl $\lim\limits_{t\to\infty} e^{-(w-\varrho)t} = 0$, als auch $\lim\limits_{t\to\infty} e^{-(w+\varrho)t} = 0$. Demnach ist $\lim\limits_{t\to\infty} s = 0$ und folglich auch $\lim\limits_{t\to\infty} v = 0$. Der Massenpunkt entfernt sich also mit der

Geschwindigkeit v_0 aus der Ruhelage, erreicht zur Zeit t_0 seinen größten Abstand $s_{\max}$, kehrt sodann um und nähert sich mit bis zur Zeit $2t_0$ wachsender, dann wieder abnehmender Geschwindigkeit der Ruhelage unbegrenzt, ohne sie jedoch ganz wieder zu erreichen. Abb. 396 zeigt das

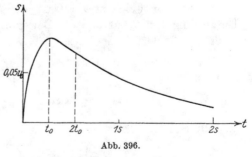

Abb. 396.

Weg-Zeit-Schaubild des sog. a periodischen Falles der ungedämpften Schwingung, und zwar gilt für unser Zahlenbeispiel die Tabelle:

$t =$	0,1	0,2	0,3	0,4	0,5	0,6	0,7	0,8	0,9	1,0	1,5	2,0	2,5 sec
$s =$	0,0623	0,0817	0,0842	0,0804	0,0744	0,0681	0,0619	0,0561	0,0508	0,0455	0,0279	0,0169	0,0103 v_0

2. $w < k$. Setzen wir jetzt $\sqrt{k^2 - w^2} = \varrho$, so ist das vollständige Integral von a)

$$s = e^{-wt}(c_1 \cos \varrho\, t + c_2 \sin \varrho\, t),$$

$$v = e^{-wt}[(\varrho\, c_2 - w\, c_1) \cos \varrho\, t - (\varrho\, c_1 + w\, c_2) \sin \varrho\, t].$$

Für die gewählten Anfangsbedingungen folgt hieraus

$$s = \frac{v_0}{\varrho}\, e^{-wt} \sin \varrho\, t, \qquad\qquad\qquad\qquad \text{c''})$$

$$v = \frac{v_0}{\varrho}\, e^{-wt}(\varrho \cos \varrho\, t - w \sin \varrho\, t) = \frac{k}{\varrho}\, v_0\, e^{-wt} \sin \varrho\,(t - t_0), \qquad \text{d''})$$

wobei

$$\frac{\varrho}{k} = \sin \varrho\, t_0, \qquad \frac{w}{k} = \cos \varrho\, t_0, \qquad \text{also} \qquad t_0 = \frac{1}{\varrho} \operatorname{arctg} \frac{\varrho}{w}$$

gesetzt sind. Aus c'') und d'') folgt, daß in diesem Falle die gedämpfte Schwingung periodisch vor sich geht; denn zu den Zeiten

$$t = \frac{\pi}{\varrho}, \qquad \frac{2\,\pi}{\varrho}, \qquad \frac{3\,\pi}{\varrho}, \qquad \ldots$$

geht der Massenpunkt durch die Ruhelage. Die Periode ist $T = \dfrac{2\,\pi}{\varrho}$. Die Höchstwerte der Ausschläge werden, wie wir aus d'') erkennen, erreicht für Werte

$$t = t_0 = \frac{1}{\varrho} \operatorname{arctg} \frac{\varrho}{w}$$

und betragen

$$s_{\max} = \frac{v_0}{k}\, e^{-\frac{w}{\varrho} \operatorname{arctg} \frac{\varrho}{w}};$$

sie sind abwechselnd positiv und negativ. Ist $w = 0$, so geht die Bewegung in die ungedämpfte harmonische Schwingung über. Im übrigen vergleiche man über diese **periodische gedämpfte Schwingung** das in **(57)** S. 144 ff. Gesagte.

3) Den Übergang zwischen dem periodischen und dem unperiodischen Falle vermittelt der Fall $w = k$. Hier hat die Gleichung b) zwei gleiche Wurzeln; nach dem auf S. 860 aufgestellten Satze ist also das vollständige Integral von a)

$$s = e^{-kt}(c_1\, t + c_2), \qquad \text{also} \qquad v = e^{-kt}(-k\, c_1\, t - k\, c_2 + c_1)$$

und unter Berücksichtigung unserer Anfangsbedingungen

$$s = v_0\, t\, e^{-kt}, \qquad\qquad\qquad\qquad \text{c'''})$$

$$v = v_0\, e^{-kt}(1 - k\, t). \qquad\qquad\qquad\qquad \text{d'''})$$

Der Grenzfall ist also wieder aperiodisch; der größte Ausschlag wird erreicht für $t_0 = \dfrac{1}{k}$, beträgt also

$$s_{\max} = \frac{v_0}{e \cdot k}.$$

Die größte Geschwindigkeit beim Zurückschwingen tritt zur Zeit

$$t = 2t_0 = \frac{2}{k}$$

ein und beträgt

$$v_{\max} = -\frac{v_0}{e^2}$$

bei einem Ausschlage $\dfrac{2\,v_0}{e^2 k}$.
Setzen wir wiederum

$$k = 3\,\mathrm{sec}^{-1},$$

so ist

$$t_0 = 0{,}333\;\mathrm{sec}\,, \qquad s_{\max} = \frac{v_0}{3\,e} = 0{,}122\,v_0\,;$$

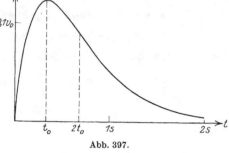

Abb. 397.

im übrigen gilt die Tabelle (s. Abb. 397):

$t =$	0,1	0,2	0,3	0,4	0,5	0,6	0,7	0,8	0,9	1,0	1,2	1,5	2,0	2,5 sec
$s =$	0,074	0,110	0,122	0,120	0,112	0,099	0,086	0,073	0,059	0,050	0,033	0,017	0,005	$0{,}0014\,v_0$

(240) Wir schließen hiermit den Sonderfall der homogenen linearen Differentialgleichung mit konstanten Beiwerten ab und wenden uns dem allgemeineren Falle zu, daß die Beiwerte P_{n-1}, P_{n-2}, ..., P_2, P_1, P_0 in 87) Funktionen von x sind. Da auch diese Aufgabe sich allgemein nicht lösen läßt, so greifen wir nur einen Sonderfall von praktischer Bedeutung heraus. Ist nämlich

$$P_k = \frac{1}{(a\,x + b)^{n-k}},$$

so daß also [nach Multiplizieren mit $(a\,x + b)^n$] Gleichung 87) die Form annimmt

$$\left.\begin{aligned}(a\,x + b)^n\,y^{(n)} + (a\,x + b)^{n-1}\,y^{(n-1)} + \cdots + (a\,x + b)^2\,y'' \\ + (a\,x + b)\,y' + y = 0\,,\end{aligned}\right\} \quad 91)$$

so können wir folgendermaßen vorgehen. Wir versuchen, ein Integral von 91) zu finden, das von der Form $y = (a\,x + b)^r$ ist; da dann

$$y' = a\,r\,(a\,x + b)^{r-1}, \qquad y'' = a^2\,r\,(r-1)\,(a\,x + b)^{r-2}, \quad \ldots,$$

$$y^{(n)} = a^n\,r\,(r-1)\cdots(r-n+1)\,(a\,x + b)^{r-n}$$

ist, so erhalten wir nach Einsetzen dieser Werte in 91) und nach Ausheben des gemeinsamen Faktors $(a\,x + b)^r$ eine algebraische Gleichung $n$ten Grades von r; diese hat n Lösungen r_1, r_2, ..., r_n. Sind alle diese voneinander verschieden, so ergeben sich die n partikulären Lösungen von 91)

$$(a\,x + b)^{r_1}, \qquad (a\,x + b)^{r_2}, \qquad \ldots, \qquad (a\,x + b)^{r_n}.$$

Es ist leicht einzusehen, daß dann auch die Funktionen

$$y_1 = c_1(ax+b)^{r_1}, \qquad y_2 = c_2(ax+b)^{r_2}, \qquad \dots, \qquad y_n = c_n(ax+b)^{r_n},$$

in welchen c_1, c_2, $\dots$, c_n willkürliche Integrationskonstanten sind, partikuläre Lösungen von 91) sind, da sich beim Einsetzen in 91) der Faktor c_k ausheben läßt und der verbleibende Klammerausdruck mit dem ursprünglichen identisch ist. Dann folgt aber — vgl. den in (238) eingeschlagenen Gedankengang —, daß die Funktion

$$y = y_1 + y_2 + \cdots + y_n = c_1(ax+b)^{r_1} + c_2(ax+b)^{r_2} + \cdots + c_n(ax+b)^{r_n} \quad 92)$$

ebenfalls ein Integral von 91) ist. Da sie ferner n voneinander unabhängige Integrationskonstanten c_1, c_2, $\dots$, c_n besitzt, ist 92) das vollständige Integral von 91).

Es bleibt nur noch der Fall zu erörtern, daß eine Lösung der Gleichung n ten Grades in r, beispielsweise r_1, eine $k$fache Wurzel dieser Gleichung, daß also $r_1 = r_2 = \cdots = r_k$ ist. Jetzt würde 92) nicht mehr das vollständige Integral sein, aus dem gleichen Grunde wie in dem in (238) S. 860 erörterten Falle. Es tritt jetzt vielmehr an die Stelle von

$$c_1(ax+b)^{r_1} + c_2(ax+b)^{r_2} + \cdots + c_k(ax+b)^{r_k}$$

in 92) der Ausdruck

$$(ax+b)^{r_1}\big(c_1 + c_2 \cdot \ln(ax+b) + \cdots + c_k \cdot (\ln(ax+b))^{k-1}\big),$$

wie ohne Beweis angeführt sei.

Beispiele. a) $(x-2)^2 y'' + 3(x-2)y' - 15y = 0$. Wir setzen $y = (x-2)^r$; dann ist

$$y' = r(x-2)^{r-1}, \qquad y'' = r(r-1)(x-2)^{r-2}.$$

Setzen wir diese Werte in die gegebene Differentialgleichung ein, so erhalten wir für r die quadratische Gleichung

$$r(r-1) + 3r - 15 = 0,$$

deren Lösungen $r_1 = 3$, $r_2 = -5$ sind. Demnach ist

$$y = c_1(x-2)^3 + \frac{c_2}{(x-2)^5}$$

das vollständige Integral, wie die Probe bestätigt.

b) $x^4 \cdot y'''' - 2x^3 y''' + x^2 y'' - 5xy' + 5y = 0$. Setzen wir hier $y = x^r$, so erhalten wir für r die Gleichung vierten Grades

$$r(r-1)(r-2)(r-3) - 2r(r-1)(r-2) + r(r-1) - 5r + 5 = 0,$$

die sich zu

$$r^4 - 8r^3 + 18r^2 - 16r + 5 = 0$$

zusammenziehen läßt. Diese hat die Lösungen

$$r_1 = r_2 = r_3 = 1, \quad r_4 = 5.$$

Demnach ist das vollständige Integral

$$y = x(c_1 + c_2 \ln x + c_3 (\ln x)^2) + c_4 x^5.$$

In der Tat erhalten wir:

$$y' = c_1 + c_2 \ln x + c_3 (\ln x)^2 + c_2 + 2c_3 \ln x + 5c_4 x^4,$$

$$y'' = (c_2 + 2c_3) \cdot \frac{1}{x} + 2c_3 \cdot \ln x \cdot \frac{1}{x} + 20c_4 x^3,$$

$$y''' = -\frac{c_2}{x^2} - 2c_3 \cdot \frac{\ln x}{x^2} + 60c_4 x^2,$$

$$y'''' = \frac{2c_2 - 2c_3}{x^3} + 4c_3 \frac{\ln x}{x^3} + 120c_4 x.$$

Setzen wir diese Ausdrücke in die linke Seite der Differentialgleichung ein, so ergibt sich

$$(2c_2 - 2c_3)\,x + 4c_3\,x \ln x + 120c_4\,x^5 + 2c_2\,x + 4c_3\,x \ln x - 120c_4\,x^5$$
$$+ (c_2 + 2c_3)\,x + 2c_3\,x \ln x + 20c_4\,x^5 - 5(c_1 + c_2)\,x$$
$$- 5(c_2 + 2c_3)\,x \ln x - 5c_3\,x\,(\ln x)^2 - 25c_4\,x^5$$
$$+ 5x\,(c_1 + c_2 \ln x + c_3\,(\ln x)^2) + 5\,c_4\,x^5.$$

Da dieser Ausdruck identisch Null ergibt, ist die Probe erfüllt.

(241) Ist in Gleichung 86) S. 858 die rechte Seite $Q \neq 0$, so heißt die Gleichung eine **vollständige lineare Differentialgleichung** von $n$ter Ordnung. Wir wollen auch bei ihr die zwei Sonderfälle unterscheiden, daß die Beiwerte P_{n-1}, P_{n-2}, ..., P_0 das eine Mal von x unabhängige, also konstante Größen, das andere Mal gewisse Funktionen von x sind. Bei Behandlung des ersten Falles wollen wir uns zunächst auf den einfachen Fall $n = 2$ beschränken, der praktisch von überragender Bedeutung ist. Für ihn ist die Ableitung einfach und durchsichtig; die Ergebnisse können dann leicht auf ein beliebiges n erweitert werden. Wir befassen uns mithin jetzt mit der Differentialgleichung

$$y'' + P_1 y' + P_0 y = Q, \qquad\qquad 93)$$

in der P_1 und P_0 Konstanten sind, während Q eine Funktion von x ist. Wir finden ihr Integral mit Hilfe des uns schon von den linearen Differentialgleichungen erster Ordnung her [s. **(224)** S. 772] bekannten Verfahrens der **Variation der Konstanten**. Wir schließen nämlich folgendermaßen. Wäre $Q = 0$, so wäre

$$y = c_1 e^{r_1 x} + c_2 e^{r_2 x} \qquad\qquad 94)$$

das vollständige Integral von 93), wobei r_1 und r_2 die beiden Lösungen der quadratischen Gleichung

$$r^2 + P_1 r + P_0 = 0 \qquad 95)$$

und c_1 und c_2 die beiden Integrationskonstanten sind [s. (238) S. 859]. Wir stellen nun die Frage: Können wir für die beiden Konstanten c_1 und c_2 zwei solche Funktionen von x, $c_1(x)$ und $c_2(x)$, finden, daß der Ausdruck 94) das vollständige Integral von 93) wird, wobei jetzt $Q \neq 0$ ist? Soll dies der Fall sein, so muß die Funktion 94) mit ihren beiden Differentialquotienten Gleichung 93) erfüllen. Nun ist aber nach der Produktregel

$$y' = c_1 r_1 e^{r_1 x} + c_2 r_2 e^{r_2 x} + c_1' e^{r_1 x} + c_2' e^{r_2 x},$$

wobei

$$c_1' = \frac{d c_1(x)}{dx} \qquad \text{und} \qquad c_2' = \frac{d c_2(x)}{dx}$$

die Differentialquotienten der Funktionen $c_1(x)$ und $c_2(x)$ nach x sind. Legen wir den Funktionen c_1 und c_2 noch die Bedingung auf

$$c_1' e^{r_1 x} + c_2' e^{r_2 x} = 0, \qquad 96)$$

so schrumpft y' zusammen zu

$$y' = c_1 r_1 e^{r_1 x} + c_2 r_2 e^{r_2 x}.$$

Differenzieren wir nochmals, so erhalten wir

$$y'' = c_1' r_1 e^{r_1 x} + c_1' r_2 e^{r_2 x} + c_1 r_1^2 e^{r_1 x} + c_2 r_2^2 e^{r_2 x}.$$

Setzen wir diese Ausdrücke in die linke Seite von 93) ein, so ergibt sich nach zweckmäßiger Zusammenfassung der einzelnen Glieder

$$c_1' r_1 e^{r_1 x} + c_2' r_2 e^{r_2 x} + c_1 (r_1^2 + P_1 r_1 + P_0) e^{r_1 x} + c_2 (r_2^2 + P_1 r_2 + P_0) e^{r_2 x},$$

ein Ausdruck, der sich infolge 95) zusammenzieht zu $c_1' r_1 e^{r_1 x} + c_2' r_2 e^{r_2 x}$. Es ist infolgedessen nach 93):

$$c_1' r_1 e^{r_1 x} + c_2' r_2 e^{r_2 x} = Q. \qquad 97)$$

In 96) und 97) haben wir zwei lineare Gleichungen erhalten, aus denen wir die Größen c_1' und c_2' als Funktionen von x bestimmen können. Durch Integration finden wir die Funktionen c_1 und c_2 selbst, und damit ist das Integral 94) der vollständigen linearen Differentialgleichung 93) ermittelt. Führen wir für $e^{r_1 x}$ und $e^{r_2 x}$ die Abkürzungen y_1 bzw. y_2 ein, so können wir jetzt zusammenfassend sagen:

Um das vollständige Integral der vollständigen linearen Differentialgleichung zweiter Ordnung

$$y'' + P_1 y' + P_0 y = Q,$$

in der P_1 und P_0 Konstanten sind, zu ermitteln, suchen wir zunächst die beiden Größen r_1 und r_2 als Wurzeln der quadratischen Gleichung $r^2 + P_1 r + P_0 = 0$ und bilden mit ihnen die beiden Funktionen $y_1 = e^{r_1 x}$ und $y_2 = e^{r_2 x}$. Sodann bestimmen wir zwei Funktionen $c_1'(x)$ und $c_2'(x)$ aus den beiden in ihnen linearen Gleichungen

$$c_1' y_1 + c_2' y_2 = 0, \qquad c_1' y_1' + c_2' y_2' = Q$$

und ermitteln schließlich die beiden Funktionen

$$c_1 = \int c_1' \cdot dx + C_1, \qquad c_2 = \int c_2' \cdot dx + C_2.$$

Dann ist

$$y = c_1 e^{r_1 x} + c_2 e^{r_2 x}$$

das gesuchte vollständige Integral der gegebenen Differentialgleichung.

Auf ein beliebiges n läßt sich der Satz folgendermaßen erweitern: Um das vollständige Integral der vollständigen linearen Differentialgleichung $n$ter Ordnung

$$y^{(n)} + P_{n-1} y^{(n-1)} + \cdots + P_1 y' + P_0 = Q \quad (P_{n-1}, \ldots, P_1, P_0 \text{ Konstante})$$

zu ermitteln, bestimmen wir die n Größen $r_1, r_2, \ldots, r_n$ als die Wurzeln der Gleichung $n$ten Grades

$$r^n + P_{n-1} r^{n-1} + P_{n-2} r^{n-2} + \cdots + P_1 r + P_0 = 0$$

und bilden mit ihnen die n Funktionen

$$y_1 = e^{r_1 x}, \qquad y_2 = e^{r_2 x}, \qquad \ldots, \qquad y_n = e^{r_n x}.$$

Sodann bestimmen wir die n Funktionen

$$c_1'(x), \qquad c_2'(x), \qquad \ldots, \qquad c_n'(x)$$

aus den n in ihnen linearen Gleichungen

$$c_1' y_1 + c_2' y_2 + \cdots + c_n' y_n = 0, \qquad c_1' y_1' + c_2' y_2' + \cdots + c_n' y_n' = 0,$$
$$c_1' y_1'' + c_2' y_2'' + \cdots + c_n' y_n'' = 0, \qquad \cdots,$$
$$c_1' y_1^{(n-2)} + c_2' y_2^{(n-2)} + \cdots + c_n' y_n^{(n-2)} = 0,$$
$$c_1' y_1^{(n-1)} + c_2' y_2^{(n-1)} + \cdots + c_n' y_n^{(n-1)} = Q$$

und ermitteln schließlich aus diesen die n Funktionen

$$c_1 = \int c_1' dx + C_1, \qquad c_2 = \int c_2' dx + C_2, \qquad \ldots, \qquad c_n = \int c_n' dx + C_n.$$

Dann ist

$$y = c_1 e^{r_1 x} + c_2 e^{r_2 x} + \cdots + c_n e^{r_n x}$$

das gesuchte vollständige Integral der gegebenen Differentialgleichung.

Der Beweis hierfür besteht in einer sinngemäßen Verallgemeinerung der obigen Ableitung für den Fall $n = 2$ und ist vom Leser leicht selbst zu bringen. — Wie ändert sich das Ergebnis ab, wenn die Gleichung $n$ten Grades eine Anzahl gleicher Wurzeln hat?

(242) Anwendungen. a) $y'' - a^2 y = bx$. Hier ist $r_1 = +a$, $r_2 = -a$, also $y_1 = e^{ax}$, $y_2 = e^{-ax}$. Die beiden in c_1 und c_2 linearen Gleichungen lauten

$$c_1' e^{ax} + c_2' e^{-ax} = 0, \quad a(c_1' e^{ax} - c_2' e^{-ax}) = bx.$$

Aus ihnen ergibt sich

$$c_1' = \frac{b}{2a} x e^{-ax}, \quad c_2' = -\frac{b}{2a} x e^{ax},$$

also

$$c_1 = \frac{-b}{2a^3} (ax + 1) e^{-ax} + C_1, \quad c_2 = -\frac{b}{2a^3} (ax - 1) e^{ax} + C_2$$

[s. Formel T III 26)]. Mithin ist das vollständige Integral der gegebenen Differentialgleichung

$$y = -\frac{b}{2a^3} (ax + 1) + C_1 e^{ax} - \frac{b}{2a^3} (ax - 1) + C_2 e^{-ax}$$

oder

$$y = C_1 e^{ax} + C_2 e^{-ax} - \frac{b}{a^2} x. \quad \text{Probe!}$$

b) $y'' + a^2 y = bx$. Hier ist $r_1 = +ai$, $r_2 = -ai$, also $y_1 = \cos ax$, $y_2 = \sin ax$. Die beiden Gleichungen für c' lauten

$$c_1' \cos ax + c_2' \sin ax = 0, \quad -a(c_1' \sin ax - c_2' \cos ax) = bx,$$

aus denen sich ergibt

$$c_1' = -\frac{b}{a} x \sin ax, \quad c_2' = \frac{b}{a} x \cos ax.$$

Integration mittels der Formel T III 32) ergibt

$$c_1 = \frac{b}{a^3} (ax \cos ax - \sin ax) + C_1, \quad c_2 = \frac{b}{a^3} (ax \sin ax + \cos ax) + C_2;$$

also

$$y = C_1 \cos ax + C_2 \sin ax + \frac{b}{a^2} x.$$

c) $y'' + 6y' + 10y = e^{-x} \cos x$.

$$r_1 = -3 + i, \quad r_2 = -3 - i; \quad y_1 = e^{-3x} \cos x, \quad y_2 = e^{-3x} \sin x.$$

$$c_1' e^{-3x} \cos x + c_2' e^{-3x} \sin x = 0,$$

$$c_1'(-3e^{-3x} \cos x - e^{-3x} \sin x) + c_2'(-3e^{-3x} \sin x + e^{-3x} \cos x) = e^{-x} \cos x;$$

$$c_1' = -\tfrac{1}{2} e^{2x} \sin 2x, \quad c_2' = \tfrac{1}{2} e^{2x}(1 + \cos 2x);$$

$$c_1 = -\tfrac{1}{8} e^{2x}(\sin 2x - \cos 2x) + C_1,$$

$$c_2 = \tfrac{1}{8} e^{2x}(2 + \sin 2x + \cos 2x) + C_2.$$

$$y = \tfrac{1}{8} e^{-x}(\sin x + \cos x) + e^{-3x}(C_1 \cos x + C_2 \sin x).$$

d) Das klassische Beispiel für unsere Differentialgleichung ist die **erzwungene Schwingung**. Ihr Wesen wollen wir uns an der folgenden

Anordnung klarmachen: Es sei in Abb. 398 P ein Massenpunkt, der zur Zeit t von dem ruhenden Punkt O den Abstand s haben möge; ferner befinde sich auf OP ein Punkt O', der zur gleichen Zeit von O den Abstand x haben möge. P werde nun von O' mit einer Kraft angezogen, die dem Abstande $O'P = s - x$ proportional ist; wäre O' in Ruhe, so würde P — von Reibungswiderständen abgesehen — die in Anwendung b) des Abschnittes (235) S. 834 ff. untersuchte harmonische Bewegung um O' beschreiben. Jedenfalls erfährt der Massenpunkt P eine Beschleunigung nach O' hin, die sich durch die Gleichung

$$\frac{d^2 s}{d t^2} = - k^2 (s - x)$$

ausdrückt (k eine Konstante). Diese Gleichung läßt sich auch in der Form schreiben

$$\frac{d^2 s}{d t^2} + k^2 s = k^2 x ;$$
a)

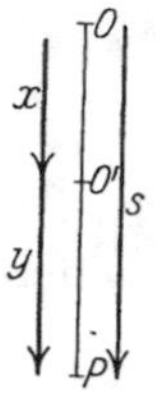

Abb. 398.

die Differentialgleichung unserer Bewegung ist demnach von der Gestalt 93), da jetzt angenommen werden soll, daß x sich mit der Zeit ändert, x also selbst eine Funktion von t ist. Diese Funktion, die die Eigenbewegung des Punktes O' beschreibt, ist naturgemäß von wesentlichem Einflusse auf die Schwingung von P; dem Massenpunkte P wird gewissermaßen außer der harmonischen Schwingung noch eine weitere Bewegung aufgezwungen — daher die Bezeichnung „erzwungene Schwingung". Wir gehen jetzt zur Integration der Differentialgleichung a) über; es ist

$$s_1 = \cos k t , \qquad s_2 = \sin k t ;$$
$$c_1' \cos k t + c_2' \sin k t = 0 , \qquad - k c_1' \sin k t + k c_2' \cos k t = k^2 x ;$$
$$c_1' = - k x \sin k t , \qquad c_2' = k x \cos k t ;$$
$$c_1 = C_1 - k \textstyle\int x \sin k t \, dt , \qquad c_2 = C_2 + k \textstyle\int x \cos k t \, dt ;$$
$$s = C_1 \cos k t + C_2 \sin k t + k [\sin k t \cdot \textstyle\int x \cos k t \, dt - \cos k t \cdot \textstyle\int x \sin k t \, dt] .$$

Wir wollen zur bequemeren Gestaltung statt der Integrationskonstanten C_1 und C_2 zwei andere c und t_0 einführen mittels der Gleichungen

$$C_1 = - c \sin k t_0 , \qquad C_2 = c \cos k t_0 ,$$

also
$$c = \sqrt{C_1^2 + C_2^2} , \qquad t_0 = - \frac{1}{k} \operatorname{arctg} \frac{C_1}{C_2} .$$

Das vollständige Integral von a) nimmt dann die Form an

$$s = c \cdot \sin k (t - t_0) + k [\sin k t \cdot \textstyle\int x \cos k t \, dt - \cos k t \cdot \textstyle\int x \sin k t \, dt] .$$
b)

Kennen wir nun das Gesetz der Bahn $x = x(t)$ des Punktes O' näher, so können wir die beiden Quadraturen ausführen und das Bewegungsgesetz der erzwungenen Schwingung in endlicher, geschlossener Form angeben. Einige Sonderfälle mögen hier durchgeführt werden.

1. Der Punkt O' führe eine gleichförmige Bewegung aus: $x = v_0 \cdot t$. Mittels der Formeln T III 32) erhalten wir

$$\int t \cos k t \, dt = \frac{1}{k^2} \left(k t \sin k t + \cos k t \right),$$

$$\int t \sin k t \, dt = \frac{1}{k^2} \left(-k t \cos k t + \sin k t \right).$$

Damit geht b) nach einfachem Umformen und Zusammenfassen der Glieder über in

$$s = c \cdot \sin k (t - t_0) + v_0 t. \tag{b'}$$

Die relative Bewegung des Massenpunktes gegen O' ist mithin gegeben durch die Gleichung

$$y = s - x = c \cdot \sin k (t - t_0);$$

sie ist also die gleiche harmonische Bewegung, die P beschreiben würde, wenn O' sich in Ruhe befände. Eine an einem Ende aufgehängte und am anderen Ende mit dem Massenpunkte P beschwerte Spiralfeder stellt eine Vorrichtung dar, die P zu einer harmonischen Bewegung zwingt; würde man diese in einem gleichförmig sich bewegenden Fahrstuhle mitführen, so würde P um den Gleichgewichtspunkt O' also genau die gleiche Schwingung ausführen wie bei ruhendem Fahrstuhle.

2. O' führe eine gleichförmig beschleunigte Bewegung aus:

$$x = v_0 t - \frac{b}{2} t^2.$$

Da [Formel T III 32)]

$$\int t^2 \cos k t \, dt = \frac{1}{k^3} \left[(k^2 t^2 - 2) \sin k t + 2 k t \cos k t \right],$$

$$\int t^2 \sin k t \, dt = \frac{1}{k^3} \left[-(k^2 t^2 - 2) \cos k t + 2 k t \sin k t \right]$$

ist, so ist

$$s = c \sin k (t - t_0) + \frac{b}{k^2} + v_0 t - \frac{b}{2} t^2, \tag{b''}$$

wie man durch Einsetzen und einfaches Umformen erkennt. Die relative Bewegung des Massenpunktes gegen O' wird mithin durch die Gleichung

$$y = s - x = c \cdot \sin k (t - t_0) + \frac{b}{k^2}$$

beschrieben. Sie ist also ebenfalls eine harmonische Schwingung, die mit der zu ruhendem O gehörigen übereinstimmt; nur ist der Gleichgewichtspunkt nicht mehr O', sondern ein um die konstante Strecke $\frac{b}{k^2}$ von diesem entfernter Punkt.

3. O' führe selbst eine harmonische Schwingung aus: $x = a \cdot \sin l t$. Nun ist

$$\int \cos k\, t \sin l\, t\, dt = \frac{1}{2} \int [\sin (l+k)t \sin (l-k)t]\, dt$$

$$= \frac{1}{2} \left[\frac{\cos (k-l)t}{k-l} - \frac{\cos (k+l)t}{k+l} \right],$$

$$\int \sin k\, t \sin l\, t\, dt = \frac{1}{2} \int [\cos (k-l)t - \cos (k+l)t]\, dt$$

$$= \frac{1}{2} \left[\frac{\sin (k-l)t}{k-l} - \frac{\sin (k+l)t}{k+l} \right].$$

Demnach ist

$$s = c \sin k(t - t_0) + \frac{a\,k}{2} \left\{ \frac{\sin l\, t}{k-l} + \frac{\sin l\, t}{k+l} \right\}$$

oder

$$s = c \sin k(t - t_0) + a\, \frac{k^2}{k^2 - l^2} \sin l\, t . \qquad \text{b}''')$$

Der Massenpunkt P führt somit eine Bewegung aus, die eine Übereinanderlagerung zweier harmonischen Schwingungen ist. Die eine von beiden $s_1 = c \cdot \sin k(t - t_0)$ hat die Periode $T_1 = \frac{2\pi}{k}$, die auch zustande käme, wenn der Gleichgewichtspunkt O' in Ruhe wäre — wir wollen sie die **natürliche Schwingung** nennen —; der Wert der Schwingungsweite c hängt von den Anfangsbedingungen ab. Die andere Schwingung

$$s_2 = a \cdot \frac{k^2}{k^2 - l^2} \cdot \sin l\, t$$

hat dagegen die Periode $T_2 = \frac{2\pi}{l}$ des Gleichgewichtspunktes, also der aufgezwungenen Schwingung; ihre Schwingungsweite

$$a_2 = a \cdot \frac{k^2}{k^2 - l^2}$$

ist durch die gegebenen Größen a, k, l völlig bestimmt, also unabhängig von den Anfangsbedingungen. Durch passende Wahl der Anfangsbedingungen läßt sich die natürliche Schwingung beeinflussen; so wird beispielsweise die Anfangsbedingung

$$t = 0, \quad s = 0, \quad v = a\, \frac{k^2\, l}{k^2 - l^2}$$

erreicht, wenn $t_0 = 0$, $c = 0$ gesetzt, diese Schwingung also gänzlich ausgeschaltet wird. Die zweite Schwingung entzieht sich dagegen gänzlich unserer Einwirkung. Besonders bemerkenswert ist der Zusammenhang der Schwingungsweite a_2 der erzwungenen Schwingung mit den Perioden T_1 und T_2 der beiden Schwingungen. Es ist nämlich

$$a_2 = a \cdot \frac{1}{1 - \left(\dfrac{l}{k}\right)^2} = \frac{a}{1 - \left(\dfrac{T_1}{T_2}\right)^2} .$$

Das Verhältnis $\dfrac{a_2}{a}$ der Schwingungsweiten der erzwungenen Schwingung und der Schwingung des Gleichgewichtspunktes nimmt für verschiedene Werte des Verhältnisses T_1 verschiedene Werte an, wie folgende Übersicht zeigt:

$\dfrac{T_1}{T_2} =$	0,1	0,2	0,5	0,8	0,9	0,95	0,97	0,98	0,99	1
$\dfrac{a_2}{a} =$	1,01	1,04	1,33	2.778	5,263	10,26	16,92	25,25	50,20	∞

$\dfrac{T_1}{T_2} =$	1,01	1,03	1,1	1,5	2,0	5,0	10,0
$\dfrac{a_2}{a} =$	-50	$-16,4$	$-4,762$	$-0,800$	$-0,333$	$-0,042$	$-0,010$

Ist also die natürliche Schwingung sehr rasch gegenüber der erzwungenen, so daß $\dfrac{T_1}{T_2}$ wenig von Null verschieden ist, so ist auch a_2 wenig von a verschieden; das System Gleichgewichtspunkt-Massenpunkt schwingt wie ein starrer Körper. Nähert sich die Schwingungsdauer der erzwungenen Schwingung abnehmend mehr und mehr der natürlichen Schwingung, so ist die Schwingung von P zwar gleichtaktig mit der von O', aber die Schwingungsweite wächst überaus rasch, um für $T_2 = T_1$ theoretisch sogar unendlich groß zu werden (Fall der Resonanz). Wird schließlich die Schwingungsdauer T_2 kleiner als T_1, so ist P stets um eine halbe Periode hinter O zurück; die Schwingungsweite a_2 nimmt jetzt mit abnehmendem T_2 auch ab, so daß bei überaus raschen Schwingungen von O' sich a_2 sogar dem Werte Null nähert: Die dem Massenpunkte P aufgezwungene Schwingung wird also in dem Maße ausgeschaltet, als $\dfrac{T_1}{T_2}$ wächst. Wird dazu noch die natürliche Schwingung unterdrückt (s. unsere Anfangsbedingungen), so bleibt P trotz heftiger Schwingungen von O' in völliger Ruhe. (Verwendung bei Seismographen, die zwecks Aufzeichnung von Erdbeben eines Fixpunktes bedürfen.) Es ist überaus lehrreich, für verschiedene Werte des Verhältnisses $\dfrac{T_1}{T_2}$ die Weg-Zeit-Kurven zu entwerfen.

(243) Sind schließlich die Beiwerte P_1, P_0 der vollständigen linearen Gleichung zweiter Ordnung 93) entsprechend dem in **(240)** behandelten Falle Funktionen von x, und zwar

$$P_1 = \frac{1}{ax + b}, \qquad P_0 = \frac{1}{(ax + b)^2},$$

so läßt sich 93) in der Form schreiben:

$$y'' + \frac{y'}{ax + b} + \frac{y}{(ax + b)^2} = Q(x). \qquad 98)$$

Für $Q(x) = 0$ ergibt sich der in **(240)** behandelte Fall; sind r_1 und r_2 die beiden Lösungen der dort aufgestellten Gleichung $n$ten Grades (hier also der quadratischen Gleichung), so ist

$$y = c_1(ax + b)^{r_1} + c_2(ax + b)^{r_2}$$

das vollständige Integral von 98); c_1 und c_2 sind dabei so als Funktionen von x zu bestimmen, daß ihre Differentialquotienten c_1' und c_2' die beiden Gleichungen erfüllen:

$$c_1' y_1 + c_2' y_2 = 0, \qquad c_1' y_1' + c_2' y_2' = Q. \qquad 99)$$

$$(y_1 = (ax + b)^{r_1}; \qquad y_2 = (ax + b)^{r_2}.)$$

Die Ableitung entspricht völlig der in **(241)** gegebenen und läßt sich mühelos auf einen beliebigen Wert n erweitern.

    Anwendung. Steht eine **kreisförmige Platte** unter dem Einflusse einer gleichmäßig verteilten Last, so biegt sie sich nach einer Form durch, von der Abb. 399 einen Meridianschnitt andeutet. Der Winkel φ, um welchen die Normale durch die Belastung aus ihrer Richtung abgelenkt wird, genügt nach den Gesetzen der Festigkeitslehre der Differentialgleichung

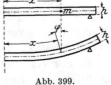

Abb. 399.

$$x^2 \frac{d^2\varphi}{dx^2} + x \frac{d\varphi}{dx} - \varphi = -Nx^3 \quad \text{bzw.} \quad \frac{d^2\varphi}{dx^2} + \frac{1}{x}\frac{d\varphi}{dx} - \frac{1}{x^2}\varphi = -Nx. \quad \text{a)}$$

Hierbei ist x der Abstand des betreffenden Plattenpunktes vom Plattenmittelpunkte und $N = \frac{6p}{E'h^3}$ (p die als konstant angenommene Belastung pro Flächeneinheit, E' der reduzierte Elastizitätsmodul, h die Dicke der Platte). Setzen wir

$$\varphi = x^r, \qquad \varphi' = r x^{r-1}, \qquad \varphi'' = r(r-1) x^{r-2}$$

in die linke Seite von a) ein, so erhalten wir

$$x^r [r(r - 1) + r - 1];$$

29*

im Falle der reduzierten Differentialgleichung ergibt sich also für r die quadratische Gleichung $r^2 - 1 = 0$, aus der $r_1 = +1$, $r_2 = -1$ folgt. Demnach läßt sich das Integral von a) schreiben

$$\varphi = c_1 \cdot x + c_2 \cdot \frac{1}{x} \, .$$

Zur Bestimmung der beiden Funktionen $c_1(x)$ und $c_2(x)$ haben wir die zwei Gleichungen

$$c_1' x + c_2' \cdot \frac{1}{x} = 0 \, , \qquad c_1' - \frac{c_2'}{x^2} = -N x \, ;$$

aus ihnen ergibt sich

$$c_1' = -\frac{N}{2} x \, , \qquad c_2' = +\frac{N}{2} x^3$$

und durch Integrieren

$$c_1 = -\frac{N}{4} x^2 + C_1 \, , \qquad c_2 = +\frac{N}{8} x^4 + C_2 \, .$$

Also ist die vollständige Lösung von a)

$$\varphi = -\frac{N}{8} x^3 + C_1 x + \frac{C_2}{x} \, . \qquad\qquad \text{b)}$$

Probe: $\quad \varphi' = -\frac{3}{8} N x^2 + C_1 - \frac{C_2}{x^2} \, , \qquad \varphi'' = -\frac{3}{4} N x + \frac{2 C_2}{x^3} \, .$

In die linke Seite von a) eingesetzt, ergibt das

$$-\frac{3}{4} N x^3 + \frac{2 C_2}{x} - \frac{3}{8} N x^3 + C_1 x - \frac{C_2}{x} + \frac{N}{8} x^3 - C_1 x - \frac{C_2}{x} \equiv -N x^3 \, .$$

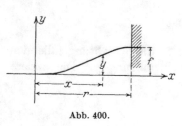

Abb. 400.

Soll insbesondere die Platte am Rande wagerecht eingespannt sein, so muß für $x = 0$ und für $x = r$ $\varphi = 0$ sein. Dann muß aber $C_2 = 0$, $C_1 = \frac{N}{8} r^2$ sein; die Gleichung b) lautet in diesem Sonderfalle

$$\varphi = \frac{N}{8} (r^2 x - x^3) \, .$$

Berücksichtigen wir nur kleine Winkel φ, so daß wir angenähert $\varphi = \operatorname{tg} \varphi = y'$ setzen können, so ergibt sich als Gleichung der Meridiankurve

$$y = \frac{N}{32} (2 r^2 x^2 - x^4) \, ;$$

die größte Durchbiegung ist

$$f = \frac{N}{32} r^4 = \frac{3}{16} \frac{p \, r^4}{E' h^3} \, .$$

§ 6. Simultane Differentialgleichungen.

(244) In diesem Paragraphen soll ein Problem gestreift werden, das für den Ingenieur von Bedeutung sein kann, die Integration der sog. **simultanen Differentialgleichungen.** Was wir darunter zu verstehen haben, soll an einem Beispiele auseinandergesetzt werden.

Die ballistische Kurve ist die Bahn, die ein Geschoß beschreibt; sie ist eine ebene Kurve. Wir wählen daher ein rechtwinkliges xy-System (s. Abb. 401). Das Geschoß befinde sich im Augenblicke t an der Stelle $P(x\,|\,y)$; seine Bahn wird durch eine Kraft bestimmt, die sich aus zwei Teilkräften zusammensetzt. Die eine ist die Erdbeschleunigung g, die in Richtung der negativen y-Achse wirkt. Die andere ist der Luftwiderstand, der in Richtung der augenblicklichen Bahn wirkt; er möge eine beliebige Funktion der Geschwindigkeit v sein. Er erteilt der Bewegung eine Beschleunigung (Verzögerung) $w(v)$, die also ebenfalls einzig von der augenblicklichen Geschwindigkeit v abhängt. Zur Beschreibung der Bewegung bedürfen wir jetzt zweier Gleichungen; wir erhalten sie, wenn wir die Bewegung nach den beiden Koordinatenrichtungen zerlegen. In Richtung der x-Achse wirkt nur die vom Luftwiderstande w herrührende Teilkraft; ihr Betrag ist $-w(v)\cdot\cos\varphi$. Also ist die zu dieser Richtung gehörige Differentialgleichung

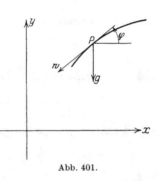

Abb. 401.

$$\frac{d^2x}{dt^2} = -w(v)\cdot\cos\varphi.\qquad\qquad\text{a)}$$

In Richtung der y-Achse wirkt außer der in diese Richtung fallenden Teilkraft von w: $w(v)\cdot\sin\varphi$ die Erdbeschleunigung g. Die andere Differentialgleichung lautet demnach

$$\frac{d^2y}{dt^2} = -g - w(v)\cdot\sin\varphi.\qquad\qquad\text{b)}$$

Nun ist

$$v = \frac{ds}{dt} = \sqrt{\left(\frac{dx}{dt}\right)^2 + \left(\frac{dy}{dt}\right)^2}\,;$$

ferner ist

$$\operatorname{tg}\varphi = \frac{dy}{dx}\qquad\text{oder}\qquad \operatorname{tg}\varphi = \frac{dy}{dt} : \frac{dx}{dt}\,;$$

demnach

$$\cos\varphi = \frac{dx}{dt} : \sqrt{\left(\frac{dx}{dt}\right)^2 + \left(\frac{dy}{dt}\right)^2},\qquad \sin\varphi = \frac{dy}{dt} : \sqrt{\left(\frac{dx}{dt}\right)^2 + \left(\frac{dy}{dt}\right)^2}.$$

Setzen wir diese Werte in a) und b) ein, so erhalten wir das Gleichungspaar

$$\frac{d^2 x}{dt^2} + w\left(\sqrt{\left(\frac{dx}{dt}\right)^2 + \left(\frac{dy}{dt}\right)^2}\right) \cdot \frac{\dfrac{dx}{dt}}{\sqrt{\left(\frac{dx}{dt}\right)^2 + \left(\frac{dy}{dt}\right)^2}} = 0$$

und

$$\frac{d^2 y}{dt^2} + w\left(\sqrt{\left(\frac{dx}{dt}\right)^2 + \left(\frac{dy}{dt}\right)^2}\right) \cdot \frac{\dfrac{dy}{dt}}{\sqrt{\left(\frac{dx}{dt}\right)^2 + \left(\frac{dy}{dt}\right)^2}} + g = 0.$$

c)

Wir sehen, daß $\frac{d^2 x}{dt^2}$ nicht nur von $\frac{dx}{dt}$, sondern auch von $\frac{dy}{dt}$, und $\frac{d^2 y}{dt^2}$ nicht nur von $\frac{dy}{dt}$, sondern auch von $\frac{dx}{dt}$ abhängig ist; die beiden von t abhängigen Veränderlichen x und y sind untereinander also gewissermaßen verkettet, und hierin beruht das Wesen der simultanen Differentialgleichungen. Es wird nun verständlich sein, wenn wir ganz allgemein sagen:

Gegeben sei eine unabhängige Veränderliche t, außerdem zwei abhängige Veränderliche x und y. Bestehen nun zwei Differentialgleichungen von der Form

$$\varphi\left(t,\ x,\ y,\ \frac{dx}{dt},\ \frac{dy}{dt},\ \frac{d^2 x}{dt^2},\ \frac{d^2 y}{dt^2},\ \dots\right) = 0$$

und

$$\psi\left(t,\ x,\ y,\ \frac{dx}{dt},\ \frac{dy}{dt},\ \frac{d^2 x}{dt^2},\ \frac{d^2 y}{dt^2},\ \dots\right) = 0,$$

100)

in denen die beiden abhängigen Veränderlichen x und y mit ihren Differentialquotienten nach t untereinander verkettet sind, so heißen die Gleichungen 100) ein System simultaner Differentialgleichungen. Diese Definition läßt sich mühelos auf den Fall von mehr als zwei abhängigen Veränderlichen erweitern.

Das System 100) der simultanen Differentialgleichungen integrieren heißt, zwei Funktionen $x = \Phi(t)$ und $y = \Psi(t)$ finden, welche die beiden Gleichungen 100) erfüllen. Es handelt sich also im wesentlichen darum, die beiden Gleichungen so umzuformen und miteinander zu verbinden, daß die beiden abhängigen Veränderlichen x und y voneinander getrennt werden und man zwei gewöhnliche Differentialgleichungen erhält:

$$f_1\left(t,\ x,\ \frac{dx}{dt},\ \frac{d^2 x}{dt^2},\ \dots\right) = 0 \quad \text{und} \quad f_2\left(t,\ y,\ \frac{dy}{dt},\ \frac{d^2 y}{dt^2},\ \dots\right) = 0. \quad 101)$$

Nun lassen sich allerdings über den für diese Trennung einzuschlagenden Weg keine allgemeinen Vorschriften aufstellen; ja, in den allermeisten Fällen wird eine solche Trennung überhaupt unmöglich sein. Indessen sollen einige Beispiele durchgeführt werden, die zeigen, wie man in gewissen Fällen den Schwierigkeiten begegnen kann.

a) Wir beginnen mit dem Einführungsbeispiele der **ballistischen Kurve**. Um hier überhaupt zu einer geschlossenen integrablen Form zu gelangen, wollen wir annehmen, daß der Luftwiderstand proportional der Geschwindigkeit ist. Wir setzen

$$w = k^2 \cdot \sqrt{\left(\frac{dx}{dt}\right)^2 + \left(\frac{dy}{dt}\right)^2} \, ;$$

dadurch geht das System c) über in

$$\frac{d^2x}{dt^2} + k^2 \frac{dx}{dt} = 0 \, , \qquad \frac{d^2y}{dt^2} + k^2 \frac{dy}{dt} + g = 0 \, . \qquad \text{d)}$$

In diesem Sonderfalle ist schon die Trennung gemäß Formel 101) vorhanden; es ist daher auf Grund der Ausführungen von **(236)**

$$x = c_1 e^{-k^2 t} + c_2 \, , \qquad y = c_3 e^{-k^2 t} - \frac{g}{k^2} t + c_4 \, ,$$

wobei c_1, c_2, c_3, c_4 die vier Integrationskonstanten sind. Soll insbesondere das Geschoß zur Zeit $t = 0$ von der Stelle $0|0$ aus unter dem Winkel α mit der Geschwindigkeit v_0 abgeschossen werden, so ist, da

$$\frac{dx}{dt} = -k^2 c_1 e^{-k^2 t} \, , \qquad \frac{dy}{dt} = -k^2 c_3 e^{-k^2 t} - \frac{g}{k^2}$$

ist,

$$0 = c_1 + c_2 \, , \qquad 0 = c_3 + c_4 \, ,$$

$$v_0 \cos \alpha = -k^2 c_1 \, , \qquad v_0 \sin \alpha = -k^2 c_3 - \frac{g}{k^2} \, ,$$

also

$$c_1 = -\frac{v_0 \cos \alpha}{k^2} \, , \qquad c_2 = +\frac{v_0 \cos \alpha}{k^2} \, ,$$

$$c_3 = -\frac{k^2 v_0 \sin \alpha + g}{k^4} \, , \qquad c_4 = \frac{k^2 v_0 \sin \alpha + g}{k^4} \, ,$$

also

$$x = \frac{v_0 \cos \alpha}{k^2} \left(1 - e^{-k^2 t}\right) \, , \qquad y = \frac{k^2 v_0 \sin \alpha + g}{k^4} \left(1 - e^{-k^2 t}\right) - \frac{g}{k^2} t \, . \qquad \text{e)}$$

Man zeichne auf Grund dieser Formeln die ballistische Kurve für einen bestimmten Wert k und vergleiche sie mit der Wurfparabel.

b) Gegeben seien die beiden simultanen Differentialgleichungen

$$t_0 x' = x - y \, , \qquad t_0 y' = v_0 t - 2x \, , \qquad \text{a)} \quad \text{b)}$$

wobei

$$x' = \frac{dx}{dt} \, , \qquad y' = \frac{dy}{dt}$$

ist. Hier läßt sich die Trennung äußerst einfach durchführen. Differenzieren wir nämlich a) nach t, so erhalten wir

$$t_0 x'' = x' - y' \, ; \qquad \text{c)}$$

setzen wir nun in c) den sich aus b) ergebenden Wert von y' ein, so folgt die Gleichung

$$t_0\, x'' = x' - \frac{v_0}{t_0}\, t + 2\,\frac{x}{t_0}\,. \qquad \text{d)}$$

Diese Gleichung enthält nur noch die beiden Veränderlichen x und t; die Trennung ist durchgeführt. Und zwar ist d) eine vollständige lineare Differentialgleichung zweiter Ordnung mit konstanten Beiwerten. Das in (241) entwickelte Verfahren liefert als vollständiges Integral

$$x = \frac{v_0}{4}\,(2t - t_0) + c_1\, e^{2\frac{t}{t_0}} + c_2\, e^{-\frac{t}{t_0}}\,; \qquad \text{e)}$$

hieraus folgt

$$x' = \frac{v_0}{2} + \frac{2c_1}{t_0}\, e^{2\frac{t}{t_0}} - \frac{c_2}{t_0}\, e^{-\frac{t}{t_0}}$$

und durch Einsetzen in a)

$$y = \frac{v_0}{4}\,(2t - 3t_0) - c_1\, e^{2\frac{t}{t_0}} + 2c_2\, e^{-\frac{t}{t_0}}\,. \qquad \text{f)}$$

Wir hätten auch b) nach t differenzieren können; dann hätte sich die Differentialgleichung

$$y'' = -\frac{2}{t_0}\, x' + \frac{v_0}{t_0} \qquad \text{c')}$$

ergeben und durch Elimination von x und x' aus a), b) und c') die Differentialgleichung

$$y'' - \frac{1}{t_0}\, y' - \frac{2}{t_0^2}\, y = \frac{v_0}{t_0^2}\,(t_0 - t)\,. \qquad \text{d')}$$

Ihr vollständiges Integral ist f), mit Hilfe von b) hätten wir sodann wiederum a) erhalten.

c) Ein Massenpunkt m bewege sich so, daß die Komponenten seiner Geschwindigkeit v_x und v_y in Richtung der x-Achse und der y-Achse jeweils proportional der Ordinate bzw. der Abszisse desjenigen Punktes P der Ebene sind, in welchem sich m gerade befindet. Die Differentialgleichungen der Bewegung lauten demgemäß

$$v_x = \frac{dx}{dt} = a\,y\,, \qquad v_y = \frac{dy}{dt} = b\,x\,. \qquad \text{a)}$$

Aus der ersten folgt durch Differenzieren

$$\frac{d^2x}{dt^2} = a \cdot \frac{dy}{dt}\,,$$

und mit Hilfe der zweiten wird

$$\frac{d^2x}{dt^2} - a\,b\,x = 0\,.$$

Das vollständige Integral der so gewonnenen Differentialgleichung lautet

$$x = \sqrt{a}\left[c_1\,e^{\sqrt{ab}\,t} + c_2\,e^{-\sqrt{ab}\,t}\right].\qquad\qquad\text{b}')$$

Da sich aus ihr durch Differenzieren ergibt

$$\frac{dx}{dt} = a\sqrt{b}\left[c_1\,e^{\sqrt{ab}\,t} - c_2\,e^{-\sqrt{ab}\,t}\right],$$

so folgt aus der ersten Gleichung von a)

$$y = \sqrt{b}\left[c_1\,e^{\sqrt{ab}\,t} - c_2\,e^{-\sqrt{ab}\,t}\right].\qquad\qquad\text{b}'')$$

Die beiden Gleichungen b') und b'') ermöglichen, für jeden Zeitpunkt t die Lage des Massenpunktes zu ermitteln. Durch Elimination von t aus ihnen erhalten wir die Gleichung seiner Bahn; sie lautet

$$\frac{x^2}{4\,a\,c_1\,c_2} - \frac{y^2}{4\,b\,c_1\,c_2} = 1 .\qquad\qquad\text{c)}$$

Die Bahn ist also ein Mittelpunktskegelschnitt, dessen Achsen die beiden Koordinatenachsen sind. Die angeführten Ergebnisse können ohne weiteres verwendet werden, solange a und b das gleiche Vorzeichen haben. In diesem Falle ist die Bahn eine Hyperbel; ihre reelle Achse ist die x-Achse, wenn $a\,c_1\,c_2$ und $b\,c_1\,c_2$ positiv sind, und die y-Achse, wenn diese beiden Größen negativ sind. Sind dagegen die Vorzeichen von a und b nicht gleich, so tut man gut, um imaginäre Größen zu vermeiden, die Gleichungen b) umzuformen in

$$\left.\begin{aligned}x &= \sqrt{a}\left[c_1\cos\left(\sqrt{-a\,b}\,t\right) + c_2\sin\left(\sqrt{-a\,b}\,t\right)\right],\\ y &= \sqrt{-b}\left[c_1\cos\left(\sqrt{-a\,b}\,t\right) - c_2\sin\left(\sqrt{-a\,b}\,t\right)\right];\end{aligned}\right\}\qquad\text{b}_1)$$

die Bahn wird dann zur Ellipse. Die Werte der Integrationskonstanten c_1 und c_2, die die Gestalt der Bahn bestimmen, sind von den Anfangsbedingungen abhängig.

(245) d) Die Zentralbewegung wird durch eine Kraft K hervorgerufen, deren Wirkungslinie in jedem Punkte ihrer Bahn durch einen festen Punk O, das Zentrum, hindurchgeht.
Die Kraft selbst wird Zentralkraft genannt.
Die Bahn der Zentralbewegung ist stets eine ebene Kurve, deren Ebene die Bewegungsrichtung in irgendeinem Zeitpunkte und das Zentrum enthalten muß. Wählen wir O zum Anfangspunkte eines rechtwinkligen Koordinatensystems (Abb. 402), so fällt die Richtung der Kraft K in einem beliebigen Punkte $P(x\,|\,y)$ der Bahn in die Gerade OP. Ist dazu noch die Größe von K in jeder Lage von P gegeben, so ist — unter Berücksichtigung der Anfangsbedingungen — das Problem dynamisch bestimmt und die Bahn des

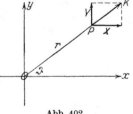

Abb. 402.

Massenpunktes festgelegt. Wir wollen annehmen, daß K als Funktion des Leitstrahles $OP = r$ des jeweiligen Bahnpunktes gegeben ist:

$$K = \varphi(r). \qquad\qquad \text{a)}$$

Die Komponenten von K in der Richtung der Koordinatenachsen sind dann

$$X = m \cdot \frac{d^2 x}{dt^2} = m \cdot x'' = \varphi(r) \cdot \frac{x}{r},$$

$$Y = m \cdot \frac{d^2 y}{dt^2} = m \cdot y'' = \varphi(r) \cdot \frac{y}{r},$$

da

$$\cos \vartheta = \frac{x}{r}, \qquad \sin \vartheta = \frac{y}{r}$$

ist. Es ergibt sich sonach das System simultaner Differentialgleichungen

$$m \cdot x'' = \varphi(r) \cdot \frac{x}{r}, \qquad m \cdot y'' = \varphi(r) \cdot \frac{y}{r}, \qquad \text{b') b'')}$$

wobei

$$r^2 = x^2 + y^2 \qquad\qquad \text{c)}$$

ist. Multiplizieren wir b') mit x' und b'') mit y', so erhalten wir durch Addition

$$m \cdot (x' x'' + y' y'') = \varphi(r) \cdot \frac{x x' + y y'}{r}. \qquad\qquad \text{d)}$$

Aus c) folgt aber durch Differenzieren

$$r r' = x x' + y y'.$$

Ferner ist

$$v^2 = x'^2 + y'^2,$$

also nach Differenzieren

$$\frac{1}{2} \frac{d v^2}{dt} = x' x'' + y' y''.$$

Setzen wir diese Ausdrücke in d) ein, so ergibt sich

$$\frac{m}{2} \frac{d v^2}{dt} = \varphi(r) \cdot \frac{dr}{dt}$$

und hieraus durch Integrieren

$$\frac{m}{2} v^2 = \int \varphi(r)\, dr + C = \Phi(r) + C. \qquad\qquad \text{e)}$$

Diese Gleichung ist das **Energieintegral**; sie sagt aus, daß die Summe aus der kinetischen Energie (Wucht) $\frac{m}{2} v^2$ und der potentiellen Energie (Hub) $-\Phi(r)$ in jedem Augenblicke den gleichen konstanten Wert C hat.

Multiplizieren wir dagegen b') mit y und b'') mit x, so erhalten wir durch Subtraktion

$$m(x y'' - x'' y) = 0.$$

Da nun

$$x\,y'' - x''y = \frac{d\,(x\,y' - x'\,y)}{d\,t}$$

ist, so folgt

$$x\,y' - x'\,y = f\,.\qquad\qquad\qquad\text{f)}$$

Diese Gleichung heißt das Flächenintegral. Denn der Flächen-inhalt des von O, P und dem Nachbarpunkte $P'(x + d\,x\,|\,y + d\,y)$ gebildeten Dreiecks ist nach (108) S. 294 $x\,d\,y - y\,d\,x$; folglich ist $x \cdot y' - y\,x' = f$ das Verhältnis der von dem Leitstrahle $OP = r$ in dem Zeitelemente $d\,t$ überstrichenen Fläche zu diesem Zeitelemente. Da f Integrationskonstante ist, so sagt Formel f) aus: **Der Leitstrahl überstreicht bei jeder Zentralbewegung in gleichen Zeiten gleiche Flächen (zweites Keplersches Gesetz).**

Die bisherigen Untersuchungen dienten noch nicht dem Zwecke, die Veränderlichen zu trennen; das soll nunmehr geschehen. Halten wir an den rechtwinkligen Koordinaten fest, so stoßen wir hierbei auf Schwierigkeiten; wesentlich einfacher wird die Rechnung beim Über-gang zu Polarkoordinaten. Da $x = r\cos\vartheta$, $y = r\sin\vartheta$ ist, so ergibt sich durch Differenzieren

$$x' = r'\cos\vartheta - r\sin\vartheta\cdot\vartheta'\,,\qquad y' = r'\sin\vartheta + r\cos\vartheta\cdot\vartheta'\,,$$

also

$$v^2 = x'^2 + y'^2 = r'^2 + r^2\,\vartheta'^2\,.$$

Das Energieintegral wird also

$$\frac{m}{2}\,(r'^2 + r^2\,\vartheta'^2) = \Phi(r) + C\qquad\qquad\text{e')}$$

und das Flächenintegral

$$r^2\,\vartheta' = f\,.\qquad\qquad\qquad\text{f')}$$

In e') und f') lassen sich nun leicht die Veränderlichen trennen; es ist nämlich $\vartheta' = \frac{f}{r^2}$, also mittels e')

$$\frac{m}{2}\left(r'^2 + \frac{f^2}{r^2}\right) = \Phi(r) + C\,,$$

eine Differentialgleichung erster Ordnung zwischen r und t. Wir lösen sie nach $r' = \frac{d\,r}{d\,t}$ auf und erhalten

$$\frac{d\,r}{d\,t} = \sqrt{\frac{2\,C}{m} + \frac{2\,\Phi(r)}{m} - \frac{f^2}{r^2}}$$

und durch Integrieren

$$t - t_0 = \int \frac{d\,r}{\sqrt{\dfrac{2\,C}{m} + \dfrac{2}{m}\,\Phi(r) - \dfrac{f^2}{r^2}}}\,.\qquad\qquad\text{g)}$$

Gleichung g) gibt die Beziehung zwischen dem Leitstrahl r und der Zeit t. Da

$$\vartheta' = \frac{d\vartheta}{dt} = \frac{f}{r^2}$$

ist, so folgt weiter

$$\frac{d\vartheta}{dr} = \frac{d\vartheta}{dt} : \frac{dr}{dt} = \frac{f}{r^2 \sqrt{\dfrac{2C}{m} + \dfrac{2}{m}\,\Phi(r) - \dfrac{f^2}{r^2}}}$$

und damit

$$\vartheta - \vartheta_0 = \int \frac{f\,dr}{r^2 \sqrt{\dfrac{2C}{m} + \dfrac{2}{m}\,\Phi(r) - \dfrac{f^2}{r^2}}} \qquad\qquad \text{h)}$$

als Gleichung der Bahnkurve in Polarkoordinaten. Damit ist das Problem der Zentralbewegung in seiner Allgemeinheit gelöst. Wie sich die Rechnung in bestimmten Sonderfällen weitergestaltet, möge an zwei Beispielen dargetan werden.

1. Die Kraft K sei die **harmonische Kraft**, d. h. proportional dem Leitstrahle r, und wirke nach O hin anziehend:

$$K = -m \cdot k^2 r = \varphi(r).$$

Es wird nun

$$\Phi(r) = \int (-m\,k^2\,r)\,dr = -\frac{m}{2}\,k^2\,r^2$$

und folglich

$$t - t_0 = \int \frac{dr}{\sqrt{\dfrac{2C}{m} - k^2 r^2 - \dfrac{f^2}{r^2}}} = \frac{1}{k} \int \frac{r\,dr}{\sqrt{\dfrac{2C}{m\,k^2}\,r^2 - r^4 - \dfrac{f^2}{k^2}}},$$

$$\vartheta - \vartheta_0 = \frac{f}{k} \int \frac{dr}{r \sqrt{\dfrac{2C}{m\,k^2}\,r^2 - r^4 - \dfrac{f^2}{k^2}}}.$$

Diese Integrale können der Auswertung nach (68) S. 176 zugänglich gemacht werden, wenn wir setzen

$$r^2 = u \qquad \text{bzw.} \qquad r^2 = \frac{1}{u}.$$

Die Integration läßt sich jedoch in diesem Falle wesentlich einfacher durchführen, wenn wir unmittelbar auf die Formeln b) zurückgreifen; sie gehen nämlich für $\varphi(r) = -m\,k^2 r$ über in

$$x'' = -k^2 x, \qquad y'' = -k^2 y.$$

Die Integration dieser beiden Differentialgleichungen liefert nach den uns aus (238) S. 859 geläufigen Verfahren

$$x = c_1 \cos k\,t + c_2 \sin k\,t, \qquad\qquad y = c_3 \cos k\,t + c_4 \sin k\,t,$$

$$x' = k(-c_1 \sin k\,t + c_2 \cos k\,t), \qquad y' = k(-c_3 \sin k\,t + c_4 \cos k\,t).$$

Für $\operatorname{tg} k\,t = \dfrac{c_2}{c_1}$, also für $t = \dfrac{1}{k}\operatorname{arctg}\dfrac{c_2}{c_1}$ wird $x' = 0$. Es gibt also sicher einen Zeitpunkt, in dem der Massenpunkt sich parallel der y-Achse bewegt; ihn wollen wir als Anfangspunkt der Zeitrechnung $t = 0$ wählen. Und zwar möge sich der Massenpunkt in diesem Augenblicke gerade auf der x-Achse befinden und vom Zentrum den Abstand a haben; seine Geschwindigkeit möge $v = y' = v_0$ betragen. Es soll also für $t = 0$ sein: $x = a$, $y = 0$, $x' = 0$, $y' = v_0$. Dann erhalten wir zur Bestimmung der Integrationskonstanten die vier Gleichungen

$$c_1 = a, \quad c_3 = 0, \quad k\,c_2 = 0, \quad k\,c_4 = v_0,$$

also

$$c_1 = a, \quad c_2 = 0, \quad c_3 = 0, \quad c_4 = \frac{v_0}{k},$$

und die Bewegungsgleichungen lauten

$$x = a\cos k\,t, \qquad y = \frac{v_0}{k}\sin k\,t,$$

$$x' = -a\,k\sin k\,t, \qquad y' = v_0\cos k\,t.$$

Mithin ist die Gleichung der Bahn des Massenpunktes

$$\frac{x^2}{a^2} + \frac{y^2}{\left(\dfrac{v_0}{k}\right)^2} = 1;$$

die Bahn ist also eine Ellipse, deren Mittelpunkt mit dem Zentrum der Kraft zusammenfällt.

2. Die Kraft K sei die Newtonsche Anziehungskraft, d. h. sie sei umgekehrt proportional dem Quadrate des Leitstrahles:

$$K = \varphi(r) = -\frac{k\,m}{r^2}.$$

Jetzt ist

$$\Phi(r) = \frac{k\,m}{r},$$

und folglich nach h)

$$\vartheta - \vartheta_0 = \int \frac{f\,dr}{r^2\sqrt{\dfrac{2C}{m} + \dfrac{2k}{r} - \dfrac{f^2}{r^2}}}.$$

Setzen wir

$$r = \frac{1}{u}, \qquad dr = -\frac{du}{u^2},$$

so wird

$$\vartheta - \vartheta_0 = -f\int \frac{du}{\sqrt{\dfrac{2C}{m} + 2k\,u - f^2\,u^2}} = -\int \frac{du}{\sqrt{\sqrt{\dfrac{2C}{f^2 m} + \dfrac{k^2}{f^4}}^{\,2} - \left(u - \dfrac{k}{f^2}\right)^2}}$$

$$= \arccos \frac{f^2\,u - k}{\sqrt{k^2 + 2\dfrac{C}{m}f^2}}.$$

Aus dieser Gleichung ergibt sich durch Auflösen nach u und Wieder-
einführen von r

$$r = \frac{f^2}{k + \sqrt{k^2 + 2\,\dfrac{C}{m}\,f^2 \cdot \cos(\vartheta - \vartheta_0)}}.$$

Da f und C Integrationskonstanten sind, so können wir über sie verfügen; wir setzen

$$\frac{f^2}{k} = p, \qquad \sqrt{1 + 2\,\frac{C\,f^2}{m\,k^2}} = \varepsilon$$

und erhalten

$$r = \frac{p}{1 + \varepsilon \cos(\vartheta - \vartheta_0)} = \frac{p}{1 + \varepsilon \cos \Theta} \qquad (\Theta = \vartheta - \vartheta_0).$$

Das ist aber, wie wir in (145) S. 419 gesehen haben, die Polargleichung
eines Kegelschnittes, dessen einer Brennpunkt im Koordinatenanfangspunkt liegt. Da für die Planeten $\varepsilon < 1$ ist, so ergibt sich das erste
Keplersche Gesetz: Jeder Planet bewegt sich in einer Ellipse, in
deren einem Brennpunkte sich die Sonne befindet.

Um die Lage des Massenpunktes in einem bestimmten Augenblicke t
zu ermitteln, bedarf es noch des Integrals g)

$$t - t_0 = \int \frac{dr}{\sqrt{\dfrac{2C}{m} + \dfrac{2k}{r} - \dfrac{f^2}{r^2}}} = \int \frac{r\,dr}{\sqrt{\dfrac{2C}{m}\,r^2 + 2\,k\,r - f}},$$

dessen Auswertung nach (68) S. 176 ff. möglich ist, aber dem Leser
überlassen bleibe. Wir erhalten damit die Beziehung zwischen r und t
und mit Hilfe der gewonnenen Kegelschnittgleichung auch die Beziehung zwischen ϑ und t.

(246) e) Die Spannung p eines Wechselstromes möge sich nach
dem Gesetze

$$p = \mathfrak{P} \sin \omega t \qquad\qquad\qquad \text{a)}$$

ändern; dabei ist $\mathfrak{P}$ der Scheitelwert, $\omega = \dfrac{2\pi}{T} = 2\pi f$ die Winkelgeschwindigkeit des Vektors $\mathfrak{P}$, T die Zeitdauer einer Periode,

$\dfrac{1}{T} = f$ die sekundliche Periodenzahl;

p ist der Augenblickswert der Spannung zur Zeit t. In die Primärspule des
in Abb. 403 angedeuteten Umspanners
möge nun der Wechseltrom von der Span-
nung $p_1 = \mathfrak{P}_1 \sin \omega t$ geschickt werden. Diese
Spule habe w_1 Windungen (w_1 primäre
Windungszahl), den Widerstand r_1, die

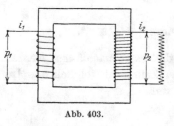

Abb. 403.

Induktivität L_1 und die momentane Stromstärke i_1. Für die
sekundäre Spule sind die entsprechenden Größen p_2, w_2, r_{2i}, r_{2a},

L_{2i}, L_{2a}, i_2, wobei die Zeiger i und a die betreffenden Größen innerhalb und außerhalb des Umspanners bedeuten; L_{2a} sei von vornherein gleich 0 angenommen. Ist ferner M die gegenseitige Induktivität (Wirkung des Sekundärfeldes auf das Primärfeld), wobei

$$M^2 = L_1 \cdot L_{2i} \qquad\qquad\qquad \text{b)}$$

ist, so gelten die sog. Maxwellschen Gleichungen

$$i_1 r_1 + L_1 \frac{di_1}{dt} + M \frac{di_2}{dt} = \mathfrak{P}_1 \sin \omega t \qquad\qquad \text{c')}$$

und

$$i_2 r_2 + L_{2i} \frac{di_2}{dt} + M \frac{di_1}{dt} = 0, \qquad\qquad \text{c'')}$$

zwei simultane Differentialgleichungen, deren Integration jetzt durchgeführt werden soll. Durch Elimination der primären Stromänderungsgeschwindigkeit $\frac{di_1}{dt}$ erhalten wir unter Berücksichtigung von b)

$$i_1 = \frac{L_1 i_2 r_2 M \mathfrak{P}_1 \sin \omega t}{M r_1}. \qquad\qquad\qquad \text{d)}$$

Aus d) folgt durch Differentiation

$$\frac{di_1}{dt} = \frac{L_1 r_2 \frac{di_2}{dt} + M \mathfrak{P}_1 \omega \cos \omega t}{M r_1};$$

setzen wir diesen Ausdruck in c'') ein, so erhalten wir nach einigen einfachen Umformungen

$$\frac{di_2}{dt} + \frac{r_1 r_2}{L_1 r_2 + L_{2i} r_1} i_2 = - \frac{M \mathfrak{P}_1 \omega}{L_1 r_2 + L_{2i} r_1} \cos \omega t.$$

Wir schreiben zur Abkürzung

$$\frac{r_1 r_2}{L_1 r_2 + L_{2i} r_1} = A, \qquad \frac{M \mathfrak{P}_1 \omega}{L_1 r_2 + L_{2i} r_1} = B \qquad \text{e)}$$

und erhalten damit

$$\frac{di_2}{dt} + A i_2 = - B \cos \omega t, \qquad\qquad\qquad \text{f)}$$

eine vollständige lineare Differentialgleichung erster Ordnung; ihr Integral ist

$$i_2 = - \frac{B}{A^2 + \omega^2} (A \cos \omega t + \omega \sin \omega t) + C e^{-At}.$$

Ist t genügend groß, so ist e^{-At} so klein, daß es vernachlässigt werden kann; nach Verlauf einer genügend langen Zeit kann folglich das Integral von f) angenähert ersetzt werden durch

$$\begin{aligned}
i_2 &= - \frac{B}{A^2 + \omega^2} (A \cos \omega t + \omega \sin \omega t) \\
&= - \frac{M \mathfrak{P}_1 \omega}{[r_1^2 r_2^2 + \omega^2 (L_1 r_2 + L_{2i} r_1)^2]} [r_1 r_2 \cos \omega t + \omega (L_1 r_2 + L_{2i} r_1) \sin \omega t].
\end{aligned} \qquad \Biggr\} \text{ g)}$$

Führen wir jetzt einen konstanten Hilfswinkel ψ_2 ein durch die Gleichungen

$$\frac{A}{{}^2 + \omega^2} = \sin\psi_2, \quad -\frac{\omega}{\sqrt{A^2 + \omega^2}} = \cos\psi_2, \quad \mathrm{tg}\,\psi_2 = -\frac{A}{\omega} = -\frac{r_1 r_2}{\omega(L_1 r_2 + L_{2i} r_1)}, \qquad \text{h)}$$

so läßt sich i_2 in der Form schreiben

$$i_2 = \frac{B}{\sqrt{A^2 + \omega^2}} \sin(\omega t - \psi_2)$$

oder unter Berücksichtigung von e)

$$i_2 = \mathfrak{J}_2 \sin(\omega t - \psi_2), \qquad\qquad \text{i)}$$

wobei der **Scheitelwert** $\mathfrak{J}_2$ der Stromstärke auf der Sekundärseite den Wert hat

$$\mathfrak{J}_2 = \frac{M\,\mathfrak{P}_1\,\omega}{\sqrt{r_1^2 r_2^2 + \omega^2(L_1 r_2 + L_{2i} r_1)^2}}. \qquad\qquad \text{k)}$$

Mit Hilfe der Gleichung g) ergibt sich nun aus d) für die Stärke des primären Stromkreises nach einigen Umformungen

$$i_1 = \mathfrak{P}_1 \frac{[\omega^2 L_{2i}(L_1 r_2 + L_{2i} r_1) + r_1 r_2^2]\sin\omega t - L_1 \omega r_2^2 \cos\omega t}{[r_1^2 r_2^2 + \omega^2(L_1 r_2 + L_{2i} r_1)^2]}. \qquad \text{l)}$$

Wir führen noch den Hilfswinkel ψ_1 ein durch die Gleichungen

$$\frac{\cos\psi_1}{\mu} = \frac{\omega^2 L_{2i}(L_1 r_2 + L_{2i} r_1) + r_1 r_2^2}{r_1^2 r_2^2 + \omega^2(L_1 r_2 + L_{2i} r_1)^2}, \quad \frac{\sin\psi_1}{\mu} = \frac{r_2^2 \omega L_1}{r_1^2 r_2^2 + \omega^2(L_1 r_2 + L_{2i} r_1)^2}, \quad \text{m)}$$

also

$$\mathrm{tg}\,\psi_1 = \frac{r_2^2 \omega L_1}{r_1 r_2^2 + \omega^2 L_{2i}(L_1 r_2 + L_{2i} r_1)},$$

$$\frac{1}{\mu^2} = \frac{[\omega^2 L_{2i}(L_1 r_2 + L_{2i} r_1)^2 + r_1 r_2^2]^2 + r_2^4 \omega^2 L_1^2}{[r_1^2 r_2^2 + \omega^2(L_1 r_2 + L_{2i} r_1)^2]^2}$$

$$= \frac{\omega^4 L_{2i}^2(L_1 r_2 + L_{2i} r_1)^2 + \omega^2 r_2^2[2 r_1 L_{2i}(L_1 r_2 + L_{2i} r_1) + r_2^2 L_1^2] + r_1^2 r_2^4}{[\quad]^2}$$

$$= \frac{\omega^2 r_2^2(L_1 r_2 + L_{2i} r_1)^2 + \omega^2 r_1^2 r_2^2 L_{2i}^2 + r_1^2 r_2^4 + \omega^4 L_{2i}^2(L_1 r_2 + L_{2i} r_1)^2}{[\quad]^2}$$

$$= \frac{(r_2^2 + \omega^2 L_{2i}^2)[(L_1 r_2 + L_{2i} r_1)^2 \omega^2 + r_1^2 r_2^2]}{[(L_1 r_2 + L_{2i} r_1)^2 \omega^2 + r_1^2 r_2^2]^2}$$

oder

$$\frac{1}{\mu} = \sqrt{\frac{r_2^2 + \omega^2 L_{2i}^2}{r_1^2 r_2^2 + \omega^2(L_1 r_2 + L_{2i} r_1)^2}}. \qquad\qquad \text{n)}$$

Dann wird aus l)

$$i_1 = \frac{\mathfrak{P}_1}{\mu} \sin(\omega t - \psi_1) = \mathfrak{J}_1 \sin(\omega t - \psi_1), \qquad\qquad \text{o)}$$

wobei

$$\mathfrak{J}_1 = \mathfrak{P}_1 \cdot \sqrt{\frac{r_2^2 + \omega^2 L_{2\,i}^2}{r_1^2\, r_2^2 + \omega^2 (L_1\, r_2 + L_{2\,i}\, r_1)^2}} \qquad \text{p)}$$

der Scheitelwert des primären Stromes ist. Setzen wir

$$r_{2\,i} + r_{2\,a} = r_{II} \quad \text{und} \quad L_{2\,i} + L_{2\,a} = L_{II}\,,$$

führen wir ferner den Widerstand

$$\varrho = r_1 + r_{II} \cdot \frac{\omega^2 M^2}{r_{II}^2 + \omega^2 L_{II}^2}$$

und die Induktivität

$$\lambda = L_1 - L_{II} \frac{\omega^2 M^2}{r_{II}^2 + \omega^2 L_{II}^2}$$

ein, so geht p) über in

$$\mathfrak{J}_1 = \frac{\mathfrak{P}_1}{\sqrt{\varrho^2 + \omega^2 \lambda^2}} \qquad \text{p')}$$

und o) in

$$i_1 = \mathfrak{J}_1 \sin(\omega\, t - \psi_1)\,, \qquad \text{o')}$$

wobei

$$\operatorname{tg}\psi_1 = \frac{\omega\,\lambda}{\varrho}$$

ist. Der Umspanner kann also durch eine einzige in den Stromkreis einzuschaltende Spule (Drosselspule) ersetzt werden, die die äquivalente Induktivität λ und den äquivalenten Widerstand ϱ hat.

§ 7. Näherungsweise Integration von Differentialgleichungen.

(247)   Bisher haben wir die Methoden behandelt, nach denen Differentialgleichungen „exakt", d. h. in geschlossener Form, integriert werden können. Nun führen aber viele Probleme der Technik und der angewandten Wissenschaften auf Differentialgleichungen, die sich nicht exakt lösen lassen. Es sollen daher zum Schlusse einige Näherungsverfahren für die Integration von Differentialgleichungen kurz besprochen werden. Hier ist besonders hervorzuheben das häufig verwendete Verfahren der **Integration durch unendliche Reihen.** Wir wollen es an einigen Beispielen erläutern und zum besseren Verständnis erst solche Differentialgleichungen behandeln, die sich auch in geschlossener Form integrieren lassen.

a) $y' = y + x^2$. Wir setzen

$$y = c_0 + c_1\, x + c_2\, x^2 + \cdots + c_k\, x^k + \cdots;$$

dann wird

$$y' = c_1 + 2 c_2\, x + 3 c_3\, x^2 + \cdots + k\, c_k\, x^{k-1} + \cdots.$$

Führen wir diese beiden Reihen in die gegebene Differentialgleichung ein, so erhalten wir

$$c_1 + 2c_2\,x + 3c_3\,x^2 + \cdots + k\,c_k\,x^{k-1} + (k+1)c_{k+1}\,x^k + \cdots$$
$$= c_0 + c_1\,x + (c_2+1)\,x^2 + \cdots + c_{k-1}\,x^{k-1} + c_k\,x^k + \cdots.$$

Wenn beide Seiten einander identisch gleich sein sollen, so müssen die Beiwerte gleich hoher Potenzen von x auf beiden Seiten einander gleich sein. Durch Vergleichung der Beiwerte erhalten wir demnach die Gleichungen

$$c_1 = c_0, \quad 2c_2 = c_1, \quad 3c_3 = c_2 + 1, \quad 4c_4 = c_3, \quad \ldots,$$
$$k\,c_k = c_{k-1}, \quad (k+1)\,c_{k+1} = c_k, \quad \ldots;$$

aus ihnen folgt

$$c_1 = c_0, \quad c_2 = \frac{c_0}{2!}, \quad c_3 = \frac{c_0}{3!} + \frac{1}{3}, \quad c_4 = \frac{c_0}{4!} + \frac{2!}{4!}, \quad \ldots,$$
$$c_k = \frac{c_0}{k!} + \frac{2!}{k!}, \quad c_{k+1} = \frac{c_0}{(k+1)!} + \frac{2!}{(k+1)!}, \quad \ldots$$

Es ist demnach

$$y = c_0\Big(1 + \frac{x}{1!} + \frac{x^2}{2!} + \frac{x^3}{3!} + \cdots + \frac{x^k}{k!} + \cdots\Big)$$
$$+ 2!\cdot\Big(\frac{x^3}{3!} + \frac{x^4}{4!} + \cdots + \frac{x^k}{k!} + \cdots\Big)$$
$$= (c_0 + 2!)\,e^x - 2!\Big(1 + \frac{x}{1!} + \frac{x^2}{2!}\Big).$$

Wir können also alle Beiwerte der Reihe durch den ersten, c_0, ausdrücken; dieser aber ist willkürlich. Das ist nicht verwunderlich; denn die gegebene Differentialgleichung ist von der ersten Ordnung, ihre vollständige Lösung muß daher eine willkürliche Integrationskonstante enthalten. Setzen wir $c_0 + 2! = c$, so läßt sich die vollständige Lösung unserer gegebenen Differentialgleichung schreiben

$$y = c\,e^x - x^2 - 2\,x - 2,$$

und dieses Ergebnis erhalten wir auch, wenn wir die Differentialgleichung als lineare nach den in (224) S. 771 entwickelten Verfahren integrieren.

b) $y'' - y' - 2y = 0$. Es sei

$$y = c_0 + c_1\,x + c_2\,x^2 + \cdots + c_k\,x^k + \cdots, \qquad \text{a)}$$

also

$$y' = 1\cdot c_1 + 2\cdot c_2\,x + 3c_3 x^2 + \cdots + k\,c_k\,x^{k-1} + (k+1)c_{k+1}x^k + \cdots,$$
$$y'' = 1\cdot 2c_2 + 2\cdot 3c_3\,x + 3\cdot 4c_4\,x^2 + \cdots + (k+1)\,k\,c_{k+1}\,x^{k-1}$$
$$+ (k+2)(k+1)\,c_{k+2}\,x^k + \cdots.$$

Fassen wir die Glieder mit gleich hohen Potenzen von x zusammen und setzen ihre Beiwerte gleich Null, so erhalten wir die Gleichungen:

$$1 \cdot 2c_2 - 1 \cdot c_1 - 2c_0 = 0, \quad 2 \cdot 3c_3 - 2c_2 - 2c_1 = 0,$$

$$3 \cdot 4c_4 - 3c_3 - 2c_2 = 0, \quad \ldots,$$

$$(k+1)k\,c_{k+1} - k\,c_k - 2c_{k-1} = 0,$$

$$(k+2)(k+1)c_{k+2} - (k+1)c_{k+1} - 2c_k = 0, \quad \ldots$$

Es ist also

$$c_2 = \frac{2c_0 + c_1}{2!}, \quad c_3 = \frac{2c_0 + 3c_1}{3!}, \quad c_4 = \frac{6c_0 + 5c_1}{4!},$$

$$c_5 = \frac{10c_0 + 11c_1}{5!}, \quad c_6 = \frac{22c_0 + 21c_1}{6!}, \quad c_7 = \frac{42c_0 + 43c_1}{7!}, \quad \ldots$$

und mithin

$$\left.\begin{aligned}
y = c_0 &\left(1 + \frac{2}{2!}x^2 + \frac{2}{3!}x^3 + \frac{6}{4!}x^4 + \frac{10}{5!}x^5 + \frac{22}{6!}x^6 + \frac{42}{7!}x^7 + \cdots\right) \\
+ c_1 &\left(\frac{1}{1!}x + \frac{1}{2!}x^2 + \frac{3}{3!}x^3 + \frac{5}{4!}x^4 + \frac{11}{5!}x^5 + \frac{21}{6!}x^6 + \frac{43}{7!}x^7 + \cdots\right).
\end{aligned}\right\} \quad \text{b)}$$

Es lassen sich also sämtliche Beiwerte c_k bestimmen, mit Ausnahme der beiden ersten c_0 und c_1; diese können beliebige Werte annehmen — im Einklang mit der Tatsache, daß die vollständige Lösung jeder Differentialgleichung zweiter Ordnung zwei Integrationskonstanten enthalten muß. Nun ist aber unsere Ausgangsdifferentialgleichung eine homogene lineare Differentialgleichung zweiter Ordnung, deren Lösungen sich nach den Ausführungen von **(238)** S. 859 zu

$$y = a_1 e^{2x} + a_2 e^{-x} \qquad \text{c)}$$

ergibt. Daß c) wirklich mit b) übereinstimmt, können wir erkennen, wenn wir in c) die Exponentialfunktionen e^{2x} und e^{-x} nach **(194)** S. 628 in Potenzreihen entwickeln und sodann die Glieder mit gleich hoher Potenz von x zusammenfassen. Wir bekommen

$$\left.\begin{aligned}
y = (a_1 + a_2) &+ \frac{2a_1 - a_2}{1!}x + \frac{4a_1 + a_2}{2!}x^2 + \frac{8a_1 - a_2}{3!}x^3 + \cdots \\
&+ \frac{2^k a_1 + (-1)^k a_2}{k!}x^k + \cdots.
\end{aligned}\right\} \quad \text{d)}$$

Sollen b) und d) identisch sein, so müssen die Beiwerte gleich hoher Potenzen von x einander gleich sein; es ist also insbesondere

$$a_1 + a_2 = c_0, \quad 2a_1 - a_2 = c_1$$

und folglich

$$a_1 = \frac{c_0 + c_1}{3}, \quad a_2 = \frac{2c_0 - c_1}{3}.$$

Da nun
$$c_k = \frac{2^k a_1 + (-1)^k a_2}{k!}$$

ist, so ergibt sich

$$c_k = \frac{1}{3 \cdot k!} \cdot \{[2^k + 2 \cdot (-1)^k] c_0 + [2^k - (-1)^k] c_1\}.$$

Setzen wir der Reihe nach $k = 1, 2, 3, 4, 5, 6, 7, \ldots$, so erhalten wir dieselben Ausdrücke für c_k wie oben, eine Bestätigung für die Richtigkeit unserer Entwicklung.

c) $y' = x^2 + y^2$. Es sei wiederum

$$y = c_0 + c_1 x + c_2 x^2 + \cdots + c_k x^k + \cdots. \qquad \text{a)}$$

Durch Quadrieren erhalten wir

$$\begin{aligned}
y^2 = c_0^2 &+ 2c_0 c_1 x + (2c_0 c_2 + c_1^2) x^2 + (2c_0 c_3 + 2c_1 c_2) x^3 \\
&+ (2c_0 c_4 + 2c_1 c_3 + c_2^2) x^4 + \cdots \\
&+ (2c_0 c_{2k-1} + 2c_1 c_{2k-2} + \cdots + 2c_{k-1} c_k) x^{2k-1} \\
&+ (2c_0 c_{2k} + 2c_1 c_{2k-1} + \cdots + 2c_{k-1} c_{k+1} + c_k^2) x^{2k} + \cdots.
\end{aligned}$$

Durch Vergleichen der Beiwerte gleich hoher Potenzen der in die Differentialgleichung a) eingesetzten Reihen folgen die Gleichungen

$$c_1 = c_0^2, \quad 2c_2 = 2c_0 c_1, \quad 3c_3 = 2c_0 c_2 + c_1^2 + 1, \quad 4c_4 = 2c_0 c_3 + 2c_1 c_2,$$
$$5c_5 = 2c_0 c_4 + 2c_1 c_3 + c_2^2, \qquad 6c_6 = 2c_0 c_5 + 2c_1 c_4 + 2c_2 c_3,$$
$$7c_7 = 2c_0 c_6 + 2c_1 c_5 + 2c_2 c_4 + c_3^2, \quad 8c_8 = 2c_0 c_7 + 2c_1 c_6 + 2c_2 c_5 + 2c_3 c_4 \ldots,$$

deren Auflösung ergibt

$$c_1 = c_0^2, \quad c_2 = c_0^3, \quad c_3 = c_0^4 + \tfrac{1}{3}, \quad c_4 = c_0^5 + \tfrac{1}{6} c_0, \quad c_5 = c_0^6 + \tfrac{1}{5} c_0^2.$$
$$c_6 = c_0^7 + \tfrac{7}{30} c_0^3, \quad c_7 = c_0^8 + \tfrac{4}{15} c_0^4 + \tfrac{1}{63}, \quad c_8 = c_0^9 + \tfrac{3}{10} c_0^5 + \tfrac{1}{36} c_0.$$
$$c_9 = c_0^{10} + \tfrac{1}{3} c_0^6 + \tfrac{8}{315} c_0^2 \ldots$$

Hieraus erhalten wir die Lösung

$$\left.\begin{aligned}
y = c_0 &+ c_0^2 x + c_0^3 x^2 + (c_0^4 + \tfrac{1}{3}) x^3 + (c_0^5 + \tfrac{1}{6} c_0) x^4 + (c_0^6 + \tfrac{1}{5} c_0^2) x^5 \\
&+ (c_0^7 + \tfrac{7}{30} c_0^3) x^6 + (c_0^8 + \tfrac{4}{15} c_0^4 + \tfrac{1}{63}) x^7 \\
&+ (c_0^9 + \tfrac{3}{10} c_0^5 + \tfrac{1}{36} c_0) x^8 + (c_0^{10} + \tfrac{1}{3} c_0^6 + \tfrac{8}{315} c_0^2) x^9 \\
&+ (c_0^{11} + \tfrac{11}{30} c_0^7 + \tfrac{143}{4200} c_0^3) x^{10} \\
&+ (c_0^{12} + \tfrac{22}{55} c_0^8 + \tfrac{23}{525} c_0^4 + \tfrac{2}{2079}) x^{11} + \cdots.
\end{aligned}\right\} \quad \text{b)}$$

Insbesondere sind die partikulären Lösungen

für $c_0 = 0$: $\quad y = \tfrac{1}{3} x^3 + \tfrac{1}{63} x^7 + \tfrac{2}{2079} x^{11} + \cdots,$

für $c_0 = 1$:

$$\begin{aligned}
y = 1 &+ x + x^2 + 1{,}333\,33\, x^3 + 1{,}666\,67\, x^4 + 1{,}200\,00\, x^5 + 1{,}233\,33\, x^6 \\
&+ 1{,}282\,53\, x^7 + 1{,}317\,86\, x^8 + 1{,}357\,73\, x^9 + 1{,}400\,72\, x^{10} + \cdots
\end{aligned}$$

(248)   d) $y'' + axy = 0$. Setzen wir wiederum

$$y = c_0 + c_1 x + c_2 x^2 + \cdots + c_k x^k + \cdots,$$

so wird

$$y'' = 1 \cdot 2 c_2 + 2 \cdot 3 c_3 x + \cdots + (k+1)(k+2)c_{k+2} x^k + \cdots,$$

und wir erhalten durch Vergleichung der Beiwerte

$$1 \cdot 2 c_2 = 0, \quad 2 \cdot 3 c_3 + a c_0 = 0, \quad 3 \cdot 4 c_4 + a c_1 = 0,$$

$$4 \cdot 5 c_5 + a c_2 = 0, \quad \ldots, \quad (k+1)(k+2)c_{k+2} + a c_{k-1} = 0, \quad \ldots$$

Hieraus folgt:

$$c_2 = c_5 = c_8 = \cdots = c_{3k-1} = 0$$

$$c_3 = -\frac{a c_0}{2 \cdot 3}, \qquad c_6 = \frac{a^2 c_0}{2 \cdot 3 \cdot 5 \cdot 6}, \qquad c_9 = -\frac{a^3 c_0}{2 \cdot 3 \cdot 5 \cdot 6 \cdot 8 \cdot 9}, \qquad \ldots,$$

$$c_{3k} = (-1)^k \frac{a^{3k} c_0}{2 \cdot 3 \cdot 5 \cdot 6 \ldots (3k-1) \cdot 3k}, \qquad \ldots,$$

$$c_4 = -\frac{a c_1}{3 \cdot 4}, \qquad c_7 = +\frac{a^2 c_1}{3 \cdot 4 \cdot 6 \cdot 7}, \qquad c_{10} = -\frac{a^3 c_1}{3 \cdot 4 \cdot 6 \cdot 7 \cdot 9 \cdot 10}, \qquad \ldots,$$

$$c_{3k+1} = (-1)^k \frac{a^{3k} c_1}{3 \cdot 4 \cdot 6 \cdot 7 \ldots 3k \cdot (3k+1)}.$$

Also ist

$$y = c_0 \left(1 - \frac{a x^3}{3!} + \frac{1 \cdot 4}{6!} a^2 x^6 - \frac{1 \cdot 4 \cdot 7}{9!} a^3 x^9 + \cdots \right.$$

$$\left. + (-1)^k \frac{1 \cdot 4 \ldots (3k-2)}{(3k)!} a^k x^{3k} + \cdots \right)$$

$$+ c_1 x \left(1 - \frac{2}{4!} a x^3 + \frac{2 \cdot 5}{7!} a^2 x^6 - \frac{2 \cdot 5 \cdot 8}{10!} a^3 x^9 + \cdots \right.$$

$$\left. + (-1)^k \frac{2 \cdot 5 \ldots (3k-1)}{(3k+1)!} a^k x^{3k} + \cdots \right).$$

Diese Differentialgleichung möge auch gleichzeitig als Beispiel dafür dienen, wie man aus einer Differentialgleichung Schlüsse über den Verlauf der Funktion ziehen kann. Wir setzen zu diesem Zwecke zur Vereinfachung $a = 1$; dann lautet die Differentialgleichung

$$y'' + xy = 0. \tag{a}$$

Ihr vollständiges Integral ist

$$y = A \cdot f_1(x) + B \cdot f_2(x), \tag{b}$$

wenn A und B die Integrationskonstanten sind und $f_1(x)$ und $f_2(x)$ die unendlichen Reihen bedeuten:

$$f_1(x) = 1 - \frac{x^3}{2 \cdot 3} + \frac{x^6}{2 \cdot 3 \times 5 \cdot 6} - \frac{x^9}{2 \cdot 3 \times 5 \cdot 6 \times 8 \cdot 9} + \cdots \left. \right\}$$
$$+ (-1)^k \frac{x^{3k}}{2 \cdot 3 \times 5 \cdot 6 \times \ldots \times (3k-1) \cdot 3k} + \cdots \qquad \text{c)}$$

und

$$f_2(x) = \frac{x}{1} - \frac{x^4}{1 \times 3 \cdot 4} + \frac{x^7}{1 \times 3 \cdot 4 \times 6 \cdot 7} - \cdots \left. \right\}$$
$$+ (-1)^k \frac{x^{3k+1}}{1 \times 3 \cdot 4 \times 6 \cdot 7 \times \ldots 3k(3k+1)} + \cdots . \qquad \text{d)}$$

Aus a) folgt ohne weiteres, daß sowohl für $x = 0$ als auch für $y = 0$ $y'' = 0$ ist. Für die die Funktion b) darstellende Kurve sind demnach die sämtlichen Schnittpunkte mit den beiden Koordinatenachsen Wendepunkte.

Für die weitere Untersuchung seien die beiden Fälle $x \gtrless 0$ getrennt behandelt:

I. $x > 0$. Statt der Differentialgleichung a) werde die Differentialgleichung

$$y'' + a^2 y = 0 \qquad \text{e)}$$

betrachtet, wo a^2 eine konstante positive reelle Größe bedeutet; die vollständige Integralgleichung von e) ist

$$y = A \cdot \sin a (x - x_1), \qquad \text{f)}$$

wobei A und x_1 die Integrationskonstanten sind. Deutet man physikalisch x als Zeit, y als Weg, y' als Geschwindigkeit und y'' als Beschleunigung, so stellen e) und f) die harmonische Bewegung dar. Die Schwingungsdauer ist gleich $\frac{2\pi}{a}$, also um so kleiner, je größer a ist. Für $x = x_1$ ist

$$y = y_1 = 0, \quad y' = y_1' = A a, \quad y'' = y_1'' = 0.$$

Die Amplitude A ist bei gegebenem y_1': $A = \frac{y_1'}{a}$ um so kleiner, je größer a ist. Aus e) folgt, daß die Beschleunigung $y'' = -a^2 y$ dem absoluten Betrage nach dem Wege y, d. h. der Entfernung aus der Ruhelage proportional ist, aber das y entgegengesetzte Vorzeichen hat, daß also die Beschleunigung den bewegten Punkt beständig nach der Ruhelage zu bewegen sucht. Ferner ist die Beschleunigung y'' proportional zu a^2, d. h. bei sonst gleichen Verhältnissen um so größer, je größer a ist.

Die Differentialgleichung a) unterscheidet sich von e) nur dadurch, daß an Stelle der positiven Konstanten a^2 die positive Veränderliche x tritt. Wendet man die für die harmonische Bewegung geltenden Eigenschaften auf a) an, so erhält man für die durch a) dargestellte Bewegung folgende Ergebnisse:

a) **Der bewegte Punkt geht sicher einmal durch die Ruhelage.** Es sei nämlich $x_0 > 0$, $y_0 > 0$ ein Wertepaar, welches b) erfüllt. Würde nun die Differentialgleichung nicht $y'' + x\,y = 0$, sondern $y'' + x_0\,y = 0$ sein, so würde eine harmonische Bewegung vorliegen, für welche $a^2 = x_0$ ist, also eine Bewegung durch die Ruhelage spätestens nach der Zeit $\dfrac{\pi}{\sqrt{x_0}}$, der halben Schwingungsdauer, eintreten. Die Beschleunigung $y'' = -x\,y$ ist aber für ein bestimmtes y in unserem Falle ihrem absoluten Betrage nach für alle $x > x_0$ größer als die der eben erwähnten harmonischen Bewegung. Daraus folgt, daß, wenn zur Zeit x_0 die Geschwindigkeit positiv ist, diese rascher abnimmt, wenn sie negativ ist, dem absoluten Betrage nach rascher zunimmt als bei der harmonischen Bewegung, d. h. es wird auch in unserer Bewegung sicher einmal die Ruhelage erreicht, und zwar sogar noch früher als bei der erwähnten harmonischen Bewegung. Entsprechend läßt sich der Beweis führen für $x_0 > 0$, $y_0 < 0$. Dann folgt aber auch ohne weiteres:

b) **Der Punkt geht unendlich oft durch die Ruhelage.**

c) **Der Zeitunterschied zwischen zwei aufeinanderfolgenden Durchgängen, die halbe Schwingungsdauer, wird mit wachsendem x immer kleiner.** Es sei für $x = x_1$ $y = 0$. Wäre die Differentialgleichung $y'' = -x_1\,y$, so wäre die nächste Ruhelage dieser harmonischen Bewegung

$$x_2 = x_1 + \frac{\pi}{\sqrt{x_1}}\,;$$

lautete sie $y'' = -x_2\,y$, so wäre

$$x_2 = x_1 + \frac{\pi}{\sqrt{x_2}}\,.$$

Nun geht aber im Bereiche $x_1 \leqq x \leqq x_2$ unsere Differentialgleichung stetig aus der ersten Form in die zweite über, da x stetig wachsend aus x_1 in x_2 übergeht; folglich muß sich in Wirklichkeit x_2 zwischen den beiden gefundenen Grenzwerten befinden, d. h.

$$x_1 + \frac{\pi}{\sqrt{x_1}} > x_2 > x_1 + \frac{\pi}{\sqrt{x_2}} \qquad \text{oder} \qquad \frac{\pi}{\sqrt{x_1}} > x_2 - x_1 > \frac{\pi}{\sqrt{x_2}}\,.$$

Durch Wiederholung dieser Schlüsse gelangt man zu der folgenden Kette von Ungleichheiten

$$\frac{\pi}{\sqrt{x_1}} > x_2 - x_1 > \frac{\pi}{\sqrt{x_2}} > x_3 - x_2 > \frac{\pi}{\sqrt{x_3}} > x_4 - x_3 > \frac{\pi}{\sqrt{x_4}} > \cdots,$$

daher

$$x_2 - x_1 > x_3 - x_2 > x_4 - x_3 > \cdots.$$

d) Die Amplituden der Schwingungen nehmen mit wachsendem x ab. x_k sei irgendeine Ruhelage. Würde das Bewegungsgesetz lauten $y'' = -a^2 y$, wobei $a^2 = x_k$, so würde die Amplitude sein

$$A' = \frac{y'_k}{\sqrt{x_k}} = \frac{y'_k}{a}.$$

Nun nimmt mit wachsendem x die Größe $a^2 = x$ zu; also wird die folgende Amplitude einen kleineren Betrag haben,

$$A_k < \frac{y'_k}{\sqrt{x_k}};$$

entsprechend die vorangehende, da x abnimmt, einen größeren Betrag,

$$A_{k-1} > \frac{y'_k}{\sqrt{x_k}};$$

also ist $A_{k-1} > A_k$.

II. $x < 0$. Dann hat y'' das Vorzeichen von y. Man setze $-x = \xi$. Die Differentialgleichung lautet

$$\frac{d^2 y}{d \xi^2} = \xi y.$$

Die Beschleunigung sucht den Punkt von der Ruhelage fortzubewegen. A. Ist also für $\xi = 0$ $y > 0$, $\frac{dy}{d\xi} \geqq 0$, so bewegt sich der Punkt mit wachsender Geschwindigkeit im Sinne der positiven y-Achse; ist entsprechend für $\xi = 0$ $y < 0$, $\frac{dy}{d\xi} < 0$, so bewegt er sich bei zunehmendem ξ mit wachsender Geschwindigkeit im Sinne der negativen y. B. Ist für $\xi = 0$ $y = 0$, so bewegt sich der Punkt mit wachsender Geschwindigkeit für positives y' im Sinne der positiven y und für negatives y' im Sinne der negativen y.

Ist dagegen für $\xi = 0$ $y > 0$, $\frac{dy}{d\xi} < 0$, so können drei Fälle eintreten: C. Ist nämlich die Beschleunigung $\frac{d^2 y}{d\xi^2} = \xi y$ so beschaffen, daß sie die nach der Ruhelage hin wirkende Geschwindigkeit auf Null herabmindert, ehe die Ruhelage erreicht ist, so wird die Bewegung hier umkehren, und der Punkt wird anfangen, sich mit wachsender Geschwindigkeit im Sinne der positiven y zu bewegen. D. Erreicht dagegen der Punkt die Ruhelage, ehe die Geschwindigkeit auf Null gesunken ist, so wird er auf die negative Seite der Bahn übertreten und nun, da jetzt $\frac{d^2 y}{d\xi^2}$ negativ ist, sich mit wachsender Geschwindigkeit im Sinne der negativen y bewegen. — E. Der Grenzfall zwischen C und D ist der, daß $\frac{d^2 y}{d\xi^2}$ nicht ausreicht, die Geschwindigkeit zu vernichten, andererseits aber groß genug ist, um ein Erreichen der Ruhelage zu ver-

hindern. In diesem Falle wird sich der Punkt asymptotisch der Ruhelage nähern. — Unmöglich dagegen ist der Fall, daß, wenn die Ruhelage im Endlichen erreicht wird, die Geschwindigkeit $\frac{dy}{d\xi} = 0$ ist.
Da nämlich hier die Beschleunigung wegen $\frac{d^2y}{d\xi^2} = \xi\, y$ gleich Null ist,
müßte die Geschwindigkeit beständig gleich Null sein, es auch schon
vorher beständig gewesen sein, der Punkt sich also immer in der Ruhelage befunden haben, eine Annahme, mit der nicht gerechnet werden
soll. — Entsprechend für $\xi = 0,\ y < 0$.

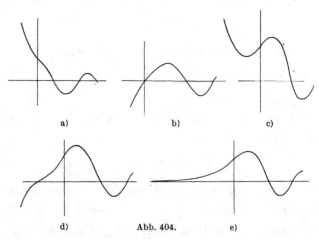

a)   b)   c)

d)   Abb. 404.   e)

Diese Fälle A bis E haben ihr Gegenstück in der Funktion
$$y = A\, e^{a\xi} + B\, e^{-a\xi},$$
dem vollständigen Integral der Differentialgleichung
$$\frac{d^2y}{d\xi^2} = a^2\, y,$$
welche mit der Differentialgleichung
$$\frac{d^2y}{d\xi^2} = \xi\,\eta$$
ebenso verwandt ist wie e) mit a).

Abb. 404 veranschaulicht die fünf verschiedenen Arten des Verlaufs
der dem vollständigen Integrale entsprechenden Kurve.

(249) Nicht immer befriedigt die Darstellung des vollständigen Integrals mittels einer unendlichen Reihe. Einerseits führt eine solche
Entwicklung zumeist zu umständlichen und unübersichtlichen Ausdrücken für die Beiwerte; andererseits bietet sie unter Umständen
große Schwierigkeiten, wenn es gilt, die Funktionswerte zahlenmäßig
zu ermitteln. Da aber gerade dieser Fall von großer praktischer Be-

deutung ist, wollen wir ihn am Schlusse unserer Betrachtungen noch kurz streifen. Ein ausführliches Eingehen auf die **numerische Integration** verbietet der Umfang des Buches; es sei auf das einschlägige Schrifttum verwiesen (siehe u. a. L. Runge und H. König: Numerisches Rechnen. Berlin: Julius Springer 1924). Wir wollen hier einen Weg einschlagen, der sich auf die uns aus **(83)** S. 220 bekannte Simpsonsche Formel gründet und in Lindow: Differentialgleichungen (Aus Natur und Geisteswelt Bd. 589) behandelt ist.

Knüpfen wir an das in **(248)** S. 896 behandelte Beispiel c) an:

$$y' = x^2 + y^2. \qquad\qquad \text{a)}$$

Als Anfangsbedingung wollen wir wählen $x_0 = 0$, $y_0 = 0$. Dann ist nach a) auch $y_0' = 0$. Vermehren wir jetzt x um eine Größe h, so nimmt auch y um eine Größe k zu; x hat dann den Wert

$$x_1 = x_0 + h, \quad y \text{ den Wert } \quad y_1 = y_0 + k. \qquad\qquad \text{b)}$$

Es kommt jetzt nur noch darauf an, die Größe k zu ermitteln. Nun ist

$$y = \int y'\, dx, \quad \text{also} \quad k = \int_{x_0}^{x_1} y'\, dx. \qquad\qquad \text{c)}$$

Zwar können wir dieses Integral nicht streng auswerten, da ja y' uns nicht als Funktion von x unmittelbar gegeben, sondern nach a) auch abhängig von der eben noch zu bestimmenden Größe y ist. Handelt es sich jedoch, wie in unserem Beispiele, um eine rein zahlenmäßige Integration, so können wir die in **(87)** S. 229 ff. entwickelten **Näherungsverfahren** verwenden. Wenn wir nämlich den zu x_1 gehörigen Wert y_1 von y' schon kennen würden, so wäre nach der Trapezregel in erster Annäherung

$$k_1 = \frac{h}{2}\,(y_0' + y_1'), \quad \text{also} \quad y_1 = y_0 + \frac{h}{2}\,(y_0' + y_1'). \qquad\qquad \text{d)}$$

Jetzt haben wir einen Wert für y_1 und können, da uns auch x_1 bekannt ist, nach a) einen Wert y_1' ermitteln, der eine bessere Annäherung darstellt als der vorher verwendete. Er dient seinerseits dazu, mit Hilfe von d) einen besseren Wert für k_1 bzw. y_1 und damit wiederum mittels a) eine noch bessere Annäherung für y_1' zu finden. Das Verfahren wird so lange fortgesetzt, bis zwei aufeinanderfolgende Werte von y_1' bzw. y_1 übereinstimmen. Nun wird allerdings im allgemeinen ein erster Annäherungswert y_1 nicht gegeben sein, so daß wir selbst einen solchen zu wählen haben; dann können wir in erster Annäherung z. B. $y_1' = y_0'$ setzen. Damit der Gang der Rechnung völlig eindeutig festgelegt ist, muß noch für die Größe h — den Zuwachs, den x erfährt — ein bestimmter Zahlwert gewählt werden. Es liegt auf der Hand, daß die Wahl von h über die Genauigkeit der Näherungsrechnung entscheidet;

je kleiner h gewählt wird, um so genauere Ergebnisse wird die Trapezformel liefern.

Wählen wir in unserem Zahlenbeispiel $h = 0,1$, also $x_1 = 0,1$, so
ergibt sich unter der ersten Annahme $y_1' = y_0' = 0$ nach d)

$$y_1 = 0 + \frac{0,1}{2} \cdot (0 + 0) = 0$$

und folglich mittels a) $y_1' = 0,1^2 + 0^2 = 0,01$. Mit diesem neuen Werte
erhalten wir nach d)

$$y_1 = 0 + \frac{0,1}{2} \cdot (0 + 0,01) = 0,0005 \,,$$

demnach aus a) als dritten Näherungswert

$$y_1' = 0,1^2 + 0,0005^2 = 0,01000025 \,.$$

Beschränken wir uns auf eine fünfstellige Genauigkeit, so ist
$y_1' = 0,01000$, also schon in Übereinstimmung mit dem vorangehenden Näherungswert. Wir haben damit gefunden

$$y_1' = 0,01000 \,, \quad y_1 = 0,00050 \,.$$

Wir gehen jetzt einen Schritt weiter. Vermehren wir x_0 nochmals um
die Größe h, so daß $x_2 = x_0 + 2h$ wird, so gehört zu diesem x_2 ein
Wert $y_2 = y_0 + k_2$, wobei k_2 gleich dem bestimmten Integrale

$$k_2 = \int\limits_{x_0}^{x_2} y' \, dx \qquad\qquad \text{e)}$$

ist. Da wir y_0' und y_1' kennen, können wir das Integral mittels der
Simpsonschen Formel angenähert auswerten. Es ist

$$k_2 = \frac{h}{3} (y_0' + 4y_1' + y_2') \,, \qquad y_2 = y_0 + \frac{h}{3} (y_0' + 4y_1' + y_2') \,, \qquad \text{f)}$$

wobei y_2' der zu x_2 gehörige Wert von y' ist. Zwar ist er uns noch nicht
bekannt; setzen wir aber für y_2' einen uns als erste Annäherung zweckmäßig erscheinenden Wert, so können wir mit Hilfe von f) einen ersten
Näherungswert für y_2 finden; dieser liefert uns mittels a) einen besseren
Näherungswert für y_2' und dieser wiederum mittels f) einen besseren
Näherungswert für y_2. Wir setzen auch diesmal das Verfahren so lange
fort, bis zwei aufeinanderfolgende Werte von y_2' bzw. von y_2 im Rahmen
der geforderten Genauigkeit übereinstimmen. Es handelt sich nur noch
um möglichst zweckmäßige Wahl des ersten Annäherungswertes von y_2'.
Falls keine Gründe für eine andere Wahl sprechen, dürfte die Annahme
die beste sein, daß y' gleichförmig zunimmt, daß also

$$y_2' - y_1' = y_1' - y_0' \,, \qquad \text{d. h.} \qquad y_2' = 2y_1' - y_0'$$

ist. Damit ist die numerische Ausführung des zweiten Schrittes festgelegt; sie gestaltet sich für unser Beispiel folgendermaßen:

$$y_2' = 2 \cdot 0{,}010\,00 - 0{,}000\,00 = 0{,}020\,00 \,,$$

$$y_2 = 0 + \frac{0{,}1}{3}\,(0 + 4 \cdot 0{,}010\,00 + 0{,}020\,00) = 0{,}002\,00 \,;$$

nach a) wird dann

$$y_2' = 0{,}2^2 + 0{,}002\,00^2 = 0{,}040\,00 \,,$$

woraus nach f) folgt

$$y_2 = 0 + \frac{0{,}1}{3}\,(0 + 4 \cdot 0{,}010\,00 + 0{,}040\,00) = 0{,}002\,67 \,;$$

hieraus ergibt sich wieder mittels a)

$$y_2' = 0{,}2^2 + 0{,}002\,67^2 = 0{,}040\,01$$

und daraus mittels f)

$$y_2 = 0 + \frac{0{,}1}{3}\,(0 + 4 \cdot 0{,}010\,00 + 0{,}040\,01) = 0{,}002\,67 \,.$$

Da hier Übereinstimmung mit dem vorangehenden Näherungswert statt-
hat, ist der zweite Schritt beendet; wir haben gefunden

$$y_2' = 0{,}040\,01 \,, \qquad y_2 = 0{,}002\,67 \,.$$

Die weiteren Schritte sind nun vorgezeichnet. Wir vermehren x
nochmals um die Größe h:

$$x_3 = x_0 + 3h = x_1 + 2h \,.$$

Ist $y_3 = y_1 + k_3$, so ist k_3 gleich dem bestimmten Integrale

$$k_3 = \int\limits_{x_1}^{x_3} y'\,dx \,,$$

also nach der Simpsonschen Regel:

$$k_3 = \frac{h}{3}\,(y_1' + 4y_2' + y_3') \qquad \text{und} \qquad y_3 = y_1 + \frac{h}{3}\,(y_1' + 4y_2' + y_3') \,. \qquad \text{g)}$$

Hier sind uns alle Größen der rechten Seite bekannt, mit Ausnahme
von y_3', für das wir den ersten Näherungswert wieder aus der gleich-
mäßigen Zunahme von y' bilden. Genau wie oben ergibt sich jetzt
$y_3' = 2y_2' - y_1'$. Durch abwechselndes Benutzen der Gleichungen g)
und a) erhält man dann wie oben immer bessere Näherungswerte von
y_3' und y_3. Man setzt das Verfahren so lange fort, bis zwei aufeinanderfolgende Werte von y_3' bzw. y_3 übereinstimmen. Für $x_4 = x_2 + 2h$
erhält man weiter

$$y_4 = y_2 + \frac{h}{3}\,(y_2' + 4y_3' + y_4') \,,$$

wobei man zunächst $y_4' = 2y_3' - y_2'$ setzt und dann wie oben verfährt. So kann man Schritt für Schritt die Werte von y errechnen.

Der nächste Schritt unseres Beispiels gestaltet sich demgemäß folgendermaßen:

$$y_3' = 2 \cdot 0,04001 - 0,01000 = 0,07002,$$

$$y_3 = 0,00050 + \frac{0,1}{3} \cdot (0,01000 + 4 \cdot 0,04001 + 0,07002) = 0,00850,$$

$$y_3' = 0,3^2 + 0,00850^2 = 0,09007,$$

$$y_3 = 0,00050 + \frac{0,1}{3} \cdot (0,01000 + 4 \cdot 0,04001 + 0,09007) = 0,00917;$$

$$y_3' = 0,3^2 + 0,00917^2 = 0,09008,$$

$$y_3 = 0,00050 + \frac{0,1}{3} \cdot (0,01000 + 4 \cdot 0,04001 + 0,09008) = 0,00917.$$

Dieses Verfahren hat allerdings den Mangel, daß wir beim ersten Schritte die Trapezformel benutzt haben, die bei weitem nicht so zuverlässig ist wie die für die weiteren Schritte verwendete Simpsonsche Formel. Es wird daher im allgemeinen gerade die Ermittlung der ersten Werte y_1 und y_1' von Fehlern behaftet sein, welche die nachträgliche Anwendung der Simpsonschen Formel beeinträchtigen müssen. Dieser nachteilige Einfluß ist zwar bei dem Wertepaare y_2 und y_2' noch nicht zu spüren, jedoch schon bei dem Wertepaare y_3, y_3', da nach g) y_3 durch Hinzufügen von y_1 zu k_3 erhalten wird. Die Ungenauigkeit pflanzt sich auch weiter fort, wie ohne Mühe zu erkennen ist, und damit wird das Ergebnis bald viel stärker von dem wahren Werte abweichen, als bei ausschließlicher Anwendung der Simpsonschen Formel. Wir können diesem Übelstande weitgehend dadurch abhelfen, daß wir den ersten Schritt in zwei Unterschritte zerlegen. Teilen wir nämlich den ersten Bereich h in zwei gleiche Unterbereiche $\frac{h}{2}$, und bezeichnen wir die zu $x_{\frac{1}{2}} = x_0 + \frac{h}{2}$ gehörigen Werte von y und y' mit $y_{\frac{1}{2}}$ bzw. $y_{\frac{1}{2}}'$, so können wir $y_{\frac{1}{2}}$ und $y_{\frac{1}{2}}'$ aus x_0, x_1, y_0, y_0' mit Hilfe der Trapezregel berechnen, und zwar auf dieselbe Weise, wie wir oben y_1 und y_1' ermittelt haben. Kennen wir aber $y_{\frac{1}{2}}$ und $y_{\frac{1}{2}}'$, so läßt sich aus $x_0, y_0, y_0', y_{\frac{1}{2}}, y_{\frac{1}{2}}, y_{\frac{1}{2}}', x_1$ mit Hilfe der Simpsonschen Regel y_1 und y_1' ermitteln, und zwar in gleicher Weise, wie wir oben y_2 und y_2' gefunden haben. Damit haben wir diese beiden Werte y_1, y_1' genauer erhalten als oben. Der weitere Gang entspricht völlig den oben geschilderten. Aus $x_0, y_0, y_0', x_1, y_1, y_1', x_2$ berechnen wir mit der Simpsonschen Regel y_2, y_2', darauf aus $x_1, y_1, y_1', x_2, y_2, y_2', x_3$ die Größen y_3, y_3' usf. Bemerkenswert ist, daß in der weiteren Rechnung die Hilfswerte $y_{\frac{1}{2}}$, $y_{\frac{1}{2}}'$ nicht wieder verwendet werden; es können sich also auch die ihnen anhaftenden Ungenauigkeiten nicht weiter fortpflanzen.

In unserem Zahlenbeispiel würde sich dieser vorteilhaftere Weg folgendermaßen gestalten: Gegeben ist die Differentialgleichung $y' = x^2 + y^2$ und die Anfangsbedingungen $x_0 = 0$, $y_0 = 0$ also $y_0' = 0$. Wir wählen $h = 0{,}1$, also $x_\frac{1}{2} = 0{,}05$; dann setzen wir in erster Annäherung $y_\frac{1}{2}' = y_0' = 0$ und erhalten mittels der Trapezformel

$$y_\frac{1}{2} = 0 + \frac{0{,}1}{4} \cdot (0 + 0) = 0 \, .$$

Hieraus folgt mittels der Differentialgleichung

$$y_\frac{1}{2}' = 0{,}05^2 + 0^2 = 0{,}0025 \, ;$$

mit diesem Werte wird

$$y_\frac{1}{2} = 0 + \frac{0{,}1}{4} \cdot (0 + 0{,}0025) = 0{,}00006$$

und hiermit wieder

$$y_\frac{1}{2}' = 0{,}05^2 + 0{,}00006^2 = 0{,}0025 \, .$$

Wir haben also gefunden: $y_\frac{1}{2} = 0{,}00006$, $y_\frac{1}{2}' = 0{,}00250$. Nun setzen wir $y_1' = 2 y_\frac{1}{2}' - y_0' = 0{,}00500$ und bekommen durch die Simpsonsche Formel

$$y_1 = 0 + \frac{0{,}1}{2 \cdot 3} (0 + 4 \cdot 0{,}00250 + 0{,}00500) = 0{,}00025 \, ,$$

hiermit durch die Differentialgleichung

$$y_1' = 0{,}1^2 + 0{,}00025^2 = 0{,}01000 \, ;$$

weiter wird nun:

$$y_1 = 0 + \frac{0{,}1}{2 \cdot 3} (0 + 4 \cdot 0{,}00250 + 0{,}01000) = 0{,}00033 \, ,$$

ferner

$$y_1' = 0{,}1^2 + 0{,}00033^2 = 0{,}01000 \, .$$

Wir erhalten demnach $y_1 = 0{,}00033$, $y_1' = 0{,}01000$, also nicht wie oben $y_1 = 0{,}00050$, $y_1' = 0{,}01000$. Daß der jetzt gefundene Wert $y_1 = 0{,}00033$ der genauere ist, erkennen wir an der in (247) abgeleiteten Reihenentwicklung

$$y = \tfrac{1}{3} x^3 + \tfrac{1}{63} x^7 + \tfrac{2}{2079} x^{11} + \cdots ,$$

die für $x = 0{,}1$ in der Tat $y = 0{,}00033$ gibt. Fahren wir mit diesen Werten fort, so ergibt sich

$$y_2' = 2 \cdot 0{,}01000 - 0 = 0{,}02000 \, .$$

$$y_2 = 0 + \frac{0{,}1}{3} (0 + 4 \cdot 0{,}01000 + 0{,}02000) = 0{,}00200 \, ;$$

$$y_2' = 0{,}2^2 + 0{,}002^2 = 0{,}04000 \, ,$$

$$y_2 = 0 + \frac{0{,}1}{3} (0 + 4 \cdot 0{,}01000 + 0{,}04000) = 0{,}00267 \, ;$$

$$y_2' = 0{,}2^2 + 0{,}00267^2 = 0{,}04001 \, ,$$

$$y_2 = 0 + \frac{0{,}1}{3} (0 + 4 \cdot 0{,}01000 + 0{,}04001) = 0{,}00267 \, .$$

Aus diesen Werten $y_2 = 0{,}002\,67$, $y_2' = 0{,}040\,01$ finden wir sodann [s. Formel a) und g)]

$$y_3' = 2 \cdot 0{,}040\,01 - 0{,}010\,00 = 0{,}070\,02\,,$$

$$y_3 = 0{,}000\,33 + \frac{0{,}1}{3}\,(0{,}010\,00 + 4 \cdot 0{,}040\,01 + 0{,}070\,02) = 0{,}008\,33\,;$$

$$y_3' = 0{,}3^2 + 0{,}008\,33^2 = 0{,}090\,07\,,$$

$$y_3 = 0{,}000\,33 + \frac{0{,}1}{3}\,(0{,}010\,00 + 4 \cdot 0{,}040\,01 + 0{,}090\,07) = 0{,}009\,00\,;$$

$$y_3' = 0{,}3^2 + 0{,}009\,00^2 = 0{,}090\,08\,,$$

$$y_3 = 0{,}000\,33 + \frac{0{,}1}{3}\,(0{,}010\,00 + 4 \cdot 0{,}040\,01 + 0{,}090\,08) = 0{,}009\,00\,.$$

Durch wiederholtes Anwenden dieses Verfahrens ergibt sich die folgende Tabelle:

x	y	y'	x	y	y'
0,0	0,00000	0,00000	0,5	0,04179	0,25175
(0,05	0,00006	0,00250)	0,6	0,07245	0,36525
0,1	0,00033	0,01000	0,7	0,11566	0,50338
0,2	0,00267	0,04001	0,8	0,17409	0,67031
0 3	0,00900	0,09008	0,9	0.25091	0,87296
0,4	0,02136	0,16045	1,0	0,35025	1,12268

Die Reihenentwicklung würde, da

$$y' = x^2 + \tfrac{1}{9}x^6 + \tfrac{2}{189}x^{10} + \cdots$$

ist, die Tabelle ergeben:

x	y	y'	x	y	y'
0,0	0,00000	0,00000	0,6	0,07245	0,36525
0,1	0,00033	0,01000	0,7	0,11566	0,50337
0,2	0,00267	0,04001	0,8	0,17408	0,6703
0,3	0,00900	0,09008	0,9	0,25089	0,8727
0,4	0,02136	0,16046	1,0	0,35016	1,1217
0,5	0,04179	0,25175			

(250) Die numerische Näherungslösung einer Differentialgleichung höherer Ordnung ist eine wiederholte Anwendung des in **(249)** erörterten Leitgedankens. Wir legen die schon in **(248)** behandelte Differentialgleichung

$$y'' + xy = 0 \qquad\qquad \text{a)}$$

zugrunde und wählen als Anfangsbedingungen $x_0 = 0$, $y_0 = 0$, $y_0' = 1$; für sie folgt aus a) $y_0'' = 0$. Setzen wir wiederum $h = 0{,}1$, so erhalten wir für $y_{\frac{1}{4}}'$, da $y' = \int y'' dx$ ist, in erster Annäherung mittels der **Trapezformel** $(y_{\frac{1}{4}}'' = y_0'')$

$$y_{\frac{1}{4}}' = y_0' + \frac{h}{2} \cdot y_0',$$

also

$$y_{\frac{1}{4}}' = 1 + 0{,}05 \cdot 0 = 1.$$

Weiterhin ist

$$y_{\frac{1}{4}} = y_0 + \frac{h}{2 \cdot 2}(y_0' + y_{\frac{1}{4}}') = 0 + 0{,}025 \cdot (1 + 1) = 0{,}05.$$

Nun ergibt sich aus a) in zweiter Annäherung

$$y_{\frac{1}{4}}'' = -0{,}05 \cdot 0{,}05 = -0{,}0025,$$

also

$$y_{\frac{1}{4}}' = 1 + \frac{0{,}05}{2}(0 - 0{,}0025) = 0{,}99994$$

und

$$y_{\frac{1}{4}} = 0 + \frac{0{,}05}{2}(1 + 0{,}99994) = 0{,}05000.$$

Dieser Wert stimmt mit dem vorher gefundenen überein; wir haben demnach als Ergebnis des ersten Schrittes die Wertegruppe gefunden:

$$x_{\frac{1}{4}} = 0{,}05, \quad y_{\frac{1}{4}} = 0{,}05000, \quad y_{\frac{1}{4}}' = 0{,}99994, \quad y_{\frac{1}{4}}'' = -0{,}00250.$$

Nun erhalten wir nach der **Simpsonschen Formel**, indem wir in erster Annäherung

$$y_1'' = 2 y_{\frac{1}{4}}'' - y_0'' = -0{,}00500$$

setzen:

$$y_1' = y_0' + \frac{0{,}05}{3}(y_0'' + 4 y_{\frac{1}{4}}'' + y_1'')$$

$$= 1 + \frac{0{,}05}{3}(0 - 4 \cdot 0{,}00250 - 0{,}00500) = 0{,}99975,$$

$$y_1 = y_0 + \frac{0{,}05}{3}(y_0' + 4 y_{\frac{1}{4}}' + y_1')$$

$$= 0 + \frac{0{,}05}{3}(1 + 4 \cdot 0{,}99994 + 0{,}99975) = 0{,}09999.$$

Mit diesem Werte ergibt sich aus a) als zweite Annäherung

$$y_1'' = -0{,}1 \cdot 0{,}09999 = -0{,}01000$$

und damit

$$y_1' = 1 + \frac{0{,}05}{3} \cdot (0 - 4 \cdot 0{,}00250 - 0{,}01000) = 0{,}99967$$

und

$$y_1 = 0 + \frac{0{,}05}{3} \cdot (1 + 4 \cdot 0{,}99994 + 0{,}99967) = 0{,}09999.$$

Der zweite Schritt hat uns also die Wertegruppe geliefert:

$$x_1 = 0{,}1, \quad y_1 = 0{,}09999, \quad y_1' = 0{,}99967, \quad y_1'' = -0{,}01000.$$

Setzen wir in erster Annäherung

$$y_2'' = 2 y_1'' - y_0'' = -0{,}02000,$$

so erhalten wir

$$y_2' = y_0' + \frac{0{,}1}{3}\,(y_0'' + 4y_1'' + y_2'')$$

$$= 1 + \frac{0{,}1}{3}\,(0 - 4 \cdot 0{,}01000 - 0{,}02000) = 0{,}99800\,,$$

$$y_2 = y_0 + \frac{0{,}1}{3}\,(y_0' + 4y_1' + y_2')$$

$$= 0 + \frac{0{,}1}{3}\,(1 + 4 \cdot 0{,}99967 + 0{,}99800) = 0{,}19989$$

und damit aus der Differentialgleichung als zweiten Näherungswert

$$y_2'' = -0{,}2 \cdot 0{,}19989 = -0{,}03998\,,$$

also

$$y_2' = 1 + \frac{0{,}1}{3} \cdot (0 - 4 \cdot 0{,}01000 - 0{,}03998) = 0{,}99733$$

und

$$y_2 = 0 + \frac{0{,}1}{3} \cdot (1 + 4 \cdot 0{,}99967 + 0{,}99733) = 0{,}19987\,.$$

Demnach ist der dritte Näherungswert

$$y_2'' = -0{,}2 \cdot 0{,}19987 = -0{,}03997\,,$$

$$y_2' = 1 + \frac{0{,}1}{3}\,(0 - 4 \cdot 0{,}01000 - 0{,}03997) = 0{,}99733\,.$$

Da jetzt wieder Übereinstimmung mit dem vorangehenden Näherungswerte herrscht, haben wir auch diesen Schritt zu Ende geführt und die Wertegruppe erhalten:

$$x_2 = 0{,}2\,, \quad y_2 = 0{,}19987\,, \quad y_2' = 0{,}99733\,, \quad y_2'' = -0{,}03997\,.$$

Der nächste Schritt liefert mittels der Formeln

$$y_3' = y_1' + \frac{0{,}1}{3}\,(y_1'' + 4y_2'' + y_3'') \quad \text{und} \quad y_3 = y_1 + \frac{0{,}1}{3}\,(y_1' + 4y_2' + y_3')$$

und mit Hilfe der ersten Annäherung $y_3'' = 2y_2'' - y_1'' = -0{,}06994$:

$$y_3' = 0{,}99967 + \frac{0{,}1}{3}\,(-0{,}01000 - 4 \cdot 0{,}03997 - 0{,}06994) = 0{,}99168\,,$$

$$y_3 = 0{,}09999 + \frac{0{,}1}{3}\,(0{,}99967 + 4 \cdot 0{,}99733 + 0{,}99168) = 0{,}29935\,;$$

als zweite Annäherung ergibt sich

$$y_3'' = -0{,}3 \cdot 0{,}29935 = -0{,}08981$$

und damit

$$y_3' = 0{,}99091\,, \quad y_3 = 0{,}29932\,;$$

als dritte Annäherung

$$y_3'' = -0{,}3 \cdot 0{,}29932 = -0{,}08980$$

und damit

$$y_3' = 0{,}99091\,, \quad y_3 = 0{,}29932\,.$$

Die jetzt gefundene Wertegruppe ist mithin

$$x_3 = 0{,}3\,, \quad y_3 = 0{,}299\,32\,, \quad y_3' = 0{,}990\,91\,, \quad y_3'' = -0{,}089\,80\,.$$

Der weitere Rechnungsgang ist nun ersichtlich. Wir haben in (248) gesehen, daß die Funktion für $x > 0$ eine Schwingung mit abnehmender Periode und abnehmendem Ausschlage darstellt. Die folgende Tabelle gibt Werte von x, die Funktionswerte der ersten Periode, wieder, sie sind auf die angeführte Weise berechnet worden, wobei die Werte von x um $h = 0{,}1$ fortschreiten.

x	y	y'	y''	x	y	y'	y''
0,0	0,00000	$+1{,}00000$	0,00000	2,3	0,55899	1,35879	1,28568
0,1	$+0{,}09999$	0,99967	$-0{,}01000$	2,4	0,41707	1,47358	1,00097
0,2	0,19987	0,99733	0,03997	2,5	0,26531	1,55722	0,66328
0,3	0,29932	0,99091	0,08980	2,6	$+0{,}10683$	1,60464	$-0{,}27776$
0,4	0,39786	0,97872	0,15914	2,7	$-0{,}05427$	1,61148	$+0{,}14653$
0,5	0,49479	0,95845	0,24740	2,8	0,21400	1,57439	0,59920
0,6	0,58923	0,92864	0,35354	2,9	0.36761	1,49117	1,06607
0,7	0,68013	0,87719	0,47609	3,0	0,51068	1,36121	1,53204
0,8	0,76624	0,82294	0,61299	3,1	0,63832	1,18540	1,97879
0,9	0,84625	0,76420	0,76163	3,2	0,74633	0,96669	2,38826
1,0	0,91858	0,68031	0,91858	3,3	0,83038	0,70966	2,74025
1,1	0,98178	0,58034	1,07995	3,4	0,88721	0,42117	3,01651
1,2	1,03411	0,46433	1,24093	3,5	0,91384	$-0{,}10950$	3,19844
1,3	1,07411	0,33234	1,39634	3,6	0,90869	$+0{,}21488$	3,27128
1,4	1,10008	0,18545	1,54010	3,7	0,87082	0,54069	3,22203
1,5	1,11075	$+0{,}02491$	1,66613	3,8	0,80094	0,85498	3,04357
1,6	1,10468	$-0{,}14695$	1,76749	3,9	0,70063	1,14499	2,73246
1,7	1,08107	0,32755	1,83782	4,0	0,57320	1,39719	2,29280
1,8	1,03900	0,51325	1,87020	4,1	0,42285	1,59957	1,73369
1,9	0,97838	0,70013	1,85892	4,2	0,25533	1,74052	1,07238
2,0	0,89909	0,88339	1,79818	4,3	$-0{,}07708$	1,81139	$+0{,}33144$
2,1	0,80199	1,05799	1,68418	4,4	$+0{,}10438$	$+1{,}80515$	$-0{,}45927$
2,2	0,68797	1,21834	1,51353				

Für diese Funktion haben wir in (248) eine Reihenentwicklung gefunden; sie lautet:

$$y = \frac{x}{1} - \frac{x^4}{1 \times 3 \cdot 4} + \frac{x^7}{1 \times 3 \cdot 4 \times 6 \cdot 7} - \frac{x^{10}}{1 \times 3 \cdot 4 \times 6 \cdot 7 \times 9 \cdot 10} + \cdots.$$

Wir können sie verwenden, um die obige Tabelle nachzuprüfen; die Rechnung mit Hilfe der unendlichen Reihe ergibt:

für $x =$	0,1	0,2	0,3	0,4	0,5
$y =$	$+0{,}09999$	$+0{,}19987$	$+0{,}29933$	$+0{,}39787$	$+0{,}49481$

für $x =$	1,0	2,0	3,0	4,0
$y =$	$+0{,}91863$	$+0{,}89918$	$-0{,}51065$	$-0{,}57322$

Sachverzeichnis

(für den ersten und zweiten Band).

31*

Vorlesungen über Differential- und Integralrechnung. Von Professor **R. Courant** in Göttingen.

Erster Band: Funktionen einer Veränderlichen. Mit 127 Textfiguren. XIV, 410 Seiten. 1927.
Gebunden RM 18.60

Zweiter Band Funktionen mehrerer Veränderlicher. Erscheint 1928

Methoden der mathematischen Physik. Von Professor **R. Courant** in Göttingen und Geh. Reg.-Rat Professor **D. Hilbert** in Göttingen.

Erster Band: Mit 29 Abbildungen. (Die Grundlehren der mathematischen Wissenschaften in Einzeldarstellungen. Herausgegeben von Professor R. C o u r a n t in Göttingen. Band XII.) XIII, 450 Seiten. 1924. RM 22.50; gebunden RM 24.—

Die Differentialgleichungen des Ingenieurs. Darstellung der für Ingenieure und Physiker wichtigsten gewöhnlichen und partiellen Differentialgleichungen einschließlich der Näherungsverfahren und mechanischen Hilfsmittel. Mit besonderen Abschnitten über Variationsrechnung und Integralgleichungen. Von Privatdozent Prof. Dr. **Wilhelm Hort,** Oberingenieur der AEG-Turbinenfabrik, Berlin. Z w e i t e, umgearbeitete und vermehrte Auflage unter Mitwirkung von Dr. phil. **W. Birnbaum** und Dr.-Ing. **K. Lachmann.** Mit 308 Abbildungen im Text und auf 2 Tafeln. XII, 700 Seiten. 1925.
Gebunden RM 25.50

Mathematische Schwingungslehre. Theorie der gewöhnlichen Differentialgleichungen mit konstanten Koeffizienten sowie einiges über partielle Differentialgleichungen und Differenzengleichungen. Von Dr. **Erich Schneider.** Mit 49 Textabbildungen. VI, 194 Seiten. 1924. RM 8.40; gebunden RM 10.—

Mechanische Schwingungen und ihre Messung. Von Dr.-Ing. **Josef Geiger,** Oberingenieur in Augsburg. Mit 290 Textabbildungen und 2 Tafeln. XII, 305 Seiten. 1927. Gebunden RM 24.—

Grundzüge der technischen Schwingungslehre. Von Professor Dr.-Ing. **Otto Föppl** in Braunschweig. Mit 106 Abbildungen im Text. VI, 151 Seiten. 1923. RM 4.—; gebunden RM 4.80

Technische Schwingungslehre. Ein Handbuch für Ingenieure, Physiker und Mathematiker bei der Untersuchung der in der Technik angewendeten periodischen Vorgänge. Von Professor Dr. **Wilhelm Hort,** Diplom-Ingenieur, Oberingenieur bei der Turbinenfabrik der AEG in Berlin. Z w e i t e, völlig umgearbeitete Auflage. Mit 423 Textfiguren. VIII, 828 Seiten. 1922.
Gebunden RM 24.—

Graphische Dynamik. Ein Lehrbuch für Studierende und Ingenieure. Mit zahlreichen Anwendungen und Aufgaben. Von Professor **Ferdinand Wittenbauer †** in Graz. Mit 745 Textfiguren. XII, 797 Seiten. 1923.
Gebunden RM 30.—

Christmann-Baer, Grundzüge der Kinematik. Z w e i t e, umgearbeitete und vermehrte Auflage. Von Professor Dr.-Ing. **H. Baer** in Breslau. Mit 164 Textabbildungen. VI, 138 Seiten. 1923. RM 4.—; gebunden RM 5.50

Vorlesungen über numerisches Rechnen. Von Professor **C. Runge** in Göttingen und Professor **H. König** in Clausthal. Mit 13 Abbildungen. (Die Grundlehren der mathematischen Wissenschaften in Einzeldarstellungen. Herausgegeben von Professor R. Courant in Göttingen, Band XI.) VIII, 371 Seiten. 1924.   RM 16.50; gebunden RM 17.70

Das Entwerfen von graphischen Rechentafeln (Nomographie). Von Professor Dr.-Ing. **P. Werkmeister** in Stuttgart. Mit 164 Textabbildungen. VII, 194 Seiten. 1923.   RM 9.—; gebunden RM 10.—

Die Herstellung gezeichneter Rechentafeln. Ein Lehrbuch der Nomographie. Von Dr.-Ing. **Otto Lacmann.** Mit 68 Abbildungen im Text und auf 3 Tafeln. VIII, 100 Seiten. 1923.   RM 4.—

Die Grundlagen der Nomographie. Von Ingenieur **B. M. Konorski.** Mit 72 Abbildungen im Text. 86 Seiten. 1923.   RM 3.—

Die gewöhnlichen und partiellen Differenzengleichungen in der Baustatik. Von Ing. Dr. **Fr. Bleich,** Wien, und Prof. Dr.-Ing. **E. Melan,** Wien. Mit 74 Abbildungen im Text. VII, 350 Seiten. 1927.
Gebunden RM 28.50

Statik für den Eisen- und Maschinenbau. Von Professor Dr.-Ing. **Georg Unold** in Chemnitz. Mit 606 Textabbildungen. VIII, 342 Seiten. 1925.
Gebunden RM 22.50

Elastizität und Festigkeit. Die für die Technik wichtigsten Sätze und deren erfahrungsmäßige Grundlage. Von **C. Bach** und **R. Baumann.** Neunte, vermehrte Auflage. Mit in den Text gedruckten Abbildungen, 2 Buchdrucktafeln und 25 Tafeln in Lichtdruck. XXVIII, 687 Seiten. 1924.
Gebunden RM 24.—

Festigkeitseigenschaften und Gefügebilder der Konstruktionsmaterialien. Von Dr.-Ing. **C. Bach** und **R. Baumann,** Professoren an der Technischen Hochschule Stuttgart. Zweite, stark vermehrte Auflage. Mit 936 Figuren. IV, 190 Seiten. 1921.   Gebunden RM 15.—

Sieben- und mehrstellige Tafeln der Kreis- und Hyperbelfunktionen und deren Produkte sowie der Gammafunktion, nebst einem Anhang: Interpolations- und sonstige Formeln. Von Professor **Keiichi Hayashi** in Fukuoka, Japan. VI, 284 Seiten. 1926.   RM 45.—; gebunden RM 48.—

Printed in the United States
By Bookmasters